Heuermann/Herrmann
Unternehmensberatung

Unternehmensberatung
Anatomie und Perspektiven einer Dienstleistungselite

Fakten und Meinungen für Kunden,
Berater und Beobachter der Branche

von

Dr. Roland Heuermann

und

Falk Herrmann

Verlag Franz Vahlen München

VERLAG
VAHLEN
MÜNCHEN
www.vahlen.de

ISBN 3 8006 2970 4

Wilhelmstr. 9, 80801 München
Satz: Fotosatz Buck, Kumhausen
Druck und Bindung: Druckhaus „Thomas Müntzer“ GmbH
Neustädter Str. 1–4, 99947 Bad Langensalza
Umschlag: Bruno Schachtner, Dachau
Gedruckt auf säurefreiem, alterungsbeständigem Papier
(hergestellt aus chlorfrei gebleichtem Zellstoff)

Good counselors lack no clients. *Shakespeare*

To profit from good advice requires more wisdom than to give it. *John C. Collins*

Wenn man eine Weile in der Welt gesehen hat, wie die gescheitesten Dinge mißlingen und das Absurdeste oft zu einem glücklichen Ziele führt, so kommt man wohl davon zurück, jemandem einen Rat erteilen zu wollen. Im Grunde ist es auch von dem, der einen Rat verlangt, eine Beschränktheit und von dem, der ihn gibt, eine Anmaßung. Man soll nur Rat geben in Dingen, in denen man selber mitwirken will. *Goethe zu Eckermann,* 13.2.1831

Als der erste bundesdeutsche Wirtschaftsminister *Ludwig Erhard* 1948 die Währungsreform durchgesetzt, die Rationierung aufgehoben und das „Wirtschaftswunder" auf den Weg gebracht hatte wurde er von der amerikanischen Besatzungsbehörde heftig kritisiert. *Lucius D. Clay,* der US-Hochkommissar, bestellte ihn ein und warf ihm überstürztes Handeln vor: „Meine Ratgeber sagen mir, dass Sie einen furchtbaren Fehler begangen haben, Herr Erhard". – „Hören Sie nicht auf sie", meinte Erhard, „meine Ratgeber sagen mir das gleiche". *Kunschmann,* 1999

„Wir arbeiten in Strukturen von gestern mit Methoden von heute an Problemen von - morgen vorwiegend mit Menschen, die die Strukturen von gestern gebaut haben und das Morgen innerhalb der Organisation nicht mehr erleben werden". *Knut Bleicher*

Es gibt keine schlechten Berater – nur falsche. *Hummel/Zander,* 1998

Vorwort

Dieses Buch ist nicht das erste auf dem Markt zum Thema Unternehmensberatung – wieso also sollten Sie es lesen? Und wieso haben sich die Autoren der Mühe unterzogen, es zu schreiben?

Interessanterweise hat die Beratungsindustrie als Betrachtungsgegenstand auf dem deutschsprachigen Büchermarkt trotz einzelner guter Werke bisher nicht das Buch gefunden, in dem man das Wesentliche kompakt und gleichmäßig fundiert zu den wichtigsten Aspekten des Gewerbes findet. Es gibt eher theorielastige und im praktischen Bereich blasse Bände von Akademikern und auf der anderen Seite Sammlungen von Aufsätzen, in denen sich hinter einem strukturierten Inhaltsverzeichnis interessante Einzelmeinungen von Autoren großteils ohne Bezug auf die schon vorhandene Literatur und mit breiten thematischen Lücken verbergen.

Häufig fehlen zudem Ausführungen zu dem internen Aufbau und der Funktionsweise von Unternehmensberatungen komplett, vom Innenleben der Beratungshäuser erfährt man nicht mehr, als auch deren Marketingabteilungen freiwillig bekannt geben.

Das vorliegende Buch will dies ändern. Die Autoren werden daher u. a.

- von Forschungsergebnissen und prägnanten Meinungen aus der Literatur berichten.
- wo möglich, den Bogen zwischen Theorie und Praxis spannen.
- Lücken im theoretischen Wissen und in empirischen Untersuchungen aufzeigen, mithin auch die derzeitigen Grenzen des gesicherten Erkenntnisstandes benennen.
- Beratung aus der Sicht des Kunden und aus der Sicht von empirischen Erfolgsuntersuchungen betrachten.
- die Beiträge zu verschiedenen Themen inhaltlich aufeinander abstimmen und mit einem Glossar und einem Stichwortverzeichnis dem Leser Hilfsmittel der Recherche an die Hand geben.

Ein weiterer Grund jetzt weiterzulesen ist der: Zum einen arbeiten Unternehmensberatungen immer „an der Front“ neuer Entwicklungen, sie liefern eine spezialisierte und für den Kunden aufwendige Dienstleistung, die man zumeist nur in besonders wichtigen und schwierigen Angelegenheiten einkauft. Das neuere Buch ist daher in dieser dynamischen Branche fast immer auch das bessere, weil sich die Dinge im Bereich der Kundenwelt und der Beraterwelt fortbewegt haben. Schon jetzt wirken zwei Jahre alte Werke mit euphorischen Kommentaren über eCommerce wie aus einem anderen Jahrtausend.

Nach Jahren steil nach oben steigender Zuwachsraten hat jetzt auch die Beratungsbranche teilweise rückläufige oder stagnierende Geschäftsergebnisse. Die

Frage ist also, ob sie je wieder zu alten Zuständen zurückkehrt oder zu neuen Regeln findet. Und für eine Antwort hierauf muss man auch darüber informieren, weswegen die Branche überhaupt einen Platz im wirtschaftlichen Geschehen hat und welche Gegebenheiten ihre Existenzberechtigung ausmachen. Hierbei fällt auf, dass die Literatur sich weitestgehend nicht wirklich analytisch der Frage gewidmet hat, wieso Unternehmensberatungen so stark wachsen, sondern dieses Phänomen als gegeben betrachtet und den Trend in die Zukunft extrapoliert. Die jüngste Zeit aber lässt ja schon an dem Trend zweifeln.

So selbstverliebt und intellektuell bescheiden wie bisher – ob aus eigenem Antrieb oder vermeintlich gezwungen durch das Rollenspiel des Marktes, der angeblich nur „Hurra"-Meldungen verkraftet – kann eine seriöse Darstellung jedoch nicht sein. Eine faire Darstellung verlangt danach, positive und negative Seiten darzustellen. Das soll hier passieren. Obwohl alle Autoren dieses Werkes Partner oder Mitarbeiter von Beratungsgesellschaften sind oder waren, begreifen sie sich hier nicht als Lobbyisten ihrer Branche, sondern als Gutachter im Auftrag des Lesers.

Und schließlich: Akademische Leser und Schreiber bemängeln gelegentlich das „vortheoretische" Niveau der Literatur über Managementkonzepte. Wir wollen hiermit zwar keine akademische Arbeit vorlegen, aber – wenn immer dies möglich ist – die Brücke von der Praxis zu einer fundierten Theorie schlagen und uns an einigen Stellen mit bewährten oder neuen Modellen zur besseren Erklärung des Beraterverhaltens versuchen, ohne allerdings vorschnell zu pauschalisieren.

Die Autoren begreifen die im Jahre 2000 mit dem Ende des Internet-Booms einsetzende Phase einer Veränderung auch der Konjunktur im Beratungsgeschäft als besondere Herausforderung und spannende Situation, in der man besonders interessiert nach Wesen und Wirkung des Geschäfts fragen kann.

Die Herausgeber danken dem *Vahlen-Verlag* und insbesondere Herrn *Dieter Sobotka* für seine professionelle Unterstützung und das Vertrauen in unser Buch-Projekt. Und last but not least soll zugegeben werden, dass dieses Vorhaben nicht möglich gewesen wäre ohne die konjunkturelle Delle auch am Beraterarbeitsmarkt – nur so hatten die Herausgeber die Zeit, über den Tellerrand ihrer Arbeit, ihrer Unternehmen und der bisherigen Literatur zu schauen und zu fragen: Was hätten wir gerne selbst als Quelle der Information über uns gehabt? Was sollten Interessenten am Beruf über die Branche wissen? Was könnte Kunden nutzen, wenn sie über das Ob und Wie eines Beratereinsatzes nachdenken?

Diese guten Vorsätze haben *Falk Hermann* (Autor von Kap. 2, 3, 6 sowie 11), *Roland Heuermann* (Autor von Kap. 1, 4, 5, 7, 8, 9, 10, 12, 15 sowie 16) und weitere unten genannte Autoren in folgende Kapitel gegossen:

1. Einleitung
   Dargestellt wird die Zielrichtung des Buches und der Selbstanspruch der Autoren.
2. Was ist Unternehmensberatung?
   Inhalt ist die Definition von Unternehmensberatung sowie eine Gliederung des Anbietermarktes.

3. Geschichte der Unternehmensberatung
   Dieses Kapitel widmet sich der Geschichte von Unternehmensberatungen – einerseits wird bis in die Antike zurück nach Vorläufern gesucht, andererseits wird die Entwicklung einiger der weltweit größten Anbieter skizziert.
4. Geschäftsmodelle der Unternehmensberatung
   Die Gründe für Beratungsnachfrage werden hier zunächst anhand einfacher monokausaler Erklärungsansätze diskutiert, bevor dann ein mehrdimensionales Modell seine Überzeugungskraft entfaltet.
5. Betriebswirtschaftliche Funktionen in der Unternehmensberatung
   Dieses Kapitel gibt Einblick in die Interna von Unternehmensberatungen aus dem Blickwinkel von betriebswirtschaftlichen Funktionen. *Sabine Rose* (Mitarbeiterin einer internationalen Unternehmensberatung) gibt einen Einblick in die Besonderheiten der Arbeit von Sekretariaten und Sekretärinnen (Abschnitt 5.10), *Falk Herrmann* beschreibt die Personalfunktion (Abschnitt 5.4).
6. Beratung als Prozess
   Der Autor stellt die Arbeit von Unternehmensberatungen aus der Sicht von Arbeitsprozessen dar. Beginnend mit einem eigenen Phasenschema werden dann alle Phasen in idealtypischer chronologischer Reihenfolge erläutert.
7. Produkte der Beratung
   Gegliedert nach den marktbeherrschenden Typen von Unternehmensberatung werden die Aktionsfelder Strategie-, Prozess- und IT-Beratung beschrieben. *Susanne Glaser-Radtke* (Geschäftsführerin der *GIM Gesellschaft für integratives Management mbH) und Falk Herrmann* steuerten in Co-Produktion den Beitrag über Personalberatung (Abschnitt 7.2.4) bei. Und dann folgen die Themen Outsourcing, Fusionen und Allianzen sowie Projektmanagement.
8. Erfolgfaktoren von (Beratungs-)Projekten
   Hier wird nach empirischen Belegen für den Erfolg oder Misserfolg von Beratungsprojekten gesucht und die Grenzen der Erkenntnis aufgezeigt. Sodann folgen einige in den bisherigen Darstellungen vernachlässigte allgemeine Erfolgsfaktoren wie die Beziehung von Unternehmensberatung zu Wissenschaft und Besonderheiten internationaler Teamarbeit.
9. Kundenmarkt und Kundenstrategien
   Der wichtigste Akteur in der Beratungsbranche neben den Beratern selber ist der Kunde – hier ist ein Kapitel über ihn. Vorgestellt werden Typologien von Kundenverhalten und Besonderheiten der Kundenbranchen. Der Beitrag über die Situation beim Einzelhandel in Abschnitt 9.2.6 stammt von *Thomas Claussen* (Selbständiger Unternehmer). Die ausführliche Darstellung der Beratungsgeschäfte bei Non-Profit-Unternehmen in Abschnitt 9.3 schrieb *Heino von Schuckmann* (*Deloitte Consulting*, Partner im Public Sector).
10. Anbietermarkt und Anbieterauswahl
   Siegfried Radtke (Mitglied der Geschäftsführung der *GIM Gesellschaft für integratives Management mbH*) portraitiert in Abschnitt 10.1. den Anbietermarkt für Beratungsleistungen aus der Perspektive der Kunden, danach folgen Empfehlungen zur Auswahl von Beratungsfirmen.

11. Inhouse-Beratung
    Dieses Kapitel gibt einen Überblick der Inhouse-Beratungen großer Unternehmen sowie der Unterschiede zu externen Beratungsanbietern.
12. Rechtliche und ethische Aspekte der Beratung
    Dies ist die Stelle, wo umfassend nach rechtsrelevanten Aspekten der Beratertätigkeit gefragt wird und danach ein Diskussionsbeitrag zu ethischen Fragen speziell im Beratergewerbe folgt.
13. Karriere als Berater
    Karrierewege und allgemein der Werdegang von Beschäftigten der Beratungsbranche sind Gegenstand dieses Kapitels von *Angelika Westerwelle* (Geschäftsführerin der *GFC Holding GmbH).*
14. Personen und Persönlichkeiten
    Die menschlich allzumenschliche Seite ist Thema dieses Kapitels. *Angelika Westerwelle* (Geschäftsführerin der *GFC Holding GmbH*) stellt Ergebnisse einer Befragung über die persönlichen Ansichten einzelner Berater zur Karriere sowie zur Vereinbarkeit von Karriere und Privatleben vor.
15. Unternehmensberatung in Darstellung und Wertung
    Der Autor gibt eine Übersicht der Fachliteratur über Beratung, wirft einen Blick auf Romane sowie Beraterwitze und diskutiert Meinungen von Auftraggebern und Gewerkschaften.
16. Ausblick
    Schlussendlich wird nach Wegen zur Prognose der weiteren Entwicklung von Unternehmensberatungen gesucht. Das Kapitel berichtet über die bisherigen Prophezeihungen über die Branche und skizziert wahrscheinliche Entwicklungspfade der Zukunft.

Anhang

Der Anhang enthält Materialien oder Exkurse zu den Themen des Buches. Besonders hinzuweisen ist auf Projektbeispiele von Mitgliedsberatungen des *Bundesverbandes Deutscher Studentischer Unternehmensberatungen e.V.* (*BDSU*), die *Anne Zawadke* (Vorstand Internationales & Marketing *BDSU*) zur Verfügung stellte. Weiterhin hervorzuheben ist ein Beitrag von den Coautoren *Prof. Dr. Friederike Wall* (Lehrstuhl für Controlling und Informationsmanagement, Fakultät für Wirtschaftswissenschaft, *Universität Witten/Herdecke*) und *Frank Seifert* (Partner Strategy Group der *Esprit Consulting AG*) über eine besonders anspruchsvolle Untersuchung zur Erfolgsbeurteilung von IT-Systemeinführungen bei der Max-Planck-Gesellschaft. *Sabine Rose (Accenture*, Business Operations Support) steuerte die Materialien zur Beschreibung der Arbeit von Sekretärinnen bei, und *Angelika Westerwelle (*Geschäftsführerin der *GFC Holding GmbH*) berichtet über die von ihr durchgeführten Interviews mit Beschäftigten von Beratungsfirmen.

Alle Autoren danken Fr. *Claudia Budde*, Fr. *Anette Exner*, Fr. *Gertrud Heuermann*, Fr. *Christine Steingass*, Fr. *Reina Zufall*, Hrn. *Roland Heuermann sen.*, Hrn. *Kai Rehnelt,* Hrn. *Kai Rohwerder,* Hrn. *Dieter Sobotka* und Hrn. *Dirk Thater* für die wertvollen Anregungen, das Finden peinlicher Irrtümer und Schreibfehler sowie das Loben der vielen guten Passagen des Buches.

Die Herausgeber hoffen, dass jeder Leser zahlreiche Anregungen und die gewünschten Informationen findet und würden sich freuen, hierüber auch Rückmeldungen zu erhalten. Daher ein Appell an alle: Die Autoren und erst recht die gestrengen Herausgeber bitten um jede auch noch so kleine Idee für Verbesserungen, Ergänzungen und sonstige Wünsche an den Inhalt und die Form des Buches.

Die Herausgeber wünschen eine anregende Lektüre und freuen sich auf Leserpost unter roland_heuermann@t-online.de und falk_herrmann@t-online.de.

Im Mai 2003

Dr. Roland Heuermann, Minden/Westfalen
Falk Herrmann, München/Bayern

Inhaltsverzeichnis

Verzeichnis der Abbildungen

Verzeichnis der Tabellen

1 Einleitung

1.1 Warum schreiben wir dieses Buch?

Das 20. Jahrhundert war politisch zu Beginn ein kolonial/imperiales und zum Ende eines der Auflösung des Ost-West-Gegensatzes. Technologisch war es zu Beginn durch die Industrialisierung und Motorisierung und zum Ende durch die Digitalisierung und das Internet geprägt, wirtschaftshistorisch zu Beginn durch Bergbau und Eisen-/Stahlindustrie und zum Ende hin durch die Informationstechnologie und den zunehmend größer werdenden Anteil der Dienstleistungen an den Wirtschaftszweigen. Unter den Dienstleistern wiederum hatten die Unternehmensberatungen eine besonders dynamische Entwicklung zu verzeichnen: Die größeren der Beratungsfirmen zeigten durchweg über die Neunzigerjahre hinweg ein starkes jährliches Umsatzwachstum von 20 % und mehr, die mittleren und kleinen immerhin noch von 10 % und mehr. Dieses überdurchschnittliche Wachstum ging jedoch mit der abkühlenden Konjunktur und der Wirtschaftsflaute in den Jahren 2001, 2002 und 2003 zu Ende.

Nachdem diese stürmische Entwicklung der Branche anfangs nur langsam ihren Niederschlag auch in einer wachsenden Zahl von Büchern und Artikeln fand, kam es in den letzten Jahren zu einem Anstieg der Literatur über und von Beratungsfirmen bzw. das Beratungs- und Projektgeschäft. Dabei ist das Spektrum der Themen recht weit, es reicht von durch Missmut und eventuellen persönlichen Karriereenttäuschungen getragenen Verrissen (z. B. *Staute*, 1998, der sich an einer Art Hexenhammer der Beraterbranche versucht) bis hin zu anspruchsvollen Spezialthemen (z. B. Beiträge in *Mohe/Heinecke/Pfriem*, 2002; *Schwan/Seipel*, 2001) oder willkürlich zusammengestellten Teilübersichten der Produktwelt (z. B. *Scheer/Köppen*, 2000). Diese Bandbreite der Qualität[1] hat sicher zum einen damit zu tun, mit welcher Geschwindigkeit heute Bücher geschrieben werden und wie leicht sich Werke mit bekanntem Namen der Verfasser verkaufen, zum anderen aber ist das Phänomen der Beratung nicht einfach zu fassen. Ein Grund hierfür mag sein, dass es geradezu Wesensmerkmal und Überlebenskampf von Unternehmensberatungen ist, Speerspitze von neuen Entwicklungen zu sein und sich selbst permanent zu erneuern. Wie bei einem besonders virulenten Organismus verän-

[1] *Steyrer* (1991, S. 3/4) hat eine in vier Qualitätskategorien gestufte Klassifikation von Literatur über Unternehmensberatungen vorgenommen: 1. Kategorie: Meist journalistische Texte aus der Praxis für die Praxis. 2. Kategorie: Praxisnahe Sprache, aber Angabe über institutionellen Rahmen dient der Verallgemeinerungsfähigkeit. Mangel ist die Erläuterung der verwendeten Begriffe 3. Kategorie: Wie 2, aber Begriffe usw. werden unter Bezug auf andere bewährte Literatur verwendet. Es fehlt allerdings an Eigenleistung und übergeordneter Theorie. 4. Kategorie: Saubere Begriffserläuterungen und Einbinden der Aussagen in ein übergeordnetes Aussagensystem.

dern sich (Ausscheidungs-) Produkte, Details der Selbstdarstellung (Außenhülle) und – bei hoher erzwungener oder freiwilliger Fluktuation – unter der Oberfläche gleichbleibender Star-Protagonisten einzelne der handelnden Personen. Diese Wandelbarkeit ist einerseits Ausdruck des Wettbewerbs innerhalb der Beraterbranche, anderseits aber ganz wesentlich auch getrieben durch Änderungen in der Kundenwelt. Und ein dritter Faktor, die nationale Gesetzgebung und Regulierungsbehörden, wirkt auch mit, wie man in der jüngsten Vergangenheit durch den formellen und informellen Zwang zur strikten Trennung von Wirtschaftsprüfung und Beratungsgeschäft erleben konnte.

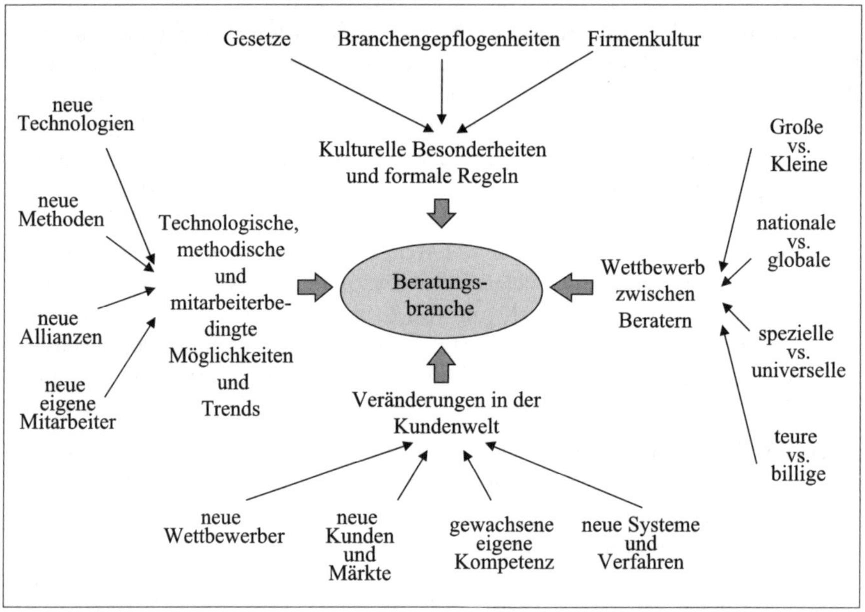

Abb. 1: Einflussfaktoren auf die Beraterbranche

Mit dem größer gewordenen Markt für Unternehmensberatung ist auch die Nachfrage nach Informationen über die Beratungswelt gestiegen. Wirtschaftsmagazine wie *Capital*, das *Manager-Magazin* und die *Wirtschaftswoche* haben des öfteren Berichte aus der Branche, und die Zahl von sonstigen Veröffentlichungen zu dem Thema ist gestiegen. Nachfrage gibt es auch nach Ausbildungsmöglichkeiten, mittlerweile sind auch in Deutschland einige Lehrstühle und FH- sowie BA-Professuren mit dem Schwerpunkt Beratung eingerichtet worden. Damit ist die Zeit eigentlich reif, eine Betriebswirtschaftslehre der Unternehmensberatung zu begründen.

Wieso sollte Beratung als Wirtschaftszweig weniger interessant für den Studenten oder Leser sein als der Industrie- oder Handelsbetrieb, der Bankbetrieb oder der Tourismus, die alle „ihre" eigene Betriebslehre haben? Doch wo ist der Gesamtüberblick? Wo ist der Versuch, die unterschiedlichen Betriebsformen von Unternehmensberatungen zu sichten und als besondere Form der Dienstleistung zu analysieren? Wo ist ein Ansatz, der der Komplexität dieses Themas gerecht wird? Die Damen und Herren in der Tab. 1 können darauf vielleicht eine Antwort geben.

Tab. 1: Deutschsprachige Lehrstühle und FH-Professuren über Beratung[2]

Universität/FH/ Berufsakademie	Besonderheiten	Kontakt
Berufsakademie Villingen-Schwenningen	Consulting als Nebenfach für Wirtschaftsberater und Steuerprüfer	NN
FH Furtwangen	Business Consulting	Prof. Dr. *P. Mattheis*
FH Bonn-Rhein-Sieg	Lehrstuhl für Unternehmensberatung	Prof. Dr. *D. Fink*
FH Offenburg	International Business Consulting (Master)	Prof. Dr. *R. Fischer*
FH Oldenburg/Ostfriesland/Wilhelmshaven	Business Consulting	*H. W. Fischer*
FH Pforzheim	International Consulting	Prof. Dr. *Jürgen Janovsky*
FH Ludwigshafen am Rhein	Lehrstuhl für Unternehmensberatung	Prof. Dr. *R.-D. Reineke* und Prof. Dr. *C. Niedereichholz*
Technische Universität München	Betriebswirtschaftslehre Accounting – Auditing – Consulting	Prof. Dr. Dr. h.c. *W. Lück*
Universität Witten-Herdecke	Unternehmensführung und Unternehmensberatung	Prof. Dr. *G. Walger*

Dieses Buch soll

- auf Basis einer fundierten Definition und Ein-/Ausgrenzung benachbarter Themenfelder eine Übersicht über die Bandbreite und die Facetten von Beratung und der Unternehmensberatungsbranche bieten,
- vorhandene Literatur – sofern sie nicht als reine Werbung für den Beratungsansatz eines Unternehmens zu verstehen ist – in das Gesamtbild der Branche einordnen,
- Verständnis für den Markt und die Marktentwicklung der Branche geben,
- Unternehmensberatungen als Unternehmenstypus untersuchen,
- die betriebswirtschaftlichen Funktionen in einer Unternehmensberatung darstellen,
- eine detaillierte Sicht der Kunden auf die Beratung darstellen,
- Beratung aus Sicht der Prozesse von Unternehmensberatungen zeigen,
- Beratungsprodukte klassifizieren,
- eine Prognose über die Zukunft von Beratung wagen und Meinungen aus der Literatur hierzu geordnet darstellen,
- Sachverhalte mit weiterem Untersuchungsbedarf über Unternehmensberatung aufzeigen.

[2] Angaben ohne Gewähr. Nicht aufgenommen wurden Institute, deren Lehrstuhl oder Professur nicht auch den Titel Consulting oder Unternehmensberatung enthielt. Es gibt darüber hinaus einige Fachhochschulen und Universitäten, an denen Unternehmensberatung Gegenstand von Vorlesungen oder Seminaren ist (z. B. Prof. Dr. *Wohlgemuth*, ETH Zürich).

Dieses Buch kann und soll nicht

- einen Verriss der Managementkonzepte oder Schmäh der Beraterbranche liefern,
- Hurra-Literatur für den Beratereinsatz oder einzelne Beratungskonzepte sein,
- im Text Werbung für einzelne Beratungsfirmen machen – auch nicht für die Firmen, deren Mitarbeiter oder Eigentümer die Autoren sind,
- einzelne, eher allgemeine Techniken der Beratungsarbeit wie z. B. Kreativitätstechniken, Zeitmanagement, Moderation von Workshops und Projektarbeit so detailliert vorstellen, wie dies ein Methoden-Lehrbuch zu den Themen leisten müsste.

1.2 Worum geht es?

In den nachfolgenden Kapiteln soll das Thema Unternehmensberatung in allen üblichen Facetten durchdekliniert werden. Hierzu gehören

- eine Definition des Begriffs und die Abgrenzung von Unternehmensberatung gegenüber anderen Formen der Beratung,
- die Darstellung der Geschichte und des Geschäftsmodells der Beratung,
- die betriebswirtschaftlichen Funktionen in Beratungsunternehmen,
- die Darstellung von Beratung als Prozess und als Produkt[3],
- Inhouse-Beratung als betriebliche Funktion und externe Beratung als Dienstleistungsgeschäft mit unterschiedlichen Geschäftsmodellen,
- Kunden der Beratung und Beratung aus der Sicht der Kunden,
- die Rollen des Beraters (z. B. Problemlöser, Krisenmanager, Promotor, Moderator/Prozessberater, Neutraler Dritter, Ersatz für fehlendes eigenes Personal, personifizierte Risikohaftung usw.),
- die Zukunft der Beratungsunternehmen: Kann man sie überhaupt erkennen und sind irgendwelche Trends auszumachen?

1.3 Zielgruppen

Zielgruppen unseres Buches sind folgende Leser:

- Studenten der angrenzenden Studienfächer sowie der wenigen, aber in letzter Zeit zahlreicher gewordenen Lehrstühle, FH- oder BA-Studiengänge mit Schwerpunkt in Consulting/Unternehmensberatung.

[3] Beratungsprodukte können auch von Linienmanagern oder Stabsabteilungen erstellt werden. Projektarbeit als die arbeitsorganisatorische Form der Erstellung von Beratungsleistungen ist nicht auf Unternehmensberatung beschränkt.

- Interessenten für den Beruf als Berater, wobei hier eher die Interessenten an einem Anstellungsverhältnis bei einer mittelständischen oder großen internationalen Beratungsgesellschaft angesprochen sein dürften als diejenigen, die sich selbstständig machen wollen.
- Mitarbeiter von Unternehmensberatungen, die sich einen Überblick über ihre Branche verschaffen wollen. Insbesondere in den großen Unternehmensberatungen, die Absolventen direkt von der Hochschule rekrutieren, fehlt es nicht selten an einem neutralen Überblick über ihr Gewerbe. Sie werden „von Kindesbeinen an" mit der Sichtweise ihres Hauses auf die Welt großgezogen und haben vielfach einen schlechteren Überblick über die Branche als die Einkäufer auf Kundenseite.
- Kunden von Unternehmensberatungen, die sich ein Bild von den Hintergründen der Branche machen sowie unabhängige Informationen über die Erfolgswahrscheinlichkeit von Beratungsprodukten und der Ausprägung der internen Funktionen von Unternehmensberatungen einholen wollen.
- Akademische Lehrende, die sich einen reflektierten Überblick sowie zahlreiche Literaturverweise und Forschungsideen verschaffen wollen.
- Journalisten, die bei der Intransparenz der Beraterbranche eine schwere Aufgabe damit haben, Beratungsanbieter wirklich zu verstehen. Zu den oft missverständlich beschriebenen Themen gehören die Gliederung der Branche sowie unrichtige Darstellungen der Firmengeschichte und der Karriere bei Beratungsfirmen[4]. Die manchmal nicht optimale Qualität mag sicher auch dem Umstand geschuldet sein, dass die Branche recht schnelllebig ist und in bestimmten Fällen von sich aus gar keine öffentliche Richtigstellung anstrebt.
- Marketing-Verantwortliche in Beratungsfirmen, die ihren Kunden einen fundierten und nicht vordergründig geschönten Überblick der Branche geben wollen.
- Hochschulangehörige, die Gelegenheitsausflüge in die Unternehmensberatung machen.
- Betriebsräte und Gewerkschafter, die sich bei Aktivitäten von Beratern im Hause über den Hintergrund der Branche informieren möchten.
- Manager von Kundenfirmen, die sich bei Aktivitäten von Beratern im Hause über Stärken und Schwächen informieren möchten.

Da die Zielgruppe unseres Buches recht groß und heterogen ist, wird nicht jeden jedes Kapitel gleichermaßen interessieren. Aus diesem Grunde sind die Kapitel jeweils für sich eigenständig lesbare Einheiten, die jedoch Wiederholungen weitgehend vermeiden und daher ggf. auf andere Kapitel verweisen.

[4] Als ein Beispiel stellvertretend für andere sei der Artikel „Die Beraterbranche durchlebt ein Jahr der Namenswechsel" in der *FAZ* vom 28.7.2001 (*o.V.* [1], 2001) genannt. Berichtet wurde über die Namenswechsel in der Branche und behauptet, sie sei bei allen Firmen auf Druck der amerikanischen Börsenaufsicht FEC zustande gekommen. Ausgerechnet das besonders prominent und mit Bild vorgestellte Beispiel von *Accenture* und *Arthur Andersen* ist falsch gewählt: *Accenture* und *Arthur Andersen* hatten ihre Trennung schon vor der damals aktuellen Diskussion eingeleitet, der Grund waren Meinungsverschiedenheiten über den internen Gewinnausgleich.

1.4 Methoden der Gewinnung von Erkenntnissen

In den nachfolgenden Kapiteln werden die Autoren – dies ist ja das Ziel des Buches – zu Aussagen über die Branche kommen. Den Autoren ist dabei bewusst, dass sie sich teilweise auf schwankendem Boden bewegen. Aus diesem Grund seien nachfolgend einmal die möglichen Erkenntnisquellen aufgelistet und deren Besonderheiten kurz herausgestellt:

- Veröffentlichte Aussagen von Beratern selbst: Sie machen einen großen Teil der Informationen über die Branche aus und wirken oft besonders plausibel und authentisch, weil sie von kompetenten Marktteilnehmern selbst stammen. Jedoch ist hier auch Vorsicht angesagt: Jeder Berater lebt selbst in einer mehr oder weniger stark abgegrenzten Wettbewerbswelt. Aufgrund des hohen beruflichen Zeitdrucks ist er selten in der Lage, sich ohne geschäftlichen Grund einen echten Überblick über die Branche zu verschaffen, vielmehr lebt er in der mehr oder weniger großen Nische seines Marktes. Darüber hinaus prägt die starke Binnenkultur vieler Beratungsfirmen auch Wahrnehmungsweisen, die eher die eigenen verkäuferischen Interessen bedienen als einen neutralen Blick.
- Studien von Beratungsanbietern. Viele Unternehmensberatungen befragen den Kundenmarkt über ihre Einschätzung von Beratungsprodukten. Befragungen dieser Art betreffen oft einzelne Managementwerkzeuge und Managementkonzepte und sind daher inhaltlich interessant. Die Untersuchungen sind einerseits ein Erkenntnismittel für eigene Vertriebsanstrengungen der Berater und andererseits – sofern veröffentlicht – ein Marketingmittel und sollen signalisieren, dass der Anbieter den Markt kennt, sich für die Meinung der Nachfrager interessiert und selbst Beratungsleistungen erbringt. Da diese Zwecke erreicht werden können, ohne den Markt wirklich repräsentativ zu untersuchen, spiegeln die Teilnehmer der Befragung oft hinsichtlich Branchenzugehörigkeit und Anteil an der Beratungsnachfrage nicht den Gesamtmarkt wider, sondern nur die durch Befragung leicht erreichbaren Teile davon oder besonders interessante Kundengruppen wie z. B. sehr große Unternehmen.
- Zeitschriften/Magazine und Zeitungen: Artikel aus der Presse haben den Vorteil hoher Aktualität und sehr detaillierter Aussagen, allerdings ist die inhaltliche Qualität manchmal kritisch in Frage zu stellen[5]. Es ist zu beobachten, dass sich einige Journalisten von Wirtschaftsmagazinen über die Jahre hinweg wiederholt mit dem Thema „Beratung" beschäftigen und dabei auch von Artikel zu Artikel differenziertere Sichtweisen entwickeln und Quellen kritischer bewerten können.
- Spezielle Statistiken des *Bundesverbandes Deutscher Unternehmensberatungen (BDU):* Diese Verbände beurteilen den Anbietermarkt aufgrund von Schätzungen aus Mitgliederbefragungen. Sie erreichen damit i. d. R. wesentlich mehr Teilnehmer ihrer Untersuchung als dies einzelne Beratungsanbieter mit ihren Studien tun. Da die Mitglieder aber nur einen Teil der geschätzten Gesamtumsätze der

[5] Z. B. wird in einigen Zeitschriftenartikeln der Zeitschrift CAPITAL über vergleichende Untersuchungen bekannter Unternehmensberater berichtet. Die Plausibilität der dort berichteten Ergebnisse wird in Abschnitt 8.1.4 an einem Beispiel hinterfragt.

Branche repräsentieren (z. B. 26 % in 2002 beim *BDU* in Deutschland, s. *BDU*, 2003) bleibt natürlich ein Unsicherheitsbereich.

- Unabhängige Forschungseinrichtungen und internationale Wirtschaftsdienste (z. B. *Freedonia, Gartner-Dataquest, IDC*), die entgeltpflichtige Analysen anbieten. Ein Teil dieser Informationen beruht wiederum auf den Angaben der Verbände, wohl wegen dieser Überschneidung zu kostenfreien Informationsangeboten konzentrieren sich diese Dienste inhaltlich oft auf Zukunftsprognosen.
- Fachartikel in Fachmagazinen und Monographien. Über Unternehmensberatung liegen nur relativ wenige Aufsätze in wissenschaftlichen Fachzeitschriften vor, aber es gibt eine größere Anzahl von Branchenzeitschriften und Monographien – darunter auch einige gute Dissertationen – zu Spezialthemen. Manchmal profitiert der Leser von der Fähigkeit des Autoren, interessante Facetten des Phänomens Unternehmensberatung herauszuarbeiten, manchmal sind die dargestellten Themen allerdings auch sehr randständig (s. Übersicht der Literatur in Abschnitt 15.1).

2 Was ist Unternehmensberatung?

Aufgabe des ersten Abschnitts in diesem Kapitel ist es, eine Definition der Unternehmensberatung zu geben. Im zweiten Abschnitt werden die Segmente des Anbietermarktes näher vorgestellt.

2.1 Begriffsdefinition

Was ist ein Unternehmensberater, bzw. was versteht man unter dem Begriff „Unternehmensberatung"? Die Antwort ist auf den ersten Blick einfach: Fast alles und nichts. Da in den meisten Ländern dieser Erde (Ausnahmen: Österreich[6] und Kanada[7]) ein rechtlicher Schutz dieser Berufsbezeichnung fehlt, darf sich jeder, der dies möchte und geschäftsfähig ist, Unternehmensberater nennen.

Doch nun, nachdem bisher wie selbstverständlich der weitgehend etablierte Begriff „Unternehmensberatung" benutzt wurde, zunächst ein Blick in die Literatur. Hier überrascht den Leser eine Vielzahl teilweise synonym, teilweise mit der Absicht der Unterscheidung gebrauchter Bezeichnungen wie Berater, Unternehmensberater, Consultant, Organisationsberater, Organisationsentwickler, Management-Consultant, Strategy-Consultant, vom jeweiligen Autoren mit mehr oder weniger sorgfältiger Definition eingeführt. Diese Vielfalt hat ihre Wurzeln zum einen in Vorlieben der Autoren und zum anderen in der möglichen Vielfalt von unklar abgegrenzten Tätigkeiten und Rollen (siehe Abschnitt 10.1.), für die der eine oder andere Interessierte, d.h. Verbände, Beratungsfirmen, Einzelberater (vgl. ähnliche Begründung *Steyrer*, 1991, S. 8) auch eine Nische zu definieren versucht. Folgt man der Absicht, eine eindeutige und unterscheidbare Bezeichnung zu finden, dann gibt es keine vollständige Freiheit in der Wahl. Andere Disziplinen wie die Medizin oder die Psychologie beanspruchen z.B. den Begriff der „Beratung" oder des „Consulting" auch für sich[8]. Zudem kommen sie im Privatleben und auch in der täglichen Arbeit in Unternehmen vor, daher bedarf es schon einer ab- und eingrenzenden Präzisierung. Diese kann durch eine Ergänzung zum Begriff „beraten" oder „consulting" erfolgen. Ein erster Kandidat ist „Management", das volle Wort dann also „Managementberatung". Dieser Begriff ist häufig anzutreffen, allerdings grenzt er den Kundenkreis der Beratung auf Manager bzw. das Management

[6] Anders als in den meisten Ländern der Welt wird in Österreich der Begriff durch die Wirtschaftskammer offiziell definiert. Daneben gibt es auch verbindliche und klare Bestimmungen hinsichtlich Ausbildung, Prüfungsverfahren, Honoraren, Haftung etc.

[7] *Niedereichholz*, 2001, S. 17.

[8] Bei der Suche nach dem Begriff „Consulting" in wissenschaftlichen Datenbanken mit Fachzeitschriften sind die meisten Treffer medizinische oder psychologische Publikationen.

unnötig ein. Große Veränderungsprojekte oder IT-Projekte bringen den Berater oft auch mit Nicht-Managern auf Kundenseite in Kontakt. Von daher eignet sich der Begriff „Unternehmen-" schon besser, um den Tätigkeitsumfang einzuschließen. Allerdings ist auch er noch nicht weit genug, da er den „Betrieb" und Non-Profit-Organisationen ausschließt (genauso *Steyrer*, 1991, S. 9). Als neutralerer Begriff ist daher „Organisationsberatung" noch besser geeignet, aber weniger gebräuchlich. Aus diesem Grund soll hier weiterhin die Bezeichnung „Unternehmensberatung" benutzt werden.

In der Literatur unterliegt der Begriff „Unternehmensberatung" und die Tätigkeitsbeschreibung für Berater einer kontinuierlichen Entwicklung. In den 60er Jahren (*Jonasch*, 1965, zitiert n. *Schrädler*, 1996, S. 12) findet man die Definition:

„Mitwirkung bei der Erstellung und Beurteilung des der Entscheidung dienenden Unterlagenmaterials."

Folgt man dieser Aussage, dann ist die Rolle des Unternehmensberaters sehr eingeengt. Ein weiterer Definitionsversuch, der Berater dann auch schon mehr in die Pflicht nimmt, findet sich bei *Mugler/Lampe* (1987, S. 478), die Unternehmensberatung definieren als

„... eine Dienstleistung, die durch Externalität, Unabhängigkeit und Professionalität gekennzeichnet ist. Leistungsinhalt ist die Erarbeitung betriebswirtschaftlicher Probleme in Form von deren Identifikation, Hilfe bei der Problemlösung, Empfehlung von Maßnahmen und Mithilfe bei der Umsetzung von Lösungskonzepten."

Bedenkenswert hieran ist, dass diese Formulierung eine Inhouse-Beratung nicht einschließt. Die Definition von *Niedereichholz* (1993, S. 109) ...

„... Unternehmensberatung ist ... eine Dienstleistung, die durch eine (oder mehrere) unabhängige und qualifizierte Person(en) erbracht wird. Sie zielt darauf ab, Probleme zu analysieren, die mit Kultur, Strategien, Organisation, Verfahren und Methoden im Unternehmen des Auftraggebers zusammenhängen. Es geht darum, Lösungen zu erarbeiten, ihre Umsetzung zu planen und für die Realisierung zu sorgen."

... ist offener als diejenige von *Mugler*, schließt jedoch durch das Attribut „unabhängig" ebenfalls wahrscheinlich Inhouse-Berater sowie Beratungsunternehmen, hinter denen ein Konzern steht oder die andererseits auch Software- oder Hardwareanbieter sind (wie z. B. *SAP*, *IBM*), aus. Als Ergebnis einer vergleichenden Betrachtung vieler Definitionen, die sich seiner Meinung nach annähern, kommt *Sommerlatte* (2000, S. 10 f.) zu folgendem Vorschlag:

„Unternehmensberatung ist eine auftragsindividuelle Dienstleistung professioneller, unabhängiger, organisationsinterner oder -externer Personen, die im Rahmen zeitlich und sachlich abgegrenzter Projekte zur Lösung betriebswirtschaftlicher Probleme öffentlicher oder privatwirtschaftlicher Organisationen erbracht wird, innerhalb derer die Leistungserbringer über keinerlei Entscheidungs- oder Durchsetzungskompetenz verfügen."

Wenn man „professionell" mit „fachlich versiert" übersetzt, dann bleibt ein Aspekt bei dieser Definition unklar, nämlich die Beziehung des Beratenden zu seiner Beratungstätigkeit. Wenn ein Linienmanager seinem Vorgesetzten einen Rat gibt, dann spricht man nicht von „Unternehmensberatung", obwohl vielleicht das gleiche passiert wie bei einem externen oder internen Unternehmensberater. Manche IT-Abteilung bastelt selber zusammen, was externe Berater gerne verkauft hätten. Frage: Wie grenzt man diese interne Gelegenheitsberatung begrifflich von Organisationsberatung ab? Am besten durch das Erwerbsinteresse des Beraters, der überwiegend durch die Beratung Einkommen erzielt und nicht Beratung als Nebenaufgabe einer ganz anderen Tätigkeit ausübt.

Ein weiterer Aspekt ist die konkrete Kundennachfrage. Der Hofnarr des Mittelalters konnte nach Belieben Witze machen oder auch – direkt oder indirekt – versuchen, seinen Herrscher zu beraten (vgl. Abschnitte 3.1). Wann, wie und ob er es tat, lag in seinem Ermessen. Moderne Beratungsfirmen treten nur dann in Aktion, wenn ein Kunde per Ausschreibung Unterstützung sucht, anderweitig nachfragt oder aber der Berater ein Geschäft wittert und initiativ auf die Kunden zugeht. Beratung als Selbstzweck, als weit untergeordneter Nebenaspekt einer ganz andersartigen Tätigkeit oder als Hobby seien hier von der weiteren Betrachtung ausgeschlossen.

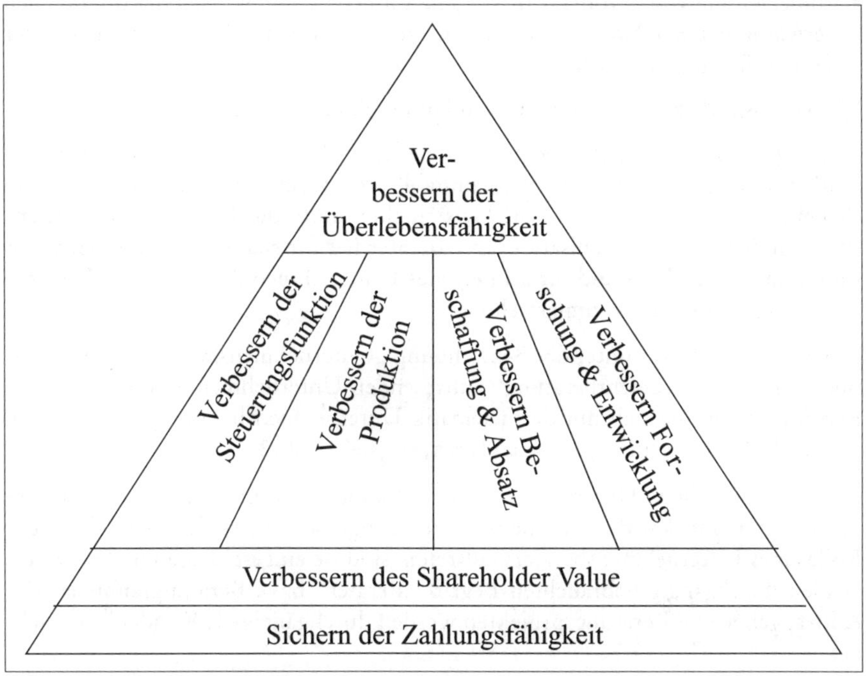

Abb. 1: Generische Zwecke der Unternehmensberatung (mod. n. Abb. 1.1 in Kubr, 1996)

Ein letzter Gesichtspunkt ist der intendierte Nutzen der Beratung. Eine moderne Ansicht sagt, dass der „Shareholder Value" erhöht werden soll. Angesicht möglicher Kursverluste von Aktienfirmen aufgrund psychologisch induzierter Baissestimmungen erkennt man schnell, dass dies zwar ein erwünschter Effekt sein mag, der jedoch realistisch zu fordernde Mindestnutzen niedriger zu veranschlagen ist:

Durch Beratung soll die Organisation besser dastehen als ohne Beratung, im Bereich von Wirtschaftsunternehmen soll ihre Überlebensfähigkeit mit Beratung besser sein als ohne[9]. Wodurch dieses „besser" erreicht ist, sollte angesichts der großen Vielfalt von tatsächlich vorkommenden Fallgestaltungen offen bleiben, die in der Abb. 1 wiedergegebene „Zweckhierarchie" bildet daher auch nur eine Teilmenge ab.

Eine Gegenüberstellung der diskutierten Definitionen zeigt aber, dass inzwischen durchaus ein gewisser Konsens bezüglich der Abgrenzungskriterien und Wesensmerkmale von Beratungsunternehmen besteht. Unterschiede in der Definition und Abgrenzung von Unternehmensberatung bestehen auf folgenden Gebieten:

- Einbeziehung verschiedener Geschäftsformen von Beratung, z. B. die „nebenberuflich" bzw. nur phasenweise arbeitenden studentischen Beratungsunternehmen oder andere Berufsgruppen, wie z. B. Wirtschaftsprüfer, die nur noch sporadisch auch Unternehmensberatung leisten.
- Einbeziehung von Inhouse-Consulting.
- Einbeziehung von „Non-Profit-Organisationen" einschließlich der öffentlichen Verwaltung in den Kreis potenzieller Kunden (diese sind „Organisationen", aber zumeist keine „Unternehmen").

Die Verfasser dieses Buches definieren Unternehmensberatung wie folgt:

Unternehmensberatung ist eine professionelle, zur hauptberuflichen Tätigkeit wesentlich dazugehörende oder diese sinnvoll ergänzende Dienstleistung mit dem Ziel einer Verbesserung der Überlebensfähigkeit und/oder Ertrags- bzw. Kostensituation der Kundenorganisation. Der Berater hat für sich selbst die Absicht der Einkommenserzielung und für sein eigenes Unternehmen das Ziel einer Umsatzsteigerung und/oder Gewinnerzielung.

Neben den am Markt unter der Bezeichnung „Unternehmensberatung", „Consulting" oder „Managementberatung" auftretenden Unternehmen existieren weitere Berufsgruppen, die sich mit der Thematik Unternehmensberatung professionell, aber nicht hauptberuflich, auseinandersetzen (siehe Tab. 2).

Diese „Gelegenheits-Unternehmensberater" anderer Berufsgruppen werden hier nicht weiter mit den Besonderheiten ihrer Tätigkeit vorgestellt. Wenn sie in der Rolle eines Unternehmensberaters auftreten, sind sie eingeschlossen in den im folgenden durchgängig gebrauchten Begriff „Berater" bzw. Beratungsanbieter. Die Auftraggeber von Beratungsprojekten werden durchgängig als Kunden[10] bezeichnet.

---

[9] Für dieses Ziel lassen sich je nach theoretischem Hintergrund der Autoren verschiedene konkrete Begriffe finden: Die einen erhöhen generell die Lernfähigkeit oder Problemlösekompetenz (z. B. *Mohe* et al., 2002), andere erhöhen die Flexibilität und Kontrollierbarkeit (z. B. *Adizes*, 1995).

[10] In der Branche bezeichnen viele Beratungsanbieter ihre Nachfrager auch als „Klienten". Dieser u. a. bei Rechtsanwälten gebräuchlichen Terminologie wird hier nicht gefolgt, weil dem ursprünglichen lateinischen Begriff etwas Abfälliges innewohnt: Klienten waren i. d. R. landlose Plebejer, die von ihrem Patron rechtlich und materiell abhängig waren. Dies trifft auf Kunden der Unternehmensberatung nicht zu.

Tab. 2: Unternehmensberatende Berufsgruppen außerhalb der Unternehmensberatung

Berufsgruppe	Beschreibung des Beratungsschwerpunktes
Architekten	Bauplanung, Bauausführung und Innneraumgestaltung sowie viele „Randthemen" im Bereich von Immobilien
Banker/Investmenthäuser	Firmenkäufe und -verkäufe, Unternehmensbewertung („due diligence"), Finanzierungsoptionen
Hochschulprofessoren der Wirtschaftswissenschaften	Gutachten zu Fragen bzgl. der Investition, Operations Research, Rechnungswesen und Controlling
Ingenieure	Produktbezogene Ingenieurleistungen und Beratung hinsichtlich Ergonomie und Ablaufeffizienz, außerdem technisch orientierte Qualitätssicherung
Marketingagenturen	Marketingwerkzeuge, -strategie und Corporate Design
Personalberater	Personalsuche, Outplacement, Entgeltfindung, Personalbenchmarking usw. (vgl. Abschnitt 7.2.4.)
Qualitätszertifizierer	DIN ISO 9000ff. zertifizieren, Audits usw.
Rechtsanwälte	Wahl der Rechtsform eines Unternehmens, Vertragsgestaltung mit Kunden, arbeitsrechtliche Fragen
Softwareanbieter	Installation und Standardimplementation ihrer Software, Schnittstellen, Datenmigration, Software-Schulung, zunehmend auch echte Unternehmensberatung
Steuerberater[11]	Steuerbilanz, steuerliche Wahlmöglichkeiten
Verbände	Das *Rationalisierungskuratorium der deutschen Wirtschaft (RKW)*[12] sowie die Innungen, die IHK und andere Organisationen beraten in erheblichem Umfang in allen betriebswirtschaftlichen Fragen
Wirtschaftsprüfer[13]	Ordnungsmäßigkeit des Abschlusses sowie controlling- und rechnungswesennahe Produkte der Beratung
Wirtschaftstreuhänder	Zeitweise Verwaltung/Management eines Unternehmens anstelle der Eigentümer usw.

[11] Steuerprüfer und Wirtschaftsprüfer werden je zu ca. 50 % von kleineren und mittelständischen Firmen in Anspruch genommen. Insgesamt haben ca. 75 % dieser Unternehmen zumindest eine dieser beiden Berufsgruppen im Hause (*LachnitMüller*, 1993, S. 1384). Ihr Marktdurchdringungsgrad ist damit größer als derjenige von hauptberuflichen Unternehmensberatungen. Beide Berufsgruppen leisten ausgehend vom Rechnungswesen und Controlling interfunktionelle Beratung. Eine Diskussion und mikroökonimische Bertrachtung der Vorteile von Wirtschaftsprüfung und Beratung gibt *Lange* (1993).

[12] Das *RKW* setzt ausschließlich freiberufliche Berater ein, ca. 1.500 Personen jährlich (*Hummel/Zander*, 1998, S. 89).

[13] Vgl. *Thronberens* (1995).

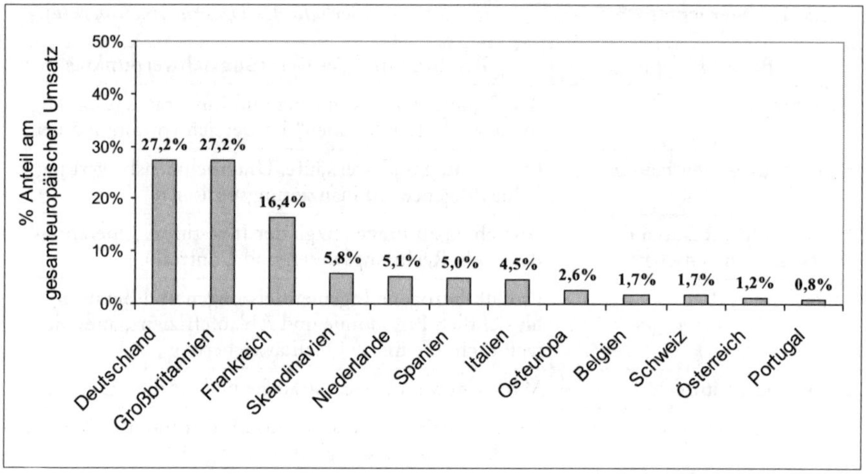

Abb. 2: Prozentanteile Beratermarkt Europa 2001 (FEACO, mod. n. BDU, 2003, S. 15)

2.2 Struktur des Anbietermarktes

Das europäische Volumen für externe Beratungsleistungen betrug im Jahr 2001 ca. 47,5 Milliarden Euro, für interne Beratung gibt es keine seriösen Schätzungen des geldwerten Volumens. Die größten nationalen Märkte in Europa sind Großbritannien und Deutschland mit jeweils 27,2 % Anteil am europäischen Gesamtmarkt bzw. jeweils ca. 12,3 Milliarden Euro Umsatz (s. Abb. 2). Großbritannien hat ein etwa nur halb so hohes Bruttoinlandsprodukt wie Deutschland. Die relative Bedeutung der Unternehmensberatungsbranche ist daher dort wesentlich höher als in Deutschland. In Österreich kommt die Branche auf ca. 575 Millionen Euro Umsatz, in der Schweiz werden ca. 808 Millionen Euro umgesetzt (alle Daten für 2001 von der *FEACO*, zitiert n. *BDU*, 2003). Der Weltmarkt für Unternehmensberatung hatte laut *IDC* im Jahr 2001 ein Gesamtvolumen von ca. 100 Milliarden Euro.

In diesen Summen verbergen sich ganz verschiedenartige Leistungen, daher muss man für eine nähere Betrachtung den Markt gliedern. Aus Kundensicht kann man den Anbietermarkt wie folgt segmentieren[14]:

- Betätigungsfelder der Anbieter nach Beratungsthema
- Umsatz der Anbieter nach Branche der Nachfrager
- Größe und geographische Ausrichtung der Anbieter

[14] *Walger* (1995) gliedert den Anbietermarkt in (1) Gutachterliche Beratung, (2) Fach-/Expertenberatung, (3) Organisationsentwicklung und (4) Systemische Beratung. Diese Gliederung ist rein begrifflich unglücklich: Was ist der Unterschied zwischen einem Experten, der ein Gutachten schreibt, und demjenigen, der eine Fach-/Expertenberatung durchführt? Wieso taucht die wirtschaftlich sehr bedeutsame IT-Beratung nicht auf der Überschriftenebene auf? Die wirtschaftliche Bedeutung der systemischen Beratung dürfte schon in Deutschland gering sein, weltweit existiert sie nicht. Wieso billigt ihr *Walger* eine eigene Kategorie zu?

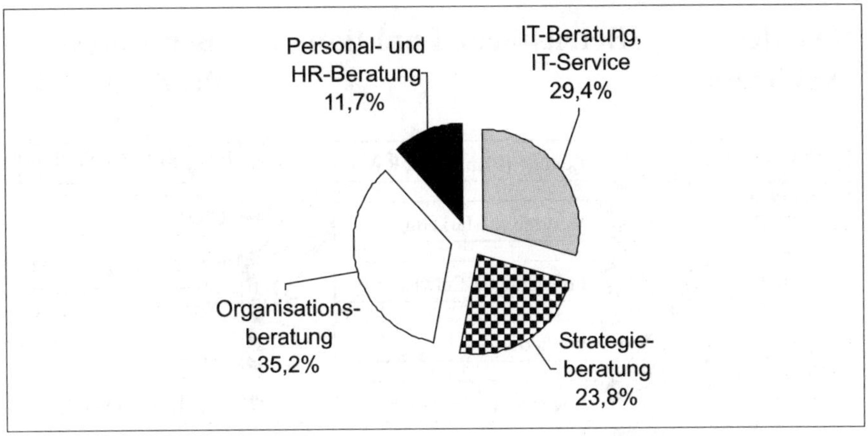

Abb. 3: Segmentierung Beratungsmarkt Deutschland 2002 (mod. n. BDU, 2003, S. 10)

Diese drei Arten der Segmentierung werden nachfolgend mit Volumenangaben über die Märkte dargestellt. Der *Bundesverband Deutscher Unternehmensberater (BDU)*[15] weist jährlich die Umsätze in folgenden vier Betätigungsfeldern aus:

- Strategieberatung
- Organisationsberatung
- Human-Resource-Management
- IT-Beratung/IT-Services.

Wie sich der deutsche Markt hinsichtlich dieser Beratungsfelder prozentual aufteilt zeigt die in Abb. 3 wiedergegebene Schätzung[16].

Welche Dienstleistungsprozesse und -produkte sich hinter diesen Beratungsfeldern verbergen, soll in Kapitel 7 ausführlicher erläutert werden. Die durch Beratung betroffenen betrieblichen Funktionen und einige der jetzt viel verkauften Beratungsprodukte (vgl. auch Kapitel 7) werden in Abb. 4 aufgeführt. Sie zeigt eine erhebliche Überlappung bzw. Un-Eindeutigkeit in der Zuordnung von Typ der Beratungsanbieter und Beratungsprodukt sowie zwischen Beratungsanbieter und betroffener betrieblicher Funktion. Diese schon bei statischer Betrachtung auffäl-

[15] Der *Bundesverband Deutscher Unternehmensberater BDU* zählte 2002 exakt 552 Mitgliedsunternehmen mit insgesamt ca. 3,1 Mrd. € Umsatz und repräsentiert nach eigenen Schätzungen damit nach Umsatz ca. 26 % vom deutschen Beratermarkt (*BDU*, 2003). Nach Zahl der Unternehmen repräsentiert er aber nur ca. 3,8 % der geschätzten ca. 14 440 Beratungsunternehmen, allerdings ca. 23 % der Beschäftigten in der Unternehmensberatungsbranche (16 000 Beschäftigte in Unternehmen mit *BDU*-Mitgliedschaft, geschätzte ca. 68 700 Beschäftigte in der Branche insgesamt).

[16] Diese Schätzung weist zwei Unsicherheitsfaktoren auf: (1) Zum einen wird von den Angaben der Befragungsteilnehmer auf den gesamten Markt hochgerechnet (Repräsentativität), zum zweiten können Beratungsanbieter oft keine „spitzen" Zahlen über Beratungsanteile dieser Segemente aus ihrer Buchführung entnehmen. Dies ist deshalb so, weil Mischprojekte nach Überwiegendgesichtspunkten rechnerisch komplett in eine der großen Beratungskategorien, z. B. Strategie, Prozess, Personal, hineingerechnet werden. Daher sind die Zahlenwerte nur als Angabe über die Größenordnung zu verstehen.

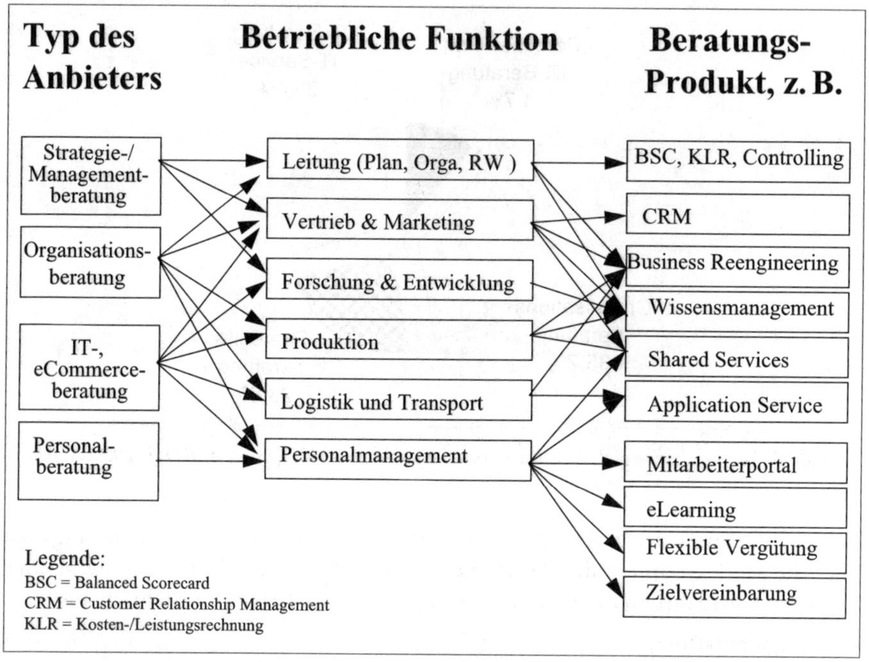

Abb. 4: Typ des Beratungsunternehmens, betriebliche Funktion und Beratungsprodukt

lige Unschärfe der Grenzen zwischen den Anbieter-Typen ist bei Beobachtung der Entwicklung über die letzten Jahre hin nicht zu übersehen. Die Unterschiede sind kleiner geworden.

Lünendonk fasst für seine jährlich erscheinenden Umsatzstatistiken einzelner Anbieter die Beratungsfelder „Strategieberatung" und „Organisationsberatung" unter dem Begriff „Management-Beratung" zusammen. Tab. 3 gibt eine Übersicht über die „Top 25" in Deutschland. Aufnahmekriterium für die gelisteten Management-Beratungen ist ein Umsatzanteil von mindestens 60 % in den „klassischen" Bereichen der Unternehmensberatung, wie z. B. Strategie, Organisation, Prozesse, Marketing und Vertrieb. Dies charakterisiert die Listen als Darstellung der Rangreihe von Beratungsanbietern mit überwiegendem Anteil von Management-Beratungsprojekten. Fremde Umsatzanteile der hier aufgenommenen Anbieter zählen mit, und umgekehrt gehen die Umsatzanteile für Managementberatung der ebenfalls nach dem Überwiegend-Kriterium ausgewählten IT-Beratungsfirmen verloren. Diese Eigenschaften sind kein die Tabellen völlig entwertender Mangel, bedeuten aber eine Einschränkung der Aussagekraft:

- Der höhere Rangplatz eines Anbieters zeigt nicht zwingend einen höheren Anteil am Markt eines bestimmten Beratungstyps wie z. B. Managementberatung an, sondern zunächst einmal nur einen höheren Gesamtumsatz. Beispiel: Firma A hat einen Umsatz von 100 Millionen Euro und erzielt 100 % davon mit Managementberatung. Firma B erzielt einen Umsatz von 110 Millionen Euro und hat einen Anteil von 60 % mit Managementberatung. In der Tabelle wird Firma

B vor A stehen, obwohl A für 100 Millionen Euro Managementberatung leistet und B nur für 66 Millionen Euro.

- Beratungsfremde Leistungen der Unternehmensberater, wie z. B. Gebühren für den Betrieb outgesourcter Teile von Unternehmen, sind in den Gesamtumsätzen enthalten, sie gehören aber gemäß der hier benutzen Definition von Unternehmensberatung nicht zu den Unternehmensberatungsgeschäften. Auch andere eventuell beratungsfremde Einnahmen, wie z. B. Erträge aus Beteiligungen, werden hier nicht systematisch herausgerechnet.
- Denkbar ist, dass überhaupt nicht in der Tabelle aufgeführte Firmen einen höheren Managementberatungs-Marktanteil haben als einige der gelisteten Unternehmen. Beispiel: Firma A ist mit 100 % Managementberatung und 100 Millionen Euro Umsatz als Managementberater gelistet. Firma X erzielt 500 Millionen Euro, davon sind jedoch nur 30 % Managementberatung. Obwohl X für insgesamt 150 Millionen Euro Managementberatung macht, wird sie nicht in der Rangreihe auftauchen.

In der Tab. 3 nicht enthalten sind die heutigen und ehemaligen Unternehmensberatungstöchter bzw. -Schwestergesellschaften der größten in Deutschland agierenden Wirtschaftsprüfungskonzerne (vgl. auch Kapitel 3), wie z. B. *Accenture* (vormals *Andersen Consulting*), *PricewaterhouseCoopersConsulting* (heute *IBM Global Business Services*), *Cap Gemini Ernst & Young*, *Bearing Point* (vormals *KPMG*) oder *Deloitte Consulting*. Diese Unternehmen erzielen heute den überwiegenden Teil ihrer Umsätze mit IT-Beratung und Systemintegration.

Tab. 3: Top 25 der Managementberater Deutschland 2002 (mod. n. Lünendonk, 2003[17])

	Unternehmen	Umsatz in Mio. Euro			Mitarbeiterzahl		U/MA in Mio. Euro	
		2002	davon Inland	2001	2002	2001	2002	2001
1	McKinsey & Company, Inc., Düsseldorf	**580**	580	605	**1.812**	1.798	**0,32**	0,34
2	Roland Berger & Partner GmbH, München *)	**526**	316	504	**1.685**	1.650	**0,31**	0,31
3	The Boston Consulting Group, München	**258**	258	239	**1.100**	1.150	**0,23**	0,21
4	A.T. Kearney, Düsseldorf	**215**	209	246	**543**	620	**0,40**	0,40
5	Deloitte Consulting GmbH Düsseldorf 1)	**215**	215	145	**683**	465	**0,31**	0,31
6	Booz Allen Hamilton GmbH, Düsseldorf	**160**	160	148	**384**	365	**0,42**	0,41
7	Detecon International GmbH, Eschborn 2) *)	**160**	100	100	**905**	600	**0,18**	0,17
8	Droege & Comp. AG, Düsseldorf	**128**	128	111	**345**	315	**0,37**	0,35
9	Mercer Consulting Group GmbH, München	**125**	125	106	**450**	300	**0,28**	0,35
10	Bain & Company Inc., München	**110**	110	105	**260**	260	**0,42**	0,40
11	IBM Unternehmensberatung GmbH, Hamburg 3)	**104**	104	93	**368**	365	**0,28**	0,25
12	Arthur D. Little GmbH, Wiesbaden	**85**	85	90	**280**	290	**0,30**	0,31
13	Management Engineers GmbH & Co. KG, Düsseldorf	**43**	39	38	**125**	105	**0,34**	0,36
14	MC Marketing Corporation AG, Bad Homburg	**42**	42	36	**160**	150	**0,26**	0,24
15	Horváth AG (Horváth & Partner Gruppe), Stuttgart	**41**	31	30	**209**	185	**0,19**	0,16
16	Kienbaum Management Consultants GmbH, Gummersbach	**34**	34	33	**195**	189	**0,17**	0,17
17	Simon, Kucher & Partners GmbH, Bonn	**30**	23	29	**169**	160	**0,18**	0,18
18	Towers, Perrin, Forster & Crosby Inc., Frankfurt	**29**	29	25	**140**	140	**0,21**	0,18
19	Kurt Salmon Associates GmbH, Düsseldorf *)	**28**	28	24	**160**	145	**0,18**	0,17
20	Celerant Consulting GmbH, München	**24**	17	18	**92**	85	**0,26**	0,22
21	Miebach Logistik Gruppe GmbH, Frankfurt am Main	**20**	10	22	**200**	235	**0,10**	0,09
22	Diamond Cluster Int. Managementberatung GmbH, Düsseldorf	**19**	19	18	**51**	50	**0,37**	0,36
23	BBDO Consulting GmbH, Düsseldorf	**15**	13	13	**65**	47	**0,23**	0,28
24	Putz & Partner Unternehmensberatung AG, Hamburg	**15**	15	16	**81**	83	**0,19**	0,19
25	Fichtner Consulting & IT AG, Stuttgart	**15**	9	15	**100**	100	**0,15**	0,15

*) Daten teilweise geschätzt
1) Mai 2002: Übernahmen von Arthur Andersen Business Consulting
2) Juli 2002: Fusion von Diebold und Detecon
3) Seit Januar 2003 integriert in IBM Business Consulting Services

[17] Gegenüber den originalen Tabellen von *Lünendonk* (2003) sind in Tab. 3 die beiden rechten Spalten mit Angabe der Umsätze je Mitarbeiter ergänzt.

Tab. 4 weist die größten IT-Beratungs- und Systemintegrationsunternehmen in Deutschland aus. Dieses Beratungssegment war in den vergangenen Jahren starken Schwankungen unterworfen. Die Jahrtausendwende, die Euro-Umstellung und der eCommerce-Boom bescherten hier einige „fette“ Jahre, der wirtschaftliche Einbruch im Sommer 2001 und die im Frühjahr 2003 immer noch anhaltende konjunkturelle Flaute führten anschließend zu teilweise starken Umsatzeinbußen.

Interessant ist der Vergleich der Umsätze je Mitarbeiter zwischen Managementberatungsunternehmen und IT-Beratern. Die größten Managementberatungsunternehmen können Pro-Kopf-Umsätze von 250 000 Euro und mehr aufweisen, während bei den größten IT-Beratern die Umsätze je Mitarbeiter nur ca. 100 000 bis 200 000 Euro erreichen.

Eine weitere Besonderheit des Beratungsmarktes kann man durch Bezugnahme der Umsätze einzelner Anbieter auf das Volumen des Gesamtmarktes (in Deutschland 2001: ca. 12,9 Mrd. Euro) berechnen: Selbst die Tabellenersten erreichen nur ca. 5 % bis 6 % des Gesamtmarketes für Unternehmensberatung[18]. Wenn man ihre Umsätze auf die Größe ihres Teilmarktes – Managementberatung oder IT – bezieht, erreichen die Spitzenreiter nur ca. 10 % des Gesamtmarktes, und die Zweit- und Drittplazierten der Tabelle sind relativ nahe. Ein Spitzenplatz in den Tabellen bedeutet also keine Marktführerschaft im Sinne der Dominanz über die Mitkonkurrenten.

Die dargestellten Tabellen benutzen den gesamten Jahresumsatz der Unternehmen als primären Vergleichsmaßstab, außerdem sind noch die Zahl der Mitarbeiter und

Tab. 4: Top 25 IT-Berater in Deutschland 2002 (mod. n. Lünendonk, 2003[19])

	Unternehmen	Umsatz in Mio. DM			Mitarbeiterzahl		U/MA in Mio. DM	
		2000	davon Inland	1999	2000	1999	2000	1999
1	Gedas GmbH, Berlin	**619**	144	628	**4.814**	5.211	**0,13**	0,12
2	CSC Ploenzke AG, Wiesbaden 1)	**608**	426	719	**4.823**	5.070	**0,13**	0,14
3	Accenture GmbH, Kronberg	**594**	594	644	**3.606**	3.450	**0,16**	0,19
4	Lufthansa Systems Group GmbH, Kelsterbach 2)	**557**	557	478	**4.200**	3.457	**0,13**	0,14
5	PriceWaterhouseCoopers Unternehmensberatung GmbH, Frankfurt 3)	**514**	514	476	**2.300**	2.150	**0,22**	0,22
6	Bearing Point GmbH, Frankfurt am Main 4)	**687**	687	524	**2.059**	1.380	**0,33**	0,38
7	Cap Gemini Ernst & Young GmbH, Berlin	**466**	466	519	**3.124**	3.555	**0,15**	0,15
8	SAP Systems Integration AG, Dresden	**293**	228	269	**1.819**	1.536	**0,16**	0,18
9	Atos Origin GmbH, Stuttgart	**250**	250	260	**2.200**	2.300	**0,11**	0,11
10	Beratungsgruppe Plaut Deutschland, Ismanning	**216**	71	282	**1.366**	1.622	**0,16**	0,17
11	IDS Scheer AG, Saarbrücken	**181**	115	160	**1.379**	1.381	**0,13**	0,12
12	Itelligence AG, Bielefeld	**169**	90	183	**1.465**	1.486	**0,12**	0,12
13	Softlab GmbH, München	**164**	104	173	**1.114**	1.230	**0,15**	0,14
14	MSG Systeme GmbH, Ismaning	**162**	148	144	**1.450**	1.300	**0,11**	0,11
15	Mummert Consulting AG, Hamburg	**158**	137	222	**1.200**	1.411	**0,13**	0,16
16	GFT Technologies AG, St. Georgen	**156**	123	148	**1.204**	980	**0,13**	0,15
17	Materna GmbH, Dortmund	**153**	153	181	**1.309**	1.344	**0,12**	0,13
18	PSI AG, Berlin	**151**	127	165	**1.338**	1.390	**0,11**	0,12
19	IT-Services and Consulting GmbH, Chemnitz	**144**	144	166	**1.300**	1.450	**0,11**	0,11
20	ESG Elektroniksystem- und Logistik GmbH, München	**143**	140	126	**990**	916	**0,14**	0,14
21	ESG Systeme GmbH, Ismaning/München	**250**	227	220	**1.150**	950	**0,22**	0,23
22	sd&m Software Design & Management AG, München	**129**	129	138	**897**	906	**0,14**	0,15
23	SerCon GmbH, Böblingen	**125**	125	161	**1.276**	1.649	**0,10**	0,10
24	Unilog Integrata AG, Tübingen	**113**	113	126	**1.111**	1.129	**0,10**	0,11
25	Entory AG, Karlsruhe	**73**	70	97	**379**	384	**0,19**	0,25

*) Daten teilweise geschätzt
1) Vorläufige Geschäftszahlen
2) Umsatz nur bedingt vergleichbar durch erweiterteten Konsolidierungskreis 2002
3) Seit Oktober 2002 integriert in IBM Business Consulting Services
4) Bis Oktober 2002 KPMG Consulting

[18] *McKinsey* in 2001: In Deutschland ca. 4,6 % des Gesamtmarktes für Beratung, *CSC Ploenzke* ca. 5,6 %.

[19] Gegenüber den originalen Tabellen von *Lünendonk* (2003) sind in Tab. 4 die beiden rechten Spalten mit Angabe der Umsätze je Mitarbeiter ergänzt.

Tab. 5: Die 25 größten Personalberater in Deutschland 2000 (mod. n. BDU, 2002[20])

	Unternehmen	Umsatz in 2000	
		DM	Euro
1	Kienbaum Executive Consultants GmbH	**127,0**	**64,9**
2	Heidrick & Struggles Consultants in Executive Search	**113,5**	**58,0**
3	Ray & Berndtson Unternehmensberatung GmbH	**87,0**	**44,5**
4	TMP Worldwide Search GmbH	**83,5**	**42,7**
5	Baumann Unternehmensberatung AG	**82,4**	**42,1**
6	Korn/Ferry Hofmann Herbold International GmbH	**80,0**	**40,9**
7	Egon Zehnder International GmbH	**72,5**	**37,1**
8	Spencer Stuart & Associates GmbH	**39,0**	**19,9**
9	Delta Management Consultants GmbH	**38,0**	**19,4**
10	Steinbach & Partner GmbH	**34,9**	**17,8**
11	Deininger Unternehmensberatung GmbH	**32,6**	**16,7**
12	Russel Reynolds Associates, Inc.	**30,4**	**15,5**
13	Mercuri Urval GmbH	**28,0**	**14,3**
14	CIVITAS International Management Consultants GmbH	**26,7**	**13,7**
15	Signium International - Ward Howell	**26,0**	**13,3**
16	Pape Consulting Group	**25,5**	**13,0**
17	Roland Berger & Partner GmbH	**23,2**	**11,9**
18	ifp Institut für Personal- und Unternehmensberatung	**23,0**	**11,8**
19	a_priori international AG Corporate Consult	**22,5**	**11,5**
20	Dr. Heimeier & Partner GmbH	**20,0**	**10,2**
21	Gemini Executive Search Consultants GmbH	**20,0**	**10,2**
22	Boyden International GmbH	**18,7**	**9,6**
23	Transearch Cetra Consulting GmbH	**17,2**	**8,8**
24	H. Neumann International GmbH	**16,6**	**8,5**
25	IIC Partners Executive Search Worldwide	**11,9**	**6,1**

damit auch der Umsatz je Mitarbeiter bekannt. Umsätze und Mitarbeiterzahlen sind nicht die einzigen denkbaren Kriterien für tatsächliche Marktbedeutung. Andere mögliche Kennzahlen sind ...

- die Anzahl der Kunden.
- die Anzahl der (erfolgreich) durchgeführten Projekte.
- die Erfolgsquoten der Beratungsunternehmen.
- die Anzahl bezahlter Personentage.

Leider gibt es für diese Werte keine periodisch erscheinenden Übersichten. Welchen potenziellen Kunden würden diese Kennzahlen nicht interessieren?

Daher ist der friedliche Streit um die Frage: „Wer ist denn nun der Größte im Beratungsmarkt?" nicht zu entscheiden, ein auch und gerade innerhalb von Beratungsunternehmen gelegentlich diskutiertes Thema[21]. Unabhängig von der unvollständigen und ungenauen Datenlage ist die Erklärung einer der Tabellenersten zum „Marktführer" auch nicht sinnvoll, weil zu viele Beratungsunternehmen sehr dicht

[20] Die Veränderung besteht in der zusätzlichen Angabe des Umsatzbetrages in Euro.
[21] Empirische Untersuchungen zeigen, dass für Kunden die Größe des Beratungsunternehmens kein besonders wichtiges Auswahlkriterium ist, siehe Abschnitt 4.1.2.

Tab. 6: Gegenseitige Einschätzung namhafter Beratungsunternehmen in Deutschland[22]

Firma	Strategie-beratung	Management-beratung	Technologie-beratung	IT-Beratung	System-integration	IT-Outscorcing	Prozess-Outscorcing
Boston Consulting Group	**84**	24	–	–	–	–	–
McKinsey	80	32	–	–	–	–	–
Roland Berger	44	**52**	–	–	–	–	–
KPMG	8	20	16	12	12	–	–
*PwC**	8	16	8	8	8	–	–
Accenture	4	16	**40**	**64**	28	20	**32**
Cap Gemini	4	4	16	32	12	–	–
CSC Ploenzke	–	–	20	44	**32**	28	12
IBM	–	–	12	28	8	48	8
Mummert + Partner	–	8	–	16	8	–	–
T-Systems	–	–	–	12	28	32	12
EDS	–	–	–	–	12	**56**	24
SAP Systems Integration	–	–	–	12	28	12	–
Datev	–	–	–	–	–	–	20
Siemens Business Services	–	–	8	–	12	8	–

*: Seit 2002 unter dem Dach von *IBM*

beieinander liegen. Keines der Unternehmen in der Spitzengruppe hat einen großen Abstand von den anderen, und die Positionen haben im Laufe der Jahre auch gewechselt. Dies gilt auch für die gegenseitige Ein- bzw. Wertschätzung (vgl. Tab. 6). Es gibt auf jeden Fall für jede Beratungssparte wenigstens drei bis fünf Unternehmen, die zur Spitze gehören. Prozentual zum Gesamtmarkt gesehen, sind geringe Umsatzunterschiede daher wohl kaum ein geeignetes Differenzierungsmerkmal.

Trotzdem führte diese Frage in der Vergangenheit manchmal zu Diskussionen – innerhalb und außerhalb der Beraterbranche. Schließlich will doch jeder nur den Besten im Haus haben, und manche meinen, die Großen seien die Besten. Auch die Einschätzung der öffentlichen Medien darf bei dieser Frage nicht unterschätzt werden.

Lünendonk wälzte dieses „Politikum" 2002 erstmals auf die Betroffenen selbst ab und wählte einen auf der Meinung der Anbieter selbst fußenden Ansatz, indem er namhafte Beratungsunternehmen in Deutschland bat, ihre eigene Kompetenz und die ihrer Mitbewerber in den jeweiligen Beratungssegmenten zu beurteilen (s. Tab. 6). Die Nennungen erfolgten in Prozent bezogen auf alle Befragten. Der nach Zahl der

[22] *Lünendonk, 2002.*

Nennungen führende Beratungsanbieter in seinem Segment ist durch eine fettgedruckte Zahl gekennzeichnet, wobei ein in manchen Segmenten geringer numerischer Unterschied zwischen den Erstplazierten es nahe legt, in diesen Fällen auch von zwei oder mehreren gleichwertigen „Marktführern" zu sprechen.

Das neue Ranking passt *Lünendonk* den veränderten Marktbedingungen an – vor allem im Segment der Management- und IT-Beratungen. Dort setzt sich seiner Ansicht nach zunehmend der Trend zur so genannten Umsetzungsberatung durch. Unternehmensberatungen, die dem neuen Konzept folgen, werden in Zukunft von *Lünendonk* unter dem Namen „Business Innovation Partner" als neue Kategorie geführt (schraffierter Bereich in der Tabelle)[23]. Die Nützlichkeit dieser neuen Kategorienbildung muss sich noch beweisen[24].

---

[23] Die Methode zum Auffinden der Kategorie „Business Innovation Partner" bleibt allerdings im Dunklen. In den empirischen Daten aus *Lünendonks* Kundenbefragungen und Selbsteinschätzung der Berater, mit welcher Begründung sie ihre Leistungen an Kunden verkaufen, drängt sich „Innovation" nicht als die Nummer 1 oder als Oberbegriff auf. Die Berater nannten bei einer Charakterisierung ihrer verkauften Dienstleistung „Innovation" erst an zehnter Stelle, das Ergebnis ihrer Arbeit charakterisierten sie erst an neunter Stelle mit „Innovation" (beide Male jeweils 12 % aller Nennungen, Mehrfachnennnungen erlaubt; *Lünendonk*, 2002, S. 12/13).

[24] Aus inhaltlicher Sicht wird sie in Abschnitt 4.1 kritisiert, weil „Innovation" bei genauem Hinsehen ein ungenauer Begriff ist und gleichzeitig nicht erkennbar ist, wie dieser Begriff zwischen verschiedenen Beratungsanbietern differenzieren soll, denn sehr viele wollen „Innovation" liefern.

3 Geschichte

Das Beratungsgewerbe ist eine schnelllebige Branche, die sich in ihrer heutigen Ausprägungsform erst mit dem modernen Industriezeitalter gebildet hat. Dieses Kapitel soll zwei Fragen nachgehen:

1. Welche geschichtlichen Vorläufer von heutigen Unternehmensberatern hat es gegeben und inwieweit haben sie unserem heutigen Beraterprofil entsprochen?
2. Welche Entwicklungen hat die neuzeitliche Beraterbranche in der ereignisreichen Zeit ihres Daseins durchlaufen?

Die Abb. 5 gibt einen groben Überblick der geschichtlichen Vorläufer heutiger Beratungsanbieter und der Entwicklung in der jüngsten Neuzeit. Der nachfolgende Abschnitt 3.1 schildert weitere Details. In Abschnitt 3.2 und Abschnitt 3.3 werden dann ausgewählte Anbieter vorgestellt.

3.1 Historische Wurzeln und Vorläufer

3.1.1 Antike, Mittelalter und frühe Neuzeit

Ausgangspunkt für die Suche nach geschichtlichen Vorläufern der heutigen Unternehmensberater ist die Definition des Begriffes „Unternehmensberatung“: Wir su-

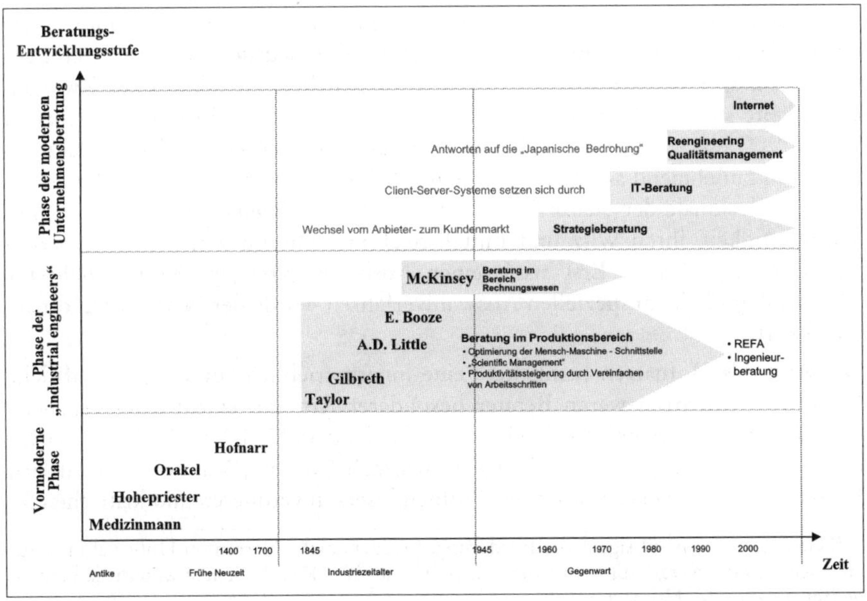

Abb. 5: Entwicklung der Unternehmensberatung

chen nach hauptberuflichen Ratgebern für Organisationen und finden: Unternehmensberatung ist wohl beinahe so alt wie die Menschheit, wenngleich die Berufsbezeichnungen im Laufe der Jahrtausende wechselten. In der Antike stand, je nach Kultur, der Medizinmann oder Hohepriester dem König, Häuptling oder Heerführer beratend zur Seite. Anders als heutzutage sogar die Inhouse-Beratungen mussten sich diese „Berater" nicht um jeden Auftrag neu bewerben, und die Beratung wurde wohl auch meist nicht projektweise entlohnt. Zudem hatten Medizinmänner und Hohepriester nebenbei auch eine Linienfunktion, die Beratung fand nur fallweise statt.

Den Medizinmännern folgten Wahrsager und „Orakel" (z. B. das Orakel von Delphi), deren Weissagungen oft blind vertraut wurde, selbst wenn diese für die eigene Person, die eigene Familie oder sogar für ein ganzes Volk nichts Gutes prophezeiten. Kennzeichnend für diese Vorläufer heutiger Berater ist, dass sie bereits besondere Techniken einsetzten, um zu ihren Empfehlungen zu kommen. Die Palette der Methoden reichte von eigener Trance über die Untersuchung der Gedärme von Schlachttieren bis hin zur Beobachtung der Gestirne und des Vogelfluges. Muten diese Techniken noch weit entfernt von rationalen Erkenntniswegen an, so genügte doch die regelmäßige Forderung nach einem Entgelt oder Spenden für eine Gottheit schon dem Kriterium der Gewerbsmäßigkeit.

Besonderes Augenmerk als Ahne der heutigen Berater hat in der Literatur – halb ernsthaft, halb spaßhaft – der Hofnarr gefunden[25]. Im 13. Jahrhundert nahm dieser Berufszweig langsam Gestalt an (*Fuchs/Raab*, 1987, S. 346/47), gewann später an Bedeutung und erlebte schließlich im 15. und 16. Jahrhundert seine Blütezeit.

Sind für das frühe Hofnarrentum noch geistige und körperliche Abnormität der „natürlichen" Narren, die als Kuriositäten und Spaßmacher, zur Zerstreuung und Erheiterung des Herrschers an den Hof geholt worden sind, bestimmend gewesen, ist im Lauf der Zeit echter Schwachsinn oder unfreiwillige Komik eine immer seltener geforderte Eigenschaft geworden – die Narrheit wurde zu einer ernsten Rolle: „Aus ursprünglich schwachsinnigen, verkrüppelten Gestalten oder Zwergen entwickelte sich der höfische Narr im Laufe der Zeit zum listig-durchtriebenen Schalk"[26]. Diese Schalksnarren, die mit wachsendem Anspruch an das intellektuelle Niveau zunehmend aus höheren sozialen Schichten stammten, übernahmen die äußeren Merkmale der „natürlichen" Narren. Sie zeichneten sich aus durch ihre Schlagfertigkeit, ihren Witz und Einfallsreichtum. Die Funktion des Hofnarren war institutionalisiert. Erst nach einer Ausbildungszeit im Kreise mehrerer „Trainees" und einem speziellen Auswahlverfahren wurde der Narr zum Hofnarren gekürt.

Das Amt des Hofnarren beinhaltete eine innerbetriebliche und gesellschaftliche Funktion. Hofnarren waren Berater besonderer Art, mit einem „sonderlichen" Auftrag und mit besonderen Rechten (*Fuchs/Raab* 1987, S. 346/47). Sie übernahmen somit die Aufgabe des „Change Managers", Coaches, Mahners, Vermittlers, Visionärs, Querdenkers sowie eines Problemlösers in verqueren und kritischen Si-

[25] Ganz modern ist übrigens die Forderung, (wieder) mehr Narren im Unternehmen zuzulassen, um die Kreativität zu fördern (z. B. *Manwald*, 2002). Vielleicht kommt ja bald eine Renaissance des Hofnarren.

[26] *Greif* (2003).

tuationen. Das entscheidende Merkmal des Hofnarrentums ist jedoch die Narrenfreiheit, die sie am Hofe als „Morosophen" (Moral + Philosophie) genossen: Als Weise unter der Narrenkappe erfreuten sie sich der ungestraften Freiheit zu Kritik an dem Höherstehenden. Die Wahrheit des Narren konnte toleriert werden, weil sie sich mit der Narrheit und einer entsprechenden Berufskleidung, dem Schellenhemd und der sprichwörtlichen Narrenkappe, maskierte, denn der Anschein der Dummheit ermöglichte es dem Herrscher, seine Lehren aus der sonst unausgesprochenen Wahrheit zu ziehen, ohne sich beleidigt zu fühlen. Die Stellung der Narren war teilweise mit der der Maler, Dichter und Musiker am Hofe vergleichbar, allerdings genoss er doch im ständigen Nebeneinander von Herrschaft und Anarchie eine Sonderstellung, die sich im Bild des Narren als Gegenbild des Herrschers manifestierte. Aus dieser über die Jahrhunderte etablierten Gegenposition des Narren zum Herrscher entwickelte sich jedoch zunehmend eine veränderte Auffassung von seiner Funktion, seine Rolle bekam einen stärker politischen Charakter, da er immer mehr zum Berater und Informant des Herrschers wurde. Und mit wachsendem Einfluss hörte der Narr auf, die Gegenmacht zu ihm zu repräsentieren. Bis in das 18. Jahrhundert hinein stellten die Hofnarren eine institutionalisierte Staatsfigur an jedem europäischen Hof dar. Damit aber zogen sie sich die Gegnerschaft der anderen Interessengruppen am Hofe zu. So beendeten drei teilweise miteinander einhergehende geschichtliche Entwicklungen gleichzeitig die Epoche der Hofnarren: Der Machtzuwachs anderer Interessengruppen, die Einsetzung der mit dem täglichen Kleinkram im Regierungsgeschäft befassten Kanzler und allgemein der Übergang von der absoluten zur konstitutionellen Monarchie, in der die Allmacht und der Unfehlbarkeitsanspruch des Kaisers verschwanden. Das Ende der Hofnarren begann europaweit im 17. Jahrhundert, in Deutschland hielten sie sich in manchen Staaten auch noch bis weit in das 18. Jahrhundert (z. B. in Kursachsen bis 1750). Dann verschwand dieser „Lord of Disorder" gänzlich von der Bildfläche und hinterließ eine breite Spur an Anekdoten in der Literatur[27].

Glaubwürdige Beratungserfolge von Hofnarren sind trotz ihrer langen geschichtlichen Wirkphase und ihrer weiten Verbreitung in Europa nur spärlich überliefert. Viele in Anekdoten verpackte Geschichten mögen im Nachhinein erfunden worden sein, anderes hat wohl nur im historischen Augenblick als Situationskomik gewirkt und ist daher heutzutage nur schwer verständlich. Dies zeigt auch die Grenzen der Ähnlichkeit von modernen Beratern mit dieser kuriosen geschichtlichen Erscheinung auf. Es gibt auch andere prinzipielle Unterschiede: Hofnarren konnten, mussten aber nicht als Berater agieren. Sie hatten keinen festen Auftrag zur Beratung, diese schien vielmehr nur bei machtbewussten oder politikinteressierten Hofnarren nachhaltig ausgeübt worden zu sein. Es sind keine besonderen Beratungstechniken im Sinne „technischer" Verfahren eingesetzt worden, vielmehr erlangten Narren aufgrund ihres Wortwitzes, ihres Talents zur Situationskomik und wohl auch ihres Äußeren wegen den nötigen Einfluss. Heute ist jeder Kunde eines Beraters König und die, die sich in den heute noch existierenden Königshäusern

[27] Bei Betrachtung „moderner Höfe" und bisweilen grotesk anmutender Szenen im heutigen Manageralltag drängt sich *Wüthrich* die Frage auf, ob es sinnvoll war, den Hofnarren zu verbannen (vgl. *Wüthrich* et al., 2001).

zum Narren machen bzw. gemacht haben, spielen diese Rolle eher ungewollt und unfreiwillig.

Neben dem Hofnarren, der seine Aufgabe ausschließlich am Hofe seines Herrschers wahrnahm, waren die Ratgeber der Mächtigen oft auch Bankiers, Juristen, Ärzte, aber auch Verleger, kluge Mätressen und einfühlsame Geishas (vgl. *Hoerner/Vitinius,* 1997). Eine gewisse institutionelle Rolle spielten über eine kürzere Strecke des späten Mittelalters bzw. der frühen Neuzeit zudem die Hofjuden, „Münzjuden" (*Treue,* 1976, S. 155 f.) oder bürgerliche Kaufleute vom Schlage der *Fugger*, die *Rothschilds* und die Familie *Thurn & Taxis*. Diese Personengruppen hatten allerdings als hauptsächliches Interesse das Fördern anderer, von Beratung verschiedener Geschäfte, wie z. B. Handel, Finanzgeschäfte oder Posttransport.

3.1.2 Industriezeitalter und Gegenwart

Als Voraussetzungen für das Entstehen des modernen Unternehmens-Beratertypus' sind zwei geschichtliche Entwicklungen des 19. Jahrhunderts zu sehen: die Industrialisierung mit ihrer immer feingliedrigeren Arbeitsteilung und die Trennung zwischen Eigentümern und dem Management der Unternehmen. Die ersten neuzeitlichen Berater überhaupt sind als Teil der „Scientific Management-Bewegung" zu sehen. Ziel dieser Beratungen war die ingenieurwissenschaftliche Verbesserung der Produktivität und Effizienz von einzelnen Arbeitsprozessen. Die ersten Pioniere[28] der neuen Beraterzunft, *Frederick Taylor, Henry Gantt* und *Arthur D. Little* konzentrierten sich Ende des 19. Jahrhunderts und nach der Jahrhundertwende vor allem auf Know-how-Transfer von der Wissenschaft in die Praxis und die Steigerung der operativen Effizienz in den Klientenunternehmen. Die dabei von ihnen entwickelten Methoden und Verfahren hatten starken Einfluss auf die erst wesentlich später entstehende Wissenschaft der Betriebswirtschaftslehre (vgl. *Niedereichholz,* 2001, S. 6). Das vermeintliche „Geburtsjahr" der Unternehmensberatung ist das Jahr 1886, in dem *Arthur D. Little* angeblich sein „Analytisches Testlabor" gegründet hat (vgl. *Schwan/Seipel,* 2002, S. 14). Im Jahre 1909 kam es dann zur Gründung der *„Arthur D. Little, Inc."*.

In den 30er Jahren des 20. Jahrhunderts gab es dann in den USA eine Gründungswelle von Beratungsunternehmen, als es Investment- und Handelsbanken verboten wurde, Unternehmensanalysen selbst durchzuführen (*McKenna*, 1995). Diese Häuser konzentrierten sich nicht nur auf Beratung im heute üblichen Sinne, sondern arbeiteten zu Beginn als Wirtschaftsprüfungsgesellschaften. Durch das Mandat zur Wirtschaftsprüfung gelangten sie aber auch an Folgeaufträge zur Beratung. Diese Kombination von Geschäftsaktivitäten war schließlich so erfolgreich, dass die Firmen dieses Typus' später in den 80er und 90er Jahren zu den umsatzstärksten zählten.

Eine zweite Generation von Beratungsfirmen trat erstmals zwischen 1910 und 1940 auf. *Edwin Booz* gründete sein Unternehmen *„Business Research Services"*

[28] *Biswas* (2002, S. 19) nennt mit *Foster Higgins* im Jahre 1845 und *Sedgwick* in 1858 zwei Firmen, die noch vor *Arthur D. Little* gegründet wurden.

1914, *James O. McKinsey* startete 1925 mit *McKinsey & Company*. Dieses Unternehmen konzentrierte sich auf Methoden wie Budgetierung, divisionalisierte Organisation, leistungsorientierte Entlohnungssysteme und Prognosemethoden. Ein Mitarbeiter von *McKinsey*, *Marvin Bower*, änderte nach dem frühen Ausscheiden des Unternehmensgründers *McKinsey* die Unternehmenskultur und „erfand" den Typus Beratungsfirma, die junge Universitätsabsolventen statt „alter Hasen" einstellte. Gleichzeitig formte er die strengen „Guiding Principles" mit quasi-religiösem Anstrich: Erst der Kunde, dann die Firma und zuletzt das Ich. In den Zwanzigerjahren entstanden auch in Europa die ersten Beratungsunternehmen. *Lyndon Urwick* und *Charles Bedeaux* waren die beiden ersten Gründer in Großbritannien und Frankreich (vgl. *Niedereichholz,* 2001, S. 6). Diese Berater konzentrierten sich mehr auf die Unternehmung als Ganzes, auf Strategiefragen und auf Steuerungswerkzeuge.

In Deutschland wurde 1903 der *Verein beratender Ingenieure* gegründet. Die Arbeit war auf technische Beratung beschränkt (*Kipping*, 1997). Die erste freiberufliche Unternehmensberaterpraxis gehörte seit 1918 *Dr.-Ing. Koch & Dr.-Ing. Kienzle* in Berlin, die zweite folgte 1920, die dritte 1926 (vgl. *Schade,* 2001). Trotz der ca. einhundert freien Berater in der Mitte der Zwanzigerjahre wurde der Beratungsmarkt klar dominiert vom *Rationalisierungskuratorium der deutschen Wirtschaft (RKW)* und dem *Reichsausschuss für Arbeitszeitermittlung* (*REFA*, gegründet 1924). Diese Institutionen beherrschten vor und nach dem zweiten Weltkrieg bis

Tab. 7: Gründungsjahre ausgewählter Unternehmensberatungen

Firmenname	Gründungsjahr
Foster Higgins	1845
Sedgwick	1858
Arthur D. Little	1886
Arthur Andersen	1913
Booz Allen & Hamilton	1914
A.T.Kearney	1926
McKinsey	1926
Towers Perrin	1934
The Hay Group	1943
Watson Wyatt Worldwide	1946
Mercer Management Consulting	1959
The Boston Consulting Group	1963
The Wilkerson Group	1967
Roland Berger Strategy Consultants	1967
Sogeti	1967
Bain & Company	1973
Braxton Associates	1977

ca. an das Ende der 60er Jahre – anders als entsprechende kleinere Organisationen in England und Frankreich – den Markt. Sie bildeten tausende von Ingenieuren an REFA-Methoden aus (z. B. in Summe ca. 10 000 bis zum Jahr 1933) und boten statt firmenspezifischer Terminologien eine einzige Standardmethode an, die lange Zeit mit über 80 % der Nachfrage den deutschen Markt beherrschte und das Aufkommen unabhängiger Beratungsanbieter behinderte (*Kipping*, 1997). Die Berufsbezeichnung „Unternehmensberater“ wurde 1954 mit der Gründung des *Bundes Deutscher Unternehmensberater*, später umbenannt *in Bundesverband Deutscher Unternehmensberater* (*BDU e. V.*), offiziell eingeführt. Zu diesem Zeitpunkt gaben global agierende amerikanische Großberatungen den Ton in der Branche an. Die starke Nachfrage nach Beratungsdiensten schon in den 20er und 30er Jahren auf dem amerikanischen Binnenmarkt hatte ihnen die Kraft zur Expansion auf dem alten Kontinent gegeben, und sie starteten bei der auch dort wachsenden Nachfrage am Ende der 50er Jahre durch.

Nachdem die Generation der Unternehmensgründer prosperierender und global agierender Beratungsfirmen abgetreten war, spielen seit den 50er Jahren des 20. Jahrhunderts zunehmend publizistisch tätige Berater eine wichtige Rolle für die Außenwelt der Berater:

Die neuzeitliche Unternehmensberatung lässt sich nicht verstehen und beschreiben ohne Darstellung der Ideengeschichte von Managementkonzepten sowie ihrer bekannten Autoren, von denen manchen ein Kultstatus als „Management gurus“ nachgesagt wird[29]. Großen Widerhall in der anglo-amerikanischen Managementliteratur hat *Peter Drucker* (geb. 1909). Seine Ideen und die von ihm geprägten Begriffe, z. B. Dezentralisierung, Topmanagement, Unternehmenskultur, Führungsgrundsätze, Qualität als Maßstab für Produktivität, Mentoring, Karriereförderung, Management by Objectives usw. gehören heute zum Allgemeinwissen. 1942 erhielt *Drucker* sein erstes Beratungsmandat von *General Motors*. Er ist bekannt für seine „erste Frage“ an die Mitarbeiter seiner Klienten: „Was machen Sie, um Ihre Präsenz auf der Gehaltsliste zu rechtfertigen? (vgl. *Schwan/Seipel*, 2002). Während *Drucker* gleich mit mehreren Konzepten und über lange Jahre reüssierte, sind andere Impulsgeber mit einzelnen, allerdings teilweise schon wieder aus der Mode geratenen Managementkonzepten, z. B. *Hammer & Champy* mit ihrem Business Reengineering, *Rappaport* mit seinem Shareholder Value Konzept und *Kaplan/Norton* mit der Balanced Scorecard, bekannt geworden. Diese Phalanx anglo-amerikanischer Autoren wurde zum Ende der 80er Jahre von den als Person weniger prominenten Schöpfern der Varianten japanischer Qualitätsmanagementlehren durchbrochen, die wegen des Erfolges der japanischen Wirtschaft zu begehrten Ratgebern wurden.

Wichtige inhaltliche Impulse erhielt die Branche in den Sechzigerjahren durch *Bruce Henderson* (1915–1992), der sich 1963 von *Arthur D. Little* trennte und die *Boston Consulting Group (BCG)* gründete. In diesen Unternehmen und seinen Ausgründungen wie z. B. *Bain & Company*, *Braxton Associates* und *Monitor Company*, entstanden die Grundlagen der auch heute noch aktuellen Form der Strategieberatung (vgl. *Niedereichholz*, 2001). Als Schlagwort sei nur die Technik der Portfolioanalyse genannt (vgl. Abschnitt 7.2.1.2.1). Strategiedienstleistungen fan-

[29] S. Vielzahl von Biographien in *Kennedy* (1998).

den in den 70er und 80er Jahren ein starkes Interesse, da sich die Verkäufermärkte der Nachkriegszeit mit ihrer Mangelversorgung in Käufermärkte gedreht hatten und die Unternehmen erleben mussten, dass ihnen die Ware nicht mehr wie selbstverständlich abgekauft wurde. Gut ausgebaute Planungs- und Strategieabteilungen sowie viele Strategieprojekte mit Beteiligung von Beratern waren der Versuch, sich besser am Markt zu platzieren.

In den 70er Jahren begannen auch die großen Wirtschaftsprüfungsgesellschaften *PriceWaterhouse*, *Coopers & Lybrand*, *Deloitte Touche Tohmatsu*, *Ernst & Young*, *KPMG* und *Arthur Andersen*, eigene Dienste als Unternehmensberater anzubieten und teilweise entsprechende Tochtergesellschaften zu gründen. Aufgrund ihrer guten Kontakte zur Wirtschaft und ihrer schon vorher beachtlichen Größe schafften es diese Anbieter, quasi aus dem Stand heraus in die Spitzengruppe der Unternehmensberatungen aufzuschließen.

In den späten 80er und frühen 90er Jahren des vorigen Jahrhunderts schließlich ermöglichte die elektronische Revolution das Aufkommen und starke Wachstum IT-orientierter Beratungen. Die relative Ernüchterung über den Wert sehr langfristiger Strategien auf Basis umfangreicher Planungsanstrengungen begrenzte das Wachstum der Strategieberatung, gleichzeitig brachte der Wechsel von Großrechnerarchitekturen zu Client-Server-Systemen sowie das Internet einen weiteren Nachfrageboom, so dass die IT-Beratungen bald vom Umsatz her die klassischen Management-Beratungen überflügelten.

In großen Unternehmen entwickelte sich der Bedarf an Beratungsunternehmen zu einer festen Größe, so dass sich in der zweiten Hälfte der 90er Jahre Inhouse-Beratungen etablierten und zu ernst zunehmenden Mitbewerbern auf dem Beratungsmarkt heranwuchsen (s. Kapitel 11)[30].

3.2 Die „Großen Fünf“ der Wirtschaftsprüfer und Unternehmensberater

Im folgenden soll die Entwicklung derjenigen Beratungsunternehmen verfolgt und aktualisiert werden, die aus der Trennung von den führenden Wirtschaftsprüfungsgesellschaften entstanden sind (siehe Abb. 6)[31].

[30] Spötter sehen zwei Unterschiede zwischen klassischen Hofnarren und Inhouse-Beratern (wobei der Spott gleichermaßen externe Berater treffen könnte). Zum einen tritt der Berater in großen Unternehmen nicht mehr alleine auf; Unternehmen wie z.B. *DaimlerChrysler*, *VW*, *Deutsche Telekom*, *Siemens* oder *BASF* haben bereits interne Beratungsabteilungen mit 50 und mehr Mitarbeitern. Zum anderen beginnen die internen Berater auch zunehmend, ihre Beratungsdienstleistungen außerhalb des eigenen „Königsreiches“ anzubieten. Stehen wir damit vor einer modifizierten Wiedergeburt der Hofnarren? Diese Frage versucht der Systemtheoretiker *Peter Fuchs* in seinem Aufsatz „Vom Hofnarren zur Beratung und zurück. Anmerkungen der neueren Systemtheorie zur Frage, ob Manager gut beraten sind, wenn sie sich beraten lassen“ zu beantworten (vgl. *Fuchs*, 2002).

[31] Einen sehr umfassenden Überblick über die Beratungsunternehmen auf dem deutschsprachigen Markt gibt der *Consulting Guide,* 2002 *(Meyer/Steinhoff*, 2002).

Die nach dem Umsatz größten der globalen Unternehmensberatungen haben zwei gemeinsame Merkmale: Sie stammen aus den USA und sie sind ursprünglich Töchter oder Schwesterunternehmen global tätiger amerikanischer Wirtschaftsprüfungsgesellschaften. Diese bei der Geschäftsanbahnung so hilfreiche Doppelrolle birgt aber auch die Gefahr, dass die Wirtschaftsprüfung mehr auf Folgeaufträge schielt als die Interessen der Aktionäre und der Öffentlichkeit bei der Buchprüfung zu berücksichtigen. Diese schmerzliche Erkenntnis brachte der „*Enron*-Skandal"[32], als Wirtschaftsprüfer der Fa. *Arthur Andersen* gefälschte Bilanzen ihres Beratungskunden, des damals größten Energieversorgers der USA *Enron*, testierten und sogar aufbewahrungspflichtige Unterlagen über die eigenen Prüfvorgänge vernichteten. Der öffentliche Skandal und die hiermit offensichtlich gewordene Unvereinbarkeit zwischen strenger neutraler Prüfung und dem Anschlussverkauf von Beratungsprojekten veranlasste die US-amerikanische Börsenaufsichtsbehörde SEC, die Trennung der großen Wirtschaftsprüfungsgesellschaften von ihren Beratungstöchtern zu fordern. Es entstanden (vgl. Abb. 6) – zum Teil durch Übernahmen oder Fusionen – alte Firmen mit neuen Namen (*Accenture*, *BearingPoint*), neue Firmen mit alten Namen (z. B. *Braxton*), neue Firmen mit neuen Namen (z. B. *IBM Business Consulting Services*) und es blieben alte Firmen mit alten Namen (z. B. *Cap Gemini Ernst & Young*). Diese Firmen mit zum Teil langer Tradition und einem turbulenten Jahr 2002 sollen im folgenden vorgestellt werden[33].

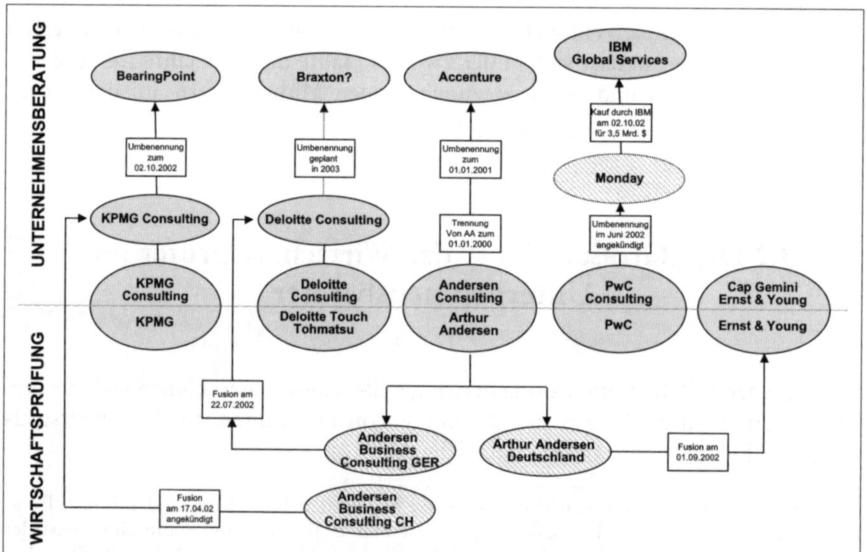

Abb. 6: Konsolidierung Wirtschaftsprüfer- und Beratungsunternehmen

[32] *Enron* beantragte am 2. Dezember 2001 Gläubigerschutz.

[33] Kritiker der Branche forderten bei der US-Börsenaufsicht sogar ein Verbot der Steuerberatung durch Wirtschaftsprüfer, das jedoch bisher ausblieb.

3.2.1 *BearingPoint* alias *KPMG Consulting*

Historie:

Aus der 1969 gegründeten *KPMG Deutsche Treuhand GmbH* ging Anfang 1993 durch Vereinigung mit der *KPMG Peat Marwick Unternehmensberatung GmbH die KPMG Consulting GmbH* hervor. Am 2. Oktober 2002 änderte das Unternehmen seinen Namen und seine Marke in *BearingPoint, Inc.* und wurde einen Tag später in den Börsenhandel an der New York Stock Exchange (NYSE) unter dem Börsenkürzel „BE" eingeführt.

Beratungsschwerpunkte:

Weltweit gehört *BearingPoint* zu den größten Beratungsunternehmen für Business Consulting und Systemintegration. Das Unternehmen konzentriert sich darauf, die Unternehmensstrategie und die Systeme aufeinander auszurichten, um die 2 000 weltweit führenden Unternehmen sowie Organisationen der öffentlichen Verwaltung zu stärken. Die 16 000 Mitarbeiter von *BearingPoint* entwickeln Business- und Technologie-Strategien, System-Design und -Architektur, sie implementieren Anwendungen und bieten Netzwerk-Infrastruktur und Managed Services an. Sie unterstützen Kunden darin, Business Systeme einzuführen, um den Zugriff auf Informationen jeweils zeitgerecht zu erhalten und Wertschöpfung zu realisieren[34].

Besonderheiten:

Anfang Dezember 2002, zehn Wochen nach der Namensänderung, kündigte *BearingPoint* als eines der ersten großen internationalen Beratungsunternehmen Konsequenzen angesichts der stagnierenden Nachfrage nach Beratungsleistungen an. In Deutschland, Österreich und der Schweiz sollten voraussichtlich 700 der seiner Zeit rund 3 000 Stellen abgebaut werden[35].

3.2.2 *Deloitte Consulting*

Historie:

Nach *KMPG* und *Andersen Consulting* gründete auch *Deloitte Touche Tohmatsu* 2002 seine Tochter aus[36]. *Deloitte Consulting* wurde umbenannt und firmiert seit Ende 2002 unter dem neuen Namen *„Braxton"*. Dieser neue Name geht auf die internationale Unternehmensberatung *Braxton Associates* zurück (vgl. auch Kap. 1.1), die von *Deloitte* 1984 übernommen wurde. Grund für die Namensänderung war neben der Trennung von *Deloitte Touche Tohmatsu* der Wille zur internationalen Markenbildung.

---

[34] Vgl. www.bearingpoint.de vom 13.1 2003.

[35] Das bestätigte *Peter Melcher*, Europa-Chef von *BearingPoint*, der *Financial Times Deutschland* (12.12 2002).

[36] Vgl. Online-Ausgabe des *manager-magazin* vom 18.7 2002.

Bereits vorher wurde bekanntgegeben, dass die deutsche *Arthur Andersen Business Consulting GmbH* mit *Deloitte Consulting* fusionieren wird. Durch diesen Deal ist der Name *Andersen* vermutlich endgültig aus der Beraterszene verschwunden[37]. Beim Computerkonzern *IBM*, der sich ebenfalls für die Beratungsgesellschaft interessiert hatte, wären die Berater zu Konzern-Angestellten geworden, die Entscheidung fiel daher zu Gunsten von *Deloitte Consulting*, die den Erhalt der partnerschaftlichen Strukturen geboten hatte.

Beratungsschwerpunkte:

- Customer Relationship Management (CRM)
- eTechnology Integration
- ERP-Systeme
- Learning, Performance & Change
- Outsourcing
- Strategie
- Supply Chain Management (SCM)

Besonderheiten:

Not macht erfinderisch! Endlich besann sich ein Beratungsunternehmen auf seine Kernkompetenzen und wagte, ausgehend von der Analyse der eigenen Kostenstrukturen, den Sprung in ein neues Geschäftsfeld: Reiseberatung. Berater arbeiten typischerweise vor Ort bei ihren Kunden, sind also meist vier bis fünf Tage pro Woche (per Flugzeug, Bahn oder Leihwagen) unterwegs und übernachten in Hotels. Reisekosten stellen somit in den meisten Beratungsunternehmen den dritt- oder sogar zweitgrößten Kostenblock dar (manchmal in Höhe von bis zu dreistelligen Millionenbeträgen pro Jahr). Trotzdem haben sich viele klassische Beratungsunternehmen dieses Prozesses bisher nicht besonders angenommen. Reiseberatung gilt als schwieriges Geschäft, da die Margen als gering eingestuft werden. Chancen in der Reiseberatung als Massengeschäft sehen jetzt aber Berater, wenn es gelingt, Unternehmen mit großem Reiseaufkommen als Kunde zu gewinnen. Dazu wurde mit dem führenden deutschen Geschäftsreiseanbieter *TQ3 Travel Solutions*[38] ein Joint Venture geschlossen.

---

[37] Die Prüfersparte von *Arthur Andersen* Deutschland fusionierte am 1.9.2002 mit ihren Kollegen von *Ernst & Young*, die ihrerseits die eigene Beratersparte bereits 2000 ausgegliedert und mit *Cap Gemini* verschmolzen hatten.

[38] *TQ3* entstand 2001 als Zusammenschluss der *TUI*-Geschäftsreisesparten (*Hapag Lloyd* Geschäftsreisen, *First Travel Management*) und der US-Firma *Maritz*. Das Unternehmen ist mit einem Umsatz von 10 Mrd. €, 12 000 Mitarbeitern und einem Marktanteil von 30 % weltweit als Nummer drei der Branche.

3.2.3 *Accenture* alias *Andersen Consulting*

Historie[39]:

Tab. 8: Geschichte von Accenture

1954	Gründung von *Andersen Consulting* als interne Abteilung des Steuerberatungs- und Wirtschaftsprüfungsunternehmens *Arthur Andersen*[40]
1989	Gründung von *Andersen Consulting* als eigenständiges Unternehmen (Schwesterunternehmen von *Arthur Andersen*), zunächst mit Schwerpunkt „Systemintegration", später mit dem ganzheitlichen Beratungsansatz „Business Integration".
1994	Einführung der Dienstleistung Outsourcing (Business Process Management). Eröffnung der „Center for Strategic Technology" in Palo Alto, Kalifornien und Sophia Antipolis, Frankreich. Über 1 000 Mitarbeiter in Deutschland, Österreich und der Schweiz.
1995	Bei dem führenden Branchenanalysten „Management Consultant International" rangiert *Accenture* als weltweit größtes Management- und Technologie-Beratungsunternehmen. Eröffnung von Technologie-Parks in Northbrook bei Chicago und Sophia Antipolis, Frankreich.
1998	Gründung der globalen Risikokapital-Einheit *„Accenture Technology Ventures"* zur Unterstützung zukunftsträchtiger Start-up-Unternehmen.
2000	Gründung des Joint Ventures *Avanade* gemeinsam mit *Microsoft*, um große Unternehmen auf ihrem Weg in das E-Commerce-Zeitalter zu unterstützen. Trennung von *Arthur Andersen* und Ausscheiden aus der Holding-Gesellschaft *Andersen Worldwide*. Umbenennung in *Accenture* (Rebranding-Kosten 170 Mio. US$). Erstmals über 1 Milliarde Mark Umsatz in Deutschland, Österreich und der Schweiz.
2001	Neupositionierung von *Accenture* als Management- und Technologiedienstleister: Der Anspruch ist, als Architekt der Veränderung – und damit Visionär, Planer und starker Partner in der Umsetzung, gemeinsam mit den Kunden die Zukunft zu gestalten. Über 4 000 Mitarbeiter in Deutschland, Österreich und der Schweiz. 19. Juli: *Accenture* geht an die Börse. 1. Handelstag der *Accenture*-Aktie an der New York Stock Exchange.
2002	*Accenture* ist Mitinitiator des Projekts „DEbatte: Die Zukunft der Marke Deutschland". DEbatte hat den Anspruch, unter Branding-Gesichtspunkten eine kreative Diskussion anzuregen, im Rahmen derer der inhaltliche Anstoß für ein reformiertes Markenbild Deutschland gegeben wird.

Beratungsschwerpunkte:

- Beratung
- Technologie
- Outsourcing
- Allianzen

[39] Vgl. www.accenture.de/1interne/1geschic/index.jsp vom 15.1 2003.
[40] Vgl. *Sadler*, 1998, S. 25.

Besonderheiten:

Die Entwicklung von *Accenture* lässt sich mit dem Ausdruck „back to the roots" gut zusammenfassen. Die Implementierung von *SAP*- und anderen großen IT-Lösungen (wie z. B. ein neues Abrechnungssystem für die *Deutsche Telekom*, das XETRA-Handelssystem der Deutschen Börse oder die Einführung der ETIX-Automaten für die *Deutsche Lufthansa*) waren und sind das Hauptstandbein dieses Beratungsunternehmens. Mehrfache Versuche, einen Bereich „Change Management" aufzubauen und überlebensfähig zu halten sind jahrelang gescheitert und wurden 2002 mehr oder weniger endgültig eingestellt. Der Bereich „Strategieberatung" konnte langsam aufgebaut werden, gehört mittlerweile aber auch nicht mehr zu den „strategischen Geschäftsfeldern" (bereits Mitte der 90er Jahre wurde mit dem Prinzip „strategy follows technology" geworben).

Bei *Accenture* stellt sich die Frage, wie es dieses Unternehmen geschafft hat, die Nr. 1 mancher Ranglisten zu werden. Da *Arthur Andersen* nicht der größte Wirtschaftsprüfer war, kann es nicht am Ausgangspunkt gelegen haben. War *Accenture* mit seiner *SAP*-/IT-Orientierung einfach am schnellsten im seiner Zeit am schnellsten wachsenden Markt?

3.2.4 *IBM Global Services*

Historie:

IBM ist das Beispiel eines Unternehmens, das seinen Produktschwerpunkt aus strategischen Gründen geplant verlagert hat und dabei sehr erfolgreich war. Statt auf Hardware setzte *IBM* schon vor einigen Jahren auf Software und nun verstärkt auf Dienstleistungen. Vor allem auf der Servicesparte ruhen die Hoffnungen des Konzerns. *Global Services* war mit 40,7 % des Umsatzes im Geschäftsjahr 2001 zum ersten Mal der umsatzstärkste Bereich bei *IBM* (FTD vom 16.1.2003). Es lag daher nahe, diesen Bereich durch einen strategischen Zukauf weiter auszubauen.

Es stand wohl schon bereits Anfang 2002 fest, dass sich das amerikanische Beratungsunternehmen *PricewaterhouseCoopers (PWC)* aufgrund des wachsenden Drucks durch die aktuellen Bilanzierungsskandale in der Branche, die Sparten Unternehmensberatung und Wirtschaftsprüfung voneinander trennen, mit einem Börsengang rechtlich vom Mutterhaus *PWC* abspalten wird, um Interessenskonflikte zu vermeiden. Im Zuge dessen sollte mit einem neuen Namen auch eine neue Identität aufgebaut werden. Mit „Monday" „entwendeten" die Berater von *PWC* noch vor dem geplanten Börsengang den Namen eines (unbeliebten) Wochentages: ein reales Wort, prägnant, wieder erkennbar und global[41].

Doch es kam anders als geplant. *IBM* hatte den Kauf der Beratungstochter des Wirtschaftsprüferunternehmens *PWC* für 3,5 Mrd. $ Ende Juli 2002 angekündigt und war damit dem zwei Wochen später geplanten Börsengang von *PWC* zuvor-

[41] So *Greg Brennemen*, damals neuer Präsident von *PWC*.

gekommen. Was weniger bekannt ist: Zwei Jahre zuvor, im September 2000, bot die Konzernchefin von *Hewlett Packard*, *Carly Fiorina*, zunächst sogar sage und schreibe 18 Mrd. $ für die Übernahme von *PWC*, gab den überteuerten Plan aber zwei Monate später wieder auf[42].

Beratungsschwerpunkte:

- Deregulierung
- E-Learning
- Effiziente Wertschöpfungskette
- Geschäftsabläufe – Outsourcing
- IT-Optimierung
- Kosten und Rendite
- Kundenbeziehungen
- Neue Arbeitsplatztechnologien
- Produktivität steigern
- Sicherheit
- Strategien umsetzen
- Time-to-Market
- Vertriebsstrategie
- Wettbewerbsstrategie
- Zuverlässige Infrastruktur

Besonderheiten:

Als äußeres Zeichen, dass *IBM* die Beratungsabteilung von *PWC* nicht einfach „schluckt", wurde die Organisationsstruktur des Unternehmens geändert. Statt nach Softwarebereichen, wie zuvor bei *IBM*, wurde das neue Unternehmen nach Branchen organisiert, wie bei *PWC* üblich. Dies entspricht dem Trend, das Servicegeschäft, dem Hoffnungsträger von *IBM*, weiter auszubauen, als Konsequenz des Preisverfalls im Hardwarebereich. Im Werk für Festplattenfertigung am Standort Mainz wurden 2002 bereits 300 bis 400 der insgesamt 1600 Stellen gestrichen[43].

Noch im Oktober 2002, als die *Financial Times Deutschland* von der Übernahme von *PWC* durch *IBM* berichtete, war man optimistisch was den Stellenabbau betraf. Da sich die beiden Unternehmen inhaltlich eher ergänzten als überschnitten, ging man davon aus, dass alle Mitarbeiter weiterhin beschäftigt werden könnten. Aber es kam, wie es kommen musste. Die Übernahme von 30 000 Mitarbeitern auf einen Schlag in einer Zeit, in der die Beratungsbranche nach Aufträgen rang und immer noch ringt, brachte auch *IBM Global Services* in Zugzwang, und so wurde bereits Ende 2002 der Abbau von 14 200 Stellen in diesem Bereich angekündigt.

---

[42] *Financial Times Deutschland,* 1.8.2002.
[43] *Financial Times Deutschland,* 15.1.2003.

Daneben wurden ziemlich schnell auch kulturelle Unterschiede deutlich, die es noch zu lösen gilt[44].

3.2.5 *Cap Gemini Ernst & Young*

Historie:

Die Entstehung dieses Unternehmens in seiner heute bekannten Form ist durch viele Fusionen und Anteilsänderungen zu erklären und soll daher an dieser Stelle kurz dargestellt werden (vgl. http://www.at.cgey.com):

Tab. 9: Geschichte von Cap Gemini Ernst & Young

1967	*Serge Kampf* gründet *Sogeti* in Grenoble, Frankreich.
1975	*Cap Gemini Sogeti* wird durch Zusammenschluss der Unternehmen *Sogeti, Gemini Computer Systems* und *CAP* gegründet.
1985	*Cap Gemini Sogeti* wird an der Pariser Börse im Sekundärmarkt notiert.
1990	Akquisition von *SCS* in Deutschland (Tochtergesellschaft der englischen *SD Scicon Gruppe*).
1991	Akquisition eines Mehrheitsanteils der *Mac Group*, die mit United Research und Gamma den Management Consulting-Teil der Gruppe unter *Gemini Consulting* formieren.
1991	*Daimler Benz* übernimmt 34 % der Anteile an *Sogeti*, der Muttergesellschaft von *Cap Gemini Sogeti.*
1992	Gründung von *Cap debis*, einem Joint Venture zwischen *Daimler Benz* (51 %) und *Cap Gemini Sogeti* (49 %).
1996	Die Kapitalstruktur der Gruppe wird neu gestaltet, um die *Cap Gemini* Gruppe zu formen. Alle Ländergesellschaften firmieren fortan unter dem einheitlichen Namen *Cap Gemini* und dem neuen Logo.
1997	*Daimler Benz* tritt als Gesellschafter aus der *Cap Gemini* Gruppe aus und kauft die *debis Systemhaus*-Anteile in Höhe von 19,6 % zurück, die sich im Besitz der *Cap Gemini* Gruppe befanden. Die Industriegruppe C.G.I.P. erhöht ihren Anteil an *Cap Gemini* von 20 % auf 30 %. Mit der Integration von *Bossard Consultants* wird die Position von *Gemini Consulting* weiter gestärkt.
1998	In Bad Homburg wird die *Cap Gemini GmbH* gegründet. *Cap Gemini* tritt damit wieder eigenständig im deutschen Markt auf.
2000	*Cap Gemini Ernst & Young* entsteht aus dem Zusammenschluss von *Cap Gemini, Gemini Consulting* und *Ernst & Young Consulting. Cap Gemini Ernst & Young* ist damit weltweit die Nummer fünf im Bereich Management und IT-Dienstleistungen.

[44] So schrieb die *Financial Times Deutschland* am 15.1.2003: „Das Anbinden des von *IBM* gekauften IT-Beraters *PWC* gestaltet sich schwierig. Es gibt Kulturunterschiede. Etwa sind PWC-Berater bisher Vier-Sterne-Hotels gewohnt, *IBM*-Beratern müssen oft ein oder zwei Sterne reichen ... Wenn zu viele PricewaterhouseCoopers-Mitarbeiter die Integration in *IBM* Global Services nicht mitmachen, kann es zu Qualitätsproblemen kommen".

Beratungsschwerpunkte:

- Advanced Development & Integration
- Applications Management
- Asset Management/Risk Management
- B2B – Supply Chain
- Customer Relationship Management (CRM)
- E-Transformation
- Extended Enterprise Applications (EEA & ERP)
- Finance & Employee Transformation
- Intelligent Products & Mobile Solutions (IPMS)
- Merger/DeMerger
- Networked Value Chain
- Outsourcing
- Strategy Consulting
- Transaction Services
- Value Scan

Besonderheiten:

Strategische Allianz im Bereich Telekommunikation: *Cap Gemini Telecom Media & Networks* ist als Tochter der *Cap Gemini Ernst & Young Gruppe* [www.cgey.de] und der *Cisco Systems Inc.* weltweit eine der größten Management- und IT-Beratungsfirmen für die Telekommunikations- und Medienbranche. Digital Content Management gehört in diesen konvergierenden Branchen zu den zentralen Service-Angeboten. Schwerpunkt der Zusammenarbeit von *Cap Gemini Telecom Media & Networks* und *CoreMedia* sind die Konzeption und Implementierungen von Content-Management-Lösungen im High-End-Medienbereich. Dabei werden die Systeme von *CoreMedia* verstärkt für hochfrequentierte Groß-Portale wie von Telekommunikations-Unternehmen eingesetzt, bei denen eine personalisierte Content-Generierung in verschiedene Formate, wie HTML, WML und XML gewährleistet sein muss. Damit stehen Kunden durchgängige und erprobte Kompetenzen zur Realisierung strategischer Wettbewerbsvorteile durch den Einsatz professioneller Content-Management-Lösungen zur Verfügung.

3.3 Beispiele für Geschäftsmodelle von Beratungsunternehmen

In der „Beratungsszene" trifft man auf unterschiedliche Geschäftsmodelle sowie Mischformen derselben:

- Partnerschaftlich geführte Unternehmen,
- Gründergeführte Unternehmen,

- Gemeinnützige Vereine (z. B. Studentische Beratungsunternehmen),
- Netzwerke (von mehreren/vielen Beratungsunternehmen/„Einzelkämpfern"),
- Kleiner Stamm von fest angestellten Mitarbeitern, sonst Freiberufler,
- Freie Mitarbeiter auf Erfolgsbasis,
- Inhouse-Beratungen (diese werden, als zunehmend stärker werdender Konkurrent zu den „etablierten" Beratungsunternehmen in Kapitel 11 behandelt).

Das Modell partnerschaftlich geführter Unternehmensberatungen wird in Kapitel 5 bei der Darstellung betriebswirtschaftlicher Funktionen als Regelmodell unterstellt. Beispielhaft werden anschließend zwei Modelle vorgestellt:

- *Roland Berger Strategy Consultants*, als das größte deutsche, zunächst ausschließlich gründergeführte und später dann partnerschaftlich organisierte Beratungsunternehmen,
- Studentische Beratungsunternehmen, weil dieses Beispiel gemeinnütziger Beratungsanbieter eine wachsende Anzahl von Organisationen repräsentiert, dennoch aber im Markt noch relativ unbekannt ist.

3.3.1 Gründergeführtes Beratungsunternehmen – Roland Berger

Die Geschichte der Unternehmensberatung *Roland Berger* ist – sicher keine Überraschung – sehr eng mit der Person *Roland Berger* verknüpft, daher soll zunächst sein Lebenslauf vorgestellt werden. *Roland Berger,* am 22. November 1937 in Berlin geboren, studierte Betriebs- und Volkswirtschaft und machte in München als Jahrgangsbester sein Diplom. Schon als Student versuchte er sich mit Kommilitonen erfolgreich als Gründer eines Unternehmens, er betrieb eine Wäscherei. 1962 trat er in die *Boston Consulting Group* ein. Unter dem Namen *Roland Berger International Marketing Consultants* gründete er dann sein eigenes Unternehmen 1967 in München, unterstützt lediglich von einer Sekretärin. Das erste große Projekt bescherte ihm der Zufall: Bei einem kleinen Auftrag zur Lösung eines Marketing-Problems beim Touristik-Unternehmen *Touropa* half *Roland Berger* die Fusion von *Touropa, Scharnow*, *Hummel* und *Dr. Tigges* zum Reise-Giganten *TUI* zu entwickeln. Weitere spektakuläre Projekte folgten, darunter die innovative vertikale Marktstrategie für *Trevira*, ein Produkt der damaligen Farbwerke *Hoechst*, sowie ein ebenso innovatives Marketingkonzept für die Vermögensberatung einer deutschen Großbank. Der Umsatz verdoppelte sich jährlich, 1970 – nach nur drei Jahren – betrug er bereits 2,8 Mio. €. 1973 war die Unternehmensberatung *Roland Berger* bereits das drittgrößte Beratungsunternehmen in Deutschland.

In den 70er Jahren vollzog sich das weitere Wachstum vor allem durch Internationalisierung. Der Ein-Mann-Betrieb mit Schwerpunkt Marketing-Beratung wandelte sich zügig zu einer partnerschaftlich organisierten Unternehmensberatung mit breitem Angebot. Seit den Anfängen ist das Unternehmen international ausgerichtet. Bereits Mitte der 70er Jahre unterhielt es Auslandsvertretungen in Mailand, Paris, London, New York und São Paulo. Zudem wurden unter dem Dach der Holding Tochterunternehmen für Personalberatung, Marktforschung und Jugendforschung gegründet.

Zehn Jahre nach der Gründung beschäftigte *Roland Berger* bereits mehr als 100 Mitarbeiter und erzielte einen Umsatz von ca. 10 Mio. Euro. Das Unternehmen expandierte mit mehreren Niederlassungen in Deutschland, gleichzeitig folgen weitere Schritte auf internationalem Terrain: 1977 die Gründung des internationalen Beraterkonsortiums TIG (The International Group Consultancy and Research) mit Gesellschaften aus Großbritannien, Frankreich, Italien, der Schweiz und Holland, und 1979 die Kooperation mit der *Japan Management Association,* einer der größten japanischen Beratungsgesellschaften. 1980 wurde *Roland Berger* als erstes europäisches Beratungsunternehmen in die *ACME (Association of Consulting Management Engineers)* aufgenommen – dem ältesten und renommiertesten Verband von Beratungsfirmen in den USA.

Von den 80er Jahren bis heute: Der Weg zur umsatzstärksten global tätigen nicht amerikanischen Strategieberatung. Strategische Projekte machen Mitte der 80er Jahre mehr als die Hälfte des Geschäfts von *Roland Berger Strategy Consultants* aus. Die Gesellschaft hatte sich zur Top Management Beratung entwickelt, und die Internationalisierung schritt voran: In rascher Folge wurden Auslandsbüros in São Paulo, Barcelona, Madrid, Tokio, Wien, Lissabon, Paris und Buenos Aires eröffnet. 1990 beschäftigte das Unternehmen 466 Mitarbeiter und erzielte einen Beratungsumsatz von knapp 90 Mio. Euro, wovon die Auslandsbüros fast 28 Prozent erwirtschafteten.

Nach dem Fall des Eisernen Vorhangs dehnte das Unternehmen seine Aktivitäten Anfang der 90er Jahre nach Mittel- und Osteuropa aus, zunächst mit Büros in Moskau, Prag und Bukarest. Weitere Niederlassungen werden in Brüssel und Shanghai eröffnet, später folgen Zürich und Budapest. In den USA bestehen Kooperationen mit lokalen Partnern sowie eine Repräsentanz in New York. Die Beteiligung der *Deutschen Bank*, die 1987 bei *Roland Berger Strategy Consultants* eingestiegen war, stand wegen des restriktiven Bank Holding Act hier der Eröffnung eigener Büros im Weg. Erst der Management Buyout im Jahr 1998, durch den *Roland Berger* und seine Partner wieder Alleineigentümer ihres als Partnerschaft geführten Beratungsunternehmens wurden, machte den Weg frei: Noch im gleichen Jahr wurde in Detroit ein Büro eröffnet, es folgten New York (1999) und San Francisco (2001).

Eine deutsche Erfolgsgeschichte: 35 Jahre nach seiner Gründung ist *Roland Berger Strategy Consultants* ein unabhängiges Beratungsunternehmen, das zu 100 Prozent den mehr als 160 Partnern gehört. Die größte nicht amerikanische international tätige Strategieberatung hat einen festen Platz in den Top 3 des europäischen und den Top 10 des weltweiten Strategieberatungsmarktes. Aus einer Einzelberatungspraxis, spezialisiert auf Marketing, wurde ein Global Player, der mit 17 global vernetzten Kompetenzzentren maßgeschneiderte Kundenlösungen anbietet.

Andere Meinungen: Dies alles soll aber nicht darüber hinwegtäuschen, dass es manchmal auch etwas negativere Stimmen zur Arbeit von *Berger* gibt (*taz* Bremen vom 19.9.2002): „Bilanz des Senats von drei Jahren Roland-Berger-Beratung: Viel Papier und nichts Konkretes. *Perschau*: Die Reform lässt sich besser ohne die Berater umsetzen.“ Glaubt man dem Gesamtpersonalrat der Bremer Verwaltung und anderen *Berger*-Kritikern, dann verdient die Firma ihr Geld, indem sie als Sündenbock fungiert. Die *Bergers* pfropfen den Beschäftigten Ideen auf, die deren

Chefs schon längst in der Schublade hatten und sich nicht herauszuholen trauten. Betrachtet man die Sache aus dem Blickwinkel derer, die der Beratungsfirma wohlwollend gegenüber stehen, dann stellt sie sich ganz ähnlich dar: Dann nämlich haben die Bremer Behördenchefs es nicht geschafft, einem lahm gewordenen öffentlichen Dienst Beine zu machen. Und wenn dann Maßnahmen auf dem Tisch liegen, wenn es unpopulär und wenig kuschelig werden könnte, dann kneifen sie erst recht. Bleiben zwei Gewinner: *Roland Berger* (13 Millionen) und der Gesamtpersonalrat (hatte schon immer Recht). Und eine Verliererin: die Führungsmannschaft der öffentlichen Verwaltung. Aber vielleicht ist all das ein ganz besonderer Chef-Trick: Bisschen teuer war das Ausfegen vielleicht, aber jetzt ist der ganze Laden endlich mal aufgescheucht." Aber warum soll es *Roland Berger* hier anders oder besser gehen als allen anderen Beratungsgesellschaften auch? Kommentare dieser Art – seien sie begründet oder auch nicht - gehören zum Geschäft dazu.

Im Jahr 2002 feierte die Unternehmensberatung *Roland Berger Strategy Consultants* ihr 35-jähriges Bestehen. Imponierend sind dabei die ökonomischen Daten der letzten 30 Jahre: 18,2 % jährliches Umsatzwachstum, 24,2 % jährliche Gewinnsteigerung und 19,3 % jährliche Zunahme des Wertes eines Partneranteils. Mit 32 Büros in 22 Ländern ist das Unternehmen heute auf den internationalen Wachstumsmärkten aktiv. 1750 Mitarbeiter erwirtschaften 2002 einen Umsatz von 550 Mio. €. Damit ist das Unternehmen heute die größte nicht-amerikanische globale Strategieberatung. Aber wie ging es weiter? „Berger ohne Berger" (vgl. *Financial Times Deutschland*, 19.2.2002): „In München neigt sich die Ära des Firmengründers und Namensgebers dem Ende zu. Wie es danach weitergeht, war bislang eines der gut gehüteten Geheimnisse des Unternehmens. Dabei ist der Modus gar nicht ungewöhnlich: Im Dezember 2002 setzten sich die 70 Partner (Eigner von 90 Prozent des Firmenkapitals – Berger selbst hält zehn Prozent) zu einem Wahlgang zusammen: Der Vorsitzende der Geschäftsführung, Roland Berger, und seine zwei Mitgeschäftsführer wurden neu gewählt."

Das Aufregende daran: Der Altmeister selbst durfte im Gegensatz zu seinen Mitstreitern wegen Erreichen der Altersgrenze nicht mehr kandidieren. Einen heißen Favoriten für seine Nachfolge gab es bislang allerdings nicht. Firmenkenner schlossen daher nicht aus, dass der Senior nicht doch noch einen Überraschungskandidaten von außen nominieren würde.

Und so kam es dann auch: Im Printduell zwischen Bundeskanzler *Gerhard Schröder* und Herausforderer *Edmund Stoiber* bestätigte *Schröder*, dass er für die Zeit nach einer eventuellen Wahlniederlage mit Angeboten aus der Wirtschaft rechnen kann. Auf die Frage, ob ihm Unternehmensberater *Roland Berger* ein solches Angebot gemacht habe, sagt *Schröder*: „Ich werde nicht in die Situation kommen, dieses Angebot annehmen zu müssen, denn wir werden am 22. September die Wahlen gewinnen (*Financial Times Deutschland* vom 14.8.02). Und *Schröder* behielt recht. Dieses Angebot zeigt aber auch, dass es schon der Firmenphilosophie des Unternehmens entsprach, eine in der Öffentlichkeit bekannte Person als Gallionsfigur und Türöffner in Politik und Wirtschaft an der Spitze des Unternehmens platzieren zu wollen.

Aber es kam anders: Am 12. Dezember 2002 wählten die Partner von *Roland Berger Strategy Consultants Burkhard Schwenker* einstimmig zum neuen Vorsitzenden der Geschäftsführung. *Schwenker* galt zwar nicht als Charismatiker, dafür aber als großes Verkaufstalent, teamfähig und führungsstark (vgl. *Süddeutsche Zeitung* vom 30.11./1.12.02). *Roland Berger* wechselte Mitte 2003 in den Aufsichtsrat und blieb damit dem Unternehmen „erhalten". Aber nicht nur dem Unternehmen, sondern auch der Politik. Denn ebenfalls Ende 2002 wurde er in die sog. „Rürup-Kommission" berufen um über neue Sozial-Reformen zu beraten. Ähnlich wie *Jobst Fiedler* vor ihm, der als Partner von *Roland Berger* Mitglied der „Hartz-Kommission" war.

Eine Frage aber bleibt: Wie sieht die Zukunft der Fa. *Roland Berger Strategy Consultants* nach *Berger* aus? Das Ausscheiden eines charismatischen Firmengründers und Namenspatrons muss nicht der Anfang vom Ende sein, man vergleiche die Situation nur mit *Bergers* größtem Konkurrenten in Deutschland, *McKinsey*. Der Name *McKinsey* ist heute die wohl stärkste Marke in der Beratungsbranche überhaupt. Und dies, obwohl der Firmengründer *James Oscar McKinsey* das nach ihm benannte Unternehmen, welches er 1925 gründete, bereits zehn Jahre später wieder verließ, und weitere zwei Jahre später, 1937, im Alter von 48 Jahren verstarb.

3.3.2 Studentische Unternehmensberatungen

„Früh übt sich, wer ein Meister werden will!" In diesem Fall ein Beispiel für eine typische „Win-Win-Situation": „Sie stecken noch mitten im Studium, und schon beraten sie gestandene Manager: Studentische Unternehmensberater liefern gute Arbeit für wenig Geld. Die Kunden sind zufrieden – und die Studenten lernen potenzielle Arbeitgeber kennen (vgl. *Manager Magazin* 07/99).

Junge Berater, die lieber für Kunden als für Klausuren studieren. Von diesen Studenten gibt es immer mehr. Und sie werden immer professioneller. Es war die Idee einiger französischer Studenten, ihr an der Universität erlerntes theoretisches Wissen bereits während des Studiums praktisch anzuwenden und erste Berufserfahrungen zu sammeln. Somit kam es Mitte der Sechzigerjahre zur Gründung der ersten Studentischen Unternehmensberatung, der *Junior Enterprises (JE)* in Frankreich. Diese berieten ihre Kunden schon bald umfassend vor dem Hintergrund der gesamten Bandbreite ihres Studienangebotes. Schnell verbreitete sich diese Idee europaweit. Bis heute sind seitdem weit mehr als 350 studentische Unternehmensberatungen in Europa entstanden.

Auch in Deutschland gibt es seit Mitte der Achtzigerjahre studentische Initiativen, die beratend für Unternehmen tätig sind. Bis heute sind es etwa 80 Vereinigungen, die vor allem mittelständischen Unternehmen gezielte Lösungsvorschläge sowie komplette Analysen anbieten. Die Schwerpunkte des Beratungsspektrums liegen in den Bereichen Marketing (42 %) und IT (20 %), aber auch Businesspläne (18 %) und Prozessanalysen (10 %) werden bei den Studentischen Beratern in Auftrag gegeben. Geschätzt werden vor allem die Motivation, die Unvoreingenommenheit und die Kreativität, mit der sie an Projekte herangehen. Die Jungberater entstammen zu einem überwiegenden Teil wirtschaftswissenschaftlicher Studiengänge (67 %), aber auch Ingenieure (15 %), Geisteswissenschaftler (7 %), Juristen (5 %) und andere finden den Weg in die Studentische Unternehmensberatung.

Studentische Beratungsunternehmen sind meist als gemeinnützige Vereine organisiert, agieren aber wie richtige Unternehmen. Die Vereinsvorstände sind verantwortlich für klassische Ressorts wie Marketing, Qualitätsmanagement, Public Relations, Personal und Kundenbetreuung. Der Einstieg in die Studentische Beratung kann in jedem Semester erfolgen. Durch ein umfangreiches Schulungsprogramm während des sog. Anwartschaftsprozesses ist es auch Studienanfängern möglich, auf unkomplizierte Weise die notwendigen Kenntnisse zu erlangen. Einmal eingetreten, bleiben die meisten Studenten den Beratungen bis zum Ende des Studiums treu. Nicht zuletzt, weil ein Engagement in diesen Initiativen auch den Weg ins Berufsleben ebnet. Namhafte Unternehmen greifen bei der Personalsuche gerne auf den Pool der Nachwuchsberater zurück. Inzwischen können zahlreiche Consultants renommierter Beratungen auf den Beginn ihrer beruflichen Laufbahn in einer Studentischen Unternehmensberatung zurückblicken.

In einfach ausgestatteten Büros, die oft von den Universitäten zur Verfügung gestellt werden, arbeiten im Schnitt zwei Dutzend Studenten. Die laufenden Kosten, zum Beispiel für Computer, Kopierer und Telefongebühren, werden von den Studenten selbst finanziert, indem ein Teil ihrer Beraterhonorare in den Verein fließt. Die Vereine übernehmen nur die Vermittlung der Anfragen. Bearbeitet werden die Aufträge von kleineren Teams, die für die Dauer des Projektes eine Gesellschaft bürgerlichen Rechts (GbR) gründen. Der durchschnittliche Tagessatz liegt bei etwa € 200.– pro Person. Organisiert haben sich die studentischen Beratungsanbieter nach dem Vorbild der hauptberuflichen Unternehmensberater in Verbänden, in Deutschland ist dies *der Bundesverband Deutscher Studentischer Unternehmensberater* (*BDSU*). Die Berater der Mitgliedsinitiativen werden kontinuierlich nach *BDSU*-Richtlinien geschult und dadurch auf die Projektarbeit vorbereitet. Wer hier aufgenommen werden will, muss folgende Bedingungen erfüllen:

- Mindestens ein Jahr Anwartschaft.
- Drei abgeschlossene Beratungsprojekte.
- Referenzen für diese Projekte von den jeweiligen Kunden.
- Präsentation eines dieser Projekte vor der Mitgliederversammlung des *BDS*U.
- Erfüllung der *BDSU*-Qualitätsanforderungen (u. a. in Bezug auf Dokumentation, Schulungen und Kundenevaluation).

Es scheint ganz so, als ob die „Latte" zur Aufnahme in einen Verband (in Deutschland) für studentische Beratungsunternehmen höher gelegt ist als für nicht-studentische Beratungsunternehmen. Und das, obwohl sich die Qualität der Beratungsprojekte – glaubt man den entsprechenden Kunden – durchaus zeigen lassen kann!

Der Bundesverband wird von namhaften Unternehmen gefördert. Neben der finanziellen Unterstützung bieten die Kuratoren die Möglichkeit, ihr Unternehmen im Rahmen von Workshops, Präsentationen u. ä. kennen zu lernen. Dadurch erhalten Studentische Berater Einblick in die Handlungsabläufe bedeutender Firmen, die sie wiederum für ihre eigene Arbeit nutzen können. Das Netzwerk des *BDSU* ist mittlerweile auf 26 Mitgliedsberatungen angewachsen. Neben den im *BDSU* organisierten Unternehmen gibt es noch eine Reihe weiterer Studentischer Beratungsunternehmen (s. Anhang II). In Österreich existieren heute drei etablierte Initiativen. Die erste, „uniforce", wurde 1989 in Wien gegründet. In der Schweiz gibt es derzeit acht studentische Unternehmensberatungen, von denen sechs dem im Jahr 2000 gegründeten Dachverband „*Swissjunior*" unterstehen. Der europäische Dachverband *JADE* (*European Confederation of Junior Enterprises*) hält die Fäden seiner 13 Mitgliedsländer zusammen und koordiniert die grenzüberschreitende Beratungsarbeit.

4 Geschäftsidee Unternehmensberatung

4.1 Bisherige Erklärungsansätze

Zweck dieses Kapitels ist es, mögliche Erklärungsansätze für die Nachfrage der Beratungsleistungen aufzuzeigen und eine Bestätigung für ihre tatsächliche Bedeutung zu suchen. Begonnen werden soll zunächst mit einfachen Erklärungsversuchen, danach werden mehrdimensionale Modelle vorgestellt.

4.1.1 Einfache Gründe für das Engagieren von Beratern

4.1.1.1 Modetrends der Managementkonzepte

Die Vermutung, „Mode" sei die Triebkraft für einige Managemententscheidungen zur Auswahl von Managementkonzepten und damit auch für den Einsatz von Beratern, ist schon sehr alt in der Geschichte der Wirtschaft (siehe hierzu und zum folgenden *Nicolai*, 2000, S. 78 f. und S. 271 ff.). „Mode" in diesem Zusammenhang meint wellenartige Popularitätsmuster von Managementkonzepten, deren Auf und Ab man z. B. an der Anzahl durchgeführter Projekte, der Menge neu erscheinender Literatur, öffentlicher Referate und Werbeanzeigen zum Thema sehen kann. Doch nicht die Häufigkeit und Bekanntheit als solche macht den Charakter der Mode aus, sondern das Fehlen einer rationalen Begründung für die hohe Beliebtheit des modischen Konzepts. Ein rationaler Grund könnte z. B. eine sehr hohe Erfolgsquote sein. Wenn ein solcher Erfolgsmaßstab fehlt oder gar eine geringe Erfolgsquote bewiesen ist[45], dann gibt es einen Erklärungsbedarf für eine weiter bestehende hohe Nachfrage, und ein Erklärungsversuch für diese Rationalitätslücke ist der Begriff „Mode". Da an die Managementkonzepte die Erwartung der ökonomischen Rationalität gerichtet ist, beinhaltet er gleichermaßen Kritik an den Anbietern dieser Konzepte und an den Käufern. Wie die Erwartungen der Kunden und das Verhalten der Berater zusammen einen Nährboden für Moden abgeben können, lässt sich in Anlehnung an *Venard* (2001, S. 181 f.) anhand von zwei zentralen Kundenerwartungen bei der Beraterauswahl skizzieren:

- Der Kunde verlangt nach bewährten und perfekt funktionierenden Erfolgsrezepten, die tatsächlich zusätzlichen Nutzen („added value") stiften und die Gewähr einer risikolosen Einführung bieten. Für manche Fragestellungen bei

[45] Abschnitt 8.1 zeigt, dass es in der Tat für viele Managementkonzepte keine überragenden Erfolgsquoten gibt. Ob dies am Konzept selbst, der Art der Einführung oder der Nutzung liegt, ist in den meisten Fällen nicht klar zu sagen, Fakt bleibt, dass die Konzepte in der Praxis meist keine Selbstläufer sind.

Kunden gibt es aber keine vorliegenden Rezepte mit echten Erfahrungen über die erfolgreiche Anwendung. Hier ist mangels echter Beweise die besondere Überzeugungskraft gefordert. *Nicolai* (2000, S. 284/285) vermutet, dass erfolgreiche Projekte bei guten Kunden von Modemachern nachträglich durch „Retrofitting" zu erfolgreichen Anwendungsfällen einer noch gar nicht erprobten Methode umdefiniert werden und dann als Referenz für weitere Verkäufe dienen. Als Beispiel dient ihm die von der *Boston Consulting Group* (*BCG*) sachlich falsch dargestellte Eroberung des US-amerikanischen Motorradmarktes durch die japanische Firma *Honda*. Bei *BCG* liest sich das wie ein Musterbeispiel für eine sorgfältig strategisch geplante und planmäßig umgesetzte Markteroberung. Jeder, so wird dem Leser suggeriert, der einen ähnlichen Erfolg haben möchte, sollte eine professionelle strategische Planung machen und im Bedarfsfalle vielleicht einen Berater wie *BCG* hinzuziehen. Tatsächlich aber war der Erfolg ein eher nach dem Versuch-und-Irrtum („trial-and-error")-Schema ablaufender Vorgang mit vielen Zufälligkeiten. *Honda* wollte eigentlich schwere prestigeträchtige Motorräder in den USA verkaufen. Da die Fahrtstrecken in Amerika aber viel länger waren als in Japan, hatten diese Maschinen oft Defekte und verkauften sich schlecht. Die japanischen Verkaufsmanager hatten dann die verzweifelte Idee, die kleinen Maschinen, mit denen sie selbst zur Arbeit fuhren, anzubieten. Da diese einfach gebaut und preiswert waren, erreichten sie einen Marktdurchbruch. Geplant und vorhergesehen war dies nicht, die Motorräder wurden teilweise durch Subauftrag hergestellt und konnten gar nicht so schnell geliefert werden, wie sie nachgefragt wurden. Insgesamt eine kuriose Geschichte mit glücklichem Ausgang für *Honda*, aber eben keine überlegene Planung, wie sich nach intensiver Recherche[46] herausstellte. Neben dem in der *Honda*-Geschichte enthaltenen Versprechen, ein positives Ergebnis zu erzielen, wirkt auch die Warnung vor negativen Folgen im Falle des Untätigbleibens als Argument. Wenn nur glaubhaft gemacht werden kann, dass sich die Rahmenbedingungen dramatisch ändern und in Zukunft nur überleben kann, wer Konzept X einsetzt, dann sind ebenfalls viele Kunden zu überzeugen (vgl. *Kieser*, 1996, S. 23).

- Der Kunde möchte, dass der Berater eine für ihn maßgeschneiderte Lösung anbietet. Obwohl dies in der Realität oft ein Widerspruch zur ersten Forderung nach einem gut ausgetesteten Modell ist, können Moden auch diesem Anspruch versuchen gerecht zu werden. Der „Trick" ist, dass sie mehrdeutig angelegt sind und viel Platz für Interpretationsspielraum lassen. In diese Lücke stoßen manchmal neben dem Schöpfer einer Mode verschiedene Anbieter hinein und kreieren ihre eigene Variante. Und bei einem Kunden kann man die Lösung auf ihn zurechtschneiden (vgl. *Kieser*, 1996, S. 24/25). Außerdem kann der Schöpfer einer Mode zugeben, dass die Umsetzung nicht leicht ist und einen erfahrenen Experten benötigt. Seine Beschreibung des Vorgehens jedenfalls lässt genug Lücken, um einen nicht allzu selbstbewussten Kunden von dem Selbermachen abzuschrecken.

Eine Facette des Phänomens der Beratungsmode sind „Management-Gurus" – ein anderer abschwächender Begriff für sie könnte „Mode-Autoren" sein. Gemeint

[46] *Pascale*, 1985, wiederveröffentlicht 1996.

sind hiermit populäre Verfasser von Managementliteratur, z.B. *Peter Drucker*, *Michael Porter* und *Tom Peters*. Sie und der größte Teil der nicht ganz so berühmten Autoren, wie z.B. *Peter Senge*, leben und publizieren in den USA, und der besondere Kult-Status dieser Autoren dürfte ein US-amerikanisches Phänomen sein (*Kennedy*, 1998, S.11). Ihnen gemeinsam ist, dass sie Erfinder populärer Managementkonzepte sind bzw. – da auch ihre Ideen häufig Vorläufer in der Geschichte haben – zumindest als solche gesehen werden.

Ein anderer Aspekt von Moden ist die Frage, wie der Übergang zur nächsten Mode vollzogen wird. *Kieser* (zit. n. *Nicolai*, 2000, S.269) formuliert es so: „Die Nachfrage nach Unternehmensberatung kann nie befriedigt werden, denn die Verunsicherung der Manager wird durch Zuführung von Beratung nur oberflächlich und kurzfristig abgebaut. Beratung legt immer den Keim für neue, tiefergehende Verunsicherung. Es stellen sich unweigerlich neue Probleme ein – auch ausgelöst durch neue Managementmoden –, die als gravierender empfunden werden als diejenigen, welche die letzte Beratung ausgelöst hat". Aus diesem Grund kommt es zum Wechsel der Moden. Hier hat *Kieser* (1996, S.33) zwei Typen des Wechsels ausgemacht:

- Eine neue Mode saugt Elemente anderer Managementkonzepte auf und präsentiert sich als umfassenderes Konzept. So wurde gelegentlich das Business Reengineering als Rahmenkonzept für TQM, Lean Management und organisationales Lernen interpretiert.
- Wechsel zu dem Gegenteil: Auf Diversifizierung folgt die Stärkung der Kernkompetenzen, das Erfahrungskurvenkonzept (Skaleneffekte bei größer werdender Produktionsmenge) wird abgelöst von der Forderung nach Flexibilisierung, das Primat der Kostenreduzierung (z.B. Gemeinkostenwertanalyse) von der Forderung nach einer Expansionsstrategie und dem Ziel der Ertragssteigerung. Die Frage ist hier, ob diese Strategieempfehlungen bei den gleichen Unternehmen oder bei verschiedenen Kunden zum Einsatz kommen. Selbst wenn sie beim gleichen Kunden zu verschiedenen Zeiten erfolgen, kann es ja durchaus im besten Sinne des Kunden richtig sein, z.B. im Jahre 1990 zu diversifizieren und im Jahre 2000 das Geschäft wieder auf die dann vielleicht teilweise neuen Kernkompetenzen zu straffen. Beim Wechsel zu einer Gegenmode besteht damit die Möglichkeit, dass eine früher ausrangierte Mode zum „Wiedergänger" wird.

Das wirtschaftliche Ende einer Mode ist aus mehreren Gründen denkbar:

- Alle in Frage kommenden Kunden haben das neue Managementkonzept bei sich implementiert und daher keinen Bedarf mehr an dem Thema. Bei Konzepten, die nur den „first movern" Erfolg versprechen, mag die Sättigung schon viel früher eintreten. Moden, die jeder schadlos mitmachen kann, sind z.B. solche des Kostensparens. Auch wenn nur die ersten Kunden evtl. einen kurzfristigen Wettbewerbsvorteil haben, so gleichen doch die letzten einen Wettbewerbsnachteil aus, vorausgesetzt, dass die Produkte als solche noch die richtigen sind. Anders ist das bei manchen strategischen Fragen: Bestimmte Nischen können nicht von beliebig vielen Firmen besetzt werden, und umgekehrt macht es keinen Sinn, dass nun alle Firmen fusionieren, alle diversifizieren oder alle Anbieter ausschließlich auf das Internet setzen. Zumindest die Mischungsgrade dieser Strategien müssen

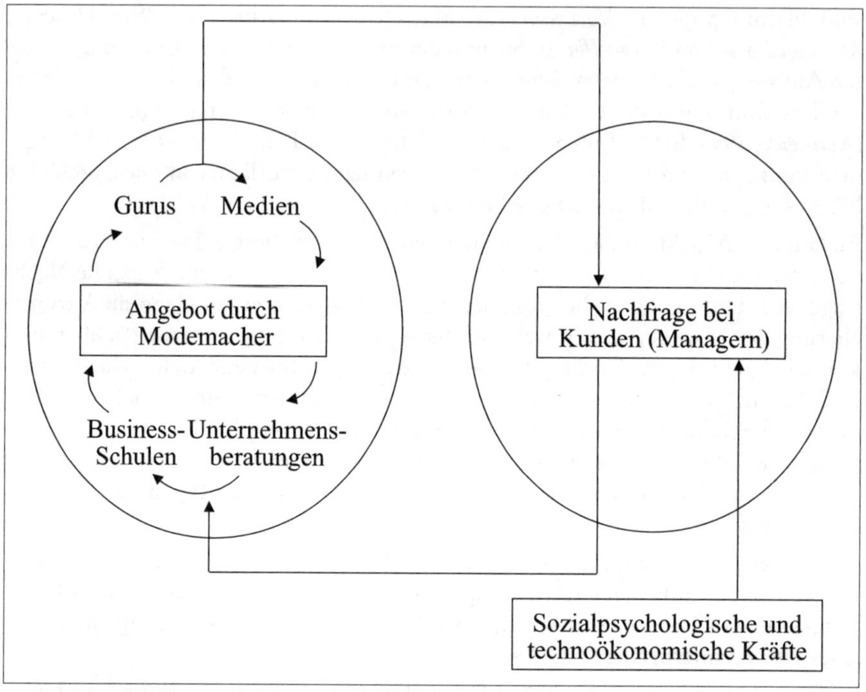

Abb. 7: Prozess der Modeerzeugung nach Abrahamson (1996, S. 265)

unterschiedlich sein, damit jeder Wettbewerber seinen eigenen Platz im Markt finden kann.

- Andere Konzepte „saugen" den Stoff auf und bringen ihn in besserer oder integrierterer Version auf den Markt. In diesem Sinne nimmt Total Quality Management (TQM) z. B. sehr viele andere Qualitätsansätze auf bzw. lässt sich als Dach verstehen.
- Durch puren Zeitablauf, weil zehn Jahre alte Konzepte nun einmal nicht mehr neu sind. *Nicolai* (2000, S. 285) begründet dies wie folgt: „Da Managementmethoden nicht nur als rational, sondern auch als fortschrittlich gelten müssen, tragen sie den Kern ihrer eigenen Zerstörung ... (in sich)".

Nicht zuletzt durch das Retrofitting und andere Schwächen bei der Begründung einer Mode scheint es beinahe selbst Mode geworden zu sein, die Moden zu kritisieren (*Nicolai*, 2000, S. 80)[47]. Dies ist insbesondere im akademischen Bereich zu sehen. Hier mag die Tatsache wirken, dass im Bereich der Managementmethoden fast ausschließlich Pragmatiker und kommerzielle Anbieter Neuentwicklungen vorangetrieben haben, und die weit hinterherforschende Wissenschaft konzentriert sich eher auf das leichter fassbare Phänomen des Scheiterns als auf das noch viel schwieriger zu erklärende Phänomen, wieso etwas funktioniert. Ähnlich ist es in der häufig wertend auftretenden „Aufklärungsliteratur" (s. a. Abschnitt 15.1.).

[47] Siehe z. B. folgende, von *Buscher* (1998) gegebene Literaturtips: *Berger* (1996), *Hilmer/Donaldson* (1997), *Rust* (1995 und 1997) und *Shapiro* (1996).

Aus diesem Grund hat man auch den Eindruck, dass im Bereich der wertenden Literatur der Anteil der negativ kritischen, teilweise ironischen Werke weit überwiegt. Eine besonders einprägsame, am Ende aber auch versöhnliche Aussage stammt von *Micklethwait/Woolridge* (1998, S. 27), die nach dem Grund für Kritik an Managementtheorien suchen. Es sei nicht alles schlecht, aber „... wahrscheinlich zutreffender wäre die Feststellung, dass der Managementtheorie so etwas wie eine solide Basis fehlt. Es ist sicher nicht alles ‚Mist', aber doch so viel davon, dass der ganze Rest in Verruf gerät. In vielerlei Hinsicht ist daran die endlose Zahl grässlich salbadernder Scharlatane schuld ..., die als Trittbrettfahrer auf den Zug der Managementtheorie aufgesprungen sind, als bei den Sex- und Diätratgebern kein Platz mehr war".

Der Grund für die Nachfrage auf Kundenseite ist ein anderer: Da ratsuchende Manager oft zu einem erheblichen Teil die Leistungsfähigkeit der angebotenen alternativen Konzepte und die individuelle der Berater wegen der Intransparenz des Marktes nicht kennen und hier ein Stück weit auch auf das ehrliche Marketing des Beraters angewiesen sind, entscheiden sie also teilweise unter Unsicherheit oder aber aus dem Bestreben heraus, einer der Ersten zu sein, die das trendige Konzept umsetzen und damit den vermeintlich entscheidenden Schritt dem Markt voraus zu sein ... Ein Behelf zur Beurteilung der Beraterprodukte sind daher die Praxisreferenzen der Produkte, eine „me too" Grundstimmung und nicht zuletzt das Renommee der Beratungsfirma. Die richtige Entscheidung bei der Auswahl eines Beratungsunternehmens zu treffen, ist für jeden Manager eine Herausforderung. Nicht selten ist es eine Gratwanderung in unsicheren Welten zwischen „aus Versehen" das Richtige wählen oder am Bedarf vorbei zu entscheiden.[48] Da sich modische Konzepte im Bereich der Managementmethoden nur mit einer – wie plakativ auch immer vorgetragenen – Begründung (siehe die Tab. 10 mit der Auflistung von Begründungsketten im Stil von „Situation – Problem – Lösung") verkaufen lassen, regen sie indirekt auch dazu an, über die Situation der eigenen Organisation nachzudenken – dies kann der Anstoß zu eigenen, ganz andersartigen Lösungen sein (*Miethe*, 2000, S. 141). Statistiken über die Häufigkeit solcher Nebenwirkungen von Modewellen gibt es aber nicht.

Aus Sicht der Anbieter sind Moden verständlicherweise wünschenswert, weil sie den Aufwand für die Begründung ihres Lösungsansatzes aufgrund des Vorverständnisses beim Kunden verringern können, die Wiederholung von Beratungsleistungen die internen Kosten senkt[49], die Erfahrungswerte steigert, die Liste der Referenzprojekte verlängert und nicht zuletzt ein kontinuierlicheres Arbeitsfeld gewährleisten. Aus Sicht der Unternehmen und Manager können selbst nicht auf die Organisation passende Konzeptmoden dadurch helfen, dass sie Manager zur Analyse ihrer Organisation und eventueller Veränderungsbedarfe anregen (*Miethe*,

[48] *Hilmer/Donaldson* (1996, S. 23) vermuten, dass Trendhoppen vor allem Ausdruck einer US-amerikanischen Mentalität ist. Die Japaner z. B. hätten über Jahrzehnte hinweg immer nur ihre Qualitätsmanagementkonzepte verfeinert, während in den USA von T-Gruppen in den Siebzigern bis letztendlich auch Qualitätsmanagement in den beginnenden 90er-Jahren ein Trend nach dem anderen ausprobiert wurde.

[49] Natürlich ist da gegenzurechnen, dass wahrscheinlich auch mehr Berater zu dem gleichen Thema anbieten und daher mehr Bewerbungskosten entstehen und die möglichen Erträge sinken.

Tab. 10: Moden und Managementkonzepte im Zeitablauf

Allgemeine Situation	Probleme	Managementkonzepte/ Moden
Ende der 60er, Anfang der 70er Jahre: Wechsel vom Verkäufer zum Käufermarkt	• Überangebot an Waren • kürzere Produktlebenszeiten • Investitionsunsicherheit	• Ausbau der Unternehmensplanung • Marketing • Werkzeuge der Strategieberatung
1973 und Rest 70er Jahre: Ölkrise, Wirtschaftsrückgang	• Kostensenkung • Zukunftsängste • Bewusstsein knapper Ressourcen	• Zero Base Budgeting • Gemeinkostenwertanalyse • Portfolio- und Szenarioanalyse • Controlling
80er Jahre: Japan-Schock	• Effizienznachteile gegenüber Japan • Qualitätsrückstände	• Business Process Reengineering • Qualitätskonzepte • Benchmarking • Lean-Konzepte
90er Jahre: Globalisierung, Internet, Jahr-2000-Problem	• verschärfter Wettbewerb, Zugang zu neuen Märkten • Flexibilität • Internet-Technologie • Ansprüche der Aktionäre	• neue B2B- und B2C-Kanäle • Balanced Scorecard für Management aller Wertschöpfungsbereiche • Kernkompetenzen • Change Management • Shareholder Value Konzepte

2000, S. 140). Außerdem helfen starke Begriffe und Visionen, überhaupt etwas zu bewegen und die Lethargie zu überwinden (management by „ideology“, *Kieser*, 1996, S. 34). Mode ist also in diesem Sinne auch kein Schimpfwort für unbrauchbare Managementkonzepte, sondern nur die nüchterne Charakterisierung eines eventuell nützlichen Hilfsmittels zum internen „Verkauf“ von Notwendigkeiten. Auch wenn damit teilweise alter Wein in neuen Schläuchen[50] daherkommt, kann es hilfreich sein, dadurch in der Vergangenheit gescheiterte und damit „verbrannte“ Begriffe für durchaus nützliche Ideen durch neue Schlagworte zu ersetzen – das ist auch im wahren Interesse der so überlisteten widerspenstigen Gegner der Veränderung. Anderseits besteht die Gefahr der Fehlauswahl einer Methode, u. a. auch, weil ein erheblicher Teil der Projekte verkauft wird, ohne dass der Unternehmensberater sich selbständig ein Bild von der Problemsituation verschaffen kann[51]. Ver-

[50] Siehe auch Buchtitel von *Hörner/Vitinus* (1997), die teilweise aus der Tatsache des nicht ganz so Neuen in „neuen“ Managementkonzepten schon den Unwert herleiten. Andere Kritik an den Moden wird z. B. von *Berger* (1998) geäußert, dessen eher – wie er meint – in philosophische Richtung gehende Kritik kein einzelnes Managementkonzept als solches angreift, sondern in dem Vorschlag des „Business reframing“ mündet, für das es praktischerweise schon eine Unternehmensberatung gibt, nämlich die von *Berger* selbst!

[51] In der Untersuchung von *Sommerlatte* (2000, S. 173) mit einer Stichprobe von 161 Projekten war knapp ein Drittel verkauft worden, ohne dass der Berater sich vor seinem Angebot ein eigenständiges Bild von der Situation beim Kunden machen konnte.

mutlich wird im Fall einer Fehlentscheidung häufiger ein modisches Managementkonzept gewählt als irgendein Mauerblümchen-Ansatz.

Keiner der modekritischen Autoren behauptet bisher, dass alle Beratungsgeschäfte ausschließlich oder überwiegend durch Mitschwimmen auf Modewellen, d. h. Bedienen von marktgängigen Schlagworten, zustandekommen. *Kieser* (2002, S. 59 f.) bietet ein um weitere Erklärungselemente angereichertes Modell an, das die Anfälligkeit der Kundenmanager für Modekonzepte und die „Explosion" des Beratermarktes besser erklären soll (s. Abb. 8). Demnach sind insbesondere der als gestiegen wahrgenommene Druck auf die Entscheidungsträger sowie die ebenfalls als gestiegen wahrgenommene Komplexität und Dynamik der Umwelt tiefere Ursachen für die Bereitschaft, den modischen Konzepten nachzulaufen. Manager versuchen nach *Kieser* so, einen Kontrollverlust zu vermeiden und die eigene Angst zu besiegen. Empirische Belege hierfür legt *Kieser* nicht vor, außerdem differenziert er nicht zwischen verschiedenen Typen der Beratung.

Ein letzter Gedanke zum Thema Mode soll einem Aspekt gelten, der bisher in der Literatur noch nicht unter diesem Stichwort behandelt wurde, aber einen sehr ähnlichen Charakter hat: die Einführung einer neuen Version schon etablierter Softwareprodukte. Insbesondere große Hersteller von betriebswirtschaftlicher Standardsoftware wie *SAP* und *Oracle* oder Bürosoftware wie *Microsoft* können mit der Einführung einer neuen Version ihrer Produktfamilie eine Welle von Projekten für IT-Beratungen auslösen. Da diese Versionsänderungen i. d. R. auch mit funktionalen Änderungen einhergehen, mag es gerechtfertigt sein, sie nicht ausschließlich als „Mode" abzutun. Vermutlich ist es aber so, dass z. B. die Versionsänderungen vieler *Microsoft*-Produkte kaum noch offene Wünsche der Kunden

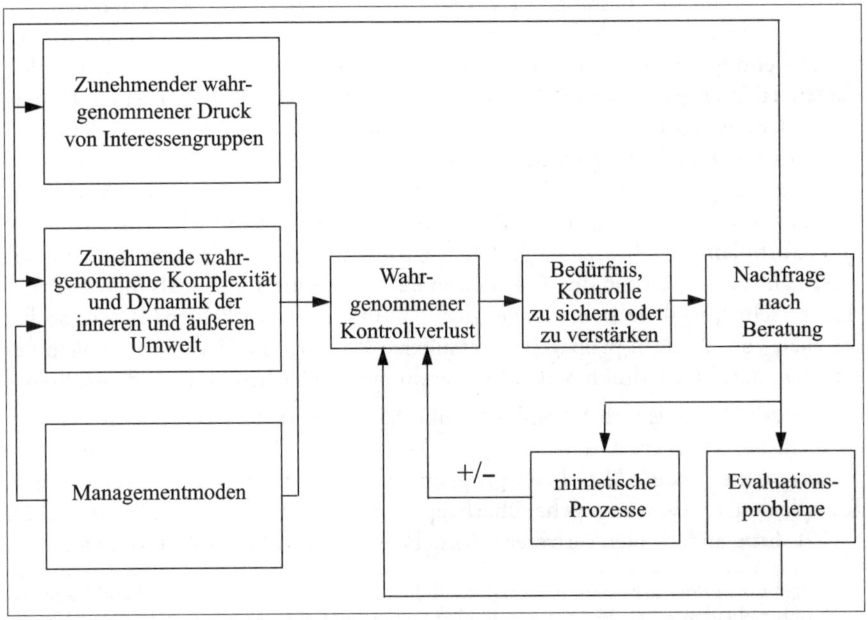

Abb. 8: Modell zu Erklärung der „Explosion des Beratermarkts" (Kieser, 2002, S. 63)

befriedigen, aber dennoch wegen des allgemeinen Kompatibilitätsdrucks nach und nach von allen Marktteilnehmern eingeführt werden müssen.

Als Quintessenz aus dem Gesagten kann folgendes Fazit gelten: Ein – hier nicht weiter quantifizierbarer – Anteil des Beratungsgeschäfts findet mit Themen statt, die gerade en vogue sind und daher als Mode bezeichnet werden können. Die Gründe für eine Mode können vielschichtig sein, eine besondere Bedarfslage in einzelnen Branchen oder der gesamten Wirtschaft sowie gleichzeitig eine geschickte Vermarktung des Angebots spielen aber sicher eine Rolle hierbei. Details dieses Zusammenspiels sowie die Anteile beider Seiten daran harren noch einer näheren Untersuchung, die je nach Art des Modeprodukts auch zu unterschiedlichen Ergebnissen kommen könnte[52]. Die zweifelsfreie Existenz von Modewellen heißt aber nicht, dass jeder Auftrag über Projekte dieser Art als blindes Nachlaufen einer Mode bezeichnet werden kann, vielmehr wird eventuell nur ein Anteil der Geschäfte innerhalb einer Modewelle auch modebedingt sein. Über den ökonomischen Nutzen für den Kunden und/oder den Beratungsanbieter ist in beiden Fällen damit vorab noch nichts gesagt.

4.1.1.2 Komplexitätsreduzierung

„Alles wird immer komplexer, z. B. durch die Globalisierung ...“ ist eine sicher nicht selten gehörte Klage über die Märkte und den Wettbewerb zu Beginn des 21. Jahrhunderts. Außerdem glauben viel Beteiligte, immer mehr Ausnahmetatbestände und ungewöhnliche Vorkommnisse – Turbulenzen – im Markt zu sehen. „All diejenigen – und dazu gehören auch die Berater – die ständig die These von den Umweltturbulenzen verkünden, tragen zu der Verunsicherung bei, die die Turbulenzerfahrung bestätigt“ (*Nicolai*, 2000, S. 270). Von Marktteilnehmern wahrgenommene Turbulenzen werden von einigen als möglicher Grund für die Hinzuziehung von Beratern bei Strategieaufträgen gesehen. Dies sehen Kritiker manchmal aber gerade als die Ursache von Schwierigkeiten. Ein Beispiel: Es mag ein Fehler der besonders in den 70er und 80er Jahren des vorigen Jahrhunderts modernen strategischen Unternehmensplanung gewesen sein, besonders genau und weit vorausgeplant zu haben. Da die Realität sich selten an einen Plan hält, erfährt derjenige mit besonders genauen Plänen natürlich besonders viele Abweichungen und „Turbulenzen“. *Mintzberg* (1994, S. 9) führt aus, dass die Japaner auf dem US-amerikanischen Markt in den 80er Jahren besser orientiert waren als die US-Amerikaner selbst, weil sie sich weniger der Planungsidee verpflichtet fühlten. So hat die auch von Beratern propagierte detaillierte Planung erst Verunsicherungen geschaffen, die danach durch neuen Beratereinsatz wieder beseitigt werden sollten.

Eine andere Frage ist, ob Komplexität überhaupt reduziert werden kann oder ob sie nicht nur verlagert wird – verlagert z. B. auf einen Outsourcing-Partner, einen Allianzpartner, andere Mitarbeitergruppen oder sogar den Kunden. Manche sagen, Komplexitätsreduzierung gehe überhaupt nicht (so z. B. *Schwan/Seipel*, 2002, S. 153). Eine andere hier vertretene Ansicht ist, dass es bei komplexitätsreduzie-

[52] Ergebnis könnte z. B. sein, dass man zwischen „Angebotsmoden“ und „Nachfragemoden“ unterscheiden muss: Welche von beiden Seiten folgt eher einem Trend, ohne über die Besonderheiten des Einzelfalls nachzudenken?

renden Projekten durchaus zu Komplexitätserhöhungen an anderer Stelle kommen kann, jedoch kann letztendlich nicht pauschal gesagt werden, ob in Summe damit die Komplexität reduziert wurde. Ein Beispiel ist Outsourcing. Bei bestimmten Outsourcingprojekten erlebt man einen erheblichen Anstieg bei der Komplexität von Schnittstellen. Ob dieser Effekt die Entlastung im Management der ausgelagerten Funktion überkompensiert, hängt vom Einzelfall ab. In der Regel dürfte es für den Auslagernden zu einem positiven Netto-Effekt kommen.

4.1.1.3 Innovation und Wissenstransfer

Eine ähnliche Frage ist die, ob Beratungsfirmen „Innovationen" in das Kundenunternehmen tragen. Unter „Innovation" sollen hier neue Prozesse, neue Produkte und neue Strategien verstanden werden, wie groß oder klein auch immer. Es stellt sich zunächst die Frage, ob die Beratungsarbeit in einem bestimmten Projekt eine relative, d. h. für den Kunden neue oder sogar eine absolute, d. h. überhaupt in der Welt der Organisationen einmalige Innovation ist und wie weitreichend eine Änderung sein muss, um das Prädikat „Innovation" zu erhalten. So ist die Einführung einer Kosten-Leistungsrechnung im Jahre 2003 für den öffentlichen Bereich mancherorts immer noch etwas völlig Neues, allgemein kennt man aber dieses Konzept des Rechnungswesens schon wesentlich länger und nutzt es auch. *Lünendonk* (2002) begründet sein Prädikat „business innovation partner" für Unternehmensberater mit dem Angebot, sowohl zu beraten als auch zu realisieren. Damit ist der Begriff „Innovation" aber in keiner Weise definiert, aus dem Gesagten kann man höchstens in einigen Fällen auf eine relative Innovation schließen. Und hiermit ist auch zu erkennen, dass weniger die Frage der absoluten Innovationsfähigkeit des Beratungsanbieters, sondern eher die Frage der relativen Rückständigkeit seiner Kundenunternehmen sowie des Gesamtmarktes Erklärungswert für die Frage hat, womit die Anbieter ihre Umsätze erzielen. Überspitzt formuliert: Je besser es einem Beratungsanbieter gelingt, finanzkräftige und allgemein oder in einem bestimmten Bereich rückständige Kunden anzusprechen, umso eher kann es ihm auch evtl. gelingen, bei diesen Kunden den Ruf des Innovators zu erlangen. Ein zweiter Aspekt ist die Frage, ob der Berater das Neue mitbringt oder eventuell nur das Neue dabei unterstützt, sich durchzusetzen. Viele Ideen kommen ja oft vom Kunden selbst, benötigen aber manchmal das Autoritätssiegel oder die Abstimmungsmethode eines Externen, um sich intern auch gegen Widerstand zu behaupten.

Fazit: In der Regel ist das Ergebnis größerer beraterunterstützter Projekte für den Kunden eine Veränderung und eine Innovation – außer bei Strategiepapieren, die in der Schublade landen und solchen – wahrscheinlich sehr seltenen – Projekten, in denen man sich versehentlich rückwärts bewegt. Da bestimmte Themen für viele Kunden gleichzeitig „Konjunktur" haben oder sogar aus dem Altbestand von Projektthemen stammen (s. Abschnitt 4.1.2.1 zum Thema Mode) sind die meisten Projekte aber keine absolute Innovation im Markt. Aus diesem Grunde eignet sich der Begriff der Innovation wenig dazu, die eventuell unterschiedliche Entwicklung von Beratungsfirmen zu erklären. Ein vorliegendes Gliederungsmodell der Fa. *Lünendonk* (siehe Abb. 9) kann deshalb auch nicht umhin, einen Großteil des Beratermarktes einfach als „Business Innovation Partner" zu benennen, obwohl damit

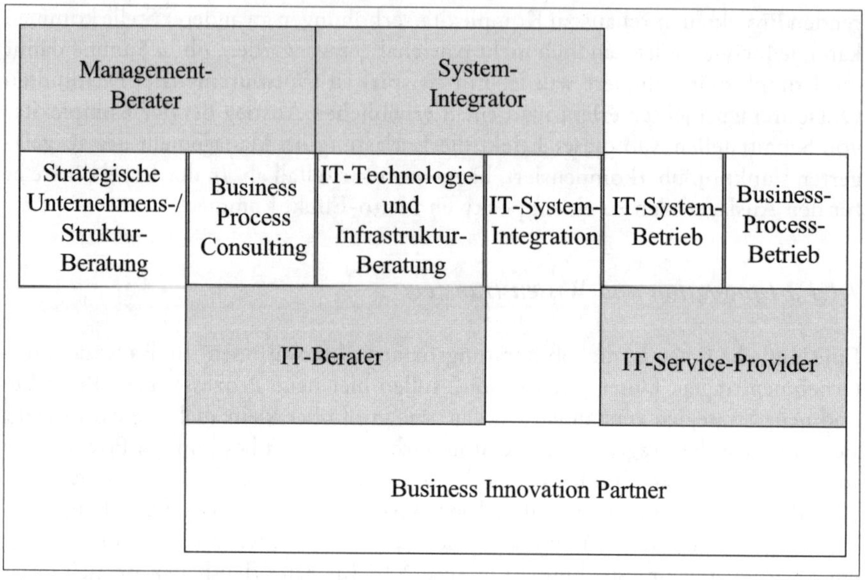

Abb. 9: Vorschlag zur Gliederung des Beratermarktes (Lünendonk, 2002, S. 15)

dieser Begriff auch eventuell „alte Hüte“ mit umfasst, z. B. einfaches Outsourcen oder IT-Systemintegration[53]. Sehr wohl aber mag „Innovation“ taugen, Kundenerwartungen an Beratungshäuser zu beschreiben (siehe Abschnitt 8.1. mit empirischen Ergebnissen hierzu).

Relative Innovation ist sehr nahe am Thema „Wissen“. Wissen sei hier verstanden als jedwede geschäftsrelevante Information über Märkte, Produkte und Prozesse bis hinab zur kleinsten Handreichung. Der Kunde sucht evtl. nach (*Nicolai*, 2000, S. 256) …

- überlegenem (überlegen dem Auftraggeber gegenüber) Managementwissen für Projekte und Programme sowie ggf. Wissenstransfer.
- überlegenem (s. o.) funktionalen Wissen, ggf. Benchmark mit „state of the art“ Wissen und ggf. Wissenstransfer.
- überlegenem (s. o.) technischen Wissen und ggf. Wissenstransfer.

Das Schlagwort „Wissensmanagement“ hat für innerbetriebliche Optimierung von Informationsressourcen und als wichtiger Faktor des Überlebens und wettbewerblichen Vorsprungs in den letzten Jahren zunehmende Aufmerksamkeit erfahren[54]. Für Unternehmensberatungen gilt intern natürlich gleichermaßen der Vorteil

[53] Das Modell hat auch andere Schwächen, z. B. taucht die Personalberatung gar nicht explizit auf. Außerdem bleibt rätselhaft, wieso überhaupt der Begriff „Business Innovation Partner“ als wichtige neue Kategorie gewählt wurde, da nach einer von den Herausgebern in der gleichen Quelle berichteten Studie sich nur 12 % der befragten Berater überhaupt als „Innovation-Partner“ der Kunden sehen, während andere Rollenbeschreibungen wie z. B. „Integrator moderner Technologie“, „Berater“ und „Dauerhafter Partner“ viel höhere Zustimmungsraten erfuhren (38 % bis 55 %).

[54] Analog zum menschlichen Intelligenzquotienten wurde ein organisationaler Intelligenzquotient, Organizational-IQ, vorgeschlagen (*Mendelson/Ziegler*, 1999).

guten Wissensmanagements (vgl. Abschnitt 5.9.), aber zusätzlich wird auch vorgeschlagen, das gesamte Geschäftsmodell zu verstehen als ein Modell des Nutzens von Wissensvorsprüngen[55] (vgl. Überblick in *Semadeni*, 2001), gleich ob diese Wissensvorsprünge selbst erarbeitet oder nur von anderen Quellen übernommen sind. Ein schönes Beispiel für das Auftreten von Beratungsanbietern als Wissensvermittler, und das gleich doppelt, ist das Engagement von *Andersen Consulting* (jetzt *Accenture*) bei dem Motorradhersteller *Harley Davidson*, um dort japanische Produktionstechniken einzuführen, die *Andersen Consulting* selbst zuvor intensiv durch ein Projekt bei *Yamaha* in Japan kennengelernt hatte. Dort übrigens war man beauftragt worden, amerikanische Managementtechniken einzuführen (*O'Shea/Madigan*, 1998, S. 124). Der Vorgang des Handelns mit Wissen als Ware ist allgemein wie folgt zu beschreiben:

- Unternehmensberatungen greifen neues oder altes Wissen aus verfügbaren Quellen auf oder/und erzeugen selbst neues Wissen (Innovation).
- Sie verkaufen durch diesen Wissensvorsprung ein Projekt, arbeiten beim Kunden und lernen dort selbst Neues kennen bzw. erarbeiten dieses neue Wissen. Diesen Vorteil können sie zum Verkauf weiterer Projekte über die Grenzen des Kundenunternehmens und seiner Branche hinaus nutzen.

Auch das Konzept der Wissensarbitrage ist nicht das Geschäftsmodell der Unternehmensberatung schlechthin, weil zum einen viele andere Berufe ebenfalls mehr oder weniger direkt von der Wissens- und Könnensarbitrage leben (z. B. Lehrer und Journalisten), zum anderen gibt es aber auch Beraterrollen, die im Kern nicht auf Wissensvorsprüngen beruhen, wie z. B. die Rolle des neutralen Moderators, des Inkubators usw. Hieraus ließe sich natürlich eine Erweiterung des Modells ableiten, z. B. der Berater als Profiteur von Wissens-, Könnens- und Seins-Arbitrage. Der Erklärungswert dieser griffigen Erläuterung ist aber wegen ihrer All-Umfassenheit sehr gering.

4.1.1.4 Problemlösen

Eine oft genannte Beschreibung für den Nutzen des Beraters besteht darin, seine Problemlösekompetenz zur Verfügung zu stellen (*Kubr*, 1996, S. 8/9) oder „Problemlösen als Geschäftsmodell“ zu haben (*Mohe* et al., 2002). Um den Gehalt dieser Behauptungen näher zu untersuchen, muss zunächst gefragt werden, was ein „Problem“ ist. *Wolf* (2000, S. 122) listet folgende „Problemfälle“ auf:

- Wissensdefizit. Der Kunde weiß nicht, was er tun soll und wie er es tun soll.
- Methodendefizit. Der Kunde weiß, was er tun soll, aber er weiß nicht, wie er es anstellen muss.
- Entscheidungsdefizit. Der Kunde sieht mehrere Alternativen, er weiß jedoch nicht, welche die Beste für ihn ist.
- Ressourcendefizit. Der Kunde weiß, was er tun will und wie er es anstellen muss, jedoch fehlen ihm die Personalressourcen zur Durchführung.

[55] In Anlehnung an den Begriff für das Ausnutzen von Preisdifferenzen bei Kassa- und Terminmärkten „Wissens-Arbitrage“ genannt, und der Berater ist ein „Wissens-Broker“.

- Machtdefizit. Der Kunde hat nicht die Durchsetzungskraft, geplante Maßnahmen umzusetzen.

Folgt man *Wolf*, dann ist „Problem“ eine sehr breite Bezeichnung von Situationen, die fast alle denkbaren Konstellationen für jede Art von Unterstützungsbedarf enthält. Aus dem Gesagten folgt dann: Unternehmensberatungen lösen Probleme, ihre eigenen und die des Kunden. Diese Eigenschaft ist aber andererseits nichts Beratungsspezifisches, denn auch die Feuerwehr, die Polizei, Reinemachefrauen und alle anderen Dienstleister lösen Probleme. Selbst wenn man die Definition auf „betriebswirtschaftliche Probleme bzw. Managementprobleme“ eingrenzt, ist zu fragen, worin der zusätzliche Erkenntniswert des Wortes „Problem“ liegt. Wenn es nichts weiter als die Summe aller denkbaren Zwecke des Einsatzes von Unternehmensberatungen enthält, dann hilft das nicht weiter, weil „Problem“ dann nur eine Sammelbezeichnung für eine Gruppe heterogener und durch andere Begriffe präziser zu beschreibende Situationen ist. Und es droht sogar eine Inflationierung der Beratungswelt mit dem Begriff „Problem“; ein Beispiel: *Weber* (2000, S. 286) findet, dass nach Aussage seiner Interviewpartner aus der Wirtschaft „… Beratungsprojekte zunächst einmal als Störung der normalen Abläufe im Unternehmen wahrgenommen werden und stören, d. h. [sie selbst] stellen ein ‚Problem‘ im Zusammenspiel von Unternehmensberatungen und Unternehmenspraxis dar“. Der Kunde hat also ein Ausgangsproblem, und wenn er Berater engagiert hat, dann bekommt er zunächst ein zusätzliches Kommunikationsproblem. Wenn er aber keine Berater holen würde, hätte er eventuell das zusätzliche Problem, sein Ausgangsproblem nicht allein lösen zu können. An dieser Übertreibung wird ersichtlich, dass der Begriff „Problem“ keinen zusätzlichen Erklärungswert hat. Alles ist ein Problem – oder auch keines, wenn man das Wort einfach vermeidet[56]. Eine engere Definition von „Problem“ reserviert diesen Begriff für diejenigen Fälle, in denen jemand die Mittel und Wege nicht kennt, um seine Ausgangslage oder seine Zielvision zu beschreiben und Änderungsvorhaben umzusetzen. „Probleme“ in diesem Sinne sind abzugrenzen von „Aufgaben“, bei denen der Kunde alle Bestandteile der Lösung kennt und eigentlich nur noch abarbeiten muss. Im Sinne dieser engeren Definition bearbeiten Unternehmensberater Probleme und Aufgaben des Kunden, und hierbei können sie selbst auf eigene Probleme stoßen. Je mehr sie aber gute Methoden einsetzen, die mit den Wechselfällen der Kundensituation umgehen können und je eher Kunden „Standardprodukte“ kaufen, desto eher ist für den Berater selbst das Projekt eine „Aufgabe“, die er innerhalb feststehender Algorithmen abarbeiten kann. Beratungsarbeit im Sinne dieser eingeschränkten Definition ist also eine Mischung von Arbeit an Problemen und Aufgaben des Kunden, die Mischungsanteile sind von Projekt zu Projekt verschieden und eventuell auch nicht immer exakt vorhersehbar.

Manche Autoren knüpfen an die Feststellung, Unternehmensberatung sei Problemlösung, gleich einen allgemeinen Exkurs über Problemlösetechniken an[57]. Tatsächlich sind die unter diesem Begriff geführten Verfahren nicht die Mittel für eine endgültige Problemlösung, sondern eher Methoden der Moderation von initialen Ideenfindungen, Abstimmungen und Strategiefestlegungen.

---

[56] Im Beraterjargon sind die eigenen Probleme sowieso „Herausforderungen“ und eben keine Probleme.

[57] Z. B. *Schwan/Seipel* (2002, S. 244 f.).

Tab. 11: Einfache „Problemlösetechniken"

Technik	Zweck	Einschätzung
Kreativitätstechniken, z. B. • Brainstorming • Methode 635 • Delphi • …	Ideenblockaden lösen	Wirksame Werkzeuge, jedoch auf die Moderation von Arbeitsgruppen beschränkt und zur Kreativitätsanregung, nicht zur Kreativität selbst geeignet
Gesprächstechniken, z. B. • Visualisierte Moderation mit z. B. Metaplan-Techniken • Sechs-Farben *(deBono)* • Nominale Gruppentechnik • …	Gesprächsblockaden lösen, Themen strukturieren	Arbeitsgruppen werden zu strukturierten Vorgehensweisen gebracht. Nur wirksam, wenn konkrete Ziele und Aufgaben definiert werden, deren Ergebnisse in Feedback-Runden überprüft werden
• Projektmanagement-Methoden	Organisationschaos beseitigen helfen	Große Methodenvielfalt, die Methode sollte auf den Kunden bzw. sein Problem einstellbar sein und auch angenommen werden
• Konfliktlösung und Mediation	Handfeste Konflikte lösen	Spezielle Probleme, die vor, während oder nach Projekten vorhanden sind, können so gelöst werden

4.1.2 Beratungsnachfrage – behauptete und empirisch gezeigte Gründe

Die soeben einzeln beschriebenen möglichen Gründe der Beratungsnachfrage sind wie gesehen, jeder für sich betrachtet, keine erschöpfende Erklärung für alle verkauften Beratungsleistungen. Ähnlich geht es den nachfolgend beschriebenen Nachfragetreibern, die jedoch oft in Einzelfällen als Motiv genannt werden. Demnach wünschen Kundenmanager durch Berater …

- die Risikoübernahme oder Risikoverringerung des Gelingens von Projekten, „Absolution" von Schuld an unvermeidbaren Einschnitten oder nicht sicher vorhersehbaren Entwicklungen (*Malik*, zitiert n. *Gehrmann*, 2002). Diese Komponente hat auch handfeste juristische Grundlagen: Im amerikanischen Recht besagt die „business judgement rule", dass nachträglich als solche erkannte geschäftliche Fehlentscheidungen dann nicht zu Haftungsansprüchen gegenüber den verantwortlichen Organen führen, wenn die Entscheidung auf „reasonable information" und das Urteil unabhängiger Personen gestützt wurde (alles *Malacrida*, 2001, S. 90/91). Diese anglo-amerikanische Regel führt faktisch zur Minderung des Haftungsrisikos[58]. Eine andere Facette dieser Sicht ist die Aussage, dass Angst der Manager manchmal der Grund für das Engagement von Beratern ist (z. B. *Sturdy*, 1997).

[58] In Deutschland gibt es im Jahre 1997 ein Urteil des *Bundesgerichtshofs,* das diese Regel

- den Ersatz für fehlende eigene Mitarbeiter bei der Umsetzung und für fehlende eigene Manager im Steuerungsbereich. Berater haben somit eine Kapazitätserweiterungsfunktion (*Nicolai*, 2000, S. 258) und helfen, schon beschlossene Veränderungen auch zu implementieren (*Kubr*, 1996, S. 8/9).
- ein abteilungsneutrales Auftreten und „ehrliches Makeln“ bzw. Moderieren von Lösungen; Misstrauen und Kommunikationsunfähigkeit gegenüber eigenen Vorstandskollegen und eigenem Management zu beseitigen sowie ehrlicher Makler gegenüber dem Vorstand bzw. Auftraggeber und Anwalt gegen Teile des Managements zu sein (*Staute*, 1996, S. 30 f.). Die Rolle des Berater ist hier die eines Agenten des Wandels („change agent“). Aufgabe ist es, Lösungen zu katalysieren, die entweder ganz neu sind oder eventuell schon vorher in der Schublade lagen, für die einzutreten sich aber niemand traute (z. B. *Staute*, 1996, S. 27 f.).
- Hilfe beim Überwinden von Betriebsblindheit (*Staute*, S. 30).
- Hilfe in turbulenten Zeiten zu haben, allgemein Ziele erreichen zu helfen und eine Unternehmenskrise zu meistern (*Kubr*, 1996, S. 8/9; *Meffert*, 1990).
- zwar nicht unbedingt die besseren Rezepte, aber die gegenüber den Kundenorganisationen überlegene Fähigkeit, die besten Bewerber vom Markt der Talente abzusaugen und für anspruchsvolle Aufgaben zur Verfügung zu stellen (*Franck/Pudack*, 2000). Nach dieser Ansicht ist das Beratungsgeschäft eine Form der Personalausleihe („body shopping“).
- ein Instrument bei politischen Machtkämpfen in Unternehmen oder der Politik zu haben (*Nippa/Petzold*, 2001, S. 19 f.).
- das organisationale Lernen zu beschleunigen (*Kubr*, 1996, S. 8/9; *Sommerlatte*, 2000).
- mehr Entrepreneurship (*Nicolai*, 2000, S. 61 f.), Ersatz für oder Stimulation der kreativen unternehmerischen Komponente im wirtschaftlichen Geschehen bzw. neue Geschäftsideen (*Kubr*, 1996, S. 8/9).

Wenn man diese empirisch gefundenen Gründe – ergänzt um einige zusätzliche Informationen – graphisch darstellt, dann ergibt sich das in Abb. 10 dargestellte Modell.

Kubr (1996, S. 13) listet 10 „prinzipielle“ Wege der Nutzung von Consultants auf, die aber teilweise nicht trennscharf sind (z. B. „providing information“, „providing expert information“ und „doing diagnostic work“) und andererseits mögliche Tätigkeiten nicht umfassen (z. B. Risikoübernahme). *Schwan/Seipel* (2002, S. 24 f.) nennen über 150 verschiedene fachliche Beratungsbereiche, indem sie u. a. fast alle betrieblichen Funktionen detailliert auflisten. *Neuberger* (2002, S. 136) karikiert mit den 63 verschiedenen Rollen von Beratern in seiner „Klingel-Anlage im Beraterhochhaus“ die Vielschichtigkeit und gelegentlich auch Banalität des Beratertuns. Empirische Befunde zur Frage, weswegen Beratungsunternehmen engagiert wurden, stammen von folgenden Quellen:

- *Meffert* (1990) untersuchte mittels spiegelbildlicher Fragebogen 268 Unternehmen verschiedener Branchen sowie Größenklassen und 39 Beratungsfirmen, die

bei der Auslegung von Sorgfaltansprüchen verwendet. Auch in der Schweiz gibt es Forderungen nach Einführung dieser Regel (siehe *Malacrida*, 2001, S. 91).

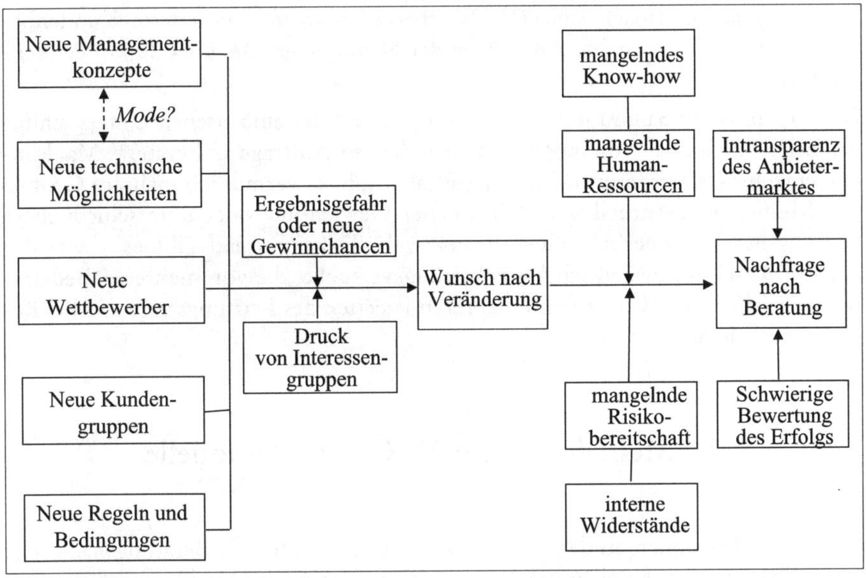

Abb. 10: Mehrdimensionales Modell der Motivation für Beratungsnachfrage

alle Mitglied des *BDU* waren (d.h. mittlere und kleine Firmen). Die Untersuchung war groß, aber nicht repräsentativ. Die Beratungsbandbreite reichte von Finanzberatung über EDV- und Technologieberatung, Marketing- und Personalberatung bis hin zu Organisationsberatung einerseits und funktions- bzw. bereichsübergreifender Beratung andererseits. Als wichtigste externe Gründe für das Engagement von Beratern gaben die Kundenunternehmen stagnierende oder schrumpfende Märkte sowie das Verhalten der Mitbewerber an. Bei den unternehmensinternen Gründen führte die „Entscheidungsunterstützung" vor dem „Mangel an Know-how".

- *Fritz/Effenberger* (1998/2002, S. 240) untersuchten bei 74 deutschen Unternehmen aus der Liste der 450 umsatzstärksten Firmen die Gründe für den Einsatz von Strategieberatern. Anhand vorgegebener Antwortkategorien und einer Skala von 1 „geringer Bedeutung" bis 5 „hohe Bedeutung" erhielt die „Sichtweise von Experten" die höchste Bewertung mit ca. „3,8", gefolgt von „fehlendes Know-how", „Wissenstransfer", „Durchsetzung und Akzeptanz" sowie „Informationsgewinnung", die alle im Bereich von 3,2 bis 3,6 rangierten. Schlusslicht mit ca. 2,9 waren die „Kapazitätsengpässe".
- *Eschenbach/Nagy* (2001, S. 197 f.) berichten über eine Untersuchung aus den Jahren 1998/1999 an Topmanagern von 191 österreichischen Unternehmen. Diese nannten in über 70 % der Fälle – Mehrfachnennungen waren erlaubt – als internen Anlass der Beratung die Meinung, dass Berater besser analysieren können. Knapp 70 % schätzten den Bedarf an Moderation und Coaching durch einen Berater hoch ein, knapp über 50 % sahen eine größere Durchsetzungskraft des Externen und das Fehlen eigenen prozessualen Know-hows. Bei den äußeren Anlässen wurde mit knapp über 50 % der steigende Konkurrenzdruck an erster

Stelle genannt, danach steigende Wettbewerbsdynamik, geänderte Kundenbedürfnisse und wachsende Ansprüche der Shareholder (alle über 30 % der Nennungen).

Das Ergebnis der Sammlung von Meinungen und der empirischen Untersuchungen zeigt eine Vielfalt von möglichen Gründen für Aufträge an Berater[59]. Mal können einzelne im Vordergrund stehen, oft aber gibt es vermutlich mehrere Gründe gleichzeitig mit eventuell unterschiedlicher Gewichtung oder unterschiedlichem Geltungsbereich innerhalb einer Projektwelt. Dazu passend gibt es – wie der nächste Abschnitt zeigen wird – Erklärungsversuche, die von mehreren Bedarfstreibern seitens des Kunden und mehreren Facetten des Leistungsangebots bei Beratern ausgehen.

4.2 Mehrdimensionale Geschäftsmodelle

Wie die Diskussionen zu den verschiedenen Gründen für die Beratungsnachfrage gezeigt hat, kann wahrscheinlich kein einzelnes Motiv oder Nachfragemoment gefunden werden, das den Gesamtmarkt erklärt. Solch eindimensionale Ansätze sind keine ernsthaften Erklärungen für die ökonomische Existenzberechtigung von Unternehmensberatungen, da diese ein breites Spektrum an Dienstleistungen anbieten und ihre Strategie im Markt auch situationsabhängig ändern. Wahrscheinlich können nur kleine Anbieter pauschal oder große Häuser in ihrer Rolle während eines einzelnen Projektauftrags zumindest zeitweise auf die Bedienung nur eines eindimensionalen Nachfragetyps festgelegt werden. Da aber die Kunden von Beratung im allgemeinen auch für ein einzelnes Projekt mehrere Motive der Nachfrage haben, sind auch die Anbieter entsprechend differenziert zu sehen.

Damit stellt sich die Frage erneut, wie das allgemeine Geschäftsmodell aussieht. Ein Vorschlag für alle Dienstleistungsanbieter stammt von *Maister* (1993), in einem Aufsatz wurde es von *Lilja/Poulfelt* (2001) speziell für Berater mit Beispielen ausgefüllt. Demnach sind drei wesentliche Typen von Unternehmen zu unterscheiden: diejenigen mit Schwerpunkt auf Effizienzsteigerung, diejenigen mit Fokus auf dem Erfahrungtransfer und die Spezialisten für Kreativität. Die Tab. 12 charakterisiert diese Typen von Geschäftsmodellen näher.

Interessant an dem Vorschlag ist die Möglichkeit, mehrere Komponenten des Marktauftritts als zusammengehörende Elemente von Geschäftsmodellen der drei Typen wiederzufinden. Die eigentlichen Nachfragemotive des Marktes stecken in den Kernkompetenzen und sind dort jeweils nur mit einer einzigen Kompetenz beschrieben. Hiermit kann man zwar mehr oder weniger die drei Typen von Beratungsfirmen abgrenzen, jedoch eignet sich diese knappe Form nicht dazu, die Vielfalt der zuvor diskutierten Nachfragemotive aufzunehmen und zu ordnen. Eine weitere Schwäche dieses Modells ist, dass es schwerfällt, mittlere und erst recht große Häuser klar allein einem dieser Stile zuzuordnen. Die meisten dürften ten-

[59] Beide empirischen Arbeiten sind nicht trennscharf bezüglich der Frage, ob alle diese Gründe eventuell auch für ein einzelnes Projekt gelten.

Tab. 12: Geschäftsmodelle Beratung, verändert nach Lilja/Poulfelt (2001)

Bereich	Effizienz	Erfahrungstranfer	Kreativität
Oberziel	Gewinn	Kompetenzausbau und Verbreitern der Kundenbasis	Intellektuelle Herausforderung und Reputation
Kernkompetenz	Standardwissen in „industrieller“ Projektarbeit umsetzen	Methodisches Grundgerüst auf neue Situationen anpassen und Kompetenz ausbauen	„Best practice“, Forschung und eigene Erfindungsgabe für neue Lösungen kombinieren
Marketing	Spezialisierte Marketingaktionen	Betonen der Reputation von Kunden und Projekten	Schwerpunkt auf Reputation einzelner Personen und herausragender Expertise
Typ der Projektarbeit	Standardisierte, „ingenieurmäßige“ Arbeit	kundenangepasste Version von Konzepten	Lösen unstrukturierter Probleme
Arbeitsstil in den Projekten	Betonung von Methodenmodellen, hierarchische Kontrolle	Halbautonome Gruppen- und Einzelarbeit	„Künstlerische“ Freiheit, Vermeiden von Standards und Methodenmodellen

denziell zum Typ „Erfahrungstransfer“ gehören mit entweder stärkeren Anteilen bei „Effizienz“ oder bei Kreativität. Auch die Zuordnung einzelner der Eigenschaften ist nicht immer plausibel, z.B. wollen wahrscheinlich alle drei Typen von Beratungsunternehmen Gewinn machen und ihre Kundenbasis verbreitern, daher ist die ausschließliche Zuordnung von „Gewinn“ zum Effizienztyp nur sehr relativ zu sehen. Die Möglichkeit einzelner Beratungsfirmen, mehrere Nachfragemotive der Kunden zu bedienen, wird daher wahrscheinlich besser in Rollenmodellen abgebildet, die

- die mögliche Verwandtschaft von Rollen aufzeigen, um somit auch eventuelle Rollenbündelung bei einzelnen Anbietern plausibel machen zu können.
- die Interaktion mit dem Kunden zeigen, denn das Beraterverhalten ist letztlich eine Komplementärleistung zu dem Verhalten des Kunden.

Ein Vorschlag mit den gewünschten Eigenschaften findet sich bei *Blunck* (1993) und ist in Abb. 11 dargestellt. Dieses Modell, das man bei Bedarf mit feiner unterteilten Rollen (Spalten) und mehr Wirkdimensionen (Zeilen) versehen könnte, zeigt eine Palette von möglichen Einsatzformen eines Beraters. In Beraterteams oder flexiblen Einzelberatern kann der Kunde darüber hinaus mehrere Rollen gleichzeitig abdecken lassen.

Das Modell geht davon aus, dass sich Berater den Bedürfnissen des Kunden anpassen und dass diese Bedürfnisse von Fall zu Fall unterschiedlich sind. Inhaltlich bedienen die Rollen alle der in Abschnitt 4.1. genannten Leistungen von Beratern. Ein Nachteil ist allerdings, dass das Modell keinerlei Aussagen dazu macht, wann Kunden bestimmte Beraterrollen nachfragen. Aus diesem Grunde soll der Mark-

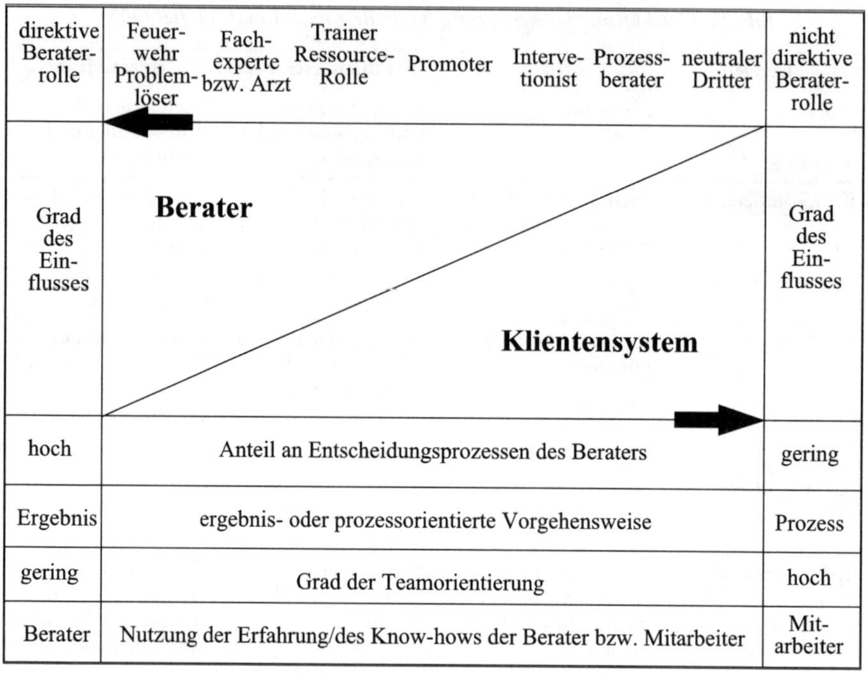

Abb. 11: Graduelles Komplementärmodell (aus:Blunck, 1993, S. 105)

terfolg von Unternehmensberatungen[60] hinsichtlich zweier Fragestellungen untersucht werden:

- Erfolge und Wachstum der Anbieterbranche als Ganzem, im Folgenden „Nachfragesituation" genannt und
- den Erfolg einzelner Unternehmensberatungen im Vergleich zu anderen, im Folgenden „Konkurrenzsituation" genannt. Hier werden folgende Antworten vorgeschlagen.

Das Marktmodell der Unternehmensberatungen hängt von der Nachfragesituation der Kunden ab und enthält folgende Faktoren:

1. Änderungsdruck durch hausgemachte Krisen des Kunden in einem ansonsten stabilen Umfeld.
2. Änderungsdruck durch neue Marktregelungen und durch neue Mitbewerber; hier konkurrieren Unternehmensberater gegen andere externe Berater im Markt, Inhouse-Berater oder gegen das Nichtstun auf Seiten des Kunden.
3. Neue Managementkonzepte und -werkzeuge, wie es einmal Business Process Reengineering, Total Quality Management und die Balanced Scorecard waren.

[60] Natürlich wäre die Untersuchung des Nachfragemarktes der direkte Weg, jedoch ist diese Untersuchung mangels verfügbarer Daten nicht möglich. Es gibt keine jährlichen Statistiken über Beratungsnachfrage von den Kunden, jedoch sehr wohl verschiedene Statistiken von den Beratungsanbietern.

Tab. 13: Marktmodell der Nachfrage nach Unternehmensberatung

Nachfragesegement	Nachfragetreiber	Konkurrenz/Gefahr
Änderungsdruck durch hausgemachte Situation	• Schlechte Ergebnisse oder Krisen • Erkenntnismangel • Ressourcenmangel	• Andere Berater, die die interne Situation des Kunden gut kennen
Änderungsdruck durch Marktänderungen und staatliche Regelungen	• Wettbewerbsverschärfung durch neue Marktregelungen wie Liberalisierung • neue bindende Vorschriften z. B. im Bereich der Rechnungslegung	• ggf. Standardprodukte der Beratung • Lobbyismus[61]
Neue Hard- und Softwareprodukte	• Innovationen der Soft- und Hardwarehersteller • Kompatibilitätszwänge, Passung zu eigenen Soll-Prozessen	• Beratungskapazität der Softwarehersteller • Kapazitäten der IT-Abteilungen des Kunden • technikorientierte Freiberufler
Neue Managementkonzepte	• Innovationsbereitschaft • Problemdruck • Erwartung schneller Erfolge • Bestreben, Innovationsführer zu sein • Prestige	• Skepsis gegenüber „Managementmoden" • Andere externe Beratungshäuser

4. Chancen durch wirtschaftlich lukrative neue Hard- und Softwareprodukte für das Unternehmen. Hier konkurrieren externe Unternehmensberater gegen Softwarefirmen, die interne IT-Abteilung und Inhouse-Berater.

Zu dem Nachfragemodell für Unternehmensberatung würde man sich neben den vielen Faktoren auch Funktionen wünschen, die den quantitativen Trend von Umsätzen der Branche vorhersagen können. Diese Vorhersage wird in irgendeiner Weise an die Entwicklung der Kundenbranchen gekoppelt sein[62], sei es durch ...

- eine positiv lineare Funktion, d. h. steigende Kundenumsätze führen auch zu steigenden Beraterumsätzen und umgekehrt.
- eine negative lineare Funktion, d. h. sinkende Umsätze der Kunden führen zu steigenden Umsätzen der Berater, wie es z. B. gelegentlich für die Managementberatung behauptet wird.
- branchen- und themenspezifisch unterschiedliche positive oder negative Funktionen, leider etwas komplex.

[61] *Lahusen* (2002) sieht den Beginn institutionalisierten Einflusses von Beratungsfirmen auf die europäische Politik, die von ihm konkreter beschriebenen Beratungsanbieter sind aber teilweise Rechtsberater.

[62] Besser wäre es natürlich, es ginge komplett ohne Bezug aus Daten aus anderen Aggregaten, weil man dann die Abhängigkeit von der Schätzung dieser Branchen vermeiden könnte. Aber leider ist dies wohl unrealistisch.

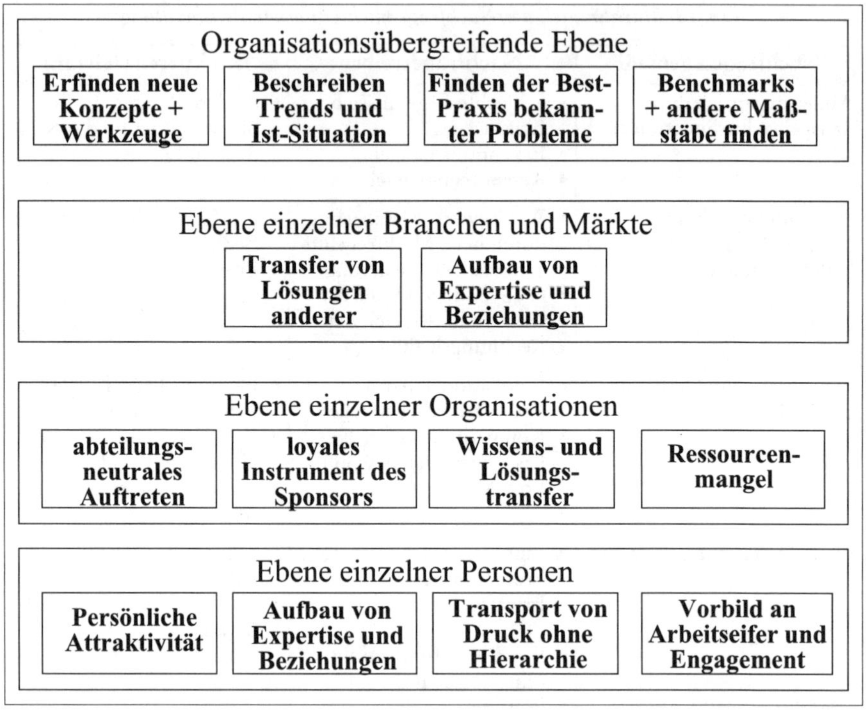

Abb. 12: Ebenenspezifisches Nachfragemodell der Unternehmensberatung[63]

- branchen- und themenspezifisch unterschiedliche positive oder negative Funktionen, beides in Abhängigkeit von der Eigentinitiative und Anpassungsfähigkeit der Beratungsanbieter. Diese Situation ist sehr komplex, nur im Rahmen von Szenarien vorhersagbar und leider aus Sicht des Verfassers die Wahrscheinlichste.

Das Konkurrenzmodell beschreibt, aufgrund welcher Faktoren ein Beratungsanbieter relativ besser als die Konkurrenz abschneiden kann. Gründe hierfür können sein ...

1. das Image/Renommee und ein guter, etablierter Markennamen.
2. erfolgreiche Projektarbeit und damit unter anderem gute Referenzen.
3. ein gutes individuelles Kundenbeziehungsmanagement über die aktuelle Projektarbeit hinaus, was zur Folge hat, dass man diese Kundenbeziehung für erneute Akquise nutzen kann. Voraussetzung dafür ist natürlich, ein gutes Arbeits-Projektteam zu haben und ein erfolgreich abgeschlossenes oder noch laufendes Projekt. Gute Mitarbeiter, fachliche Expertise und kundenorientiertes Verhalten sind daher eine absolute Voraussetzung, um in der Branche vorne mit dabei zu sein. Die Herausforderung dabei ist, bei dem schnellen Wechsel an Arbeitsthemen und dem stressbedingten Verschleiß an Mitarbeitern das einmal erreichte Niveau konstant zu halten und womöglich noch zu verbessern.

[63] Vgl. das „explanatory framework" von *Nippa/Petzold* (2001, S. 13).

4. ein Angebotspreis im unteren Bereich der Bandbreite des Wettbewerbs. Dieses Ziel setzt voraus, dass Unternehmensberatungen stets besonders aktiv ihren Mitarbeiterpool modellieren. Wegen der aus Motivationsgründen notwendigen überdurchschnittlich hohen Gehaltszuwächse läuft das Mitarbeiterportefeuille Gefahr, im Laufe der Jahre zu teuer zu werden. Aus diesem Grund muss ständig oben abgeschnitten und unten zugefüttert werden. Das Preisgefüge ist abhängig von der konjunkturellen Lage und den tatsächlichen oder vermeintlichen individuellen oder kollektiven Kosten des Risikos der Selbstarbeit des Kundenunternehmens.

Da es keine „natürliche" Grenze für die Größe eines Marktes gibt, können Beratungsunternehmen das Volumen des Marktes verändern. Aus diesem Grund gibt es

Tab. 14: Konkurrenzfaktoren für Unternehmensberatungen

Wettbewerbsfaktor	Nachfragetreiber	Konkurrenz/Gefahr
Image und Marketing	• Qualitätserwartung • Markengläubigkeit • Charismatische Einzelperson	• Imagekampagnen anderer • Misslungene Projekte • Beraterschelte
erfolgreiche Projekte	• gute Referenzen	• erfolgreiche Projekte abliefern und den Erfolg kommunizieren
Kundenbeziehungsmanagement	• Vertrauen in das Verstehen der Kundenbedürfnisse • Vertrauen in das Verstehen der internen Situation des Kunden	• vertrackte interne Situation des Kunden • „Hausberater" bei konzerngebundenen Unternehmen
die richtigen Mitarbeiter haben	• Fachliche Exzellenz • Menschliche Passung • Verkäufergeschick	• „War for talents" • Etablierte Industrie ist bei Absolventen beliebter
die richtigen Produkte und Leistungen anbieten	• hohe Auslastung des Personals • marktgängige Themen besetzen oder zumindest anbieten	• hohe Entwicklungsrisiken vermeiden • Nachahmung durch Konkurrenz • Fehlspezialisierung
Qualität	• Erfolgssicherheit • Bequemlichkeit • Preis-Leistungsverhältnis	• Fehleinschätzung des Mitbewerbers
die richtigen Allianzen	• Globale Möglichkeiten	• durchgängige Qualität fehlt • viel Zeit für Allianzmanagement
Preis	• Kundenbudget für Projekt einhalten • Preis-Leistungs-Verhältnis	• externe Wettbewerber, die sich mit Niedrigpreisen in den Markt einkaufen wollen • Selbermachen-Mentalität • Inhouse-Beratung

in Einzelfällen keine scharfe Trennung von Faktoren, die den Markt als Ganzes wachsen lassen und solchen, die nur einzelnen Beratungsfirmen Vorteile verschaffen.

Auffällig ist, dass bei den großen Beratungsunternehmen über die letzten Jahre nur wenige Marktverschiebungen zu beobachten waren (Ausnahme: z. B. der tiefe Fall von *PA Consulting*, das sich als eine der damals größten Unternehmensberatungen zu Anfang der 90er Jahre wegen zu hoher Personalkosten selbst weitgehend aus dem Markt boxte). Das Erfolgsrezept für starkes marktkonformes Wachstum scheint damit kein Geheimnis zu sein, andererseits hat niemand ein besonders erfolgreiches Modell angewendet.

Außerdem ist Wachstum nicht das alleinige Merkmal für Erfolg. Einige mittelständische und kleine Unternehmensberatungsfirmen wollen bewusst nicht wachsen. Der Grund ist, dass die Eigentümer den Überblick über das operative Geschäft behalten möchten. Bei den meisten Firmen dürfte aber das Wachstumsmotiv überwiegen. Mögliche Gründe für Wachstum sind (vgl. *Kreitl*, 2002, S. 439):

- Größere Chance, große Projekte zu akquirieren. Große Projekte bedeuten in der Regel einen höheren Deckungsbeitrag, weil man in größerer Zahl jüngere Mitarbeiter hinzuziehen kann. Außerdem ergibt sich mit höherer Wahrscheinlichkeit ein Folgegeschäft.
- Eventuell Möglichkeit, höhere Tagessätze zu fordern. Diese Macht dürfte aber nicht Ergebnis schierer Größe sein, da es dennoch weiter Wettbewerb zwischen einem großen und vielen kleinen Unternehmen geben könnte.
- Eventuell höherer Bekanntheitsgrad am Markt und höheres Kundenvertrauen.
- Größere Basis für Diversifikation. Damit oder separat davon die geringere Gefahr, bei konjunkturellen Abschwüngen komplett vom Markt zu verschwinden.
- Geringere Auswirkungen des Weggangs einzelner Beschäftigter.
- Größere Chance, sehr gute Mitarbeiter zu gewinnen und zu halten.
- Leichtere Möglichkeit der Kapitalbeschaffung. Eventuell ein höherer Verkaufspreis, falls andere Beratungsanbieter in den Markt einsteigen wollen.
- Leichtere Möglichkeit der Allianzbildung.

Für Unternehmensberatungen liegt noch keine vergleichende Untersuchung der differentiellen Erfolgsstrategien vor. Eine Untersuchung an den 100 größten europäischen Ingenieur-Beratungshäusern ergab, dass im Zeitraum von 1990 bis 1998 Firmen mit der Strategie organischen Wachstums am stärksten wuchsen, danach folgten diejenigen mit Akquisitionen und an letzter Stelle diejenigen mit der Strategie von Joint Ventures und Allianzen (*Kreitl*, 2002).

Einzelne vorliegende Befragungen von Kunden (*Meffert*, 1990, S. 188; *Fritz/Effenberger*, 1998, S. 243 f.) zeigen, dass bei der Auswahl von Beratungsfirmen der Preis keineswegs das wichtigste Kriterium ist, wenn er innerhalb bestimmter Bandbreiten liegt. Natürlich ist das notwendige Geld für ein Beraterprojekt dennoch nicht ohne Bedeutung für die Nachfrage nach Beraterleistungen, nur liegen derzeit noch keine empirischen Untersuchungen über die Veränderung der Nachfrage bei Preisänderungen (Preiselastizität der Nachfrage) und das Anbieterverhalten vor. Aus diesem Grunde kann nur spekuliert werden, wie die Angebotsfunktion und die Preis-Nachfragefunktion für Beratungsleistungen aussehen. Die nachfolgende

Abbildung 13 macht den Versuch, beide Funktionen anhand plausibler Annahmen zu zeichnen. Unterstellt wird hierbei im Sinne von „ceteris paribus"-Bedingungen[64], dass die angebotenen Produkte gleichwertig sind[65]. Dann gilt:

- Die Nachfrage nach Beratungsleistungen steigt zunächst mit sinkendem Preis[66].
- Bei neuen Beratungsprodukten ist der Preis zunächst hoch, da sie sehr speziell auf einen investitionsfreudigen „first mover" Nutzerkreis zugeschnitten zu sein scheinen oder/und risikoreich in der Durchführung für den Anbieter sind. Außerdem ist kein Preisvergleich aus Erfahrung möglich, und der Anbieter benötigt mangels Erfahrung auch mehr Aufwand zur Leistungserbringung.
- Erfolgs- und ertragreiche Projekte mit einem neuen Produkt locken Nachahmer auf den Plan, denn man beobachtet sich in der Branche sehr genau. Die Zahl der Anbieter steigt zunächst trotz sinkendem Preis noch, weil die Margen anfangs hoch sind und weitere Anbieter das neue Produkt in ihr Portefeuille aufnehmen wollen.
- Der Preis sinkt weiter, und nun beginnen sich einige Anbieter aus dem Markt zurückzuziehen. Beratungsunternehmen sagen tatsächlich selten „nein" bei Anfragen nach Projekten, aber diese Anbieter bewerben sich ggf. nicht mehr auf Ausschreibungen oder bieten absichtlich mit einem nicht mehr konkurrenzfähigen hohen Preis, um einerseits dem Kunden weiterhin Interesse an einer Zusammenarbeit zu signalisieren und andererseits doch nicht das für sie unwirtschaftliche Projekt zu gewinnen.
- Das Produkt durchdringt den Markt weiter und wird zu einem Allgemeinplatz („commodity"), das nun sehr preiswert zu haben ist. Die Nachfrage beginnt eventuell wegen Marktsättigung oder „do-it-yourself"-Praktiken schon wieder zu sinken. Die Zahl der Anbieter sinkt weiter, nur noch Billig-Berater können Projekte mit diesem Produkt oberhalb der Verlustzone abwickeln. Der größte Teil der Projekte wird Inhouse – mit oder ohne Inhouse-Berater – erledigt.

Anhand der hypothetischen Preis-Nachfragekurve kann man Phänomene beschreiben, die auch im tatsächlichen Beratungsmarkt vorkommen, z. B. die immer wieder bei älteren Produkten auftretende Verschiebung von qualitativ anspruchsvollen, damit aber auch evtl. etwas teureren IT-Beratungsunternehmen (evtl. *Accenture, KPMG*, häufig größere Häuser) – hin zu den preiswerteren, dies können kleine unbekannte Firmen oder aber die großen Häuser mit einer eher niedrigpreisigen Strategie (*EDS*, *IBM Services*) sein.

Das Alleinstellungsmerkmal, Erfinder einer Managementmethode zu sein, ist eine zweischneidige Sache. Konnte man sich in den Sechzigerjahren noch stolz auf die Gemeinkostenwertanalyse und das Erfahrungskurvenkonzept sein, so haben die

---

[64] „Ceteris Paribus" bedeutet „unter sonst gleichen Umständen".

[65] Bei tatsächlichen Preisvergleichen zwischen mehreren Anbietern werden teurere Beratungsgesellschaften wahrscheinlich behaupten, in Wirklichkeit qualitativ höherwertige Dienste anzubieten. Hier wird einfach unterstellt, dass die Leistungen in Wirklichkeit gleichwertig sind.

[66] Dies ist die allgemeine Reaktion der Nachfrage auf Preisänderungen bei den meisten Produkten/Dienstleistungen – die seltenen paradoxen Fälle („Giffensches Paradox"), in denen z. B. der manche Käufer anziehende Luxusgeruch besonders teurer Produkte zusätzliche Nachfrage anzieht – sei vernachlässigt.

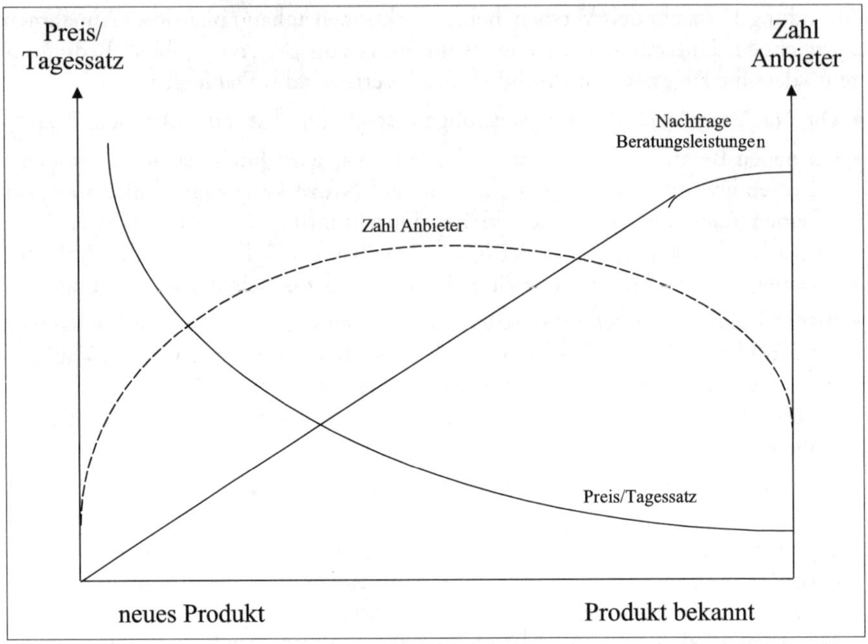

Abb. 13: Hypothetischer Verlauf der Angebots- und Nachfragekurven

Schwächen oder die Kritik daran die Werbewirksamkeit teilweise in ihr Gegenteil verkehrt. Daher mag es gerechtfertigt sein, dass viele wie z. B. *McKinsey* zur produktlosen, aber imagegetragenen Vermarktung übergehen. Andere gehören nicht wirklich zu den Pionieren, sondern warten erst ab, ob sich ein neues Konzept von anderen verkaufen lässt. Dann steigen sie evtl. selbst in großem Umfang ein und bieten es unterhalb des Preises der Pioniere an. In der Wirtschaftsgeschichte gibt es sehr viele Beispiele dafür, dass die Nachahmer erfolgreicher waren als die Pioniere[67].

[67] *Schnaars* (1994) beschreibt an zahlreichen Beispielen diese Beobachtung für die Produktmärkte; besonders häufig werden kleine Pioniere von großen, finanzkräftigen und vertriebsstarken Nachahmern überflügelt. Dies dürfte für Beratungsdienstleistungen ähnlich gelten, machten doch z. B. die Großen der Branche viel mehr Umsatz mit Business Reengineerung als die „Erfinder" *Hammer* und *Champy*.

5 Betriebswirtschaftliche Funktionen

Die externen Unternehmensberatungen sind Unternehmen mit allen internen Funktionen von professionellen Dienstleistungsanbietern, allerdings mit einigen speziellen Ausprägungen. Daher ist es nicht weit hergeholt, auch einmal darauf zu sehen, wie sie ihren internen Bereich gestalten[68]. Das Interesse mag mindestens drei Wurzeln haben: Die eine ist, hier nach „best practices" zu suchen, da man in diesen Unternehmen ja die Experten schlechthin für gutes Management vermutet. Ein anderes Motiv – wie könnte es anders sein – ist die Erwartung, auch gelegentlich Verbesserungspotenzial zu finden und dieses dann der Branche zu kommunizieren. Ein Drittes ist einfach zu sehen, wie die Beratungshäuser intern funktionieren, um daraus vielleicht Erkenntnisse für sein eigenes Verhalten als Kunde, Aktionär oder zukünftiger Mitarbeiter abzuleiten.

5.1 Unternehmensleitung

Klassische Aufgaben der Unternehmensleitung sind unter anderem

- das Festlegen der Ziele und der Strategie,
- die Finanzierung,
- die Kundenperspektive,
- die Gestaltung der Aufbau- und Ablauforganisation und
- die Personalführung.

Diese Bereiche sollen nachfolgend detaillierter dargestellt werden.

5.1.1 Festlegen der Ziele und der Strategie

Unternehmensberatungen benötigen, wie alle anderen Organisationen auch, für eigene Zwecke eine Strategie. Eine allgemein gehaltene Definition[69] besagt, dass Strategie all das ist, was für längere Zeit Auswirkungen auf das operative Geschäft und die Organisation des Unternehmens hat. Über diese Feststellung hinaus gibt es jedoch keine eindeutige Definition des Begriffes Strategie noch eine standardisierte

[68] Bisherige Darstellungen zu diesem Thema lehnen sich häufig recht komplett an den allgemeinen Typus von Dienstleistern an, ohne Besonderheiten von Beratungsanbietern herauszuarbeiten (z. B. *Müller-Stewens/Kriegmeier*, 2001).

[69] Die Diskussionen in der Literatur über die Definition von Strategie werden in Abschnitt 7.2 referiert.

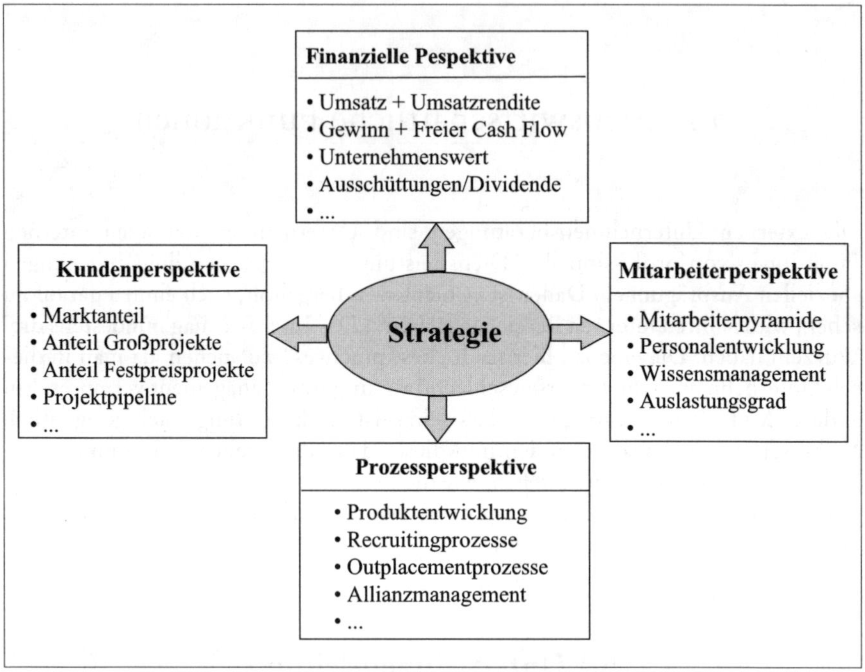

Abb. 14: Balanced Scorecard einer Unternehmensberatung (mod. n. Vikas, 2001, S. 170)

Hierarchisierung von Strategietypen oder eine klare Abgrenzung von Strategie und einzelnen strategischen Maßnahmen. Es kommt immer auch auf die Einzelfallperspektive an. Im sehr schnelllebigen Beratungsgeschäft, wo auch die größten Firmen im Einzelfalle wie ein Einzelhandelsunternehmen funktionieren (*Kubr*, 1996, S. 503/504), gilt dies erst recht. Besondere strategische Themen der Unternehmensberatung sind:

- Was sind die eigenen Kernkompetenzen? Wie kann man in einem sehr volatilen Markt, in dem die Produktmoden und -generationen schnell wechseln können, die Grenzen unscharf sind und der Kunde das Produkt vorab nicht wirklich kennt, diese Kernkompetenz darstellen? Wie kann man überhaupt sicher sein, die Kernkompetenz zu haben, wo doch auch der Anbietermarkt sich schnell wandelt und alte Mitbewerber neue Fähigkeiten haben können?
- Welche fachlichen Schwerpunkte bedient man? Strategieberatung, Organisationsberatung, Technologieberatung (IT und eCommerce), Personalberatung? Wie hoch sind die Margen in den Bereichen, wie stark die Konkurrenz, wie gut die Entwicklungsmöglichkeiten? Beratungsfirmen können wegen des relativ geringen zeitlichen Vorlaufs für neue Produkttypen recht schnell ihre Strategie ändern. Bekannt ist z. B., dass *Roland Berger* seine Ansicht darüber, ob sein Unternehmen neben Strategieberatung auch IT-Beratung anbieten sollte, von einem „ja" zu einem „nein" gewechselt hat.
- Inwieweit soll man Dienstleistungsangebote horizontal und vertikal diversifizieren oder integrieren? Outsourcing bzw. Operational Sourcing sind hier Stich-

worte in einer aktuellen Diskussion zu der Frage, wie man die Fixkosten der großen Beratungsanbieter bei immer kürzeren Planungshorizonten senken kann.

- Soll man auch in margenschwächeren Industrien, z. B. dem Einzelhandel oder dem öffentlichen Bereich, aktiv werden (sofern man dort vorher nicht war), um ingesamt Wachstum zu zeigen? Die internationalen Beratungsfirmen neigen manchmal eher zu einer Umsatzwachstumsstrategie, während viele kleinere und mittelgroße Häuser eher Gewinnwachstum anstreben.
- Inwieweit nützen Fusionen und Allianzen dabei, die Stellung zu sichern oder auszubauen? Auf welche Produkte, auf welche Länder und auf welche Kundengruppen sollen sich Allianzen beziehen? Soll man Allianzen mit mehreren Firmen eingehen oder nur mit einer[70]? Wenn man fusioniert, mit wem passt man gut zusammen?
- Welche Preissegmente bedient man?
- Welche neuen Produkte nimmt man auf (aktuell z. B. bestimmte eCommerce-Leistungen, Outsourcing) und welche bisherigen Angebote nimmt man aus dem Programm (z. B. „alte" Managementkonzepte, reine Programmierarbeiten)? Wie stark riskiert man, in innovative Bereiche zu gehen? Kleinere Beratungshäuser können keine eigenen Research-Abteilungen unterhalten, sie können aber in Grenzen durch Kontakt zu Universitäten (*Kubr*, 1996, S. 510) und andere Einrichtungen Wissen abrufen.
- Wenn man in margenstarken und gleichzeitig in voraussichtlich margenschwachen Bereichen tätig ist, gleicht man diese Unterschiede bei den internen Fortkommensmöglichkeiten der Beschäftigten aus oder nicht? Verlangt man prinzipiell gleiche Preise oder nicht? Allgemein stellt sich die Frage des Binnenausgleichs zwischen Ergebnisunterschieden von Regionen, Branchen und Produkten. Wie bei der Darstellung der Produkte von Beratungsfirmen (in Abschnitt 7.1) zu zeigen sein wird, sind viele größere Häuser „Gemischtwarenladen". Manche Beratungsfirmen haben interne Gruppierungen, die bestimmte Produktfelder separat bearbeiten, wie z. B. „die Finanzindustrie" oder „SAP-Projekte im Bereich Klassikanwendungen". Da die Märkte in den Regionen und den Produktbereichen unterschiedlich sind, können entsprechende Untergliederungen von Land zu Land verschieden ausgeprägt sein.
- Wie stark zieht man innerbetriebliche Grenzen zwischen den nach Kundenbranchen und nach Funktionen verschiedenen Bereichen? Welche Bereiche gliedert man komplett aus (Outsourcing), um ihnen erfolgreiche Arbeit in ihren Marktsegmenten zu ermöglichen? Inwieweit kann man verschiedene interne Kulturen bzw. unbeabsichtigte Tendenzen dazu, diese zu entwickeln, zum Nutzen der Kundenarbeit zusammenführen?

Die Antworten auf diese strategischen Fragen sind stark beeinflusst vom Nachfragemarkt und bleiben deshalb manchmal nicht lange gültig. Insgesamt ist eine Bereitschaft zu schnellen strategischen und taktischen Anpassungen an neue Markt-

[70] Beispiele für den Versuch, verlorenes Terrain durch Allianzen oder Fusionen zurückzugewinnen, sind enthalten in den Berichten über die eCommerce – Startschwierigkeiten von *Arthur D. Little* (*Rickens*, 2000, S. 47) und die Stärkung des Unternehmensberatungs-Geschäfts von *Kienbaum* (*Student*, 2000).

gegebenheiten typisch für erfolgreiche Anbieter. Hierzu gehören Anpassungen des Produktmix der Beratung, Anpassen des Marketing, Anpassen des Preisgefüges für verkaufte Kundendienstleistungen, Anpassen der internen Struktur ebenso wie die – dank fehlender Tarifbindungen – schneller als sonstwo mögliche Anpassung der Gehälter von Mitarbeitern. Das Zitat „Management des nicht mehr zu Managenden" (*Altier*, 1987) soll andeuten, dass es schon sehr schnell zugehen muss, damit Beratung in guten Zeiten „die Sahne abschöpfen" kann und in schlechten Zeiten überlebt. Weitere Besonderheiten für die Strategiesetzung von Beratungsfirmen ergeben sich hierbei aus der Art der strategischen Entscheidungsfindung:

- Bei den partnerschaftlich organisierten Firmen ist der Abstimmungsprozess unter den mehr oder weniger gleichberechtigten Geschäftsführern bzw. stimmberechtigten Anteilseigenern zu steuern. Dieser Steuerungsaufwand ist vergleichsweise höher als bei stärker hierarchischen Firmen. Bei internationalen Beratungsfirmen kommen große Kopfzahlen von Partnern zusammen, z. B. mehr als 2000 Personen (*Accenture* im Jahre 2001). Aufgrund dieser Vielzahl der Geschäftsführer ist das Kompetenzspektrum nicht mit dem eines klassischen Geschäftsführers vergleichbar. Es ist in der Regel deutlich eingeschränkter.
- Bei den eigentümergeführten Unternehmen (z. B. Wechsel von *Gerhard* zu *Jochen Kienbaum*, s. *Student*, 2000) ist mit dem Wechsel und dem Arbeitsbeginn des Nachfolgers häufig eine doppelte Schwierigkeit verbunden: Zum einen stellt sich generell die Frage der Eignung des Nachfolgers, zum anderen sind die alten Strukturen i. d. R. auf den bisherigen Geschäftsführer ausgerichtet und müssen eventuell geändert werden.

Das Personal ist mit Abstand der wichtigste Produktionsfaktor bei Beratungsfirmen. Im Gegensatz zu anderen Dienstleistern, wie z. B. der Logistikbranche mit ihren Flugzeugen, Kfz-Flotten und Schienenfahrzeugen, gibt es keinen nennenswerten Anteil von Technik an der Produktion. Aus diesem Grund sind Fragen des Personalmanagements fast durchweg Themen höchster Priorität für die strategische Führung. Zu den wichtigsten Aspekten der strategischen Steuerung gehören folgende Themen:

- Maximieren des Anteils der an Kunden verkauften Arbeitszeit von Mitarbeitern bei gleichzeitigem Erhalt der Arbeitskraft und des Marktwerts. Die Mittel für die erfolgreiche Erledigung dieser Aufgabe sind einerseits stetige Verkaufserfolge und andererseits die vorausschauende Personalentwicklung.
- Gestalten und Steuern der Fluktuation: Die Fluktuation der Mitarbeiter besteht aus einer freiwilligen und einer unfreiwilligen Komponente. Eine Besonderheit von Beratungsunternehmen ist die ständige aktive Gestaltung der unfreiwilligen Fluktuation, in manchen Fällen werden bestimmte prozentuale Quoten wie z. B. 3,5 % oder 5 % selbst in Boomjahren durchgehalten, um so Druck auf die Arbeitsqualität und das Engagement der Mitarbeiter zu machen. Die freiwillige Fluktuation ist ebenfalls meistens höher als im Durchschnitt der Wirtschaft (siehe Abschnitt 5.4; die durchschnittliche Verweildauer bei *McKinsey* ist z. B. 4,5 Jahre). Aufgabe der Steuerung ist es, in wirtschaftlich guten Zeiten mit attraktiven Berufsperspektiven außerhalb des Beratungsgewerbes die freiwillige Fluktuation zu begrenzen, in schlechten Zeiten muss sie forciert werden. Manche Beratungsfirmen wie z. B. *McKinsey* berichten beinahe stolz über ihren

hohen Prozentsatz der Gesamtfluktuation (z.B. 15%; *Balzer*, 2000, S.25f.) und betrachten scheinbar allein den Austausch des Personals schon als Erfolgsfaktor, andere lavieren mehr und fürchten auch den schädlichen Einfluss auf das Interesse von zukünftigen Bewerbern. Tatsächlich dürfte die Loyalität von Mitarbeitern zu Beratungsfirmen angesichts der harten Karrieremodelle deutlich geringer sein als im Durchschnitt der Wirtschaft, und manche sind geradezu ein „Mutterschiff" vieler Ausgründungen („Spin-Offs"), die gelegentlich auch Kunden und Projekte mitnehmen.

- Frage der Verfügbarkeit von Spitzenmanagern auch für interne Aufgaben: Anders als bei anderen Industrien macht man in Beratungsfirmen fast ausschließlich Karriere über den Verkauf. Spitzenmanager wird es daher nicht in die internen Funktionen von Beratungen drängen. In guten, verkaufsstarken Zeiten kann man dort für eine gewisse Zeit verbleiben, in verkaufsschwachen werden Manager in kundenfernen Bereichen eventuell eher freigesetzt.
- Widerstand: Auch in Beratungsfirmen gibt es Widerstand gegen Änderungen oder Einschränkungen der persönlichen Freiheit. Mit dem Größerwerden der Beratungsfirmen zog auch dort teilweise Bürokratie und Verkrustung ein (*Kubr*, 1996, S.486).
- Abwenden von zu hohen Ansprüchen der eigenen Mitarbeiter an die Anwendung von besten Lösungen für interne Funktionen. Auch wenn bei selektiven Bereichen, z.B. Wissensmanagement (siehe Abschnitt 5.9), Beratungen intern Spitzenleistungen anbieten können, fallen sie in anderen Bereichen manchmal rapide ab. Hierzu gehören die Planbarkeit von Freizeit (siehe dazu aber die Anstrengungen zur Balance von Arbeit und Freizeit, siehe Abschnitt 14.1.) und Büroinfrastruktur, da Berater meistens bei ihren Kunden arbeiten.
- Die Integration von Kulturunterschieden zwischen verschiedenen Beratungsbereichen und die kulturelle Navigation (s.a. *Servatius/Kress*, 2001) sind eine besondere Herausforderung an die Unternehmensleitung. Einerseits gilt dies natürlich für die frisch fusionierten Häuser, andererseits ist dies aber auch eine ständige Herausforderung für alle globalen Akteure mit ihren nationalen Niederlassungen. Größer als die Probleme mit kulturellen Unterschieden zwischen den Nationen scheinen aber Spannungen zwischen verschiedenen Arbeitswelten der Berater zu sein. Alle großen Beratungsanbieter sind Gemischtwarenläden, die eine große Spannbreite an Beratungsprodukten anbieten. Zwischen reinen Strategieberatern und reinen IT-Beratern besteht sehr häufig ein breite mentale Kluft (z.B. Passungsschwierigkeiten zwischen *EDS* und seiner Tochterfirma *A.T. Kearney*; s. *Baumann/Engeser*, 2003), und auch Vertreter anderer Beratungsbereiche haben häufig schon aus fachlichen Gesichtspunkten heraus verstärkten Abstimmungsbedarf untereinander.

5.1.2 Finanzwirtschaft von Beratungsunternehmen

5.1.2.1 Einnahmequellen und Ausgabenstruktur

Kleine und mittlere Beratungsfirmen sind meist ausschließlich im Beratungsgeschäft tätig, globale Anbieter haben oft weitere Standbeine, sie erzielen Einnahmen aus Beratung und anderen Aktivitäten. Folgende Einnahmequellen kommen vor:

- Einnahmen aus regulären Beratungsaufträgen (Festpreisverträge oder nach Zeit und Aufwand berechnete Kontrakte).
- Boni, Prämien, Umsatzanteile usw. aufgrund günstiger Ergebnisse bei ergebnisabhängigen Beratungsaufträgen.
- Einnahmen aus Softwarelizenzen und anderen immateriellen Aktiva sowie damit verbundene Dienstleistungen (z. B. application service providing, ASP).
- Einnahmen aus Geschäftsvermittlung an Allianzpartner, Basis der Einnahmen sind Allianzverträge.
- Gebühren bzw. Geschäftsbesorgungsentgelte aus dem Betrieb outgesourcter Unternehmensbestandteile.
- Anteilige Erträge aus Wagniskapitalbeteiligungen.
- Verkaufserlöse aus Firmen- und Finanzbeteiligungen (Start up, joint ventures).
- Verkauf sonstiger Vermögensgegenstände (z. B. gebrauchte Notebooks usw.).

Während die Einnahmen aus klassischen Beratungsaufträgen sowie Einmal-Verkäufen aus der Perspektive langfristiger Finanzkalkulation und Liquiditätsvorsorge unsichere Quellen sind, haben Outsourcing-Geschäfte und Lizenzveträge den Vorteil der zumindest mittelfristigen relativen Stabilität. Als stabilisierende „Beimischung“ zum besonders konjunkturanfälligen Hauptgeschäft eignen sie sich daher besonders gut. Da sie jedoch nicht aus dem eigentlichen Beratungsgeschäft stammen, werden sie im folgenden nicht weiter betrachtet.

Kapitaleinlagen können aus folgenden Quellen kommen:

- Einlagen des Gründers bzw. der gründenden Partner. Die meisten Unternehmensberatungen dürften von einem oder wenigen partnerschaftlichen Einzelkaufleuten gegründet worden sein.
- Kapitaleinlage neu aufgenommener Partner.
- Nachschießen von Kapitaleinlagen des Eigentümers oder der Partner.
- Kauf des gesamten Beratungshauses durch einen Dritten, z. B. *Roland Berger* durch die *Deutsche Bank*, *Cap Gemini* durch das *Debis Systemhaus* (*Daimler-Chrysler AG*), *PricewaterhouseCoopers* durch *IBM* usw.
- Kauf des gesamten Beratungshauses durch das Management (management buy out), z. B. Rückkauf der Firma *Roland Berger* von der *Deutschen Bank AG* durch die Partner.
- Aufnahme von Eigenkapital über die Finanzmärkte (Börsengang). In den letzten Jahren sind einige Unternehmensberatungen ganz oder teilweise an die Börse gegangen, z. B. *Plaut*, *IDS Scheer* und *Accenture*.

- Fremdkapital. Die Möglichkeit der Aufnahme von Fremdkapital dürfte für partnerschaftlich organisierte Beratungsunternehmen – außer für Töchter großer Konzerne – i. d. R. relativ schwer sein, da sie typischerweise kein großes Anlagevermögen besitzen und damit wenig Sicherheiten bieten können. Aus diesem Grunde bleibt nur der Weg über eine Erhöhung des Eigenkapitals bzw. ein Börsengang.

Auf der Einnahmenseite haben typische Beratungsunternehmen mit Schwerpunkt im Beratungsgeschäft eine relativ kurzfristige Basis für ihre Liquiditätsplanung. Frische Mittel neben den Kundenhonoraren fließen ihnen – außer eventuell von Mutterkonzernen – i. d. R. nur als Eigenkapital in nennenswertem Umfang zu. Die Einnahmen durch Kundengeschäft sind dadurch gekennzeichnet, dass das Beratungsgewerbe ein kurzzyklisches Geschäft ist. Die meisten Projekte dürften deutlich weniger als ein Jahr dauern, und die Finanzierung der laufenden Ausgaben ist durch den Vorrat an „Bestellungen" in der Regel nur für wenige Monate gesichert. Bei kleineren Häusern dürften traditionell eher verkaufsschwache Monate, wie z. B. die Sommerzeit oder die Zeit um Weihnachten, daher besondere Aufmerksamkeit auf sich ziehen. Aber auch große Beratungshäuser sind durch relativ häufige Feinjustierungen ihrer Geschäftsstrategie gekennzeichnet, um ja nicht selbst den aktuellen Trend zu verpassen oder ihn aber schnell nachzuholen.[71]

Angebotsphasen sind in der Regel unbezahlte Arbeit. Daher ist es besonders wichtig, die eigene Erfolgsquote bei Angeboten sowie den betriebenen Aufwand im Auge zu behalten.

Die Aufwände von Beratungsfirmen sind im Vergleich zu anderen Unternehmen am besten dadurch zu charakterisieren, dass man auf die überdurchschnittlich hohen Entgelte je Person, die überdurchschnittlich hohen Kosten für Dienstreisen sowie auf die sehr geringen anlagenbezogenen Aufwendungen hinweist. Nachfolgend ist eine Schätzung der relativen Höhe der Kostenblöcke wiedergegeben. Diese Schätzung basiert auf der Annahme, dass es sich um eine eigentümergeführte Unternehmensberatung mit zehn Vollzeit arbeitenden angestellten Beratern und zwei Vollzeit Sekretariatskräften handelt. Unterstellt sind ca. 72,5 % Auslastung, 2 440 Arbeitstage im Jahr und 50 % der Kundenarbeit findet auswärts mit dem Anfall von Reisekosten statt. Überstunden werden nicht finanziell entgolten. Sofern der Literatur oder glaubhaften Selbstaussagen „harte" Schätzungen entnommen werden konnten, sind diese eingefügt, den hier verwendeten Prozentanteilen der Kostenblöcke werden die errechneten[72] Prozentwerte aus Angaben von *Kubr* (1996, S. 617) gegenübergestellt.

Der größte Kostenblock sind mit weitem Abstand die direkten und indirekten Personalkosten, die bei den meisten Beratern wohl zwischen 70 % bis 90 % der Gesamtkosten ausmachen. Diese überragende Bedeutung des Personales macht sich auch beim Quotienten Gehalt zu Honorarumsatz bemerkbar: Der Quotient liegt häufig zwischen 2,3 und 3,5 (*Kubr*, 1996, S. 560), wobei kleine Firmen und Einzel-

[71] Interessant sind z. B. die geradezu panikartig anmutenden Reaktionen manch großer Unternehmensberatungen zu sehen, die glaubten, den eCommerce-Boom beinahe verpasst zu haben, z. B. *Arthur D. Little* (*Rickens*, 2000).

[72] Bei *Kubr* (1996, S. 617) werden die Prozentangaben auf das Budget (d. h. Aufwand und Bruttoertrag) bezogen, diese Werte von *Kubr* wurden hier in Prozent der Aufwände umgerechnet.

Tab. 15: Aufwände der Beratungsfirma Beispiel Consulting GmbH

Kostenblock	Betrag in €	Höhe in %	Vergleich Kubr %
Entgelte für Berater (10 Mitarbeiter)	1000000	50 %	52,5 %
Personalnebenkosten Berater	300000	15 %	10,4 %
Entgelte Admin-Mitarbeiter	90000	4,5 %	7,7 %
Personalnebenkosten Admin	45000	2,25 %	1,5 %
Uneinbringliche Forderungen	20000	1,0 %	0 %
Marketingkosten	50000	2,5 %	4,9 %
Mieten und Pachten	40000	2,0 %	3,7 %
EDV-Ausrüstung + Büroausstattung	60000	3,0 %	3,4 %
Telefon/Kommunikation	40000	2,0 %	3,4 %
Training	40000	2,0 %	2,5 %
projektunabhängige Reise- und Übernachtungskosten	150000	7,5 %	0 %
ertragsunabhängige Steuern	40000	2,0 %	2,1 %
Mitgliedschaftsbeiträge, Lizenzen	25000	1,25 %	2,5 %
Sonstiges	100000	5,0 %	5,4 %
Summe	2000000	100,00 %	100,00 %

kämpfer einen höheren Anteil der Gebühren als Gehalt verwenden können, größere Firmen aber aufgrund höherer Gemeinkosten teilweise noch viel weniger.

Bezahlte Angebotsarbeiten gibt es selten, bei öffentlichen Ausschreibungen kommen sie überhaupt nicht vor. In laufenden Projektarbeiten für einen zufriedenen Kunden kommt es vor, dass ein Berater informell hinzugezogen wird, wenn die nachfolgend auszuschreibenden Aufgaben umrissen werden. Diese Arbeit lässt sich bei Bezahlung nach Aufwand und Zeit abrechnen. Im Beraterjargon werden manchmal Konzeptarbeiten mit nachfolgender Ausschreibung der Umsetzungsarbeit/Implementation „bezahlte Angebote“ genannt, weil die beauftragte Firma sich gegenüber ihren Konkurrenten einen erheblichen Vorteil bei der nachfolgenden Ausschreibung ausrechnen darf.

In der nachfolgenden Tab. 16 sind die Einnahmen einer Beratungsfirma an einem Beispiel durchgerechnet. Unterstellt ist, dass die verkaufte Anzahl der Personentage exakt der geplanten Auslastung der Mitarbeiter entspricht. Alle anderen Daten dieses Beispiels entsprechen den schon zuvor für die Aufwandsdarstellung in Tab. 15 gemachten Annahmen[73].

Zur Erläuterung

- Die Soll-Arbeitstage im Jahr: Kalendertage abzüglich Feiertage abzüglich Urlaub und Training. Angestellte Berater haben in diesem Beispiel zwanzig Sollarbeitstage weniger als die Geschäftsführer.

[73] Eine andere Beispielkalkulation stellt *Kind* (1998) vor.

Tab. 16: Einnahmen der Beispiel Consulting GmbH

Personen-gruppe	Anzahl	Arbeits-Wochen/Jahr	Soll-Tage/Jahr	%-Nutz-zeit Beratung	Kun-dentage	Preis €/Tag	Summe Honorar-erlöse
Geschäfts-führer	1	48	240	40 %	96 * 1	2500	240000
Manager	2	44	220 * 2	60 %	132 * 2	1800	475200
Consultant	8	44	220 * 8	80 %	176 * 8	1300	1830400
Sekretärin	2	48	240 * 2	0 %	0		0
Summe	13		2440		1768		2545600

- % Nutzzeit Beratung: Hier handelt es sich um die durchschnittliche Auslastung der Mitarbeiter, errechnet als Prozentanteil der tatsächlich für Kunden geleisteten Tage an der Gesamtzahl von verfügbaren Arbeitstagen (Soll-Tagen) im Jahr. Für das Beispiel in der Tab. 16 ergibt sich eine durchschnittliche Auslastung von 1768 / 2440 = 72,46 %.
- Produktivität: Die Produktivität kann man als Quotient aus der Summe der Beratungshonorare durch die Zahl der angestellten Berater definieren. Für das Beispiel ergibt sich eine Produktivität von (2545600 – 240000) / 10 = 230560 €.
- Die Profitabilität soll hier als Umsatzrendite dargestellt werden. Dazu muss zunächst der Gewinn vor Steuern berechnet werden. Zunächst wird die Summe aus Honorarerlösen und Speseneinnahmen gebildet und davon die Summe aller Aufwände (ohne Steuern) abgezogen. Es wird unterstellt, dass für 50 % der an Kunden abgerechneten Tage Spesen anfallen, die Spesenhöhe sei 15 % des Honorarvolumens. Die Aufwände für Reisen seien gleich der Spesenhöhe[74]. Demnach ergibt sich ein Gewinn vor Steuern 2545600 + 0,5 * 0,15 * – 2000000 – 0,5 * 0,15 * 2545600 = 545600 €. Damit errechnet sich eine Umsatzrendite vor Steuern von 545600 / 2545600 = 21,43 %

Bei linearer Veränderung der Auslastung über alle Beraterkategorien hinweg (Geschäftsführer, Manager, Consultant), konstanten sonstigen Kosten (mit Ausnahme der projektabhängigen Reisespesen, die aber als durchlaufender Posten in gleicher Höhe Aufwände verursachen) ergeben sich die in Tab. 17 dargestellten Veränderungen des Ergebnisses vor Steuern bei verändertem Auslastungsgrad.

Die Daten aus der Tab. 17 zeigen die überproportionalen Veränderungen des Unternehmensergebnisses bei Schwankungen des Auslastungsgrades. Dies erklärt teilweise, wieso externe Unternehmensberatungen sehr sensibel auf Veränderungen der Nachfrage reagieren und relativ schnell bereit sind, bei steigender Nachfrage Personal einzustellen oder bei sinkender Auslastung auch wieder freizusetzen.

[74] Die Spesen könnten als durchlaufender Posten eigentlich außer Betracht bleiben, sollen hier aber der Vollständigkeit halber mit durch die Kalkulation gezogen werden.

Tab. 17: Einfluss der Auslastung auf das Unternehmensergebnis

Auslastung in %	**Ergebnis**	**Veränderung Ergebnis %**
90	1 161 842	112,9
80	810 526	48,6
72,46	545 600	0
60	107 895	– 80,2
50	243 420	– 146,6

5.1.2.2 Exkurs: Beraterhonorar

Die wichtigste Umsatzquelle von Beratungsfirmen ist Beratung, und die der Beratung zugehörige Ertragsart sind die Beraterhonorare. Die Festlegung des Preisgefüges dieser Honorare ist aus wettbewerblicher Sicht und aus Sicht der Unternehmenssteuerung von ganz wesentlicher Bedeutung. Daher sollen hier erläuternde und vertiefende Ausführungen als Exkurs angeboten werden:

Universale Rechengröße bei der Bestimmung von Beraterausträgen ist der Personentag (Synonym: Manntag) à acht vollen Zeitstunden, alternativ wird insbesondere bei Strategieberatungen der Kalendertag[75] verwendet. Er dient sowohl intern zur Berechnung des geplanten Arbeitsumfangs als auch extern gegenüber dem Kunden zur Plausibilisierung von Rechnungen. Selbst bei Ausschreibungen, in denen am Ende ein Festpreis zu stellen ist, wird häufig vom Kunden die Aufschlüsselung nach Beratertagen/Kalendertagen verlangt.

Manche Beratungshäuser weisen gegenüber Dritten gesonderte Tagessätze für verschiedene Mitarbeiterkategorien aus. Andere berechnen projektspezifische Durchschnittspreise und geben diese weiter.

- Zeitabhängige Bezahlung. Nach Ansicht mancher Berater ist sie die einzig korrekte, zumindest problemfrei festzustellende Entgelthöhe (*Kubr*, 1996, S. 563). Hierbei rechnet das Beratungsunternehmen die Mitarbeiterstunden oder Mitarbeitertage nach tatsächlich geleisteter Arbeit ab. Häufig ist die Höchstmenge abzurechnender Beträge von Seiten des Kunden aus „gedeckelt".
- Ergebnisabhängige Bezahlung: Hierunter fallen mehrere mögliche Varianten: (1) Das Beratungsunternehmen erhält einen Bonus oder Malus, je nachdem ob vorher vereinbarte Ziele erreicht werden. Beispiele für solche Ziele sind das Einhalten des Zeitrahmens, Erreichen von Qualitätsvorgaben usw. (2) Das Honorar wird in Abhängigkeit von Umsatz, Ertrag oder anderen Größen auf Seiten des Kunden linear bestimmt. Bei allen Varianten kommt es meistens dazu, dass ein bestimmter Sockelbetrag in jedem Fall gezahlt wird, d. h. ein Fixum von z. B.

[75] Bei Verwenden des Personentages statt des Kalendertages ergeben sich zwei mögliche Effekte: (1) Falls die Berater Überstunden leisten, muss der Kunde mehr Personentage bezahlen als die Zahl der Kalendertage dies nahelegt. Das kann zu Diskussionen führen, wenn das Konzept der Personentage dem Kunden gegenüber nicht ausreichend kommuniziert wurde. (2) Auf Seiten des Beratungsunternehmens stellt sich mit besonderer Schärfe die Frage, ob ggf. Überstunden an die Mitarbeiter ausbezahlt werden.

70 %. Ein erhebliches Problem der ergebnisabhängigen Bezahlung ist es, dass der Berateranteil am Erfolg häufig schwierig zu bestimmen ist, Berater wegen der Orientierung an zu kurz greifenden Erfolgsmaßstäben[76] eher zu kurzsichtigen Maßnahmenempfehlungen kommen können, Berater und Kunde uneins über die Bewertung des Ergebnisses sind usw. (*Kubr*, 1996, S. 565). Ergebnisabhängige Bezahlung wurde von dem europäischen Beraterverband *FEACO* deshalb als unethisch bezeichnet und abgelehnt. Andere Autoren sehen in bestimmten Projekten aber durchaus die Möglichkeit einer objektivierbaren Messung des Beraterantei̇ls am Erfolg, z. B. *Schwan/Seipel* (2002, S. 81), die u. a. bei Projekten zum Gebäudemanagement, zur Senkung des Energieverbrauchs, zum Fuhrparkmanagement, zum Abfallmanagement und zum Einsatz von Hilfs- und Betriebsstoffen. Das dahinterstehende Prinzip ist einfach: Projekte, die direkt auf einzelne Einspareffekte zielen und diese Einsparungen durch rationellere Produktion, bessere Logistik oder Weglassen nicht benötigter Ressourcen erzielen, haben es relativ leicht, diskussionsfrei Erfolgsbeteiligungen zu gestalten. Dies trifft auf Ingenieurberatungen und Beratungen im Sinne von *Taylor* und *Gilbreth* zu. Darüber hinaus haben manche Business-Reengineering-Projekte ein gutes Werk daran getan, tatsächlich umständliche Verfahren gegen einfachere abzulösen, ohne dass an anderer Stelle dadurch irgendwelche Änderungen nötig wurden[77]. Der größere Teil von Unternehmensberatungsprojekten dürfte aber unterstützende Prozesse und Managementaufgaben betreffen, die erst mittelbar und manchmal auch nur bei entsprechendem Erfolg des Vertriebs tatsächlich bessere Unternehmensergebnisse bewirken. Aus diesem Grunde ist es sehr schwer, eindeutig den Vater eines Erfolges oder Misserfolgs festzustellen. Deshalb bedarf es umfangreicher „wenn – dann" Vereinbarungen, falls man ergebnisabhängige Bezahlung verwenden möchte. Eine besondere Gefahr ist auch darin zu sehen, dass sich die Kunden im Falle eines Projekterfolgs über den hohen Bonus ärgern bzw. Wege suchen, den Erfolg kleinzureden, um den Bonus zu sparen. Außerdem liegt in der Vereinbarung eines Bonus implizit das Eingeständnis, dass es keine 100 %ige Erfolgsgarantie bei den Projekten gibt, und die Gefahr des Scheiterns real ist. Angesichts der weiten Verbreitung von Erfolgsstatistiken über Beratung (vgl. Abschnitt 8.1.) ist dieses Wissen allerdings nicht mehr neu. Schwerer wiegen da Überlegungen, die *Larew/Deprosse* (1997, S. 110/111) aus dem Bereich von Versicherungen auf die erfolgsabhängigen Beraterhonorare anwenden: „Adverse Selection" bezeichnet die Tatsache, dass gerade solche Personen Versicherungsschutz suchen, die ihn auch brauchen werden – aus Sicht des Versicherungsgebers natürlich unschön. Erfolgshonorare könnten demnach besonders erfolgsunwillige Kunden anlocken oder solche, die an den Erfolg gar nicht glauben. Wenn der Beratungserfolg in Erfolgen bei der Umsetzung des Beratungsprojekts besteht und der Kunde selbst hier die überwiegende Verantwortung hat, muss sich ein Beratungsanbieter fragen, ob der Kunde das Projekt überhaupt ehrlich

[76] Hierzu zählen z. B. kurzfristige Erfolge beim Kostensparen, die zu langfristigen Qualitätsproblemen führen und netto damit Mehrkosten bzw. Gewinneinbußen verursachen.

[77] Aus diesem Grunde auch ist die Ablehnung von Erfolgshonoraren seitens des *BDU* (*BDU* 1990, zitiert nach *Kaas/Schade*, 1995, S. 1081) und des österreichischen Fachverbands Unternehmensberatung und Datenverarbeitung eingeschränkt, sie lehnen Erfolgshonorare in den meisten Fällen ab, erkennen aber Ausnahmen in Spezialgebieten an.

will und ihm eventuelle Hindernisse nicht verschweigt. Bei der Umsetzungsfähigkeit und -willigkeit gibt es eine Informationsasymmetrie zu Lasten des Beraters, und dies treibt die Risikoprämie bei erfolgsabhängiger Bezahlung nach oben. Erfolgsabhängige Honorare sind damit (noch) höher als übliche Beraterhonorare, und ein Kunde, der an den Erfolg glaubt, sollte eigentlich zögern, diese Extra-Prämie zu bezahlen. Ein anderes Argument gegen erfolgsabhängige Honorare ist die sich möglicherweise einstellende Vollkasko-Mentalität („moral hazard") des Kunden. Da Misserfolge für den Kunden scheinbar relativ billig zu haben sind, werden eventuell unnötige Risiken eingegangen und mögliche eigene Anstrengungen unterlassen, den Erfolg noch wahrscheinlicher zu machen. Die genannten Argumente gegen erfolgsabhängige Honorare machen deutlich, dass ihr Anwendungsbereich eigentlich beschränkt sein sollte auf die Fälle, wo der Kundenanteil bei der Arbeit und Umsetzung klar definierbar ist und das Risiko weitgehend in der Arbeitssphäre des Beraters selbst liegt. Erfolgsabhängige Honorare werden wohl wegen dieser vielen Einschränkungen auch relativ selten eingesetzt, *Kaas/Schade* (1995, S. 1080/1081) fanden bei einer Befragung[78] von 121 Beratern und 74 Kunden in 9,9 % aller Projekte die Vereinbarung von Erfolgshonoraren. Andererseits vertritt *Schade* (1997, S. 61 f.) die Ansicht, dass Beratungsanbieter erfolgsabhängige Honorare eher aus prinzipieller Überzeugung anbieten und in der Praxis die tatsächliche Messbarkeit des Erfolgs kein wichtiges Kriterium für den Einsatz ist.

- Festbetrag: Ein sehr großer Teil der Kunden und wohl die Mehrzahl der Ausschreibungen fordert von Anbietern die Angabe eines Festbetrags. Festbeträge auf Basis vorhandener Leistungsbeschreibungen bergen insbesondere bei komplexen Projekten und bei Mitarbeit von Kunden für den Berater Risiken und Chancen. Nachteilig können unerwartete fachliche Schwierigkeiten oder schlechte Mitarbeit auf Seiten des Kunden sein, sie erhöhen evtl. den Aufwand über das erwartete Maß hinaus. Aus diesem Grund ist davon auszugehen, dass die geforderten Festbeträge einen „Sicherheitszuschlag" für das Risiko unvorhersehbarer, aber aller Erfahrung nach wahrscheinlich auftretender Aufwandserhöhungen für den Berater beinhalten. Dieser Puffer wird je nach Ausschreibungsmodalität offen oder versteckt enthalten sein und bewegt sich etwa in der Größenordnung von 10 % bis 20 % des Gesamtaufwands. Bei Festpreis-Aufträgen für Umsetzungsaufgaben mit zunächst noch offenen Konzeptfragen wird ein Anbieter mit Festpreisvertrag dazu neigen, „design-to-budget"-Strategien einzusetzen, d. h. möglichst für sich selbst aufwandsschonende und sicher beherrschbare Gestaltungsvorschläge zu machen. Dies kann vom Kunden auch so gewollt sein, falls nicht, dann sollte eher eine andere Form der Entlohnung vereinbart werden.
- Optionen oder Anteile an Aktien oder Umsätzen des Kundenunternehmens als Äquivalent von direkten Entgelten. Hier sind verschiedene Fallkonstellationen mit unterschiedlichem Risikoanteil denkbar. Wahrscheinlich ist diese Art der Honorarzahlung selten und ein vorübergehendes Phänomen in der Hochphase

[78] Die Autoren geben keine näheren Hinweise zur Stichprobe, daher ist sie wahrscheinlich nicht repräsentativ. Eine jüngere Befragung der Unternehmenberatung *Celernat* unter 100 Top-Managern ergab, dass 28 % der Befragten diese Form der Entlohnung befürworten (zitiert n. *o. V.* [2], 2003).

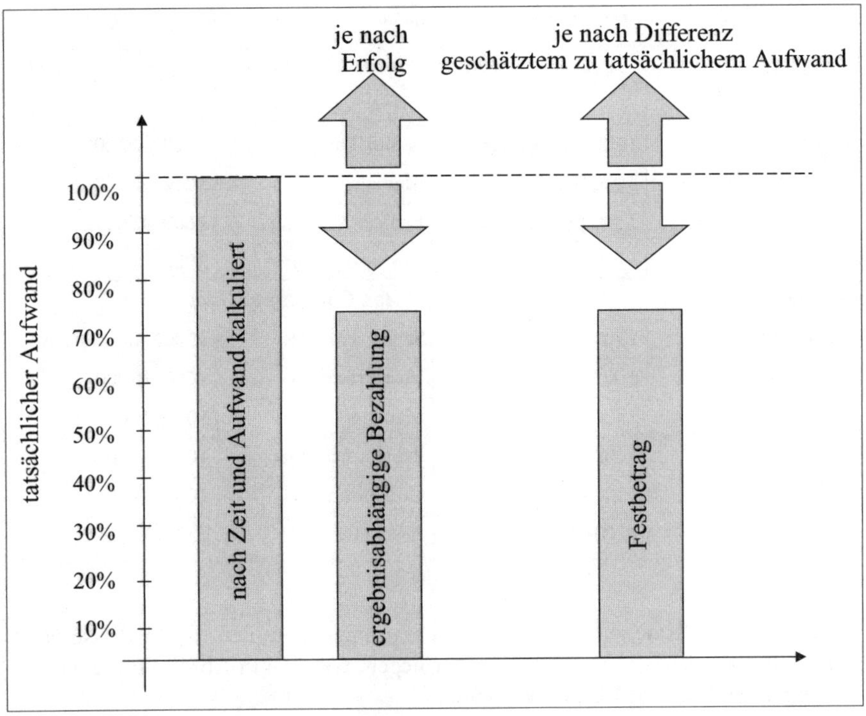

Abb. 15: Wichtigste Formen des Entgeltes

des eCommerce-Hype, als kleine finanzschwache Firmen mit großer Hoffnung auf künftige Umsätze gute Mitarbeiter anlockten. In der Folge gingen einige Beratungsfirmen zu diesem Modell über, aber die Aktienkursentwicklung in den Jahren 2001 bis 2003 hat das Risiko dieser Entgeltform deutlich gemacht.

Die Höhe von Beraterhonoraren bei aufwandsabhängiger Berechnung bemisst sich anhand von Tagessätzen je Beraterkategorie. Da die geforderten Honorare nicht immer den tatsächlich gezahlten entsprechen, haben diese Beraterhonorare, wenn man sie von Beratungsanbietern erfragt, in etwa den Charakter von Listenpreisen bei Kraftfahrzeugen. Anders als bei Autoherstellern werden diese Preise – eben wegen der Möglichkeit der Segmentierung des Kundenmarktes – nicht öffentlich ausgehängt, und deshalb sind Preisvergleiche nicht ohne besonderen Erhebungsaufwand möglich. Daher und wegen der eingeschränkten Aussagekraft gibt es auch wohl – mit Ausnahme Österreichs, wo der Fachverband Unternehmensberatung Beträge vorschreibt – keine regelmäßig erscheinenden Vergleichstabellen, sondern nur punktuelle Erhebungen. Vergleichswerte sind:

- 1040 Euro *Österreich (Fachverband Unternehmensberatung und Informationstechnologie*, 2002).
- Anlässlich eines Streites über die Angemessenheit von Beratergebühren hat die Firma *Metallgesellschaft* (jetzt: *MG Technologies*) in 1996 eine Aufstellung von geforderten Beraterhonoraren gemacht, die Werte sind in der nachfolgenden Tabelle wiedergegeben. Zu beachten ist, dass alle dort untersuchten Beratungsan-

Tab. 18: Tagessätze im Jahre 1996, ermittelt von MG Technologies (o. V. [1], 1996)

Beraterkategorie	Tagessatz in DM[79]	Beraterkategorie	Tagessatz in DM
McKinsey		*Arthur D. Little*	
Director	10 000 mindestens	Senior Partner	10 000–12 000
Principal	7 000 mindestens	Manager	8 000–10 000
Consultant	3 500 bis 6 000	Project Manager	3 600–4 000
Associate	3 500	Business Analyst	2 000
Roland Berger		*Boston Consulting Group*	
Senior Partner	10 000	Senior Partner	10 000 mindestens
Vice President	8 000–9 000	Vice President	8 000–10 000
Manager	5 500–7 000	Manager	5 000–7 000
Project Manager	4 000–5 000	Project Manager	4 000–5 000
Consultant	3 000–3 800	Consultant	3 000–4 000
Associate	2 200–2 800	Associate	2 500–3 000

bieter aus der Kategorie der Strategieberatungen kommen, deren Preise ja erheblich über denen z. B. der IT-Berater liegen, wie sich in Abschnitt 2.2. ja auch anhand der Pro-Kopf-Umsätze zeigte.

- Der *BDU* fand 2002 für Managementberatungen folgende Tagessätze:

Tab. 19: Durchschnittliche Tagessätze und Kapazitätsauslastungen (BDU, 2003)[80]

Position im Unternehmen	durchschnittlicher Tagessatz 2002	Kapazitätsauslastung in Tagen[81]
CEO, Seniorberater	ca. 2 200 €	65
Senior-Consultants	ca. 1 380 €	136
Berater (ohne Projektleitung)	ca. 1 150 €	186
Junior-Consultants	ca. 920 €	183

- Eine 1997 durchgeführte Untersuchung in Großbritannien an 95 Unternehmensberatungen des Landes ergab ein durchschnittliches Tageshonorar von 885 Pfund (ca. 1 304 €, Stand 15.3.2003), die Bandbreite ging von 200 Pfund (ca. 295 Euro) bis zu 3 000 Pfund (ca. 4 422 Euro) je nach Seniorität des Beraters, Größe und Internationalität der Firma usw. (*Pollecoff*, 1998, S. 177).

[79] Eine Deutsche Mark (DM) entspricht 1,95583 €.

[80] Eine weitere Zusammenstellung von Beraterpreisen findet sich in *Däfler/Rexhausen* (1998).

[81] Aus *BDU* 1996, zitiert nach *Kohr* (2000, S. 174). Die dort teilweise anderen Bezeichnungen der Hierarchieebenen wurden der Nomenklatur in *BDU* (2003) zugeordnet.

Die von Beratern verlangten Tagessätze sind prinzipiell verhandelbar, wenn auch die Bereitschaft für Preisnachlässe allgemein konjunkturabhängig ist und auch von Kunde zu Kunde verschieden ausfallen dürfte. Die meisten Anbieter werden im Zweifel wahrscheinlich auch eher einer Reduzierung der Summe benötigter Personentage zustimmen als derjenigen ihrer Tagessätze, weil sie so bei Folgeaufträgen wiederum mit dem alten Preis operieren und gegenüber anderen Kunden – falls diese vom Preis erfahren – nicht so leicht auf Preisdifferenzierung angesprochen werden können.

Wichtig zu betonen ist, dass die Höhe der Tagessätze nur eine (Rechen-)Komponente des Preises für eine Beratung ist, weil es auch auf die Zahl der dem Kunden belasteten Personentage ankommt. Im Falle aufwandsabhängiger Entgeltgestaltung werden daher die Unterschiede der effektiv vom Kunden zu zahlenden Preise tatsächlich weitgehend am Unterschied zwischen den Tagessätzen festzumachen sein, während bei Festpreisprojekten die Unterschiede ganz erheblich auch aus Unterschieden bei der Zahl benötigter Beratertage zustande kommen.

Zu dem Tagessatz kommt ergänzend ggf. eine weitere Komponente, die Spesen. Sie sind ein Ersatz des Aufwands für An- und Abreise sowie für die Kosten einer auswärtigen Übernachtung und Verpflegung. Die dem Kunden berechneten Spesen können in der Spitze 25–30 % der Honorare betragen (*Kubr*, 1996, S. 572), sind aber vermutlich im Durchschnitt niedriger[82]. Meistens werden sie pauschal abgerechnet. Die Höhe der tatsächlich anfallenden Spesen hängt davon ab, wie heimatnah oder heimatfern die Kundenprojekte der Berater sind. Wenn internationale Beratungshäuser Experten aus den USA bei Projekten in der Schweiz mitarbeiten lassen, betragen die tatsächlichen Spesen ein Mehrfaches von den Spesen des Mitarbeiters, der am Projektort auch privat wohnt. Meistens berechnen Beratungsunternehmen bei gemischtem Team aus Ortsfernen und Ortsansässigen jedoch personenunabhängige Misch-Spesensätze. Kleinere lokale Beratungshäuser operieren oft bei lokalen Einsätzen mit geringeren Spesensätzen oder komplett ohne.

In Österreich gelten die detaillierten Höchstgrenzen für bestimmte Situationen, z. B. sind bis zu 60 % erhöhte Honorare für Arbeitszeiten zwischen 22.00 Uhr und 6.00 Uhr morgens erlaubt, bis zu 80 % Zuschlag für Arbeiten in Europa, aber außerhalb Österreichs usw. Außerdem wird noch nach dem Leistungsinhalt (z. B. „Forschungsaufträge 70 %", „Ausarbeitung von Studien 60 %") unterschieden (*Fachverband Unternehmensberatung und Informationstechnologie*, 2002).

5.1.3 Organisation

Aufgabe der Organisation eines Unternehmens ist es, die Aufbau- und die Ablaufstruktur festzulegen. Aufgrund der sehr stark kundenspezifischen Natur des Beratungsgeschäfts mit dem Bedarf nach schneller, situationsangemessener Ent-

---

[82] *Leciejewski* (1996, S. 181) schätzt den Spesensatz auf durchschnittlich 15–20 % des Tagessatzes.

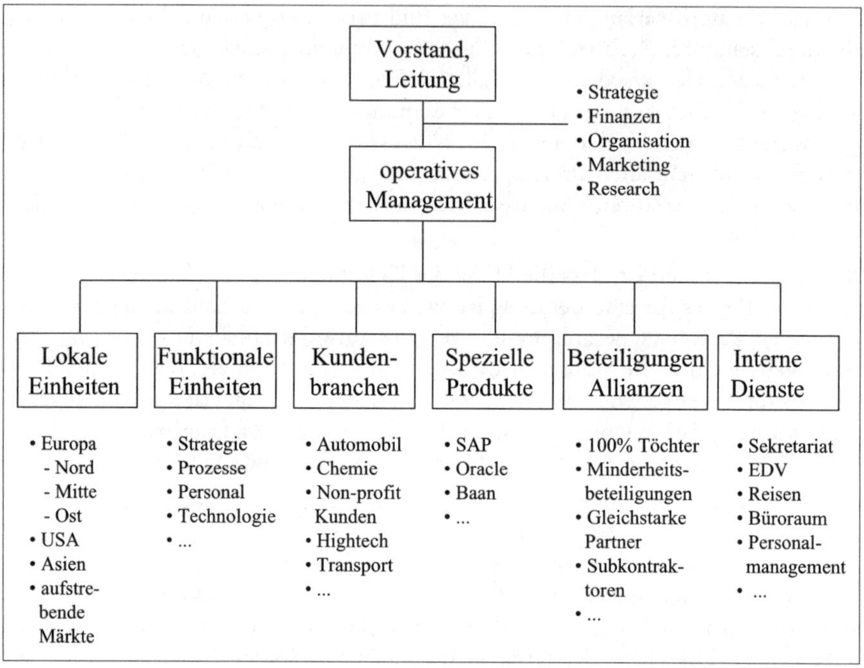

Abb. 16: Aufbau[83] einer weltweiten Unternehmensberatung (vgl. auch Kubr, 1996, S. 635)

scheidung und einzelfallbezogener Verkaufstätigkeit haben Beratungsunternehmen oft einen sehr stark fraktalen Charakter, weil sich ein Großteil auch der internen Aufgaben als Projektarbeit organisieren lässt und jedes Kundenprojekt sowie jede Branchengruppe mit abgestuften Freiheitsgraden wie ein autonomes Arbeitsteam mit Budgethoheit, Umsatzverantwortung mit vorgegebener Marge, Steuerungswerkzeugen, Vertrieb, Produktion usw. funktioniert. Nachfolgend muss also nur die Makrostruktur der Organisation aufgezeichnet werden, die Blätter der Äste sind jeweils eines oder mehrere Projekte mit ihrer projektspezifischen Struktur (siehe hierzu Abschnitt 7.9).

Übergreifender Gestaltungsgesichtspunkt der Makrostruktur von Beratungen ist es, Ebenen mit weitgehend selbständiger Budgethoheit, Personalverantwortung und Marktbearbeitungskompetenz zu schaffen. Folgende Bereiche kommen dafür vor allem in Frage[84]:

- Geographie (Kontinente, Länder, Regionen bzw. Gruppierungen dieser Einheiten).
- Funktionale Gruppen, z. B. Strategieberatungsbereich, Prozessberatungsbereich, Technologie (IT, eCommerce) – Beratung.

[83] Es handelt sich um ein fiktives Beispiel, in dem möglichst viele Merkmale ausgeprägt sind.

[84] Den Autoren ist leider hierzu keine Arbeit mit empirischen Daten bekannt, daher ist diese Aussage erst einmal nur eine unbewiesene Behauptung.

- Branchen bzw. Kundengruppen oder einzelne Großkunden.
- Produktgruppen orientiert an einzelnen Eigenprodukten oder an Drittanbietern, z. B. *SAP*, *Oracle*, *Microsoft*, *Linux*-Programmierungen oder an eigenen Angeboten, z. B. vorkonfigurierten Einstellungen von Standardsoftware, standardisierten Diagnosewerkzeugen, Benchmarking usw.

Diese vier Ebenen sind häufig nicht gleichgewichtig nebeneinander, sondern mit klarer Priorität untereinander versehen. So wird in einer Unternehmensberatung primär nach funktionalen Gesichtspunkten entschieden. Folge: Es wird evtl. interne Kämpfe darum geben, ob ein ertragreicher Kunde ein Kunde des Strategiebereichs oder des Prozessbereichs usw. ist, die Mitarbeiter sind funktionalen Gruppen zugeordnet. Anders wäre es, wenn die Beratung primär nach Kundenbranchen organisiert ist. Jetzt sind die Mitarbeiter zunächst einmal in der Schublade einer Branche zu finden. Nun kann es schwer werden, wenn eben einmal ein Spezialist für Client-Server Architekturen im Automobilsektor gesucht wird, aber niemand aus dieser Gruppe frei ist. Vielleicht findet sich jemand aus der Chemieindustrie oder aus dem Bereich öffentlicher Auftraggeber.

Allgemeine Gesichtspunkte für die Auswahl einer oder mehrerer Ebenen sind:

- In Zeiten von kundendominierten Märkten wird die Branche bzw. Kundengruppe häufiger als primäre Ebene gewählt werden.
- Anbieter mit hohem Verkaufsanteil an besonders komplizierten und/oder branchenübergreifend leicht verkäuflichen Produkten wie z. B. eCommerce, CRM und Balanced Scorecards werden den Produktgesichtspunkt besonders hervorheben.
- Funktionale Gruppen haben auf Dauer als primäres Organisationsmerkmal nur Bestand, wenn sie auch eigenständige Produkte haben und diese selbständig an Kunden verkaufen können. Ansonsten geraten sie in Abhängigkeit anderer funktionaler Gruppen und gehen unter.

Die Leitung von großen partnerschaftlichen Beratungsunternehmen geschieht i. d. R. mit Wahlgremien, die befristet eingesetzt sind. Abbildung 17 zeigt als Beispiel *McKinsey*. Bei den internationalen Beratungshäusern gibt es in diesen Gremien auch einen gewissen über mehrere Perioden hinweg veränderbaren Proporz der nationalen Gesellschaften sowie der funktionalen und branchenbezogenen Gruppierungen.

5.1.4 Personalführung

Die Mitarbeiter bei Unternehmensberatungen sind sicher kein repräsentativer Durchschnitt der Beschäftigten einer Volkswirtschaft, sondern zeichnen sich als Gruppe – bei allen individuellen Unterschieden – dadurch aus, dass man dank der aufwändigen Personalauswahl (vgl. Abschnitt 13.3) überdurchschnittlich häufig besonders dynamische, selbstbewusste und sachlich-kreative Beschäftigte findet. Die einzelhändlerische Natur des Verkaufs und die trotz aller Methodenstandardisierung doch sehr kundenindividuelle Produktion der Beratungsleistung beim Kunden erfordert einen hohen Grad an dezentraler Entscheidungskompetenz. Die

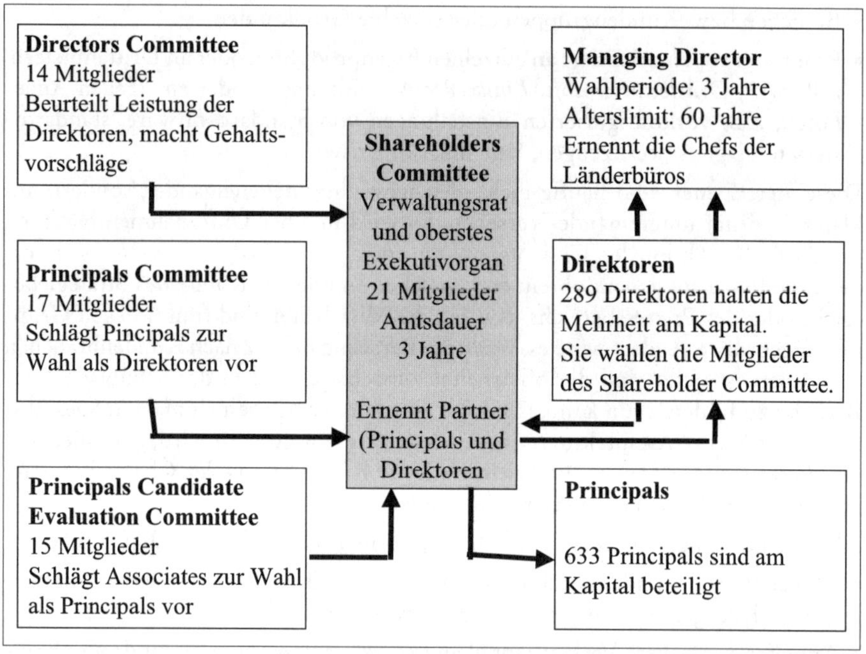

Abb. 17: Gremien der Leitung McKinsey (aktualisiert aus Balzer/Wilhelm, 1995, S. 52)

Personalführung benötigt daher einen besonderen Mix an Zielvorgabe und Laissez faire. Hierzu dienen die folgenden Elemente:

- Zielvorgaben: Karriere wird primär über den Verkauf und intensiven Kundenkontakt bei zahlungskräftigen Nachfragern, bei manchen technisch orientierten Häusern mit stabiler Nachfrage auch in begrenzten Bereichen bis zu einem bestimmten Maß über Fachexpertise gemacht. Aus diesem Grunde erfolgen Zielvorgaben anhand von Umsatz und Wachstumszahlen für verkaufsverantwortliche Mitarbeiter, während produktionsverantwortliche Mitarbeiter für das rechtzeitige Erstellen von Ergebnissen innerhalb der veranschlagten Budgets geradestehen. Mit der Zuweisung dieser Verantwortlichkeiten und den Details der Zielvorgaben kann sehr effektiv gesteuert werden.
- Zielerreichungskontrolle in kurzen periodischen Abständen: Das Controlling von Unternehmensberatungen gibt kurzfristige Rückmeldungen über den Status des Gesamtunternehmens und einzelner Projekte (vgl. Abschnitt 5.7.) sowie einzelner Beschäftigter. Hierzu gehören die aufgrund interner Schlüssel und erzielter Verkaufserfolge zurechenbaren Umsatzanteile, Grad der persönlichen Auslastung durch Kundenarbeit, besondere Vorkommnisse, die Zahl der Beiträge zum internen Wissensaufbau usw. liefern quantitative Werte, hinzu kommen Beurteilungen durch Vorgesetzte. Das Netz ist engmaschig.
- Mitarbeiterführung und Mitarbeitergespräche: In eigentümergeführten kleinen und mittleren Häusern gibt es oft einen sehr direkten, bis zum Chef hinaufreichenden „Draht" für jeden Mitarbeiter. Da hier weitgehend die fachliche Spezialisierung den Wert jedes Mitarbeiters ausmacht, gibt es oft ein unternehmenswei-

tes informelles Netzwerk, in dem der Einzelne seine Rolle hat und informelle Rückmeldungen erhält, die formelle Mitarbeitergespräche ersetzen. Bei größeren Beratungsfirmen gibt es auch informelle Netzwerke, diese erfassen aber jeweils nur Teilmengen der Beschäftigten. In managergeführten großen internationalen Beratungsunternehmen gibt es oft, manchmal von Projekt zu Projekt, wechselnde Zuordnungen zu operativen Managern. Daneben sind im Sinne einer mehrdimensionalen Matrixorganisation überdauernde Zugehörigkeiten zu Kundenbranchen, Funktionsbereichen und anderen Gruppierungen (vgl. Abschnitt 5.1.3.) denkbar. Aufgrund dieser mehrfachen Zuordnung und aufgrund doch relativ häufiger Wechsel der Aufbaustruktur oder der Funktion einzelner Personen können sich auf der zweiten und dritten Führungsebene nur weniger stabile Beziehungen ausprägen. Als Ausgleich dazu haben einige Firmen Patensysteme, um die persönliche Bindung zu den eigenen Mitarbeitern zu etablieren. Über diese Patensysteme werden auch die offiziellen Bewertungen der Beschäftigten regelmäßig in jährlichen oder sogar unterjährigen Mitarbeitergesprächen mitgeteilt.

- Anreizsysteme: Mitarbeiter in Beratungsfirmen verdienen i. d. R. ein überdurchschnittlich gutes Gehalt (mehr Details in Abschnitt 13.1). Neben dieser materiellen Komponente und der Arbeit an sich, die oft die besondere Wichtigkeit für den Kunden erkennen lässt und schon von daher ein hohes Spannungs- und Motivationsmoment hat, bemühen sich Beratungsanbieter zumeist auch, ihre Mitarbeiter durch ein hohes Maß an Autonomie – gelenkter Autonomie – am Arbeitsplatz zu motivieren. Unter dem Stichwort „Empowerment“ wird dabei allgemein eine Mitarbeiterführung verstanden, die das Bewusstsein der Mitunternehmerschaft bei den Beschäftigten wecken und die daraus fließenden Energien nutzen will. Maßnahmen des Empowerment können sein (vgl. *Bowen/ Lawler*, 1999, S. 216/217):
  (1) Information über den aktuellen Geschäftserfolg des Unternehmens, sowohl finanzwirtschaftlich als auch über einzelne neue Erfolge bei Kunden
  (2) Bonussysteme, basierend auf Geschäftsergebnissen
  (3) Informationen über aktuelle Überlegungen in der Geschäftsleitung
  (4) Echte oder symbolische Entscheidungsgewalt für Themen, die Einfluss auf die Leistung des Gesamtunternehmen haben (Vorschlagswesen, Qualitätszirkel, Befragungen, deren Ergebnisse in Aktionen der Geschäftsleitung münden).
- Steuerung der Fluktuation durch das „up-or-out“ bzw. „grow-or-go“-Prinzip: Karriereaussichten, überdurchschnittliche Gehaltssteigerungen und die Aussicht auf interessante Arbeit sind positive Anreize für Mitarbeiter, die realistische Drohung der Entlassung im Falle der Nichterfüllung von Zielen die Kehrseite. Das „grow-or-go“-Prinzip ist damit ein mächtiges Werkzeug der Motivation von Beschäftigten und der Steuerung von Personalkosten. Zusammen mit dem hohen Gehaltsniveau erlaubt es zum einen den Zugriff auf sehr gute Berufsanfänger oder Berufswechsler, zum anderen ermöglicht es die schnelle Trennung von weniger geeigneten Personen und die schnelle Anpassung an veränderte Nachfrageverhältnisse im Kundenmarkt.

Darüber hinaus gibt es einige aus der Art der Dienstleistung und der Kundenbeziehung stammende Besonderheiten im Führungsverhalten, die bei Beratungsfirmen auch Teil der Firmenkultur sind. Dazu gehört z.B. die – aus Sicht der Personalführung – nachteiligen Konsequenzen einer primär auf den im Idealfall fast ständig anwesenden Kunden ausgerichteten Politik:

- Ein Vorgesetzter wird sich auf Kundenprojekten selten vor seine Mitarbeiter stellen, wenn der Kunde eine ausgeprägte „Nasenpolitik" bei der Auswahl und der Bewertung von bereits im Hause tätigen Beratern pflegt. Ein Beispiel: In einem Kundenprojekt mit jeweils neuen Einzelverträgen für Fortsetzungsarbeiten pflegte der Kundenmanager vor Abschluss eines neuen Einzelvertrages jeweils Kritik an der bisherigen Arbeit zu üben und mindestens einen meist jungen Berater dafür namentlich verantwortlich zu machen. Dieses Verhalten diente in Wirklichkeit dazu, den Preis im nächsten Vertrag zu drücken. Tatsächlich flogen die jungen Berater trotz der sachlich unzutreffenden Angriffe jeweils vom Projekt. Vor dem Kunden wurden sie nur sehr zurückhaltend oder gar nicht „verteidigt". Bevor man diese Strategie des Kunden durchschaut hatte, war für die ersten so vom Projekt entfernten Mitarbeiter auch mit Karrierenachteilen zu rechnen, ohne dass man in der Sache andere Argumente hatte als die nicht weiter hinterfragbare Kundenmeinung.
- Für Manager und Partner bei Beratungsfirmen ist der persönliche Kundenkontakt wichtig. Wenn ein Berater in personam für eine höhere Wahrscheinlichkeit des Vertragsschlusses gut ist, macht er sich weniger entbehrlich. Hierzu zählt natürlich ganz wesentlich auch das Fachwissen. Bei fachlich anspruchsvollen, vielgestaltigen Projekten können Projektleiter der Beratungsfirma nicht überall gleichgute Experten sein. Manchmal sind die wirklichen Experten hierarchisch niedriger angesiedelt. Um das Gesicht gegenüber dem Kunden nicht zu verlieren, werden daher Teamleiter von ihren Kollegen gebrieft und treten dann dem Kunden gegenüber als Experten auf. Wenn dieser „Trick" auch eher selten vorkommt, so ist doch vielen Beratern der Unterschied zwischen Anspruch und Wirklichkeit im Selbstbild ihrer Vorgesetzten oft sehr deutlich bewusst.

5.2 Forschung & Entwicklung

Unternehmensberatungen sind ganz wesentlich davon abhängig, aktuelle „state of the art" Produkte anzubieten und über zukünftige Trends und Werkzeuge gut informiert zu sein. Darüber hinaus schmücken methodische oder IT-technische Eigenentwicklungen mit Nutzen für die Projektarbeit oder als Werkzeug für den Kunden das Angebotsportefeuille. Bevor Berater das Neue in die Organisation bringen (*v. Pierer/v. Oetinger*, 1999; vgl. auch die interessante Darstellung bei *Krafft/Ulrich*, 2002), müssen sie ja selbst für sich das Neue entdecken. Die Quellen für das Wissen über neue strategische Trends, allgemeine Marktentwicklungen usw. sowie die Herkunft neuer Beraterdienstleistungen sind die folgenden:

- Professionelle gebührenpflichtige Auskunfteien und Strategie-Researchunternehmen, wie z.B. die *Freedonia Group*, das Institut *Gartner-Dataquest*, *ITC*, usw.
- Gutachten und Studien von Research-Abteilungen Dritter (z.B. der Investmentabteilungen von Bankhäusern, Wirtschaftskammern, Ministerien).

- Informationen von Allianzpartnern, Subkontraktoren und aufgekauften Firmen. Strategische Zukäufe zwecks Erwerbs von Wissen und Fähigkeiten. Zu Zeiten der Internet-Euphorie haben sich sehr viele der größeren Häuser auf diese Weise fachlich verstärkt.
- Papiere der Konkurrenz (Fundorte sind z. B. Messestände, Mülleimer des Kunden, Sitzungsräume vor und nach Angebotspräsentationen, Internetseiten) bzw. Abschauen bei Beratungsunternehmen, die beim gleichen Kunden arbeiten.
- Forschungsaufträge/Sponsorenverträge mit fremden Forschungsinstituten oder das Sponsern von Lehrstühlen. Ein Sonderfall liegt vor, wenn Professoren mit Lehrstühlen an Universitäten oder Fachhochhochschulen selbst nebenbei Unternehmensberatungen leiten. Die bekanntesten Berater dieser Gruppe dürften wohl Prof. Dr. *Scheer* (Saarbrücken; *IDS Scheer AG*) und Prof. Dr. *C. Niedereichholz* sein[85] Die Synergieeffekte dieser beiden Tätigkeiten liegen auf der Hand[86].
- Diplomarbeiten, Dissertationen und andere gesponsorte oder durch gleichzeitig als freie Unternehmer tätige Professoren beauftragte wissenschaftliche Abschlussarbeiten.
- Gemischte Arbeitsteams mit Software- oder Hardwareherstellern, die z. B. das Ziel der Entwicklung neuer Anwendungssoftware, neuer Werkzeuge zur Erleichterung der Implementierung von Anwendungssoftware haben.
- Neue Mitarbeiter, die frisch von der Universität oder von anderen Arbeitgebern kommen und Spezialwissen mitbringen. Der gezielte Einkauf von Spezialwissen kann ggf. auch durch die Inanspruchnahme von Headhuntern verstärkt werden. Phasenweise war z. B. die Suche nach Mitarbeitern mit Erfahrungswissen bei bestimmten *SAP*-Modulen sehr intensiv.
- „Zufällig" entstandene Arbeitswerkzeuge und Ideen eigener Mitarbeiter von Kundenprojekten. Der „Zufall" ist hier Prinzip: Der Einsatz innovativer Arbeitswerkzeuge wird absichtlich generalisiert, Verbreitungswege sind das Wissensmanagement und informelle Kontakte unter Kollegen.
- Ergebnisse von speziellen Arbeitsteams, die intern beauftragt sind, nach spezifischen Vorgaben neue Beratungsprodukte oder Arbeitswerkzeuge zu entwickeln. Dies geschieht manchmal auch für interne Zwecke, um dabei Erfahrungen für Angebote an Dritte zu sammeln[87].
- Bücher einzelner Autoren oder von Autorengruppen, die punktuelle Projekterfahrungen oder Werkzeuge zu einem neuen Konzept verdichten und darstellen. Manche dieser Bücher stehen wie ein Solitär in der Landschaft an Managementliteratur, andere sind eher Teil einer Welle. Beispiele sind in der nachfolgenden Tabelle aufgelistet.

---

[85] In Abschnitt 8.2 wird die Beziehung von Wissenschaft und Praxis der Unternehmensberatung untersucht.

[86] Fraglich ist natürlich, ob die Studenten des Professors nicht zu kurz kommen und wie ein ordentlich arbeitender Lehrstuhlinhaber überhaupt noch Zeit haben kann, nebenbei ein Unternehmen zu leiten.

[87] Z. B. Balanced Scorecard bei der Managementberatung *Dr. Göhring & Partner (Streicher*, 2000), Wissensmanagement bei *Arthur D. Little* (*Ortmann/Spallek*, 1998).

Tab. 20: Wegweisende, innovative Literatur – Einzelwerke vs. Welle

Themengebiet	Autor und Titel	Kommentar
Business Reengineering	*Hammer/Champy*, 1996; *Davenport* 1993	Erstautoren in einer nachfolgenden Welle eigener und fremder Bücher
Kaizen, TQM	*Imai*, 1993	Kaizen ist ein Solitär, in Japan ist Kaizen weitgehend unbekannt[88]
TQM	*Malorny*, 2001	Welle
Lernende Organisation	*Senge*, 1996	Solitär
Strategien der Besten	• *Waterman/Peters*, 1982 • *Simon*, 1998	Solitär
Shareholder Value	*Rapaport*, 1986	Solitär, danach nur wenige neue Konzepte
Lean Management	*Womack* et. al., 1997	sehr viele (siehe z. B. Übersicht in *Metzen*, 1993)
Balanced Scorecard	*Kaplan/Norton*, 1997	Das Grundkonzept ist ein Solitär, aber sehr viel Sekundärliteratur (s. z. B. Angaben in der Untersuchung von *PricewaterhouseCoopers*, 2001)
Portfolio-Technik	diverse von *Henderson*, gesammelt *in v. Oetinger*, 1995, S. 286–308	Welle

In der Selbstdarstellung von Unternehmensberatungen gegenüber den Kunden nimmt die Nutzung innovativer eigener Werkzeuge oder eigener Methoden durchaus ihren Platz ein, wenn es auch meistens letztlich austauschbare Werkzeuge sind.

Der Grund hierfür mag in mehreren Eigenschaften des Beratungsmarktes zu suchen sein: Die Schnellebigkeit der Bedarfe und der technischen Weiterentwicklung macht langfristige Entwicklungsvorhaben zu einem unkalkulierbaren Risiko für die Investoren. Beratungsfirmen sind daher eher risikoscheu bei der Investition in anspruchsvolle Entwicklungsvorhaben, aus ihrer Sicht ist die lohnenswerteste Investition diejenige in neue Mitarbeiter. Es mag sein, dass auch die partnerschaftliche Struktur der größeren Häuser Einfluss auf die Schwierigkeit hat, überhaupt Mehrheiten für große Vorhaben zu finden. Zum zweiten ist auch für Berater der Anbietermarkt eher intransparent, die Gefahr der Entwicklung eines am Ende doch nicht konkurrenzlosen Produkts ist hoch.

Dies spricht nicht gegen jede Neuentwicklung, aber gegen jahrelange Entwicklungsprogramme, ohne dass zwischenzeitlich schon etwas – z. B. Vorstufen des Produkts, Teillösungen usw. – verkauft wurde. Nur in sehr seltenen Fällen unternehmen es Beratungshäuser daher auch, ihre „Erfindung" bzw. den Namen der Methode rechtlich schützen zu lassen. Solch geschützte Namen sind z. B. *Metaplan* – die Moderationsmethode der gleichnamigen Firma, das ARIS-Toolset der Fa. *IDS Scheer* – und EVA die wertorientierte Kennzahl der Unternehmensberatung *Stern & Stewart*. Über die Reichweite, die Wirksamkeit und den ökonomischen

[88] *O. V.* [2], 2002.

Nutzen des rechtlichen Schutzes mag man spekulieren. Beratungsinnovationen sind i.d.R. keine Entdeckungen von Naturgesetzen oder Erfindungen patentfähiger technischer Produkte, sondern „weiche“ Methoden und im besten Fall Gebrauchsmuster. Ausnahme von dieser Regel sind IT-Innovationen, die es im Bereich von Computersoftware gibt. Wegen des angesichts eines raschen technologischen Fortschritts relativ kurzlebigen Wettbewerbsvorteils wird aber in der Regel darauf verzichtet, diese Produkte den langwierigen Anmeldeprozeduren von Patent- oder Gebrauchsmusterschutz zu unterziehen (vgl. auch Abschnitt 12.3.). Ein weiterer Aspekt ist noch die Frage, wie Beratungsfirmen ihre besondere Kompetenz zur Innovation herausstellen. Beispiele sind:

- *McKinsey* betont die Kreativität von Teams als Organisationsform, Inkubationszentren als Ideenschmieden für neue Geschäftsmodelle und die Auswahl der richtigen Leute (*Balzer*, 1995).
- *Accenture* verweist bei manchen Themen auf „weltweite Solution-Center“, in denen besonderes Fachwissen (z.B. über *SAP*) gepflegt und weiterentwickelt wird.
- Die Weiterentwicklung wird teilweise mit Dritten, z.B. Softwareherstellern, betrieben und die gemeinsame Kooperation auch im Vertrieb nach außen hin dokumentiert (z.B. „Logo Partnerschaft“ von *SAP*).

5.3 Produktion

Analog zu der klassischen „Produktion“ in der verarbeitenden Industrie soll hier die eigentliche Herstellung des Beratungsprodukts für einen Kunden als „Produktion“ bezeichnet werden. „Produktion“ ist für Beratungsunternehmen das Durchführen von Beratungsaufträgen. Diese Produktion hat mehrere Sichtweisen:

- Prozess-Sicht: Eine ausführliche Prozessdarstellung der Beratungsarbeit aus Sicht des zu erstellenden Produkts folgt im nächsten Kapitel, hier sollen eher aus der Innensicht eines einzelnen Beraters diejenigen Strukturen und Aktivitäten beschrieben werden, die die Produktion charakterisieren,
- Produktionsmittel-Sicht: Aufgrund des Dienstleistungscharakters von Beratung ist das wichtigste Produktionsmittel der Berater als Person. Darüber hinaus ist eine sehr mobile Arbeitsausstattung (Notebooks, Zugriff auf Wissensdatenbanken über das Internet – vgl. Abschnitt 5.9) wichtig. Die richtige Kombination von Mitarbeitern in Projektteams ist auf Seiten des Beraters ein zentraler, auch finanziell bedeutsamer Erfolgsfaktor. Sofern Durchschnittstagessätze und Festpreise mit den Kunden vereinbart sind, wird es das Bestreben des Beratungsunternehmens sein, den Einsatz teurer Seniorberater wie z.B. Partner/Prinzipale zeitlich zu begrenzen, sofern es die Aufgabe zulässt. Daher sind tendenziell eher Manager, Consultants und Analysts ständig vor Ort, während höhere „Dienstgrade“ bei kleinen und mittleren Projekten nur zeitweise präsent sind.
- Sicht auf die Arbeit-/Produktionstechniken: Zu den „Produktionstechniken“ seien hier alle weichen und harten Methoden in beratertypischen Projekten ge-

Tab. 21: Produktionstechniken für Unternehmensberater

Arbeitssphäre	Techniken	Erläuterung
Projektmanagement	• Arbeits- und Meilensteinplanung • Berichtswesen • Qualitätsmanagement • Riskomanagement • Budgetkontrolle • Scopemanagement	siehe Abschnitt 5.7. Zwischenmenschliche Interaktion
Soziale Interaktion	• Coaching • Gesprächs- und Interviewtechniken • Konfliktbewältigungstechniken • Kreativitätstechniken • Moderationstechniken • Rhetorik • Teamarbeitstechniken • (Verhaltens-)training • Verhandlungstechniken	siehe Abschnitt 8.2 und Abschnitt 8.3
Fachlich-sachliche Techniken	z. B. Verwenden von Softwaretools wie Entwicklerdatenbanken, Portfolio- und Szenariotechnik usw.	siehe Abschnitt 7.2

zählt. Wie in Tab. 21 dargestellt, kann man diese Techniken in drei grobe Bereiche unterteilen: (1) Projektmanagement, d. h. Steuerung der gesamten Auftragsarbeit beim Kunden, (2) Fachlich-sachliche Produktionstechniken je nach zu erstellendem Beratungsprodukt und (3) Techniken der sozialen Interaktion im Problemraum Projekt.

- Produktionskostenfunktion: Die wesentlichen Produktionskosten auf Seiten von Beratungsfirmen sind direkte und indirekte Personalkosten. Bei auswärtigen Einsätzen schlagen auch Logistikkosten (An- und Abreise, Übernachtung und Verpflegung) zu Buche. Die Produktionsphase ist i. d. R. die Phase mit positiven Deckungsbeiträgen. Hier müssen zunächst einmal die Kosten zurückverdient werden, die während der in der Regel ertragslosen Angebotsphase sowie durch den Bereitschaftszustand und die allgemeine Verwaltung angefallen sind.
- Produktionscontrolling: Beratungsprojekte sind selbst bei Standardprodukten aufgrund der besonderen Gegebenheiten des Kunden immer in erheblichem Umfang risikobelastete Arbeiten (siehe Abschnitt 7.2.8.3. zu Risikomanagement). Aus diesem Grund und wegen der Bedeutung sowie Komplexität insbesondere großer Projekte gibt es i. d. R. eine ständig aktuell zu haltende Projektberichterstattung über den erreichten Arbeitsstand[89].
- Produktionsansatz: Hierunter soll hier verstanden werden, wie das Beratungsunternehmen seine Kundenprojekte organisiert. Beispiele sind: Partnerschaftliche ständige Zusammenarbeit mit Kundenmitarbeitern oder alleinige Beraterteams oder Berater, die Kundenmitarbeiter anleiten und „beauftragen", aber nicht ständig vor Ort sind.

[89] Die Grundzüge des Projektcontrollings mit den verwendeten Kennzahlen werden in Abschnitt 5.7. vorgestellt.

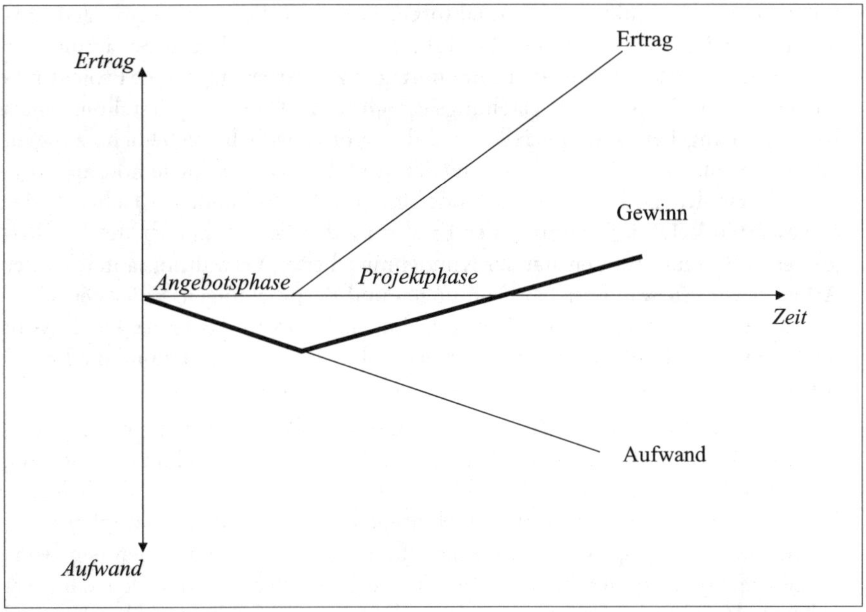

Abb. 18: Aufwands-/Ertragsfunktion eines „normalen" Projekts[90] aus Beratersicht

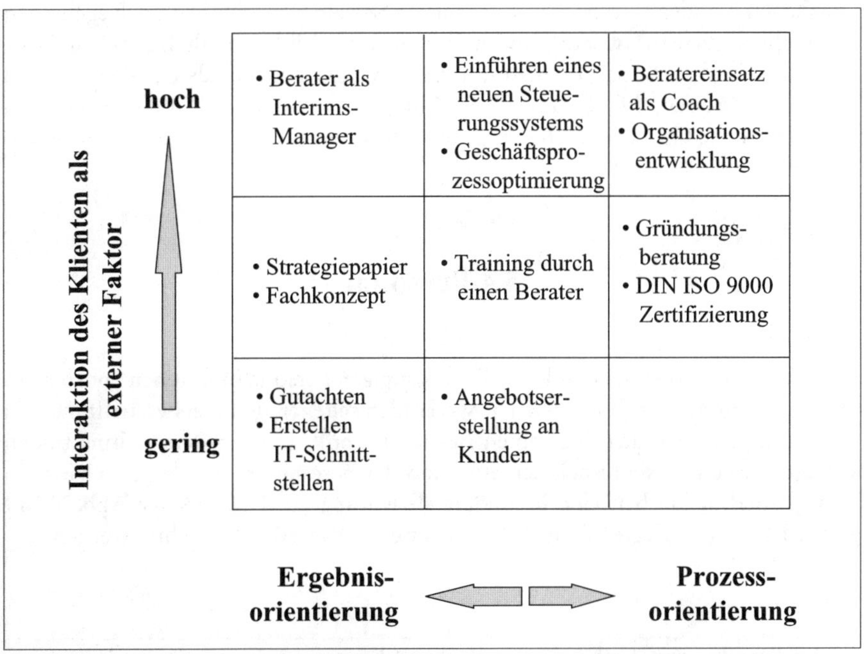

Abb. 19: Typologie Beratung nach Kundeninteraktion und Prozess- bzw. Ergebnissicht

[90] Folgende Annahmen wurden der Einfachheit halber getroffen: Der Aufwand ist in jeder Zeiteinheit der Angebotsphase gleich hoch wie in der Produktionsphase. Erträge fließen kontinuierlich während der Produktion.

- Funktion der Produktionseinsatzfaktoren: Über alle Beratungsleistungen hinweg lässt sich keine universelle „Produktionsfunktion“, d. h. eine Schätzung der Beziehung zwischen Input- (z. B. Beratertage bzw. Arbeitstage aller Projektmitarbeiter) und Output (Fertigstellungsfortschritt z. B. bei der Erstellung eines Konzepts) angeben. Für spezielle Produkte gibt es jedoch solche Schätzungen, die von Anbieter zu Anbieter verschieden sind. Die Unterschiede kommen u. a. durch verschiedene Faktoren zustande: Eingesetzte Methoden, Erfahrung der eingesetzten Berater, Schätzung der Erfahrung der Kundenmitarbeiter im Projektteam, Betreuungsintensität der Kundenmitarbeiter, Verwaltungsanteil bei der Arbeit sowie Aufwand für Abstimmungen und Besprechungen. Einer der wichtigsten Gründe ist aber – bei Projekten mit nicht bis in das letzte Detail vom Kunden vorgeschriebener Vorgehensweise – der fachliche Ansatz und die Erfahrungen mit den Aufwänden bei zuvor durchgeführten Projekten.
- Transportlogistik: Um den Mitarbeitern ein schnelles Arrangement ihrer auswärtigen Termine zu ermöglichen, gibt es in Beratungsunternehmen i. d. R. eine sehr liberale Regelung bzgl. der Abrechnung von Reisekosten. Außerhalb des Bürostandorts eingesetzte Berater auch jüngerer Dienstgrade fliegen relativ viel, können sich Mietwagen nehmen oder fahren Taxi. Große Unternehmensberatungen haben häufig Vereinbarungen mit Fluggesellschaften, Kreditkartenunternehmen, Mobilfunkanbietern, Mietwagenfirmen und Hotelketten über Vergünstigungen und Spezialtarife. Diese logistische Seite der Produktion erregt bei manchen Kundenmitarbeitern gelegentlich Sozialneid, obwohl diese Regelungen tatsächlich dienstnotwendig sind und überdies i. d. R. nicht als Luxus „funktionieren“. So ist z. B. das Taxifahren i. d. R. weniger bequem als mit dem eigenen PKW anzureisen, die „Lounges“ der Fluggesellschaften sind in den Stoßzeiten ungemütliche Orte und auch sehr gute Hotels sind auf Dauer weniger angenehm als die eigene Wohnung.

5.4 Personal

In Beratungsunternehmen finden sich alle gängigen Personalfunktionen „normaler“ Dienstleistungsunternehmen wieder. Wesentlich seltener als anderswo trifft man im Consulting-Bereich allerdings einen Betriebsrat an[91]. Einigen Personalfunktionen kommt in Beratungsunternehmen aufgrund der besonderen Art des Geschäftes in Form von Projektarbeit eine besondere Bedeutung zu. Diese in der Abb. 20 mit grauer Farbe hinterlegten Aufgaben sollen nun etwas näher betrachtet werden.

[91] Ein Betriebsrat wird von vielen Unternehmensberatungen als extrem hinderlich angesehen. Man stelle sich nur vor, was ein Betriebsrat unternehmen würde, wenn er bei der Überprüfung der Zeiterfassung feststellen würde, dass die vertraglich vereinbarte Wochenarbeitszeit weit überzogen wird und das auch oft noch in einem Umfang, der deutlich jenseits von allen Vorgaben liegt oder wenn sich der Jahresurlaub bereits seit mehr als zwei Jahren ansammelt.

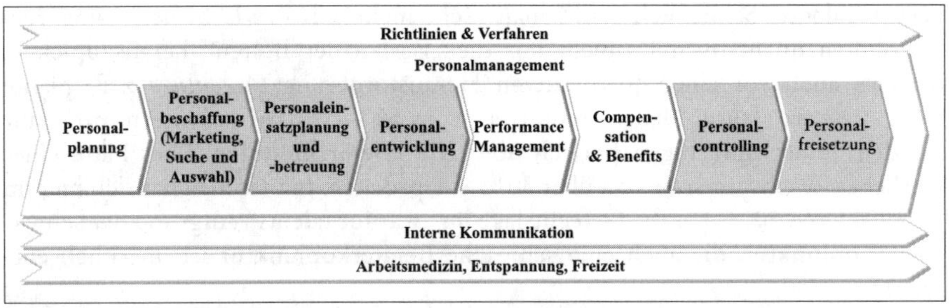

Abb. 20: Personalfunktionen im Beratungsunternehmen

5.4.1 Personalmarketing, Recruiting und Personalfreisetzung

Sehr gute Mitarbeiter sind die wichtigste Ressource einer Unternehmensberatung. Sie im Bewerbermarkt ansprechen zu können, sie für das Unternehmen gewinnen und dann so lange wie gewünscht halten zu können ist eine wesentliche Voraussetzung für den geschäftlichen Erfolg. Der bis zur Jahrtausendwende anhaltende Boom der Nachfrage von Beratungsleistungen mit jährlichen Wachstumsraten in der Spitze von 20 % und mehr stellte auch zunehmende Anforderungen an das Personalmarketing. Die Unternehmensberatung als Branche hat auch heute noch auf dem Bewerbermarkt einen guten Ruf, wenn auch einige empirische Untersuchungen einen langsamen Abstieg von den Gipfeln der Beliebtheit anzeigen[92] – Anfang 2003 fällt dies beim Recruiting wegen der auch deutlich geringeren Zahl von offenen Stellen im Beratungsbereich nicht besonders schmerzlich auf, bei wieder anziehender Konjunktur wird aber die Situation in der Personalbeschaffung eventuell ähnlich angespannt wie im Beratungsboom und „war for talents"[93] der 90er Jahre sein. Die Frage ist, wie eine einzelne Beratungsfirma sich gegenüber den Mitkonkurrenten positionieren kann. Warum sollte z. B. der eher strategisch ausgerichtete Kandidat zu XY Management Consulting gehen und nicht zu *A. T. Kearney, Booz Allen & Hamilton, Boston Consulting Group, McKinsey oder Roland Berger Strategy Consultants*? Und warum sollte der mehr IT-orientierte Kandidat die XY IT-Consulting gegenüber *Accenture, Cap Gemini Ernst & Young, CSC Ploenzke, IBM Global Services* usw. bevorzugen?

Der Wettkampf um potenzielle neue Mitarbeiter[94] forderte in den 90er Jahren immer neue, kreative und unkonventionelle Marketingkampagnen im Kampf um die

[92] *Gillies* (2002). Siehe den Abstieg von *Accenture, BCG, IBM* Deutschland und *McKinsey* im Jahresvergleich 2002 zu 2001 und 2000 in der Trendence-Studie über die Beliebtheit von Arbeitgebern bei Absolventen der Wirtschaftswissenschaften, gleichzeitig stiegen *Ernst & Young, Deloitte & Touche* und *Kienbaum* leicht auf; zitiert n. *Katzensteiner* (2002).

[93] Der Begriff „war for talents" wurde von *McKinsey* 1998 geprägt (o.V. [1], 2003), als in einer Studie die Rekrutierung und Mitarbeiterentwicklung bei US-Firmen in Zeiten des konjunkturellem Booms der Internet-Branche und einiger anderer Industrien untersucht wurde. Vorbild für andere Unternehmen war nach Ansicht von *McKinsey* das US-amerikanische Energieunternehmen *Enron*. All dies verhalf *Enron* aber nicht zum Sieg im Kampf um das Überleben, in einem spektakulären Crash musste das Unternehmen in 2002 gefälschte Bilanzen und die Zahlungsunfähigkeit eingestehen.

[94] Unter neuen Mitarbeitern sollen in diesem Zusammenhang fest angestellte Mitarbeiter

besten Talente. Schließlich stand man nicht mehr nur – wie bisher – vor dem gewohnten qualitativen Problem nur die „Besten der Besten" herauszupicken, sondern auch vor einer quantitativen Herausforderung: *Accenture* z. B. plante über mehrere Jahre Neueinstellungen von 500–1 000 Mitarbeitern pro Jahr für den deutschsprachigen Bereich über alle Hierarchiestufen. Dies hätte einer jährlichen Wachstumsrate von über 30 % entsprochen. Inzwischen hat sich hier im Jahr 2002 und 2003 aber die Gefechtslage im „war for talents" aufgrund der schwachen Konjunktur, die auch eine schwache Beraterkonjunktur ist, merklich entspannt.

Neben herkömmlichen Marketingaktivitäten auf Hochschulkontaktmessen (AIESEC, Bonding, ...), Absolventenkongressen („Köln", „Charakters", ...), Internet-Auftritten, Anzeigen-Kampagnen, Messeauftritten, Veröffentlichungen usw. klärten neue Ideen den Unterschied zum Mitbewerber. Großformatige Werbetafeln an Bahnhöfen und Flughäfen kamen neben den Angeboten, das „Beraterleben" im Rahmen von Wochenendworkshops kennen zu lernen, zunehmend in Mode. Die Attraktivität stieg dann nochmals sprunghaft, als sich herumsprach, dass diese Kennenlernseminare durchaus auch auf Segelyachten oder an attraktiven Orten in Südfrankreich, Malta oder an anderen netten Orten stattfinden konnten.

Auch die „klassischen" Methoden der Suche nach neuen, geeigneten Mitarbeitern wurde intensiviert. Neben Stellenanzeigen in großen Tageszeitungen, auf der eigenen Homepage oder in Suchmaschinen stieg auch die Einbindung von Personalberatern, die über Direktsuche (dies i. d. R. nur bei erfahrenen Mitarbeitern) potenzielle Kandidaten ansprachen (vgl. Abschnitt 7.2.4.2). Bewährt hat sich auch das Aufsetzen von „Mitarbeiter werben Mitarbeiter"-Programmen, die nicht nur immense Kosten für die Personalsuche sparen[95], sondern auch den Prozess der Vorauswahl deutlich verkürzten.

Die Auswahl geeigneter Kandidaten ist bei der immer noch eingehenden Flut von Bewerbungen mit erheblichem Zeitaufwand verbunden. Oft wird die Vorauswahl an Personalberatungsunternehmen vergeben und/oder junge eigene Berater aus dem Projektgeschäft führen über Telefoninterviews erste Sondierungsgespräche und Vorselektionen durch. In der nächsten Runde (Einzelinterviews, Assessment Center) sind dann auch die erfahreren Berater regelmäßig in der Pflicht, neben den laufenden Projektaktivitäten den Recruitingbereich zu unterstützen. Der hohe Aufwand (s. Abb. 21) führte bei einigen großen Beratungsunternehmen wie z. B. *Accenture* zur Abspaltung der Recruiting-Funktion vom HR-Bereich in eine eigenständige Organisationseinheit.

Neben Phasen starker Auslastung und intensiver Suche nach neuen Mitarbeitern gibt es auch – nicht nur in Zeiten schwacher allgemeiner Konjunktur – Phasen der

---

verstanden werden. Projektbezogene Verträge mit Freelancern oder befristetet Verträge mit selbstständigen Beratern sollen hier nicht betrachtet werden.

[95] Die Suche/Einstellung eines Beraters im Projektgeschäft (Hochschulabsolventen) kostet durchschnittlich ca. 35 000 € (*Kienbaun*, zitiert n. *Hebestreit*, 2002). Für die Direktsuche eines erfahrenen Mitarbeiters sind durchschnittlich 30 % des Jahres-Bruttoeinkommens an einen Personalberater zu zahlen (10 % bei Erteilung des Suchauftrags, 10 % bei der Vorstellung einer vorher bestimmten Anzahl geeigneter Kandidaten, 10 % bei Vertragsabschluss).

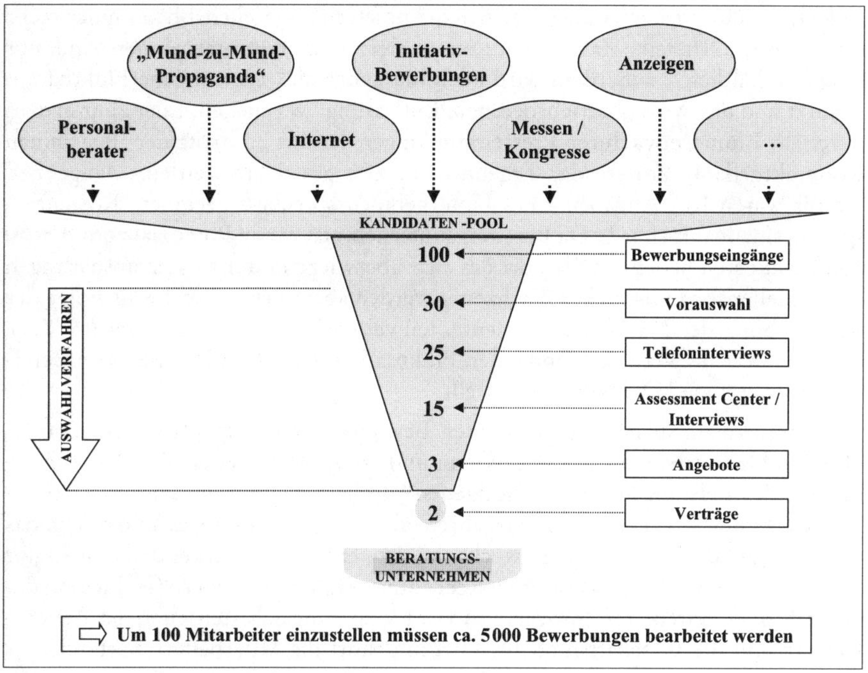

Abb. 21: Der „Bewerbungstrichter“ in Beratungsunternehmen

Unterbeschäftigung. Falls diese länger dauern sollten, werden Personalfreisetzungen geplant und umgesetzt. Bevor es jedoch zu drastischen Maßnahmen dieser Art kommt, wird zunächst versucht, diese Zeiträume zu überbrücken. Hierzu bieten sich mehrere Möglichkeiten an:

- Verschiebung von Neueinstellungen. Bereits unterschriebene Arbeitsverträge von Neueinsteigern, meist Hochschulabsolventen, werden ausgesetzt (manchmal auch mit finanziellen Anreizen).
- Abfeiern des angesammelten Urlaubs. Oft lassen straffe Terminplanungen auf Projekten keinen regelmäßigen Urlaub zu, die Regelung, den Jahresurlaub bis Ende März des Folgejahres genommen zu haben, ist in den meisten Beratungsunternehmen nicht bekannt. So kommt es in Einzelfällen zu Urlaubsanhäufungen von mehreren Monaten, die dann in projektschwachen Zeiten auf einen Schlag genommen werden sollen/müssen.
- Regional bzw. länderspezifisch bedingte Flauten können durch das Ausleihen/Entsenden von Mitarbeitern ins Ausland („konjunkturbedingter Länderausgleich“) abgeschwächt werden (hierbei muss es dann aber auch für die evtl. vorhandene Familie „passen“).
- Eine neuere Form, die im anglo-amerikanischen Raum schon lange praktiziert wird, sich in Europa aber bisher noch nicht durchsetzen konnte, ist der sog. „Sabbatical“ bzw. der „Flex Leave“. Hierbei handelt es sich um einen unbezahlten oder nur zu einem bestimmten Prozentsatz des Entgeltes bezahlten Urlaub in der Dauer von wenigen Monaten bis zu ca. einem Jahr.

Seit Mitte 2001 wird aber auch bei vielen Anbietern der Stellenabbau immer mehr ein Thema. Offizielle Zahlen von Seiten der Beratungsunternehmen sind nur schwer erhältlich[96], außerdem wird auch die „normale" erzwungene Fluktuation genutzt und das Wort „betriebsbedingte Entlassung" vermieden. Eher ahnt man es durch die Blume, etwa durch Pressemitteilungen der Art „... trotz der allgemeinen Konjunkturflaute konnte das Ergebnis um x% gesteigert werden. Maßgebend hierfür waren laut Angaben eines Unternehmenssprechers geeignete Kosteneinsparungsmaßnahmen ...". Da Beratungsunternehmen wenig Potenzial zum Abbau von Sachkosten haben, ist klar, dass es sich überwiegend um Kosteneinsparungen durch Stellenabbau handelt. Gleichzeitig werden aber auch, teilweise als Folge der Verschiebung der Nachfragesegemente, teilweise als Ersatzbeschaffung im Wege der auch üblicherweise stattfindenden Fluktuation, weiter und in manchen Bereichen wieder neue Mitarbeiter eingestellt.

Beratungsfirmen suchen aufgrund der Besonderheiten ihres Geschäftsmodells überdurchschnittlich leistungsmotivierte und fähige Mitarbeiter. Zur Aufrechterhaltung des Leistungsniveaus benötigen sie deshalb eine große Zahl von Bewerbungen. In den strengen Ausleseverfahren gibt es eine hohe Auslesequote. Um das Interesse junger Hochkaräter zu wecken und zu erhalten, bedarf es daher nicht nur der in Abschnitt 5.4.1. geschilderten Recruiting-Aktionen, sondern flankierend dazu auch einer gesteuerten Informationspolitik über die Schattenseiten der Beraterkarriere und des Geschäftsmodells. Hierzu gehört die Mitarbeiterfreisetzung aus drei Gründen:

1. Auslese tatsächlich ungeeigneter oder leistungsschwacher Mitarbeiter (Up-or-Out/Grow-or-Go-Prinzip).
2. Formen der Einkommenspyramide so, dass die Spitze ausgedünnt wird. Hohe Einkommensmöglichkeiten werden allen Mitarbeitern als Anreiz vorgehalten, sind ja aber praktisch nicht für alle möglich. Aus statistischen Gründen müssen daher auch bei „normalem" Geschäft immer einige der dienstälteren Kollegen ausscheiden.
3. Abbau unrentabler Geschäftsbereiche bzw. Kundenbereiche. Beratungsfirmen sind innovativ und wagemutig auf der Suche nach neuen Geschäftsfeldern, längst nicht jedes erweist sich jedoch als profitabel. Unter den Teilnehmern der Exkursionen in unrentable Bereiche kreist das Messer besonders leicht.

Manche Beratungsfirmen wie z.B. *McKinsey* benutzen das Entlassungsverhalten zur eigenen Imagebildung, begründet wird es ausschließlich mit dem Leistungsprinzip[97]. Leistung meint in frühen Karrierejahren fachliche Leistung, in späteren Jahren vornehmlich Verkaufsleistung, d.h. Umsatz, oder eine Kombination von Fach- und Verkaufsleistung. Diese Sicht auf die persönliche Leistung der Mitarbeiter ist aber nur ein Aspekt des „Up-or-Out"-Prinzips, daneben gibt es zumindest noch zwei weitere Facetten:

---

[96] Die *Financial Times Deutschland* berichtete in ihrer Ausgabe vom 1.11 2002 über den geplanten Abbau von jeweils etwa 5000 Stellen bei *EDS* und *Cap Gemini Ernst* & *Young* Ende 2002/Anfang 2003.

[97] Bei *McKinsey* werden nur ca. 3% der Bewerber eingestellt, nur jeder fünfte Berufsanfänger wird bis zum Partner befördert, nur jeder zweite Partner wird in die noch höhere Stufe des Direktors befördert (*Balzer/Student*, 2002, S.58).

- Das Modell der Mitarbeiterfinanzierung hat den Charakter eines Schneeball-Systems: Es ist nicht geeignet, die Belegschaft bis in das Rentenalter zu halten. Aufgrund der schnell wachsenden Gehälter bei gleichzeitig reduzierter Pflicht zur Kundenarbeit wächst jeder Mitarbeiter schnell in eine Situation hinein, in der er selbst als Person nur noch einen geringen Beitrag zur Deckung seiner eigenen Personalkosten erbringt (vgl. Tab. 22). In dieser Zeit benötigt er schon ein Team jüngerer Mitarbeiter, um über deren höheren Deckungsbeitrag seine eigene Wertschöpfung zu beweisen. Für Partner in einer durchschnittlichen Unternehmensberatung dürften hierzu im Schnitt etwa acht bis zwölf Mitarbeiter benötigt werden. Weil auch in guten Zeiten nur wenige Beratungsanbieter ein so astronomisch hohes Wachstum zeigen können, dass sich die Mitarbeiterzahl innerhalb der ca. zehn Berufsjahre bis zur Partnerschaft verzwanzigfacht, setzen viele Beratungsfirmen auch in Boomjahren immer einen gewissen Prozentsatz ihrer Mitarbeiter frei. Neben tatsächlichen Leistungsschwächen einzelner Personen wirkt bei höheren Dienstgraden die Umsatzschwäche bestimmter Branchen und Beratungsprodukte als Grund für das Karriereende. Beratungsanbieter trennen sich oft von erlahmenden Produkten, indem sie sich von dazugehörenden Mitarbeitern trennen. Außerdem ist das Geschäftsmodell sehr sensibel für Schwankungen der Auslastung von Mitarbeitern, schon bei nur 50 %iger Auslastung dürften viele Unternehmen im Verlustbereich arbeiten (vgl. Rechenbeispiel im Abschnitt 5.1.2.1). Daher muss auch schnell reagiert werden. Diese Eigenschaft des Systems wird von der Unternehmensleitung ungern thematisiert, weil es ja keinesfalls einen sicheren Arbeitsplatz bietet und diese Erkenntnis von vorneherein tendenziell die Loyalität der Mitarbeiter zum Unternehmen schwächt. Außerdem könnte das Ziel, mit hohen Gehältern sehr gute Kandidaten anzulocken, konterkariert werden. Aus diesem Grunde wird auch in manchen Häusern die hohe Zahl von Freisetzungen in Krisenzeiten von den Firmen in der Regel nicht offen kommuniziert.

Tab. 22: Brutto-Jahreseinkommen (Vencon, zit. n. Hillebrand/Kowalewsky, 2002, S. 42)[98]

Karrierestufe	**Minimum €**	**Durchschnitt €**	**Maximum €**
sonstiges	Brutto-Jahreseinkommen 2001 + Boni, ohne sonstiges		
Prinzipal/Partner	140 000	246 000	381 000
Manager	102 000	151 000	233 000
Associate/Consultant	70 000	110 000	161 000
Analyst	43 000	72 000	100 000

- Der durch den Kunden und den Wettbewerb zwischen Beratungsanbietern und innerhalb der Unternehmen durch das Up-or-Out-Prinzip gegebene relativ hohe Arbeitsdruck auf jeden Einzelnen wirkt bei leistungsmotivierten Mitarbeitern

[98] Durchschnittswerte Fixum + Boni, ohne Pensionsansprüche und sonstige Zuschläge, von zehn großen internationalen Beratungsunternehmen. Bei kleinen und mittelgroßen Anbietern und großen IT-Beratern dürften sich die Einkommen eher beim Minimum bewegen, da unter den zehn in die Mittelwertsbildung einbezogenen Häusern vier gut zahlende Strategieberatungen waren.

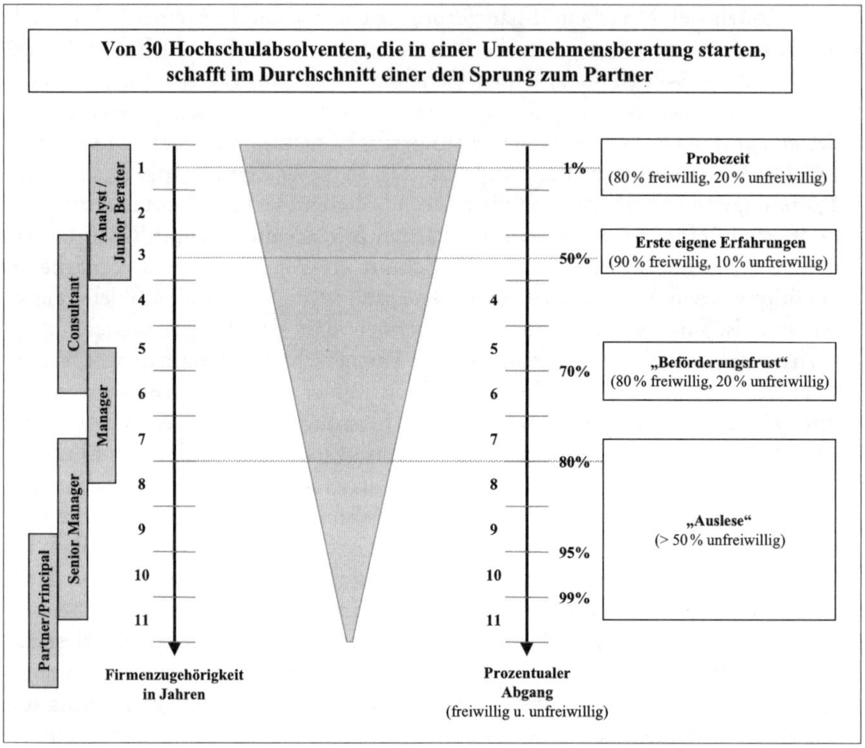

Abb. 22: Ausstiegspyramide der angestellten Unternehmensberater (eigene Schätzungen)

stimulierend und disziplinierend und eröffnet so die relativ großen Freiräume. Diese zeigen sich z. B. in dem relativ geringen Grad an hierarchischem Verhalten und formaler Personalführung. In den meisten Anbieterfirmen herrscht eine zwanglose Atmosphäre, ohne dass dadurch der Arbeitseifer oder die Qualität leiden.

Trotz der oben dargestellten Aspekte ist positiv anzumerken, dass das System funktioniert. Es gibt i. d. R. eine genügend große Zahl von befähigten Berufsanfängern oder Berufswechslern, die den Weg in die Beratung suchen.

Die Abb. 22 zur „Ausstiegspyramide“ gibt einen Überblick über die mittlere geschätzte Verweildauer pro Hierarchiestufe unter Angabe der geschätzten prozentualen Verteilung für angestellte Unternehmensberater.

5.4.2 Personaleinsatzplanung und -betreuung

Sofern die Auftragslage zufriedenstellend ist, arbeitet die Mehrzahl der Beschäftigten von Beratungsunternehmen auf Kundenprojekten. Diese Mitarbeiter werden im Gegensatz zu Beschäftigten in Linienorganisationen bei der Einstellung nicht einer festen Funktion und Position mit genau definierten Aufgaben und Verantwortlichkeiten zugeordnet. Als Berater arbeiten sie projektbezogen, die Aufga-

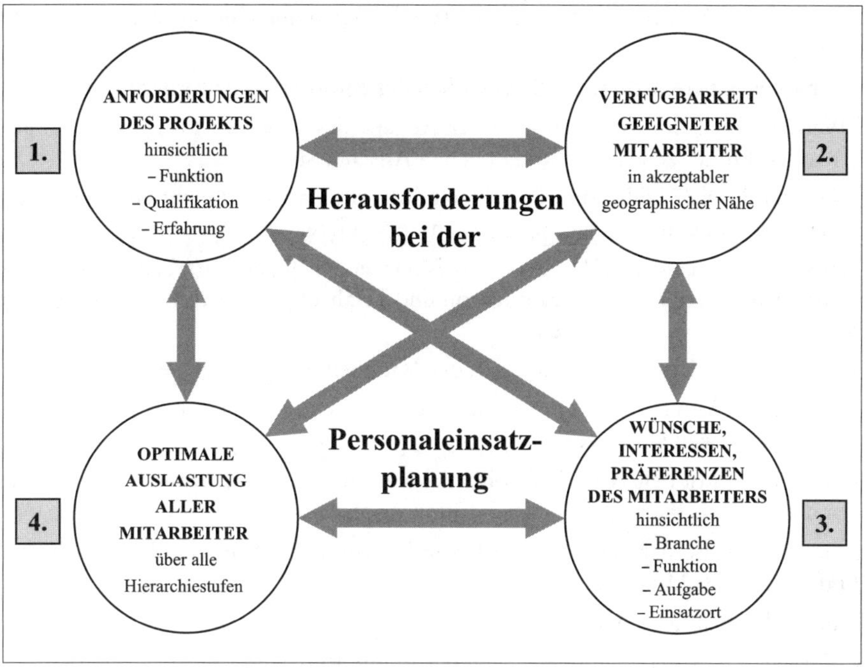

Abb. 23: Herausforderungen bei der Personaleinsatzplanung

bengebiete sind zeitlich befristet, der Einsatzort kann sowohl vor Ort beim Kunden als auch im eigenen Büro sein, Vorgesetzte und Kollegen wechseln von Projekt zu Projekt. Die Einsatzplanung von Beratern ist aus Sicht der Personalabteilung ein sehr zeitintensives und herausforderndes Geschäft, gilt es doch, zum Teil sehr unterschiedliche Anforderungen, Vorgaben und Wünsche unter einen Hut zu bringen. Dieser Funktion kommt daher eine enorme Bedeutung zu, denn sie kann nicht nur über den Erfolg eines Projekts entscheiden, sondern ist auch ein erfolgskritisches Instrument zur Mitarbeiterbindung und zur effizienten Nutzung teurer Ressourcen.

Anforderungen des Projekts: Spätestens mit Abschluss des Projektvertrages, meist aber schon lange vorher (in der Angebotsphase, vgl. Abschnitt 6.4), werden die projektseitigen Anforderungen an das Projektteam festgelegt. Wieviele Mitarbeiter mit welchen Qualifikationen und auf welchem Erfahrungsstand (Hierarchiestufe) werden von wann bis wann benötigt? Diese „Bedarfsmeldung" wird an die Personalabteilung übergeben. Oft finden sich hier schon namentliche Vorschläge von Mitarbeitern, die sich bereits „einen Namen gemacht" haben bzw. persönlich bekannt sind. Entscheidend aus Projektsicht ist die optimale Besetzung des Teams. Technisch ausgedrückt, bedeutet dies die Deckung des gemeldeten Bedarfs durch die erforderliche Anzahl von Fachkräften – ausgedrückt in Personentagen von Vollzeitäquivalenten – mit den entsprechenden Qualifikationen und Erfahrungen.

Verfügbarkeit geeigneter Mitarbeiter: Mit der Bedarfsliste vor Augen prüft nun der für die Personaleinsatzplanung zuständige Mitarbeiter die geeigeneten Mitarbeiter.

Bei größeren Anbietern erfolgt über Datenbanksysteme eine automatisierte Sortierung nach:

a) Grad der Übereinstimmung hinsichtlich der geforderten Anforderungsprofile.

b) Verfügbarkeit des Mitarbeiters unter Angabe des aktuellen Projektes, dem geplanten Einsatzzeitraum und möglichen Anschlussprojekten.

c) Geographischer Nähe zum Projektstandort, ein manchmal nicht zu unterschätzender Kostenfaktor bzgl. Reisekosten und anderer Spesen[99].

Wünsche, Interessen, Präferenzen des Mitarbeiters: Jeder Mitarbeiter soll möglichst entsprechend seiner Qualifikation und Erfahrung eingesetzt werden. Fragen der Personalentwicklung, wie z. B.

- welche Basis-Kenntnisse sollte sich der Mitarbeiter noch aneignen?
- wo hat ein Mitarbeiter sich beim letzten Projekteinsatz nicht bewährt und verdient eine zweite Chance?
- welche Funktionen/Aufgaben sollten einem Mitarbeiter übertragen werden, damit er sich für die nächsthöhere Position empfehlen kann?

sollen ebenso Berücksichtigung finden wie persönliche Wünsche, Interessen und Präferenzen des Mitarbeiters, wie z. B.

- fachlich-inhaltliche Aufgaben.
- Vorlieben bzw. Abneigungen gegen bestimmte Branchen.
- Projektstandorte (Ausland, Orte mit hohem Freizeitwert, Projekt am Heimatort).
- Karrierenutzen, wie z. B. die erstmalige Übernahme von Personal-/Budgetverantwortung oder Kundenakquisition, um zu beweisen, dass man für den nächsten Karriereschritt reif ist.

Diese Wünsche oder Überlegungen zur Personalentwicklung stehen aber im Falle von harten Realitäten i. d. R. zurück gegenüber wirtschaftlichen Überlegungen und eventuellen Präferenzen von informellen oder formellen Netzwerken. In Zeiten schwächerer Konjunktur sind Berater über jedes Projekt froh.

Optimale Auslastung aller Mitarbeiter: Nicht nur aus betriebswirtschaftlichen Gründen, sondern auch zur Erhaltung der Arbeitsmoral sollten alle Berater weitgehend ausgelastet sein. Gemessen wird dies in prozentualer Auslastung der verfügbaren Arbeitszeit durch kundenbezogene Tätigkeiten. Diese in den Beratungsfirmen anglo-amerikanischer Provinienz mit „Chargeability" bezeichnete Auslastungsquote sollte – mit Unterschieden zwischen den Hierarchiestufen der Mitarbeiter – firmendurchschnittlich bei ca. 70 % bis 75 % liegen[100] (vgl. empirische Werte aus Befragung des *BDU* in Abschnitt 5.1.2.2). Deutliche Abweichun-

[99] Trotzdem kann es vorkommen, dass für ein Projekt z. B. in Wien ein geeigneter Mitarbeiter aus Hamburg eingeflogen werden muss, da geeignete Mitarbeiter aus Linz oder Zürich gerade in Projekte eingebunden sind, für die sie unverzichtbar sind. Wie es der Zufall dann manchmal will, werden diese Mitarbeiter aus Linz oder Zürich dann sechs Wochen später auf einem Projekt in Hamburg eingesetzt.

[100] Geschäftsführer und ranghohe Manager liegen bei 40 % bis 60 %s, allerdings ist ihre Anzahl geringer als diejenige der jüngeren Mitarbeiter. Diese kommen auf 80 % und mehr Kundenarbeit. Zur rechnerischen Plausibilitätskontrolle siehe Rechenbeispiel im Abschnitt

gen nach unten zeugen von eher schlecht laufenden Geschäften, während deutliche Abweichungen nach oben eventuell zu wenig Freiraum für die auch notwendige Kundenakquisition, die individuelle Fortbildung und die Weiterentwicklung interner und externer Dienstleistungen lassen.

Dem Geschäftsführer kleiner und mittlerer Beratungsanbieter oder dem Personalbereich großer Häuser kommt die anspruchsvolle Aufgabe zu, alle diese unterschiedlichen Interessen gegeneinander abzuwägen. Meist geht dies nicht ohne Abstriche im einen oder anderen Bereich. Wichtig ist hier dann insbesondere eine offene und ehrliche Kommunikation und die Festsetzung von (neuen) Prioritäten für den darauf folgenden Projekteinsatz.

Allerdings: Wo es starre Regeln gibt entwickelt sich oft auch ein gesunder Schwarzmarkt! Statt Mitarbeiter offiziell über die Personalabteilung anzufordern, werden diese oft bereits schon „unter der Hand" zwischen den Projekten ausgetauscht, für mögliche Folgeaufträge „geparkt" oder der Einsatz durch Urlaub oder Training gestreckt. Das informelle Netzwerk der Beschäftigten untereinander ist für jeden Mitarbeiter eine zusätzliche Chance, auf Projekte seiner Wahl zu kommen.

5.4.3 Personalentwicklung und Personalcontrolling

Besonders hohen Aufwand betreiben einige Beratungsunternehmen im Bereich Personalentwicklung[101]. Oft waren es in den guten 90er Jahren 7 bis 15 Tage pro Mitarbeiter und Jahr, in Ausnahmefällen durchaus auch mehr. Im Rahmen der Jahresplanung werden i. d. R. Trainings geplant, die der Entwicklung des Fachwissens und der Persönlichkeit dienen, z. B. Präsentations- oder Moderations-Trainings, Führungskräfte- oder Verkaufstrainings, Software- und Projektmanagementtrainings. Auch im Sinne fachlich/inhaltlicher Weichenstellungen werden hier manchmal längerfristige Weiterbildungsprogramme festgelegt (z. B. in Richtung Systemarchitekturen, Kundenbeziehungsmanagement, Prozessmanagement von Großprojekten, softwarebezogene Spezialisierungen, eCommerce).

Daneben finden auch Modeerscheinungen bzw. „Buzz-Words", wie z. B. Business Process Reengineering (BPR) und eCommerce ihren Niederschlag in dafür aufgesetzten Weiterbildungsprogrammen, denn oftmals sind Unternehmensberatungen selbst durch neue Managementkonzepte und die sich ändernde Kundennachfrage zu schnellen Anpassungen gezwungen. Kurzfristige Änderungen bzw. Ergänzungen sind oft Folge laufender Projekttätigkeiten und der damit verbundenen Anforderungen. Diese haben auf jeden Fall immer den Vorteil, dass das erworbene Wissen unmittelbar im Anschluss in der Praxis angewendet, vertieft und weiterentwickelt werden kann.

Eine sowohl für die „Lernenden" als auch die „Lehrenden" immer wieder interessante Erfahrung ist der Einsatz von solchen Beratern als Trainern, die gerade ein-

5.1.2.1. Bei den üblichen Fixkosten und den Personalkosten in der Branche rechnet sich das Geschäft selten bei einer durchschnittlichen Auslastung von unter 50 %.

[101] Vgl. auch allgemein zur Personalentwicklung Abschnitt 7.2.4.4.

schlägige Projekterfahrungen in neuen bzw. aktuellen Aufgabenfeldern gewinnen konnten. Finden Trainings in internationalem Umfeld statt, so steht neben den fachlichen Inhalten auch immer das Knüpfen neuer kollegialer Kontakte („Networking"), die Vermittlung von Unternehmenswerten und -leitlinien sowie das Einschwören auf die Firmenkultur des Dienstes am Kunden im Vordergrund. Ein erheblicher Teil der Weiterbildung bzw. des Weiterlernens findet zudem „on-the-job" oder durch Coaching[102] seitens der Teamleiter und firmeninterner Paten statt. Insgesamt betrachtet, sind diese Weiterbildungsmaßnahmen Teil der Anstrengungen zur Optimierung des professionellen Intellekts[103], hierzu gehört auch der systematische Ausbau eines Wissensmanagementsystems (s. Abschnitt 5.9).

Berater arbeiten nicht Tag für Tag, Woche für Woche und Monat für Monat in derselben „Abteilung" auf bzw. für dieselbe Kostenstelle. Auch inhaltlich wechseln die Aufgaben manchmal täglich oder sogar stündlich. Unmittelbaren „Wert" im Sinne von finanziellem Ertrag generiert ein Berater aber nur, wenn er mit direkt an den Kunden weiterverrechenbaren Aufgaben beschäftigt ist.

Grundsätzlich lassen sich folgende Arten von Zeitverbrauch unterscheiden, der für sich getrennt erfasst werden muss:

1. Weiterverrechenbare Tätigkeiten („chargeable work") Hier verdient der Berater wirklich Geld für sein Unternehmen.
2. Akquisition/Business Development („utilized work"). Hier „verbraucht" der Mitarbeiter Geld aus eigens für diese Art von Tätigkeit bereitgestellten Budgets mit dem Ziel, neue Projekte zu verkaufen bzw. beim Verkaufsprozess zu unterstützen und damit wieder vermehrt „chargeable" Projektarbeit durchzuführen.
3. Training (s. auch Abschnitt 5.4.3).
4. Urlaub: Diese Tage (meist 25 bis 30) pro Jahr werden, wenn sie denn auch genommen werden, oft mehr an den Projektanforderungen als den privaten und familiären Bedürfnissen ausgerichtet.
5. Krankheit und andere begründete Abwesenheiten: Hierunter fallen Umzug, Hochzeit, Taufe, Beerdigung, Behördengänge usw. Die Fehlzeiten sind bei Beratern traditionell durchschnittlich geringer als im Durchschnitt der Beschäftigten. Der hohe Termindruck der Kundenprojekte sowie der hohe interne Karrieredruck bewirken, dass „Absentismus" (unberechtigtes Fehlen am Arbeitsplatz, z. B. durch „Krankfeiern") nur in sehr geringem Umfang auftreten dürfte. Selbst tatsächlich kranke Mitarbeiter versuchen oft noch ihr Bestes – z. B. vom heimischen Schreibtisch aus – um ihre Kollegen zu unterstützen. Gleichzeitig handelt es sich bei den Mitarbeitern ja um eine besonders leistungswillige und leistungsfähige sowie im Durchschnitt auch relativ junge Belegschaft.

Je nach Funktion bzw. Hierarchiestufe gibt es (für die drei erstgenannten Tätigkeiten) in der Regel unterschiedliche „Zielvorgaben". Junior Berater und Berater

---

[102] Zum Coaching allgemein siehe Abschnitt 7.2.4.7.

[103] *Quinn* et al. (1996) stellen in einen programmatischen Artikel ein solchen Systems vor. Zentrale Elemente sind bei ihnen u. a. (1) die selbstmotivierte Kreativität, (2) Druck auf die Mitarbeiter derart, dass sie sich aus der Komfortzone des Schulwissens herausbewegen müssen, (3) fachübergreifender Wissensaustausch (4) eine Kultur der Kommunikation.

leisten schwerpunktmäßig Projektarbeit, erfahrene Mitarbeiter (Manager, Partner) zunehmend mehr Akquisition. In jedem Fall werden alle o. g. Aufwände auf Stundenbasis (manchmal sogar Halbstundenbasis) erfasst und in Zeiterfassungssysteme eingegeben, die dann wiederum in wöchentlichem, zweiwöchentlichem oder Monatsrhythmus ausgewertet und für die Rechnungsstellung an Kunden weiterbearbeitet werden.

Jeder Mitarbeiter selbst sollte auch Zugriff auf diese Auswertungen haben, um die Tätigkeitsverteilung sowohl in der aktuellen Erfassungsperiode als auch die auf das Geschäftsjahr kumulierte Verteilung zu sehen, denn dieser persönliche Auslastungsgrad ist in vielen Fällen Teil der vereinbarten Zielvorgaben und wird bei der Bewertung der Leistung herangezogen.

5.5 Marketing

Das „Marketing ist die Planung, Koordination und Kontrolle aller auf die aktuellen Märkte ausgerichteten Unternehmensaktivitäten" (*Meffert*, 2000, S. 8). Inhalt ist das Gestalten, Umsetzen und Koordinieren absatzwirtschaftlicher Aktivitäten sowie der Imageaufbau der Marke. Hier sollen darunter im Zweifel alle verkaufsfördernden Maßnahmen oberhalb der Ansprache eines einzelnen konkreten Kunden verstanden werden. „Vertrieb" dagegen ist die Ansprache einzelner Kunden und „Akquisition" das konkrete Bemühen um einen bestimmten Auftrag. Neben der vertriebsunterstützenden Funktion haben manche Marketingmaßnahmen gleichzeitig einen positiven Streu-Effekt auf mögliche Bewerber für Stellenausschreibungen, und da Beratungsfirmen aufgrund des hohen Einstellungsbedarfs

Abb. 24: Dienstleistungstyp „Fast Food" und „Beratung" (mod. n. Strauss, 1995, S. 458)

sowie aufgrund der scharfen Selektionsquote bei Bewerbungen hieran sehr interessiert sind, ist dies nicht nur ein Nebeneffekt, sondern ein zweites wichtiges Ziel der Marketing-Aktivitäten.

Eine speziell für Beratungsunternehmen ausgelegte geschlossene Theorie des Marketing gibt es noch nicht (vgl. *Jeschke*, 2002, S. 243), ebensowenig eine des Dienstleistungsmarketings (*Woratschek*, 2001, S. 261). Diesen relativen Rückstand gegenüber einigen anderen Branchen kann man eventuell am ehesten damit erklären, dass der allergrößte Anteil des Umsatzes von mittleren und großen Unternehmensberatungen wahrscheinlich mit Altkunden gemacht wird. *Kubr* (1996, S. 511) geht – allerdings ohne Nennen von Quellen und Statistiken – von 75 % bis 85 % des Umsatzes mit Altkunden aus; der *BDU* schätzt für seine Mitglieder einen Anteil von ca. 70 % (*BDU*, 1997, S. 18), und die Beratungsfirmen glauben deshalb, weit genug gekommen zu sein[104]. Hierfür gibt es mehrere Gründe: Neukunden zu gewinnen ist aufgrund der harten Konkurrenz unter den Beratungsfirmen nicht einfach, wohingegen man bei Altkunden im Falle neuer Ausschreibungen i. d. R. aufgrund persönlicher Kontakte und detaillierter Kenntnis des Projekthintergrundes im Vorteil ist[105]. Dennoch aber unternehmen die Berater Anstrengungen, sich im Markt bekannt zu machen, die Erinnerung aufzufrischen und nach Möglichkeit neue Kunden zu gewinnen. Die besonderen Herausforderungen des Marketings von Produkten einer Beratungsfirma sind (vgl. u. a. *Jeschke*, 2002, S. 249):

- Der potenzielle Käufer hat eine sehr hohe Qualitätsunsicherheit, da die Beratungsprodukte ja erst erstellt werden, nachdem ein Auftrag erteilt wurde, und selbst dann wegen des Singularitätsaspektes (vgl. *Kieser*, 1998, S. 196) häufig sinnvolle Vergleichsmaßstäbe fehlen oder schwer zu begründen sind.
- In vielen Bereichen haben die Kunden bei Beratungsprodukten zudem Schwierigkeiten mit der Bedarfsidentifikation (*Vogelsang*, 1992, S. 21). Während es dem Kunden im IT-Beratungsbereich manchmal relativ leicht fällt zu sagen, „wir wechseln von SAP R/2 auf SAP R/3", ist bei Produkten der Strategieberatung und Personalberatung die Entscheidungslage oft schwieriger.
- In Kombination der beiden erstgenannten Punkte sowie des unübersichtlichen Anbietermarktes ergibt sich eine hohe Beschaffungsunsicherheit für potenzielle Kunden. Das genaue Thema, die Qualität alternativer Lösungsansätze, die Fähigkeiten der eingesetzten Beraterpersönlichkeiten und die Höhe eines fairen Preises sind mit einem Fragezeichen versehen.
- Die Erwartungen an die Arbeit von Beratungsunternehmen sind teilweise länder- bzw. kulturspezifisch (*Caruana* et al., 1998).
- Der gesetzliche Schutz von Produktmarken der Beratung ist selten möglich, zum einen wegen des immateriellen Charakters der Leistung, zum anderen könnte die

[104] Ein weiterer Grund ist, dass die professionellen Marketingtheoretiker den Beratungsmarkt weitgehend unbeleuchtet gelassen haben. *Jeschke* (2002), *Meffert* (1990), *Miethe* (2000) und *Schmitz* (1997) sind eher Ausnahmen.

[105] Ausnahmen für diese Regel sind Kunden, die ganz bewusst die Berater aus Prinzip wechseln, um z. B. von einem Anbieter nicht zu abhängig zu werden. Dieses Verhalten wird im öffentlichen Bereich besonders oft gepflegt. Fraglich ist allerdings, ob darunter nicht letztlich auch die Beratungsqualität leidet und Effizienzpotenziale verlorengehen. Gar nicht diskutiert werden soll, wie es um die Selbstsicherheit dieses Typs Kunden steht.

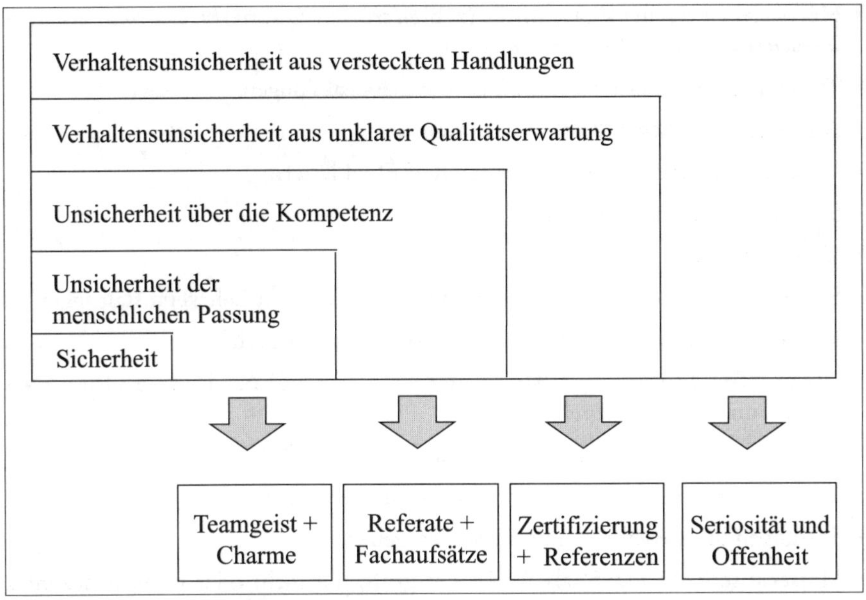

Abb. 25: Marketing-Maßnahmen zur Reduzierung der Unsicherheit auf Kundenseite

Dauer des Verfahrens einer schnellen Verbreitung im Wege stehen (vgl. *Miethe*, 2000, S. 134).

- Die Dauer der Marktgängigkeit von Managementkonzepten ist oft sehr begrenzt[106] und lohnt eventuell die Kosten eines intensiven Marketings nicht. Statt eines Produktmarketings wird oft ein Firmenmarketing in Kombination mit einer allgemein gebräuchlichen Gattungsbezeichnung des Organisationskonzeptes betrieben, dieses Vorgehen hat den Vorteil der Streuwirkung über viele Produkte des Unternehmens und trifft insbesondere auch Kunden, die an mehreren Produkten gleichzeitig Interesse haben könnten (*Miethe*, 2000, S. 125 ff.). Dennoch gibt es daneben aufwendiges Produktmarketing, wie es z. B. die *Boston Consulting Group* mit dem „Total Value Management" betreibt.

Gängige allgemeine Marketingmaßnahmen für Produkt- und Firmenmarketing sind (vgl. *Niedereichholz*, 2001, S. 35 ff.):

- Fachliche Veröffentlichungen in Kundenzeitschriften,
- Veröffentlichungen in Fach- und Branchenzeitschriften (viele Branchenzeitschriften gestehen bei Schalten einer Werbeanzeige ein Kontingent an Artikeln zu),
- Veröffentlichung von Büchern (und ggf. Steigern der Auflage durch eigene Aufkäufe[107]),

[106] Natürlich gibt es hierzu auch Gegenbeispiele wie die Gemeinkostenwertanalyse, die Portfolioanalyse usw. Von ihrer Bekanntheit profitier(t)en die Pionierunternehmen *BCG* und *McKinsey*, ohne dass sie aber Markenrechte hieran haben. Jedermann kann Beratung hierzu anbieten.

[107] Ein Beispiel für solche Tricks sind die Machenschaften um das 1995 erschienene Buch „Marktführerschaft: Wege zur Spitze" von *Treacy/Wiersema*: Die Fa. *CSC Index* kaufte

- Herausgeben eigener Zeitschriften (z. B. *McKinsey Quarterly, Diebold Managementberichte, BCG Perspektiven*),
- Teilnehmen/Sponsern an/von Messen und Ausstellungen,
- Anbieten öffentlicher Vorträge und Referate,
- Verteilen/Versenden von Broschüren und Flugblättern,
- Schalten von Zeitungsanzeigen,
- Gestalten eines Internetauftritts,
- Sponsern von Hochschulpartnerschaften, Anbieten von Lehrveranstaltungen,
- kostenlose Beratung von Non-profit-Unternehmen durchführen,
- Alumni-Treffen ehemaliger Mitarbeiter organisieren, Einladung zu Oster-, Nikolaus- und Weihnachtsfeiern,
- Fernsehauftritte und Interviews durchführen,
- Interviews in Tages- und Wirtschaftszeitschriften geben,
- Stiftungen in's Leben rufen und Spenden geben,
- Massenanschreiben (z. B. als Weihnachtsgruß) mit mehr oder weniger dezenter Werbung abschicken,
- Massenanschreiben und Bitte um Teilnahme an Untersuchungen, z. B. für Benchmarking-Erhebungen,
- Zertifizierung von Mitarbeiter (z. B. Zertifikate für bestimmte Softwareprodukte, Zertifikate nach EN 45013 für Sachverständige, freiwillige oder in Österreich und Kanada obligatorische Zertifikate der Berufsverbände für Unternehmensberater usw.),
- Wanderausstellungen („Roadshows") evtl. zusammen mit Kunden durchführen,
- Sponsern oder Betrieb eigener Rundfunk- oder Fernsehsendungen (z. B. ehemals „business unusual" von *Arthur Andersen*),
- Kontakt bei Wirtschaftslobbyisten, um so Kontakte und Empfehlungen an die Mitglieder der Verbände zu erhalten,
- Entwicklungspartnerschaften und Logo-Partnerschaften mit Softwareherstellern,
- Sponsern und Beeinflussen von Studien über den Beratungsmarkt, um scheinbare oder echte Trends im Beratungsmarkt zu „entdecken" und diese „Nischen" gleich zu besetzen,
- direkte oder indirekte Qualitätszertifizierung. Unter „direkt" wird hier eine Zertifizierung mit einem Qualitätszertifikat nach DIN ISO 9000 ff. verstanden, indirekt ist die Mitgliedschaft in einem anerkannten Verband der Unternehmensberater der Nachweis für Mindeststandards. Da es jedoch in Deutschland und der Schweiz mehrere Verbände gibt, mindert das die Kraft dieses Logos etwas.

10 000 Exemplare dieses Werkes ihres Mitarbeiters *Treacy* für 250 000 US-$ verdeckt auf, um das Buch in den Bestsellerlisten zu puschen. Die Sache flog allerdings durch einen Artikel in der *Business Week* auf (*Micklethwait/Wooldridge*, 1998, S. 41 f.).

Tab. 23: Marketing-Werkzeugmix je nach Beratungstyp (mod. n. Jeschke, 2002)

Beratungstyp	Marketinginstrumente
Strategieberatung	• öffentliche Empfehlungen zu wirtschaftlichen oder organisatorischen Fragen • Interviews geben, öffentliche Vorträge anbieten • Bücher und Zeitschriftenartikel veröffentlichen • Eigene Zeitschrift herausgeben
Organisationsberatung	• Qualitätszertifizierung • Roadshows • Lobbyarbeit • Einstiegsprodukte wie Benchmarking
Personalberatung	• Teilnahme und Referate bei Personalkongressen • Untersuchungen und Befragungen
IT-Beratung	• preisgünstige Anfängerseminare z. B. in eProcurement • Entwicklungspartnerschaften/Logo-Partnerschaften • gelegentlich: Erfolg/Gratulationsanzeige bei erfolgreichen Großprojekten

Der mögliche Einsatz dieser Instrumente in der richtigen Mischung – der Marketing-Mix – orientiert sich dabei an folgenden Überlegungen:

- Wirkungsprofil: Welche Marketinginstrumente sind für einen bestimmten Typ von Beratungsfirma oder für bestimmte Beratungsprodukte besonders wirksam? Für welche Beratungsleistungen könnte welches Marketinginstrument tauglich sein? Tabelle 23 enthält Vorschläge[108].
- Trägerschaft von Marketingaktivitäten: Träger sind Beratungsfirmen selbst, von ihnen beauftragte Marketingagenturen sowie Beraterverbände. Die Beraterverbände (z. B. *BDU*) schließen kleine und mittlere Beratungsunternehmen zusammen, während die größten internationalen Unternehmensberatungsfirmen verbandsfrei sind. Demzufolge soll das Marketing der Verbände indirekt natürlich auch nur ihrer Klientel nützen, die sich zudem oft durch den Namenszusatz „Mitglied im xy" (z. B. *BDSU, BDU, SGW, VOB*) schmückt.
- Wirkung und Qualität von Marketingmaßnahmen: Rückmeldungen von Kunden besagen, dass bei der Vorauswahl von Beratungsfirmen die allgemeine Bekanntheit und der öffentliche Auftritt von Beratungsanbietern nur ein relativ niedrig bewertetes Kriterium ist (vgl. Kapitel 9.1.). Gleichzeitig zeigt eine – allerdings kaum repräsentative – Bewertung der Qualität von PR-Arbeit bei Beratern (*o. V.*, 1998), dass hier noch erhebliches Verbesserungspotenzial ist. 45 % der befragten deutschsprachigen Zeitungen und Zeitschriften bezeichneten hier den Auftritt der Berater als „amateurhaft" und nur 40 % als „professionell".
- Wirkungszeitpunkt und Eigenschaften der Nachfragesteuerung: Ideal wäre es, wenn Beratungsunternehmen ihre Auslastung mit Hilfe des Marketings besser steuern könnten. In Zeiten der Unterauslastung mehr Geschäft akquirieren und in Zeiten der Überauslastung zukünftige Kunden nicht durch Absagen oder Pro-

[108] Empirische Untersuchungen zur differentiellen Wirkung von Marktinginstrumenten je nach Beratungstyp liegen nicht vor.

jektverzögerungen verprellen, sondern auf einen für den Anbieter günstigeren Zeitpunkt jonglieren. Allerdings muss die Wirkung möglichst innerhalb von drei bis sechs Monaten sichtbar sein, denn viel länger ist die Auftragsauslastung nicht vorhersehbar. Gemäß dieser Fristigkeit eignen sich hierfür Zeitungsanzeigen, Fernseh- und Internetauftritte, Massenbriefe oder gezielte Initiativangebote. Leider sind dies aber wohl auch die erfolgsschwächeren Werkzeuge, während die mit persönlichen Kontakten verbundenen Aktivitäten nicht exakt terminierbar (Lobbyarbeit) oder mit längerem Vorlauf versehen sind.

Das Mithelfen bei Marketingarbeiten – erst recht natürlich im Vertrieb, vgl. Abschnitt 5.6 – ist in größeren Beratungsfirmen gelegentlich für jeden Mitarbeiter Pflicht. So hört man von *McKinsey*, dass das Schreiben von Veröffentlichungen zu den Aufgaben oder zumindest alternativ zu anderen Nebenpflichten bestimmter Hierarchiestufen gehört.

Von nicht zu unterschätzender Bedeutung für die Präsenz eines Beratungsunternehmens in den Köpfen möglicher Kunden ist die Wahl eines Firmennamens oder Akronyms (*Kubr*, 1996, S. 543). Aufgrund ihrer Herkunft aus kleinen, partnerschaftlichen Sozietäten ist die Verwendung von Namen der Gründer sehr häufig anzutreffen (*McKinsey, Arthur D. Little, Arthur Andersen, Deloitte & Touche, Kienbaum, Mummert & Partner, Roland Berger* usw.). In neuerer Zeit haben aber eher nichtssagende oder witzig gemeinte Kunst- oder Zufallsworte bzw. Akronyme (z. B. *Cap Gemini, Accenture, Monday, Bearing Point*) Konjunktur, sie dürften insbesondere bei internationalen Firmen außerhalb des Herkunftsbereichs, in der Regel dem anglo-amerikanischen Sprachraum, auf Akzeptanz- und Verständnisprobleme stoßen.

Distributionspolitik: Gegenstand der Marketingpolitik ist auch die Frage, wo die eigenen Beratungsleistungen angeboten werden sollen. Das „wo" meint sowohl die Geographie als auch die Zielbranche. Die möglichen Kundenmärkte von Beratungen haben ja tatsächlich ganz unterschiedliche Konjunkturen und Problemlagen. Die Versorgungsindustrie in Europa ist durch die Deregulierungswünsche der EU und nationale Deregulierungen strategisch in Unruhe. Der öffentliche Bereich ist mit vielen Themen in Deutschland mindestens ca. zwanzig Jahre hinter entsprechenden Entwicklungen der Privatwirtschaft zurück (z. B. werden jetzt erst in vielen Gebietskörperschaften Kosten- und Leistungsrechnungen eingeführt, obwohl die Schwächen der Kameralistik schon lange bekannt sind). Naturgemäß stellt sich die Frage des „wo" eher den mittleren und großen Beratungsfirmen. Die Weltgrößten vertreten eher die Strategie, alles überall anzubieten. Faktisch wird durch die über persönliche Kompetenz der verantwortlichen Manager und Partner getragene Marketingarbeit natürlich nur die auch tatsächlich vorhandene Kompetenz schwerpunktmäßig vermarktet. Über Wissensmanagementsysteme (vgl. Abschnitt 5.9) gelingt es aber immer wieder, auch Themen ohne eigene persönliche Kompetenz zu besetzen bzw. punktuell Kollegen aus anderen Ländern für das Marketing und später den Vertrieb heranzuziehen. Länder mit schwachen Ökonomien werden im Rahmen von Patenschaften durch Länderorganisationen starker Ökonomien wie USA, Großbritannien, Italien, Frankreich oder Deutschland mitversorgt.

Marketingforschung: Untersuchungen zu der Frage, wodurch potenzielle Kunden auf Beratungsfirmen aufmerksam werden und wonach sie dann letztendlich den späteren Vertragspartner aussuchen liegen vereinzelt vor, geben jedoch aufgrund unterschiedlicher Zielgruppen (Branchen oder funktionale Beratungsbedarfe), unterschiedlicher Terminologie und verschiedener Kulturkreise kein einheitliches Bild. Einige Einzelbefunde sind:

- Die bei weitem wichtigsten Auswahlkriterien in der Vorauswahl von Beratern sind die wahrgenommene Qualifikation des Beraterteams (24 %), gefolgt von der Branchenerfahrung (17 %) und der Technologieerfahrung mit 9 % (*Höck/Keuper*, 2001, S. 430).
- Der Bekanntheitsgrad der Beratungsgesellschaft, allgemeine Werbung und eventuelle Empfehlungen der Verbände haben eine relativ geringe Bedeutung für die Beratungsauswahl (*Höck/Keuper*, 2001, S. 431; *Fritz/Effenberger*, 1998; *Kohr*, 2000, S. 235).
- Das Vorhandensein und die Art eines Qualitätsmanagementsystems auf Seiten des Beraters hatte keinen wesentlichen Einfluss auf die Auswahl, sehr wohl aber gab es einen hohen Zusammenhang mit dem späteren Projekterfolg (*Höck/Keuper*, 2001, S. 431).
- Die formellen Markteintrittsschwellen für Beratungsfirmen sind niedrig, jedoch bilden die Reputation und die persönlichen Kontakte wirksame informelle Eintrittsbarrieren (*Kaas/Schade*, 1995, S. 1084).
- Beim Kompetenzmarketing sind Maßnahmen des Direct Marketing und der Werbung weniger wirksam als persönliche Auftritte, z. B. als Referent bei Kongressen (*Kaas/Schade*, 1995, S. 1076).

Marketinginhalte: Bei der Festlegung auf Inhalte des Marketing sind die in Abb. 26 wiedergegebenen möglichen inhaltlichen Gegensätze zu bedenken:

Standardisierte Produkte	⟷	Betonen der Anpassungsfähigkeit auf die Kundenbedürfnisse
Technische Kompetenz darstellen	⟷	Menschliche Kompetenz darstellen
Innovationen anbieten	⟷	Möglichst viele Referenzen haben
Erfolg durch Berater versprechen	⟷	Mitwirkungsbedarf des Kunden erwähnen
Besser als Mitbewerber sein	⟷	Mitbewerber nicht schlecht machen
Die Menschen als wichtigen Faktor betonen	⟷	Nicht von einzelnen Personen abhängig werden
Die Methoden als wichtig darstellen	⟷	Details im Nebel lassen, die Konkurrenz hat es auch schon oder lernt schnell

Abb. 26: Argumentative Spannungsfelder im Verkauf und bei Angebotspräsentationen

Die Einstellung von Unternehmensberatungen zum Marketing hat sich über die Jahre hinweg positiv entwickelt. Lange Zeit war offene Werbung eher verpönt und schien mit dem Anspruch einer seriösen Dienstleistung nicht vereinbar. Hier mögen die punktuellen negativen Machenschaften von Beratungsanbietern vom Typ der *Hay Corporation* und anderer aggressiv Werbung betreibender Branchen nachgewirkt haben (*Kohr*, 2000, S. 122). Im Zuge des verschärften Wettbewerbs während der aktuellen Wirtschaftslage sowie aufgrund der jüngsten Fusionen und Umbenennungen dürfte jedoch der Marketingetat gerade der großen Anbieter ein besonders hohes Volumen erreicht haben. *Accenture* berichtete z. B. öffentlich, dass es für die Bekanntmachung seiner Umbenennung von *Andersen Consulting* ca. 85 Millionen € an zusätzlichem Marketingaufwand kalkuliere.

5.6 Vertrieb

Unter „Vertrieb" soll das Verkaufen einzelner Projekte an Kunden verstanden werden[109]. Außerdem zählt dazu jene Hintergrundorganisation, die diesen Vertrieb logistisch unterstützt. Sie kann bei Beratungsfirmen bestehen aus:

- Regelmäßiger Durchsicht von Amtsblättern mit Ausschreibungen, hierzu zählen z. B. der Bundesanzeiger und die EU-Amtsblätter.
- Regelmäßiger Durchsicht von Fachzeitschriften hinsichtlich geplanter Vorhaben möglicher Kundenunternehmen.
- Netzwerkbildung mit regelmäßigem persönlichen Kontakt auch zu nicht aktuellen Kunden, formelle und informelle Gesprächskreise, persönliche Treffen und Geschäftsessen auch ohne konkrete geschäftliche Anlässe (z. B. wird *Roland Berger* dieser Stil und seine meisterhafte Beherrschung nachgesagt). Den Geschäftsfreundschaften kommt bei der Auftragsakquisition eine große Bedeutung zu. Sie sind im besten Falle ein Informations- und Austauschnetz, über das es zu Geschäftsanbahnungen kommen kann. Voraussetzung dafür ist aber, dass es sich um ein dichtes Beziehungsgeflecht handelt, nicht um einen lockeren Kreis, und der Berater auch eine zentrale Rolle in diesem Netzwerk spielt. Der Aufbau und Unterhalt dieses Netzwerks ist aufwendig (vgl. hierzu und zu einigen theoretischen Überlegungen *Schade*, 1997, S. 110 ff.).
- Regelmäßigem Kontakt zu ehemaligen Mitarbeitern (Alumni), wobei diejenigen mit einflussreicher Stellung und geschäftlichen Interessen durch die Themen und Art der Gestaltung von Treffen bevorzugt angesprochen werden. Diese Alumni sind Teil des Kunden-Netzwerks.
- Platzierung ehemaliger Mitarbeiter im Vorstandsbereich potenzieller Kundenunternehmen und Kontaktpflege z. B. über Alumni zu diesen Personenkreisen (z. B. wird *McKinsey* dieser „Trick" nachgesagt, dort ist es ein zentraler Bestandteil der Unternehmensphilosophie).

[109] *Kubr* (1998, S, 153) nennt das „Direktmarketing".

- Unterhalten von Büroräumen in der Nähe des Kunden, um ihm den Eindruck physischer Greifbarkeit des ansonsten ja sehr virtuellen Beratungsanbieters zu geben.
- Einladen ausgewählter Kunden zur Teilnahme an eigenen Veranstaltungen oder Veranstaltungen Dritter (z.B. zu Messen, Vorträgen, Kulturveranstaltungen usw.).
- Bereithalten einer Wissensdatenbank mit Angeboten, die nach geeigneten Kriterien sortiert sind und auch weitgehend themenunabhängige Standard-Bausteine, wie z.B. zu Risikomanagement, Qualitätsmanagement, Projektcontrolling anbieten.
- Vorgefertigten Firmendarstellungen und persönlichen Lebensläufen von Mitarbeiten, um auf Anfragen schnell reagieren zu können.
- Werkzeugen zur Kalkulation und Dokumentation von Preisstellungen.
- Netzwerken von Kollegen, die ähnliche Angebote erstellt haben.
- Namen von Kollegen, die den Kunden persönlich kennen (aus früherer Berufstätigkeit, privat oder aufgrund früherer Projektarbeit für den Kunden).
- Informationsdatenbanken über Kunden, insbesondere vergangene Engagements. Allgemeine Informationen über größere Kundenunternehmen erhält man heute oft bequem über das Internet.

Beratung ist ein Geschäft, dessen Produkte der Kunde häufig vor dem Kauf weder sehen, fühlen noch schmecken kann. Dies stellt besondere Herausforderungen an die Werbung und den Verkauf (*Kubr*, 1996, S. 487). Der Berater selbst weiß oder gibt vor zu wissen, was der Kunde braucht. Eine Variante hiervon ist, dass der Berater das Ergebnis zwar nicht kennt, aber den Weg, wie man zu einem Ergebnis kommt. Unter den Kunden von Beratungsfirmen gibt es welche, die genau spezifizierte Leistungen ausschreiben und solche, für die das Ergebnis der Beratung und der Handlungsempfehlung völlig offen ist. Alle denkbaren Zwischenlösungen kommen sicher in der Praxis auch vor. Beratungsunternehmen müssen sich auf diese Situation einstellen, die folgenden Maßnahmen zur Reduzierung von Ungewissheit und Entscheidungsverzögerung auf Seiten des Kunden kommen zum Einsatz:

- Betont seriöses Auftreten, wie z.B. dunkle Anzüge und seriöse Krawatten. Dies gilt in Ausnahmefällen dann nicht, wenn der Kunde gerade saloppes, ungezwungenes Auftreten zur eigenen Kultur zählt, wie dies z.B. bei vielen Internet-Startups oder bei Software-Unternehmen der Fall ist.
- Hinweis auf eigene Referenzen (Projektbeispiele) und erfolgreiche Ergebnisse.
- Darstellen der Gefahr oder des Nutzenentgangs durch Nichtstun, Aufzeigen oder Konstruktion von „brennenden Plattfomen“ („burning platforms“).
- Veranschaulichen des Argumentationsganges mit Hilfe aufwendig gestalteter visueller Hilfsmittel, wie z.B. Folien und Beamerpräsentation.
- Anspielungen auf wissenschaftliche Erkenntnisse oder aber gerade Betonen, dass man im Gegensatz zur Wissenschaft praktische Lösungen habe.
- Ausrechnen großer Sparpotenziale oder hoher Zusatzerträge im Falle eines Projekts.

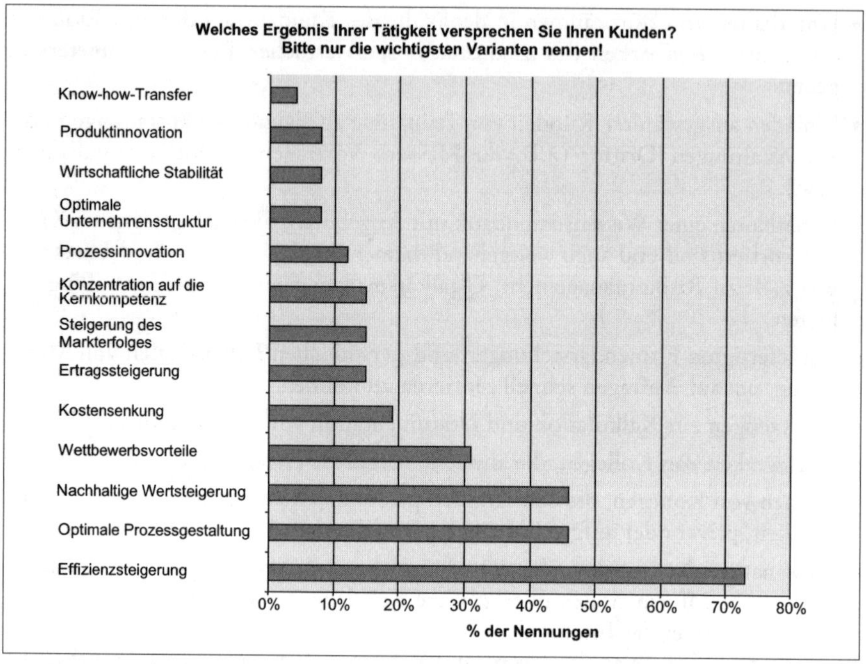

Abb. 27: Ergebnisversprechungen von Beratern an Kunden (Lünendonk, 2002, S. 13)

- Vertriebspartnerschaften mit Industrieverbänden usw. (selten).
- Aufzeigen des ingenieurmäßig geplanten Projektablaufs.

Sogar die größten Beratungsunternehmen operieren letztendlich wie ein Einzelhändler, da die Kundenkontakte sehr individuelle Beziehungen sind und zudem die meisten Beratungsanlässe und -aufgaben viele spezifische Elemente aufweisen (*Kubr*, 1996, S. 488). Die Marketingsstrategie und allgemeine Vertriebsinstrumente können zwar helfen, vom potenziellen Kunden überhaupt wahrgenommen und eventuell zur Angebotsabgabe aufgefordert zu werden, stecken aber keinesfalls den Rahmen der Anstrengungen für die Akquisition im Einzelfall komplett ab.

Für den Vertrieb von Beratungsprodukten ist es sehr wichtig, eine genaue Vorstellung vom Einkauf auf Seiten des Kunden zu haben. Hierzu zählen u. a. folgende Faktoren:

- Hat der Kunde eine Vorauswahl-Liste von Beratungsanbietern, mit denen er gerne in Kontakt treten möchte? Steht der Namen der eigenen Firma auf dieser Liste? Wenn nein, wie könnte man da hineinkommen?
- Ablauf des Einkaufsverfahrens (siehe auch Abschnitt 6.3 und 6.4): Hat der Kunde einen formellen (z. B. bei öffentlichen Kunden nach bindendem nationalen oder EU-Recht) oder informellen Ausschreibungsmodus gewählt? Gibt es zunächst einen Teilnahmewettbewerb oder ist man gleich im Angebotsverfahren usw.? Welche Rolle spielt die Einkaufsabteilung? Wieviele Bewerbungsrunden gibt es, bevor tatsächlich ein Vertrag gemacht wird[110]?

[110] *Kohr* (2000, S. 210 f.) fand in einer empirischen Untersuchung bei 83 deutschen Unter-

- Sponsor: Wer ist der eigentliche Käufer innerhalb des Kundenunternehmens? Wer bezahlt, und wer hat den Nutzen davon? Wer kann die letzte Unterschrift unter den Vertrag verweigern? Bei größeren Kunden und bei größeren Projekten fallen diese Rollen oft auseinander. „Klassisch" sind z.B. die Paarungen „Fachabteilung" (Nutzer) vs. „IT-Abteilung" (Budgetgeber), Einkauf vs. Fachabteilung oder Finanzministerium vs. Fachministerium.
- Advokat: Wer ist eventuell ein Fürsprecher innerhalb des Kundenunternehmens für das Projekt? Eventuell sogar für die sich bewerbende Firma? Wie kann man die Interessen- und Machtkonstellation innerhalb des Kundenunternehmens für das eigene Angebot beeinflussen bzw. wie muss das eigene Angebot fachlich und strategisch gestrickt sein, um eine Erfolgschance zu besitzen?

Wenn man noch kompliziertere Konstellationen hat und das Beziehungsgeflecht bis auf Einzelpersonen herabsteuern möchte, dann empfiehlt sich das Erstellen einer „Powermap" mit graphischer Darstellung der Art und Stärke von Beziehungen zwischen Personen auf Kundenseite, Einfluss auf die Entscheidung und Beziehung von Kundenmitarbeitern zu eigenen Akteuren. Hieraus lassen sich dann Ansatzpunkte für gezielte Vertriebsaktivitäten ableiten. Im allgemeinen kann gesagt werden, dass das Gewinnen neuer Kunden ein sehr aufwendiges Unterfangen ist. *Scholz* behauptet, dass für ein 100 000 Dollar-Geschäft bei Neukunden 21 bis 24 Tage unbezahlte Vertriebsarbeit investiert werden müssen, bei existierenden Kunden werden immerhin noch fünf Tage benötigt (*Scholz*, zitiert nach *Kubr*, 1996, S. 548). *Pollecoff* (1998, S. 178) berichtet von einem Vertreter der Fa. *Ernst & Young*, der die Bandbreite der Mehrkosten einer Neuakquisition mit dem fünf- bis fünfundzwanzigfachen einer Akquisition bei aktuellen Kunden bezifferte. Diese Angaben sind allerdings mit Vorsicht zu genießen: In der Praxis sind Situationen, wo sich 30 Firmen auf eine Ausschreibung hin bewerben ebenso zu sehen wie ein Wettbewerb, der nur unter zwei Kandidaten stattfindet. Die Zahl der Bewerber hängt zum Teil auch davon ab,

- wie öffentlich die Ausschreibung erfolgt (z.B. im EU-Amtsblatt bei Behörden mit Ausschreibungen über 200 000 € oder nur die „Spezis" der Einkaufsabteilung eines Großkonzerns),
- wie hoch das ausgeschriebene Auftragsvolumen und die Einschätzung möglicher Folgeaufträge,
- wie komplex die Aufgabenstellung,
- wie hoch das Risiko der nicht erfolgreichen Projektdurchführung,
- wie hoch die Erwartung eines Wettbewerbs und
- wie hoch die eigene Gewinnerwartung

sind.

Bei größeren Projekten steigt der Vertriebsaufwand nicht linear mit dem Projektvolumen, d.h. aufwendige Vorhaben sind eventuell relativ preiswerter zu haben als kleinere Projekte. Allerdings ist jede Situation im Einzelfall zu untersuchen. Im öf-

nehmen heraus, dass seitens der Kunden 25 % der Entscheidungen zur Beraterauswahl in einphasigen Prozessen, 28 % in zweiphasigem Vorgehen und 42 % in dreiphasigem Ablauf mit Grobauswahl, Vorauswahl und Endauswahl getroffen wurden.

fentlichen Bereich kann es teilweise zu sehr langen Entscheidungsphasen kommen, Angebotsarbeiten über ca. zwei Jahre Dauer sind möglich und sprengen natürlich jede Kalkulation. Hier wie auch in vielen anderen Fällen gilt: Das erste Projekt bei einem neuen Kunden ist selten unter dem Strich bereits wirtschaftlich ein großer Erfolg, lukrativ dagegen sind oft erst die Folgeaufträge oder ein erleichterter Zutritt zu Neukunden aufgrund guter Referenzen. Im allgemeinen gilt jedoch als Minimalkriterium oft, dass jedes Projekt erfolgreich sein muss. Ausnahmen – sprich Investitionen – werden nur dort gemacht, wo der Kunde von strategischer Bedeutung für die Beratung ist oder wo ein Folgeauftrag von angemessener Größe erkennbar und wahrscheinlich ist

Für Beratungsunternehmen gilt, dass dem Vertriebsgesichtspunkt sehr große Aufmerksamkeit gewidmet wird. Beratungsunternehmen sind zumeist vertriebsorientierte Firmen, da das übliche Geschäft mit einer Auslastung nur auf Sicht weniger Monate in die Zukunft kurzzyklisch ist. Projekte mit längerer Laufzeit (mehr als sechs Monate) kommen eher selten vor. Dies widerspricht nicht der Aussage, dass die meisten Projekte bei Altkunden stattfinden, es zeigt nur, dass auch diese Altkunden Aufträge stückeln und sich selten fest über lange Zeit an den gleichen Berater binden.

Vertriebliche Fähigkeiten werden wegen ihrer großen Bedeutung für den Unternehmenserfolg und die persönliche Karriere dienstälterer Berater daher in vielen Mitarbeitertrainings der Beratungsfirmen geschult, und ein erheblicher Anteil der Weiterbildungsenergie wird auf die Schulung der Vertriebsfähigkeiten verwendet. Gleichzeitig ist der Vertrieb wegen seiner oftmals langwierigen Beziehungsarbeit in ambivalenter Situation zu zukünftigen Kunden sowie möglicherweise als „Trick“ verrufener Techniken ein Bereich, gegen den sich der ein oder andere junge Berater emotional sperrt. Aus der kritischen Literatur[111] sind Schilderungen über Vertriebsmethoden einzelner Anbieter bekannt, die mit „Drückertricks“ arbeiten und als Zielkunden naive Mittelständler haben. Da es sich hierbei um eine sehr kleine und eigentlich leicht identifizierbare Minderheit schwarzer Schafe handelt, sind Details hierzu nur im Anhang beschrieben (siehe Anhang 17.3).

[111] Z.B. *Zimmermann*, 2002. Der Autor stellt Methoden vor, die auf dem Ansatz von *George S. May* (1925 in den USA als *George S. May International* gegründet, wegen anhaltender Probleme mit der Justiz dann nach Europa ausgewandert, 1955 Eröffnung eines Büros in Düsseldorf) beruhen. Dieser hatte persönliche Inkompetenzen und menschliche Schwächen von Geschäftsführern als Ursachen von Unternehmensproblemen ausgemacht und aktive menschliche Hilfestellung z.B. bei geschäftlichen Dingen, aber auch familiären und persönlichen Problemen, als Lösung ausgemacht. Allerdings wurde und wird die Erkenntnis menschlicher Schwäche des zukünftigen Kunden von unseriösen Anbietern genutzt, um in einem aggressiven Verkaufsgespräch den Kunden zu verängstigen und mit Tricks zu unüberlegten Abschlüssen zu drängen. Das Vorgehen erinnert an Methoden von „Drückern“, das Unseriöse daran ist vor allem das Fehlen eines tragfähigen Beratungskonzepts und die dialektische Behandlung von Einwänden und Nachfragen des Kunden. Ist erst einmal Projektarbeit verkauft worden, dann wird mit möglichst wechselnden Themenvorschlägen über die eigentliche Projektaufgabe hinaus versucht, zusätzliche Aufträge einzufahren, noch bevor die Ergebnisse des verkauften Projekts erzielt wurden. Der Autor legt keine Zahlen zur Umsatzhöhe und zur Anzahl dieser unseriösen Anbieter vor, es handelt sich aber wahrscheinlich um eine sehr kleine Minderheit.

5.7 Controlling

5.7.1 Unternehmenscontrolling externer Beratungsfirmen

Unternehmensberatungen bewegen sich in einem hoch kompetitiven, schnellen Marktumfeld, haben in der Regel nur wenige Monate Aufträge „auf Vorrat" und arbeiten sehr dezentral in überdurchschnittlich risikoreichen Tätigkeitsfeldern. Diese kurze Beschreibung der Situation mag als Begründung dafür genügen, dass das Thema „Controlling" auch für die Berater selber von hoher Relevanz ist. Controlling wird hierbei verstanden als interne betriebswirtschaftliche Dienstleistung mit den Aufgabenschwerpunkten:

- betriebswirtschaftliche Informationsversorgung, insbesondere Transparenz über Kosten und Leistungen herzustellen,
- Organisation und Moderation von Planungsrunden,
- Entscheidungsunterstützung und
- Gestalten und Pflegen der Controlling-Instrumente und -Systeme.

Controlling gibt es in Unternehmen unabhängig von der Frage, ob einzelne Personen eine Stelle als Controller bekleiden oder – wie in Klein- und Mittelfirmen wohl häufig – das operative Management oder der Geschäftsführer diese Aufgabe mit übernehmen (*Horváth/Partner*, 2000, S. 5/6). Schwerpunkt der nachfolgenden Darstellung sollen die spezifischen Controllingschwerpunkte des Beratungsgeschäftes von Beratungsfirmen sein. Allgemeine Controllingbereiche, die auch in anderen Branchen vorkommen (z. B. Beteiligungs- und Lieferantencontrolling) werden hier ausgespart[112].

Aufbauorganisatorisch ist das Controlling des Unternehmens als separate Stabsstelle oder beim Rechnungswesen etabliert, inhaltlich arbeitet es stark mit dem Rechnungswesen zusammen. Wichtige Kennziffern des Unternehmenscontrollings von Beratungsfirmen sind:

- Die Auslastung der Mitarbeiter mit bezahlter Arbeit: Hierunter wird der durchschnittliche relative Zeitanteil der regulären Arbeitszeit (Soll-Arbeitsstunden gemäß Arbeitsvertrag) von allen Mitarbeitern mit bezahlter Kundenarbeit verstanden. Im Sinne der Deckungsbeitragsrechnung sind dies i. d. R. die Zeiten positiver Deckungsbeiträge, während die „non-chargeable"-Zeiten (z. B. persönliches Training, interne Aufgaben usw.) in der Regel einen Null-Deckungsbeitrag bringen. Natürlich gibt es Grenzfälle, wie z. B. Entwicklungsarbeiten für neue Produkte oder Arbeit an einem Kundenangebot. An den beiden letztgenannten Tätigkeiten sieht man auch, dass eine 100 %-Auslastung mit bezahlter Kundenarbeit gar nicht machbar ist. In der Branche werden ca. 70–75 % Auslastung als realistisches Ziel angesehen. Dauerhafte Überschreitung könnte eventuell zum Verschleiß der Mitarbeiter oder zur Überalterung des Produktangebots führen, dauerhafte Unterschreitung zeigt ein Auslastung- oder Überkapazitätsproblem

---

[112] Für eine umfassendere Darstellung über Controlling in Consultingunternehmen siehe Beiträge in *Stolorz/Fohmann* (1997).

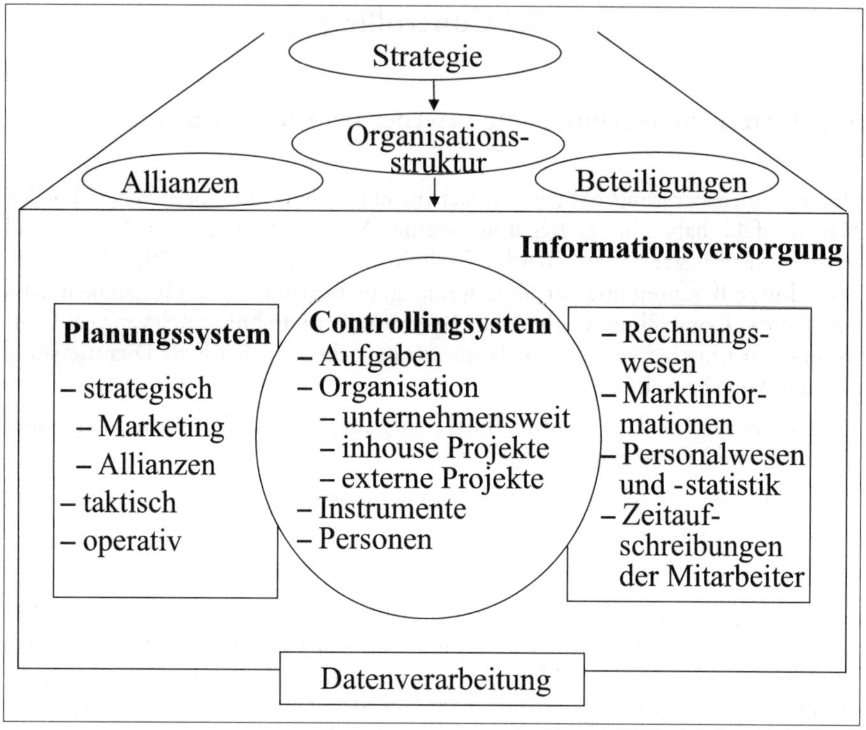

Abb. 28: Allgemeines Controllingsystem (verändert n. Horváth & Partner, 2000, S. 11)

an. Eine rein rechnerische Tücke dieser Betrachtung ist die Tatsache, dass es in der Beratungsbranche zu sehr hohen Abweichungen der tatsächlichen Arbeitszeit von der 38- oder 40-Stunden-Woche kommen kann. Im Bereich von Managern und Partnern ist wahrscheinlich eher die 60- oder 70-Stunden-Woche Regel als die 40-Stunden-Woche. Falls diese Überstunden nicht aufgeschrieben und dem Kunden berechnet werden, fließen sie nicht in die Betrachtung mit ein. Bei aufwandsabhängiger Abrechnung werden sie dem Kunden nicht belastet, und in der Nachbetrachtung des Projekts kommt es eventuell zu falschen Rückschlüssen über den Aufwand.

- Die Kundenzufriedenheit: Die Zufriedenheit der Kunden auf laufenden Projekten ist wegen der hohen Bedeutung von Verkäufen bei Altkunden ein zentraler Erfolgsfaktor und wird deshalb von vielen Beratungshäusern aus eigenem Antrieb und mit erheblichem Aufwand – oft eingebettet in ein Qualitätssicherungssystem – untersucht.
- Die Erfolgsquote bei Angeboten: Gewonnene Angebote zu Angeboten insgesamt/Rate gewonnener zu verlorenen Angeboten. Eine zu hohe Zahl verlorener Angebote muss als Alarmsignal aufgefasst werden, und die Ursachen sollten näher untersucht werden. Als mögliche Gründe kommen einzeln oder in Kombination folgende Ursachen in Frage: (1) Sehr harte Konkurrenz, bei der die Gewinnwahrscheinlichkeit jedes einzelnen Mitbewerbers sinkt, (2) eigene überdurchschnittliche Schwäche, (3) überdurchschnittliche Stärke eines Mitbewerbers.

- Auftragsbestand: Durchschnittliche verbleibende Projektdauer der bestehenden Aufträge (z.B. in Monaten). Diese Kennziffer hilft abzuschätzen, ob man bald Maßnahmen zur Belebung des Auftragseingangs einleiten sollte oder ob eher mit Personalknappheit bei neuen Angeboten gerechnet werden muss.
- Wertorientierte Steuerungsmaße im Sinne des Shareholder Value sind erstaunlicherweise selten zu finden. Ein wesentlicher Grund mag sein, dass nur vergleichsweise wenige Unternehmensberatungen Kapitalgesellschaften sind und dass von diesen wiederum nur eine geringe Zahl größere externe Akteure unter den Aktionären hat.
- Personalkostenprofil der Mitarbeiter: Viele der erfolgreichen Beratungsfirmen zeichnen sich – zumindest in Boomjahren – durch weit überdurchschnittliche Gehaltssteigerungen der Mitarbeiter und demzufolge bei älteren Mitarbeitern durch sehr hohe Entgelte aus. Aus diesem Grund bedarf es einer ständigen Überprüfung, inwieweit eine angemessene Auslastung gegeben ist und ob das Dienstalterprofil (= anerkannte Dienstjahre sind oft proportional zum Entgelt) noch dem aus den Geschäftsergebnissen abzuleitenden Wunschprofil entspricht.
- Qualifikationsprofil der Mitarbeiter: Jahre der Berufserfahrung von Experten in bestimmten Tätigkeitsbereichen, z.B. Strategie, Prozess-Reengineering, IT-Beratung mit bestimmten SAP-Softwaremodulen.

5.7.2 Projektcontrolling

Als Projektcontrolling soll hier jene Teilfunktion des Projektmanagements verstanden werden, die sich anhand von Kennziffern und Betrachtung der Projektergebnisse Gewissheit über den Stand der zu erreichenden Projektergebnisse verschafft und diese Informationen für Steuerungszwecke in das Projektmanagement zurückfließen lässt.

Gegenstand des Projektcontrolling sind

- der Aufwand für Personaleinsatz, Roh-, Hilfs- und Betriebsstoffe, Anlagen sowie Kapital. Aus Sicht eines Beratungsunternehmens ist der wesentliche Einsatzfaktor der Mensch, und daher ist die als Bezugspunkt für eventuell anfallende geringere Kosten dienende Maßeinheit für den Aufwand ein Personentag (PT)[113]) bzw. Kalendertag.
- das Projektrisiko und die Projektqualität (siehe hierzu Abschnitt 8.5).

Eine Übersicht vorhandener Controllingansätze für Projektarbeit und Vorschläge für Projektkennzahlen finden sich z.B. bei *Burghardt* (1993, S.401f.) und *George* (1999, S.229f.). Die meisten Darstellungen zum Projektmanagement und -controlling beschreiben das Vorgehen aus Sicht eines Kundenunternehmens, das ein Projekt inhouse durchführt. Hier bieten sich „klassische" Instrumente aus der Indus-

[113] Aus den Zeiten ohne wesentliche Anzahl von selbstbewussten Frauen im Beratungsgewerbe auch als „Manntag" bekannt. Andere Einsatzfaktoren wie z.B. Trainer im Paket mit Schulungsräumen usw. kommen vor (Maßeinheit: ein Trainertag), sollen hier aber vernachlässigt werden.

triebetriebslehre zum Controlling an, z. B. eine Investititonsrechnung, kostenartengerechte Kostenrechnung usw. Hier soll jedoch die Darstellung auf die unternehmensberaterische Sicht verkürzt werden.

Während bei kleinen Projekten häufig eine relativ einfache Aufschreibung und sehr informelle Vorgehensweisen reichen mögen, ist bei großen Projekten bzw. Programmen mitunter ein recht umfangreicher Einsatz von Kennzahlen und Erhebungswerkzeugen zu beobachten. Vorgestellt werden sollen hier zwei Ansätze,

- das Projekt-Kennzahlensystem der *Gesellschaft für Projektmanagement*,
- das Arbeitswert-Konzept („earned value") des Projektcontrollings.

Das Projektkennzahlensystem DV/Org-Projekte der *Gesellschaft für Projektmanagement e. V.* besteht aus vier Spitzenkennzahlen zu Kosten, Aufwand, Zeit und Fertigungseinhaltung[114] (siehe Abb. 29). Es soll genaueren Aufschluss über den Projektstand sowie einen Hinweis auf die Ursachen seines Zustandekommens geben, andererseits aber auch schlank sein (vgl. *George*, 1999, S. 87 f.; *Füting*, 1993, S. 153–161). Jede Kennzahl ist so aufgebaut, dass ein Wert von über 1 bzw. 100 % eine Überschreitung und ein Wert unter 1 bzw. 100 % eine Unterschreitung kennzeichnet. Unterschreitungen sind zunächst positiv, Überschreitungen zunächt als besorgniserregend zu werten und bedürfen ggf. näherer Untersuchung bzw. Wertung im Zusammenhang mit den anderen Kennzahlen.

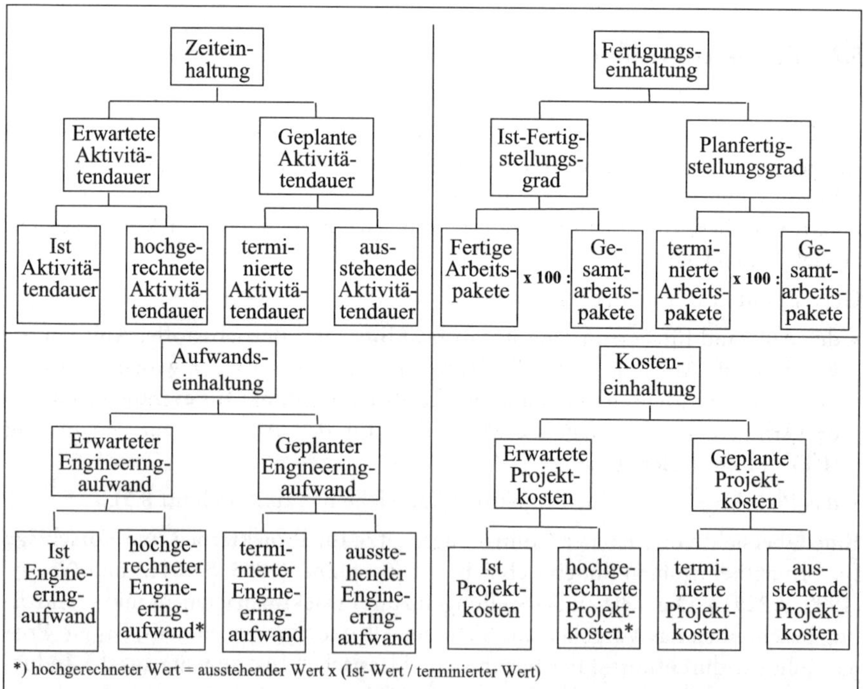

Abb. 29: Herleitung der Spitzenkennzahlen der Gesellschaft für Projektmanagement

[114] An die nachfolgend dargestellte Arbeitswertmethode angelehnte Kennzahl.

Tab. 24: Formeln für das Arbeitswertkonzept (Coenenberg, 1992, S. 408)

Wert	Formel	Bedeutung
Arbeitswert	Plankosten bei Istbeschäftigung => Synonym zu Sollkosten	Wie hoch hätten – laut Plan – die Kosten bei dem erreichten Fertigstellungszustand sein dürfen?
Gesamte Abweichung	Istkosten – Plankosten	Abweichung > 0 i. d. R. negativ
Kostenabweichung	Istkosten – Arbeitswert	Abweichung > 0 ist i. d. R. negativ
Leistungsabweichung	Arbeitswert – Plankosten	Abweichung > 0 ist i. d. R. positiv

Das Arbeitswertkonzept (auch „earned value"[115]) dagegen konzentriert sich auf eine einzige Kennzahl, den Arbeitswert. Er ist eine Entsprechung zu den Sollkosten im Konzept der Flexiblen Plankostenrechnung und drückt die Plankosten bei Istbeschäftigung aus. Die gesamte Abweichung (d. h. die Differenz zwischen Ist- und Plankosten) kann damit in eine Kostenabweichung und eine Leistungsabweichung zerlegt werden.

Das Arbeitswertkonzept soll im Projektcontrolling nicht nur am Ende, sondern auch „mittendrin" Aussagen als Steuerungswerkzeug liefern. Um auch zu definierten Zeitpunkten innerhalb des Projekts Aussagen treffen zu können, muss man einerseits die Planung verfeinern und für diese definierten Zeitpunkte bestimmte Fertigstellungszustände im Sinne von Meilensteinen für Arbeitspakete bestimmt haben. Eine zweite Voraussetzung ist, dass man den erreichten Istzustand periodisch feststellt und mit dem Planwert vergleicht. Aus dem Gesagten lassen sich folgende Entscheidungsbedarfe bei der Festlegung auf ein Controllingsystem ableiten:

- Die Frage nach der Feinheit einer Planung: Für eine genaue Steuerung wären besonders kleinteilige Arbeitspakete und häufige Ist-Zustandsmessungen wünschenswert, andererseits erhöht man damit den Verwaltungsaufwand eines Projekts erheblich – und zwar aus zwei Gründen: Zum einen benötigt man mehr Zeit für eine detaillierte Planung, zum anderen gibt es unweigerlich im Laufe des Projekts Planungsänderungen, die dann ebenfalls feinteilig zu beplanen sind.
- Eine Konvention darüber, wann man ein Paket als „fertig" meldet, z. B. bei 50 %, bei 90 %[116] oder erst bei 100 %. Die Antwort hierauf entscheidet ganz wesentlich darüber, ob die Controllingzahlen ein eher optimistisches oder ein eher pessimistisches Bild vom Projektstatus liefern. Bei einer 50 %-Schätzung ist das Bild eher zu optimistisch, bei einer 100 %-Regel eher zu pessimistisch.

Eine grobe Projektplanung und eine Regel, die eine Fertigmeldung erst bei hoher prozentualer Fertigstellung erlaubt, führen optisch dazu, dass der erreichte Projektstand scheinbar weit hinter dem Plan zurückbleibt, da angefangene große Arbeitspakete lange Zeit bearbeitet werden, bevor man sie als fertig melden darf. In der Zwischenzeit laufen zwar Istkosten auf, aber die Sollkosten, d. h. der Arbeits-

[115] *George* (1999, Fußnote 135 auf S. 96) listet noch weitere Synonyme auf.

[116] In der Literatur wird von dem interessanten „90 %-Syndrom" berichtet (siehe Zusammenfassung in Fußnote 156 von *George*, 1999, S. 101): Teamleiter berichten relativ schnell davon, dass ihre Arbeitspakete zu 90 % fertig seien. Dann jedoch melden sie lange Zeit trotz weiterer Arbeit keinen weiteren Fortschritt, so dass der Meldestatus bei 90 % verharrt.

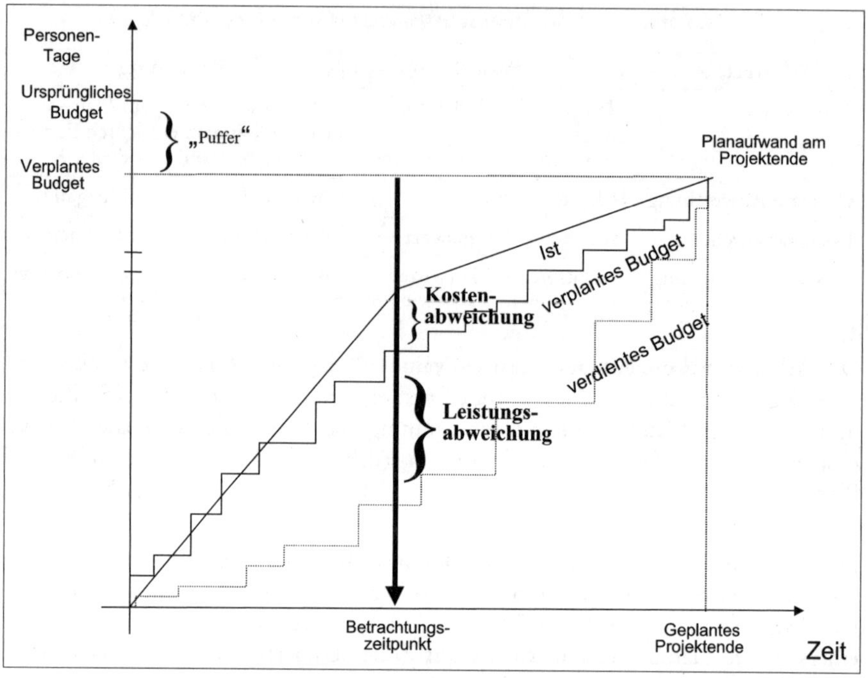

Abb. 30: Verlaufscharakteristik arbeitswertbasierter Projektkennzahlen

Tab. 25: Beispiele für weitere mögliche Kennzahlen des Projektcontrollings

Bereich	Kennzahl	Maßeinheit
Zeitsituation	(Durchschnittlicher Zeitaufwand je Arbeitstag für projektfremde Tätigkeiten * 100)/Arbeitszeit je Tag	Prozent
	(Anzahl zeitkritischer Arbeitspakete * 100)/Zahl aller Arbeitspakete	Prozent
Finanzsituation	Kostendifferenz während der Projektlaufzeit: (Ist-Kosten + geschätzte restliche Kosten bis Projektende) – Plankosten	Geld oder Personentage
	Durchschnittskosten je Arbeitstag	Geld
	Durchschnittskosten je Projektmitglied je Arbeitstag	Geld

wert, verharren auf der gleichen Stelle, weil sich die Planbeschäftigung nicht ändert.[117]

Eine Untersuchung der Häufigkeit tatsächlich verwendeter Projekt-Kennzahlen über alle Projekttypen und Branchen hinweg – ohne Unterschied, ob mit oder ohne Berater (*George*, 1999, S. 218 f.) – ergab u. a., dass von den Projektverantwortlichen ...

[117] Zur Diskussion dieser und anderer möglicher Fallstricke in der Optik von Projektcontrollingberichten siehe *George* (1999, S. 100 f.).

- 95 % die Projektdauer als Kennzahl kennen, aber nur 76 % diese auch verwenden.
- 76 % die Entwicklungszeit z. B. in Manntagen als Kennzahl kennen, aber nur 55 % sie verwenden.
- alle Ist-Kosten im Verhältnis zu den Plankosten prinzipiell kennen, aber nur 68 % als Kennzahl auch einsetzen.
- 95 % die Projektgröße, gemessen in Geld, kennen, aber nur 79 % einsetzen.
- 84 % derjenigen, die Kennzahlen einsetzen, dies tun, um einen Projektrahmen abzustecken und das aktuelle Projekt mit anderen Projekten des eigenen Hauses zu vergleichen (Projektkennzahlensystem der *Gesellschaft für Projektmanagement e. V.* und das Arbeitswertkonzept).

Die beiden vorgestellten Controllingverfahren haben eine Schwäche: Sie sagen nichts über die Güte der Arbeit. Daher sind eine wichtige zusätzliche Maßnahme des Projektcontrollings bei Beratungsfirmen die unter verschiedenen Namen durchgeführten Qualitätsaudits in den Projekten. Oft werden sie dem Kunden gegenüber als Teil des Qualitätsmanagements der Projekte mitverkauft. Diese Prüfungen sind ganz wesentlich Managementaudits des Projektmanagements sowie Prüfungen dahingehend, ob die Kundenerwartungen voraussichtlich erfüllt werden. Gleichzeitig ermöglichen sie bei komplexen Kundensystemen (d. h. vielen beteiligten Instanzen, entfernt agierenden Vorständen usw.) eine Kontaktnahme zu manchmal schwer erreichbaren Personen. Diese in das Projekt einzubeziehen und dem Topmanagement seine Mit-Verantwortung für das Gelingen des Projekts zu verdeutlichen, ist erwiesenermaßen ein sehr wichtiges Erfolgskriterium (siehe Abschnitt 8.1.), insbesondere wenn es innerbetrieblichen Widerstand zu überwinden gilt. Eine extreme Variante – die gleichzeitig firmenübergreifend Marketingzwecken genügt – ist die Qualitätszertifizierung nach DIN 9000ff. auf Kundenprojekten. Zum Stellenwert dieser Qualitätszertifizierung kann man unterschiedlicher Ansicht sein, zumeist wird sie wegen ihres Einmal-Charakters und der fehlenden Bewertung des eigentlichen Beratungsprodukts kritisert (z. B. *Schwan/Seipel*, S. 132 ff.). Die Möglichkeiten des „Retro-Fitting"[118] zu Zwecken des Bestehens dieser Zertifizierungsverfahren sind zudem größer, als es den Prüfern lieb sein mag. Anders herum betrachtet, ist die Zertifizierung selbst ein interessantes Beratungsprodukt, weil es sich hier um eine Beratungsleistung handelt, für die aufgrund lizensierter Arbeitserlaubnis zur Durchführung ein beschränkter Marktzutritt gilt und die anbietenden Firmen damit eine geschützte Stellung haben.

[118] „Retro-Fitting" meint das nachträgliche Passend-Machen von Vorgängen oder Ereignissen, um damit einen Vorteil zu erlangen. Dieser Begriff wird auch benutzt, um das nachträgliche Passend-Machen von Projekterfolgen zur Entwicklung einer neuen Beratungsmethode zu beschreiben, siehe Abschnitt 4.1.1.1.

5.8 Allianzmanagement

Unter „Allianzmanagment“ im weiteren Sinne soll hier die strategische Zusammenarbeit von Beratungsfirmen untereinander oder mit dritten Anbietern oder Rechteinhabern zum Zwecke des gemeinsamen Angebots und der gemeinsamen Projektarbeit verstanden werden. Der Begriff der Allianzen soll hier weit gefasst werden und folgendes umfassen:

- Mitgliedschaft in einem Berufsverband. Hierbei handelt es sich um Allianzen sehr vieler i.d.R. kleiner und mittelgroßer Beratungshäuser (einige der ganz großen sind oder waren lange in keinem Berufsverband), um ein gemeinsames (Qualitäts-) Logo für den Kundenmarkt zu schaffen, Informationen innerhalb des Verbandes und mit Kundenverbänden auszutauschen, Vorschläge und Muster für Arbeitswerkzeuge und Verfahrensweisen gegenseitig zu nutzen.
- Gelegentliche oder fest vereinbarte Kooperation mit Einzelberatern („Freelancern“), die in einem virtuellen Pool zur Verfügung stehen.
- Gelegentliche oder fest vereinbarte Kooperation mit einem anderen Beratungshaus.
- Fest vereinbarte Kooperation mit einem Softwareanbieter.
- Vertriebspartnerschaft mit einem Kunden zum Verkauf eines gemeinsam erstellten Beratungsprodukts (z.B. einer vorausgeprägten Software) an Dritte.

Obwohl der Beratungsmarkt ein hoch kompetitiver Markt ist, kooperieren zur Überraschung mancher Kunden gelegentlich sonst konkurrierende Beratungsfirmen punktuell bei einem Angebot miteinander und bieten im Team an. Diese Zusammenarbeit ist insbesondere im Bereich der IT-Beratung teilweise sehr ausgeprägt und hat mit der Ausdifferenzierung verschiedener Teilbereiche des Softwareanbietermarktes und insbesondere mit dem eCommerce-Zeitalter stark zugenommen. Waren früher einige der größeren IT-Beratungsunternehmen noch selber Anbieter von größeren standardisierten Softwarepaketen (z.B. die Fa. *Plaut* mit „M11“, einer Kostenstellenrechnungssoftware), so haben sie nun aufgrund des zunehmenden Pflegeaufwandes die Produktion solcher Groß-Software eingestellt und betätigen sich meistens „nur“ noch bei der Einführung und Schnittstellen-Anbindung von Standardprodukten großer Softwarehersteller.

Gründe für eine Kooperation sind u.a.:

- Die Komplexität betrieblicher Fragestellungen ist für einen allein nicht zu meistern – fachliche Ergänzung in funktionellen Themenbereichen.
- Der Allianzpartner hat eine erfolgreiche Historie bei dem Kunden/in der Branche und erhöht die Gewinnchancen für ein neues Projekt.
- Der Allianzpartner hat freies Personal, um die Arbeit auch durchzuführen.
- Der Allianzpartner hat die Lizenzrechte für eine Software bzw. er ist deren Hersteller, er hat privilegierten Zugriff auf das „Innenleben“ des Arbeitswerkzeugs und ermöglicht so deren schnellere und fehlerfreiere Anpassung auf Kundenbedürfnisse[119].

[119] Da kaum eine Standardsoftware frei von Fehlern ist, empfiehlt sich insbesondere bei

- Bewusste Nischenbildung und Besetzthalten eines Beratungsfeldes bei gleichzeitigem Interesse, in weiter gefassten Kundenprojekten tätig zu sein.
- Ausschalten möglicher Konkurrenzallianzen.
- Wenn der Kunde die Übernahme der Generalunternehmerschaft durch den Berater wünscht, um eine schlüsselfertige Lösung zu bekommen. Insbesondere bei großen Outsourcing-Kontrakten kommt es oft zu kunden-/projektspezifischen Allianzen.

Allianzmanagement ist eine Steuerungsaufgabe, die u.a. folgende zentrale Tätigkeiten umfassen kann:

- Den Bedarf für Allianzpartnerschaften in bestimmten Tätigkeitsfeldern und bei bestimmten Kunden zu definieren.
- Auswahlkriterien und Wunschprofile von Allianzpartnern festzulegen und Vorschläge für das Ende bzw. die Modifikation von Allianzen zu erarbeiten.
- Musterverträge für Subkontraktoren und Allianzpartner zu entwickeln und einzusetzen.
- Erträge oder Aufwendungen aus Allianzen zu „controllen“ und darüber Bericht zu erstatten.
- Mögliche rechtliche Konflikte zwischen einer bestehenden Allianz mit einem Partner X sowie einer eventuellen neuen Allianz mit Partner Y zu erkennen und zu lösen.
- Mögliche Konflikte mit einzelnen Allianzpartnern zu steuern.
- Allianzen anderer Beratungshäuser zu beobachten und ggf. zu konterkarieren.

5.9 Wissensmanagement

Beratungsanbieter leben vom Wissens- und Erfahrungsvorsprung gegenüber dem Kunden und der Konkurrenz, sie sind in erheblichem Maße wissensbasierte Dienstleister. Dieser Wissensvorsprung muss ständig durch Weiterentwicklung gesichert, den Mitarbeitern verfügbar gemacht und gleichzeitig auch nach außen verkaufsfähig demonstriert werden. Da der Wettbewerbsvorteil bzw. die Wettbewerbsnotwendigkeit von Wissensmanagement[120] für Beratungsunternehmen klar erkennbar ist, haben die meisten Häuser ein mehr oder weniger gut ausgebautes Wissensmanagement und stellen dieses sogar – anders als bei anderen internen

der Einführung eines neuen Releases bzw. einer neuen Version der Software ein enger Draht zum Hersteller. Der Help Desk für alle Nutzer ist oft längst nicht so schnell und kompetent wie der Kontakt zu dem Entwicklungspersonal selbst.

[120] Definition Wissensmanagement (*Peterson*, 2001, S.38/39): „Wissensmanagement ist die gezielte Steuerung der Teilprozesse der Wissensgenerierung, des Wissenstransfers und der Wissensanwendung im Sinne der übergeordneten, unternehmerischen Ziele durch Schaffung geeigneter organisationaler und prozessualer Rahmenbedingungen sowie deren Integration in einem ganzheitlichen Prozess zur Förderung des bewussteren Umgangs mit der Ressource Wissen in der unternehmerischen Wertschöpfung.“

Funktionen – auch werbend in der Literatur dar[121]. Ein umfassendes Wissensmanagement beruht auf vier Elementen:

- Inhalte: Unternehmensberatungen leben und verkaufen an ihre Kunden einen punktuellen Wissens- und Erfahrungsvorsprung, der zu erheblichen Teilen Allgemeingut in der Beratungsbranche und der Wirtschaft ist, aber auch selbst erarbeitetes, seltenes und/oder gegenüber Mitbewerbern und teilweise Kunden auch zu schützendes Wissen, wie z.B. Konzepte, fachliche Modelle und Analysen, beinhaltet. Inhalte sind aber nicht nur statisches Fachwissen, sondern auch organisatorisches und methodisches Wissen aus dem eigenen Hause (z.B. „wer hat das Projekt xy bei Kunden z geleitet?" oder „welche Kollegen haben schon einmal „Visual Basic Schnittstellen erstellt?"), Softwareprogramme, Methodenwissen, Benchmarking-Datenbanken, Marketing-Instrumente, Multimedia-Präsentationen und -Training, Thesen- und Diskussionspapiere und interne Zeitungen.
- Technologie: Naiv gesagt, sind die meisten Technologien für die Bevorratung von Wissen nichts weiter als spezialisierte Datenbanken, die per Schnittstelle im Client-Server-System oder von jedem beliebigen Ort aus durch Einwahl in einen Internetknoten mit einem Internet-Mailingsystem für Ein- und Ausgabeoperationen verbunden sind. Selbstverständlich gehören Sicherheitssysteme zum Schutz vor unbefugten Nutzern und Datensicherungssysteme zum Schutz gegen Datenverlust dazu.
- Prozesse: Ein einmal eingerichtetes Wissensmanagementsystem und seine Inhalte drohen schnell zu veralten, wenn nicht geeignete Prozesse dafür sorgen, die Inhalte sachgerecht zu pflegen und die Zugriffsmöglichkeiten auf das Wissen dem Bedarf anzupassen. Für die Pflege und Aufbereitung neuen Wissens sorgen vielerorts Wissensmanager, deren Aufgabe die Sichtung, Auswahl und formattechnische Anpassung neuer Inhalte ist. Je aktiver eingehende Informationen gesichtet und im Falle der Eignung auch in den richtigen Rubriken abgelegt werden, desto wahrscheinlicher ist auch, dass die Nutzer sich mit dem Auffinden benötigter Informationen leichttun und das Gefundene auch den Qualitätsansprüchen genügt. *Arthur D. Little* z.B. betreibt den Aufwand, vereinheitlichte Schlagwortstrukturen zu pflegen (*Ortwein/Spallek*, 1998, S.107), *PriceWaterhouse* nutzt eine eigene Begriffstaxonomie namens „Internal Business Language" und ordnet darin Wissen standardisierten Prozess-Schemata in verschiedenen Branchen zu (*Uelpenich/Bodendorf*, 2001, S.471).
- Kultur: Viele Beratungsfirmen haben eine relativ offene Unternehmenskultur mit leichtem Zugang zu allen benötigten Ansprechpartnern und Informationen. Es gibt relativ flache oder zumindest wissensdurchlässige Hierarchien und einen Zugang zum Wissensmanagement-System für alle. Wichtig ist auch, dass die Nutzung des Systems sowohl für die Weitergabe eigenen Wissens als auch die Suche nach dem Wissen anderer unterstützt und ggf. honoriert wird. In der Anfangsphase von EDV-gestützten Wissensmanagementsystemen wurden oft einfache Belohnungssysteme für Wissensbeiträge jedweder Art eingeführt. Nicht selten führten quantitative Prämien jedoch zu schlechter Qualität oder einfach zu für Dritte unbrauchbaren Beiträgen. *Arthur Andersen* spornte seine Mitar-

[121] Siehe z.B. *Elliot* (1997), *Elsner/Loffelead* (2002), *Habbel* (2000), *Kukat* (1999), *Ortwein/Spallek* (1998) und *Uelpenich/Bodendorf* (2001).

beiter zum allmorgendlichen Blick in das firmenweite ANet an, indem Seniorpartner Fragen an Mitarbeiter versendeten und um Antwort bis 10.00 Uhr morgens baten (*Quinn* et al., 1995, S. 36). *Hansen* et al. (1999) sehen Unterschiede zwischen den Beratungshäusern, die eher eine kodifizierte Wissensstrategie haben und solchen, die eher eine personalisierte Wissensspeicherung fördern. Beratungen mit hoher Fluktuationsrate sind demnach eher an Wissensmanagementsystemen interessiert, während die anderen sich eher auf die Mitarbeiter als Wissensspeicher verlassen.

Wohlverstandenes aktives Wissensmanagement dient mehreren, für Beratungsfirmen besonders einschlägigen Zwecken gleichzeitig: Es hat eine

- Informationsfunktion allgemein: Projektarbeit ist durch intensive, häufig die normale Wochenarbeitszeit deutlich überschreitende Anstrengung gekennzeichnet. Jede Erleichterung bei der Aufnahme von Informationen aus der Tagespresse, der Branchen-Fachpresse, der funktionalen Fachpresse usw. ist hilfreich.
- Standardisierungsfunktion: Vorgehensmodelle und Projektstandards sind bei vielen Beratungshäusern auch elektronisch abgelegt. Berater mittlerer und größerer Häuser arbeiten in verschiedenen Projekten und damit nicht selten in verschiedenen kulturellen und manchmal tatsächlich sogar geographischen Welten. Wenn Projekte länger dauern, dann sieht man manchmal Berater, die über Jahre bis fast Jahrzehnte nur diesen einen Kunden kennen. Netzwerke solcher Kollegen laufen Gefahr, sich kulturell und inhaltlich vom eigenen Beratungsunternehmen zu entfremden. Ein Wissensmanagement-System stellt dabei eine wichtige kulturelle und fachliche Klammer dar. Dies gilt auch im Falle ganz verschiedener Sprechweisen von Unternehmen gleicher oder verschiedener Branchen[122], auch hier kann es Wunsch des Beratungsunternehmens sein, einen Wissentransfer in Gang zu halten[123] und über verschiedene Kunden hinweg wiedererkennbare Verfahrensweisen und Standards einzuhalten[124].
- Trainingsfunktion: Obwohl manche Beratungshäuser einen erheblichen Aufwand für off-the-job-Training betreiben, findet ein erheblicher und wahrscheinlich weit überwiegender Teil der Wissensvermittlung on-the-job statt. Neben dem Kunden und den eigenen lieben Kollegen kann dabei ein Wissensmanagementsystem ganz erhebliche Hilfestellung leisten.
- Kostensparfunktion: Durch die Bereitstellung von Bausteinen, Beispielen und Checklisten für Angebote und Projektarbeiten kann es gelingen, bei gegebenem Aufwand die Qualität der Ergebnisse deutlich zu erhöhen oder bei erwarteter Mindestqualität die Herstellkosten zu reduzieren. Allerdings ist zu beachten, dass es bei den Zeitspareffekten zu systematischer Überschätzung kommen

---

[122] Es gibt aber auch Branchen mit einer sehr homogenen Kultur der Unternehmen.

[123] Dies gilt natürlich nicht im Falle von besonderen Konkurrenzschutzklauseln im Beratungsvertrag. Das Vorliegen einer solchen Situation bedeutet i. d. R. auch den Verlust des Projektwissens für die Wissensgemeinschaft („Knowledge Community") des Beratungsunternehmens.

[124] Dies kann, muss aber nicht Absicht von Beratungsunternehmen sein. Manche betonen geradezu den kundenindividuellen Charakter ihrer Arbeit, dies muss aber nicht dagegen sprechen, dass man zunächst anderswo bewährte Standards vorschlägt. Wenn der Kunde es anders möchte oder die eigene Einsicht des Beraters zu anderen Lösungen greifen lässt, ist dennoch manchmal ein Blick darauf, wie es denn die anderen machen, anregend.

kann. Dies sei an einem Beispiel erläutert: Wenn für eine Auftragsarbeit 50 % fertige Bausteine oder fertiges Vorwissen vorhanden sind, wird die Ersparnis an Aufwand deutlich weniger als 50 % betragen. Dies deshalb, weil zunächst einmal geprüft werden muss, ob die vorhandenen 50 % auch tatsächlich zu verwenden sind, und zweitens müssen alle Bestandteile ja auch am Ende integriert werden.

Wissensquellen des Beraters sind die

- eigene Berufsausbildung: Insbesondere bei großen Beratungshäusern mit starkem Technologieanteil ist zu beobachten, dass das frisch aus den Universitäten zufließende Wissen eine große Bedeutung bei den „kleinen" softwarenahen Fähigkeiten hat. Neueste Funktionalitäten von Standardsoftware sowie exotische Programmierkenntnisse werden nicht selten zu einem erheblichen Umfang von außen in die Beratungshäuser gebracht, während die profunderen architekturalen Themen, die Projektsteuerung sowie komplexere Softwareaufgaben durch hausinterne Schulungen sowie Projekterfahrungen aufgebaut werden.
- Klienten: In der Angebotsphase und in der Anfangsphase eines Projekt sind Informationen über und vom Kunden in erheblichem Umfang zu erheben. Der Kunde selbst ist eine der wichtigsten Informationsquellen über sich und seine Branche und soll daher in der nachfolgenden Tabelle 26 noch detaillierter betrachtet werden:
- Eigene Kollegen im Projektteam: Besonders elegant aus Beratersicht ist es, wenn Projekte mit einer Ist-Analyse der vorhandenen Situation des Kunden beginnen. Hier ist bezahlte Aufklärungsarbeit möglich, die die späteren Chancen – sofern separat ausgeschrieben – auf das Gewinnen des eigentlichen Projektes erhöhen und auf jeden Fall die kunden-, branchen- und themenspezifische Ausrichtung der eigenen Mitarbeiter und der Mitarbeiter des Kunden ermöglicht.
- Weiterbildung: Unternehmensberatungen organisieren eigene Weiterbildungsveranstaltungen und finanzieren auch den Besuch externer Seminare bei Softwareherstellern, Managementtrainern und Verkaufstrainern. Große Unternehmensberatungen haben eigene Schulungszentren. Gemessen an den hohen Anforderungen an Aktualität und Geschwindigkeit, den kundenspezifischen Wünschen sowie der sozialen Flexibilität können Schulungen aber nur einen Teilbeitrag zum gesamten Wissenstransfer liefern. Ein weiterer sehr großer Beitrag wird „on-the-job" und informell geleistet[125], und hier kann das Wissensmanagementsystem mithelfen.
- Eigene Researchabteilungen: Größere Unternehmensberatungen haben Spezialisten und manchmal sogar Abteilungen für Researchzwecke. Bei einigen Strategieberatungen (z. B. *McKinsey*) gehört das gelegentliche Veröffentlichen von eigenen Researchergebnissen zur Marketingstrategie.
- Externe Anbieter von Wissen: Externe Wissensquellen sind kommerzielle Anbieter, z. B. andere Beratungshäuser („Allianzpartner" oder „Subkontraktoren", professionelle Research-Dienstleister und Analysten wie *Freedonia*, *Gartner Dataquest*), öffentliche Institutionen (*Statistisches Bundesamt,* Fachgutachten

[125] In der deutschen Industrie beurteilen die Unternehmen informelle Netzwerke als Informationsquelle von größerer Wichtigkeit als technische Hilfsmittel der Datenverarbeitung (*Bullinger* et al., 1998, S. 15).

Tab. 26: Der Kunde als Wissensquelle für den Berater

Kundenmitarbeiter	Wissensgegenstand
Geschäftsführer	Entscheidungshintergrund der Auschreibung, geschäftliche Situation und Absichten, Interessengruppen innerhalb des Unternehmens
Vorstandsmitglied Bereich X	Interessen des Bereichs X, Vorschläge zur Abstimmung mit Bereich Y
Vorstandsmitglied Bereich Y	Interessen des Bereichs Y, Vorschläge zur Abstimmung mit Bereich X
Prozesseigentümer	Details Ist-Prozesse und Ist-Situation, Vor- und Nachteile bisheriger Prozesse
Betriebsrat	ggf. mögliche Einwände gegen die Nutzung eines neuen Systems, Mitarbeiterstimmung, häufig „konservatives" Element, die Geschwindigkeit des Verstehens vieler Betriebsratsmitglieder zeigt manchmal das Tempo des Langsamsten und Misstrauischsten im Geleitzug an
Projektleiter des Kunden	Machbarkeitserwartungen, relative Stärke von Interessengruppen, Fähigkeiten der Projektteammitglieder des Kunden, Schmerzgrenzen bei Projektverzögerungen oder -veränderungen
Fachexperte im Team	Ist-Abläufe und Zustände im Projektbereich, ggf. gute Vorschläge und Ideen für Neuerung
Fachexperte außerhalb des Teams	Ist-Abläufe und Zustände im Projektbereich, ggf. gute, zuvor blockierte Vorschläge und Ideen für Neuerung
Team-Mitarbeiter des Kunden	Fähigkeiten

und Analysen der Ministerien, Universitäten und Fachhochschulen) und andere Wirtschaftsteilnehmer (insbesondere Research-Abteilungen der Banken, Fachzeitschriften, Industrie- und Handelskammern usw.).

Wissensmanagement ist dann besonders effektiv, wenn die Prozesse und Strukturen den Gegebenheiten des Beratungsunternehmens angepasst sind und umgekehrt die Strukturen dem Wissensaustausch besonders förderlich sind. Solch nützliche Strukturen sind die

- Aufbauorganisation: Die Aufbauorganisation von Unternehmensberatungen (s. Abschnitt 5.1.) kommt häufig dem Prinzip der Communities of Practice nahe (vgl. *Uelpenich* et al., 2001, S. 470).
- Unternehmenskultur: Unternehmensberatungen haben häufig eine „offene Tür" – Politik (jeder kann zu jedem relativ formlos Kontakt aufnehmen, um Dinge in Erfahrung zu bringen), betonen zumindest den Wert von offenem Wissensaustausch und bestrafen unnötige Geheimniskrämerei und Abteilungsdenken (*Uelpenich*, 2001, S. 270).

Tab. 27: Wissensmanagementsystem „KOL" Booz, Allen & Hamilton (Habbel, 2000)

KOL Komponente	Geschäftsanforderung	Funktionale Anforderungen
Knowledge	Schneller und effizienter Zugriff auf unternehmensweites und externes Wissen	Sichtbare Wissensdatenbanken mit direkten Verbindungen zu Projekthistorien, Lebensläufen, und relevantem Intellectual Capital – Verbindungen zu externen Quellen
Fertigkeiten und Methoden	Unternehmensweiter Zugriff auf Trainingseinheiten, Beratungstechniken und Methoden	Informative und interaktive Trainingseinheiten verbunden mit Definitionen und Begriffen – auf Nachfrage
KOLaborate	Rechtzeitige zuverlässige und einfache Kommunikation zwischen globalen Teams	Fähigkeit zu elektronischen Konferenzen und gebundener Nachrichtenübertragung
Lebensläufe	Angemessener und schneller Personaleinsatz und Klientenprojekte	Fähigkeit zur Suche und Abspeicherung von Personaldaten verbunden mit Projekterfahrungen, Kundeninformationen, Personalwesen, individuellen Fähigkeiten
Industriegruppen/Teams	Effizienter Zugang zu industriespezifischen Intellectual Capital, Lebensläufen und Experten	Suchbare Wissensdatenbank, strukturiert nach Industriegruppen mit Verbindungen zu Projekthistorien, Lebensläufen und relevantem Intellectual Capital
Geschäftsaktivitäten	Interne Kommunikation über Geschäftsaktivitäten und Transaktionen	Unternehmenskalender, Geschäftsnachrichten, Personalinformationen
Büros	Schneller Zugang zu den Daten aller Büros	Verbindung zu bürospezifischen Geschäftsnachrichten, Personalinformationen
Ideenmarkt	Externe Kommunikation von Geschäftsnachrichten und Wissensquellen	Verbindung zu bürospezifischen Internetseiten, Auswahl von firmeneigenem Wissen und Ideen für Klienten und andere Externe (teilweise verfügbar im Extranet)

5.10 Sekretariat – das etwas andere Vorzimmer

5.10.1 Aufgabe und Bedeutung

Das Sekretariat und die Assistenz der Manager spielen in der Unternehmensberatung eine besondere Rolle. Die Bandbreite der gewünschten Assistenz ist groß – man findet Stellen für junge Anfänger ohne Berufserfahrung bis hin zu hoch qualifizierten Office-Managern mit Führungsaufgaben, deren Bezahlung sich auch auf dem Niveau eines Managers der Unternehmensberatung[126] bewegt. Der Grund für diese starke Spreizung liegt darin, dass Sekretariatsarbeit in Beratungsfirmen zum einen nahtlos in Kundenarbeit übergehen kann und zweitens die optimale Zuarbeit für einen Vorgesetzten („Partner“[127]) sehr hohe Wertschöpfung bedeuten kann. Der hohe Arbeitsdruck sowie das oft über mehrere Wochen nur virtuelle Zusammensein mit dem „internen Kunden“ sind die hervorstechendsten Merkmale. Das typische Umfeld und die Aufgabenstellung der Sekretärin in einer Beratung sind gerade für branchenfremde Berufserfahrene oft sehr gewöhnungsbedürftig. In Zeiten einer normalen Wirtschaftslage liegt erfahrungsgemäß die Fluktuation in größeren Beratungshäusern deswegen auch in diesem Bereich immer recht hoch, d.h. bei ca. 20 %. In der Zeit des Internet-Booms mussten die Beratungen sogar Abwanderungsquoten im Sekretariatsbereich von bis zu 25 % hinnehmen.

Ein durchschnittlicher Unternehmensberater verbringt den überwiegenden Teil seiner Arbeitszeit nicht in seinem Büro, sondern hauptsächlich bei Kunden. Bei den Partnern (Prinzipalen, Direktoren usw.) kommt noch ein nicht unerheblicher Zeitaufwand für in- und externe Besprechungen dazu, die oftmals außerhalb des Wohnortes bzw. Bürostandortes stattfinden und auch nicht durch eine Telefonkonferenz ersetzt werden können. Das hat Auswirkungen auf die Arbeit der Sekretärin und der wohl größte Unterschied zum klassischen Sekretariat ist die permanente räumliche Distanz, die es bei der Arbeit zu überbrücken gilt. Das hat Vor- und Nachteile: Die Sekretärin ist weitestgehend frei in der Gestaltung ihres Arbeitsalltages, ihres Aufgabengebietes und der Art, wie sie ihre Arbeit erledigt. Kaum jemand schaut ihr über die Schulter oder kontrolliert regelmäßig die Arbeitsergebnisse. Auch in anderen Branchen muss der Vorgesetzte seiner Sekretärin „blind“ vertrauen können. Dieses Vertrauen zu rechtfertigen, bedeutet auch in anderen Branchen den größten Erfolg von Assistenzkräften. Jedoch ist das Ausmaß der Abhängigkeit des Vorgesetzten in Beratungsfirmen viel höher, dass trotz seiner permanenten Abwesenheit die Aufgaben in seinem Sinne erledigt werden.

Der Preis für die weitgehende Autonomie der Sekretärinnen ist eine Kommunikation, die oft fast ausschließlich über Telefon und eMail erfolgt. Dazu kommt der Mangel an direktem persönlichen Kontakt und demzufolge oft ein Mangel an Wissen, mit welchem Menschen man es am anderen Ende der Leitung zu tun hat. Es kostet die Beteiligten eine große Anstrengung, diese Anonymität und Austauschbarkeit zu überwinden, und oft gelingt es nur unzureichend oder gar nicht. Aber gerade erst dann, wenn man die Persönlichkeit und den Arbeitsinhalt des anderen gut kennt, kann man besonders treffsicher mitdenken und Aufträge mit Erfolg bearbeiten. Neben dem reduzierten menschlichen Kontakt zum Vorgesetzten ist auch die Distanz zum Fachlich-Inhaltlichen der Arbeit ein zweiter, wesentlicher Unterschied: In kaum einer anderen Branche hat die Assistentin so wenig Einblick in die inhaltliche Arbeit ihrer Chefs wie in einer Beratung. Ja, sie hat in vielen Fällen beim Berufsstart noch nicht einmal eine Vorstellung davon, wie die Arbeit aussieht, warum sie gemacht wird und was am Ende das Resultat ist. Das ist auch ver-

[126] Entspricht in etwa dem, was in großen Industrieunternehmen Abteilungsleiter erhalten.
[127] Vorgesetzte können – je nach Hierarchiestufe und firmeninterner Bezeichnung der Hierarchiestufen – „Partner“, Manager, Principals, Direktoren usw. sein. Der Einfachheit halber wird im folgenden auf Geschäftsführerebene nur von „Partnern“ gesprochen.

ständlich, denn das Berufsbild eines Unternehmensberaters wird in den Ausbildungsberufen einer Sekretärin nicht vermittelt und selbst ein gutes kaufmännisches Wissen hilft da nicht weiter (siehe auch Abschnitt 5.10.5).

5.10.2 Organisation der Sekretariatsarbeit

In kleinen Beratungshäusern ist das Sekretariat meist als Stab direkt beim Geschäftsführer angesiedelt. In großen internationalen Firmen dagegen ist das Sekretariat oft den so genannten „Back-Office"-Funktionen zugeordnet, d.h. es ist nicht als Stab bei den Beratern etabliert, wird durch ein rechtlich selbständiges Unternehmen betrieben und unterscheidet sich häufig auch in den Rechten und Pflichten des Arbeitnehmers sowie der Bezahlung und der Gewährung von Sozialleistungen. Da es meistens in jedem Büro eine administrative Leitung gibt, ist sie dieser untergeordnet, d.h. sie untersteht nur fachlich, nicht disziplinarisch ihrem Chef, für den sie arbeitet. Hier ergeben sich natürlich Reibungspunkte, da die Interessen dieser beiden Seiten manchmal verschieden sein können[128] und es für die Sekretärin oftmals nicht einfach ist, beiden Vorgesetzten gleichzeitig zu dienen.

Es gibt keine einheitliche Struktur der Sekretariatsdienste bei Beratungsunternehmen. In den Strategieberatungen ist auf der Partnerebene die klassische Zuordnung von 1:1 oder 2:1 noch am häufigsten anzutreffen, während in den darunter liegenden Hierarchien das Verhältnis höher liegt. In den IT-Beratungsunternehmen findet man dagegen häufiger eine Teamstruktur, die eine Gruppe von Partnern z.B. einer bestimmten Industrie oder Funktionsgruppe betreut. Trotzdem hat jeder Partner seine feste Sekretärin, die allerdings immer vom Rest des Teams vertreten wird, wenn sie nicht verfügbar ist. Für die unteren Hierarchieebenen der internen Kunden gibt es Service-Teams, die ohne persönliche Zuordnung zu Auftraggebern Anfragen nach dem Motto „first come, first serve" bearbeiten.

Aufgrund der bereits angesprochenen „Zusammenarbeit auf Distanz" ist eine professionelle technische Infrastruktur nötig. Hierzu gehört ein aktuelles Office-Paket inkl. einer Mailsoftware (z.B. Outlook oder Lotus Notes), auf denen die Terminkalender der Chefs abgebildet sind und online aktualisiert werden können. Viele der größeren Beratungsunternehmen haben mittlerweile ihre eigene Wissensdatenbank, auf die die Sekretärinnen zugreifen können und die sie für ihre Arbeit auch mehr und mehr benötigen. Der Internetzugriff sowie eine eigene Mailboxadresse sind üblich, der gegenseitige Zugriff auf die Mailboxen der Kolleginnen und die ihrer Chefs sind ein Muss. Die elektronische Reisekostenabrechnung oder Rechnungsbearbeitung ist stark auf dem Vormarsch. Sekretärinnen-Teams benötigen auch eine Datenbank, in der man alle wichtigen Daten der Chefs, ihrer Kunden und der organisatorischen Arbeitsdetails findet. Dies sichert die Funktionsfähigkeit des Teams auch dann, wenn die zugeordnete Sekretärin nicht da ist. Unterstützt wird die Teamarbeit von Sekretariaten wie auch der Berater selbst durch Telefonanlagen mit Rufweiterleitung, Ringschaltungen und den Konferenzmodus.

---

[128] Z.B. wenn von der Administration Überstunden ausgeschlossen wurden, der interne Kunde aber generell einen überdurchschnittlichen Einsatz und Verfügbarkeit nach den üblichen Bürostunden erwartet.

5.10.3 Nutzererwartungen an die Sekretariate

Für alle Unternehmensberater, die persönliche Sekretariatsunterstützung in Anspruch nehmen, ist das Wichtigste die professionelle Reise- und Terminplanung, die einen großen Teil des Arbeitstages in Anspruch nimmt. Auf der Partnerebene wird von der Sekretärin häufig viel Kreativität und gute Kenntnis in der Reisebranche gefordert, da der Reisebedarf oftmals über den Rand des Machbaren hinauszugehen scheint. Ein Beispiel: Der Partner betreut nicht nur einen, sondern zwei oder mehr Kunden während der Woche, dazu pendelt er zwischen zwei oder mehr Orten hin und her. Sind diese Orte weit weg von seinem Heimatbüro, bedeutet dies an sich schon viel Reisezeit und Planung. Häufig ist aber diese Planung nicht das Papier wert, auf dem sie steht und kaum ist sie fertig, ist sie wieder veraltet. Unplanmäßige und kurzfristig angesetzte Treffen (der Terminplan des Kunden hat selbstverständlich immer Vorrang), ein veränderter Projektverlauf, der mehr Anwesenheit verlangt, firmeninterne Dinge, die schnell geregelt werden müssen, usw. stellen die Reiseplanung oft mehrmals täglich auf den Kopf. Kommen dann noch drastische Verspätungen der Bahn oder Flüge bzw. Totalausfälle im Transfer – besonders im Winter – dazu, dann hängt die Rettung des Terminkalenders davon ab, wie geschickt und schnell die Seketarin arbeitet und ob der „Plan B“, der immer in der Schublade sein sollte, greift. In solchen Situationen zeigt sich dann, wie es um die Qualität ihres Netzwerkes bestellt ist, wie das Verhältnis zu den Assistentinnen des Kunden ist und wie beharrlich sie verhandeln kann.

Obligatorisch ist auch die Stunden- und Reisekostenabrechnung, die Organisation von internen und externen Veranstaltungen jeglicher Größe, neuerdings auch die Organisation von Telefon- und Videokonferenzen. Daüber hinaus ist auch das Erstellen oder die Bearbeitung von Präsentationen gefordert. Das Schreiben von Briefen und Aktennotizen nach Diktat oder vom Band ist nahezu ausgestorben, die Schreiben werden von den Beratern oft selbst erstellt oder zumindest vorformuliert und per eMail an die Sekretärin zur Weiterbearbeitung geschickt, so dass sie nur formatiert und Korrektur gelesen werden müssen.

Auf der Partnerebene ist die Aufgabenstellung unterschiedlich, je nachdem wie stark der jeweilige Partner in das Kundengeschäft eingebunden ist oder ob er innerhalb der Organisation noch zusätzlich oder ausschließlich andere Aufgaben wahrnimmt. Das Spektrum bewegt sich dann von Unterstützung im HR-Bereich, projektbezogenen Aufgaben über Budget-Controlling, Recherchen, Protokollerstellung bis zum Schreiben von Vorträgen und inhaltliche Erstellung von Präsentationen, wenn die Sekretärin tief genug im Thema steckt.

6 Beratung als Prozess

Zweck dieses Kapitels ist es, anhand eines Standard-Prozessmodells die Vorgehensweise einer Unternehmensberatung unabhängig von dem spezifischen Beratungsprodukt darzustellen. Je nach Beratungsprodukt und Arbeitsphilosophie des Anbieters kann die Praxis zwar etwas anders aussehen, dennoch werden so Aussagen zu den Charakteristiken des Geschäfts möglich. Dabei sollen beide Sichtweisen, die des Beraters und die des Kunden, gezeigt werden.

„Henne oder Ei“, „Berater oder Kunde“, wer war zuerst da? Der Geschichte der Beratung folgend (vgl. Kapitel 3) wohl beide. Demzufolge ist es auch nachvollziehbar, dass sich aufgrund der unterschiedlichen Interessen im Laufe der Zeit ein „Annäherungsprozess“ entwickelt hat, der beiden Sichtweisen Rechnung trägt.

Sowohl aus Berater- als auch aus Kundensicht lässt sich der Beratungsprozess in unterschiedliche Phasen unterteilen, die nachfolgend beschrieben werden sollen. Dabei sollen die für beide Seiten wichtigen und oft unterschiedlichen Aspekte herausgearbeitet werden.

Bevor es zu einem gemeinsamen Projekt zwischen Kunde und Berater kommt, haben beide Parteien unterschiedliche Aufgaben zu bewältigen. Die Berater definieren bzw. überarbeiten ihre Produkte und Leistungen. Der Kunde erkennt, dass bestimmte Vorhaben ohne externe Unterstützung nicht oder nur schwer und lang-

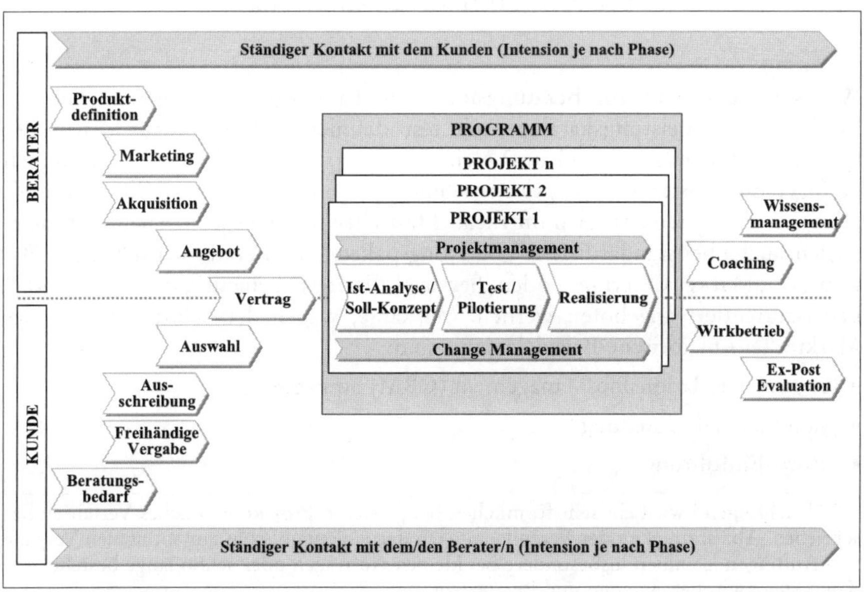

Abb. 31: Phasen eines Standard-Beratungsprozesses, Kunden- und Beratersicht

wierig zu bewältigen sind, formuliert seinen Beratungsbedarf und entscheidet intern über die Art der Ausschreibung und des Auswahlverfahrens für einen Anbieter. Öffentliche Organisationen sind über die für sie geltenden Vergabebedingungen in Abhängigkeit von dem wahrscheinlichen Ausschreibungsvolumen zu einer bestimmten formellen Vorgehensweise gezwungen[129].

In diesem Standard-Prozessmodell haben beide Parteien, sowohl Kunde als auch Berater, im Vorfeld noch keinen persönlichen Kontakt[130]. Dies ändert sich in der nächsten Phase, angestoßen von einer oder von beiden Parteien. Zu diesem Zeitpunkt sind i. d. R. aber noch mehrere Berater mit im Spiel. Bei gezielt durch den Kunden ausgewählten Beratungsunternehmen, die eine „Aufforderung zur Angebotsabgabe“ („Request for Proposal“) erhalten, sind dies erfahrungsgemäß etwa zehn Unternehmen, in Ausnahmefällen aber auch bis zu 20 (!). In den Fällen, bei denen es sich um öffentliche Ausschreibungen handelt, kann die Anzahl der „Bewerber“ aber, da nicht steuerbar, durchaus noch wesentlich höher liegen. Erst im nächsten Schritt erfolgt eine schrittweise Reduktion der Anbieter, bis schließlich die Entscheidung für einen Berater getroffen worden ist, mit dem dann partnerschaftlich die nächsten Schritte des eigentlichen Projektes oder sogar eines umfangreicheren Programms durchgeführt werden. Nach (erfolgreichem) Abschluss des Projekts, worunter aus der Sicht der Autoren die Umsetzung der geplanten Konzepte zu verstehen ist (!), trennen sich die Wege zwischen Kunde und Berater zunächst wieder, es sei denn, es erfolgt noch eine „Nachunterstützung“ („Post Production Support“) während einer definierten Anlaufphase. In Abb. 31 ist dieser Prozess vereinfacht dargestellt.

6.1 Angebot und Nachfrage

Was kann und will ein Beratungsunternehmen überhaupt anbieten? Gibt es Produkt- und Leistungskataloge mit fest definierten Preisen, aus denen der (potenzielle) Kunde wählen kann? Nein, dies ist so i. d. R. nicht der Fall. Dennoch verfügen die meisten Beratungsunternehmen neben klar definierten Produktbereichen, innerhalb derer sie sich oft flexibel fast allen kundenspezifischen Aufträgen stellen, auch über standardisierte „Beratungspakete“ (im Beraterdeutsch auch „Offerings“, „Market Offerings“ oder „Service Offerings“ genannt), die dem Kunden bedarfsorientiert angeboten werden. Markante, wegen der Schnelllebigkeit des Marktes teils historische Beispiele dafür sind:

- Customer Relationship Management (CRM) Strategie
- „Jahr“-2000-Umstellung“
- „Euro-Einführung“

[129] Nachfolgend wird ein sehr förmliches, bei größeren Projekten übliches Verfahren beschrieben. Abkürzungen oder Vereinfachungen der Abläufe bis hin zur spontanen Vergabe von Aufträgen kommen insbesondere bei kleinen Aufträgen oder schon lange bestehenden Kontakten zwischen Kunden und Berater vor.

[130] Tatsächlich wickeln Beratungsunternehmen viele ihrer Projekte mit Altkunden ab.

- Balanced Scorecard
- Supply Chain Management (SCM) Strategie
- Business-Process-Reengineering (BPR) und Einführung eines SAP-Moduls

Bei Standardprodukten dieser Art stehen die Vorgehensweise, der Ablauf und das Ergebnis schon vor dem Projektstart weitgehend fest und müssen „nur" noch kundenspezifisch angepasst werden. Dies ist aber nicht die Art von Projekten, die sich Unternehmensberatungen unbedingt wünschen, auch wenn sie oft einen Großteil des Geschäfts ausmachen. Denn alles, was standardisiert abläuft, kann von der Konkurrenz oft relativ leicht kopiert werden und bedarf auch nicht einer ausgeprägten Intelligenz oder Kreativität. Anders hingegen sieht es bei Strategie- und Organisationsprojekten aus. Hier kommen zwar sehr wohl bewährte Vorgehensweisen und Techniken zum Einsatz, diese, richtig eingesetzt, erfordern jedoch eine scharfe Analyse und ein sehr gutes Verständnis für den Kunden, seine Situation und die wirtschaftlichen sowie „politischen" Rahmenbedingungen.

Das bisherige Erfolgsrezept vieler globaler Beratungsunternehmen lautet daher: mit erprobten Methoden, einem weltweiten Netzwerk (zum Nachschlagen und um das „Rad nicht neu zu erfinden") und hochmotivierten, engagierten, kreativen und intelligenten Mitarbeitern beinahe jede Herausforderung bewältigen und damit jede gestellte Aufgabe zur vollsten Zufriedenheit des Kunden lösen zu können. Und zwar einzigartig, im Sinne von auf den Kunden angepasst und von der Konkurrenz differenzierend[131].

Im Idealfall sollte es so sein (vgl. *Niedereichholz,* 2001, S. 13): Standardprobleme der Klienten werden mit standardisierten Produkten gelöst, neue, „innovative" Probleme werden mit kreativen, analytischen und wissenschaftlichen[132] Methoden bearbeitet. Aus kreativen Lösungen entstehen durch Abstraktion weitere neue Standardprodukte. Die echten kreativen Problemlösungen sind damit die Keimzellen des Wachstums im Beratungsmarkt. Nur durch Bearbeitung neuer Probleme und durch eine immer weiter betriebene Standardisierung dieses neu gewonnenen Problemlösungswissens ist eine qualitativ hochwertige Professionalisierung und Produktivitätssteigerung in der Beratungsbranche möglich. Den Markt voranzutreiben und dem Kunden – möglichst auch der Konkurrenz – zumindest in umrissenen Themengebieten theoretisch und praktisch voraus zu sein, ist für Berater überlebenswichtig. Dieser Druck voranzugehen und voraus zu sein, birgt natürlich auch die Gefahr, dass der Berater selbst Fehleinschätzungen unterliegt oder dem Kunden mit seinen Visionen einfach unverständlich oder zu weit entrückt ist. Der häufig sehr unterschiedliche Ansatz in der Denkweise von Beratern und Kunden lässt sich stark vereinfacht und pauschal so zusammenfassen:

Kunden denken (eher) kurzfristig problemorientiert und pragmatisch, Berater (eher) langfristig (was nicht notwendigerweise umsetzungsorientiert bedeutet) und strategisch. Die Abb. 32 macht dies an einem sehr einfachen Beispiel deutlich.

---

[131] Aus Beratersicht lautet demnach die Quintessenz: „Wir lösen jedes Problem: schnell, zuverlässig und kompetent." (Spaßeshalber soll hier auf die Analogie aus „Kaisers Zeiten" hingewiesen werden *„Es gibt nichts, was ein deutscher Offizier nicht kann"*, die die Frage aufwirft, ob die Branche der Unternehmensberatung nicht doch deutsch-österreichische Wurzeln hat?).

[132] Zur Beziehung von Unternehmensberatung und Wissenschaft siehe Abschnitt 8.2.

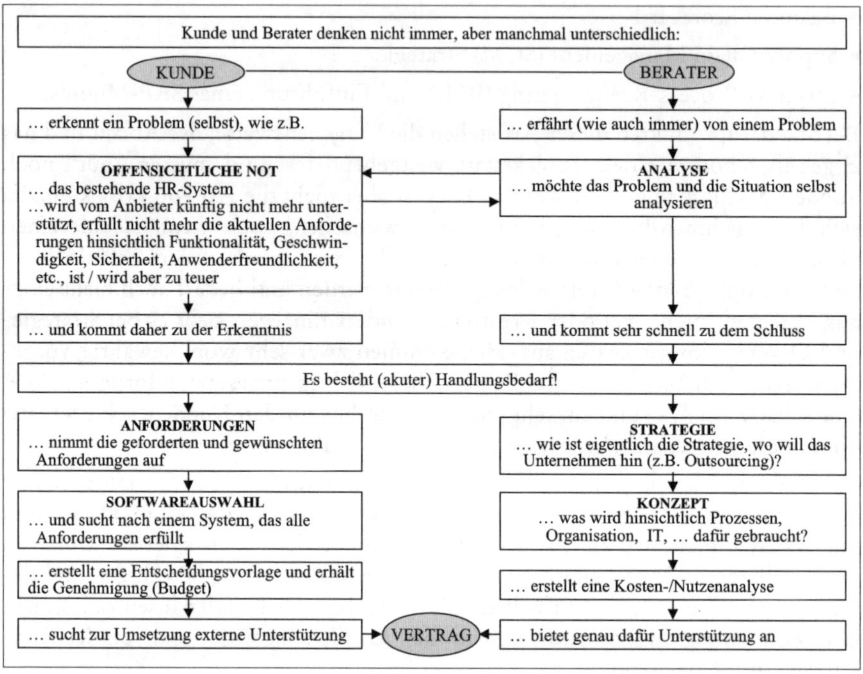

Abb. 32: Vereinfachte „typische" Denkweise von Kunden und Beratern

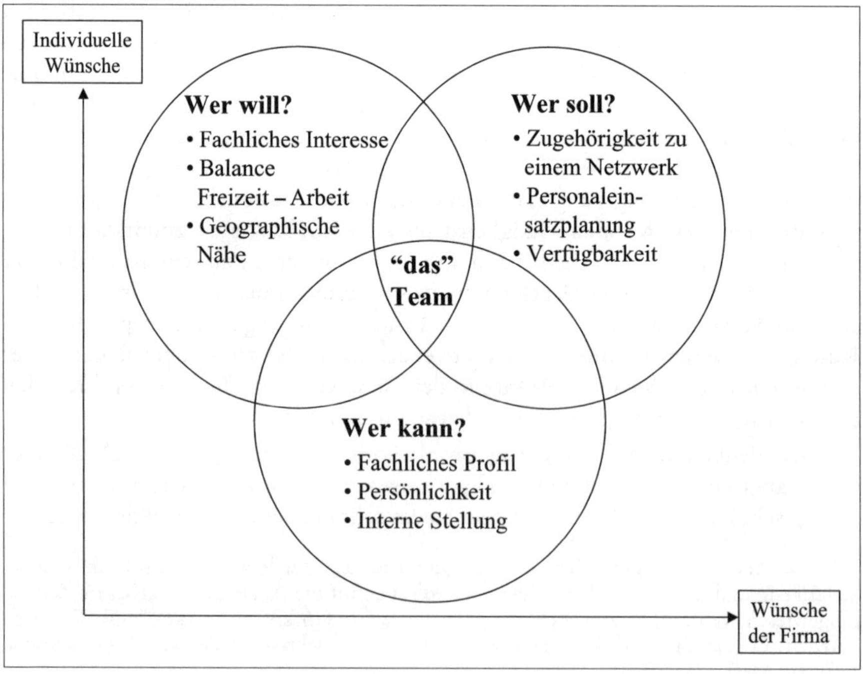

Abb. 33: Überlegungen vor der Zusammensetzung eines Projektteams

Tab. 28: Checkliste zur Projektvorbereitung für den Kunden

CHECKLISTE zur Projektvorbereitung für den Kunden	
1.	**Projekt und Beratungsbedarf formulieren** Nicht nur für Ausschreibung, Vorstandsvorlage oder Kosten-Nutzen-Rechnung (Business Case), sondern auch schon in der Zeit vor dem Vertragsabschluss ist es wichtig, das geplante Projekt und den hierin vorgesehenen Bedarf an Unterstützung zu beschreiben. Welche Erwartungen werden an den Berater gestellt, welche Rolle soll er spielen (vgl. Anhang 17.5.3) und woran wird er gemessen?
2.	**Auslöser für das Projekt deutlich machen** Warum ist überhaupt ein Projekt notwendig, welche Auslöser bzw. Treiber gibt es hierfür? Die Antwort auf diese Frage hilft dabei, bei der Geschäftsführung, dem Vorstand, Mitarbeitern, Betriebsrat und anderen Gremien Unterstützung für das Vorhaben zu erhalten. Um Akzeptanz zu schaffen muss – je nach Situation und Interessensgruppe – offensiv geworben werden. Ein Kommunikationsplan sollte bereits zu Beginn des Projektes entworfen werden (s. Abschnitt 6.8).
3.	**Konkrete inhaltliche Ziele festlegen** Was soll mit dem Projekt überhaupt erreicht werden? Ein Projekt, mit den damit verbundenen personellen, zeitlichen und finanziellen Aufwänden macht man nicht aus „Jux und Tollerei". Es muss von Anfang an klar formuliert und dokumentiert sein, welcher Nutzen am Ende herauskommen soll.
4.	**Zeit- und Aufwandschätzung vornehmen** Mit welchem Aufwand an Zeit, Personen und Finanzen ist das Projekt verbunden?
5.	**Einen „Projekt-Sponsor" suchen** Wer tritt nach Außen hin (außerhalb der Runde der eingeweihten Personen) als offizieller Promotor und Verfechter des Projekts auf und warum?
6.	**Verantwortlichen Projektleiter bestimmen** Wer soll das Projekt verantwortlich leiten und damit für die Abwicklung des Vorhabens, das Projektteam, das Projektcontrolling, die Berichterstattung gerade stehen und kann jederzeit zum aktuellen Status Auskunft geben?
7.	**Erforderliche Kenntnisse und Erfahrungen identifizieren** Welche Ausbildung, Kenntnis und Erfahrung sind für eine erfolgreiche Abwicklung erforderlich?
8.	**Zeitrahmen festlegen und erforderliche Anzahl von Projektmitarbeitern ableiten** In welchem Zeitrahmen soll der geplante Aufwand erbracht werden? Sollen viele Mitarbeiter halbtags über einen längeren Zeitraum oder weniger Mitarbeiter vollzeit über einen kürzeren Zeitraum eingesetzt werden?
9.	**Potenzielle Projektmitglieder bestimmen und Verfügbarkeit klären** Welche Mitarbeiter sind für die Mitarbeit am Projekt fachlich und persönlich geeignet, haben auch den entsprechenden Antrieb mitzuarbeiten und können auch entsprechend freigestellt werden? Diesem Punkt kommt eine oft „kriegsentscheidende" Bedeutung zu: Nicht diejenigen Mitarbeiter, auf die man im Tagesgeschäft am ehesten verzichten kann, sollten zum Projektteam gehören. Genau das Gegenteil ist der Fall: Diejenigen Mitarbeiter, auf die man am wenigsten verzichten kann, sollten sich maßgeblich im Projekt engagieren. Sie bürgen nicht nur für die Qualität der Projektarbeit, sondern auch für die Anerkennung und Akzeptanz sowie eine erfolgreiche Implementierung (s. Abb. 33).
10.	**Benötigte Beratungsleistungen definieren** Was genau soll der interne oder externe Berater übernehmen? Wie viele Personentage sollen in welchem Zeitraum übernommen werden, welche Kenntnisse sind dafür notwendig, was darf es maximal kosten, und nicht zu vergessen, was soll dabei heraus kommen?

Warum benötigen Unternehmen überhaupt Beratung? Die Gründe für eine Beauftragung sind unterschiedlich und manchmal auch bei einem einzelnen Auftrag gemischt (vgl. Abschnitt 4.2). *Den* einen Grund gibt es wohl nicht. Entsprechend können Berater dabei – gewollt oder ungewollt – ganz unterschiedliche Rollen einnehmen bzw. in diese gedrängt werden (vgl. Anhang 17.5.2 und 17.5.3). Worauf sollte man als Kunde achten? Tab. 28 gibt einige Tipps zur Vorbereitung bzw. Planung eines Projekts.

6.2 Kunden suchen und Berater finden

6.2.1 Beratungstypische Formen der Akquisition

„Akquisition“ sind konkrete Anstrengungen zum Verkauf von Beratungsleistungen an bestimmte Kunden (vgl. Abschnitt 5.5). Die benötigte Zeitdauer und die Bereitschaft von Anbietern zu einem hohen Aufwand für eine Akquisition hängen von mehreren Faktoren ab:

- Echte Konkurrenz für den Auftrag.
- Potenzieller Auftragswert (Erst- und Folgeaufträge unter Berücksichtigung der geschätzten Wahrscheinlichkeit, diese Aufträge auch zu gewinnen).
- Förmlichkeit des Ausschreibungsverfahrens. Ein Extrem bilden hier die Vergabeverfahren öffentlicher Auftraggeber, ein anderes Extrem die per Handschlag nach einem netten Gespräch vereinbarten Aufträge unter langjährigen Geschäftspartnern. Aufwandstreiber sind hier sowohl die Zahl der Stufen einer Auswahlentscheidung als auch die Format- und Inhaltsvorgaben für die einzureichenden Unterlagen oder darzubietenden Präsentationen.
- Vorgeschichte. Handelt es sich um einen Erstauftrag im Rahmen einer Aufforderung zur Angebotsabgabe, die Verlängerung bzw. Erweiterung eines laufenden Projektes, um ein neues Projekt im bestehenden Projektumfeld (Folgeprojekt) oder eine Kaltakquisition. Sind das Beratungsunternehmen bzw. die Schlüsselpersonen des Beratungsunternehmens dem Kunden bereits persönlich oder durch Empfehlung bekannt, oder handelt es sich auch um einen persönlichen Erstkontakt.

Es lassen sich unterschiedliche Formen der Akquisition unterscheiden, die bezogen auf den jeweils notwendigen Aufwand und die Dauer bis zum Vertragsabschluss stark voneinander abweichen können (s. Abb. 34).

Wenn man auf bereits vorhandenen Kundenbeziehungen aufbauen kann, gestaltet sich der Akquisitionsprozess – kaum überraschend – weniger aufwendig und mit deutlich höherer Erfolgswahrscheinlichkeit als dann, wenn man vorher keinen Kontakt zum Kunden hat (so genannte „Kaltakquise“).

(1) Die Verlängerung/Erweiterung eines bestehenden Auftrags: Im gesicherten Umfeld eines erfolgreichen Projekts lassen sich – bei sich abzeichnendem Erfolg und entsprechend guten Beziehungen zum Kunden – nicht selten Anschlussaufträge verkaufen. Die Notwendigkeit solcher Projekterweiterung ist

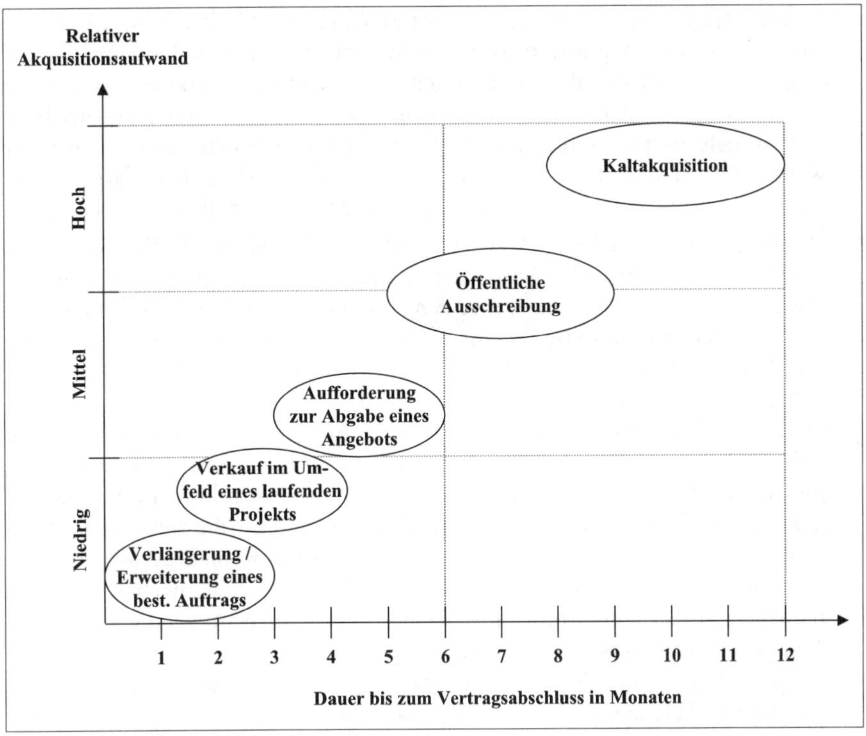

Abb. 34: Typ der Auftragsvergabe, Akquisitionsaufwand und -dauer

dabei nicht auf eine schlechte Projektplanung zurückzuführen, sondern kann mehrere Gründe haben:

- Die Arbeitspakete, die am bzw. für das Projektende geplant waren, wurden bewusst außen vor gelassen, um sie später zu vergeben.
- Der „Kuchen" wurde nicht komplett vergeben, weil der Kunde doch noch den ein oder anderen Zweifel am Projekt selbst oder am Berater hatte.
- Einzelne, für notwendig und wichtig empfundene Aufgaben wurden aus Budgetgründen „vertagt".
- Im Zuge des Projektes traten neue Aspekte auf, die nach Änderungswünschen zu einer Anpassung des Projektumfangs führten.

Dieses ist wohl die einfachste Form der Akquisition mit einer gleichzeitig sehr hohen Erfolgswahrscheinlichkeit des Abschlusses.

(2) Verkauf im Umfeld eines laufenden Projektes („Cross-Selling"): Nach dem Motto: „Nun habe ich den Fuß in der Tür und schaue mal, was der Kunde sonst noch so alles brauchen kann" werden die Fühler ausgestreckt. Diese, möglicherweise ironisch anmutende Formulierung ist aber keineswegs so gemeint. Erst durch den tagtäglichen Kontakt mit dem Kunden und seinem Unternehmen lernt man als Berater beide besser kennen, lernt neue Mitarbeiter des Kunden kennen, verfolgt interne Diskussionen und bekommt ein immer besseres Gespür für die Situation und neue Herausforderungen.

(3) Anfrage/Aufforderung zur Abgabe eines Angebots (Teilnahmewettbewerb): Diese Form der Akquisition ist eine sehr typische, aus Kundensicht insofern eingeschränkt, als nur die vermeintlich interessantesten Beratungskandidaten angeschrieben werden. Davon abgesehen, stellt sie aber für das angeschriebene bzw. aufgeforderte Beratungsunternehmen auch bereits eine gewisse Form der Wertschätzung dar: Der Kunde ist sich grundsätzlich sicher, dass die gewünschten Anforderungen zur vollsten Zufriedenheit erfüllt werden können.

(4) Öffentliche Ausschreibung: Ab einem Auftragsvolumen von € 200000.– (ohne MwSt) ist eine öffentliche Ausschreibung nach EU-Richtlinien vorgesehen[133]. Diese wird im EU-Amtsblatt sowie den nationalen amtlichen Anzeigenblättern (in Deutschland z. B. im Bundesanzeiger) veröffentlicht und bietet damit jedem die Chance, sich zu bewerben. Dies hat auf der einen Seite den Vorteil, dass auch vielleicht bis dato nicht bekannte Anbieter mit in die Vorauswahl einbezogen werden. Andererseits aber ist sie doch auch mit einem erheblichen Aufwand verbunden, die Anzahl der Angebote ist eben nicht limitierbar. Der Eingang von 50 Angeboten mit einer durchschnittlichen Seitenanzahl von weit über 100 Seiten kann damit schnell zu einem großen Aufwand für die Sichtung und den Vergleich führen. Noch aufwendiger wird es für beide, wenn die Ausschreibung damit startet, dass zunächst ein „Antrag auf Teilnahme" abzugeben ist. Diese Teilnahmeanträge sind oft formlos, manchmal aber auch aufwendig gestaltet, z. B. mehrseitige Fragebögen, die fertig ausgefüllt leicht auf 30–50 Seiten kommen können. Hier wird nach expliziten Erfahrungen zu vorgegebenen, das Projekt betreffende Aufgabengebieten gefragt. Der Ausschreibende gewährt in dieser Stufe des Prozesses bei Rückfragen oft nur sehr zurückhaltend Einblick in seine Vorstellungen und Erwartungen des Projekts, so dass Berater mit bestehenden Kontakten zur ausschreibenden Stelle einen besonderen Vorsprung haben. Aus der meist großen Flut der Teilnahmeanträge werden dann fünf bis zehn Unternehmen aufgefordert, ein Angebot abzugeben. Diese Anfragen zur Abgabe eines Angebots können wiederum sehr knapp gefasst oder auch beliebig ausführlich sein, z. B. umfassten die Ausschreibungsunterlagen einer deutschen Krankenkasse ausgedruckt zwei dicke DIN A-4-Ordner! Gelegentlich werden auch vorliegende Ist-Analysen, angefangene und dann abgebrochene Konzeptarbeiten usw. zur Grundlage der Ausschreibung gemacht. Rückfragen sind jetzt zwar erlaubt, aber nur schriftlich und nur bis zu einem gewissen Termin, der noch Wochen vor Abgabeschluss liegt. Grund hier ist, dass alle Anfragen gesammelt werden und dann komplett, d. h. alle Fragen aller Anbieter mit den entsprechenden Antworten, an alle wieder verschickt werden. So soll die „Gefahr" vermieden werden, dass durch den Aufbau persönlicher Kontakte vor der Auftragsvergabe Wettbewerbsvorteile für den einen oder anderen entstehen. Über den Nutzen dieses Verfahren lässt sich sicherlich streiten!

(5) Kaltakquisition – Beratungsangebot ohne Vorliegen einer Kundenanfrage: So weit möchte es grundsätzlich kein Beratungsunternehmen erst kommen lassen. Die vorher beschriebenen Möglichkeiten, neues Auftragsvolumen zu generieren, werden und sind in jedem Fall bevorzugt! Der Großteil der zusammen mit Bera-

[133] Vgl. Richtlinie 92/50/EWG des Rates vom 18. Juni 1992 über die Koordinierung der Verfahren zur Vergabe öffentlicher Dienstleistungsaufträge (Dienstleistungsrichtlinie).

tern durchgeführten Projekte geht wohl auf eine Initiative des Kunden zurück, der ein Projekt ausschreibt. Viel seltener gelingt es einem Berater, dass er aufgrund seiner Kundenansprache ohne vorher bekanntes Projektinteresse einen Auftrag erhält. Es kann daher für diese besonders oft mit einem Fehlschlag endende Form der Akquisitionsbemühungen eigentlich nur zwei gute Gründe geben. Entweder, man hat es geschafft, ein neues „Superprodukt" zu entwickeln, oder es sitzen so viele Berater ohne Projekteinsatz im Büro, dass nach sinnvollen Einsatzmöglichkeiten mit zumindest minimaler Verkaufschance gesucht wird.

Ein vollständiger Prozess der Kaltakquisition ist in der Tab. 29 abgebildet.

Tab. 29: Zwölf Schritte zur Kaltakquisition

	CHECKLISTE für die Kaltakquisition
1.	**Marktanalyse** • Was braucht der Markt zurzeit? • Welche Kunden (-gruppen) sind potenzielle Abnehmer? • Mit welchem Absatzvolumen ist zu rechnen?
2.	**Produkt- bzw. Leistungsdefinition** • Festlegen von Vorgehensweisen und Standardmethoden • Inhaltliche Definition von Standard-Beratungsprodukten • Inhaltliche Definition der Leistungen.
3.	**Produkt- bzw. Leistungskalkulation** Was kostet die (interne) Erstellung und wie hoch ist der „Verkaufspreis"?
4.	**Marketingmaterialien** Erstellen von Anschreiben, Präsentationen, Flugblättern, Artikeln, Anzeigen usw.
5.	**Kundensegmentierung** Potenzielle Kunden priorisieren und geeignete Ansprechpartner identifizieren.
6.	**Telefonischer Erstkontakt** Persönliches Vorstellen und Kurzvorstellung des Produkts/der Dienstleistung.
7.	**Schriftliche Unterlagen** Zusendung der besprochenen bzw. versprochenen Marketing-Unterlagen.
8.	**Telefonischer Zweitkontakt** Kurzbesprechung der Marketing-Unterlagen und Terminierung eines persönlichen Treffens zur ausführlichen Vorstellung und Diskussion der eigenen Idee und der des Kunden. Hierbei unbedingt die Ziele des Treffens und den Teilnehmerkreis abklären!
9.	*(Ab hier sind die nachfolgenden Punkte auch für eine Warmakquise gültig!)* **Vorbereitung des persönlichen Gesprächs** Kundenspezifische Anpassung der Marketing-Unterlagen. Insbesondere Aufgreifen der vom Kunden im Telefongespräch angesprochenen Punkte!
10.	**Persönliches Gespräch** Hier muss die Devise lauten: „Reden und reden lassen!" Erfassen der Situation des Kunden (aktuelle Herausforderungen, laufende und geplante Projekte). Weiteres Vorgehen festlegen, ggf. Präsentationstermin in größerem Kreis vereinbaren.
11.	**Kundenpräsentation** Vorbereitung und Durchführung einer Präsentation vor Entscheidern bzw. Personen, die Entscheider maßgebend beeinflussen.
12.	**Angebot** Im Idealfall: Erstellen eines Angebots. Dies können nur kleinere, nicht ausschreibungspflichtige „Einstiegspakete" sein, die anschließend erweitert werden oder in einer Ausschreibung münden (dann heißt es wieder: Angebot erstellen, ...)

Die beschriebene Vorgehensweise lässt deutlich werden, dass die Kaltakquisition oft ein sehr aufwendiger und langwieriger Prozess ist, der i. d. R. nur unter folgenden Voraussetzungen gestartet wird:

- Es kann ein sehr gutes, fachlich inhaltlich überzeugendes, schnell einführbares und damit auch schnell Ergebnisse/Verbesserungen aufzeigendes Produkt angeboten werden.
- Es ist „Not am Mann", die „Projekt-Pipeline" ist nicht gefüllt.
- Berater sind verfügbar und können für den oben beschriebenen, langwierigen Akquisitionsprozess eingesetzt werden.
- Als Beschäftigungstherapie (besser irgendetwas sinnvoll Erscheinendes tun als gar nichts).
- Mitarbeiter sollen mit wenig Erfolg versprechenden bzw. von vorneherein zum Scheitern verurteilten Produkten zum freiwilligen Verlassen des Unternehmens angeregt werden (vorprogrammierte Erfolglosigkeit).

Das folgende Kontaktmodell (s. Abb. 35) zeigt zwei wesentliche Faktoren einer neuen Beziehung (vgl. *Cope*, 2001, S. 33/34): Die vertikale Achse misst, wie nahe man einem Kunden ist, sei es durch persönliche Bekanntschaft, vorangegangene Arbeit oder frühere Freundschaft. Das Spektrum kann von „bekannt" bis „unbekannt" reichen. Auf der horizontalen Achse zeigt der zweite Faktor an, in welchem Maß das eigene Marketing auf einem Push- oder Pull-Modell beruht. Push bedeutet, dass man potenzielle Kunden ins Visier nimmt und dann an einen Unbekannten verkauft. Im Pull-Bereich hat der Kunde erkannt, dass der Berater über die entsprechende Qualifikation verfügt, um zur Problemlösung beizutragen.

In den Quadranten, die mit „Vorsichtiger Annäherung" und „Freundschaftliches Verhältnis" bezeichnet sind, hat man als Berater einen Vorteil gegenüber denjenigen Mitbewerbern, die sich in dem Quadranten „Unterkühltes Verhältnis" bewegen. Die Frage ist, wie ein Berater in diesem Quadranten beginnen kann, eine Beziehung zu einem zukünftigen Kunden oder in einem potenziellen Marktsegment aufzubauen. Die erste Möglichkeit besteht darin, sich für die allgemeine Herangehensweise der Sozialisation zu entscheiden. Erfolgreiche Berater verbringen häufig einen Großteil ihrer Zeit in Situationen, in denen sie Bekanntschaften schließen, in Konferenzen, auf Messen oder in anderen Situationen, in denen sie mögliche Kunden kennen lernen oder diesen vorgestellt werden können. Diese Fähigkeit, eine persönliche Beziehung mit einem Kunden einzugehen, macht es viel leichter, auch eine funktionierende und lukrative Geschäftsbeziehung aufzubauen.

Die zweite Möglichkeit besteht darin, den Weg über die Spezialisierung zu wählen und eine bekannte Marke auf dem Markt aufzubauen, so dass andere Menschen die Fähigkeiten oder das Wissen, das man anbietet, einschätzen können. Dies ist der „Guru"-Weg, den Berater wie *Hammer* und *Champy*, *Peter Drucker*, *Michael Porter*, *Tom Peters* und andere gewählt haben[134]. Ihr Zugang zum Markt basiert oft-

[134] Werdegang dieser und anderer „Managementgurus" in *Kennedy* (1998).

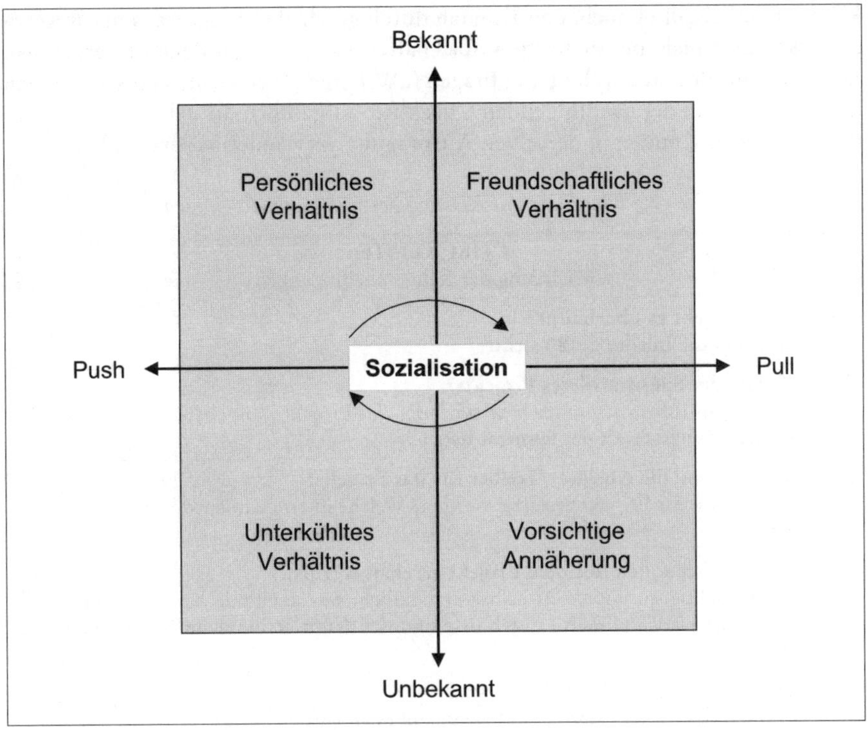

Abb. 35: Das Kontaktmodell (vgl. Cope, 2001, S. 34)

mals auf der Tatsache, dass man sie gehört, sie in einer Fernsehsendung gesehen oder eines ihrer Bücher gelesen hat. Der Kunde erlangt so die Überzeugung, dass er jemanden vorfinden wird, der in der Lage ist, eine Lösung für sein Problem zu finden.

Ein freundschaftliches Verhältnis allein ist noch keine Garantie für einen Vertragsabschluss. Jemanden zu kennen und zu mögen, bedeutet nicht zwangsläufig, dass auch ein partnerschaftliches Arbeitsverhältnis entwickelt werden kann. Erst die Überzeugung des Kunden, dass man selbst auch in der Lage ist, ihn bei seinen Herausforderungen erfolgreich zu unterstützen, öffnet die Tür zu einer langfristigen Geschäftsbeziehung.

Das erste Zwischenziel der Akquisitionsphase ist in jedem Fall dasselbe, der Berater möchte die Aufforderung zur Abgabe eines Angebots erhalten (Teilnahmewettbewerb).

6.2.2 Klärung der Rahmenbedingungen

Um ein seriöses Angebot erstellen zu können, ist es ratsam, bereits in der Akquisitionsphase die Rahmenbedingungen eines möglichen Auftrags/Projekts zu klären. Hierbei gilt es auch, den Kunden durch geschickte Fragen aus der Reserve zu locken und auch die versteckten Botschaften zwischen den Zeilen zu erkennen. Dies wird am Besten durch offene Fragen („W-Fragen") erreicht. Typische Fragen dieser Art sind in der nachfolgenden Checkliste aufgeführt, die jedoch nicht unbedingt für jeden Kunden in derselben Ausprägung verwendet werden sollte.

Tab. 30: Checkliste zur Klärung der Rahmenbedingungen

	CHECKLISTE zur Klärung der Rahmenbedingungen
1.	**Worum geht es überhaupt?** Was sind die Inhalte des Projektes?
2.	**Wer ist der Sponsor dieses Projekts?** Wichtig als Information wie bzw. wie hoch das Projekt „aufgehängt" ist und welche Entscheidungsgewalt der Sponsor hat.
3.	**Welches sind die Auslöser/Treiber für das Projekt?** Warum soll das Projekt gestartet werden? Welche internen und externen Treiber gibt es?
4.	**Welche Ziele sollen mit dem Projekt erreicht werden?** Ganz wichtig zu wissen ist selbstverständlich, was am Ende herauskommen soll. Hier wären klar definierte Ergebnisse und der damit verbundene Nutzen sehr hilfreich.
5.	**Wie sieht der zeitliche Rahmen aus?** • Wann das Projekt starten und wann soll es enden? • Gibt es möglicherweise wichtige Gründe für zeitliche Restriktionen?
6.	**Welche weiteren Rahmenbedingungen gibt es?** • Budget Gibt es bereits Vorstellungen über die anfallenden Kosten? Gibt es möglicherweise sogar einen vorgegebenen Budgetrahmen, der strikt einzuhalten ist? • Anzahl der Vollzeitäquivalente auf Kundenseite? Sind auf Kundenseite bereits Mitarbeiter für das Projekt identifiziert worden? Wenn ja, wie viele? • Welche Fachbereiche werden im Projektteam vertreten sein? Hier gilt es sicherzustellen, dass alle hauptsächlich betroffenen Fachbereiche eingebunden sind. • Interne Restriktionen Gibt es weitere interne Vorgaben bzw. Rahmenbedingungen irgendwelcher Art?
7.	**Projektorganisation aus Kundensicht** • Gibt es bereits einen designierten Projektleiter? • Wer ist Mitglied des Lenkungsausschusses? • Welche anderen Steuerungs- oder Kontrollorgane gibt es noch? • Arbeiten die kundenseitigen Projektmitarbeiter zu oder tragen sie auch Verantwortung für die Ergebnisse?
8.	**Worauf legen Sie bei der Erarbeitung des Angebots besonderen Wert?** • Welche Punkte sollten besonders stark herausgearbeitet werden? • Welche Fragestellungen sind für das Angebot eventuell weniger wichtig? • Welche Punkte sollten auf gar keinen Fall angesprochen werden?

9.	**Wie wurde bzw. wird das Vorhaben intern und extern kommuniziert?** • Welche Personengruppen sind bisher wie informiert worden? • Wurde der Betriebsrat informiert? • Welche Personengruppen sollten auf keinen Fall vorab informiert werden?
10.	**Mit welchen möglichen Schwierigkeiten/Hindernissen ist zu rechnen? Wie können diese umgangen werden („risk mitigation")?** • Welche Erwartungen und Befürchtungen gibt es auf Seiten der unterschiedlichen Mitarbeiter- und Interessengruppen („Stakeholder")?
11.	**Welches sind die drei wichtigsten Kriterien bei der Entscheidung für einen externen Berater?** Wie sollten diese nachgewiesen werden (Referenzen, Lebenslauf, persönliche Gespräche/Interviews, ...)
12.	**Wie viele (und welche) Mitbewerber gibt es?** Diese Frage stellt natürlich jeder Berater, und zwar aus zwei Gründen: Zum einen gibt die Anzahl der Mitbewerber einen Anhaltspunkt über die Wahrscheinlichkeit, den Auftrag zu gewinnen, andererseits ist es natürlich interessant zu wissen, welche Mitbewerber sich auf dem jeweiligen Gebiet tummeln. Auf die erste Frage erhält man sehr oft eine Antwort, auf die zweite meist nicht.
13.	**Bis wann und in welcher Form muss das Angebot vorliegen?** • Elektronisch oder in Papierform (wie viele Kopien)? • Per E-Mail, Post oder persönlich überbracht? • Diskette oder CD-ROM? • Wohin und an wen? • In welchem Format (Textdatei oder Bilddatei)?
14.	**Wer ist Ansprechpartner für weiter/tiefer gehende fachlich/inhaltliche und organisatorische Fragen?**
15.	**Gibt es bereits einen (designierten) Projektleiter auf Kundenseite?** Wo ist dieser organisatorisch zugeordnet/an wen berichtet er (s. Abschnitt 6.6)? Name, Tel-Nr., Mobil-Nr., E-Mail, Fax, ...
16.	**Wie sieht der weitere Prozess aus (Entscheidungsschritte, Entscheidungsverantwortliche, Termine, ...)?**

6.2.3 Die Kundensicht: Wie findet der Kunde (s)einen Berater?

Für den Kunden gibt es mehrere Möglichkeiten der Kontaktaufnahme zu Beratungsunternehmen. Ausnahme sind öffentliche Unternehmen, die sich hier an strenge Richtlinien (Submissionsvorschriften) zu halten haben.

- Die freihändige Vergabe ist der Idealfall für den kontaktstarken Berater. Aufgrund erfolgreicher früherer Zusammenarbeit, persönlicher Beziehungen, des guten Rufes, oder auch anderer Gründe wird ein Beratungsunternehmen mit der Durchführung eines Projekts betraut. Ein in der Praxis aber in der Regel selten auftretender Fall. Am ehesten trifft man auf diese Art von Projektvergaben, wenn es sich um Folgeaufträge eines laufenden Projekts handelt. Um Schwierigkeiten im Sinne von geforderten Ausschreibungsverfahren zu umgehen, ist ab einem bestimmten Auftragsvolumen, dann dieses Mal aber von Kundenseite das sonst eher umgekehrt zur Anwendung kommende Verfahren der „Salamischeiben-Taktik“ anzuwenden: Umfangreichere Vorhaben werden nach und nach gestückelt vergeben.

- Die Aufforderung zur Abgabe eines Angebots ist das in der Praxis wohl gängigste Verfahren. Der Kunde wendet sich direkt an mehrere von ihm selbst nach gewissen Kriterien vorausgewählte Beratungsunternehmen und fordert sie auf, zu einer bestimmten Problemstellung ein Angebot abzugeben. Meist wird der Kreis der angesprochenen Unternehmen von vorneherein auf acht bis zehn beschränkt, was die Vorauswahl beträchtlich erleichtert und abkürzt. Maximal die Hälfte nimmt die erste Hürde und wird zu einer Angebotspräsentation eingeladen. Mit den zwei oder drei Besten erfolgen dann konkrete Vertragsverhandlungen. Hauptkriterium für die endgültige Vergabe unter den verbleibenden Bewerbern bleibt dann aber meist doch schlicht und einfach der Preis.
- Eine Variante, die sowohl für die freihändige Vergabe als auch die Aufforderung zum Angebot gilt, ist die, den Projekteinstieg über eine so genannte Machbarkeitsstudie oder ein Pflichtenheft zu starten. Dies bietet mehrere Vorteile. Steht der Wunschpartner schon fest, kann über eine spezifisch formulierte Ausschreibung das erste Paket entsprechend vergeben werden. Gibt es mehrere heiße Kandidaten, bieten sowohl Machbarkeitsstudie als auch Pflichtenheft dem Kunden die Möglichkeit, mehrere Kandidaten gleichzeitig zu beauftragen. Dies hat den Vorteil, dass man gleichzeitig mehrerer Unternehmen mit ihren Projektmitarbeitern, Arbeitsmethoden und Arbeitsstilen kennen lernen kann. Der Kunde hat einen direkten Vergleich, und der Kandidat der Wahl ist für die Folgeaufträge bestens vorbereitet.
- Die Ausschreibung ist die wohl langwierigste Form der Kontaktaufnahme, die aber insbesondere für öffentliche Unternehmen unumgänglich ist. Über öffentliche, allgemein zugängliche Medien wie dem EU-Amtsblatt, dem Bundesanzeiger (Deutschland), auf Internetseiten der Firmen usw. wird das Projektvorhaben kommuniziert und auf Anfrage werden die Ausschreibungsunterlagen zugesandt. Manchmal ist der eigentlichen Ausschreibung sogar zunächst noch eine „Vor-Vorauswahl“ vorgeschaltet, der sog. „Antrag zur Teilnahme an der Ausschreibung des Projektes XY“. Hier wird anhand von Referenzen und Qualifizierungsnachweisen der Kreis der Anbieter eingeschränkt, was insbesondere in den Fällen sinnvoll erscheint, bei denen durch öffentliche Ausschreibung die Flut an Angeboten sonst nicht schnell genug zu bewältigen wäre.

6.3 Angebot und Auswahl

Die möglichst eindeutige Klärung aller Rahmenbedingungen und Detailwünsche des Kunden während der Akquisitionsphase sollte die Angebotserstellung eigentlich zu einer reinen Formsache machen. Schließlich sind ja neben den formalen Vorgaben und Erwartungen hoffentlich auch die versteckten Botschaften zwischen den Zeilen erkannt worden und erlauben eine möglichst kurze und prägnante Abhandlung.

6.3.1 Vorüberlegungen

Das Erstellen eines guten, fundierten Beratungsangebots ist ein Vorhaben, an dessen Erfolg das wirtschaftliche Überleben des Anbieters geknüpft ist. Deshalb wird die Qualität eines Angebots oft beratungsintern mit besonderer Sorgfalt in einem mehrstufigen Verfahren geprüft, bevor es das Haus verlassen darf. Dabei ist auch zu berücksichtigen, dass alle im Zusammenhang mit der Erstellung des Angebots stehenden Aufwände nicht an den Kunden weiterverrechenbar sind, sondern zunächst nur in der Kalkulation des Beratungshonorars Berücksichtigung finden können. Erst bei Abschluss eines Vertrags werden sich diese Aufwendungen ggf. wieder auszahlen. Folgende Fragen sollten daher unbedingt vorab geklärt werden:

- Soll der Kunde (im Falle eines Neukunden) überhaupt in das existierende Kundenportfolio aufgenommen werden?
- Wie hoch ist die Wahrscheinlichkeit dafür, den Zuschlag zu erhalten? Welche und wie viele Mitbewerber gibt es, wodurch zeichnen sich diese aus?
- Ist das eigene Beratungsunternehmen fachlich und personell in der Lage, die gewünschten Leistungen im gewünschten Zeitraum zum gewünschten Preis zu liefern?
- Mit welchen Risiken ist zu rechnen? Welche sind kalkulierbar, vermeidbar, umgehbar bzw. lösbar?
- Kann das Projekt so kalkuliert werden, dass die vorgegebenen Margen eingehalten werden können?
- Sind Folgeaufträge zu erwarten? Ist dieses eine Projekt möglicherweise ein Türöffner für mehr?
- Kann das Projekt als Referenz dienen?

Spätestens jetzt muss auch auf Beraterseite ein verantwortlicher (Angebots-) Manager benannt werden, der idealerweise – im Falle eines erfolgreichen Abschlusses – auch die Leitung des Projekts übernimmt. Etwas eingeschränkter gilt dies auch für das „Angebots-Team". Dieses Team hat nun die Aufgabe, ein Angebot zu erstellen bzw. zusammenzustellen.

6.3.2 Erstellung des Angebots

Aus Beratersicht ist das Angebot in erster Linie ein Mittel zum Zweck, ein Instrument zur Akquise des Auftrags. Daneben bildet es aber auch die Grundlage für den Vertrag. Für den Berater gilt es mit dem Angebot mehrere Dinge zu beweisen und zu dokumentieren (s. Abb. 36).

Die meisten Berater sind zwar von sich selbst sehr überzeugt, der Kunde, zumal wenn er ein Neukunde ist, anfangs jedoch noch nicht unbedingt. Aus diesem

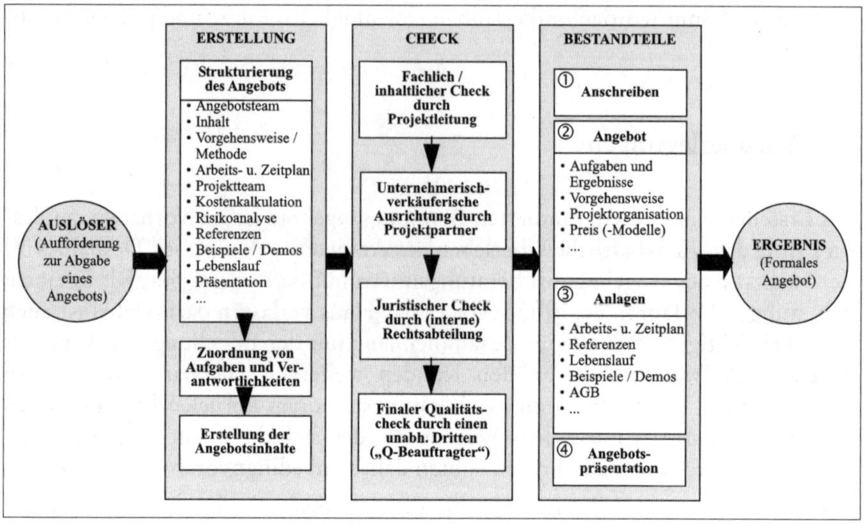

Abb. 36: Angebotsinhalte und notwendige Vorarbeiten

Grunde wird neben dem Angebotsinhalt auch die Form der Angebotsunterla-gen sehr genau bedacht. Oft wird das eigentliche Angebot in einer Bewerbungsmappe versendet, die über die ausgeschriebene Aufgabe hinaus Eigenwerbung für den Anbieter machen soll. Zu einem vollständigen Angebot gehören in jedem Fall:

- Ein Angebots-Anschreiben.
- Das eigentliche Angebot. Es enthält bei sehr ausführlicher Darstellung folgende Bestandteile: Situation des Kunden mit Begründung des Beratungsbedarfs, Aufgabenverständnis, Darstellung der Vorgehensweise des Beraters zur Bearbeitung des Projektes, Projektstruktur, grober Arbeits- und Zeitplan, Aufwand des Beraters/Preis, zur Verfügung stehende Mitarbeiter des Beraters.
- Diverse Anlagen, z. B. detaillierter Arbeits- und Zeitplan, Mitarbeiterprofile, Referenzen, Allgemeine Geschäftsbedingungen, ggf. geforderte Bestätigungen und Bescheinigungen (rechtzeitige Zahlung von Steuern und Sozialabgaben, Qualitätszertifizierung usw.).
- Eine Angebotspräsentation, diese wird jedoch meist erst nach Überwinden der ersten Hürde benötigt.

Entsprechend werden die notwendigen Arbeiten zunächst vorstrukturiert und es wird bereits eine Personalplanung vorgenommen: Welche Kompetenzen sind für eine erfolgreiche Durchführung des Projekts erforderlich? Welche Personen kommen dafür in Frage? Auf welchen Projekten sind diese Mitarbeiter zurzeit beschäftigt, wann werden sie frei, gibt es Möglichkeiten, die/den ein/e oder andere/n bereits vorher „auszuphasen" (z. B. weil seine Fähigkeiten erfolgskritisch sind), um in der Angebotsphase zu unterstützen? In jedem Fall wird versucht, ein Angebots-Team aufzustellen, um die Arbeitslast zu verteilen.

6.3.2.1 Das Anschreiben

Ein Anschreiben zum Angebot ist in jedem Fall ein absolutes Muss. Es sollte i.d. R. nicht mehr als zwei bis drei Seiten umfassen und folgende Punkte beinhalten[135]:

- Verständnis der Situation und daraus abgeleitet Grund für das Angebot.
- Ganz kurze und knappe inhaltliche Beschreibung der Aufgabenstellung.
- Projektrahmen (Dauer, Aufwand, Teamgröße, designierter Projektleiter usw.).
- Kosten und ggf. Preismodelle; sofern vorhanden, Bezugnahme auf einen Rahmenvertrag, innerhalb dessen das Vorhaben abgewickelt werden soll.
- Hinweis auf die übrigen Bestandteile des Angebots.
- Ggf. die Möglichkeit, das Angebot in der vorliegenden Form durch Unterschrift zu akzeptieren.

Oft ist das Anschreiben die einzige Stelle im Angebot, an der über das Beratungshonorar gesprochen wird. Der Grund hierfür ist einleuchtend. Denn zunächst geht das gesamte Angebotspaket (mit seiner vorab vereinbarten Anzahl von Kopien) an eine bestimmte Person (Einkäufer, Projektsponsor oder Projektleiter auf Kundenseite) im Kundenunternehmen. Diese Person kann nun entscheiden, ob sich die entsprechenden Fachabteilungen rein auf die Angebotsinhalte (ohne Preis im Anschreiben) konzentrieren sollen, um so ein rein fachliches Urteil abzugeben, ohne sich vom Preis beeinflussen zu lassen. Mit einer Vorauswahl von etwa fünf Anbietern, die dann nach der Angebotspräsentation auf zwei bis drei reduziert werden, kann der „Einkauf“ die abschließenden Preisverhandlungen führen.

6.3.2.2 Das Angebotsschreiben

Hier lautet die Devise: So kurz wie möglich und so lang wie nötig! Ein gutes Angebot schafft es, alle relevanten Informationen auf zehn Seiten zusammenzufassen. Bei aufwendigen IT-Systemeinführungen kann ein seriöses Angebot allerdings auch schon hundert Seiten oder mehr beinhalten (z.B. Komplettmigration von SAP R/2 auf SAP R/3 in allen betrieblichen Funktionen eines großen Konzerns, Abrechnungssystem für ein international agierendes Dienstleistungsunternehmen usw.).

Voraussetzung für das Erstellen eines wettbewerbsfähigen Angebots ist allerdings, alle dazu erforderlichen Informationen bereits in der Akquisitionsphase, spätestens jedoch am Anfang der Angebotsphase, erarbeitet zu haben. Hierzu sollte man – wenn möglich – den Kunden bei der Informationsbeschaffung aus dem eigenen Hause um Unterstützung bitten, weil man so auch gleichzeitig meist die Sichtweise des Kunden detaillierter erfährt. Oft schadet es nicht, Vorentwürfe mit dem Kunden abzustimmen. Im Gegenteil, dies wird meist sehr geschätzt, zeigt es doch, dass der Berater auf die Wünsche des Kunden eingehen möchte. Leider passiert es immer noch allzu oft, dass Berater ihre Meinung und ihren Vorschlag als

---

[135] Vgl. auch „Musteranschreiben“ im Anhang V.1.

den vermeintlich Besten ohne Wenn und Aber „an den Mann bringen" wollen. Inhaltlich sollte der Angebotstext folgende Aspekte behandeln:

- Ausgangsbasis und Zielsetzung: In diesem einleitenden Abschnitt muss der Berater zunächst deutlich machen, dass er den Kunden, das Kundenumfeld, die Branche und aktuelle Branchenentwicklungen und -trends kennt. Anschließend muss klar werden, dass die Aufgabenstellung in den Ausschreibungsunterlagen verstanden wurden: In welcher Situation befindet sich das Unternehmen gerade, welches sind die wichtigsten internen und externen Treiber für das Projekt und worauf kommt es dem Kunden an bzw. was soll durch welche Veränderung konkret erreicht werden?
- Lösungsbeschreibung: Wie sehen die Lösung bzw. die Lösungsvarianten aus, die den Kunden zum Ziel bringen? Hier muss, entsprechend des Auftrages klar beschrieben werden, wie das Ergebnis des Projektes „aussieht". Dies kann im Fall einer Strategie eine Markteintrittsuntersuchung sein, bei einem Business Reengineering eine klare Beschreibung der Abläufe mit Auslöser, Ziel, Arbeitsschritten und Rahmenbedingungen wie Zeit, Kosten, Qualität usw. Im Falle von Systemintegrationsprojekten müssen Hard- und Software genau spezifiziert werden.
- Vorgehensweise: Oft führen mehrere Wege nach Rom. Daher gilt es, sinnvolle Lösungsalternativen aufzuzeigen, die möglicherweise jeweils unterschiedliche Schwerpunkte haben (z.B. längere Projektdauer mit weniger Mitarbeitern oder möglichst kurze Projektdauer mit viel Personalkapazität). Modular aufgebaute Vorgehensweisen bieten Spielraum für Vor- bzw. Zwischenentscheidungen bzw. Streckung des Budgets. Das Angebot von Alternativen ist in jedem Fall empfehlenswert, bietet es dem Kunden doch (wenigstens theoretisch) Wahlmöglichkeiten. Wichtig ist es, in allen Fällen deutlich zu machen, dass hinter jedem Ansatz eine bewährte, strukturierte, nachvollziehbare, logische, ergebnisorientierte und zielführende Methodik steht, mit der nachhaltige Ergebnisse erzielt werden können.
- Nutzen für den Kunden: Was letztendlich alleine zählt, ist der Erfolg. Und dieser muss sich direkt oder indirekt monetär bewerten lassen (vgl. auch „Business Case" in Anhang): Es muss sich für den Kunden lohnen, ein Projekt zu starten und zu einem erfolgreichen Abschluss zu bringen. Was dabei unter „erfolgreich" zu verstehen ist, muss frühzeitig geklärt werden[136]!
- Arbeits- und Zeitplan: Für den Angebotstext genügt meist ein grober Arbeits- und Zeitplan, der Projektstart, Projektende, die wichtigsten Arbeitspakete mit ihren Abhängigkeiten sowie insbesondere Meilensteine kurz und prägnant im Überblick enthält. Ein detaillierter Arbeitsplan ist in jedem Fall, nicht zuletzt wegen der eigenen Aufwandschätzung und des Ressourceneinsatzes, unerlässlich. Wo dieser am geschicktesten platziert wird, im Angebot selbst, den optionalen Anlagen oder erst zur Vorbereitung des Projektstart-Meetings („Kick-off Meeting") hängt von der persönlichen Einschätzung hinsichtlich der Kundenerwartungen ab (s. Abschnitt 6.3.2.4).

[136] Eine bei Qualitätschecks immer gern gestellte Frage, die leider all zu oft vergessen wird, ist: „What ist the added value for the client (was ist der Zusatznutzen für den Kunden)?"

- Leistungsumfang: Hier hat die (interne) Rechtsabteilung fast immer etwas zu „knabbern". Da sich fast kein Kunde (zu recht) darauf einlässt, rein nach Aufwand abzurechnen, sondern meist ein Festpreisangebot bzw. eine Abrechnung nach Aufwand mit „Deckelung" nach oben wünscht, muss hier klar definiert werden, was zum Leistungsumfang gehört und was nicht. Es gilt, klare Verantwortlichkeiten zu schaffen und keine falschen Erwartungen zu wecken. Auch Art und Umfang der Beteiligung durch Mitarbeiter des Kunden sollten klar beschrieben werden, um im Nachhinein mögliche Verschiebungen der Aufwände begründen zu können.
- Projektorganisation: Dieser Abschnitt beschreibt die Struktur des Projektes. Projektleitung, Projektteams und Projektteilteams müssen definiert und idealerweise sowohl kunden- als auch beraterseitig mit Namen versehen werden. Darüber hinaus sind noch interne und externe Qualitätssicherungs- und Steuerungsgremien sowie ggf. benötigte Experten aufzuführen.
- Aufwand und Kosten: Selbst wenn eine Abrechnung rein nach Aufwand vorgesehen ist (eine in der Beratungspraxis eher seltene Variante), muss eine Abschätzung des Gesamtaufwandes erfolgen. Abhängig von der vorgeschlagenen Art der Leistungsverrechnung werden dann ein Festpreis, Tages- oder Stundensätze angegeben. Bei ganz- oder teilweise erfolgsabhängiger Vergütung müssen daneben auch die entsprechenden Kriterien bzw. Ziele festgeschrieben werden, anhand derer der variable Anteil berechnet wird. Je nach dem, durch welche und wie viele Hände ein Angebot geht, ist von Fall zu Fall zu entscheiden, ob die Angaben zu Kosten nicht auf das Anschreiben zum Angebot begrenzt bleiben.
- Qualitätssicherung: Hier sollte eine kurze Beschreibung des Qualitätssicherungsverfahrens, falls vorhanden, gegeben werden. Insbesondere sollte die Notwendigkeit hierfür sowie der Nutzen für den Kunden klar zum Ausdruck kommen.

Um die für die Angebotsinhalte relevanten Daten und Fakten zu erhalten, sind allerdings zum Teil sehr umfangreiche Vorarbeiten erforderlich.

6.3.2.3 Notwendige Vorarbeiten

Nach Erhalt der Ausschreibungsunterlagen werden diese analysiert hinsichtlich der Ausgangslage, der Projektziele, der Projektinhalte, der vom Kunden evtl. gewünschten Vorgehensweise und Terminplanung, der benötigten und der vom Kunden gestellten Ressourcen, des wahrscheinlichen Aufwands sowie der sonstigen Randbedingungen. Offene Fragen werden gesammelt und möglichst zusammen mit dem Ausschreibenden geklärt. Hilfreich hierbei ist zunächst die Erstellung einer Vorgehensplanung („Roadmap"), die übersichtsartig die in dem Aufgabengebiet wichtigsten Arbeitspakete in eine logische Reihenfolge stellt und gegenseitige Abhängigkeiten verdeutlicht. Abb. 37 zeigt beispielhaft eine solche Roadmap für die Vorprojektphase einer unternehmensweit geplanten CRM-Einführung am Beispiel des Teams „Change Management".

Im nächsten Schritt werden die einzelnen Arbeitspakete weiter detailliert. Hierzu gehören einzelne Arbeitsschritte mit klar definierten Ergebnissen, Verantwortlich-

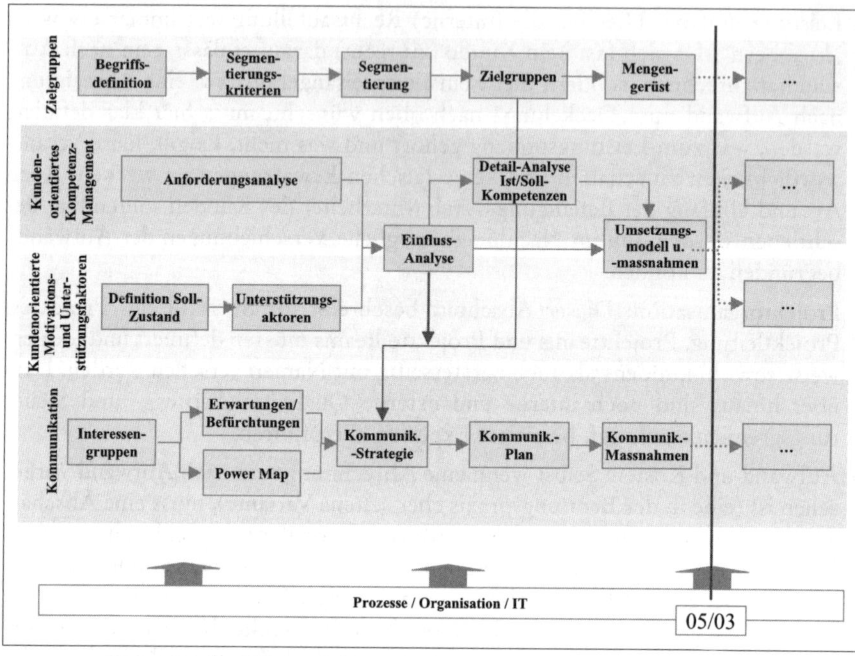

Abb. 37: Beispiel für eine Roadmap im Bereich Change Management

keiten, Fertigstellungsterminen und geschätzten Aufwänden. Ebenso muss parallel überlegt werden, welche Fähigkeiten und Erfahrungen für eine erfolgreiche Bewältigung dieser Arbeiten seitens des Beraters erforderlich sind. Hieraus ergeben sich dann Profile für die ideale Projektteambesetzung.

Nun steht fest, wie viele Mitarbeiter mit welchen Fähigkeiten über welchen Zeitraum benötigt werden. Aus der geplanten Projektorganisationsstruktur ist ferner bekannt, wie viele Teilprojekte mit den entsprechenden Teilprojektleitern erforderlich sind, hieraus folgen Schlüsse hinsichtlich der entsprechenden Hierarchiestufe. Spannend wird es dann, wenn die zu besetzenden Positionen mit Namen versehen werden sollen. Erst jetzt hat man die Grundlage für eine „saubere" Kalkulation, immer vorausgesetzt, die „ausgesuchten" Mitarbeiter sind zum Zeitpunkt des Projektstarts noch oder wieder verfügbar. Jeder Berater hat üblicherweise einen seiner Position (Hierarchiestufe) und seiner Erfahrung entsprechenden Verrechnungspreis, für den er dem Kunden in Rechnung gestellt wird. Multipliziert mit der Anzahl der jeweils kalkulierten Personentage ergibt sich eine Gesamtsumme pro Mitarbeiter. Im einfachsten Fall beinhaltet der jeweilige Tagessatz bereits die internen Verwaltungskosten sowie die Kosten für Weiterbildung, Urlaub, Krankheit und andere Formen der Abwesenheit.

Hinzu kommen aber auf jeden Fall Spesen für Reise, Übernachtung, Verpflegung usw. sowie Kosten für eine möglicherweise aufzubauende Infrastruktur vor Ort (Arbeits- und Besprechungsräume, PC-Anschlüsse, ggf. PC, Drucker, Fax, ISDN-Anschlüsse usw.). Infrastrukturkosten sollten per Angebot bzw. Vertrag möglichst vom Kunden übernommen werden. Doch Vorsicht, es lauern noch eine Reihe von Fallen:

- Aufwände für die Angebotserstellung berücksichtigen,
- Reserve einplanen,
- den Aufwand für Überstunden, wenn sie vergütet werden, einkalkulieren.

Den Kunden interessieren diese Details berechtigterweise meist überhaupt nicht. Er will wissen, was das Projekt insgesamt kostet. Folglich wünscht er oft Angebote auf Festpreisbasis. Für den Fall der Überschreitung des vereinbarten Aufgabenumfangs interessieren sich die Kunden aber auch meist für die Tagessätze der Beratungsanbieter, weil sie so für den Fall der Projekterweiterung die Zusatzkosten abschätzen wollen. Berater, die bei Überschreiten einer bestimmten Zahl von Personentagen pauschale oder differenzierte Preisnachlässe gewähren, sind daher besonders wettbewerbsfähig.

Immer wieder wird der Wunsch nach erfolgsabhängigen Beraterhonoraren laut. Ein aus Kundensicht durchaus verständliches Ansinnen. Warum sollen Berater nicht am (Umsetzungs-)Erfolg ihrer Konzepte gemessen werden und damit auch ihre Vergütung? Im Prinzip ist dagegen auch aus Beratersicht nichts einzuwenden. Voraussetzung ist jedoch, dass vor Projektbeginn die entsprechenden Erfolgsfaktoren genauestens definiert werden können (ein Grauen für jede Rechtsabteilung auf beiden Seiten). Zur leistungsabhängigen Honorierung von Beratungsanbietern gibt es eine Vielzahl ablehnender Stimmen. Von den Beraterverbänden wird eine erfolgsabhängige Vergütung nur in Ausnahmefällen für die angemessene Form der Gegenleistung gehalten (vgl. zur Diskussion Abschnitt 5.1.2.2).

6.3.2.4 Anlagen für das Angebotsschreiben

Um den Lesefluss bei der Darstellung des fachlichen Angebots nicht zu stören, werden vom Kunden geforderte Nachweise und vom Beratungsanbieter für wichtig erachtete Zusatzinformationen in eine Anlage ausgelagert.

- Projekt-Referenzen: Ein absolutes Muss! Hier empfiehlt sich eine Dreiteilung: An erster Stelle müssen diejenigen Referenzkunden stehen, bei denen inhaltlich die gleiche oder wenigstens eine sehr ähnliche Art von Projekt durchgeführt wurde und die aus derselben Branche kommen. Je länger diese Liste ist, desto besser ist man als Berater aufgestellt, da sie die fachliche und Branchenexpertise dokumentiert! An der nächsten Stelle kommen gleiche oder ähnliche Projekte aus anderen Branchen, die die fachliche Expertise untermauern sollen. An letzter Stelle folgen Projekte anderen Inhalts aus derselben Branche, man „outet" sich als Branchenkenner. Für die Anlage zum Angebot kann überlegt werden, sich auf die Angabe des Namens bzw. einer neutrale Angabe („ein großes deutsches Automobilunternehmen") sowie der Art des Projektes zu beschränken. Für eine mögliche nachfolgende Angebotspräsentation kann mit einem einseitigen kurzen „Business-Case" zu den Referenzen aus der ersten Gruppe oft noch „gepunktet" werden.
- Lebensläufe: Hier macht der Berater deutlich, dass er über die für dieses Projekt geeigneten Mitarbeiter verfügt. Diese sind fachlich entsprechend qualifiziert, verfügen über einschlägige Erfahrung sowie die erforderliche soziale Kompetenz und sind (so banal es klingt, ist es doch lange nicht selbstverständlich) zum ge-

wünschten Termin über den gewünschten Zeitraum auch verfügbar. Idealerweise stehen hier die Lebensläufe der möglichen späteren Mitglieder des Projektteams. Manchmal lassen sich diese aber zu diesem Zeitpunkt noch nicht definitiv vorhersagen. Es sollten daher auf jeden Fall sowohl die vermeintlich wahrscheinlichsten Kandidaten, als auch die Wunschkandidaten erscheinen. Einmal, um dem Kunden zu verdeutlichen, dass das Beratungsunternehmen nicht nur über genau so viele Experten verfügt, wie für dieses Projekt benötigt werden, sondern eine Personalreserve hat. Zum zweiten deshalb, um dem Kunden ggf. auch eine gewisse Wahlmöglichkeit einzuräumen. In jedem Fall sollte die Darstellung eines Lebenslaufs kein mehrseitiger Erguss sein, sondern eine kurze und prägnante Darstellung auf einer Seite, mit folgenden Inhalten: (1) Namen (2) Position/Funktion im Beratungsunternehmen (3) Vorgesehene Funktion im Projekt (4) Ausbildung (5) Beratungserfahrung/Expertise (6) Branchenerfahrung (7) Einschlägige Vorerfahrung. Zwei Gestaltungsbeispiele für Lebensläufe sind in Anhang 7.1 dargestellt.

- Allgemeine Geschäftsbedingungen (AGB): Insbesondere mittlere und größere Beratungsanbieter haben i. d. R. „Allgemeine Geschäftsbedingungen". Diese sind als integraler Bestandteil des Beratungsangebots zu verstehen und deshalb dem Angebot beizufügen. Wenn der Kunde ebenfalls allgemeine Geschäftsbedingungen hat, ist bei einander widersprechenden Regelungen zu klären, wessen AGB gelten sollen. Da der Ausschreibende i. d. R. auf seinen AGB besteht, wird der Beratungsanbieter meist vorschlagen, dass seine AGB nur in den Bereichen gelten, wo sie nicht den AGB des Kunden widersprechen.

Optionale Anlagen können sein:

- Arbeits- und Zeitplan: Die Anlage eines detaillierten Arbeits- und Zeitplanes dokumentiert zwar eindruckvoll, dass der Berater sich eingehende Gedanken zum präzisen Projektablauf gemacht hat. Das große „Aber" ist die Gefahr, dass der Kunde die Arbeitsplanung dankend annimmt und mit dieser Anleitung gerüstet das Vorhaben ohne externe Unterstützung startet. Auch dies ist keine Seltenheit, bürgt aber keineswegs für den Projekterfolg und führt oft dazu, dass das Projekt nach ein bis zwei Jahren erneut extern ausgeschrieben wird.
- Arbeitsproben und Demonstrationen: Manchmal hat man als Berater aus früheren Projekten Beispiele, von seinem Kunden erreichte Benchmarks, Software-Demonstrations-Versionen oder andere Hilfsmittel, die in elektronischer Form (z. B. CD-ROM) abruf- bzw. vorführbar sind. Es ist denkbar, diese auch als Anlage beizufügen. Dies birgt allerdings gewisse Risiken in sich. Ist der Inhalt nicht genau strukturiert und nicht ohne Vorkenntnisse abrufbar, kann dieser Schuss eher nach hinten losgehen. Besser ist es deshalb, Arbeitsproben oder mögliche Demonstrationen auf Wunsch oder eigenen Vorschlag im Rahmen der Angebotspräsentation aus der Tasche zu ziehen. Einzelheiten hierzu, Vorteile, Nachteile und Herausforderung bei der Projektarbeit lassen sich eben viel besser aus Erster Hand erklären.

6.3.2.5 Die Angebotspräsentation

Die Aufforderung zur Präsentation eines Angebots ist normalerweise eine spätere Phase im Angebotsprozess und erfolgt, nachdem das schriftliche Angebot den Anbieter schon in die engere Wahl gebracht hat[137]. Die Chance, sein Angebot zu präsentieren, erhält der Berater meist erst nach einer Vorauswahl. Gleichwohl empfiehlt es sich, bereits parallel zur Angebotserstellung hiermit zu beginnen. Viele Informationen/Abbildungen, die für den Angebotstext benötigt werden, finden sich auch in der Präsentation wieder, wie z. B.:

- Blaupause des geplanten bzw. vorgeschlagenen Ergebnisses (s. Abb. 38).
- Projektorganisation und Zeitrahmen.
- Arbeits- und Zeitplan (s. Abb. 39).
- Methode/Vorgehensweise.
- Preis, ggf. Preismodell.
- Lebensläufe der vorgesehenen Projektteammitglieder.
- Referenzen und ggf. Nachweise (z. B. Haftpflichtversicherung).

Bevor ein Angebot an den Kunden geht, müssen in der Regel zunächst einige interne Hürden genommen werden. Diese sind:

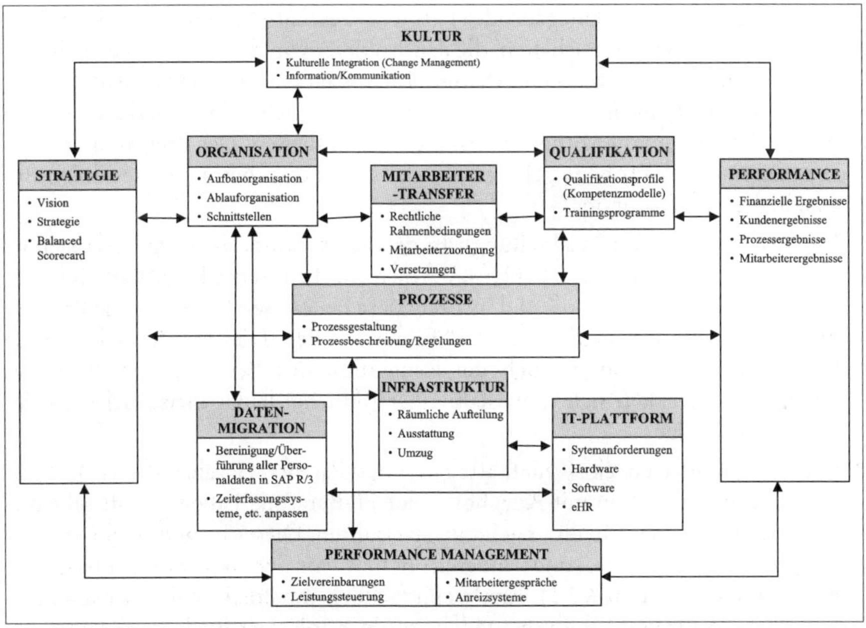

Abb. 38: Beispiel Blaupause einer geplanten Organisation „Vertriebs AG"

[137] Es gibt selten jedoch Kunden, die soviel Wert auf die „Chemie" zum Berater legen, dass sie die „Zulassung" zum schriftlichen Teil der Bewerbung erst nach einer Präsentation mit dem vorgesehenen Beraterteam erteilen.

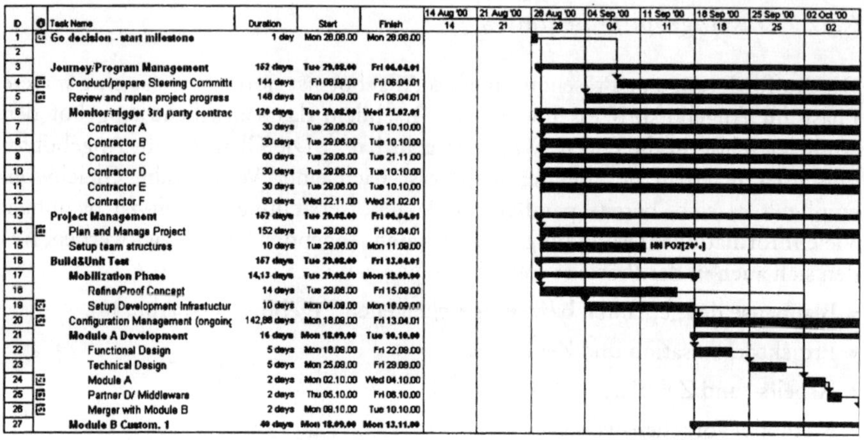

Abb. 39: Beispiel eines Zeitplans in einem Projektmanagementprogramm

- Fachlich-inhaltliche Prüfung: Dieser Check ist Aufgabe des Projektleiters des Angebotsteams. Schließlich ist er derjenige, der idealerweise das Projekt – so es denn gewonnen wird – verantwortlich leiten soll und damit die volle Verantwortung hinsichtlich Zeit, Kosten, Qualität und Mitarbeitern trägt.
- Unternehmerisch-verkäuferische Ausrichtung: Dies ist Aufgabe des für den Kunden zuständigen Managers oder Partners/Geschäftsführers. Er achtet auf die besonderen Verkaufsbotschaften, die den Anbieter von der Konkurrenz abheben und berücksichtigen eventuell bekannte Interessen einzelner entscheidungsrelevanter Kundenmitarbeiter. Außerdem kann hier manchmal vorhandenes Wissen um das Verhalten von Mitbewerbern indirekt einfließen. Der Preis und der Gesamtaufwand des Projekts gehören ebenfalls zu diesen besonders sensiblen Bestandteilen des Angebots.
- Juristisch (interne Rechtsabteilung): In großen Beratungshäusern verlässt normalerweise kein Angebot das Haus, bevor nicht die interne Rechtsabteilung ihr „OK" gegeben hat. Zu groß sind insbesondere bei großen Projekten die Risiken, die im Zweifelsfall zum „Knock Out" führen können. Dies betrifft nicht nur die finanzielle Seite, sondern auch die Reputation des Beratungsunternehmens. Fehlschläge sprechen sich (innerhalb einer Branche) leider meist viel schneller herum als Erfolge.
- Finaler Qualitätscheck (Qualitätssicherungs-Partner/Geschäftsführer): Viele Beratungsunternehmen mit Angeboten zur IT-Beratung haben ein oft sehr differenziertes internes Qualitätssicherungsverfahren. Dieses beginnt nicht erst vor Abgabe eines Angebots, sondern bereits in bzw. vor der Akquisitionsphase (vgl. hierzu auch Abschnitt 6.3.1). Erst wenn fachlich-inhaltlich und juristisch gesehen alles geprüft und für gut befunden wurde, erfolgt der finale Qualitätscheck. Diese Prüfungsprozedur gestaltet sich umso länger und vielschichtiger, je größer das ausgeschriebene Projekt und dessen Wichtigkeit für den Anbieter und andererseits je qualitätsbewusster und evtl. bedürftiger das Beratungsunternehmen ist. In manchen globalen Unternehmen wird jedes Angebot im jeweiligen Haupt-

quartier überprüft, bevor es an den Kunden gehen darf. Durch dieses zentrale Verfahren wird verhindert, dass irgendeine dezentrale Einheit des Unternehmens nach eigenem Gutdünken seinen nationalen Markt erschließt.

Wenn nach dem Versand des Angebotsschreibens die Einladung zu einer Angebotspräsentation kommt, dann hat der Anbieter i. d. R. schon eine weitere Hürde auf dem Weg zum Gewinn des Auftrags überwunden. Zur professionellen Vorbereitung auf den nächsten Schritt gehört es, dass die jeweiligen Präsentationsschwerpunkte unbedingt vorab mit dem Kunden abgeklärt werden. Insbesondere auf die eventuell entscheidungskritischen Fragen und die eventuell heterogenen Interessen der Mitglieder in Entscheidungsgremien gilt es, in geeigneter Form und mit geeignetem Inhalt einzugehen. Je größer der Kreis der anwesenden Kundenmitarbeiter und Entscheider ist, desto eher sollte man auch den kompletten roten Faden des Angebots und das kleine Einmaleins erläutern, um seine Kompetenz zum Wissenstransfer zu zeigen und eventuell unvorbereitete und uninformierte Teilnehmer „mitnehmen" zu können. Gleichzeitig ist natürlich auf die kritischen Punkte besonders zu achten. Da man es bei heterogener Interessenlage mehrerer an der Entscheidung beteiligter Personen nicht allen gleich recht machen kann, ist genau abzuwägen, welche der Entscheider man besonders „bedient" und in welcher Form man die nicht allen gefallenden Botschaften „verpackt".

6.3.3 Das Angebot aus Sicht des Kunden

Kunden haben die Absicht, mit den Angeboten der Wettbewerber folgende Informationen und Nachweise zu gewinnen:

- Verständnisnachweis: Schriftliche Darlegung der Ausgangssituation und der Zielsetzung des Auftraggebers aus Sicht des potenziellen Auftragnehmers um festzustellen, ob der Anbieter den Kunden und sein Anliegen versteht.
- Leistungsnachweis: Bestätigung dafür, dass die vorausgewählten Beratungsunternehmen bereits Projekte mit vergleichbarer Aufgabenstellung nachweislich erfolgreich abgewickelt haben (hierzu gehören die Angabe von Referenzkunden mit Ansprechpartnern, Veröffentlichungen, Auszeichnungen, Zertifizierungen usw.).
- Befähigungsnachweis: Namentliche Offenlegung der geplanten Projektmitarbeiter mit ihren Qualifikationen und Erfahrungen (zumindest fachliche, soziale Kompetenzen lassen sich anhand von Lebensläufen nur schwer nachweisen).
- Rechtfertigungsnachweis: Dokumentation der Einhaltung von Ausschreibungsrichtlinien und Beweis dafür, dass mehrere potenzielle Anbieter angesprochen wurden (und nicht nur möglicherweise ein von Anfang an favorisierter Partner).
- Kalkulationsgrundlage für einen Preis-Leistungsvergleich mit den Mitbewerbern.
- Ideensammlung und Anstöße für neue Projektansätze und Konzepte: (1) fachlich/ inhaltlich, neue Aspekte, Herausforderungen und bisher unbekannte Risiken werden aufgedeckt, (2) methodisch zur Projektablaufplanung, (3) personell und (4) vergütungstechnisch (erfolgsorientierte Komponenten, Vorfinanzierungen, ...).

In Ausnahmefällen kann das Ergebnis auch so ausfallen, dass der Kunde zum Entschluss kommt, das ausgeschriebene Projekt ohne externe Unterstützung durchzuführen. Die Gründe hierfür können sehr unterschiedlich sein, wie z. B.:

- Keiner passt, wir machen es selbst.
- Wir können es alleine sowieso besser, die Ausschreibung war so ernst nicht gemeint.
- Wir müssen es – aus finanziellen Gründen – doch selbst machen. Im öffentlichen Bereich kommt es gelegentlich zu Haushaltssperren, diese führen i. d. R. zu einem zeitlichen Aufschub des Projekts und nicht zu einem Abbruch oder zur Eigenfertigung.
- Fachlich/inhaltlich kommen mehrere der anbietenden Berater in Frage, preislich gibt es allerdings gravierende Unterschiede (von bis zu 100 %, bezogen auf den Tagessatz/das Festpreisangebot; auch wer sehr bzw. zu niedrig anbietet kann deswegen schon „rausfliegen“).
- Ist der teuerste oder der billigste der Beste (nicht der Günstigste!), wonach soll der Kunde entscheiden?
- Detaillierte Angebote mit einer ausführlichen Beschreibung der Methode/Vorgehensweise werden oft dankend angenommen, eröffnen sie doch oft die Möglichkeit, das Projekt ohne externe Unterstützung durchzuführen.

6.4 Vertragsverhandlung und -abschluss

Nach einer bei großen Projekten oft sehr langwierigen Akquisitions- und Angebotsphase hat der Kunde einen oder zwei Berater der engsten Wahl gefunden. Ein letzter Schritt der Auswahl ist nun die verbindliche Vereinbarung zwischen beiden beteiligten Parteien. Da auch in den Details der Vereinbarung Differenzierungsmerkmale für Beratungsanbieter liegen können, verhandeln einige Kunden mit den zwei besten der im Rennen verbliebenen Anbieter einen Vertrag vollständig aus, bevor sie sich dann für einen der beiden entscheiden. In der Regel haben Sie sich bereits vorher endgültig für einen Anbieter entschieden und möchten meist sofort mit der Projektarbeit starten, sogar wenn der gegenseitige Vertrag noch nicht durch die „Mühlen“ der jeweiligen Einkaufs- und Rechtsabteilungen gelaufen ist. Aus Sicht des Kunden ist dies i. d. R. weniger ein Problem, für den Berater schon eher, würde er doch bereits Leistungen erbringen, ohne die formale Garantie für die entsprechende Vergütung in der Hand zu haben. Zur Überbrückung dieser vertragslosen „Grauzone“ hilft aber eine schriftliche Absichtserklärung des Kunden (Letter of Intend). In dieser bestätigt der Kunde seine Absicht, den Auftrag an den Berater zu vergeben, und verpflichtet sich, ggf. für schon vor Vertragsabschluss stattfindende Arbeiten das Beratungsunternehmen zu entlohnen.

6.5 Projekt

In diesem Abschnitt wird ein idealtypischer Ablauf eines Beratungsprojektes beschrieben. Da die Vorgehensweise je nach Beratungsprodukt verschieden ist, kann nicht jeder Arbeitsschritt für alle Projekte relevant sein. Die Tab. 31 gibt eine Übersicht, was typischerweise zu welchem Beratungsprodukt dazugehört.

Tab. 31: Art und Intensität der Arbeitsphase je Beratungsprodukt aus der Beratersicht

Beratungsprodukt	Ist-Analyse	Konzeptphase	Umsetzungsphase	Test	Nachbetreuung
Strategieprojekt	++	+++	+	–	–
Organisationsprojekt	++	+++	++	+	–
IT-Projekt	++	++	+++	+++	+
Personalberatung	++	+++	+	+	–

6.5.1 Ist-Analyse und Soll-Konzept

6.5.1.1 Ist-Analyse

Ist-Analysen sind Bestandsaufnahmen über beratungsrelevante Voraussetzungen und Gegebenheiten beim Kunden und in seinem Marktumfeld. Sie sind i. d. R. dann vereinbarter Bestandteil des Beratungsauftrags, wenn

- aktuelle Marktsituationen oder -entwicklungen in das Projekt einfließen sollen. Insbesondere gehören hierzu auch Benchmarks von Mitbewerbern oder der Industrie allgemein, Prognosen zur Nachfrage und Struktur des künftigen Wettbewerbs sowie der technischen Entwicklungen.
- die Innenwelt des beauftragenden Unternehmens für die zu erbringende Beratungsleistung wichtig ist. Dies ist bei den meisten Beratungsaufträgen der Fall, die Höhe des Aufwands für eine Ist-Analyse hängt dann davon ab, inwieweit der Berater das Kundenunternehmen kennt, wie detailliert die Vorkenntnisse sein müssen, wie leicht und zweifelsfrei die Informationen zu erheben sind und ob der Kunde vom Berater ausdrücklich eine eigenständige fundierte Einschätzung der Ist-Situation erwartet. Oft liefert der Kunde dem Berater auch alle benötigten groben Anfangsinformationen zu.

In der Analysephase müssen diejenigen Tatbestände erfasst und transparent gemacht werden, die den Ist-Zustand des in der Problemdiskussion identifizierten Tätigkeitsbereiches repräsentativ abbilden. Inhalt und Umfang der Ist-Analyse sind damit abhängig vom relevanten Problembereich. Dieser kann das Unternehmen als Ganzes, einzelne seiner Teilbereiche oder seine Umfelder betreffen. Es ist darauf zu achten, dass der Analyseaufwand in einer vertretbaren Relation zur Soll-Konzeptentwicklung und Realisierung steht. Viele Berater neigen dazu, den risiko-

und entscheidungsarmen Analyseteil unangemessen auszudehnen („Analyse-Riesen“), so dass ein signifikantes Missverhältnis zwischen dem Analyseaufwand und den tatsächlich umgesetzten Maßnahmen entsteht („Realisierungs-Zwerge“; vgl. *Niedereichholz*, 2000, S. 10). Dieser Eindruck entsteht meist bei denjenigen Beratungsanbietern, die sich ausschließlich oder überwiegend auf Strategieprojekte konzentrieren. Im Bereich der umsetzungsorientierten Beratung, insbesondere bei Systemeinführungen, ist das Verhältnis zwischen Analyse und Umsetzung meist umgekehrt: Die Analyse macht nur einen kleinen Teil der gesamten Arbeit aus. Wichtig ist in der Analysephase, alle relevanten Informationen möglichst schnell zu erfassen, aufzubereiten und die Ergebnisse mit dem Kunden abzustimmen. Dies kann in Form von Einzel- oder Gruppeninterviews, Fragebögen, Beobachtung, Selbstaufschreibung oder Workshops geschehen. Die Art des Vorgehens und der gewählten Hilfsmittel hängt ganz stark vom Projektauftrag ab, was anhand von zwei Beispielen veranschaulicht werden soll.

Wirtschaftlichkeitsuntersuchung:
Solche oder ähnlich titulierte Projektaufträge sind keine Seltenheit. Die Kosten laufen weg, die Erträge brechen ein, Kosteneinsparung ist angesagt. Aber wo ist dies schadlos für das langfristige Überleben und schnell möglich ohne unnötige Erschütterungen? Zu Beginn ist dies unklar, die Kundenmanager sind sich uneinig, da Prozesse und Organisation im Unternehmen komplex sind und es meist mehrere Wege gibt, jeder mit Risiken und Chancen. Und der Berater muss sich erst orientieren, weil er das Unternehmen von „Innen“ noch nicht kennt. Hier helfen teilstrukturierte Interviews. Diese Interviews werden von jeweils zwei Beratern mit einer vorausgesuchten, möglichst repräsentativen Gruppe von Mitarbeitern über alle (!) Hierarchiestufen durchgeführt. Im unstrukturierten Teil des Interviews lässt man sich den typischen (!) Tagesablauf schildern und insbesondere die Punkte, die aus Sicht des Mitarbeiters verbessert werden könnten. Es ist immer wieder erstaunlich zu sehen, wie viele gute Ideen in den Köpfen der Kundenmitarbeiter versteckt schlummern oder zwar kommuniziert, aber nicht umgesetzt wurden. Ergänzt wird das Interview durch gezielte Fragen, die dem Berater ein besseres Bild der Gesamtsituation ermöglichen sollen. Ein mögliches Beispiel hierfür ist in Tab. 32 dargestellt. Dabei handelt es sich um einen Leitfaden für Führungskräfteinterviews, die im Rahmen einer Ist-Analyse eines HR-Bereichs durchgeführt wurden.

In einem konkreten Fall bei einem großen Kundenunternehmen führte die Auswertung von 30 Interviews zu einer Liste von über 500 Verbesserungsansätzen. Die meisten hiervon kamen vom Kunden selbst! Im nächsten Schritt wurden diese Punkte in Kategorien eingeteilt und priorisiert. Eine typische Kategorisierung (auf oberster Ebene) kann z. B. folgendermaßen aussehen:

- Prozesse
- Organisation
- Kommunikation
- Führungsstil

Tab. 32: Allgemeiner Fragebogen zur Ist-Analyse

FRAGEBOGEN ZUR IST-ANALYSE		
1.	ALLGEMEINES	
	1.1	Welche genaue Funktion haben Sie in dem Unternehmen?
2.	STRATEGIE	
	2.1	Was sind die wichtigsten strategischen Ziele des Unternehmens?
	2.2	Welche Ziele hat das Ressort xy daraus abgeleitet?
	2.3	Welche Ziele haben Sie für Ihren Bereich daraus abgeleitet?
	2.4	Sind diese Ziele Ihren Mitarbeitern bekannt?
	2.5	Wie messen Sie die Erreichung Ihrer Ziele?
3.	ORGANISATION	
	3.1	Was sind Ihre Aufgaben und Verantwortlichkeiten?
	3.2	An wen berichten Sie?
	3.3	Welche Entscheidungskompetenzen haben Sie?
	3.4	Ermöglichen Ihre Entscheidungskompetenzen schnelles Reagieren auf Anforderungen Ihrer internen Kunden?
	3.5	Welchen Einfluss hat Ihre Arbeit auf andere Organisationseinheiten?
	3.6	Wie viele Mitarbeiter sind Ihnen fachlich und/oder disziplinarisch unterstellt?
4.	PROZESSE	
	4.1	Wer sind Ihre internen Kunden? Wem liefern Sie Ihre Arbeitsergebnisse?
	4.2	Was liefern Sie Ihren internen Kunden? Welche Art von Arbeitsergebnissen – quantitativ, qualitativ?
	4.3	Wenn wir heute eine Umfrage im Unternehmen starten würden, wie zufrieden Ihre Kunden mit den von Ihnen gelieferten Arbeitsergebnissen sind, welche Antworten würden wir bekommen?
	4.4	Was sind die Prozesse zur Erstellung Ihrer Arbeitsergebnisse? Beispiele?
	4.5	Was könnte an den Abläufen aus Ihrer Sicht verbessert werden?
	4.6	Wie versuchen Sie, die Zusammenarbeit mit anderen Bereichen zu verbessern?
	4.7	An welchen Maßnahmen zur kontinuierlichen Verbesserung nehmen Sie/Ihre Mitarbeiter teil?
5.	HUMAN RESOURCE MANAGEMENT	
	Welche personalwirtschaftlichen Methoden/Instrumente setzen Sie ein?	
	5.1	Personalplanung, Nachfolgeregelungen, Personalmehrung und -reduzierung, Beschäftigungsoptionen.
	5.2	Personaleinsatzplanung und Arbeitszeitmodelle
	5.3	Personalmarketing, Personalsuche und -auswahl
	5.4	Zielvereinbarungen (Existenz, Dokumentation, Messung, Anreize, Akzeptanz)
	5.5	Leistungsbeurteilung (Art, Häufigkeit, Konsequenzen)

	5.6	Mitarbeitergespräche und Personalentwicklung
	5.7	Personalförderung (Job Rotation, Karriereplanung (vertikal und horizontal))
	5.8	Leistungsbezogene Entlohnung und andere Leistungsanreiz- und Motivationssysteme
	5.9	Wissensaufbau und -übermittlung (Expertensysteme, Wissensmanagement)
	5.10	Organisationsentwicklung
	5.11	Welche Verbesserungsmöglichkeiten sehen Sie?
6.	**TECHNOLOGIE**	
	6.1	Mit welchen IT-Systemen arbeiten Sie?
	6.2	Unterstützen die verwendeten IT-Systeme Ihre Arbeit effizient?
	6.3	Erhalten Sie die notwendigen Daten in der für Sie erforderlichen Aufbereitung (Personalinformationssystem)?
	6.4	Sind die Systeme stabil? Sind sie aktuell?
7.	**STÄRKEN/ANSATZPUNKTE FÜR VERBESSERUNGEN**	
	7.1	Welches sind die drei Hauptstärken Ihres Bereiches?
	7.2	Welche drei Verbesserungsmöglichkeiten sehen Sie
	7.3	Welche Kompetenzen/Fähigkeiten könnten in Ihrem Bereich stärker gefördert/aufgebaut werden?
	7.4	Welches Außenbild würden Sie sich für Ihren Bereich im Unternehmen wünschen? (Was schätzen Kollegen an Ihrem Bereich?)

- Unterstützung durch Zentralbereiche
- Technik
- IT-Systeme

Die Priorisierung erfolgte hinsichtlich einfach (im Sinne von schnell und ohne hohen Kostenaufwand) umzusetzender Verbesserungsmaßnahmen (sog. „Quick Wins“[138] oder „Low hanging fruits“) und anschließend hinsichtlich des zu erwartenden Kostensparpotenzials. Der nächste Schritt war eine erste Präsentation und Abstimmung mit dem Kunden. Dann erfolgte eine detaillierte Ist-Aufnahme derjenigen Prozesse, bei denen ein hohes Einsparpotenzial erwartet wurde (was dies konkret bedeutet, muss mit dem Kunden abgestimmt werden). Parallel dazu wurden bereits erste konkrete Ansatzpunkte zur Verbesserung der Prozesse erfasst. Es schloss sich die nächste Präsentation und Abstimmung der weiteren Vorgehensweise an. Für diese Arbeitsschritte wurde ein Zeitraum von fünf Monaten benötigt. Die Phase der Sollkonzeption dauerte weitere vier Monate, die Planung der Umsetzung und die anschließende erfolgreiche Umsetzung aller abgestimmten Maßnahmen entsprechend der oben aufgeführten Kategorien nahm weitere zwölf Monate in Anspruch, alles in allem dauerte das Projekt damit also knapp zwei

[138] Wenngleich in der Literatur auch manchmal nachzulesen ist, dass mit „Quick Wins“ evtl. langfristige Nachteile verbunden sein können, Berater aber dann schon lange „über alle Berge“ sein können. Hieraus folgt, dass es wichtig ist, die richtigen „Quick Wins“ auszusuchen und ggf. – falls es keine solchen gibt – auch darauf zu verzichten.

Jahre. Eine wesentlich einfachere Ist-Analyse wird im folgenden Beispiel vorgestellt.

Reengineering mit anschließender Systemunterstützung:
Ein Altsystem musste abgelöst werden, da es herstellerseitig in absehbarer Zeit (zwei Jahre) nicht mehr unterstützt werden würde. Außerdem sollten neue Funktionalitäten abgebildet werden, die im Altsystem nicht vorgesehen waren. Im Rahmen einer Machbarkeitsstudie („feasability study") wurde vom „funktionalen Projektteam" innerhalb von sechs Wochen lediglich noch geprüft, ob das bereits vorausgesuchte SAP-Modul alle gewünschten Funktionalitäten abbilden konnte. Auf die aufwendige Erhebung der damit verbundenen Prozesse im Ist-Zustand konnte weitestgehend verzichtet werden, da die optimal auf das Standardsystem abgestimmten Prozesse von jedem implementierungserfahrenen Berater in der Regel mehr oder weniger aus der Tasche gezogen werden konnten. Parallel wurde vom „technischen Projektteam" untersucht, welche systemtechnischen Voraussetzungen vorhanden waren bzw. geschaffen werden mussten.

6.5.1.2 Soll-Konzept

Der nächste Arbeitsschritt ist bei vielen Strategieprojekten der wichtigste und letzte zugleich: die Begründung und Maßnahmenempfehlung der neuen Strategie. Bei umsetzungsorientierten Projekten der Organisationsberatung sowie der IT-Beratung wird stattdessen ein fachliches und ggf. technisches Sollkonzept für neue Abläufe, Strukturen und Technologien als Voraussetzung für die anschließende Umsetzungsphase angefertigt.

Immer wieder taucht die Frage auf, wofür denn eigentlich ein Soll-Konzept erstellt werden muss. Führen die im Rahmen der Ist-Analyse aufgedeckten Schwachpunkte nicht mehr oder weniger automatisch zu den passenden Maßnahmen, die ohne großen Abstimmungs- und Dokumentationsaufwand sofort umgesetzt werden können? Für Kleinstprojekte, die typischerweise von Einzelkämpfern oder kleinen Beratungsunternehmen durchgeführt werden, mag dies gelten. Hier ist oft die Aufgabenstellung fachlich und zeitlich dann so stark eingegrenzt, dass für jede Schwachstelle die am besten geeignete Maßnahme schnell bei der Hand ist oder sogar sofort ins Auge springt.

Bei komplexeren Aufgabenstellungen wird besonders deutlich, dass zwischen der Analyse des Ist-Zustandes und der Maßnahmenplanung zur Zielerreichung ein kreativer Prozess bzw. eine strategische und/oder konzeptionelle Phase liegen muss. Diese hat zum Inhalt, ein Ziel(bündel) für das Vorhaben und Wege zur Zielerreichung zu entwickeln. Bei mehrschichtigen Auftragsinhalten sind dabei in der Regel mehrere Lösungsalternativen auf den ersten Blick plausibel. Sie müssen daher ausgearbeitet und auf ihren Zielerreichungsgrad hin bewertet werden. Die Alternative mit dem höchsten Zielerreichungsgrad, einem möglichst niedrigen Risikowert und gutem Kosten-Nutzen-Verhältnis sollte dann umgesetzt werden. Die detaillierte Ausarbeitung dieser Alternative ist das zur Umsetzung empfohlene Soll-Konzept (vgl. *Niedereichholz,* 2000, S. 205).

Die Vorgehensweise zur Konzeption des Soll-Konzepts sollte im Idealfall so sein: Standardprobleme der Kunden werden mit standardisierten Methoden gelöst, neuartige, „innovative“ Probleme werden mit kreativen und analytischen Methoden bearbeitet. Diese Projekte sind oft aufwendiger und enthalten wesentlich mehr Risiken als standardisierte Vorgehensweisen. Das hat zur Folge, dass sie grundsätzlich sorgfältiger geplant und kalkuliert werden müssen. Aus kreativen Lösungen entstehen durch Abstraktion weitere Standardprodukte. Die echten „kreativen“ Problemlösungen sind die Keimzellen des Mythos von der Brillanz guter Berater. Durch Bearbeitung neuer Probleme und durch eine immer weiter betriebene Standardisierung dieses neu gewonnenen Methodenwissens ist eine qualitativ hochwertige Professionalisierung und Produktivitätssteigerung in der Beratungsbranche möglich (vgl. *Niedereichholz,* 2000, S. 208).

In der Tat haben Beratungsunternehmen oft standardisierte Methoden und Vorgehensweisen für verschiedene Typen von Beratungsprodukten. Diese strukturierte Vorgehensweise darf jedoch nicht mit einem Kochrezept verglichen werden. Sie dient vielmehr als roter Faden, der kunden- und situationsspezifisch verwendet bzw. angewendet werden muss.

6.5.2 Test/Pilotierung

Bevor mit einer flächendeckenden Umsetzung des Soll-Konzepts begonnen wird sollte es nach Möglichkeit auf seine Tauglichkeit hin getestet werden. Dies betrifft sowohl den funktionalen, technischen (vgl. Abb. 40), organisatorischen, als auch den mitarbeiterbezogenen Teil. Oft scheitern gerade an Letzterem ehrgeizige und fachlich überzeugende Konzepte.

Bei Systemimplementierungen ist ein Test oft noch vergleichsweise einfach möglich. Bevor das Altsystem abgelöst wird, wird das neue System im Hintergrund – und damit im „Trockenen“ – gründlich getestet. Dies bedeutet allerdings keineswegs, dass die Vorbereitung und Durchführung des Tests leicht ist. Das Gegenteil ist oft der Fall. Das Erarbeiten typischer Testfälle und die gegebenenfalls anschließende Fehlersuche können sehr zeitintensiv und nervenaufreibend sein. Ein gründlicher und erfolgreicher Test minimiert dann aber das Risiko für einen Produktivstart erheblich!

Bei der Einführung neuer Strategien, Prozesse oder Organisationsformen ist ein „Trockentest“ nicht mehr so einfach bzw. oft sogar ganz unmöglich. Zur Risiko-

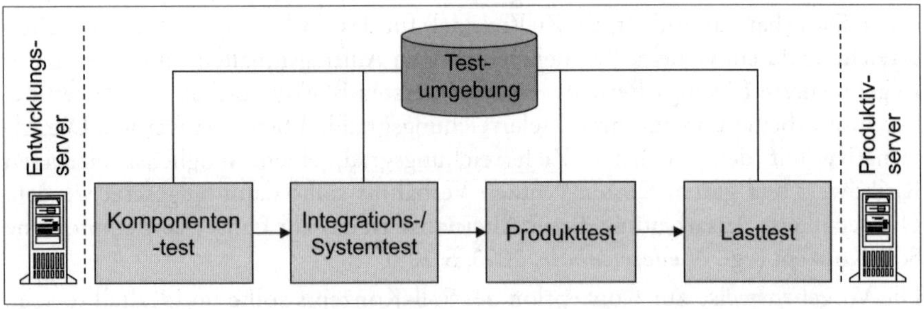

Abb. 40: Testkomponenten in IT-Projekten

minimierung bietet sich aber oft die Möglichkeit einer Piloteinführung in einer unabhängigen und überschaubaren Organisationseinheit. Beispielhaft soll hier die Einführung eines Performance Management Prozesses genannt werden, der bei einem großen Unternehmen vorab in einem Call-Center implementiert, optimiert, und anschließend auf das gesamte Unternehmen „ausgerollt“ wurde. Dieses Vorgehen hat Vor- und Nachteile. Die Vorteile liegen auf der Hand:

- Schnellere Einführung, da kleiner Bereich.
- Möglichkeit zur schnelleren Optimierung bzw. Anpassung in einer überschaubaren Organisationseinheit.
- Nutzung dieser Mitarbeiter als Multiplikatoren im Sinne einer Förderung der Akzeptanz und Motivation der übrigen Bereiche.
- Hohe finanzielle Risikominimierung, es wird „nur“ für einen kleinen Bereich Geld „in den Sand gesetzt“.

Der einzige Nachteil, der jedoch in manchen Fällen alle Vorteile überwiegen kann, ist der, dass durch dieses Vorgehen sehr viel Zeit verloren geht (im obigen Beispiel ein Jahr) und alle damit verbundenen Verbesserungseffekte natürlich auch erst später eintreten. Daher muss sehr sorgfältig abgewogen werden, was wichtiger ist: ein schneller Nutzen mit hohem Risiko oder ein zunächst minimierter Nutzen mit minimiertem Risiko.

6.5.3 Realisierung von Sollkonzepten

Die Realiserungs- (oder Umsetzungs-)Phase eines Vorhabens beinhaltet die Realisierungsplanung und die eigentliche Umsetzung eines Veränderungsvorhabens. In der Realisierungsplanung wird für jeden im Soll-Konzept vorgeschlagenen Punkt, der eine Veränderung hinsichtlich des Ist-Zustandes darstellt, festgelegt, durch welche Maßnahme der gewünschte Zustand herzustellen ist und in welchem Zeitrahmen, mit welchen Aufwänden und mit welchen Konsequenzen zu rechnen ist. In regelmäßigen, vorher festgelegten Abständen (z. B. monatlich), muss der „Realisierungsstatus“ von allen betroffenen Bereichen überprüft werden. Sobald es Anzeichen für Verzögerungen oder andere Probleme gibt, müssen entsprechende Maßnahmen ergriffen werden.

In jedem Fall sollte vor dem „Drücken des Startknopfes“ grünes Licht aus allen betroffenen Bereichen kommen (s. Abb. 41):

Jetzt wird es Ernst, alle Ampeln stehen auf „Grün“, der wohl spannendste Teil des Beratungsprozesses folgt: die Realisierung!

Vom Ablauf her ist dieser Prozessschritt einfach. Am Tag „X“ wird der „Schalter umgelegt“. Die Mitarbeiter arbeiten gemäß der neuen Prozesse in neuen Organisationsstrukturen mit neuen Aufgaben, Verantwortlichkeiten und Kompetenzen, unterstützt durch neue Systeme, Methoden oder Instrumente. Was genau zu tun ist, wurde vorab anhand von Einzelmaßnahmen genau festgelegt und beschrieben, warum also verdient diese Aktion die Bezeichnung Prozessschritt? Weil die Qualität eines Konzepts nicht unbedingt etwas über den Erfolg der Umsetzung aussagt, es kann immer noch eine ganze Menge schiefgehen:

Tab. 33: Beispiel einer Checkliste zur Realisierung eines IT-Projekts

CHECKLISTE zur Realisierung	
1.	**RAHMENBEDINGUNGEN** • Arbeitsbedingungen/Arbeitsumfeld • Handlungsanweisungen
2.	**STRATEGIE** • Ist die Unternehmensstrategie definiert (Vision, Mission, Strategische Ziele)? • Ist die Strategie auf die einzelnen Bereiche herunter gebrochen worden? • Sind entsprechende Kennzahlen definiert (Balanced Scorecard)?
3.	**PROZESSE** • Sind alle betroffenen Prozesse untersucht und angepasst/neu aufgesetzt worden? • Sind alle zur Unterstützung der Prozesse notwendigen Maßnahmen (Systeme, Handbücher, Handlungsanweisungen usw.) fertiggestellt, abgestimmt und kommuniziert worden?
4.	**ORGANISATION** • Sind alle aufbauorganisatorischen Änderungen eingeleitet und kommuniziert worden? • Kennt jeder Mitarbeiter seine neuen Aufgaben, Rechte und Pflichten?
5.	**MITARBEITER** • Sind die Mitarbeiter für das Projekt entsprechend sensibilisiert worden (Druck/Zwänge für eine Veränderung, „Burning platform")? • Sind alle Mitarbeiter im „Boot"? • Sind alle Mitarbeiter „startklar"?
6.	**KOMMUNIKATION** • Sind alle Mitarbeiter über Art, Umfang und Ziele des Projekts informiert? • Sind alle/die wichtigsten Stakeholder über den Nutzen des Projekts informiert? • Kennen Kunden/Lieferanten mögliche Auswirkungen auf ihre Geschäftsbeziehung?
7.	**IT** • Ist die notwendige Hardware-Installation abgeschlossen? • Sind alle Verfahren abgeschlossen (Berechtigungen, Datensicherung, Recovery, Updates, Pflege usw.)? • Deckt die Funktionalität der Software die im Tagesgeschäft üblichen Fälle ab? • Ist die Software auf allen PC installiert? • Hat jeder betroffene Mitarbeiter einen PC? • Kann jeder Mitarbeiter mit seinem PC und der erforderlichen Software umgehen?
8.	**SONSTIGES** • Hat der Betriebsrat zugestimmt? • ...

- Gewisse Dinge funktionieren einfach (noch) nicht. Trotz neuer, ausgefeilter Prozesse und intensiver Schulung ist es anfangs schwierig, Aufgaben, die man jahrelang auf die gleiche Art und Weise erledigt hat, von heute auf morgen anders zu bewältigen.
- Andere Dinge wurden schlichtweg vergessen oder bewusst ignoriert (was meist auf „Fehler" in der Ist-Aufnahme oder Soll-Konzeption zurückzuführen ist). Aber sowohl Kunde, als auch Berater arbeiten nach der „80:20-Regel"[139].

[139] Die „80:20-Regel": Mit einem vertretbaren (und damit bezahlbaren) Aufwand 80 % aller Fälle abdecken und die restlichen 20 % nach Anfall einzeln (situativ) bearbeiten.

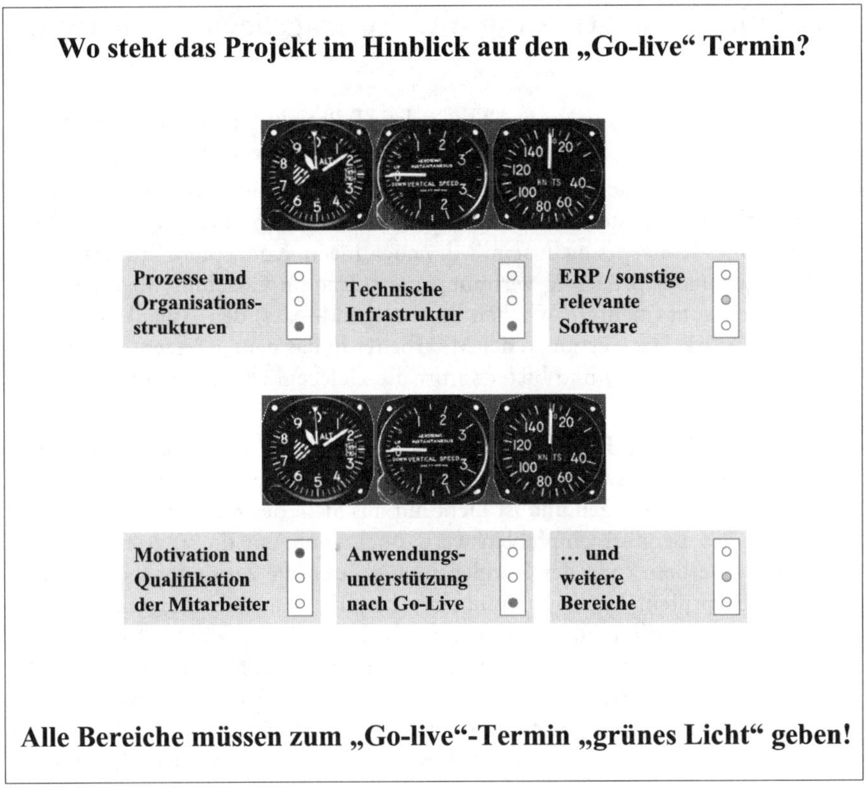

Abb. 41: Das „Readiness Cockpit“

- Und dann die immer wieder gerne zitierten Ausnahmefälle, die zwar nur in 1 % aller Abläufe vorkommen, daher bei Soll-Konzeption nicht oder nicht vollständig berücksichtigt wurden und damit auf einen Schlag das ganze Konzept schlecht aussehen lassen.

Das Beispiel eines B2C (Business-to-Customer) Start-Up Unternehmens aus der Welt des E-Commerce, welches damals auch durch die TV-Werbung ging, verdeutlicht dies sehr anschaulich: Das Unternehmen ist aufgebaut, Organisation, Prozesse, IT und Infrastruktur sind realisiert und der Tag ist gekommen, an dem die Homepage „scharf geschaltet“ wird. Gespannt steht das sechs Mitarbeiter zählende Unternehmen vor dem Bildschirm und wartet auf den ersten Besucher der Homepage, respektive die erste Bestellungen. Nach nur kurzer Zeit ist diese da und Jubel bricht aus. Dann geht alles rasend schnell. Der die Besuche/Bestellungen registrierende Zähler läuft immer schneller, die Begeisterung wächst zunehmend, schlägt dann aber langsam in Entsetzen und Panik um. Die Anzahl der Bestellungen liegt nach wenigen Minuten bereits im fünfstelligen Bereich, damit hatte niemand gerechnet, die Logistik ist hierfür (noch) nicht ausgerichtet, Besteller werden wahrscheinlich wochenlang auf ihr Produkt warten müssen. Ein sicherlich überspitztes Beispiel, das jedoch eindrucksvoll zeigt, dass eben doch nicht immer alles plan- und kalkulierbar ist.

6.6 Anlaufunterstützung und Auftragsnachbearbeitung

Egal ob Strategie-, Organisations-, HR- oder IT-Projekt, in jedem Fall empfiehlt sich eine Unterstützung in der „Anlaufphase" der Veränderungen:

- Wirkbetrieb und Coaching: Das Konzept steht, der Berater geht und der Kunde ist auf sich alleine gestellt. So sollte es, zumindest in der Anfangsphase der Umsetzung eines Konzepts nicht sein! Mit neuen Ideen, Konzepten, Prozessen usw. evtl. nicht hundertprozentig vertraut, unterstützt ein Coaching über einen gewissen Zeitraum (mehrere Wochen bis wenige Monate) den Anlauf der Veränderungen, stärkt das Vertrauen der Mitarbeiter in das neue Konzept („der Berater drückt sich nicht") und bietet sofort die Gelegenheit zu eventuellen Nachbesserungen.
- Ex-Post Evaluierung: Hierunter ist die Bewertung des Projekts nach seinem Ende zu verstehen. Diese Bewertung sollte nach einem vorher gemeinsam festgelegten Zeitablauf erfolgen und ist nicht nur aus Sicht des Kunden, sondern auch aus Sicht des Beraters empfehlenswert. Nicht nur, um die angestrebte wirtschaftliche Verbesserung der Kundensituation und die Zufriedenheit des Kunden zu überprüfen. Auch im Sinne einer langfristigen und erfolgreichen Kundenbeziehung ist diese Vorgehensweise unbedingt zu empfehlen. Daneben können aber auch möglicherweise vertragsspezifische Aspekte eine Validierung des Erfolgs notwendig machen: Der Ansatz einer erfolgsabhängigen Vergütung findet zunehmend Anklang und Zuspruch, hier ist jedoch bei der Festlegung der Kriterien ausgesprochene Sorgfalt gefragt! Nicht zuletzt dient eine Erfolgsvalidierung auch dazu, das Projekt bzw. den Kunden als mögliche Referenz für das nächste Angebot zu nutzen.
- Wissens- und Dokumentationsmanagement: Berater lernen auf jedem Projekt dazu. Keine noch so gute Ausbildung und keine noch so lange Erfahrung können einen Berater auf alle Eventualitäten eines Projektes vorbereiten. Es tauchen sowohl im fachlich-inhaltlichen als auch im zwischenmenschlichen Bereich oft für den Einzelnen neue Situationen auf, die von anderen Kollegen schon einmal so oder ähnlich erlebt wurden. Es ist daher sehr hilfreich, jedes in einer für alle Berater des eigenen Hauses zugänglichen Form zu dokumentieren. Neben den Projektzielen und -inhalten sind hier insbesondere die gelernten Lektionen („Lessons learned") bzw. die „Do's and dont's" manchmal sehr hilfreich. Nach leicht nachvollziehbaren Suchkriterien (z.B. Branche und Beratungsprodukt, s. Kapitel 7) dokumentiert und archiviert, kann in einigen Fällen in der Projektvorbereitung viel Zeit und in der -durchführung so mancher Ärger erspart werden (s. a. Abschnitt 5.9).

6.7 Projektmanagement als übergreifende Phase

Auf Beraterseite beginnt das Projektmanagement – im weitesten Sinne – oft bereits in der Akquisitionsphase durch die Zuordnung von Führungskräften zu bestimmten Kundenportfolios mit dem Ziel der Umsatzgenerierung. Liegt dann eine Kundenanfrage mit der Bitte um Angebotsabgabe vor, dann wird in der Angebotsphase ein verantwortlicher Mitarbeiter bestimmt, der das Angebot für den Kunden erstellt. Dieses Unterfangen ist auf Seiten des Beraters ein Angebotsprojekt. In der Regel handelt es sich um ein relativ kurzes Vorhaben mit ein oder wenigen Personen, es gibt aber auch mehrjährige Angebotsphasen und/oder große Angebotsteams mit mehr als zehn Personen im Team. Bei Vertragsabschluss sind die am Angebot mitwirkenden Personen dann nicht selten auch Mitglieder des Projektteams beim Kunden.

Für den Kunden empfiehlt sich ein ähnliches Vorgehen. Neben dem designierten Projektleiter sollte so früh wie möglich überlegt werden, welche Mitarbeiter Schlüsselaufgaben im Projekt übernehmen sollen, um sie entsprechend aus ihrem Tagesgeschäft „herauszulösen". Oft trifft man auf die Meinung, dass für ein Projekt diejenigen Mitarbeiter „abgestellt" werden sollten, auf die im Tagesgeschäft am ehesten zu verzichten ist. Das Gegenteil ist meist empfehlenswert: Jedes erfolgreiche Projekt benötigt seitens des Kunden diejenigen Mitarbeiter, auf die am wenigsten verzichtet werden kann. Hierfür sprechen wenigstens zwei Gründe: Erstens sind diese Mitarbeiter aufgrund ihrer fachlichen Kompetenz und ihrer Erfahrung im Unternehmen sehr wertvoll für das Projekt. Zweitens sind dies oft die Mitarbeiter/Führungskräfte, auf die man im Unternehmen hört und die damit ausgezeichnete Multiplikatoren und Akzeptanzstifter der neuen Konzepte sind. Um diese Personen aus ihren Tagesverpflichtungen „loseisen" zu können, braucht es eine starke Hand: den Projekt-Sponsor, der aufgrund seiner Position, seines Einflusses und seiner Wertschätzung („Standing") im Unternehmen über die erforderliche Kompetenz verfügt. Dieser Sponsor, idealerweise auch Mitglied im entsprechenden Steuerungs- bzw. Entscheidungsgremium (Lenkungsausschuss, Projektbeirat, ...), spielt vor, während und nach dem Projekt eine ganz entscheidende Rolle.

6.8 Change Management

Change Management sollte ein integraler Bestandteil all derjenigen Projekte sein, die von den Mitarbeitern eine „neue Denke", die Nutzung neuer Prozesse oder ungewohnter Werkzeuge verlangen. Insofern ist Change Management sowohl intern bei Beratungsanbietern als auch extern bei Kunden ein nützliches Konzept. Der immer wieder – insbesondere in der Frühzeit großer beraterunterstützter Änderungsvorhaben – unterschätzte aktive und passive Widerstand der Betroffenen gegen Änderungsvorhaben macht es nötig, neue Ideen und Vorhaben auch an die internen Nutzer zu „verkaufen" und sie dazu zu befähigen, die neuen Errungenschaften auch bestmöglich zu nutzen.

Nun eine Definition: Change Management (Synonym: Management des Wandels, Veränderungsmanagement) ist eine umfassende Bezeichnung für alle Maßnahmen der geplanten und aktiv gesteuerten Begleitung von Führungskräften und Mitarbeitern hin zu einem möglichst erfolgreichen Arbeiten in veränderten Prozessen, Techniken oder Organisationsstrukturen. Change Management ist kein geschlos-

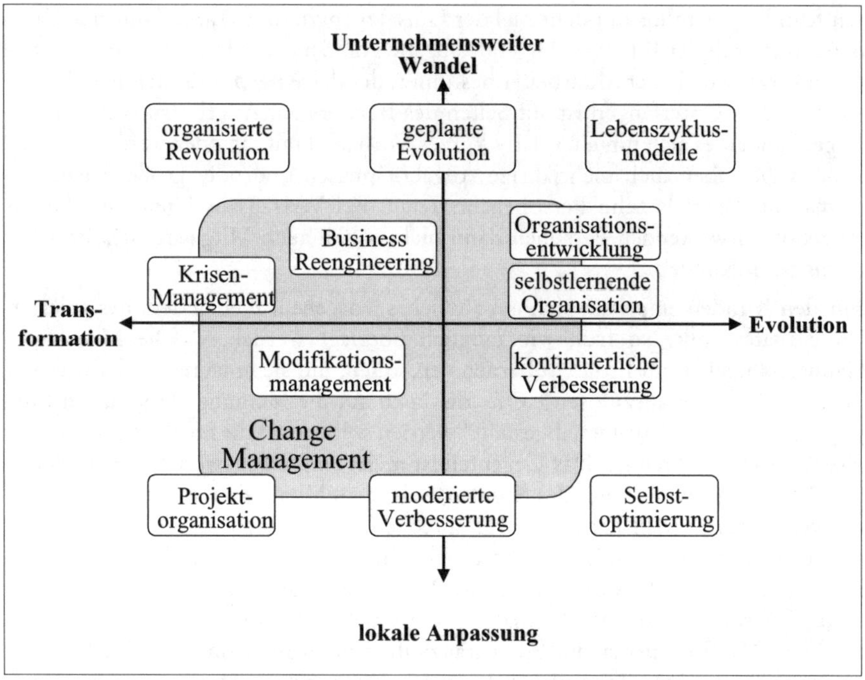

Abb. 42: Beziehung von Change Management zu anderen Konzepten des Wandels

senes Konzept des Wandels, sondern eine Bandbreite von Vorgehensweisen vom internen „Verkaufen" beschlossener und unveränderlicher Maßnahmen[140] bis hin zur Gestaltung der Veränderungen so, dass die Akzeptanz bei den Mitarbeitern gesichert und die Funktionalität erhöht wird. Sie sollen „Infrastrukturen" für Veränderungen schaffen. Nicht die „Erfindung" einer Veränderungsidee selbst bildet den Dreh- und Angelpunkt des Change Managements, sondern die Bereitstellung einer positiven Umgebung für die neuen Ideen" (*Reiß*, 1997, S. 9). Change Management ist damit eine Teil- und Schnittmenge der in Abb. 42 dargestellten Managementkonzepte.

Der Grund für den bewussten Einsatz von Change Management liegt darin, dass beabsichtigte und notwendige Veränderungsprozesse häufig ohne geplante Steuerung des Wandels nicht zum gewünschten wirtschaftlichen Erfolg führen. Ein sehr wichtiges Hindernis ist der Widerstand von Mitarbeitern des Kunden. Insbesondere bei ehrgeizigen Business Reengineering Projekten zu Beginn der 90er Jahre war dies eine schmerzliche Erkenntnis und gleichzeitig der Beginn eines Aufschwungs für den Change-Management-Gedanken. Viele Beratungsunternehmen haben eigene Ansätze entwickelt, die sich jedoch stark ähneln[141]. Change Management ist ein phasenübergreifender Ansatz, die Maßnahmen variieren in den unterschiedlichen Phasen:

[140] Diese Variante ist dem Vorwurf ausgesetzt, ein „Weichspüler" der Beschlüsse des Vorstands zu sein.
[141] Vgl. *Al-Ani/Kaßner* (2000); *Nehls/Kautzsch* (2000).

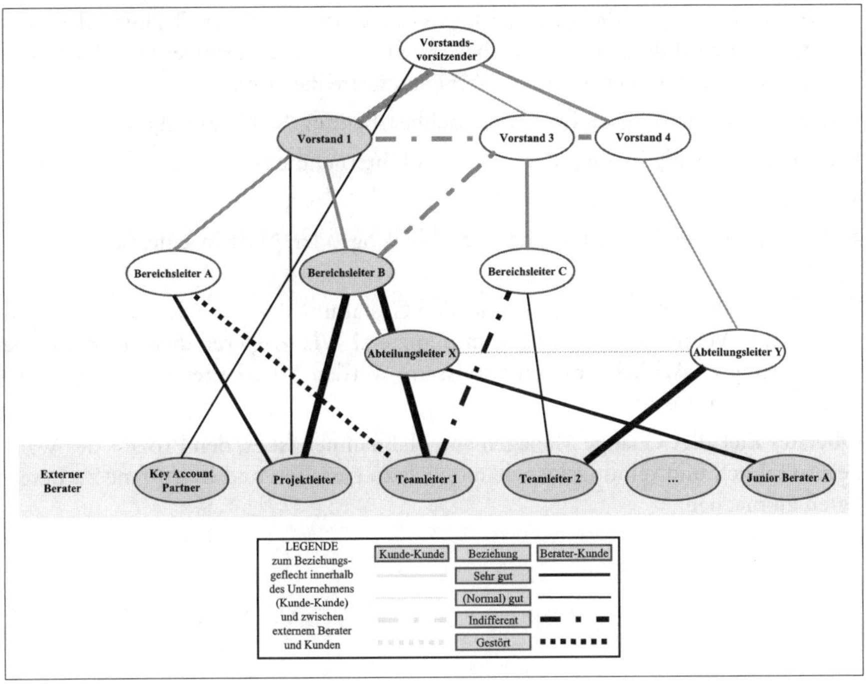

Abb. 43: Beziehungsgeflecht Berater – Kunde, dargestellt als „Power Map"

Akquisitions- und Angebotphase: Aufbau persönlicher Kundenbeziehungen (Power Map; s. Abb. 43).

Spätestens zu Beginn eines Projektes sollte eine Analyse der wichtigsten Interessengruppen („Stakeholder") durchgeführt werden. Welche Gruppen wichtig sind, weiß der Kunde meist bereits sehr gut (z. B. seine eigenen Kunden, die Eigentümer bzw. Aktionäre, Mitarbeitergruppen, Betriebsrat, Führungskräfte, Aufsichtsrat, Gewerkschaft, Politische Parteien, Verbände, die Gesellschaft usw.). Mit welchen Interessengruppen zu sprechen ist, muss daher von Fall zu Fall in Absprache mit dem Auftraggeber entschieden werden. Ziel dieser Analyse ist es, Erwartungen und Befürchtungen hinsichtlich des Projektes herauszufinden. Erwartungen sollten dabei zu Projektende möglichst sogar noch übertroffen werden, Befürchtungen und damit verbundene Widerstände möglichst von vorneherein umgangen werden. In der Literatur findet sich auch häufig die Zusammenfassung „Betroffene zu Beteiligten" machen. Daneben gilt es auch, mögliche Erfolgs- und Risikofaktoren frühzeitig zu erkennen, zu analysieren und entsprechende Strategien für das weitere Vorgehen abzuleiten. Wie das Beispiel in Abschnitt 6.7 zeigt, kann auch die frühzeitige Identifizierung und Kontaktpflege zu möglichen Sponsoren sehr hilfreich sein. Teambuilding-Maßnahmen zwischen Berater und Kunde können von Anfang an eine angenehme, konstruktive und fruchtbare Basis für eine erfolgreiche Zusammenarbeit schaffen.

Spätestens mit Beginn der Realisierungsphase werden auch das Training der Mitarbeiter, die Sensibilisierung für die bevorstehenden Veränderungen und das Schaffen von Anreizen immer wichtiger. Arbeitsschritte hier sind:

- Anlaufunterstützung und Auftragsnachbearbeitung/Stabilisierung
- Transfersicherung in allen Bereichen des Unternehmens
- Leistungs- und Ergebnismessung
- Verwertung der Lernerfahrung – Etablierung oder Nutzen einer „Lernenden Organisation".

Wichtige Leitfragen zur vorausschauenden Gestaltung der Veränderung sind: Wird die geplante Veränderung richtig kommuniziert? Wie reagieren diejenigen, die die Veränderung tatsächlich umsetzen müssen? Werden Mitarbeiter im Management ihrer Aufgabe gerecht?

Oberstes Ziel aller Change Management-Maßnahmen ist es, den Prozess des Wandels so schnell und reibungslos wie möglich zu gestalten und Betroffene zu Beteiligten zu machen.

7 Produkte der Beratung

7.1 Das Produktangebot

Zweck des nachfolgenden Abschnittes ist es, für die Darstellung von Beratungsleistungen eine nachvollziehbare Gliederung der Beratungsprodukte zu verwenden. Als Beratungsprodukte werden Dienstleistungen bezeichnet, die von externen und internen Beratungsunternehmen angeboten werden.

„Produkte“ der Tätigkeiten von Beratungsunternehmen sind die von Kunden bezahlten Beratungsleistungen im weitesten Sinne. Als „Art des Produkts“ sollen nachfolgend die großen Produktkategorien Gutachten, Research-Maßnahme, Workshop/Training, Fachkonzept, Implementation und (Beratungs-)Managementaufgaben verstanden werden.

Eine weitergehende Aufgliederung und Vervollständigung der Liste von Beratungsprodukten ist nicht einfach. Die Herausforderung dieses Unterfangens liegt in drei Gründen:

Art des Produkts	Fertigungstiefe	Beispiel
Gutachten, Strategie	Konzept	Produktstrategie, Stärke-Schwäche-Analyse, Evaluation
Research-Maßnahmen	Konzept	Wettbewerbsanalyse, Stärke-Schwäche-Analyse
Workshop, Coaching, Training	Konzept + Umsetzung	Change Management, Roll-Out-Vorbereitung
Fachkonzepte, Prozessdesigns	Konzept	Kostenrechnung, supply chain management, Abrechnung
Implementierungsaufgaben	Umsetzung	Implementierung Prozesse und neue IT
Managementaufgaben	Umsetzung	Projektmanagement Change Management

Abb. 44: Arten von Beratungsprodukten

- Der Markt bringt eine große und dauernd aktualisierte Vielzahl von Leistungen hervor, und Kunden kaufen auch sehr ausgefallene Dinge. Praktisch wird es wohl im besten Fall immer nur kurzfristig gültige Augenblicksdarstellungen der Produktpalette geben können.
- Prozess- und Produktsicht sind manchmal schwer zu trennen. Die Produkte von Unternehmensberatungen sind – trivial – als Ergebnis der Prozesse (siehe Kapitel 6) zu verstehen. Abhängig von der Art des Vertrages, sind jedoch manchmal die Grenzen fließend. Es gibt Aufträge, die das Begleiten von Prozessen beinhalten. Andere Berateraufgaben beinhalten neben einem geschuldeten Endergebnis als Nebenbedingung bestimmte Arbeitsschritte bzw. die Teilnahme daran, z.B. das Moderieren einer Softwareauswahl und danach dann die Implementierung eines neuen Steuerungssystems. Außerdem können Teilschritte umfangreicherer Projekte jeweils separat vergeben werden, z.B. nur das Konzept oder nur das Projektmanagement.
- Abhängig von der Definition der Unternehmensberatung sind der Ein- und Ausschluss von Leistungen, hier wird es eine gewisse Grauzone geben, z.B. zwischen einer reinen Rechtsberatung (keine Unternehmensberatung) und der Unternehmensberatung zur günstigsten Wahl der Rechtsform eines Unternehmens in Gründung.

Diese Detailsicht auf Produkte verrät jedoch noch nichts über den Zweck der Beratungstätigkeit und kann auch nicht erläutern, wieso Produkte häufig mehrere dieser Leistungen enthalten. In der Literatur kommen daher verschiedene, auf

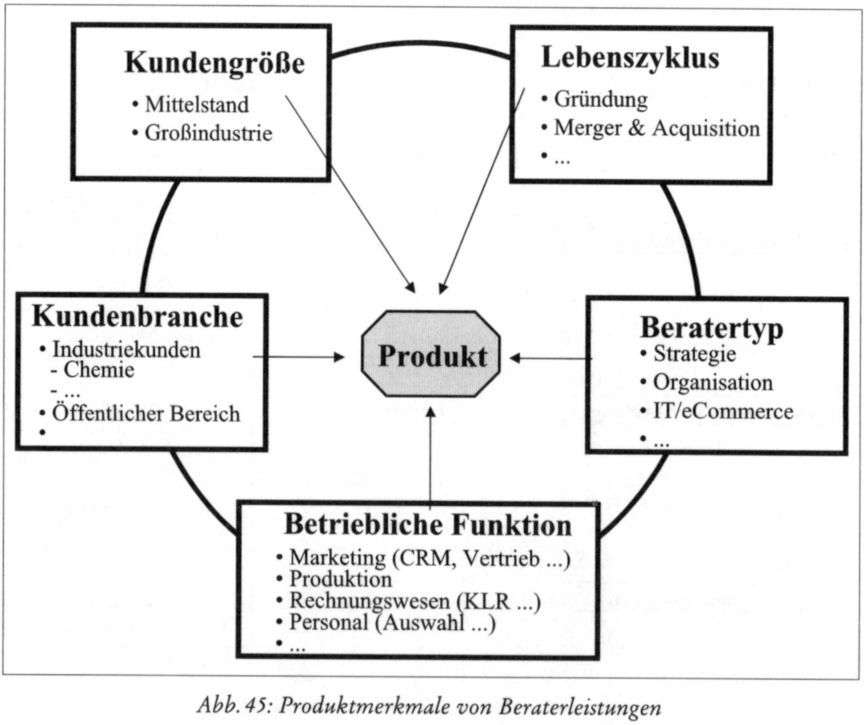

Abb. 45: Produktmerkmale von Beraterleistungen

höherem Abstraktionsniveau angesiedelte Gliederungsschemata von Produkten der Beratung vor. Sie leiten sich (siehe Abb. 45) ab aus

- der Branchen- oder Größenklasse des Kunden,
- dem Lebenszyklus des Kunden,
- dem Tätigkeitsschwerpunkt des Beraters,
- der funktionellen Sicht („klassische" betriebliche Funktionen, Teile davon oder durch neue Begriffe wie z. B. „CRM" oder mit Hinweis auf technische Errungenschaften wie „eCommerce" unscharf eingegrenzte Funktionsgruppen),
- dem Vertragstyp (ist der Berater für das Endergebnis verantwortlich = Werkvertrag, oder arbeitet er für stunden- oder tageweise Bezahlung).

Diese Vielfalt der Kategorisierungen in der Literatur[142] ist darauf zurückzuführen, dass Beratungsprodukte eigentlich nur in einem mehrdimensionalen Raum exakt lokalisiert werden können. Besonders wichtige Dimensionen auf Kundenseite sind die bearbeitete betriebliche Funktion und die Kundenbranche.

Teilweise komplementär mit den betrieblichen Funktionen des Kunden sind die Klassifikationen der Beratungsfirmen mit den Kategorien Strategieberatung, Personalberatung, Technologie-(IT-/eCommerce-)beratung usw. Da der Markt jedoch

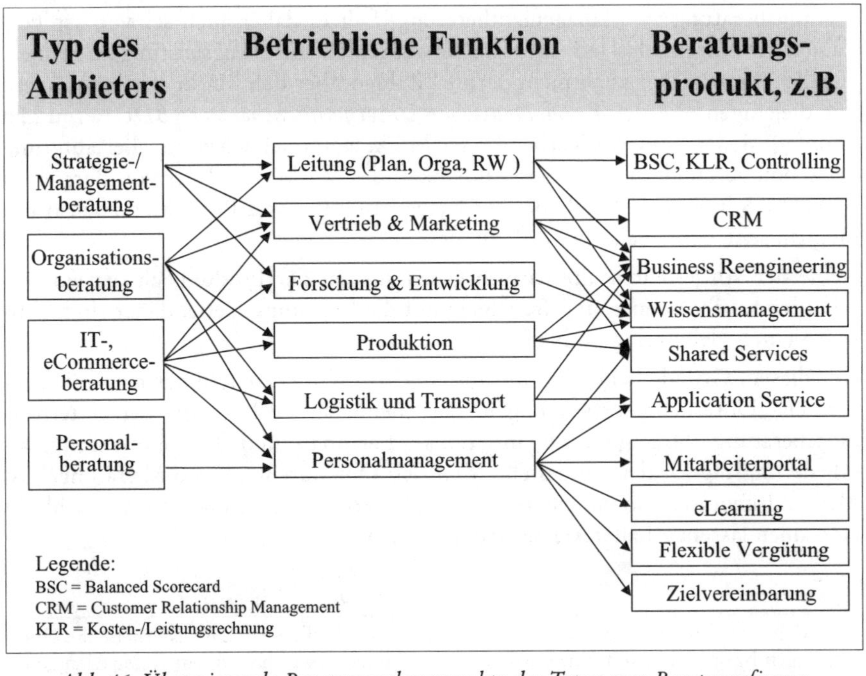

Abb. 46: Überwiegende Beratungsschwerpunkte der Typen von Beratungsfirmen

[142] *Schütte* (1996, S. 10) listet folgende Kategorien aus der Literatur auf: Beratungsobjekt, Unternehmensgröße, Gegenstand der Beratung, Fachgebiet, spezifisch unternehmerische Leistung, Intensität der Leistung, Dauer der Maßnahme und Häufigkeit der Maßnahme. *Miethe* (2000, S. 2) sagt einleitend: „Der gegenwärtige Stand der Forschung lässt nur den Schluss zu, dass es die allgemeine Leistung der Unternehmensberatung nicht gibt".

in schneller Bewegung ist und Beratungsfirmen sich schnell anpassen (siehe Abschnitt 10.1), kann jede Zuordnung immer nur den überwiegenden Charakter sowie den augenblicklichen Stand wiedergeben. Auch kann ein Produkt evtl. die Lösung für Aufgaben in mehreren betrieblichen Funktionen und für Kunden verschiedener Branchen sein.

Häufig benutzte Kategorien für die Charakterisierung der Beratungsprodukte kommen aus allen dieser Einteilungssysteme und werden teilweise nebeneinander benutzt (z.B. bei *Kubr*, 1996), ohne dass jedoch alle denknotwendigen Kategorien dieser Systeme auch verwendet werden[143]. Es gibt z.B. zwar eine „Mittelstandsberatung" als Begriff, nicht jedoch eine „Großindustrieberatung". In den vorliegenden Büchern über Beratung gehen die Autoren oft auch sehr selektiv vor, so listet *Scheer* (2000) Strategie- und Prozessberatungen auf und innerhalb dieser Kategorien nur wenige Spezialthemen.

Die allermeisten verkauften Beratungsprojekte dürften Mischprodukte im Sinne einer Kombination mehrerer der oben erwähnten Kategorien sein. Statistiken über die Anzahl der verkauften Projekte liegen nicht vor.

Wegen der Unübersichtlichkeit und Nicht-Ausschließlichkeit der Produktkategorien sowie der zwischen verschiedenen Anbietern von statistischen Informationen nicht harmonisierten Zuordnung von Tätigkeiten (z.B. Prozessberatung vs. Organisationsberatung vs. Managementberatung) fällt es daher auch schwer, „spitze" Zahlen über ihren relativen Anteil an der verkauften Beratungsleistung zu nennen. Tabelle 34 gibt daher auch nicht „echte" Zahlen über den Markt wieder, sondern nur diejenigen, die der *Bund Deutscher Unternehmensberater (BDU)* ermitteln konnte[144]. Jedem anderen Verband oder Marktanalytiker würde es aber aufgrund der schon geschilderten Unübersichtlichkeit des Marktes und der von Berater zu Berater wechselnden Details bei der Kategorisierung von Produkten ebenso unmöglich sein, den „wahren Wert" zu messen.

Keine der vorgestellten alternativen Gliederungen der Produktsicht ist eine erschöpfende, überschneidungsfreie Sicht auf die Leistungspalette, daher sind mehrere Sichten gleichzeitig zu bedienen.

Aus diesem Grunde haben wir uns für eine gemischte Darstellungsform entschieden. Da „Unternehmensberatungen" das Thema ist, wird der Typ der Unternehmensberatung (Strategie-, Organisations-, Personal- und Technikberatung) als Gliederungsmerkmal vorangestellt. Weil sich Outsourcing, Fusionsberatung/Post Merger Integration sowie einige andere kleinere Beratungsthemen hier schlecht einordnen lassen, erhalten sie besondere Abschnitte.

---

[143] Meistens wird auch gar nicht darüber Rechenschaft abgelegt, dass es erhebliche Überlappungen bzw. Über- und Unterordnungsbeziehungen zwischen diesen Kategorien geben kann. Die eher verkaufsorientierte Literatur erklärt ihre oft erheblichen Lücken in der Darstellung der Beratungsprodukte ebenfalls nicht.

[144] Der *BDU* schätzt das Marktvolumen und die Marktsegmente nach folgendem Verfahren: Er macht eine Erhebung unter seinen Mitglieder, die nach seiner Schätzung ca. 26 % des gesamten Marktes repräsentieren. Ergänzend werden aus den Top 40 des Marktes diejenigen Unternehmen um Daten gebeten, die nicht Mitglied des *BDU* sind. In Summe schätzt der *BDU*, dass er ca. 30 % des Marktes direkt befragt, der Rest wird hochgerechnet.

Tab. 34: Beispiele für Angaben zur wirtschaftlichen Bedeutung der Produktkategorien

Kategorie	relative Häufigkeit	Quelle
Typ der Beratung	Strategie-/Managementberatung • Unternehmensführung 11,7 % • Marketing 2,4 % • Controlling, Finanz- und Rechnungswesen 15,9 % • Projektmanagement 6,8 % • Logistik 5,3 % • Qualitätsmanagement 2,3 % • Umweltmanagement 1,5 % IT-Beratung 42 % Personalberatung • Personalsuche und -auswahl 7,2 % • Personalentwicklung 1,7 % • Outplacement 0,1 %	*BDU*, Facts & Figures zum Beratermarkt 1998

7.2 Darstellung der Produktbereiche

Die nachfolgende Darstellung der Produktbereiche von Unternehmensberatung nimmt die gebräuchliche Segmentierung des Anbietermarktes in Strategie-, Organisations-, Technik- (IT, eCommerce) und Personalberatung als Gliederungshilfe.

7.2.1 Strategieberatung

7.2.1.1 Überblick

Das von vielen Laien sicher am ehesten mit der Arbeit von Unternehmensberatungen verbundene Themengebiet ist die Strategieberatung. Sie wird gelegentlich auch als wichtigste oder prägnanteste Form der Unternehmensberatung schlechthin gesehen, obwohl sie ja nicht die älteste Form der modernen Unternehmensberatung ist (siehe Abschnitt 3.1) und auch nicht die derzeit umsatzstärkste (ca. 23,8 % gegenüber 35,2 % der Organisationsberatung und 29,4 der IT-Beratung, *BDU* 2003, vgl. Abschnitt 2.2). Im deutschen Markt – ähnlich dürfte es in Österreich und der Schweiz sein – wird reine Strategieberatung eher nur von den größten der großen Unternehmen nachgefragt, Schätzungen auf Basis von Fragebogenuntersuchungen sehen 24 % der Großunternehmen als häufigere Kunden dieser Beratungsform (*Fritz/Effenberger*, 1998, S. 105).

Frage ist nun, was machen die Berater in Strategieberatungsprojekten? Sie helfen der Unternehmensleitung bei der Formulierung und ggf. Umsetzung neuer strategischer Festlegungen und sind mithin für das strategische Management tätig. Damit stellt sich die Frage, was „Strategie" bzw. strategisches Management und Strategieprozess sind[145]. Vertreter des klassischen Strategieverständnisses sehen Strategie als ein „ geplantes Maßnahmenbündel der Unternehmung zur Erreichung ihrer langfristigen Ziele" *(Welge/Al-Laham*, 1999, S. 13). Strategie im wirklichen Leben umfasst aber nicht nur geplante, sondern auch ungeplante Aktionen. Daher wird sich nach neuer Auffassung eine erschöpfende Definition für Strategie nicht finden lassen, weil in der Praxis Strategie und Aktionspläne ineinander greifen und sich dauernd zwingend beeinflussen" (*Hinterhuber*, 1996, S. 18; im Ergebnis ähnlich *Nicolai*, 2001, S. 54f.)[146]. Manche sehen eine inflationäre Benutzung des Begriffs „strategisch" und finden zwei inhaltliche Bedeutungen in der Literatur: (a) Entscheidungen mit langfristigem Einfluss auf den Unternehmenserfolg und (b) ergänzend dazu Arbeiten, die den „Wettbewerb" und die „Wettbewerbsposition" untersuchen und verändern wollen (*Neus/Nippel*, 1996, S. 423/24).

In Kombination beider Aspekte soll hier unter „Strategieberatung" diejenige Dienstleistung verstanden werden, die nachhaltig und top-down die Wettbewerbsposition eines Kundenunternehmens positiv beeinflussen will[147]. Elemente eines entsprechend verstandenen Strategiemanagements (verändert nach *Hinterhuber*, 1996, S. 18ff.) sind:

- Analyse der strategischen Ausgangsposition: Markt- und Konkurrenzanalyse, Benchmarks, Ressourcenanalyse usw.
- Zukünftige Stellung der Strategischen Geschäftseinheiten und grobe Organisationsstruktur definieren.
- Kernkompetenzen identifizieren und Zuteilung der Ressourcen vornehmen.
- Kriterien und Standards der Zielerreichungsmessung festlegen.
- Neue Zugangswege zu bisherigen Kundenmärkten finden.
- Neue Märkte erschließen.

Diese Themen sind auch Gegenstand einer möglichen Strategieberatung. Im Ergebnis gibt es nach *Porter* (1985, S. 62f.) nur drei generische Strategietypen:

- Differenzierung vom Wettbewerb
- Kostenführerschaft
- Fokussierung auf Kernkompetenzen.

Diese generischen Strategietypen können aber kombiniert und bei Mehrproduktunternehmen evtl. auch parallel nebeneinander gefahren werden.

---

[145] Eine interessante Darstellung zu Definitionsangeboten und Abgrenzungsfragen ist in *Welge/Al-Laham* (1999, S. 12ff.) enthalten.

[146] Eine andere – im Ergebnis aber auch nicht zur Definition führende – Meinung vertritt *Gary Hamel* (zit. nach *Bierach*, 2000, S. 78): „Ich bin Professor für Strategie und schäme mich oft, es zuzugeben ...", der Grund meiner Scham ist ein ... „schmutziges Geheimnis: Die milliardenschwere Strategiebranche hat kein Fundament: Erfolgreiche Strategien entspringen der Gabe, Entdeckungen im richtigen Moment zu machen".

[147] Eine sehr markante Definition gibt *Henderson*, 1995, S. 16/17: „Strategie (im Rahmen wirtschaftlicher Unternehmungen, Anm. des Verfassers) ist die ‚Fähigkeit, in das System des natürlichen Wettbewerbs so einzugreifen, dass dadurch vorhersehbare Verschiebungen des wettbewerblichen Gleichgewichts (zu eigenen Gunsten natürlich, Anm. des Verfassers) ausgelöst werden'. Diese Fähigkeiten sind der Kern jeder Strategie."

Die inhaltlichen Bestandteile einer Unternehmensstrategie sind Aussagen zu den wesentlichen Elementen eines Unternehmens. Von *Andrews* (1971) stammt die Forderung, dass eine Strategie alle am Unternehmen beteiligten Personengruppen („stakeholders") und Faktoren einschließen muss. Er sieht vier Elemente einer vollständigen Strategie:

- die Marktchance des Unternehmens
- die Kernkompetenzen und die Ressourcen
- die Motivation und das Credo der beteiligten Personen (Lieferanten, Kunden, Beschäftigte, Eigentümer/Aktionäre)
- Verpflichtungen gegenüber der Gesellschaft und dem Staat.

Inhaltlich stehen Strategieberatungsprojekte am Beginn einer Entscheidungskette, die nach erfolgter Strategiefestlegung eventuell über den Entwurf von Änderungen bzw. neuen Systemen zur Implementierung und dem „Wirkbetrieb" führen können. Sie sind im Verantwortungsbereich des strategischen Management des Unternehmens und können sich an den „Zweigen" des in Abb. 47 dargestellten Entscheidungsweges entlang bewegen.

7.2.1.2 Vorgehen, Normstrategien und Werkzeuge

Strategieprojekte sind im Detailablauf je nach Aufgabenstellung verschieden, auch ist der Einsatz von Normstrategien und Werkzeugen zur Entwicklung von Strate-

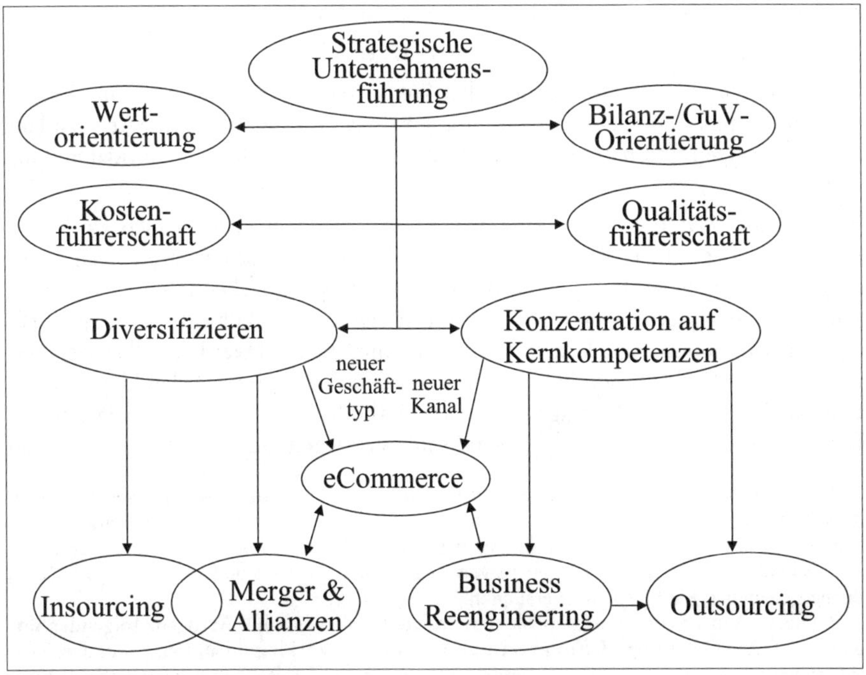

Abb. 47: Beispiel Zusammenhang strategiebezogener Managementkonzepte

gien natürlich abhängig vom Einzelfall[148]. Die in Kapitel 6 dargestellte generelle Vorgehensweise bei Projekten kann als grobes Vorgehensraster dienen. Bei Einzelheiten hat jedes Beratungshaus den Anspruch, den jeweils besten Weg zu gehen. Ein Außenstehender nimmt trotzdem viele Gemeinsamkeiten wahr, wenn auch die Verschiedenheit der jeweiligen Kundensituationen den direkten Vergleich erschwert[149]. Ein „Pionier" methodengeleiteter Strategiearbeit in Unternehmen war *Ansoff* (1965), der den Prozess einer Strategieänderung als „Lückenanalyse" wie folgt beschrieb:

- Unternehmensziele (Sollzustand) festlegen.
- Bestimmen des Ist-Zustandes bezogen auf diese Ziele.
- Bewerten der Lücke zwischen Soll und Ist.
- Optionen für Maßnahmen zum Schließen der Lücke erarbeiten.
- Die beste Option auswählen (und umsetzen).

Strategieprojekte leben mehr noch als andere Projekte von einer intensiven Zusammenarbeit mit der obersten Entscheidungsebene und hohen Entscheidungsträgern des Unternehmens[150], an die persönliche Glaubwürdigkeit und Überzeugungskraft der Durchführenden – seien es externe Berater oder eigene Kräfte – werden hohe Anforderungen gestellt. Daneben spielen Methoden der Strategieentwicklung eine erhebliche Rolle, weil sie ganz entscheidend aufgrund ihrer inhärenten Eigenschaften das Vorgehen und das mögliche Ergebnis der Strategiearbeit bestimmen. Man kann unterscheiden zwischen

- quantitativen Methoden der Datenanalyse (z. B. Portfolio-Analysen),
- qualitativen Methoden (z. B. manche Szenario-Analysen),
- naiv-intuitiven Methoden (z. B. Kreativitätstechniken).

Eigenschaften dieser Methoden wie aller Werkzeuge ist, dass sie bestimmte Vorannahmen treffen, den Suchraum einschränken, das Grundgerüst eines Arbeitsplans mit sich bringen und häufig auch ein bestimmtes Format der Ergebnisdarstellung haben.

Mintzberg (1989; 1994) sieht eine große Gefahr und in vielen Fällen ein Scheitern von strategischem Management darin, dass die Aufgabe der Strategieentwicklung mit der in vielen Firmen institutionalisierten strategischen Planung verwechselt wird. Strategische Planung ist für ihn in der Gefahr, zur ritualisierten jährlichen Fortschreibung von Vergangenheitserkenntnissen zu werden, selbst wenn sie zu kleinen Veränderungen fähig ist. Wirklich neue Strategien werden hieraus nicht entwickelt. Außerdem versagen formale Methoden der Trendextrapolation oft. Diese Erkenntnis mag auch der Grund sein, weswegen Unternehmen mit eigenen

---

[148] *Henderson*, der Gründer der *Boston Consulting Group*, geht sogar so weit zu sagen, dass Strategieberatung „ihrem Wesen nach ... wie ein Pokerspiel [ist], das weder von Kiebitzen noch von Historikern genau rekonstruiert werden kann" (*Henderson*, 1995, S. 28).

[149] Einen Vergleich der Herangehensweise kann man z. B. mit den in *Bamberger* (2002) wiedergegebenen Fallbeispielen versuchen.

[150] Diesen Aspekt von Strategieprojekten drückt mit absichtlicher Arroganz folgender Slogan der Strategieberatung *McKinsey* aus: „If you are not working on an issue of concern for top management, it's probably not worth McKinsey's fees" (zit. nach *Nippa/Petzold*, 2001, S. 6).

Strategieabteilungen überhaupt Unternehmensberater für Strategiefragen hinzuziehen[151].

Ein Hilfsmittel auf dem Weg zu neuen Wegen mögen Techniken oder Normstrategien sein, für die in der Tab. 35 Beispiele aufgelistet sind.

Die Verwendung dieser Werkzeuge ist kein Privileg für Berater jedweder Art, sondern steht auch Linienmanagern frei. Empirische Untersuchungen zeigen jedoch, dass in den Strategieabteilungen höchstens Portfolio-Analysen häufiger eingesetzt werden (*Al-Laham*, 1997, S. 159), daneben kommen noch Szenario-Techniken sowie Computersimulationen in nennenswertem Umfang vor. Dieses Ergebnis sagt aber nicht viel über die Art der gefundenen Strategien oder den Einsatz von Me-

Tab. 35: Ausgewählte Techniken der Strategieberatung

Strategie	„Erfinder"	Erläuterung
Sieben-S-Ansatz von *McKinsey*	*Peters/ Watermann*	Fokus auf interne Faktoren: „Sieben S" steht für strategy, style, systems, skills, staff, structure und shared values. Der Ansatz ist eher eine Art Checkliste, die strategierelevante interne Faktoren für den Unternehmenserfolg benennt und zu beachten bzw. weiterzuentwickeln auffordert.
Balanced Scorecard	*Norton/Kaplan*, 1997	Balanced Scorecards („ausgewogene Bewertungsmatrizen") sind Kennzahlensysteme mit den vier Bereichen Finanzergebnis, Kunden, Prozesse und Personal (Lern- und Entwicklungsperspektive)
EKS (Engpasskonzentriertes System)	*Wolfgang Mewes*	Fokus auf Produkte und den Markt: Managementlehre, die in der Konzentration auf Schwachstellen/Engpässe des Kerngeschäfts die beste Strategie sieht. Details siehe Abschnitt 7.2.1.2.1
Portfolioanalyse	*Boston Consulting Group*	Portfolio-Techniken sollen die Frage beantworten helfen, wie die Marktstellung ist, ob der Produktmix ausgewogen ist und welche Maßnahmen zur Verbesserung der Situation ergriffen werden können. Sie setzen i. d. R. Interesse an Diversifizierungsstrategien voraus und unterstellen Erfahrungskurveneffekte
Szenarioanalyse	*Herman Kahn* (n. *Gausemeier* et al., 1996, S. 91 f.)	Szenarien sind alternative Zukunftsentwürfe, die als Basis für Unternehmensplanungen dienen sollen
Wertorientierte Managementkonzepte, Shareholder Value	*Rappaport*, *BCG*, *Makaron* und andere Anbieter	Bewertung vergangener oder zukünftiger Entscheidungen danach, inwieweit sie monetär-quantitativ den Firmenwert erhöhen.

[151] Siehe weiter dazu und zu Gründen des Beraterengagements allgemein Abschnitt 9.1.

thoden überhaupt beim Finden einer Strategie, denn in der Unterschiedlichkeit oder der Einzigartigkeit kann ja gerade ihr Wert liegen: „Im Kern muss Strategie darin bestehen, Dinge anders zu machen, als es die Konkurrenten tun. Meist aber ist völlig unklar, was ‚anders' ... heißt. Eines aber steht fest: Die Anwendung der gleichen Patentrezepte führt nicht zu Anders- und damit Einzigartigkeit, sondern zu Me-Too-Positionen. Nachahmung aber ist die strategische Sackgasse par excellence" (*Simon*, 1995, S. 136). Dies verdeutlicht, dass das einfache Auszählen der einfachen Häufigkeit von Strategien oder Werkzeugen zu ihrer Entwicklung nicht wirklich etwas über ihren ökonomischen Wert für den Kunden sagt. Dennoch strukturiert der Einsatz von Werkzeugen den möglichen Inhalt von Ergebnissen, und außerdem zeigt ihr Einsatz – sofern die Auswahl des Werkzeugs angemessen war – auch einen Teil der Struktur der Ausgangslage an. Nachfolgend werden in Zufallsreihenfolge einige bekannte Werkzeuge und Ansätze vorgestellt.

7.2.1.2.1 Portfolioanalyse

Portfolioanalysen sind Instrumente für die Strategieentwicklung von Mehrprodukt-Unternehmen. Der Begriff „Portfolio" leitet sich vom französischen „Portefeuille" ab und meint in der Finanzwirtschaft die Zusammensetzung des Wertpapierbestandes. Nachdem Portfolioanalysen zunächst auf den Bereich von Wertpapieranalysen beschränkt waren, wurde der Ansatz später auf Anlagevermögen und noch später auf „betriebliche Wertschöpfungsfaktoren" allgemein ausgedehnt. Zweck der Portfolioanalyse ist es, unternehmenseigene Potenziale, z. B. Produkte, den eigenen Anteil an einem Markt, die eigene Technologie im allgemeinen, Materialien usw., anhand des Erfolgsbeitrages, den Entwicklungsmöglichkeiten des Marktes oder anderer Kriterien zu bewerten. Gemeinsames Kennzeichen der neueren Portfolioanalysen ist die zweidimensionale graphische Darstellung in einer Matrix mit vier, neun oder mehr Zellen. Das Diagramm ist aber nur ein Präsentationsmittel der Ergebnisse vorher durchgeführter Rohdaten-Analysen und Basis für weitere, strategieorientierte Auswertungen und Normstrategien, die man auch als Empfehlung in die Matrix schreiben kann.

„Klassiker" unter den Dimensionen von Portfolioanalysen sind Marktwachstum – Marktanteil (Growth-Share Matrix der *Boston-Consulting Group*, s. *Fink*, 2000), Marktattraktivität – Wettbewerbsstärke (*General Electric/McKinsey*, s. *Fink*, 2000), Wettbewerbsposition – Produktlebenszyklus (Competitive Position Life Cycle von *Arthur D. Little*) und Technologieattraktivität – (eigene) Ressourcenstärke. „Erfinder" der neueren Portfolioanalyse für Strategieberatungszwecke ist die *Boston Consulting Group*, die in ihr einen Schlüssel zur erfolgreichen strategischen Führung von diversifizierten Unternehmen sah (*Clarkeson*, 1995, S. 310 ff.)[152].

[152] Die besondere geschichtliche Bedeutung der Portfolioanalyse liegt darin, dass sie in den 60er Jahren des vorigen Jahrhunderts gerade in einem Augenblick kam, als die Wirtschaft nach einer langen Periode „problemlosen" Verkaufens der Produktion erstmals Absatzstockungen und Überangebote auf den zuvor durch die Nachwirkungen des 2. Weltkrieg abnahmefreudigen Kundenmärkten erlebte. Große Firmen mit mehreren Produkten – eine in den USA der 50er Jahre häufigere Unternehmensform als in Europa – stellten sich erstmals die Frage, ob sie ihre Angebotspalette bereinigen sollten und in welche Richtung zukünftige Produktentwicklungen gehen sollten. Hierfür boten die Portfoliotechniken Entscheidungshilfen.

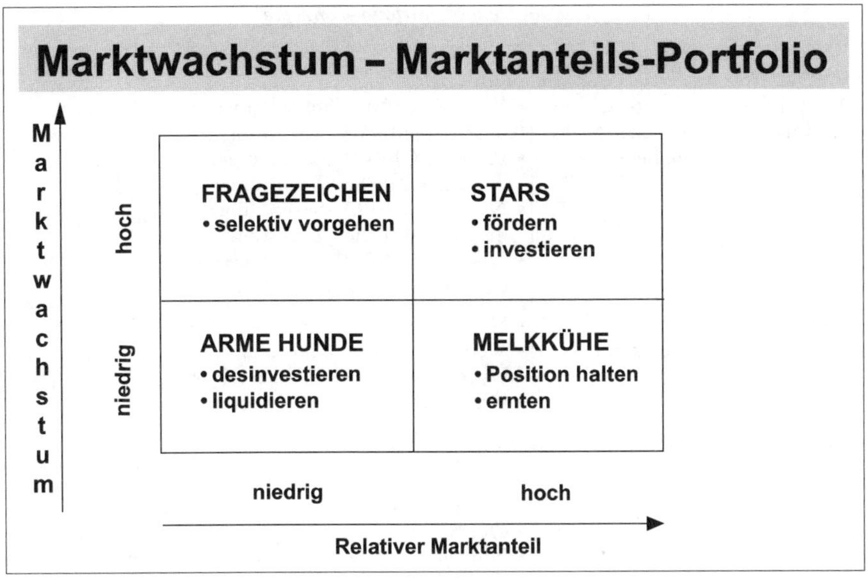

Abb. 48: Schema des Portfolios Marktwachstum – Marktattraktivität

Diese absatzorientierten Portfolios unterstellen mehr oder weniger eine lineare Beziehung zwischen dem Marktwachstum bzw. der gewichtet zusammengesetzten Marktattraktivität und den möglichen Gewinnaussichten. Gleichzeitig gehen sie im Sinne des Konzeptes der Erfahrungskurve davon aus, dass bei größer werdenden eigenen Marktanteilen/Geschäftsfeldstärken die Chancen für höhere Deckungsbeiträge liegen[153].

Neuere strategische Portfolios sind z. B. die ressourcen- und wertorientierten Value Creation Matrix von *Reimann*, das Wertbeitragsportfolio der *Boston Consulting Group*, die Performance-Matrix von *Günther*, das marktbezogene Kompetenzportfolio von *Krüger/Homp* und das kundenwertbezogene Kompetenzportfolio (vgl. *Welge/Al-Laham*, 1999, S. 348 ff.). Diese ersten beiden Portfolios beziehen teilweise Ideen der unternehmenswertbezogenen Strategien des Shareholder Value-Ansatzes ein (siehe dazu Abschnitt 7.2.1.2.5).

Folgende Einschränkungen bzw. folgende Kritik an den Portfolio-Techniken sind zu erwähnen:

- Portfolio-Techniken benötigen vorab einige Festlegungen, um den Rahmen der Analyse aufzuspannen. Hierzu gehört z. B. die Abgrenzung des in die Betrachtung einbezogenen relevanten Marktes oder für die Bestimmung der Geschäftsfeldstärke auch eine Untersuchung der Konkurrenz. Je nach Details dieser Festlegung schwankt auch das Ergebnis der Analyse (*Welge/Al-Laham*, 1999, S. 342).

[153] Diese behauptete Beziehung lässt sich empirisch nachweisen, ist jedoch abhängig von der Kapitalintensität und der Art der Branche. Kapitalintensive Unternehmen profitieren weniger davon, Hightech- und Marketing-intensive Branchen mehr. Details hierzu finden sich in der PIMS-Studie (*Buzzel/Gale*, 1989, S. 65 f.).

Tab. 36: Neuere Portfolio-Konzepte

Namen	Analyseobjekt	Typen	Quelle
Wertbeitrags-Portfolio	Strategische Geschäfts-einheiten	• Positiver CFROI-Spread, überdurchschnittliches Wachstum • Positiver CFROI-Spread, unterdurchschnittliches Wachstum • Negativer CFROI-Spread, überdurchschnittliches Wachstum • Negativer CFROI-Spread, überdurchschnittliches Wachstum	*Boston Consulting Group*
Value Creation Matrix	Strategische Geschäfts-einheiten	• Wertsteigernde Geschäftsbereiche • Wertvernichtende Geschäftsbereiche • Überbewertete Geschäftsbereiche • Unterbewertete Geschäftsbereiche	*Reimann*, 1990
Planwert-Portfolio	ähnlich der Value Creation Matrix		*Boston Consulting Group*
Markt-bezogenes Kompetenz-portfolio	Kompetenzen	• Outsourcen • Nutzen • Entwickeln • Transferieren in andere Märkte oder Produkte	*Krüger/ Homp*, 1997
Kundenwert-bezogenes Kompetenz-portfolio	Kompetenzen	• Basiskompetenzen • Kompetenzlücken • Kompetenzpotenzial • Kernkompetenzen	*Hinterhuber* et al., 1998

- Manchmal gibt es in der Realität keine linearen Zusammenhänge zwischen einerseits dem Marktwachstum sowie der eigenen Stärke im Markt und andererseits der Rendite und dem Cash-Flow. Die tatsächlich empirisch beobachtbaren Erfahrungskurveneffekte (die Erfahrungskurve sagt die Senkung der Stückkosten bei größer werdender Ausbringungsmenge vorher) wirken sich geringer aus als gedacht. Eigenes Wachstum bedeutet wegen der dazu benötigten Investitionen häufig zusätzlichen Aufwand, so dass die Rentabilität sogar sinkt. Diese Ergebnisse und weitere empirische Befunde aus Daten der PIMS-Studie (vgl. Befunde aus *PIMS*-Studie im Anhang) zeigen, dass einige Grundannahmen der Marktwachstum-Marktanteils-Portfolios nicht gegeben sind[154].
- Neben den in den Portfolios festgelegten Entscheidungskriterien gibt es weitere, die nicht Teil des Portfolio-Konzeptes sind. Hierzu gehören z. B. Betrachtungen über die Liquidität des Unternehmens, das Markenimage, Verbundwirkungen der Produkte untereinander usw.

Eine Gesamtbewertung der Portfolioanalyse als Methode kann wegen der unterschiedlichen Portfoliomodelle nicht pauschal erfolgen. Zu beachten ist auch, dass die Portfolioanalyse von vorneherein nur in bestimmten Ausgangslagen (z. B. Mehrproduktunternehmen) und Entscheidungssituationen ein eventuell in Frage

[154] Weitere negative Befunde zur Eignung der *BCG*-Portfolios als Entscheidungsgrundlage liefern *Armstrong/Brodie* (1994) und *Morrison/Wensley (*1991).

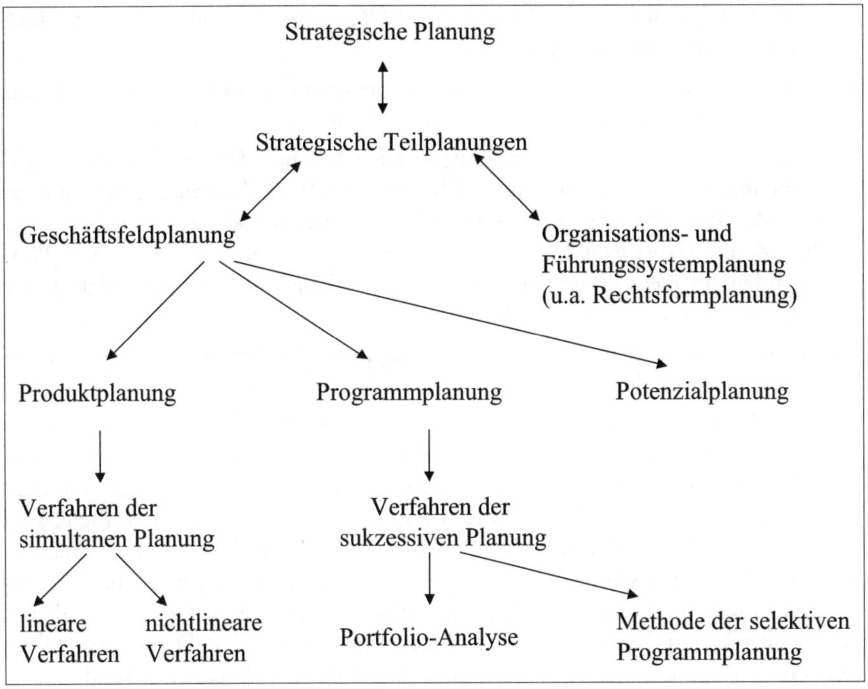

Abb. 49: Portfolio-Technik als Teilplanung (verändert aus Vollmer, 1983, S. 37)

kommendes Werkzeug ist. Hier ist sie als einziges Instrument der Entscheidungsvorbereitung oft überfordert, da in ihr für viele Fragestellungen wichtige Variablen (z. B. Investitionsbedarf und Liquidität) außer Betracht bleiben. Darüber hinaus sollten unbedingt industriespezifische Informationen über die Stärke von Erfahrungskurveneffekten herangezogen werden, wenn man die Verwendbarkeit der Portfolioanalyse als Teil-Instrument in Erwägung zieht. Fehlen Erfahrungskurveneffekte oder sind sie sehr schwach, dann spricht dies eher gegen den Einsatz der Portfolioanalyse als Entscheidungskalkül. Meistens sollten unbedingt neben der Portfolioanalyse auch andere Planungsmethoden zum Einsatz kommen.

7.2.1.2.2 Szenario-Techniken

Die Szenario-Technik ist ein Sammelbegriff für Verfahren, die insbesondere im Einsatz für strategische Planungszwecke bekanntgeworden sind. Der Begriff „Szenario“ leitet sich aus dem Begriff der „Szene“ bzw. „Szenerie“ der Theaterwelt ab. Szenarien im Sinne der Szenario-Technik sind systematisch und nachvollziehbar aus den gegenwärtig verfügbaren Daten heraus entwickelte mögliche Zukunftsbilder. Der Grund für die Ableitung mehrerer Alternativen ist die schmerzliche Erkenntnis, dass jede Vorhersage für sich nur mit einer bestimmten Wahrscheinlichkeit eintritt und eine allein auf einem Szenario beruhende Unternehmensplanung im Falle des Nicht-Eintreffens erhebliche negative Konsequenzen haben kann. Nach empirischen Untersuchungen benutzen bis zu 40 % US-amerikanischer Unternehmen Szenario-Analysen und in 1989/90 ca. 26 % deutsche Unternehmen (Überblick nach *Gausemeier*, 1996, S. 95). Besonders wichtige Entwicklungsschritte eines Szenarios sind:

- Festlegen mindestens einer Zielgröße, für die man die zukünftige Entwicklung abschätzen möchte. Beispiel: Umsatzentwicklung im Personenfernverkehr.
- Gründliche Analyse der gegenwärtigen Situation mit dem Ziel, Wirkungszusammenhänge zu verstehen. Fiktives Beispiel: Einflussfaktoren u. a. Konjunktur in der Reisebranche, allgemeine Konjunktur, Preisentwicklung in der innerdeutschen Zivilluftfahrt usw. Entwurf eines Modells, um die Berechnung von Umsatzzahlen auf Basis dieser Wirkungszusammenhänge und der Ausprägung von Werten der Variablen zu berechnen.
- Ableitung verschiedener plausibler Ausprägungen der Einflussfaktoren, Berechnen von Umsatzzahlen.

Für alle wichtigen Einflussfaktoren wird ermittelt, ob ihre Entwicklung in der Zukunft sicher vorhergesagt werden kann, ob plausible Schätzungen Dritter vorliegen oder ob eigene Schätzungen gemacht werden müssen. Über die genaue Zahl von Schritten bei der Entwicklung von Szenarien lässt sich streiten. Letztlich hängt sie unter anderem auch davon ab, in welcher Form man das Szenario darstellen möchte[155]. Szenarien können als durchgängig mathematische, d. h. quantitative Simulationsmodelle, als ausschließlich qualitative Studien oder als Mischmodelle mit mathematischen und qualitativen Anteilen beschrieben werden. Darstellungsmittel sind Graphiken, z. B. Strukturdiagramme von Einflussgrößen und Bündeln von

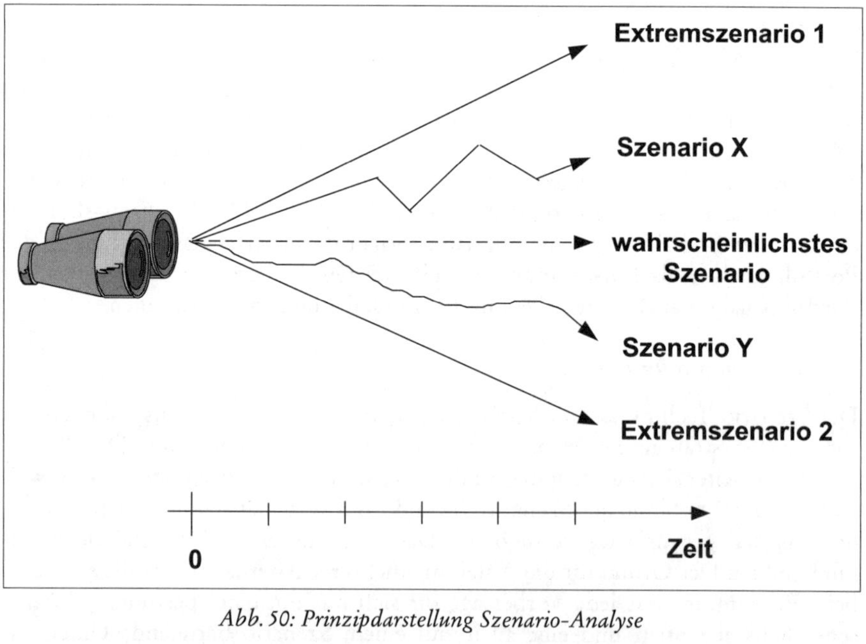

Abb. 50: Prinzipdarstellung Szenario-Analyse

[155] Eine sehr systematische Darstellung der Gründe für den Einsatz von Szenario-Techniken sowie eine Vielzahl von Beispielen und unterschiedlichen Ausprägungsformen von Szenarien bringen *Gausemeier* et al. (1996).

Einflussfaktoren auf den Untersuchungsgegenstand, Computerprogramme zum Durchführen mathematischer Simulationen sowie Texte und Tabellen als qualitative bzw. gemischt qualitative/quantitative Berichtsmittel.

7.2.1.2.3 Wertorientierte Steuerung, Shareholder Value

Wertorientierte Strategien rücken den Marktwert eines Unternehmens in den Mittelpunkt der Betrachtung. Sie haben seit Ende der 80er Jahre des vorigen Jahrhunderts Konjunktur, weil zunächst die Abwehr feindlicher Übernahmen von zu niedrig bewerteten Unternehmen in den USA und sodann der Börsenboom am Ende des 20. Jahrhunderts das Interesse an einer den Börsenwert bzw. den Verkaufspreis des Unternehmens fördernden Politik weckten. Der Shareholder-Ansatz ist dabei teilweise als eine Alternative zum Stakeholder-Ansatz zu verstehen, bei dem auch die Nicht-Eigentümer des Unternehmens (Beschäftigte, Lieferanten, Kunden, Gesellschaft) strategische Ziele beeinflussen. Zweck einer wertorientierten Strategie kann es sein, die Aktionäre über einen höheren Börsenkurs zufriedenzustellen, den Wert eigener Aktien als Akquisitionswährung zu steigern und allgemein das Außenbild eines gesunden und starken Unternehmens zu fördern. Die traditionelle Finanzbuchhaltung stellt keine den Unternehmenswert anzeigende Kennzahl zur Verfügung: Der bilanzielle Gewinn unterliegt stark der Bilanzpolitik des Unternehmens (z. B. der Höhe von Rückstellungen, dem Abschreibungsverfahren usw.), daher sind auch der Gewinn je Aktie und alle Renditemaßstäbe (sie enthalten den Gewinn als Bestandteil) kein guter Gradmesser des Unternehmenswerts. Der Börsenwert unterliegt starken Zufallsschwankungen, außerdem ist nicht jedes Unternehmen eine Aktiengesellschaft, und nicht jede Aktiengesellschaft ist börsennotiert. Diese Schwächen traditioneller Wertmaßstäbe ließen *Rappaport* (1986) und später auch Anbieter kleiner und großer Beratungsfirmen mit je eigenen Spitzenkennzahlen auf den Markt treten[156]. Diese Spitzenkennzahlen ziehen teilweise wegen ihrer Komplexität sowie der Schwierigkeit der Bestimmung von einzelnen Komponenten, wie z. B. den gewichteten Kapitalkosten, viel Aufmerksamkeit auf sich, jedoch gehört neben der Idee eines Rechengangs für den praktischen Betrieb einer wertorientierten Steuerung auch ein permanent arbeitendes Rechnungswesen, ein entsprechend ausgerichtetes Controlling sowie eine die Entscheidungsträger stimulierende Anreizstruktur mit zu einem Gesamtpaket an notwendigen Änderungen zu ihrer Einführung.

Wenn die Einführung des wertorientierten Ansatzes also keine Einmal-Berechnung bleiben soll, dann bedeutet sie eine strategische Änderung von erheblicher Auswirkung auf das strategische Management und die Führungskultur eines Unternehmens. Betroffen sind u. a.

- die Zielgespräche und Leistungsvereinbarungen mit verantwortlichen Geschäftsführern,
- Einmal-Kalkulationen von Großinvestitionen und
- die Berichterstattung an die Finanzwelt.

---

[156] So propagiert die *Boston Consulting Group* den Cash Flow Return of Investment, CFROI (*Lewis/Lehmann*, 1995), *Stern & Stewart* den Economic Value Added, abgekürzt EVA (*Stern* et al., 2002) und *McKinsey* (*Copeland* et al., 1994) den Discounted Cash Flow, DCF.

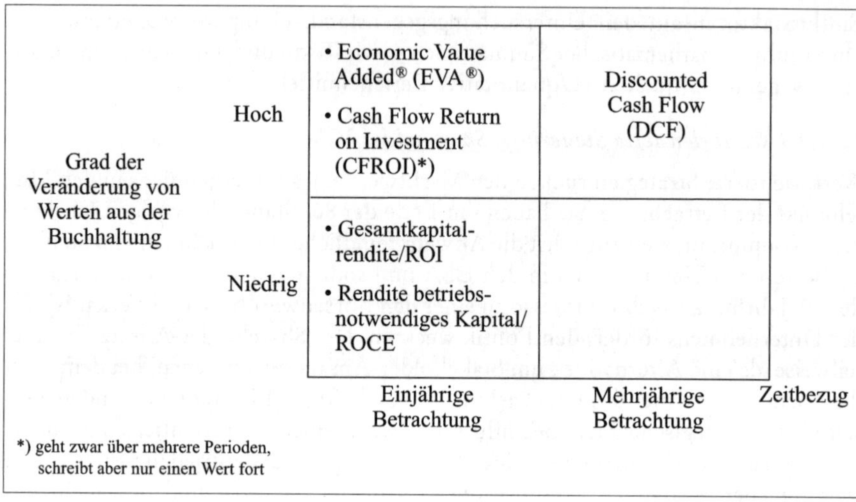

Abb. 51: Alternative Spitzenkennzahlen für wertorientierte Steuerungssysteme

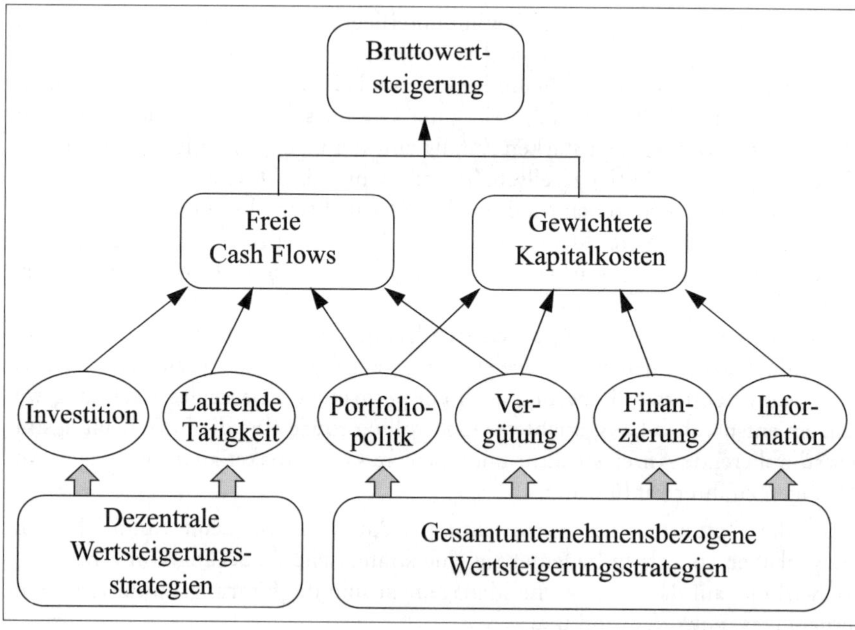

Abb. 52: Bereiche wertorientierte Strategien Discounted Cash Flow (Pape, 1999, S. 154)

Stern/Stewart berichten schon von über 300 Firmen weltweit, die ihre Kennzahl Economic Value Added (EVA)[157] nutzen. Im deutschsprachigen Raum haben sich u. a. *Tengelmann*, *Thyssen*, *Mannesmann* (später aufgegangen in *Vodafone*) und andere jeweils zu eigenen Spielarten des wertorientierten Ansatzes bekannt (s. z. B. in *Bühner*, 1999). Insgesamt haben sich nach einer Umfrage von *Hansmann/*

[157] Nähere Erläuterungen zu EVA sind im Glossar.

Kehl (2000, S. 26) in 1999 ca. 68 % der von ihm untersuchten 77 Unternehmen aus den 400 größten Unternehmen in Deutschland für den Discounted Cash Flow (DCF)[158] als wertorientierte Kennzahl entschieden. Die Einführung einer solchen Spitzenkennzahl bedeutet aber nicht automatisch, dass sich nun die Strategie des Unternehmens ausschließlich nach dem Gesichtspunkt des Shareholder Value ausrichtet. Nur 26 % der Unternehmen gaben an, sich primär an der Wertentwicklung zu orientieren. Bei der Einführung dieser wertorientierten Steuerung haben ca. 70 % der Unternehmen ohne Unternehmensberater gearbeitet, 14 % haben allgemein einen Berater vor der Einführung hinzugezogen und weitere 15 % beteiligten Berater an der Implementation. Bei den ca. 29 % der Unternehmen, die Berater hinzuzogen, sind – mit Doppelnennungen – Unternehmensberater (56 %), Investmentbanker (40 %) und Wirtschaftsprüfer (40 %) engagiert worden.

7.2.1.2.4 Engpasskonzentrierte Strategie (EKS)

Eine in mittelständischen Firmen Deutschlands wahrscheinlich weit verbreitete Methode (z. B. bei den „heimlichen Champions"; *Simon*, 1996, S. 253) ist die „engpasskonzentrierte Strategie". Ihre zentrale Idee ist die Aussage, dass wirtschaftliche Systeme die Eigenschaft haben, um Versorgungsbedürfnisse der Kunden herum immer wieder sich selbst erzeugende Vernetzungen mit Nischen und Engpässen der Versorgung zu erzeugen. Wer es schafft, ein solches Versorgungsbedürfnis zu entdecken und es kompetent zu bedienen, der hat seinen Markt gefunden. EKS richtet das Augenmerk auf alte oder neue Kundenbedürfnisse, die systematisch un-

Untersuchung	42 DAX 100 1998	56 DAX 100 1999	34 österreiche Unternehmen
Gewinngrößen EBIT, Jahresüberschuss	55%	50%	38%
Rentabilitätsmaße ROCE, ROI	14%		50%
DCF	5%		
EVA	7%		
absolute Höhe SV, jährliche Veränderung SV		32%	
Aktienkurs		50%	6%
persönliche Ziele	12%	55%	

Legende:
- Angaben in %; Mehrfachnennungen möglich
- SV = Shareholder Value

Abb. 53: Einsatz wertorientierter Kennzahlen bei Unternehmen (Riegler, 2000, S. 158)

[158] Nähere Erläuterungen zum DCF sind im Glossar.

tersucht und in Produktideen sowie Produktverbesserungen und Produktdiversifizierungen umgesetzt werden. Die eigentliche Arbeit der Ideenfindung überlässt die Methode dem Kunden, der in sieben Schritten seine Strategieentwicklung treibt:

1. Analyse der Ist-Situation und der speziellen Stärken,
2. Analyse des erfolgversprechendsten Aufgabengebietes für die vorhandenen Fähigkeiten,
3. Suche nach der erfolgversprechendsten Zielgruppe,
4. Suche nach dem brennendsten Problem der Zielgruppe,
5. Innovationsstrategie,
6. Kooperationsstrategie,
7. Konzentration auf das konstante Grundbedürfnis.

EKS lebt als Schulungskurs mit 20 Modulen auch nach dem Ausscheiden von *Mewes* aus dem aktiven Berufsleben weiter. Der 15-monatige Fernkurs mit Versandmaterial und persönlichem Tutor richtet sich sowohl an erfolgsuchende Geschäftsführer als auch an karriereorientierte Angestellte. Statt einer Beratung außer Haus entwickeln die Teilnehmer bereits während des Kurses ihre neue Strategie. Die Verlagsrechte der EKS-Methode sind inzwischen an die *KPMG* und die *Frankfurter Allgemeine Zeitung GmbH* übergegangen (*Gottschall*, 1993).

7.2.1.2.5 Balanced Scorecard

Balanced Scorecard (deutsch: „Ausgewogene/ausbalancierte Beurteilungsmatrix") ist ein von *Norton/Kaplan* (1997) eingeführter Gattungsbegriff für die von ihnen als Managementwerkzeug typisierten Kennzahlensysteme, die i. d. R. mindestens vier Teilbereiche der betrieblichen Realität abdecken sollen:

- Das finanzwirtschaftliche Ergebnis: In diesem Bereich sind alle bisher auch gebräuchlichen Kennzahlen auf Basis von Werten der Bilanz und der Gewinn- und Verlustrechnung denkbar.
- Das Kundenergebnis: Hier sind geeignete Größen zur Darstellung von kundenbezogenen Erfolgen zu verwenden, z. B. relative Anteile von Kundensegmenten am Umsatz, Verkäufe an Zielkunden, aber auch „weiche" Daten wie Kundenzufriedenheit.
- Die Prozessperspektive: Verbesserungsrelevante Prozesskennzahlen aus dem betrieblichen Kern- und Unterstützungsprozessen sind hier abzubilden.
- Die Mitarbeiterperspektive: Mitarbeiter sind aufgrund des Personalkostenanteils und aufgrund des in ihnen gebundenen Erfahrungskapitals in vielen Bereichen der Wirtschaft eine wichtige Ressource. Aufbau, Pflege und Entwicklung dieser Ressource sind daher mittelfristig eine wichtige Voraussetzung für den Unternehmenserfolg.

Diese vier Bereiche richten als Kennzahlenfenster den Blick in der Reihenfolge Mitarbeiter – Prozesse – Kunden – Finanzergebnis auf wesentliche Stadien des Wertschöpfungsprozesses und sollen in dieser Stufenfolge auch die Wertentstehung kontrollieren helfen. Wenn man diese Logik weiterdenkt, dann sind im Falle

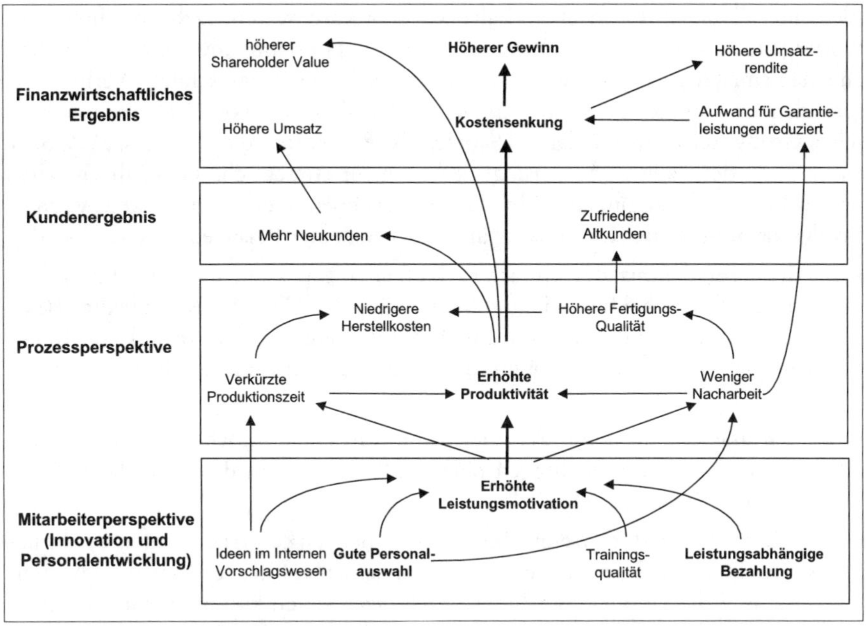

Abb. 54: Beispiel kausale Verknüpfung von Kennzahlen in Balanced Scorecards

weiterer wichtiger Wertschöpfungsbereiche auch fünf oder sechs Datenfenster denkbar, z.B. bei anlageintensiven Unternehmen ein zusätzliches fünftes Kennzahlensystem zum Anlagevermögen oder bei geringer Fertigungstiefe ein sechstes Fenster für lieferantenbezogene Kennziffern, die die Leistung der Einkaufsabteilung abbilden. In der Praxis benutzen die meisten Unternehmen aber genau die vier Perspektiven des Urmodels von *Norton/Kaplan*[159].

Norton/Kaplan schlagen mit der Balanced Scorecard kein detailliertes ausformuliertes Kennzahlensystem vor, vielmehr ist es Teil der Entwicklungsaufgabe von Projekten, unternehmensspezifische Balanced Scorecards zu entwickeln. Hierzu haben viele verschiedene Anbieter inzwischen Vorgehensmodelle und IT-Werkzeuge im Angebot. Die besondere Herausforderung besteht darin, strategierelevante Größen zu identifizieren und das Ursache-Wirkungs-Geflecht zwischen ihnen abzubilden[160], ohne dass es eine allgemeine Theorie oder erschöpfende empirische Erfahrungen über die Wirkungsweisen der intervenierenden Variablen gibt (vgl. *Gladen*, 2001, S.190). „Ausgewogen“ ist die Balanced Scorecard genau dann, wenn es gelingt, die für eine nachhaltige Umsetzung der Unternehmensstrategie relevanten beeinflussbaren Kennzahlen, d.h. aktuelle kritische Erfolgsfaktoren, abzubilden und als System auch bei der Steuerung zu berücksichtigen.

---

[159] 80 % von 126 befragten deutschen Großunternehmen in einer Studie von *PricewaterhouseCoopers*, 2001.

[160] 56 % von 126 befragten deutschen Großunternehmen sehen dies als Problem an, und bei 46 % war das Fehlen geeigneter Kennzahlen der Hinderungsgrund (*PricewaterhouseCoopers*, 2001).

Elemente all dieser Ideen einer Balanced Scorecard waren auch vor ihrer Einführung bekannt, das Neue an Balanced Scorecards ist damit „nur" die Verdichtung zu einen einfachen Leitkonzept[161]. Die Idee hat dennoch eine schnelle Verbreitung gefunden, im Sommer 2000 gab es in Deutschland bei 46 % von 129 befragten deutschen Großunternehmen Balanced Scorecards (*PricewaterhouseCoopers*, 2001, S. 7), die in 75 % der Fälle als Steuerungswerkzeug für strategische Geschäftseinheiten und in 40 % auch für einzelne Abteilungen, Gruppen oder Teams genutzt werden. Erfolgsfaktoren bei der Einführung und Nutzung einer Balanced Scorecard sind:

- ein dem Verständnis der einfachen Nutzer angepasster, die Vernetzung von Kennzahlen entscheidungsrichtig wiedergebender Grad an Komplexität (*Gladen*, 2001, S. 200). Hierzu gehört auch die Begrenzung der Anzahl von Kennzahlen (der *ABB*-Konzern prägte den Sinnspruch „twenty is plenty"; s. *Kaufmann*, 2002, S. 38).
- Ausrichtung des Systems auf diejenigen Entscheidungsebenen, die tatsächlich die meisten Entscheidungen fällen. Oft ist es nicht das Top-Management (*Mountfield/Schalch*, 1998, S. 318).
- ggf. Aktualisierung des Kennzahlensystems bei starken Änderungen der Situation. Da die Anzahl der verwendeten Kennzahlen auf die relevanten zu begrenzen ist, sind die Ursache-Wirkungsbeziehungen selten komplett, sondern meist nur mit den aktuell relevanten Aspekten abgebildet. In Zeiten guter Konjunktur kann z. B. ein Hindernis für die Steigerung der Produktion sein, dass man zu wenige Mitarbeiter auf dem Arbeitsmarkt findet. In Zeiten schlechter Konjunktur könnte es die Tatsache sein, dass man wegen der niedrigeren Verkaufspreise auch nur niedrigere Löhne zahlen kann oder wegen der Starrheit der Löhne nach unten auch Mitarbeiter freigesetzt werden müssen. Im Zeitablauf kann daher ein Austausch von Kennzahlen notwendig werden, wenn sich neue Umgebungsbedingungen einstellen.

7.2.1.2.6 Das Sieben-S-Konzept

Das Sieben-S-Konzept wurde von *Peters* (damals Mitarbeiter von *McKinsey*) und *Watermann* Anfang der 80er Jahre entwickelt und erhebt den Anspruch, als Erklärungs- und Gestaltungsansatz besonders erfolgreicher Unternehmen dienen zu können. Zentrale Aussagen seiner Schöpfer sind:

- Es gibt weiche (Fähigkeiten, Personal, Führungsstil) und harte Erfolgskriterien (Strategie, Struktur, Systeme) für Unternehmen, alle sind untereinander und über die gemeinsamen Werte miteinander vernetzt (siehe Abb. 55).
- Besonders erfolgreiche Unternehmen haben diese sieben Elemente besonders gut aufeinander abgestimmt und weiche wie harte Faktoren gut ausgeprägt.

In diesen Eigenschaften des Modells sind besonders aus dem zeitlichen Kontext der Modellentstehung heraus verständliche Aussagen enthalten: Zum einen die Behauptung, dass auch die weichen Faktoren erfolgsbestimmend sein können, zum anderen eine mögliche Erklärung dafür, weswegen die japanische Industrie gegenüber den

[161] *Kaplan/Norton* (1987, S. 8) sehen das Neue in einer Balanced Scorecard darin, dass sie traditionelle finanzwirtschaftliche Kennzahlen mit „weichen" Kennzahlen über treibende Kräfte der Zukunft (Personal, Prozesse) verbindet.

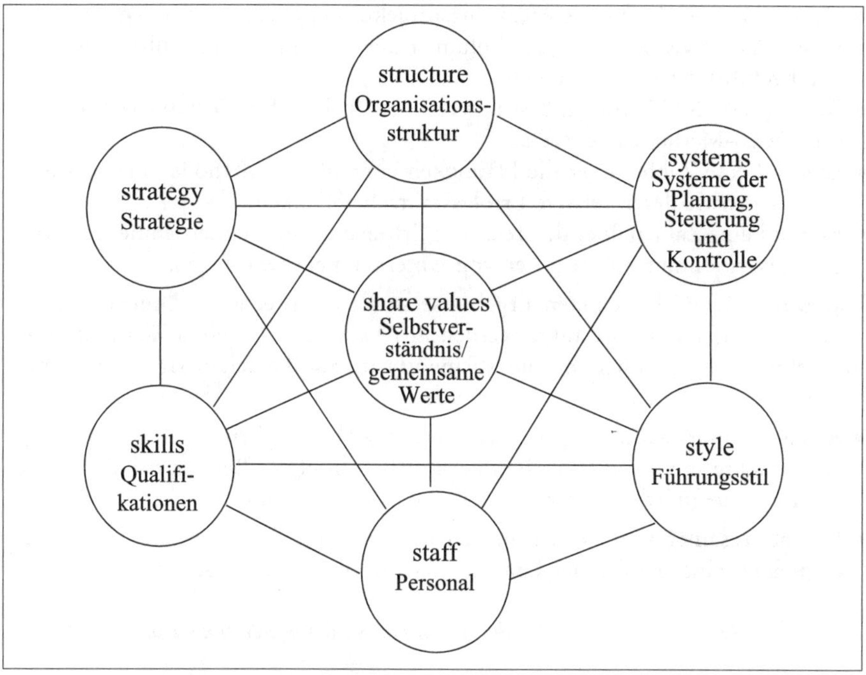

Abb. 55: Prinzipdarstellung Sieben-S-Konzept (mod. n. Peters/Watermann, 1982, S. 10)

USA stark aufholte und überlegen zu sein schien. *Peters/Waterman* nutzten das Modell als theoretische Bezugsbasis für die als Bestseller verkaufte Untersuchung „In Search of Excellence" über besonders erfolgreiche US-amerikanische Firmen.

Die Kritik am Sieben-S-Konzept lautet (*Krüger*, 1989; *Liebel/Oechsler*, 1994, S. 342 f.):

- Die im Konzept verwendeten Begriffe werden von den Autoren überhaupt nicht sauber voneinander abgegrenzt und Methoden zu ihrer Messung werden nicht angegeben.
- Wichtige Faktoren wie z. B. Finanzen, Marketing, Technologie fehlen in dem Modell.

Die Art und die Schwere dieser Mängel zeigen, dass das Modell weder als umfassende Checkliste für gesunde Unternehmensstrategie noch gar als wissenschaftliches Erklärungsmodell zu verstehen ist. Sein Nutzen liegt eventuell in der Prägnanz des Aufrufs, auch weiche Faktoren bei der Gestaltung eines Unternehmens zu berücksichtigen, und in der mnemotechnischen Wirkung der sieben „S".

7.2.1.3 Untersuchung der Erfolge von Strategieberatung

Die Suche nach empirischen Ergebnissen zu den Erfolgen von strategischen Unternehmensberatungen ergibt keine sehr lange Liste von Untersuchungen. Eine kleine Synopsis ist in der Tab. 37 angegeben. Einige vorsichtige Aussagen auf Basis dieser Übersicht sind:

- Ca. zwei Drittel der Strategieberatungsprojekte werden als erfolgreich eingestuft.
- Es gibt keine Zahlen über das Volumen und den Erfolg ausschließlich intern durchgeführter Strategieprojekte.
- *Simon* (1996, S.253) findet, dass unter seinen „heimlichen Gewinnern" sehr viele die EKS-Methode einsetzen.
- Es gibt keine Zahlen über die Häufigkeit eingesetzter Methoden der Strategieberatung sowie deren relative Erfolgswahrscheinlichkeit.
- Es gibt keine Zahlen über den relativen Erfolg einzelner Unternehmensberatungen bzw. bestimmter Kategorien von Unternehmensberatungen.

Die in der Tab. 37 berichteten Ergebnisse sowie entsprechende Untersuchungen über andere Beratungsprodukte werden in Abschnitt 8.1 methodisch hinterfragt und selbst evaluiert. Hier soll nur stichwortartig auf die Schwierigkeit der Interpretation dieser Daten eingegangen werden:

- Aus den Untersuchungen geht nicht hervor, woher die Erfolge oder Misserfolge der Projekte stammen: Ist es Verdienst oder Schuld der Berater, der Auftraggeber, lag es an günstigen oder schwierigen Randbedingungen usw.?
- Ein interessanter Weg auf der Suche nach erfolgreichen Strategien zum Weiterempfehlen sind empirische Untersuchungen über das Vorgehen von sehr gut

Tab. 37: Empirische Erfolgsquoten von Strategie-Beratungsarbeit

Untersuchung	erfolgreich	eher erfolgreich, gut	eher nicht erfolgreich	nicht erfolgreich	Beratungstyp	Anzahl der Teilnehmer, Stichprobe
Hoffmann/Hlawacek, 1991; Bewertung durch Berater und Kunden	32,2 %	30,7 %	25,8 %	11,3 %	nur Empfehlung	N = 62, Mittelstand
Hirn/Student, 2001: Bewertung durch Kunden	40–50 %	ca. 20–40 %	ca. 20–40 %	0–10 %	nur Empfehlung	N = ca. 100, davon 3 Große
Fritz/Effenberger, 1998[162], Bewertung durch Kunden		69 %	31 %		Strategie	N = 74 aus den 450 größten in Deutschland
Höck/Keuper, 2001, Bewertung durch Kunden	9 %	69 %	5 %	1 %	Strategie, Organisation, IT	N = 71 aus den 1000 größten in Deutschland

[162] Die Autoren unterscheiden nur in „erfolgreiche" und „weniger erfolgreiche" Unternehmen (S. 105). Sie erläutern leider weder genau, wie sie zu dieser Einschätzung kommen noch geben sie Auskunft über Diskrepanzen zwischen der Gesamtzahl untersuchter Projekte – 87 – und der Summe aus erfolgreichen und „nicht erfolgreichen" Projekten (84). Noch erstaunlicher ist, dass an anderer Stelle (S. 112) ohne nähere Diskussion berichtet wird, dass 14 % der Unternehmen auch vier Jahre nach dem Projekt noch keine Ergebnisse berichten können und bei den verbleibenden zur Hälfte keine ökonomischen Auswirkungen des Projektes zu erkennen waren.

Tab. 38: Empirische Arbeiten über Strategien erfolgreicher Unternehmungen

Autor/Jahr	Titel	Untersuchungsansatz	Befunde
Peters/ Watermann, 1982	In Search of Excellence	43 Unternehmen per Intensivinterview oder weniger aufwendiger Befragung analysiert, Ausgangspunkt das 7-S-Modell von *McKinsey*	Acht Merkmale erfolgreicher Unternehmen: • Primat des Handelns gegenüber Planung • Konzentration auf das Kerngeschäft • Nähe zu Kunden • Freiraum für Unternehmertum • Produktivität durch Menschen • Einfacher, flexibler Aufbau • Straff-lockere Führung • Sichtbar gelebtes Wertesystem
Harvard Business School, seit 1965	PIMS (profit impact of marketing strategies)	ca. 450 teilnehmende Unternehmen, Studie läuft schon seit den 60er Jahren. Derzeit ca. 500 Fragen je strategischer Geschäftseinheit (*Buzzle/Gale*, 1989)	48 Variablen klären ca. 80 % der Varianz des ROI auf, Investitionsintensität 15 %, der Marktanteil 12 %, die Produktqualität 10 %. Insgesamt 70 % der Varianz sind durch Strategievariablen bedingt, nur 30 % durch operative Effizienz (*Welge/Al-Laham*, 1999, S. 148 f.)
Simon, 1996	Die heimlichen Gewinner	457 Fragebögen an Mittelstandsfirmen mit Weltmarktgeltung, 100 persönliche Interviews und „zahlreiche" persönliche Treffen (*Simon*, 1996)	markt- und technikorientiert, langfristige Vision, aber keine Langfristplanung, eher umsatz- als gewinnorientiert
Gertz/ Baptista, 1996	Grow to be Great	Analyse von 1 000 Unternehmen	Drei Erfolgsrezepte: • Kundenportfolio-Management • Entwicklung neuer Produkte und Dienstleistungen • Vertriebskanal-Management

positionierten Firmen. Mit den Arbeiten von *Peters/Watermann* und *Simon* gibt es zwei herausragende Arbeiten hierzu, die in der Tab. 38 näher erläutert sind. Außerdem liegt mit dem fortlaufend aktualisierten Datenpool von *PIMS* ein interessanter Informationsspeicher für empirische Arbeiten in Strategiefragen vor.

Ein Befund ist, dass die „Champions" in der Untersuchung von *Simon* sich keineswegs durch Anwenden der gleichen Managementtechniken oder langer Planungshorizonte auszeichnen. Vielmehr suchen sie gerade nach Wegen, sich von der Konkurrenz abzusetzen. Sie pflegen das „sowohl als auch" Prinzip (sie sind markt- und technikorientiert, pflegen Prozess- und Produktinnovation und haben einen autoritären Führungsstil mit partizipativen Elementen).

Eine methodische Kritik an den Arbeiten von *Peters/Waterman* (1982) und *Simon* (1996) ist vor allem, dass sie keine erfolglosen Unternehmen in ihre Untersuchung einbezogen haben. So kann man nicht behaupten, dass der Erfolgsbeitrag der bei den erfolgreichen Unternehmen festgestellten Methoden tatsächlich erwiesen ist. Denkbar ist ja, dass auch die Erfolglosen viele der Techniken einsetzen. Außerdem sind insbesondere viele der von *Peters/Watermann* in ihre Untersuchung einbezogenen Unternehmen später insolvent geworden oder zurückgefallen. Das Rätsel des Erfolgs wurde somit nicht gelöst.

7.2.1.4 Schlussfolgerungen

Aus den vorliegenden Untersuchungen und Analysen folgt:

- Es gibt keinen für alle gleichen, einfachen Weg zu unternehmerischen Glanzleistungen, demzufolge kann auch eine Strategieberatung in der Regel keine einfachen, kopierbaren Rezepte und Werkzeuge anbieten (z.B. *Kubr*, 1996, S.255; *Nicolai*, 2001, S.139f.). Diese Erkenntnis führt *Hinterhuber* (1996, S.25) zu der Aussage „Ein Unternehmensverhalten und ein strategischer Plan, die für einen bestimmten Industriezweig typisch sind, müssen a priori als mittelmäßig qualifiziert werden".
- Es gibt auch (leider) keinen wissenschaftlich erprobten, allgemeinen Weg oder Werkzeugkasten zu strategischem Erfolg. Der erfolgreiche Weg anderer kann schon für den zweiten, der ihn nachgeht, zum Misserfolg werden.
- Der Weg zu einer erfolgreichen Beratung setzt sehr gute branchen- und themenerfahrene Berater voraus, die flexibel auf die Besonderheiten des Kunden und seiner gegenwärtigen und zukünftigen Märkte eingehen können.
- Die rein auf Gutachten bzw. Analysen beschränkte strategische Beratung ist in die Kritik gekommen. Aus der Literatur deutet sich der Trend an, Strategieberater auch mehr in die Pflicht der Umsetzung ihrer Empfehlungen nehmen zu wollen. Schon *Goethe* (1831, Brief an *Eckermann*) hat dies seinerzeit gefordert (siehe unser Vorwort).
- Der Wert von externen und internen Beratern im Bereich der Strategieberatung liegt darin, frei von Zwängen des Tagesgeschäftes und mit ausreichend Zeit für Vergleiche mit anderen Firmen die individuellen Voraussetzungen, Stärken und Schwächen zu sehen. Sofern ein Management dieses selbst leisten kann, benötigt es keine Strategieberater.

7.2.2 Organisationsberatung

Organisationsberatung wird hier als Oberbegriff – wie in Abschnitt 2.1 begründet – von (Organisations-)Prozessberatung und (Organisations-)Aufbaustrukturberatung verstanden. Dies korrespondiert mit der üblichen betriebswirtschaftlichen Unterscheidung von Aufbau- und Ablauforganisation.

7.2.2.1 Prozessberatung

7.2.2.1.1 Überblick

Der Beginn der neuzeitlichen Unternehmensberatung ist durch die dem „Scientific Management" verpflichteten Berater wie *Arthur D. Little* geprägt. Dieser Ansatz schaut auf die örtlichen Produktionsprozesse und bietet Verbesserungsvorschläge an (siehe Abschnitt 3.1). Später stand die eher ingenieurmäßige Prozessberatung im Medienschatten der aufkommenden Strategieberatung der Fünfziger-, Sechziger- und Siebzigerjahre[163] des vorigen Jahrhunderts. In dieser Zeit kam der Begriff der Organisationsentwicklung auf. Organisationsentwicklung ist kein geschlossenes Konzept und kennt auch keinen herausragenden „Guru", sondern ist ursprünglich ein Ansatz emigrierter deutscher Sozialwissenschaftler in den USA. Sie wollten anhand geeigneter Methoden die Veränderungsfähigkeit der Betriebe von innen heraus mit humanistischen und teilweise sozialpolitischen Motiven verbessern (*Becker/Langosch*, 1984, S. 2 f.). Mangelnde Professionalisierung der in diesem Bereich tätigen Personen, wohl auch mangelnde Durchschlagskraft von Einzelberatern bei großen Kunden sowie die mangelnde Anbindung an damals aktuelle Themen wie dem Kostenmanagement führten in den 80er Jahren zur wirtschaftlichen Bedeutungslosigkeit der Organisationsentwicklung als professioneller Beratungsmethode (vgl. *Kühl*, 2001; *Trebesch*, 1995, S. 166). Das Interesse der Beraterzunft und des Kundenmarktes an Themen wie der „lernenden Organisation" (*Senge*, 1996) ist jedoch bis heute geblieben, und das Ideengut der Organisationsentwicklung hat indirekt einen Einfluss auf Konzepte, wie z. B. dem Change Management (s. Abschnitt 6.8) und dem Wissensmanagement (s. Abschnitt 5.9).

Nachdem in den 80er Jahren die Informationstechnologie großflächig Einzug in die Geschäftswelt hielt, stellte man vielerorts fest, dass die erwarteten Effizienzvorteile gegenüber den Zeiten vor dem intensiven Computereinsatz nicht erreicht werden konnten. Als Ursachen machten *Hammer/Champy*[164] folgenden Grund aus: Man hatte vielfach mit den neuen Werkzeugen der IT nur alte Prozesse und Verfahrensweisen, insbesondere die Teilung des Unternehmens in funktionale Bereiche, automatisiert[165]. *Hammer/Champy* stellten die Forderung auf, radikal umzudenken und das Unternehmen konsequent auf eine prozessoptimierte Struktur

---

[163] Zur Geschichte des Prozessdenkens siehe *Schädle*, 2001, S. 8 ff). Der Startpunkt lässt sich nicht exakt lokalisieren, zu beobachten war jedoch seit den 60er Jahren des vorigen Jahrhunderts und verstärkt nach der Ölkrise 1973 eine intensive Prozessverbesserung in japanischen Unternehmen. Ende der 70er Jahre brachten Studien des *MIT* (*Massachusetts Institute of Technology*) die Erkenntnis, dass viele Unternehmen die IT dazu nutzen, völlig neue Prozesse zu gestalten. Die Zusammenfassung einiger dieser Studien erschien im Jahre 1989 unter dem Titel „Made in America. Regaining the Productive Edge". Erst die journalistisch aufbereitete Studie „Die zweite Revolution in der Autoindustrie" (deutsch *Womack* et al., 1997) im Jahre 1990 wurde ein Bestseller, hatte aber keine großen Folgewirkungen. Diese traten erst nach der Adaption des Themas durch *Hammer/Champy* sowie *Davenport* 1993 ein (vgl. *Schwan/Seipel*, 2002, S. 119 f.).

[164] Streitig ist, ob *Hammer/Champy* als erste diese Erkenntnis hatten (*Schädle*, 2001, S. 8 ff.). Unstreitig ist dagegen wohl, dass mit ihrem Buch das Business Reengineering einen Popularitätssprung in die Hitliste der Managementkonzepte machte.

[165] Eine andere Sprechweise für das gleiche Problem findet sich bei *Hammer* (1995, S. 20/21): Manager hätten versucht, Prozessprobleme mit Lösungen zu überwinden, die nur auf Einzelaufgaben zugeschnitten waren.

umzustellen und etablierten den Namen „Business Process Reengineering“[166] (Geschäftsprozessoptimierung) hierfür.

Seit dieser Zeit ist das Thema „Prozessberatung“ in der Literatur weitestgehend durch Gedanken des Reengineering mit verschiedenen Nuancen geprägt. Im deutschsprachigen Bereich hält sich dagegen hartnäckig – allerdings ohne große Ausstrahlungskraft auf die hier tätigen internationalen Unternehmensberatungen – ein integrativer systemischer Ansatz der Prozessberatung, seine Herkunft ist im sozialtherapeutischen Bereich zu suchen. Er will umfassend die Innensicht des Unternehmens und die Umwelt analysieren, die beteiligten Personengruppen mit ihren unterschiedlichen Interessen sowie die daraus resultierenden Spannungsfelder berücksichtigen und so Eindimensionalität vermeiden (insbesondere *Ellerbracht* et al., 2002; *Klein*, 2002, S. 36f.; *Kolbeck*, 2002, S. 43; *König*, 1994; *Schwan/Seipel*, 2002, S. 276f.; *Wildförster*, 2001). Ein geschlossenes Theoriengebäude ist dieser systemische Ansatz jedoch – ebenso wie Business Process Reengineering – nicht. Außerdem liefert er nur wenige Anhaltspunkte für das konkrete Vorgehen in einem Projekt, ist also bestenfalls als beratungstheoretischer Rahmen zu verstehen (*Sommerlatte*, 2000, S. 99). Wegen seiner geringen Verbreitung und seiner unbedeutenden Umsatzanteile soll er im nachfolgenden nicht weiter berücksichtigt werden[167]. Merkmale des Reengineering – gesammelt über mehrere Autoren und Quellen – sind:

- Radikale Umstellung des Unternehmens von einer funktionsorientierten zu einer prozessorientierten Struktur, dabei wird über bisherige Grenzen von Abteilungen und Funktionen hinweg nach zusammengehörigen Abläufen geschaut und diese Prozesse zum Ausgangspunkt von Strukturfestlegungen gemacht. Die Struktur des Unternehmens soll so gestaltet sein, dass die Prozesse möglichst effizient ablaufen. Die Struktur folgt den Prozessen, nicht den Funktionen („structure follows processes follows strategy“), nicht umgekehrt „process follows structure“ (*Osterloh/Frost*, 1994, S. 359).
- Die Prozessoptimierung macht vor dem Management nicht halt. Neue Prozesse sollten so angelegt sein, dass die Entscheidungen dort gefällt werden, wo die Arbeit gemacht wird (*Hammer*, 1995, S. 102).
- Identifizieren überholter Vorstellungen von sachlichen Notwendigkeiten oder Verhaltensweisen, z. B. „Kunden reparieren nicht selber“ oder „die Zahlung erfolgt nach Rechnungseingang“ (Beispiele aus *Hammer*, 1994). Auffinden von Prozessen, die der Produktion nicht mehr benötigter Ergebnisse dienen, z. B. gar nicht mehr nachgefragter interner Berichte usw. (Beispiel aus *Hammer*, 1994).
- Die Zahl der Schnittstellen zwischen Bearbeitungsschritten soll möglichst gering sein, außerdem sollen Medienbrüche bei Schnittstellen vermieden werden.
- Firmenübergreifende Prozesse sind ebenso ein möglicher Gegenstand mit viel Verbesserungspotenzial wie firmeninterne Prozesse (*Kreil*, 2001).

---

[166] In der späteren Literatur auch anderer Autoren gibt es die Begriffsvarianten „business process redesign“ und „business design“, „process innovation“ (*Ernst & Young*), „Kernprozess-Design“ (*McKinsey*) usw.

[167] Einige Aufsätze in *Walger* (1995) setzen Beratung mit systemischer Beratung gleich. Aufgrund der Herkunft und Berufstätigkeit der Autoren ist klar ein sozialtherapeutischer/psychologischer Hintergrund, eine Tätigkeit an Hochschulen sowie Gelegenheitsberatung in der Industrie zu erkennen.

- Es sollten die bestmöglichen Prozesse für die denkbaren und wahrscheinlichen Situationen gefunden werden. Wenn möglich, sollten die Prozesse weitgehend automatisiert und routinisiert werden. Seltene Ausnahmen können – sofern dies für die Mehrheit der Prozesse Zeitvorteile bietet – eventuell mit separaten Prozessen abgearbeitet werden.
- Radikale Ziele setzen, d.h. große Verbesserungen von z.B. 50 % und mehr bei Qualität, 30 % bei den Kosten und 70 % bei Durchlaufzeiten anstreben (z.B. *Davenport*, 1993, S. 129).
- Für jeden Prozess wird ein Prozessverantwortlicher festgelegt.
- Orientierung am Kunden(nutzen) und nicht an organisationsinternen Maßstäben. Die angestrebte Prozessverbesserung sollte so weitgehend sein, dass die Schallmauer zu mehr Kundennutzen durchbrochen wird. Beispielsweise sollte die Qualität von neuen Kraftfahrzeugen so verbessert werden, dass der erste Werkstattbesuch statt nach 15 000 Kilometern nun erst nach 30 000 Kilometern erfolgen muss.
- Die Informationstechnologie spielt eine wichtige Rolle als Werkzeug zur Ermöglichung von neuen Prozessabläufen.

Hammer (Übersicht nach *Hess/Brecht*, 1996) sieht das in der folgenden Abb. 56 wiedergegebene Rollenmodell für die Zeit eines Prozessprojekts:

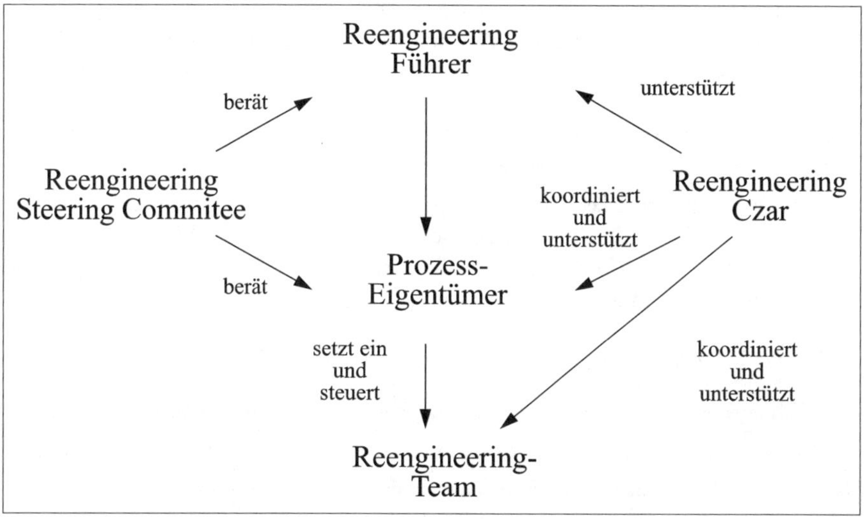

Abb. 56: Rollenmodell von Hammer im Überblick (Hess/Brecht, 1996, S. 57)

Die manchmal nur semantisch, manchmal aber auch programmatisch gemeinten Unterschiede in den Reengineering-Begriffen lassen sich – ohne dass zwischen den Urhebern der nachfolgend benutzten Begriffe Einigkeit herzustellen wäre – wie in der Abb. 57 dargestellt – systematisieren:

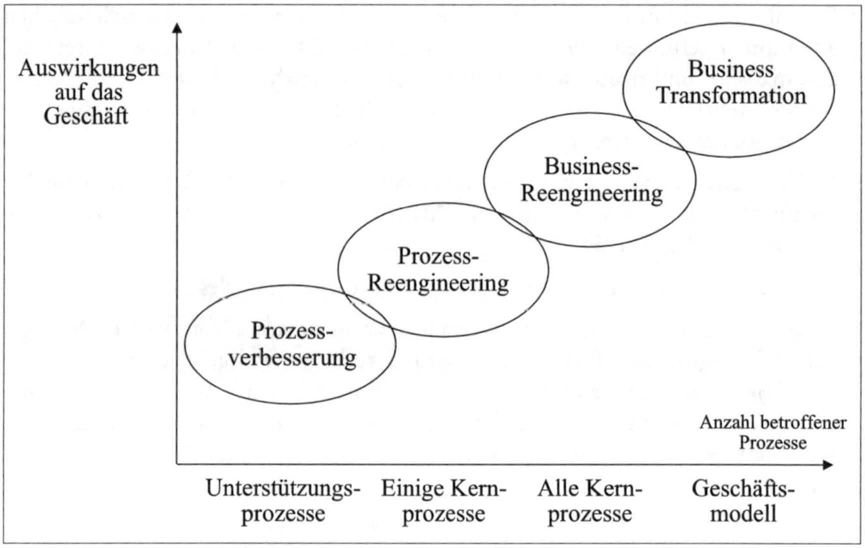

Abb. 57: Intensitätsstufen von Prozessveränderungen

Mit der als „Business Transformation" bezeichneten Änderung des Geschäftsmodells verlässt eine Variante des Reengineering auch den engeren Bereich der „Prozessberatung". *Hammer/Champy* (1993, S. 31 f.) und auch *Davenport* (1993, insbesondere S. 117 ff.) sehen Business Reengineering nicht als eine singuläre Methode zur Verbesserung von betrieblichen Abläufen, sondern als ein umfassendes unternehmerisches Konzept, das sich auf die Strategie, die Prozesse, die Struktur, die Managementsysteme und die Kultur der Unternehmen erstreckt[168]. In der Verknüpfung von Strategie und Prozessen liegt damit die Kunst des Gelingens.

Business Reengineering lässt sich als Gegenentwurf zu evolutionären Ansätzen der Änderung (z. B. Total Quality Management – TQM, Kontinuierliche Verbesserung – KVP, Kaizen) verstehen, die auch Gegenstand von Beratungsleistungen und selbst auch eine Form der Prozessberatung (!) sind.

Tab. 39: Grobe Unterschiede Business Reengineering zu TQM und anderen Ansätzen

Dimension	TQM, KVP, KAIZEN	Business Reengineering
Änderungsstrategie	evolutionär, in kleinen Schritten	revolutionär, Quantensprung
Bereich	häufig innerhalb einer Funktion	funktionsübergreifend
Diffusionsrichtung	von unten nach oben, bottom-up	top down, von oben nach unten
Risiko	gering	hoch
Rolle der EDV	keine Schlüsselrolle	Schlüssel zur Machbarkeit
Frequenz	kontinuierlich	ein Ereignis

[168] Hier wird natürlich auch (wieder einmal) deutlich, dass die Unterteilung in Strategie-, Prozess- und IT-Beratung (oder anderen Unterteilungen) künstlich und nach Überwiegend-Charakter vorgenommen worden ist.

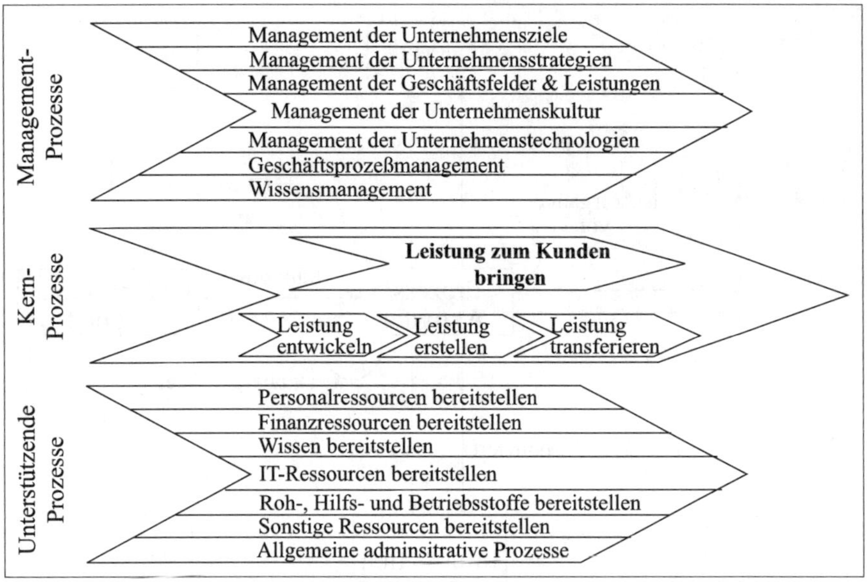

Abb. 58: Beispiel für Geschäftsprozessklassifikation (verändert nach Ferk, 1996, S. 219)

Eine wichtige begriffliche Unterscheidung in der Prozesswelt ist diejenige zwischen Haupt- und Teilprozessen (so z.B. in der Prozesskostenrechnung) sowie zwischen Kernprozessen und unterstützenden Prozessen. Anders aber *Davenport* (1993, S. 28f.), der aufgrund bisheriger Projekte je nach Unternehmen zehn bis höchstens zwanzig sog. „Schlüsselprozesse" vermutet. Diese Schlüsselprozesse entstammen sowohl der internen Welt als auch der für den Kunden produzierenden Bereiche, weitergehende Strukturierungsmöglichkeiten sieht *Davenport* nicht. Weitergehend spalten manche Autoren von den unterstützenden Prozessen noch die Managementprozesse ab (s. Abb. 58).

Es gibt keine weltweit einheitliche Terminologie von Bezeichnungen für einzelne Prozesse sowie den Meta-Modellen der Prozesswelt insgesamt. Das Beispiel in Abb. 59 zeigt die Sichtweise von *IBM*.

Neben dem Reengineering gehört die Einführung von Qualitätsmanagement zu den großen Themen der Prozessberatung. Es gibt mit Total Quality Management „TQM", Kaizen (*Imai*, 1993), dem „Kontinuierlichen Verbesserungsprozess" (KVP), DIN ISO 9000ff., den Ansatz der *European Foundation for Quality Management (EFQM)* usw. mehr oder weniger standardisierte Endprodukte bzw. Anforderungskataloge in diesem Tätigkeitsfeld. Während Reengineering ein geplanter, von oben initiierter umfassender Wandel planbarer Prozesse ist, sind manche Qualitätsansätze (Kaizen, KVP) Modelle für den nicht vorab planbaren Wandel. Ihre Einführung ist daher i. d. R. nur von vergleichsweise kleinen Eingriffen in die laufenden Prozesse geprägt, initial weniger aufwendig und profitiert damit auch weniger vom Einsatz externer Berater (zumindest bei reinen Umsetzungsaufgaben) als Reengineering. Auch wenn die Theorie des Reengineering ebenfalls von

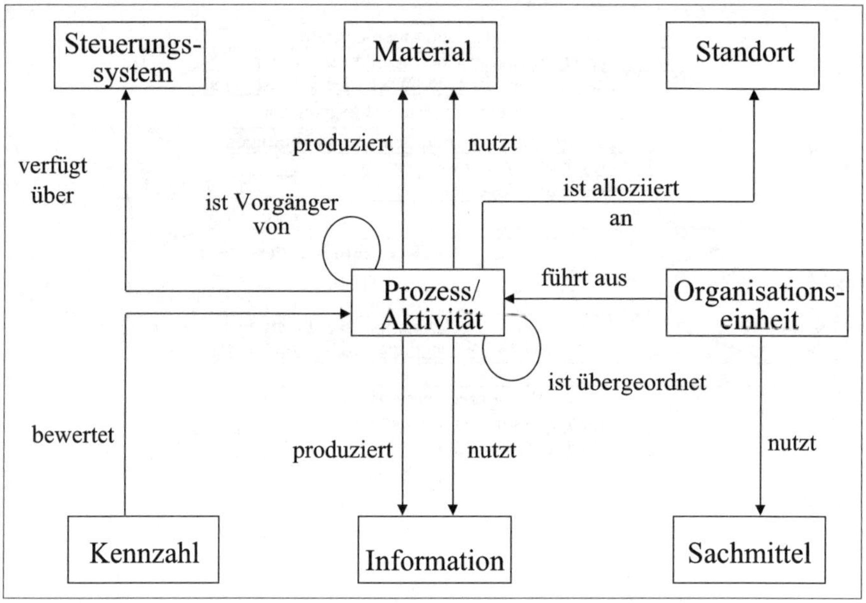

Abb. 59: Metamodell der Prozesssicht von IBM (aus: Hess/Brecht, 1996, S. 67)

einer Daueraufgabe ausgeht, die gelebte Praxis sind eher schlagartige Einmalveränderungen.

7.2.2.1.2 Ablauf und Werkzeuge der Prozessberatung

Prozessberater kommen nicht mit fertigen Lösungen zum Kunden, sondern sind eher Organisator und Moderator bei dem Redesign, Helfer bei der Implementierung und Change Agents bei der Schaffung von Akzeptanz und dem vorbereitenden Training der Mitarbeiter[169]. IT wird als wichtiger Impulsgeber oder „enabler" von Prozessverbesserungen gesehen. Mögliche Verbesserungen durch IT-Einsatz betreffen folgende Bereiche:

Wird geplant, die neuen Prozesse durch eine Standard-Software abzubilden, dann geben Produkte wie *SAP* häufig mit ihren Default-Lösungen einen gewissen Rahmen vor, den man nur in sehr begründeten Fällen durch Eigenprogrammierungen verändern sollte. Eine wichtige Rolle spielen Berater auch oft bei der technischen Umsetzung der Lösungen (diese Aufgabe wird im nachfolgenden Abschnitt beschrieben). Inhaltliche Anregungen für Gestaltungs- und Verbesserungsvorschläge von Prozessen kommen aus zahlreichen Quellen, so z. B.:

- Öffentliche oder private Benchmarking-Studien, z. B. zum Personalbenchmarking (*Kienbaum*, *DGfP*), Kraftwerksbenchmarking (*Accenture*) usw.
- veröffentliche Studien zu Musterlösungen („best practices"), z. B. über die Zweite Revolution in der Autoindustrie (*Womack* et al., 1997).

[169] Eine Übersicht von 15 der verschiedenen Herangehensweisen und Meta-Modelle der Business Process Redesign-Projektarbeit großer Beratungshäuser bieten *Hess/Brecht* (1996).

Tab. 40: Einfluss der IT auf Prozesse (mod. n. Davenport, 1993, S. 51)

IT-ermöglichte Verbesserungen	Beispiel/Erläuterung
Automatisierung	vollautomatische Prozesssteuerung
Informationsversorgung	elektronische Leitstände mit Funktionsüberwachung
Parallelarbeit	erleichtert durch Dokumentenmanagement
Berichte und Warnsysteme	ereignisgesteuerte automatische Berichte
Analyse	online-Ausreißerkontrolle
Integration	Integration technischer und betriebwirtschaftlicher Daten zur optimalen Kraftwerkssteuerung
Wissensspeicher	elektronische Archive
Geographische Verbreitung	Video-Konferenzsysteme, virtuelle Teams

- Referenzmodelle und andere Muster, z. B. von Wirtschaftsvereinigungen.
- Vorgaben oder Möglichkeiten von Standardsoftware. Veränderungen, die nicht unbedingt Verbesserungen sein müssen, werden häufig durch Standardsoftware erzwungen[170].
- Erfahrungen bei einem anderen Unternehmen.
- Mitarbeiter des Unternehmens. Diese Quelle ist insbesondere auf der Ebene kleiner Prozesse sicher der beste Fundus für Ideen.

Der Umsatz dieser Anbieter mit BPR-Projekten betrug z. B. in einem der Boomjahre, 1993, weltweit ca. 1,3 Mrd. US $ (*Gartner-Dataquest*, 1994)[171].

Arbeitsschritte eines einfachen Reengineering-Projekts sind die folgenden (*Hammer*, 1990, S. 108 f.):

Tab. 41: Weltmarktanteile der großen Anbieter am Reengineering-Beratergeschäft 1993

Anbieter	Umsatz in Mio. US $ (geschätzt)	%-Anteil des Beratermarktes
Accenture	350	27
Ernst & Young	175	13
CSC Index	130	10
Gemini Consulting	7	7
McKinsey	6	6

[170] Hier ist z. B. *SAP* zu nennen, das sich theoretisch an vieles anpassen lässt, praktisch spricht jedoch hoher Erstellungs- und Pflegeaufwand sowie eventueller Datenverlust bei Implementierung neuer Releasestände dagegen. Das Ergebnis sind gelegentlich Prozesse, die den hergebrachten nicht überlegen sind und höheren Arbeitsaufwand von Teilen der Nutzer erzwingen (z. B. im Bereich von Abrechnungen des Moduls SAP IS-U). Im Rahmen eines Gesamtprojektes sind so oft auch Verschlechterungen mitzutragen.

[171] Die vorliegenden Schätzungen sollte man sehr mit Vorsicht genießen. Zum einen dürfte das Geschäft der vielen tausend kleinen Beratungsfirmen schlecht einzuschätzen sein, zum anderen haben viele Projekte unter anderer Überschrift ebenfalls Elemente von Reengineering. Tendenziell sind die Weltmarktanteile der hier gelisteten Firmen also eventuell kleiner, dafür könnte ihr „wahrer" Umsatz mit BPR sogar noch größer sein.

1. Vision des zukünftigen Geschäftsmodells entwickeln und Ziele für die neu zu schaffenden Prozesse setzen.
2. Identifizieren und Benennen der zu ändernden Prozesse.
3. Bisherige Prozesse analysieren.
4. Stellhebel für Prozessverbesserungen und IT-Hilfsmittel identifizieren.
5. Neue Prozesse designen und einen Prototyp bauen.
6. Kein Schritt nach *Hammer*, sehr wohl aber nach Ansicht der Verfasser: System implementieren und testen, Mitarbeiter trainieren.
7. Ggf. Unterstützen in der Anfangsphase des Wirkbetriebes.

Ergänzend kann man hierzu das Prozessmanagement nehmen. *Hammer* (1995, S. 33) versteht erfolgreiches Prozessmanagement nicht als Projekt, sondern als Lebensweise.

Ein Großteil der Reengineering-Projekte wird durch Unternehmensberater begleitet bzw. durchgeführt, und die neben *M. Hammer* wichtigsten Wegbereiter des Ansatzes *Champy* (*CSC Index*) und *Davenport* (*Ernst & Young*) sind aus der Branche (*Wirtz*, 1996, S. 1025/1026).

Tab. 42: Bewertung der Verfahren zur Prozessmodellierung (aus Strobel, 1998)[172]

Methode	ARIS[173]	BONAPART	PROMET[174]	SOM[175]
	(+ = gut geeignet)		o = bedingt nutzbar)	
Einsatzhäufigkeit	4000	?	?	?
Gestaltungslenkung				
• Methodische Unterstützung	+	–	+	+
• Optimalität der Lösung	o	–	o	o
Objektsystemmodellierung				
• Modellreichweite	o	o	o	+
• Modellierungsumfang	+	o	+	+
• Struktur- und Verhaltenstreue	o	–	o	o
• Vollständigkeit/Konsistenz	o	–	o	+
• Integration	+	–	+	+
Gestaltungszielmodellierung				
• Modellierungsumfang	–	–	o	–
• Struktur- und Verhaltenstreue	–	–	o	–
• Konsistenz/Vollständigkeit	–	–	–	–
• Integration	o	–	o	–
Methodenunterstützung der Messung				
• Messverfahren	+	o	o	+
• Korrektheit der Messergebnisse	–	–	–	–

[172] Ein weiteres Werkzeug zur Prozesskostenanalyse ist z. B. SPARKS, System Performance Analysis using Realtime Knowledge based Simulation (*Charton-Brockmann*, 1996).

[173] Architektur integrierter Informationssysteme.

[174] Prozessmetamodell.

[175] Semantisches Objektmodell.

Prozessberatungsprojekte sind oft sehr umfangreiche Projekte, bei denen manchmal sehr komplexe Prozessketten untersucht und neu designt werden müssen. Sie stellen erhebliche Anforderungen an die fachliche Detailarbeit und fordern eine professionelle Projektsteuerung und gute Dokumentation. Aus diesem Grund gibt es Anbieter, die mit speziellen Werkzeugen ihre Reengineering-Projektarbeit unterstützen wollen. Tab. 42 zeigt einen Leistungsvergleich einiger dieser Produkte. Das Ergebnis lässt insgesamt eine noch sehr eingeschränkte Unterstützung vermuten.

Keines der Werkzeuge deckt den Prozess der Prozessoptimierung vollständig ab, es bleibt noch viel Platz für händische Arbeit (*Strobel*, 1998, S. 84/85).

7.2.2.1.3 Erfolge

Business Process Reengineering ist eine zu Beginn der Neunzigerjahre sehr populäre Methode gewesen, deren nachweisbare Ergebnisse jedoch – nicht zuletzt auch bestätigt durch kritische Anmerkungen der „Begründer“ *Hammer/Champy* über ihre Praxiserfahrungen – häufig hinter den Erwartungen zurückblieben. Eine neue Übersicht von *Schädle* (2001, S 51) listet die Erfolgsberichte von zehn Untersuchungen über BPR aus den Jahren 1993 bis 1996 mit berichteten Erfolgsprozentzahlen zwischen 85 % und 13 % auf[176]. Das arithmetische Mittel beträgt 47 %, das korrekte gewichtete[177] nur ca. 27 % erfolgreicher Projekte. Es ist nicht explizit angegeben, wieviele dieser Projekte durch Berater begleitet wurden, jedoch ist dies bei der Mehrzahl zu vermuten.

Die Gründe für diese weite Spreizung der berichteten Erfolgszahlen lassen sich nicht exakt angeben, aber vermutlich kommen mehrere Faktoren zusammen:

- Verschiedene Untersuchungen ziehen unterschiedliche Festlegungen für „Projekterfolg“ heran. Mal ist es die Zufriedenheit, mal ist es das Erreichen der Projektziele. Sicher wäre es von zusätzlichem Nutzen, die erreichten Prozesszeitverkürzungen, Spareffekte usw. mit zu berichten und in das Gesamtkalkül gewichtet einzubringen.
- Der Fragestil mag unterschiedlich sein. Auffällig ist, dass kleine Stichproben tendenziell über bessere Erfolge berichten. Denkbar ist, dass hier persönliche Kontakte zu den Befragten existieren und diese sich eher scheuen, negative Meinungen zu äußern. Umgekehrt können bei sehr großen anonymen Befragungen mehr verschiedene Gründe für Unzufriedenheiten das Ergebnis verfälschen.

Insgesamt ist festzustellen, dass die große Mehrzahl von Reengineering-Projekten Verbesserungen in den Zieldimensionen Kosten, Qualität und Zeitdauer erreichen. Sicher ist auch, dass ein erheblicher Teil hinter den selbst gesteckten Zielen zurückbleibt, wobei aus der Vogelperspektive nicht sicher erkennbar ist, ob diese Zielsetzungen eventuell von vorneherein unrealistisch waren oder aber durch Fehler in der Projektarbeit nicht erreicht wurden. Nach einer detaillierteren Sicht auf Misserfolge bei Reengineering-Projekten kommt *Wirtz* (1996, S. 1026 f.) zu folgenden möglichen Fehlerquellen:

---

[176] Eine andere Übersicht stammt von *Homburg/Hocke*, 1996.
[177] Eigene Berechnung des Verfassers.

- Zu schwache Unterstützung durch das Top-Management.
- Fehlende oder falsche Festlegung einer Vision und Strategie der Änderung.
- Zu schwaches Projektteam, kein professionelles Projektmanagement.
- Beschränkung der Änderung auf zu enge Bereiche.
- Mangelnde Einbindung und Berücksichtigung von Belangen der IT.
- Fehlende Vertrauensbildung und fehlendes Change Management bei den Mitarbeitern.
- Unterlassen einer ständigen Nachbearbeitung der Prozessverbesserung.

Eine nicht weiter empirisch belegbare Meinung ist die, dass Reengineering leichter fällt, wenn in den Prozessen vornehmlich Informationsaustausch stattfindet und nicht auch Materialflüsse einbezogen sind. Ein Großteil der Erfolgsbeispiele von Reengineering stammt nicht zufällig aus der Finanzindustrie oder dem Finanzbereich anderer Industrien (*Osterloh/Frost*, 1995, S. 360; *Theuvsen*, 1996, S. 80). Denkbar ist auch, dass ein Teil der angestrebten Erfolge wieder dadurch verloren geht, dass verdeckte Stärken, z. B. Flexibilität oder informelle Kommunikation, den Änderungen zum Opfer fallen (*Schwaner*, 1995, S. 20). Positiv gewendet, heißt dies, dass auch Folgewirkungen von Veränderungen mitbedacht sein sollten und ein gewisses Maß an Redundanzen bleiben sollte. Da auch ein großer Teil der von den Kunden als „nicht erfolgreich" eingestuften Beratungsprojekte tatsächlich anerkanntermaßen objektive Verbesserungen in der Effizienz und der Qualität gebracht hat, mag in der Tat ein Schlüssel zu mehr Erfolg darin liegen, weniger ehrgeizige Ziele vorzugeben. Andere relative Einschränkungen in der Anwendbarkeit oder dem Dauernutzen von Business Reengineering-Maßnahmen sind wahrscheinlich die folgenden (*Theuvsen*, 1996, S. 78 f.):

- Veröffentlichte Beispiele erfolgreicher Reengineering-Projekte sind sehr häufig relativ einfache Geschäftsprozesse. Bei komplexen (Alt-)Prozessen erzielt man wahrscheinlich nicht so starke Verbesserungseffekte.
- Die allermeisten Projekte beschränken sich auf eine überschaubare Anzahl von zu ändernden Prozessen. Ein Zuviel könnte das Projektteam bzw. den Auftraggeber überfordern.

Eine Übersicht von *Schädle* (2001, S. 121) hat allein im Zeitraum von 1993 bis 1997 55 Publikationen mit 400 identifizierten Erfolgsfaktoren (!) für Reengineering-Projekte entdeckt, wobei keine der Arbeiten einen systematischen Vergleich erfolgreicher und nicht erfolgreicher Projekte enthielt und mehr als 70 % ihre Erfolgsfaktoren nicht durch eine empirische Methode ermittelten, sondern unsystematisch begründete Meinungen der Autoren wiedergaben. Weiterhin ist nicht ersichtlich, in welchem Umfang die Meinung des Kunden über den Erfolg auch von Faktoren unabhängig von der Zielerreichung beeinflusst wurde. Da Reengineering meist auch eine unvermeidlich schmerzhafte Komponente für viele Beteiligte und Betroffene hat, bleibt natürlich leicht „etwas hängen". Ein Indiz dafür mag sein, dass Misserfolge oder Probleme bei Reengineering-Projekten einer der bevorzugten Aufhänger für Kritik an Managementkonzepten oder Beraterarbeit schlechthin ist[178].

---

[178] Stellvertretend für andere seien die Ausführungen *von Micklethwait/Woolridge* (1998,

Erfolge der systemischen Unternehmensberatung sind noch nicht gesondert untersucht worden, eine vorliegende empirische Arbeit beschreibt ein Forschungsprojekt (*Mingers*, 1996).

7.2.2.1.4 Schlussfolgerungen

Business Reengineering ist trotz des relativen Rückganges dieser Projekte seit 1995[179] eine verbreitete Maßnahme zur Verbesserung von Effizienz und Effektivität. Die angestrebten drastischen Verbesserungen werden zwar in einer großen Zahl von Projekten nicht erreicht, dennoch kommt es durchschnittlich zu erheblichen Einsparungen an Kosten, Verkürzung der Durchlaufzeiten und Erhöhung der Qualität. Business Reengineering wird in erheblichem Umfang durch Beratungsanbieter unterstützt. Der Erfolgsbeitrag von Beratungsfirmen ist noch nicht separat untersucht worden, er dürfte aber aufgrund der Komplexität dieser Projekte und dem in vielen Fällen erforderlichen IT Know-how für die Unterstützung neuer Prozesse hoch sein. *Schädle* (2001, S. 235/236) kommt zu folgender Liste von Empfehlungen:

1. Prozessdenken muss im Unternehmen etabliert werden.
2. Die ganze Wertschöpfungskette sollte erfasst werden.
3. Integrierter Ansatz, d. h. Prozesse, IT-Unterstützung und Change Management.
4. Die betroffenen Mitarbeiter müssen die Lösung akzeptieren und anwenden. Hierzu bedarf es eines aktiven Change Managements.
5. Aktives Mitwirken des Kundenmanagements.
6. Teamarbeit von Vertretern verschiedener Hierarchiestufen und Abteilungen nötig.

Die besondere Rolle von Beratern in Prozessprojekten ist durch folgende Merkmale gekennzeichnet:

- Berater können geeignete Projektleiter für die Gesamtsteuerung von Reengineering-Projekten stellen.
- Berater können als Moderatoren und Treiber bei abteilungsübergreifenden Abstimmungen wirken.
- Berater können die notwendige Unterstützung des Top-Managements einfordern.
- Berater können zu ehrgeizigen Zielsetzungen anspornen.
- Berater können das Change Management steuern.
- Berater können Experten für das Design und die Erstellung von IT-Unterstützungswerkzeugen sein (Details in Abschnitt 7.2.3 zu Technologieberatung).

Eine bewertete Übersicht der bis 1998 erschienenen Literatur über Business Reengineering bietet *Gaitanides* (1998) an.

S. 41–66) genannt, die auch diskutieren, inwieweit die beim Downsizen freiwerdenden Mitarbeiter nicht ohnehin ihren Job verloren hätten.

[179] Im Jahre 1999 fielen Business Reengineering-Projekte erstmals aus den Top-Ten der Managementwerkzeuge in der Zählung von *Bain & Company* heraus (*Rigby/Gillies*, 2000, S. 271).

7.2.2.2 Beratung bei der Organisationsstrukturgestaltung

Organisationsberatung bei der Struktur des Unternehmens ist weitgehend Aufbaustruktur-Beratung bei Einzelunternehmen und Konzernen. Gesichtspunkte bei der Gestaltung von Beratungsempfehlungen sind:

- Die Prozesssicht. Anregungen hierzu kommen insbesondere aus dem Gedankengut des Business Process Reengineering (siehe Abschnitt 7.2.2.1).
- Leistungsbeziehungen: Die Intensität und Richtung von Leistungsverflechtungen zwischen Abteilungen sowie die Schnittstellen mit Lieferanten und Kunden. Hierzu zählen Projekte, in denen es um die Einrichtung von Kostenstellen und/ oder von Cost- oder Profitcentern geht.
- Wachstums- oder Auslagerungsabsichten.
- Gewinnverlagerung.
- Schlanker Aufbau, Reduzierung der Zahl von Hierarchieebenen.

7.2.3 Technologieberatung

7.2.3.1 Übersicht

Als Technologieberatung soll hier die Beratung in Sachen Informationstechnologie (IT) verstanden werden. Sonstige technologische Beratung von Unternehmen in stark ingenieurspezifischen Fragestellungen außerhalb der IT wird traditionell nicht unter dem Stichwort „Unternehmensberatung“ abgehandelt, weil sie nicht das betriebswirtschaftliche Management des Unternehmens als Kunden hat (siehe aber z. B. zum Ingenieur-Consulting *Kreitl* et al., 2002). Technologieberatung ist ein fachlich sehr weit gespanntes Gebiet, das weniger als die Prozess- und Strategieberatung emotionsgeladen durch eine Diskussion über Beratungsmoden gekennzeichnet ist, sondern allein durch den schnellen technologischen Fortschritt und die wachsende Vielzahl von Softwareprodukten enorme Dynamik entfaltet. Als Teilaufgaben technologiebezogener Beratung gibt es folgende Arbeitsinhalte:

- Erarbeiten von IT-Strategien.
- Architektur von IT-Systemen. Aufgabe ist hier die Konfiguration eines Gesamtsystems, das die gewünschten Leistungsmerkmale u. a. hinsichtlich Darstellung der Funktionalität, Geschwindigkeit, Fehler- und Ausfallsicherheit, Verarbeitungsvolumen und Datensicherheit hat. Darüber hinaus sollten Ausbaufähigkeit, Flexibilität und allgemein Zukunftssicherheit Gegenstand der Überlegungen sein. Bereiche der Architekturarbeit sind z. B. Client-Server, Netcentric Architekturen, DataWarehouse usw. Architekturen betreffen also einerseits die IT-Infrastruktur, andererseits die Architektur komplexer Softwareanwendungen wie z. B. *SAP* mit anderen Anwendungen sowie deren Datenmodelle.
- Hilfe bei der Hardwareauswahl, Bestimmung der Mindestkapazität (Sizing) sowie der notwendigen Kompatibilitätsmerkmale von Hardware, ggf. auch Beratung über Bezugsquellen und einzelne Fabrikate.

- Hilfe bei der Softwareauswahl, Erstellen von Pflichtenheften: Herausforderung ist hier, diejenigen Merkmale der Soll-Software herauszufiltern, die für den Kunden nutzungsrelevant sind und sich bei den zur Auswahl stehenden Softwareprodukten unterscheiden. Darüber hinaus sind Mindestanforderungen in Form von K.O.-Kriterien festzulegen, bei deren Nichterreichen ein Produkt sofort ausscheidet. Da der Auswahlprozess rational, transparent, akzeptanzschaffend und ökonomisch sein sollte, empfiehlt sich häufig die Erstellung eines gewichteten Kriterienkataloges sowie zusätzlich das Festlegen von Szenarien. Es ist aber gelebte Beratererfahrung, dass an diesem Entscheidungsweg vorbei bestimmte höhere Interessen des Auftraggebers sanft mit in den Bewertungsgang einfließen oder dieser sogar vorzeitig wegen erreichter hinreichender Klarheit zugunsten eines Produkts beendet wird.
- Technische Konzeption/Design von neuer Software: Nutzen vorgefertigter Softwarebausteine (Shells, Applets usw.), Definition von Variablen und Prozeduren.
- Fachliche Konzeption[180] und Design von Benutzeroberflächen sowie Websites.
- Datentransfer vom Altsystem zu einer neuen Anwendung (Migration). Migrationsstrategie festlegen, z.B. „Big Bang“[181] oder gestuft, Definition von Migrationsobjekten (z.B. offene Aufträge), Bereinigung der Altdaten (z.B. Entfernung von doppelten oder ungültigen Einträgen).
- Implementierung von Standardsoftwarelösungen. Ein recht großes Volumen innerhalb dieses Bereiches entfällt auf Geschäftssoftware wie z.B. *SAP*, *Oracle*, *Siebel*. Besondere Herausforderung ist hierbei die Anpassung an die kundenspezifischen Anforderungen, möglichst ohne dabei mit zusätzlichen Eigenentwicklungen den Standard zu umgehen. Der Grund für diese Einschränkung in dem Bestreben nach optimaler Kundenpassung ist die Gefahr hoher Erstellungs- und Wartungskosten für Lösungen außerhalb des Standards. Ein weiteres Einsatzfeld sind so genannte „Upgrades“ von älterer Software auf neuere Versionen. Hierbei ist das Wissen über die Unterschiede zwischen alter und neuer Version von großem Vorteil, um sowohl die technischen Fallstricke zu meistern als auch die Möglichkeiten zur Optimierung der vorhandenen Geschäftsprozesse zu nutzen. Die Qualität neuer Softwaremodule oder Schnittstellen auch renommierter Softwareanbieter liegt häufig aufgrund immer kürzer werdender Entwicklungszyklen und höherer technischer Komplexität unter den Kundenerwartungen, so dass Unternehmen ohne ausreichende eigene Erfahrung gut daran tun, durch externe Unterstützung IT-Projekte erfolgreicher zu machen.
- Fachliche Konzeption und das Programmieren neuer Anwendungen oder Erstellen von Schnittstellen. Die Zeit großer selbstprogrammierter Anwendungen im Stile der alten Cobol- und Fortran-„Dinosaurier“ ist zwar durch die

[180] Inhaltlich ist dies eine Aufgabe der Prozessberatung, siehe Abschnitt 7.2.2.

[181] „Big Bang“ meint die komplette Durchführung der Datenmigration eines Anwendungsgebietes zu einem Zeitpunkt, oft über das Wochenende. Das „komplett“ kann sich auf Regionen bzw. Nutzer oder Funktionalitäten beziehen. Das gegenteilige Verfahren ist die schrittweise Zuschaltung neuer Funktionalitäten oder Regionen/Nutzer. Ein Big Bang kann zur Risikominiermierung zunächst begrenzt werden, z.B. lokal durch Begrenzung auf die österreichische Niederlassung eines Weltkonzerns oder auf die weltweiten Geschäftskunden. Bei erfolgreichem Start wird das System dann auf alle Länder bzw. Privatkunden ausgedehnt.

Standardsoftware beendet worden, dennoch gibt es noch größere Programmierprojekte.

- Das Testen kann bei komplexen Anwendungen leicht den Charakter eines eigenen Projektes annehmen und nimmt je nach Anforderungen an die Stabilität einer neuen Anwendung einen erheblichen Zeit- und Aufwandsanteil des Vorhabens ein. Er entspricht dann oft in etwa dem Aufwand für Design und Implementierung.
- Ausrollen des neuen Systems. Insbesondere bei globalen Projekten und Kunden mit vielen Niederlassungen ist eine umfassende Planung des Ausrollens neuer Systeme notwendig, da die zukünftigen Anwender ansonsten hilflos dem neuen System gegenüberstehen und diese negative Anfangserfahrung die Akzeptanz und Nutzenentfaltung des Systems gefährdet.
- Coachen des Systembetriebes neuer Anwendungen. Hier sind insbesondere gute Systemdokumentationen sowie bei komplexen Anwendungen auch tragfähige Konzepte für den Systembetrieb Voraussetzung für den optimalen Systemstart.

Keine Beratungsgeschäfte im Sinne der Definition, jedoch im Angebot vieler Unternehmensberatungen sind Leistungen wie

- das Bereitstellen einer betriebsfertigen Software inklusive Wartung (ASP, Application Service Providing; siehe hierzu z. B. *Günther* et al., 2001), einer Internetanwendung (ISP, Internet Service Providing) bzw. B2B-Plattform (siehe zu Betreiberstrukturen *Baldi/Borgmann*, 2001) oder von ganzen technologiebasierten Geschäftsprozessen, wobei hier die Grenze zum Outsourcing fließend ist (BSP, Business Service Providing). Der Betrieb ist eine eigene Dienstleistung mit allen Merkmalen eines eigenen Geschäftes und damit keine „nur"-Beratungsaufgabe. Die Unterstützung bei dem Aufbau solcher Geschäfte kann aber sehr wohl Beratung sein (siehe hierzu *Pfüller*, 2000).
- das „Hosten" bzw. Outsourcing des gesamten Systembetriebs. Diese Leistung ist keine Beratung im Sinne der Definition, aber ein bedeutendes Zusatzgeschäft für einige der großen Anbieter von IT-Beratungsleistungen.
- reine Programmierarbeiten z. B. bei der Erstellung von Schnittstellen oder kundenspezifischer Benutzeroberflächen. Hier ist die Grenze zu Arbeiten mit Beratungsanteil allerdings fließend, daher zählen solche Arbeiten im Zweifel noch zur Beratung.

Technologieberatung ist häufig integraler Bestandteil von Prozessprojekten, insbesondere bei der Einführung von Standard-Softwarelösungen.

Die Höhe des Beratungsbedarfes in IT-Fragen kann eigentlich nicht überschätzt werden, da die Bedeutung der IT für betriebliche Abläufe sehr groß[182] ist und der

[182] Eine Studie im Auftrag des *Deutschen Bundesministeriums für Wirtschaft und Technologie* (*Bundeswirtschaftsministerium*, 2000) befragte 800 repräsentativ ausgewählte Klein- und Mittelbetriebe verschiedener Branchen. Das Ergebnis: 79 % der Unternehmen sehen die Bedeutung der IT für betriebliche Abläufe als „sehr groß" an (= 1 auf einer Skala von 1 bis 6). Spitzenreiter dieser Beurteilung waren die Dienstleister (86 %), gefolgt vom Handel (83 %), Schlusslicht war das Baugewerbe (63 %).

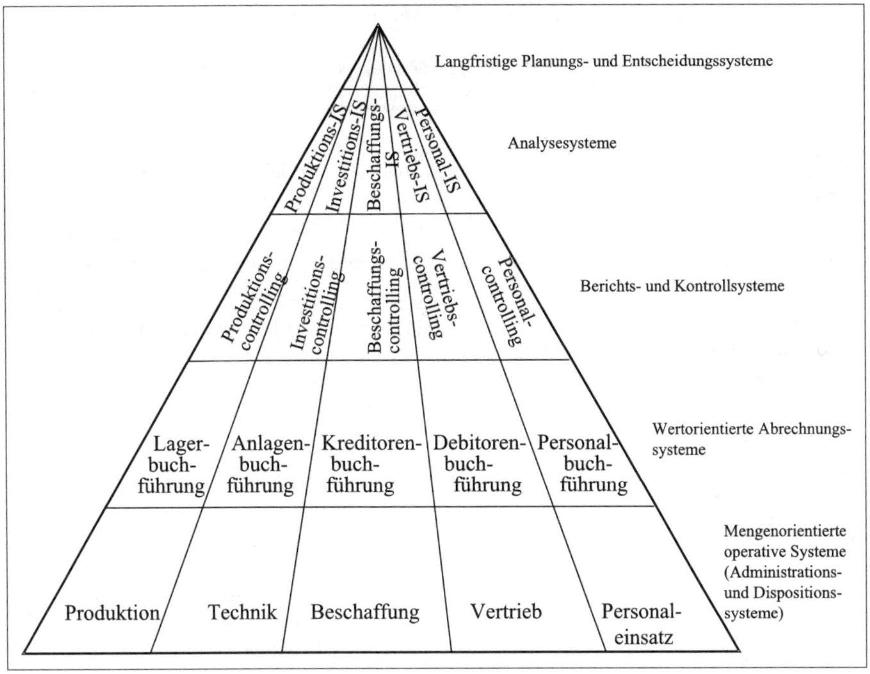

Abb. 60: Integrierte Informationssysteme (aus Scheer, 1994, S. 5)

Wettbewerb dazu zwingt, den in diesem Bereich ja nach wie vor rasanten technische Fortschritt auch zu nutzen. Starke IT-Aspekte spielen i. d. R. bei folgenden Aufgaben eine Rolle:

- Einführung neuer Prozesse; alte und neue Software müssen angepasst werden.
- Integration alter und/oder neuer Anwendungen, z. B. bei Fusion vormals selbständiger Unternehmen oder Kooperation mehrerer unabhängiger Häuser (Schlagwörter sind hier Systems Integration, Post Merger Integration – s. Abschnitt 7.2.5).
- Datenschutzaspekte, elektronische Unterschrift, Umstellung auf andere Währungen und Maßeinheiten.
- Nutzen neuer Kanäle (eCommerce, M-Commerce, Call Center) oder umfassenderer Konzepte zur Bedienung schon vorhandener Kanäle (z. B. meist beim CRM).

7.2.3.2 Werkzeuge und Methoden

Angesichts der umfangreichen und sehr verschiedenartigen Aufgaben bei der technischen Beratung gibt es eine Vielzahl unterschiedlicher Werkzeuge, die von methodischen Konzepten über Software-Werkzeuge bis hin zu technischen Mess- und Erfassungsgeräten geht.

Tab. 43: Beispiele von IT-Werkzeugen für IT-Projekte

Werkzeug/Methoden	Erläuterung/Zweck	Anbieter/Firma/Quelle
Editoren, Arbeitsoberflächen	Datenein- und -Ausgabesoftware	
Projektsteuerungssoftware	Controlling von Aufwand, Zeiten, Aufgaben	viele größere Beratungshäuser, *Microsoft* usw.
Integrierte Schnittstellenwerkzeuge	Minimierung des Implementierungsaufwandes	Diverse Anbieter von EAI (Enterprise Application Integration) und Middleware
Voreingestellte Standardsysteme, z. B. in *SAP*	Schnelles Prototyping. Soll Aufwand der Entwicklung sparen und Abstimmung erleichtern	z. B. „Musterstadtwerke" in *SAP IS-U* (Industry Solution Utilities)
Modelle zur Kostenschätzung, z. B. COCOMO (Constructive Cost Model)	Strukturierte und nachvollziehbare Kostenschätzung	z. B. *Boehm*, 1986. Eine umfangreiche Darstellung mit Verweis auch auf viele Quellen z. B. im Internet ist das Buch von *Bundschuh* (2000). Jede größere Beratungsfirma dürfte zudem nur intern verfügbare Modelle haben
Vorgehensmodelle	Testmethoden, IT-Einführungsmethoden	z. B. das V-Modell, ISOTEC (Methode zur Einführung von IT-Projekten in Hamburg)
Implementierungshilfen	z. B. *GlobalSAP*, *ASAP*	*SAP* zusammen mit mehreren Beratungshäusern (*SAP*, 1999)
Migrationswerkzeuge	LSMW (Legacy System Migration Workbench)	z. B. von der *SAP AG* für *SAP*-Produkte

7.2.3.3 Erfolge

Erfolge der technischen Seite von Projektarbeit lassen sich vergleichsweise leicht feststellen: Sofern eine Spezifikation der Ziele, z. B. ein Pflichtenheft, vorhanden ist, kann man die Leistungsfähigkeit der erstellten Systeme sowie Termine und Kosten der Erstellung mit den Versprechungen vergleichen. Insbesondere die Kosten- und die Termineinhaltung sind denn auch Gegenstand von Untersuchungen. Allgemeiner Befund ist, dass viele IT-Projekte ihren ursprünglichen Kostenansatz überschreiten. Studien aus den 70er Jahren sehen 85 % der Projekte mit mindestens 15 % Kostenüberschreitung, und auch in den 90er Jahren werden Budgetüberschreitungen bei mehr als der Hälfte der Projekte gefunden (Details siehe *Sneed*, 1999). Diese Befunde sind jedoch aus zwei Gründen wenig aussagekräftig:

- Sie enthalten keine Information darüber, ob es neben der Kostenüberschreitung nicht auch zu einem Mehrnutzen für den Kunden gekommen ist. Erfahrungsgemäß entwickeln viele Kunden während laufender Projekte ihre Wünsche weiter, und gerade bei komplexen IT-Projekten wissen manche Entscheidungsträger vorab nicht genau bei allen Details, was später implementiert werden soll. Hier steht dann den höheren Kosten auch ein höherer Nutzen gegenüber. Eine Überschreitung des ursprünglich vereinbarten Budgets ist somit nicht per se ein Misserfolgsbeweis.

- Über die Verantwortung für die Fehleinschätzung zu Beginn eines Projektes wurde bisher nicht detailliert geforscht. Ein Puzzlestein mag der Befund aus dem Hause *McKinsey* (*Kempis* et al., 1998) mit einer Studie in über 70 Fertigungsunternehmen sein. Resultat war, dass insbesondere bei wenig IT-erfahrenen Unternehmen hohe Budgetüberschreitungen der Projekte festzustellen sind. Frage ist aber auch hier wieder, ob sie (1) den Aufwand für das, was sie tun wollten, oder (2) den Aufgabenumfang der anstehenden bzw. später noch gewünschten Leistungen falsch eingeschätzt haben. Die Unerfahrenheit spricht aber auf jeden Fall für eine nicht taktisch bedingte Unterschätzung des Aufwands seitens der Auftraggeber.
- Sobald ein Beratungsunternehmen Teile der Projektarbeit übernimmt, mag noch ein weiterer Grund für die späteren Kostenüberschreitungen dazukommen: Kunden versuchen, die externen Beraterkosten zu senken und stellen deshalb in der Ausschreibung bzw. im Verfahren der Angebotsvergabe ihre eigene Ausgangssituation besser da, als sie in Wirklichkeit ist[183]. Häufig muss man während der laufenden IT-Projektarbeit erkennen, dass die Altdaten in einem schlechteren Zustand sind als gedacht, dass die zu übernehmenden Berichte doch inhaltlich geändert werden sollen, bevor das neue System startet, dass die eigenen Mitglieder im Projektteam weniger Arbeit leisten können als geplant usw. Bei partnerschaftlichen IT-Projekten mit Kundenmitarbeitern und Beratern im Projektteam stellt man auch häufig fest, dass die Kundenseite nicht genügend Mitarbeiter mit der für diese Projekte wünschenswerten Befähigung stellen kann.

Ergebnis dieser Bewertung von Befunden über Kostenüberschreitungen ist, dass dieses kein Misserfolgssignal für das Projekt schlechthin darstellen, sondern die näheren Umstände untersucht werden müssen, um dieses Ereignis bewerten zu können.

Umfassende Erhebungen mit Erfolgsmessungen zu der rein technischen Seite von Projekten liegen nicht vor. *Sneed* (1999) berichtet von einer Untersuchung, derzufolge größere IT-Projekte mit mehr als 20 Projektmitarbeitern nur eine Erfolgsquote von 42 % haben, während besonders kleine Projekte mit weniger als fünf Mitarbeitern auf eine Erfolgsquote von 74 % kommen. Bei der Interpretation dieser Ergebnisse kann man aber nicht auf die Kopfzahl der Mitarbeiter alleine schauen. Denkbar ist, dass

- die größeren Projekte auch von vorneherein ehrgeizigere Vorhaben darstellten.
- die Kunden „Beschaffungsprobleme“ bei der ausreichenden Zahl von befähigten Mitarbeitern gehabt haben mögen.
- wegen ihres größeren und heterogeneren Nutzerkreises auch auf ein geteiltes Echo gestoßen sein mögen.

Eine besondere Gefahr für IT-Projekte bzw. die IT-Seite anderer Projekte ist eine große geplante Zeitdauer der Arbeit, z.B. weil Kundenmitarbeiter nur einge-

[183] Vgl. auch Ausführungen von *Schwan/Seipel* (2002, S. 95 f.) zu diesem Thema; siehe auch Abschnitt 6.4.

schränkt zur Verfügung stehen. Da die Innovationszyklen in der IT kurz sind und zudem sich natürlich auch von der fachlichen Anforderungsseite her Dinge ändern können, sind solche Projekte mit hoher Wahrscheinlichkeit von Änderungswünschen betroffen. Eine andere Gefahr für die IT-Seite von Projekten ist, wenn der (interne oder externe) Kunde nur relativ eingeschränkt seine Prozesse zu ändern bereit ist und gleichzeitig dennoch eine Standardsoftware einsetzen möchte. Die Anpassungsfähigkeit von Standardsoftware an Besonderheiten des Kunden ist aus ökonomischen Gründen nur in bestimmten Grenzen sinnvoll, darüber hinausgehende Anpassungsprobleme löst man besser durch Anpassen des Nutzers an die Standardsoftware. Wo dieser Weg versperrt ist, drohen den Projekten höhere Erstellungs- und Pflegekosten oder sogar die Einstellung. Beispiele dieses Typs von Projektschwierigkeiten dürften vor allem in der öffentlichen Verwaltung groß sein (siehe z. B. Bericht von *Raulf*, 2000). In der Beraterbranche sind auch die vielfältigen IT-Projektschwierigkeiten einer großen deutschen Behörde in Nürnberg bekannt, die mehr als nur einen ausgewiesenen IT-Spitzenanbieter haben scheitern lassen. Es gibt einzelne spektakuläre Berichte über Projekte, die aus technischen oder IT-strategischen Gründen fehlgeschlagen sind. Hierzu zählen im deutschsprachigen Raum

- Cheops *(RWE)*.
- Ein Projekt bei der hamburgischen Landesverwaltung (*Raulf*, 2000). Die Herstellerfirma konnte trotz vorheriger Zusage eine Software nicht an die Besonderheiten des Kunden anpassen.
- Ein Projekt zur integrierten Vorgangsbearbeitung bei der Polizei in Deutschland. Das zunächst komplett in Eigenregie gestartete Projekte wurde nach mehreren Rettungsversuchen auch durch Externe mit geschätzten ca. 50 Millionen Euro Investitionskosten abgebrochen und mit neuer Plattform gestartet.

Diese vereinzelten Berichte sind jedoch keinesfalls repräsentativ und sollen nicht den Eindruck einer schlechten Erfolgsbilanz hervorrufen.

7.2.3.4 Bewertung

Breitbanduntersuchungen über den Erfolg von technologisch geprägten Projekten liegen nicht vor. Zu vermuten ist, dass die rein technische Seite von IT-Beratungsprojekten in weit höherem Maße als z. B. bei Organisationsprojekten das gewünschte technische Ziel erreicht (positive Berichte z. B. in *Etzel* et al., 2000). Gleichzeitig ist von einer hohen Zahl an Projekten auszugehen, die das gesetzte Aufwandslimit sowie den Zeitrahmen überschreiten. Welchen Anteil Berater an den positiven wie den verbesserungswürdigen Ergebnissen von IT-Projekten haben, lässt sich aus unabhängigen Untersuchungen nicht herauslesen.

Detaillierte Sammlungen von Erfolgsfaktoren aus IT-Projekten finden sich bei einigen vorliegenden Projektbeschreibungen. Die nachfolgende Tab. 44 gibt einen Überblick.

Tab. 44: Erfolgsfaktoren von IT-Projekten

Thema	Erfolgsfaktoren	Beispiel/Kommentar
Datenmigration	• Realistische Einschätzung der Qualität zu migrierender Daten • ggf. Datenbereinigung, Pilotmigration • Pilotmigration mit vollem Datenbestand einplanen	
Nutzerwünsche	• Einbeziehung von erfahrenen Fachanwendern in die Projektteams • Bei scheinbar rein technischen Projekten werden die Auswirkungen auf das Personal häufig unterschätzt. Hier sollte Change Management zum Einsatz kommen • Benutzerwünsche und Machbarkeit an Prototypen untersuchen	*Hauer*, 2000 *Dörner*, 2000 *Kütz*, 2000
Projektplanung	• Ausreichend Budget für notwendige Abstimmungen einplanen • Ausreichend Zeit und Budget für Tests einplanen	*Dörner*, 2000
Projektstruktur	• Die Projektstruktur sollte so einfach wie möglich sein	*Hauer*, 2000
Projektumfang	• Bei zu hohen Erwartungen an neue IT Realisierung der neuen Funktionen in Versionen/Releases planen	
Qualität	• Auftraggebererwartungen und Nutzererwartungen wissen und deren Umsetzung steuern	*Gabele/Hirsch*, 1986 *Seigner*, 1997
Softwareauswahl	• Bei hohem Anpassungsaufwand neben Standardsoftware auch Neuprogrammierung erwägen • Bei Anpassungsaufwand von Standardsoftware auch Dienstleistungsqualität des Anbieters in Auswahlkriterien einbeziehen	*Hauer*, 2000

7.2.4 Personalberatung

Personalberatung unterstützt Kunden in der strategischen Personalarbeit und in der Entwicklung neuer Personalmanagementkonzepte sowie ihrer Umsetzung. Personalmanagementberatung umfasst das ganze Gebiet der Personalwirtschaft und unterscheidet nicht nach Mitarbeitern und Management. Die Beratung umfasst insbesondere die Unterstützung für das Management, wenn es um die zukunftsweisende Neuausrichtung für das Unternehmen geht und die Personalpolitik gerade in schwierigen Zeiten in den Mittelpunkt des Geschehens rückt. Die Beratungsleistung kann alle Produkte umfassen, die zu dem weitgespannten Aufgabenbereich betrieblichen Personalmanagements gehören. Statt einer abstrakten Definition soll hier nachfolgend eine Auswahl der einschlägigen Beratungsbereiche gegeben werden:

- Personalstrategie und Analyse des Personalbereichs inklusive Benchmarking (s. Abschnitt 7.2.4.1).
- Personalsuche und -auswahl bei Fach- und Führungskräften, Personalmarketing, Vorgehensweisen und Methoden (s. Abschnitt 7.2.4.2).
- Kulturberatung (s. Abschnitt 7.2.4.3).
- Personalentwicklung, Training von Fähigkeiten und andere Formen der Wissensvermittlung (s. Abschnitt 7.2.4.4).
- Vergütungsberatung (s. Abschnitt 7.2.4.5).
- Outplacementberatung (s. Abschnitt 7.2.4.6).
- Coaching (s. Abschnitt 7.2.4.7).
- Personaldienstleistungen, Interims-Management und Outsourcing (s. Abschnitt 7.2.4.8).
- eHR Management (s. Abschnitt 7.2.4.9).
- Organisationsentwicklung (s. Abschnitt 7.2.7).
- Change Management (s. Abschnitt 6.8).

Die Abgrenzung zwischen den hier beschriebenen Formen der Personalberatung und den anderen Produkten der Unternehmensberatung ist nicht immer trennscharf. Während viele Unternehmensberatungen eines oder mehrere der oben aufgeführten Aufgabengebiete – neben vielen anderen – zu ihren Produktbereichen zählen, sind Personalberater ausgewiesene Spezialisten in wenigstens einem oder mehreren Themenfeldern. Nachfolgend sollen einige Produkte aus dieser Palette kurz vorgestellt werden.

7.2.4.1 Personalstrategie und Personalbenchmarking

Veränderungen in der Organisation z. B. durch Fusionen oder einfach durch die Einführung neuer Technologien erfordern meist auch Veränderungen im Personalmanagement, um sowohl die Kenntnisse als auch die Fähigkeiten betroffener Mitarbeiter auf die neuen Herausforderungen auszurichten. Erfolgskritische Bereiche sind dabei die Personalbeschaffung und -auswahl, die Personalentwicklung, das Entgeltsystem, Personalcontrolling, Arbeitszeitgestaltung usw. Aber der Personalbereich ist nicht nur dazu verdammt, allein auf Änderungen in der übrigen Organisation zu reagieren. Umgekehrt kann auch er selbst Impulsgeber für Änderungen sein. Dies setzt jedoch voraus, dass in Vorstandsetagen nicht über das Personalwesen als Kostenfaktor geredet, sondern mit den Personalverantwortlichen über strategische Prozesse diskutiert und gearbeitet wird.

Die im Jahre 2002 weltweit durchgeführte Human-Resource-Competency-Studie (HRCS[184]; zitiert n. *Wassens*, 2003) der *University of Michigan Business School* zeigt, dass die Gesamtheit aller Aufgaben und Aktivitäten im Personalbereich die

[184] Die Studie kann über davidy@bus.umich.edu bezogen werden.

Unternehmensleistung durchschnittlich zu etwa 10 % beeinflusst. Dabei identifizierte die Studie fünf Schlüsselkomponenten für ein Human Resource Management (HR-M), durch die sich leistungsstarke Unternehmen von leistungsschwachen abheben:

(1) Den strategischen Beitrag durch das Human Resource Management:

- HR-M pflegt Unternehmenskultur
- HR-M erleichtert rasche Veränderungen
- HR-M ist eingebunden in strategische Entscheidungsprozesse

(2) HR-M-Dienstleistung bedeutet die Entwicklung des HR-M von der Administration zum Performance-Management.

(3) Unternehmenskenntnis: HR-M kennt die interne Wertschöpfungskette und die Wettbewerbsposition des eigenen Unternehmens.

(4) HR-M-Systeme: Hochwertige Dienstleistung von HR-M zur Geschäftsleitung und den Fachbereichen erfordert für die tägliche Arbeit den Einsatz moderner Technik, z. B. webbasierte HR-M-Systeme (siehe Abschnitt 7.2.4.9).

(5) Persönliche Glaubwürdigkeit: HR-M besitzt soziale Kompetenz und Kommunikationsfähigkeit.

Der unter (1) aufgeführte strategische Beitrag schlägt sich allein mit 50 % Bedeutung für die Unterschiede zwischen leistungsstarken und leistungsschwachen Unternehmen in der Human-Resource-Competency-Studie nieder, gefolgt von Unternehmenskenntnissen und HR-M-Dienstleistung. Als Schlusslichter „glänzen" HR-M-Systeme und die persönliche Glaubwürdigkeit.

Aufgabe von Personalberatung im Bereich der Strategieentwicklung ist es zumeist, das Personalmanagement bei dem Entwurf von Zukunftsszenarien zu unterstützen und aus diesen Szenarien Handlungsempfehlungen für das beratene Unternehmen abzuleiten und ggf. auch umzusetzen. Die Inhalte dieser Szenarien können sich an folgenden Prognosen orientieren (*Wassens*, 2003):

- Der Spagat zwischen administrativen und aktiv-strategischen Funktionen wird im internationalen Personalmanagement zunehmen und einen hohen Anteil der Personalressourcen für die Veränderungsprozesse einbinden. Eine auf dieser Erkenntnis basierende Empfehlung könnte sein, weiter systematisch nach Entlastung bei der nicht so wertschöpfenden administrativen Personalarbeit zu suchen und mehr Ressourcen für strategische Personalarbeit bereitzustellen.
- Diese Veränderungsprozesse machen es notwendig, dass vorausschauende Unternehmen ihr internes Change Management als strategische Ressource begreifen und dementsprechend systematisch aufbauen. Ein gutes Beispiel dafür ist die *Deutsche Post AG*, die den Wandel vom öffentlich-rechtlichen Unternehmen zu einem privatwirtschaftlichen Global Player umgesetzt hat.
- Insbesondere in größeren Konzernen und in Firmen besonders dynamischer Branchen mit Zukunftstechnologien erweitert sich deutlich die strategische Bedeutung des Personalbereiches. Dies heißt gleichzeitig, dass dieser Bereich eventuell auch besondere Fähigkeiten und erweiterte Kompetenzen benötigt, um den möglichen strategischen Nutzen zu generieren.

- Der Personalbereich nimmt zukünftig verstärkt Einfluss auf die Unternehmenskultur. Marktvernetzung, organisatorische Einheitlichkeit, schnelle Antworten auf Marktsignale und strategische Maßnahmen sind heute die wichtigsten kulturellen Grundlagen, auf denen die HR-Experten leistungsstarke Unternehmenskulturen aufbauen.

Ein hieraus abgeleitetes Ziel für den Personalbereich ist folglich die Entwicklung eigener Ziele und Kompetenzen. Bei den Veränderungen, denen die Wirtschaft ausgesetzt ist, wird die Kompetenz der Personalexperten mehr und mehr zu einer zentralen Quelle für den Wettbewerbsvorteil.

7.2.4.2 Personalsuche und -auswahl von Fach- und Führungskräften

Die Rekrutierung von qualifiziertem Personal gehört zu den anspruchvollsten Aufgaben des betrieblichen Personalmanagements. Fehlbesetzungen können den langfristigen Unternehmenserfolg gefährden und sich negativ auf das Image eines Unternehmens auswirken – abgesehen von den fehlinvestierten Kosten. Personalverantwortliche greifen neben eigenen „klassischen" Werkzeugen sowie der Internetsuche – über die beiden letzten Jahrzehnte betrachtet – zunehmend auf die Dienste von externen Personalberatern zurück, um vakante Positionen mit geeigneten Fach- und Führungskräften zu besetzen. Darauf weist das Ergebnis einer empirischen Studie hin, die insgesamt 260 Personalberater und 220 Klienten in Deutschland und der Deutschschweiz zu diesem Thema befragt hat (*Thom/Kraft*, 2000)[185]. Interessant dabei sind die Gründe für die Einschaltung von Personalberatern, die in Abb. 61 aufgeführt wurden. Der wichtigste Grund für die Kunden war dabei die Anonymität der Kandidatensuche.

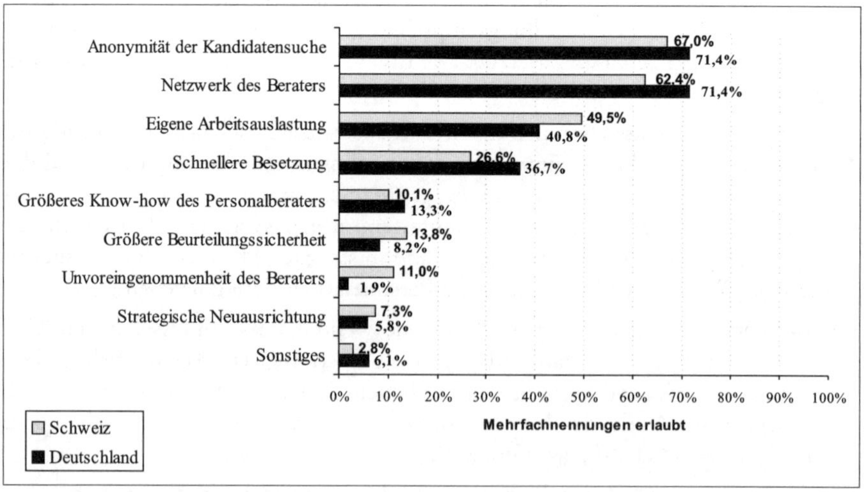

Abb. 61: Gründe für die Einschaltung von Personalberatern (Thom/Kraft, 2000, S. 46)

[185] Eine umfassende, aber schon etwas veraltete empirische Untersuchung über das Vorgehen bei der Personalsuche und die Struktur der Anbieter ist bei *Kreikebaum* et al. (1994) nachzulesen.

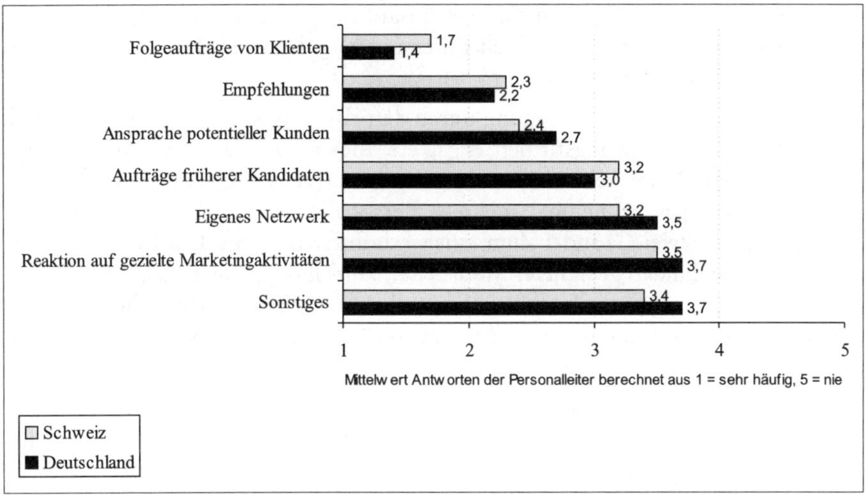

Abb. 62: Wege der Kontaktanbahnung (mod. n. Thom/Kraft, 2000, S. 48)

Aufgrund des stark personenbezogenen Charakters der Beratungsleistung spielt wahrscheinlich bereits die Auswahl eines zum Klienten passenden Beraters eine bedeutende Rolle für den späteren Beratungserfolg. Kontakte zu Personalberatern kommen am häufigsten über Folgeaufträge oder über Empfehlungen von Geschäftspartnern zustande, wie eine Befragung von 220 Kunden und 260 Beratungsanbietern in Deutschland und der Deutschschweiz ergab; Abb. 62 gibt dazu Details der Ergebnisse an.

Über die Hälfte aller befragten Kunden empfinden die Beraterauswahl aufgrund der Intransparenz des Anbietermarktes sowohl in Deutschland als auch in der Schweiz als schwierig. Offenbar haben viele Klienten zum Zeitpunkt der Beraterauswahl das Problem, die Kompetenz und Seriösität des Personalberaters zu beurteilen. Fälle von unseriösen Anbietern, die die Vorauszahlung des Kunden kassieren und keinerlei ernsthafte Anstrengungen zur Kandidatensuche unternehmen, werden gelegentlich in der Presse berichtet und mahnen den Kunden zur Vorsicht (siehe z. B. *Böhmer*, 1995). Eine Reihe von Personalberatern setzt daher in der Phase der Kontaktanbahnung gezielt Qualitätsindikatoren ein, die die Vertrauenswürdigkeit und Fachkompetenz des Anbieters signalisieren sollen, z. B. durch Informationen zum Beratungsunternehmen, Darlegung von Vorgehensweisen oder gar Angabe von Referenzen[186]. Dennoch ist auch die Zusammenarbeit mit den so ausgewählten Personalberatern nicht ohne gelegentliche Meinungsdifferenzen. 78 % der Kunden aus der Studie von *Thom/Kraft* berichten, dass einige Vakanzen erst später als erwartet besetzt werden konnten, mehr als 66 % haben gelegentlich auch Kandidaten zweiter Wahl präsentiert erhalten. Umgekehrt berichten Personalbera-

[186] Es gibt dagegen Ratgeber für mögliche Beratungskunden, die in der freiwilligen Angabe von Referenzen wiederum ein Zeichen der Unseriosität sehen, z. B. behauptet *Titscher* (1997, S. 200/201), dass dies ein „sehr klares Zeiches von Unseriosität" sei. Diese Meinung ist jedoch in der Minderheit und entspricht nicht den Gepflogenheiten in weiten Teilen der Branche.

ter zu 86 %, dass sie schon einmal Beratungsaufträge abgelehnt haben, weil die Erwartungen des Kunden unrealistisch waren (63 %) oder sie schlechte Erfahrungen mit dem Kunden gemacht haben (43 %).

Neben einer Exklusiv-Beauftragung durch den Kunden werden mittlerweile auch häufiger mehrere Beratungsfirmen engagiert, dies dann allerdings ausschließlich auf Erfolgsbasis. Unternehmensberatungen ohne eigenes Angebot für Personalberatung beschäftigen manchmal mehrere Personalberatungsanbieter gleichzeitig. Hierfür gibt es zwei Gründe: Zum einen erhöht sich so die Erfolgswahrscheinlichkeit für das Finden geeigneter Mitarbeiter, zum anderen vereinbart man mit jedem beauftragten Personalberatungsunternehmen auch Abwerbeverbote, so dass man die eigenen Mitarbeiter im „war of talents“ besser vor Angeboten Dritter abschirmen kann.

Es ist zu vermuten, dass die frühere Arbeitsweise von „Headhuntern“ (nur „jagen“, ohne aber auch zu beraten) zu dem auch heute noch teilweise anzutreffenden schillernden und geheimnisvollen, mit einem Flair der Halbwelt behafteten Image der gesamten Branche geführt hat. Dieses Bild ist möglicherweise auch darauf zurückzuführen, dass die Direktsuche von Kandidaten in Deutschland bis zum Jahre 1990 gesetzlich verboten war und „Headhunter“ ihre Tätigkeit nur mit Duldung der *Bundesanstalt für Arbeit* ausüben konnten (vgl. *Murmann* in *Sattelberger,* 1999, S. 37 ff.). Auch heute noch oder wieder gibt es gesetzliche Einschränkungen für die Verhaltensweisen von Headhuntern.

Entsprechend der Problempotenziale, die die Zusammenarbeit zwischen Kunden und Anbietern und damit den Beratungserfolg beeinträchtigen können, ist es nicht verwunderlich, dass nur etwa 30 % der Klienten das Image der Personalberatungsbranche mit gut, 50 % mit befriedigend und 13 % mit ausreichend oder schlecht bewerten (*Thom/Kraft*, 2000, S. 48). Knapp 40 % der befragten Personalberater

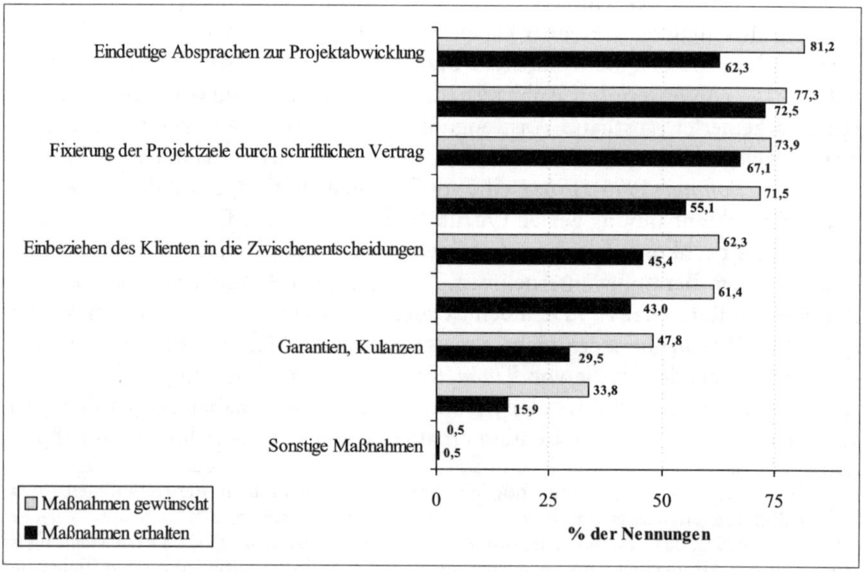

Abb. 63: Maßnahmen zur Förderung guter Zusammenarbeit (Thom/Kraft, 2001, S. 48)

schätzen den Prozentsatz der unseriösen und unprofessionellen Berufskollegen auf über 30 %.

Daher ist – wie bei anderen Produkten der Unternehmensberatung auch – eine detaillierte Absprache über die Art und Weise der Zusammenarbeit zwischen Klienten und Personalberatern besonders wichtig. Das einvernehmliche Verständnis für die Abwicklung der Projekte sowie die Vertragsgrundlagen sind ein wesentlicher vertrauensbildender Aspekt (s. Abb. 63).

Für seriöse Personalberater ist es daher bedeutsam, sich von weniger seriösen und unprofessionellen Berufskollegen deutlich abzugrenzen. Wichtig ist die Erkenntnis, dass eine professionelle Personalsuche nicht das Ergebnis eines Zufallproduktes, sondern das Resultat eines systematischen Such- und Auswahlprozesses ist. Die nachfolgende Abb. 64 macht deutlich, wo es in der Branche bestehende Standards gibt, andererseits sich jedoch leistungs- und kundenorientierte Personalberatungen mit zusätzlichen Dienstleistungen vom Markt abheben und differenzieren.

Im Beratungsmarkt der Personalsuche und -auswahl ist – anders als eventuell für die Managementberatung – eine starke lineare Konjunkturabhängigkeit festzustellen: Bei steigender Konjunktur steigt die Nachfrage, bei sinkender sinkt sie auch. Dies gilt sowohl für die Anzahl der Suchaufträge als auch für das Qualifikationsprofil der gesuchten Kandidaten. Waren zur Jahrtausendwende neben IT-Spezialisten noch eCommerce-Spezialisten jeglicher Couleur gefragt, sind es in 2002 (ein Jahr der Rezession in Deutschland) auf dem „offenen" Arbeitsmarkt (Stellenanzeigen in Zeitungen und Internet) Controller, Vertriebsbeauftragte, Fachspezialisten, Pharmareferenten und vereinzelt *SAP*-Spezialisten.

Im Jahr 2003 mit sehr verhaltener wirtschaftlicher Entwicklung, der Furcht vor einer Rezession und einer hohen Zahl von Unternehmensinsolvenzen werden ver-

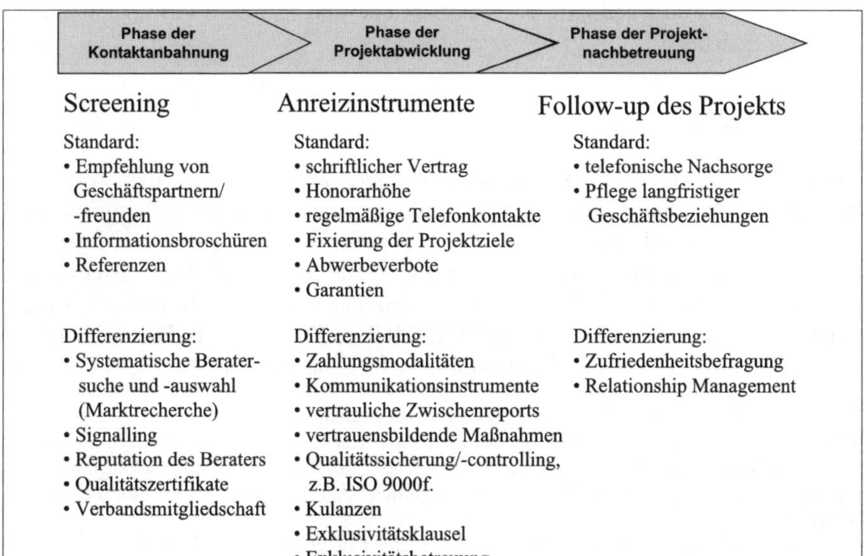

Abb. 64: Differenzierungspotenziale Berater/Kunde (verändert n. Thom/Kraft, 2000, S. 50)

stärkt Kandidaten mit Macherqualitäten gesucht, egal ob in Top- oder Nachwuchspositionen, die bereit und in der Lage sind, Veränderungsmanagement durchzuführen. Wurden in der Zeit des eCommerce-Booms noch Kompromisse hinsichtlich der Fähigkeiten hingenommen, so hat heute nur noch derjenige Chancen, der selbst an möglichen Defiziten arbeitet, sie kontinuierlich abstellt und großen Einsatz zeigt.

7.2.4.3 Kulturberatung

Der Boom der japanischen Wirtschaft in den 70er und 80er Jahren des vorigen Jahrhunderts führte in den USA zu einer intensiven Suche nach den Gründen für die scheinbare Überlegenheit der japanischen Wirtschaft gegenüber dem westlichen Modell. Eine Vermutung war, dass Unternehmenserfolg auch sehr viel mit Unternehmenskultur zu tun hat. Unter Kultur wird hier die Summe der propagierten Einstellungen (z. B. Kundenorientierung, Qualitätsarbeit) und der damit korrespondierenden gelebten Verhaltensweisen verstanden. Empirische Studien (z. B. *Kotter/Heskett*, 1993) zeigen, dass Unternehmen mit geeigneten Strategien in Verbindung mit dazu passenden „starken" Kulturen bessere Ergebnisse erzielen als solche ohne ausgeprägte oder gar unpassende Firmenkultur. Bei einer gezielten Änderung der Unternehmenskultur geht es daher nicht darum, die Kultur von erfolgreichen Mitkonkurrenten oder gerade im wirtschaftlichen Aufschwung befindlicher anderer Länder zu kopieren[187]. Vielmehr soll eine zu der Unternehmensstrategie passende leistungsfreundliche Kultur gefunden und aufrechterhalten werden. Ein besonderes Arbeitsfeld für Beraterarbeit sind Fusionen und Übernahmen, wenn nicht selten unterschiedliche Kulturen aufeinanderprallen und ein Weg gefunden werden muss, auf dem Reißbrett kalkulierte Synergiepotenziale auch durch kooperatives Miteinander der neuen Kollegen Wirklichkeit werden zu lassen. Mögliche kulturbedingte Konfliktbereiche und ihre Auswirkungen sind in Tab. 45 aufgelistet.

7.2.4.4 Personalentwicklung

Die „Trainingsindustrie" hat sich in den letzten 25 Jahren zu einem wichtigen Wirtschaftsfaktor entwickelt. In Umsatzzahlen gemessen, ist die Bildungsindustrie als Teil der Personalberatung wohl zweifellos eine der Erfolgreichsten. Dies lässt sich mit Daten unterstreichen. Der internationale Markt für Bildungsleistungen Erwachsener wird auf ein Volumen in der Größenordnung von Billionen Euro geschätzt (z. B. ca. 3 Billionen Euro in 1998, *BMBF*, 2001, S. 1[188]). In Deutschland betrug in 2001 die Höhe der Aufwendungen für Bildung allein der gewerblichen

[187] Wie z. B. der „Sieben S"-Ansatz von *McKinsey* (siehe Abschnitt 7.2.1.6), der mit deutlichem Fingerzeig auf die überlegenen Japaner dazu riet, wie diese die „weichen Faktoren" stärker zu beachten und zu managen. *Pascale/Athos* (1981) zeigten in einem Vergleich, dass die japanischen Manager mehr Wert auf die „weichen" Faktoren legen als die amerikanischen Manager.

[188] Die Quelle ist eine Studie von *Arthur Andersen* im Auftrag des deutschen *Bundesministeriums für Bildung und Forschung*. Die Schätzung wird nicht weiter erläutert oder belegt. Sicher stellt sie eher den oberen Rahmen für die tatsächlichen Aufwendungen dar.

Tab. 45: Konfliktfelder als Aufgaben der Kulturberatung

Personengruppe	Potentieller Konfliktbereich	Auswirkung bzw. Ziele
Techniker ⇔ Kaufleute	• Arbeitsstil • Denk- und Vorgehensweise • Argumentationen	• Verständnis • Zufriedenheit • Leistung
Führungskräfte ⇔ Mitarbeiter	• Kommunikationsstil • Führungsstil	• Antrieb & Motivation • Leistung & Ergebnis • Retention
Geschäftsführung ⇔ Betriebsrat & Gewerkschaften	• Interessen • Politik	• Vertrauen • Stimmung • Arbeitskampfmaßnahmen
Führungskräfte vor einem Auslandseinsatz	• Fremde Kultur	• Integration • Akzeptanz
Unternehmen A & Unternehmen B	• Arbeitsstil • Selbstverständnis	• Zusammenwachsen
Stakeholder & Analysten	• Außendarstellung	• Vertrauen • Image
(ausländische) Kunden & Lieferanten	• Fremde Kultur	• Verhandlungserfolge
Das „virtuelle“ Unternehmen	• Unternehmensrichtlinien • Äußerlichkeiten (Lage, Gebäude, Büro, Ausstattung, Kleiderordnung, ...)	• Image • Stolz

Wirtschaft und der Freiberufler nach Schätzungen des *Instituts der Deutschen Wirtschaft (IWF)*[189] ca. 21 Milliarden Euro, dazu kommen noch mindestens ca. fünf Milliarden Euro von Privatpersonen und deutlich über sechs Milliarden Euro der *Bundesanstalt für Arbeit* (Teilbeträge gesammelt n. *BMBF*, 2001, S. 48/49). Die anderen öffentlichen Auftraggeber sind hier noch nicht mitgerechnet.

Bei den öffentlichen Nachfragern in Deutschland sticht wegen des hohen Volumens die *Bundesanstalt für Arbeit* heraus, die Fort- und Weiterbildung nutzt, um Arbeitslose und Wiedereinsteiger schneller wieder in die Arbeitswelt einzugliedern oder sie weiterzuqualifizieren. Die Effektivität der eingekauften Maßnahmen dieser Behörde sowie die Passung der angebotenen Weiterbildungsleistungen zu der Marktnachfrage sind gelegentlich in der Kritik. Das hohe Nachfragevolumen für Weiterbildung lockt einen großen Kreis von Dienstleistern an. Es gibt folgende Anbietergruppen[190]:

- Kammern, Verbände und Gewerkschaften. Sie gehören zu den umsatzstärksten Einzelanbietern. In Deutschland hatten z. B. für 1999 *die Deutsche Angestellten Akademie* und die Fortbildungswerke des *Deutschen Gewerkschaftsbundes, DGB*, einen Planumsatz von je ca. 250 Millionen Euro (*Maisberger & Partner*,

[189] Das *IWF* führt in dreijährigem Turnus eine Erhebung zur Weiterbildung in Deutschland durch. Die Zahlen von 2001 stagnierten auf dem Niveau von 1998. Quelle: http://www-koeln.de (1.3.2003).

[190] Es gibt in Deutschland mehrere konkurrierende Interessenvertretungsgruppen für Weiterbildungsanbieter, aber keine Dachorganisation.

zit. nach *BMBF*, 2001, S. 56). Handwerkskammern und Bildungswerke der Wirtschaft stehen dem kaum nach. Diese Anbieter kommen neben den üblichen Wegen auch über den politischen Einfluss ihrer Eigentümer oder aber zumindest über privilegierte Informationskanäle besonders gut an Aufgaben innerhalb von Förderprogrammen z. B. der *Bundesanstalt für Arbeit*. Außerdem gibt es gelegentlich eine Art Kompensationsgeschäft zwischen großen Unternehmen und den Gewerkschaften, so dass die Unternehmen einen Teil der externen Weiterbildung bei diesen Anbietern abwickeln.

- Franchise-Systeme selbständiger Schulen (z. B. *Benedict-Schulen*, *Euroschulen*, *Internationaler Bund*), mittelständische Spezialisten und eine sehr große Anzahl von Einzeltrainern. Die Spannbreite reicht von Studenten bis hin zu Firmen mit einer breiten Produktpalette und industrieartiger Trainingsproduktion. 43 % der Anbieter im deutschen Markt waren in 1998 Einzelkämpfer oder hatten nur bis zu zwei feste Mitarbeiter, am anderen Ende der Größendimension gab es ca. 7 % Unternehmen mit mehr als 50 Mitarbeitern (*Institut der Deutschen Wirtschaft*, zit. nach *BMBF*, 2001, S. 58/59).
- Hard- und Softwarehersteller. Hierunter sind auch Großanbieter in Sachen Training, z. B. setzt die *SAP AG* jährlich mehrere hundert Millionen Euro allein mit Training um. Die größten Vertreter dieser Anbietergruppe in Deutschland sind daneben *IBM* und *Siemens.*
- Volkshochschulen.
- Anbieter von Unternehmensplanspielen. Dieser vom Volumen her kleine Bereich hat insbesondere in Deutschland einen relativ starken Anbietermarkt. Das *Europäische Planspielforum* ist die Trendmesse dieser Spezialanbieter[191].
- Anbieter von eLearning-Plattformen und -dienstleistungen. Insgesamt unterstützten in 2001 ca. 90 % der weiterbildenden deutschen Unternehmen selbstbestimmtes Lernen, 29 % aller Betriebe schulten offline mittels CBT und 13 % nutzten PC's online (*Institut der Deutschen Wirtschaft*, 2001).
- Interne und externe Unternehmensberatungen.

In einschlägigen Statistiken tauchen die großen Unternehmensberatungen i. d. R. nicht als Marktteilnehmer auf[192], weil ihre Dienstleistungen für Personalentwicklung sich nur schwer von anderen Beratungsleistungen abgrenzen lassen. Unternehmensberater haben einen doppelten Zugang zum Thema Personalentwicklung. Sie treten auf als

- Berater bei der Strategieentwicklung, der Konzeption und der Implementierung von neuen Strukturen oder Werkzeugen sowie des Personalcontrollings und der Bildungsevaluation. Relativ häufig dürften diese Aufträge im Rahmen von großen Veränderungsprojekten vergeben werden.
- Verantwortliche für die Durchführung von Personalentwicklungsmaßnahmen selbst. Aufgrund der relativ hohen Kosten für Unternehmensberater und Trainer – verglichen mit „einfachen" Dozenten – handelt es sich seltener um Konkurrenzangebote für Kurse der Volkshochschulen oder Anfängerveranstaltungen in

[191] Eine sehr gute Einführung in das Themengebiet bietet *Graf*, 1992.
[192] Ausnahme ist z. B. *VW Coaching*.

Microsoft Office-Anwendungen. Vielmehr geben Unternehmensberater Einweisungen in neue kundenspezifische Systeme und Abläufe, Spezialtrainings für das mittlere Management und das Topmanagement und bieten zeitkritische Vermittlung von Spezialthemen im Zuge größerer Vorhaben.

Gegenwärtige und zukünftige Entwicklungen sind (aus der Delphi-Studie von *VW Coaching*, zitiert n. *Fiedler-Winter*, 2000):

- Die Ressource „Mitarbeiter" ist der wesentliche Erfolgsfaktor im Wettbewerb der Wirtschaftsteilnehmer. Die Aufgabe, sein Potenzial optimal zu nutzen, wird innerhalb des Personalmanagements bei der Personalentwicklung angesiedelt und macht erfahrene Personalberater und Trainer/Coaches erforderlich. Die sich immer schneller wandelnden Prozesse machen es notwendig, sowohl Mitarbeiter als auch insbesondere die Führungskräfte und Entscheider mit den neuen Herausforderungen vertraut und für die Zukunft fit zu machen.
- Ein zunehmend wichtiges Managementziel ist es, Mitarbeiter mehr noch als bisher in die Verantwortung für Teile der Prozesskette zu nehmen.

Es gibt zahlreiche Methoden, Theorien und Werkzeuge der Personalentwicklung[193]. Die Spannbreite der Angebote zur Verbesserung der Aufbau- und Ablauforganisation reicht von Veränderungen an bestehenden Inhouse-Angeboten über die Bildung von Corporate Universities bis hin zum totalen Outsourcing, von traditionellem Lehrgespräch über eLearning bis hin zum Coaching usw.

Folgende weitere allgemeine Kritikpunkte werden im Bereich Personalentwicklung vorgebracht (*Borchert/Alwart*, 2003): Die Umsetzung des Gelernten lässt zu wünschen übrig oder die messbaren Erfolge im Verhältnis zum Aufwand (Kosten/Ausfallzeiten) sind zu gering. Um den gewünschten Trainingserfolg zu erzielen, ist es notwendig, vor der Auswahl und dem Zuschnitt des Trainings eine problemorientierte Bedarfsanalyse durchzuführen, die bei den Führungskräften beginnt. In der Praxis wird oft nur an den Symptomen von Verhaltensdefiziten herumtrainiert, nicht aber an den Ursachen.

- Umsetzungsdefizite: Ein altes Thema der Weiterbildung ist die Frage, ob die Umsetzung des Gelernten den Erwartungen der Auftraggeber entspricht. Die Höhe der von Teilnehmern zu erbringenden Tansferleistungen ist wahrscheinlich häufig der Grund des Scheiterns. Außerdem ist zu fragen, ob vor der Konzeption und Umsetzung von Personalentwicklungsmaßnahmen ausreichend geklärt wurde, welche tieferen Ursachen einem Wissens- oder Verhaltensdefizit zugrunde liegen.
- Kein quantifizierbarer Nutzen: Es fehlt weitgehend an objektivierbarer Erfolgsmessung für Training[194]. Die Zufriedenheit der Teilnehmer wird zwar häufig per Fragebogen am Ende der Schulung erhoben, aber damit ist noch nichts über den Transfer des Gelernten auf die Praxis gesagt und erst recht nicht darüber, wie sich

[193] Eine gute Übersicht über ca. 50 verschiedene Lerntheorien findet sich unter http://www.gwu.edu/tip/. Eine pragmatische Übersicht der Stichwörter aus diesem Themenbereich ist z. B. in *Meier* (1995) enthalten.

[194] Ausnahmen bestätigen wie immer die Regel. Insbesondere für Verhaltensschulungen im Vertrieb und in vertriebsnahen Bereichen gibt es tragende Ansätze der Berechnung des geldwerten Nutzens (z. B. *Gülpen*, 1995).

dies in Cent und Euro auf das Unternehmensergebnis auswirkt. Da deshalb auch keine Kosten-Nutzen-Relation herzustellen ist, fehlt ein Bewertungsmaßstab für die Profitabilität der Investitionen in den Weiterbildungsbereich.

Das Bildungscontrolling ist oft noch nicht genügend ausgeprägt. Neue Verfahrensweisen, wie z. B. das Einbinden von Zielvereinbarungen als Führungsinstrument und neue Instrumente wie Balanced Scorecards und Data Warehouse/Business Information, sollten zum Einsatz kommen. Im Zusammenspiel dieser neuen Instrumente mit den neuen Verfahrensweisen ergibt sich ein effizienteres Controlling auch im Bereich der Personalentwicklung. Im Zusammenspiel der internen HR-M-Experten und externen Beratungspartnern sind wichtige Synergien erzielbar, die einen maßgeblichen Beitrag zum Unternehmenserfolg leisten können.

Praxisbeispiele zeigen, dass die Empfehlungen in einigen Unternehmen schon erfolgreich gelebt werden. Ein Modell der Fa. *Viterra Energy Services AG* (*Koch*, 2003) enthält folgende Elemente:

- Ein Führungssystem, genannt „shared values", mit klar definiertem internen Wertesystem, das als Orientierungsrahmen für Manager und Mitarbeiter dient.
- Ein komplettes System von Instrumenten, mit denen die Werte zum Leben erweckt werden.

Das Shared-Values-System bildet den Kern der gesamten Personalarbeit, ist fest in die Unternehmenssteuerung eingebunden und beeinflusst maßgeblich die Weiterentwicklung jedes Mitarbeiters.

7.2.4.5 Vergütungsberatung

Vergütungsberatung als eigenes Segment der Personal- und Unternehmensberatung entwickelte sich in den deutschsprachigen Ländern erst seit Mitte der 60er Jahre (vgl. *Evers* in *Sattelberger*, 1999, S. 356 ff.). Wesentliche Impulse dazu kamen aus den USA, dort wurde systematisches „Compensation Management" schon seit langem betrieben[195]. Hierzulande konzentrierte sich die Vergütungsberatung angesichts der verbreiteten Intransparenz und Tabuisierung insbesondere der Managementvergütung sowie der fehlenden Systematik in der Entgeltabrechnung vor allem auf die Organisation überbetrieblicher Vergütungsvergleiche sowie die Unterstützung beim Aufbau rationaler Entgeltstrukturen mittels analytischer oder summarischer Arbeitsbewertungsverfahren. Diese Beratungsfelder wurden im Zuge der fortschreitenden Institutionalisierung und Professionalisierung des Personalwesens in Unternehmen systematisch ausgebaut und verfeinert. Es gibt heute Beratungsunternehmen, die sich besonders auf diesen Bereich konzentrieren (z. B. *Hay*, *Kienbaum*, *Towers Perrin*, *Wattson Wyatt*). Einige dieser Anbieter erstellen regelmäßig vergleichende Gehaltsübersichten in ausgewählten Bereichen und nutzen diese als Marketinginstrument. Ein Beispiel hierfür sind die Gehaltsvergleiche der Fa. *Kienbaum* in der samstäglichen Beilage „Beruf und Karriere" der *Frankfurter Allgemeinen Zeitung* oder Studien der Fa. *Towers Perrin* in der

[195] Nicht diskutiert werden soll hier die Frage, wie effektiv leistungsabhängige Vergütung überhaupt ist. Empirische Befunde lassen daran erheblichen Zweifel aufkommen (vgl. *Fischer/Wilhelm*, 1995; *Kohn*, 1993). Eine sehr engagierte Gegenposition bezieht auch *Sprenger* (1992) mit seinem Buch „Mythos Motivation".

Financial Times Deutschland[196]. Beratungsschwerpunkte in der Vergütungsberatung sind:

- Individuelle Markterhebungen für einzelne Unternehmen zur vergütungspolitischen Standortbestimmung und Best Practice-Ermittlung.
- Provisions- und Incentivesysteme für Vertriebsmitarbeiter.
- Leistungs- und erfolgsorientierte Vergütungssysteme im Management.
- Gestaltung attraktiver Zusatzleistungsprogramme.
- Einführung betrieblicher Kapitalbeteiligungsmodelle.

Der Zwang der Unternehmen, angesichts verschärften Wettbewerbs die Leistungs- und Kreativitätspotenziale ihrer Mitarbeiter stärker auszuschöpfen, hat die leistungs- und erfolgsorientierte Ausgestaltung der monetären Bezüge etwa seit Ende der 90er Jahre in den Mittelpunkt der betrieblichen Vergütungspolitik gerückt. Kamen früher neben Führungskräften im Vertrieb nur Top-Manager in den Genuss variabler Gehaltsanteile, so findet dieses personalpolitische Instrument heute auch für Leistungs- und Schlüsselkräfte nachgeordneter Hierarchieebenen Anwendung. Dabei gilt es zum einen, die bislang noch vorwiegend von Seniorität und überbetrieblichen Rahmendaten geprägte Entwicklung der Festbezüge in stärkerem Maße an der individuellen Leistung der Mitarbeiter sowie der betrieblichen Ertragslage auszurichten, zum anderen aber die variable Vergütungskomponente zu einem wirksamen Anreiz- und Steuerungsinstrument auf- und auszubauen.

Im Jahr 2002 waren im deutschsprachigen Raum über ein Dutzend Anbieter ausschließlich oder zu einem wesentlichen Teil auf dem Sektor der Vergütungsberatung tätig. Daneben bieten auch Unternehmens- und Personalberater Leistungen in diesem Beratungsfeld an. Der Grund für das Engagement von Externen liegt weniger darin, dass die fachlichen Aspekte eines neuen Vergütungssystems schwer zu konzipieren sind. Sie sind es eigentlich nicht, und viele Unternehmen führen ein solches System auch ohne Unterstützung durch Berater ein. Der Grund ist insbesondere die oft höhere Akzeptanz bei den Mitarbeitern. Neben fundierter praktischer Erfahrung eines externen Beraters ist hier vor allem die Katalysatorfunktion, d. h. die Rolle des Vermittlers zwischen den Parteiinteressen gefragt. Nur dann, wenn die Mitarbeiter das Bonussystem als faire Chance begreifen und nicht in erster Linie als Instrument der Unternehmensleitung zur Flexibilisierung und Reduzierung von Personalkosten, kann es seine Motivationswirkung entfalten.

---

[196] Z. B. verglich *Towers Perrin* (*Financial Times Deutschland*, 02.12.2002) unter der Überschrift „Aufsichtsräte verdienen zu wenig" die Entlohnung von Aufsichtsräten der Dax-30 Unternehmen und stellte fest, dass es erhebliche Unterschiede hinsichtlich der Höhe, Bemessungsgrundlage, Bestandteile und Systematik gibt. Während ein Aufsichtsratsvorsitzender im Schnitt eine Festvergütung von jährlich 25 000 € zuzüglich einer Tantieme von 113 500 € ... erhält, beträgt der Unterschied zwischen dem niedrigsten und dem höchsten Betrag das 16,5-fache. Die höchste Festvergütung erhält laut *Towers Perrin* der Aufsichtsratsvorsitzende von *Fresenius* mit 136.320 €, die Vorsitzenden von *MAN* und *Metro* mit je 5 000 € die niedrigste. Bei den Tantiemen zahlt *Altana* mit 297 000 € im Jahr am besten, während *Henkel* mit 28 000 € ... das Schlusslicht bildet.

7.2.4.6 Outplacementberatung

Unter Outplacement- bzw. neuerdings auch Newplacementberatung wird die Beratung zur beruflichen Neuorientierung verstanden. Dabei geht es nicht um die Vermittlung eines neuen Arbeitsplatzes, sondern um eine Hilfe zur Selbsthilfe, mit anderen Worten um eine gezielte Förderung der Eigeninitiative. Die Outplacementberatung kann sowohl als Einzel- als auch als Gruppenberatung stattfinden. Fusionen, Übernahmen, Personalabbau oder eine Umstrukturierung der Organisation sind nur einige Beispiele für Anlässe, eine Outplacementberatung in Anspruch zu nehmen. Sie bietet für beide, Arbeitgeber und Arbeitnehmer, die Chance auf eine befriedigende Auflösung des Arbeitsverhältnisses, ohne eventuell langwierige, kostspielige Rechtsstreitigkeiten oder einen Imageverlust.

Outplacementberatungen bemühen sich darum, den Trennungsprozess professionell und fair zu gestalten, ohne Gesichtsverlust für eine der Parteien und mit guten Chancen für den Arbeitnehmer, eine für ihn bestmögliche Anschlussbeschäftigung zu finden. Gemeinsam mit ihm sollen im Sinne der Neuorientierung Chancen erarbeitet und alle Möglichkeiten der beruflichen Neuorientierung geprüft und genutzt werden.

Die Dauer der Outplacementberatung beträgt i. d. R. zwischen drei Monaten bis zu ca. zwei Jahren. Je nach gewählter Dauer wächst auch der Beratungsinhalt an, er umfasst zunächst die Standort-Bestimmung, dann diverse Trainingseinheiten und schließlich Coachingmaßnahmen.

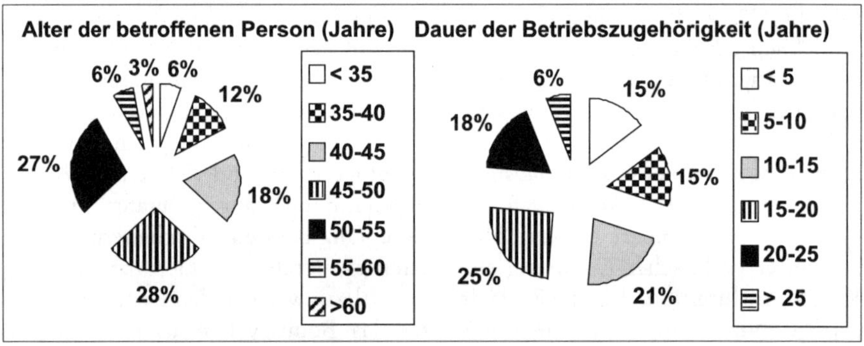

Abb. 65: Lebens-/Dienstalter von Outplacement-Kandidaten (Kirsch/Hendricks, 1995)

Tab. 46: Inhalte von Outplacementberatung[197]

Standort-Bestimmung	Training	Coaching
Ursachen	Vorgehensweise/Bewerbungsstrategie	Prozessbegleitung
Befinden	Unterlagenaufbereitung	Vertragsverhandlung
Selbst-/Fremdbild	Interviews/Gesprächstechnik	Entscheidungsfindung
Zeitfindung	Recherche	Probezeit-Begleitung

[197] Eine Übersicht der Anbieter von Outplacementleistungen findet sich in o.V. [3], 2001.

Ziel des Out- bzw. Newplacements ist es, in einem individuellen Coaching-Ansatz dem Kandidaten zu helfen, sich als Person neu zu platzieren. Der Kandidat wird im Sinne der Employability zum Manager seiner Karriere, statt lediglich freigesetzt zu werden. Der Kandidat soll in den Stand versetzt werden, den richtigen Karriereweg für sich zu erkennen und sich im passenden Umfeld so angemessen zu bewegen, dass ein langfristiger Erfolg im neuen Umfeld wahrscheinlich ist. Dafür ist es notwendig, die emotionale Ablösung vom alten Arbeitsplatz zu erreichen und eine Analyse der Leistungsfähigkeit sowie die Profildarstellung der eigenen Arbeitsplatzerwartungen anzufertigen (vgl. *Lucas*, 2002).

7.2.4.7 Coaching

Unter „Beratung" im Wortsinne mag ein großer Teil der Leser weniger Konzeptentwicklung oder gar Implementierung (wie bei der Strategieberatung, der Prozessberatung und der IT-Beratung in den Abschnitten 7.2ff. beschrieben) verstehen, sondern im einfachsten Sinne „einen Rat erteilen" durch Gespräch. Diese „Urform" des Beratens[198] gibt es auch heute noch, entweder als Teil eines viel umfassenderen Projektes oder als einzigem Leistungsbestandteil des Beratungsauftrags. Sein Name: Coaching. Hierunter können sich viele Führungskräfte wenig Konkretes vorstellen. Doch schon nach ein paar Stichworten, wie z. B. Beratung oder Begleitung zur Leistungssteigerung und/oder Unterstützung bei der Lösung von komplexen Problemen, wird klar, dass hier ein aus dem Sport altbekanntes und hilfreiches System für den beruflichen Bereich nutzbar wird. Der inhaltliche Unterschied zum herkömmlich bekannten Trainieren ist die viel weiterreichende und tiefergreifende Betreuung im Coaching für Geschäftszwecke. Der Coach kümmert sich umfassend um die ihm anvertraute Person. Er ist Trainer, Berater und Betreuer in einer Person. Er ist es, der hilft, mit fachlichen Fragen und Führungsverhalten, aber auch mit persönlicher Frustration, Aggression, Leistungsdruck und Versagensangst umzugehen. Er ist eher der „gute Freund und Partner" – weniger der „Kumpel" – und bietet Hilfe an, wenn jemand an seinen eigenen Fehlern oder Leistungsdefiziten arbeiten will und dazu einen partnerschaftlichen, externen Helfer benötigt (vgl. *Rückle*, 1999, S. 311 ff.), den Coach. Er ist hierbei „Schatten" eines Kundenmanagers oder Geschäftsführers, um ihn für einen bestimmten Zeitabschnitt zu begleiten und bei Entscheidungsfindungen bzw. im Alltagsgeschäft zu unterstützen. Ziel dieser umfassenden Betreuung ist die Stärkung und Verbesserung der Kompetenz und Selbstständigkeit im Umgang mit Aufgaben und Problemen. Grundidee des Coaching ist es, die Verantwortlichen am Orte ihrer Tätigkeit neue fachliche Aufgaben und Verhaltensweisen in vertrautem oder neuem Umfeld durch die Mithilfe eines Beraters erarbeiten zu lassen. Sie sollen sich selbst dieser Aufgabe stellen, da sie ja auch „danach" in dieser Aufgabe sind. Coaching ist somit die Unterstützung des Lernens bei der Arbeit („learning on the job"), eigentlich also nichts Neues. Neu ist nur die besonders bewusste Gestaltung und Begleitung durch eine andere Person.

[198] Die ursprünglichste Bedeutung des Wortes „beraten" (siehe *Neuberger*, 2002, S. 139) meint soviel wie „einrichten, ausstatten, dotieren, versehen, ausfüllen" bzw. Bedürftige materiell versorgen, z. B. mit Hausrat.

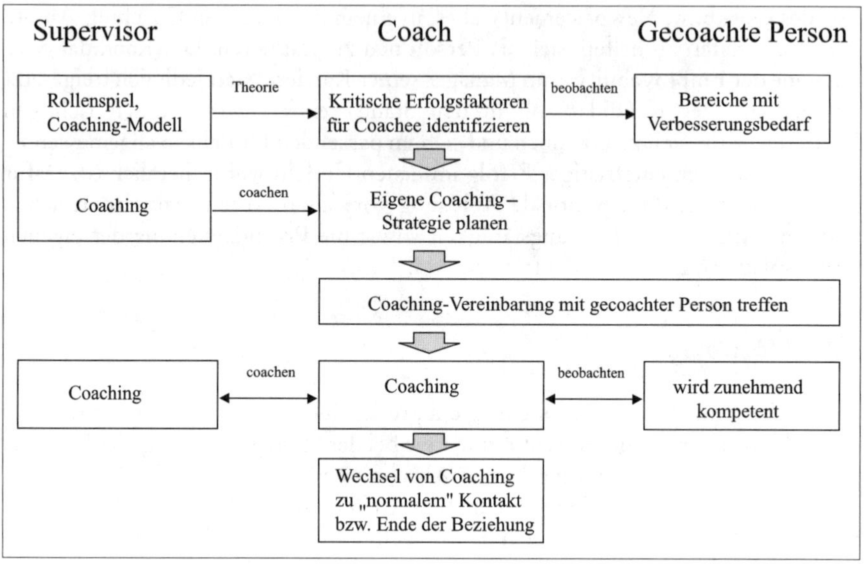

Abb. 66: Rollenmodell und Vorgehen Coaching

Eine Variante des Coachens besteht auch darin, unternehmensinterne Mitarbeiter auf Coachingeinsätze vorzubereiten. Hier fungiert der Berater evtl. als Trainer und später als Supervisor. Solche Konstellationen sind gehäuft z. B. in Projekten zur Einführung von neuen Prozessen im Controlling zu sehen, wobei die hausinternen Controller teilweise als Coaches ihrer Kostenstellenverantwortlichen wirken. Andere Lösungen können sein, besonders befähigte Kundenmitarbeiter (z. B. Meister) vorab zu Prozess-Champions zu erklären, sie besonders in die Projektarbeit einzubeziehen und später dann als Coaches ihrer Kollegen einzusetzen. Der Coach löst Veränderungsbereitschaft aus und begleitet den Wandel, er ist Auslöser und Begleiter von gewollter Entwicklung (*Rückle,* 1999).

7.2.4.8 Personaldienstleistungen

Unter Personaldienstleistungen sollen in diesem Abschnitt diejenigen Serviceleistungen verstanden werden, die im Bezug auf Personen temporäre Personalengpässe überbrücken und im Bereich der Prozesse die dauerhafte Übernahme einzelner Leistungen beinhalten. Dazu zählen insbesondere:

- Zeitarbeit. Hiermit ist Zeitarbeit im Sinne der Arbeitnehmerüberlassung und der dafür einschlägigen gesetzlichen Regelungen (z. B. Arbeitnehmerüberlassungsgesetz in Deutschland) gemeint, nicht das bei Unternehmensberatern gelegentlich abschätzig gemeinte „body leasing", d. h. die zeitweise Aushilfe von Unternehmensberatern in Linienfunktionen des Kunden. Zeitarbeit ist keine originär unternehmensberaterische Tätigkeit[199].

[199] Eine interessante Untersuchung zu Gründen des Einsatzes von Zeitarbeitern sowie der Zufriedenheit mit dieser Dienstleistung siehe *Watzka* (2000).

- Outsourcing von HR-M-Prozessen, z.B. Abrechnung, Relocation. Es gibt keine prinzipiellen Besonderheiten des Outsouring von HR-M-Funktionen gegenüber anderen betrieblichen Funktionen. Insbesondere die Personalabrechnung sowie ein Teil der Trainingsleistungen sind heute schon oft outgesourct.
- Interims-Management. Typische Gründe für den Einsatz eines Interims-Managers liegen in der Notwendigkeit, Vakanzen zu überbrücken, Unternehmen zu restrukturieren oder gar zu sanieren. Dies zeigt sich insbesondere in der überproportionalen Nachfrage für Controlling und das Finanz- und Rechnungswesen. Externe werden geholt, um das in Ordnung zu bringen, was Internen aus dem Ruder gelaufen ist. Aber auch die Vorbereitung eines Börsenganges kann sehr wohl eine befristete Aufgabe für einen Interims-Manager sein. Für das Interims-Management kommen mit 57% aller Fälle ehemalige Geschäftsführer und Vorstände zum Einsatz. Überqualifikation ist die Regel, da der Interims-Manager auf höchstem Niveau, fachlich, kommunikativ und flexibel mit Situationen und Widerständen umgehen muss, um die notwendigen Maßnahmen durchzusetzen. In der Regel sind diese Interims-Manager in der Altersgruppe der 50- bis 59-jährigen zu finden und werden bis zu 40% bei mittelständischen Unternehmen mit einer Belegschaft von 200 bis 500 Mitarbeitern eingesetzt (*Heuse*, 2000).

7.2.4.9 Elektronisches Human Resource Management (eHR-M)

Unter eHR-M wird die Abwicklung von Personalmanagementprozessen über netzbasierte Systeme (Inter- oder Intranet) verstanden. Diese technische Möglichkeit stellt für Personalverantwortliche eine Option dar, die organisatorischen Rahmenbedingungen in ihrem Bereich zu verändern. E-Business für die Personalarbeit ist für große Unternehmen zu einer Option geworden. Zum einen als Kontaktmedium zwischen dem Unternehmen und möglichen Bewerbern während des Recruitingprozesses, zum anderen aber als breites Anwendungsspektrum im Bereich B2E (Business to Employee) mit ESS-Möglichkeiten (Employee Self Service[200]) oder MSS (Manager Self Service). Über ein vertikales HR-Portal im Internet/Intranet kann das Personalmanagement einen großen Teil seiner spezifischen Geschäftsprozesse abwickeln und steuern. Praktische Bedeutung haben hier insbesondere E-Recruiting[201], E-Learning und E-Administration. Das eRecruiting hat darüber hinaus durch den Wettbewerb der Unternehmen um engagierte, kreative und innovative Bewerber über die funktionalen Aspekte hinaus Bedeutung als Teil der Imagewerbung bekommen. Die Außendarstellung des Unternehmens, die Benutzerfreundlichkeit für die Bewerber, Formulare und Fragebögen, um schnell und umfassend eine Online-Bewerbung durch die Kandidaten zu erhalten.

Viele Unternehmen haben zwischenzeitlich interaktive digitale Bewerbungsmappen entwickelt, die an Transparenz und Aussagekraft mit einer Papierbewerbung jederzeit mithalten. Die HR-Webseiten der 20 größten und beliebtesten Arbeitge-

[200] Beispiel Self-Service bei der *Deutschen Bank AG*; siehe *Steffens-Duch*, 2000.

[201] Das *Stauffenbiel-Institut* vergibt seit 1999 jährlich mehrere Preise für vorbildliches eRecruiting. Vordere Plätze belegen 1 *Bertelsmann*, 2 *Siemens*, 3 *Deutsche Bank*, 4 *Deutsche Telekom*, ... 8 *Bayer*, 10 *Degussa*, 12 *EADS*, 15 *Accenture*, 16 *SAP*, 17 *Price-Waterhouse-Coopers*, 19 *IBM*, 20 *RWE* (*Jäger/Frickenschmidt*, 2003).

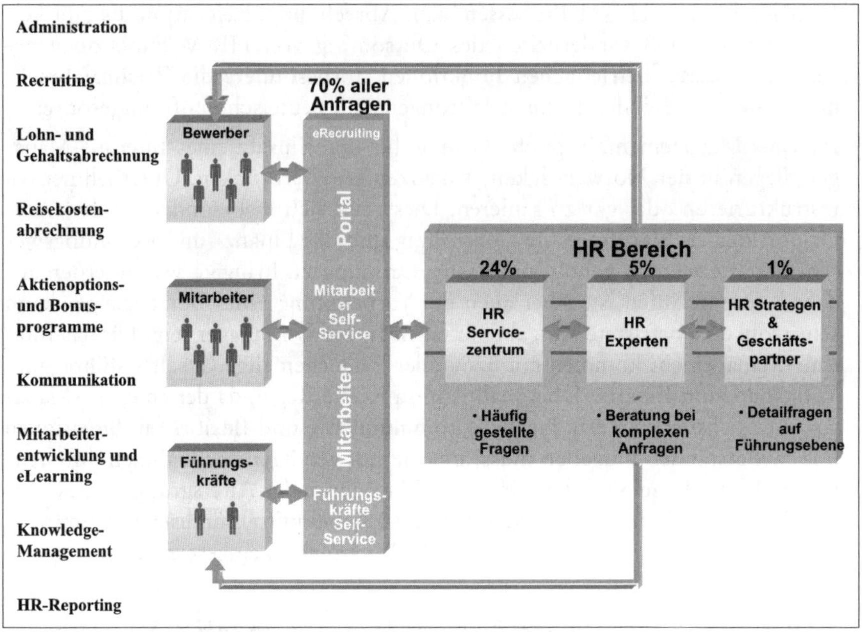

Abb. 67: Prinzipdarstellung eHR Management

ber stellen mittlerweile ein professionell genutztes Instrument des Personalmarketings dar. Das Online-Recruiting, die Einstellung des Bewerbers und sein betrieblicher Werdegang enden mit logischer Konsequenz in der elektronischen Personalakte. Diese HR-M-Technologien der ersten Internetgeneration sind noch relativ isoliert (vgl. *Jäger*, 2001, S. 136), während in der zweiten Generation nun integrierte Angebote vorgestellt werden: Self-Service Technologien und individualisierte Mitarbeiterportale (B2E-Portale). Entsprechend den Wünschen der unterschiedlichen internen und externen Kundengruppen soll HR-M-Arbeit in Zukunft immer schneller, günstiger und effektiver abgewickelt werden[202].

Das Mitarbeiterportal als eine firmeneigene intra- bzw. internetgestützte Oberfläche ermöglicht es, alle webbasierten Geschäfts- und Kommunikationsprozesse zwischen einem Unternehmen und seinen Beschäftigten zu integrieren. Auf diesem Wege können sich die Nutzer beispielsweise mit wenigen Mausklicken über personalrelevante Themen informieren oder Änderungen bestimmter Stammdaten selbst vornehmen. Außerdem erlaubt es das Mitarbeiterportal, einen internen Arbeitsmarkt einzurichten, eLearning und Knowledge-Management „aus einem Guss" anzubieten und eine Reihe weiterer Serviceleistungen wie Unified Messaging, (mobile) Kommunikation mit Außendienstmitarbeitern, Zeitmanagement, Routenplanung oder Reiseplanung und -buchung durchzuführen.

Die Möglichkeit zum eHR-Management bildet auch für die externen Personalmanagementberatungen eine immer ernstzunehmendere Herausforderung und für in-

[202] Die gestiegene Bedeutung von eHR-M wird auch dadurch dokumentiert, dass auf der weltgrößten Computerfachmesse CEBIT im Jahr 2003 erstmals eine ganze Ausstellungshalle für eHR-M vorgesehen war.

ternet-abstinente Anbieter auch ernstzunehmende Konkurrenz. Gerade im Bereich der Personalsuche haben Internet, Personalportale etc. dazu beigetragen, dass Klienten im Nu selbst Kontakt zu bisher anonymen Bewerbern finden und sich damit externe Hilfe sparen können. Als Beispiel für ein solches Geschäftsmodell ist die im Jahre 1998 an den Start gegangene Jobbörse *monster.com* zu nennen, die inzwischen durch Börsengang und erweiterte Geschäftsprozesse, heute unter dem Namen *TMP worldwide,* zu einer der weltweit größten Personalberatungen mit 9500 Mitarbeitern in 31 Ländern geworden ist. Deshalb suchen namhafte, große Personalberatungen über eine Fusion mit einem Internetanbieter das Geschäft „mit den Köpfen“ neu zu definieren und den Marktanteil der bestehenden klassischen Beratung zu erweitern.

7.2.5 Fusions- und Akquisitionsberatung, Post-Merger-Integration

Die Zahl und das geldwerte Volumen von Akquisitionen und Firmenzusammenschlüssen ist in den 90er Jahren stark gewachsen, allerdings beginnend im Jahre 2000 mit der konjunkturellen Abkühlung auch wieder stark zurückgegangen. Während das weltweite Transaktionsvolumen sich vom Jahr 2000 in 2001 halbierte, sank die Zahl der weltweiten Transaktionen von 36700 auf 28800.

Dennoch ist der Markt nicht komplett „eingeschlafen“, sondern wartet nach Einschätzung mancher Analysten[203] nur auf neue Impulse. Industrien mit aktueller, vor kurzem beendeter oder vorausgesagter Konzentrationswelle sind u.a.:

- Die weltweite Automobilindustrie (z.B. Aufkäufe von *VW*, *BMW*, *GM* und *Ford*).

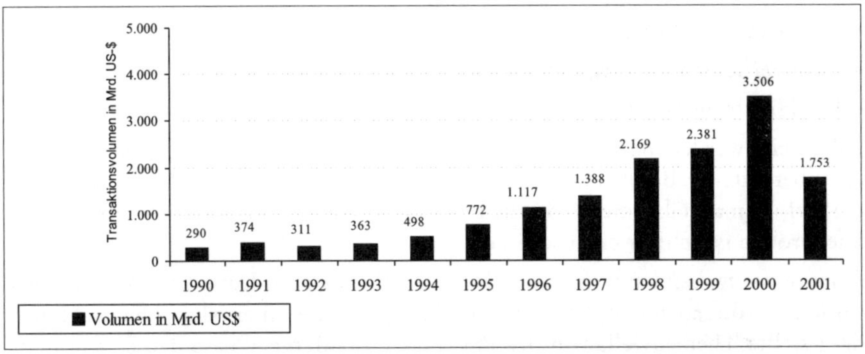

Abb. 68: Weltweite Fusionen (mod. n. Thomson Financial Securities Data[204])

[203] Eine Studie von *A.T.Kearney* behauptet, dass alle Fusionswellen, gleich in welcher Branche, jeweils durch bestimmte regelhafte Veränderungen im Marktgeschehen und bei den Marktanteilen der Marktführer vorhergesagt werden können (*Engeser*, 2000). Eine Studie von *BCG* (*Kowalewsky/Riedl*, 2001) sieht in der Krise besonderen Konsolidierungsdruck und damit Fusionspotenzial in der HighTech-Industrie, der Autozuliefererindustrie, der Chemieindustrie und im Bereich Luftfahrt, Tourismus und Logistik.

[204] Daten zusammengestellt aus einer Meldung von *Thomson Financial Securities Data* 2002 und einer Datenzusammenstellung von *Thomson Financial Securities* in *www.einblick.dgb.de*.

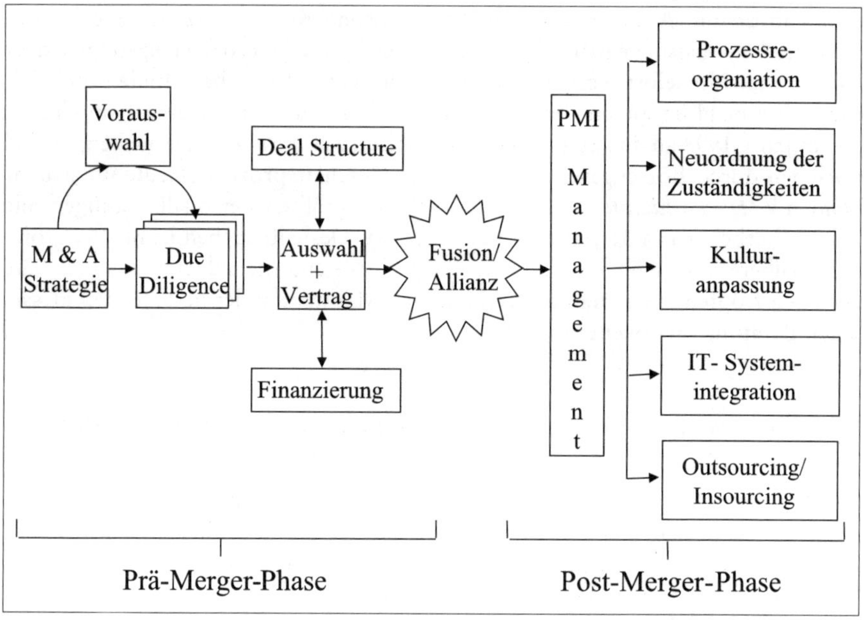

Abb. 69: Gesamtaufgaben in der Prä- und Post-Merger-Phase

- Die Pharma- und Chemieindustrie in der Schweiz und Deutschland.
- Der Banken- und Finanzsektor (*Schweizerischer Bankverein*, *Allianz* und *Dresdner Bank*, der Kauf von Investmenttöchtern der *Deutschen Bank* in London und den USA, *Bank Austria*).
- Die Telekomindustrie.
- Stadtwerke und Versorgungsunternehmen in Österreich und Deutschland.
- Die Hightechbranche (Software, eCommerce, Halbleiterindustrie).

Allgemein werden nach Fusionen empirische Misserfolgsquoten von 15 % bis 80 % berichtet (z. B. Übersicht von Studien in *Jansen*, 2001, S. 244), allerdings sind die Erfolgsmaßstäbe dieser Studien verschieden und die Repräsentativität der Stichproben ist schwer einzuschätzen.

Beratungsaufgaben kann man nach ihrem Zeitbezug zum Datum des Vollzugs der Fusion in Aufgaben der Prä- und Post-Merger-Phase unterteilen. Die in Abb. 69 dargestellte Themenvielfalt in der Prä- und Post-Merger-Phase deutet schon an, dass verschiedene Beratergruppen ihre Dienstleistungen anbieten:

- Banken und Investmentberater beim Klären der Finanzierungsfrage, ggf. bei der Ansprache von möglichen Zielkandidaten und bei der Due Diligence (sorgfältige Prüfung der wirtschaftlichen Verhältnisse und des Firmenwerts).
- Rechtsanwälte, Wirtschaftsprüfer und Steuerberater bei der Due Diligence und der vertraglichen Gestaltung.
- Unternehmensberater bei der Strategiefindung in der Prä-Merger-Phase und allen Aufgaben der Post-Merger-Phase. Da ein Großteil dieser Aufgaben in der

Integration von Strukturen, Kulturen und Systemen besteht, werden die Tätigkeiten auch oft im Branchenjargon mit der Bezeichnung „Post Merger Integration“ (PMI) versehen.

Fusionen sind Großprojekte bzw. Programme, die eine Vielzahl von Änderungen und Maßnahmen erfordern (z. B. Merger bei *UBS*, *Steinbock*, 2000). Neben Unternehmensberatern sind oft Investmentbanken und Wirtschaftsprüfer als externe Dienstleister an den Vorhaben beteiligt. Die Rolle der Unternehmensberatung ist vor allem im Vorfeld einer Fusion bei der Strategiefindung und nach rechtlich vollzogener Fusion im Rahmen der PMI wichtig. Tab. 47 zeigt die Bedeutung aller Rollen im Ablauf einer Fusion.

Hier sollen nachfolgend nur die typischerweise Unternehmensberatern vorbehaltenen Aufgabenbereiche näher betrachtet werden.

- Strategiefindung im Vorfeld der Fusion: Diese Strategieberatung beinhaltet i. d. R. eine Marktanalyse und -vorhersage, eine Potenzialabschätzung des Kundenunternehmens und eine Bewertung der Alternativen einer Fusion bzw. eines Unternehmenskaufs. Mit einer Kosten-Nutzen-Analyse werden zudem Budgethöchstgrenzen für den Kauf und ökonomische Kriterien für eine Bewertung von Kandidaten ermittelt.
- System- und Prozessintegration: Diese Aufgabe ist prinzipiell nicht verschieden von sonstigen Systemintegrationsprojekten. Eine politische Besonderheit kann sein, dass der manchmal kostengünstigste Weg der weitgehenden Übernahme des jeweils besseren Systems von einem der beiden Partner „verboten“ ist, weil sich beim Merger of Equals (Fusion unter Gleichen) eine der beiden Seiten benachteiligt fühlen könnte. Bei der Akquisition stellt sich diese Frage häufig nicht, da das akquirierte Unternehmen sich anpassen muss. Allerdings gibt es auch eine erhebliche Zahl von Unternehmen mit zahlreichen akquirierten Töchtern, die nur sehr wenig Systemintegration verlangen und mit unterschiedlichen Systemwelten weiterleben.
- Kulturintegration.
- Unterstützung bei Personalauswahl: Besonderheit bei Fusionen ist, dass manche internen Funktionen doppelt vorhanden sind und eventuell auf eine Stelle reduziert werden. Es gibt meistens zwei interne Kandidaten, nämlich die beiden vorherigen Stelleninhaber.

Tab. 47: Bedeutung der Rollen in Fusionsprojekten (mod. n. Jowett, 2001, S. 479)

Aufgabe	Kunden	Investment-Bank	Wirtschafts-prüfer	Unternehmens-berater
Strategiefindung	hoch			hoch
Finden von Kandidaten	mittel	mittel		mittel
Due Diligence	mittel	hoch	hoch	mittel
Akquisitionstaktik		hoch		mittel
Kapital-/Finanzstruktur		hoch		
Post-Merger-Integration	hoch			hoch

In einer empirischen Untersuchung[205] von *Gerds/Schewe* (2001) ergaben sich folgende Befunde über die Post-Merger-Integration:

- 83 % der Top-Manager hatten Erfahrungen mit Fusionen, aber bei der mittleren Managementebene sagten 47 %, dass sie kaum oder wenig Erfahrung hätten.
- 66 % der untersuchten Integrationsfälle waren Mergers of Equals. Die Autoren sehen dies nicht als Zufall an, sondern vermuten, dass diese Fusionen einen doppelten Vorteil bieten: Ein wichtiger Wettbewerber fällt weg, und gleichzeitig hat man seine Position im Markt gegenüber den verbleibenden Firmen verbessert. Die Erfolgsquote von Fusionen unter gleichgroßen Firmen ist etwas höher als diejenige von Fusionen mit kleineren Firmen.
- In 62 % der Fälle wurden die angestrebten Ziele nur teilweise oder gar nicht erreicht, umgekehrt ergeben sich damit 38 % Zielerreichung. Dies entspricht ungefähr den 31 % „sehr zufriedener" Probanden einer *KPMG*-Studie an 314 Unternehmen (*Waschkuhn*, 2000, S. 21).

Mit weiteren Ergebnissen aus einer Pfadanalyse[206] weist die Studie von *Gerds/Schewe* auf den hohen Einfluss eines guten Integrationsmanagements für den Erfolg von Fusionen hin. Äußere Merkmale der zu fusionierenden Unternehmen können dagegen nur ganz leicht den Erfolg erklären, z. B.

- ist der situative Einfluss von Rahmenbedingungen auf den Integrationserfolg relativ gering.
- erleichtert die Zugehörigkeit zum gleichen Mutterkonzern Fusionen nicht.

Weitere Befunde besagen, dass

- die angestrebten Synergietypen sehr unterschiedliche Erfolgsquoten haben. Synergien im Bereich Fertigung und Entwicklung, Produktion und Logistik sowie Supply Chain werden deutlich häufiger verfehlt als z. B. Synergieziele im Bereich der Overheadkosten, des Marketings und des Vertriebs.
- eine moderate Integrationsgeschwindigkeit optimal ist.
- mangelndes Können der Mitarbeiter eine um 60 % größere Integrationsbarriere und einen um 60 % höheren negativen Erfolgseinfluss hat als mangelnde Bereitschaft.
- weiche und harte Maßnahmen gleichermaßen wichtig sind für den Integrationserfolg.
- die Führungsstruktur verzahnt werden muss. Reportingprozesse und Managementinformationswerkzeuge sind möglichst zu integrieren.

Eine Studie von *KPMG* (*Waschkuhn*, 2000, S. 21) fand folgende mögliche Ursachen für Fehlschläge:

- Die Zielsetzung der Fusion ist oft nicht ausreichend durch strategische oder ökonomische, sondern eher durch Marketing-Gesichtspunkte bestimmt.

---

[205] Befragung von 53 Führungskräften in der deutschen Wirtschaft, erfasst wurden dadurch die Erfahrungen mit 120 Unternehmen. Es gibt keine Detailangaben zu der Stichprobe, vermutlich ist sie nicht repräsentativ.

[206] Eine Pfadanalyse ist ein statistisches Untersuchungsverfahren, das den gerichteten Zusammenhang zwischen zuvor in einem Modell definierten Variablen zeigt.

- Nur ca. 50 % der Unternehmen untersuchen strukturiert die erzielten Ergebnisse, um daraus für das Management und die weitere Steuerung zu lernen.
- Es gibt Defizite bei der strukturierten Planung, der Einbindung in die Unternehmensstrategie, die IT-Aspekte, die Unternehmenskultur usw.

AT Kearny (*Träm*, 2002, S. 292–293) sieht folgende sieben Erfolgsfaktoren für PMI-Projekte:

- Die frühzeitige Entwicklung einer klaren langfristigen Vision.
- Festlegung einer eindeutigen Führungsverantwortung von Anfang an.
- Den Schwerpunkt auf Wachstumssynergien statt auf Kostensynergien legen.
- Die Beteiligten auf dem Weg der Integration durch kleine schnelle Zwischenerfolge motivieren.
- Fundiertes Management der kulturellen Unterschiede auf Basis einer sorgfältigen Bewertung.
- Zielgruppengerechte Kommunikation, die auf Fragen und Sorgen der Betroffenen eingeht.
- Aktives Risikomanagement.

Für Beratungsunternehmen bieten Fusionen ein breites Betätigungsfeld, innerhalb dessen viele der auch außerhalb einer Fusion angebotenen Beraterleistungen verkauft werden können. Da auf Kundenseite oft erfahrenes operatives Managementpersonal fehlt und es darauf ankommt, früh das Richtige zu tun, und z. B. schon in der Prä-Merger-Phase die Post-Merger-Phase vorzubereiten, greifen viele Unternehmen auf besonderes Beraterwissen zurück. Andere Unternehmen, wie z. B. die *Linde AG* mit ihren mehreren hundert Tochterunternehmen (!), sind über die Jahre hinweg durch eine größere Zahl von meistens erfolgreichen Akquisitionen gewachsen, ohne dafür spezialisierte interne oder externe Berater – aber natürlich besonders gute Manager – einzusetzen. Unternehmensberatungen haben teilweise spezialisierte Arbeitsgruppen geschaffen, die sich ausschließlich mit Fusionen und Akquisitionen beschäftigen, z. B. der *Transaction Services Desk* von *KPMG*. Die besonderen Erfolgs- oder Misserfolgsanteile von Unternehmensberatern an Fusionen und Akquisitionen sind noch nicht separat empirisch untersucht worden.

7.2.6 Outsourcing und Insourcing

Outsourcing ist die Abgabe der rechtlichen und wirtschaftlichen Verantwortung für bisher im Unternehmen erbrachte Leistungen an Dritte. Von reinen Desinvestitionen unterscheidet sich Outsourcing dadurch, dass es sich um Bereiche mit Leistungen handelt, die Kernprozesse oder Unterstützungsprozesse eines Betriebes darstellen, mithin keine reinen Finanzbeteiligungen oder ganz andersartige, für sich selbst komplette Wertschöpfungsketten sind. In letzteren beiden Fällen spricht man meistens nicht von Outsourcing. Unter den outgesourcten Bereichen sind vor allem die unterstützenden Prozesse zu finden (z. B. Buchhaltung, Kantinenbetrieb, Reinigung, Bürodienste und insbesondere die IT-Unterstützung als ganzes) und wahrscheinlich sehr viel seltener Kernprozesse. Allerdings ist die Abgabe von Kernprozessen im Rahmen des Outsourcing nur schwer abzugrenzen von Veränderungen der Fertigungstiefe, z.B. durch Zukauf oder Abgabe von Komponentenfertigungen. Unter Berücksichtigung dieser Vorgänge kommt man auf wesentlich höhere Fallzahlen, als wenn man sich auf Statistiken mit der Überschrift „Outsourcing“ begrenzt.

Der Charakter von Outsourcing-Projekten hat sich in den letzten Jahren nicht nur hinsichtlich der Dimensionen Dauer und Umfang stark verändert. Während die älteste Form, das klassische Outsourcing, vorrangig das Ziel hat, Kosten von Sekundärprozessen durch die Auslagerung von Teilbereichen (Rechenzentren, Wartung von Altsystemen) zu senken, wurden mit dem „kollaborativen Outsourcing“ vollständige sekundäre Prozesse, sämtliche IT-basierten Dienstleistungen und z.T. sogar kundenorientierte Kernprozesse an ausgewählte Partner vergeben. Beispiele sind hier Abrechnungssysteme, CRM-Systeme sowie Call Center-Prozesse. Eine dritte und neueste Ausprägungsform des Outsourcing ist die „Transformationspartnerschaft“. Sie wird als umfassendes Programm gesehen, um gemeinsam mit einem externen Partner auf der Basis von Outsourcing und Risikoteilung die Unternehmensleistung zu verbessern. Dabei werden zentrale erfolgskritische Geschäftsprozesse an den meist in umfassenden Änderungsprozessen erfahreneren Outsourcing-Partner übergeben, damit dieser sie in kürzester Zeit transformiert. Die Grenzen zwischen diesen Outsourcingformen sind fließend.

Eine Alternativen zum Outsourcing ist, die betreffenden Bereiche – zum Beispiel mit Hilfe von Beraterleistungen – in eigener Verantwortung in kostengünstigere und/oder innovativere Bereiche umzuwandeln.

INSOURCING		BERATUNG		OUTSOURCING	
Status Quo beibehalten	Verbessern und behalten	Hilfe bei Veränderungen	Hilfe zur Selbsthilfe	Eventuell Rückkaufsrecht	Vollständige Trennung

Insourcing	Beratung	Outsourcing
Beschäftigte ⟷ Subkontraktoren	Viele Partner gleichzeitig ⟷ Nur ein Partner	Viele Partner ⟷ Nur ein Partner
• Interne Funktion • Internes Management • Prozesse von internem Management bestimmt	• Punktuell interne oder externe Mitarbeiter • i.d.R. partnerschaftliche Leitung • Externe Partner verantwortlich für bestimmte Aufgaben oder/und Ergebnisse • Wissenstransfer	• Externe Funktion • Externes Management • Outsourcer hat bestimmte Dienstleistungen zu liefern • Outsourcer setzt eigene Produktionsmittel bzw. Liegenschaften ein

Abb. 70: Beziehung zwischen Beratung und Outsourcing/Insourcing als Gegensatz

Unternehmensberater bieten Dienstleistungen rund um das Outsourcing an: Hilfestellung bei der Entscheidungsfindung sowie der organisatorischen Vorbereitung und sogar sich selbst als Outsourcing-Nehmer. Sie sind damit im Wettbewerb mit Unternehmen, deren Geschäftsmodell darin besteht, Leistungen für Dritte komplett zu übernehmen und – inhouse oder außer Haus – zu erbringen. Hierzu zählen – keine Konkurrenz für Berater – Reinigungsdienste, Kantinenbetreiber sowie – schon eher Konkurrenz – lokale Rechenzentren, die Fa. *DATEV*, Personaldienstleister usw. Nachfolgend sollen hier nur noch die Outsourcing-Projekte von erheblicher unternehmensweiter Bedeutung betrachtet werden, i.d.R. kleinere Outsourcing-Entscheidungen wie Auslagerung der Reinigungsdienste und der Kantine bleiben außer Betracht. Der Betrieb outgesourcter Bereiche eines Unternehmens gehört nicht zu den Beratungsdienstleistungen nach der hier verwendeten Definition (s. Abschnitt 2.1.), selbst wenn dieser Betrieb durch eine Unternehmensberatung stattfindet. Der Betrieb outgesourcter Unternehmensteile ist vielmehr eine Form der Diversifikation im Leistungsspektrum von Unternehmensberatungen, die im klassischen Beratungsgeschäft nicht mehr genügend Wachstumspotenzial und Volumen sehen. Ein anderer Aspekt ist es, dass aus den Entgelten der Outsourcingspartner regelmäßige und langfristig planbare Einnahmen zu erzielen sind, während das Beratungsgeschäft selbst nur eine kurze Zeitspanne im Voraus sichere Einkünfte bietet. Und eine dritte Facette ist, dass es im Vorfeld von Outsourcingsmaßnahmen mit der Vorab-Beratung und ggf. Hilfe bei der Vorbereitung zum Outsourcing wiederum klassische Beratungsaufgaben gibt, an die sich der Betrieb eines outgesourcten Bereiches beinahe nahtlos anschließen kann. Ein ande-res mögliches Ergebnis ist die Empfehlung, stattdessen weitere Kapazitäten

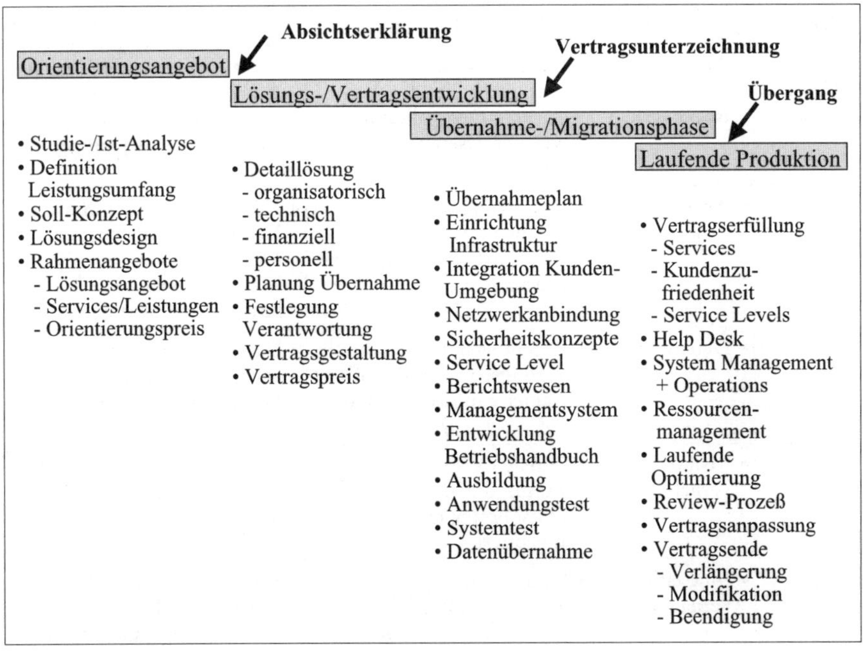

Abb. 71: Schritte Outsourcing der Fa. IBM (modifiziert n. Köhler-Frost, 1995, S. 49)

oder Fertigungsstufen dazuzukaufen und damit zu insourcen. Die Abb. 70 zeigt schematisch die Eigenschaften von Insourcing, Outsourcing und als dritter Option der Veränderung mit Hilfe von Beratung.

Beratungsleistungen sind im Einzelnen:

- Strategieberatung bei der Frage, ob outgesourct werden soll und welcher Typ des Outsourcing bevorzugt wird.
- Vorbereitung neuer Schnittstellen zu den später auszulagernden Bereichen und Vorbereitung der Beschäftigten auf den Wechsel.
- Vertragsgestaltung.
- Begleitung von Transformationen, bei denen man nicht selbst der Outsourcing-Partner ist.

Wenn die Beratungsfirma selbst der Outsourcing-Partner wird, kommen hier natürlich weitere Aufgaben auf sie zu. Abb. 71 zeigt an einem Beispiel die Schritte des Outsourcing und die Aufgaben innerhalb eines Schrittes.

Während der Outsourcing-Markt in den USA einen erheblichen Umfang hat, entwickelt er sich in den deutschsprachigen Ländern relativ zögerlich. Ein Grund hierfür liegt in handfesten rechtlichen und ebenso bedeutsamen, wenn auch „weicheren" kulturellen Faktoren. Das einfache Kopieren von Erfolgsmodellen und Trends aus anderen Ländern ist hier nicht möglich. Tab. 48 enthält eine Übersicht der wesentlichen Outsourcing-bezogenen Unterschiede zwischen Deutschland und den USA.

Tab. 48: Kulturelle Unterschiede deutschsprachige Länder – USA/GB im Outsourcing

Bereich	Faktor	USA/Großbritannien	Deutschland
Staat/ Gesetz	• Allgemeine Neigung zu Regelwerken	• Liberale Wirtschaftsordnung bildet durch stärkere Deregulierung weniger gesetzliche Barrieren	• Soziale Marktwirtschaft mit starker Betonung auf „sozial" führt zu einer Vielzahl von Regelungen
	• Arbeitnehmerschutz	• Kündigungen leichter möglich und Eigentümer-Übergang einfacher, kaum Blockade möglich	• Kündigungsschutz und Mitbestimmung machen Outsourcing teurer, AN können gemäß § 613 BGB Arbeitgeber aussuchen
	• Datenschutz	• Regelungen werden durch Vertragsparteien getroffen, Käufer kann AN-Daten vor Übergang sehen	• Bundesdatenschutzgesetz erschwert Sicht auf AN-Daten vor Betriebsübergang
	• Risikoverhalten	• Offene risikofreudige Kultur, die die Risiken des Outsourcing eher akzeptiert	• Hohes Sicherheitsbedürfnis und daraus resultierende individuelle und kollektive Risikoaversion
	• Innovationsverhalten	• Pionier- und experimentierfreudig, daher schnell für Neuerungen zu begeistern	• Skepsis gegenüber Neuem, daher später Imitation von Neuerungen, Innovationsfolger

Bereich	Faktor	USA/Großbritannien	Deutschland
Unternehmensführung	• Planungshorizont	• Kurzer Planungshorizont bedingt durch das Ziel der kurzfristigen Gewinnmaximierung • Anlegersicht dominiert	• Langfristiger Planungshorizont, Gläubigerschutz, Vorsichtsprinzip, langfristige Unternehmenssicherung als Ziel
	• Bereitschaft zur Freisetzung von Humanressourcen	• Geringere Investitionen in Aus- und Weiterbildung aufgrund kurzfristigen Gewinnziels, Mitarbeiter leichter austauschbar • Unterschiede im Kündigungsschutz	• Wertvolles Wissen, das durch kostspielige Fortbildungsmaßnahmen aufgebaut wurde, könnte verloren gehen

Die Erwartungen der outsourcenden Unternehmen sind ganz klar auf Kostenreduzierung und verbesserte Servicebereitschaft gerichtet, der Weg dahin führt insbesondere über einen Know-how-Zuwachs.

Tab. 49: Kundensicht auf das Outsourcing (INPUT, zit. aus Köhler-Frost, 1995, S. 27)

Erwartungen		Nutzen	
Kostenreduzierung	75 %	Know-how-Zuwachs	53 %
Servicebereitschaft	34 %	Flexibilität	19 %
Konzentration	21 %	Leistung/Service	19 %
Entlastung IS-ORG	19 %	Kosteneinsparungen	16 %
Effektivität IS-ORG	17 %	zusätzliche Ressourcen	14 %
Kostenentwicklung	12 %	Managementaufwand	11 %
		verb. Finanzkraft	7 %

7.2.7 Weitere Beratungsprodukte

Über die bisher vorgestellten Beratungsprodukte hinaus gibt es Leistungen, die sich nur schwer eindeutig einem der Themenbereiche Strategie, Prozess, Personalberatung oder IT zuordnen lassen. Meistens sind es sehr universelle oder unspezifische Techniken, die zwar in sehr speziellen Einzelausprägungen vorkommen mögen, aber hier gesondert dargestellt werden.

7.2.7.1 Gründungsberatung

Gründungsberatung ist die Beratung von Geschäftsführern und Managern bei allen die (Neu-)Gründung einer Organisation betreffenden Fragen sowie allgemein in der Phase der Gründung. Hierzu zählen insbesondere:

- In der Vorgründungsphase: Beratung über Informationsquellen, Coaching zur Einschätzung der eigenen Kompetenzen, Kreativitätstraining und Training zur

Vorbereitung auf evtl. Zulassungsprüfungen (vgl. *Kailer*, 2001, S. 207). Die Inanspruchnahme von Beratungshilfe ist bei Jungunternehmern sehr verbreitet, von östereichischen Jungunternehmern hat nur ein Drittel den Start ohne Beratung gewagt *(Bremberger/Klimitsch*, 1999, zit. nach *Kailer*, 2001, S. 207/208). Dabei erschwert die durch eine große Zahl von wenig namhaften Anbietern gegebene Intransparenz des Gründungsberatungsmarktes die Suche nach geeigneten Beratern. Die Industrie- und Handelskammern und andere Einrichtungen geben zwar Hilfestellung, der einzelne Gründer in spe hat aber dennoch oft hohe Transaktionskosten bei der Beraterauswahl. Er wählt häufig Berater aufgrund von Empfehlungen aus seinem Beziehungsnetz. Eine Besonderheit der Gründungsberatung ist, dass in einigen Fällen Berater zur Aufgabe der Gründungsabsicht drängen.

- Gründungskonzept mit einem Geschäftsplan, der Standort- und Rechtsformwahl.
- Finanzierung, insbesondere auch die Inanspruchnahme eines der zahlreichen öffentlichen Förderprogramme, ggf. „Going public" bei Aktiengesellschaften.
- Alle betrieblichen Funktionen, insbesondere Produktion, Marketing, Vertrieb/Absatz, Beschaffung, Rechnungswesen usw.
- Begleitung/Coaching des beginnenden Geschäftsbetriebs.

Gründungsberatung ist tatsächlich oft eine Mischung aus klassischer Beratung mit allen Facetten, Training[207] (-sempfehlungen) und Phasen des Selbsttuns der Unternehmer. Neben der „klassischen" Form der Gründungsberatung durch Investmentbanker, Wirtschaftsprüfer und Steuerberater sowie Unternehmensberater gibt es insbesondere im Bereich moderner Technologien „Inkubationszentren" mit besonderer Betreuung und Förderung junger Unternehmen, teilweise durch „Business angels", die im wesentlichen geschäftliche Kontakte zu interessanten Partnern herstellen usw. Beratungsunternehmen treten hier sowohl als selbständige Anbieter solcher Unterstützungsleistungen auf (vgl. z. B. *Balzer*, 2000, S. 66 ff. über *McKinsey*) wie auch als Partner von Joint Venture Firmen oder nur im Auftrag Dritter zugunsten der Unternehmensgründer.

7.2.7.2 Workshop(s) und andere besondere Formen der Kommunikation

Workshops sind interaktive Gruppenveranstaltungen, auf denen ein oder mehrere Moderatoren durch das Programm führen. Konstituierendes Merkmal von Workshops ist immer eine Mitwirkung oder gar Bestimmung der Teilnehmer über das Endergebnis durch strukturierte Gruppendiskussion oder Gruppenarbeit, es können aber weiterhin Vorträge, Lehrgespräche und andere Bestandteile enthalten sein. Workshops sind einerseits im Rahmen sonstiger Projektarbeiten, insbesondere der Strategiefindung, Konzeptabstimmung und Trainingsdurchführung eine probate Veranstaltungsform, andererseits auch selbständig verkauftes kleines Beratungsprodukt zu besonderen Anlässen. Hierzu können zählen:

---

[207] Vgl. *Schütte* (1996), die Unternehmensberatung in Deutschland insbesondere anhand der Gründungsberatung darstellt.

- Vorstandsworkshops, um einzelne Strategiefragen zu untersuchen oder abzustimmen;
- Abstimmungsworkshops, um die Richtung für weitergehende Arbeiten festzulegen oder aber schon erarbeitete Ergebnisse zu diskutieren, evtl. kleine Änderungen vorzunehmen und zu verabschieden;
- Unterrichtsworkshops, um den Teilnehmern bei der fachlichen Erarbeitung eines Themas zu helfen;
- Verkaufs-/Präsentationsworkshops, auf denen Beratungsprojekte an Kunden verkauft werden sollen oder die Ergebnisse durchgeführter Projekte auf die Zustimmung von Entscheidungsträgern treffen sollen.

Die professionelle Durchführung von Workshops benötigt u. a. Moderationsfähigkeiten sowie eine gute Vorbereitung. Bei zu erwartenden strittigen Abstimmungen gehören evtl. ebenfalls auch Vorgespräche mit den beteiligten „Parteien", Vorabklärung des Verfahrens und möglichst Entschärfung von Streitpunkten dazu.

Tab. 50: Weitere Moderations-Produkte: Audits und Mediation

Verfahren	Erläuterung
Audit	Audits sind systematische, unabhängige Untersuchungen von Experten zu einem betrieblichen Themenbereich. Zweck von Audits ist es, Arbeitsbereiche zu begutachten, die Ausführung in Hinblick auf Übereinstimmung mit festgelegten Produktmerkmalen zu überprüfen, die Angemessenheit von Richtlinien festzustellen. Üblich sind z. B. Management-Audits, Verfahrensaudits (*Kamiske/Bauer*, 1999, S. 5 f.).
Mediation	Mediation ist jede Vermittlung bei Streitfragen durch einen Dritten. Der Dritte hat keine formelle Macht (z. B. als Richter oder Vorgesetzter), sondern wirkt nur kraft seiner Vermittlungskompetenz und des Appells an die Lösungsbereitschaft der Kontrahenten. Interessantes, aktuell stark diskutiertes Verfahren, jedoch weniger ein Geschäft für Beratungsfirmen.

7.2.8 Projekt-/Programm-Management

7.2.8.1 Aufgabenbeschreibung

Die Arbeit von Unternehmensberatungen beim Kunden wird ganz überwiegend als Projektarbeit geleistet. Berater sind aber nicht die einzige Berufsgruppe, die diese Arbeitsform pflegt. Im Baugewerbe, bei anderen Dienstleistern (Ingenieurbüros, Filmemachern usw.) sowie in zunehmend weiteren Kreisen der Industrie gehört Projektarbeit zum täglichen Geschäft, ja ist manchmal als Arbeitsform eher die Regel als die Ausnahme (siehe z. B. *Saynisch*, 1995). Aus diesem Grunde gibt es bei manchen Unternehmen hausspezifische Projektmanagementregeln und ganze Bücher zum Vorgehen (z. B. für die *Siemens AG*, vgl. *Burghardt*, 1993). Auch die Berufsverbände sowie die Organisationen der Arbeitgeber und der Arbeitnehmer haben komplette Darstellungen zu diesem Thema vorgelegt[208]. Projektarbeit ist

[208] *Lange*, 1995, für den *BDU* bzw. die *Deutsche Gesellschaft für Projektmanagement e. V.*, 1999.

zeitlich eng befristete Arbeit, die mit einem Ergebnis verknüpft ist[209]. *Schelle* (1999, S. 11) formuliert es griffig: „Erst- und Einmalvorhaben", ergänzt sei hier nur „im wirtschaftlichen Bereich", weil ansonsten z. B. viele militärische Aktionen in Kriegszeiten sowie die pädagogisch gemeinten Übungsformen für Schüler allgemeinbildender Schulen auch dazu gehören würden[210]. Projektarbeit ist wahrscheinlich fast so alt wie die Menschheit[211], jedoch ist die neuzeitliche Betrachtung dieser Arbeitsform und die Entwicklung besonderer Steuerungswerkzeuge insbesondere auf die bewusste Gestaltung ehrgeiziger militärischer Bauvorhaben in den USA Mitte der 50er Jahre des vorigen Jahrhunderts zurückzuführen (*Schelle*, 1999, S. 15). Einerseits erkannte man, dass die Linienstrukturen außerordentlichen Vorhaben nicht mehr gewachsen waren, andererseits schienen die bis dahin praktizierten Verfahrensweisen des Durchwurstelns als nicht mehr zuverlässig genug. Von den gemeinsamen Anstrengungen mehrerer Disziplinen, das Wissen um erfolgreiche Projektarbeit weiterzuentwickeln, profitiert auch das Unternehmensberatungsgewerbe. Das Thema Projektarbeit wird im folgenden aus ihrem Blickwinkel dargestellt.

Aus Sicht des Kunden sind die meisten Beratungsaufträge Einmalereignisse, mithin per se Projektarbeit. Das Management einzelner bzw. mehrerer Projekte (bei mehreren gleichzeitig zu steuernden Projekten spricht man auch von „Programmen" und dementsprechend von Programm-Management[212]) ist daher tägliches Brot von Beratungsfirmen, einzig der interne Bereich ist teilweise eher von Linienarbeit geprägt (siehe zu Sekretariatsarbeiten Abschnitt 5.10.).

Projektmanagement wird meist zusammen mit den sonstigen Beratungsprodukten implizit als integraler Bestandteil verkauft, es gibt aber auch separate Projekte, deren Aufgabe aus Sicht des Beraters nur im Projekt- bzw. Programm-Management als solchem besteht.

Zu den Aufgaben im Projektmanagement zählen:

- Das Projekt auswählen (sofern es sich z. B. um Fortsetzungsaufgaben im Rahmen schon laufender Projektarbeiten handelt).
- Management des Projektumfangs und der Erwartungen: Abklären von Ziel und Zweck, Erwartungen der „Käufer", Umfang und Begrenzung des Projekts, Festlegen von Messkriterien für den Projekterfolg.
- Bestimmen des Projektbudgets, Budget- und Kostenkontrolle, Kosten-Nutzenmanagement.

---

[209] Definition z. B. in der DIN Begriffsnorm 69901: „... ein Vorhaben, das im wesentlichen durch die Einmaligkeit der Bedingungen in ihrer Gesamtheit gekennzeichnet ist, wie z. B. Zielvorgabe, zeitliche, finanzielle und andere Begrenzungen, Abgrenzung gegenüber anderen Vorhaben, projektspezifische Organisation".

[210] *Lechler* (1997, S. 32 f.) führt aus, dass man den Begriff „Projekte" von den Aufgaben her, von der Organisationsform oder von der institutionellen Seite betrachten kann. Zu allen drei Varianten finden sich Definitionen.

[211] Die großen Bauvorhaben der Antike wie z. B. der Pyramidenbau sind wohl Projektarbeit gewesen (z. B. hierzu über das Vorgehen beim ägyptischen Pyramidenbau: *El-Mahrashly*, 1990).

[212] Es gibt auch die Ausdrücke „Mehrprojektmanagement" oder „Meta-Projektmanagement" (verwendet von *Lange*, 1999).

- Risikomanagement, ggf. Eskalation (siehe Abschnitt 8.5).
- Qualitätsmanagement (siehe Abschnitt 8.5).
- Festlegen der Organisationsstruktur und der Rollen.
- Auswahl und Einsatz von Personal, Personalressourcenmanagement.
- Organisation Projektressourcen (Räume, EDV, Schreibwaren, Literatur usw.).
- Teambildung, ggf. Schulung der Mitarbeiter.
- Arbeitsplan, Meilensteinplan, Restriktionen und Abhängigkeiten feststellen und im Vorgehen berücksichtigen.
- Statuskontrolle, Projektcontrolling (siehe hierzu Abschnitt 5.6.2), Qualitätssicherung und Berichterstattung an die Projektmitglieder wie auch an die (internen) Auftraggeber.
- Mitarbeiterführung, Motivation.
- Organisation der Abstimmung, ggf. Änderungsmanagement.
- Verhandlungstechnik und Interviewtechnik.
- Bei IT-Projekten ggf. Releasemanagement.
- Krisen- und Konfliktmanagement, Eskalationsmanagement.
- Internes Marketing, Überwindung von Widerständen.
- Berichtswesen, Abschlussbericht, Übergabe.
- Kommunikations- und Dokumentationsmanagement.
- Ergebnisarchivierung.

Programm-Management ist teilweise nur graduell von Projektmanagement zu unterscheiden, da die Unterteilung eines Projektes in Unterprojekte und Teilteams ebenfalls in bestimmten Grenzen Geschmackssache ist. Tendenziell beinhaltet Pro-

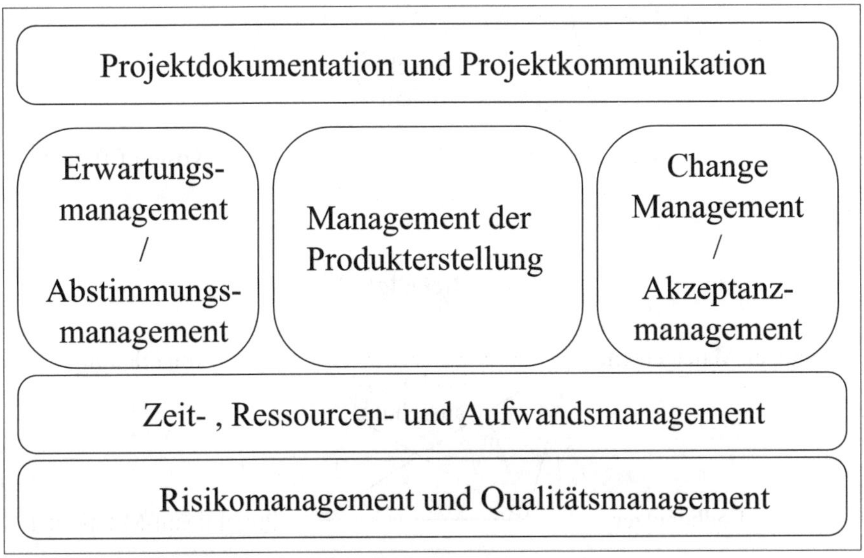

Abb. 72: Managementbereiche innerhalb des Projektmanagements

gramm-Management mehr Unterteams, sachlich voneinander weiter getrennte, wenn auch vernetzte Themen sowie mehr Mitarbeiter. Programm-Management hat ein deutlich intensiviertes Projektcontrolling, ggf. ein Vertragsmanagement mit Subkontraktoren sowie eine Koordinationsfunktion zwischen mehreren Projekten, die gelegentlich ja auch um knappe Ressourcen, Termine und fachliche Spezifikationen von harten und weichen Schnittstellen untereinander Abstimmungen treiben müssen.

Wenn Externe in Projektarbeiten einbezogen werden, dann werden die Projektleitung sowie auch die eigentliche Projektarbeit häufig partnerschaftlich durchgeführt, d. h. arbeitsteilig von Kundenmitarbeitern und Beratern ausgeübt. Die letztendliche Entscheidungsgewalt für die Richtung und die Politik des Projektes verbleibt natürlich beim Kunden, die fachliche und menschliche Kompetenz des Beraters aber wird durch umfassendes Vorschlagsrecht und Einbeziehung in alle Entscheidungsgänge genutzt.

Aus dem Einmal-Charakter von Projekten sowie den häufig von Beginn an nicht bis in allen Einzelheiten klaren Vorgaben und Wünschen sowie den zugehörigen Lösungswegen folgt, dass Projektarbeit keine wie auf Schienen zum Ziel führende Tätigkeit ist. Sie ist ein mitunter sehr anspruchsvolles Arbeiten im Spannungsfeld von hohen Zielen, divergierenden Interessen und den Mühen der technischen oder nicht-technischen Realisierung. Das Projektmanagement muss dabei alle Beteiligten, die Auftragslage sowie die Umsetzungsmöglichkeiten im Auge behalten und ausbalancieren. Diese manchmal zauberische Fähigkeit erfordernde Situation wird von *Heilmann* durch sein „erweitertes magisches Fünfeck" dargestellt:

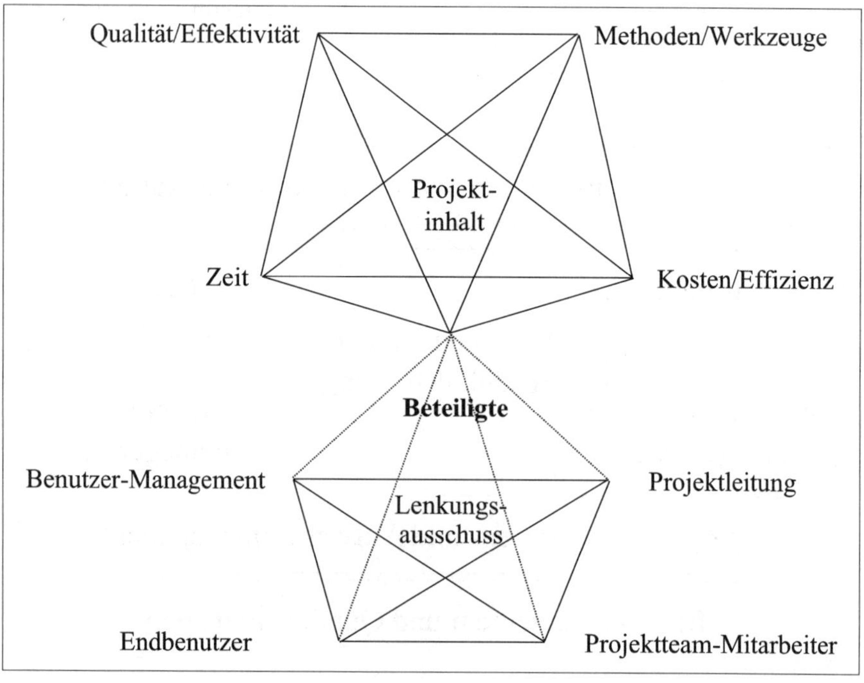

Abb. 73: Problemraum Projekt („erweitertes magisches Fünfeck", Heilmann, 2000, S. 20)

Erfolgreiches Projektmanagement heißt, alle relevanten Mitspieler, die Auftragslage, den Aufwand und altbekannte sowie neu auftretende Probleme im Griff zu behalten. Über empirische Ergebnisse zu erfolgreicher Projektarbeit berichtet Abschnitt 8.1 im Rahmen einer Evaluation der Beratungsarbeit insgesamt.

7.2.8.2 Vorgehen/Werkzeuge

Es gibt zahlreiche Literatur zum Projektmanagement, die auch verschiedene Werkzeuge vorstellt. Projektwerkzeuge sind weitestgehend keine wettbewerbswirksamen Unterschiedsmerkmale von Beratungsanbietern, sehr wohl ist aber die Gesamtqualität der Projektmanagementarbeit – natürlich auch in Abhängigkeit von den Ausschreibungskritierien kundenseitig und den Angebotspreisen beraterseitig – verschieden.

Software-Werkzeuge des Projektmanagements kann man in drei Gruppen einteilen:

- Kommunikations- und Dokumentenverwaltungssoftware: Dieses sind häufig keine projektspezifischen Werkzeuge, sondern allgemein gebräuchliche Produkte (z. B. MS Outlook, Lotus Notes usw.). Sie heben insbesondere bei größeren Teams, bei räumlich verteilter Arbeit und bei komplexen Aufgaben die Effizienz der Projektarbeit. Ab einer bestimmten Projektgröße und -komplexität sind sie unabdingbar, aber auch Kleinstprojekte profitieren von ihnen.
- Planungshilfen, die den Arbeitsplan sowie darin enthaltene Restriktionen (Zeit, Personalaufwand/Budget) verwalten helfen: Hier gibt es ubiquitäre Standardsoftware (z. B. *MS Project*) mit mehr oder weniger mächtigem Funktionsumfang, firmenspezifische Software sowie selbst „gestrickte" Tabellenkalkulationsblätter in *MS Excel*.
- Steuerungshilfen: Hierunter fallen Berichtsformate für Statusberichte, z. B. mit Ampeldarstellungen sowie punktuelle Kalkulationshilfen, wie z. B. Netzplanprogramme.

Der Grad der Strukturiertheit und des verwalterischen Aufwands beim Projektmanagement wird sich nach der Größe des Projekts, dem vereinbarten Anteil der Externen an der Projektleitung, der Erfahrenheit und Eingespieltheit des Projektteams sowie nach erwarteten Schwierigkeiten, z. B. Termindruck, dem erwarteten Widerstand, dem Aufmerksamkeitswert des Projektes usw. während des Projektablaufs richten. Die folgenden Aspekte sollten dabei berücksichtigt werden:

- Wenn der Auftraggeber nach Projektfortschritt bezahlt, wird die Projektplanung tendenziell feinkörniger sein, um mehr Fortschrittserfolge durch abgeschlossene Projektschritte nachweisen zu können („earned value" im Sinne des Projektcontrolling, siehe Abschnitt 5.6.2).
- Eine zu feingliedrige Planung bedeutet in der Regel dreifachen Mehraufwand: (1) Die Planung ist im Erstentwurf aufwendiger, (2) in der Regel gibt es während der Projektlaufzeit Änderungen, die dann „nachgezogen" werden müssen und (3) die Datenerfassung sowie der Bericht über den Status sind aufwendiger und drohen die datenliefernden Projektmitarbeiter zu überfordern. Aus diesem Grunde ist in der Regel ein mittleres bis niedriges Detailniveau – Risikobereiche eventuell detaillierter – anzustreben.

Tab. 51: Methoden-Werkzeuge der Projektarbeit

Werkzeug	Erläuterung
Arbeitsplan	Zentrales Werkzeug der Projektarbeit. Enthalten je vereinbarter Arbeitsaufgabe den verantwortlichen Ersteller, vorgesehene Aufwände sowie die Fertigstellungstermine. In der Aufgabengliederung und der Terminsetzung sollten sich Projekterfahrung und das Fachwissen des Teamleiters ausdrücken. Arbeitspläne sind ggf. regelmäßig zu aktualisieren.
Budgetplan	Enthält die Kostenschätzung des Projektes entweder in Geld oder in Arbeitstagen ausgedrückt.
Checklisten	Universales Arbeitsmittel, sind sowohl als Merker für den Ersteller selbst wie auch für Dritte geeignet.
Netzplantechnik	Es gibt verschiedene Typen von Netzplänen. Gemeinsames Merkmal ist die Darstellung von zeitlichen Abhängigkeiten vernetzter Aufgaben sowie die Berechnung von zeitlichen Engpasspfaden. In vielen unternehmensberaterischen Projektaufgaben ist die formelle Darstellung dieser Abhängigkeiten nicht nötig, weil die Engpasspfade bekannt sind. Insofern sind diese Informationen in den Arbeitsplänen enthalten. Zudem sind viele Aufgaben in Projekten entweder „primitiv linear" oder aber hochgradig überlappend oder parallel durchführbar.
Qualitätsplan als Teil der Qualitätssicherung (s.a. Abschnitt 8.5.)	Qualität ist keine feststehende Eigenschaft eines Projektauftrages, sondern muss möglichst früh im Projektablauf über die Erwartungen der Auftraggeber sowie der späteren Nutzer von Projektergebnissen definiert werden. In einem formellen oder informellen Qualitätsplan wird niedergelegt, wie man das Erreichen der Qualitätsanforderungen sicherstellen will. Damit der Qualitätsplan nicht Redundanzen mit dem Arbeitsplan aufweist, konzentriert er sich auf Fragen der frühzeitigen Einbindung von Nutzern in die Projektarbeit, auf die Abstimmung während der Projektarbeit, auf das Testen des Systems (sofern das Ergebnis der Projektarbeit ein System sein soll) sowie auf die Festlegung von Namen und Prozedere der Projektabnahme.
Statustreffen	Regelmäßige Statustreffen des Projektteams bzw. von Teilteams sind wichtige Einrichtungen der Feststellung des Arbeitsstandes, des Informationsaustauschs und der Abstimmung im Vorgehen. Die Kunst ist es, die richtige Zusammensetzung der Teilnehmer und den richtigen Zeitaufwand zu bestimmen. Für „normale" Projektmitglieder sollten die Treffen nicht länger als ca. 45 Minuten dauern. Für (Teil-)Projektleiter ergibt sich daher ggf. eine Kaskade von Teamsitzungen.
Statusberichte	Zum einen ein sachlicher Bericht des Projektfortschritts und der Risiken. Von daher sollte er formal am Arbeitsplan bzw. an dem/den zu erstellenden Produkt(en) gegliedert sein. Zum anderen ist eine subtile Steuerung des Lenkungsausschusses/der Steuerungsgremien möglich.

- Neben der operativen Beherrschung der inhaltlichen Projektarbeit ist bei komplexen Projekten insbesondere das Erwartungsmanagement und das Abstimmungsmanagement wichtig. Unklare oder häufig wechselnde Anforderungen sowie parallele Abstimmungsgremien sind tunlichst zu vermeiden[213].

[213] Daher sind Empfehlungen wie die der Technologieberatungsstelle des *DGB* (*TBS*, 1999 [2], S. 55) für die Einrichtung paralleler Arbeitsgruppen des Betriebsrats „mit bis zu drei Stunden wöchentlich im Rahmen des betrieblichen Vorschlagswesens ...„ mit Vorschlagsrecht und dem Recht, eine schriftliche Form der Ablehnung von Vorschlägen zu verlangen,

Beratungsfirmen unterscheiden sich hinsichtlich der Energie, die sie von sich aus in den verwalterischen Aspekt des Projektmanagements zu stecken beabsichtigen. Viele größere Häuser haben ihre eigenen Vorgehensmodelle der Projektarbeit, ohne dass jedoch an dieser Stelle besonders hervorstechende Besonderheiten oder Erfindungen mit Alleinstellungsmerkmal einzelner zu nennen wären. Bei hartem Preiswettbewerb bzw. dominanter Gewichtung des Preises werden Beratungshäuser tendenziell weniger Aufwand für das Projektmanagement kalkulieren. Je besser der Kunde organisiert ist und je mehr er von sich aus in die Projektleitung einbringt, desto eher ist diese Situation ohne nachteilige Folgen für den Projekterfolg. Tatsächlich liegt hierin ein erhebliches Sparpotenzial.

7.2.8.3 Risiko- und Qualitätsmanagement

Durch Unternehmensberater unterstützte Kundenprojekte sind häufig Vorhaben, deren Erfolg aus verschiedenen Gründen unsicher ist. Daher sind die Projekte selbst für den Auftragnehmer in doppeltem Sinne risikoreich: Zum einen kann das Projekt misslingen, zum zweiten nagt ein solcher Misserfolg dann auch an der Kundenbeziehung und allgemein am Renommee im Markt. Risikobewertungen finden daher häufig schon vor der Verpflichtung zu einem bestimmten Projekt statt, um den Kunden und die Art des Projektes auf Gefahren hin zu analysieren. Hat man sich dann trotz bestehender Risiken für das Projekt entschieden, wird je nach Art und Ausmaß möglicher Störungen ein Risikomanagement betrieben. Risiken sind mögliche Störungen und Auswirkungen dieser Störungen, die entweder „aus heiterem Himmel“ oder aufgrund von Erfahrungswissen mit hoher Wahrscheinlichkeit anlässlich bestimmter Ereignisse auftreten. Risiken gefährden (1) die Fähigkeit des Kunden, das Beratungsentgelt zu bezahlen, (2) das Erreichen der angestrebten Projektziele, (3) die Reputation des Beratungsunternehmens, (4) die Verkaufschancen für Folgeprojekte beim gleichen Kunden und betreffen sowohl den Beratungsprozess als solchen als auch das Erreichen des mit dem Projekt bezweckten Nutzens für den Kunden[214]. Um diesen Risiken zu begegnen, bedarf es besonderer Aufmerksamkeit und ggf. Vorsorge, die man anhand folgender Risikobereiche darstellen kann:

- Projektablaufbezogene Risiken, die mit beachtenswerter Wahrscheinlichkeit auftretende Krisen hervorrufen werden. *Schedl* (1980, zit. nach *Bundschuh*, 1999, S. 204/ 205) erwartet bei Projekten regelmäßig folgende Krisen: (1) Startkrise, (2) Organisationskrise, (3) Ablaufkrise, (4) Realisierungskrise, (5) Selbstgefälligkeitskrise, (6) Einführungskrise, (7) Wartungskrise. Diese „Lebenszyklus“-Krisen eines Projektes finden ihre Analogie in den Lebenszyklus-Krisen von Unternehmen, wie sie z. B. *Adizes* (1995) zum Gegenstand seiner Beratungsarbeit gemacht hat.

---

wenig hilfreich. Personen, die fachlich, als zukünftige Nutzer oder Kunden neuer Systeme und Abläufe wichtig sind, sollten sowieso von vornherein in das Projekt eingebunden werden. Ansonsten ist jede überflüssige Bürokratie und das Bilden von parallelen Gremien zu vermeiden.

[214] *Rohrschneider* (1999, S. 1084) definiert Projektrisiken als „mögliche Ereignisse oder Situationen mit negativen Auswirkungen (Schäden) auf das Projektergebnis insgesamt, auf beliebige einzelne Planungsgrößen oder Ereignisse, die neue unvorhergesehene und schädliche Aspekte aufwerfen können“.

- Projektauftragsbezogene Risiken, Veränderungsrisiken: Sie betreffen vor allem das Projektziel und den Projektumfang. Es gibt „offizielle" Veränderungswünsche und sich schleichend verändernde Erwartungen, bei denen die Gefahr besteht, dass der Auftragnehmer sie zu spät in ihrer Bedeutung erkennt und als neue Projektrealitäten in die Handlungspläne einfließen lässt. Ein Großteil der Projekte erfährt Veränderungen des Projektauftrages[215]. Veränderungswünsche können Mehraufwand bedeuten, für den Verständnis eingeworben werden muss. Außerdem ist die Frage zu befürchten, wieso man nicht gleich an diese Varianten gedacht habe und ob das Abstimmungsverfahren vorausschauend genug angelegt war.
- Das Risiko der Erweiterungen des Projektauftrags kann in mehreren Aspekten liegen: Zum einen muss das Projektbudget erhöht und ggf. der Zeitplan verändert werden. Beides ist i. d. R. allerdings in dieser Situation oft nicht schwer zu begründen. Wichtig ist es, in dieser Situation mögliche interaktive Auswirkungen auf den anfänglichen Projektbestand festzustellen und ggf. ebenfalls zu berücksichtigen.

Ziel des Risikomanagements aus Sicht von Beratungsanbietern ist es, es möglichst überhaupt nicht zu Krisenerscheinungen während des Projektes kommen zu lassen. Aus diesem Grund sollten schon frühzeitig, d. h. vor Vertragsschluss, Überlegungen angestellt werden, welcher der Beteiligten möglichen Krisenherden besonders nah ist und von daher Gefahren besser entdecken und im Frühstadium verhindern kann. Da dies oft der Kunde ist, wird man ihn teilweise ver-

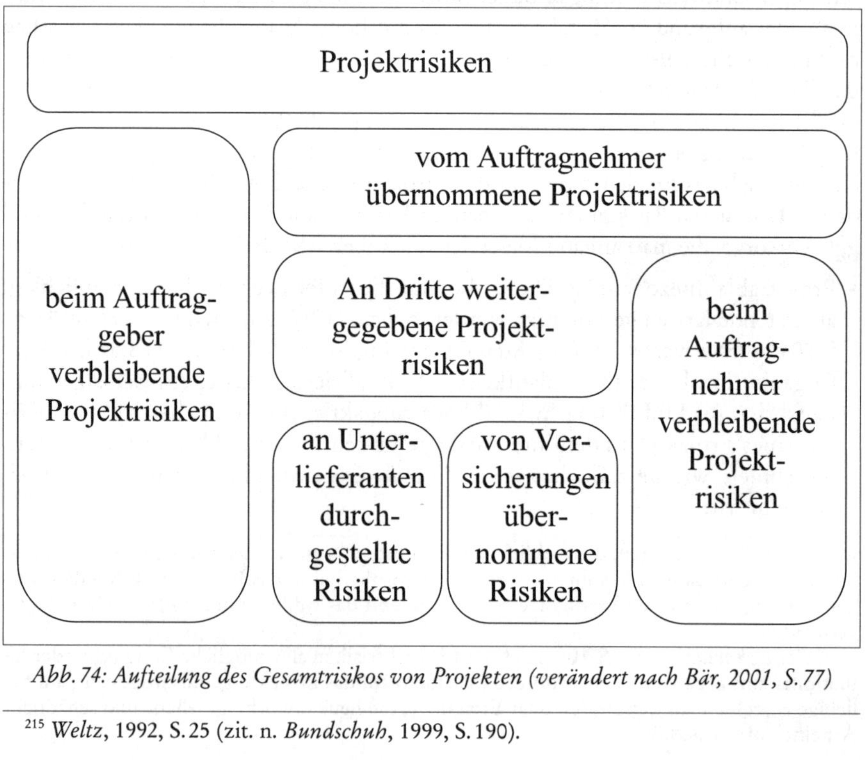

Abb. 74: Aufteilung des Gesamtrisikos von Projekten (verändert nach Bär, 2001, S. 77)

[215] *Weltz*, 1992, S. 25 (zit. n. *Bundschuh*, 1999, S. 190).

traglich auch für diese Risiken verantwortlich machen. Bei den verbleibenden Risiken der Beraterseite ist zu prüfen, welche Teilbereiche man an Allianzpartner oder Sub-Kontraktoren abgeben[216] und welche man mit einer Versicherung abdecken kann (vgl. Abb. 74). Unabhängig von der Frage, wer letztlich für Risiken haftet und besonders nah oder im Zentrum der möglichen Krise ist, sollte im Interesse aller Beteiligten verhindert werden, dass es soweit kommt.

Daher ist Risikomanagement ein integraler Bestandteil des Gesamtprojektmanagements. Es lässt sich als zyklischen Prozess beschreiben, der während der gesamten Projektlaufzeit kontinuierlich durchgeführt wird und folgende Schritte beinhaltet:

- Frühzeitige Erkennung der Risiken,
- Abschätzung ihrer Eintrittswahrscheinlichkeit,
- Analyse ihrer Auswirkungen und
- aktive Gegensteuerung.

Dieser Prozess wird unterstützt durch die Einbeziehung von Risikomanagement-Standards, die die anzuwendenden Prozeduren, Kriterien und Risikoparameter definieren. Einige typische Projektrisiken sowie risikominimierende Maßnahmen sind:

Tab. 52: Typische allgemeine Projektrisiken und Gegenmaßnahmen

Risikobereich	Maßnahmen
Management	Vorab bekannte Risiken des Projektes werden benannt und mögliche Maßnahmen der Risikoeindämmung beschlossen. Bei vorab bekannten nicht kontrollierbaren Risiken werden Entscheidungswege und Verantwortlichkeiten benannt, um bei Eintreten schneller entscheiden (und ggf. schneller „eskalieren") zu können.
Ressourcen	Erfolgskritisch für Projekte kann die Anzahl und die Qualität der einbezogenenen Mitarbeiter sein. Eine Gefahr für den Zeitplan können überraschend vom Projekt abgezogene oder nicht im vereinbarten Umfang verfügbare Kundenmitarbeiter sein. Für diesen Fall drohen Terminverzögerungen. Auf Kundenseite sollte den die Mitarbeiter abstellenden Bereichen eine Kompensation geboten werden, andererseits kann der Berater ggf. vertragswidrig fehlende Arbeitskapzität auf Kundenseite durch eigene Berater auffüllen und fakturieren.
Änderungs-vorschläge	Die Durchsicht und Prüfung der Erstfassung eines fachlichen Konzeptes, des Prototyps eines neuen Systems oder der Erstfassung eines Gutachtens wird sicher Änderungsvorschläge bringen. Kritisch wird es, wenn die Art und Menge der Vorschläge den Zeitplan und das Budget zu sprengen drohen. Aus diesem Grunde sind möglichst schon vorab Abstimmungen mit dem Kunden zu suchen und ggf. bei „explosionsgefährdeten" Themen wie z. B. bei IT-Projekten, wo häufig der Kunde im Laufe des Projekts den Wunsch nach noch mehr Leistung und Funktionalitäten entwickelt, routinemäßige Vorgehensweisen zur Prüfung von Vorschlägen auf sachliche Angemessenheit und Machbarkeit innerhalb der bisherigen Projektgrenzen einzuführen.

[216] Das Hinzuziehen von Allianzpartnern und Subkontraktoren hat natürlich neben der Risikoabdeckung auch noch andere Gründe, die in Abschnitt 5.8 unter dem Stichwort „Allianzmanagement" dargestellt werden.

Die Schnittstelle des Risikomanagements zum Qualitätsmanagement ist sehr breit, denn mit einem Qualitätsmanagement deckt man das Risiko einer Nicht-Leistung des Produkts sowie einer Schlechtleistung und einer Anders-als-der-Kunde-will-Leistung[217] ab (*Smith/Merritt*, 2002). Für Projektarbeit gelten viele der Erkenntnisse und Postulate der allgemeinen Qualitätskonzepte wie Kaizen, TQM usw. ebenfalls. Theoretisch kann man Qualität als vom Kunden wahrgenommene Diskrepanz zwischen erwarteter und erlebter Leistung beschreiben (vgl. Qualitätsmodell von *Seigner*, 1997). Ist die erlebte Leistung gleich oder besser als die erwartete Leistung, dann entsteht hohe Kundenzufriedenheit und Begeisterung, und hierdurch steigen bei Dienstleistungen auch die Chancen auf Folgeaufträge (*Eckert*, 1994, S. 277). Qualitätsmanagement dient also nicht nur zur „Rettung" des aktuellen Projekts, sondern bereitet auch im besten Falle den Boden vor für den Verkauf von Folgeprojekten.

Aus Sicht einer Unternehmensberatung gibt es mindestens vier wichtige Bereiche für Qualitätsmanagement, von denen drei Bereiche unmittelbar mit der Projektarbeit zu tun haben:

- Qualität der unterstützenden Bereiche des Beratungsunternehmens: Diese Inhouse-Funktionen habe selten Kundenkontakt und auch oft keine direkten Berührungspunkte mit den externen Projekten. Wie beim Kunden auch treiben viele größere Beratungsgesellschaften ein „schulmäßiges" Erwartungsmanagement mit ihren Mitarbeitern, indem sie durch Befragungen die Befindlichkeit und die Erwartungen des Personals abklären und ggf. Aktivitäten einleiten. Auch für die Servicequalität einzelner interner Dienstleister wie dem Sekretariatsbereich, dem Researchbereich, der EDV-Unterstützung kann es separate Qualitätsmanagementsysteme geben, die z. B. Informationen über Beschwerdehäufigkeiten, Nutzungsmerkmale, Verbesserungsvorschläge usw. verarbeiten.
- Qualität des Projektmanagements: Die Qualitätsicherungssysteme von Beratungsfirmen zielen oft auf die eigenen leitenden Mitarbeiter. Daher sind diese Verfahren ähnlich wie Managementaudits ausgelegt und prüfen die Projektsteuerung. Auf den Bereich der Abläufe und der Projektdokumentation zielen die Qualitätszertifizierungen nach DIN ISO 9000 f. Da diese Zertifizierungen Einmal-Messungen sind und zudem Qualität nicht im Sinne der Produkt-, sondern der standardisierten Ablaufqualität sind, ist der Nutzen solcher Zertifizierung sowohl für die Projektqualität selbst als auch als Indiz für Beratungsqualität des Kunden sehr eingeschränkt (ähnlich *Schwan/Seipel*, 2002, S. 132/133).
- Qualität des Kundenbeziehungsmanagements: Dieser Aspekt ist natürlich nahe an den Verkaufsinteressen von Beratungsfirmen, andererseits ist eine gute zwischenmenschliche und geschäftliche Kundenbeziehung in der laufenden Projektarbeit aus Beratersicht ebenfalls ein sehr wichtiger Erfolgsfaktor und wird aktiv gefördert.
- Qualität des Beratungsprodukts selbst: Je nach Art des Beratungsprodukts sind unterschiedliche Methoden der Qualitätssicherung denkbar. Häufig werden „ra-

[217] Dies deckt auch ein Erwartungsmanagement (siehe Abschnitt 8.3) ab. Da das Erwartungsmanagement Teil eines Qualitätsmanagements bei Dienstleistungen ist, gibt es hier Überschneidungen.

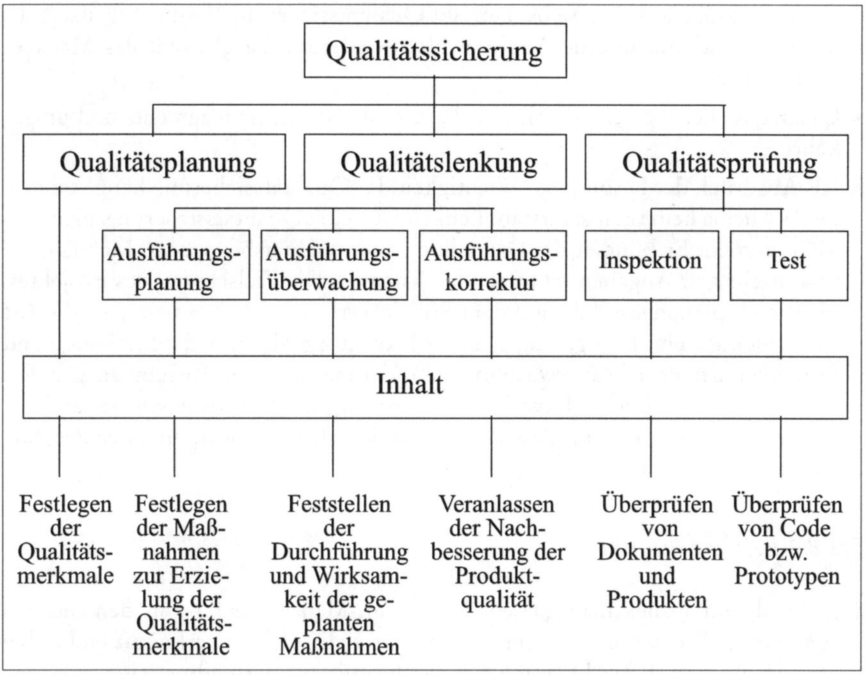

Abb. 75: Elemente der Qualitätssicherung auf Projekten (aus Bär, 2001, S. 74)

pid prototyping", Zwischendurch-Abstimmungen mit dem Kunden, Tests mit späteren Nutzern usw. erwähnt. Bei schriftlichen Erzeugnissen ist natürlich das Korrekturlesen durch fachlich versierte Personen eine einfache und effiziente Methode. Bei EDV-Produkten sind ausreichende Tests nötig, um ein einwandfreies Funktionieren sicherzustellen. Als implizite Methode der Qualitätssicherung wird häufig das Verwenden von Erfahrungen aus ähnlichen Projekten verstanden, d. h. die Verwendung geprüfter Methoden.

Wichtige Merkmale der internen[218] Qualitätssicherung sind:

- Qualitätssicherung beginnt bereits in der Planungsphase des Projektes und wird auf allen Projektebenen und in allen Projektteams durchgeführt.
- Phasenweise Durchführung des Projektes und Definition von Eingangs- und Ausgangskriterien für jeden Arbeitsschritt.
- Objekte der Qualitätssicherung sind sowohl die Managementprozesse als auch die Arbeitsergebnisse.

[218] Es gibt nur eine sehr kleine Zahl von externen Qualitätsberichten über Beratungsprodukte. Eine interessante, inhaltlich aber sicher veraltete Arbeit stammt aus dem Jahr 1986 (*Gabele/Hirsch*, 1986) und prüfte die formale Qualität der Ergebnisberichte von subventionierter Beratung für kleine Unternehmen. Für den Aufwand der Erstellung von Berichten konnten die Berater zwei Personentage abrechnen. Bei insgesamt 36 Gutachten fanden sie als Ergebnis im Durchschnitt einen 54-seitigen Bericht. Vier dieser Berichte waren gänzlich ohne Inhaltsverzeichnis, weitere vier kamen fast ohne innere Gliederung daher, einer war komplett ohne Seitenzahlen, nur 42 % gaben die Seitenzahlen auch im Inhaltsverzeichnis an.

- Das Projektmanagement selbst betreibt Qualitätssicherung für die Arbeitsergebnisse, externe und interne Audits prüfen wiederum die Qualität des Managements selbst.
- Qualitätssicherung versteht sich als Partner des Projektmanagments und umgekehrt.
- Als Ausdruck der besonderen Wichtigkeit der Qualitätssicherung kann – sofern dieses Thema keine Selbstverständlichkeit ist – ein „Qualitätssicherungsplan" erstellt werden. Er bündelt die Darstellung aller qualitätsbezogenen Maßnahmen und macht ggf. Angaben zu folgenden Themen: Die Zielsetzung des Projektes, die Projektplanung und die mit dem Projekt verbundenen Erwartungen; die Art der Projektdurchführung; Angaben zur Projektorganisation; die Methoden und Prinzipien der Projektüberwachung, z. B. Zeitmanagement, Risikomanagement, Dokumentenstandards; Methoden zur Messung des Projektfortschritts und der Projektergebnisse; den Prozess der kontinuierlichen Verbesserung der Projektarbeit.

7.2.8.4 Erfolgsfaktoren

Der Erfolg im Projektmanagement/Programm-Management ist in den meisten Fällen unmittelbar mit dem Erfolg des Projektes als solchem verknüpft (außer bei separatem Verkauf dieser Dienstleistung an Dritte). Insofern gibt es eine große inhaltliche Nähe zu den Erfolgen von Strategie-, Prozess- und IT-Projekten, die an anderer Stelle schon dargestellt wurden. Die Liste der in diesem Zusammenhang je schon in der Literatur benannten oder empirisch gefundenen Erfolgsfaktoren ist lang und soll hier nicht wiederholt werden (siehe z. B. *Bundschuh*, 1999; Anhang in *Lechler*, 1997, der einen Überblick über 44 empirische Studien gibt).[219]

Arbeiten zur separaten Untersuchung des Projektmanagements in Beratungsprojekten sind selten. Sie bewegen sich von Einzelfalldarstellungen (z. B. *Bär*, 2001; *Etzel*, 2000; *Poutas*, 2001) bis hin zu Kausalanalysen (*Lechler/Gemünden*, 1998).

Nach dem Zusammenrechnen von direkten und indirekten Wirkungen ergab sich folgendes (Angabe der Korrelation): Den höchsten Einfluss auf den Projekterfolg hatten das gar nicht in die Tagesarbeit des Projektes einbezogene Top-Management (.54) und das Projektteam (.53), deutlich geringere Wichtigkeit der Projektleiter (.13) und die Kommunikation (.15), an letzter Stelle rangierten die Projektsteuerung/Planung (.10) und die Partizipation (.07).

Hoffmann (1991) führte eine Befragung von Beratern durch und ließ 62 Kundenprojekte anhand von vier Erfolgs-/Misserfolgsfaktoren beurteilen. Jeder Berater durfte zwei Faktoren je Projekt benennen. Das Ergebnis ist in der nachfolgenden

[219] Eine Befragung von *forsa* (zitiert aus *Managerseminare*, 33/98) unter 501 Führungskräften von Großunternehmen ergab, dass 80 % der Befragten Projektarbeit für wichtig bei der Sicherung der Wettbewerbsfähigkeit halten. Wichtigste Störfaktoren beim Projekterfolg sind nach Meinung der Führungskräfte eine unrealistische Zeitplanung (55 %), Externe Einflüsse (50 %), Fehleinschätzung von Projektrisiken (50 %), unrealistische Ressourcenplanung (46 %), unternehmensinterne Widerstände (46 %), personelle Fehlbesetzungen (42 %) und eine unklare Zieldefinition (42 %).

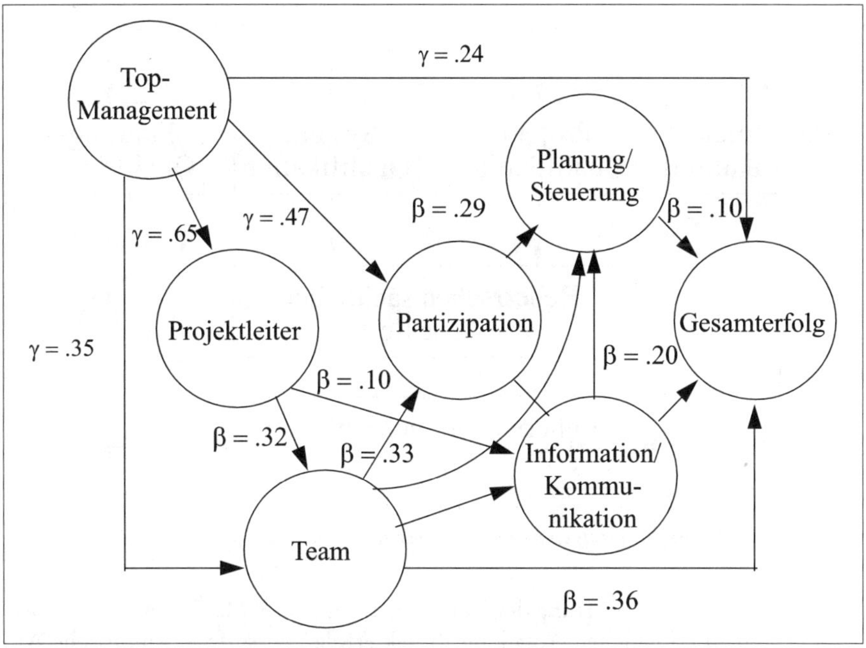

Abb. 76: Empirische Befunde (aus Lechler/Gemünden, 1998; γ, β = Korrelationen)[220]

Tab. 53 wiedergegeben. Auffällig ist, dass die Berater sehr häufig den Klienten als Ursache des Beratungsergebnisses sehen (ist bei ihnen mit 35,5 % in der Erstnennung und 50 % in der Zweitnennung Spitzenreiter), während das konkrete Beraterverhalten bei erfolgreichen Projekten weit weniger ins Gewicht fällt als die Reife-Qualität des Beratungsansatzes (2 bzw. 5 Nennungen gegen 8 bzw. 4 Nennungen).

Tab. 53: Erfolgsfaktoren von Projekten aus Sicht von Beratern (Hoffmann, 1991, S. 196)

	erfolgreiche Fälle		eher erfolgreiche Fälle		eher nicht erfolgreiche Fälle		nicht erfolgreiche Fälle		insgesamt (N = 62)	
Befragungs-Nr.	1	2	1	2	1	2	1	2	1	2
Beraterverhalten	2	5	5	3	0	1	2	0	14,5 %	14,5 %
Klientenverhalten	7	11	7	6	6	9	2	5	35,5 %	50 %
Beratungsreife	8	4	4	6	6	4	1	2	31 %	26 %
Situation	3	0	3	4	4	2	2	0	19 %	9,5 %

[220] In *Lechler* (1997, S. 242) gibt es für das gleiche Modell teilweise erheblich abweichende Einflussgrößen (Korrelationen) bei verschiedenen Projekttypen. Bei „nachrangigen Projekten" z. B. korreliert dort der Einfluss des Teams nur mit 0.09 statt mit 0.36 wie bei *Lechler/Gemünden* (1998) oder wie bei *Lechler* (1997) in der gleichen Untersuchung bei „strategischen" Projekten. Dies mag ein deutlicher Hinweis darauf sein, dass es ganz erheblich auf die Stichprobenauswahl ankommt.

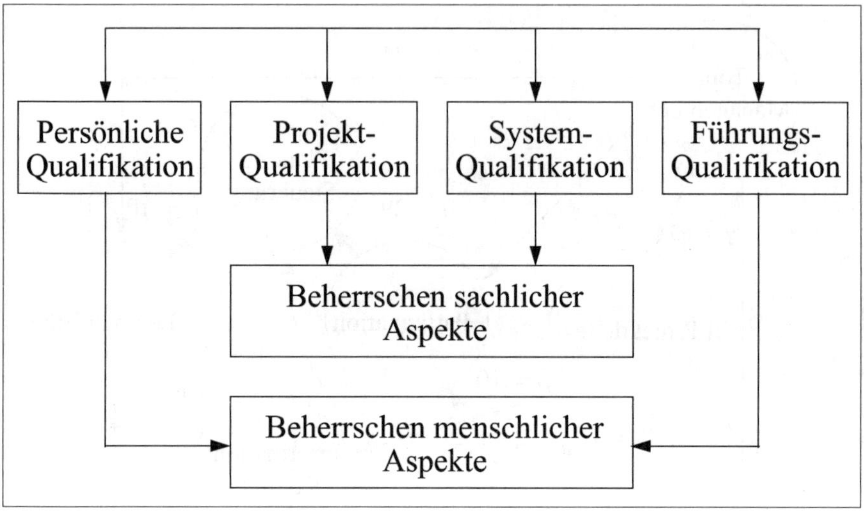

Abb. 77: Anforderungen an einen Projektleiter (aus Zielasek, 1999, S. 78)

Uneinheitlich ist die Bewertung der Rolle von Teamleitern. Manche Autoren sehen bei ihnen einen erheblichen Anteil am Projekterfolg/-misserfolg. Empirische Arbeiten können diesen alles andere dominierenden Ergebnisbeitrag jedoch nicht bestätigen (siehe z. B. *Lechler/Gemünden*, 1998).

Lechler (1997, S. 278 ff.) kommt aufgrund einer empirischen Analyse zu folgenden Schlussfolgerungen:

- „Bei innovativen und komplexen Projekten kommt der Zusammensetzung des Projektteams eine entscheidende Bedeutung zu.
- Bei kleinen und unbedeutenden Projekten ist vor allem auf die Planung und Steuerung, das Engagement des Top-Managements und die Kommunikation zu achten.
- Bei Projekten mit sehr hoher Dringlichkeit/Bedeutung und mittlerer Komplexität sind vor allem die Rolle des Top-Managements sowie Planungs- und Steuerungsaktivitäten wichtig.
- Bei Festpreisverträgen ist die Bedeutung der Effizienz für das Erfolgsurteil besonders wichtig, bei Selbstkostenverträgen (gemeint sind hier Verträge nach Aufwand, Anm. des Verfassers) ist es hingegen die Effektivität.
- Der Einsatz von Methoden und Instrumenten des Projektmanagements ist eine notwendige, aber keinesfalls hinreichende Bedingung zur erfolgreichen Projektrealisierung.
- Konflikte und Zieländerungen wirken sich negativ auf den Projekterfolg aus".

Insgesamt zeigt die Vielfalt möglicher Projekterfolgs- bzw. Misserfolgsfaktoren, dass es eine über alle Branchen und Projektaufgaben hinweg gültige einfache Erfolgsregel nicht geben kann. Untersuchungen zum Thema Projektmanagement, die separat den möglichen Erfolgsfaktor „Unternehmensberatung" als Projektpartner betrachten, liegen derzeit leider nicht vor.

8 Erfolge und Erfolgsfaktoren

Dieses Kapitel sucht nach Erkenntnissen und Aussagen über die Art, das Ausmaß und die Bedingungsfaktoren von Erfolgen bei von beraterunterstützter Projektarbeit. Zunächst werden die Befunde aus Evaluationsstudien dargestellt. Danach widmet sich ein Abschnitt der Beziehung von Beratung und Wissenschaft, bevor mit den Themen Teammanagement und Kundenbeziehungsmanagement zwei Erfolgsfaktoren detaillierter dargestellt werden.

8.1 Evaluation und Erfolgskriterien

8.1.1 Übersicht

Zweck dieses Abschnitts ist es festzustellen, welchen Erfolg Beraterarbeiten und Projekte in beratertypischen Themenbereichen haben. Darüber hinaus sollen nachprüfbare Kriterien gesucht werden, die den Erfolg oder Misserfolg von Beratungsarbeit messen und eventuell vorhersagen[221]. Es gibt nur wenige unabhängige Untersuchungen, die speziell die Arbeit von Unternehmensberatern betrachten. Daher werden nachfolgend auch Befunde einbezogen, die Projektarbeit mit einschlägigem Thema aus der Produktpalette von Unternehmensberatungen behandeln, ohne dass das Mitwirken von Beratern gegeben ist.

Der Begriff „Erfolg“ ist nicht leicht zu operationalisieren. *Titscher* (1997, S. 208/209)[222] fasst es so zusammen: „... kann man festhalten, dass der Erfolg eines Projekts nur aus der Sicht eines Beratungsunternehmens leicht festzustellen ist: er ist dann gegeben, wenn man vom Klienten wieder ... geholt wird oder weiterempfohlen wird, beziehungsweise wenn das Projekt das Prestige des Beraters mehrt[223]... . Für das beratene Unternehmen ist es wesentlich schwieriger zu

---

[221] Eine schulmäßige Definition von Projekterfolgskriterien stammt von *Bundschuh* (1999, S. 188): „Kritische Projekterfolgskriterien sind solche Fähigkeiten, Einsatzmittel (...), Aufgaben und Verhaltensweisen, deren Beachtung bzw. Einhaltung für den Erfolg eines Projekts von entscheidender Bedeutung sind. Die ‚Beherrschung ihrer Entwicklung‘, im Sinne ihrer Planung, Steuerung und Kontrolle, ist letztlich die ureigene Aufgabe der Projektleitung und umfassende Informationen darüber sind eine notwendige Voraussetzung des Projekterfolgs“.

[222] Siehe auch Fußnote 20 in *Nicolai*, 2000, S. 231.

[223] Die firmeninterne Bewertung der Projektarbeit erfolgt bei Beratungshäusern in der Regel ausschließlich anhand der äußeren Maßstäbe des Projekts, d. h. rechtzeitige Fertigstellung, Einhalten des Budgets, Zufriedenheit des Kunden bei Projektende usw... Weitergehende Kriterien, wie sie bei z. B. wertorientierten Abschlüssen (value based deals) bzw. erfolgsabhängiger Bezahlung benötigt werden, sind allem Anschein nach eine seltene Ausnahme (vgl. Abschnitt 5.1.2.2), was auch mit der allgemeinen Schwierigkeit zur Berechnung eines Geldwertes von Projekten zu tun haben wird.

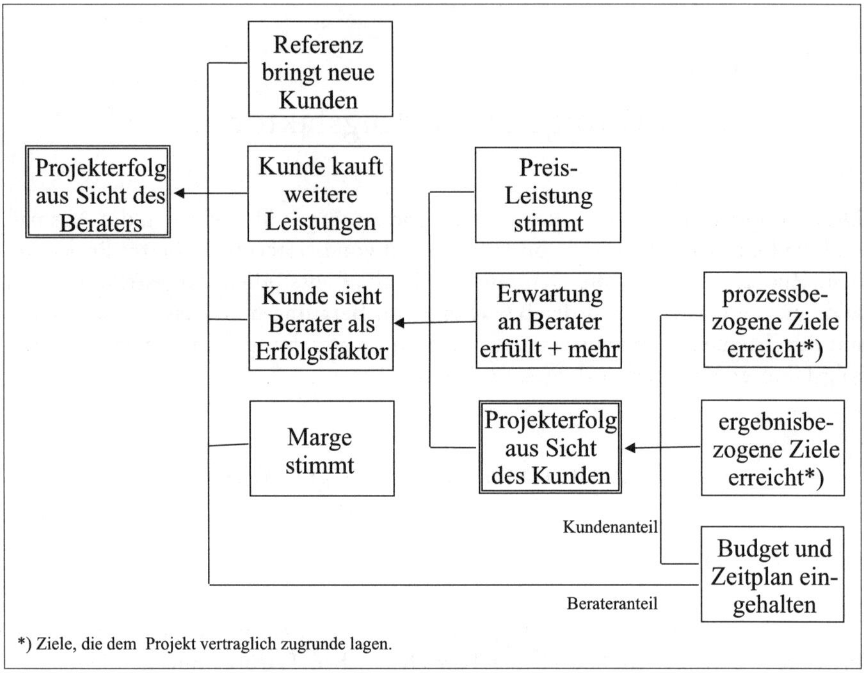

Abb. 78: Makromodell Erfolgsbeurteilung von Projekten aus Sicht der Beteiligten

beurteilen, ob sich der Beratereinsatz letztendlich (nachhaltig) gelohnt hat, da am Erfolg oder Misserfolg einer Großberatung zu viele Faktoren und Köche beteiligt sind". Nach empirischen Befragungen gibt eine Mehrheit von Beratern und Kunden jedoch an, nach Ende eines Projekts selbst Erfolgsmessungen durchzuführen. *Schade* (1997, S. 159f.) berichtet von 70,8 % der Berater und 59,9 % der Kunden, dass sie in ihren Projekte eine auch dem Vertragspartner zugängliche Erfolgsmessung anhand subjektiver und mehrheitlich (zu ca. 70 %) objektiver Kriterien vornehmen[224]. Eine dritte Sicht, nämlich die eines Außenstehenden, der sich unabhängig von der Meinung der Beteiligten ein Bild macht, kommt weder bei *Titscher* noch bei den meisten anderen Autoren vor. Ein anderer in den meisten Studien vernachlässigter Gesichtspunkt ist der, dass man den Erfolg aus Kundensicht weiter differenziert und einzelne Aspekte auf ihren Beitrag zum Gesamterfolg hin untersucht. Ein Beispiel für eine Arbeit mit diesem Ziel ist im Anhang 17 nachzulesen.

Ausnahme im weitesten Sinne hiervon ist die schon in Abschnitt 7.2.8.3 dargestellte Untersuchung der Qualität von Beraterarbeit anhand von formalen und inhaltlichen Merkmalen ihrer Gutachten (*Gabele/Hirsch*, 1986) sowie eine Untersuchung von *Klein* (1978). Er berichtet über eine Untersuchung aus dem Jahre 1972. In ihr wurden 190 Projekte zur Softwareauswahl, darunter 35 mit Beraterbegleitung, hinsichtlich der Prozess- und Ergebnismerkmale analysiert. Der differen-

[224] Welche das sind, beschreibt *Schade* nicht.

zierte Befund lautet: Beraterbegleitete Softwareauswahlprojekte bringen eine höhere Anzahl durch die neue Software unterstützer Anwendungsgebiete, allerdings sind die Projekte mit Beratern auch deutlich aufwändiger und dauern länger als die Auswahlprojekte ohne Berater[225].

Die meisten empirischen Untersuchungen arbeiten mit Fragebögen als Erhebungsinstrument und sehen den empirischen Erfolg von Projekten fast ausschließlich aus Kundensicht, da dies letztlich auch für Beratungshäuser eine entscheidende Information ist und im übrigen unabhängige Erfahrungsberichte über die Erfolge von Projekten aus Beratersicht nicht öffentlich vorliegen. Die Details, die den Erfolg ausmachen, sollen hier wegen der Verschiedenartigkeit der Beratungsprodukte nicht vorgegeben werden. Selbst bei Projekten des genau gleichen Typs, z. B. Business Reengineering, sind vermutlich erhebliche Unterschiede von Projekt zu Projekt zu finden. Für den einen mag das Erreichen von Kosteneinsparungen, für den anderen ein Qualitätssprung und für den Dritten eine positive Veränderung des Umsatzes verglichen mit einer Situation ohne Projekt ein Erfolg sein. Außerdem können verschiedene betriebliche Funktionen schwerpunktmäßig betroffen sein, andere Industrien und Unternehmen mit verschiedenen Ausgangslagen und Produkten. *Titscher* (1997, S. 204 f.) stellt ausführlich die Unmöglichkeit dar, zweifelsfreie Erfolgsfaktoren aus Sicht des Kunden übergreifend für alle Projektsituationen zu definieren. Die Schwierigkeiten dieses Unterfangens lassen sich anhand von zwei Beispielen für mögliche Erfolgs- bzw. Misserfolgskriterien zeigen:

- Mögliches Kriterium Nr. 1: Das Projekt wurde gemäß Plan abgeschlossen (minimales Erfolgskriterium) oder abgebrochen (Misserfolgskriterium). Gegen die eindeutige Interpretierbarkeit dieser Kriterien spricht z. B. die Möglichkeit, dass sich auf Kundenseite eine Beratungsunfähigkeit herausstellen könnte oder dass auf Seiten des Kunden einschneidende Änderungen wie z. B. ein Eigentümerwechsel stattfinden könnten. In diesen Fällen kann ein Beratungsabbruch besser sein als die Fortsetzung des Projekts, ohne dass man allein in der Tatsache des Abbruchs ein sachliches Scheitern des Beratungsanbieters sehen kann. Spiegelbildlich ist die Fortsetzung des Projekts in diesen Fällen nicht unbedingt ein Indiz dafür, dass der Berater für den Kunden objektiv nützliche Arbeit leistet.
- Mögliches Kriterium Nr. 2: Das Projekt hat einen nachweisbaren ökonomischen Nutzen. Die Betonung liegt hier auf „nachweisbar". Leider ist auch dieses Kriterium nicht so universell einsetzbar, wie es zunächst scheint. Viele Managemententscheidungen im Bereich der unterstützenden Prozesse lassen sich nicht eindeutig quantitativ mit Ergebnisveränderungen in Zusammenhang bringen. Beispiel hierfür ist die Einführung von Steuerungswerkzeugen wie dem Controlling. Der Nutzen ist in vielen Fällen unbestreitbar, die Frage aber ist, wieviel dies

[225] Gegen die Interpretation des Befundes mag man zwei Argumente vorbringen: (1) Es wurde nicht untersucht, welche Ausgangsbedingungen in den Firmen herrschten. Deshalb ist denkbar, dass die beiden Gruppen von Projekten auch in Firmen mit unterschiedlicher Erfolgswahrscheinlichkeit und Herangehensweise an das Projekt stattfanden. Höhe und Richtung der Unterschiede in beiden Gruppen sind daher nicht interpretierbar. (2) Die Repräsentativität der Stichprobe ist nicht zu beurteilen bzw. nicht gegeben.

in Geld bedeutet. Andere Veränderungen mögen eine isolierte Verbesserung bringen, deren Nutzen sich jedoch nicht ökonomisch niederschlägt oder sogar durch Nachteile überkompensiert wird. Beispiel: Ein TQM-Projekt bei der *Wallace Company*, die 1990 den *Baldridge National Quality Award* gewann, erhöhte den Anteil pünktlicher Auslieferungen, leider aber auch die Gemeinkosten. Zwei Jahre nach dem Gewinn des Qualitätspreises meldete das Unternehmen den Vergleich an[226]. *Kieser* (2002, S. 34) sieht hierin das generelle Problem der Beurteilung organisationaler Effizienz.

Weitere Herausforderungen der Erfolgsmessung sind die oft gegebene Einzigartigkeit („Singularität") von Projektkonstellationen, die einen Vergleich erschweren, sowie die eventuell zu Beginn des Projekts bewusst offen gestalteten Parameter „erwartete Projektergebnisse" und Maßnahmen sowie die Möglichkeit, dass die Ergebnisse des Projekt viele Bereiche betreffen, die einen direkt, die anderen indirekt, die einen schnell, die anderen mit langsamer Wirkung („Indeterminiertheit" i. S. von *Kieser*, 2002, S. 38 f.).

Diese Komplexität der Erfolgsfeststellung mag erklären, weswegen bei der Untersuchung von Beratungsergebnissen selten „objektive" Zahlen und Ergebnisse der Geschäftstätigkeit von beratenen Unternehmen herangezogen werden, sondern stattdessen „nur" die ja vielfältigen Einflüssen ausgesetzte Zufriedenheitsmeinung von Kunden zum meist alleinigen Kriterium wird. Die nachfolgend vorgestellten Aussagen über messbare Erfolge von (Beratungs-)Projekten basieren allesamt auf Untersuchungen mit dem Erhebungsinstrument Fragebogen und liefern drei Arten von Informationen:

- Erfolgsquoten: Hier sind mögliche Erfolgsfaktoren vorgegeben, und die Befragten geben ihre Einschätzung der Bedeutsamkeit für den Projekterfolg oder die Häufigkeit des Einsatzes an.
- Erfolgsfaktoren: Hier wird nach den Erfolgsfaktoren selbst gesucht, entweder werden bereits fertige Listen vorgegeben oder es werden offene Fragen nach den vermutlichen Faktoren gestellt.
- Zufriedenheitsmeinungen.

Zu allen Typen listet *Steyrer* (1991) 22 im Jahr 1991 verfügbare empirische Arbeiten über Beratungsevaluation auf. Für ihn war – was auch heute noch gilt – auffällig, dass es nur eine ganz geringe (damals: genau eine!) Zahl von Evaluationen gibt, die über eine reine Zufriedenheitsbefragung der Beteiligten hinaus versuchen, den Erfolg zu messen. Mögliche Schwächen von Kundenbefragungen über den Erfolg sind:

- Methodisch unberücksichtigt bleiben bei fast allen vorliegenden Untersuchungen Projektergebnisse, die von dritter Seite objektiv festgestellt wurden, z. B. verbesserte Problemlösefähigkeit, Wissenstransfer, echter Vorsprung

[226] Beispiel von *Shapiro* et al. (1994), zitiert nach *Titscher*, 1997, S. 208. Natürlich können auch die Kriterien zur Vergabe des Qualitätspreises fehlerhaft sein, wie ja überhaupt manche öffentlichen Preise durchaus zweifelhafte Erfolge ehren. Ein großer Teil der Friedensnobelpreise ist an Personen vergeben worden, deren zur Preisverleihung führende Leistung keinen dauerhaften Erfolg hatte, z. B. der Preis für den zwischenzeitlichen Frieden in Vietnam, der Preis für den zwischenzeitlichen Frieden in Nahost usw.

vor der Konkurrenz oder auch nur die formale Qualität der Ergebnisdokumentation.

- Vermischung von Prozess- und Produktsicht bei der Bewertung. Kunden erleben zwei Aspekte von Beratungsarbeit: Den Prozess der Beratung selber, der bei Projekten mit gemischten Arbeitsteams sehr intensiv sein kann, und die durch das Projekt erreichten Änderungen, die eventuell über mehrere Jahre Folgewirkungen haben. Bei bestimmten Arten von Projekten, z. B. Business Process Reengineering, ist aufgrund des Ausmaßes der angestrebten Änderungen mit erheblichem Widerstand und auch „Schmerz" der Beteiligten, z. B. bei Personalabbau und massiven Änderungen gewohnter Arbeitsprozesse, zu rechnen. Denkbar ist, dass daher trotz guter Spar- und Qualitätserfolge in einer gemischten Gesamtbewertung der Erfolg des Projekts wegen der Schattenseiten des Vorhabens nur mäßige Noten bekommt. *Gable* (1996) listet frühe englischsprachige Untersuchungen aus den 70er und 80er Jahren auf und kommt zu dem Schluss, dass eine Bewertung getrennt für die Prozess- und die Produktsicht stattfinden sollte. Viele Kunden lassen ihren Gesamteindruck sehr stark von den Erfahrungen bei der Durchführung des Projekts prägen. Hierzu gehören sowohl die Professionalität der Projektdurchführung als auch die Stimmigkeit des Kundenbeziehungsmanagements (vgl. Abschnitt 8.3).
- Bei den Zufriedenheitsbefragungen werden meistens die internen Auftraggeber von Beratungsprojekten nicht gesondert befragt, sondern eventuell vermischt mit „Betroffenen" oder unbeteiligten Personengruppen. Untersuchungen, die diese Gruppen auseinanderhalten, finden aber eine deutliche Spreizung der Urteile, siehe z. B. Tab. 54. Das Top-Management ist i. d. R. zufriedener als die nachgeordneten Managementebenen und die einfachen Mitarbeiter. Demnach sind Befragungen, die nicht klar den Störfaktor „Bezug zur Projektauftragsvergabe" kontrollieren, im Nachhinein manchmal schwer zu interpretieren.

Tab. 54: Zufriedenheit der Managementebenen[227] (Eschenbach/Nagy, 2001, S. 222)

Prozesszufriedenheit			Ergebniszufriedenheit		
Zielgruppe	**Mittelwert**	**Median**	**Zielgruppe**	**Mittelwert**	**Median**
Top-Management	2,39	2	Top-Management	2,55	2
Middle-Management	3,12	4	Middle-Management	3,10	3
Junior-Management	3,41	4	Junior-Management	3,22	3
Mitarbeiter	3,95	4	Mitarbeiter	3,77	4

[227] Die Befragungsskala ging von 1 bis 7, die höchste Zufriedenheit war eine 1. Basis der Bewertung waren im Jahre 1998 erhobene Ergebnisse von Interviews mit 70 Top-Managern der führenden Unternehmen Österreichs aus verschiedenen Branchen, die befragten Unternehmen repräsentieren nach Ansicht der Autoren ca. 37 % der Nachfrager von Unternehmensberatung in Österreich.

8.1.2 Erfolgsquoten

Weitere und neuere Arbeiten mit Aussagen zu Erfolgsquoten aus dem deutschsprachigen Raum sind in der nachfolgenden Tabelle aufgelistet.

Tab. 55: Berichtete pauschale Erfolgsquoten von Beratungsarbeit externer Firmen[228]

Untersuchung	erfolgreich	eher erfolgreich, gut	eher nicht erfolgreich	nicht erfolgreich	Beratungsprodukt	Anzahl der Teilnehmer, Stichprobe
Fritz/Effenberger, 1998[229], Bewertung durch Kunden		69 %	31 %		Strategieberatung	N=74 von den 450 größten Unternehmen Deutschlands
Hirn/Student, 2001, Bewertung durch Kunden	40–50 %	ca. 20–40 %	ca. 20–40 %	0–10 %	nur Empfehlung/ Gutachten	N = ca. 100, davon 3 ganz Große
Höck/Keuper, 2001, Bewertung durch Kunden	9 %	69 %	5 %	1 %	Strategie, Organisation, IT	N = 71 aus den 1 000 größten in Deutschland
Hoffmann/ Hlawacek, 1991, Bewertung durch Berater + Kunden	32,2 %	30,7 %	25,8 %	11,3 %	nur Empfehlung	N = 62, Mittelstand
Wall/Seifert, 2001, Bewertung durch Kunden	25 %	60 %	15 %		ERP-Projekte	N = 38
geschätzter Mittelwert	**30 %**	**40 %**	**20 %**	**10 %**		

Die Verschiedenartigkeit der Untersuchungen sowie die ungeklärte Frage der Repräsentativität einzelner Arbeiten verbietet es, mechanisch Mittelwerte aus den Ergebnissen zu bilden. Gemeinsam ist den meisten Studien, dass die Einschätzung der Kunden abgefragt wurde. Schätzungsweise kann man jedoch – wenn man diese Kundensicht akzeptiert – aufgrund der Ergebnisse von etwa 30 % glatten Erfol-

[228] Es gibt eine weitere, hier nicht berücksichtigte aktuelle Erfolgsstudie des „Instituts für Unternehmensberatung", zit. n. *Reischauer*, 2001. Der Grund des Auslassens sind die aufgrund von frei zugänglichen Pressemitteilungen nicht nachvollziehbaren Ergebnisse.

[229] Die Autoren unterscheiden nur in „erfolgreiche" und „weniger erfolgreiche" Unternehmen (S. 105). Sie erläutern weder genau, wie sie zu dieser Einschätzung kommen, noch geben sie Auskunft über Diskrepanzen zwischen der Gesamtzahl untersuchter Projekte – 87 – und der Summe aus erfolgreichen und „nicht erfolgreichen" Projekten (84). Noch erstaunlicher ist, dass an anderer Stelle (S. 112) ohne nähere Diskussion berichtet wird, dass 14 % der Unternehmen auch vier Jahre nach dem Projekt noch keine Ergebnisse berichten können und bei den verbleibenden zur Hälfte keine ökonomischen Auswirkungen des Projekts zu erkennen waren. Hier fragt sich der geneigte Leser, was dann zu dieser hohen Erfolgseinschätzung geführt hat … .

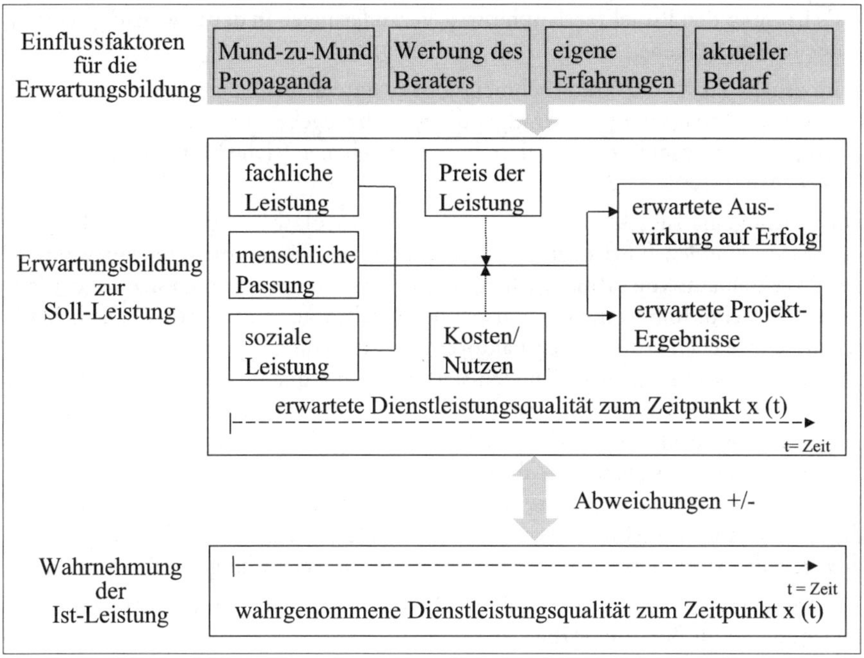

Abb. 79: Modell Erfolgsbeurteilung als Funktion einer Soll-Ist-Abweichung

gen und 40 % eher erfolgreichen Projekten ausgehen, 10 % sind eine glatte Enttäuschung und weitere 20 % sind überwiegend enttäuschend.

Gelegentlich werden in Erfolgsberichten neben oder statt der Kundenmeinung auch objektive Maßstäbe, wie z. B. die Verbesserung der Geschäftsergebnisse, berichtet. Dann fällt auf, dass es keine nahtlose Übereinstimmung von objektiv erreichten Ergebnissen und der Zufriedenheitsbeurteilung gibt[230]. Die Abweichung kann positiv oder negativ ausfallen, bei relativ guten Ergebnissen ist z. B. die Zufriedenheit eher nur befriedigend oder umgekehrt.

Dieser Befund kann eine oder mehrere der folgenden Ursachen haben:

- Die Erwartungen des Kunden waren höher/niedriger als das eingetretene Projektergebnis oder die zurechenbaren Auswirkungen auf das Unternehmensergebnis.
- Der Kunde rechnet seiner Mitarbeit einen größeren/kleineren Anteil zu als derjenigen des Beraters.
- Die erzielten, dem Projekt zurechenbaren finanzwirksamen Brutto-Ergebnisse werden mit den Kosten für den Berater verglichen und sind daher größer/kleiner als die erwarteten Netto-Ergebnisse.

[230] Z. B. erhielt *McKinsey* in der Befragung von *Hirn/Student* (2001) die durchschnittliche Schulnote „2,7“ im Fach „Projekterfolg“ von den Kunden und war damit die schlechteste der drei verglichenen Beratungsfirmen – die anderen beiden hatten in diesem Fach eine „2,5“ –, obwohl die gleichen Kunden bei den Änderungen der Geschäftsergebnisse bei *McKinsey*-Projekten prozentual höhere Erfolge berichteten als bei den Konkurrenten.

- Es hat über den Projektverlauf hinweg Veränderungen in der Erwartungshaltung des Kunden gegeben.
- Innerhalb des Kundenunternehmens gibt es unterschiedliche Interessengruppen: Das Top-Management ist der eigentliche Auftraggeber und steht den Ergebnissen positiver gegenüber als andere Hierarchieebenen (siehe Befunde von *Eschenbach/Nagy*, 2001, S. 222).

Die Wichtigkeit subjektiver Faktoren bei der Erfolgsbeurteilung eines Projekts durch den Kunden führt dazu, dass das Kundenbeziehungsmanagement während des Projektablaufs von großer Bedeutung ist. Berater konzentrieren sich bei der laufenden Projekterfolgskontrolle und bei der Nachsorge in ganz erheblichem Maße auf diese „weichen" subjektiven Faktoren der Erwartungsbildung, und oft ist allein die einfache Nachfrage beim Kunden statt z. B. einer quantitativen Erfolgsmessung das wesentliche Mittel der Erfolgskontrolle (vgl. *Wright/Kitay*, 2002, S. 277). Nur da, wo eine Kosten-Nutzenanalyse mit quantitativen Nutzenerwartungen existiert, kann man auch diese „harten" Zahlen als Maßstab des Erfolgs heranziehen. Obwohl sicher in vielen Fällen vage Vorstellungen über die Auswirkungen des Projekts auf die Unternehmensergebnisse vorliegen, gibt es oft keine zwischen dem Berater und dem Kunden vorab festgelegte Verfahrensweise zur Beurteilung des Projekterfolgs.

Zusammenfassend ergibt sich bei der soeben vorgetragenen Untersuchung von Erfolgsquoten von Beratungsarbeit, dass

- es in den vorliegenden empirischen Arbeiten keine objektive Messung von Beratungserfolg – unabhängig von Kunden- und Beratermeinungen – gibt.
- die von Kunden berichteten Erfolgsquoten deutlich unter hundert Prozent liegen, je nach Projektthema in der Spanne zwischen 30 % und 70 %.
- von Seiten der Beratungsanbieter keine umfassenden Daten über Erfolge vorliegen. Punktuelle Ergebnisse deuten darauf hin, dass Berater trotz der erheblichen Unterschiede ihrer Interessen weitgehend dem Kundenurteil bei der Erfolgszumessung folgen.
- keine empirisch gestützte Bewertung möglich ist, ob die Erfolgsquoten von Beratungsprojekten tatsächlich deutlich über der Erfolgsquote ähnlicher Projekte ohne Berater liegen. Sehr selten wird überhaupt dieser Vergleich gemacht, und dann ist eine Messung der eventuell verschiedenen Ausgangslagen von Kundenunternehmen nicht erfolgt.

8.1.3 Erfolgsfaktoren

Erfolgsfaktoren sind diejenigen Umstände oder Verfahrensweisen, deren Gelingen Projekterfolge und deren Misslingen Projektmisserfolge bewirken können. Eine Untersuchung von *Eschenbach/Nagy* (2001) über verschiedene Projekttypen mit Beraterbeteiligung wurde statistisch aggregiert[231] und ergab das in Tab. 56 dargestellte Ergebnis:

[231] Stichprobe waren 191 österreichische Top-Manager, die mit Hilfe eines Fragebogens Erfolgskriterien angaben. Diese wurden dann zu Erfolgsfaktoren aggregiert. Nach Aussagen

Tab. 56: Empirisch ermittelte Erfolgsfaktoren (Eschenbach/Nagy, 2001, S. 202)

Erfolgskriterien	Erfolgsfaktoren
Teamfähigkeit	soziale Kompetenz
Flexibilität	
Einfühlungsvermögen	
Anpassungsfähigkeit	
Fachwissen	objektive Qualifikation
Erfahrung	
Sympathie	subjektiv wahrgenommene Qualifikation
Verlässlichkeit	
Seriosität	
Ruf	

Eine auf Business Process Reengineering (BPR) – Projekte fokussierte Arbeit ist in der nachfolgenden Tab. 57 dargestellt. Eine statistische Überprüfung zeigte eine Reihe statistisch signifikanter Faktoren für den Erfolg.

Tab. 57: Erfolgsfaktoren bei BPR-Projekte (mod. n. Schädle, 2001, S. 155)

Erfolgskategorie	hochsignifikante Ergebnisse[232]	signifikante Ergebnisse	nicht bestätigt
	Mögliche Erfolgsfaktoren		
Veränderungsprozesse	• Veränderungsbereitschaft erhöhen, Widerstand abbauen • Kommunikationskonzept erstellen • aktive Managementunterstützung • externes Know-how einbeziehen		
Lösungssuche/-bewertung	• Veränderungsstrategie definieren • Einfluss der Lösung auf die Organisation aufzeichnen	• iterativer Lösungsprozess mit mehreren Lösungsvarianten	
Prozesse	• holistische Prozessdefinition • Kernprozese festlegen	• Prozesse identifizieren und abgrenzen • Prozesseigner bestimmen	• Gliederung der Prozesse

der Autoren wurde das Ergebnis faktorenanalytisch gewonnen, allerdings geben sie dazu keine statistischen Kennzahlen und Details an.

[232] Diese Unterscheidung in „hochsignifikante“ und „signifikante“ Ergebnisse stammt von *Schädle*. Hierdurch wird der Eindruck suggeriert, dass „hochsignifikante“ Ergebnisse bedeutsamer oder „effektstärker“ sind als nur „signifikante“ Ergebnisse. Zu dieser Aussage aber ist das statistische Signifikanzniveau des Alpha-Fehlers nicht geeignet.

Erfolgs-kategorie	**hochsignifikante Ergebnisse[232]**	**signifikante Ergebnisse**	**nicht bestätigt**
	Mögliche Erfolgsfaktoren		
Ziel-setzung	• Neugestalten der Prozesse und Organisation als Ziel • Ziele aus Benchmarking und Kundenbefragungen ableiten	• messbare, erreichbare und vom Unternehmen getragene Ziele	• Ziele aus der Zukunftsentwicklung ableiten
Projekt-management	• Abteilungs- und hierarchieübergreifende Projektorganisation	• Ressourcen festlegen • Gliederung des Projektes in Phasen	• Projektgliederung festlegen
Planung/ Realisierung	• im Projekt Mitarbeitende Schulen	• Veränderungen sequentiell realisieren • Lösung in Pilotversuchen testen	• Meilensteine festlegen
Situations-analyse			• Sofortmaßnahmen erfassen und umsetzen • kurze Ist-Analyse • Hauptansatzpunkte der Veränderung festlegen

Der hier besonders interessierende Punkt ist der Erfolgsbeitrag der Berater; *Schädle* (2001, S. 162/163) berichtet, dass bei erfolgreichen Projekten Externe (1) für das Einbringen von Grundideen des BPR als auch (2) die Methodik und, zusammen mit dem Projektleiter des Kunden (3) für das Projektmanagement und die (4) Prozessbegleitung zuständig waren. Bei den nicht-erfolgreichen Projekten wurden externe Experten nur für das Erarbeiten einer technischen Lösung herangezogen und hatten ausdrücklich keinen Anteil am Projektmanagement[233]. Andere Erkenntnisse zu den Gründen von Misserfolgen bei Projektarbeiten allgemein stammen von *Selin* (1994). Datenbasis der Befunde waren Befragungen von 2.163 projekterfahrenen Personen aus 33 Firmen, die um eine Nennung von Gründen für Projektmisserfolge gebeten wurden.

Das Fazit des Autors lautete, dass gutes Projektmanagement und eine gute Projektorganisation die wichtigsten Erfolgsfaktoren sind (*Selin*, 1994, S. 519).

Stöbe (1998) berichtet über eine im Jahre 1996 durchgeführte Befragung von 108 Ansprechpartnern in deutschen Behörden. Erbeten wurde eine Einschätzung darüber, welche Erfolgsfaktoren für den Projekterfolg wichtig seien. In Tabelle 59, linke Hälfte, ist das Ergebnis dargestellt. Auffällig ist, dass alle vorgeschlagenen Faktoren eine sehr hohe Zustimmung erfuhren und die gefundenen Abweichungen in den Bewertungen wahrscheinlich unbedeutend[234] sind. Die Frage, woran der Auf-

---

[233] Hier unterstellt der Verfasser, dass bei den internen Personen keine Inhouse-Berater dabei waren, dies ergibt sich – leider nur implizit – aus dem Argumentationsgang der Autorin.

[234] Diese Vermutung ist aber Spekulation, die Autorin hat es unterlassen, die Differenzen inferenzstatistisch zu untersuchen.

Tab. 58: Gründe für den Projekt-Misserfolg (Selin, 1994, S. 515)

Ursachenbereich Misserfolg	**Prozentsatz der Nennungen**
Organisation und Management	36,2 %
Ziele	19,6 %
Planung und Monitoring	15,0 %
Ressourcen	10,3 %
Zulieferer	4,0 %
Technische Frage	3,7 %
Umfeld und andere Umstände	11,2 %

traggeber den Erfolg überhaupt feststellt, beantworteten die Befragten mit den „Erfolgskriterien". Hiernach zählte insbesondere die Akzeptanz bei den Mitarbeitern, danach kamen die Führungskräfte usw. Auch hier sind die Unterschiede gering, vermutlich ist aber der hohe Stellenwert der Mitarbeitermeinung ein Spezifikum von Behörden, die den eigenen Wohlfühl-Faktor bei der Arbeit über andere Bewertungsaspekte stellen.

Höck/Keuper (2001, S. 432) fanden bei einer Befragung von 71 der größten 400 deutschen Unternehmen heraus, dass bei mehr als einem Drittel der untersuchten Projekte mit 40 % Kostenerhöhung gegenüber dem geplanten Budget eine deutliche Erhöhung des Projektaufwands zu verzeichnen war. Außerdem gab es gleichzeitig bei allen Projekten eine Verzögerung um ebenfalls über 40 % der geplanten Zeit. Gründe hierfür waren bei 18 % der Projekte eine Veränderung der Aufgabenstellung und bei 20 % eine Korrektur der Vorgehensweise. Trotzdem liegt die

Tab. 59: Erfolgsfaktoren externer Beratung im öffentlichen Bereich (Stöbe, 1998, S. 55)

Erfolgsfaktor Prozessschritt	**Wertung**[235]	**Erfolgskriterium**	**Wertung**
Fachliche Kompetenz	4,83	Akzeptanz Mitarbeiter	4,5
Behördenleitung	4,65	Akzeptanz Führungskräfte	4,45
Zusammenarbeit	4,58	Neue Ideen	4,34
Projektsteuerung	4,52	Veränderungen	4,31
Ausschreibung	4,51	Kosten	4,18
Beraterpersönlichkeit	4,42	Akzeptanz Politik	3,92
Personalvertretung	4,40	Abschlussbericht	3,9
Verwaltungserfahrung	4,35	Umsetzbarkeit	3,69
Umsetzungsmöglichkeit	4,23	Projektverlauf	3,42
Präsentation	4,05	Fundierung	3,16
Vertragsgestaltung	3,95		

[235] Die Bewertung erfolgte auf einer Skala von 1 („unwichtig") bis 5 („sehr wichtig").

Zufriedenheit der Kunden mit der Termin- und Budgeteinhaltung bei knapp über bzw. unter 80 %. Dies scheint zu zeigen, dass plausible Gründe Veränderungen bei Kosten und Zeitansatz für den Kunden entschuldbar machen und keine großen – wenn überhaupt – Auswirkungen auf die Zufriedenheit der Kunden haben.

Gable (1996) stellt ein grobes multidimensionales Interaktionsmodell zur Erklärung von Projekterfolgen bei der Softwareauswahl mit Beraterunterstützung vor. Seine Besonderheit ist die Dreiteilung der Erfolgsmessung in (1) eine Sicht auf das reine Produkt (hier: die Software-Auswahlempfehlung, in der Abb. 80 „recommendation" genannt), (2) den Lerneffekt beim Kunden („client understanding") und (3) mit dem Beraterverhalten auch die Sicht auf Prozesse („consultant performance"). Bei jedem dieser drei Faktoren wiederum wird die Zufriedenheit des Kunden („satisfaction") getrennt von einem objektiven Maßstab erhoben. Objektive Maßstäbe sind die Akzeptanz des Auswahlvorschlags („acceptance"), eine echte Änderung der Fähigkeiten beim Kunden („change") und die Professionalität des Vorgehens („reasonability"). Jeder der einzelnen Faktoren erwies sich bei einer empirischen Untersuchung als signifikant positiv mit dem Projekterfolg zusammenhängend[236], die einzelnen Faktoren addieren sich zu einem Gesamterfolg auf.

Wrigth/Kitay (2002) sehen das Bemühen der Beratungsunternehmen, den ökonomischen Wert ihrer Arbeit gegenüber dem Kunden herauszustellen, als Reflex auf die in vielen Medien scheinbar überwiegende Kritik an Unternehmensberatern.

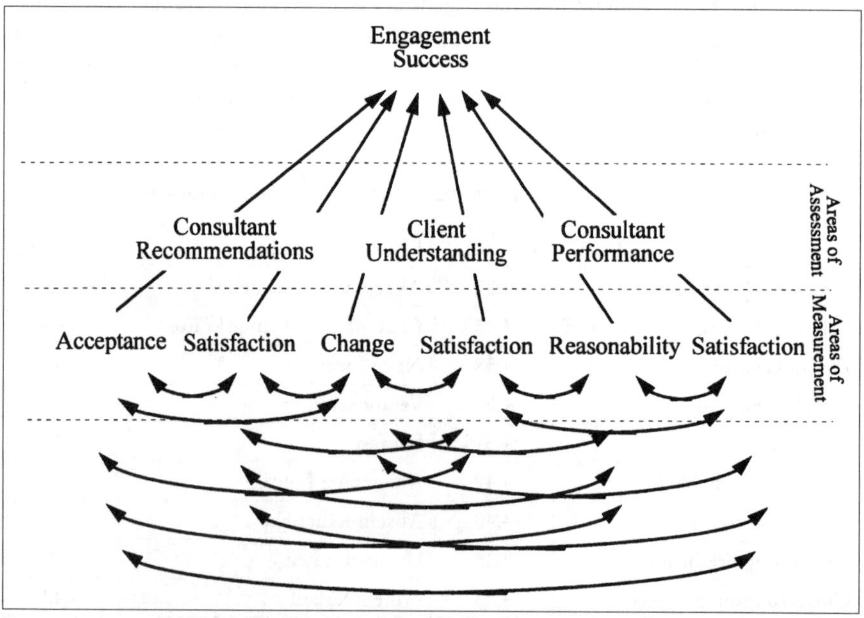

Abb. 80: Multidimensionales Erfolgsmodell von Gable (1996, S. 1180)

[236] *Gable* (1996) befragte 67 Kundenunternehmen und 21 Beratungsfirmen, darunter drei der damals sechs größten weltweiten Anbieter. Er benutzte eine methodisch gut abgesicherte aufwändige Auswertung, die auch ein hohes Maß an externer Validität haben dürfte.

Darüber hinaus führten die Autoren eine eigene qualitative Untersuchung mit der Befragung von zehn Kundenunternehmen und 63 Beratern durch. Ein Teilergebnis interpretieren die Autoren so, dass internationale große Beratungsunternehmen von sich aus relativ systematisch Kundenzufriedenheitserhebungen machen, während kleine Anbieter häufig informell z. B. durch einen „spontanen" Anruf bei ihrem Kunden einige Zeit nach dem Projektende erfahren möchten, wie es denn so läuft und ob alles in Ordnung sei. Beide Formen der Nachkontrolle von Projekten sind eventuelle Erfolgsfaktoren – zumindest für den Verkauf des nächsten Projekts.

Neben den soeben dargestellten Arbeiten mit Aussagen, die auf Basis empirischer Daten gewonnen wurden, gibt es eine Vielzahl von Aussagen plausibel erscheinender Erfolgsfaktoren, die die Autoren aber nicht mit empirischen Daten belegen. Zu ihnen gehören auf Seiten des Kunden:

- Auswahl einer passenden und kompetenten Unternehmensberatung (s. Abschnitt 10.2).
- Offene und ungeschminkte Darstellung des Ist-Zustandes im Unternehmen (*Kienbaum*, 1979, S. 112).
- Realistische Einschätzung der eigenen Möglichkeiten zur Mitarbeit bei der Problemlösung (*Kienbaum*, 1979, S. 112).
- Aktive und rückhaltlose Unterstützung des Projekts durch die Geschäftsleitung und die betroffenen Bereichsleitungen.

Seitens des Beraters:

- Angemessene eigene Ist-Analyse unabhängig von der Kundenmeinung.
- Einschätzen der Beratungsfähigkeit des Kunden. *Titscher* (1997, S. 216/217) definiert sieben Mindestbedingungen auf Kundenseite: (1) Der Kunde sollte einen eigenen Problemdruck haben, (2) Der Kunde sollte auch eigene Handlungsmöglichkeiten in der Situation sehen statt völliger Fremdbestimmung, (3) Bereitschaft zur eigenen Mitarbeit im Beratungsgeschehen, (4) es dürfen nicht zu viele wichtige Beteiligte große Vorteile durch die sich ändernde Situation haben, (5) der Kunde sollte die benötigten Ressourcen, insbesondere natürlich auch das Geld für eine Beratung haben, (6) der Kunde sollte die nötigen strukturellen Voraussetzungen besitzen, auf der die gewünschte Beratung sinnvoll aufsetzen kann, (7) die beteiligten Kundenmitarbeiter müssen ein Mindestmaß an Fähigkeiten haben.
- Gründliche Vorbereitung und Faktenanalyse (*Kienbaum*, 1979, S. 112).
- Einbringen des benötigten fachliche Know-hows, des prozessualen Know-hows und der sozialen Fähigkeiten. Da oft nicht alle Details dieser Anforderungen zu Beginn eines Projekts erkennbar sind, gehört eine gewisse Reservekapazität über das Minimum der erkennbaren Anforderungen hinaus dazu (vgl. *Titscher*, 1997, S. 216).

8.1.4 Zufriedenheitsbefragungen und Vergleich der Anbieter

Der intransparente Anbietermarkt und die keineswegs einen automatischen Projekterfolg versprechenden Ergebnisse der in den vorherigen Abschnitten vorgestellten Untersuchungen schaffen Nachfrage für vergleichende Bewertungen einzelner Beratungsanbieter. Von den Beraterverbänden ist eine solche Übersicht nicht zu erwarten, weil es gegen die Interessen ihrer Mitglieder verstoßen würde, wenn sie sich ggf. an nachgeordneter Stelle in einer Ranking-Liste wiederfinden würden. Daher gibt es bisher nur einzelne, punktuell den Markt darstellende Arbeiten. Diese sind z. B.:

- Qualitätseinschätzung von zehn internationalen Beratungsfirmen (*Reischauer*, 2001).
- Vergleich dreier Strategieberatungsanbieter (*Hirn/Sudent*, 2001[237]).
- Rangliste von IT-Beratern (*Zdral*, 2002).
- Vergleich zweier großer internationaler Beratungshäuser mit acht kleinen Anbietern (*Wiskow*, 2003).

Die Ergebnisse der Arbeiten sind mehr oder weniger lange Ranglisten, die von den Autoren als Werturteil über die Arbeit der verglichenen Beratungsanbieter interpretiert werden. Da vor dem Hintergrund der bekannten Schwierigkeiten der Messung von Erfolgsquoten und Erfolgskriterien das Aufstellen von Ranglisten für Kunden als Auswahlhilfe interessant ist, soll die Tragfähigkeit und Aussagekraft dieser Arbeiten an einem Beispiel untersucht werden.

Ausgewählt wurde die vergleichende Darstellung von zehn Beratungsunternehmen (*Wiskow*, 2003[238]), weil sie mit offenbar besonders überraschendem Ergebnis aufwartet und in ihrer veröffentlichten Form auch viele Aspekte der hier nicht im Einzelnen vorgestellten Arbeiten erkennen lässt. Die Untersuchung setzte sich zum Ziel, zwei große Beratungshäuser mit acht kleinen Mitbewerbern u. a. hinsichtlich der Kompetenz, der Reputation und der Kundenzufriedenheit zu vergleichen. Dazu wurde eine Befragung von 140 Vorständen aus insgesamt 98 Großunternehmen und 42 mittelständischen Firmen vorgenommen. Ein Teilergebnis der Studie zeigt die Abb. 81. Bei näherer Betrachtung ergeben sich folgende kritische Anmerkungen:

- Die Stichprobe der befragten Manager entspricht in ihrer Schichtung weder der prozentualen Verteilung von Großunternehmen und Mittelstand in Deutschland – hier gibt es deutlich mehr Mittelständler als Großunternehmen – noch der Schichtung des Nachfragemarktes. Damit ist die Studie in diesem zentralen Merkmal des Marktes nicht repräsentativ für „die Kunden“[239].

---

[237] Die Autoren gestehen zu, dass ihre Studie „kaum den strengen wissenschaftlichen Kriterien empirischer Sozialforscher“ genügten (*Hirn/Student*, 2001, S. 51).

[238] Die Studie ist auch käuflich – mit mehr Detailangaben – zu beziehen. Allerdings ergab eine nur mündlich beantwortete schriftliche Nachfrage, dass sie eher für „journalistische“ Zwecke gedacht war.

[239] Über andere Merkmale der Stichprobe wurde in der veröffentlichten Fassung nicht berichtet. Evtl. stehen sie aber in der käuflichen Version (Preis ca. über 300.– Euro).

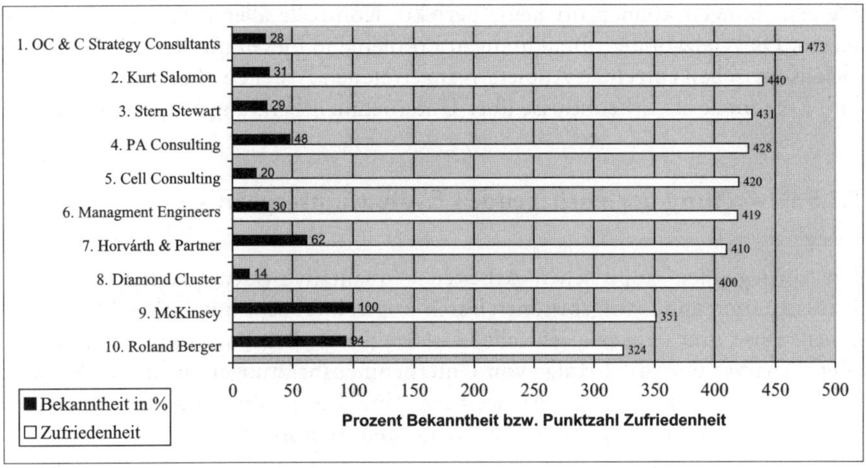

Abb. 81: Bekanntheit von und Zufriedenheit mit Beratern (Wiskow, 2003, S. 33)

- Unabhängig vom Anbieter dürften bestimmte Beratungsprodukte ein unterschiedliches Zufriedenheitspotenzial haben. Kostensenkungsprojekte sind ein Beispiel für besonders konfliktträchtige Vorhaben, bei denen der Berater nicht von allen Beteiligten gleichmäßig positiv beurteilt werden wird. Ein großer „Gemischtwarenladen" wie *McKinsey* oder *Roland Berger* hat damit weniger Chancen, einen Spitzenplatz in einer Zufriedenheitsbefragung zu erzielen als ein kleiner fokussierter Anbieter. Die Sieger haben ca. 30 bis 70 Mitarbeiter und ein engeres Angebot als die beiden großen „Verlierer". Dieser Effekt unterschiedlicher Beratungsprodukte wurde in der Gesamt-Zufriedenheitstabelle nicht berücksichtigt. Der Unterschied zwischen kleinen und großen Anbietern ist damit wahrscheinlich teilweise künstlich durch die Untersuchungsmethode verursacht.
- Zufällige Streuungen von Punktzahlen wurden nicht berücksichtigt. Bei 500 möglichen Punkten ist der Unterschied von drei Punkten zwischen *PA Consulting* und *Stern Stewart* minimal (unter ein Prozent) und wahrscheinlich reiner Zufall. Es ist damit nicht erkennbar, ob die trotzdem vergebenen unterschiedlichen Ränge irgendeine praktische Bedeutung haben[240].

Auch die anderen zitierten Arbeiten lassen Fragen offen: Wurde kontrolliert, wie intensiv die befragten Geschäftsführer oder Manager an der vergebenen Projektaufgabe beteiligt waren? Wer urteilte über bloßes Hörensagen, wer hatte tatsächliche Projekterfahrungen mit der beurteilten Firma? Welcher Anteil der Zufriedenheit war auf den Prozesserfolg, welcher auf den Erfolg des Beratungsprodukts zurückzuführen? Welchen Einfluss hat die „Passung" zwischen Berater und Kunden und die Qualität der Zusammenarbeit auf die Zufriedenheit[241]? Empirische

[240] Ähnlich sind auch in einer Studie über IT-Berater (*Zdral*, 2002, S. 48) minimale Punktunterschiede in unterschiedliche Ränge umgemünzt und interpretiert worden, ohne dass die Bedeutsamkeit dieser Unterschiede dokumentiert wurde.

[241] Eine nachdenkenswerte Aussage ist die, dass manche Kunden ihre Berater deshalb schlecht bewerten, weil diese die Empfehlungen nicht umzusetzen helfen (*Wiskow*, 2003, S. 33). Hier muss man sich fragen, ob manche Kunden damit nicht von vornherein den

Untersuchungen können oft keine perfekte Kontrolle aller beteiligten Faktoren bieten. Die Vielzahl der offenkundigen Probleme in diesen mit dem Ziel des Vergleichs zwischen einzelnen Anbietern angetretenen Arbeiten aber ist zu hoch, um ihre Ergebnisse als Erkenntnisse über Unternehmensberatungen zu verwenden.

8.1.5 Bewertung der vorliegenden Evaluationsergebnisse

Die vorliegenden empirischen Arbeiten – qualitative oder quantitative – über Erfolgsquoten und Erfolgskriterien lassen wegen ihrer sehr unterschiedlichen Vorgehensweise und teilweise schlecht hinterfragbaren Ergebnisse eine quantitative Meta-Analyse über die Erfolge von Unternehmensberatungen nicht zu. Dennoch ergibt sich bei qualitativer Auswertung eine Liste von besonders wichtigen Erfolgskriterien für Projekte, die hier dargestellt sein soll[242]:

- Einhalten von Terminvorgaben oder – einvernehmlich abgestimmte – Überschreitung aus gutem Grund (z. B. vereinbarte Funktionsausweitung, Veränderung des Ansatzes aufgrund neuer Entscheidungslage).
- Einhalten von Kostenvorgaben oder – einvernehmlich abgestimmte – Überschreitung aus gutem Grund (z. B. vereinbarte Funktionsausweitung, Veränderung des Ansatzes aufgrund neuer Entscheidungslage).
- Erfüllen oder Übererfüllen der Qualitätserwartungen von Kunden des Projekts.
- Hohe Akzeptanz bei den Kunden, Nutzern oder Betroffenen.
- Hohe Akzeptanz bei den Mitarbeitern.
- Hoher messbarer ökonomischer Nutzen.

Methodische Schwächen mancher vorliegender Arbeiten zur Evaluation von Beratungsprojekten sind:

- Die Gründe für den Erfolg bzw. Misserfolg sind nicht klar zuzuordnen. Es könnte am Beraterverhalten, es könnte am Kundenverhalten, es könnte an der Ausgangssituation, der Höhe des anvisierten Ziels oder an einer Interaktion zwischen beiden liegen[243]. Insbesondere bei Projekten, in denen der Berater nicht selbst implementiert, ist der Kundenanteil am Erfolg oder Misserfolg sicher höher als bei Projekten, in denen der Berater mithilft, auch die Lösung umzusetzen.

falschen Berater ausgewählt haben, denn *McKinsey* und *Roland Berger Strategy Consultants* decken mit ihrem Schwerpunkt auf Strategie- und Organisationsberatung einen großen Teil des Umsetzungsspektrums von Beratung nicht ab.

[242] *Bundschuh* (1999) gibt einen Überblick der Erfolgskriterien und zitiert auch Details aus zwei vorliegenden „Meta-Analysen" zu Projekterfolgskriterien, den Arbeiten von *Gemünden* (1992) und *Selin/Selin* (1994). Beide Arbeiten sammeln über verschiedene Branchen und Projekttypen – auch z. B. Bauprojekte – hinweg Projektergebnisse und zählen nur die Häufigkeit der Nennung aus. Außerdem wird die Mitwirkung von Beratern nicht separat betrachtet und deren Erfolgsbeitrag nicht ausgewertet.

[243] *Kienbaum* (1979, S. 111) fasst es so zusammen: „Damit wird bereits deutlich, dass sich der Beratungserfolg nicht einseitig aus den Aktivitäts- und Effizienzbeiträgen der Beraterseite, sondern aus der erfolgreichen Interaktion und Kooperation zwischen beiden Partnern ergibt".

- Jedes Projekt bei verschiedenen Kunden ist anders. Wenige vorliegende Arbeiten können nahezu gleichartige Voraussetzungen beim Kunden und im Projektinhalt unterstellen[244]. Ergebnisse von Befragungen sind Durchschnittswerte über eine Bandbreite von Arbeiten, deren genauer Inhalt und deren Besonderheiten i.d.R. nicht erfasst und kontrolliert worden sind. Fraglich ist daher, welchen Vorhersagewert diese Untersuchungen haben. Gelten Durchschnittswerte der Branche für alle Typen von Projekten? Sind Untersuchungen über die Erfolgswahrscheinlichkeit von bestimmten Projekten in bestimmten Branchen, z.B. Business Reengineering in der Automobilbranche, nicht aussagekräftiger?
- Empirische Befunde zeigen, dass die Erwartungen an die Arbeit von Beratungsunternehmen länderspezifisch (*Caruana* et al., 1998) und die Vorliebe für bestimmte Managementwerkzeuge (*Rigby/Gillies*, 2000, S.272) länder- bzw. kulturspezifisch sein können. Aus diesem Grunde sollten die in die Bewertung einfließenden Erwartungen des Kunden explizit untersucht werden, damit der Grad der Übertragbarkeit auf andere Länder festgestellt werden kann. Umgekehrt gesagt: Studien mit Erhebungen aus mehreren Ländern müssen mögliche Erwartungsunterschiede berücksichtigen, um nicht hinterher Äpfel und Birnen zusammenzuzählen.
- Die einfache Frage nach einer Erfolgseinstufung von Projekten reicht bei einer vergleichenden Sicht über mehrere Befragungen hinweg nicht aus. Da sich die Un-/Zufriedenheit aus vielen Quellen speisen kann, sollte sie genauer hinterfragt werden, z.B., ob sie sich auf die Ergebnisse bezieht, auf die Zielerreichung, auf die Art der Durchführung, auf die Kosten oder die Art der Zusammenarbeit. Auch die Frage danach, ob die Ziele erreicht wurden oder nicht, ist für ein umfassendes Verständnis nicht ganz ausreichend, da man die Höhe der Ziele nicht kennt. Es mögen utopische oder realistische Ziele gewesen sein, die man sich gesetzt hatte. Und zuletzt: Die Meinung des Kunden, ob ein Projekt erfolgreich war, ist sicher ein starkes Indiz für ein positives Ergebnis. Man kann aus empirischen Studien jedoch auch erkennen, dass Kunden bei der Bewertung von Dienstleistungsprodukten nachträglich ihre Erwartungen über das Projekt je nach erlebtem Ausgang ändern (*Clow* et al., 1998). Zudem sind die Kunden nicht immer Experten dafür beurteilen zu können, wie gut das Erreichte tatsächlich ist. Ein neutraler Dritter könnte vielleicht auf Basis der ursprünglichen Erwartungen und des tatsächlich Erreichten eine andere Meinung haben. Daher ist die Erfolgseinschätzung des Kunden eigentlich nur ein wichtiger Bestandteil des Gesamterfolgs unter mehreren.
- Alle Untersuchungen anhand von Echtdaten können nur begrenzte Sicherheit bei der Frage von Beraterwirksamkeit liefern, denn in ihnen kann man einen wichtigen Vergleich nicht ziehen: Wie wäre es den beratenen Unternehmen gegangen, wenn sie überhaupt keine Beratung erfahren hätten? Oder wenn sie eine ganz andere Beratungsfirma hinzugezogen hätten? Oder wenn sie den Auftrag und die Arbeitsteilung anders strukturiert hätten? Diese Fragen zeigen die Grenzen der Interpretation von Daten aus der Praxis ohne Hinzuziehen einer Kontrollgruppe auf.

[244] Im Anhang 17.8 befindet sich eine dieser seltenen Arbeiten. Die untersuchten Projekte wurden alle in Instituten der gleichen Gesellschaft duchgeführt und hatten auch den gleichen Inhalt.

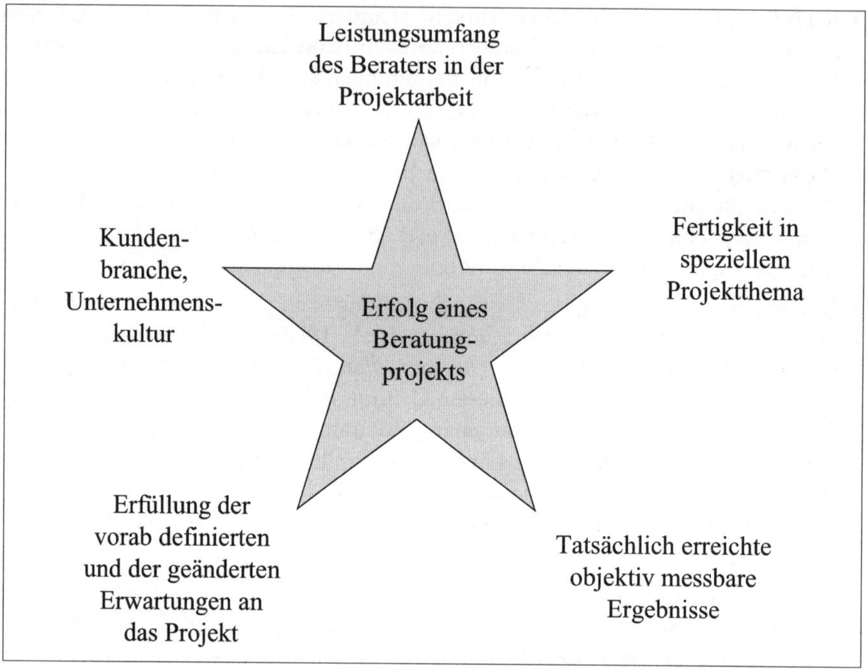

Abb. 82: Beurteilungskriterien für den Projekterfolg einer Unternehmensberatung

- Die Evaluation von Projektergebnissen einer Unternehmensberatung sollte so angelegt sein, dass sie auch eine Bewertung der Zufriedenheitsaussagen von Kunden und Beratern erlaubt und nicht darauf angewiesen ist, ihre Erfolgseinschätzung unhinterfragt zu übernehmen. Daher sollten mindestens folgende fünf Faktoren gleichzeitig beobachtet oder kontrolliert werden: (1) Das Projektthema (z. B. Strategiefestlegung, Einführung einer Kosten-/Leistungsrechnung mit entsprechender Software, Business Reengineering im Fertigungsbereich usw.), (2) der Leistungsumfang des Beraters (z. B. Konzept und/oder Implementierung und/oder Coaching im laufenden Betrieb), (3) Branche und Kultur des Kundenunternehmens, (4) Erwartungen an das Projekt und (5) messbare Ergebnisse (hierzu gehört auch die geäußerte Zufriedenheit der Beteiligten des Projekts, möglichst aber auch „harte" Daten wie finanzwirtschaftliche Ergebnisse).

Als Fazit aus diesen Betrachtungen lässt sich der Stand bisheriger empirischer Erkenntnisse und weitergehender Vermutungen über erfolgreiche Projekte feststellen:

- Die Zusammensetzung und Qualität des Projektteams, weniger allein die Person des Teamleiters, ist für das Gelingen von Projekten wichtig. Das Team muss offen miteinander kommunizieren, für die meisten Projektaufträge ist vermutlich eine Mischung von Kundenmitarbeitern und Externen besonders förderlich.
- Das richtige Verhalten des Topmanagements vom Kunden ist wichtig. Projekte sind trotz Einsatz von externen Beratern letztlich Veranstaltungen in der Verantwortung des Kundenunternehmens, und der interne Auftraggeber muss sich

aktiv und engagiert für das Vorhaben einsetzen. Insbesondere bei Projekten mit hohem Schmerzpotenzial ist die Präsenz des Topmanagements vom Kunden nötig, um die erforderliche Bereitschaft für Änderungen zu fördern. Beratungsunternehmen sollten ihren oft leichteren Zugang zu dieser Entscheidungsebene unbedingt zur Aktivierung in diesem Sinne nutzen.

- Ein großer Teil der Projekte – über alle Themen hinweg – wird als erfolgreich eingestuft, es gibt jedoch auch Projekttypen mit einem Anteil von über 30 % nicht erfolgreich eingestufter Ergebnisse (z. B. Process Reengineering, Fusionen). Fraglich hierbei bleibt in den meisten Studien dieser Art, wie hoch der Beratereinfluss auf den Erfolg oder Misserfolg war und wie hoch die Floprate ohne Berater gewesen wäre.
- Es gibt z.Zt. keine der Komplexität von Beratungsprojekten vollständig genügende Evaluation von Projekterfolgen. Untersuchungen differenzieren in der Regel längst nicht alle Faktoren des Projektgeschehens. Es fehlt z. B. eine Arbeit mit der Kombination von Arbeitsprodukt des Projektes, Arbeitsanteil und Art der Beiträge von Kunden und Beratern, der Ausgangslage sowie der Erfolgswahrscheinlichkeit des Projektes. Methodisch betrachtet sind die meisten Untersuchungen schwach – es fehlt den meisten z. B. eine Kontrollgruppe von Untersuchungsfällen ohne Berater und ohne Einsatz von Managementkonzepten oder Werkzeugen – und die Gültigkeit der Ergebnisse ist oft durch die nicht gegebene Repräsentativität auf die Stichprobe unklar.
- Es ist schon bei Einzelprojekten schwer und manchmal sogar unmöglich, eintretende Veränderungen des geschäftlichen Ergebnisses auf den Einsatz von Beratern zurückzuführen. Umso mehr ist es Spekulation, wenn Autoren die relative Wettbewerbsschwäche der amerikanischen Industrie in den 1980er Jahren im Kampf gegen japanische Importe darauf zurückführen, dass die amerikanischen Unternehmen zu sehr der Idee einer von Beratern propagierten untauglichen Idee der strategischen Langfristplanung anhingen (vgl. hierzu *Nicolai*, 2000, S. 228). Gute wie schlechte Entwicklungen bei Einzelunternehmen und in einer ganzen Volkswirtschaft lassen sich i. d. R. nicht eindeutig einem Faktor allein zuordnen.
- Es gibt keine belastbaren Rankings der Qualität von Beratungsanbietern. Die vorliegenden Veröffentlichungen weisen viele methodische Unzulänglichkeiten auf, so dass man ihre Ergebnisse nicht für Entscheidungen verwenden kann.

Der Überblick über vorliegende Erfolgsbewertungen der Unternehmensberatung zeigt, dass es eine Vielzahl von interessanten Einzelbefunden gibt, aber kein praxiserprobtes vollständiges Bewertungsmodell. Daher bleiben in konkreten Beratungssituationen viele offene Fragen zu Erfolgsfaktoren und Erfolgswahrscheinlichkeiten von Unternehmensberatung. Diese Situation ist aus Sicht der Kunden und auch von der Warte seriöser Beratungsanbieter aus betrachtet unbefriedigend, diese Intransparenz nutzt beiden nicht.

8.2 Beratung und Wissenschaft

Die Frage, welche messbaren und sicheren Erfolge oder Misserfolge Unternehmensberatung hat, ist letztlich auch eine Frage darüber, inwieweit Unternehmensberatung überhaupt gesicherte Kenntnisse und methodisch bewährteVerfahrensweisen benutzt und damit wiederholbare Ergebnisse – seien sie gut oder schlecht – erzeugt. Dieser Aspekt berührt damit die Frage, ob Unternehmensberatung eine angewandte Wissenschaft ist und – wenn nicht – in welcher Beziehung sie zur akademischen Wissenschaft steht. Unter „Wissenschaft" kann man ein rationales, logisch begründetes und – wo immer möglich – auch empirisch gestütztes Vorgehen zum Erlangen von neuen Erkenntnissen über die Welt und den Menschen verstehen. Die Unternehmensberatung hat Berührungspunkte mit folgenden Wissenschaftsbereichen:

- Wirtschaftswissenschaften, Managementlehre und Organisationswissenschaft: Dieser Bereich hat die direkteste Verbindung zur Strategie- und Organisationsberatung und wird oft auch als einziger Bereich in seiner Beziehung zur gesamten Unternehmensberatung untersucht (so von *Kieser*, 2002; *Nicolai*, 2000; *Weber*, 2000).
- Sozialwissenschaften und Psychologie: Diese Disziplinen haben außerhalb der Welt der Ökonomie eine ganz eigenständige Beratungslehre für unterstützungsbedürftige Einzelpersonen oder soziale Gruppen entwickelt. Mit dieser Hintergrunderfahrung wurden Versuche unternommen, auch in der Welt der Wirtschaftsunternehmen Beratung zu betreiben. Theoretische Ansätze hierzu sind die Organisationsentwicklung und die Systemische Unternehmensberatung. Beides sind keine geschlossenen Konzepte, beide haben sich auch nicht mit großem Beratungsvolumen am Markt durchgesetzt. Als Methoden- und Theorienspender beeinflussen sie am ehesten die Personalberatung und das Change Management, als Beratungsanbieter fristen sie ein Nischendasein in Bereichen des Nonprofit-Sektors und akademische Einzelberater (vgl. Abschnitt 7.2.2.1.1).
- Informatik und Ingenieurwissenschaften: Diese Disziplinen liefern einen sehr großen, aber im Sinne von Schlagzeilen wenig auffälligen Beitrag zur Unternehmensberatung. Tatsächlich ist die technische, vor allem die IT-technische Weiterentwicklung ein sehr mächtiger Motor der Veränderung, der direkt und indirekt wirkt und wahrscheinlich unter den wichtigsten Treibern für Veränderungen der Wirtschaft und damit auch des Beratungsmarktes – nicht nur der IT-Beratung – ist. Aus der Ingenieurwissenschaft stammen neben den technischen Produkten und Verfahrensweisen zu deren Konzeption, Implementation und Nutzungsunterstützung auch zahlreiche Beiträge zum Projektmanagement allgemein und zu verschiedenen Ansätzen des Qualitätsmanagements.

Unternehmensberatung und ökonomische Wissenschaft sollten nach einem naiven Vorverständnis eigentlich dicht beieinander liegen, d. h. eine gute Unternehmensberatung sollte sich möglichst auf wissenschaftlich fundierte Verfahren und Aussagen stützen und umgekehrt sollte die Wissenschaft auch nützliche Informationen über den Beratungsmarkt und die Bewährung von Beratungsmethoden sowie neue fachliche Konzepte und Werkzeuge der Umsetzung liefern. Tatsächlich ist das Zusammenleben von Beratung und Wissenschaft weniger idyllisch:

- Der Wissenschaft – insbesondere der Wirtschaftswissenschaft – wird vorgeworfen, für das praktische Management wenig brauchbare Konzepte und Methoden entwickelt zu haben (*Weber*, 2000, S. 287 f.). Die in den letzten vierzig Jahren als Managementkonzepte verkauften Beratungsansätze sind überwiegend von Unternehmensberatern entwickelt worden und nicht von Wissenschaftlern. Diese Tatsache wird mitunter, z. B. auch in der oben angegebenen Literatur, mit einem vorwurfsvollen Ton dargestellt. Fragen muss man sich, ob es nicht eher „normal" ist, dass die Verkäufer von Leistungen letztendlich ihr Produkt auch selbst entwickeln und vermarkten, schließlich stellen ja auch die Autofabriken ihre Kraftfahrzeuge vom Design bis hin zur Fertigung selbst her, ohne dass die ingenieurwissenschaftlichen Lehrstühle dazu wesentliche Komponenten liefern. Dennoch bleibt festzuhalten, dass die Erwartung an die Wissenschaft, hochwertige Konzepte und fundierte Methoden zu liefern, höher ist als das, was sie bisher zu leisten imstande war. *Nicolai* diskutiert – wohl halb scherzhaft – die in der Tab. 60 wiedergegebenen vier grundsätzlichen Reaktionsmöglichkeiten der wissenschaftlichen Gemeinde auf diese Kritik. Wenn sie von der Überlegenheit ihres Wissens überzeugt ist, dann verfällt sie in eine pädagogische oder chauvinistische Haltung. Wenn sie die Unterlegenheit des eigenen Wissens erkennt, dann resultieren eine Selbstbezichtigungshaltung oder eine zynische Einstellung. Wenn auch diese Darstellung von *Nicolai* eher die Blockade-Reaktionen einzelner Personen und nicht der ökonomischen Wissenschaft als ganzes karikiert, so bleibt doch die Tatsache, dass eine energische Kraftanstrengung zur Änderung der Situation nicht zu erkennen ist. Die Ursache der mangelnden Praxisrelevanz von Wissenschaft liegt wohl auch nicht in blockierenden emotionalen Reaktionen auf das Erkennen unzureichender eigener Anstrengungen, sondern sie ist schlicht darin zu sehen, dass die Wirtschaftswissenschaft nach anderen Regeln als die Wirtschaftspraxis funktioniert und Praxisrelevanz eben nicht zu den gelebten Kriterien für wissenschaftliche Karrierepfade zählt[245]. Mit anderen Worten: Nicht jeder Wissenschaftler hat überhaupt das Ziel, praxisrelevante Modelle zu entwickeln oder zu untersuchen, vielmehr liegt ja oft auch in der akademischen Nischenbildung ein erfolgversprechender Weg für die persönliche akademische Profilierung. *Nicolai* (2000, S. 297) schildert die letztlich weitgehend erfolglosen Bemühungen und Appelle, Praxisrelevanz auch als Kriterium für akademische Arbeiten zum strategischen Management zu etablieren[246].
- Die mangelnde Wissenschaftlichkeit der Beratungspraxis ist insbesondere im Bereich der Strategieberatung und der Managementkonzepte festgestellt und von

[245] *Kieser* (2002, S. S. 76 f.) erklärt diese Praxisferne der Wirtschaftswisenschaft vor allem damit, dass sich die Wirtschaftswissenschaft als akademische Disziplin überhaupt erst einmal gegen den „Makel", eigentlich reine Praxis zu sein, etablieren musste und sich daher an die Geisteswissenschaften anlehnte. Später kam als wissenschaftliches Merkmal die Mathematisierung hinzu. Beide Tendenzen haben eher gegen die Praxisrelevanz gewirkt.

[246] Z. B. wurde vorgeschlagen, vermehrt Praktiker in die Gutachtergremien für die Auswahl von wissenschaftlichen Aufsätzen für Fachzeitschriften zu setzen und die Evaluationskriterien für Promotionen zu verändern.

Tab. 60: Grundhaltungen zur mangelnden Praxisrelevanz (aus Nicolai, 2000, S. 290)

Reaktion / Befunde	Überlegenheit wissenschaftlichen Wissens	Unterlegenheit wissenschaftlichen Wissens
Keine Transferprobleme	Chauvinistische Haltung	Selbstbezichtigungshaltung
Transferprobleme	Pädagogische Haltung	Zynische Haltung

verschiedenen Seiten her mehrmals intensiv beleuchtet worden (z. B. *Abrahamson*, 1999; *Kieser*, 1995; *Nicolai*, 2000). Es überrascht nicht, dass viele Beratungskonzepte nicht unbedingt strengen wissenschaftlichen Kriterien genügen. Mit Blick auf die Literatur zu Business Process Reengineering, aber auch den meisten anderen Konzepten finden sich z. B. folgende zwei Meinungen: (1) Viele Managementkonzepte sind eine raffinierte Mischung aus Einfachheit und Mehrdeutigkeit (*Kieser*, 1996, S. 24). (2) Managementkonzepte sind oft unscharf beschrieben, teilweise logisch widersprüchlich und nicht operational[247] definiert (*Drumm*, 1996, S. 10). Am Beispiel des Business Process Reengineering kann man aufzeigen, was wohl für viele Managementkonzepte gilt (vgl. *Schädle*, 2001, S. 12): (1) Das Gesamtkonzept ergibt sich aus Handlungsempfehlungen, die ein oder mehrere Autoren aus Einzelfallbeispielen konstruieren (ein induktiver Weg). (2) Querverbindungen zur Organisationslehre und zu anderen, schon vorhandenen Konzepten sowie zu Theorien fehlen meist völlig. (3) Einzelne Prinzipien eines neuen Managementkonzepts werden beschrieben, es ist aber schwierig, sich ein Gesamtbild eines kompletten Projekts zu machen[248].

- Wenn Wissenschaftler sich im Bereich der Wirtschaft bewegen, dann agieren sie zumeist im Beratermodus und nicht als Wissenschaftler (*Kieser*, 2002, S. 44). Einige Wissenschaftler nutzen dabei den wissenschaftlichen Nimbus, erzeugen aber Ergebnisse unterhalb des Qualitätsniveaus von Wissenschaft und verkaufen diese Rolle als Unternehmensberater. Die mangelnde Methodik und Wissenschaftlichkeit[249] fällt der Praxis kaum auf, dennoch können die so erzeugten „Erkenntnisse" eine nachteilige Wirkung haben: Sie erzeugen aufgrund mangelnder Qualität Zufallsergebnisse, deren unzureichende Qualität aufzudecken aufwendig ist. Sie behindern den echten Fortschritt der wissenschaftlichen Erkenntnis, weil sie „Rauschen" im System erzeugen und eventuell durch Scheinantworten den Nachfragemarkt für anspruchsvolle Untersuchungen „verstopfen".

[247] „Operational" meint hier so viel wie „praktisch auf Richtigkeit prüfbar".

[248] Diese Kritik ist deshalb z. T. „akademisch", weil viele erfahrene Praktiker in Darstellungen neuer Managementkonzepte wohl nur das tatsächlich Neue erfahren möchten. Das methodische Einmaleins der täglichen Projektarbeit, das ja auch bei neuen Konzepten noch irgendwo seinen Platz hat, muss für sie wahrscheinlich nicht noch einmal in aller Ausführlichkeit dargestellt werden. Büchern für Praktiker liegt nicht viel daran, eine vollständige Reproduzierbarkeit aller Details zu erreichen, sondern sie zielen darauf ab, das Neue zu zeigen.

[249] Beispiele für die methodischen Fehler: Unterlassene statistische Signifikanzprüfungen bei vergleichenden Aussagen über quantitative Daten, Verallgemeinerung von Aussagen über Befunde bei nicht-repräsentativen Stichproben, keine Kontrollgruppen, keine Kontrolle wichtiger Störvariablen, kein Bezug auf die Erkenntnisse schon vorhandener Studien.

Allgemein lässt sich feststellen, dass die meisten der erfolgreichen Management-Trendsetterbücher nicht wissenschaftlichen, sondern eher pragmatischen (Verkaufs-)Gesichtspunkten genügen: Der Autor fasziniert seine Leser im besten Fall durch Ideen, die Erfolge versprechen und den Wunsch wecken, das Managementkonzept auch im eigenen Unternehmen umzusetzen. Der Leser erfährt so viel, dass er von der Idee begeistert sein kann, nicht aber unbedingt alle Details insbesondere die des Projektmanagements kennt, um die Idee selbst zu realisieren. Erst recht wird er selten mit Bezug auf andere Theorien und Konzepte gelangweilt, sondern durch – in einigen Fällen wohl auch eventuell durch nachträglich passend gemachte – Geschichten aus der Praxis („Retrofitting") erfolgreicher oder erfolgloser Änderungsmaßnahmen unterhalten. Echte Nachweise der Bewährung auf Basis repräsentativer Stichproben und solider Bewertungsmethoden gehören nicht zu den Voraussetzungen eines wirtschaftlichen Erfolgs von Managementkonzepten. Diese aus Sicht der professionellen Wissenschaft stichhaltigen Argumente gegen die Seriosität sind aus Sicht der professionellen Beratung irrelevant oder sogar naiv, weil „Kochrezepte" auch anderswo nur gegen gesonderte Rechnung – hier: möglichst Beauftragung für Projektarbeit – weitergegeben werden. Dennoch ist dies natürlich ein Widerspruch zu der wissenschaftlichen Art der Darstellung von Theorien und Experimenten, da man hier auf reproduzierbare Bedingungen und präzise Beschreibung der „Knackpunkte" angewendeter Verfahren aus ist. Außerdem ist die Ausschmückung von Konzeptdarstellungen mit Beispielen für den Geschmack mancher Leser sicher ein Gewinn an Lebendigkeit und Anschaulichkeit. Das Fehlen von Statistiken über die Häufigkeit ähnlicher Ausgangskonstellationen mag aber den Blick für die eventuell eingegrenzte Verallgemeinerungsfähigkeit des Vorgehens verstellen.

Die Unterschiede von Wissenschaft und Unternehmensberatung sind in der Tab. 61 dargestellt:

Tab. 61: Ausgewählte Unterschiede zwischen Wissenschaft und Beratung

Gegenstand	Wissenschaft	Beratung	Quelle
Endprodukt	Neue Fragen, getestete Methoden, Anregungen für die Theoriebildung und seltener für die Praxis	Bessere Managementpraxis	*Kubr*, 1996, S. 48
Ergebnis-darstellung	Benutzerunfreundlich, für Praktiker häufig unleserlich	Praxisgerecht für Praktiker, Erklärungen und Beispiele; Anglizismen stören	*Weber*, 2000, S. 286/287
Evaluation	Extern durch andere Wissenschaftler	Hausintern, Geschäftsgeheimnis, evtl. partiell mit dem Kunden geteilt	*Kubr*, 1996, S. 48
Glaubwürdigkeit	Teilweise Autoritätsmangel bei Praktikern wegen Irrelevanz und Praxisferne	Betonen Praxiserprobung, profilieren sich teilweise sogar gegenüber der praxisfernen Wissenschaft, anderseits stützen sie sich angeblich auf sie	*Nicolai*, 2000, S. 263

Gegenstand	Wissenschaft	Beratung	Quelle
Methodenstrenge	Möglichst strenge, transparente, exakte Arbeit	Problemangemessene Methodenstringenz	*Kubr*, 1996, S. 48
Quelle(n) der Information	Höchstmaß an Transparenz	Häufig verdeckt und intransparent	*Kubr*, 1996, S. 48
Praxisrelevanz	Niedrig oder fehlend; produziert an Problemen der Praxis vorbei; gefangen im Korsett der kleinkörnig zugeschnittenen Hochschulfächer	Hoch, disziplinübergreifend. Allerdings droht hohe Frequenz der Entwicklung von neuen Managementkonzepten Praxis zu überfordern	*Nicolai*, 2001, S. 72/ S. 171; *Weber*, 2000, S. 287
Problem, Ausgangsfrage	Durch den Wissenschaftler selbst definiert	Durch den Kunden definiert	*Kubr*, 1996, S. 48
Wiederholungsmessung von Erfolgen/ Misserfolgen	In der Wissenschaft gibt es manchmal den Versuch, Experimente exakt zu wiederholen[250]	Selten oder nie Bezug auf andere Literatur. Bei Evaluationen keine Messwiederholungen	*Nicolai*, 2001, S. 176 ff.
Zeitansatz für Arbeiten	Weniger strenge Zeitkontrolle, großzügige Fristen	Strenge und eng gesetzte Fristen	*Kubr*, 1996, S. 48

Nicolai (2000, S. 283) weist darauf hin, dass zwischen Wissenschaft, Medien und Beratungswelt Unterschiede in den Kommunikationsanforderungen bestehen: „Dennoch irritieren sich diese Systeme im hohen Maße gegenseitig, und es entsteht gleichsam eine Ko-Evolution" (*Wimmer*, zitiert nach *Nicolai*, 2000, 283 f.). Da die Unternehmensberater einige Gurus (z. B. *Peter Drucker*) in Sachen Managementtheorien hätten, die in den Medien anerkannt seien, müsse sich die Wissenschaft gleichsam mit diesen Personen und dem Aktualitätsdruck der sehr agilen Beraterbranche messen. Und hier fiele ihr die Profilierung schwer, sehr schwer. Ein anderer Grund für die Profilierungsschwäche ist das „Anwendungsdilemma": Wissenschaft, aber natürlich auch Managementkonzepte aus der Feder von „Gurus" der Beraterzunft, sind am glanzvollsten, wenn man sie nicht direkt umsetzen will. Tut man dies, stößt man gelegentlich auf Umsetzungsprobleme (vgl. Ausführungen von *Nicolai*, 2000, S. 168, zum „dilemma of application"), und dieses Erlebnis schmälert seitens der Praktiker die Reputation der geistigen Väter und Mütter schnell.

Auffällig an der deutschsprachigen akademischen Literatur ist, dass es mehr Dissertationen zu Themen der Unternehmensberatung zu geben scheint als Monographien sonstiger Autoren, insbesondere von Professoren (vgl. Abschnitt 15.1). Eventuell wächst jetzt erst eine Generation von zukünftigen Spitzenforschern zu dem Thema heran, während die „alten Hasen" sich zumindest als Förderer solcher Arbeiten verdient machen.

Eine Frage ist es, ob die Gelegenheitsaufsätze und Publikationen von Beratern über ihre Branche hilfreiche Beiträge oder zumindest Quellen für wissenschaftlich orientierte Leser sind. Hier gilt es, mehrere Facetten zu betrachten:

[250] *Nicolai* (2000, S. 176 ff.) führt aber aus, dass in der akademischen Welt des Strategiemanagements Publikationen mit Wiederholungsmessungen nur eine sehr geringe Chance zur Veröffentlichung haben.

- Viele Beiträge von prominenten Beratern über Produkte ihrer Arbeit oder Einsichten über ihre Branche sind wahrscheinlich vom Motiv des Marketing getragen[251]. Dies muss keine vordergründige Absicht sein, aber der Qualität der Inhalte wird mit dieser Feststellung noch geschmeichelt[252].
- Auch ein erheblicher Teil der von unabhängigen Autoren erstellten Literatur über Beratungsfirmen ist kein Fortschritt, weil die vorhandene Sekundärliteratur nicht aufgenommen und reflektiert wird.
- Monographien oder Aufsätze mit Kritik an Beratern sind dann nicht sehr hilfreich, wenn sie zu sehr auf Einzelfälle fixiert sind[253]: *McKinsey* hat z.B. im Jahre 2002 allein in Deutschland mehr als 270 Kundenprojekte in Arbeit (*Balzer/Student*, 2002, S. 54). Ein oder zwei schief gelaufene Projekte wirken zwar störend für das gute Image, sind aber wahrscheinlich trotz eines eventuellen Dunkelfelds weiterer Fehlschläge nicht repräsentativ und sagen daher nicht sehr viel über die Erfolgsaussichten des Projekts Nummer 271 oder die Qualität der anderen 268 Projekte aus. Kunden sollten sich daher von einzelnen Misserfolgsberichten nicht irritieren lassen.
- Über *Peter Drucker*, einen sehr einflussreichen Vordenker vieler Managementkonzepte, und von ihm selbst wird berichtet, dass seine eigene wissenschaftliche Herkunftsfakultät ihn „verstoßen" habe, weil seine Arbeiten über Managementthemen einfach in keine der vorhandenen akademischen Schubladen gepasst haben (*Micklethwait*, 1998, S. 99f. und S. 108f.). Außerdem störte die Akademiker sicherlich der gelegentlich eher journalistische Ton seiner Werke. Wenn auch *Peter Drucker* und erst recht ein anderer Verfasser populärer Managementlektüre, *Tom Peters*[254], Lektüre verfassen, die wissenschaftliche Stringenz bei der Begrifflichkeit und der Beweisführung vermissen lässt, so stellt sich dennoch die Frage, wieso ihre unter Praktikern begierig aufgenommenen Hypothesen nicht aufgegriffen und wissenschaftlich evaluiert wurden.

Eine andere Frage ist, wieso die Innovations-Literatur über Unternehmensberatungen überwiegend aus den Vereinigten Staaten kommt. Die Größe des Binnenmarktes und der Vorteil einer Weltsprache können kein ausreichendes Argument sein für dieses Missverhältnis zwischen der Wirtschaftskraft Europas einerseits und der relativ geringeren Präsenz bei der Erfindung marktgängiger Managementkonzepte andererseits. Andere mögliche Gründe sind:

---

[251] Z.B. der Sammelband von *Scheer* (2000) und die Einsichten von *Sommerlatte* (2000) zur Verträglichkeit von Beratung und Familie.

[252] Siehe auch die vernichtende Buchrezension von *Armbrüster/Kieser* (2001, S. 703–705) zu dem Buch *Höselbarth* et al. (2000).

[253] Z.B. haben *O'Shea/Madigan* (1998) für viele der großen Unternehmenberatungen aus sicher gut recherchierten Prozessakten von Gerichtsprozessen von Kunden gegen Beratungsunternehmen solche Einzelfälle aufgegriffen und nutzen sie – ohne bewiesene Verallgemeinerungsfähigkeit – zu pauschalisierenden Aussagen.

[254] *Tom Peters* ist der (Mit-)Autor von bekannten Büchern wie „Auf der Suche nach Spitzenleistungen" (*Peters/Watermann*, 1982), „Der Innovationskreis" (*Peters*, 2002), „Leistung aus Leidenschaft" (*Peters*/Austin, 1986), „Kreatives Chaos" (*Peters*, 1988). *Micklethwait* (1998, S. 118; siehe auch Biographie in *Crainer*, 1998) sieht in ihm den spektakulärsten Vertreter des Guru-Wesens in der Managementliteratur, gleichzeitig aber auch einen Autor mit erheblichen Widersprüchen und vielen Fehlprognosen.

- Im deutschsprachigen Raum ist die Durchlässigkeit der akademischen und der ökonomischen Welt für die Interessen der jeweils anderen Seite geringer ausgeprägt (*Eglau*, 1996) als in der angloamerikanischen.
- Es gibt wesentlich weniger Business Schools im deutschsprachigen Raum als in den USA, nur wenige FH-Professuren, keinen ausschließlich auf Unternehmensberatung ausgerichteten universitären Lehrstuhl (zum akademischen Lehrangebot über Unternehmensberatung siehe auch Tab. 1 in Abschnitt 1.1.), die vorliegenden innovativen Arbeiten stammen von Autoren, die nur am Rande das Thema Unternehmensberatung zu ihrem Aufgabenbereich zählen können (z.B. *Kieser*, Lehrstuhl für Allgemeine BWL und Organisation an der Universität Mannheim; *Nicolai* an der Universität Witten-Herdecke; *Scheer*, Lehrstuhl für Wirtschaftsinformatik an der Universität Saarbrücken).
- Die derzeit „modischen" wissenschaftlichen Konzepte zur Erklärung von organisationalem Verhalten entstammen der „Neuen Institutionenökonomik", sie ist kein einheitliches Theoriengebäude und umfasst die Transaktionskostentheorie, die Property-Rights-Theorie und die Principal-Agent-Theorie (vgl. *Welge/Al-Laham*, 2001, S.43ff.). Während diese Ansätze teilweise zu sehr guten Erklärungsansätzen für das Managementverhalten verholfen haben, erscheinen sie zur Analyse der besonderen Interaktion von Unternehmensberatern und ihren Kunden weniger geeignet.
- Die wenigen hiesigen Fachhochschul-Professoren mit einem Lehrstuhl für Unternehmensberatung scheinen lieber selbst Geld durch Betreiben einer Unternehmensberatung zu verdienen als durch methodisch anspruchsvolle Grundlagenforschung aufzufallen. Dies mag auch ein Grund dafür sein, mit welcher relativ großen Energie die Themen „Organisationsentwicklung" und „Systemische Unternehmensberatung" vertreten werden, obwohl sie meist nur Einzelberater oder kleinere Beratungsfirmen ernähren können und keinen Anschluss an die großen Themen – oder „Moden" – der Wirtschaft gefunden haben (*Trebesch*, 1995, S.159f.).
- Ein weiterer Grund – die Vertreter der systemischen Organisationsberatungslehre mögen verzeihen – mag die wenig praxisnah erscheinende Darstellung von Eigengewächsen wie der Systemischen Organisationsberatung[255] sein. Der US-amerikanische Stil von Managementliteratur ist oft flockig zu lesen, enthält viele Geschichten („war stories") und ist damit marktgängiger, allerdings auch weniger wissenschaftlich im Sinne statistisch-empirischer Datenaufbereitung und deduktiver Schlussfolgerungen[256]. Interessant ist, dass es im deutschprachigen Raum eine im Vergleich zu übrigen Beratungsansätzen relativ große Anzahl von Instituten und Lehrstühlen mit Bezug zur Systemischen Beratung gibt. Da die dort tätigen Dozenten und Professoren sich gleichzeitig oft als nebenberufliche Unternehmensberater betätigen[257], liegt die Vermutung nahe, dass sie auch for-

[255] Mehr zu diesem nur im deutschsprachigen Bereich bekannten Beratungsansatz in Abschnitt 7.2.2.

[256] Ausnahmen bestätigen die Regel, z.B. *Kotter/Heskett* (1993) über den Einfluss von Unternehmenskultur auf den Unternehmenserfolg.

[257] Siehe z.B. Lebensläufe und dezente Tätigkeitsbeschreibungen der Autoren im Sammelband von *Walger*, 1999, S.323.

schungspolitisch eine Beratungsform für Einzelkämpfer wie z. B. die Organisationsentwicklung gegenüber Beratungsformen für große Beratungsanbieter wie z. B. Business Reengineering bevorzugen. Die nur in großen Arbeitsteams von Beratern zu bewältigenden Aufgaben dürften ihrer eigenen Erfahrungswelt relativ fremd sein.

- Denkbar ist auch, dass im Bereich Management der deutschsprachige Markt relativ weniger begeisterungsfähige und kaufbereite Leser hat und daher die geringer eingeschätzte Nachfrage auch eine geringere Produktion bedeutet. Diese Hypothese gründet auch auf dem Nebenargument, dass in Europa der Anteil stärker technikorientierter Führungsmannschaften höher ist als in den USA (vgl. relativierende Diskussion hierzu in *Hilmer/Donaldson*, 1997, S. 76 f.).
- Außerdem mag ein selbstverstärkender Effekt für höhere Verkaufszahlen von Managementlektüre die Information sein, dass ein Buch in den USA Furore gemacht hat. Sicher sind die europäischen Leser dann eher geneigt zuzugreifen, als wenn ein Buch in Europa ein Bestseller war und sich anschickt, Amerika zu erobern.

Quer durch die meisten beratungsrelevanten Themengebiete ist zu beobachten, dass die Wissenschaft erst relativ spät auf neue Ansätze aufspringt, selbst wenn diese Managementkonzepte schon international unter Praktikern Furore gemacht haben. Beispielsweise gibt es zum Business Process Reengineering bis zum Jahre 1996 im wesentlichen nur Literatur von Praktikern, erst danach haben Wissenschaftler Beiträge zur Diskussion geliefert (*Schädle*, 2001, S. 10). Allerdings ist zu beobachten, dass es vier – wenn auch insgesamt noch zarte – Entwicklungen gibt, die in Zukunft eventuell die wissenschaftliche Adaption neuer Beratungsthemen beschleunigen könnten:

- Kooperationen von Wissenschaftlern und netzwerkartige Forschungsverbünde, in die Industrie und Beratungsfirmen Geld und ggf. auch Personal investieren (so z. B. PIMS, das internationale Forschungsprojekt zur Untersuchung von Fragestellungen auf Basis der Geschäftsdaten von hunderten strategischer Geschäftseinheiten, siehe Hinweise und Befunde in Abschnitt 7.2.1.2.1 und im Anhang 17.4).
- Kontakte von Beratungsfirmen zu Universitäten, Fachhochschulen und Berufsakademien, um dort z. B. zu Zwecken der Personalwerbung oder der Imagepflege bei Absolventen Fachvorträge usw. zu veranstalten (*McKinsey*, *Accenture*, *AT Kearny* und andere).
- Die Zahl der Publikationen von Beratern scheint weiter zuzunehmen, außerdem geben einige Beratungsunternehmen selbst auch von Wissenschaftlern anerkannte Periodika heraus, wie z. B. *McKinsey Quarterly* oder *Diebold Management Reports* (*Weber*, 2000, S. 286).
- Es gibt eine zunehmende Zahl von studentischen Unternehmensberatungen (vgl. Abschnitt 3.2), die den eventuellen wissenschaftlichen Nachwuchs mit der Realität der Unternehmenspraxis und der spannenden Aufgabe einer Unternehmensberatung in Kontakt bringen und vielleicht so auch das wissenschaftliche Interesse ihrer Mitarbeiter/Studenten und eventuell sogar ihrer Professoren beflügeln.

Darüber hinaus meinen *Weber* (2000, S. 286) und *Nicolai* (2000) eine Annäherung der (Karriere-)Logiken von Unternehmensberatungen und der Wissenschaft darin zu entdecken, dass der eine dem Prinzip „publish or perish" und der andere dem „up or out" folgt. Diese an formalen Äußerlichkeiten festgemachte Vermutung hat aber Schwächen: Die beiden genannten Prinzipien bestehen unabhängig voneinander schon lange, ein behaupteter Karrieredruck in Beratungen zur Erzeugung von Veröffentlichungen überbewertet dieses gelegentlich in einzelnen Beratungen vorkommende Element des Leistungsnachweises bei weitem. Die zentralen Karriere-Erfolgsfaktoren in Beratungen sind zunächst gute Produktion und dann guter Verkauf. Und der Druck vieler Veröffentlichungen in der Wissenschaft dürfte die Autoren eher in noch mehr praxisferne Theorie treiben. Dagegen könnte der Zwang zum Eintreiben von Drittmitteln im Wege der Auftragsforschung oder des Nebenverdienstes eine viel stärkere, wenn auch insgesamt vielleicht noch immer schwache Transferwirkung haben.

Unterstellt, es kommt tatsächlich zu einer stärkeren gegenseitigen Befruchtung von Wissenschaft und Beratung, welche Konsequenzen wird diese Entwicklung dann haben? Denkbar und meistens auch wünschenswert sind folgende Wirkungen:

- Nach Aufkommen neuer Managementkonzepte werden objektive Berichte über Erfolgsquoten und kritische Erfolgsfaktoren schneller als bisher verfügbar sein.
- Die Stärken und Schwächen von Konzepten bzw. Konzeptdarstellungen werden schneller als bisher kommuniziert. Gleichzeitig werden die Beziehungen zu anderen Konzepten und Vergleiche mit ihnen eher verfügbar sein. Als Konsequenz daraus werden Nutzer wissenschaftlicher Literatur eher mit Entscheidungshilfen zur differentiellen Indikation, d. h. Aussagen darüber, unter welchen Umständen welches Konzept zu empfehlen ist, für den Einsatz von Managementkonzepten versorgt.
- Der zeitliche Verlauf von Managementmoden wird sich ggf. in Abhängigkeit von den wissenschaftlichen Ergebnissen verändern: Bei positiven Ergebnissen könnte die Wissenschaftsliteratur ein Resonanzboden der Werbung für ein Konzept sein und seine Verbreitung beschleunigen, im umgekehrten Falle wird die zeitliche Dauer der Mode begrenzt bzw. das Überspringen der kritischen Schwelle eines neuen Konzepts hin zur Mode verhindert.
- Auf die neuen Konzepte wird noch vor deren Publikation eingewirkt, um eventuell vorhandene empirische Daten für die Beschreibung der Ausgangssituation heranzuziehen, Maßnahmenbeschreibungen präziser und Vorhersagen der Wirkung messbarer zu machen. Die Anforderungen an die Qualität und Seriosität von neuen Managementkonzepten werden auch und gerade vor dem Hintergrund der Kritik an den inzwischen verglühten Sternen am Beratungshimmel steigen. Tendenziell dürften damit solcherart beeinflusste Konzepte ein Stück weit weniger missionarisch und euphorisch werden.
- Sicherlich spekulativ ist, ob es dahin kommen wird, dass die Erzeugung neuer Managementkonzepte weniger zufalls- oder eingebungsabhängig ist, sondern eher mechanisch aus Erkenntnissen einer beratungsbedarfsorientiert vorgehenden Wissenschaft erfolgen wird.

8.3 Kundenbeziehungs- und Beratermanagement

Ein Erfolgsfaktor für die Arbeit von Unternehmensberatungen ist die Qualität der Zusammenarbeit mit dem Kunden. Die in den vorhergehenden Abschnitten referierten Arbeiten zu Beratungserfolgen zeigen keine empirischen Auswertungen der Interaktion Berater – Kunde, obwohl die Wichtigkeit dieses Zusammenspiels für den Projekterfolg erheblich sein dürfte. Beratungsleistungen werden meistens in enger Zusammenarbeit mit dem Kunden erbacht. Aufgrund dieser Situation ergibt sich leicht ein komplexes Arbeitsumfeld, in dem auf beiden Seiten verschiedene Personengruppen und ggf. sogar Partnerorganisationen (Allianzpartner und Subkontraktoren auf Seiten des Beraters, Kunden und Lieferanten auf Seiten des Beratungskunden) eine wichtige Rolle spielen.

Der Verkauf von neuen Projekten gelingt bei schon bestehenden Kundenkontakten und gemeinsamen Projekten wesentlich leichter als durch Kaltakquise oder aufgrund eines Angebots im Rahmen einer Ausschreibung bei Kunden, zu denen vorher kein Kontakt bestand. Wenn es auch keinen unternehmensübergreifenden empirischen Beleg für diese Behauptung gibt, so ist diese Überzeugung doch nahezu Allgemeingut in der Branche und führt zu entsprechender Ausrichtung des persönlichen Verhaltens im Kundenkontakt. In diesem Abschnitt sollen nun diejenigen Überlegungen und Maßnahmen dargestellt werden, die bei einem schon bestehenden vertraglichen Kundenkontakt (das ist ein Unterschied zum Thema „Vertrieb“ in Abschnitt 5.6) berichtenswert sind.

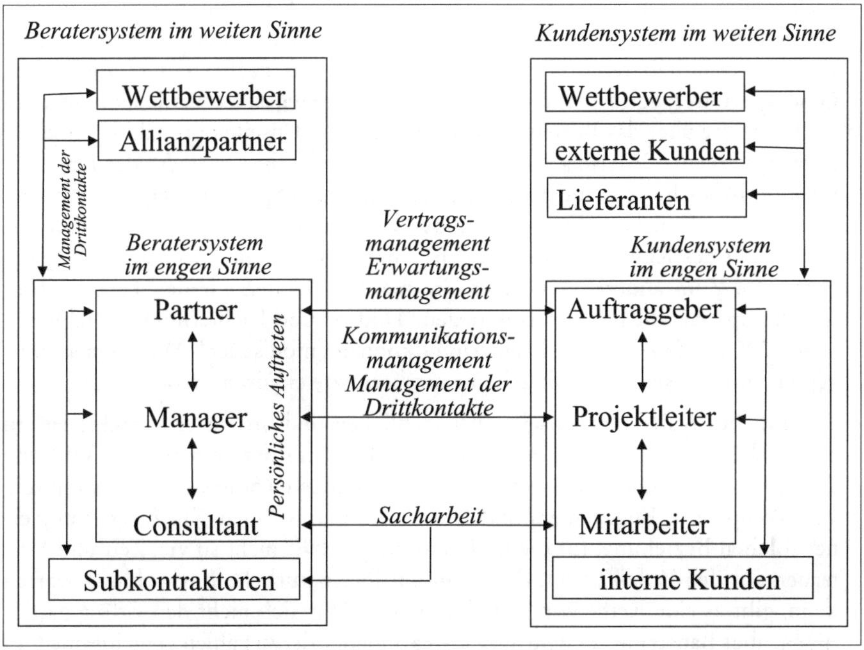

Abb. 83: Zusammenarbeit im Kunden- und Beratersystem (vgl. Hoffmann, 1991, S. 28)

Als Kundenbeziehungsmanagement sollen die folgenden, eng miteinander zusammenhängenden Maßnahmen verstanden werden:

- Vertragsmanagement: Zweck des Vertragsmanagements ist es, die gegenseitige Erfüllung insbesondere der materiellen Vertragsvereinbarungen sicherzustellen. Hierzu zählt das „Eintreiben" der Gegenleistung des Kunden und als Voraussetzung dazu alle notwendigen Aktivitäten, dass der Kunde die Verpflichtungen der Beratung als erfüllt ansieht. Besonders gefordert ist die gestalterische Kraft des Vertragsmanagements für den Fall einer „Leistungsstörung" oder Leistungsveränderung, die sich im Laufe der Projektarbeit z.B. durch auftretende Schwierigkeiten, Änderungen oder Erweiterungen des Projektumfangs beim Kunden („Scope") oder auf der eigenen Seite ergeben. Ziel ist es hier i.d.R., eventuelle Vertragsstrafen für die eigene Seite oder Kürzung der Gegenleistungen zu vermeiden, bei eigenen Mehrleistungen auch eine Erhöhung der Gegenleistung zu erreichen und insgesamt so weit wie möglich Meinungsunterschiede über vertragliche Ansprüche ohne Streit und ohne Einschalten der Gerichte zu lösen.
- Kommunikationsmanagement: Ziel ist die systematisch auf die eigenen Ziele abgestimmte, effektive und effiziente Gestaltung der Interaktion mit dem Kundenunternehmen. Hierzu gehört ein Kommunikationsplan, der die Kontaktpflege mit allen für den Projekterfolg auf Kundenseite wichtigen Entscheidern beinhaltet. Im Falle von Konflikten zwischen den Entscheidern auf Kundenseite gehören hierzu ggf. auch Überlegungen, wie man die Sponsoren des Projekts stärken und in ihren persönlichen Zielen unterstützen kann. Werkzeuge einer solchen Analyse sind z.B. Persönlichkeitsprofile der Kundenmitarbeiter und Beziehungsdiagramme („power maps"), die die Intensität und das positive oder negative Vorzeichen der Beziehung zwischen den wichtigsten Kundenmitarbeitern zeigen. Teil der Kommunikationsplanung sind weiterhin Überlegungen, wie die dem Kunden vermittelbaren Rollen im Beratersystem (z.B. Fachexperte, Projektleiter, Geschäftsführer; vgl. Abschnitt 10.1.) arbeitsteilig eingesetzt werden können, um die Kenntisse über das Beziehungsgeflecht auf Kundenseite optimal im Sinne der eigenen Verkaufsförderung zu beeinflussen. Ein wichtiges Element der Kommunikation ist auch die Etablierung einer gemeinsamen Sprache über die wichtigen Themen des Projekts. Zum einen muss sich der Berater in die firmeninterne Sprachwelt des Kunden einfinden, d.h. Abkürzungen und „politische" Begriffe verstehen. Zum anderen versuchen die meisten Berater, für den Bereich ihrer Kernkompetenz die jeweils beratereigene Diktion und Fachtermini zu etablieren (*Wolf*, 2000, S.145f.). Diese Fachtermini können „modischen" Managementkonzepten entlehnt sein oder einfach nur unübersetzte englische Wörter sein.
- Persönliches Auftreten: Jenseits aller fachlichen und offiziellen Aspekte ist ein erheblicher Teil des Erfolgs bei Kunden ein Ergebnis der persönlichen Wirkung auf den Kunden. Dies meint Attraktivität im weitesten Sinne, d.h. Ausstrahlung von Kompetenz, Engagement und Nutzen für den Kunden. Zur Herstellung einer solchen Beziehung, für die im Beratungsgeschäft nicht so viel Zeit und Vertrauen auf den Zufall bleibt, dass man auf ihre natürliche Entwicklung warten kann, gibt es eine Reihe von Mitteln, die jedes für sich nicht den Erfolg garantieren, aber Bausteine auf dem Weg sein können. Hierzu zählen gemeinsame Geschäftsessen, die persönliche Einladung zu anderen sozialen oder geschäftlichen

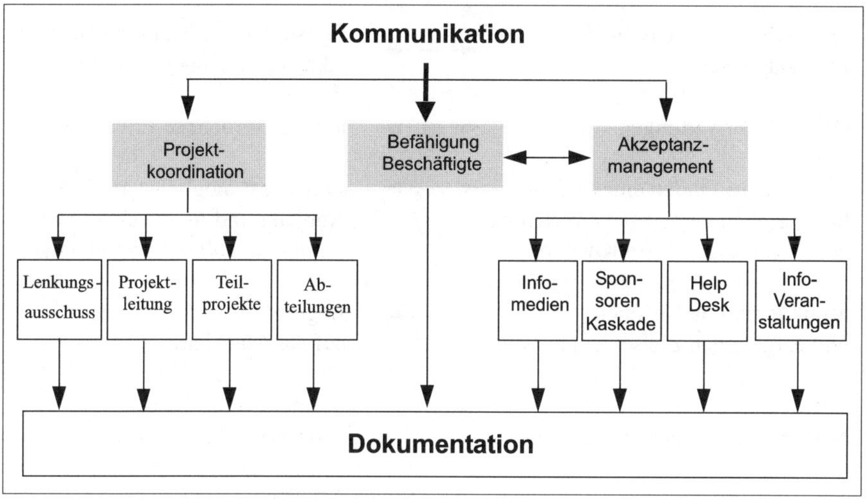

Abb. 84: Beispiel ganzheitliches Kommunikations- und Dokumentationsmanagement

Ereignissen wie Messen oder Einladungen zu internen Veranstaltungen des Beratungsunternehmens, die gemeinsame Durchführung von Sportveranstaltungen nach Arbeitsschluss usw[258]. Im Nahfeld menschlicher Interaktion helfen die allgemeinen Regeln für (Erst-)Verkäufer, z.B. die SPIN-Regeln[259], (*Rackham*, 1996) für die effektive Fragetechnik in Verkaufsgesprächen und Strategien zum systematischen Aufbau von Langfrist-Beziehungen zum Kunden[260], z.B. von *Maister* et al. (2000). Sehr hilfreich ist auch zunächst die Entwicklung der eigenen Verkaufsmotivation insbesondere bei denjenigen Beratern, die eigentlich mit der Absicht zur exzellenten Produktion zu einem Beratungsunternehmen gestoßen sind und nun nach erfolgreichen ersten Jahren durch das in den meisten Beratungshäusern vorherrschende Karrieremodell in die Rolle eines Verkäufers und Beziehungsmanagers kommen (*Hopkins*, 2000, S. 133 ff.).

- Erwartungsmanagement: Letztendlich geht es bei der Arbeit von Unternehmensberatungen darum, innerhalb der ethisch zulässigen Grenzen dem Kunden das zu geben, was er will. Erwartungsmanagement beginnt mit der scheinbar ganz einfachen Frage, welche Vorstellungen er mit einem Beratereinsatz verbindet und was er erwartet, um das Projekt als erfolgreich zu bezeichnen und den Berater weiterzuempfehlen[261]. Eine zweite Frage ist die, ob diese Erwartungen

[258] In Frage kommen auch viele andere der in den Abschnitten über Marketing (5.5) oder Vertrieb (5.6) genannten Maßnahmen.

[259] SPIN ist ein Akronym für „situation“, „problem“, „implication“ und „need-payoff“. Diese Verkaufskommunikationsstrategie besagt im wesentlichen, dass Fragen in der Reihenfolge dieser vier Kategorien gestellt werden sollten, weil dies nach Erfahrungswissen erfolgreicher Verkäufer die günstigste Vorgehensweise ist, über den potenziellen Kunden viel zu erfahren und ihn von der eigenen Angebotsfähigkeit zu überzeugen.

[260] Das oft benutzte Stichwort hierfür ist der Aufbau einer „Partnerschaft“ mit dem Kunden.

[261] Diese Fragen mögen als Entsprechung zu der angeblich von *Peter Drucker* gegenüber Kundenmitarbeitern gestellten allerersten Frage gelten. *Drucker* fragte: „Wie rechtfertigen Sie, dass Sie auf der Gehaltsliste Ihrer Firma stehen?“.

Feststellen der Wünsche des Projektsponsors	↔	Feststellen der Wünsche anderer Akteure im Kundensystem
Offizielle Erwartungen	↔	unausgesprochene Erwartungen
Beitrag zum Finden eines möglichst großen gemeinsamem Nenners der Erwartungen beim Kunden	↔	sich selbst möglichst als bester Anbieter und Ansprechpartner für alle und alles im Spiel halten
Stimulieren von Visionen und ehrgeizigen Zielsetzungen	↔	Begrenzen der Erwartungen auf das Machbare
Entwickeln neuer Nachfrage bei gleichen Kunden	↔	Vermeiden des Eindrucks von übertriebener Akquise

Abb. 85: Mögliche Handlungsfelder für das Erwartungsmanagement

stabil und bei allen Beteiligten auf Kundenseite gleich sind oder ob Veränderungen oder Widersprüche auf Kundenseite eine Gefahr für den Projekterfolg aus Sicht des Beraters werden können. Wenn ja, ist das Erwartungsmanagement des Beratungsunternehmens bemüht, die Kundenerwartungen auf den größtmöglichen gemeinsamen Projektnenner der machbaren Arbeit zu vereinbaren. Im laufenden Projekt gilt es, Zwischenergebnisse oder -produkte dem Geschmackstest des Kunden zu unterziehen. So kann die Qualität der Arbeit festgestellt, ein eventuelles Abweichen von „geheimen" Erwartungen bemerkt und das Vorgehen für den nächsten Arbeitsschritt ggf. korrigiert werden. Das systematische Nachhalten der Passung zwischen Projekt(teil-)ergebnissen und Kundenerwartungen wird bei größeren Projekten ggf. in einem „Qualitätsplan" niedergelegt, der die systematische Befragung aller Interessengruppen („Stakeholder") des Projekts vorsehen kann und damit Sicherheit vor überraschenden Unzufriedenheiten bieten soll.

- Management der Drittkontakte: „Kundenbeziehungsmanagement" kann im einfachsten Fall nur eine einzelne Person auf Kundenseite betreffen. Meistens werden jedoch auf Kundenseite mehrere Personen mit verschiedenen Aufgaben und Zuständigkeiten zu beachten sein. Besonders komplex wirken Situationen, wo sowohl auf Seiten des Beraters als auch auf Seite des Kunden Drittfirmen tätig werden. Die Beziehungen des Beratungsanbieters zu allen diesen Beteiligten bedürfen dann einer bewussten Gestaltung. Gleiches gilt bei größeren Projekten, in denen der Kunde mehrere verschiedene Beratungsanbieter, die oft in einem Konkurrenzverhältnis stehen, gleichzeitig jeweils für Teilaufgaben engagiert hat oder im Falle einer eigenen Allianz mit Dritten, die auf das aktuelle Engagement Auswirkungen hat. Ziel ist es, die Drittkontakte möglichst förderlich für den eigenen Auftrag einzusetzen bzw. mit den anderen Beratern eine Form der Zusammenarbeit zu pflegen, die dem Projekt nutzt, ohne gleichzeitig eigene Interessen z. B. bezüglich eines Folgeauftrags aus den Augen zu verlieren.

Abb. 86: Elemente des Kundenbeziehungsmanagements

Das Kundenbeziehungsmanagement ist auch eine bewusste Gestaltung des Rollenspiels zwischen Berater- und Kundensystem (vgl. hierzu Abschnitt 9.1 und Abschnitt 10.1.). Auf Seiten des Beratungsunternehmens können z. B. der Projektleiter, der qualitätsprüfende projektexterne Mitarbeiter, der zufällig im Beraterteam befindliche ehemalige Mitarbeiter des Kunden oder die Rechtsabteilung des Beratungsunternehmens jeweils ganz unterschiedliche Aufgaben in einem abgestimmten Vorgehen übernehmen. Auf Seite des Kunden verfolgen eventuell die Geschäftsführung, die Einkaufsabteilung, das Controlling, die Fachabteilungen, die IT-Abteilung, der Betriebsrat oder Personalrat sowie ggf. der Projektleiter und das Kunden-Projektteam unterscheidbare Interessen, die es zu berücksichtigen gilt. Das Zusammenspiel der Akteure auf der eigenen Seite sowie das Finden eines gangbaren Weges durch das Interessengeflecht der Beteiligten soll schließlich zur Absicherung des Erfolgs einer laufenden Projektarbeit und zur Kundenbindung führen. Eine aus Beratersicht optimale Beziehung besteht wohl dann, wenn man jederzeit das Ohr des Vorstands für Vorschläge und Ideen hat, die Rechtsabteilung, der Einkauf und der Finanzvorstand sich nicht sperren, das mittlere Management mitzieht und eine optimale kulturelle Passung zu allen beteiligten und betroffenen Mitarbeiterebenen hergestellt ist. Ein besonders enges Verhältnis zum Kunden kann auch zu dem Gefühl der gegenseitigen Abhängigkeit führen. *Schade* hat gesondert Berater und Kunden befragt, ob und auf welcher Seite sie eine Abhängigkeit in der Beziehung Berater – Kunde sehen. Das Ergebnis ist in Abb. 87 dargestellt.

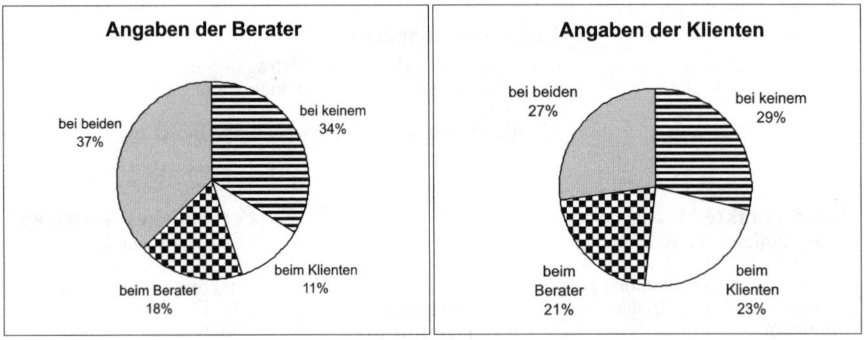

Abb. 87: Einschätzung der Abhängigkeit Kunden und Berater (Schade, 1996, S. 255)

8.4 Teammanagement und interkulturelles Management

Ein anderer, in Abschnitt 7.2.8 detailliert vorgestellter Erfolgsfaktor für Unternehmensberatungen ist die Projektarbeit. Beratungsarbeit vollzieht sich oft auf Seiten des Beraters in Arbeitsteams. Es gibt zwar mit der „Organisationsentwicklung" und dem „Lean Consulting"[262] Konzepte für Beratereinsätze, die auch mit einer Person oder sehr kleinen Teams größere Aufgaben stemmen können, dennoch sind Projektteams wohl die weit überwiegende Form der Arbeitsorganisation bei Beratungsvorhaben.

In die Projekte sind oft nicht nur Mitarbeiter des Beratungsanbieters, sondern auch des Kundenunternehmens eingebunden, mithin handelt es sich um gemischte Teams. Daher stellen sich zwei Herausforderungen:

- Allgemeines Team-Management.
- Management multikultureller Teams.

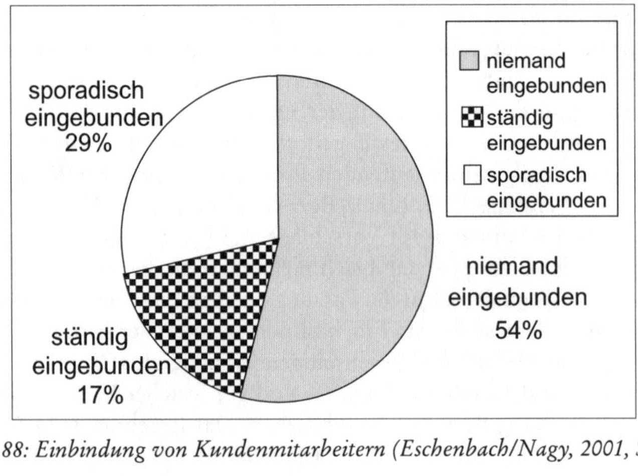

Abb. 88: Einbindung von Kundenmitarbeitern (Eschenbach/Nagy, 2001, S. 209)

[262] Ansatz von *Niedereichholz* (2001, S. 47 ff.).

Die Fähigkeit zur guten Projektarbeit in Teams als solche ist ein wichtiger Faktor für den Erfolg von Projekten, wie z.B. eine Arbeit von *Lechler/Gemünden* (1998) untersucht hat: Welche Projektbeteiligten tragen wie stark zum Projekterfolg bei? Das Ergebnis einer statistischen Zusammenhanganalyse mit Korrelationskoeffizienten[263] ist in der nachfolgenden Abbildung zu sehen: Das Team beeinflusst den Projekterfolg stärker als dies die anderen Faktoren des Projektgeschehens tun.

Das Team fungiert je nach Arbeitsphase und Projekteigenart einzeln oder in Kombination als

- Katalysator neuer Ideen und der Optimierung des eigenen Arbeitsverhaltens (den Aspekt des Ideen-Inkubators betont z.B. *McKinsey*, vgl. *Balzer*, 2000, S. 43 f.).
- Ausbildungsstätte und Transfermedium für neue Beratungsmitarbeiter oder Kundenmitarbeiter im Projektteam, die „on-the-job" an die Projektarbeit herangeführt werden.

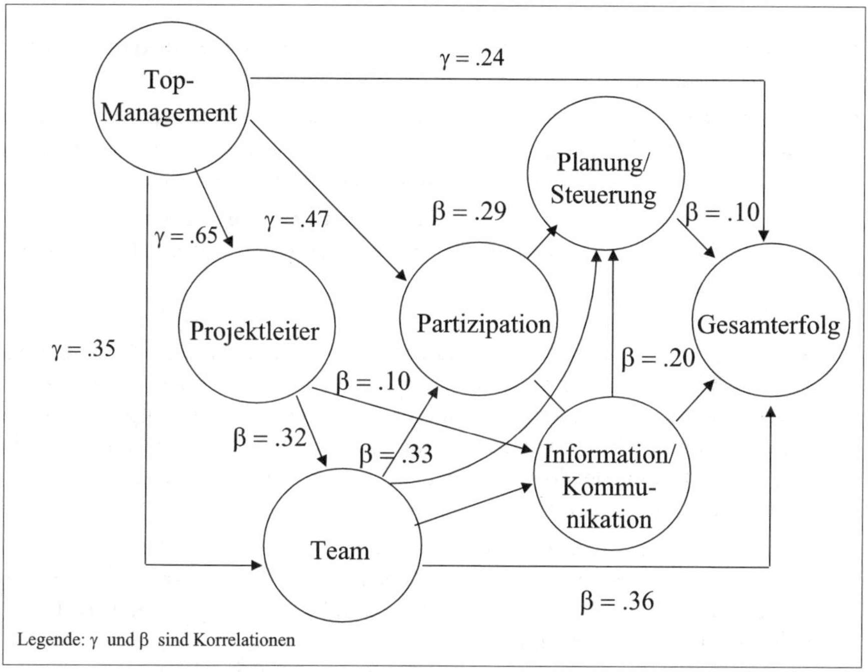

Abb. 89: Stärke des Erfolgsbeitrags (aus Lechler/Gemünden, 1998)[264]

[263] Dies geschah im Rahmen einer Pfadanalyse. Aus diesem Grunde sind die Koeffizienten auch nicht mit dem für Einzelkorrelationen üblichen „r", sondern mit den in einem pfadanalytischen Modell gebräuchlichen griechischen Buchstaben β und γ wiedergegeben.

[264] Korrelationskoeffizienten drücken die Stärke des Zusammenhangs aus. Sie nehmen Werte von +1 (sehr starker Zusammenhang) und – 1 an. In *Lechler* (1997, S. 242) finden sich für das gleiche Untersuchungsmodell wie in der obigen Abbildung teilweise erheblich andere Korreationen in Abhängigkeit von der untersuchten Projektart. Bei „nachrangigen Projekten" z.B. korreliert der Einfluss des Teams nur mit 0.09 statt mit 0.36 wie bei *Lechler/Gemünden* (1998) oder wie bei *Lechler* (1997) in der gleichen Untersuchung bei „strategischen" Projekten. Dies mag ein deutlicher Hinweis darauf sein, dass die Bedeutung der Teamarbeit stark vom Projekttyp abhängt.

- sozialer Druckraum zur Leistungsmotivation und -erzwingung: Berater werden in großen Beratungshäusern mit ihren „Peers", den Kollegen gleicher Dienstaltersstufe, verglichen.
- Kollektiv von Experten verschiedener fachlicher Kompetenz.
- Werkbank zur Multiplizierung der Arbeitskraft des Teamleiters.
- Vorbild für den Kunden in Sachen „offene Tür", weitgehend schrankenloser Kommunikationsmöglichkeiten und Freiheit von sachfremden Gruppenegoismen der Abteilungen.

Teams in Beratungsunternehmen sind keineswegs soziale Schonräume, sie sind von der Idee her auch nicht die freiwillige Wahl der Arbeitsform für gemeinschaftsliebende Gemütsmenschen, sondern schlicht oft arbeitsorganisatorisch notwendig, weil verschiedene Expertisen verlangt sind oder ein großes Arbeitsvolumen in kurzer Zeit bewältigt werden muss. Darüber hinaus haben sie mehrere Facetten, z. B.

- sind sie der Raum, innerhalb dessen die innerbetriebliche Konkurrenz um Karrieren ausgetragen wird (vgl. *Scholz/Stein*, 2001, S. 265/266)[265].
- bieten sie aber auch in einer oft fern der Heimat stattfindenden Arbeitswelt Möglichkeiten der Freizeitgestaltung nach der Arbeit, des gemeinsamen Wohnens usw., d. h. des Sozialkontaktes in einer sonst fremden Umgebung.
- lässt sich in ihnen Weiterbildung bzw. das Heranarbeiten an die Kultur des Kunden organisieren und die eigene Kultur leichter „züchten" als mit Einzelkämpfern.

Eine wichtige Aufgabe zur Gestaltung effektiver Teamarbeit ist die richtige Zusammensetzung des Teams. Eine interessante theoretische Aussage dazu stammt von *Schade* (2001, S. 174 f.). Er fragt danach, wie man das Erreichen unterschiedlicher Nutzenniveaus bei gemischter Teamarbeit erklären kann. Die folgende Abbildung zeigt anhand der Beratungsfirmen 1 und 2, dass die richtige Schwerpunktbildung im Beraterteam große Vorteile für den Kunden bringen kann. Besonderheiten der multikulturellen Teamarbeit sind (*Bartel*, 2000, S. 65 f.):

- Die Projektsprache: In vielen multikulturellen Arbeitsteams ist die Projektsprache Englisch. Muttersprachler sind in solchen Teams klar bevorteilt, dies äußert sich z. B. auch darin, dass sie andere Teammitglieder häufiger unterbrechen[266] und dominierende Rollen einnehmen.
- Die Größe der Teams: Empirische Untersuchungen scheinen nahezulegen, dass kleine Arbeitsteams ohne eine dominierende nationale Kultur in der Teamarbeit effizienter sind als große Teams und effizienter als solche, in denen eine Kultur deutlich überwiegt.

---

[265] Bei *McKinsey* muss man es geschafft haben, innerhalb der ersten drei Jahre Teamleiter zu werden, ansonsten wird man gekündigt (*Balzer*, 2000, S. 42). Andere internationale Beratungshäuser haben ähnliche Mechanismen des „up-or-out" bzw. „grow-or-go"-Prinzips.

[266] Z. B. kamen in Teams mit mehrheitlich Briten 39 % aller Redebeiträge durch Unterbrechen anderer zustande, während in einem anderen gemischten Team nur 5 % Redeunterbechungen auftraten (*Bartel*, 2000, S. 68). Diese höhere Zahl von Unterbrechungen wurde durch das Verhalten der Briten verursacht.

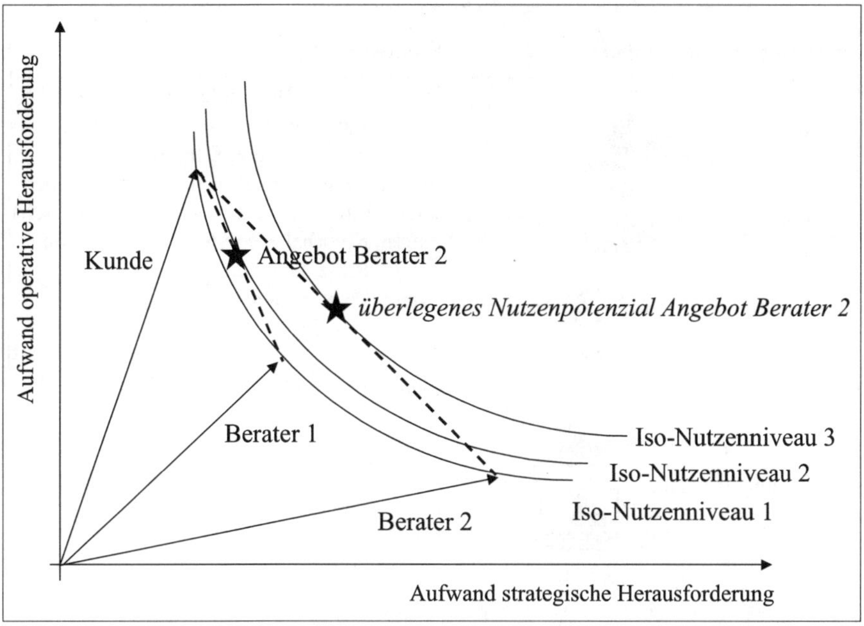

Abb. 90: Iso-Nutzenkurven und Teammischung (mod. n. Schade, 2001, S. 175)

- In den großen internationalen Unternehmensberatungen ist aufgrund ihres Ursprungs die US-amerikanische Kultur von stärkerem Einfluss als andere Kulturen, und so ist für internationale Karrieren in diesen Unternehmen eine besondere Affinität zur anglo-amerikanischen Mentalität und Sprachkompetenz sicher förderlich. „Global" heißt hier teilweise „angloamerikanisch", zumindest mehr als hispanisch oder frankophil, von germanophil ganz zu schweigen[267].

Alle großen Beratungsfirmen sind mehr oder weniger globale Arbeitgeber und haben Büros in teilweise fünfzig und mehr Staaten. Um ihr zumeist organisches Wachstum erfolgreich zu gestalten, suchen sie danach,

- zu lernen, die durch multikulturelle interne und externe Arbeit bedingten zusätzlichen Risiken und Ineffizienzen zu kontrollieren. Hierzu gehört auch, dass ranghohe Manager aus den umsatzstärkeren Ländern sich in geschäftlichen Kundenbeziehungen neuer Landesgesellschaften zurückhalten. Der Grund liegt darin, dass Beratungsarbeit ja zum erheblichen Teil Kommunikation enthält und hier viele kulturelle Feinheiten und Eigenarten zu beachten sind. Ein Beispiel für einen kulturellen Fauxpas lieferte z.B. der des Deutschen weitgehend unkundige amerikanische Geschäftsführer einer globalen Beratungsfirma, als er vor versammelter Mannschaft seine Landesgesellschaften in Deutschland, Österreich und der Schweiz als „Großdeutschland" bezeichnete.

[267] Es gibt sehr anschauliche Beispiele für kulturelle Unterschiede beim Problemlöseverhalten. Typische Konflikte zwischen Deutschen und US-Amerikanern bei gemeinsamer Projektarbeit beschreibt *Schroll-Machl* (1995, S. 212 f.).

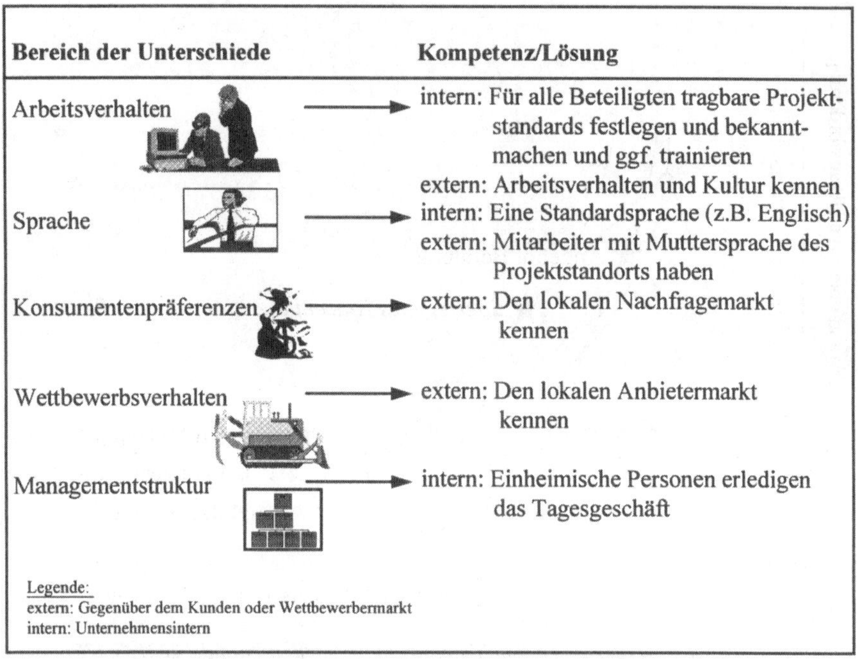

Abb. 91: Vorschläge zu Lösungen von Problemen bei internationalen Projekten

- von den in ihrem Hause versammelten kulturellen und multikulturellen Fähigkeiten besonders zu profitieren. Dies geschieht dadurch, dass die Projekterfahrungen aus allen Ländern in einem international verfügbaren Wissenmanagementsystem archiviert werden. Wenn es internationale Trends mit unterschiedlicher Geschwindigkeit in verschiedenen Ländern – wie z. B. bei der Einführung neuer Softwaremodule von *SAP*, der Liberalisierung des Telefon- und des Strommarktes – gibt, dann kann man die damit verbundenen Projekterfahrungen z. B. beim Aufbau spezieller Kundenbindungsprogramme oder neuer Managementwerkzeuge für die Anbieter in die etwas langsamer vom Trend erfassten Länder transferieren. Dazu ist es hilfreich, wenn man seinen Kunden auch Mitarbeiter aus diesen anderen Ländern präsentieren kann, die authentische Erfahrungen berichten. Wichtig ist hierbei aber zu beachten, dass man die Besonderheiten des Ziellandes im Auge behält und ggf. notwendige Anpassungen der anderswo erfolgreichen „best practice"-Lösung mitbedenkt.

Es gibt eine Anzahl von Untersuchungen über interkulturelle Unterschiede[268]. Tab. 62 zeigt diejenigen Bereiche von Beratungsarbeit, für die multikulturelle Unterschiede besonders relevant sein können (markiert mit „✓"):

[268] Kulturelle Unterschiede zwischen anderen Parteien – z. B. Kulturunterschiede zwischen Unternehmen innerhalb des gleichen Landes, der gleichen Industrie oder sogar innerhalb des gleichen Unternehmens.

Tab. 62: Wirkbereiche multikultureller/crosskultureller Kompetenz

Bereich multikultureller Kompetenz	Arbeitsverhalten	Konsumentenpräferenzen	Wettbewerb	Managementverhalten	Sprache
Beratungsdienstleistungen					
Strategie		✓	✓		✓
Aufbau- und Ablauforganisation	✓	✓			✓
IT (Hard- und Software)	✓				✓
Beratungsprozess					
Forschung & Entwicklung		✓	✓	✓	✓
Verkauf		✓		✓	✓
Fachliche Konzepte		✓			✓
Implementation	✓				✓
Ausrollen	✓				✓
Unterstützung Wirkbetrieb	✓	✓			✓
Märkte und Internes					
Marktsituation und Wettbewerb		✓	✓		✓
Interaktion mit dem Kunden	✓	✓			✓
Management der Beratungsfirma				✓	✓

9 Kundenmarkt und Kundenstrategien

9.1 Kundentypen

9.1.1 Kundenmarkt im Überblick

Nachfolgend werden marktspezifische Merkmale von Beratungskunden dargestellt. Zweck dieses Kapitels ist es, eventuell Schlussfolgerungen auf Marktentwicklungen und das Verhalten im Projekt zu erlauben. Die Sicht auf den Kundenmarkt soll anhand von vier Merkmalen erfolgen:

- Aufteilung nach Branchen,
- beobachtete Rollen von Kunden,
- interne und externe Gründe des Beraterengagements aus Kundensicht,
- Kundenerwartungen.

9.1.2 Kundenbranchen

Eine exakte Schätzung der Größe und der Branchengliederung des Kundenmarktes für Beratungsleistungen ist nicht einfach, da es keine offizielle Statistik für Beraterarbeiten – vergleichbar den Zwangserhebungen der Statistikämter über viele Produktgüterarten – gibt. Aus diesem Grunde ist man auf Schätzungen angewiesen. Diese Schätzungen stammen von weltweit tätigen Analyseinstituten wie dem *IDC* oder Dachorganisationen nationaler Berufsverbänden wie der *FEACO*, die in ihren Mitgliedsländern jedoch nur einen Teil der Beratungsunternehmen repräsentieren, da viele ganz kleine und auch einige der größten internationalen Anbieter unorganisiert sind und zudem die Inhouse-Beratungen i. d. R. keine Mitgliedschaft haben. So repräsentiert der größte deutsche Beraterverband *BDU* im Jahre 2002 ca. 3,2 Milliarden Euro Umsatz im deutschen Markt, das sind ca. 26 % des geschätzten Gesamtumsatzes für Beratungsleistungen (*BDU*, 2003). Die nachfolgend vorgestellten Daten sind also nicht als exakte Angaben zu verstehen, sondern als jeweils eine von eventuell mehreren vorliegenden Schätzungen[269].

Interessant ist ein Vergleich der Anteile von Branchen am Beratungsvolumen mit ihrer relativen Bedeutung im wirtschaftlichen Geschehen. Da auch Nonprofit-Branchen untersucht werden sollen, zeigt die nachfolgende Abb. 92 die Branchen

---

[269] Über die Gründe von Unterschieden soll hier nicht weiter spekuliert werden. Im Zweifel wird weitgehend den Zahlen des *BDU* der Vorzug gegeben und auf abweichende Angaben anderer – ohne Wertung – verzichtet.

Branche	%-Beschäftigte	% Brutto-Wertschöpfung	%-Anteil Branchen Beratung[270]	Spalten	
	Spalte (1)	Spalte (2)	Spalte (3)	(3)-(1)	(3)-(2)
Energie und Wasser	0,7	1,7	6	5,3	4,3
Gesundheit + Sozialwesen[271]	10,0	5,8	4	−6	−1,8
Handel und Handwerk	15,6	10,6	5	−10,6	−5,6
Kredit-/Versicherungswesen	3,3	3,9	27	23,7	23,1
Öffentliche Verwaltung + private Dienstleister	18,4	14,1	8	−10,4	−6,1
Telekommunikation[272]	1,3	2,1	13	11,7	10,9
Transport, Touristik	4,2	3,5	8	3,8	4,5
Verarbeitendes Gewerbe	20,9	20,7	22	1,1	1,3
Sonstige[273]	25,6	37,6	7	−18,6	−30,6

Abb. 92: Branchenbedeutung vs. Anteil am Nachfragevolumen, Deutschland 2001[274]

gegliedert nach Prozentanteil der Beschäftigten an der erwerbsfähigen Bevölkerung.

Auffällig ist, dass es Branchen gibt, die – gemessen an ihrem Anteil an der Wirtschaft – über- und unterdurchschnittlich stark externe Beratereinsätze haben: Die absolut größten Abweichungen bei den Einzelbranchen sind im Kredit-/Versicherungswesen, der Telekommunikation, im Handel/Handwerk sowie der Öffentlichen Verwaltung zu sehen. Die ersten beiden fragen überdurchschnittlich viel Beratung nach, die beiden letztgenannten dagegen weniger, als es ihrem Anteil an der Bruttowertschöpfung und den Beschäftigten entspricht. Bei den „sonstigen" dürften die Land- und Forstwirtschaft sowie das Bau- und Gastgewerbe schwache Kunden sein. Besonders nachfragestark sind die Finanzindustrie und die Telekommunikation, zusammen machen sie schon fast 50 % des Kundenmarktes aus. Die besonders hohe Nachfrage könnte einerseits mit der hohen IT-Technikorientierung interner Abläufe dieser Branchen und andererseits mit der besonders heftigen Wettbewerbssituation erklärt werden. Umgekehrt ist die niedrige Nachfrage durch den öffentlichen Bereich eventuell auf die Reformmüdigkeit und Änderungsun-

[270] *BDU*, 2003. Die Werte sind als Schätzwerte zu verstehen, da es keine amtliche Statistik gibt.

[271] In der Statistik des *BDU* steht hier nur das Gesundheitswesen, unterstellt wurde aber, das „Gesundheits- und Sozialwesen" aus der amtlichen Statistik gemeint war.

[272] Da hier in der amtlichen Statistik (*Bundesamt für Statistik*, 2001) Werte für das Jahr 2001 fehlen, wurden diese durch Extrapolation der Datenreihen aus den vorhergehenden Jahren geschätzt.

[273] Hierzu gehören u. a. Land- und Forstwirtschaft, Bergbau + Gewinnung von Steinen und Erden, Baugewerbe, Gastgewerbe, Grundstückswesen usw.

[274] Werte gerundet.

willigkeit in Deutschland zurückzuführen. Handel und Handwerk leiden seit Jahren unter geringen Margen, die oft geringe Betriebsgröße führt eventuell auch zu relativ starkem Anteil der Beratung durch Steuerberater und Wirtschaftsprüfer.

Diese Einschätzung der branchenspezifischen Nachfragestärke ist über die Zeit relativ stabil, Ausnahme hierbei ist der öffentliche Bereich, der nahezu von null kommend in den letzten Jahren ein Anwachsen der Beratungsaufgaben zu verzeichnen hatte. Es gibt eine kleine Anzahl von Untersuchungen darüber, ob die Kundenbranchen unterschiedliche Merkmale bei den Auswahlprozessen von Beratern haben. Ergebnis ist, dass es keine prinzipiellen Branchenunterschiede im Vorgehen oder der Dauer von Auswahlprozessen für Beratungsanbieter gibt (z. B. *Kohr, 2000*, S. 222).

9.1.3 Kundenrollen

Ein zweites Merkmal zur Beschreibung von Kunden ist das Kundenverhalten, als dessen „geronnene" Form Rollenmodelle dienen. Zweck dieser Rollen ist es, das Kundenverhalten zu erklären und dabei auch Vorhersagen für passende Reaktionen des Beraters ableiten zu können. Kunden- und Beraterverhalten beziehen sich aufeinander und diese Interaktionen sind dann eine sehr praxisnahe Ebene der Beschreibung von Beratungseinsätzen. Rollenmodelle zu entwerfen, ist wohl selbst eine Mode zumindest in den Sozialwissenschaften, und so gibt es eine Vielzahl davon, ohne dass sich ein Einzelnes besonders aufdrängen würde. Nachfolgend können nur einige vorgestellt werden, ausgewählt wurden diejenigen mit der höchsten Anpassung auf die Beratungssituation und empirischen Daten über Häufigkeiten. Doch bevor, wie selbstverständlich, weiter der Begriff „Kunde" benutzt wird, soll ein kurzer Exkurs zu der „Leiter der Loyalität" von *Raphael* (zit. n. *Pollecoff*, 1998, S. 180) erfolgen, anhand derer unterschiedlich enge Beziehungen zu Geschäftspartnern diskutiert werden können. Der Autor sieht mit aufsteigendem Grad nach Bindung zum Anbieter folgende Kundenrollen:

- „Suspects": Dies sind grob umrissene potenzielle Kunden(gruppen), z. B. der öffentliche Bereich. Auf diese Kunden wirken Marketingmaßnahmen.
- Prospects: Am besten lässt sich der Begriff vielleicht mit „Zielkunden" übersetzen, hier sind als Individuum identifizierte Firmen bzw. Einzelverantwortliche, auf die man mit Vertriebsmethoden zusteuern kann.
- Customers: „Kunden" im engen Sinn des Wortes, d. h. aktuelle oder ehemalige Geschäftspartner, mit denen man ein kommerzielles Projekt durchgeführt hat. Hier bestehen persönliche Beziehungen oder Anknüpfungspunkte dafür, daher sind sie Ziel von Beziehungsmanagement und Netzwerkbildung.
- Clients: Entscheidungsträger, auf deren Kontaktliste man steht, falls eine neue begrenzte Ausschreibung erfolgen soll. „Klienten" im Sinne des Autoren sind also diejenigen Kunden, die auch von sich aus auf den Berater zurückkommen.
- Advocates: Dies sind begeisterte Anhänger, die aktiv für den Berater werben und versuchen, bei Gelegenheit neue Projekte zu vermitteln oder selbst zu beauftragen.

Nach diesem Vorschlag zur Terminologie von *Raphael* ist die niedrigste Intensitätsstufe und begrifflich umfassendste Gruppe eines Vertragspartners von Beratungsanbietern ein „Kunde" und kein „Klient", obwohl der Begriff „Klient" bei manchen Beratungsanbietern als Synonym für „Kunde" benutzt wird[275].

Ein Rollenmodell von *Fleischmann* (1994) charakterisiert den Kunden anhand seiner Offenheit und Kooperation gegenüber dem Berater und sieht vier typische Rollen vor, die sich wie folgt beschreiben lassen:

- Der Getriebene (Typ I) muss unmittelbar eine Situation bewältigen, ohne jedoch lern- und kooperationsbereit zu sein. Der Berater wird als Externer behandelt und soll im Alleingang das Problem lösen.
- Der Krisenbewältiger (Typ II) dagegen ist lernwillig und kooperationsbereit, allerdings auch unter erheblichem Druck.
- Der kooperative Problemlöser ist ein vorausschauend agierender, williger Kunde. Er zielt auf eine Verbesserung seiner Wettbewerbsposition, ist an allen konstruktiven Vorschlägen interessiert und engagiert sich selbst mit großem Einsatz.
- Der Image-Pfleger identifiziert sich nicht mit der Beratungsaufgabe, sondern erfüllt mit der Beratung nur eine Alibi-Funktion gegenüber Hausbanken, Mutterkonzernen usw., er ist deshalb nur halbherzig bei der Sache, skeptisch und türmt eher unnötige Schwierigkeiten auf, als die Dinge voranzubringen.

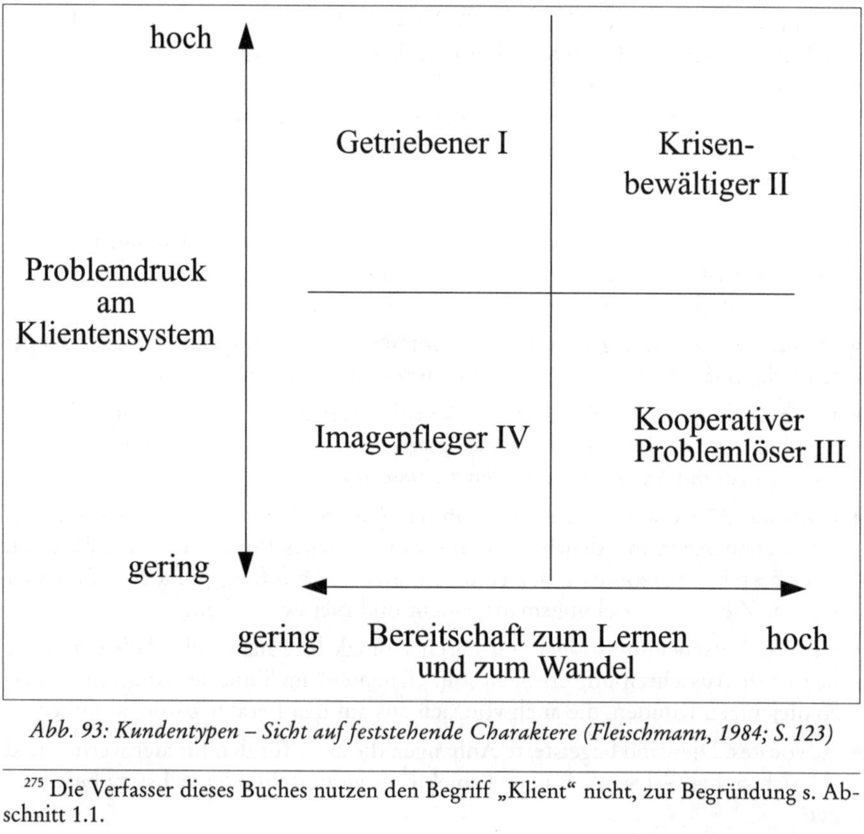

Abb. 93: Kundentypen – Sicht auf feststehende Charaktere (Fleischmann, 1984; S. 123)

[275] Die Verfasser dieses Buches nutzen den Begriff „Klient" nicht, zur Begründung s. Abschnitt 1.1.

Tab. 63: Häufigkeit der Kundentypen (aus Hoffmann/Hlawacek, 1991, S. 421)

Kundentyp	Häufigkeit (n = 62)
Getriebener	16 %
Krisenbewältiger	23 %
Kooperativer Problemlöser	52 %
Imagepfleger	9 %

Die von *Hofman/Hlawacek* berichteten Häufigkeiten aus einer nicht repräsentativen Studie sind nicht an anderer Stelle bewusst geprüft worden, dennoch gibt es andere Befunde, die man mit den Zahlen vergleichen kann: *Meffert* (1990, S. 194) fand in einer Stichprobe von 200 deutschen Unternehmen immerhin 16 % Verweigerer bzw. Skeptiker, die Berater sehr selten oder nur als Durchführende einsetzen. Die Kategorie der Verweigerer/Skeptiker hat Überlappungen mit den Imagepflegern. Insgesamt sind empirische Untersuchungen mit einer Schätzung der Zahl von Beratungsverweigerern selten anzutreffen.

Ein zweiter Typ von Rollenmodell fragt nach dem sozialen Arbeitsstil von Kunden und Beratern. Wie in der nachfolgenden Abb. 94 dargestellt, charakterisiert es die Personen anhand zweier bipolarer Dimensionen: Kontroll-Typ vs. Emotionaler Typ und Fragen-Typ vs. Antworten-Typ.

Die Einschätzung des persönlichen Stils und des Rollenverhaltens von Kunden hat für geschickte Verkäufer unter den Beratern ganz praktische Vorteile: Der Stil der Ar-

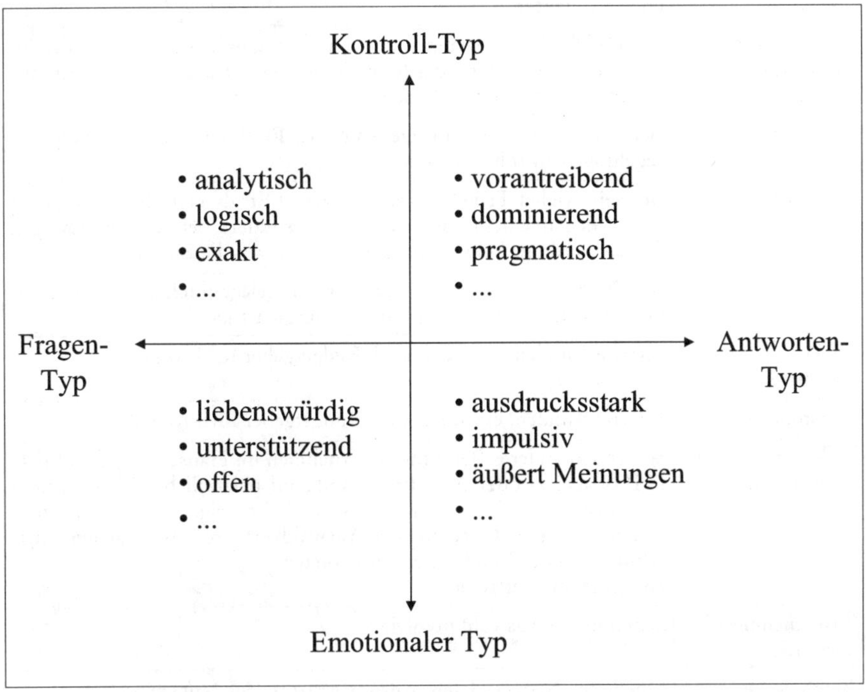

Abb. 94: Sozialer Typus des Beraters oder Kunden (mod. n. Tracom, 2001, S. 5)

gumentation in Verkaufsgesprächen, die Art der Aufbereitung und des Inhalts von Präsentationsfolien sowie das allgemeine persönliche Verhalten und die Zusammensetzung des Beraterteams können darauf ausgerichtet werden. So lässt sich der analytische Typ wahrscheinlich durch die richtigen Zahlen und Statistiken überzeugen, der vorantreibende Typ durch den Hinweis auf die sehr innovative Lösung mit dem Potenzial zum Erreichen der Marktführerschaft, der liebenswürdige Typ durch die Sicherheit des zu erwartenden bequemen Erfolges und der Ausdrucksstarke dadurch, dass jetzt ein für allemal das Problem beseitigt sei. Kompliziert wird es natürlich, wenn auf Kundenseite mehrere Entscheidungsträger mitspielen und jeder einen anderen Persönlichkeitstypus hat. In dieser Situation müssen gemischte Botschaften gesendet werden, wobei gegensätzliche Reaktionsweisen der Teilnehmer Berücksichtigung finden müssen. Der Analytiker liebt Schaubilder mit Zahlen und Graphiken, während der Impulsive schnell genug davon hat und endlich zum Punkt kommen möchte. Da es bei großen Beratungsaufträgen um einiges geht, werden seitens der Anbieter oft auch diese personellen Konstellationen auf Kundenseite analysiert und Erkenntnisse daraus in die Gestaltung der Vertriebsanstrengungen einbezogen.

Tab. 64: Kundenrollen und ihr Einfluss auf Auswahlentscheidungen

Personengruppe	vermuteter Anteil an der Beraterauswahl
Aufsichtsrat	In die meisten projektbezogenen Entscheidungen weder direkt noch indirekt einbezogen. In einigen Fällen aber sehr wohl vermutlich indirekte Einflussnahme zugunsten von Beratungsanbietern mit persönlichen Kontakten
Geschäftsführer, Vorstandsvorsitzender	Persönliche Einflussnahme nur (a) in strategischen Projekten oder (b) bei großen Vorhaben oder (c) in Projekten mit wiederholtem persönlichen Kontakt zu den Beratern
Vorstand	Bei Inhouse-Beratern im eigenen Hause Einflussnahme über Vergaberegelungen an Inhouse-Beratungen
Einkaufsabteilung	Bei sehr vielen Projekten einbezogen. Oft als erste Selektionsstufe zusammen mit dem Fachbereich insbesondere bei Ausschreibungen dabei, allerdings kein inhaltlicher Einfluss auf die Entscheidung
IT-Bereich	Bei IT-Projekten meistens Teampartner, gelegentlich auch Budgetgeber, auf jeden Fall interner Abstimmungspartner
andere Fachbereiche	Interne Kunden, eventuell auch Budgetgeber für Projekte
Fachministerien	Interne Kunden, eventuell auch Budgetgeber für Projekte
andere Beratungsunternehmen	Sofern ein anderes Beratungsunternehmen im Hause ist, ggf. indirekte Propaganda oder Anti-Propaganda auf persönlicher Ebene, selten offene Stellungnahme, aber – sofern zulässig – eigenes Gegenangebot. In einigen Fällen Coaching des Auswahlverfahrens bei eigenem Ausschluss von der Möglichkeit mitzubieten Arbeitnehmervertreter
Arbeitnehmervertreter	Selten in die Auswahl involviert
Beschäftigte	Quelle für Nutzerwissen, Ansprechpartner für Nutzertests

Eine andere Sichtweise auf die Kundenrolle ist einfach die Funktion des Rollenträgers im Unternehmen. Bei mittleren und großen Kunden treten dem Berater nicht nur eine Person und ein Entscheidungsträger entgegen, sondern ein Teil des Kundensystems, verkörpert durch mehrere Funktionsträger und ihr Zusammenwirken.

Die in der Tabelle erwähnten Personen(-gruppen) sind in unterschiedlichem Ausmaß an (1) der Entscheidung, ob überhaupt ein Projekt gemacht wird und (2) an der Auswahl der Berater beteiligt. *Fritz/Effenberger* (2002, S. 242 f.) fanden für die von ihnen untersuchten 74 Kundenunternehmen mit Strategieprojekten, dass

- Bereichsleiter und die Geschäftsführung eine hohe Bedeutung („4" bzw. ca. „4,5" auf einer fünfstufigen Skala, „5" war „hohe Bedeutung") für die Entscheidung über das „Ob" des Projekts hatten. Mitarbeiter des betroffenen Bereichs sowie die zweite Hierarchieebene kamen immerhin noch auf eine Bedeutung von ca. „2,2" bis ca. „3", während die Einkaufsabteilung unter „2" dümpelte und damit nahe an der niedrigsten möglichen Bewertungsstufe „geringe Bedeutung" war.
- bei der Entscheidung über die zu beauftragende Unternehmensberatung dominieren die Geschäftsleitung und die Bereichsleitung noch stärker das Geschehen.

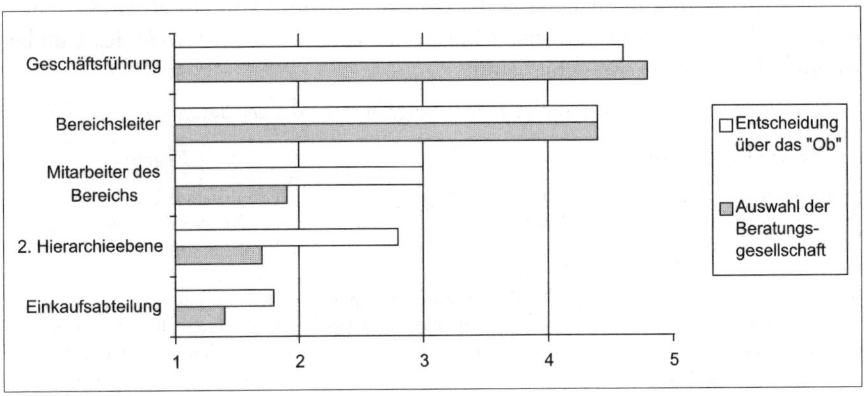

Abb. 95: Beteiligung an Projektentscheidungen (mod. n. Fritz/Effenberger[276], 2002)

Als letztes soll ein pragmatischer, standardisierter Rollenansatz des Kundensystems aus Sicht der Berater gezeigt werden. Er dient unmittelbar der Frage, an wen man sich zu welchem Zwecke auf Kundenseite wenden muss, um einen möglichen Auftrag zu erhalten:

- Sponsor: Er ist derjenige, der letztendlich das mögliche Projekt finanziert. Hier treten häufig Geschäftsführer, Vorstandschefs oder Vorstände bzw. die Bereiche IT, Finanzen und Controlling auf. Es ist keinesfalls sicher, dass die Sponsoren auch tatsächlich hinter dem Projekt stehen und sich in das Projekt einbringen. Diese Einbeziehung der Sponsoren, auch solche der höchsten Hierarchieebene, zu erreichen ist für manche Projekte – insbesondere die weitreichenden – ein ganz zentraler Erfolgsfaktor.

[276] Übernommen wurden die Daten für erfolgreiche Projekte aus *Fritz/Effenberger*, 2002, Abb. 6 und 8.

- Advokat: Hierunter sind Fürsprecher oder Gegner des Projekts zu verstehen, die aber nicht notwendigerweise gleichzeitig auch möglicher interner Kunde oder Sponsor sind. Für den außenstehenden Berater, der sein mögliches Projekt verkaufen möchte, ist es wichtig herauszufinden, welchen Einfluss der Advokat auf die Entscheidung für das Projekt und die Auswahl des Beraters hat.

Die wichtigste Rolle hat hier der Sponsor – wenn er gleichzeitig auch noch zum Advokaten eines Beratungsunternehmens wird, bedeutet dieses i. d. R. den Gewinn des Projekts.

9.1.4 Empirische Auswahlkriterien der Kunden für Berater

Die Auswahl von Beratern durch den Kunden ist ein Vorgang, in dem mehrere Faktoren eine Rolle spielen können (vgl. Abschnitt 4.2). Einige empirische Ergebnisse werden in der nachfolgenden Tab. 65 berichtet.

Die Gründe für das Engagieren von Beratern schlechthin wurden schon in Kapitel 4 dargestellt. Unabhängig von diesen inneren Beweggründen der Kunden legen Befunde die Vermutung nahe, dass die Inanspruchnahme von Unternehmensberatungen teilweise – wenn auch nicht linear – abhängig von der Größe des Kunden ist, und dies in einem doppelten Sinne:

Tab. 65: Empirisch untersuchte Beurteilungsfaktoren bei der Beraterauswahl[277]

Beurteilungsfaktoren	Quelle	Ergebnis
• Reputation allgemein • Reputation in Strategie • Bekanntheitsgrad • persönliche Erfahrungen • schriftliches Exposé • Präsentation • Kosten des Projekts • Größe des Beratungsunternehmens • Qualifikation der Berater • Erfahrungen anderer Unternehmen • Empfehlung Verband/IHK	*Fritz/Effenberger*, 1998 bzw. 2002 74 deutsche Unternehmen aller Branchen (aus den 450 größten) mit Erfahrungen in Strategieprojekten.	Die höchste Bedeutung für die Auswahl hatten mit ca. 4 Punkten auf einer 5-Punktskala (5 war Maximum) die Reputation allgemein, Reputation in Strategie und die Qualifikation der Berater, am niedrigsten schnitten die Empfehlungen der Verbände/der IHK ab (ca. 1 Punkt)

[277] Es gibt weitere Untersuchungen: Eine stammt von *Kohr* (2000, S. 229 f.) an 83 deutschen Unternehmen. Bei ihm punkteten am höchsten die Kriterien Problemverständnis, Realisierbarkeit der Konzepte, Einbinden des Klienten in das Projekt, Methodenkompetenz und die Darstellung des Nutzens für den Kunden. Am niedrigsten schnitten ab die Werbung des Beratungsunternehmens, eine Empfehlung durch den Branchenverband, „Muttergesellschaft der Unternehmensberater ist die Wirtschaftsprüfungsgesellschaft des Kunden" und „örtliche Präsenz des Beratungsunternehmens auch in Ländern, wo der Kunde Auslandsfilialen hat". Eine andere Untersuchung von *Eschenbach/Nagy* (2001, S. 203) befragte 191 österreichische Top-Manager und fand an der Spitze der Auswahlkriterien Referenzen, vergleichbare Problemstellungen bei Vorprojekten, den Beratungsansatz und den persönlichen Eindruck (alle über 90 %), ganz unten rangierte die Größe des Beratungsunternehmens (nur 20 % der Nennungen).

Beurteilungsfaktoren	Quelle	Ergebnis
• Beratungsangebot • Bekanntheit/Image • Kosten • Referenzen • Tätigkeitsbereich • Nachgewiesene Kompetenz • Vertrauen • Zusammenarbeit	*Meffert,* 1990 200 Unternehmen aus vielen Branchen, Projekte aus praktisch allen Beratungsbereichen, wobei IT- und Prozessberatung besonders stark vertreten waren	Höchste Werte auf einer 6-Punkt-Skala (1 = max) hatten das Vertrauen (ca. 1), nachgewiesene Kompetenz (ca. 1,3), das Angebot (ca. 1,7), die Zusammenarbeit (ca. 1,8) und Referenzen (ca. 2), niedrigste Werte (ca. 4 Punkte) Kosten und Größe
• Qualifikation • Branchenerfahrung • Präsentation des Konzepts • Ausschreibungsanforderung • Preis-/Leistungsverhältnis • Auftreten des Beraterteams • Image (Größe/Bekanntheit) • Referenzen • Messbare Zielwerte • Technologieerfahrung • Schriftliches Exposé • Frühere Projekterfahrung • Persönliche Kontakte • Größe/Personalkapazität • Bekanntheitsgrad • Qualitätsmanagement • Empfehlungen	*Höck & Keuper,* 2001 71 Projekte aus 13 Branchen (aber unrepäsentativ gewichtet), Strategie-, Prozess- und IT-Projekte.	Höchsten Einfluss hatten die Qualifikation (ca. 90 % der Nennungen), die Branchenerfahrung (ca. 80 %), die Präsentation (ca. 75 %) und das Erfüllen der Ausschreibungsanforderungen (ca. 70 %). Am niedrigsten punkteten der Bekanntheitsgrad (ca. 47 %), ein Qualitätsmanagementsystem (ca. 43 %) und Empfehlungen (ca. 35 %)

- Größere Unternehmen engagieren mit höherer Wahrscheinlichkeit Berater. Eine Vermutung ist, dass es mit zunehmender Unternehmensgröße zu einer Ausdifferenzierung von Beratungstätigkeiten über Stäbe sowie interne oder externe Berater kommt. Ein relativer Mehrbedarf großer Unternehmen an Beratung mag damit zusammenhängen, dass in ihnen auch die internen Prozesse stärker ausdifferenziert sind und es deshalb auch überproportional viel Steuerungs-, Koor-

Tab. 66: Anteile am Gesamtumsatz der Berater (Rendahl/Steinhoff, 2000)

Größe des Kunden in Beschäftigten	Aufträge in % des Gesamtumsatzes
1–49	4 %
50–99	6 %
100–499	22 %
500–999	11 %
1 000–4 999	19 %
5 000–9 999	15 %
über 10 000	22 %

dinations- und IT-technischen Unterstützungsbedarf gibt. Das Bild mag aber insofern verzerrt sein, als kleinere Beratungsaufträge oder Aufträge an Berufsgruppen, die nicht hauptberufliche Unternehmensberater sind, bei kleineren Firmen häufiger vorkommen. Damit ist nicht auszuschließen, dass der Anteil bezahlter Beratungsleistungen Dritter am Gesamtaufwand ähnlich dem der großen Firmen ist, sich der Kuchen nur auf andere Typen von Anbietern aufteilt.

- Es besteht ein Zusammenhang zwischen der Größe des Kundenunternehmens und der Größe des beauftragten Beratungsunternehmens. Groß und Groß geht gerne zusammen, die größten Unternehmen vergeben – gemessen am Beratungsvolumen – Aufträge fast nur an große Beratungsanbieter.

Es gibt allerdings die Beobachtung, dass auch mittelgroße Firmen gegenüber großen bei der Nutzungsintensität von Beratern aufholen. Als Grund hierfür werden die auch für kleinere Anbieter spürbare Globalisierung des Wettbewerbs sowie der Einzug einer neuen Generation von Führungskräften gesehen. Daher ist eine der Wachstumsstrategien großer Beratungsanbieter, sich auch vermehrt um den Mittelstand zu kümmern.

Über das Nutzungsverhalten kleinerer Unternehmen gibt es die Erkenntnis, dass hier kleinere Beratungsanbieter jedweden Hauptberufs anteilig eine größere Rolle spielen. Aufgrund der Kleinteiligkeit sowie der sicher nicht leichten inhaltlichen Abgrenzung von Zeit- und Aufwandsanteilen anderer Beratungsformen sind die vorliegenden Schätzungen mit besonderer Vorsicht zu verwenden. *Lachnit/Müller* (1993) berichten über eine Befragung aus dem Jahre 1991 an 161 Unternehmen mit 100 bis 200 Mitarbeitern und einem Jahresumsatz von ca. 10 bis 50 Millionen Euro (s. Abb. 96). Zwischen den hauptberuflichen Unternehmensberatern und den anderen Berufsgruppen gab es zwei bemerkenswerte Unterschiede: Den Unternehmensberatern wurde auf einer siebenstufigen Skala der Beratungseignung ein Wert von 4,5 zugemessen, während die anderen Berufsgruppen im Schnitt auf 3,6 kamen[278]. Ein weite-

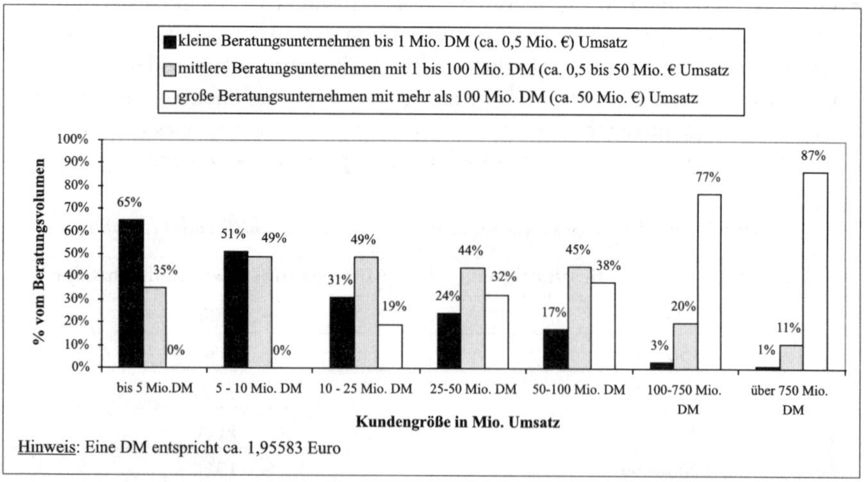

Abb. 96: Größe Kunde und Größe Berater (BDU, zit. Rendahl/Steinhoff, 2000, S. XVIII)

[278] Die Autoren berichten leider keine statistischen Signifikanztests, d. h. es kann nicht ge-

Tab. 67: Nutzung verschiedener Beratungsanbieter (Lachnit/Müller, 1993, S. 1384)

Träger der Beratung	Inanspruchnahme	
	Gruppe	Gesamt[279]
Freiberufliche Unternehmensberater	28,6 %	45,3 %
Unternehmensberatungsgesellschaften	29,8 %	
Unabhängige EDV-Berater	37,3 %	57,1 %
Unabhängige Technikberater	16,8 %	
Lieferantenabhängige Berater	26,1 %	
Wirtschaftsprüfer	50,9 %	75,8 %
Steuerberater	52,8 %	
Beratungsdienste der gewerblichen Wirtschaft	6,8 %	38,5 %
Beratungsdienste der Industrie- und Handelskammer	22,4 %	
Beratungsdienste von Verbänden	31,7 %	
Kreditinstitute	34,8 %	34,8 %
Befreundete Unternehmen	32,3 %	53,4 %
Beirat	13,0 %	53,4 %
Innerbetrieblicher Beraterstab	36,6 %	

rer Unterschied betrifft die beauftragenden internen Bereiche. Unternehmensberater wurden eher von den Bereichen Marketing/Vertrieb, Produktion/Logistik, Verwaltung und EDV/Organisation beauftragt, während Wirtschaftsprüfer, Steuerberater und Kreditinstitute eher durch die Bereiche Rechnungswesen, Controlling und Finanzwesen ins Haus geholt wurden.

9.2 Gewerbliche Privatindustrie

Nachfolgend werden einzelne Branchen der gewerblichen Privatwirtschaft als Kunden der Unternehmensberatung vorgestellt. In dem separaten Abschnitt 9.3 folgen Nonprofit-Organisationen. Zweck der Ausführungen ist es, einen Eindruck von der branchentypischen Beratungsnachfrage zu vermitteln und die vermutlichen Leitthemen für Projekte der Zukunft zu benennen[280]. Um den Hintergrund der Beratungsnachfrage zu beleuchten, werden kurz die unterschiedlichen internen und externen Trends erwähnt. Dieser Abschnitt versteht sich aber nicht als Kon-

sagt werden, welche statistische Fehlerwahrscheinlichkeit für die Aussage gilt, dass dieser Unterschied eine rein zufällige Abweichung ist.

[279] „Gesamt“ meint die Inanspruchnahme von mindestens einem Vertreter aus der Gruppe.

[280] Die hier gewählte Gliederung der Beratungsbranchen weicht von derjenigen des *BDU* (siehe Kapitel 9.1) ab. Der Grund dafür liegt darin, dass die dort der amtlichen Statistik nachgebildete Gliederung Branchen mit starker Beraternachfrage teilweise nicht einzeln zeigt (z. B. Chemie/Pharma).

kurrenz zu professionellen Branchenanalysen, die von Anbietern wie *Freedonia, Gartner-Dataquest, ITC* und anderen angeboten werden.

9.2.1 Chemie- und Pharmaindustrie

Chemieindustrie: Die deutschsprachigen Länder stellen bedeutende internationale Vertreter der Branche. Die Chemieindustrie ist besonders konjunkturabhängig und war in den letzten Jahren schon durch die Umweltpolitik, den internationalen Wettbewerb und Nachfrageverschiebungen starkem Veränderungsdruck ausgesetzt. Nach einer Studie der Unternehmensberatung *Roland Berger Strategy Consultants* (zitiert n. *Smolka*, 2003, S. 3) haben die führenden Chemieunternehmen eine nicht optimal am Markt ausgerichtete Forschungsstrategie, allerdings ist es ihnen dank einer verbesserten Prozesseffizienz gelungen, sich gegen Billigkonkurrenz aus Drittweltstaaten zu behaupten.

Mögliche Beratungsthemen in der chemischen Industrie sind oder waren kürzlich:

- Strategie
- Fortentwicklung von eCommerce – Einkaufsplattformen für Grundstoffe
- Outsourcing von IT, Outsourcing der Beschaffung von c-Materialien
- Shared Service Konzepte für Beschaffung, Finanzen
- Outsourcing von internen Funktionen, z. B. Weiterbildung
- Prozessoptimierung
- Einführen neuer Logistiksysteme.

Technische Gase: Ein spezieller Bereich der Chemie ist die Erzeugung technischer Gase, d. h. solcher Gase, die aus der Luftzerlegung erzeugt werden können. Hierzu zählen Sauerstoff, Wasserstoff, Helium und andere Spurengase. Es gibt nur eine relativ kleine Zahl von Anbietern auf dem Markt. Gegenüber sonstigen Chemiefirmen besteht die Besonderheit dieser Industrie darin, dass man meistens keine Rohstoffe einkaufen muss (Rohstoff ist die Luft, nur für wenige Gase werden auch andere Rohstoffe benötigt) und dass es den Wunsch vieler industrieller Kunden gibt, „on site“ – d. h. vor Ort beim Kunden – zu produzieren. Spekulationen über den Durchbruch der Brennstoffzellentechnologie mit ihrem dann zu erwartenden hohen Wasserstoffbedarf sind eine Zukunftshoffnung, die sich mit den gedämpften Erwartungen an eine schnelle kommerzielle Massenanwendung der neuen Technologie wieder etwas gelegt hat. Beratungsthemen sind oder waren kürzlich:

- Aufbau von eCommerce – Einkaufsplattformen
- Logistiksysteme
- Fusionen und Allianzen (z. B. der Erwerb der schwedischen *AGA* durch die *Linde AG*).

Pharmaindustrie, Biotechnologie und Pharmahandel: Der Pharmamarkt insgesamt wuchs in Europa durchschnittlich jährlich um ca. 8 %, in den USA um ca. 12 % (*Kuchenbuch*, 2003). Die größten Anbieter sind die forschenden Pharmaunternehmen, einen immer größeren Anteil an diesem Markt haben jedoch Nachahmerpräparate (Generika). Der Preisvorteil von Generika ist aufgrund der hohen Kosten für pharmazeutische Forschung leicht erklärlich: Die Entwicklung neuer Pharmapräparate ist ein langwieriger Prozess, der aufgrund strenger Auflagen der nationalen Zulassungsverfahren ein mehrstufiges Prüfungsverfahren vorschreibt und viele Beteiligte einschließt. Arzneimittel-Entwicklung ist daher insbesondere Informationsmanagement (*Greb*, 2002): Wissensmanagement- und Dokumentationssysteme sind sehr wichtige Instrumente, um den Prozess besser strukturieren, Doppelarbeit vermeiden und erzielte Ergebnisse schneller abgabereif vorlegen zu können. Da die Patente forschender Pharmafirmen nur eine begrenzte Zeit (12 Jahre) geschützt sind, besteht besonderer Zeitdruck für die Entwicklung bis hin zur Marktreife. Ein weiterer Trend ist die möglichst schnelle Vermarktung von Forschungsergebnissen insbesondere derjenigen Anbieter, die nicht selbst produzieren oder zumindest einen Teil ihrer Einnahmen mit dem Lizenzverkauf planen, wie dies z. B. Biotech-Firmen tun. Mögliche Beratungsaufgaben der Zukunft sind:

- Fusionen und Desinvestitionen. Die Pharmaindustrie kann mit *Aventis* eine der ganz wenigen zweifellos wirtschaftlich erfolgreichen Großfusionen aufweisen (*Höchst* und *Rhône-Poulenc*).
- Customer Relationship Management (so auch ein Vertreter von *Bain & Company*, zit. n. *Hebestreit*, 2002).
- Wissens- und Dokumentenmanagementsysteme.
- Systeme für Einkaufs- und Distributionslogistik, evtl. Aufbau eines eCommerce-Vertriebsweges für Endkunden in Deutschland bei Liberalisierung des Arneimittelverkaufs.

9.2.2 Automobilindustrie

Die Automobilindustrie im deutschsprachigen Raum besteht aus den sechs großen deutschen Herstellern[281] sowie ca. 2 000 Zulieferern, unter denen wenige große[282] und viele kleine und mittelständische Anbieter sind. Die Branche ist durch einen harten weltweiten Wettbewerb gekennzeichnet, in dem sich die deutschen Hersteller mit unterschiedlichem Erfolg bewegen. Während die meisten relativ erfolgreich sind, hat der zum *GM*-Konzern gehörende Hersteller *Opel* seit Jahren schlechte Ergebnisse und Marktanteilsverluste zu verzeichnen. Beratungsrelevante Entwicklungen sind:

- Ein – teilweise schon weit ausgereizter – Trend in der Automobilindustrie ist die Verringerung der Fertigungstiefe durch Outsourcing, so hat z. B. *Porsche* die Fertigung eines Modells an eine finnische Firma vergeben. Von ehemals durchschnittlich ca. 40 % Fertigungstiefe kommen manche Unternehmen nahe an die 20 %, dies könnte schon die ökonomisch sinnvolle untere Grenze der Entwicklung sein.

---

[281] *Volkswagen* mit *Audi* und anderen Beteiligungen, *DaimlerChrysler*, *Ford*, *Opel*, *BMW* und *Porsche*.

[282] *Bosch*, *Siemens*, *Hella* und die *Zahnradwerke Friedrichshafen*.

- Bei neuen Fahrzeugmodellen gibt es hin und wieder Kooperationen auch zwischen ansonsten konkurrierenden Fahrzeugherstellern (z. B. Entwicklung und Fertigung des *VW Sharan* zusammen mit *Ford*, das den gleichen Wagen auch als eigenes Produkt herausgab) oder Fahrzeugherstellern mit Dritten. *DaimlerChrysler* baut das Modell *Smart* ohne den Mercedesstern (*Boucsein* et al., 1998).
- Ein anderer Trend ist die Verringerung der Zahl von Zulieferern und Vertragshändlern. Die großen Automobilhersteller wollen gleichzeitig die Zusammenarbeit durch gemeinsame Arbeit mit den Zulieferern in „Lieferantenprogrammen" verbessern. Diese Programme laufen teilweise schon seit Beginn der 90er Jahre und sehen u. a. ständige Workshops zur Absprache von Produktverbesserungen und Verbesserungen des Produktionsprozesses vor (Benchmarking, Prozessanalyse, Qualitätsmanagement).
- Die Bemühungen der EU zur Lockerung der Bindung von Händlern an die Automobilhersteller wird mittelfristig neue Vertriebskanäle für den Kfz-Kauf bedeuten. Zu erwarten ist, dass die Hersteller vorhandene Alternativkanäle wie das Internet, die Suche nach neuen Kanälen sowie Überlegungen zu neuen Kundenbindungsprogrammen intensivieren.
- Noch sind Verkehrsleitsysteme und intelligente Fahrzeugelektronik, die teilweise in das Fahrgeschehen eingreift, weitgehend Zukunftsmusik. Deutschland ist auf diesen zukunftsträchtigen Forschungsgebieten jedoch führend, eventuell ergeben sich hieraus mittelfristig große Umsatzpotenziale eventuell auch für die Beratung.

Diese Trends bedeuten einen ständigen Beratungsbedarf. Die deutschen Automobilhersteller haben überwiegend eigene Consulting-Töchter oder inhouse Beratungsabteilungen gegründet (siehe Kapitel 11). Arbeitsfelder für diese und externe Unternehmensberater im Bereich der Automobilindustrie sind:

- Post-Merger-Integration bei Zulieferern, in deren Branche es durch die seitens der Automobilzulieferer betriebenen Reduzierung von Lieferanten lange einen Druck zu größeren Einheiten gab.
- Unterstützung der Lieferantenprogramme von Automobilherstellern.
- Nach einer neuen Studie von *Roland Berger* (o. V. [1], 2002) empfiehlt es sich für Lieferanten, intensiver als bisher z. B. in Forschung und Entwicklung zusammenzuarbeiten, um dem Wettbewerbsdruck und dem Druck der Hersteller Paroli zu bieten. Hier könnte ein Betätigungsfeld für strategiebezogene Beratung liegen.
- Aufbau oder EDV-technische Integration ausländischer Standorte.
- Vertriebsorganisation und Beratung von Vertriebspartnern/Vertragshändlern der Hersteller.
- Direktvertriebswege (*Habedank* et al., 1998).
- IT-Projekte im Bereich betriebswirtschaftlicher Standardsoftware.

Insgesamt ist die Automobilindustrie wegen ihres erfolgreichen Aufhol- und Überholkampfes gegen ausländische Konkurrenz derzeit keine große Baustelle für große Einsätze von Unternehmensberatern, andererseits hat sie ein sehr großes Umsatzvolumen. Auch relativ kleine Investitionsvorhaben mit Beratungsanteil erreichen daher große absolute Beträge. Nach einer Studie der Unternehmensberatung *KPMG* verbleibt die Industrie derzeit bis zum Jahr 2005 in einer Phase relativ niedrigerer Erträge als im Rekordjahr 2000, weil trotz sehr hoher Produktionszahlen die Verkaufspreise mit günstigen Finanzierungsangeboten relativ niedrig sein werden (*Grant*, 2003).

9.2.3 Transport- und Touristikindustrie

Zur Transportindustrie zählen Logistikdienstleister, Schienen- und Bus-/LKW-Transportunternehmen sowie die Luftfahrtanbieter im Linien- oder Charterdienst. Logistikdienstleister sind insbesondere die Post sowie andere Paket- und Kurierdienste. Die deutschsprachigen Länder liegen in der Mitte Europas und haben daher logistisch eine Premiumlage, die sie gleichzeitig aber auch wegen des starken Verkehrsaufkommens vor besondere Probleme des Umwelt- und Lärmschutzes sowie der Verkehrssteuerung stellt.

Die kommunalen Nahverkehrsunternehmen wirtschaften i. d. R. mit nur 50 % bis 70 % Kostendeckung durch Einnahmen aus Fahrpreiserlösen, so dass ein ständiger hoher Zuschussbedarf besteht.

Die *Deutsche Bahn AG* und die *ÖBB* sind nach wie vor von erheblichen Subventionen abhängig[283], während die *Schweizer Staatsbahnen* eine schwarze Ergebniszahl einfahren. In Deutschland nimmt die Zahl der privaten Bahnen, die der *Deutschen Bahn AG* Konkurrenz machen, zu. Diese Unternehmen sind jedoch noch zu klein, um erhebliche Nachfrage nach Beratungsleistung zu entfalten. Mögliche Beratungbereiche in der gesamten Branche sind:

- Strategie (Kundenbindung, Preisentwicklung, neue Geschäftsfelder)
- Modernisierung von Arbeitsprozessen und internen Systemen, Change Management
- Aufbaustruktur von Ausgründungen
- Fusionen und Allianzen.

Luftfahrtindustrie: In der weltweiten Luftfahrtindustrie herrscht ein harter Verdrängungswettbewerb, der in einigen Ländern durch staatliche Subventionierung eigentlich nicht lebensfähiger Gesellschaften sowie durch den Vergabemodus von Start- und Landerechten überlagert wird. Die Luftfahrtgesellschaften konkurrieren über den Preis, Flugfrequenzen, über Abflugorte, die Servicequalität und Kundenbindungsprogramme z. B. mit Bonusmeilen. Gleichzeitig ist die internationale Bedrohung durch Terroranschläge eine Gefahr sowohl für die Nachfrage der Flugpassagiere als auch die Kostenentwicklung von Sicherheitsdienstleistungen am Boden und – geringer – Kosten für mehr Sicherheitstechnik an Bord. Die aggressiv am Markt auftretenden Billig-Anbieter erobern außerdem größere Marktanteile (derzeit ca. 10 %, Prognosen sprechen von einem Potenzial bis 25 %). Viele Luftfahrtgesellschaften befinden sich daher in einer strategischen Umbauphase (*Genger*,

[283] Zusammen mit den Subventionen für die *Deutsche Bahn AG* zahlt in Deutschland der Steuerzahler jährlich mehr als 20 Milliarden Euro für den öfffentlichen Verkehr.

2002), die aufgrund der Unruhe und Ungewissheiten am Markt auch noch über die nächsten Jahre andauern kann. Mögliche Beratungsbereiche sind:

- Strategie: Hier sind in den letzten Jahren bei verschiedenen Gesellschaften markante Richtungswechsel zu beobachten gewesen. Zu nennen sind hier das Schmieden bzw. Gestalten von Codesharing-Allianzen mit anderen unabhängigen Fluggesellschaften, das Ausgründen von Billig-Fluglinien oder Regionalfluglinien, der Beteiligungserwerb und der Einstieg in Internet-Buchungssysteme, Servicedienstleister sowie Mietwagenfirmen. Durch die Terroranschläge vom 11. September 2001 ist die schon zuvor margenschwache Branche schwer belastet worden. Eine spektakuläre Einzelmeldung ist das Scheitern der durch *McKinsey* und andere externe Berater mitentwickelten Expansionsstrategie der ehemaligen *Swissair*, die in 2002 insolvent wurde.
- Logistik und Internetanbindung.
- Kundenbindungsprogramme.

Die Tourismusindustrie ist allgemein durch die Konjunkturentwicklung sowie ähnlich wie die Luftfahrtindustrie von den Bedrohungen des internationalen Terrorismus betroffen. Ihr Produktangebot ist darüber hinaus abhängig von den politischen und wirtschaftlichen Gegebenheiten in den Urlaubsländern. Wenngleich einige Großunternehmen Schlagzeilen machen, ist diese Branche großteils mittelständisch geprägt. Mögliche Beratungsbereiche sind

- Strategie.
- Logistik(-systeme).

9.2.4 Finanzindustrie

Die Finanzindustrie ist zum einen eine kundenkontakt-intensive Branche, zum anderen aber in erheblichem Umfang eine IT-technologisch geprägte Dienstleistung. Die Bankenwelt der Schweiz ist eine ertragreiche Branche mit erheblicher Bedeutung für das Bruttoinlandsprodukt. Deutschlands Bankensektor ist durch den hohen Anteil der stark zersplitterten Sparkassen und Landesbanken am Privatkundengeschäft und dem Geschäft mit der Kleinwirtschaft gekennzeichnet. Diese Institute sind zumeist im öffentlichen Besitz und daher der EU aus wettbewerblichen Gründen eigentlich ein Dorn im Auge. Die größeren Privatbanken hatten aufgrund der Konkurrenz durch die öffentlichen Institute im Kleinkundengeschäft sowie durch die allgemeine Entwicklung im Börsenbereich keine gute Zeit, spektakulär waren die Fehlversuche für Fusionen zwischen *Deutscher Bank* und *Dresdner Bank* sowie die Spekulationen um die *Commerzbank* sowie die Verluste der *Hypovereinsbank*. Insgesamt also keine gute Zeit für eine im internationalen Vergleich überbesetzte Branche. Mögliche Beratungsbereiche sind:

- Erstellen neuer technischer Absatzkanäle und Bankmodelle (z. B. Direktbanken mit Internet-Anbindung).
- CRM-Systeme wie z. B. *Siebel*, *SAP CRM* und *Oracle*, die dem Bank- oder Versicherungsmitarbeiter eine vertriebsorientierte Sicht auf Kundendaten gewähren und online Kundengespräche unterstützen können.

- Anpassen der Aufbau- und Ablaufstruktur an die Erfordernisse des EU-Binnenmarktes, die gemeinsame Währung, den Handel mit internationalen Finanzprodukten sowie Produkten auch der Konkurrenz.
- Anpassen der Struktur und Dimensionierung des Netzes von Niederlassungen an die Umsatz- und Ertragsentwicklung, Kostensparen.

Die Versicherungsbranche durchlebt eine Zeit mit gegensätzlichen wirtschaftlichen Impulsen: Unvorhersehbare Großschadensereignisse wie der Terroranschlag vom 11.9.2001, Umweltkatastrophen und die Flaute der internationalen Börsen schwächen die Ertragslage, anderseits kommt neue Dynamik im Bereich der Rentenversicherung durch Einführen einer teilweise kapitalgedeckten Altersvorsorge in Deutschland. Die Beratungsbereiche sind genau die gleichen wie auch bei den Banken.

Banken unterhalten selbst Tochterunternehmen, die als Unternehmensberatungsgesellschaften tätig sind.

Tab. 68: Beteiligungen von Banken an Beratungsfirmen (Göhre, 2001, S. 3)

Gesellschaft	Eigentümer	Zielgruppe
IKB Consult GmbH	• *Industriekreditbank* • *Prognos AG*	Mittelstand
Deutsche Gesellschaft für Mittelstandsberatung (DGM)	• *Deutsche Bank* • *Roland Berger*	Mittelstand
Westconsult GmbH	• *WestLB* • *Rheinisch-Westfälische Sparkassen*	Mittelstand
Bayern Consult GmbH	• *Bayerische Landesbank* • *Bayerische Sparkassen*	Mittelstand
Dresdner Management Consult GmbH	• *Dresdner Bank/Allianz*	Mittelstand
Baumgartner & Partner GmbH	• *Commerzbank* • *IBM & Price Waterhouse* • *Karl Baumgartner*	Mittelstand

9.2.5 Versorgungsindustrie

Die Versorgungsindustrie umfasst Unternehmen der Strom-, Gas-, Wassererzeugung und -verteilung. Neben vier großen internationalen Anbietern mit diversifiziertem Angebot (*RWE*, *E.ON*, *EnBW* und *Vattenfall*) gibt es einige mittelgroße und viele kleine Unternehmen, zu denen auch die meisten der ca. 950 Stadtwerke in Deutschland zählen. Die Besonderheiten der Versorgungsindustrie sind ihre Anbieter mit einer durch die Kürze der Transportwege und den Besitz der konkurrenzlosen Infrastruktur (Stromleitungen, Gas- und Wasserrohre) begründeten regionalen Monopolstellung (z.Zt. noch im Bereich Wasser und Gas) und die große Zahl von Unternehmen in öffentlichem Besitz oder mit starker öffentlicher

(Mehrheits-)Beteiligung. Die Versorgungsindustrie Deutschlands und Österreichs hat aufgrund eigener nationaler Anstrengungen sowie der EU-weiten Liberalisierungsbemühungen in den letzten Jahren erhebliche Veränderungen im Strommarkt durchlebt. Die Liberalisierung – sie bedeutet insbesondere die Trennung („Unbundeling“) von Erzeugung und Verteilung, die Verpflichtung zur Durchleitung auch von Versorgungsgütern anderer Hersteller und das Recht des Endkunden, sich den Hersteller auszusuchen – hat im Bereich Strom schon stattgefunden, im Bereich Gas und Wasser steht sie noch bevor. Die erwarteten Auswirkungen auf dem Käufermarkt haben in der Industrie eine Erhöhung der Zahl von Firmenzusammenschlüssen und Aufkäufen bewirkt, außerdem wurde das Kundenbeziehungsmanagement (CRM) viel aktiver betrieben, neue Abrechnungs- und Steuerungssysteme (z. B. *SAP IS-U*) wurden eingeführt und es kam zu erheblichen Personalfreisetzungen. Insbesondere *RWE* und *E.ON* betreiben eine aggressive Strategie des Aufkaufens, *RWE* hat sich z. B. an großen Wasserproduzenten in Großbritannien (*Thames Water*) und den USA *(AWW)* beteiligt. Die Zeit der ganz großen Akquisitionen dieser beiden Firmen dürften aber aufgrund der inzwischen stark gestiegenen Verschuldung vorerst vorbei sein, eventuell ziehen mittlere Unternehmen und Konzerne aus dem nicht-deutschsprachigen Raum nach. Mögliche Beratungsbereiche sind:

- Merger-Integration – Aufgaben zur Hebung von Synergieeffekten mit den neu akquirierten Unternehmen.
- CRM-Systeme mit neuen Produkten, Kundenbindungsprogrammen z. B. über „Kundenkarten“ mit Ermäßigungen, neue Preisstruktur usw.
- Neue Abrechnungssysteme, die teilweise durch die erzwungene Trennung der Rechnung in Energie/Gas/Wasser und Durchleitung nötig werden.
- Strategie für die kleinerenVersorgungsunternehmen (z. B. Multi-Utility, d. h. Angebot neuer Dienstleistung rund um das bisherige Kernprodukt oder darüber hinaus, z. B. Handwerkerleistungen zum Hausanschluss, Versicherungen, Telefonie usw.; Frage der Fusion oder Beteiligung).

9.2.6 Einzelhandel

Der Einzelhandel (Lebensmittel, Heimwerkerbedarf, Bücher, Kleidung, Drogeriewaren usw.) gehört zu den eher seltenen Kunden der Beraterbranche – dies gilt für den Markt in deutschsprachigen Ländern und auch darüber hinaus. Was sind die Gründe dafür? Zusammenfassend handelt es sich um eine Kombination aus Branchenstruktur und -historie, Rechtsform, Geschäftsvolumen und negativen Erfahrungen:

- Branchenstruktur: Weltweit ist der Einzelhandel die Branche mit den kleinsten Firmen und der größten Anzahl an Unternehmen. Der deutsche Einzelhändler z. B. hat sein (Familien-) Unternehmen in der Regel nach dem Krieg aus dem Nichts mit eigenen Händen aufgebaut und es in mehreren Fällen zu milliardenschweren Unternehmen entwickelt. Er ist mit Recht stolz auf das Erschaffene und hat auch eine starke Kultur des „Do-it-yourself“ in seinem Unternehmen etabliert (über *Aldi* z.B. *Brandes*, 1999, S.50ff. über „Askese" als Teil der Firmenkultur). Es bedurfte bisher nur in sehr beschränktem Umfang externer Hilfe.

- Rechtsform und Führungskultur: Die überwiegende Mehrheit der deutschen Einzelhandelsunternehmen befindet sich in Familienbesitz, hat die Rechtsform der Personengesellschaft, oder, wenn Kapitalgesellschaft, wird wie eine Personengesellschaft geführt. Fusionen und Allianzen sind in der Branche bei mittleren und großen Firmen eher selten. Der Führungsnachwuchs wird in der Regel aus den eigenen Reihen gewonnen, exklusive Werdegänge z.B. bei Beratungsfirmen sind nachrangig gegenüber der kulturellen Passung zu dem Unternehmen. Bei *Aldi* gibt es z.B. keine Manager mit einschlägiger Erfahrung bei *McKinsey* (*Brandes*, 1999, S.55).
- Geschäftsvolumen: Die Margen sind in der Regel extrem klein und liegen z.B. in Deutschland seit vielen Jahren nur zwischen 0,5 % und 1,5 % des Umsatzes. Seltene Ausnahmen bestätigen die Regel. Kaum jemand erwartet große Sprünge, dramatische Umweltveränderungen oder – das Internet ausgenommen – einen erheblichen Wettbewerbsvorteil durch neue Technologien. Die überwiegende Anzahl der ganz kleinen Händler ist aufgrund ihres geringen Geschäftsvolumens von vorneherein kein möglicher Kunde professioneller Beratungsunternehmen, sondern im Bedarfsfalle eher von Gelegenheitsberatung durch Banken, Steuerberater und Wirtschaftsprüfer sowie den Verbänden.
- Negative Erfahrungen mit Beratern: In dem skizzierten Umfeld haben es Beratungsfirmen mit ihren auf den ersten Blick hoch erscheinenden Gebühren sehr schwer, einen Mehrwert zu definieren. Der Händler hat sehr viel Erfahrung im Einkauf von Waren. Er wendet diese Erfahrung auch auf Dienstleistungen an und kauft häufig beim billigsten Anbieter ein. Damit geht aber oft mangelnde Qualität einher, was im Falle einer negativen Erfahrung zur generellen Ablehnung solcher Dienstleistungen führt. Aktiv kalt akquirierende Berater stoßen häufig auf derart „verbrannte Erde". Hinzu kommt, dass die Beraterhonorare bei entsprechender Aufgabe durchaus beträchtliche Beträge bedeuten können und dieses bei einem eigentümergeführten Unternehmen oft wie ein Griff in die eigene Geldbörse betrachtet wird. Vorstandsgeführte Kapitalgesellschaften legen hier häufig weniger emotionale, an einer Investitionsrechnung orientierte Maßstäbe zu Grunde.

Die sich stellende Frage ist nunmehr: „Braucht denn der als überaus erfolgreich geltende deutsche Einzelhändler überhaupt Unterstützung durch Berater?" In der Vergangenheit war diese Frage sicherlich berechtigt, schaut man jedoch in die Zukunft, dann ergibt sich ein schier unüberwindbarer Berg von Problemen, die selten aus eigener Kraft überwunden werden können. In der Vergangenheit aus Kostengründen aufgeschobene Investitionen beginnen sich zu rächen. Schauen wir uns zunächst die heutige Situation in den deutschsprachigen Ländern an:

- Extrem dünne Margen, z.T. Verluste, die zukunftsorientierte Investitionen behindern.
- Seit über zehn Jahren sinkender Anteil der Einzelhandelsausgaben an den gesamten privaten Ausgaben; die Menschen geben ihr Geld lieber woanders aus.

- Im gleichen Zeitraum ein kaum merklicher realer Anstieg der Einzelhandelsumsätze, sogar ein teilweise drastischer Rückgang der Umsätze in 2002 (zweistelliger %-Satz).
- Vergleichsweise geringe Konzentration im Einzelhandel sieht sich stärker werdender Konzentration auf der Lieferantenseite gegenüber.
- Preiskampf weitestgehend ausgereizt.
- Kaum nennenswerte Serviceangebote.
- Kaum vorhandene Differenzierung von Marken.
- Kunden auf den Preis als wesentliches Unterscheidungsmerkmal konditioniert.
- In der Regel veraltete Informationssysteme auf heterogenen Plattformen und geringem Anteil an Standardsoftware.
- Eigene, personalintensive IT-Abteilungen mit wenig professionellem Projektmanagement.
- Fehlende IT-Kapazitäten mit modernem Know-how für Neuentwicklungen, statt dessen Bindung des Personals in der Wartung von Altanwendungen.
- Ineffiziente Geschäftsprozesse, die wenig Gebrauch von modernen Technologien machen (insbesondere Beschaffung, Lagerhaltung, Warenwirtschaft, Kundenmanagement).

Diese Liste ließe sich fortsetzen. Diejenigen unter den Händlern, die sich auch nur mit einem Teil der genannten Punkte identifizieren können, sind gut „beraten", sich Gedanken für die Umsetzung von signifikanten Verbesserungen (und damit von Wettbewerbsvorteilen) zu machen und ggf. einen geeigneten Partner zu suchen. Einige der vordringlichen Aufgaben im Einzelhandel sind

- die Strategie für den Umgang mit alternativen Vertriebswegen, wie Convenience Shopping, Kiosk, Tankstellen, Home Order TV oder das Internet. Diese Vertriebswege werden vermehrt von den Herstellern eingesetzt und bedrohen den klassischen Stationärhandel.
- die Realisierung von Einsparungspotenzialen durch verbessertes Distributionsmanagement. Einführung moderner Prognosesysteme, Lagerplatzoptimierung sowie Lieferkettenintegration mit den Herstellern durch z. B. kollaborative Zusammenarbeit (CPFR – Collaborative Planning, Forcasting and Replenishment).
- die Ertragsverbesserung durch Sortimentsoptimierung, eine Ertragsrechnung für Produkte, Regalflächen und Kundengruppen.
- die Einführung von Maßnahmen zur Kundenbindung (CRM – Customer Relationship Management), einhergehend mit Aufbau bzw. Stärkung der eigenen Marke, um eine Differenzierung zum Wettbewerber zu erreichen.

Alle Maßnahmen erfordern den Einsatz moderner, hochintegrierter Informationssysteme, die bis heute im Einzelhandel nur sporadisch zu finden sind (Beispiel: *DM-Drogerie Markt*). Es gibt aber eine gute Anzahl renommierter und starker Häuser, die sich für die Umsetzung und Realisierung von Ergebnissen in die Pflicht nehmen lassen. Einige dieser Unterehmen sind auch in der Lage, durch Finanzierung von Projekten oder durch Outsourcing von bestimmten Geschäftsfunktionen die Auswirkungen auf den Cash Flow des Händlers in Grenzen zu halten sowie deutliche Einsparungen bei gleichzeitig verbesserter Prozessualität zu erzielen. Es ist somit empfohlen, sich nach einem solchen Partner umzusehen. Einige der Auswahlkritieren sind:

- Nachgewiesene Umsetzungserfahrung komplexer Veränderungen im Einzelhandel.
- Größe und finanzielle Stabilität des Anbieters.
- Branchenkenntnis.
- Referenzen erfolgreicher Projekte innerhalb und/oder außerhalb der Handelsbranche.

Der Einzelhandel in den deutschsprachigen Ländern braucht dringend eine Kraftanstrengung, um modern und attraktiv für den Kunden zu sein. Es fehlt häufig an klarer Markendifferenzierung und modernen Instrumentarien. Handelsunternehmen im euroäischen und nordamerikanischen Ausland investieren seit Jahren kontinuierlich in ihre Leistungsverbesserung und einige von ihnen warten nur auf eine günstige Gelegenheit zum Einstieg in den deutschen Markt. Es ist immerhin der zweitgrößte Einzelhandelsmarkt der Welt.

9.2.7 Telekommunikation und Hochtechnologie

Im Bereich der Computertechnologie ist damit zu rechnen, dass die Nachfrage mangels ökonomisch bedeutender Produktinnovationen sich in den nächsten Jahren weiter relativ abschwächt. Hierauf deuten Kurzfrist-Prognosen hin (z. B. Umfrage von *Goldman Sachs,* zit. n. *Foremski*, 2003, S. 4). In der Softwarebranche wird mindestens bis zum Jahre 2005 die Kundennachfrage nach Neuerungen verhalten bleiben, weil Kostensparen höhere Priorität genießt. Daher gibt es Prognosen, dass die Zahl der Anbieter sich halbieren wird. Größere Konzerne wie *Microsoft, SAP* und *Oracle* könnten evtl. davon profitieren, insbesondere wenn es ihnen gelingt, mit abgespeckten Versionen ihrer Programme den Mittelstand zu erobern *(Gartner Dataquest,* zit. n. *Ottomeier/Virtel*, 2003). Allerdings ist anzumerken, dass bei einigen Herstellern wie *SAP* und *Oracle* die Eroberung des Mittelstandes schon der X-te Anlauf nach einigen nicht sehr durchschlagenden Versuchen ist, offen ist daher, ob es diesmal klappt. Ein seltener Produktbereich mit Wachstumschancen ist das Betriebssystem *Linux*, ein Shareware-Konkurrenzprodukt zu den dominierenden Betriebssystemen von *Microsoft*. Von der Entwicklung der Umsätze bei den Softwareherstellern dürften insbesondere die IT-Beratungsfirmen in doppeltem Sinne abhängig sein: Zum einen fällt häufig Arbeit für Beratungsfirmen ab, wenn anspruchsvolle Veränderungsprojekte auch den Einsatz von Geschäftssoftware beinhalten. Zum zweiten aber bemühen sich zumindest einige der Softwareanbieter, z. B. *IBM* und *SAP*, auch gleichzeitig darum, im Beratungsbereich besser und größer zu werden. Diese in Zeiten schwacher Softwarenachfrage eventuell vergrößerten Anstrengungen könnten zu einem Schrumpfen des Anteils herstellerunabhängiger Berater führen.

Die Telekommunikationsbranche hat in den vergangenen Jahre eine Reihe stürmischer Entwicklungen durchlaufen. Für die kommenden Jahre ist bei den Anbietern von Telekommunikationsleistungen mit einer Verringerung der Zahl der selbstständigen Häuser zu rechnen (*Winkelhage*, 2002)[284]. Es gibt Vorhersagen, die eine Konzentration auf Kerngeschäftsfelder mit entsprechenden Auslagerungen sehen, in der sich auch bisherige Festnetzbetreiber hin zu schlanken Marketinggesellschaften entwickeln und trotz der starken Veränderungen Berateretats – wie bei der *Deutschen Telekom* in 2002 – kürzen (*Berke*, 2002). Ähnliches gilt analog für die Zahl der Hersteller von Telekommunikationsausrüstung, wobei wegen der Größe und Diversifikation mancher Hersteller eher mit einem Rückzug aus dem Teilmarkt Telekommunikation zu rechnen ist als mit kompletten Firmenübernahmen oder Insolvenzen. Mögliche Beratungsbereiche sind:

- Strategie, Fusionen und Allianzen.
- Unterstützung bei Aufbau neuer Produktbereiche und Dienstleistungen (z. B. Call Center, UMTS), wobei hier sowohl die technische Projektdurchführung als auch die Vermarktung kritische Bereiche sind.
- Abrechnungssysteme.

9.2.8 Andere Industrien

- Herstellendes Gewerbe: „Ohne maßgebliche strategische Neuausrichtung wird es nach einer Prognose von *PWC Consulting* den Herstellern von Konsumgütern in den nächsten Jahren schlecht gehen (*LZ-NET*, 7.12.2002). Der Anteil von Markenprodukten an den gesamten Konsumausgaben geht zurück, und nur wenige neue Markenprodukte schaffen es, sich erfolgreich im Markt zu etablieren. Die Produktionstechniken und -prozesse der Branche geben nur einen zweitrangigen Beratungsbedarf, trotz des aufgrund dieser trüben Aussichten sicher vorhandenen Bedarfs an Strategieberatung ist daher nur mit stagnierenden oder sogar sinkenden Beratungsumsätzen zu rechnen.
- Werftenindustrie: Von den drei deutschsprachigen Ländern hat nur Deutschland eine nennenswerte Werftenindustrie. Die Unternehmen sind hochgradig spezialisiert und Anbieter hochwertiger Technologie. Gemessen am Umsatz sind derzeit Japan und Korea führende Schiffbaunationen, während die Volksrepublik China beginnt, bei den Standardschiffen aufzuholen. Hierbei helfen u. a. japanische Berater, und deutsche Schiffsausrüster sind an den Bauvorhaben beteiligt (*Kühl*, 2002). Die deutschen Werften sind teilweise mittelständisch, auch größere Unternehmen werden wie Familienunternehmen geführt. Insgesamt ist das Beratungsvolumen in dieser Branche gering, und besondere Anlässe für Veränderungen dieser Situation sind nicht zu erkennen.
- Maschinenbau: Der Maschinenbau ist eine traditionell starke Industrie in Deutschland und der Schweiz und trägt maßgeblich zum Export bei. Er ist weitgehend mittelständisch organisiert, aufgrund individueller Maßfertigung von Werkzeugmaschinen werden nur geringe Größenvorteile in dieser Branche gesehen und daher

[284] Den beschränkten Wert von Prognosen der Entwicklungen im Telekommunikationsmarkt zeigen *Rock/Witt* (1995, S. 41 ff.) an eindrucksvollen Daten, z. B. der maßlosen Überschätzung der Nachfrage von BTX-Diensten der *Deutschen Telekom*.

ist kein Treiber für eine Konzentrationsbewegung auszumachen. Mögliche Beratungsbereiche sind Nachfolgeberatung und Produktionsoptimierung.

- Luftfahrtindustrie: Bei den militärischen Flugzeugen dominieren die USA mit fast 50 % den Weltmarkt, gefolgt von den Europäern mit insgesamt ca. 34 %, wovon *Eurofighter* 22 % Marktanteil hält. An der Produktion sind viele deutsche Firmen beteiligt. Wegen der wahrscheinlich geringer werdenden Nachfrage nach militärischem Fluggerät und einer nach wie vor nicht sehr ausgeprägten Kooperations- oder Fusionswilligkeit der selbständigen Anbieter *Gripen*, *Britisch Aerospace, EADS* und *Eurocopter* sowie kleinerer Hersteller von militärischem Fluggerät ist nicht mit Veränderungen des relativ geringen Beratungsbedarfs zu rechnen. Im Bereich der Zivilluftfahrt ist der Schock des Terroranschlags vom 11.9.2001 annähernd überwunden, wenn auch die finanzielle Lage einiger Fluggesellschaften aufgrund des harten Wettbewerbs und der geringen Margen nicht einfach ist. Dennoch ist mit steigenden Bestellvolumen zu rechnen, und der europäische Hersteller *Airbus* gewinnt Marktanteile hinzu und hat schon seit Jahren nach Zahl der Bestellungen *Boing* überrundet und damit die Marktführerschaft. Dafür sind kleinere europäische Hersteller wie *Fokker* und *Fairchild Dornier* von der Landkarte verschwunden. Noch ist der Bau des neuen Super-Großraumflugzeuges A 380 von *Airbus* nicht voll angelaufen, jedoch sind die neuen Großraumflugzeuge schon voraussichtlich in 2006 verfügbar und werden aufgrund ihrer Kapazitäten und Bauweise sowohl an Flughäfen wie auch an Luftfahrtgesellschaften neue logistische Herausforderungen stellen. Daneben gibt es weitere mögliche Produktinnovationen, wie z. B. das wasserstoffgetriebene Flugzeug, dessen Konzeption *Airbus* vorantreibt. Gleichzeitig ist aber das Gesamtvolumen für Flugzeugbestellungen in 2002 eingebrochen. Mit einer allmählichen Erholung wird frühestens in 2004 gerechnet (*Hegmann*, 2003). Beratungsbereiche sind Logistik, Fertigungsoptimierung und Dokumentenmanagement.
- Rüstungsindustrie: Die europäische Rüstungsindustrie fällt wegen der in großen europäischen Ländern wie Deutschland schwächeren Nachfrage und der gleichzeitig stark politisch geprägten internationalen Verkaufsgeschäfte in den USA und dem Nahen Osten (*Dunkel*, 2002) im internationalen Vergleich zurück. Mögliche Beratungsbereiche sind Strategieberatung, Fusionen und Allianzen, Fertigungsoptimierung und Qualitätsmanagement.
- Medienindustrie: Die Medienindustrie besteht aus der Presse, dem Verlagsgeschäft, der Musik- und der Filmindustrie, wobei einige der großen Medienkonzerne alle Sparten abdecken und weltweit aufgestellt sind. Die Umsätze der Medienbranche sind in den letzten Jahren durch Einbrüche in den Werbeeinnahmen, Konkurrenz des Internet sowie Raubkopien von Videos und Musik hinter den Erwartungen zurückgeblieben. Wachstum konnte inbesondere im Verkauf von DVD-Videos und bei Internet-Dienstleistungen erzielt werden (*Clark*, 2003). Mögliche Beratungsbereiche sind Strategien und Techniken gegen Schwarzbrennerei und illegale Kopien von Musik- und Videomedien sowie der weitere Auf- und Ausbau von Internet-Auftritten und Dienstleistungen.

Weitere, hier nicht im Detail vorgestellte Industrien sind z. B. die Textilindustrie, Konsumgüterhersteller (mit *Nestlé* hat die Schweiz die weltweite Nr. 2 bei den Markenartiklern), die Bauindustrie und die Landwirtschaft.

9.3 Öffentliche Auftraggeber

Dieser Abschnitt stellt den Bereich öffentlicher Auftraggeber detaillierter vor, als dies in den vorhergehenden Abschnitten bei einzelnen Branchen in der Privatwirtschaft der Fall war. Dies deshalb, weil der Staat als Kunde den meisten Unternehmensberatern unbekannter sein dürfte, als dies die Sektoren der Privatindustrie sind.

Öffentliche Auftraggeber im Sinne des deutschen Vergaberechts[285] sind alle Gebietskörperschaften, in Deutschland also Bund, Länder und Gemeinden sowie Sondervermögen, in der Vergangenheit etwa *Bundesbahn* und *Bundespost*. Folgt man dieser juristischen Definition, so hat dies überraschende Konsequenzen: Öffentlich-rechtliche Rundfunkanstalten könnte man dann nicht als öffentliche Auftraggeber auffassen – was schon begrifflich unzutreffend erscheint. Für die Klärung des Begriffs der „öffentlichen Auftraggeber“ liefert die vor allem vergaberechtlich motivierte juristische Basisdefinition mithin keine eingängige Grundlage. Dagegen bietet der alltagssprachliche Gegensatz von „öffentlich“ und „privat“ den Ansatzpunkt für eine umfassendere Definition des Auftraggebers. Private sollen hierbei als solche Auftraggeber aufgefasst werden, deren Geschäftstätigkeit mit Gewinnerzielungsabsichten erfolgt. Öffentliche sind mithin alle Auftraggeber, deren Geschäftstätigkeit nicht auf Gewinn abzielt. So verstanden, können öffentliche Auftraggeber neben den Gebietskörperschaften auch Rundfunkanstalten, kirchliche, soziale und wissenschaftliche Organisationen, Hilfs- und Förderwerke, Verbände, Stiftungen und gemeinnützige Vereine u. ä. sein[286].

Nicht berücksichtigt werden durch diese Definition ausdrücklich Unternehmen des ehemaligen Sondervermögens des Bundes sowie privatisierte und teilprivatisierte Unternehmen sonstiger Gebietskörperschaften. Diese sind zwar vergaberechtlich zumindest in Teilen[287] als öffentliche Auftraggeber aufzufassen, treten jedoch mit Gewinnerzielungsabsicht am Markt auf. Keine öffentliche Auftraggeber im definierten Sinne sind damit die *Deutsche Bahn AG*, *Post AG* und *Telekom AG* einschließlich aller Tochterunternehmen. Dem Privatsektor zuzurechnen sind in diesem Sinne ebenfalls kommunale und städtische Unternehmen der Energie-, Abfall-, Wasserwirtschaft sowie Banken mit öffentlicher Beteiligung bzw. im öffentlichen Eigentum wie etwa Landes- und Genossenschaftsbanken oder Sparkassen.

Das vorgestellte Verständnis des öffentlichen Auftraggebers deckt sich weitgehend mit der organisatorischen Strukturierung von Geschäftsbereichen in den meisten Beratungsunternehmen. In den Bezeichnungen „Public Sector“, „Öffentliche

[285] Vgl. § 98 im Gesetz gegen Wettbewerbsbeschränkungen (GWB).

[286] „Gewinne“ öffentlicher Organisationen z. B. im Sinne von Stiftungsgewinnen oder Einnahmeüberschüssen aus Spenden führen im Regelfall nicht zu einer Ausschüttung, sondern fließen in folgenden Perioden zweckgebunden in die Organisation bzw. Tätigkeitsbereiche zurück. Insofern handelt es sich nicht um Gewinne im eigentlichen Sinn, sondern aperiodische Einnahmen, die für die Definition öffentlicher Auftraggeber im vorliegenden Sinne unkritisch sind.

[287] Der allgemeine vergaberechtliche Diskussionsstand geht davon aus, dass Beschaffungen von Unternehmen immer dann unter das Vergaberecht fallen, wenn eine Beteiligung des Bundes bzw. einer Gebietskörperschaft an dem entsprechenden Unternehmen von mehr als 50 % besteht. Vgl. *Noch* (2001, S. 37 f.).

Hand“ oder „Öffentliche Kunden“ wird ein weit über den Anwendungsbereich des Vergaberechts hinausreichendes Kundenspektrum zusammengefasst, während die ehemaligen Staatsunternehmen konsequent nicht in den öffentlichen Bereich fallen, sondern funktional entsprechend der jeweiligen Geschäftstätigkeit Branchen wie etwa Finanzdienstleistung, Telekommunikation, Logistik oder Energie zugeordnet werden.

9.3.1 Marktstruktur, Umsatzvolumen und Wachstumserwartungen

Der weltweite Markt für traditionelle Beratungsleistungen umfasste im Jahr 2001 nach Schätzungen der *IDC* ein Umsatzvolumen von ca. 100 Milliarden Euro. Segmentiert nach Geschäftsbereichen, entfielen auf den öffentlichen Bereich im Jahr 2001 ca. 20 Milliarden Euro, dies entspricht gut einem Fünftel der gesamten Umsätze.

Bei einem angenommenen durchschnittlichen Wachstum von zwölf Prozent, wird in der Branche für 2005 ein Umsatzvolumen von nahezu 30 Milliarden Euro weltweit erwartet[288].

Die anteilig größten Umsätze im öffentlichen Bereich werden in fünf Märkten erzielt. Deutschland liegt hier in absoluten Zahlen mit ca. 1,5 Milliarden Euro im europäischen Vergleich mit Frankreich und England leicht vorn. Betrachtet man die Umsätze mit Bezug auf das jeweilige Bruttoinlandsprodukt, so werden in Frankreich und England jedoch höhere Umsätze erzielt.

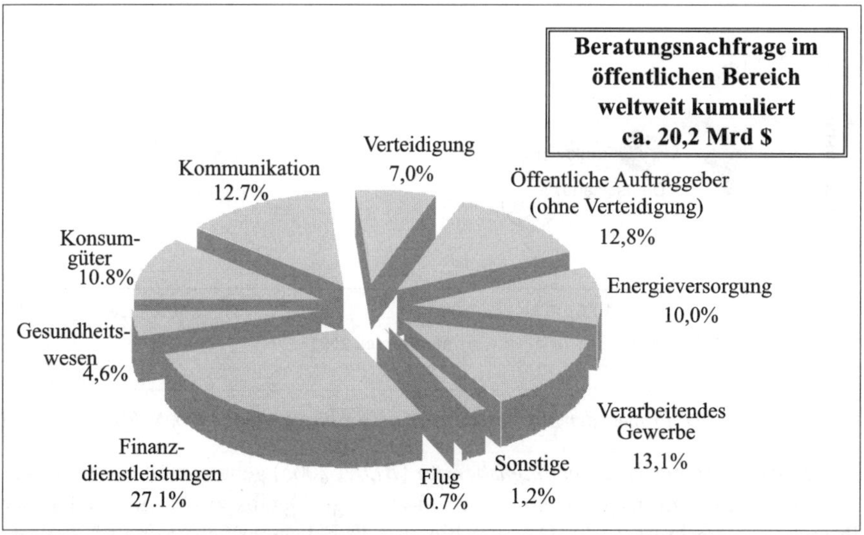

Abb. 97: Weltweite Anteile Kundenbranchen[289] am Beratungsmarkt in 2001 (IDC, 2002)

[288] Je nach Definition von Unternehmensberatungsleistungen z. B. exklusive bzw. inklusive IT-Dienstleistungen können die Angaben erheblich variieren.

[289] Für die Segmentierung wurde eine klassische Industrie- bzw. Geschäftsbereichsgliederung gewählt, die mit Variationen bei allen großen Beratungshäusern zu finden ist.

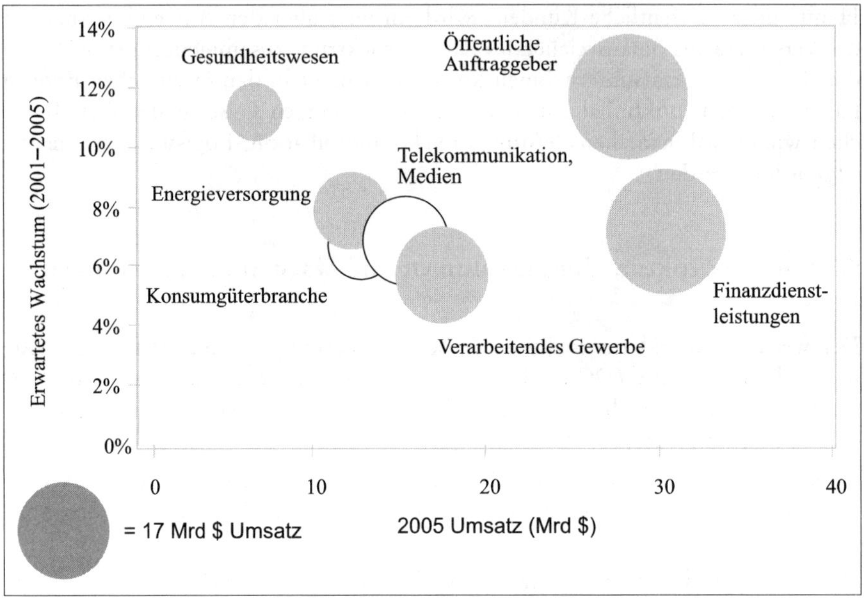

Abb. 98: Nationale Anteile öffentlicher Beratungskunden (IDC, 2001)

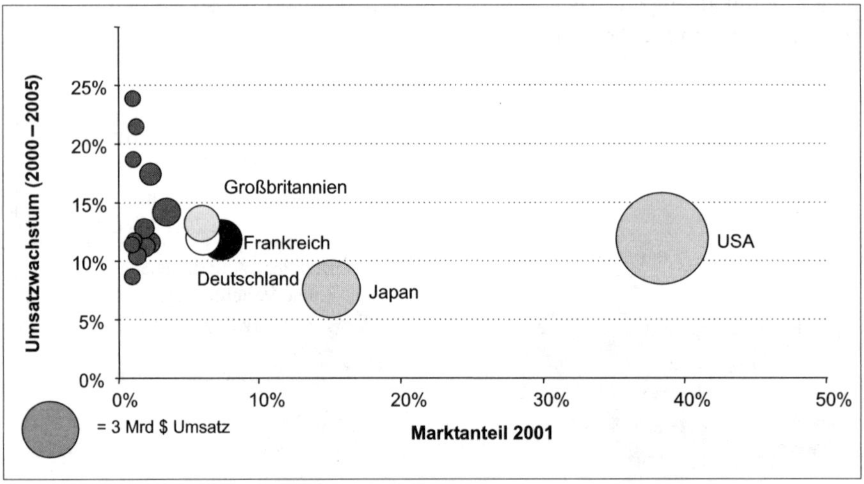

Abb. 99: Prozess der Modeerzeugung nach Abrahamson (1996, S. 265)

Der *Bund deutscher Unternehmensberater* (*BDU*, 2003) geht von einem etwas geringeren Branchenumsatz in Deutschland aus (vgl. Details zu Marktanteilen der Branche in Abschnitt 9.1.2). Darüber hinaus fällt bei seiner Schätzung für den öffentlichen Bereich auf, dass er in Deutschland einen Umsatzanteil des öffentlichen Bereichs an allen Beratungsleistungen von nur knapp 10 % sieht, während die *IDC* weltweit durchschnittlich diesen Anteil mit ca. 20 % schätzt. Ebenso sieht der *BDU* den Umsatz leicht niedriger als auf Grundlage der globalen Einschätzung der *IDC*. Auf den öffentlichen Bereich entfällt hier in Summe knapp eine Milliarde

Euro im Gegensatz zu 1,4 Milliarden $. Bezogen auf die Summe aller Beratungsleistungen besteht Einigkeit, dass der Markt der öffentlichen Auftraggeber der am stärksten wachsende in den kommenden Jahren sein wird. Allerdings liegen auch hier die Prognosen mit Werten zwischen 6 % (*BDU*) und bis zu 13 % (*IDC*)[290] weit auseinander. Ein ganz wichtiger Grund für die Differenzen bei Prognosen der Marktentwicklung könnte die Heterogenität der Branche „öffentliche Auftraggeber" sein. Sie umfasst ein weites Spektrum von Organisationen, beginnend bei Tierschutzvereinen, die eine IT-Unterstützung für ihren Fundraisingprozess benötigen, über Landeswirtschaftsministerien, die Beratungsleistung zur Gründung/Betrieb oder Umstellung von Investitionsbanken nachfragen, bis hin zum *Bundesministerium der Verteidigung*, das die Entwicklung und Durchführung von Privatisierungsstrategien für nicht-militärische Dienstleistungen beauftragt. Übersicht in diesen Kundenmarkt bringt eventuell eine funktionale Gliederung. Hier könnten z. B. die Bereiche

- innere- und äußere Sicherheit sowie Justiz,
- Gesundheit und Soziales,
- Bildung/Wissenschaft und Forschung,
- Finanzadministration,
- Wirtschafts- und Arbeits(-losen)verwaltung sowie
- Kultur

unterschieden werden. Die Feingliedrigkeit dieser Gliederung würde jedoch zu einer sehr detaillierten Darstellung führen. Daher soll hier eine einfachere Unterscheidung gewählt werden, das Modell der „drei Sektoren", dem staatlichen, dem privatwirtschaftlichen und dem nicht-staatlichen bietet einen Ausgangspunkt[291]. Die folgende Darstellung des Marktes wird den ersten und dritten Sektor, d. h. den öffentlichen Bereich, gegliedert in staatliche und in nicht-staatliche Organisationen, beschreiben.

9.3.2 Staatliche Organisationen

Staatliche Organisationen sind dadurch gekennzeichnet, dass ihre Leistungserstellung i. d. R. kein privatwirtschaftliches Äquivalent aufweist. Die Existenz von Privatschulen, privaten Sicherheits- und Pflegediensten oder etwa einer privatisierten Flugsicherung zeigt jedoch, dass dieses Kriterium nicht absolut greift, sondern in Abhängigkeit von Haushaltsdruck und Bürgererwartungen eher ein Verständnis gemeint ist, bei dem Ausnahmen die Regel und Zeit das Verständnis bestimmen. Das vielbemühte Kriterium der Hoheitlichkeit für staatliche Leistungen, also der Staat als Erbringer von Leistungen, die nur und ausschließlich durch ihn erbracht

---

[290] Vgl. *BDU* (2003, S. 12).

[291] Der Begriff „Dritter Sektor" entstammt der anglo-amerikanischen Sozialforschung und wird als Oberbegriff für alle nicht-staatlichen Aktivitäten, die nicht mit Gewinnerzielungsabsichten erfolgen, verwendet. Weitgehend synonym sind die Begriffe NGO (Non-Governmental-Organization) bzw. NPO (Nonprofit-Organization) zu sehen. Zur Begriffsgeschichte vgl. z. B. *Gabriel*, 2001.

werden dürfen, führt bei Privatisierungsvorhaben regelmäßig zu einer Menge von verfassungstheoretischen und staatsrechtlichen Gutachten und ist mithin für den hier verfolgten Zweck nicht geeignet, staatliche Leistungserstellung einzugrenzen[292]. Eine weitere Schwierigkeit liegt im Begriff dessen, was der Staat überhaupt an Leistungen erstellt. Die Beschreibung des „Outputs" gesetzgebender Ressorts, von Sozialämtern oder Landesschifffahrtsämtern stellt, jenseits der Frage von Hoheitlichkeit und privater Äquivalente, an sich schon eine Herausforderung dar. Die für privatwirtschaftliche Sektoren mögliche und sinnvolle Strukturierung durch Begriffe wie „Produkt" und „Kunde" lässt sich auf staatliche Leistungen – allen Leitbild- und Produktdefinitionen im Rahmen der Verwaltungsmodernisierung zum Trotz – nur sehr eingeschränkt übertragen. Dies liegt nicht zuletzt daran, dass, entgegen dem Schlachtruf vom „Bürger als Kunden", eine Vielzahl staatlicher Leistungen nur sehr vermittelt, wenn überhaupt, beim „Kunden" erfahren werden können. Zu denken ist in diesem Zusammenhang z. B. an die staatliche Rentenversorgung, deren Leistungen vom überwiegenden Teil der Bevölkerung noch nicht in Anspruch genommen werden können, oder etwa an Sicherungsleistungen der Streitkräfte, die sowohl innerhalb des Staatsgebiets als auch bei Auslandseinsätzen im Regelfall nur durch die Medien vermittelt werden können.

Aufgrund des föderalen Verwaltungsaufbaus sowie der Größe einzelner Bereiche bietet auch eine funktionale Gliederung im Sinne der Unterscheidung z. B. von Kernverwaltung, Inneres und Sicherheit, Bildung, Forschung und Wissenschaft sowie Wirtschaft und etwa Arbeit keinen geeigneten Ausgangspunkt für eine durchgängige Beschreibung staatlichen Handelns. Um jedoch nicht eine vollständig heuristische Beschreibung vorzunehmen, kann der verfassungsrechtlich festgeschriebene Föderalismus der Bundesrepublik als praktikabler Bezugspunkt genutzt werden[293]. Dieser umfasst drei zentrale Ebenen staatlichen Handelns, die der Bundes-, Landes- und Kommunalverwaltung. Wird diese Abgrenzung zu Grunde gelegt, so ergibt sich folgende Übersicht in absoluten Zahlen:

Tab. 69: Größe der staatlichen Haushalte in Deutschland (Statistisches Bundesamt, 2003)

Verwaltungsebenen (2001) in Deutschland	Haushaltsvolumen in Millionen Euro (2001)	Anzahl Mitarbeiter in Tausend
Bund	265.655	560,1
Sondervermögen	18.429	0
Länder	255.488	2.178,9
Gemeinden	147.909	1.537,1
Sonstige (z. B. Sozialversicherung, EU-Anteile, bzw. Bundeseisenbahnvermögen und Zweckverbände)	454.513	545,1
Gesamt	1.141.994	4.821,2

[292] Vgl. juristische Gutachten zu Privatisierungspotenzialen im Bereich der deutschen Flugsicherung, besonders *Fabio* (1998).
[293] Vgl. Artikel 28 Grundgesetz.

Die Zahl von knapp einer Billion Euro Ausgabevolumen kann mit Hilfe der viel diskutierten Staatsquote veranschaulicht werden. Diese zeigt, dass in allen deutschsprachigen Ländern ein sehr großer Anteil, in Deutschland mit 48,3 % (2001) nahezu die Hälfte der volkswirtschaftlichen Leistungserstellung durch staatliche Mittel und Organisationen erfolgt. Im Sinne des eingangs definierten, weiteren Verständnisses öffentlicher Auftraggeber, dürfte dieses Verhältnis sogar leicht höher ausfallen[294].

Die in der Staatsquote verdichtete Unterscheidung von staatlicher und privater Leistungserstellung einer Volkswirtschaft kann mit fließenden Übergängen auf die staatlichen Leistungen im weiteren Sinne selbst angewendet werden. Die Abb. 100 verdeutlicht diese Übergänge von staatlicher zu privater Leistungserstellung im öffentlichen Bereich:

Abb. 100: Staatliche Auftraggeber von „öffentlich" bis „privat"

9.3.2.1 Bundesverwaltung

Das von dem Schriftsteller *Franz Kafka* in seiner Parabel „Vor dem Gesetz" eindringlich beschriebene Gefühl der beharrlichen Unüberwindbarkeit besonders gesetzgebender Institutionen, mag dem einen oder anderen Bürger, Berater, vielleicht auch Mitarbeiter durchaus vertraut sein. Für die heutige Zeit indes täuscht es: Während im privatwirtschaftlichen Bereich mit dem Niedergang der New Economy auch das Transaktionsvolumen von Fusionen und Akqusitionen gegenüber dem Boom in den Neunzigerjahren fiel (s. Abschnitt 7.2.5), beschließt z. B. die am 22. September 2002 im Amt bestätigte Bundesregierung die „Übernahme" des Bundesministeriums für Arbeit und Sozialordnung durch die Ministerien für Wirtschaft und Gesundheit. Inwiefern hier von einer „feindlichen Übernahme" zu sprechen ist, soll nicht erörtert werden. Fest steht, dass eine Organisation, die fast unverändert seit Gründung der Bundesrepublik Deutschland Bestand hatte, nun

[294] Der in der politischen Debatte häufig bemühte europäische Vergleich zeigt Deutschland in Bezug auf die Staatsquote lediglich im gehobenen Mittelfeld. Vgl. www.destatis.de, März 2003.

aus den Organigrammen verschwand und mehr als 100000 Beamte und Mitarbeiter des öffentlichen Dienstes neuen Strukturen zugeordnet werden. Für die Legislaturperiode 2002–2006 ergibt sich damit eine nominelle Verschlankung der Ministerien der Bundesrepublik von zwölf auf elf Ressorts.

Als Ministerien werden grundsätzlich oberste Bundes- bzw. Landesbehörden bezeichnet. Sie sind in im Regelfall als Linienorganisation aufgebaut d.h. jedes Ministerium verfügt über Aufgabenschwerpunkte, die aufbauorganisatorisch durch Abteilungen, Unterabteilungen und Referate abgebildet werden. Die Organisationsprinzipien sind in Abb. 101 schematisch verdeutlicht:

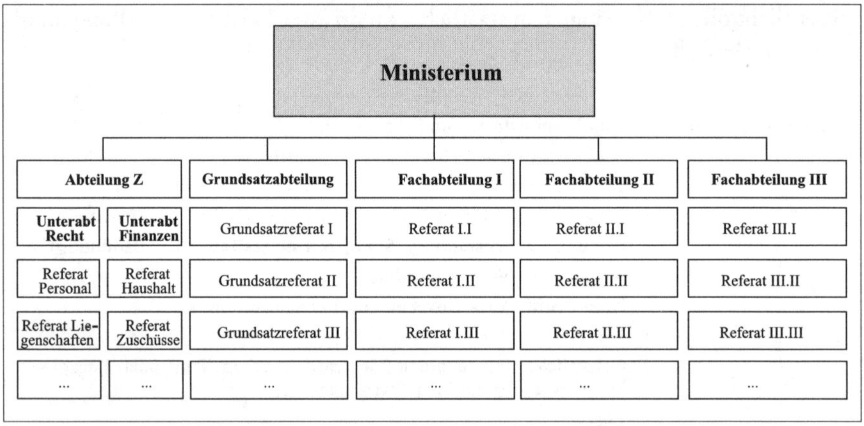

Abb. 101: Prinzip des Aufbaus deutscher Ministerien

Im Regelfall verfügen Ministerien über Abteilungen, in der die Zentralfunktionen Finanzen, Personal, Recht, Informationstechnologie und etwa Innerer Dienst organisiert sind. Je nach Ressortgröße werden Abteilungen in Unterabteilungen gegliedert, die einzelne Funktionen wie etwa Finanzen oder Recht bündeln. Die Entsprechung von privatwirtschaftlichen Organisationseinheiten wie der „Unternehmensentwicklung“ oder „Strategie“ ist in Ministerien die Grundsatzabteilung. Hier sollen Leitlinien für die Arbeit des jeweiligen Ressorts entwickelt und im Haus verankert werden. Alle sonstigen Abteilungen gliedern die fachlichen Aufgaben des jeweiligen Ressortbereichs mehr oder weniger überschneidungsfrei. Abteilungen bzw. Unterabteilungen sind in Referate gegliedert, die i.d.R. die kleinste organisatorische Einheit des ministeriellen Aufbaus darstellen.

Jedem Ministerium ist ein Geschäftsbereich zugeteilt, der aus nachgeordneten Organisationseinheiten besteht. Hier nehmen die Ministerien die Fach- und/oder Rechtsaufsicht wahr. Zur Fachaufsicht gehört die direkte Weisungsbefugnis, wie etwa im Bereich der Regulierungsbehörde für Telekommunikation, die Überwachung der Durchsetzung marktregulatorischer Vorgaben durch das Ministerium. Die Rechtsaufsicht umfasst lediglich die Überprüfung der angemessenen Ausführung von Gesetzen und Bestimmungen durch nachgeordnete Behörden, etwa im Sinne der vom Ministerium weitgehend unabhängigen *Bundesanstalt für Arbeit*. Die folgende Abbildung verdeutlicht Struktur, Umfang und Ordnungsverhältnis am Beispiel des Geschäftsbereichs des *Bundesministeriums für Arbeit und Wirtschaft*:[295]

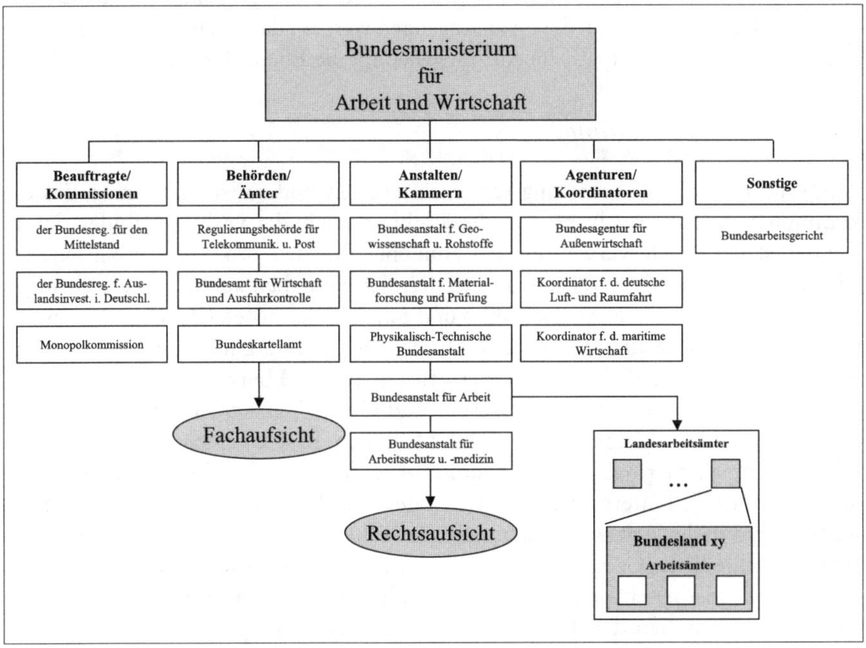

Abb. 102: Nachgeordnete Behörden des deutschen Bundesministeriums für Arbeit[296]

Das Beispiel der *Bundesanstalt für Arbeit (BA)* verdeutlicht, wie lang der organisatorische Weg vom gesetzgebenden Ressort bis zum leistungsempfangenden Bürger sein kann. So verfügt die Bundesanstalt ihrerseits wiederum über einen nachgeordneten Bereich, der aus derzeit 20 Landesarbeitsämtern und ca. 400 Arbeitsämtern besteht. Mit mehr als 80 000 Beamten und Mitarbeitern des öffentlichen Dienstes stellt die *BA* neben der *Bundeswehr* den größten öffentlichen Arbeitgeber dar. Die Umsetzung der Vorschläge der *„Hartz-Kommission"* zur Reform der Arbeitsvermittlung stellt die *BA* aktuell vor Herausforderungen, die u. a. durch Vergabe umfangreicher Beratungsleistungen (ca. 100 Mio. Euro allein im Frühjahr 2003) gemeistert werden sollen. In diesem Sinne ist davon auszugehen, dass die *BA* nicht nur zweitgrößter öffentlicher Arbeitgeber, sondern derzeit auch ein wesentlicher Auftraggeber für Beratungsleistungen ist.

Eine seriöse Quantifizierung von Auftrags- und Honorarvolumina für Beratungsleistungen ist generell schwierig. Für den Bereich öffentlicher Auftraggeber ist die Schwierigkeit aufgrund der Anzahl öffentlicher Auftraggeber und ihrer Heteroge-

[295] Eine detaillierte Darstellung zu möglichen Rechtsformen und Ausprägungen nachgeordneter Organisationseinheiten steht nicht im Mittelpunkt dieser Darstellung. Für nähere Informationen hierzu s. *Benz* (1995, S. 107 ff.).

[296] Grafische Adaption der Darstellung des *Informations- und Presseamts der Bundesregierung*, „Die Neuordnung der Bundesministerien und ihrer nachgeordneten Bereiche nach der Bundestagswahl 2002", www.bundesregierung.de, Januar 2003.

nität besonders groß. Zusätzlich erschweren die begrenzten Auswertungsmöglichkeiten öffentlicher Haushalte, die selbst häufig Gegenstand von Beratungsprojekten z. B. im Bereich Controlling sind, eine schlüssige Aussage. Laut einer Markteinschätzung des *BDU* kann jedoch davon ausgegangen werden, dass mehr als 35 % aller Beratungsleistungen für öffentliche Auftraggeber auf die Ebene des Bundes entfällt[297].

9.3.2.2 Landesverwaltung

Aufgrund des in der Verfassung festgeschriebenen Föderalismusprinzips, das die kommunale Selbstverwaltung und die Rechte der Länder verbrieft, findet sich in der deutschen Landesverwaltung ein ähnlicher organisatorischer Aufbau wieder, wie er in der Bundesverwaltung anzutreffen ist. So haben auch die Verwaltungen der Bundesländer obere (ministerielle) und mittlere Behörden (Bezirksregierungen bzw. Regierungspräsidien). Zusätzlich finden sich untere Landesbehörden, die im wesentlichen der staatlichen Sonderverwaltung dienen. Hierzu gehören Finanzämter, Forst- und Katasterämter, Gewerbe- und Gesundheitsaufsicht u. a. mehr. Insgesamt haben die Länder mit ca. 2,2 Millionen Beschäftigten im öffentlichen Dienst mehr als viermal so viele Beamte, Angestellte und Arbeiter wie die Bundesverwaltung[298]. Unterschiede zwischen den Ländern in Details der Landesverwaltung und in der Anzahl der Beschäftigten erklären sich aus mehreren Gründen: (1) Unterschiedliche Größe der Bundesländer, (2) individuelle Landesverfassungen als Ergebnis historisch-politischer Unterschiede und (3) Besonderheiten der Arbeitsteilung zwischen den Ländern und ihren Gebietskörperschaften. So hat das Saarland mit ca. 29 000 Mitarbeitern den geringsten, Nordrhein-Westfalen mit knapp 400 000 Mitarbeitern den höchsten Personalbestand. In ähnlicher Größenordnung unterscheiden sich die Haushaltsansätze der Länder. Hier liegt am unteren Ende der Skala die Hansestadt Bremen mit einem Ausgabevolumen von gut 4 Milliarden Euro, mit nahezu 75 Milliarden Euro im Jahre 2001 führt auch hier Nordrhein-Westfalen die Liste klar an[299].

Im Schlachtruf „Kultur ist Ländersache“ manifestiert sich der allen Ländern gemeinsame Vorbehalt gegenüber einer Zentralgewalt nach französischem Vorbild. In Eigenverwaltung der Länder befinden sich z. B. das Schul- und Hochschulwesen, Angelegenheiten der Kunst sowie der Bereich Polizei, öffentliche Sicherheit und Ordnung. Entsprechend dieser funktionalen Aufgabenteilung entfallen ca. 50 % aller Beschäftigten auf Landesebene in den Bereich Bildung und Wissenschaft, ca. 20 % in den Bereich Polizei und 30 % in sonstige Verwaltungseinrichtungen der Länder.[300] Die Verteilung der Mitarbeiter verdeutlicht, dass im Gegensatz zur Bundesverwaltung auf Landesebene erhebliche Anteile der Verwaltung bürgernahe Dienstleistungen in Form von Unterricht, Sicherungstätigkeiten u. ä. erbringen. Die Aufgaben werden jedoch nicht von den Ländern allein wahrge-

---

[297] Vgl. *BDU*-Markteinschätzung (2000, S. 2), www.bdu.de. Aufgrund des vorgestellten Begriffsverständnisses von öffentlichen Auftraggebern sind die Angaben der Einschätzung des *BDU* um die Anteile der Versorgungs- und Entsorgungsbranche bereinigt worden.

[298] Vgl. *Statistisches Bundesamt*, Beschäftigte im öffentlichen Dienst zum 30.6.2001, www.destatis.de.

[299] *Statistisches Bundesamt*, Finanzen und Steuern, www.destatis.de.

[300] Vgl. *Miller*, 1995, S. 212 f.

nommen, sondern verweisen auf die dritte organisatorische Ebene, die Gemeinden bzw. Kreise. Analog der Auslegung und Durchführung von Bundesrecht durch die Länder bedienen sich die Länder der Kreise und Gemeinden zur Durchsetzung und -führung ihrer gesetzlichen Vorgaben.

Die Modernisierungsstrategien der Länder gehen im wesentlichen von ähnlichen Rahmenbedingungen wie auf Bundesebene aus. Steigende Kundenanforderungen, sinkende Haushaltsansätze und umfassende technologische Neuerungen bilden den Rahmen für die Reformprojekte. Während in den 90er Jahren Aufgabenkritik, Prozessoptimierung und (damit verbundener) Technologieeinsatz im Vordergrund standen, fokussiert die aktuelle Diskussion zunehmend auf grundlegende Änderungen der Aufgabenwahrnehmung durch Privatisierung. Trotz der vielfach durch landespolitische Besonderheiten bedingten Unterschiede bei Modernisierungsvorhaben, bildet die Privatisierung staatlichen Handelns als effektivstes Mittel einen parteiübergreifenden Konsens. Gemeinsam ist den Reformbemühungen, dass grundsätzlich eher auf die Effizienzsteigerung und Aufgabenreduktion abgehoben wird, als Fragen der Effektivitätssteigerung und Aufgabenoptimierung in den Blick zu nehmen[301].

Maßgeblich für Druck und Richtung von Reformprozessen auf Landesebene sind neben dem parteiübergreifenden Konsens personenbezogene Konstellationen. So ließ sich etwa nach dem Regierungswechsel von 1998 in Nordrhein-Westfalen eine Änderung des Reformschwerpunkts weg von der Binnenmodernisierung hin zu einer grundlegenden Neuordnung der Verwaltung beobachten. Diese Entwicklung ging in nicht geringem Umfang auf die Einflussnahme des neuen Ministerpräsidenten *Wolfgang Clement* zurück. Ähnliche Auswirkungen des ganz persönlichen Einsatzes von Spitzenpolitikern finden sich seit der Amtsübernahme von *Kurt Beck* in Rheinland-Pfalz, *Heide Simonis* in Schleswig Holstein sowie *Edmund Stoiber* in Bayern. Es gibt aber auch Beispiele dafür, dass ehrgeizige Projekte den politischen Wechsel überleben. Trotz der Berufung von *Hans Eichel* in die Bundesebene (nach seiner Abwahl als Ministerpräsident von Hessen) sind die maßgeblich von ihm initiierten Reformvorhaben in Hessen mit dem zentralen Projekt der landesweiten Einführung eines kaufmännischen Rechnungswesens/Ablösung der Kameralistik nicht gestoppt worden. Das Beispiel der ehrgeizigen und mit vielen schlechten Verwaltungstraditionen brechenden Vorhaben in Hessen belegt auch, dass auch in der sehr beharrungsfähigen Verwaltung ein erheblicher Veränderungsdruck trotz Haushaltsrestriktionen, Technologiedefiziten und fehlendem direkten Druck durch hier ja nicht vorhandene zahlende Kunden entstehen kann. Voraussetzung hierfür ist, dass die Verwaltungsmodernisierung personalisiert und zur „Chefsache" erklärt wird[302].

Mit gut 35 % des gesamten Auftragsvolumens für Beratungsleistungen im öffentlichen Bereich sind die Länder ein ebenso großer Kunde wie der Bund[303].

---

[301] Vgl. *Bogumil*, 1999, S. 6.

[302] *Fuchs* (2000, S. 161 f.) vermutet, dass eine „Bombenwurftaktik" mit umfassenden Änderungsplanungen und hohem Druck das Mittel der Wahl sei, weil man sich in Organisationen ohne Änderungskultur befinde.

[303] Vgl. *BDU*-Markteinschätzung 2000, Der Beratungsmarkt „Öffentliche Auftraggeber", S. 2, www.bdu.de und Anmerkung 12.

9.3.2.3 Kommunalverwaltung

Die Landesverfassungen regeln den Aufbau der kommunalen Selbstverwaltung. Als Gebietskörperschaften in je landesspezifischer Ausprägung können Städte, Kreise, Gemeinden und Bezirke unterschieden werden. Auf die Kommunen entfällt mit ca. 150 Milliarden Euro etwa ein Sechstel des staatlichen Gesamthaushalts und mit ca. 1,5 Millionen Beschäftigten nahezu ein Drittel aller staatlichen Beschäftigten[304].

Laut Markteinschätzung des *BDU* ist davon auszugehen, dass ca. 15 % der Beratungsleistungen im kommunalen Bereich vergeben werden. Der *BDU* sieht wachsenden Beratungsbedarf bei den Kommunen, weil aufgrund der angespannten Haushaltsituation der Privatisierungsdruck steige. Außerdem erfordert die enge Verschränkung von staatlicher und privatwirtschaftlicher Leistungserstellung etwa im Bereich von städtischen Beteiligungen an der Energie- und Abfallwirtschaft betriebswirtschaftliche Expertise, die im öffentlichen Bereich vielfach nicht in ausreichendem Maße vorhanden ist.

Die Anteile von Bund, Ländern und Kommunen an der Beratungsnachfrage summieren sich zu ca. 85 % der öffentlichen Aufträge insgesamt. Die verbleibenden 15 % entfallen entsprechend auf die nicht-staatlichen Organisationen.

9.3.3 Nicht staatliche Organisationen

9.3.3.1 Übersicht der Nonprofit-Organisationen

Eine Gruppierung der nicht-staatlichen Organisationen kann in Anlehnung an die „International Classification of Nonprofit-Organization“ (ICNPO) erfolgen.

Tab. 70: Größe der Nonprofit-Organisationen in Deutschland 1998 (Badelt, 1999, S. 23)

ICNPO-Gruppe	Anzahl Mitarbeiter	Anzahl Mitarbeiter in %
Gesundheit[305]	441 000	30
Soziale Dienste	560 000	38
Bildung und Forschung	170 000	12
Kultur und Erholung	78 000	5
Wohnungswesen etc.	90 000	6
Wirtschafts-/Berufsverbände	56 000	4.5
Bürger und Verbraucher	24 000	1.5
Internationale Aktivtäten	10 000	1
Stiftungs-/Spendenwesen	5 000	0.5
Umwelt und Naturschutz	12 000	1.5
Gesamt	1.446 000	100

[304] Vgl. *Statistisches Bundesamt*, Beschäftigte im öffentlichen Dienst zum 30.6.2001, www.destatis.de.

[305] Besonderheiten der Unternehmensberatung im Krankenhaus beschreiben *Braun* et al. (1997).

Der Vergleich der Zahl an Beschäftigten mit derjenigen von Beschäftigten im staatlichen Bereich zeigt, dass die Anzahl der Mitarbeiter in diesem „dritten Sektor" ebenso groß ist wie im kommunalen Bereich und damit etwa einem Drittel des im staatlichen Bereich beschäftigten Personals insgesamt entspricht. Entsprechend der Bandbreite an Leistungen findet sich eine Vielzahl möglicher Organisationsformen. Die am weitesten verbreitete und vermutlich bekannteste Form ist die des eingetragenen Vereins, daneben gibt es Genossenschaften, Stiftungen, Gesellschaften mit beschränkter Haftung u. ä.[306] Ungeachtet der Rechtsform ist den meisten Organisationen das Prinzip der Gemeinwirtschaft, das Selbstverwaltungs- und das Subsidiaritätsprinzip gemeinsam.

9.3.3.2 Kirchliche Organisationen

Die kirchlichen Organisationen sind bezüglich ihrer Zielrichtung und dem Leistungsspektrum vergleichbar dem dritten Sektor. Sie gehören im engen Begriffsverständnis nicht zum „dritten Sektor" bzw. den Nonprofit-Organisationen und werden als nicht-staatliche Organisation aufgrund von Größe und Spezifika im Folgenden ausführlicher beschrieben. In Deutschland gibt es derzeit mehr als 100 Glaubensgemeinschaften, denen rund 70 % der deutschen Bevölkerung angehören. 67 % gehören der evangelischen und römisch-katholischen Kirche an und stellen mit rund 52 Millionen Mitgliedern die zwei größten Volkskirchen Deutschlands dar. Im Bereich der alten und neuen Bundesländer ist die kirchliche Bindung dabei sehr unterschiedlich. Im Jahr 2000 nahmen diese beiden Kirchen rund 8,9 Milliarden Euro an Kirchensteuern und Kirchengeld ein. In den vergangenen Jahren ist ein deutlich spürbarer Trend zu sinkenden Mitgliederzahlen festzustellen. Da die Haupteinnahmequelle der Kirchen in Deutschland die Kirchensteuer ist[307], schwindet so die Einnahmebasis der evangelischen und katholischen Ortskirchen.

Zur flächendeckenden Verkündigung des Evangeliums und des christlichen Glaubens sowie zur Erreichbarkeit und Ansprechbarkeit für ihre Gläubigen weist die evangelische wie auch die katholische Kirche in Deutschland einen ähnlichen Aufbau wie die Bundesrepublik Deutschland mit ihren Ländern auf. Beide Kirchen sind föderativ in viele Ortskirchen (Landeskirche bzw. Bistümer/Diözese) aufgeteilt, für die jeweils ein (oder mehrere) Bischof (Bischöfe) verantwortlich ist/sind. In Deutschland gibt es 24 rechtlich selbständige evangelische Landeskirchen sowie 27 katholische Bistümer und 7 Erzbistümer.

Durch eine weitergehende Aufteilung in Bezirke (Sprengel bzw. Dekanate) und Kirchenkreise/Superintendenturen bzw. Pfarreien soll die Präsenz und Nähe vor Ort zu den Kirchenmitgliedern gewährleistet werden Die kleinste Einheit bildet die Kirchen- bzw. Pfarrgemeinde (Pfarrei). Daneben gibt es noch zahlreiche kirch-

---

[306] Ein ausführlicher Überblick zu Größe und Leistungen des „dritten Sektors" findet sich bei *Anheier* (1997, S. 29 ff.).

[307] In den meisten anderen Ländern finanziert sich die Kirche auch der beiden großen Religionsgemeinschaften überwiegend durch Spenden.

liche Werke und Verbände, die ganz oder weitgehend selbständig agieren. Zentral auf Bundesebene arbeiten die Ortskirchen in der *Evangelischen Kirche Deutschlands (EKD)* bzw. der *Deutschen Bischofskonferenz (DBK)* zusammen. Hier werden jeweils die gemeinschaftlichen innerkirchlichen Aufgaben wahrgenommen, landesweite Beschlüsse gefasst sowie die offiziellen Verlautbarungen der evangelischen bzw. katholischen Kirche in Deutschland entwickelt.

Die zwei großen Volkskirchen stehen vor dem Hintergrund der großen, zum Teil umbruchartigen Veränderungen unserer Gesellschaft auch vor immer neuen Herausforderungen und Aufgaben, die sich aus Beratersicht in folgendem Schema zusammenfassen lassen:

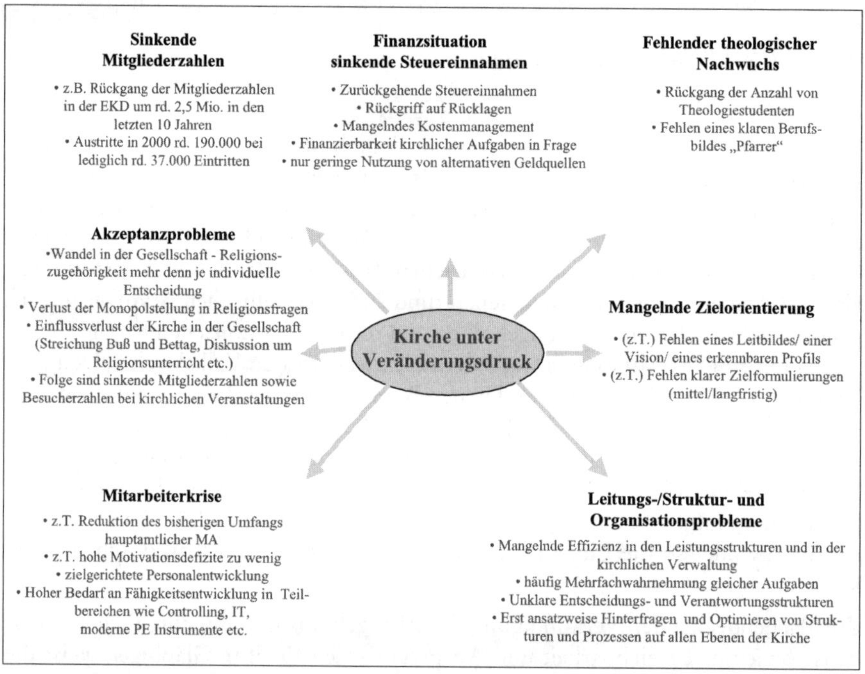

Abb. 103: Beratungsthemen kirchlicher Organisationen

Erfahrungen in der Beratung kirchlicher Organisationen belegen, dass hierbei ein differenziertes Verständnis für die Besonderheiten der Kirchen und ihrer Arbeit notwendig ist. Der Unterschied von kirchlichen und weltlichen Organisationen muss immer berücksichtigt werden, ohne diesen aber vorab als „Ideenfilter“ bei Problemlösungen gelten zu lassen. Viele Aufgaben kennen auch keine vergleichbare industrielle Lösung, wie z. B. Planung, Steuerung und Controlling des Einsatzes Ehrenamtlicher in erheblichem Umfang. Ein entsprechendes Beratungsverständnis schließt auf der einen Seite provokant-innovative Lösungsvorschläge für weltliche Themen im kirchlichen Umfeld ein, bedingt aber auf der anderen Seite sehr wohl eine bewusste Zurückhaltung hinsichtlich der „Einmischung“ in originär geistliche Themen.

9.3.3.3 Herausforderungen bei der Beratung öffentlicher Auftraggeber

Trotz der Vielzahl öffentlicher Auftraggeber sind die Herausforderungen für die Beratung verhältnismäßig einheitlich. Dies hat im wesentlichen drei Gründe:

- Allen Organisationen ist – wie eingangs als Kriterium der Abgrenzung eingeführt – gemeinsam, nicht auf Gewinn ausgerichtet zu sein bzw. Leistungen zu erbringen, denen ohne weiteres kein privatwirtschaftliches Äquivalent gegenübergestellt werden kann.
- Da sich der öffentliche Bereich nicht durch den Einzelverkauf von Dienstleistungen finanziert, können die Nachfrager (Bürger, Gläubige usw.) keinen so unmittelbaren Druck auf die Anpassungsgeschwindigkeit und das Ausmaß der Anpassung ausüben wie die Kunden in der Privatindustrie.
- Bei allen beschriebenen Organisationen ist die Vergabe von Beratungsleistungen durch vergaberechtliche oder steuerrechtliche Restriktionen an ein kompliziertes Verfahren gebunden[308].

Die Herausforderung für Berater liegt besonders in dem Umstand, dass die öffentlichen Organisationen ihre Verhaltensweise nicht an den Dimensionen „Markt" und „Gewinn" ausrichten. Vielmehr liegt eine Vielzahl teils konkurrierender und komplexer Zielsetzungen vor, die eine stringente Ausrichtung der Projektarbeit bzw. Evaluation des Projekterfolges zum Teil erheblich erschweren. Für die Projektplanung empfiehlt sich die gesonderte Planung von ausreichenden Zeitbudgets für Entscheidungsvorbereitung und -abstimmung. Nicht zuletzt die z. B. in Organisationen im Bildungs- und Forschungsbereich häufig gelebte partizipative Führungskultur stellt das Projektmanagement von Beratern vor erhebliche Herausforderungen. Mit diesen kulturellen Rahmenbedingungen einher geht teilweise ein ausgeprägtes Beharrungsvermögen von Mitarbeitern. Besonders im ministeriellen Bereich, wo das politische Verfahren mitunter die häufige Rotation der Führungsebenen bedingt, ist die Halbwertszeit von Zielen und damit Projektergebnissen durchaus begrenzt. Um dennoch nachhaltige Wandlungen von Organisationen zu unterstützen, ist eine frühzeitige und breite Verankerung des Veränderungsprozesses erfolgskritisch. Die in diesem Zusammenhang benötigten sozialen Kompetenzen werden auf Beraterseite häufig unterschätzt. Aufgrund des weitgehenden Fehlens von Wettbewerbsverhältnissen im öffentlichen Bereich werden

[308] Grundsätzlich gelten die Vergabeordnungen immer dann, wenn das Honorar für die vergebenen Leistungen aus Steuergeldern finanziert wird. Damit ist das Vergaberecht uneingeschränkt für alle staatlichen Organisationen bindend. Für die nicht-staatlichen Organisationen gilt das Vergaberecht grundsätzlich nicht. Es greifen jedoch vergleichbare Restriktionen aufgrund des Steuerrechts. Die steuerlichen Auflagen ergeben sich aus den Voraussetzungen für die Gewährung von Steuerbegünstigungen auf Grundlage der anerkannten Gemeinnützigkeit von Organisationen. Diese Voraussetzungen sehen im wesentlichen vor, dass alle Ausgaben, die von der entsprechenden Organisation getätigt werden, den satzungsmäßigen Zwecken der Organisation zu entsprechen haben. Es liegt auf der Hand, dass erheblicher Interpretationsbedarf entsteht, sofern etwa eine Umweltschutzorganisation bedeutende Honorarvolumina zur Optimierung von Beschaffungsprozessen vergibt. Die sinnvolle Einbettung von Beratungsprojekten in den durch steuerliche Grenzen definierten Vergabekorridor kann zu einem ähnlich intensiven und aufwändigen Abstimmungsverfahren zwischen Auftraggeber und Auftragnehmer führen wie bei Anwendung des regulären Vergaberechts. Zu den steuerlichen Restriktionen vgl. *Kießling* (2000).

Beratungsergebnisse und -erfolge freimütig untereinander ausgetauscht bzw. zum Gegenstand von Konferenzen und Fortbildungen gemacht. Dies führt zu einer für Berater teilweise ungewohnten Öffentlichkeit und wettbewerbsfördernden Markttransparenz.

Eine weitere Herausforderung liegt in der Phase der Auftragsanbahnung. Der öffentliche Bereich standardisiert den Vergabeprozess je nach geforderter Beratungsleistung und dem Beratungsumfang, die entsprechenden Regelungen sind in Deutschland die „VOF" für freiberufliche Leistungen, „VOL" für abschließend spezifizierbare Leistungen und die „EVBIT" für die Vergabe öffentlicher Softwareaufträge. Diese im wahrsten Sinne des Wortes „öffentlichen" Bekanntmachungen rufen zunächst einen umfangreichen Wettbewerb auf den Plan. Dies führt zu einem vergleichsweise hohen Bewerbungsaufwand, um in der Schriftform und auch in der Angebotspräsentationen zu „punkten".

Dem im Auswahlprozess siegreichen Beratungsanbieter wird ein Vertrag angeboten, auf dessen Ausgestaltung er i. d. R. nur geringen Einfluss hat. So liegen meist sämtliche Nutzungsrechte ausschließlich beim Auftraggeber, und auch die Kündigungs- und Haftungsregelungen sind vergleichsweise rigide. Hinzu kommen häufig späte Rechnungsstellungen aufgrund teilweise hoher Anforderungen an den Ergebnisnachweis und manchmal lange Zahlungsziele. Ein kleiner Ausgleich für diese Nachteile ist das in dieser Industrie vergleichsweise geringe Ausfallrisiko für Forderungen. Ist ein Auftrag erfolgreich abgewickelt worden, dann ist selbst bei höchster Kundenzufriedenheit die Wahrscheinlichkeit für Folgeaufträge vergleichsweise niedrig, da eine Auftragsverlängerung oder ein Folgeauftrag dem gleichen Verfahren wie die Erstausschreibung zu folgen hat[309].

Das weitgehende Fehlen von Marktstrukturen und Wettbewerb ändert nichts an der grundsätzlichen Anwendbarkeit von Beratungstechniken und -werkzeugen auch im Bereich öffentlicher Auftraggeber. So besteht für die Beratung öffentlicher Auftraggeber ein großer Nutzen in der Adaption von „Best Practices" aus dem privatwirtschaftlichen Bereich. Hierzu gehören besonders die Beratung beim Einsatz neuer Technologien, die von der elektronischen Vorgangsbearbeitung, über die Einführung einheitlicher Softwarelösungen für Rechnungswesen, Beschaffung, Personalmanagement u. a. bis hin zur umfassenden Nutzung von Intra- und Internet reichen können. Prominente Beispiele für solche Projektvorhaben sind die Initiative „Bund online 2005", die *SAP*-Einführung der *Bundeswehr* sowie die vom Innenministerium vergebenen Projekte zum eLearning in der öffentlichen Verwaltung.

Entsprechend dem Marktumfang ist der Katalog möglicher weiterer Themen nahezu unbegrenzt. Aufgrund der einheitlichen Anwendbarkeit für alle beschriebenen Auftraggebergruppen sind folgende Themen hervorzuheben:

- Steuerungs- und Controllingkonzepte/-instrumente für Verwaltungsleistungen.
- Prozessoptimierung entlang der industriespezifischen Wertschöpfungsketten.
- Alle Prozesse im Personalwesen und Werkzeuge dieses i. d. R. größten Wertschöpfungstreibers.

---

[309] Eine komprimierte Darstellung von Besonderheiten, Spielregeln und Informationsmöglichkeiten bei der Akquisition öffentlicher Aufträge bietet der Leitfaden „Wie komme ich an öffentliche Aufträge", *Wegweiser GmbH* (2001).

- Umstellung von Kameralistik auf kaufmännisches Rechnungswesen.
- Outsourcing und Kooperationen wie public private partnerships (PPP) bzw. public finance initiatives (PFI).
- Ablösung gewachsener IT Verfahren sowie Integration von Endlösungen in umfassende teilweise auch e-basierte Lösungen.

Insgesamt ist trotz erheblicher Volumina bereits eingeleiteter Maßnahmen zur Reform des öffentlichen Bereichs in Deutschland, Österreich und der Schweiz nach wie vor von einem erheblichen Nachholbedarf auszugehen. Gerade vor dem Hintergrund knapper werdender Haushalts- bzw. Finanzmittel einerseits und wachsenden Bürger- bzw. Kundenansprüchen andererseits wird der Veränderungsdruck hoch bleiben. Der damit verbundene Beratungsbedarf bietet erhebliche Marktchancen in einem nicht einfachen, aber höchst spannenden und facettenreichen Markt.

10 Beratungsauswahl

10.1 Rollenmodelle für das Anbieterverhalten

Den Anbietermarkt für Unternehmensberatungsleistungen kann man nach verschiedenen Merkmalen gliedern, die in Kapitel 2 vorgestellten „offiziellen“ Kategorien aus den Beraterbänden und Umsatzstatistiken sind:

- Betätigungsfelder nach Beratungs-Fachthema.
- Kundenbranchen, in denen Berater tätig sind.

Bei der Auswahl von Beratungsanbietern durch Kunden gibt es darüber hinaus weitere empirisch ermittelte Gesichtspunkte, die die Käufer von Beratungsleistungen heranziehen (s. Abschnitt 9.1.4), hierzu zählen:

- Das Auftreten des Beratungsunternehmens als ganzes.
- Die Zusammenarbeit und das Vertrauen.

Die Untersuchung von Erfolgsfaktoren der Projektarbeit (siehe Abschnitt 8.1.4) zeigt als wichtigen Faktor das Erfüllen der Kundenerwartungen. Diese können aber nur erfüllt werden, wenn bei der Beraterauswahl auch Klarheit bezüglich des Rollenverständnisses des Beratungsanbieters sowohl für das Beraterteam als ganzes wie auch für einzelne Berater besteht. Aus diesem Grunde werden nachfolgend einige Rollenkonzepte vorgestellt, die verschiedene Aspekte des Beraterverhaltens beschreiben.

Ein Ansatz zur Charakterisierung klassifiziert Anbieter danach, wie teuer sie sind und welche Projektgrößen sie typischerweise managen können. Dieses Modell in der Art einer Portfoliomatrix identifiziert vier Typen von Anbietern (vgl. auch die nachfolgende Abb. 104):

- Premium-Anbieter: Hier handelt es sich um mittelständische und globale Anbieter im Hochpreis-Segment der Strategieberatung, die meist bei größeren Kunden arbeiten und daher mehrheitlich auch größere Beratungsaufträge („groß“ = mehr als 500 000 € Auftragsvolumen je Projekt) abwickeln.
- Edelschmiede: Hochpreisige Anbieter mit kleinen Projektvolumina hauptsächlich im Bereich von Strategieberatung.
- System-Häuser: Zu dieser Kategorie zählen mit dem größten Teil der Aktivitäten mittelständische und globale IT-Beratungen.
- Basis: Diese kleinen und hauptsächlich als Fachberatung z. B. im IT- oder Prozessbereich agierenden Anbieter sind oft regional begrenzt tätig, haben relativ geringe Tagessätze und operieren eher in kleineren Projekten.

Dieses Klassifikationsmodell weist darauf hin, dass Anbieter verschiedene Größenordnungen von Projekten bevorzugen und dass es zwei Preisklassen von Beratung

Durchschnittlicher Umsatz pro Berater p.a. (in tausend € /Jahr)

> 250	**Edelschmiede** Merkmale: • Spitzen-Einzelberater, kleinere Beratungsfirmen • Spin-Offs von Premiumanbietern	**Premium** Merkmale: • meist große Beratungsfirmen • Zielkunden sind Großunternehmen oder Marktführer • große + globale Projekte	*Projekte mit primär strategischer Bedeutung*
<= 250	**Basis** Merkmale: • kleinere + mittlere Beratungsfirmen • Start-ups und Einzelberater • regionale Arbeitskreise	**System-Häuser** Merkmale: • meist große Beratungsfirmen • hohe Standardisierung, multiplizierbare Produkte • meist stark verknüpft mit IT-Beratung	*Projekte mit Schwerpunkt auf operativen Aufgaben*
	<= 500	>500	

durchschnittliches Projektvolumen (in tausend €)

Abb. 104: Anbietertypen (mod. n. Wohlgemuth, 1995, S. 23, zit. n. Kohr, 2000, S. 45)

gibt – Strategieberatung ist allgemein deutlich teuerer als IT-Beratung (vgl. auch Umsätze pro Mitarbeiter in Abschnitt 2.2).

Eine hierin nicht abgedeckte Unterscheidung ist diejenige zwischen globalen, internationalen und lokalen Anbietern. Die großen Beratungshäuser sind globale Unternehmen mit lokalen Mannschaften und Büros in bis zu 60 Ländern der Welt. Die Ländergesellschaften haben eine gemeinsame Vision sowie eine weitgehend identische Firmenkultur mit eventuell schwach ausgeprägten Subkulturen, gemeinsame administrative Standards in den Landesgesellschaften, eine gemeinsame interne Geschäftssprache – Englisch – und in vielen Fällen auch gemeinsame Standards für die Kundenarbeit. Diese internen Gegebenheiten mögen der Grund dafür sein, dass gelegentlich Kritik am „schablonenhaften Vorgehen" sowie den vielen Anglizismen in der Selbstdarstellung und im täglichen Sprachgebrauch auftritt. Internationale Beratungsanbieter sind lokal beschränkter als globale und haben Büros nur in wenigen Ländern. Sie sind eher mittelständisch geprägt, haben begonnen zu expandieren und sind evtl. auf dem Entwicklungsweg zu einem globalen Anbieter. Die Größe eines Beratungsunternehmens dürfte sehr stark auch mit dem globalen, internationalen und lokalen Auftreten zusammenhängen. Einzelberater agieren selten global, sehr große Unternehmen mit nur lokaler Bedeutung gibt es kaum[310].

[310] Wenn man Europa als „lokal" versteht, dann sind z. B. die *Roland Berger Strategy Consultants* im wesentlichen auf den deutschsprachigen Raum und Resteuropa beschränkt.

Ein Darstellung unterschiedlichen Rollenverhaltens von Einzelpersonen und Organisationen zeigen *Nees/Greiner* (1996) anhand eines Vergleichs von Strategie- und Managementberatern mit Akademikern, IT-Beratern und Coaches.

Tab. 71: Beratungsrollen (mod. n. Nees/Greiner, 1996, S. 77)

Dimension	Akademiker	Strategischer Navigator	Management Helfer	Systemarchitekt	Coach
Wissenbasis	Wissenschaft	Wirtschaftserfahrung	eigenes Linienmanagement	Technologie	eigenes Linienmanagement
Rolle zu Kunden	Forscher	Planer	Diagnostiker	Designer	Ratgeber
Methoden/ Ansatz	Statistiken, Analyse	Portfolio, Szenario, Modelle	Problemidentifikation	Implementationstechnik	Gesprächspartner des Vorstands
Beratungsschwerpunkt	Kreative Lösungen	Ziele und Visionen der Zukunft	Organisation und Führung	IT und Geschäftsprozesse	Bedarf des Vorstands
Kundennutzen	Wissen erhöht	profitablere Märkte	verbesserte Effektivität	verbesserte Effektivität	bessere Entscheidungen

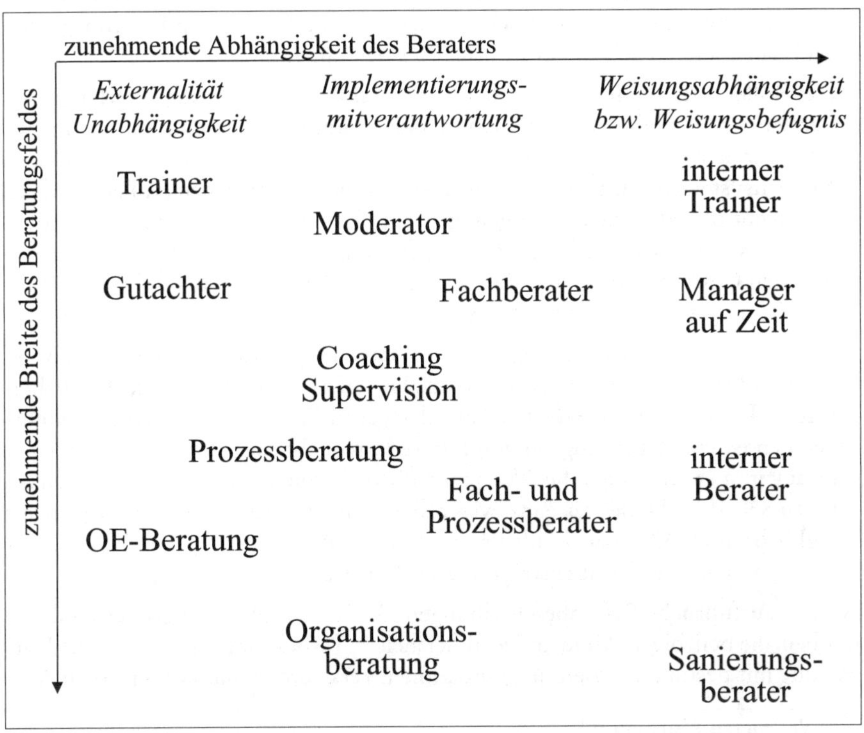

Abb. 105: Typologie von Beraterrollen (aus Kohr, 2000, S. 34)

Ein zweiter Typ von individuellen Rollenkonzepten ordnet analog zu Portfoliodarstellungen Rollen entlang zweier Dimensionen und bietet sich daher leichter auch für weitergehende Analysen an. Eine Aufzählung und einfache Anordnung von Beraterrollen nach Breite des fachlichen Einsatzes und Unabhängigkeit des Beraters bietet das in Abb. 105 dargestellte Modell von *Kohr* (2000).

Noch höher verdichtet ist ein in den 80er Jahren in verschiedenen Versionen verwendetes Modell, hier in der Fassung von *Hoffmann/Hlawacek (*siehe Abb. 106). Zur Häufigkeit der Wahrnehmung dieser Rollen gibt es keine repräsentativen Schätzungen. *Hoffmann/Hlawacek* (1991, S. 417) berichten aus ihrer Stichprobe von 200 Beratungsfällen, dass in 95 % der Projekte Berater als Informationslieferanten, in 76 % als Problemlöser, in 6 % als Prozesspromotor, in 3 % als Katalysator/Moderator und zu je 2 % als Gutachter, Realisator und Coach auftraten, Mehrfachnennungen waren erlaubt. Neuere Untersuchungen hätten wahrscheinlich einen höheren Anteil Realisatoren gezeigt, da seit 1991 das IT-Geschäft erheblich zugenommen hat und hier der Realisationsanteil größer ist. Eine andere Frage ist die der Passung von Beraterrollen zu Kundenrollen (vgl. Abschnitt 9.1.3):

- Nach einer Untersuchung an 200 Projektberichten von 62 Beratern und 40 Klienten von *Hoffmann/Hlawacek* (1991, S. 422 f.) überwogen direktive Fachberatungen bei Kunden vom Typ I („Getriebene")[311] und Typ II („Krisenbewältiger"). Bei Kunden vom Typ III („Kooperativer Problemlöser") kommen immerhin ein Drittel prozessorientierte Beraterrollen vor, es überwiegt aber auch hier der Problemlöser. Schließlich verlangt ein Kunde vom Typ IV („Imagepfleger") am ehesten nach einem Informationslieferanten.
- Das Rollenspiel bei den Gesprächen vor Abschluss eines Vertrages verlangt vom Berater vor allem die Fähigkeit, den Kunden zum Sprechen und zu Informationen über seine Sicht der Dinge zu bringen (vgl. *Schwan/Seipel*, 2002, S. 67). In Kundensystemen mit mehreren Entscheidern in verschiedenen Rollen wird das evtl. nicht überall gleichmäßig gelingen, hier kommt es darauf an, auf Kundenseite die wichtigsten Spieler im Rollengeflecht herauszufinden. In der Regel entscheiden Geschäftsführer und Bereichsleiter bei der Beraterauswahl mehr als andere Beteiligte (vgl. Abschnitt 9.1.3).
- Ein anderer Aspekt ist die Frage der Gedeihlichkeit von Zusammenarbeit, wenn der Kunde negative oder positive Vorerfahrungen mit Beratern hatte. Die Fähigkeit zu konstruktivem Arbeiten mit oder gegen Widerstände in Kundenunternehmen ist eine Grundtugend von Beratern, wobei neben dem Sachziel der Beratung immer sein muss, die Akzeptanz für das Projekt zu fördern und Vertrauen zu schaffen. Dieses ist ganz wesentlich Aufgabe des Change Managements (vgl. Abschnitt 6.8) bzw. in kleinerem Rahmen Aufgabe des persönlichen Kontaktes zu den Entscheidungsträgern und Betroffenen.

Weitere ausführliche Rollenbeschreibungen für Berater gibt es in großer Zahl und mit beinahe beliebigem Grad an Detailliertheit[312]. Insbesondere kann man die Darstellung mit bestimmten Beratungssituationen verknüpfen und kommt so zu Aus-

[311] Vgl. hierzu Abschnitt 9.1.

[312] Siehe z. B. *Heintel*, 1998; *Schwan/Seipel*, 2002, S. 179 ff.

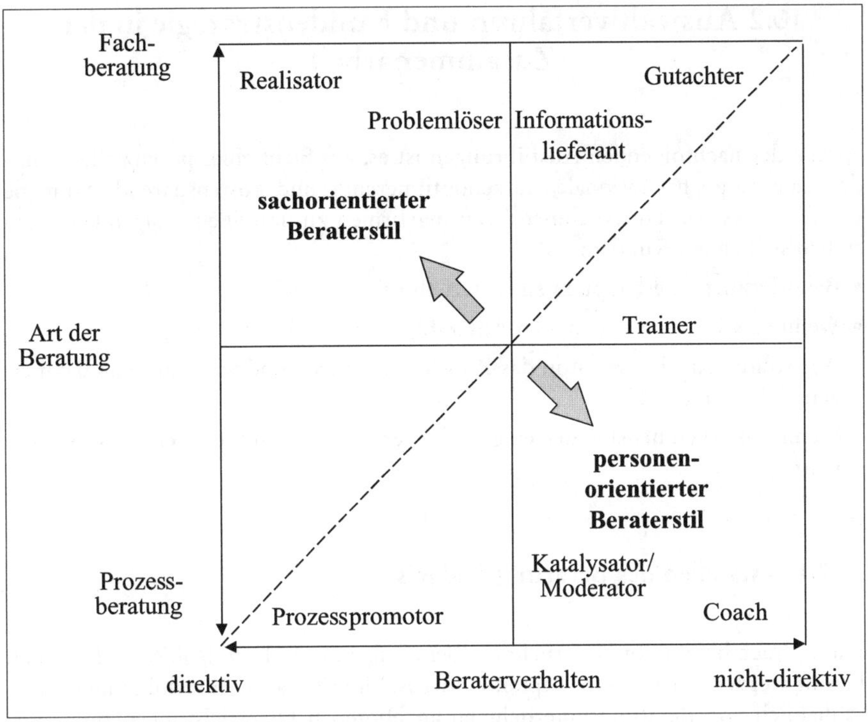

Abb. 106: Beraterrollen (Hoffmann/Hlawacek, 1991, S. 415)

sagen über das Verhalten von Beratern bei allen Formen der Interaktion mit Kunden, z.B. Moderation, Kommunikation und Information, Problemlösung, Verhandlung, Verkauf. Die Beschreibungen sind aber teilweise gar nicht spezifisch für Unternehmensberater, sondern passen auch allgemein für Manager, Führungskräfte, Mediatoren und Fachexperten. Darüber hinaus haben Berater in ihrem firmeninternen Verantwortungsbereich Rollen wie Vorgesetzter, Unternehmer, Sprecher, Krisenmanager, Pate für jüngere Kollegen. Diese Rollen sind ebenfalls – für sich betrachtet – nicht ausschließlich beratungsspezifisch. Das Besondere ist der Rollenmix, der relative Zeitanteil für einzelne Rollen sowie in der Kundenbeziehung eventuell die Dynamik der Beziehung.

Ein ökonomischer Zweck der Betrachtung von Rollen einer Unternehmensberatung liegt darin, das Leistungsspektrum einzelner Beratungsanbieter diesen Rollen zuzuordnen und Vorhersagen über das Verhalten ableiten zu können. Diese Zuordnung hilft, Erwartungen gegenüber Beratern klarer formulieren zu können sowie Möglichkeiten und Grenzen von Beratern besser zu erkennen.

Einzelne Beratungsanbieter, vor allem mittelgroße und sehr große Anbieter, zeigen ein weites Spektrum möglicher Produkte und haben ein dementsprechend großes Rollenrepertoire. Andere sind fokussierter. Und einige kämpfen auch für oder gegen bestimmte Rollenklischees, die sie aus Imagegründen erreichen oder loswerden wollen[313].

[313] Z.B. möchte *McKinsey* den Ruf des auf „Kostenkillen" spezialisierten Hauses gerne re-

10.2 Auswahlverfahren und Kundenstrategie in der Zusammenarbeit

Zweck der nachfolgenden Ausführungen ist es, aus Sicht eines potenziellen Kunden eine möglichst rationale, nutzenoptimierende und kostensparende Strategie des Einsatzes von Unternehmensberatungsfirmen zu umreißen. Folgende Fragen stellen sich einem Kunden:

- Benötigt man überhaupt einen Unternehmensberater?
- Wenn ja, wie gestaltet man den Auswahlprozess und den Vertrag?
- Wie sollte man sich selbst in das Projekt einbringen und wie baut man dazu eigene Ressourcen auf?
- Wenn Unternehmensberater eingesetzt werden, wie kann dies effizient geschehen?

10.2.1 Feststellen des Beratungsbedarfs

Dieses Buch beschreibt Unternehmensberatungen. Gerade deshalb sollte hier auch betont werden, dass alle in Kapitel 7 vorgestellten Beratungsprodukte keine ausschließlich von Beratungsunternehmen angebotenen Dienstleistungen sind, sondern auch inhouse von eigenen Mitarbeitern – entweder aus der Linie oder einer internen Beratungseinheit – durchgeführt werden können. Verlässliche Statistiken über die Größe des „Do-it-yourself"-Marktes gibt es nicht, jedoch kann man sich anhand der Verbreitung von modernen Managementwerkzeugen einen Eindruck davon machen, wieviel Aktivitäten in klassischen Arbeitsfeldern von Beratungsunternehmen stattfinden. Die Fa. *Bain & Company* führt eine jährliche internationale Befragung über den Einsatz von Managementwerkzeugen durch, die Zahlen für das Jahr 2001 basieren auf den Angaben von 451 Managern.

Das Gesamtvolumen der in Eigenregie abgewickelten Tätigkeiten bei typischen Beratungsprodukten lässt sich bei den meisten Produkten wohl nicht seriös schätzen[314], es dürfte aber tatsächlich sehr hoch sein Es ist damit keineswegs automatisch so, dass bei Bedarf nach einem der Strategie-, Organisations-, IT- oder Personalberatungsprodukte auch ein Beratereinsatz benötigt wird. Nachfolgend soll daher versucht werden, die Vorgehensweise eines Kundenunternehmens bei der Identifizierung des Beratungsbedarfs, der Auswahl eines Beratungsunternehmens und der gemeinsamen Beratungsarbeit zu beschreiben.

lativieren, da diese Aufgaben nur einen kleinen Teil der Umsätze ausmachen sollen. *Accenture* dagegen möchte das schöne Attribut des „Innovators" für sich reklamieren, „Innovation delivered" heißt der Slogan unter dem Firmennamen.

[314] Ausnahmen hiervon sind Neuinstallationen von bestimmten Softwareprodukten, weil die Hersteller/Lizenzgeber der Software die Information, wer das Implementierungsprojekt durchführt, für interne Zwecke recherchieren – zumindest über *SAP* ist dies bekannt. Inwieweit diese Datensammlung dazu nutzen soll, die eigene Beratungstochter *SAP SI* mit Wettbewerbsinformationen zu versorgen, entzieht sich der Kenntnis des Verfassers.

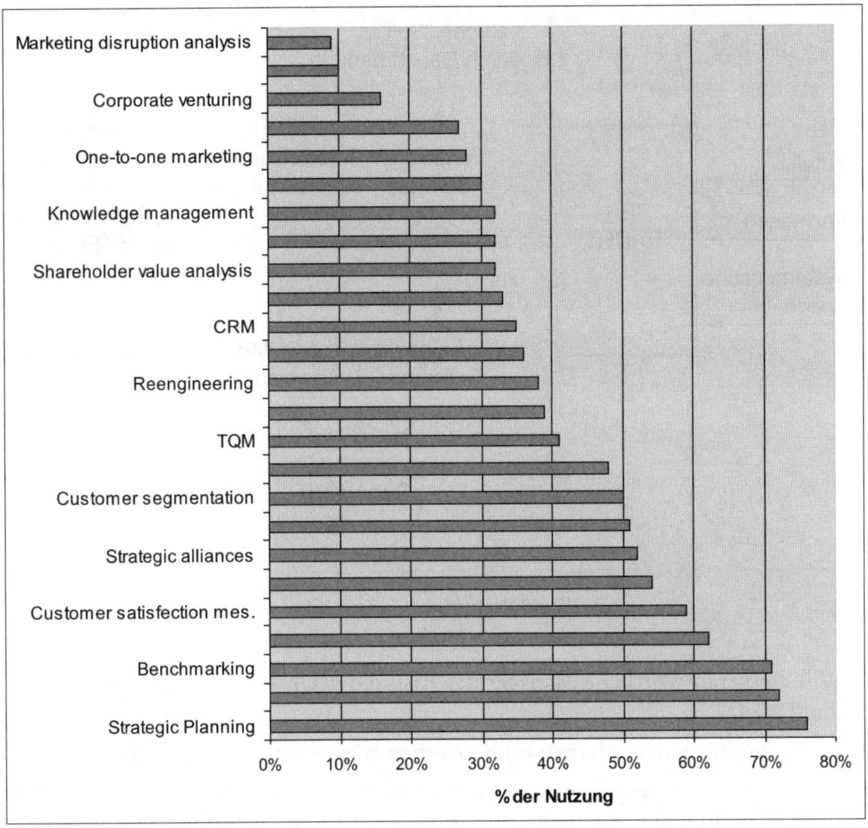

Abb. 107: Nutzung wichtiger Managementkonzepte (Rigby, 2001)

Beratungsbedarf kann – alle Mischformen und Kombinationen sind natürlich auch denkbar – prinzipiell aus drei Gründen entstehen: (1) Aus dem Wunsch heraus, der Konkurrenz wieder einen Schritt voraus zu sein und sich der Zukunft zu stellen oder (2) Schwachstellen oder (3) Ressourcenknappheiten zu beseitigen. Nach Feststellen des Veränderungswunsches ist ein weiterer Schritt der Bedarfsklärung, mögliche Ursachen der Probleme und Randbedingungen der derzeitigen Situation zu identifizieren. Zweitens ist dann nach Lösungsmöglichkeiten sowie Lösungen selbst zu fragen. Selbst bei bekannten Lösungen kann es noch an Ressourcen oder technischem Wissen mangeln, sie umzusetzen oder aber das Risiko zu tragen und innere Widerstände zu überwinden. Leitfragen sind also:

- Ist das Problem/die Aufgabe genau bekannt?
- Sind der Suchraum und die Vorgehensweise für die Lösung bekannt?
- Ist die Lösung selbst bekannt?
- Sind die Widerstände gegen die Lösung mit eigenen Kräften zu überwinden?
- Sind Ressourcen für das Erarbeiten einer Lösung verfügbar?
- Ist jemand im Hause (und außerhalb der internen Beratung) zu finden, dem man die Lösung der Aufgabe zutraut?

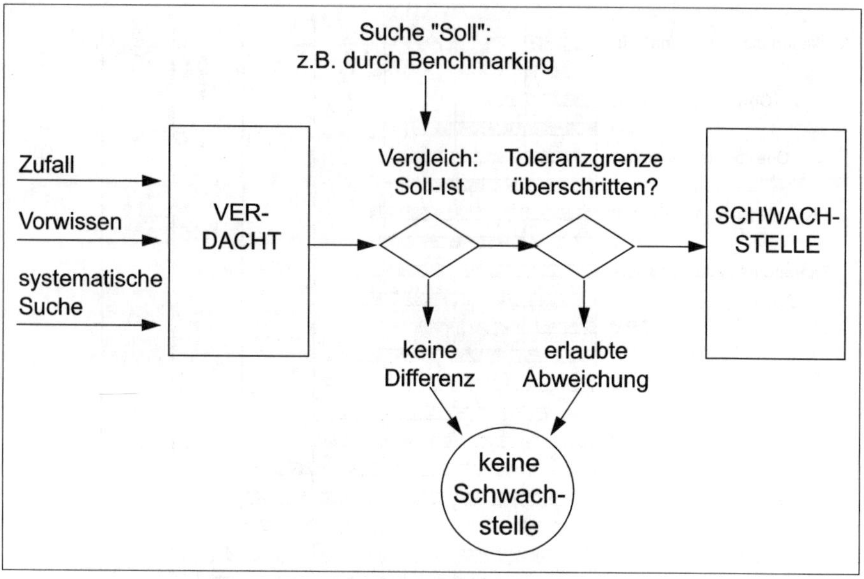

Abb. 108: Prinzipdarstellung der Schwachstellenanalyse

- Will der verantwortliche Manager das Risiko der Umsetzung mit eigenen Kräften tragen?
- Ist Budget für einen internen oder externen Beratereinsatz vorhanden?

Die Antworten auf diese Leitfragen helfen sowohl festzustellen, ob man überhaupt einen Berater benötigt, als auch wenn ja, inwieweit seine Aufgaben bestimmt sind. Empirische Untersuchungen zu der Frage, zu welchen Zwecken Unternehmensberater in's Haus geholt werden, zeigen, dass oft mehrere Gründe gleichzeitig für oder gegen den Einsatz von Beratern sprechen (vgl. Abschnitt 4.2.). Da immer ein bestimmter Eigenanteil der Projektarbeit beim Kunden verbleibt, handelt es sich hier um eine „Make-or-also-Buy"-Entscheidung (*Kehrer/Schade*, 1995, S. 467).

Mit der Erkenntnis, einen Berater zu benötigen, ist keineswegs automatisch über die Höhe des Arbeitsumfangs mitentschieden. Optimal ist es, wenn der Auftraggeber selbst eine Schätzung über die Höhe der gesamten Investitionskosten sowie des Arbeitsaufwandes in Personentagen für das Projekt machen kann. Um die Schätzung nicht zu verkomplizieren, kann er darauf verzichten, den Aufwand nach Mitarbeiterkategorien (Kosten je Personentag, Effizienzklasse des Mitarbeiters je nach Fähigkeiten) zu unterteilen. Auf jeden Fall sollten orientierende Vorgaben hinsichtlich der Zeitdauer des Projekts in Kalendertagen und des Aufgabeninhaltes erfolgen. Wenn der Auftrag das Erstellen eines Konzepts beinhaltet und je nach Abhängigkeit vom Konzept verschieden umfangreiche Arbeiten der Implementierung erfolgen sollen, dann empfiehlt es sich, den Auftrag in einen Konzeptteil und die Implementierung zu splitten, weil ja für letztere keine seriösen Angaben über den Arbeitsumfang gemacht werden können. Empfehlungen für die Ausschreibung (vgl. die Betrachtung dieses Themas aus der Beraterperspektive in Abschnitt 6.4) sind:

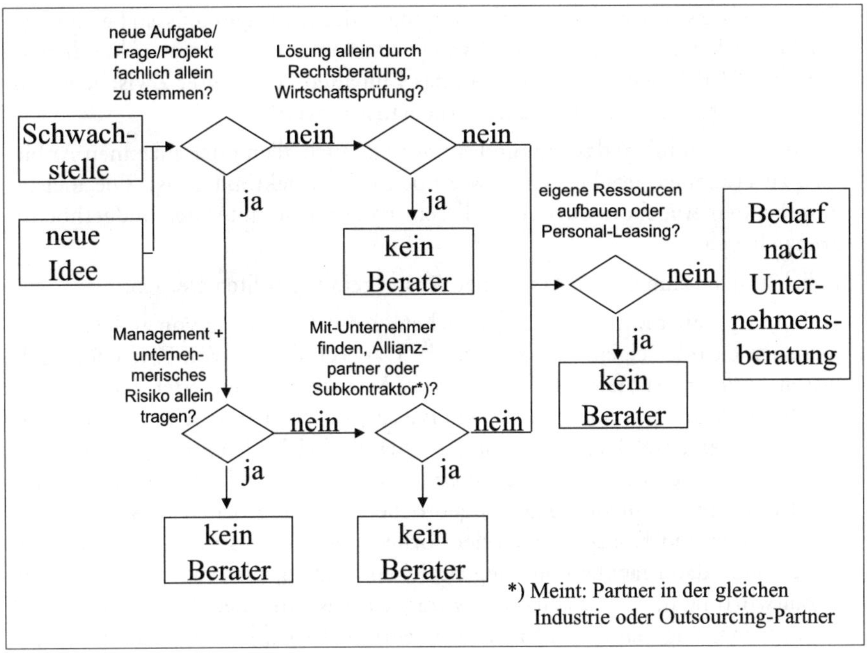

Abb. 109: Entscheidungsbaum „Berater ja oder nein?“

- Der für den Auftraggeber nicht mehr veränderbare feststehende Teil des Auftrags sollte benannt und möglichst präzise beschrieben werden.
- Falls den Beratern Freiräume zur Projektgestaltung eingeräumt werden (z.B. mit der Formulierung „alternative Ansätze zur Durchführung des Projekts sind erwünscht“), wird das Verfahren insgesamt deshalb komplizierter, weil eventuell finanziell unvergleichbare Angebote der Anbieter kommen werden. In diesem Fall geben einige ausschreibende Stellen eine Standardvariante vor, zu der auf jeden Fall ein Angebot erfolgen muss, und lassen zusätzlich Alternativen zu. Beim Vergleich der alternativen Angebote mit der Standardvorgabe kann es passieren, dass der Ausschreibende selbst zu einer neuen Bestlösung kommt oder dass ihm eine Variante gut gefällt, er aber zu Vergleichszwecken von allen Anbietern auch zu dieser Variante ein Angebot möchte. In diesem Fall wird er – sofern rechtlich möglich – eine weitere Runde der Ausschreibung bzw. eine neue Ausschreibung machen. Falls diese zweite Runde den Anbietern vorher nicht bekannt war, wird dies ggf. Anbieter verärgern, da für sie Zeit Geld ist und zumindest einer der Beteiligten sich außerdem um seine guten Ideen und einen eventuellen Vorsprung vor anderen gebracht sieht.
- Der maximale Umfang der Mitarbeit von Beschäftigten des Auftraggebers sollte benannt werden; die Projektmitarbeit sollte schon einen erheblichen Teil, am besten 100 % der Arbeitszeit, ausmachen, da ansonsten die Effizienz sinkt. Aus Beratersicht betrachtet, zählen Personentage des Kunden oft sowieso nur 50 % oder weniger eines Berater-Personentages, und projekt-ungeübte Kundenmitarbeiter verlieren als Halbtags-Projektmitarbeiter oft den Anschluss und manchmal deshalb auch die Motivation.

- Die Zeitleiste sowie andere Randbedingungen des Auftrages müssen bekannt gemacht werden. Insbesondere der Zwang zur Benutzung bestimmter kundenspezifischer Werkzeuge und Methoden, das Einhalten bestimmter Zwischentermine, Werksferien usw. sollte ebenfalls thematisiert werden.
- Es ist nicht unüblich, dass zumindest indirekt auch allen oder einzelnen Anbietern zu erkennen gegeben wird, wie hoch das Projektbudget ist. Die meisten eingehenden Angebote dürften in diesem Falle knapp unter der Budgethöchstgrenze liegen.

Möglichst nicht zum Gegenstand einer Ausschreibung sollten werden:

- Halb fertige, aber mittendrin abgebrochene Konzeptarbeiten von anderen Beratungsfirmen oder eigener Mitarbeiter[315]. Das Verarbeiten von Zwischenergebnissen anderer Anbieter, die zuvor mit Konzeptarbeiten oder Ist-Analysen beschäftigt waren, ist durchaus üblich. Bei abgebrochenen Arbeiten allerdings ist oft schwer einzuschätzen, wie gut die Qualität bei Vollendung gewesen wäre. Außerdem hinterlässt es auch leicht einen schlechten Eindruck vom Ausschreibenden, wenn in seinem Bereich abgebrochene Beraterarbeiten vorkommen. Zu den Inhalten und Konsequenzen der vorliegenden Bruchstücke sollte der Ausschreibende dann fachlich Stellung beziehen können; die Anbieter werden die Verantwortung für die Qualität der Vorgabe i. d. R. ablehnen. Für beide beteiligten Parteien steigt damit das Risiko konzeptioneller Fehlvorgaben auf jeden Fall in der Regel an.
- Das Risiko unabwägbar langer interner Abstimmungsprozesse, das Risiko der Mittelfreigabe für Projektbudgets. Dies sind Risiken, die sich eindeutig in der Sphäre des Ausschreibenden abspielen. Ein Anbieter kann eigentlich diese Risiken nicht tragen und wird eher auf Basis eines täglichen Kündigungsrechtes arbeiten, als per Werkvertrag außerhalb seiner Sphäre liegende Ereignisse mitzuverantworten. Außerdem wird ein Dritter versuchen, zusätzliche Risiken auch einzupreisen. Aus diesem Grunde sollte der Ausschreibende einen Zeitplan und einen Arbeitsplan finden, der mögliche Verzögerungen auf der eigenen Seite nicht zu Beraterkosten werden lässt.

10.2.2 Auswahl des Beratungsunternehmens

Sofern die Entscheidung feststeht, dass Berater hinzugezogen werden sollen, stellt sich die Frage nach der Auswahl des geeigneten Anbieters. Eine empirische Untersuchung von *Sommerlatte* (2000, S. 178 f.) an 76 Beratern verschiedener Anbie-

[315] Eine große deutsche Behörde in Nürnberg war unter Beratern berüchtigt für diese Art der Morgengabe bei der Einholung von Angeboten. Wenn abgebrochene Beratungsaufträge natürlich auch immer zumindest teilweise auf die „Schuld" des Beraters zurückzuführen sein mögen, so deutet doch die Häufigkeit dieser Vorkommnisse beim gleichen Auftraggeber auf schwer zu beherrschende Verhältnisse oder eine unrichtige Darstellung der Ausgangslage beim Auftraggeber hin. Außerdem ist ja evtl. rein fachlich auch irgendwo „der Wurm" in dem bisher angefangenen Konzept, so dass man im wohlverstandenen Eigeninteresse nicht alles zum Gesetz machen sollte, was bisher mit einem gescheiterten oder sich zurückziehenden Partner vereinbart wurde.

terfirmen und 85 Kundenantworten zeigt, dass einige Unternehmen vor Projektbeginn nicht ausreichende Vorbereitungen für einen erfolgreichen Beratereinsatz treffen[316]. Folgende Empfehlungen für die Vorbereitung der Auswahl von Beratungsunternehmen gelten:

- Der potenzielle Kunde sollte eine Kosten-Nutzen-Rechnung („Business Case") über den erwarteten ökonomischen Nutzen des Projektes anstellen. Die Nutzenhöhe hilft dabei, auch die tolerierbaren Gesamtkosten für das Vorhaben zu bestimmen und harte Erfolgskriterien abzuleiten. Auf der Kostenseite werden oft die Kosten für den eigenen Einsatz von Personal, Sachgütern und Infrastruktur vergessen, sie gehören jedoch unbedingt zur Gesamtkalkulation. Der Gesamtnutzen sollte höher sein als die Projektkosten sowie die Summe eventueller Mehrkosten des Wirkbetriebes. Die Frist bis zum Eintreten eines positiven Gesamtnutzens, insbesondere eines Cash-Flow-relevanten Gesamtnutzens, wird von manchen Kunden mit ein bis drei Jahren sehr kurz angesetzt. Letztlich hängt es aber von der Art und Größe des Projektes ab, wie lange realistischerweise mit der Amortisierung der Kosten zu rechnen ist und ob sich das Projekt dann noch lohnt. Bei dieser Frage spielt auch eine Rolle, wie gut die aktuelle und mittelfristig vorhergeplante Liquidität des Kunden ist. Empfehlenswert ist es auch, eventuell mehrere Szenarien für die Kosten- und die Nutzenseite zu haben.

Tab. 72: Einfaches Kalkulationsschema Gesamtkosten (vgl. Strasser, 1993, S. 183)

fixes Beraterhonorar	
+	Spesen
+	ggf. Bonuszahlungen an Berater
=	Beraterkosten
+	andere externe Kosten (z. B. Lizenzen)
+	interne Kosten für das Projekt
=	Projektkosten
+/–	Kostendifferenz Wirkbetrieb
=	Gesamtkosten der Änderung

- Das ausschreibende Unternehmen sollte sich vorab thematisch fachkundig machen. Auch wenn das zukünftige Beratungsthema fachlich weit weg von den Erfahrungen und Kenntnissen des Kundenunternehmens ist, sollte man versuchen, sich selbst bestmöglich sachkundig zu machen und zu wissen, woher man weitere Kenntnisse erhalten kann. Wissensquellen, aus denen man vom Berater unabhängige Kenntnisse oder Einschätzungen schöpfen kann, sind auf jeden Fall sehr nützlich. Wenn es zu einer Ausschreibung kommt und mehrere Anbieter jeweils eigene Vorschläge machen, erweitert das natürlich auch den Horizont des Ausschreibenden. Er sollte allerdings schon bei der Ausschreibung ein klares Verständnis von der Aufgabe sowie seine eigenen Fragezeichen haben, damit er die Ausschreibung entsprechend gestalten kann.

[316] Der Verfasser untersuchte mittel Fragebögen zwei Gruppen von Projekten, so genannte „lernorientierte Beratungen" (LOB) und nicht-LOB's. Bei LOB's glaubten sich z. B. immerhin 78 % der betroffenen Kundenmitarbeiter ausreichend inhaltlich vorbereitet, bei nicht-LOB's waren es nur 53 %.

- Man sollte sich vorab mit der Arbeitsweise von Beratungsfirmen und deren vermutlichen Stärken und Schwächen vertraut machen. Einige mögliche Aspekte sind: Kulturelle Passung zum Anbieterunternehmen, evtl. Güte des Kontaktes zu Softwareherstellern und anderen Anbietern (z. B. Übersetzer, Hardwarelieferanten, Rechtsanwälte), Preisniveau, Größe des Projektes und Größe der Beratungsfirma, Spezialisierung der Beraterfirma. Nur wesentlich schwächere und ja auch tatsächlich deutlich weniger gewichtete (vgl. Abschnitt 9.1; *Meffert*, 1990; *Fritz/Effenberger*, 1998) Hilfestellung hierzu könnte teilweise aus der Literatur kommen (z. B. *Merten*, 2000; *Titscher*, 1997) oder von den Verbänden, wie z. B. *BDU*, *BVW*, *Liga Oeconomica* usw. Beide Typen von Quellen haben ihre Stärken und Schwächen. Bücher sind oft oberflächlich, gelegentlich befangen in einer zu engen Erfahrungswelt des Verfassers[317] und bieten keine Spezialinformation zu bestimmten Beratungsthemen. Verbände geben nicht wirklich einen Überblick des Anbietermarktes, sondern nur Adressenlisten und Kontakte zu ihren Mitgliedern. Bei großen Beratungsanbietern mag die Qualität auch schwanken, weil letztendlich die Arbeit durch Personen vor Ort gemacht wird und diese Personen sind unterschiedlich gut. Das Auswahlverfahren sollte auf jeden Fall unseriöse Anbieter ausschließen können. Hierzu gehören zumeist Beratungsanbieter, die nach der Methode von *George S. May* arbeiten (siehe Erkennungsmerkmale im Anhang 17.3). Weiterhin ist die exakte Formulierung des zentralen Auswahlkriteriums wichtig. In den meisten Fällen dürfte nach der zum Kunden kompatibelsten Beratung gesucht werden, nicht nach einem „Marktführer" oder dem nach anderen sportlichen, aber irrelevanten Kriterien „besten" Anbieter.
- Falls eine Inhouse-Beratung existiert, ist zu entscheiden, ob allein sie angesprochen wird, ob sie ausgeklammert werden soll oder ob sie zumindest in Teilbereichen des Aufgabenvolumens gegen externe Beratungsanbieter antreten soll.
- Festlegen, ob als Anbieter auch eine Allianz bzw. eine Mischung von Inhouse-Beratern und Externen bzw. eine Mehrheit von Externen in Frage kommt. Oft bilden sich bei größeren Ausschreibungen Konsortien von Beratungsfirmen untereinander oder zwischen reinen Beratungsfirmen und Softwareherstellern, wenn die Beteiligten sich so bessere Chancen ausrechnen. In diesen Fällen ist hilfreich festzulegen, ob man mit mehreren gleichberechtigten Partnern in den Vertrag einsteigen will oder ob man die Anbieter zwingt, einen Generalunternehmer zu benennen. Letzteres ist insbesondere dann hilfreich, wenn man selbst keine ausreichende Kapazität für die komplexer werdende Projektleitung zur Verfügung stellen möchte oder wenn natürliche Interessengegensätze, z. B. von Softwareherstellern und Beratern, zu befürchten sind. Dies ist bei Erstimplementationen ganz frischer Software, wie z. B. neuen Modulen von *SAP*, *Oracle*, *Microsoft,* mit all ihren unbekannten Fehlern oft der Fall.
- Festlegen, ob die Berater Begleiter in allen Phasen und Aspekten des Projekts sein sollen oder nur in Teilabschnitten, z. B. der Konzeptphase oder der Umset-

[317] Die Enge des Blicks führt manchmal zu merkwürdigen Aussagen. So schreibt z. B. *Merten* (2000, S. 91) ohne näher den Projekttyp und das Arbeitsvolumen einzugrenzen, dass bei Projektbeginn „... die Beratungsfirmen ein Projektteam aus normalerweise drei bis sechs Mitarbeitern zusammen[stellen wird], ...". Wieso der Autor auf „drei bis sechs" kommt bleibt rätselhaft.

zungsphase. Bei anstehenden großen Projekten ist auch überlegenswert, ob man zunächst einen kleinen Auftrag an eine Beratungsfirma erteilt, um so relativ gefahrlos deren Qualität zu überprüfen, bevor man sich für die größeren Aufgaben bindet.

- Die Projektstruktur festlegen: Lenkungsausschuss, „Aufhängung" in einem der betroffenen Bereiche oder bereichsübergreifend usw. Bei größeren Projekten bzw. Programmen ist die Frage, ob man einen unabhängigen Berater ausschließlich für Zwecke der übergreifenden Projektsteuerung, z. B. als „Projektbüro" einsetzt.
- Festlegen, ob die Berater bestimmte Schablonen, Arbeitsmuster, Arbeits-Hilfswerkzeuge usw. benutzen sollen, wie z. B. kundenspezifische Zeitaufschreibungen, eine bestimmte Dokumentationssoftware. Falls der Kunde vorab keine schon sehr gefestigte Meinung zum Projektthema, zur Vorgehensweise und zum Projektvolumen hat, sollte er die Auswahlzeit nutzen, um von den Beratern Vorschläge und Ideen zur Vorgehensweise „abzusaugen".
- Festlegen des Auswahlprocederes und der Auswahlkriterien: Wer schreibt die Ausschreibung, wer verfasst das Pflichtenheft für die Berater, wer legt die gewichteten Auswahlkriterien fest, wer ist stimmberechtigt bei der Auswahl, wieviele Stufen oder Schritte gibt es im Auswahlverfahren, wer tritt als Ansprechpartner der Bewerber auf usw? Meist wirken hier insbesondere die Einkaufsabteilungen sowie die Fachabteilungen zusammen. Kern des Verfahrens ist es, Anbieter auf ihre Passung zur Aufgabenstellung und zum Kunden hin abzuprüfen[318]. Bei großen Projekten und mangelnder eigener Erfahrung kann es eventuell hilfreich sein, sich für das Auswahlverfahren wiederum durch einen Berater unterstützen zu lassen. Bei IT-Projekten kann diese Unterstützung auch nur in der Erstellung eines Pflichtenheftes bestehen. Dieser Berater darf sich für die eigentliche Hauptaufgabe dann nicht bewerben.
- Grobauswahl derjenigen Beratungsunternehmen, die man zur Angebotsabgabe oder Teilnahmebekundung auffordern möchte. Hierbei sind strukturelle Stärken und Schwächen der Anbieter zu beachten. Tab. 73 gibt dazu einige Hinweise (vgl. auch *Titscher*, 1997, S. 191 f.).

10.2.3 Aufbau eigener Ressourcen

Die meisten der in Kapitel 7 beschriebenen Produkte von Beratungsprojekten werden in der Praxis nicht ohne eine erhebliche Beteiligung von Mitarbeitern des Kundenunternehmens erstellt, manche sogar eventuell häufiger gänzlich ohne Berater. Allgemeine Ergebnisse von Evaluationen zeigen, dass die Mitwirkung des Kunden die Erfolgswahrscheinlichkeit von Projekten erhöht (vgl. Kapitel 8.1). Eine Ausnahme hiervon sind eventuell einige der Beratereinsätze, die eine reine Gutachtenerstellung oder Strategiefindung zum Inhalt haben. Auch bei besonders technisch oder betriebswirtschaftlich anspruchsvollen Konzeptarbeiten kann es

[318] *Kehrer/Schade* (1995, S. 468) sprechen hierbei von „Berater-Klient-Kompatibilität" und „Potenzial-Aufgaben-Kompatibilität".

Tab. 73: Vor- und Nachteile verschiedener Gruppen von Beratungsanbietern

Anbietermerkmale	mögliche Vorteile	mögliche Nachteile
Größe: Globaler Beratungsanbieter vs. lokale Mittelständler oder Einzelkämpfer	Globale Anbieter: • Können große Projektumfänge bewältigen • Sind global durch einheimische Mitarbeiter vertreten • Haben Fachleute für viele Spezialthemen • Eignen sich sehr gut zur Legitimation unbequemer Entscheidungen Lokale Mittelständler: • ggf. lokal besser vernetzt als globale Firmen • ggf. besserer kulturelle Übereinstimmung • ggf. flexibler als globale Anbieter Einzelkämpfer: • Effektiver Ersatz für eigene Ressourcen • leichter steuerbar und ggf. preiswerter als die anderen Anbieter	Globale Anbieter: • Werden gelegentlich als arrogant erlebt, benutzen oft Anglizismen usw., kulturelle Passung kann Problem sein • Gelegentlich wirkt Arbeit standardisierter • ggf. teurer • weniger leicht geschäftlich „erpressbar" Lokale Mittelständler • begrenzte Kapazität • begrenztere Kompetenzbreite • keine globale Präsenz • Selten: Scharlatane mit Drückermanieren Einzelkämpfer • Gefahr der engen fachlichen Kompetenz • Gefahr des Totalausfalls wegen Krankheit usw.
Vorerfahrungen mit dem gleichen Berater in früheren Projekten:	Mit Kundenerfahrung: • Kenntnisse der Interna • Erfahrungen mit der Arbeitsqualität liegen vor • Persönliches Kennen von Beratern Ohne Kundenerfahrung: • Unvoreingenommener Blick eines Externen • Bringt eventuell neue Ideen	Mit Kundenerfahrung: • Evtl. schon betriebsblind • Evtl. schon parteiisch im internen Kräftespiel Ohne Kundenerfahrung: • benötigt Zeit zum Verstehen der Interna und zum Kennenlernen

mangels geeigneter Ressourcen zu reinen Beraterteams bei der Projektarbeit kommen[319]. Dennoch gilt, dass die Mitarbeit von Beschäftigten des Kunden i.d.R. in beiderseitigem Interesse wünschenswert ist und tatsächlich auch in erheblichem Maße stattfindet. Aus Gründen der Transfersicherung, der Nutzung des firmenspezifischen Fachwissens, Kenntnis der internen Ansprechpartner, nutzergerechter Lösungen und nicht zuletzt auch des Kostensparens ist ein großer Eigenanteil des Kunden an der Projektarbeit anzustreben. Dagegen stehen ggf. die eingeschränkte zeitliche Verfügbarkeit eigener Mitarbeiter, die relative Langsamkeit und Ungeübtheit von projektunerfahrenen Personen sowie persönliche Gründe,

[319] Kunden, die sehr weit weg vom Beratungsthema sind und daher einen großen Nachholbedarf haben, bergen für den Berater auch eine große Herausforderung, da sie im Laufe des Beratungs- und Lernprozesses ihre Ansichten über das Beratungsprodukt ggf. ändern. In solchen Projekten ist unbedingt zu regeln, wann und wie Änderungsvorschläge in dem laufenden Prozess berücksichtigt werden können.

z. B. die Angst vor viel Überstunden und Leistungsdruck, Gefahr für eine sicher scheinende Karriere in dem gewohnten Arbeitsumfeld, Mangel an Teamfähigkeiten. Folgende Empfehlungen gelten für den Kunden, um seinen eigenen Arbeitsanteil an der Projektarbeit gut zu gestalten:

- Möglichst frühzeitig sollte ein fachlich und methodisch kompetenter, flexibler und belastbarer Mitarbeiter für die Projektleitung bestimmt werden. Diesem Mitarbeiter sollten ausreichend Zeit und Ressourcen gegeben werden, sich selbst fachlich vorzubereiten und bei der inhaltlichen Gestaltung der Ausschreibung mitzuwirken. Je hierarchischer das Unternehmen ist, desto mehr sollte auch darauf geachtet werden, dass der Projektleiter selbst hoch in der Hierarchie angesiedelt ist oder aber guten, möglichst informellen Kontakt nach ganz oben hat oder bekommt.
- Abschätzen, in welchem Umfang eigene Mitarbeiter in die Projektarbeit einbezogen werden können und sollen. Falls ein mehrjähriger Projektablauf bzw. viele Folgeprojekte absehbar sind, sollte der eigene Personalanteil entsprechend höher eingeplant werden, um vermeidbare Kosten für externe Berater zu sparen. Eine Variante hiervon ist, ggf. neue Mitarbeiter einzustellen. Diese Personen können entweder als Berufserfahrene auch Projekterfahrung mitbringen oder Personen mit Potenzial sein, die auf dem Projekt wachsen sollen. Gelegentlich trifft man auch Kunden, die sehr erfahrene Externe einstellen und dann zum Projektleiter machen. Diesen Neueinsteigern fehlt dann das Gespür für die interne Politik, es fehlen die informellen Kontakte und das Detailwissen über Altsysteme und die alten Zustände im Haus des Kunden. Um diese Mängel auszugleichen, wird dann ein Kollege mit langjähriger Firmenzugehörigkeit als stellvertretender Projektleiter bestimmt, um seinem neuen Kollegen zu helfen.
- Unternehmen mit einer Linienorganisation sollten bei Bedarf nach längerer Mitarbeit der eigenen Kollegen im Projekt die geeigneten Randbedingungen schaffen, damit sie befähigte Personen so lange wie gewünscht im Projektrahmen halten können: Projektmitarbeiter dürfen bei abteilungsinternen Beförderungen nicht übergangen werden, hinsichtlich der oft unvermeidbaren Überstunden sollte eine klare Regelung gefunden werden, und die Verwendung nach Ende des Projekts sollte möglichst früh klar sein.
- Für Mitarbeiter mit zweifelhafter Eignung für das Projekt sollte ein gesichtswahrender schneller Weg zurück in die Linie gefunden werden können. Da Projektarbeit ein besonders hohes Maß an Teamkoordination und auch Arbeitsdruck erfordert, sind manchmal „in Linie“ erfolgreiche, aber sehr eigenwillig arbeitende Beschäftigte für die Vollzeit-Mitarbeit in Projekten nicht geeignet.
- Selbstredend sollten nur für die Projektarbeit geeignete, befähigte Mitarbeiter eingesetzt und nicht nur die, die gerade frei sind und von ihren Bereichen gerne abgestellt werden. Abteilungen, die für das Projekt personell besonders stark bluten, sollten einen Ausgleich erhalten, z. B. als erste das neue System einführen dürfen (wenn es eine Belohnung ist …), von den Personalkosten der abgestellten Mitarbeiter entlastet werden usw.
- Bei längerfristigen Projektarbeiten muss auch über die Entgeltregelung, den Urlaubsanspruch bzw. Ausgleichsmöglichkeiten für eigene Mitarbeiter nachgedacht werden. Nicht selten erlebt man, dass Projektmitarbeiter bei Beförderungen in ihrer eigenen Heimatabteilung wegen Abwesenheit übergangen werden.

- Benennen von „Beratungsbetreuern“ (*Sommerlatte*, 2000, S.268–271): Bei größeren Einzelvorhaben oder/und bei vorhersehbarem wiederholten Engagement von externen Beratern sollten Unternehmen ein geeignetes Wissensmanagement installieren. Damit können sie den Markt und die Leistungsfähigkeit einzelner Anbieter sowie innerhalb der Anbieter ggf. auch von Einzelpersonen systematisch erheben, bewerten und diese Informationen an der jeweiligen Front verfügbar machen. Hierzu sollte ein Verantwortlicher ernannt werden, der sowohl die Rolle des Wissensmanagers als auch die des projektübergreifenden Beziehungs-Kontaktpartners zu Beratungsfirmen hat. Er kann sowohl die kundenseitigen Projektmanager „briefen“, die Auswahlgremien für das nächste Beraterengagement beraten als auch Strategien für den Umgang mit Beratern und die Optimierung des eigenen Nutzens entwerfen. *Strasser* (1993, S.208) empfiehlt zudem das Verfassen eines Beratungshandbuchs mit den Bestandteilen Beraterdossier (enthält Adressenlisten und Kontaktnamen), Beratungsprojektdossier (enthält die Dokumentation abgelaufener Projekte sowie die Evaluation dieser Projekte) und Beratungsgrundsätze (Management- und Erfahrungsregeln).

10.2.4 Langfristige Gestaltung der Beziehung zu Beratern

Die folgenden Ausführungen gelten für die Situation, dass der Kunde von vornherein ein sehr großes Projekt oder eine mögliche Familie von Projekten plant bzw. nicht sicher ausschließen kann, dass es im Laufe eines ersten Projekts zu dem Bedarf nach weiteren Beratereinsätzen kommt:

- Vor der Vergabe des ersten Projekts sollte gut überlegt werden, ob eventuell ein oder mehrere andere Aufträge folgen können. Wenn ja ist zu überlegen, ob der gezielte Aufbau eigener Ressourcen sinnvoll ist und/oder bei der Auftragsvergabe an einen Externen gleich in einem Rahmenvertrag Mengenrabatte für den Fall der Folgeaufträge ausgehandelt werden sollten.
- Eine Strategie besagt, Berater nie zu lange im Unternehmen zu belassen (so z.B. der ehemalige Vorstandsvorsitzende der *Deutschen Babcock*[320] *Klaus Lederer*, zit. n. *Knop*, 1998; viele öffentliche Auftraggeber tendieren auch zu dieser Auffassung), eine andere akzeptiert bei guter Passung genau das Gegenteil und lebt Partnerschaft, um aus einem langjährigen Kontakt mit einem Berater die Vorteile sehr guter Kenntnisse des Externen von den internen Gegebenheiten zu ziehen. In Organisationen mit Eifersüchteleien von Abteilungen untereinander kann ein Berater abteilungsübergreifend nur mit belastbarem und aktivem Rückhalt von oben etwas bewirken. Systemische Berater sehen vor allem die Gefahr, dass der Berater durch längeren Einsatz beim gleichen Kunden Teil des Kundensystems wird und damit seinen Vorteil des unabhängigen Blicks verliert, ja evtl. zum Spielball von Abteilungsinteressen zu werden droht. So geteilt wie diese Zufallsmeinungen sind auch die Ergebnisse einer vorliegenden Befragung,

[320] Den Posten bekleidete bis zur Insolvenz des Unternehmens in 2002 *Klaus Lederer*; das von ihm verantwortete unternehmerische Desaster disqualifiziert aber nicht per se die Meinung von Hr. *Lederer*, wiewohl er sich – wie sich im Nachhinein herausstellt – mit schlechten Folgen für sein Unternehmen brüstet, anders vorzugehen als es die Berater empfohlen haben.

wobei Klienten die Gefahr einer einseitigen Abhängigkeit im Laufe von Zusammenarbeit mit Beratern bei sich etwas höher schätzen als dies die Berater tun[321].

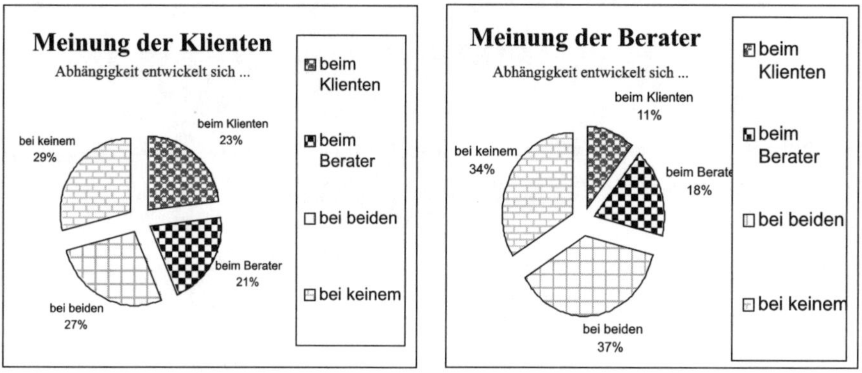

Abb. 110: Meinungen zur Abhängigkeit im Projektverlauf (Schade[322], 1997, S. 262)

- Eine mögliche Alternative zu traditioneller Projektarbeit ist es, einen veränderungsbedürftigen Bereich gleich auszugliedern. Viele Beratungsunternehmen bieten neben der eigentlichen Beratungstätigkeit diese Geschäftsform an, manche kommen auch mit dieser Idee von sich aus auf den Kunden zu. Die Frage, ob Outsourcing eine für den Kunden sinnvolle Alternative ist, lässt sich nicht pauschal beantworten.
- Einige Kunden nutzen ihre projektbedingten Kontakte zu einem Beratungsunternehmen dafür, sich zwischendurch und unentgeltlich Einschätzungen und informelle Vorschläge für weitere Projekte geben zu lassen, alles auf einer unverbindlichen und unentgeltlichen Ebene informeller Kontakte. Sofern der Berater auch in diesen nicht zum eigentlichen Projekt gehörenden Fragen kompetent ist, ergibt sich hieraus sicher ein Vorteil für den Kunden, unabhängig von der auch für den Berater natürlich interessanten Frage, ob sich tatsächlich weitere Projekte ergeben werden.

Die Vielzahl der obenstehenden Anregungen ist ein Appell dahin, den eventuellen Einsatz von Beratern bewusst vorzubereiten und während der laufenden Arbeiten auch aktiv zu controllen. Einzelne Beispiele aus der Wirtschaftsgeschichte belegen, dass seitens der Kundenunternehmen eine Steuerung der Berater erfolgen muss, damit die Beraterarbeit auch größtmöglichen Nutzen für den Auftraggeber stiften kann[323]. Und falls schlechte Arbeit von Beratern geleistet wird, kann man dies bei aktiver Mitarbeit früher erkennen und entsprechend handeln.

[321] Die numerischen Unterschiede sind nicht auf statistische Signifikanz geprüft worden.

[322] Der Autor gibt leider keine Information über die Größe der Stichprobe, die Art der befragten Unternehmen und das Jahr der Untersuchung.

[323] Z. B. gibt die journalistische Schilderung der extremen Ereignisse bei *Figgie International* ein abschreckendes Beispiel (*O'Shea/Madigan*, 1998, S. 42 f.) für den „wilden" Einsatz von Beratern.

11 Inhouse-Consulting

11.1 Einführung

Seit Ende der 80er Jahre gibt es eine zunehmende Anzahl von internen Beratungsorganisationen, im folgenden als „Inhouse-Consulting" bezeichnet. In diesem Kapitel soll dieser Bereich näher vorgestellt werden.

Organisationseinheiten, die interne Beratungsleistungen erbringen, gibt es wahrscheinlich seit der Existenz arbeitsteiliger Organisationsformen. Diese internen Beratungen unterscheiden sich in formalem sowie gelebtem Arbeitsauftrag, Spielregeln, Größe und organisatorischer Einbindung erheblich. Die Bandbreite reicht von rein intern agierenden Vorstandsstäben über Strategieabteilungen bis hin zu rechtlich selbständigen GmbH's oder eigenständigen Profit-Centern, die sowohl interne als auch externe Kunden akquirieren[324]. In diesem Fall hat eine solche Einheit einen Doppelcharakter: Für einen Teil der Aufträge – nämlich denjenigen des eigenen Konzerns – ist sie eine Inhouse-Beratung, für Kunden außerhalb des Konzerns ist sie eine externe Beratung. Hier sollen nachfolgend Inhouse-Beratungen nur aus dem besonderen Blickwinkel der konzerninternen Sichtweise dargestellt werden, wo sie einem einfachen Unterschiedskriterium zu externen Anbietern genügen: Sie unterliegen vollständig der unternehmerischen Willensbildung im Konzern (*Theuvsen*, 1994, S. 59f.)[325].

Waren es früher Medizinmänner, Hohepriester oder Hofnarren, die ihren Herren dienten und sie berieten (vgl. Abschnitt 3.1), so sind es heute zentrale oder dezentrale Beratungseinheiten oder sogar rechtlich selbstständige Einheiten. Als Cost- oder Profit-Center aufgestellt, werden Beratungsleistungen entweder kostenfrei, kostendeckend oder gewinnbringend erbracht und bei einigen Unternehmen sogar am externen Markt angeboten (siehe Tab. 74). Sie alle haben jedoch eines gemeinsam, sie sind wirtschaftlich und rechtlich von der Willensbildung derselben Unternehmens- oder Konzernleitung abhängig wie ihre Kunden.

Diese Einbindung in das Mutterhaus mag wohl auch indirekt der Grund dafür sein, dass der Anbietermarkt der Inhouse-Berater noch weniger transparent ist als derjenige der externen Beratungsunternehmen. Im deutschsprachigen Raum gibt es keine allgemeine „Standesorganisation" der Inhouse-Berater, die ähnlich wie der

[324] Als „Anfang für manche parkinsonsche Entwicklung" beschrieb noch Mitte der 80er Jahre Unternehmensberater *Roland Berger* die internen Beratungsunternehmen (Unternehmensentwicklung, Heft 2, 3/4 2001).

[325] *Theuvsen* (1994, S. 59f.) diskutiert noch den Spezialfall, dass eine Konzernmutter ausdrücklich auf die Ausübung eines Einflusses verzichtet. Dies war z. B. bei der *Deutschen Bank AG* – die für einige Jahre *Roland Berger & Partner GmbH* aufgekauft hatte – der Fall. *Theuvsen* sieht in dem Verzicht einen Grund, die Beratungsfirma damit trotz wirtschaftlicher Verflechtung und Konzernzugehörigkeit als „extern" zu bezeichnen.

BDU und die anderen Vereinigungen Marktaufklärung betreibt. So sind seriöse Schätzungen über den Umsatz oder die Zahl de Beschäftigten nicht erhältlich. In den USA dagegen gibt es einen Verband der Inhouse-Berater, die *„Association of Internal Management Consultants" (AIMC)*.

Ein erster zarter Schritt in die Richtung von übertrieblichen Gruppierungen der Inhouse-Berater ist eventuell das „Netzwerk" von *ABB*, *DaimlerChrysler*, *Deutsche Bank* und *Deutsche Telekom*[326]. Hauptsächlicher Zweck der Zusammenarbeit ist die gemeinsame Akquisition von Projekten, zwischen den Organisationen gibt es nur lose, ereignisgesteuerte Kontakte und keine regelmäßigen Termine oder gemeinsamen Datenbanken (*Schmitz*, 2000).

Tab. 74: Übersicht ausgewählter Inhouse-Beratungen

Unternehmen	Anzahl MA[327]	Gründung	Quelle
ABB Management Consulting GmbH[3]	ca. 200	1989	*Weiler*, 2000
BMW[1]	?	1996	Eigene Quelle
BASF[2]		1978/1979	*Heuck*, 2000
Commerzbank[3]	ca. 25	1999	
DaimlerChrysler		1973	*Louis Klein, Corporate Consulting*
Deutsche Bank Inhouse Consulting[3]	ca. 250		*Beemelmann/Wiedei*, 2000
Deutsche Bank Management Support GmbH[3]			*Juncker*, 2000
Deutsche Post Consult GmbH	ca. 50	1999	www.ic.dpwn.com
Deutsche Telekom AG, Managementberatung			*Baur*, 2000
Deutsche Verkehrsbank		1997	*Siegling*, 2000
Lufthansa Consulting[3]	ca. 180	1988	*Rasch*, 2002
MIT & OC Consulting (RWE)[3]	ca. 100	1994	*Wendiggensen*, 2000
Porsche Consulting	ca. 40	1994	
Raab-Karcher[1]	9	vor 1995	*Ritzerfeld-Zell*, 2002
Siemens Management Consulting (SMC)[3]	ca. 200	1996	*Kayser*, 2000
Volkswagen Consulting[3]	ca. 40	1995	*Wurps/Crispino*, 2002

[1] Cost-Center ohne Leistungsverrechnung
[2] Service-Center mit kostendeckender Verrechnung
[3] Profit-Center mit Gewinnerzielungsabsicht

[326] *Mohe/Pfriem*, 2000, S. 31.

[327] Diese Mitarbeiterzahlen stammen teilweise aus älteren Quellen und sind nicht mehr aktuell. Sie wurden dennoch als Hinweis auf die Größenordnung angegeben.

Die Gründe für den Aufbau einer Inhouse-Beratung sind so verschieden wie auch die Struktur dieser Einrichtungen. *Niedereichholz* (2002) sieht drei mögliche Modelle:

- Kaderschmiede: Eine interne Unternehmensberatung wird aufgebaut, um aus ihr auch zukünftige Linienmanager zu rekrutieren. Ein extremes Beispiel hierfür ist die *Deutsche Bahn AG*, wo bereits eine Trainee-Ausbildung als Internes Consulting ausgelegt ist und zweierlei leisten soll: besonders herausfordernde Ausbildung und gleichzeitig Kostenvorteile gegenüber einem „echten" Internen Consulting oder gar externen Beratern sparen (*Gast* et al., 2000). Die eher klassische Variante bietet z.B. *Siemens*, wo Hochschulabsolventen den Grundstock für das interne Consulting bilden (siehe z.B. *Hart*, 2000).
- Projekthinterbliebene: Diese Variante besagt, dass nach Abschluss eines langdauernden Projekts der Wissenspool der dort eingesetzten Mitarbeiter erhalten bleiben und konzentriert eingesetzt werden soll.
- Vorruhestand/Fusionsregelung: Hier handelt es sich um Unternehmen, in denen nach einem Zusammenschluss für bestimmte Aufgaben jeweils zwei befähigte Personen da sind, aber nur einer die Linienfunktion ausüben kann. Um das Wissen im Unternehmen zu halten, wird dann jeweils einer zum internen Berater.

Über die in den drei Modellen von *Niedereichholz* genannten Gründe hinaus ist die Entscheidungssituation oft jedoch noch vielschichtiger. Ein allgemeiner Vergleich zwischen internen und externen Beratungsanbietern anhand verschiedener Merkmale ergibt die folgenden Vor- und Nachteile (siehe Tab. 75).

Dieser direkte Vergleich zwischen internen und externen Beratern bedeutet nicht, dass ein Unternehmen nun zwischen den vermeintlichen Alternativen wählen muss. Die Entscheidungssituation verlangt nach Antworten auf folgende Fragen:

Tab. 75: Interne und externe Berater im Vergleich[328]

Externer Berater	Kriterien	Interner Berater
• Fachwissen • Überbetriebliche Erfahrungen auch in anderen Spezialgebieten und Branchen • Know-how verlässt Unternehmen	Know-how des Beraters	• Betriebsspezifisches Fachwissen und innerbetriebliche Erfahrung • Know-how bleibt im Unternehmen
• Unabhängigkeit, kein „Tunnelblick" • Vorgefertigte Konzepte	Sichtweise Berater	• Bestens mit Interna vertraut • Eventuell befangen/betriebsblind
• Relative Unabhängigkeit aufgrund verschiedener Einkommens-/Honorar-Quellen • Sicherung von Folgeaufträgen	Abhängigkeit Berater-Klient	Ggf. Risiko und Konfrontationsscheu, keine innovative Lösungen • Ist ein Beitrag zur Versorgungsunabhängigkeit der Organisation • Aufbau einer Machtposition, die Hilfe zur Selbsthilfe behindern

[328] In Anlehnung an *Klanke*, 1992, S. 122f.

Externer Berater	Kriterien	Interner Berater
• Prestige des Beratungsunternehmens kann als Türöffner dienen • Expertenimage • Neutralität sichert große Gesprächsbereitschaft • Ggf. Akzeptanzprobleme auf den unteren Ebenen	Akzeptanz des Beraters	• Muss sich verstärkt um Akzeptanz und Vertrauensbasis bemühen • Kenntnis der Strukturen kann Akzeptanz fördern • Leichterer Zugang zu den unteren Hierarchieebenen • Gefahr, als Kontrollinstanz der Unternehmensleitung zu gelten
• Höhere Rüstzeiten bei der Informationsbeschaffung • Leichterer Zugang zu Daten anderer Unternehmen, externe Benchmarks	Informationszugang	• Kurze Einarbeitungszeiten, da das Unternehmen bekannt ist • Erschwerter oder kein eigener Zugang zu externen Benchmarks
• Unvoreingenommenheit und relative Objektivität der Aussagen • Bei längeren Beratungsprojekten schwindet die Problemdistanz	Problemdistanz	• Betriebsblindheit • Psychologische Schranke bei Konkurrenz Berater – Kunde • Realistische Einschätzung der Möglichkeiten und Grenzen
• Keine Fixkosten für Bereithaltung der Beratungskapazität • Höhere Beratungskosten, die bei längeren Projekten Kosten für interne Berater überschreiten	Kosten	• Hohe Aufbau- und Anlaufkosten • Günstigere laufende Kosten bei ausreichender Auslastung • Günstig bei Projekten mit langfristiger Realisierungsphase
• Neue Impulse, innovative Lösungen • Beschleunigung der Problemlösung aufgrund hoher Kosten • Ungenügende Identifizierung mit dem Projekt kann zu unrealistischen Lösungen führen	Effizienz der Beratung	• Ggf. qualitativ bessere Problemlösung durch geringeren Zeitdruck • Geringerer Zeitdruck kann zu Verzögerung der Lösung führen • Präsenz im Unternehmen sichert kontunierliche Arbeit am Problem
• Zur Managementausbildung geeignet, aber sehr kostenintensiv • Geeignet zur Aus- und Weiterbildung interner Berater	Management-Development	• Interne Ausbildung für den Führungsnachwuchs • Stetiger Wissenstransfer zwischen Berater und Klient
• Müssen mit den Ergebnissen nicht „leben“	Umsetzung	• Sind auch später noch „greifbar“
• Können als Berater „alt“ werden	Langfristige Karriere	• Übernehmen nach 3–5 Jahren Managementaufgaben in Linienfunktionen

- Benötigt man Berater oder kann man die Aufgaben mit der Linie bearbeiten?
- Wenn Berater benötigt werden, soll man dann nur mit internen Beratern arbeiten, nur mit externen Beratern oder mit beiden zusammen?

Je nach Umfang, Intensität und Dauer eines Beratungsprojektes besteht die Möglichkeit, Nachteile einer internen Beratung zu kompensieren und sich die Vorteile der externen zunutze zu machen. Wenn es externen Beratern gelingt, langfristige

Geschäftsbeziehungen mit ihren Kunden herzustellen, können sie einige Vorteile der internen Berater wie das bessere innerbetriebliche Know-how, Kenntnisse über formale und informale Strukturen und kürzere Einarbeitungszeiten auch für sich beanspruchen. Umgekehrt gibt eine langfristige Zusammenarbeit auch den internen Beratern die Chance, ihren Kenntnis- und Erfahrungshorizont zu erweitern. Im Gegensatz zu „normalen" innerbetrieblichen Mitarbeitern von Projekten mit Externen gilt dies dann i. d. R. auch für das Methodenwissen der Projektarbeit schlechthin und des bearbeiteten Beratungsprodukts insbesondere.

Manchmal werden Inhouse-Berater von den Outhouse-Beratern nicht als ernstzunehmende Konkurrenz wahrgenommen. „Inhouse-Consultancies", die sich im Topmanagement-Bereich nachhaltig platziert haben, sind uns nicht bekannt", so *Walter Hagemeier*, Partner bei *Roland Berger*. Und *Dieter Heuskel*, der Deutschland-Chef *der Boston Consulting Group*, behauptet: „Mir ist kein Fall bekannt, in dem der Aufbau einer Inhouse-Consultancy zur Verschlechterung der Zusammenarbeit mit externen Beratungshäusern geführt hat"[329].

Wie bei jeder Unternehmung gilt es zunächst, die strategische Stoßrichtung festzulegen: Existenzbegründend für ein System oder eine organisatorische Einheit ist in erster Linie ihre „Mission" (Kampf- oder „Lebensauftrag"). Sie bildet das Selbstverständnis der Einheit ab und bestimmt ihren Zweck und Auftrag[330]. Von der Mission lassen sich Aufgaben und Ziele ableiten, die das operative Geschäft von Inhouse-Consulting bestimmen. Abhängig vom Beratungsauftrag, können dabei inhaltliche Schwerpunkte und Rolle variieren (s. Abb. 111). Die Produkte der Beratung sind aber identisch mit denen der externen Kollegen.

Abb. 111: Rollen, Aufgaben und Ziele von Inhouse-Consulting

---

[329] Vgl. *Rasch*, 2002.
[330] Vgl. *Drucker*, 1994, S. 95–104, zit. n. *Niedereichholz*, 2000, S. 59.

Als Innovator mit dem Fokus auf der Analyse und Entwicklung neuer Visionen, Strategien, Märkte, Produkte und Dienstleistungen sind Aufgaben und Ziele auf die langfristige Existenzsicherung des Unternehmens ausgerichtet, die dem Unternehmen nicht nur die Überlebensfähigkeit sichern, sondern auch nachhaltige Erfolge garantieren sollen. Interne Berater, die sich auf den „Faktor Mensch" im Unternehmen konzentrieren, können sowohl die Rolle eines Coaches für Führungskräfte, als auch die eines Coaches für Nachwuchsführungskräfte einnehmen.

Eine der am häufigsten anzutreffenden Rollen ist die des Organisators, kann doch die klassische Organisationsentwicklung als Vorläufer des Inhouse-Consulting betrachtet werden. Ablauf- und Aufbauorganisation sind nach wie vor die Bereiche, in denen die meisten Kosten gespart und wettbewerbsentscheidende Weichen gestellt werden können. Sehr deutlich wird dies z. B. in der Automobilbranche, in der interne Berater kontinuierlich versuchen, die „Time to Market", also die Zeit von der Produktentwicklung bis zur Markteinführung, zu senken und gleichzeitig die Entwicklungs- und Produktionskosten zu verringern. Ein deutliches Indiz hierfür ist, dass alle Automobilhersteller mit deutschem Eigentümer (*BMW*, *DaimlerChrysler*, *Porsche* und *VW/Audi*) über ein Inhouse-Consulting verfügen.

Als Experten können diejenigen internen Berater charakterisiert werden, die sich auf die Förderung und den Ausbau unternehmensspezifischen Know-hows spezialisiert haben. Als Wissensmanager kommt dieser Rolle künftig eine besondere Bedeutung zu. Das Inhouse-Consulting stellt eine ideale Plattform zum Generieren, Sammeln, Transferieren und Implementieren von Wissen und „Best Practice"-Lösungen dar.

11.2 Organisationsfragen der Inhouse-Beratung

Interne Unternehmensberatungen kommen in den folgenden Organisationsformen vor[331]:

- Stabsabteilung(en).
- Serviceeinheiten.
- Einzelne Stellen.
- Rechtlich selbständige Tochtergesellschaften, oft als GmbH geführt.

Daneben gilt es noch zu entscheiden, welche Form der Auftraggeber-Auftragnehmer-Beziehung gewählt werden soll und wie das Inhouse-Consulting organisatorisch einzubetten ist. Stabseinheiten haben häufig nur einen Kunden, i. d. R. den Vorstand oder das Management des jeweiligen Geschäftsbereichs. Serviceeinheiten bieten dagegen ihre Dienste in einer Art Querschnittsfunktion allen Geschäftseinheiten an. Die organisatorische Einbindung des Inhouse-Consulting kann sowohl zentral als auch dezentral erfolgen. Bei zentraler Anbindung steht häufig die methodische Professionalisierung und die Lösung bereichsübergreifender Probleme

---

[331] *Theuvsen* (1993, S. 162 ff.) diskutiert darüber hinaus weitere theoretisch mögliche Modelle – teilweise bezieht er auch nicht-permanente Strukturen wie beratende Ausschüsse ein.

im Vordergrund. Dezentrale Inhouse-Consulting sind dagegen häufig auf den Funktions- oder Aufgabenbereich spezialisiert, dem sie organisatorisch angehören[332] Die Besonderheiten der organisatorischen Einbettung sind:

- Cost-Center ohne Leistungsverrechnung: Bei der Cost-Center-Konzeption ohne Weiterverrechnung wird das Inhouse-Consulting als eigene Kostenstelle geführt. Es erfolgt keine auftragsspezifische Verrechnung der Kosten mit dem jeweiligen internen Auftraggeber. Alle Kosten einer solchen Beratungseinheit werden dem Bereich zugeordnet, dem das Inhouse-Consulting auch organisatorisch angehört. Diese Form der Kostenverrechnung ist deshalb sehr oft bei Stabseinheiten zu finden, die nur einen internen Kunden, z. B. den Vorstand oder das Top-Management, bedienen. Hierbei kann auch ohne auftragsspezifische Kostenverrechnung eine eindeutige Zuordnung der Kosten zum Auftraggeber erfolgen. Mit Hilfe dieses Modells möchte sich oftmals der Bereich, dem das Inhouse-Consulting zugeordnet ist, auch die Disposition der Beratungskapazität vorbehalten. Würde die Beratungsleistung mit anderen Einheiten verrechnet, entstünde ein Dienstleistungsanspruch des jeweiligen Kostenträgers. Ein solcher Anspruch ist jedoch oft nicht erwünscht, beispielsweise vom Top-Management, weil dieses mit Hilfe des Inhouse-Consulting auch hoheitliche Aufgaben erfüllt[333].
- Service-Center mit kostendeckender Verrechnung: Bei der Service-Center-Konzeption mit auftragsspezifischer Kostenverrechnung erfolgt eine verursachungsgerechte Verrechnung der Beratungsleistungen mit den jeweiligen Auftraggebern. In diese Kosten gehen selbstverständlich nicht nur die Einzelkosten eines Beratungsauftrages ein, sondern anteilig auch Overhead-Kosten (Gemeinkosten), wie z. B. administrative Unterstützung, logistische Aufwände oder Training. Dieses Konzept ist häufig bei Serviceeinheiten anzutreffen, die ausschließlich interne Kunden beraten. Es wird gerne eingesetzt, um den internen Kunden bewusst zu machen, dass mit dem Einsatz des Inhouse-Consulting ein unternehmerischer Ressourcenverzehr verbunden ist, dem letztlich ein wirtschaftlicher Mehrwert gegenüber stehen sollte. Das Modell wird durch die Bestrebungen des Controllings begünstigt, Kosten verursachungsgerecht zuzuordnen (vgl. *Niedereichholz*, 2000, S. 68). Da ein „Gewinn" im unternehmensinternen Verrechnungsverkehr nur eine Rechengröße, nicht jedoch einen monetären Zugewinn für das Unternehmen darstellt, wird für die interne Beratung häufig auch kein Gewinnanteil verrechnet. Entsprechend gering ist der Anreiz für das Inhouse-Consulting, von ihren internen Kunden hohe Beratungshonorare zu fordern. So sind Inhouse-Consultants bei diesem Modell teilweise erheblich günstiger als externe Berater und haben so in der Regel einen massiven Preisvorteil. Das kann bewusst so gewollt sein, insbesondere dann, wenn sich das Inhouse-Consulting in der Aufbauphase befindet. Dann sind die Leistungen der Einheit möglicherweise noch nicht konkurrenzfähig, oder die internen Berater sollen erst die Möglichkeit erhalten, ihre Kompetenz unter Beweis zu stellen. Das Service-Center-Konzept mit Kostenverrechnung kann deshalb auch als Vorstufe zum Profit-Center-Modell angesehen werden.

---

[332] Vgl. *Niedereichholz*, 2000, S. 67.
[333] Vgl. *Niedereichholz*, 2000, S. 68.

- Profit-Center mit Gewinnerzielungsabsicht: Für jede erfolgreiche Inhouse-Beratung stellt sich irgendwann einmal die Frage, ob die eigenen Leistungen nicht auch extern angeboten werden könnten. Neben der potenziellen Möglichkeit, zusätzliche Erträge zu erzielen, soll damit auch verhindert werden, dass die internen den externen Beratern vorgezogen werden, nur weil sie billiger sind. Es soll ein echter Wettbewerb auf qualitativ hohem Niveau entstehen. Daneben dürfen bei dieser Überlegung aber auch Image- und Akzeptanzgründe nicht vernachlässigt werden[334]. Die nachfolgende Tab. 76 zeigt, welche typischen Vor- und Nachteile aus einer externen Marktausrichtung interner Beratungen resultieren können.

Tab. 76: Chancen und Risiken der externen Ausrichtung interner Beratung[335]

Chancen	Risiken
• Eventuell hohes Wachstum des Beratungsmarktes, allgemeine Zunahme des Beratungsbedarfs	• Dominanz bereits etablierter externer Beratungen
• Umsatzsteigerung durch Partizipation am externen Beratungsvolumen, bessere Kapazitätsauslastung	• Unkontrolliertes Wachstum der internen Beratung
• Ausbau der eigenen Wissensbasis, Lernen von anderen Unternehmen	• Unbeabsichtigter Know-how-Abfluss
• Verbesserung von Vergleichsmöglichkeiten (z.B. „verdecktes" Benchmarking)	• Loyalitätsprobleme durch Doppelmitgliedschaft im internen und externen Beratungskontext
• Nutzung und Ausbau von bestehenden Geschäftsbeziehungen	• Verlust von Geschäftsbeziehungen durch unbefriedigende Beratungsleistungen
• Steigerung der Attraktivität als Arbeitgeber, verbesserte Ausgangsposition im „War for Talents"	• Abwanderung von Potenzialträgern zu Kunden oder anderen Beratungen
• Vermarktung von bereits erprobten Unternehmenskonzepten und profundem Branchenwissen	• Insbesondere branchennahe Zielkunden können (potenzielle) Wettbewerber sein
• Wettbewerbsorientierte Kultur durch externen Leistungsvergleich	• Vernachlässigung interner Kunden und damit Zunahme der Inanspruchnahme externer Beratungsleistungen, Problem der Auftragspriorisierung
• Höhere interne Akzeptanz durch Marktpräsenz, höhere Handlungs- und Kompetenzspielräume	• Vertrauens- und Kontrollverlust, Gefahr der Verselbständigung

[334] Auch wenn *Roland Berger* die internen Beratungsunternehmen Mitte der 80er Jahre noch als „Anfang für manche parkinson'sche Entwicklung" beschrieb (*Berger,* 1985, zit. n... *Mohe,* 2001, S. 320).
[335] *Mohe/Nicolai,* 2001, S. 12.

Zum Erfolg interner Beratungsunternehmen – sofern sie tatsächlich inhouse bleiben und nicht auch als selbständige Gesellschaft anbieten, lässt sich pauschal keine Aussage treffen. Vergleichende Untersuchungen über die Zufriedenheit der Kunden oder die Erfolgsquote der Projekte im deutschsprachigen Raum liegen nicht vor. Dagegen gibt es – ähnlich wie bei externen Unternehmensberatungen auch – Ansätze für eine hausinterne Evaluation (*Klein*, 2001).

12 Rechtliche und ethische Aspekte

12.1 Übersicht der Rechtslage

Zweck des nachfolgenden Abschnitts ist es, einen Überblick über rechtsrelevante Aspekte der Beratungstätigkeit zu geben. Da Deutschland, Österreich und die Schweiz zwar ähnliche, aber in Details doch verschiedene Rechtssysteme haben, wird darauf verzichtet, zu sehr in Einzelheiten zu gehen. Im Zweifel wird wegen der Größe des Marktes die deutsche Rechtslage als Ausgangspunkt genommen.

Tab. 77: Rechtliche Aspekte von Beratungstätigkeiten

Rechtlicher Aspekt	Besonderheit bei Unternehmensberatungen
Arbeitserlaubnis für Ausländer	Beratungsfirmen unterliegen hier gleichen Regeln wie andere auch. Bei internationalen Teams erzwingen die Regeln oft wegen höherer Steuerbelastung einen Wechsel der Mitarbeiter nach einem Jahr.
Arbeitsverträge mit Mitarbeitern	Häufig sehr unbestimmter Arbeitsinhalt, Forderung nach landesweiter räumlicher Mobilität, Überstundenregelung.
Betriebsrat	In den meisten Beratungsfirmen wird der Wunsch nach Einrichtung eines Betriebsrats als Verstoß gegen die Unternehmenskultur betrachtet.
Gesellschaftsvertrag der Berater	Die Höhe der von neuen Partnern zu erwerbenden Gesellschaftsanteile sowie die Möglichkeit des Aufstockens von Gesellschaftsanteilen und der Nachschusspflichten bei Investitionen bedürfen der Regelung. Da es bei den als GmbH's organisierten großen Beratern mehr Gesellschafter als benötigte Geschäftsführer gibt, ist außerdem der (Wahl-)Modus der Geschäftsführungsstellen festzulegen.
Haftpflicht	Es gibt vier mögliche Schadenskategorien, bei denen sich die Frage der Haftung stellt: • (1) fehlerhafte Beratung • (2) zu späte bzw. keine Beratung • (3) Sachbeschädigungen und Personenschäden • (4) unlauterer Wettbewerb
Markenschutz für Firmen- und Produktmarken	Viele Unternehmensberatungen streben an, ihren Namen zu einem Markennamen werden zu lassen und zu schützen. Dies ist im Rahmen nationalen Rechts, des europäischen Rechts (Nizza-Abkommen) und international möglich (*Harke*, 2000).
schuldrechtlicher Vertrag mit Kunden	Es gibt keinen gesetzlich normierten Unternehmensberatungsvertrag, Beratungsverträge orientieren sich am Dienstleistungs- oder Werkvertragsrecht.
Urheberrecht	Frage ist hier, wer das Eigentumsrecht an Ideen, Warenmustern, Texten, Software-Programmcode usw. besitzt. In der Regel enthalten Beraterverträge im Falle der Softwareerstellung sowie der geplanten Erstellung von Konzepten bzw. der Ideensuche die Regelung, dass alle Rechte an die Klienten übergehen. Bei Software ist auch denkbar, dass der Klient nur eine entgeltfreie Lizenz erhält und der Berater die Software weiter vermarkten kann.

12.2 Arbeitsverträge mit Mitarbeitern

Arbeitsverträge von Beratern sind häufig hinsichtich ihrer fachlichen Tätigkeit sehr unbestimmt. Es gibt keine thematischen oder funktionellen Einschränkungen des Arbeitsgebiets. Bei vielen Beratungsfirmen gehört die Bereitschaft zu Reisetätigkeit dazu, insbesondere auch zu regelmäßiger Abwesenheit über die ganze Arbeitswoche und mehrwöchiger Tätigkeit außerhalb des Wohnortes und des Bürostandortes. Auch ist häufig die Möglichkeit einer Versetzung zu einen anderen Bürostandort vertraglich festgelegt. Für Mit-Gesellschafter ist meist darüber hinaus das Erfüllen von Umsatzerwartungen Bestandteil des Vertrages. Teilzeitarbeit, Arbeitsmöglichkeiten für Körperbehinderte usw. kann es bei Beratungsfirmen i.d.R. höchstens im Bürobereich für Sekretariatskräfte oder andere unterstützende Dienstleistungen geben, aus dem Grunde trifft man sie im eigentlichen Beratungsbereich sehr selten an. Die Tendenz bei Teilzeitangeboten ist in großen Häusern jedoch steigend, da die Unternehmen dem zunehmenden Wunsch von weiblichen Beratern nach Teilzeit, z.B. nach dem Erziehungsurlaub, zu erfüllen versuchen. Die Gründe hierfür sind vielfältig, zum einen soll so das Wissen und die qualifizierte Arbeitskraft im Unternehmen gehalten werden, zum anderen ist es auch eine Imagefrage für den Arbeitgeber (siehe sehr positive Selbstdarstellung von *Sommerlatte*, 2000). Vereinzelt findet man Unternehmen, die überlange Probezeiten oder die Bereitschaft zum Gebrauch bestimmter umstrittener Methoden, z.B. projektiver psychologischer Testverfahren bei der Personalauswahl, zu vereinbaren suchen (eine Personal- und Unternehmensberatung in Köln). Insbesondere bei den als Strategieberatungen am Markt auftretenden Unternehmen sind die Entgelte schon für Berufsanfänger recht hoch, andere Unternehmen lassen Neueinsteiger auf dem gleichen Niveau starten wie dies im öffentlichen Bereich bei Akademikern der Fall wäre. Die Steigerungsraten des Gehalts sind bei guter Konjunktur und guten Leistungen des Mitarbeiters überdurchschnittlich und können z.B. bis zu ca. 30% je Jahr erreichen. In der für Unternehmensberater „goldenen" zweiten Hälfte der 90er Jahre wurden in vielen Häusern durchschnittlich ca. 10% und mehr Gehaltswachstum je Jahr gewährt. Dazu kommen eventuell Bonusprogramme, betriebliche Rentenprogramme, die Überlassung von Dienstwagen, Notebooks und evtl. von Handies auch für private Zwecke sowie die Möglichkeit, Bonusmeilen in Vielfliegerprogrammen für private Zwecke zu nutzen. Miteigentümer (Partnerebene) partizipieren am Geschäftserfolg, leisten allerdings auch bei besonderen Investitionen Extra-Einlagen. Einfache Mitarbeiter werden – wenn überhaupt – oft nur indirekt oder schwach am Geschäftserfolg beteiligt[336], indem die allgemeinen Steigerungsraten von Gehältern in guten Jahren höher sind. Diese materiellen Vorzüge sind ein ganz bewusst gesetzter und auch notwendiger Ausgleich für die weniger vorteilhaften Seiten des Gewerbes. Für die Risiken der Reisetätigkeit bieten manche Arbeitgeber Reiseschutzversicherungen, Todesfallversicherungen und Invaliditätsversicherungen als Teil des Vergütungspakets.

[336] Ausnahmen bestätigen wie immer die Regel. Bei *McKinsey* gibt es den „additional award", eine Zusatzzahlung in Abhängigkeit vom Geschäftsergebnis. In guten Jahren hat er bis 80% des Gehalts betragen (*Balzer/Student*, 2002, S. 54).

Aufgrund ihrer Tätigkeit als Dienstleister für Dritte im Hause von Dritten haben Unternehmensberatungen weniger Möglichkeiten als andere Arbeitgeber, ihren Mitarbeitern die höchsten Standards der Ergonomie, von Pausenregelungen und begrenzter Tagesarbeitszeit zu bieten: Die ergonomischen Bedingungen in den von Kunden gestellten Arbeitsräumen sind nicht immer optimal, die z. B. von der deutschen Arbeitszeitordnung vorgesehenen Mechanismen der Begrenzung von Höchstarbeitszeiten greifen nicht.

Außerdem leben Berater faktisch mit einem höheren Kündigungsrisiko und der Gefahr, dass aus formalen Gründen betriebsbedingte Kündigungen als Kündigungen aufgrund von Ergebnisschwäche ausgedrückt werden. Allerdings stehen dem i. d. R. relativ großzügige Abfindungsregelungen selbst für „gewöhnliche" Mitarbeiter gegenüber, da Beratungsfirmen zur Wahrung des eigenen Renommees die Trennung von Mitarbeitern elegant lösen wollen.

Arbeitsverträge von Beratern sehen meist vor, dass die Mitarbeiter während ihrer Zeit bei dem Arbeitgeber nicht für Dritte oder auf eigene Rechnung Beratungsdienstleistungen erbringen dürfen. Bei Geschäftsführern und Anteilseignern kommt häufig eine Sperrfrist nach dem Ausscheiden hinzu.

Die Ausführungen zu diesem Thema sollen keineswegs suggerieren, die Mitarbeiter von Beratungsfirmen würden „ausgebeutet" oder seien absichtlich besonderen Gesundheitsgefahren ausgesetzt. Zum einen mögen die Normen in manchen Arbeitsschutzgesetzen z. B. bzgl. der Arbeitsdauer übertrieben gefasst sein, zum anderen suchen viele Arbeitgeber für unvermeidliche Härten auch einen Ausgleich für ihre Mitarbeiter durch projektbezogene finanzielle Beihilfen bei der Ausübung von Sport, Freizeitprogrammen und medizinischen Fürsorgeprogrammen.

Tab. 78: Arbeitsschutz, Ergonomie und Beratungsalltag

Schutzbereich	Erläuterungen
Arbeitszeit	Die in der deutschen Arbeitszeitordnung vorgeschriebenen Höchstgrenzen von maximal 10 Überstunden je Woche können oft nicht eingehalten werden. Allerdings sind diese Grenzen auch willkürlich gesetzte Hürden, es gibt keine fundierten arbeitswissenschaftlichen Befunde, die diese Höchstgrenze für alle Menschen rechtfertigen.
Ergonomie des Arbeitsbereiches	ISO-Regeln über die Gestaltung von Arbeitsplätzen (Sitzhöhe, Tischbreite, Beleuchtung) werden außerhalb der eigenen Büros von Beratungsfirmen nur zufällig eingehalten, wenn der Kunde entsprechende Arbeitsräume anbietet. Intensiver Gebrauch von ergonomisch nicht optimalen Notebooks (Augenhöhe des Bildschirms nicht gegeben, Tastatur unergonomisch) ist üblich.
Krankheitsschutz, Behinderte Mitarbeiter	Der typische Beraterjob verlangt nach weitgehend gesunden, körperlich und seelisch beschwerdefreien Mitarbeitern. Er dürfte sich für Kandidaten mit bestimmten chronischen Erkrankungen wie Diabetis Mellitus, Herz- und Kreislauferkrankungen, Asthma, schwerer Migräne usw. sowie für bestimmte Behinderungen wie ausgeprägte Sehschwäche/Blindheit, Stottern, amputierte Gliedmaßen und Querschnittslähmung nicht eignen.
Möglichkeit zur Teilzeitarbeit	Bei den eigentlichen Beratungstätigkeiten gibt es nur in eingeschränktem Umfang Teilzeitarbeitsstellen, diese sind dann überwiegend im Inhouse-Geschäft angesiedelt.

12.3 Markenrecht und Urheberrecht

Das Marketing vieler Unternehmensberatungen setzt zum erheblichen Teil nicht auf die Beratungsprodukte, sondern auf die „Marke" der Firma (vgl. Kapitel 5.5). Unabdingbare Voraussetzung für die erheblichen Investitionen in die Marke ist deren exklusive Verwendung durch den rechtmäßigen Inhaber – das internationale Markenrecht schützt die Firmennamen und Firmen-Logos. Markeninhaber können natürliche Personen oder juristische Personen sein. Die eigentliche Marke kann Wörter oder graphische Elemente oder beides enthalten (vgl. Details in *Harke*, 2000, S. 445). Der für jedermann sichtbare Hinweis auf eine geschützte Marke wird durch das Logo „(R)" oder „TM" gegeben. Der internationale Markenschutz ist im Nizza-Abkommen[337], in PVÜ[338] und in TRIPS[339] niedergelegt. Während bei manchen modischen Produktgütern, wie z. B. *Rolex*-Uhren oder *Lacoste*-Hemden bis hin zu Ersatzteilen von Verkehrsflugzeugen, Plagiate in den Handelsverkehr kommen, sind zur Zeit keine Fälle der missbräuchlichen Verwendung von Markennamen bekannter Unternehmensberatungsgesellschaften öffentlich bekannt geworden.

Urheberrechte schützen die wirtschaftlichen Interessen der Ersteller von wissenschaftlichen, künstlerischen und technischen Darstellungen, z. B. Zeichnungen, Skizzen und Karten, Computerprogramme, elektronischen Datenbanken und Kunstwerke verschiedener Art. Voraussetzung ist, dass die Werke sich von einer „Durchschnittsware" abheben und innovative individuelle Besonderheiten aufweisen – die rechtlichen Maßstäbe hierfür sind abstrakt und müssen im Einzelfall überprüft werden.

Im Geltungsbereich des deutschen Rechts ist der Mitarbeiter auch der Urheber des von ihm geschaffenen Werkes, der Arbeitgeber kann aber aufgrund arbeitsvertraglicher Regelung oder aufgrund allgemeiner Gepflogenheit in der Branche die Nutzungsrechte haben. Die „Branchenübung", d. h. die gleichartige Auffassung in einem Gewerbezweig, was typischerweise zum Aufgabenumfang eines Mitarbeiters dazugehört, bestimmt darüber, ob die Nutzungsrechte eines Arbeitsergebnisses automatisch an den Arbeitgeber fallen oder nicht. Ein Berater, der aufgrund eines Auftrags seitens der Beratungsfirma in seiner Arbeitszeit für einen Kunden Software erstellt, kann für die kreative Lösung der Aufgabe wahrscheinlich keine eigenen Nutzungsrechte geltend machen. Dagegen ist das zufällig bei einem Kundeneinsatz auf eigene Initiative hin zur Erheiterung bei einem Geschäftsessen entstandene Gedicht frei von Nutzungsrechten des Arbeitgebers. Nach US-amerikanischem Recht gilt dagegen der Arbeitgeber i. d. R. als Autor der zu wirtschaftlichen Zwecken erstellten Werke seiner Mitarbeiter und hat damit automatisch die Nutzungsrechte (*Harke*, 2000, S. 351).

---

[337] Nizza-Abkommen: 1957 in Nizza geschlossene Internationale Vereinbarung über eine Klassifizierung von Waren und Dienstleistungen. Diese Klassifizierung ist eine Voraussetzung zur Registrierung von Marken.

[338] PVÜ (Pariser Übereinkunft zum Schutz des gewerblichen Eigentums): Im Jahre 1883 in Paris getroffene internationale Vereinbarung zum Schutz des gewerblichen Eigentums.

[339] TRIPS (Trade related aspects of intellectual property rights): Internationale Übereinkunft von 1995 über das Urheber- und Verlagsrecht, Teil des GATT-Abkommens.

Um im Zweifelsfalle Urheberrechte leichter nachweisen zu können ist es üblich, auf den zu schützenden Dokumenten oder Werken einen Hinweis auf den Urheber und das Urheberrecht anzubringen. Gemäß Welturheberrechtsabkommen reicht hierfür das ©-Zeichen mit Namenszusatz, z. B. „© Roland Berger, 2002", in Deutschland sind statt des Copyright-Logos auch andere Hinweise, wie z. B. die Texte „Alle Rechte vorbehalten" und „Copyright" erlaubt. Statt des eigenen Namens können auch Deck- oder Künstlernamen verwendet werden. Die Wirkung einer solchen Kennzeichnung ist eine Beweislastumkehr, d. h. dass bis zum Beweis des Gegenteils die Urheberrechte bei dem im Urhebervermerk genannten Unternehmen vermutet werden. Ein möglicher Gegenbeweis könnte z. B. so geführt werden, dass jemand anders nachweist, zu einem früheren Datum als 2002 bereits das angeblich von *Roland Berger* „geschaffene" Werk gehabt zu haben – z. B. durch notarielle Beglaubigung, Poststempel eines versiegelten Umschlags usw.

12.4 Gesellschafterverträge

„Einfache" und kleine Unternehmensberatungen werden oft als GmbH's oder Gesellschaften bürgerlichen Rechts geführt. Größere Häuser sind meistens GmbH's, in seltenen Fällen auch börsennotierte AG's wie z. B. *IDS Scheer*, *Plaut* und *Accenture*. Da bei den AG's die Organe durch das jeweilige nationale Recht weitgehend vorgeschrieben sind, kann auf eine separate Darstellung verzichtet werden.

Anders ist dies bei den Gesellschaften bürgerlichen Rechts oder den GmbH's. Hier besteht bei den Gesellschaftern oft Bedarf, über die gesetzlichen Organe hinaus die Leitungs- und Steuerungsfunktionalität auszudifferenzieren. Ausgehend von der GmbH sollen hier kurz die Grundzüge der Situation dargestellt werden:

Bei internationalen Beratungsfirmen gibt es häufig die Konstruktion, dass jeweils selbstständige nationale Gesellschaften nationalen Rechts untereinander vertraglich – auch mit Gewinnausgleichskomponenten – verflochten sind. Dies gilt auch für die „Ausgründung" von Tochtergesellschaften oder verselbstständigte Beratungszweige von Wirtschaftsprüfungsgesellschaften. Ein Beispiel für diese Konstruktionen wurde durch die Trennung der Fa. *Arthur Andersen* von *Andersen Consulting* im Jahre 2000 öffentlich. Anlass für die Trennung war, dass die Gewinnabführungsregelung aufgrund der Marktentwicklung immer zu Lasten einer Seite wirkte, die dann den Trennungswunsch entwickelte.

Die Stabilität dieser Netzwerke von vertraglich miteinander verflochtenen nationalen Gesellschaften reicht auch nur bis zu einem gewissen Punkt: *Arthur Andersen* (Wirtschaftsprüfer mit Beratungstochter *Arthur Andersen Management*) begann sich aufzulösen, als die nationalen Partnergesellschaften nach dem *Enron*-Skandal einen haftungsrechtlichen Durchgriff der eventuell aufkommenden Ansprüche des Staats USA oder der *Enron*-Gläubiger auf die Teilgesellschaften fürchteten. Hier zeigt sich, dass der Stärke eines als Netzwerk rechtlich selbstständiger Gesellschaften konstruierten Beratungsunternehmens die Schwäche entgegensteht, dass die nationalen Gesellschaften aus gemeinsamen großen Haftungsrisiken entfliehen möchten.

12.5 Vertrag mit Kunden

Externe Unternehmensberatungen treten mit ihren Auftraggebern in Kontakt, um Geschäfte zu machen und daran zu verdienen. Juristisch ausgedrückt, sind im ersten Schritt rechtsgeschäftlich verbindliche Vereinbarungen über eine hauptsächlich in Projektform abzuwickelnde Leistungsaustauschbeziehung einzugehen. Der Unternehmensberater erwartet in der Regel eine Vergütung in Geld, während der Kunde ein oder mehrere Beratungsprodukte erhält. Die gesamte Zeit der Kontaktnahme mit einem Kunden lässt sich in eine vorvertragliche, vertragliche und nachvertragliche Phase unterteilen. Hierbei entstehen bereits vor einem förmlichen Vertrag ggf. rechtliche Verpflichtungen, und auch nach Ende der Projektphase können vertragliche wie nichtvertragliche Pflichten auf beiden Seiten bestehen.

Die vorvertragliche Phase ist derjenige Zeitabschnitt, in dem sich das Beratungsunternehmen aufgrund einer förmlichen Ausschreibung oder einer Anfrage häufig im Wettbewerb mit anderen um einen Auftrag bemüht. Seitens des eventuellen späteren Kunden werden i. d. R. keinerlei Aufwendungen bezahlt, obwohl Beratungshäuser teilweise nicht unerhebliche Aufwendungen für das Erstellen von Angeboten haben (s. Abschnitt 6.3). Außerdem werden nicht selten Unterlagen und Informationen des Kunden (evtl. allgemeine Projektplanungen und Situationsanalysen, vorhandene fachliche Konzepte, Ist-Analysen) zu Händen des Beraters gegeben, die dieser auch ohne späteres Zustandekommen eines Vertrages pfleglich zu

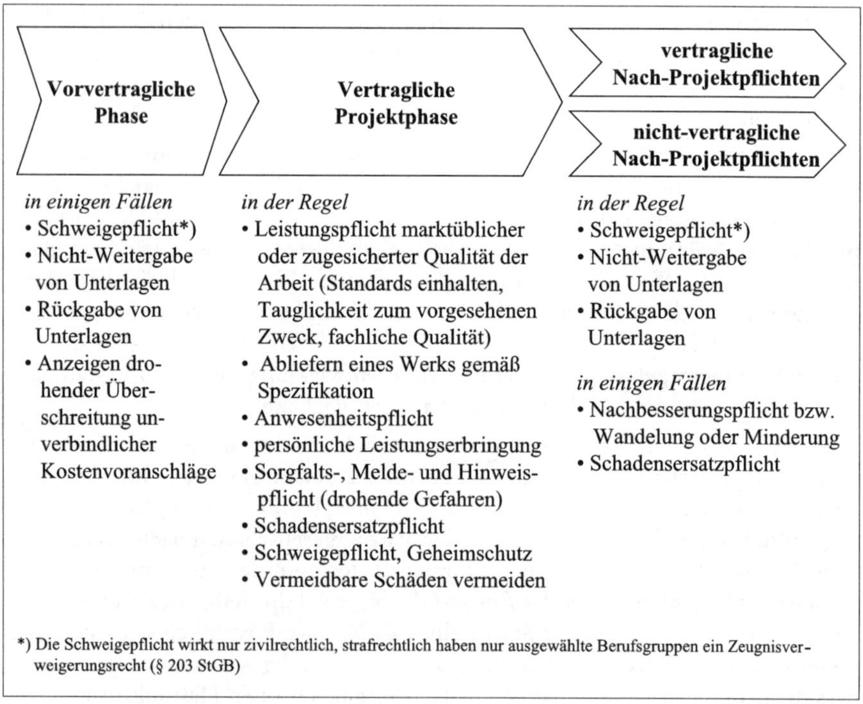

Abb. 112: Rechtsfolgen nach Phasen der Zusammenarbeit Berater – Kunde

behandeln, zurückzugeben bzw. nicht an Dritte weiterzugeben hat. Umgekehrt behält sich der Berater wenigstens vor, dass sein Angebot nicht an Dritte weitergereicht wird. Die vorvertragliche Phase ist ein Zeitabschnitt ohne eigentliche rechtskräftige und förmliche Vereinbarung über die Hauptleistung. Es gibt dennoch Fälle, wo im vorvertraglichen Stadium schon begonnen wird an der Hauptleistung zu arbeiten. Dies kann verschiedene Gründe haben, z. B. entscheidet der Vorstand des Kunden nicht so schnell, wie die Abteilung XY es eigentlich bräuchte, um rechtzeitig Ergebnisse vorlegen zu können. In diesen Fällen wird oft eine vorvertragliche Vereinbarung getroffen bzw. eine Absichtserklärung („letter of intent") unterzeichnet, in der sich beide Parteien über die Wohlverhaltensregeln bis zum Abschluss eines förmlichen Vertrages über die Hauptleistung verständigen. Aus Beratersicht ist hier wichtig, dass die Aufwände des Beraters bis zum Tag der endgültigen Entscheidung abrechnungsfähig sind und zu einem bestimmten Tagessatz und evtl. bis zu einer bestimmten Höchstsumme vergütet werden. Faktisch handelt es sich bei diesen Absichtserklärungen damit um Verträge (wohl zumeist Dienstverträge), die mit täglicher Kündigungsfrist und Kündigungsmöglichkeit ohne besonderen Grund Arbeiten an der Hauptleistung vereinbaren. Falls die Berater ohne eine Vereinbarung über ihre Entlohnung begonnen haben zu arbeiten und der Kunde das Projekt nach einer Wartefrist gar nicht haben möchte, ist sehr sorgfältig aus den Umständen des Einzelfalles heraus zu prüfen, ob der Berater dennoch Anspruch zumindest auf das negative Interesse (Schadensersatz) oder sogar auf reguläre Vergütung für die erbrachte Arbeit hat.

Die vertragliche Phase beginnt mit dem ersten Geltungstag eines zwischen Berater und seinem Kunden geschlossenen Vertrages. Der zentralen Gegenstand solcher Verträge ist die Erbringung eines Beratungsprodukts (im juristischen Sinne die „Leistung"), wobei dieses Produkt meistens kein quasi per Liste bestellbarer standardisierter Gegenstand ist, sondern eine grobe Zielvorstellung mit ergänzenden Merkmalen des Erstellungsweges. Hierzu geht das Angebot des Beraters als Bestandteil in den Vertrag ein, und der Berater beschreibt in seinem Angebot die Vorgehensweise, die Projektsteuerung, seinen Arbeitsanteil, Merkmale des Endprodukts sowie seine Entgeltforderungen (im juristischen Sinne die „Gegenleistung", s. Tab. 79). Beratungsfirmen wie Kundenunternehmen haben häufig eigene standardisierte vertragliche Vorstellungen, die sie als Allgemeine Geschäftsbedingungen (AGB) oder „Einkaufsrichtlinien" in Verhandlungen einbringen. Sind der Berater und der Kunde schon länger in geschäftlichem Kontakt oder wollen sie ihn für längere Zeit und mehrere Aufgaben begründen, so schließen sie gelegentlich vorab einen Rahmenvertrag, aus dem heraus sie einzelne Leistungen abrufen bzw. der ihnen umfangreiche Einzelverträge erspart.

Auf Seiten des Beratungsunternehmens wird zum einen die vom Kunden gewünschte Hauptleistung vertraglich zugesichert. Bezüglich weiterer Zusagen kommt es auf die Strategie des Anbieters an. Ist das Projekt risikoreich, wirkt der Kunde unerfahren oder unersättlich in seinem Verlangen der Risikoverlagerung ohne entsprechende Gegenleistung, dann zielt der Berater darauf, keine unnötigen (d. h. vor allem durch eine Risikoprämie unbezahlten) Zusicherungen und Leistungsversprechen zu geben. Dies drückt sich darin aus, dass man Formulierungen wie „garantieren", „versichern" usw. meidet. Gleichzeitig wird das Mögliche ge-

Tab. 79: Typische Bestandteile von Beratungsverträgen

Vertragsgegenstand	Erläuterung/Kommentar/Spezifikationen
Leistungserbringer	• Das Beratungsunternehmen/Subkontraktoren des Beratungsunternehmens/Mitarbeiter des Kunden/Subkontraktoren des Kunden/Lieferanten • Das Beratungsunternehmen allein oder in Zusammenarbeit mit einem weiteren vom Kunden beauftragten Berater
Hauptleistung, Leistungsgegenstand	• Werk- oder Dienstvertrag • Produktbeschreibung und/oder Beschreibung des Weges der Produktdefinition und der Produkterstellung • Fristen und Zwischentermine
Nebenabreden	• Verwenden bestimmter Standards und Werkzeuge der Produkterstellung und der Projektarbeit • Eingesetztes Personal • Qualitäts-, Eskalations- und Risikomanagement • Arbeitssprache (z. B. Deutsch, Englisch ...) • Umfang und Standards der Dokumentation • Schutz von Geschäftsgeheimnissen • Verhalten nach Ende der Projektphase
Leistung, Gegenleistung	• Art und Höhe • Zahlungsweise und Zahlungstermine/Zahlungsanlässe • Nachweise erbrachter Leistung z. B. durch Zeitaufschreibung
Rechtliche Randbedingungen	• Geltung der beiderseitigen Allgemeinen Geschäftsbedingungen • Ggf. Gelten eines beiderseits vereinbarten Rahmenvertrages • Haftungsein- und -ausschlüsse • Wege der Klärung von Streitfragen • Gerichtsstand

tan, die Leistung zu beschreiben und zur näheren Spezifikation der noch nicht definierten Teile wird auf die Vereinbarungen während des Projektes verwiesen, die in Form von Protokollen der Statustreffen sowie Protokollen der Sitzungen des Lenkungsausschusses vorliegen. Wenn der Anbieter ein Standardprodukt anzubieten hat (z. B. ein in *SAP IS-U* abgebildetes Musterstadtwerk), dann spezifiziert er oft die Kosten der Implementierung zuzüglich einem festen Budget in Personentagen für kundenspezifische Anpassungen. Hier obliegt es dann beiden Seiten festzustellen, ob das Budget für Anpassungen den tatsächlichen Bedarf des Kunden abdeckt oder nicht.

Allgemein werden aus der Praxis nur wenige juristische Streitigkeiten zwischen Kunden und Beratern bekannt, die meisten der bekannten Fälle spielen nicht im deutschsprachigen Bereich und dürften nur eine unrepräsentative Gruppe von Beispielen bei einer höheren Dunkelziffer von Differenzen, die nicht bis vor Gerichte getragen wurden, sein.

Aus rechtlicher Sicht bemerkenswerte Besonderheiten der vertraglichen Beziehung sowie der Beratungsverträge zwischen Beratungsunternehmen und ihren Kunden sind:

- Niemand muss für Schäden haften, die aus dem Befolgen seines Ratschlages resultieren (§ 676 BGB).

Tab. 80: Haftungsrecht nach Vertragstypen (vgl. Schwan/Seipel, 2000, S. 31)[340]

Risiko	Dienstvertragsrecht[341]	Werkvertragsrecht[342]
Aufwandsrisiko	Kunde	• bei Festpreis: Berater • bei unverbindlichem Voranschlag: Anteil der Vergütung + evtl. darüber hinausgehende Auslagen (§ 650 I i. V. m. 645 I BGB)
Fehlerrisiko, Mängel	liegt beim Kunden	Kunde kann gem. § 634 BGB • Nacherfüllung verlangen • Selbst arbeiten und Aufwandsersatz verlangen • Werkpreis mindern • Schadensersatz verlangen
Gewährleistungsanspruch	besteht nicht	• Planungsarbeiten: 2 Jahre (§ 634a, S. 1 BGB) • andere Leistungen: 3 Jahre (§ 634a S. 3 BGB)
Haftung	Kann in individuellem Vertrag bis auf Vorsatz eingeschränkt werden (nicht jedoch durch AGB, s. § 308 BGB)	
höhere Gewalt/zufälliges Risiko	• Berater: Vergütungsgefahr ab Risikoeintritt • Kunde: Leistungsgefahr	• Berater: Vergütungsgefahr für alle Leistungen • Kunde: Leistungsgefahr
Insolvenz des Kunden	Ansprüche Insolvenzrecht	Ansprüche Insolvenzrecht
Person des Erbringers	Versprochene Person(en)	Jeder Mitarbeiter des Beraters
Verschulden des Kunden	Geldleistung ohne Verpflichtung zur Nachleistung (§ 615 BGB), keine Kündigungsmöglichkeit	• Entschädigung für Nachteile (§ 642 I) • Kündigung und Honorar für bereits erbrachte Leistung (§ 643; 645 I 2 BGB)
Zeitrisiko (Spätleistung)	unabhängig vom Vertragstyp §§ 284, 286 BGB	

- Beratungsprojekte sind von einer Vielfalt der Anforderungen und im Zeitablauf auch von Veränderungen betroffen, so dass nur ein kleiner Teil der tatsächlichen Erwartungen des Kunden im (Erst-)Vertrag schriftlich fixiert werden kann. Durch „Qualitätsmanagement" (siehe Abschnitt 7.2.8.3), „walking around" usw. fangen Berater zusätzliche Informationen auf und bringen sie in die Projektsteuerung. Wie bei fast allen Vertragsformen sind auch mündlich getroffene Beratungsverträge rechtswirksam. Aus diesem Grunde ist darauf zu achten, wer wem gegenüber (et)was zusagt hat und welchen rechtlichen Status das Gesagte haben soll. Dem Kunden gegenüber ist oft nicht immer klar, wer aus einem Be-

[340] Nicht berücksichtigt wurden hier einige rechtliche Besonderheiten von Aspekten der Personalberatung, siehe hierzu *Huber* (1989), der das Thema aus deutscher und schweizerischer Sicht betrachtet.

[341] §§ 611 f. BGB und §§ 394 f. OR.

[342] §§ 631 f. BGB und §§ 363 f. OR.

Tab. 81: Öffentlich gemachte (Rechts-)Streitigkeiten von Beratungsunternehmen

Beratungsfirma	Kläger/Kunde	Streitanlass	Quelle
Accenture	18 Mio $ Strafe durch Regierung Großbritanniens	Überschreiten von Terminen	zit. aus *The Economist*, 1997, nach *Biswas/Twichtel*, 2002, S. 27/28
Bain & Company	*Bain & Company*	Mangelnde Qualität	*Biswas/Twichtel*, 2002, S. 27/28
Boston Consulting Group, Deloitte & Touche	*Figgie*[343]	zu hohe Abrechnung	*Biswas/Twichtel*, 2002, S. 27/28
McKinsey	Mitarbeiterin *Suzanne Porter*, USA	Gleicberechtigung am Arbeitsplatz	*O'Shea/Magigan*, 1997, S. 352 f.

raterteam für welchen Sachverhalt bindende Aussagen machen darf. Aus diesem Grund herrscht bei großen Projekten in Beraterteams oft eine strenge Kommunikationshierarchie sowie ein schriftliches Veränderungsmanagement.

- Es gibt im deutschen Zivilrecht keinen normierten Vertragstyp für Beratungsarbeit, vielmehr sind die hauptsächlichen Beratungsarbeiten meistens individuell als besondere Form eines Dienst- oder Werkvertrages (§§ 611 ff. bzw. §§ 631 ff. BGB) ausgestaltet. Ergänzend kommen gelegentlich Kaufverträge, Miet- oder Leihverträge usw. untergeordnet hinzu.
- Der juristisch wesentliche Knackpunkt der vertraglichen Vereinbarung ist zumeist die Frage, ob der Berater für den Erfolg des Projekts verantwortlich ist (Werkvertrag i. S. d. § 631 BGB), oder ob er lediglich zu einer Dienstleistung ohne Erfolgsgarantie verpflichtet ist. Besteht ein Werkvertrag, dann erhält der Berater nur bei erfolgreich abgeschlossenem Projekt sein vereinbartes Entgelt (unabhängig davon, ob der Kunde schon Zwischenzahlungen geleistet hat, d. h. ggf. müssen diese Beträge zurückerstattet werden), im Falle des Dienstvertrages „reicht" ordentliches Arbeitsverhalten aus, um den Entgeltanspruch zu behalten. Die Frage, ob ein Werk- oder Dienstvertrag oder ein Typkombinationsvertrag vorliegt, ergibt sich nicht nur nach dem Titel des Vertrages, sondern kann häufig nur durch Auslegung der Vereinbarungen bestimmt werden (*Martinek*, 1992, S. 324 ff.). Aus Sicht eines Beratungsunternehmens sprechen die erhebliche Mitarbeit des Kunden im Projektteam sowie die erst während der Projektarbeit erfolgende Detaillierung vieler Leistungsanforderungen i. d. R. gegen einen Werkvertrag und für einen Dienstvertrag[344]. Aus Sicht des Kunden spricht der Wunsch

[343] Details hierzu und zu weiteren amüsanten Vorkommnissen sowie den Streitigkeiten bei *Figgie*'s sind in *O'Shea/Madigan*, 1998, S. 42 ff. nachzulesen.

[344] Umgekehrt sind eng umrissene Arbeitsaufgaben des Beraters, die er in Alleinregie erledigt, meist als werkvertragliche Pflichten zu erkennen. Voraussetzung hierfür ist, dass sie in einem Produkt münden, z. B. einem zu erstellenden Organisationshandbuch, einer Software-Schnittstelle usw. Wie den Beispielen zu entnehmen ist, lassen sich viele Aufgaben in der IT-Beratung oder bei der Erstellung von Gutachten bzw. Konzeptpapieren relativ leicht als Werkvertrag klassifizieren.

nach Absicherung von Teilen des Projektrisikos für einen Werkvertrag. Eng mit der Frage des Vertragstyps verzahnt ist die Gestaltung der Gegenleistung: Wird der Berater nach Festpreis bezahlt oder aufwandsabhängig? Bei Festpreisen trägt der Berater das Risiko von kundenbedingten oder aufgabenbedingten Mehraufwendungen auf seiner Seite. Häufig versucht er, dieses Risiko dadurch zu minimieren, dass er das Projekt in eine Analyse-, Konzept- und Umsetzungsphase teilt, dem Kunden verbindliche Zwischentermine bzw. Verfahrensweisen für Entscheidungen vorgibt und während des Projektes eine strenge Kontrolle durchführt, ob Wünsche des Kunden noch innerhalb des Vertragsrahmens sind oder bereits außerhalb und damit extra-entgeltpflichtig. Tatsächlich gerichtsanhängig werden Streitfragen zu diesem Thema sehr selten, meist wird statt dessen ein Schiedsgutachter oder eine andere Form der außergerichtlichen Einigung angestrebt (*Martinek*, 1992, S. 325).

- Bei Vertragsschluss am Projektanfang sind meistens nicht alle Leistungsmerkmale der zu erbringenden Dienstleistung bzw. des zu erstellenden Werkes en detail bekannt. Es kommt erst im Laufe des Projektes zu den letztendlichen Festlegungen. Diese Unbestimmtheit wird häufig durch Verfahrensregeln (Abstimmung im Lenkungsausschuss bzw. in den Teamsitzungen, separate vertragliche Ergänzungen usw.) etwas eingefangen. Bei Projekten mit Umsetzungsaufgaben wird häufig das Gesamtvorhaben in ein Projekt zur Erstellung des Konzepts und ein Projekt zur Umsetzung getrennt. Das Umsetzungsprojekt hat die Aufgabe, ein System gemäß Konzept zu implementieren und auszurollen. Natürlich verbleiben trotz eines solchen Vorgehens weiterhin viele Details, die erst während der laufenden Projektarbeit festgelegt werden können.

- Die Projektarbeit wird arbeitsteilig zwischen Beratern und Mitarbeitern des Kunden erbracht. Die Verantwortung für den Gesamterfolg lässt sich damit nur in Grenzen der einen oder anderen Partei zuschieben. Wenn alles geklappt hat, sind in der Regel beide die Gewinner, wenn das Projekt scheitert, ist die Ursache in einem Knäuel von Vorgängen, Personen, Entscheidungen und Umweltbedingungen zu suchen.

- Beratungsarbeit ist im außerjuristischen Sinne eine persönliche Dienstleistung, dennoch vermeiden insbesondere größere Beratungsanbieter möglichst die bindende Verpflichtung dazu, ganz bestimmte Personen einzusetzen.

Als Quintessenz aus der Betrachtung der rechtlichen Seite von Beratungsarbeit bleibt die Erkenntnis, dass die Vielgestaltigkeit von Beratungsprodukten sowie der hohe Grad an Vernetztheit und Produktdefinition während der laufenden Projektarbeit eine vertrauensvolle Zusammenarbeit geradezu erzwingen. Das Kundenmanagement verliert bei gescheiterten Projekten gegenüber seinen Mitarbeitern an Ansehen, außerdem sind die eigenen erbrachten Leistungen sowie eventuell wertvolle Zeit im Kampf um Markteroberung und Kostenspareffekte verloren. Das Beratungsunternehmen wiederum verliert an Renommee.

Daher vermeiden Beratungsunternehmen und Kunden nach erfolgtem Vertragsschluss tunlichst allzu juristische Diskussionen bei Meinungsverschiedenheiten, sondern suchen zum gegenseitigen Vorteil pragmatische Lösungen. Dem Verfasser liegen keine Statistiken über die Zahl juristischer Auseinandersetzungen zwischen Kunden und Beratungshäusern vor, sie dürfte aber sehr gering sein[345].

Nach Ablauf der vertraglichen Phase der Zusammenarbeit können sich auch in der nachvertraglichen Phase noch weitere Verhaltenspflichten für Berater und Kunden ergeben. In der Regel erwarten beide Seiten, dass Geschäftsgeheimnisse nicht an Dritte weitergegeben werden, oft möchten auch Kunden, dass die Tatsache des Projektes als solches nicht gegenüber Dritten mit Namensnennung erfolgt. Hierzu gehören z. B. Projekte von Markenherstellern, die neue Vertriebskanäle ausprobieren (Gefahr: Verärgerung der traditionellen Vertriebspartner) und strategische Projekte von Firmen in hartem Wettbewerb.

Als Fazit ist festzuhalten, dass Kundenunternehmen und Beratungsanbieter gut daran tun, für alle Phasen ihres geschäftlichen Kontaktes möglichst klar und schriftlich vorab die gewollten Spielregeln festzuhalten. Insbesondere die Details des Produktes, die gegenseitigen Verantwortlichkeiten, die Risikogewähr für ein gutes Projektergebnis, die Quantität und Qualität der Mitwirkung des Auftraggebers sowie die Höhe der Gegenleistung sollten explizit festgelegt sein. Ein guter Orientierungspunkt hierfür sind die von den Verbänden herausgegebenen Musterverträge.

12.6 Geheimnis- und Konkurrenzschutz, Allianzkonflikt

Unternehmensberater kommen oft mit betriebsinternen Informationen in Kontakt, die dem Vertraulichkeitsschutz unterliegen. Aus diesem Grunde wird in den Projektverträgen oft explizit die Wahrung von Geschäftsgeheimnissen vereinbart. Die Diskretion gilt natürlich auch dann, wenn Beratungsunternehmen gleichzeitig für zwei oder mehr möglicherweise im Wettbewerb stehende Kunden arbeiten. In solchen Fällen benötigt der Berater häufig schon ein ganz besonderes Fingerspitzengefühl, um das Angebot der Zusammenarbeit überhaupt zu rechtfertigen. Gegenüber dem Erstkunden sollte er seine Absichten offenbaren und um Genehmigung bitten, gegenüber dem Zweitkunden wiederum muss er deutlich machen, dass seine Hilfe nicht dadurch entwertet wird, dass er gerade die best-practice Lösung für den Erstkunden nicht weitergeben oder auch nur darstellen darf.

Ein recht ähnliche, aber oft weniger transparente Situation kann daraus erwachsen, dass es Projektarbeiten von Konkurrenzunternehmen durch zwei in einer Allianz verbundenen Dienstleister gibt. Hier ist die Gefahr des (un-)gewollten Austauschs von Geschäftsgeheimnissen nicht ganz so groß, aber natürlich immer noch gegeben. Eine andere Variante ist die, dass ein Beratungshaus im Rahmen einer Vertriebsallianz mit einem Softwareanbieter – z. B. *SAP* – oder einem Hardwareanbieter wie z. B. *IBM* verbunden ist, ein möglicher Kunde aber unbedingt ein Konkurrenzprodukt – z. B. von *Baan* bzw. von *Siemens* – implementieren möchte. Für solche Fälle enthalten manche Allianzverträge eine Befreiungsklausel, damit keinem

[345] Ein in der Literatur berichteter Fall ist die Klage der Fa. *Minox* gegen den Berater *Kienbaum. Kienbaum* gewann.

der Allianzpartner ein mögliches Geschäft entgeht. Schwer zu entscheiden ist aber in solchen Fällen oft die Frage, wie feststehend die Meinung des eventuellen Kunden zur ausgewählten Software ist.

12.7 Wirtschaftsethik und Unternehmensberatung

Der Begriff „Ethik“ beschreibt allgemein tiefliegende sittliche Grundhaltungen und ist ein philosophisches Fachwort, zu dem eine Vielzahl von Theorien, wohl beginnend mit *Aristoteles*[346], geschrieben wurden. Es gibt zahlreiche Facetten von Ethik und starke Beziehungen z. B. zu den Begriffen Gerechtigkeit, Charakter, Moral und Fairness. In der angelsächsischen Literatur wird außerdem der Utilitarismus bzw. die Frage nach einer Begründung für den Eigennutz und die Zielorientierung betont[347], womit man schon nahe am oder im Bereich der Wirtschaftsethik ist. Wirtschaftsethik ist keine besondere Form der Ethik, sondern nur der besondere Blick auf die im Bereich wirtschaftlicher Vorgänge zu beobachtenden Standards, wobei einerseits im Sinne einer Ist-Ethik den gezeigten Verhaltensweisen zugrundeliegende gelebte Prinzipien und andererseits Überlegungen für Soll-Verhaltensweisen[348] beschrieben werden. In angloamerikanisch geprägten Unternehmen werden mit „ethics“ häufig auch Verhaltensregeln für Mitarbeiter angesprochen, die im Deutschen wahrscheinlich eher „Verhaltenskodex“ als „Firmenethik“ genannt würden.

Die Grundfrage, ob materieller Besitz überhaupt sowie unternehmerisches Handeln und der unerlässliche Egoismus im Wirtschaftsleben insbesondere ethisch zu verantworten sind, kann mit *Adam Smith's* Ursachenanalyse für den „Wohlstand der Nationen“ (1789) als positiv beantwortet betrachtet werden[349]. Auch wenn jeder nur seinen Eigennutz fördert, kommt dabei am Ende für alle etwas Positives heraus, und dieses Positive ist mehr, als wenn man den Nutzen des anderen altruistisch an erste Stelle seiner Überlegungen gestellt hätte. Die Fragen zur ethischen Verantwortung von Unternehmensberatern sind aber konkreter und behandeln insbesondere die folgenden Aspekte:

- Nach außen: Ethik als Restkategorie derjenigen Verhaltenserwartungen des Kunden, die man nicht rechtlich fixieren kann. Ein sympathischer Teil dieser

[346] Z. B. in der Nikomachischen Ethik II.6; wahrscheinlich hat es schon vor *Aristoteles* Ideen und Philosophien zur Ethik gegeben, nur sind diese nicht erhalten oder haben keinen bleibenden Einfluss auf die westliche Kulturgeschichte gehabt.

[347] Vgl. *Nash*, 1994, S. 12; *Drummon/Bain*, 1994, S. 12.

[348] Die im deutschsprachigen Bereich bekannteste Soll-Ethik dürfte der kategorische Imperativ von *Kant* (1785, S. 68) sein: „Handle nur nach derjenigen Maxime, durch die du zugleich wollen kannst, dass sie ein allgemeines Gesetz werde“. *Schopenhauer* (1840, S. 160 ff.) hat dann dargelegt, dass die bei *Kant* mit dem Imperativ geforderte Pflichterfüllung eine verkappte theologische Begründung ist, während er statt dessen den wahren Grund von Ethik im Mitleid mit den Mitmenschen sieht und daher das Postulat „quod tibi fieri non vis, alteri ne feceris“ (was Du nicht willst, was man Dir tu', das füg' auch keinem anderen zu) aufstellt. Daran schließlich müsse man sich ethisch messen lassen.

[349] Natürlich kann man auch anderer Ansicht sein. Eine detaillierte Diskussion zu diesem Thema findet sich bei *Singer*, 1996, S. 51 ff.

Ethik wird dem Kunden aber dennoch kommuniziert, weil er Vertrauen schaffen und werben soll. Hierzu gehört als „Präambel" nicht selten eine Aussage, die es dem Beratungsunternehmen auferlegt, zu allererst dem Kundeninteresse zu dienen und Hochachtung dem Kunden gegenüber zu fordern[350]. Detaillierte ethische Standards können verbandlich organisierte Beratungsfirmen teilweise den Statuten oder Verbandsregeln (z. B. des *BDU*, der *ASCO*, *Fachverband Unternehmensberatung und Datenverarbeitung*, *FEACO*) entnehmen. Hier ist Ethik ein Verhaltenskodex und zugleich auch Marketinginhalt und orientiert sich an den Erwartungen darüber, was der Kunde voraussichtlich an Grundeinstellungen erwartet. Im Kern sind dies Versprechen der Qualitätsarbeit, Selbstbeschränkung der Berater auf diejenigen Aufgaben, die sie auch beherrschen, Achtung und aktive Verfolgung von Kundeninteressen, der Ehrlichkeit, der Zurückhaltung bei Versprechen, das Verbot des Schlechtmachens der Konkurrenz usw. Diese Regeln dienen u. a. dazu, das Ansehen der Unternehmensberatungen als Branche sowie des einzelnen Anbieters zu erhöhen. Sie sind teilweise Reflex auf unseriöse Anbieter.

- Nach außen: Ethik und die Fage, ob man für Auftraggeber tätig wird, deren Geschäft eigenen Wertvorstellungen zuwiderläuft. Die Frage der Kongruenz von ethischen Grundwerten des Beraters und seines Kunden: *Bickel* (1981) stellt fest, dass der Berater sich an anderen Werten orientieren darf und muss als der Kunde, und umgekehrt wird auch ein Schuh daraus. Der Kunde muss nicht allen ethischen Vorstellungen des Beraters folgen, und dennoch können beide zusammenarbeiten, ohne dass einer von beiden „seine Seele verkauft". Der „Trick" in einer solchen Situation ist, sich zu verdeutlichen, dass der Berater keine Verantwortung für die außerhalb seines Arbeits- und Einflussbereiches stattfindenden Entscheidungen hat und auch ohne ihn der Kunde in seinen Verhaltensweisen fortfahren würde. Die eigentlich wichtige Frage ist, wo die Grenze liegt, ab der sich ein Berater jeglicher Zusammenarbeit verweigern sollte. Sicher ist sie da gegeben, wo der Kunde eklatant gegen allgemein anerkannte zentrale ethische Normen verstößt, z. B. sich strafrechtlich auffällig verhält und unerlaubte Drogen schmuggelt, Gelder unterschlägt usw. Schwieriger ist die Lage zu beurteilen, wenn er sich z. B. an die Regeln der ehemaligen südafrikanischen Apartheidspolitik oder die bis in die 60er Jahre fortdauernde inoffizielle Rassendiskriminierung in den USA hält, Regeln, die in seinem Land „offiziell" i. S. der politisch Regierenden sind, in anderen Ländern aber gegen Grundrechte verstoßen. Uneinheitlich verhalten sich Unternehmensberater gegenüber möglichen Aufträgen aus der Rüstungsindustrie, Versandhandelsgeschäften mit pornographischen Artikeln, extremen politischen Parteien und religiösen Sekten.
- Nach außen und innen: Ethik als Auswahlmaßstab der Kunden und der Projektarbeit. Zu fragen ist z. B., ob es als ethisch vertretbar gelten kann, Arbeit anzunehmen, die man erstmalig tut, obwohl der Kunde evtl. aufgrund von Referenzen der Firma irrig annimmt, dass auch die beauftragten Mitarbeiter prakti-

[350] Dieses Postulat entspricht ethisch der Forderung von *Kant (1785)*, dem Menschen gegenüber Hochachtung aufgrund der im innewohnenden Würde zu zeigen. *Schopenhauer* dagegen betont, dass es oft wegen seiner vielen Fehler und Schwächlichkeiten schwerfällt, Würde zu erkennen. Er empfiehlt daher Mitleid als tragendes Prinzip der Zuwendung für andere (1851, S. 183).

sche Erfahrung mit dem Thema haben. Die meisten Beratungsfirmen stehen wohl auf dem Standpunkt, dass firmeninternes Wissen auch in einem neuen Fachthema hilft, die Arbeit gut zu machen. Ethisch fraglich ist auch, inwieweit Unternehmensberater ihr Insiderwissen über Kunden nutzen dürfen, um Firmenanteile zu erwerben oder sich durch die Macht der Banken gegen den Willen von Firmenvorständen in die Unternehmen „hineindrücken“ lassen sollten (vgl. z. B. Diskussion um das Auftreten der Fa. *Droege*, *Werres*, 2003).

- Nach innen: Ethik als tiefere Begründung für Regelungen und Strukturen des Beratungsunternehmens selbst. Diese eng mit dem Begriff „Unternehmenskultur“ zusammenhängende Facette wirkt kaum nach außen. Prominenteste unter den diskutierten Regeln ist wohl das „up or out“-Prinzip[351], das die Kündigung von Mitarbeitern legitimiert, wenn sie ihre Leistungsfähigkeit nicht dauernd steigern bzw. den Erwartungen ihrer Vorgesetzten und der Umsatzziele nicht genügen. Andere Bereiche sind der Respekt gegenüber der Hierarchie, die Teamarbeit als Hauptform der Produktion sowie eine Kombination aus dem verursachungsgerechten Leistungsprinzip und dem der persönlichen Kontrolle weitgehend entzogenen Marktprinzip als tragende Säulen für Karrierewege und Entlohnungsdifferenzen.
- Nach innen: Ethik als Vorschrift und Freiraum für individuelle Verhaltensweisen der Mitarbeiter. Hierzu gehören Regeln für das faire Verhalten gegenüber Mitarbeitern, Liebe im Büro[352], Hilfestellung für Kollegen aus anderen Projekten, Umgehen mit Minderheiten und anderen Nationalitäten, Abrechnen von Spesen[353], Aufräumen der Schreibtische usw.

Es gibt darüber hinaus Themen, die bei genauerer Betrachtung entweder keine beratungsspezifische Frage der Ethik sind oder aber nur sehr schwer von einer Mehrheit der Außenstehenden als tatsächlich ethisch bedenkenswerte Situation zweifelsfrei klassifiziert werden können. Hierzu gehören:

- Die Frage des fairen Preises: Die bei einigen Beratungsfirmen hohen Stundensätze werden nicht selten kritisiert oder zumindest wenig wohlmeinend erwähnt. Eigentlich sollte dies kein beratungsspezifisches Thema sein, da Beratungsaufträge in der Regel im Wettbewerb vergeben werden. Sehr selten ist ein Kunde gezwungen, eine bestimmte Beratungsfirma zu nehmen. Daher kann die Frage des Preises eigentlich nicht aus moralischem Blickwinkel betrachtet werden, sofern man das Prinzip der freien Marktwirtschaft akzeptiert. Eine andere Frage ist die, ob die teurere Firma auch mehr versprochen hat als die preiswerteren und ob diese Versprechen eingehalten werden oder nicht.

---

[351] Bei der *Boston Consulting Group* heißt das Prinzip „grow or go“. Dies ist sicher als flächendeckende Regel für alle Mitarbeiter eine Besonderheit der Unternehmensberatungsbranche, dem die meisten globalen Unternehmensberatungsfirmen amerikanischer Prägung folgen.

[352] Siehe hierzu die Ausführungen von *Solomon/Hanson (*1983, S. 378 f.). Dieses Thema ist gerade bei Beratungsfirmen besonders relevant. Persönliche Attraktivität wird sicher als Mittel für Karrierezwecke genutzt, gleichzeitig ist die offizielle Ethik oft relativ prüde. Der Karrieredruck, die Macht der Hierarchie und die tagelange Auswärtstätigkeit geben außerdem einen Nährboden für mögliche unethische („sexual harrassment“) Verhaltensweisen von Vorgesetzten ab.

[353] Sie z. B. Vorwurf des Spesenbetrugs gegen den ehemaligen *A. T. Kearny* Chef (*Rickens*, 2003).

Restkategorie mit Oberbegriffen
für vertraglich nicht im Detail
fixierbarer Grundhaltungen, z.B.
• Sorgfalt und Qualität
• Ehrlichkeit bei Zeitaufschreibungen
• Geheimnisschutz
• Nicht-Zusammenarbeit mit Konkurrenz

Teil- oder Schnittmenge mit
• der Unternehmenskultur
• der Vision
• der Umweltethik
• usw.

Auswahl der Kunden und der Arbeit, z.B.
• „nur die besten“
• „keine Anbieter von Pornographie“
• „keine Rüstungsbetriebe“
• „keine kommunistischen Staaten“
• „keine Konkurrenten der Kunden“
• „keine Personalausleihe“
• „keine cost-cutting-Projekte“

Vorschrift für individuelle Verhaltensweisen, z.B.
• „Respekt vor dem Individuum“
• „Frauen sind gleichberechtigt“
• „keine Liebespaare auf das gleiche Projekt oder in andere direkte Zusammenarbeit bringen“
• „kein Insiderhandel mit Wertpapieren“
• „niemandem intern die erbrachte Leistung streitig machen“
• „keine Toleranz für Faulheit und schlechte Arbeit“

Begründung für Strukturen und
Prozesse im Beratungsunternehmen
• Leistungs- und Wettbewerbsprinzip
• Nichtdiskriminierungsprinzip
• „Up or out - Prinzip“
• Vorrechte der Hierarchie
• Teamarbeit und Kollegialität
• Entgeltfindung
• usw.

Abb. 113: Aspekte der Unternehmensethik beim Beratungsunternehmen

- Die Frage der Erlaubtheit von „Tricks“ oder – neutraler – „Usancen“ der Branche: Zu den häufig kritisierten Verfahrensweisen gehört es z. B., nach Möglichkeit intern teurere gegen preiswertere Mitarbeiter auszutauschen, wenn das Projekt verkauft wurde und stabil läuft. Aus Kundensicht ist dies manchmal der Tausch von erfahrenen gegen weniger erfahrene Mitarbeiter. Fraglich ist natürlich, ob dieser Austausch aufgrund des Vertrages erlaubt war oder nicht. Wenn ja, stellt sich die Frage, ob die Gefahr eines Scheiterns der Arbeit größer wird oder nicht. Aus Sicht von manchen Kunden ist dies der Fall. Einmal unterstellt, dass dies aus Sicht des Beratungsanbieters nicht der Fall ist, stellt sich die Frage, ob er – wenn es ihm nicht gelingt, den Kunden zu überzeugen – trotz seiner gegenteiligen Gewissheit die erfahrene Mannschaft zur Verfügung stellt, um den Kunden vor unnötigen Ängsten zu befreien. Verkompliziert wird die Bewertung dadurch, dass manche Kunden in Bietergefechten wirklich die preiswertesten Anbieter verpflichten, also diejenigen, die eventuell am wenigsten Reserven für Unvorhergesehenes einplanen und für das Ergebnis der Arbeit, nicht unbedingt aber auch für alle Unebenheiten auf dem Weg dahin Verantwortung übernommen haben. Wie auch bei der Frage nach Ursachen von Erfolg oder Misserfolg gibt es bei gemischter Teamarbeit im Projekt ein hohes Maß von Verflechtung, das es schwer macht, die ethische Qualität einer Seite ohne Blick auf das Verhalten der anderen Seite zu beurteilen. Dies gilt selbstredend für beide bzw. alle beteiligten Parteien.
- Die Frage des Schicksals der von Ratschlägen des Beraters betroffenen Personen: Es gibt Stimmen, die es dem Unternehmensberater auferlegen wollen, auch an das berufliche Schicksal der von seinen Empfehlungen betroffenen Mitarbeiter

des Kunden zu denken. Ein Problem wird dies, wenn z. B. Entlassungen oder anderweitige Verschlechterungen der Situation von Mitarbeitern des Kunden empfohlen werden[354]. Wenig strittig dürfte diese Empfehlung sein, wenn das Unternehmen anderweitig nicht zu retten ist oder zumindest erheblich gefährdet erscheint. Denkbar ist natürlich aber auch, dass Berater aus anderen Motiven handeln, z. B. um beraterunfreundliche Manager zu entfernen oder trotz unkritischer Geschäftslage noch bessere Ergebnisse zu erzielen. Die Ethik der Beraterarbeit in solchen Situationen kann eigentlich nur in ähnlicher Weise beurteilt werden wie die der unternehmensintern Verantwortlichen, da die Berater in deren Auftrag handeln.

---

[354] Durch den Beratereinsatz oder durch Beraterempfehlung – zu Recht oder zu Unrecht sei dahingestellt – begünstigten Personen beschweren sich selten, daher wird diese mögliche Situation auch nicht weiter betrachtet.

13 Karriere als Unternehmensberater

13.1 Berufsbild Unternehmensberater

Viele Dienstleister schmücken sich heute mit dem Namen oder dem Namenszusatz „Berater" oder „Consultant". Ob Systemberater, Fachberater für Finanzdienstleistungen, Investmentberater, Change Management Berater, *SAP*-Berater, Pharmaberater, Prozessberater, Softwareberater, Personalberater, Steuerberater, Human Resources Consultant, Inhouse Consultant, Anwendungsberater, *Avon*-Berater, *Tupperware*- oder Unternehmensberater, der „Berater" als Berufsbezeichnung birgt Hunderte von Berufsbildern. Gibt man auf der Internetseite von *Jobpilot* (www.jobpilot.de) den Suchbegriff „Berater" ein, so erhält man mehr als tausend Stellenangebote (Stichdatum: 15.12.2002). Was sich jedoch hinter den einzelnen Berufsbezeichnungen genau verbirgt, ist manchmal selbst bei genauerem Hinsehen schwer zu sagen. Sicher ist, dass eine Position durch die Bezeichnung „Berater" an Renommee gewinnt, wie folgendes Beispiel belegt:

Berater gesucht! Gesucht wurde eine engagierte Person, die mit Leidenschaft und Erfolg Produkte, vorzugsweise aus dem Bereich „Dienstleistungen", verkaufen kann und will. Eigentlich ein Verkäufer. Um das Bewerberaufkommen zu erhöhen, wurde die Stellenausschreibung dreimal in leicht abgeänderter Form online veröffentlicht. Diese drei Anzeigen waren sowohl inhaltlich wie auch im Layout identisch. Der Unterschied lag einzig und allein in der Bezeichnung der Position. Gesucht wurden demnach „Verkäufer", „Key Account Manager" und „Sales Consultants". Es ist nicht schwer zu erraten, auf welche Anzeige mehr Bewerbungen eingingen. Die Anzeige „Verkäufer" hatte drei Bewerbungen zur Folge. Auf die Anzeige „Key Account Manager" gingen knapp zehn Bewerbungen ein und auf die Anzeige „Sales Consultant" 25. Obwohl die Anzeigentexte identisch waren und klar daraus hervorging, dass es sich um einen Job mit einem hohen Anteil an Akquisitionstätigkeit handelte, waren die Reaktionen so unterschiedlich. Der Wunsch, Berater zu werden, scheint so groß zu sein, dass manch einer die Details in der Stellenbeschreibung übersieht. Es stellt sich die Frage, worin dieser Wunsch begründet ist.

Einschränkend muss jedoch hinzugefügt werden, dass der Wunsch, Unternehmensberater zu werden, bei Hochschulabsolventen nicht mehr so stark ausgeprägt ist, wie noch vor einigen Jahren. Zu Beginn der 90er Jahre beispielsweise belegten die Unternehmensberatungen die ersten Plätze unter den attraktivsten Arbeitgebern für Hochschulabsolventen. Aktuelle Befragungen, z. B. des *Vereins Deutscher Ingenieure (VDI)* bei Endsemestern in Ingenieurwissenschaftlichen Studiengängen, zeigen jedoch, dass die Spitzenplätze nun von *BMW*, *Siemens* und *Daimler-Chrysler* belegt werden. Beratungsfirmen tauchen frühestens im unteren Drittel

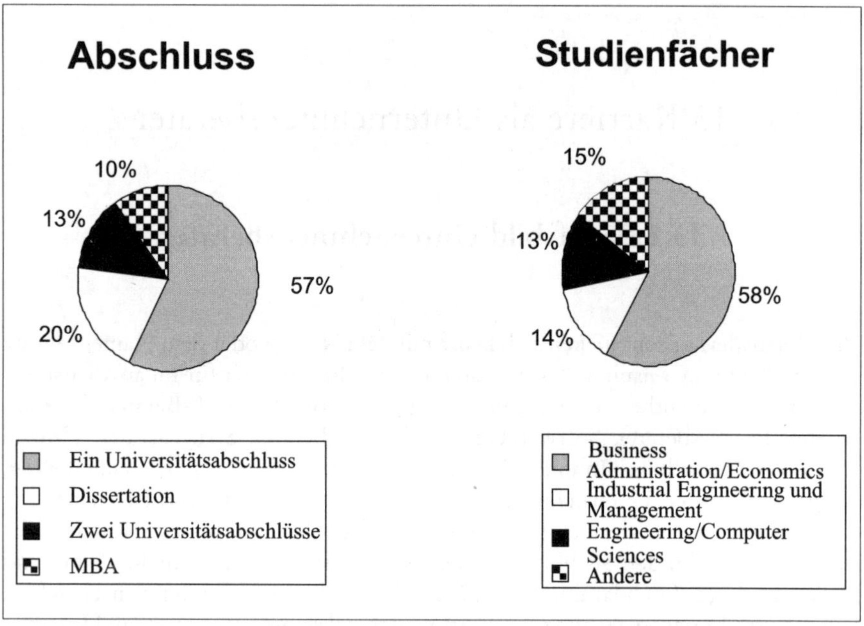

Abb. 114: Qualifikation der Berater von Roland Berger (aus Stiens, 2002, S. 67)

der Wunscharbeitgeber auf (*Hermani*, 2000). Auch bei den Absolventen der Wirtschaftswissenschaften ist dieser Trend sichtbar. Waren vor einigen Jahren einige Beratungsfirmen sogar unter den Top 10 der attraktivsten Arbeitgeber, so finden sie sich nun eher unter den hinteren Plätzen der Top 20 oder tiefer wieder.

Geld, Karriere, Reputation, Start einer glänzenden Karriere? Die Berufsbezeichnung „Berater" ist in der Vorstellung von Außenstehenden immer ganz stark mit der Vorstellung, es handele sich um Unternehmensberater im Bereich Strategie, verknüpft. Hochschulabsolventen und Absolventen von Fachhochschulen sowie Berufsakademien, die davon träumen, Berater zu werden, denken bei diesem Berufsbild definitiv nicht an Pharmaberater, Finanzberater oder Personalberater. Sie denken auch nicht daran, Computer-Programme zu schreiben oder Projekte zu verkaufen. Ziel der Beratungstätigkeit ist vielmehr die Strategieberatung, die Beratung im Bereich Change Management, mitunter auch die Prozessberatung. Da in diesem Bereich der Übergang von der klassischen Beratung zur Programmierung oftmals sehr nebulös ist, bedarf es im Vorfeld von Bewerbungen einer genauen Abklärung der Erwartungen. Gespräche mit Recruitern von IT-Consulting-Firmen zeigen immer wieder, dass das Jobprofil mehr Software-Programmierkenntnisse verlangt als Kenntnisse im Bereich von Ablauf- und Organisationsstrukturen oder Strategieberatung. Die Auswertung des Bewerberverhaltens für die Recruitingveranstaltung *Characters* im Jahr 2002, eine Bewerbermesse für junge Hochschulabsolventen und junge Beschäftigte mit maximal fünf Jahren Berufserfahrung, bestätigte diesen Eindruck: Unter den 2 935 Interessenten für diese Messe sucht jeder zweite den Berufseinstieg im Bereich Consulting. Firmen, die als potenzielle Arbeitgeber genannt wurden, waren deshalb die *Boston Consulting Group*, *KPMG* (jetzt *Bearing Point*), *PricewaterhouseCoopers*, *McKinsey* und *Accenture*. Wenn es um den Bereich des Inhouse Consulting ging, waren die soft- und hardwareproduzierenden Firmen wie *SAP* und *Siemens* von Interesse. Der Beruf des Beraters hat trotz vereinzelter Gegenstimmen[355] unter Berufseinsteigern ein sehr positives Image, mehr noch, dieser Beruf hat das spezielle „Etwas", vielleicht sogar den Reiz des Elitären.

Ein Grund dafür, Berater zu werden, dürften das hohe Einstiegsgehalt und die gute Gehaltsentwicklung sein. In den Top-40-Beratungen verdienen die Berufseinsteiger mit besonderen Qualifikationen (*Kienbaum*, zit. n. *www.jungekarriere.de*, 1.3.2003) ein Einstiegs-Jahresgehalt bis zu 60000 Euro. Nach fünf Jahren können es dann in der absoluten Spitze bis zu 250000 und 320000 Euro sein, sicher ist es bei der Mehrzahl aber – insbesondere den IT-Beratungen – deutlich niedriger. Mittelgroße und kleine Beratungen entlohnen Einsteiger mit 35000 bis 45000 Euro, nach fünf Jahren mit 80000 bis 100000 Euro und nach zehn Jahren mit 180000 bis 200000 Euro (*Kienbaum*, zit. n. *www.jungekarriere.de*, 1.3.2003[356])

Tab. 82: Einstiegsgehälter für Berufsanfänger (Stiens, 2002, S. 160–161)

Arbeitgeber	Jahresgehalt in Euro
CSC Ploenzke	42000 bis 50000
IBM Deutschland	38.347 bis 43460
IDS Scheer	38.347 bis 43460
Kienbaum Consultants	35.800 bis 51130
Plaut Consulting	30.677 bis 40903
Quickborner Team	30.677 bis 40903

Reizvoll an dem Berufsbild des Beraters dürfte auch die Aufgabenvielfalt sein. Viele Berater sind es gewohnt, mit wechselnden Aufgaben betraut zu werden, schnell und flexibel auf neue Rahmenbedingungen zu reagieren und die Dinge ganzheitlich zu betrachten, also die Fähigkeit zu haben, ein Problem aus der Vogelperspektive mit all seinen Querverbindungen und Details zu erfassen und es einer praktischen Lösung zuzuführen. Und das unabhängig von der Tatsache, dass die Kunden oft wechseln und sie häufig sehr individuell geprägte Unternehmenskulturen aufweisen mit eigenen Spielregeln und natürlich auch Widerständen gegen noch so professionelle Beraterанalysen und Umsetzungsprojekte.

Nicht zu unterschätzen ist auch die berufliche Entwicklung eines Beraters. So erweist sich der Einstieg in der Unternehmensberatung als willkommenes Sprungbrett für eine Karriere in anderen Bereichen. Tatsächlich wechseln nicht wenige Berater schon nach einigen Jahren zu Arbeitgebern außerhalb der Beratungsbranche. Bei *McKinsey* beispielsweise ist die durchschnittliche Verweildauer von Mit-

[355] So betitelte *Wilde* (1998) seinen Artikel mit „down to earth" und beschrieb, dass das Image des Beraters sich wandle: Weg vom Elitären, hin zum eher bodenständigen Arbeiter.
[356] Exakte Adresse: http:/www.jungekarriere.com/jukawwwangebot/fn/juka/SH/0/sfn/buildjuka/cn/cn_artikel/page1/PAGE_9/page2/PAGE_1696/aktelem/DOCUMENT_1697/oaobjid/9346/).

arbeitern nur 4,5 Jahre (*Maier*, 2000). Beim Wechsel in den Inhouse Consulting Bereich oder aber bei der Besetzung von Führungspositionen, Kandidaten, die bei einer der renommierten Unternehmensberatungen tätig sind oder waren, werden mit der entsprechenden Branchenerfahrung und passendem Fachwissen in der Industrie mit offenen Armen empfangen. Betrachtet man die Riege der Geschäftsführer bzw. der leitenden Angestellten, so sind diese nicht selten ehemalige Mitarbeiter von *McKinsey, Boston Consulting Group, Roland Berger, Bain, Bossard, Accenture* oder anderen Beratungsunternehmen. Der Ein- und schnelle Aufstieg innerhalb eines Industrieunternehmens scheint vorgezeichnet zu sein, allerdings gibt es auch Berichte über kläglich gescheiterte Karrieren (z.B. *Mai*, 1998)[357].

Nicht zuletzt ist es aber auch die ganz persönliche Reputation, die ein Berater in seinem Umfeld genießt. Wer von sich behaupten kann, er ist bei einer Unternehmensberatung angestellt, erregt meist mehr Interesse als ein Mitarbeiter vieler anderer Unternehmen. Image, Geld, Karriere und Erfolg reichen damit weit über die Bürogrenzen der einzelnen Unternehmensberatungen hinaus. Nur so lässt sich erklären, dass jeder zweite Besucher der Messe *Characters* Berater werden möchte. Die Frage, die sich jedoch stellt ist, kann denn jeder zweite Berater werden? Es geht dabei nicht um die dafür nötigen offenen Positionen. Es geht dabei vielmehr um die Qualifikation des Bewerbers. Was macht eigentlich einen guten Berater aus?

13.2 Anforderungsprofil

Lässt man die Interessenten den vermeintlichen Traumberuf des Beraters beschreiben, sind die Antworten mehr als schwammig. Die wenigsten sind in der Lage, sich einen Tag im Leben eines Beraters konkret vorzustellen[358], wie sich in den persönlichen Gesprächen mit den Kandidaten immer wieder zeigt. Auch sind sie nicht in der Lage, das Anforderungsprofil an einen Berater näher zu erläutern. Doch damit sind Jungakademiker nicht alleine, denn *das* Profil für einen Berater gibt es nicht. Ebenso wenig gibt es eine klassische Berufsausbildung zum Berater. Österreich und Kanada bilden hier mit dem geschützten Berufsbild des Unternehmensberaters einschließlich Prüfungen vor der Zulassung eine Ausnahme. Was also zeichnet einen Berater aus? Wann ist man qualifiziert für den Beruf des Beraters?
Harte Fakten versus „Soft Skills“: „High Potentials“, „Young Professionals“, „best people“ und „war for talents“ sind die Begriffe, die mit der Bewerberansprache in

[357] Die Gründe für das Scheitern lassen sich nicht auf einen Nenner bringen, dennoch ist ein Unterschied zwischen den Aufgaben in der Beratung und in Linienfunktionen der Wirtschaft klar: Beratungsarbeit hat kaum Kontakt zur täglichen Aufgabe des Managements. „Berater sind Theoretiker, die gerne Praktiker sein wollen“ (*Boris Anderer*, Ex-*McKinsey*-Mitarbeiter und einer von fünf Partnern des mittlerweile insolvent gewordenen Softwareherstellers *Brokat*, nach *Mai*, 1998).

[358] Dies gilt sicher nicht für die Absolventen von einem der Studiengänge in der Unternehmensberatung. Die Beschreibung zum Ablauf dieser Ausbildung an der FH Rheinland Pfalz, Abteilung Ludwigshafen, findet sich in *Niedereichholz*, 1991. *Wilfling* (1991) beschreibt die Ausbildungssituation in Österreich.

der Beraterbranche eng verknüpft sind. Gute Noten alleine reichen heutzutage bei Weitem nicht mehr aus, um zu dieser begehrten Berufsgruppe zu gehören. Betrachtet man die Anforderungen der renommierten Beratungsunternehmen, wird über Noten kaum noch ein Wort verloren. Sie sind eine Voraussetzung, aber darüber hinaus sind weitere Qualifikationsmerkmale nötig, um in den engeren Kreis der Kandidaten zu gelangen. Persönlichkeit ist gefragt, von Abenteuerlust ist die Rede, von Ehrgeiz und Engagement.

Boston Consulting Group: Viele Unternehmensberatungen betonen in öffentlichen Interviews, in Stellenanzeigen und in ihren Bewerbungsverfahren, dass sie nicht in erster Linie den Einser-Absolventen von der Uni suchen, sondern niveauvolle Mitarbeiter mit Persönlichkeit und hohem Teampotenzial. Die *BCG* (zitiert aus www.bcg.de, Stand 1.3.2003) setzt beispielsweise auf die Unterschiedlichkeit der Menschen bei der Erweiterung ihres Mitarbeiterpools. Die Gemeinsamkeit ist jedoch „der Wunsch, in neue Grenzbereiche vorzudringen und spürbare Veränderungen herbeizuführen". Eine Aufgabe, die nur bei Integration der Unterschiede bewältigt werden kann. Darüber hinaus ist Persönlichkeit gefragt. „Die *BCG* sucht Persönlichkeiten als Mitarbeiter, die fair und aufgeschlossen sind und auch die Leistung anderer anerkennen. Keine Ellenbogentypen und Fallensteller. Keine Majestäten und keine grauen Mäuse. Kein Understatement und kein Overexcitement[359]. Gute Leute, die wissen, was sie können und die es faszinierend und anregend finden, mit anderen guten Leuten gemeinsam eine Lösung zu finden, die es so bisher noch nicht gegeben hat". Voraussetzung ist jedoch – und da ist er, der Haken – Exzellenz. „Wir legen zwar Wert auf einen hervorragenden Universitätsabschluss und möglichst auch praktische Erfahrung, aber Ihre Eigenschaften als Mensch sind uns genauso wichtig. Die beste Ausbildung nützt nichts ohne die richtige Einstellung, ohne gesunden Menschenverstand, ohne Neugier für Fremdes, ohne Spürsinn für Verborgenes. Als *BCG*-Berater müssen Sie neben Denker- auch Lenkerqualitäten haben. Aber ohne Überheblichkeit. Ruhe und gelassene Autorität versetzen uns in die Lage, eine fruchtbare Kooperation mit dem Kunden zu erzeugen – das ist für uns unerlässlich. Wenn Sie diese Vielfalt erleben wollen und zu den Top 10 % Ihres Jahrganges gehören ...„ – Schnitt! Fazit: Top Noten und Top Persönlichkeit, nur dann sind Bewerber die richtigen Kandidaten für die *BCG*. Die Frage nach den besten 10 % der Absolventen nach Noten lässt sich relativ leicht beantworten, wie aber steht es mit der Persönlichkeit?

McKinsey: Die Besten für die Besten: Auch *McKinsey* braucht für die erfolgreiche Beratung die besten Köpfe. Nur kommt dieses Unternehmen gleich zur Sache. „Unsere Berater gehören zu den Jahrgangsbesten führender Universitäten und Business Schools – aber sehr gute Noten und ein zügiges Studium sind nur ein Aspekt, der uns interessiert." Gute Noten genügen also auch nicht hier. „Vor jeder Neueinstellung fragen wir uns: Macht uns der Kandidat oder die Kandidatin größer oder besser? Wir nehmen niemanden, der uns nur größer macht, aber den, der uns besser macht! Chancen haben bei uns vor allem:

- Kreative Individualisten, die Herausforderungen im Team meistern wollen.
- Vielseitig Interessierte, die sich einer Aufgabe verschreiben können.

[359] Sinngemäß „Übermotivation".

- Ausgeprägte Persönlichkeiten, die sich mit anderen in einem internationalen Umfeld weiterentwickeln wollen und den Mut haben, ihre eigenen Überzeugungen auch gegen Widerstand zu vertreten.

Das Wichtigste aus unserer Sicht: Sie sollten Lust haben, bereits Erreichtes in Frage zu stellen, so lange an einer Aufgabe zu arbeiten, bis sie scheinbar nicht mehr besser zu lösen ist – um dann von neuem anzufangen und einen noch besseren Weg zu suchen." Sind hier jetzt Querulanten gefragt, die nie ein Ende finden? Man stelle sich vor, ein Haus wird gebaut und kurz vor dem Richtfest fällt dem Berater ein, es könnten doch ein paar mehr Fenster und vielleicht etwas mehr Grundfläche sein. Wo genau fängt kritisches Denken an und wann wird diese Vorgehensweise kontraproduktiv?

Haarmann Hemmelrath und Partner: Multitalente gesucht! Bezeichnend ist auch die Charakterisierung eines Beraters der *Haarmann Hemmelrath Management Consultants GmbH*: „Wenn diese Eigenschaften auch auf Sie zutreffen, freuen wir uns auf Ihre Bewerbung:

- teamfähig
- aufgeschlossen
- querdenkend
- „hemdsärmelig"
- umsetzungsorientiert
- „multitasking-fähig"
- uneingeschränkte Reisebereitschaft
- herausragendes Wissen in einem oder mehrerer unserer Fachgebiete.

Viele unserer Projekte erfordern neben der reinen Beratung eine Kombination aus Beratungsexpertise und Berufserfahrung außerhalb der Beratungsbranche. Darum freuen wir uns über Bewerber, die einige Jahre Industrieerfahrung sammeln konnten und diese nun als Consultant anwenden wollen" (*www.hhp.de*, 1.3.2003).

Esprit-Consulting: Abenteurer versus Krawattenfetischisten: Nach all diesen Supermännern und -frauen auf der Wunschliste der großen Unternehmensberatungen mutet das Anforderungsprofil der *Esprit-Consulting*, einem kleinen Beratungsunternehmen in München, fast wie eine Einladung für normale Menschen an. „Es sind Ihre inneren Werte, die für uns zählen. Sind Sie bereit für ein großes Abenteuer in der freien Marktwirtschaft? Sind Sie jung, dynamisch und kreativ? Wir suchen intelligente, individuelle und innovative Teamplayer, die uns auf unseren Entdeckungsreisen begleiten wollen. Voraussetzung hierfür sind Engagement, Mut und viel Energie", „ein abgeschlossenes Hochschulstudium" und „eine gute Portion Abenteuerlust". Nicht gesucht werden „Bonusmeilen-Sammler" und „Krawatten-Fetischisten", sondern Leute, die Spaß an der Arbeit haben und wirklich etwas bewegen wollen (www.esprit-consulting.de, 1.3.2003). Aber gibt es tatsächlich Bewerber, die diesem Profil entsprechen? Aus Erfahrung wissen Personalberater, dass Teamplayer intelligent und innovativ sein mögen, aber gleichzeitig individuell und ein Teamplayer zu sein, schließt sich nahezu aus.

Vier zufällig ausgewählte Anzeigen für Berater von unterschiedlichsten Unternehmen[360] und alle haben etwas gemeinsam. Gesucht sind: Gute bis hervorragende Noten und eine Fülle von „Soft Skills". Wie wissen interessierte Bewerber, ob sie nun passen oder eher nicht? Ob sie fachlich qualifiziert sind, lässt sich relativ schnell beantworten, da diese durch die so genannten harten Fakten durch Zeugnisse belegbar sind. Wenn *McKinsey* oder die *Boston Consulting Group* die „Top 10 %" oder die Jahrgangsbesten der führenden Universitäten suchen, dann sind das häufig bevorzugt Bewerber von den Universitäten in Witten-Herdecke, Köln, Mannheim, Oestrich-Winkel, Koblenz oder einer anderen renommierten Universität mit exzellentem Abschluss. Mit praktischer Erfahrung sind Praktika in Unternehmen oder aber Berufserfahrung gemeint. Internationalität, so sie gefordert ist, heißt, dass man mehrere Monate im nicht deutschsprachigen Ausland verbracht hat, vorzugsweise im Rahmen eines Praktikums oder Studiums. Eis verkaufen oder Kellnern prägt zwar oft auch fürs Leben, gehört aber nach Auffassung der Unternehmensvertreter eher der Kategorie „Entertainment" als „Weiterbildung" an. Sehr gutes Englisch in Wort und Schrift, obwohl nicht explizit erwähnt, ist ebenfalls eine Voraussetzung für den Beruf als Berater. Darüber hinaus interessieren sich die Personalverantwortlichen für die Hobbys der Bewerber, für außeruniversitäre Aktivitäten und für das Abiturzeugnis. Nicht selten kommt es vor, dass gerade bei Neueinsteigern in Beratungsunternehmen ein Blick auf die Mathematiknote geworfen wird. Ein exzellentes Abitur ist obligatorisch, eine gute Note in Mathematik hilft häufig mehr als eine solche in Musikerziehung, denn diese gilt als Indikator für logisches und analytisches Denken, ergo für eine mögliche erfolgreiche Zukunft als Berater. Aus diesem Grunde sind auch Physiker und Wirtschaftsinformatiker gefragtere Kandidaten als Juristen und Theologen. Ob sich dieser Ansatz bewahrheitet, lässt sich leider nicht beantworten, da bislang keine öffentlichen Studien über die Bewährung der Absolventen unterschiedlicher Studiengänge im Beraterberuf vorliegen. Möglicherweise haben die auf Beraterauswahl spezialisierten Personalberatungsunternehmen hierzu vertiefte Erkenntnisse, die sie dann als Geschäftsgeheimnis hüten.

Die geforderten Persönlichkeitsmerkmale von Beratern, hervorragende Noten, Auslandserfahrung, diverse Sprachen und Praktika bei renommierten Firmen sind, wie bereits erwähnt, leider nur die Eintrittskarte zu einem persönlichen Gespräch oder die Einladung zu einem Auswahltag. Ob der Bewerber am Ende dann den heiß ersehnten Vertrag in den Händen hält, liegt ganz alleine in der Person selbst. Denn, und das ist allen Stellenanzeigen der Unternehmensberatungen gemeinsam, die Persönlichkeit, die so genannten „Soft Skills" oder „Social Skills" sind ausschlaggebend. Und dies gilt mit nur graduellen Unterschieden für eher IT-technisch-orientierte Beratungshäuser wie für Strategieberatungen gleichermaßen.

Die Liste dieser geforderten Eigenschaften ist lang: jung, dynamisch, belastbar, mobil, innovativ, kreativ, querdenkend, multitaskingfähig, reisebereit, um nur einige zu nennen. Diese Eigenschaften lassen sich jedoch nicht durch Zeugnisse nachweisen, sondern müssen vom eventuell zukünftigen Arbeitgeber erlebt werden. Entsprechend vielgestaltig sind die Auswahlverfahren der Unternehmensberatungen.

---

[360] Viele weitere finden sich z. B. in *Höselbarth* et al. (2001).

Ob in Kamingesprächen, Planspielen, beim Small Talk oder aber dem klassischen Assessment Center, Ziel der Beratungsanbieter ist es, die Bewerber zu erleben. Die alles entscheidende Frage ist jedoch: Ist man einer von „denen", oder ist man es nicht. Leider lässt sich dies nicht von vornherein beantworten und schon gar nicht aus den Bewerbungsunterlagen ablesen. Die Personalverantwortlichen können aufgrund der Unterlagen und eines Vorabtelefonats bestenfalls vermuten, einen passenden Kandidaten gefunden zu haben. Bestätigt oder widerlegt wird dieser Eindruck jedoch erst im persönlichen Gespräch. Nicht selten ist es eine Bauchentscheidung, für welchen Kandidaten man sich entscheidet. *Mummert Consulting* wirbt sogar in deren Imagebroschüre mit dieser Art Kandidatenauswahl: „Wir vertrauen auf unsere Menschenkenntnis und darauf, ob die Chemie zwischen uns und dem Bewerber stimmt." Eine Ad-hoc-Befragung unter 300 Personalverantwortlichen auf der *Characters* im Jahr 2000 ergab beispielsweise, dass nahezu 50 Prozent aller anwesenden Personalverantwortlichen aus dem Bauch heraus entscheiden, ob ein Kandidat ins Unternehmen passt oder nicht. Die beste Ausbildung scheint sinnlos, wenn die Chemie nicht stimmt, hat man fast den Eindruck. Und da ist auch ein Körnchen Wahrheit drin. Nach der Vorauswahl, die – wie gesagt – nur das Potenzial ermittelt, das ein Kandidat womöglich für den Beruf des Beraters mitbringt, entscheiden die Gespräche mit Managern und Partnern, ob der zukünftige Arbeitgeber dem Bewerber das Potenzial einer erfolgreichen Beraterkarriere zutraut.

13.3 Einstellungsverfahren

Die Auswahlverfahren der Beratungsunternehmen für Bewerber sind meistens mehrstufig. Gute Zeugnisse und ein interessanter Lebenslauf helfen beim Bezwingen der ersten Hürde im Auswahlprozess. Weiter geht es dann meist mit einem telefonischen Interview, Einzelgesprächen, Assessment Centern[361], Auswahltagen oder aber Workshops. Die Abläufe sind jedoch naturgemäß von Unternehmen zu Unternehmen verschieden, außerdem variieren sie noch je nach Art der ausgeschriebenen Stelle (z. B. Hochschulabsolventen vs. Berufserfahrene).

McKinsey führt bei Berufsanfängern und Quereinsteigern beispielsweise bis zu sieben Interviews mit Managern und Partnern als Interviewer durch. Ähnliches gilt für *BCG*. *Accenture* beginnt mit einem telefonischen Interview und lässt zwei und mehr Einzelinterviews mit den verantwortlichen Managern und Partnern aus dem vom Bewerber präferierten Bereich folgen. Diese Interviews sind jedoch von Branchengruppe zu Branchengruppe und innerhalb dieser Gruppen ebenfalls noch einmal nach benötigtem Erfahrungshintergrund der fraglichen Stelle unterschiedlich. Darüber hinaus gibt es immer noch die „alt bewährten" Gruppen- und Einzel-Assessment-Center, die zwischenzeitlich unter der Bezeichnung „Personal Decision Day" laufen. *CSC Ploenzke* setzt mindestens zwei Gesprächsrunden mit mehreren Gesprächspartnern an und bei *Mercer* sind es ebenfalls fünf Einzelinterviews in

[361] Typische verwendete Fallstudien bei Beraterauswahltagen zeigt *Hartenstein*, 2002.

zwei Runden. Die *SAP Consulting* führt in der Regel zwei Gespräche, an denen ein oder aber auch zwei Beratungsleiter teilnehmen. Im Bereich „Business Consulting" können es auch zwei Gespräche mit jeweils zwei Personen (zwei Principals oder ein Principal und ein Business Manager) sein. Inhalt dieser Gespräche ist neben der Besprechung des Lebenslaufs und der Wünsche des Kandidaten meist das Ziel herauszufinden, welche Persönlichkeit der Gegenüber hat, was er an projektrelevanten Arbeitserfahrungen hat, wie genau seine Vorstellungen von der Beratungsarbeit sind, wie gut er sich selbst darstellt und was er von seinem Beruf und dem Arbeitgeber erwartet. Wer in diesen Gesprächen nicht in der Lage ist, spontan eine Fallstudie zu lösen, komplexen Gedankengängen zu folgen oder aber keine genaue Vorstellung davon hat, was ein Berater tatsächlich macht, sollte besser zu Hause bleiben.

Die meisten Beratungsunternehmen verlassen sich jedoch nicht allein auf Interviews. Ein Kandidat wäre schließlich kein guter Berater, wenn er sich in diesen Gesprächen nicht optimal verkaufen könnte. Ergo lässt man ihn alleine oder in einer Gruppe agieren. Denn Eigenschaften wie „Teamfähigkeit", „Kommunikationsstärke", „Unternehmertum", „Kreativität", aber auch analytisches Denken oder Querdenken sind in Gesprächen nur wenig oder gar nicht „objektiv" festzustellen – es kommt also hier auch auf die stimmende „Chemie" an. In Workshops, Fallstudien, Assessment Centern oder an Auswahltagen, im Team oder alleine, Ziel ist: den Kandidaten in Aktion zu erleben.

Zahlreiche Bewerbungsratgeber wollen dem Interessenten helfen, sich besser auf eine Bewerbung bei Beratungsunternehmen vorzubereiten[362]. Letzendlich zählt aber dann die eigene Präsentation. Ob Auswahltag, Assessment Center, Fallstudie oder aber mehrere persönliche Gespräche, die oberste Regel, die es zu befolgen gilt, ist: authentisch bleiben! Es hilft nicht wirklich, wenn man ein wunderbarer Schauspieler ist, in einer Fallstudie oder einem Workshop brilliert, um dann bereits in der Probezeit wieder den Koffer packen zu dürfen, weil man den Anforderungen nicht genügt. Bewerber sollten in die Rolle schlüpfen, in der sie sich wohl fühlen und die auf sie zugeschnitten ist. Nicht selten springen Bewerber wie von einer Tarantel gestochen an das Flip Chart, nur um als besonders „proaktiv" zu wirken. Am Flip Chart zu stehen, heißt aber, die Moderatorenrolle einzunehmen und damit auch eine Verpflichtung einzugehen. Die Aufgabe eines Moderators ist es, Diskussionen zu moderieren, sie zusammenzufassen, zu lenken und zu leiten, den Teilnehmern einen Schritt voraus zu sein, um dann rechtzeitig einzuspringen, wenn vom Thema abgewichen wird oder aber das Ganze ins Stocken gerät. Inhaltlich kann man als Moderator die Diskussion somit nur bedingt vorantreiben. Insofern ist es ein Drahtseilakt, diese Rolle richtig gut auszufüllen. Zum einen möchte man seine analytischen, kreativen, unternehmerischen sowie teamdynamischen Fähigkeiten und was sonst noch an Kenntnissen verlangt wird, präsentieren, zum anderen ist man jedoch angehalten, mit der gewählten Rolle objektiv und distanziert zu bleiben. Nicht selten disqualifizieren sich Bewerber durch voreilige Aktionen am Flip Chart.

Ziel der Selbstdarstellung ist es auch nicht, in einer Diskussion permanent das Wort an sich zu reißen. Nur weil man viel zum Thema beiträgt, zeugt das nicht von Qualität. Die Beobachter ziehen ihre Schlüsse aus der Qualität der Beiträge, aus

[362] Z.B. *Nash* (1999), *Stiens* (2002).

der Art und Weise, wie diese vorgetragen werden, wie der Kandidat auf andere Teilnehmer eingeht, inwieweit die gemachten Aussagen die Diskussion maßgeblich beeinflussen, ob die Beiträge im Laufe der Diskussion „wachsen", wie entscheidend der Kandidat als Person für die Gruppe ist und welche Rolle er einnimmt. Die Aussagen der Verhaltenpsychologen, wie z. B. „man darf sich im Stuhl nicht zurücklehnen", „in den Haaren raufen ist ein Zeichen von Unsicherheit", „Arme verschränken zeugt von Abwehrverhalten" und „gekreuzte Füße von verspannt sein", die angeblich auf die Persönlichkeit eines Menschen schließen lassen, sollten kritisch betrachtet werden. Wichtig ist, dass sich ein Bewerber so in die Diskussion einbringt, wie er es sonst auch tun würde.

Zu beachten ist: Jede Übung hat ihre eigenen Beobachtungsmerkmale als Schwerpunkte. Die Beobachter betrachten aber die Übungen immer auch ganzheitlich. Weiterhin muss bedacht werden, dass auch innerhalb eines Merkmals verschiedene Punkte Beachtung finden. So ist beispielsweise bei einer Übung, die verstärkt die sozialen Fähigkeiten anspricht, weniger Kommunikation als vielmehr eine vertrauliche Ausstrahlung gefragt. Daneben gibt es aber auch die „klassischen" Elemente von Intelligenz- und Leistungstests: Logikaufgaben z. B. aus dem *Wilde*-Test, Satzergänzungsaufgaben, Merkaufgaben, die Postkorbaufgabe sowie Geschwindigkeitstests wie den „d2-Test" von *Brickenkamp*.

13.4 Einstieg und Aufstieg

Wenn endlich der langersehnte Arbeitsvertrag zur Unterschrift vorliegt, ist das Ziel, ein Unternehmensberater zu werden, erreicht. Versprochen wurde sehr viel, doch werden diese Versprechungen auch gehalten? In einer Studie (*Bremer*, 2002) wurden über 14 000 Hochschulabsolventen und junge Berufserfahrene aus allen Branchen nach ihren Erfahrungen mit Versprechungen von Arbeitgebern in Bewerbungsgesprächen befragt und den dann tatsächlich eingetroffenen Tatsachen. Der Tenor war grundsätzlich positiv. Es wird zwar geschwindelt, aber es hält sich alles im Rahmen. Auf die Frage, welche Unternehmen bzw. welche Branche am meisten schwindelt, wurden die Unternehmen aus dem Bereich Consulting mit 32,2 % auf Rang zwei positioniert, dicht hinter den Versicherungsunternehmen, die mit 33,5 % auf Platz eins kamen. Die Studie konnte nicht messen, inwieweit diese Wahrnehmung der Bewerber auf tatsächlichem Schwindel der zukünftigen Arbeitgeber, auf Missverständnissen oder gar auf Verzerrungen seitens der Bewerber beruhte. Festzuhalten bleibt, dass es zwischen Berufsanfängern im Beratungsgewerbe und ihren Arbeitgebern häufiger als in den meisten anderen Branchen die Meinung gibt, beim Einstellungsgespräch falsch über die Wirklichkeit des Berufslebens informiert worden zu sein.

Die ersten Tage als Berater: Das Beratungsgeschäft verlangt von den Beratern ein Höchstmaß an Flexibilität hinsichtlich des Arbeitsortes, des Kunden und der Aufgaben. Die meisten Beratungsunternehmen können ihren jungen Mitarbeitern nur schwer bereits bei der Einstellung genaue Details ihres ersten Einsatzes vorhersagen. Versprechungen – wenn es diesbezüglich welche gibt – sollten daher nicht zu wörtlich genommen werden. Auch wenn die neuen Mitarbeiter für ein spezielles Projekt, einen Bereich oder auch für eine bestimmte Person eingestellt werden. Bis der Arbeitsvertrag unter Dach und Fach ist, gehen einige Tage ins Land und der erste Arbeitstag lässt wahrscheinlich sogar Wochen, wenn nicht Monate auf sich warten. Bis dahin ist viel passiert, und wenn man eines mit Sicherheit von der Beraterbranche behaupten kann, dann dies: Vieles ist nicht vorhersehbar. Entsprechend ist der Einstieg in ein Beratungsunternehmen wie ein Gewinn in der Lotterie. Man hat gewonnen, nur welchen der ausgeschriebenen Preise? Jeder Anruf könnte den Neueinsteiger auf ein Projekt berufen. Welches es sein wird, ist nur selten im Voraus bekannt. Das liegt weniger an mangelnder Organisation der Abteilungen, die die Berater auf die Projekte entsenden, es liegt vielmehr am Bedarf auf den einzelnen Projekten. Im Grunde unterscheidet sich dieser Prozess nur wenig vom klassischen Bewerbungsprozess. Ein Projekt meldet Bedarf für einen Mitarbeiter mit entsprechenden Qualifikationen, fachlichen Kompetenzen und (Berufs-)Erfahrung. Entspricht der Mitarbeiter dem gewünschten Profil, hat man Glück, ansonsten wartet man, bis von anderer Stelle Bedarf an den eigenen Qualifikationen angemeldet wird. Üblicherweise dauert diese interne Arbeitslosigkeit nicht besonders lange. In Zeiten wie im Jahre 2002, als der Beratermarkt nicht gerade boomte, konnte es jedoch durchaus vorkommen, dass insbesondere neue Berater mehrere Monate intern „arbeitslos" waren.

Training „on the job" oder „der Sprung ins kalte Wasser": Der Einstieg selbst ist dann bei den meisten Unternehmensberatungen ähnlich. Unter dem Begriff „Training-on-the-job" werden die neuen Mitarbeiter direkt ins kalte Wasser geworfen. *Bain & Company* beispielsweise versteht sich als „Unternehmerschmiede", die in der ersten Karrierephase die Mitarbeiter sehr breit ausgebildet. Neue Mitarbeiter werden auf Projekten in unterschiedlichen Branchen eingesetzt und lernen mit den entsprechenden Konzepten, Management-Tools und -Techniken umzugehen. Es gibt aber auch „off-the-job"-Trainings: Die *Boston Consulting Group* startet mit einem „Bootcamp", erst danach geht es auf den ersten „Job". Auch *McKinsey*, *Mercer* und *Accenture* starten mit einem Trainingscamp, wobei diese Trainings unterschiedlich lang sind. Ziel bei allen Beratungsunternehmen, die mit Training beginnen, ist jedoch, neue Mitarbeiter den gewollten Geist bzw. die Unternehmenskultur des Unternehmens kennen lernen zu lassen und ihnen die Ängste über die Bürogrenzen hinaus jemanden anzusprechen zu nehmen. „Networking" ist in Beratungsunternehmen nicht nur ein Wort, Networking wird gelebt und ist (über)lebenswichtig, wenn man langfristig erfolgreich sein möchte – aber und vor allem auf den Einsatz als Berater vorzubereiten. Das Interessante an diesen Trainings der großen Beratungshäuser ist darüber hinaus: Sie sind meist international besetzt und finden oftmals in einem Trainingscenter außerhalb Deutschlands statt – auch ein Lockmittel, das die Unternehmensberatungen bei Bewerbungsgesprächen in die Waagschale werfen. Kleinere Häuser oder Beratungsanbieter, die nur mit sehr erfahrenen Mitarbeitern auftreten und deshalb auch nur gestandene Manager als Mitarbeiter rekrutieren, verzichten dagegen nicht selten auf besondere off-the-job-Einarbeitungsprogramme.

Das erste Projekt: Bei der Einarbeitung in die Projektarbeit werden die Berater i. d. R. mehr oder weniger sanft von erfahrenen Projekt- bzw. Teamleitern gezielt unterstützt, um ein optimales Ergebnis für den Klienten zu erreichen und den „Neuen" die nötige Sicherheit zu geben. Je nachdem mit welchen Erfahrungen neue Mitarbeiter in das Unternehmen kommen, wird man sie auf eine Position innerhalb des Projektes mit oder ohne Projektverantwortung und mit oder ohne Führungsverantwortung einsetzen. Selten überlässt man Anfänger komplett sich selbst. In vielen Beratungsfirmen gibt es ein Patensystem off-the-Job und bei den ersten Projekten für seniore Anfänger ein Coaching in der Rolle als Teamleiter. Auch wenn die Seniorität eigentlich Projektleiterfunktionen erfordern würde, lässt man den Neuen oft zunächst als „Trainee" mitlaufen und für einige Wochen „über die Schulter schauen". Zu unterschiedlich sind die Konzepte, Management-Tools und -Techniken der einzelnen Beratungen, als dass man jemanden ohne unternehmensspezifische Vorbereitungen auf den Kunden „loslassen" würde.

13.5 Karrierestufen und -pfade

Die Karrierepfade sind in den meisten Beratungsunternehmen hinsichtlich der Zahl möglicher Stufen sehr ähnlich. Einzig die Bezeichnung der Stufen variiert. Bei *Bain & Company* steigen Hochschulabsolventen als Associate Consultant ein. Die nächste Karrierestufe ist dann der Consultant. Danach folgen der Caseteam Leader, der Manager, der Vice President und der Partner (*www.bain.de, 1.3.2002*). Auch bei *Mummert Consulting* sieht der Aufstieg ähnlich aus. Vom Junior Consultant führen die Sprossen der Karriereleiter über den Consultant, den Senior Consultant, den Principal Consultant, den Senior Executive Manager zur obersten Sprosse, dem Partner. *Accenture* wirbt ebenfalls mit flachen Hierarchien. Im Bereich der Strategieberatung von *Accenture* beispielsweise steigt ein Hochschulabsolvent als Business Analyst ein und kommt über die Stufen Business Consultant, Manager, Senior Manager zum ersehnten Ziel, dem Partnerstatus.

Es könnten noch beliebig viele Beispiele aufgeführt werden. Letztendlich zeigen alle Beispiele, dass in Unternehmensberatungen formell flache Hierarchien bestehen. Der „Arthur D. Little Career Path" veranschaulicht dies sehr schön:

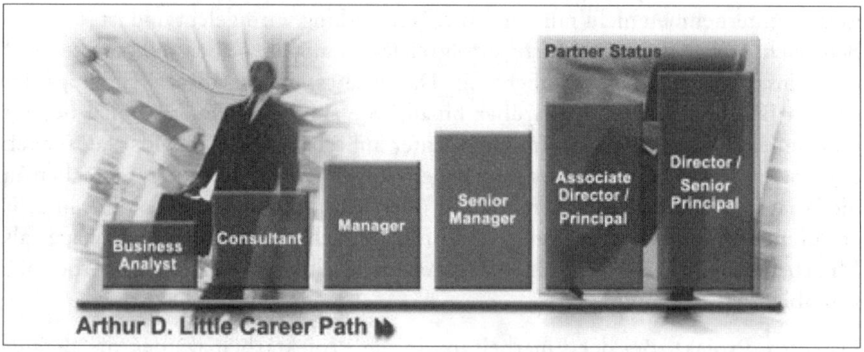

Abb. 115: Karrierepfad bei Arthur D. Little (aus www.adl.com, 1.3.2003)

Ob diese flachen Hierarchien in der gelebten Wirklichkeit tatsächlich so flach sind, wie sie dargestellt werden, ist fraglich. Nicht selten wird innerhalb der einzelnen Hierarchiestufen ein weiteres hierarchisches System gelebt, das sich aufgrund der längeren Berufszugehörigkeit, des „Sich-besser-verkaufen-Könnens" oder aber durch die individuellen verkauften Projekte und damit durch den für das Unternehmen erbrachten Umsatz auszeichnet. Spätestens auf der Partner-Ebene gibt es oft weitere Differenzierungen (siehe Funktionen der „Prinzipale" und der „Direktoren" bei *McKinsey*, Abschnitt 5.1.3), die bei der großen Zahl von Partnern in großen Beratungsunternehmen nicht verwunderlich ist. In kleinen Häusern stellt sich dieses Problem so nicht, da es nur einen oder zwei Geschäftsführer gibt.

Eine sehr wichtige Frage für den Beschäftigten in einer Unternehmensberatung ist die, ob man tatsächlich alle Karrierestufen erklimmen muss, sprich Karriere um jeden Preis machen muss, um der Kündigung zu entgehen. In manchen Unternehmensberatungen ist das so. „Up or out" bzw. „Grow or go", dieses Prinzip gilt und besagt, dass ein Mitarbeiter das Unternehmen verlassen muss, wenn ihm nicht das Potenzial zum Erklimmen der nächsthöheren Karrierestufe zugebilligt wird. *Accenture* nennt es auf der Homepage „Nach oben, bitte!". Es klingt zwar sanfter, meint aber das Gleiche. Der Berater hat zwei Möglichkeiten. Der eine Weg führt nach oben auf die höchste Stufe der Karriereleiter oder aber man sucht sich einen neuen Job. Nun kann sich jeder vorstellen, dass es zwar viele Indianer geben kann und auch muss, aber nur eine begrenzte Zahl von Häuptlingen sinnvoll ist. Zwei Wege sorgen dafür, dass die Zahl der Häuptlinge im Unternehmen überschaubar bleibt. Zum einen ist der Beruf des Beraters schon von vorneherein und für manche zumindest nicht auf Dauer ein erstrebenswertes Ziel: Das Bekenntnis zu uneingeschränkter Mobilität und Reisebereitschaft aus dem Munde junger Berater

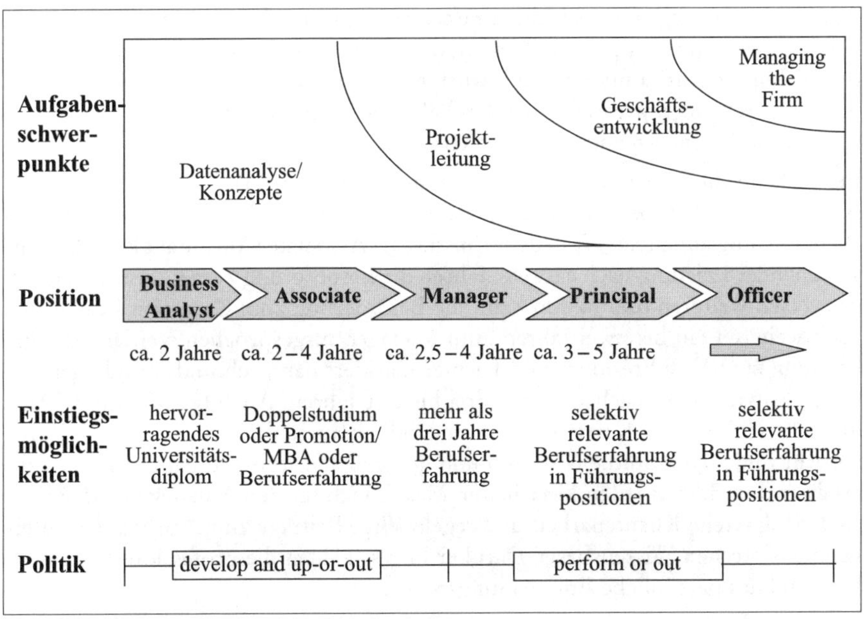

Abb. 116: Beraterkarriere bei A.T. Kearney (mod. n. www.atkearney.de, 1.3.2003)

klingt zwar so, als ließe sich das leicht bewerkstelligen, aber wenn man die Flugpläne der Lufthansa auswendig kennt, die Belegung und Preise der Hotels auf Knopfdruck parat hat und mit den Hotelportiers per „Du" ist, dann spätestens wird man kritischer. Auch ist man als Berater Dienstleister rund um die Uhr und unterliegt einer sehr hohen Sozialkontrolle. Da der Kunde auch im Beratungsgeschäft der König ist und das letzte Wort hat, sollte die Frustrationsgrenze eines Beraters sehr hoch liegen. Nur weil man selbst von einer Idee überzeugt ist, heißt das noch lange nicht, dass der Kunde auch so denkt. Ist man zu solcher Flexibilität nicht in der Lage, stellt sich die Frage, ob man der/die Richtige für den Job ist. „Up or out" bedeutet aber auch, wer den Anforderungen der Karrierestufen nicht gewachsen ist, muss gehen. Ob man den Anforderungen gewachsen ist, wird alljährlich in so genannten Bewertungsgesprächen durch die senioren Berater, vorzugsweise Manager-, Principal- und Partner-Ebene, festgelegt. Basis für diese Gesprächsrunden sind die Leistungsbeurteilungen, die jeder Berater während des Jahres von seinem Fachvorgesetzten erhalten hat. Die Beurteilungsgespräche bzw. die Anforderungen an die Berater verändern sich von Ebene zu Ebene. Auf den unteren Stufen der Hierarchie sind mehr die fachliche Leistung, die Kundenakzeptanz, aber auch persönliche Faktoren, wie Teamfähigkeit und Belastbarkeit gefragt. Je mehr man in die Teamleiterrolle kommt, desto eher sind Kriterien wie Teamleitereignung und das Organisationsgeschick ausschlaggebend für den Erfolg. Nicht zuletzt ist es in der Funktion des Teamleiters wichtig, vereinbarte Leistungen auch zu liefern. Auf den oberen Stufen ist es in vielen Funktionen zunehmend bis ausschließlich der Verkaufserfolg, der den erfolgreichen Berater auszeichnet. Auf allen Stufen sind daher die Bewertungen relativ zu den Vergleichsgruppen innerhalb des Unternehmens zu sehen. Darüber hinaus ist die Breite des tolerierten Niveaus auch abhängig von der konjunkturellen Lage. In guten Zeiten drückt man gerne ein Auge zu, wohingegen in schlechten Zeiten Leistungen sehr viel kritischer beurteilt werden. Beratungsfirmen betreiben mit dem Begriff „Leistung" also auch Beschäftigungskonjunktur. Entsprechend wird in den jährlich stattfinden Gesprächen nicht nur festgelegt, wie es für den Beschäftigten innerhalb des Unternehmens weitergehen soll, sondern auch ob es weitergehen soll.

Beispiele für die praktische Handhabung dieser Prinzipien lassen sich leicht finden: Auch bei *Bain & Company* ist die jeweils nächste Karrierestufe von der individuellen Leistung abhängig. Nach dem Einstieg als Associate Consultant kann bei entsprechender Leistung nach ca. zwei Jahren die Beförderung zum Consultant erfolgen. Nach weiteren drei Jahren kann die Beförderung zum Caseteam Leader und nach weiteren ein bis zwei Jahren zum Manager ausgesprochen werden. Die Ernennung zum Vice President und Partner markiert dann schon das Ende der formalen Karriereleiter nach weiteren drei bis vier Jahren. Auch bei *McKinsey* hängt die Entwicklung der Karriere selbstverständlich ausschließlich von der Leistung ab. Am Ende jeder Studie (Projekt) und generell alle sechs Monate beurteilen die erfahreneren Berater jeden Mitarbeiter. Maßgeblich für den Aufstieg bei *McKinsey* sind erfolgreiche Klientenarbeit und regelmäßige Beiträge zum Ausbau der unternehmensinternen Wissensbasis. Darüber hinaus zählen die professionelle Einstellung und das persönliche Entwicklungspotenzial.

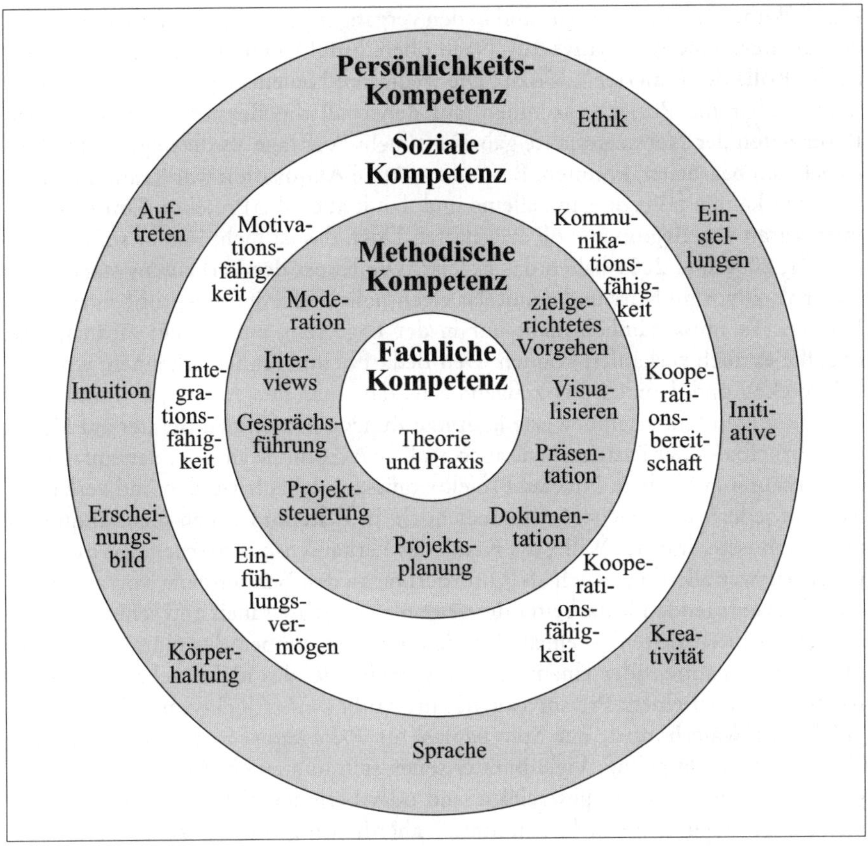

Abb. 117: „Kompetenzschalen" nach CSC Ploenzke (zitiert n. Stiens, 2002, S. 188)

So oder so ähnlich sieht es bei fast allen Unternehmensberatungen aus, Berufsanfänger können davon ausgehen, dass sie frühestens nach etwa fünf Jahren[363] ein Niveau erreicht haben, das dazu befähigt, größere Projekte akquirieren zu dürfen und in Eigenverantwortung zu leiten. Nach etwa zehn Jahren sind Sie dann „Member of the Club", also Teilhaber des Unternehmens, „Partner" oder „Prinzipal". Der Weg dahin ist arbeitsreich und steil, mitunter ziemlich steinig. Nicht zuletzt benötigt man auch Glück. In Zeiten stetiger Umsatzzuwächse von 20 % und mehr sind die Karriereaussichten sehr gut. In schwächerem wirtschaftlichen Umfeld, wie der in den Jahren 2001, 2002 und auch 2003 spürbaren Konjunkturkrise, kann das Klima jedoch sehr rauh werden und viele Karrieremöglichkeiten verbauen.

Spezialist versus Generalist: Die Personalstruktur eines Beratungsunternehmens hat die Form einer Pyramide und damit müssen automatisch einige Berater auf dem Weg nach oben aussteigen – oder aber einen anderen Karriereweg einschlagen.

[363] Der tatsächliche Zeitpunkt kann von Beratungsunternehmen zu Beratungsunternehmen variieren und innerhalb eines Unternehmens auch später sein. Ein mitbestimmender Faktor ist u. a. die Größe der Projekte – sehr große Projekte werden durch verantwortliche Partner akquiriert, kleinere Projekte können eher von jüngeren Managern „verkauft" werden.

Einige Beratungsunternehmen sind in den vergangenen Jahren dazu übergegangen, den Beratern eine Alternative zu „Nach oben, bitte!“ anzubieten, die Alternative heißt „Rolle des Experten“. Wozu? Die wenigsten Neueinsteiger haben sich je gefragt, woher die Projekte kommen, auf denen all die Berater arbeiten. In den Boomzeiten der Neunzigerjahre gab es oft mehr Aufträge als die angefragten Unternehmen bearbeiten konnten. Besonders aktive Akquisition war kaum nötig, die Aufträge kamen fast von ganz alleine und damit auch die Projekte. Sämtliche Berater waren von Beginn an voll ausgelastet. Doch das ist nicht immer so. Die Jahre 2001, 2002 und 2003 haben das gezeigt. Die Kunst des Verkaufens stand noch höher als zuvor im Kurs und damit das eigentliche Anforderungsprofil eines guten Beraters. Er muss nämlich nicht nur in der Lage sein, ein Projekt zu managen, er sollte es auch verkaufen können. Den Bedarf beim Kunden erkennen, womöglich wecken und dann so überzeugend sein, dass man den Auftrag ihm und nicht einem anderen Unternehmen erteilt. Spitze Zungen bezeichnen Berater auf Manager-, Principal- oder Partnerebene auch als Key Account Manager oder einfach nur als Verkäufer auf hohem Niveau. Projekte müssen verkauft werden und verkaufen ist nicht jedermanns Sache. Schlimmer noch, in Zeiten, in denen nicht akquiriert werden musste, war der Wille, die Kunst des Verkaufens zu erlernen, gar nicht gegeben, sie war allerdings auch als Anforderung an den Berater nicht vorrangig. All diese hervorragenden Mitarbeiter der vergangenen Jahre sahen und sehen sich nun – in „schlechten Zeiten“ – einem Kundenmarkt gegenüber, der plötzlich partout nichts mehr kaufte, oder einem Produktportefeuille, das nicht mehr zum Markt passte, oder aber einem Preisniveau, das die Mitbewerber locker unterboten (z.B. „Halfprice-Waterhouse“, der Spitznamen für *PricewaterhouseCoopers* zu jener Zeit). Damit nicht genug. Viele Berater sehen sich nun einem Anforderungsprofil gegenüber, dem sie nicht gewachsen sind oder befinden sich in einem Marktbereich, der einfach nichts mehr abnimmt. Daher haben große wie kleine Beratungshäuser begonnen, in erheblichem Umfang über das sonst übliche Maß hinaus Mitarbeiter abzubauen und teilweise in anderen Bereichen – in geringerem Umfang – neues Personal einzustellen. Daneben gibt es andere kreative Lösungen zur zeitweisen Überbrückung von Unterbeschäftigung, z.B. besonders einfache Bedingungen für Sabbaticals. Darüber hinaus werden bei einigen Häusern über neue alte Karrierewege nachgedacht. „Stay“ ist die Devise. Entwickle dich in deinem Bereich zum „Experten“. Experten sind meist nicht verantwortlich für den Verkauf, sondern ausschließlich für die „Produktion“. Der Verkaufsdruck höherer Hierarchiestufen entfällt damit. Nachteil: Die Möglichkeit Partner zu werden und höchste Verantwortungs- und Einkommensstufen zu erreichen, sind allerdings nicht mehr gegeben. Und wer Berater werden will, will doch eigentlich auch ganz nach oben. Richtig akzeptiert und anerkannt wird diese Alternative wohl nur dort sein, wo sie bereits gelebt wird und wo von vornherein klar ist, dass es eben auch Experten geben muss, deren Know-how wichtiger ist als der Partnerstatus. Einige Beratungen gehen da voran, z.B. *Mummert Consulting* oder *CSC Ploentzke*. Andere haben diesen Weg wieder verlassen, indem sie Tochterunternehmen mit Expertenkarrieremodellen wieder in die Mutter zurückgeführt haben (z.B. *Accenture* mit der Tochter *Unamite*).

13.6 Weiterbildung

Die berufliche Weiterbildung beinhaltet alle Anstrengungen zur Erweiterung der fachlichen, methodischen, sozialen und persönlichen Fähigkeiten nach Eintritt in eine Unternehmensberatungsfirma. In Österreich zählt dazu auch die Vorbereitung und Teilnahme an der Prüfung für den Befähigungsnachweis für angehende Unternehmensberater[364]. Die „Grundausbildung" ist für alle Berater, die auch Berufsanfänger sind, recht ähnlich und je nach Erfahrung mehr oder weniger intensiv. Methoden und Arbeitsweisen eines jeden Beratungsunternehmens sind jedoch so unterschiedlich, dass auch Berufsstarter und Quereinsteiger mit Beraterbackground diese „Einstiegsseminare" mitmachen sollten. Nicht zuletzt lernt man dadurch zukünftige Kollegen auf allen Ebenen und anderen Büros kennen, mitunter sogar international. Was nämlich in keinem Seminar vermittelt werden kann, ist das Bilden informeller kollegialer Netzwerke, im Beraterdeutsch „Networking" genannt. Kollegen treffen ist eines, Kontakte knüpfen, diese auf- und ausbauen ist etwas ganz anderes. Gerade im Beraterleben ist Networking oft das A und O. Jedes Seminar ist daher nicht nur inhaltlich zu betrachten, sondern auch unter dem Aspekt des Netzwerkgedankens.

„Weiterbildung" ist eines der wichtigsten Themen innerhalb der Beratungsunternehmen. Vor allem die großen Beratungen haben ein großes Trainingsbudget und verstehen Training als Werbeargument und als strategische Notwendigkeit gleichermaßen[365]. *Mummert Consulting* beispielsweise sagt: „Wer Höchstleistungen erreichen will, muss sich in Form halten". Und das sind nicht nur leere Worte. Jeder Mitarbeiter verfügt jährlich über durchschnittlich zehn Fortbildungstage. Ein umfangreiches Trainingsprogramm gewährleistet, dass sich jeder Berater individuell weiter entwickeln kann. Auch der *IBM Business Consulting Services*, die der Personalpolitik der *IBM Deutschland* folgt, liegt die Aus- und Weiterbildung der Mitarbeiter am Herzen. Mehr noch, das Erlernte soll gleich in die Praxis umgesetzt werden, indem die Mitarbeiter zeitlich befristete Aufgaben, Projekte oder Sonderaufgaben übernehmen – sei es national oder international – an bereichsübergreifenden Arbeitskreisen teilnehmen oder sich in Kooperation mit Hochschulen sowie anderen Unternehmen engagieren.

Boston Consulting Group – Ausbildung für Exoten: *BCG* beispielsweise bereitet seine „Exoten", Neueinsteiger ohne wirtschaftswissenschaftliches Studium bzw. ohne MBA mit einem speziellen Weiterbildungsprogramm auf ihr Beraterleben vor. Ein Jahr lang werden die Absolventen aus den Bereichen Ingenieurwesen, Informatik oder auch anderen Studiengängen der Betriebswirtschaftslehre näher gebracht. „Das individuelle BWL-Training wird hoch dosiert verabreicht. Am Anfang steht die grundlegende Einführung in die Werkzeuge von *BCG*, dann erfolgt die Vertiefung gezielt on the job." Für Neueinsteiger bietet *BCG* ein 14-tägiges Training, das in zwei Phasen unterteilt ist. Zusammen mit Kolleginnen und Kolle-

---

[364] Details zu diesem hier nicht weiter behandelten Thema finden sich in dem Artikel von *Wilfling*, 1991.

[365] Z.B. berichtet *o.V.* [3] (2002) davon, dass bei bei der Beratungsfirma *PA Consulting* durch Steigerung des Trainingsumfangs die freiwillige Fluktuation reduziert werden konnte.

gen aus anderen europäischen Büros lernen die Neulinge die Methoden und Arbeitsweise von *BCG* kennen. In der zweiten Woche vertiefen die Dozenten die – speziell für Deutschland – relevanten Fachkenntnisse, von Kostenrechnung über Marktsegmentierung bis hin zu Interview- und Präsentationstechniken. Anhand von Fallbeispielen wird der praktische Einsatz dieser Instrumente geübt. Weiterbildung ist während der gesamten Beraterlaufbahn ein wichtiger Punkt bei *BCG*, internes oder externes Training gleichermaßen.

Mummert Consulting – Immer im Training bleiben: „Wer Höchstleistungen erreichen will, muss sich in Form halten", so lautet die Devise von *Mummert Consulting*. Ein umfangreiches Trainingsprogramm, das für jeden der persönlichen Entwicklungsschritte von Mitarbeitern ein passendes Training bereit hält, sorgt dafür, dass die Berater gut für ihren Job ausgerüstet sind. Neben den klassischen, fachbezogenen Trainings wie zum Beispiel IT-Competence, können auch Trainingsmaßnahmen für die individuelle Persönlichkeitsentwicklung gebucht werden. Ambitionierte Mitarbeiter, die kontinuierlich herausragende Leistungen erbringen, werden sogar bei einer MBA-Ausbildung oder Dissertation unterstützt.

Siemens – Auf Erfolg programmiert: Wer mehr von Mitarbeitern erwartet, muss auch mehr für sie tun. *Siemens* bietet zu diesem Zweck kontinuierliche und systematische Weiterbildung auf allen Ebenen an. Das Qualifizierungsprogramm beinhaltet ein breites Angebot fachspezifischer und fachübergreifender Weiterbildung. Von allgemeinen „Trainingseinheiten" für Einsteiger bis zu weiterführenden Maßnahmen für den Auf- bzw. Ausbau von fachlicher Kompetenz und Persönlichkeit. Ob im Bereich Vertrieb, Projektmanagement, International Business und Management Skills, jeder Mitarbeiter wird auf seinen Einsatz vorbereitet, auch die Inhouse-Berater des Unternehmens (zu Besonderheiten der Inhouse-Beratung vgl. Kapitel 11).

Drei willkürlich ausgewählte Unternehmen, die alle den gleichen Eindruck vermitteln: Für den Mitarbeiter wird gesorgt. Wohl durchdachte Trainingsprogramme sorgen dafür, dass die Berater wertvolles Kapital sind und bleiben. Engagierte Personalentwickler sorgen dafür, dass die angebotenen Seminare, seien sie intern oder extern, den Standards des Unternehmens und damit höchster Qualität entsprechen. Der Mitarbeiter sucht sich – geleitet durch Rahmenmpfehlungen eines für ihn geltenden Karriereplans – quasi aus dem Seminarmenü das Richtige für sich aus, informiert den Personalentwickler und muss sich dann nur noch den Termin merken. Alles andere, wie z. B. die Anmeldung zum Seminar, Reise- und Hotelbuchungen, wird bei den großen Unternehmensberatungen meist von der Personalabteilung erledigt[366]. Sollte dann doch kurzfristig etwas dazwischen kommen, genügt ein Anruf und sogar die Absage des Seminars wird erledigt[367]. Nicht umsonst sind die Aufwendungen für diese Dienstleistung ein bedeutender Kostenfaktor eines Unternehmens. Die Investitionen der *SAP* in Fort- und Weiterbildung belaufen sich beispielsweise auf fünf Prozent der gesamten Personalkosten. Wie sieht es jedoch bei kleinen und mittleren Unternehmen aus?

---

[366] Natürlich muss auch die Einwilligung des jeweiligen Teamleiters oder Projektmanagers vorliegen.

[367] Zumindest bei externen Seminaren fallen dann ggf. Stornogebühren an. In machen Unternehmensberatungen gibt es auch für interne Seminare Regeln, die eine Entgeltpflicht im Falle einer kurzfristigen Absage beinhalten.

Esprit-Consulting, ein Spin-off von *Accenture*, kann und will sich in Größe und Umsatz weder mit *McKinsey*, *Boston Consulting Group* oder ähnlich großen Unternehmen messen. Trotzdem bietet das Unternehmen seinen Mitarbeitern zwei Wochen individuelle Weiterbildung. Anders jedoch als bei den großen Brüdern und Schwestern, sorgt hier kein Team von Personalentwicklern dafür, dass zum richtigen Zeitpunkt das gewünschte Training gebucht und arrangiert wird. Hier kümmert sich in der Regel der Berater selbst um sein Training, was in kleineren Unternehmen durchaus üblich ist. Wichtig zu wissen, egal ob man für ein großes oder kleines Beratungsunternehmen tätig sein wird, für die persönliche Entwicklung ist jeder Berater natürlich immer mitverantwortlich. Es werden zwar Mentoren oder Counsellor zur Seite gestellt, die mit Rat und Tat die Weichen für eine erfolgreiche Zukunft innerhalb des Unternehmens stellen, aber das Training auswählen und Gelerntes anwenden, muss jeder immer noch selbst. Wichtig ist daher, das Training mit Bedacht auszuwählen, nach dem Motto: Stärken Sie Ihre Stärken und managen Sie Ihre Schwächen, aber versuchen Sie nicht, einen anderen Menschen aus sich zu machen.

Das richtige Seminar – die Qual der Wahl: Wohl dem, der in einem großen Unternehmen Seminare auf einer Liste vorfindet und nur aussuchen muss. Berater von kleineren Unternehmen haben es da bedeutend schwerer. Zehn Tage Weiterbildung klingen durchaus reizvoll. Die Frage ist nur: Welches Seminar soll gebucht werden? Welchem Anbieter vertraut man? Die berufliche Weiterbildung hat sich zu einem riesigen Markt entwickelt (vgl. Abschnitt 7.2.4.4). Leider halten nicht alle Anbieter das, was sie versprechen. Wer sich selbst um die eigene Weiterbildung kümmern muss, sollte daher darauf bestehen, vorher genau über die Inhalte und Vertragsbedingungen des gewünschten Seminars informiert zu werden, und zwar in schriftlicher Form. Hartnäckigkeit lohnt sich in diesem Fall. Manche Bildungsanbieter vertrösten ihre Kunden darauf, dass sie den Vertrag in einer persönlichen Beratung zu sehen bekommen würden. Darauf sollte man sich jedoch nicht einlassen, rät *Rainer Metz*, Bereichsleiter Verbraucherrecht bei der Verbraucher-Zentrale NRW: „Wenn Interessenten die Vertragsbedingungen erst beim Beratungsgespräch im Institut ausgehändigt bekommen, wird ihnen die Möglichkeit zur sorgfältigen Prüfung zu Hause genommen. Und das birgt die Gefahr, überrumpelt zu werden und dann vorschnell eine vertragliche Bindung einzugehen“ (*Meier*, 2002). Man sollte daher sich von mehreren Veranstaltern die Kursangebote und Vertragstexte zukommen lassen und sich dann für das beste Weiterbildungsangebot entscheiden. Auch bei berufsbezogenen Fortbildungen sollte man darauf achten, ob es „nur“ eine Teilnahmebescheinigung, ein Zertifikat oder gar ein Abschlusszeugnis gibt. Nicht immer ist erkennbar, ob es sich um eine staatlich anerkannte Ausbildung handelt oder ob der Teilnehmer bloß ein „selbst gestricktes Haus-Diplom“ des Instituts erhält.

Fazit: Zeit ist Geld. In der Beraterbranche kann Zeit sogar sehr viel Geld bedeuten. Besucht ein Berater also ein Seminar, kostet es nicht nur die Seminargebühren, der Berater fällt auch für mehrere Tage aus. Entsprechend kann er für diese Tage dem Kunden nicht in Rechnung gestellt werden: ein hoher Preis für eine Weiterbildung, wenn sie nicht richtig eingesetzt wird.

13.7 Ausstieg

Der Ausstieg aus einem Beratungsunternehmen kann viele Gesichter haben. Das angenehmste darunter dürfte wohl dieses sein: Man geht in Rente. Bei *Accenture* beispielsweise kann dies bereits mit 50 Jahren der Fall sein. Wer träumt nicht davon, im besten Alter mit genügend Geld dem Arbeitsleben den Rücken zu kehren, um seinen Hobbys nachzugehen. Doch die einfachste und natürlichste Form des Ausstiegs ist nicht jedem gegönnt.Viele wollen bei ihrem Einstieg in das Unternehmen tatsächlich Partner werden. Dafür hat man sich schließlich beworben und dafür wird man auch eingestellt. Doch obwohl viele Wege zum langersehnten Ziel führen, führen mindestens ebenso viele auch daran vorbei.

Ich kündige!

Wie bereits erwähnt, ist nicht jeder für das Beraterleben geboren. Mit der *Lufthansa/ Swiss/Austrian Airlines* oder *Air Lauda*, der Bahn und den Hotels im Einklang zu sein, liegt nicht jedem. Noch schwieriger wird es, wenn die eigene Freundin/Frau bzw. der eigene Freund/Mann die Gretchenfrage stellt, oder aber die eigenen Kinder irgendwann fragend in das Gesicht des Beraters blicken und den Lebensgefährten fragen, wer denn der Onkel oder die Tante sei, der/die zu Besuch kommt. Ein anderer, sicher seltener Grund für den Wechselwunsch mag eine spürbar werdende oder neue aufgetretene gesundheitliche Beeinträchtigung sein, z. B. Stressanfälligkeiten, Haltungs- oder Sehprobleme, Suchtprobleme oder dauerhaft medikamentenpflichtige Erkrankungen[368].

Wenn eines in der Beratung ein Fremdwort ist, dann es ist es Routine. Eine Beraterin sagte einmal, sie hätte sich Zeit ihres Beraterdaseins gefühlt, als würde sie in einem Wildbach Kajak fahren, ständig hochkonzentriert den Kurs haltend. Ausruhen gab es nicht. Sie sehnte sich nach etwas mehr Sicherheit, nach stillerem Gewässer und entschied sich, das Beratungsunternehmen – wenn auch schweren Herzens – zu verlassen, um in ruhigeren Gewässern tätig zu werden. Ein Grund, den viele Berater nach einigen Jahren im Job für ihren Ausstieg nennen.

Ein weiterer Grund das Unternehmen zu verlassen, ist schlicht und einfach Abwerbung durch den Kunden. Verständlich, denn ganz ehrlich, besser kann man doch einen potenziellen Mitarbeiter gar nicht kennen lernen, als über Wochen und Monate hinweg eng mit ihm zusammen zu arbeiten. Und anders herum, kein Interview, kein Auswahltag kann ein Unternehmen so detailliert präsentieren, wie ein Projekt vor Ort.

Die Selbständigkeit wagen: Berater tun das ab und an. Spätestens dann, wenn man sieht, was man damit verdienen kann. Die Betonung liegt in diesem Fall auf „kann". Der Sprung in die Selbständigkeit als Unternehmensberater sollte wohl durchdacht sein. Nur, weil man aktuell einen treuen Kunden hat, der auch bereit wäre, das Beraterteam weiterhin zu buchen, heißt das nicht, dass das Unternehmen zukünftig florieren wird. Plötzlich steht man nicht mehr als Berater einer weltweit

[368] Consultants als stressgeplagter Teil der Menschheit sind bei *Oliva* et al. (2002) Versuchspersonen für Untersuchungen über erektile Dysfunktionen.

renommierten Beratung dem potenziellen neuen Kunden gegenüber, sondern als One-, Two- oder Mehr-Man-Show ohne den Namen einer großen Firma im Hintergrund, ohne große Infrastruktur, ohne die Sicherheiten des Angestelltendaseins. Und doch wagen immer wieder Berater-Teams den Sprung in die Selbständigkeit (Spin-off). Dass es funktionieren kann, zeigt sich an einigen sehr erfolgreichen internationalen Beispielen, wie der *BCG*, einem Spin-off von *McKinsey*, oder *Bain Consulting*, einem Spin-off von *BCG*. Sehr viele kleine und mittlere Anbieter im deutschsprachigen Markt sind unfreiwillige Ableger größerer Häuser.

In beiderseitigem Einvernehmen: Der freiwillige Ausstieg ist immer der einfachste. Beide Seiten trennen sich mit einem weinenden und einem lachenden Auge. Was aber, wenn man gebeten wird zu gehen. Offizielle Kündigungen gibt es in Beratungsunternehmen nur selten. Auch wenn das Prinzip „Up or out“ verfolgt wird, wird man niemals davon hören, dass jemand aufgrund schlechter Leistung oder betriebsbedingter Nachfrageflaute entlassen wurde. Dass die betroffenen Personen das Untenehmen verlassen sollen, wird auf viel subtilere Art und Weise vermittelt. Die Entscheidung, wie hoch die jährliche Quote der freizustellenden Mitarbeiter ist und ob ein bestimmter Mitarbeiter gehen muss, wird allgemein vorab aufgrund einer Nachfrageprognose und dann für jeden Mitarbeiter in den bereits erwähnten alljährlichen Beurteilungsprozessen getroffen. Mitarbeiter, die den Anforderungen nicht oder nur bedingt genügen, werden entsprechend beurteilt. Diese Beurteilung wird dem Mitarbeiter direkt oder indirekt mitgeteilt. Direkt durch den Mentor oder Counsellor, indirekt durch eine ausbleibende Gehaltserhöhung. Nicht gerade die feine Art, aber dennoch praktiziert. Durch eine schlechte Beurteilung wird man aufgefordert, sich nach etwas Neuem umzusehen und „freiwillig“ zu gehen. Jeder, der von solch einem Selektionsprozess betroffen ist, sollte in sich gehen und sich fragen, ob die Entscheidung nicht – wenigstens zum Teil – gerechtfertig war. Dennoch sollten jeder selbstkritisch mit sich ins Gericht gehen. In jedem Fall sollte man aber dafür sorgen, dass einem gesagt wird, warum man nicht mehr in das Unternehmen passt.

Betriebsbedingt gekündigt: Ein weiterer unfreiwilliger Ausstieg ist die betriebsbedingte Kündigung. Vor zwei Jahren noch war an so etwas gar nicht zu denken. Die Beratungsunternehmen konnten Ihren Bedarf an Beratern gar nicht decken, z.B. warb *Accenture* sogar mit dem Slogan „1000 Berater gesucht“, die höchste im deutschsprachigen Raum angekündigte Einstellungszahl. In den Jahren 2001 und besonders 2002 sah es dann in weiten Teilen der Beraterbranche ganz anders aus. Die Aufträge kamen insbesondere bei Personalberatern und IT-Beratern nicht im geplanten Umfang herein, Projekte wurden kurzfristig abgesagt, laufende Vorhaben auf Eis gelegt. Viele Berater wurden zurück in ihr Heimatbüro berufen, um auf „bessere“ Zeiten zu warten. Man muss nicht Betriebswirtschaft studiert haben, um zu erkennen, dass die Unternehmen nicht lange diesen hohen Fixkostenblock für unbeschäftigte Mitarbeiter tragen können. Betriebsbedingte Kündigungen oder auch Freistellungen über das übliche Maß hinaus waren vonnöten, um die Kosten zu senken und wettbewerbsfähig zu bleiben. So kündigte *BearingPoint* als eines der ersten der großen internationalen Beratungsunternehmen Konsequenzen angesichts der stagnierenden Nachfrage nach Beratungsleistungen an. In Deutschland, Österreich und der Schweiz sollten 700 der damals rund 3000 Stellen abgebaut werden[369]. Zum Entsetzen der Mitarbeiter wurden in weit höherem Ausmaß als üblich Mitarbeiter entlassen oder mit Aufhebungsverträgen gebeten, das Unternehmen zu verlassen. Nicht selten gehen die Beratungsunternehmen bei der Entscheidung, wer das Unternehmen verlassen muss, nur noch danach, ob der zur Disposition stehende Mitarbeiter über die Kernkompetenzen des Beraters verfügt oder aber sie nutzen die Lage und definieren die Anforderungen an den Berater der Zukunft. Entsprechend werden all diejenigen von Kündigungen betroffen sein, die diesem neuen Bild nicht entsprechen. Nur wenige sind ehrlich genug, um sich einzugestehen, dass sie dem neuen Anforderungsprofil nicht entsprechen und womöglich aus diesem Grund dem Rotstift zum Opfer fallen. Ein ehemaliger Berater von *Accenture* war ob der neuen Anforderungen, die an ihn als Senior Berater gestellt werden, mehr als erstaunt. Jahrelang war er gefragter Spezialist für Softwareimplementierung und plötzlich sollte er Angebote erstellen und von Kunde zu Kunde tingeln. Die Frage, die er sich stellte, war nicht nur: „Kann ich das?" sondern: „Will ich das?". Er war ehrlich. Nein, er wollte und konnte nicht, entsprechend suchte er sich einen neuen Job.

„Sabbatical" oder „Flex-Leave": Kein wirkliches Ende der Beschäftigung, sondern ein Ausstieg auf Zeit, sind so genannte „Sabbaticals" oder „Flex-Leave"-Zeiten. In Absprache mit dem Unternehmen nimmt der Berater über einen längeren Zeitraum eine Auszeit. Ob diese bezahlt oder unbezahlt ist, hängt von der Anzahl der Urlaubstage ab, die dem „Aussteiger" noch zustehen, aber auch von der Situation des Unternehmens. Gerade in den Zeiten, in denen Auftragsflaute herrscht, sind die Unternehmen nur zu gerne bereit, ihre Mitarbeiter längere Zeit in den Urlaub zu schicken. Lange Auszeiten, die eine betriebsbedingte Kündigung verhindern oder aber das Urlaubskonto endlich abbauen, sind daher nicht nur bei den Mitarbeitern gerne gesehen. In 2002 war es daher nicht selten, dass Mitarbeiter von großen Beratungsunternehmen bis zu einem Jahr Auszeit genommen haben und mit etwa 20 % des Nettolohns vergütet wurden. Unbezahlter Urlaub mit Taschengeld. Sabbatical oder Flex Leave sind jedoch nicht mit einem Ausstieg aus dem Unternehmen zu vergleichen, eher mit einem sehr sehr langem Urlaub. Eine Rückkehr ist immer gewährleistet, es sei denn der „Urlauber" kündigt noch vor Ablauf der Auszeit.

Ob Existenzgründung, Abwerbung durch den Kunden oder aber die Einsicht, dass man eben doch nicht für das Beraterleben geschaffen ist, egal, welcher Weg zum Ausstieg aus dem Beraterleben führt, er gestaltet sich in all den genannten Fällen recht einfach und unterscheidet sich nicht von dem Ausstieg aus anderen Berufen auch. Man kündigt und tritt eine neue Stelle an. Schwierigkeiten gibt es für gewöhnlich keine. Man muss nur die Kündigungsfristen einhalten und wenn möglich den aktuellen Job so zu Ende bringen, wie man ihn begonnen hat. Man sollte keine „verbrannte Erde" hinterlassen. Viele Beratungsunternehmen hegen und pflegen ihre ehemaligen Mitarbeiter in so genannten Alumni-Zirkeln. Nicht selten sind die Ex-Kollegen zukünftige Auftraggeber und damit bares Geld wert. Es sei denn, sie gehören plötzlich zum Kreis der Mitbewerber.

---

[369] Das bestätigte *Peter Melcher*, Europa-Chef von *BearinPoint*, der *Financial Times Deutschland* (vgl. *FTD* vom 12.12.2002).

14 Personen und Persönlichkeiten

„Sie müssen aussehen wie Citizen Kane, fünfzehn Sprachen fließend sprechen und das Kap Horn umrundet haben.“ verlangt die Unternehmensberatung *Bain & Company* von ihren Bewerbern. Zur Not, gesteht deren Broschüre eine Seite weiter, reicht aber auch ein sehr gutes Examen. Wer dann gelernt hat, wie man eine Yacht steuert, die *Emily* des *Rolls-Royce* vergoldet, seinen Caddy richtig kleidet oder einen zweispaltigen Eintrag im Who's Who bekommt, kann sich anschließend ernsthaft mit einer Bewerbung bei *Bain* auseinandersetzen. Was *Bain* zu bieten hat? Laut Broschüre eine 80-Stunden-Woche, Meetings bei Mondschein und idyllische Wochenenden am Schreibtisch. Trotz einer Spur Selbstironie, das Klischee des Beraters hält sich hartnäckig. Und dennoch scheint der Beruf des Unternehmensberaters seine Reize zu haben. Was ist es, was die jungen Akademiker so fasziniert?

Verliert das Berufsbild den Glanz, wenn man hinter die Kulissen gesehen hat und den Alltag kennt? Wie lässt sich die Tätigkeit als Berater mit Freizeit und Familie vereinbaren? Wie kommen Frauen in der Beratung voran?

14.1 Balance von Arbeit und Freizeit (Work-Life-Balance)

Die Beratungsgesellschaft *PWC*, seit Ende 2002 Teil von *IBM Global Services*, hatte auf der Welttagung der Unternehmensberater im Oktober 2000 einen Workshop zu Fragen der „Human Resources“ mit dem Schwerpunkt „ Arbeit und Freizeit in Harmonie“ („Work and Leisure in Harmony“) angeboten. Vorgestellt wurde ein Maßnahmenpaket von *PWC*, das deren Beratern das (Über)Leben im Beruf ermöglichen soll. Zum ersten Mal wurde von Seiten der Beratungsanbieter öffentlich diskutiert, dass die Anforderungen in der Beratungsbranche hoch, die Arbeitszeiten sehr lang, der „Personalumschlag“ beträchtlich und – folglich – die Verweildauern der Berater in ihren Firmen gering sind. Immer mehr Berater, insbesondere der Nachwuchs, sehen dieses Tätigkeitsbild zunehmend kritischer. Selbst von den – im Austausch für hohe Bezüge, vielseitige Aufgaben und weitgehend hierarchiefreies Arbeiten – besonders einsatzbereiten Beratern wird ihr Berufsbild, das wenig Raum für Privatleben und soziale Kontakte außerhalb der Projektteams lässt, zunehmend kritisch und nicht mehr als selbstverständliches Merkmal einer „Elite“ gesehen. „Neben abwechslungsreichen Aufgaben wird Einsteigern das Gleichgewicht zwischen Beruf und Privatleben immer wichtiger,“ resümiert *Holger Koch*, Geschäftsführer *des trendence-Instituts für Personalmarketing*, die Ergebnisse einer Studie an 5000 Studenten aus wirtschaftlichen und technischen Fachrichtungen, die er nach ihren Wunscharbeitgebern und ihren Anforderungen befragte (*Katzensteiner*, 2002). „Lebensqualität" heißt das Schlagwort, das einen viel größeren Stellenwert als in früheren Jahren bekommen hat. Planbare Freizeit wird immer wichtiger. Doch dies war bis zu diesem Zeitpunkt in vielen Beratungsunternehmen nicht üblich.

PWC hat sich im Vorfeld der Welttagung 2000 intensiv mit dem Thema „Work-Life-Balance" auseinandergesetzt. Die Ergebnisse waren aufschlussreich. Die Ziele des Unternehmens in 2000 waren, Mitarbeiter zu gewinnen und zu halten, Stress abzubauen und den „Burnout" von Mitarbeitern zu verhindern sowie die Produktivität der Mitarbeiter zu verbessern. Im Rahmen einer Befragung von Studenten und Absolventen sowie der Auswertung der Kündigungsgründe beim Weggang von Mitarbeitern ergab sich dann, dass die Balance von Arbeit und Leben sowohl ein erstrebtes Karriereziel als auch einer der häufigsten Anlässe für einen Wechsel der Firma oder sogar des Berufs darstellt. Die häufigsten Kündigungsgründe bei Beratern von *PWC* sind (*PWC*, 2000):

- Karrieresprung.
- Verbesserung bei Einkommen und Arbeitsbedingungen.
- Mehr Ausgewogenheit von Berufs- und Privatleben.

PWC reagierte auf diese Umfrageergebnisse, indem ein „Work-Life-Programm" ins Leben gerufen wurde. Mit Hilfe dieses Programms sollen die Interessen aller Beteiligten – Beratern, Klienten, Beratungsfirma – besser als bisher in Einklang gebracht werden. Es umfasste in der Hauptsache die Möglichkeit für den Berater, den persönlichen Zeitbedarf einplanen zu können (People Plan) sowie Angebote durch den Arbeitgeber für mehr Flexibilität in der Zeiteinplanung der Mitarbeiter, beispielsweise durch Freistellungen auf Wunsch (Sabbaticals, Urlaub aus familiären Gründen), Einsätze in Wohnortnähe, Arbeiten von zu Hause (Telearbeit), aber auch Kinderbetreuung, flexible Zeiten und Job Sharing.

Auch andere Beratungsunternehmen, wie z. B. *Bearing Point* (ehemals *KPMG), Roland Berger Strategy Consultants* und die *Boston Consulting Group* (BCG), versuchen, mit Sabbaticals, Auszeiten für MBA[370] und PhD[371] oder auch internationalen Sport- und Teamtreffen dem Thema Work-Life-Balance mehr Leben einzuhauchen. „Mindestens einen bis maximal sechs Monate können unsere Mitarbeiter ganz aus dem Job aussteigen – aus welchen Gründen auch immer," sagt *Christina Book*, Human-Resources-Koordinatorin bei *Roland Berger* (*Ulrich*, 2002). Einige Berater nutzen diese Auszeit für eine Weltreise, andere für familiäre Angelegenheiten oder zur persönlichen Weiterbildung. Dabei sei eine regelmäßige Zahlung garantiert, die jedoch in den Monaten davor oder danach eingespart werden muss. „Knapp fünf Prozent unserer deutschen Mitarbeiter nutzen dieses Angebot." Grundvoraussetzung für ein Sabbatical ist, dass man bereits zwei Jahre für *Roland Berger* gearbeitet hat und dass es in den betrieblichen Ablauf passt. Nach *Boocks* Erfahrung wirkt ein Sabbatical in der Regel als Erholungs- und Motivationsschub. Viele ihrer Mitarbeiter kommen mit neuen Ideen und frischem Elan zurück (*Ulrich*, 2002).

---

[370] Master of Business Administration – ein standardisiertes umsetzungsorientiertes betriebswirtschaftliches Zusatzstudium für Hochschulabsolventen anderer Fakultäten als Betriebswirtschaft, i. d. R. dauern MBA's weniger als ein Jahr.

[371] Bezeichnungen für Dissertationen im angloamerikanischen Kulturraum.

Auch die Berater von *BCG* schätzen die Möglichkeit der befristeten Auszeit. Schon knapp die Hälfte aller *BCG*-Berater hat diese einmal genutzt, rund ein Viertel davon zur Weiterbildung. Der Rest nimmt sich die Arbeitspause, um zu reisen oder anderweitig den Horizont zu erweitern oder in Erziehungsurlaub zu gehen, so *Martina Rißmann*, Partnerin von *BCG*[372].

Work-Life-Balance ist auch bei *Accenture* kein Fremdwort. Ähnlich wie bei der *Boston Consulting Group* haben die *Accenture*-Berater die Möglichkeit des befristeten Time-out oder aber auch der reduzierten Arbeitszeit, sprich Teilzeitarbeit, sei es die klassische Drei- oder Viertage-Woche oder aber das Sammeln der freien Tage, um diese dann en bloc zu nehmen. Grundsätzlich sollte jedoch für alle Vollzeitmitarbeiter in der Beratung die so genannte „3-4-5"-Regel gelten – sofern der Kunde und das Projekt es zulassen. Das heißt: drei Tage außer Haus übernachten, vier Tage vor Ort beim Kunden und fünf Tage ansprechbar für den Kunden sein. Damit wird den Beratern ermöglicht, anders als vor einigen Jahren noch, mehr als das Wochenende zu Hause verbringen zu dürfen. Was anfänglich noch kritisch seitens Beratungsunternehmens beobachtet wurde, findet nicht nur in den eigenen Reihen, sondern nach Aussagen der Berater auch bei den Kunden immer mehr Akzeptanz. *Ilka Nofz*, Senior Managerin bei *Accenture*, versucht auf ihren Projekten, den Ausgleich zwischen Arbeit und Freizeit herzustellen, was nicht immer leicht ist. Sie ist jedoch davon überzeugt, dass Ablenkung, neue Anregungen und Abschalten, also die Regeneration, letztendlich zur Qualität der Projektergebnisse und der Teamarbeit beitragen. Selbstverständlich gibt es immer wieder Zeiten, in denen dringend etwas fertig gestellt werden muss, Überstunden, Nachtschichten oder Wochenendarbeit also nicht zu vermeiden sind. Aber das soll eher die Ausnahme als die Regel sein. Warum sollte ein Berater abends nicht auch mal Freizeitaktivitäten wie Sport, Kino oder einem Konzertbesuch nachgehen? Solange die Arbeit mit der geforderten Qualität zu Ende gebracht wird, steht einem normalen Arbeitstag nichts im Wege.

Martina Rißman bleibt jedoch realistisch. Ob Sabbatical, Time-Out oder der wöchentliche „Office Day" nach vier Tagen beim Kunden: Letztendlich sind das zwar Möglichkeiten Arbeit und Freizeit im Lot zu halten, aber mit Work-Life-Balance im eigentlichen Sinne hat das weniger zu tun. Work-Life-Balance versteht *Martina Rißmann* als eine verlässliche Ausgewogenheit zwischen Arbeit und Freizeit und zugleich als Balance zwischen beruflicher und persönlicher Weiterentwicklung. Eine Garantie für geregelte Acht-Stunden Tage oder überhaupt einen gleichbleibenden Rhythmus kann ein Beratungsunternehmen nicht bieten. Die Arbeitsbelastung fällt von Projekt zu Projekt unterschiedlich aus. Viele Projekte sind knapp kalkuliert, nicht nur zeitlich, auch was die Ressourcen betrifft. Der Kunde erwartet seine hochbezahlten Berater vor Ort und nicht zuletzt haben die Berater im Veränderungsprozess eine große Verantwortung zu tragen. Die *BCG*-Partnerin weiß, was es heißt, zwölf Stunden am Tag zu arbeiten und von einem Ort zum anderen zu jetten. Aber so nachteilig diese oft nicht existente Freizeit sein mag, der Job macht ihr einfach Spaß. Und die Projektarbeit biete andererseits auch Flexibilität und Freiheiten, wie sie in einem klassichen Industriejob die Ausnahme sind.

Auch kleine Beratungsuntennehmen tun sich schwer, Work-Life-Balance-Programme auszusprechen. „Bei uns kann es vorkommen, dass ein Berater einen

[372] Interview mit der Verfasserin.

ganzen Arbeitsbereich vertritt. Würde dieser mehrere Monate ausfallen, dann müssten wir diesen Bereich schließen," so *Heike Gorges*, Vorstandsvorsitzende des Beratungsunternehmens *HRBlue* in München. „Selbstverständlich möchten wir allen unseren Mitarbeitern ein Stück Lebensqualität sichern." Aber Projektarbeit und Abgabetermine für Projekte dominieren auch bei *HRBlue* den Alltag. Vertrauensgleitzeit und eine *SMART*-Flotte sorgen dafür, dass die Berater den Arbeitstag so individuell wie möglich gestalten können. Dennoch – der Fokus liegt auch bei den Beratern von *HRBlue* auf dem Beruf.

Damit ist die Frage, warum es so schwer ist, qualifizierten Beraternachwuchs mit dem Ziel einer dauerhaften Mitarbeit im Beratungsunternehmen zu rekrutieren, nachvollziehbar. Obwohl die Frage nach dem Ausgleich von Beruf und Freizeit weniger dominant bei den Berufeinsteigern ist, stellt sich doch der eine oder andere insgeheim die Frage, ob er beim Eintritt in ein Beratungsunternehmen die Freizeit für immer an der Garderobe abgibt. „Hochschulabsolventen sprechen uns selten direkt auf das Thema Work-Life-Balance an, das sind dann schon eher die Jobwechsler, die sich fragen, wie sie die neue Aufgabe mit dem bisherigen Leben vereinbaren können, so *Ilka Nofz*. Was nicht heißen soll, dass das Thema bei den Hochschuleinsteigern nicht wichtig wäre, im Gegenteil. Nur die Bedeutung, die Wichtigkeit ist bei den jungen Beratern eine andere als bei denjenigen, die womöglich schon Familie haben. Ähnlich einem Sprung ins Wasser, um Schwimmen zu lernen, müsste man das Leben als Berater erleben lernen. „Bei uns ist das für Hochschulabsolventen möglich", so *Martina Rißmann*. „Visiting Associate" nennt sich ein Praktikant bei *BCG*, der ein hochselektives Auswahlverfahren durchlaufen muss. Als festes Teammitglied arbeiten diese jungen Absolventen für acht bis zwölf Wochen auf Kundenprojekten mit und haben Verantwortung für einen klar umrissenen Aufgabenbereich. Ein idealer und realistischer Einblick in das Beraterleben. Die meisten Teilnehmer erhalten nach Ablauf des Praktikums ein Angebot, nehmen es an und bleiben. Sie wissen bereits, was sie erwartet und worauf sie sich einlassen.

Ähnliche Praktika bieten auch andere, insbesondere große internationale Beratungsfirmen, bei mittleren und kleinen Anbietern gibt es so etwas jedoch selten. Eine Alternative dazu ist die Mitarbeit in studentischen Beratungsfirmen (vgl. Abschnitt 3.2). Diese Referenz kann bei einer Bewerbung für ein „richtiges" Beratungsunternehmen durchaus ein Plus sein. Insgesamt haben jedoch nur wenige Neueinsteiger in den Beraterberuf praktische Erfahrungen in diesem Metier gesammelt.

14.2 Berater und Familie

Beruf und Familie sind ein weiteres wichtiges Thema, wenn es um die Entscheidung für oder gegen die Tätigkeit als Berater geht. In den Gesprächen mit den Vertretern der Beratungsunternehmen wurde immer wieder betont, dass die Programme für Teilzeitarbeit und befristete Auszeiten für jeden Berater gedacht sind, ob Mann oder Frau, mit Kind oder ohne. Und nicht zuletzt driftet fast jedes Gespräch zum Thema Ausgleich von Beruf und Arbeit immer auch in Richtung Berater und Familie, insbesondere Beraterinnen und Familie. Denn spätestens, wenn sich der Nachwuchs ankündigt, denken die Berater nicht mehr nur an sich. Der werdende Vater möchte nach der Geburt seines Nachwuchses mehrere Wochen zu Hause bleiben und die Mutter an die Zeit des gesetzlichen Mutterschutzes ein paar Wochen anhängen, um sich voll und ganz auf das Kind zu konzentrieren.

Hinzu kommt, dass die Hochschulabsolventen von heute ihre Einstellung zur Arbeit geändert haben. Da sind sich *Rißmann* und *Nofz* einig. Wo frühere Generationen ihr Berufsleben lang hart arbeiteten, um irgendwann später einmal zu genießen, suchen die Berufsanfänger heute oft beides zugleich: Lebensqualität und anspruchsvolle berufliche Selbstverwirklichung. Viele möchten einen guten, interessanten Job haben und sie möchten sich selbstverständlich auch engagieren. Aber es muss Grenzen geben. Sie möchten mit ihrem Leben noch etwas anderes anfangen, als ausschließlich Geld zu verdienen. Mit dieser Einstellung sieht sich auch *Ilka Nofz* in ihren zahlreichen Gesprächen mit Bewerben konfrontiert. Doch nicht nur die Neueinsteiger fordern mehr Freizeit. Zahlreiche Studien belegen dies: Die Düsseldorfer Personalberatung *Egon Zehnder International* hat zum Beispiel die Lebensziele der heutigen Managerelite mit vorangegangenen Generationen verglichen: Mehr als die Hälfte der befragten Hochkaräter beschrieb die Familie als wichtigen Lebensbereich (*Jacoby*, 2002).

Und eine Studie des Familienministeriums zeigt, dass sich nur noch 29 % der Väter in Deutschland als „reine Brotverdiener“ verstehen (*Ministerium für Familie, Senioren, Frauen und Jugend*, 2001). Kind und Karriere unter einen Hut zu bekommen, ist nicht leicht. Aber niemand möchte ein Heimchen am Herd sein, schon gar nicht eine Beraterin. Und auch die Diskussion, ob „mann“ Hausmann wird, liegt bei manchen schon bei den Akten. Heute wollen Frauen und Männer oft beides: Kind und Karriere. Aber ist das nicht immer noch ein Widerspruch in sich? Eltern sein und einen steilen Berufsweg bewältigen – geht das? Es geht. „Ja, ich bekomme Kind und Karriere unter einen Hut“, sagen 73 % der Eltern in Deutschland. Das hat eine Umfrage unter 1 452 Angestellten und Selbstständigen ergeben (*Boldebuck*, 2002). „Arbeiten würde ich auf jeden Fall wieder,“ so die Antwort der meisten Beraterinnen auf die Frage, ob sie sich das Beraterleben auch mit Kinder vorstellen könnte. Nur ob man weiterhin in der Beratung bleiben würde, darin waren sich viele der Befragten unsicher. Eigentlich erstaunlich, denn gerade die Frauen aus den großen Beratungshäusern kennen sämtlich Programme, haben Vorbilder innerhalb des Unternehmens und dennoch stellen sie sich die Frage, ob Kind und Karriere vereinbar sind. Dann doch lieber nur Karriere?

Mit dieser Überlegung sind die Beraterinnen nicht alleine. Knapp 70 % der befragten Frauen geben an, sich zu fürchten, dass Kinder ihrer Karriere schaden könnten. Und auch bei den Männern – die ja trotz aller Gleichberechtigung meist den kleineren Teil der Arbeit abbekommen – sind es immer noch rund 33 %, die den Karriereknick durch Kinder befürchten.

Viele Beispiele weisen diese Befürchtungen als Vorurteile zurück. Fünf Partnerinnen gibt es bei der *Boston Consulting Group* in Deutschland, drei davon haben Kinder, und alle arbeiten mit unterschiedlichen Zeitmodellen. Von 100 % mit drei Kindern über 50 % mit einem Kind – bei der *Boston Consulting Group* leben die Eltern mit Kind und Karriere gleichzeitig. Auch zahlreiche männliche Berater nehmen eine mehrmonatige Auszeit oder arbeiten nur die Hälfte, wenn die Familiengründung ansteht.

Meistens sind es die Vorgesetzten (27,71 %), die der Vereinbarkeit von Kind und Karriere kritisch gegenüber stehen. Sie glauben, dass ihre Mitarbeiter mit Kindern nicht mehr so flexibel einsetzbar sind. Außerdem gehen knapp 16 % davon aus, dass sich das Engagement der Mitarbeiter vermindern wird – sobald sie sich um Nachwuchs kümmern. Ebenfalls unter den Top 3 der Befürchtungen: Die Angestellten sind weniger verfügbar, argwöhnen knapp 16 % der Chefs. Diese Einstellung veranlasst *Catrin Hinkel*, Senior Managerin bei *Accenture*, immer wieder zu ungläubigem Kopfschütteln[373]. Sie kennt sie nur zu gut. Nach der Geburt ihres Sohnes ist sie wieder Vollzeit in den Job zurückgekommen. Doch auch nach mehreren Monaten Projektarbeit, zahllosen Überstunden und wöchentlichen Flügen zum Projektstandort trifft sie immer noch Kollegen, die sie fragen, wieviel Stunden sie denn nun arbeiten würde. Offensichtlich erwarten auch ihre Kollegen, dass eine gewordene Mutter automatisch ihre Arbeitszeit reduziert. Bei männlichen Kollegen ist die Erwartung anders.

Dennoch, die Studie belegt, dass 13,5 % der Mitarbeiter mit Kindern weniger flexibel sind. In der Frage nach der Bereitschaft von Angestellten zu Dienstreisen werden die Vorurteile der Vorgesetzten sogar mehr als bestätigt: Den erwarteten 3,6 % stehen tatsächliche 8,1 % gegenüber, die keine Lust mehr auf das dienstliche Auswärtsspiel haben. Und spätestens dann muss sich ein Berater fragen, ob der Job noch das Richtige für ihn ist. Wenn Work-Life-Balance schon schwer umzusetzen ist, dann dürfte das Thema Kind & Karriere erst recht eine zusätzliche Herausforderung für jeden Berater und seine Familie werden.

14.3 Frauen in der Beratung

„Entweder Sie sind Berater oder Mutter, entscheiden Sie sich", mit diesen Worten war das Ende einer Beraterkarriere eingeläutet worden. Eine ehemalige Beraterin von *Accenture* hat sich für ihre Aufgabe als Mutter entschieden. Das war 1993. Glücklicherweise haben sich die Zeiten geändert. Als der „Kampf um die Talente" in der Hochphase war, rief *Accenture* 2000 ein neues Programm ins Leben. Berater sollten in der Rolle als Elternteil unterstützt werden. Nicht die Frauen im speziellen, sondern Frauen und Männer sollten gleichermaßen an diesem Programm partizipieren. Trotz der vielen Reisen zu Kunden, trotz der langen Arbeitstage, die Projektarbeit lässt flexible Arbeitszeiten zu. Man muss es nur frühzeitig einplanen. Ob in Teilzeitarbeit, in Form einer Drei-Tage-Woche oder aber einer längeren Auszeit, spezielle Arbeitszeitmodelle bringen den Beratereinsatz und Familie in vielen Fällen unter einen Hut. Auch *McKinsey*, *BCG* und andere renommierte Beratungen stellen sich mehr und mehr auf flexible Arbeitsformen ein. Sprüche wie „Entweder Sie sind Berater oder Mutter" haben dort ausgedient. Zumindest die großen Beratungshäuser lassen sich einiges einfallen, um Frauen anzusprechen und zu halten.

[373] Ergänzend sei erwähnt: Ihr Partner ist z.Zt. Hausmann.

Dennoch, spricht man die Frauenquote in Beratungsunternehmen an, trifft man auf Schweigen oder aber auf ausweichende Antworten. Viele Beratungsunternehmen beteuern zumindest, dass man sich um eine Frauenquote unter den Beratern von mehr als 15 % bemühe. Bei *Cap Gemini Ernst & Young*, bei *McKinsey* oder bei *Roland Berger* sollen es um die zwanzig Prozent sein. *BCG* kann sich einer Quote von nahezu 25 % rühmen. Auf der Führungsebene, unter den so genannten Partnern, sind meist jedoch nur 5 % der Berater weiblich (*Latka*, 2001). Fragt man nach konkreten Zahlen, weichen die meisten großen Häuser aus und geben lediglich eine steigende Rate weiblicher Berater unter den Neueinsteigern an.

Möglicherweise liegt der geringe Frauenanteil an den Beratungsinhalten. „Die Frauenquote ist für uns kein Thema", so *Heike Gorges* von *HRBlue*, „ das kann aber daran liegen, dass wir im Bereich HR Dienstleistungen tätig sind und dieser schon immer sehr attraktiv für Frauen war." Bei *HRBlue* sind die meisten Beraterinnen weiblich und noch nie hat jemand die Qualität der Beratungsleistung angezweifelt, sagt *Heike Gorges*. Kind und Karriere lassen sich bei *HRBlue* demnach wunderbar vereinen. Nicht zuletzt lebt die Chefin, Mutter eines kleinen Jungen, in beiden Welten gleichzeitig. Dass Frauen wichtig für Beratungsunternehmen sind, hört man oft. Frauen haben oft ganz spezielle Fähigkeiten, die ihnen einen Vorteil in manchen Aufgaben des Beratungsgeschäft gegenüber ihren männlichen Kollegen verschaffen, sagt *Ilka Nofz*. Die weiblichen Mitglieder eines Beraterteams haben nach ihrer Erfahrung oft eine bessere Antenne für Stimmungen in einer Kundengruppe. So stellten sie sich auch meist geschickter dabei an, die Kunden für eigene Pläne zu gewinnen. Gerade auch, wenn es – wie oft in dem Geschäft – um unbequeme Entscheidungen oder folgenreiche Änderungen ginge. „Wenn sie die Kunden nicht mit ins Boot holen, klappt es nicht", so *Nofz*. *Martina Rißmann* will weiblichen Erfolg im Beruf jedoch nicht auf sozialkommunikative Stärken reduziert sehen: „Was Führungsqualitäten, Durchsetzungsfähigkeit oder inhaltliche Ergebnisse betrifft, stehen erfolgreiche Beraterinnen ihren männlichen Kollegen in nichts nach."

Franz Schmid-Preissler, Gründer der *Schmid-Preissler International Strategy Consultants GmbH* mit Sitz am Tegernsee, geht sogar noch weiter. Er sagt: „Frauen sind zielstrebiger und zuverlässiger. Für die Beratung sind gerade Logik, eine saubere Denkstruktur und absolute Gründlichkeit das Wichtigste." Zwölf Mitarbeiter zählt das Unternehmen *Schmid-Peissler* und darunter nur zwei Männer (*Wolf*, 2001). *Auch Erich Schneider*, einer der acht führenden Köpfe des Kölner *Instituts für Personal- und Unternehmensberatung (ifp)*, unterstützt diese Meinung, obwohl er damit nicht selten auf Widerstand bei den vorzugsweise männlichen Vorständen stößt: Frauen in Spitzenpositionen lassen erweiterte Eigenschaften erkennen. Sie setzten sich mühelos in einigen Disziplinen vom Feld der Männer ab. Am Konferenztisch begriffen sie mit unschlagbarer Hellhörigkeit den Beginn überraschender Entwicklungen, von Finten und gegnerischen Schachzügen, sie erspürten wahre Absichten, Intrigen oder im Jägerlatein: „Die springen einen Haken, bevor der Hase selber weiß, wie er laufen wird" (*Schröter/Gillies*, 2001).

Einige positive Stimmen zu Frauen in verantwortungsvollen Berufen und Berufen mit Karriereaussichten gibt es demnach[374]. Und doch mangelt es immer noch an

[374] Der Vollständigkeit halber soll aber auch auf Arbeiten hingewiesen werden, die den Grund für den geringeren Anteil von Frauen in Führungspositionen am Verhalten der Frau-

weiblichem Nachwuchs in den Beratungsunternehmen. Dabei sind in den für die Unternehmensberatungen interessanten Studiengängen oft mehr als die Hälfte der Studierenden Frauen. „Davon findet sich leider nur ein Bruchteil in den Bewerbungen wieder", sagt *Martina Rißmann*. Viele dieser Interessentinnen fangen jedoch nicht als Berater an, sondern probieren sich erst als „Visiting Associate". „Sie haben ein größeres Sicherheitsbedürfnis und wollen testen, ob sie den Anforderungen auch wirklich gewachsen sind".

Dabei ist die Karriere in der Branche für Frauen ausgesprochen attraktiv – da sind sich *Rißmann* und Kolleginnen bei anderen Beratungsfirmen einig. Entfaltungs- und Aufstiegsmöglichkeiten lassen sich demnach auch ganz gut mit Familie vereinbaren. Bei *BCG* haben über zwei Drittel der Frauen in den oberen Hierarchieebenen Kinder. Und doch scheinen die meisten Frauen diesen Aussagen keinen Glauben zu schenken, sonst würden sie sich doch häufiger bewerben. Gibt es zu wenig Vorbilder? Fühlen sich die Frauen von Beratungsunternehmen nicht angesprochen?

An dem intensiven Versuch seitens vieler Unternehmen, sich als frauenfreundlicher Arbeitgeber darzustellen, kann es eigentlich nicht liegen. Einige Beratungsunternehmen wie z. B. *Accenture* organisieren heute spezielle Frauenauswahltage, um weibliche Berater anzusprechen. Ein Tag von und für Frauen, um den Bewerberinnen das Gefühl für die Beratung und die Rolle der Frauen in der Beratung näher zu bringen. „Es geht dabei jedoch nicht um das zwanghafte Rekrutieren von Frauen. Die Anforderungen an die weiblichen und männlichen Bewerber sind identisch. Es geht einzig und allein darum, speziell auf die Bedürfnisse und Fragen der Frauen einzugehen. Ihnen das Gefühl dafür zu geben, dass eine Karriere in der Branche für Frauen tatsächlich ausgesprochen attraktiv ist," so *Ilka Nofz*. Auch *BCG* implementierte ein spezielles Programm „woman initiative", um Frauen für das Unternehmen zu gewinnen. „Unglücklicherweise stehen einige Frauen solchen ‚geschlossenen' Veranstaltungen eher ambivalent gegenüber. Einerseits schätzen sie den zwanglosen Erfahrungsaustausch mit Kolleginnen, die schon weiter oben auf der Karriereleiter angekommen sind. Andererseits leisten sie genau soviel wie ihre männlichen Teammitglieder und wollen dafür auch ohne vermeintliche Sonderbehandlung Anerkennung finden", erklärt *Martina Rißmann*, die bei *BCG* unter anderem für den Bereich Recruiting verantwortlich ist.

Trotz spezieller Bewerberansprache und Auswahltage für Frauen ist und bleibt es schwierig, weibliche Bewerber für die Beratung zu gewinnen. Ein Grund dafür könnte das familienfeindliche Image sein, so vermuten die Berater. „Unternehmensberater sind Leute in dunklen Anzügen, die 14 Stunden am Tag arbeiten und sonst nichts haben im Leben" – dieses Bild haben noch viele im Kopf, sagt *Ilka Nofz*. Es könnte aber auch das Thema „Frau und Karriere" sein. Interessanterweise denken Frauen, wenn Sie über ihre Karriere nachdenken, im selben Moment über die Frage „Kind und/oder Karriere" nach. Nur wenige Männer kämen in jungen Jahren auf die Idee, die Karriere im selben Atemzug mit dem Thema Kind zu

en selber festmachen. Beispiele sind *Bierach*, 2002; Übersichtsartikel von *Schwertfeger*, 2002; speziell zu Frauen in der Unternehmensberatung *Hördt*, 2002. *Bischof* (2001) berichtet dagegen – ohne Angabe von Details wie Größe der Stichprobe usw. – von einer Befragung außerhalb der Beratungswelt, deren Ergebnis vor allem in „Vorurteilen" gegenüber Frauen ein Karrierehindernis sieht.

erwähnen. Frauen tun das viel öfter. „Es ist immer wieder erschreckend, wie viele Hochschulabsolventinnen sich bereits vor dem Berufseinstieg Gedanken über die Vereinbarkeit von Familie und Karriere machen und genau aus diesem Grund eher den Einstieg in ein Unternehmen suchen, das etwaige Teilzeitarbeit unterstützt," so *Iris Beuerle*, selbstständige Karriereberaterin.

Fakt ist, dass ein großer Teil der Beratungsunternehmen einem ausgeglicheneren Verhältnis von Frauen und Männern sehr positiv gegenüber steht. Und der Wunsch, die Berater an das Unternehmen zu binden, ist ebenfalls unabhängig vom Geschlecht. Immer attraktivere Angebote und flexiblere Einsatzmöglichkeiten sorgen dafür, dass die Familie im Beraterleben eine größere Chance bekommt. Letzten Endes liegt es nur an der Entscheidung jedes Einzelnen, ob er auf die Tätigkeit des Beraters Lust hat oder eben nicht. Aber diese Entscheidung hat nichts damit zu tun, ob man ein Mann oder eine Frau ist.

15 Beratung in Darstellung und Wertung

15.1 Fachliteratur

Über viele Aspekte von Unternehmensberatungen liegt ein breites Spektrum an Fachliteratur vor, die etwas bietet für Leser mit unterschiedlichen Ansprüchen an wissenschaftliche Qualität, thematische Breite, Objektivität, Emotionalität und Unterhaltungswert. Die Tab. 83 gibt einen Überblick verschiedener Typen von Literatur über Beratungsunternehmen und nennt Beispiele. Die Kategorienbildung und die Zuordnung sind aus pragmatischen Gesichtspunkten heraus erfolgt und weder vollständig noch ohne mögliche Alternativen[375].

Tab. 83: Typen von Literatur über Unternehmensberatungen (ohne Zeitschriften)

Typ der Literatur	Kommentar	Beispiel
Übersichtswerk Unternehmensberatung, teilweise mit dem Charakter einer Betriebswirtschaftslehre	Einfache Darstellungen für den thematischen Einsteiger. *Wohlgemuth* (2000) ist nur eine Vorlesungsunterlage	• *Biswas*, 2000 • *Kubr*, 1996 • *Niedereichholz*, 2001 • *Walger*, 1995 • *Wohlgemuth*, 2000[376]
Darstellung der Beratungsbranche selektiv anhand vieler oder einzelner Beratungsschwerpunkte oder Forschungsthemen	Teilweise Eigenmarketing, teilweise interessante Spezialgebiete	• *Mohe* et al., 2002 • *Scheer* (2000) • *Schwan/Seipel*, 2002
Kundenberatung zur Beraterauswahl und zum Beratereinsatz	Beratung des Kunden, ggf. auch des Beraters, zu einem erfolgreichen Projektablauf	• *Däfler/Rexhausen*, 1999 • *Hummel/Zander*, 1998 • *Kubr*, 1998 • *Merten*, 2000
Monographien, Spezialthemen	Thematisch enge, detailreiche und sehr fundierte Darstellung	• *Miethe*, 2000 • *Nicolai*, 2000 • *Schade*, 1997 • *Schrädler*, 1996

[375] Andere Kategorien zur Einteilung von Literatur über Beratung benutzt *Steyrer* (1991, S. 3/4), der folgende vier Gruppen benennt: (1) „journalistisch", „pointiert" oder „aus der Praxis für die Praxis", keine exakten Begriffserläuterungen, (2) grober logischer Orientierungsrahmen, aber keine ausreichende Begriffserläuterung, (3) Gute Begriffserläuterung, kein geschlossenes System und keine originäre Eigenleistung des Autoren, (4) wissenschaftlich exakte Begriffsbildung, logisch geschlossene Aussagensysteme.

[376] Bei dem „Buch" von *Wohlgemuth* (2000) handelt es sich eine Vorlesungsunterlage, die im wesentlichen aus einem Literaturverzeichnis und einigen Bildern besteht. Dem Lebenslauf des Autors kann man entnehmen (S. 71), dass er jetzt neben seinem Professorenberuf auch als selbstständiger Unternehmensberater arbeitet.

Typ der Literatur	Kommentar	Beispiel
empirische Untersuchungen mit methodischem Anspruch	punktuelle Einsichten, teils methodisch fundiert, teils zweifelhaft. Repräsentativität ist bei keiner der angegebenen Studien gegeben	• *Eschenbanch* et al., 2001 • *Fritz/Effenberger,* 1998 • *Gable,* 1996 • *Meffert,* 1990
Beratung über Techniken und Vorgehen der Beratung, gedacht für Kunden und Berater	Betonen sozialer Techniken und Arbeits-/Selbstorganisation	• *Lippt/Lippit,* 1999 • *Nelson/Economy,* 1998 • *Titscher,* 1997
sachliche Kritik, essayistisch	Suche nach Gründen für Erfolg und Misserfolg, Interesse an Wirtschaftsgeschichte	• *Micklethwait/Wooldridge,* 1998
unsachlicher Schmäh der Branche; behaupten, dass Berater immer betrügen und Kunden von Beratern unfähige Manager sind	evtl. eigene berufliche Frustration abarbeiten, Sensationsgier, Schimpflust befriedigen, einzelne unseriöse Anbieter bloßstellen	• *Staute,* 1996 • *Zimmermann,* 2002 • *Pinault,* 2000
distanzlose (Selbst-)Darstellung von Beratungsunternehmen	Werbung, Referenzmaterial für Kundenakquise, echte Begeisterung	• *Balzer,* 2000 • *Sommerlatte,* 2001

Gelegentlich erscheinen auch detailliert recherchierte Überblicke und Rezensionen in der Literatur über Unternehmensberater. Hierzu zählen

- *Armbrüster/Kieser* (2001): Rezension von neun Büchern über Unternehmensberatung allgemein aus den Jahren 1997 bis 2000;
- *Steyrer* (1991): Darstellung von 21 Büchern aus den Jahren 1971 bis 1988 sowie 22 empirischen Untersuchungen von 1974 bis 1990.

Der Vollständigkeit halber sei auch verwandte Literatur, die jedoch keine direkte Darstellung oder Wertung von Unternehmensberatern (oder -beratungen) vornimmt, in Tab. 84 kategorisiert. Sie ist für die eigene fachliche Vorbereitung und Ergänzung, für Kundengespräche über Veränderungen von Rahmenbedingungen, für die eigene Arbeitsgestaltung oder zur Weitergabe an Dritte gedacht. Die angeführten Beispiele sind nur ein ganz kleiner Auszug aus dem sehr vielfältigen Angebot.

15.2 Exkurs: Fundamentalkritik gegen Berater und mögliche Gründe

Zweck der nachfolgenden Ausführungen ist es, ausgesuchte kritische Argumente gegen Beratungen aus der Literatur aufzugreifen und – gelegentlich als advocatus diaboli – zu bewerten.

Tab. 84: Beispiele aus der Fachliteratur mit engem Bezug zur Unternehmensberatung

Typ der Literatur	Inhalt	Beispiele
Prognosen und analytische Darstellungen zu einzelnen Branchen, Produkten oder Wirtschaftsregionen		• *Freedonia* • *Gartner Dataquest* • *IDC* • *Deutsche Bank Research*
Sachliche Darstellung von Managementkonzepten, teilweise ohne jede Wertung	Erläuterungen des Prinzips von Managementkonzepten, keine detaillierten Anweisungen zur Implementierung	• *Armstrong*, 1996 • *Füser*, 1997 • *Titscher*, 1997
Verriss von Managementkonzepten	Banalität oder mangelnde Innovation von modischen Managementkonzepten	• *Hoerner/Vitinius*, 1997
Zeitmanagement, Selbstorganisation, Vereinbaren von Beruf und Privatleben		• *Covey*, 1993 • *Bolton/Bolton*, 1996

Managementkonzepte sind oft nicht leistungsfähig: Vertreter dieser Meinung sind z.B. *Hoerner/Vitinius* (1996), die in einem Rundumschlag die ökonomische Wissenschaft, Unternehmensleitungen als solche, die Beratungsindustrie und eine Vielzahl von Managementkonzepten mit Kritik überziehen. Ihre Argumente sind:

- Argument 1: Einfachheit bzw. Banalität aller Managementkonzepte. Die Antwort könnte sein: Einfachheit ist eigentlich eine wünschenswerte Eigenschaft. Sowohl wissenschaftliche Theorien als auch handwerkliche Konzepte sollten, wenn möglich, einfach sein. Das erleichtert den Einsatz und vermeidet unnötige Komplexität. Die Kritik der Autoren zielt aber auch auf den hohen Preis, den Berater für diese einfachen Rezepte in Rechnung stellen/fordern. Diesem Argument ist sicher nicht leicht zu widersprechen, andererseits ist es sinnlos. Wenn man die „Arztrolle“ als Metapher für einen Berater ansieht, wird man unschwer zeigen können, dass viele gute Ratschläge wirklich manchmal sehr einfach sind, weil das Maß an Nicht-Wissen hoch oder das sprichwörtliche Brett vor dem Kopf tatsächlich frappierend oft anzutreffen ist – leider auch in der Wirtschaft. Richtige Ärzte nehmen für manche Banalitäten ebenfalls viel Geld, dies rechtfertigt nichts, sondern zeigt nur die Verbreitung des Prinzips.
- Argument 2: Viele Managementkonzepte haben schon Vorläufer oder Parallelen in vorhergehenden Konzepten. Die Antwort könnte sein: Das Aufzeigen der Entwicklungslinien und geistigen Vorläufer allein mindert nicht den ökonomischen Wert von Konzepten, eventuell aber natürlich den Anspruch ihrer Schöpfer auf den Status eines Urhebers und Wirtschaftsweisen.
- Argument 3: Es gibt Projekte, die die gesetzten Ziele nicht erreichen. Die Antwort könnte sein: Wie in Abschnitt 8.1 gezeigt, ist die einfache Information über das Scheitern eines Projekts mit Beraterbeteiligung noch keine Antwort auf die Ursache des Fehlschlags. Es kann am Konzept, am Berater, am Kunden, an allen dreien oder einer Interaktionen zwischen jeweils zwei dieser Faktoren liegen.

Die Kritik von *Staute* (1996) lautet: Das Beraterdasein ist eine Endstufe für anderswo gescheiterte Karrieren: *Staute* (1996) führt als Argument gegen den Wert von Unternehmensberatung an, dass ehemalige „gescheiterte" Politiker[377] oft in die Beraterrolle schlüpfen. Unklar bleibt, wieso *Staute* die im politischen Geschäft ja häufigen Niederlagen und die aus vielen guten Gründen mögliche Entscheidung, das Feld der Politik zu verlassen, als „Scheitern" disqualifiziert. Länder wie Frankreich und die USA, wo die Grenzen zwischen öffentlichen Ämtern und der Privatwirtschaft wesentlich niedriger sind und ein Wechsel häufiger vorkommt, zeigen das Normale an diesem Wechsel. Gleiches gilt für die Abwahl von Politikern. Sicher ist dies kein Höhepunkt der Laufbahn, aber zeugt es davon, dass der Betreffende die schlechteren Ideen hatte oder ein untauglicher Berater ist? Demnach stünde ja jeder Berufswechsler im Verdacht, in seinem beruflichen Vorleben gescheitert zu sein.

Beratungsarbeit sollte eigentlich zum Aufgabenumfang der Kundenmanager gehören, der Fremdeinkauf ist also ein Freikaufen von eigentlich selbst zu erbringenden Leistungen: *Staute* (1998, S. 31 f.) zeigt am Beispiel eines Beratungsprojekts an der Oper Düsseldorf, dass Berater ein Änderungskonzept mit Inhalten vorgelegt haben, die die zuständigen Gremien der Stadtverwaltung und des Kulturausschusses eigentlich selbst hätten entwerfen können. Zu fragen ist aber, ob Politiker und Manager deshalb Versager sind, weil sie Leistungen einkaufen, die sie theoretisch selbst erbringen könnten. Unsere Wirtschaft ist voller Dienstleistungsprodukte, die die Konsumenten durchaus weitgehend selbst produzieren könnten: z. B. warme und kalte Mahlzeiten, Steuererklärungen, theoretische Vorbereitung auf Führerscheinprüfungen, alle durch Outsourcing-Anbieter erbrachten Arbeiten. Die mögliche Eigenfertigung setzt jedoch den Ehrgeiz, die Geduld, den Einsatz von fachlichem Engagement und natürlich auch das Vorhandensein von Wissen, Motivation und Information voraus, die nicht überall in objektiv ausreichendem Maße oder nach evtl. irriger eigener Ansicht gegeben sind. Dazu kommt, dass manche Auftraggeber bewusst z. B. die Betriebsblindheit oder den Abteilungsegoismus ausschalten wollen, indem sie einen unbefangenen externen Dienstleister mit der Aufgabe betrauen. Wenn sich auch die Häme gegen Unternehmensberater richten mag, die am Ende sogar wieder das banale Einmaleins in die Unternehmen bringen, so stellt sich doch schon auch die Frage, ob man nicht vorher viererlei tun sollte, um die ggf. anschließende Kritik zu rechtfertigen:

- Erst einmal aufzeigen, wie hoch der Anteil der kritisierten Formen oder Produkte von Unternehmensberatung am Gesamtumsatz der Branche überhaupt ist. *Staute* (1996) kritisiert fast nur Leistungen, die innerhalb der Managementberatung und eventuell der Organisationsberatung vorkommen. Den Rest der Beratungswelt – also IT-Beratung, Personalberatung usw. – hat er ausgeblendet. Auch innerhalb dieser von ihm mit dem ganzen Beratungsuniversum gleichgesetzten Welt differenziert er nicht weiter. Eine so grobe Verallgemeinerung hat aber nicht jeder verdient.
- Dann wie die beraterkritischen Autoren nachweisen, dass am Ende alle doch nur mit Wasser kochen. Welchen Preis das haben darf oder kann, ist eine andere

[377] *Staute* (1998, S. 101 f.) erwähnt u. a. *Björn Engholm* (über eine Lüge gestürzter ehemaliger Ministerpräsident von Schleswig-Holstein, SPD), *Helmut Haussmann* (ehemaliger FDP-Minister in der deutschen Bundesregierung), *Dietrich Stobbe* (ehemals Regierender Bürgermeister von Berlin, SPD) und weitere Personen.

Frage. Auch außerhalb der Dienstleistungswelt gibt es wohl gelittene Produkte, deren Preis weit über demjenigen des Selbstmachens liegt, die aber dennoch ihren Platz in der Welt der Wirtschaft haben[378]. Die Frage ist, ob sich die Kunden der eventuell wesentlich höheren Kosten von Fremdfertigung bewusst sind, inwieweit auch die Anbieter von Beratungsleistungen über die finanzielle Vorteilhaftigkeit aufklären müssen und inwieweit der Kunde diese Angebote annehmen darf, ohne seine Selbstachtung oder seine Verantwortung gegenüber den eigenen Auftrag- und Geldgebern zu vernachlässigen.

- Sich fragen, wie es kommt, dass solche Dienstleistungen in zunehmendem Maße (unterstellt, es sei so) nachgefragt werden. Wie kann man Abteilungsegoismen oder die trotz aller gegenteiligen Propaganda ja faktisch zu beobachtende Denk- und Veränderungsfaulheit damit in Beziehung bringen? Sind nicht gerade die ritualisierten Formen passiven Widerstands von Belegschaften in Unternehmen ein erheblicher Teil des Problems? Gewerkschaften und Betriebsräte, die auch eine Form der innerbetrieblichen Bürokratie in Unternehmen darstellen, stemmen sich mancherorts gegen notwendige Veränderungen.
- Nachfragen, welche Vorgehensweisen es gibt, Strategie-, Organisations-, IT- und Personalmanagementfragen ohne Berater zu lösen. *Staute* (1996, S. 27 f.) sieht pauschal ein Politik- und Managementversagen darin, überhaupt Ratschläge anderer zu brauchen. Dies ist sicher eine fehlgehende Wertung, dennoch liegt in manchem ein Körnchen Wahrheit. Allerdings: Gerade in den deutschsprachigen Ländern lebt auch in der Privatwirtschaft eine Kultur, die möglichst Risiken scheut. Man hat manchmal den Eindruck, dass unverschuldete geschäftliche Fehlschläge aus normalen Geschäftsrisiken den Unternehmern in der Öffentlichkeit mehr angelastet als umgekehrt die positiven Leistungen langjährig erfolgreicher Selbständiger sozial geachtet werden.

Wie durch die vorhergehenden Gedanken am Beispiel der Kritik von *Staute* hoffentlich gezeigt werden konnte, halten einige der vorliegenden Kritiken an Unternehmensberatern einer genaueren Betrachtung nicht stand. Dies bedeutet nicht, dass das Gegenteil richtig ist, sondern nur, dass manche Kritiker relativ einfache Argumentationmuster benutzen. Die Frage ist, woher sie – von denen manche ehemalige Mitarbeiter von Beratungsfirmen sind – die Motivation für ihre Pauschalkritik nehmen und welchen Kern an „Wahrheit" ihre Kritik enthält. Die nachfolgenden Überlegungen beleuchten dabei Facetten des psychologischen Erlebens von Beratern. Hier sind u. a. folgende Beobachtungen zu machen:

Der Berater verliert den menschlichen Respekt gegenüber dem Kunden: Die praktische Beratungsarbeit vor Ort lässt die für Situationskomik sensiblen Berater auch manchmal an die Grenze der Toleranz für die gelegentlich erlebte Realsatire kommen. Für gutes Geld erlebt man neben der Arbeit an kniffligen Themen, spannen-

---

[378] Das wird dort (wo?) gerne auch zugegeben. In der Textilbranche, im Automobilbau und anderen Branchen selbst leugnet niemand, dass man für Mode arbeitet. Im Bereich des ja so soliden Automobilbaus hört man, dass Autos zu 50 % Technik und zu 50 % Emotionen seien (*Ferdinand Piech*, ehemaliger Vorstandsvorsitzender von *VW*). *Wendelin Wedekind* (Vorstandsvorsitzender *Porsche*) gibt sogar zu, dass bei vernünftiger Betrachtung niemand einen *Porsche* braucht. Im Beratungsbereich hört man von solcher Selbsteinschätzung der Macher allerdings wenig.

den Rechercheaufträgen und Herausforderungen der ökonomischen Kreativität auch die menschlich-allzumenschlichen Wege der Entscheidungsfindung und der Kommunikation innerhalb der Kundenunternehmen, innerhalb des Beratungsunternehmens oder in der Interaktion zwischen beiden. Hieran ist oft nichts Besonderes, da sich viele Projekte innerhalb der Sphäre des Außergewöhnlichen für den Kunden und in einem extremen Bereich der physischen und psychischen Beanspruchung abspielen. Beispiele für solche Erlebnisse sind:

- Einführen eines neuen EDV-Systems, das von einem Tag zum anderen die gesamte Geschäftsabwicklung übernehmen muss.
- Fusion zweier ehemaliger Konkurrenten im Bankbereich, Aufeinandertreffen gänzlich gegensätzlicher Kulturen mit viel Politik und Angst, dass der eigene Arbeitsplatz verloren geht.
- Einführen von neuen Systemen der Rechnungsstellung, von deren rechtzeitigem Funktionieren das gesamte Inkasso des Unternehmens abhängt.

Es ist gelegentlich für Berater ein Problem, den Respekt vor der eigenen fachlichen Leistung zu bewahren: Viele junge Berater sind Dienstleister, die zumeist in bestem Glauben an eine dem Kunden nützliche methodische, wissens-faktische und erfahrungserprobte Expertise durch Projekte in ausgewählten Bereichen helfen wollen. Wenn sie entdecken, dass der Kunde bisher nur an „Kleinigkeiten" gescheitert ist, die fremdvergebene Aufgabe selbst zu meistern, führt dies gelegentlich zu Zweifeln am besonderen Wert der eigenen Leistung. Anlass für solche Zweifel sind z. B.

- Kundenvorstände und -manager, die einfach nicht mehr konstruktiv miteinander sprechen können und Dritte als Mittler benötigen, um sich auf Planungen und Maßnahmen für die Zukunft zu verständigen.
- fähige Kundenmitarbeiter, denen das eigene Management die Erledigung der Aufgabe fälschlich nicht zutraut und die tatsächlich nur ein Sprachrohr brauchen, damit ihre Ideen im eigenen Haus ernst genommen werden.
- wenig arbeitsmotivierte Kundenmitarbeiter, die aufgrund eingeschränkter Leistungsbereitschaft für die Extra-Anstrengung bei der Projektarbeit das eigene Management daran hindern, die Aufgabe selbst zu erledigen.
- „Sitzungstourismus" in größeren Kundenorganisationen, wo wesentlich mehr Mitarbeiter zu Treffen erscheinen als für die Abstimmungen nötig sind. Dieses Phänomen sieht man vor allem im öffentlichen Bereich.
- (Software-)Auswahlprozesse beim Kunden, bei denen durch den Kunden das Ergebnis eigentlich schon vorgegeben ist, aber dennoch pro forma und zur Einbindung von Mitarbeitern mit viel Aufwand ein „objektives" Verfahren der Anbieterauswahl stattfindet.

Respekt gegenüber den eigenen Berater-Vorgesetzten bewahren:

- Die starke Kundenorientierung in Beratungsfirmen führt dazu, dass auf Kundenprojekten i. d. R. immer der Kunde recht hat, sehr selten aber der Beratungsmitarbeiter niedriger Hierarchiestufe. Beispiel: Ein Kundenmanager pflegte vor den Verhandlungen zu Folgeaufträgen jeweils einen Mitarbeiter des Beraterteams der Unfähigkeit zu bezichtigen und die Entfernung aus dem Projekt zu verlangen. Diese Maßnahme diente dazu, den Preis für den Folgeauftrag zu drücken. Die ersten Male nahm die Beratungsfirma auch gegenüber den eigenen Mitarbeitern die vorgebrachten Gründe ernst, später erkannte man dann die Taktik dahinter. Gerade für jüngere Mitarbeiter ist es manchmal eine nicht einfach zu bewältigende Situation, wenn sie erleben, dass ihre persönlichen Belange und Sicht der Dinge von den Vorgesetzten eindeutig nachrangig gegenüber den Kundenbelangen behandelt werden und sie selbst als Person nur eine Figur auf dem Schachbrett der Interessen anderer sind. Wohlgemerkt: Dies ist als solches kein Argument gegen die Beziehungsspiele, die auf Kundenseite manchmal zur Durchsetzung notwendiger Maßnahmen eventuell nötig sind. Die menschliche Belastung der davon betroffenen Personen bleibt aber dennoch festzustellen.

- Die Hierarchie innerhalb der Beratungsfirma wird vom Kunden als Außenstehendem nicht immer erkannt oder für nützlich gehalten, insbesondere weil die fachlich orientierten und damit unmittelbar wertschöpfenden Arbeiten eher von rangniederen Beratern kommen. Die oberen Ebenen der Beraterhierarchie sind mehr für den Verkauf und das Beziehungsmanagement zu Entscheidungsträgern verantwortlich. Zu einer besonders interessanten, sicher seltenen, Situation kommt es, wenn ranghohe projektverantwortliche Manager/Partner auf Seiten der Berater vom Kunden Hausverbot haben. Sie müssen trotzdem den Kontakt zu ihren Beraterteams halten, haben aber dort mit zunehmend selbstbewusst auftretenden Managern fertig zu werden (z. B. bei einem globalen großen Beratungsanbieter manchmal unter Einsatz von externen Psychologen, mit deren Hilfe sie hoffen, das Geheimnis einer besseren Zusammenarbeit mit ihren eigenen Mitarbeitern ergründen zu können).
- In den IT-orientierten Beratungsfirmen sind viele der heutigen Partner ehemalige Programmierer, die in den Boomjahren der Beratung durch „einfache" Anpassung an zentral vorgegebene Visionen der Firma und leicht erzielbare Verkaufserfolge an der Kundenfront die Karriereleiter hochgerutscht sind. Diese nunmehr nur verkäuferisch, aber nicht fachlich überzeugenden Leiter haben Akzeptanzprobleme bei jüngeren fachlich-inhaltlich orientierten Kollegen.

Selbstachtung bewahren:

- Beratungsfirmen leben intern mit einem Widerspruch zwischen Selbsterhöhung der Mitarbeiter („wir beschäftigen nur die Besten") und der in vielen Häusern gepflegten ständigen Bewertung und Selektion im Rahmen des „up or out" bzw. „grow-or-go"-Prinzips. Die Mitarbeiter aller Hierarchiestufen sind damit einem ständigen internen Druck ausgesetzt, ihre berufliche Karriere innerhalb der Beratungsfirma fortsetzen zu können. Ein zweiter Aspekt ist die „Sippenhaftung" bei wirtschaftlichem Misserfolg vorgesetzter Manager: Die Bewertungen der nachgeordneten Mitarbeiter sind in Gefahr, hierdurch auch in Mitleidenschaft gezogen zu werden – nicht aus böser Absicht, sondern aufgrund des Halo-Effektes[379]. Analog dazu steigt in Zeiten wirtschaftlicher Schwäche auch der Pro-

[379] Ein Halo-Effekt beschreibt einen Wahrnehmungsfehler. Der Begriff ist der Physik entlehnt, wo durch Spiegelung von Lichtstrahlen eines echten Sterns scheinbar weitere Sterne oder ringförmige Strukturen entstehen. In der Beurteilung von Personen entstehen Fehlwahrnehmungen dadurch, dass man z. B. den bei Prüfen einiger Eigenschaften gewonnenen

zentsatz von Mitarbeitern, die das Unternehmen im Zuge der durchschnittlichen erzwungen Fluktuation verlassen müssen. Faktisch tragen daher schon ganz junge Beschäftigte in viel größerem gefühlten Maße als in anderen Industrien das unternehmerische Risiko ihres Arbeitgebers mit.

- Viele Mitarbeiter von Beratungsfirmen planen nicht, ihre gesamte Karriere bei diesen Arbeitgebern zu verbringen. Verwöhnt durch die attraktiven Einkommensmöglichkeiten, verbleiben sie dann aber länger als geplant in diesen Häusern und haben bei einem zu späten Umstieg erhebliche Schwierigkeiten, adäquat am Markt unterzukommen.

Diese Gründe mögen in dem einen oder anderen Fall mitspielen, wenn „Verrisse" über die Beratungsbranche durch ehemalige Mitarbeiter geschrieben werden. Auf Seiten von Kunden, die schon einmal mit Unternehmensberatern zu tun hatten, mag es folgende Erfahrungen geben:

Erfahrene Unternehmensberater verkaufen ein Projekt, und zu der Arbeitsmannschaft vor Ort zählen dann plötzlich junge, berufsunerfahrene Kollegen direkt von der Hochschule. Diese Situation lässt sich in drei Varianten diskutieren: (1) In vielen berichteten Fällen dieser Art zielt die Kundenbeschwerde gegen die jungen Berater-Kollegen, ohne dass allerdings ein wirtschaftlicher Nachteil für das Projekt oder ein Vertragsbruch glaubhaft gemacht werden kann. Das Unwohlsein des Kunden rührt vielmehr wahrscheinlich aus einer Mischung mehrerer Motive her. Zum einen hatten erfahrene Ansprechpartner auf Kundenseite erwartet, auf Beraterseite gleich seniore Personen anzutreffen. Nun sind in den Beraterteams auch Mitarbeiter, zu denen man wegen des jüngeren Alters keinen so intensiven menschlichen „Draht" hat. Außerdem erkennt man, dass auch unter den Beratern eine Hierarchie herrscht und einige der Berater eigentlich nicht für ihr Haus sprechen können, sondern „Arbeitstiere" im Beraterteam sind und ganz unten in einer Hierarchie funktionieren. Ein dritter Grund mag sein, dass die älteren an das Senioritätsprinzip gewohnten Beschäftigten des Kunden aufmucken. Ihnen ist unverständlich, wieso ihnen Personen niedrigerer Seniorität etwas Neues bringen können. Die manchmal verkrusteten und langsameren Karrierewege des Kundenunternehmens werden deutlich, im eigenen Hause hätten diese Jungspunde nicht viel zu sagen. Und nun kommen sie als Außenstehende, verdienen viel Geld und zeigen manchmal, wie leicht manches zu machen wäre, wenn man die hemmenden Aspekte der Hierarchie nicht hätte. Hierbei funktionieren diese jungen Berater manchmal gar nicht aus eigenem Erkenntnisvermögen, sondern nur aufgrund einer überlegenen Methode und von Erkenntnissen aus dem Wissenskapital des Beratungsunternehmens. (2) Seniore Kollegen sind versprochen, weniger seniore erscheinen auf dem Projekt. Die jüngeren sind wahrscheinlich in der Lage, das vereinbarte Projekt durchzuführen, scheiden aber als Ansprechpartner für weitere Ideen oder einen allgemeinen Gedankenaustausch aus. Hier hat der Kunde tatsächlich einen Nachteil, weil er einen eingekauften Zusatznutzen nicht erhält. (3) In seltenen Fällen ist die Beratungsmannschaft tatsächlich unfähig, auch nur das Versprochene umzusetzen. Abgeliefert werden wertlose schablonenhafte Texte auch

guten Eindruck auch unwillkürlich bei anderen, nicht geprüften Merkmalen vermutet. Dies kann ein Fehler sein. Gleiches gilt im umgekehrten Fall von einzelnen festgestellten Schwächen.

Lehrbüchern usw. Hierzu zählen Anbieter nach dem Vorbild der *May Corporation*, die auch jetzt und heute im deutschsprachigen Raum operieren (zur Arbeitsmethode siehe Anhang 17.3).

15.3 Witze, Romane und andere Belletristik

Im deutschsprachigen Buchmarkt sind in den letzten Jahren vermehrt Romane über Wirtschaftsthemen erschienen, einige bieten dem Leser sogar eine Mischung aus Erzählung und Sachbuch (*Tuchel*, 2002). Unter den Titeln finden sich Werke wie „Das Ziel" (ein Roman über Prozessoptimierung, *Goldratt/Cox*, 2001), „Wagnis Führung" (Tagebuchnotizen aus 365 Lebenstagen eines Change-Managers, *Nagel*, 1999), „Heiße Phase" (*Hardenberg*, 2002) und „Ego" (*Düffel*, 2001). Diese Romane sind i. d. R. Wirtschaftskrimis und bemühen sich neben der Hauptgeschichte um eine mehr oder weniger lebensechte Darstellung des beruflichen Milieus ihrer Protagonisten. Den sachlichen Anspruch unterstreichen manche Bücher durch Fachglossare über verwendete Begriffe. Während Berater in diesen Romanen Mitgefühl oder Verständnis des Lesers erwarten können, ist dies in den Witzen oft weit weniger beabsichtigt. Unternehmensberatung ist ein Geschäft, das sich häufig im Zentrum der innerbetrieblichen Aufmerksamkeit, an der „Kante des Fortschritts" und damit aber auch nicht selten an der Schmerzgrenze vieler Beteiligter bewegt. Das Beratungsgewerbe polarisiert gelegentlich die Gemüter, und so ist es nicht verwunderlich, dass Berater auch zur Zielscheibe der gewollt humoristisch schreibenden Zunft werden. Sei es nun die (selbst-)heilende Kraft des Humors oder die in der Satire versteckte Aggression, nachfolgend sollen einige markante Beispiele wiedergegeben werden:

- Es war einmal ein Schäfer, der in einer einsamen Gegend seine Schafe hütete. Plötzlich tauchte in einer großen Staubwolke ein nagelneuer Jeep *Cherokee* auf und hielt direkt neben dem Schäfer. Der Fahrer des Jeeps, ein junger Mann in *Brioni* Anzug, *Cerutti* Schuhen, *Ray Ban* Sonnenbrille und einer *YSL* Krawatte, steigt aus und fragt ihn: „Wenn ich errate, wieviele Schafe Sie haben, bekomme ich dann eins?". Der Schäfer schaut den jungen Mann an, dann seine friedlich grasenden Schafe und sagt ruhig „In Ordnung". Der junge Mann parkt den Jeep, verbindet sein Notebook mit dem Handy, geht im Internet auf eine *NASA* Seite, scannt die Gegend mit Hilfe seines GPS Satellitennavigationssystems, öffnet eine Datenbank und 60 Excel Tabellen mit einer Unmenge von Formeln. Schließlich druckt er einen 150-seitigen Bericht auf seinem Hi-Tech Minidrucker, dreht sich zu dem Schäfer um und sagt: „Sie haben genau 1 586 Schafe." Der Schäfer sagt „Das ist richtig, suchen Sie sich ein Schaf aus." Der junge Mann nimmt eines und lädt es in seinen Jeep ein. Der Schäfer schaut ihm zu und fragt: „Wenn ich Ihren Beruf errate, geben Sie mir das Schaf dann zurück?" Der junge Mann antwortet: „Klar, warum denn nicht!" Der Schäfer sagt: „Sie sind ein Unternehmensberater." „Das ist richtig, woher wissen Sie das?" will der junge Mann wissen. „Sehr einfach", sagt der Schäfer, „Erstens kommen Sie hierher, obwohl Sie niemand gerufen hat, zweitens wollen Sie ein Schaf als Bezahlung dafür haben, dass Sie mir etwas sagen, was ich ohnehin schon weiß, und drittens haben Sie keine Ahnung von dem, was ich mache, denn Sie haben sich meinen Hund ausgesucht“[380].

- Ein in Witzsammlungen des Internets in verschiedenen Varianten auftauchender Witz lautet wie folgt: Was ist ein Unternehmensberater? Jemand, der Dir Deine Uhr wegnimmt und dann gegen Geld die Zeit ansagt.
- Eine ander Version dieses Witzes: Was ist eigentlich ein Unternehmensberater? Die Antwort: „Ein Berater ist jemand, der 49 Liebespositionen kennt, aber kein Mädchen“ (nach einer Witzseite im Internet ist der Autor *Kasimir M. Magyar*, ein Schweizer Unternehmer)[381].
- Ein Unternehmensberater starb und kam in den Himmel (das ist noch nicht der Witz!). Oben vor der Himmelpforte stand eine lange Schlange von Neuankömmlingen und wartete auf Einlass. Als Sankt Peter den Berater am Ende der Schlange sah, verließ er seinen Platz und ging auf ihn zu, begrüßte ihn herzlich und führte ihn an der Schlange vorbei zu einer Lounge im Eingangsbereich. Dort bot er ihm einen Platz zum Warten an. Der Berater wunderte sich und fragte, womit er diese besonders nette Behandlung verdient habe. Sankt Peter anwortete: „Ich habe die Liste mit Ihren an Kunden verrechneten Personentagen gesehen, demnach sind sie mindestens 193 Jahre alt!“.
- Ein seltener, positiver Spruch: Früher konnten in Notlagen nur Wunder oder Engel helfen, heute tun es die Berater (unbekannter Autor, *FAZ.NET*).

Auch Berater selbst machen manchmal Witze über Berater. Bei *Accenture* wurde das schematische und drillmäßige Vorgehen in Softwareprojekten und Softwareschulungen (hier: der „CAPS“-Kurs mit Cobol-Programmierunterricht) zur Zielscheibe eines T-Shirts mit der Aufschrift: „How many ... consultANTS does it take to change a light bulb? 149. One to change a bulb. ten to document it. Ten to develop test data. Ten to run a unit test. Ten to do a presentation. 108 to do a ‚CAPS‘ course on it“[382].

Satirische Darstellungen speziell zum Thema Unternehmensberater gibt es seltener, eine größere Zahl und hohe Qualität des Spotts ergießt sich aber vor allem über Manager und Projektarbeit allgemein. Sie treffen damit großteils auch auf Unternehmensberater zu. An prominenter Stelle ist der Autor *Scott Adams* zu nennen, der in vielen Bänden seinen Helden *Dilbert* und seinen unternehmensberatenden Hund *Dogbert* mit Prosa und Cartoons die Tücken der betrieblichen Welt durchleben lässt. Beispiele sind folgende Aussagen:

„Das erste, was diese jungen Menschen lernen müssen, ist, dass Begriffe wie ‚Karriere‘ oder ‚Arbeitsplatzsicherheit‘ ein wenig aus der Mode gekommen sind. In der Zukunft wird die hauptsächliche Tätigkeit der meisten Leute darin bestehen, wie verschreckte Eichhörnchen auf der Jagd nach dem nächsten Gehaltscheck von einem Kurzzeitjob zum nächsten zu hetzen. Da sich ‚verschrecktes Eichhörnchen‘

---

380 Diesen Witz gibt es auch in Varianten mit anderen Berufen, z. B. Regierungsbeamten (www.etla. fi/pkm/JokEc.html am 28.2.2002).

381 Auch dieser Witz kommt in Varianten mit anderen Berufen vor.

382 „Glühbirnen“-Witze gibt es in großer Anzahl für verschiedene Berufsgruppen und einer Vielzahl möglicher Antworten.

auf einer Visitenkarte jedoch nicht sonderlich gut ausnimmt, werden sich die Leute Unternehmer, Unternehmensberater oder freie Mitarbeiter nennen" (*Adams*, 2000, S. 171/172). Und ein weiteres Zitat:

„Unternehmensberater bringen der Firma außer ihrem gewaltigen Intellekt auch noch viele andere Vorteile, mit denen normale Mitarbeiter nicht mithalten können:

- Unternehmensberater wirken glaubwürdig, weil sie nicht so dumm sind, als reguläre Arbeitnehmer ... zu arbeiten.
- Unternehmensberater verschwinden nach einiger Zeit wieder und sind deshalb hervorragend als Sündenböcke für die groben Schnitzer des Managements geeignet.
- Unternehmensberater haben grotesk lange Arbeitstage und lassen so normale Angestellte, die nur sechzig Stunden in der Woche arbeiten, als wertlose Kröten erscheinen" (*Adams*, 1999, S. 157f.).

Eine andere Kategorie der Literatur sind Beiträge in ernstzunehmenden Fach- und Branchenzeitschriften, deren Autoren den Leser darüber im Unklaren lässt, ob er seinen Beitrag ernst meint. Ein Beispiel hierfür sind die Ratschläge von *Litrell/Glen* (1982)[383] an Berater, wie man Erfolg hat. Unter anderem empfehlen sie, sich an der Kaffeemaschine im Kundenunternehmen aufzuhalten, dort Mitarbeiter in Gespräche zu verwickeln und so eventuell auch jemanden zu finden, der schon lange eine gute Lösung für die Probleme des Kunden hatte, diese aber leider firmenintern nicht „verkaufen" konnte. Der Berater ändert eventuell die Verpackung etwas und kann die Idee dem Vorstand präsentieren (eine ausführliche deutschsprachige Darstellung findet sich in *Neuberger*, 2002, S. 142/143).[384]

„Echte" Witze sind z. B. die folgenden:

- Mitarbeiter von *McKinsey* hatten in einem Gutachten für den *Deutschen Südwestfunk Baden* irrtümlich Jahreszahlen aufaddiert, um zu Einsparpotenzialen zu kommen. Der Sender ließ daraufhin wochenlang nach den Zeitansagen folgende „Warnung" verlesen: „Hinweis für alle *McKinsey*-Mitarbeiter: Bitte nicht zusammenzählen!" (zitiert nach *Hirn/Student*, 2001, S. 50).
- So mancher IT-Berater auf dem Wege zu einer *SAP*-Schulung dürfte statt im richtigen Stammsitz der Firma, dem Ort Walldorf bei Heidelberg, zunächst im hessischen Walldorf südlich Frankfurts ausgestiegen sein. Wie der Verfasser selbst feststellen musste, kennen die dortigen Taxifahrer das Problem sehr gut. Leider fahren die meisten Ankömmlinge dann doch nicht mit dem Taxi in das richtige Walldorf.
- Angesichts der flauen Marktlage in 2002 adressierte die Fa. *Roland Berger Strategy Consultants* einen Werbebrief an mögliche Kunden in Deutschland mit dem Angebot, beim „nächsten anstehenden Problem" zu helfen – versehentlich wurde auch ein Schreiben an *McKinsey*/Deutschland gesendet. Der Deutschland-Chef dieses Konkurrenten bedankte sich für die „gehobene Supermarkt-Post-

---

[383] Zitiert in der Übersetzung von *Neuberger* (2002, S. 142).

[384] Ein Reviewleser mit 12 Jahren Berufserfahrung in der Beratung bemerkte zu dieser Textstelle, dass er im Bereich der Fertigungsoptimierung immer so gearbeitet habe. Die Arbeiter hätten sehr gute Ideen und viele Pausen gehabt ...

wurfsendung“ und bot seinerseits Hilfe an, damit die nächste Postwurf-Sendung von *Roland Berger* nur die richtigen Adressaten findet (*Student*, 2002).

Ein ganz zartes Pflänzlein sind literarische Versuche von Beratern selber, zumal außerhalb des Bereiches der leichten Musen. Der Unternehmensberater *Hermann Simon,* verdienstvoller Autor des Buches „Die heimlichen Gewinner“ (1998) und Partner der Beratungsfirma *Simon & Kucher*, hat sich als Herausgeber mit einer Sammlung von Sinnsprüchen für Manager versucht. Die einzigen beiden Aphorismen über Berater hat der Herausgeber selbst erfinden müssen (*Simon*, 2002, S. 206), und es ist arg zu bezweifeln, ob er damit in die Literaturgeschichte eingehen wird.

Im Medium künstlerischer Film wurden bisher erst wenige Einsätze von Unternehmensberatern dargestellt. Zu diesen Ausnahmen zählt z. B. der Spielfilm „Rote Glut“ (Regie: *Max Schlichter*, produziert in 2000). Hier sind – wie üblich in dem Genre – weniger die manchmal komplexen fachlichen Beratungsthemen wichtig als vielmehr die Befindlichkeiten und Beziehungsspiele zwischen den Charakteren. Sicher bietet gerade das berufliche Extrem des Beraterberufes vielfältige Möglichkeiten der Dramatisierung von privaten Beziehungskonflikten.

15.4 Betriebsräte und Gewerkschaften

Überraschend scheint auf den ersten Blick, dass in der deutschsprachigen Presse der Betriebsräte (z. B. Zeitschrift „Der Betriebsrat“ der *Hans-Böckler-Stiftung*) und der Gewerkschaften bisher keine allgemeinen Stellungnahmen zu Unternehmensberatungen verbreitet wurden. Auf den zweiten Blick sieht man, dass es durchaus zu einigen beratungsrelevanten Themen inhaltliche Aussagen gibt. So hat der *Deutsche Gewerkschaftsbund* (*DGB*) mit den öffentlich geförderten „Technologieberatungsstellen“ (TBS) Einrichtungen geschaffen, die sich selbsttätig mit modernen IT-Technologien und deren Auswirkungen auf das Arbeitsleben beschäftigen. Sie bieten Beratung für betriebliche Interessenvertretungen und veröffentlichen Broschüren u. a. zu folgenden Themen (Internet-Seite *der TBS Nordrhein-Westfalen*, 2002):

- *SAP*-Einführungsarbeiten (Erläuterungen zu Aufbau und Funktionalität von *SAP*-Modulen, Empfehlungen an Betriebsräte zur Einflussnahme auf die Projektarbeit).
- Ergonomie von *SAP*-Arbeitsplätzen.
- Zielvereinbarungen.
- eCommerce allgemein.
- Telearbeit.
- Qualitätsmanagement.

Der Grund für das Fehlen übergeordneter Stellungnahmen zu Beratungsfirmen wird hier teilweise auch offensichtlich: Die Vielgestaltigkeit der Aufgaben- und Zielstellungen, bei denen Berater im Auftrage von Unternehmensverantwortlichen mitwirken, macht eine eindeutige Positionierung für oder gegen Beratungshäuser sowie Ratschläge für den Umgang mit ihnen unmöglich. Die Gewerkschaften und die Betriebsräte sehen Berater nicht als eigenständige Kraft im betrieblichen Geschehen, sondern eher als den Erfüllungsgehilfen der Firmenleitung und des Managements. Mittler oder Helfer der Firmenleitung werden weitgehend nicht als zu bewertende Akteure, sondern als verlängerter Arm aufgefasst. Es gibt allerdings vereinzelte Stimmen, die dafür plädieren, seitens der Betriebsräte die vom Vorstand ins Haus geholten Berater gezielt für eigene Zwecke zu nutzen (z.B. *Eisbach*, 1998). Gemeint ist hier die Beeinflussung der vom Arbeitgeber engagierten Unternehmensberater im Sinne der Ziele des Betriebsrats. Dass ein Betriebsrat selbst Unternehmensberater für seine internen Aufgaben beauftragt, ist allerdings auch schon vorgekommen (*Balkenhol*, 1998), jedoch eine Ausnahme. Im tatsächlichen Projekt-Arbeitsleben gibt es schon seit jeher vielfältige Berührungspunkte mit den betrieblichen Mitarbeitervertretern:

- Innerhalb der Gesamtbetriebsräte großer Firmen[385] gibt es oft Aufgabenteilungen, die die Spezialisierung einzelner Mitglieder auf wichtige Themen vorsehen. So treten z.B. bei Controlling-Projekten oder anderen fachlich schwierigen Themen einzelne Personen an Projektteams heran und lassen sich informieren. Bei den in Deutschland mitbestimmungsrelevanten Themen Arbeitszeitregelung, Einrichtung, Wegfall oder Veränderung von Arbeitsplätzen, Weiterbildung usw. nehmen Berater oft im Auftrag der Firmenleitung bzw. des Projekts anteilig Informationsaufgaben gegenüber der betrieblichen Interessenvertretung der Arbeitnehmer wahr.
- Im öffentlichen Bereich ist es eher zu erleben, dass sich – wie auch bei fachlichen Experten – ganze Gremien, d.h. alle Mitglieder im Personalrat gemeinsam informieren lassen. Der Grund hierfür kann u.a. darin liegen, dass die Personalräte unterschiedlicher Behörden einander nicht trauen und innerhalb von Dienststellen alle gleichzeitig am Sozialleben teilnehmen. Die Aufgabenteilung innerhalb der Personalvertretungen ist oft noch nicht so weit fortgeschritten. Außerdem ist oft allgemein der Zeitdruck durch die reguläre Arbeit nicht so hoch wie im Bereich der Privatindustrie.

Mit den Gewerkschaften haben Beratungsunternehmen kaum direkten Kontakt. Die Politik der Gewerkschaften zielt allgemein darauf ab, Einfluss auf das betriebliche Geschehen zu nehmen, ohne das unternehmerische Risiko zu teilen. Faktisch wird der örtliche Entscheidungsspielraum der Arbeitgeberseite durch die Existenz und die Politik der Gewerkschaften mehr oder weniger eingeengt. In Deutschland mit seinem System der flächendeckenden Tarifverträge geschieht dies insbesondere auch im Bereich der Entgelthöhe und der Lohnsysteme. Zum Beispiel haben die Gewerkschaften für leistungsabhängige Entgelte die Forderung, dass die besonderen Belange einzelner Betriebe nur im Ausnahmefall durch Tariföffnungsklauseln möglich sein sollen (siehe z.B. Forderungen des *DGB* zur tariflichen Regelung von Zielvereinbarungen, *TBS* 1999 [1], S.38ff.). Dies kann bei Projekten zur Ein-

[385] Es gibt große deutsche Firmen, in denen die freigestellten Betriebsräte wie in einer Abteilung beieinander sitzen und auf diese Weise dreißig bis vierzig Personen zusammenkommen. Arbeitsteilung ist bei diesen großen Gremien natürlich auch notwendig, um überhaupt handlungsfähig zu bleiben.

führung von Zielgesprächen und leistungsabhängiger Vergütung zu zusätzlichem Abstimmungsaufwand führen und muss bei der Projektplanung unbedingt berücksichtigt werden. Zudem gibt der *DGB* den Betriebsräten die Empfehlung, bei unternehmensweiten Einführungsprojekten von betrieblicher Standardsoftware parallel Arbeitsgruppen einzurichten, die evtl. bis zu drei Stunden wöchentlich an alternativen Projektvorschlägen arbeiten sollen und ggf. technisch gegebene Möglichkeiten der Software zur Datenauswertung nicht nutzen (z.B. bei *SAP R/3 HR*, siehe *TBS*, 1999 [2], S.64). Diese Politik der Gewerkschaften ist tendenziell kostenerhöhend und ggf. gegen notwendige Informationsbedarfe des Managements und die Steuerungsfähigkeit des Unternehmens gerichtet. Hier können sich auch Konfliktpotenziale zwischen der allgemeinen Gewerkschaftspolitik und den Absichten von Betriebsräten auftun.

Die Einstellung von Beratungsunternehmen zu Gewerkschaften und der betrieblichen Arbeitnehmervertretung lässt sich wie folgt darstellen:

- Projekte mit Auswirkungen auf die Beschäftigten des Kunden, insbesondere Vorhaben mit organisatorischen Änderungen, erfordern auch immer die Information und teilweise Mitbestimmung der Vertretungsorgane der Beschäftigten (z.B. Betriebs- oder Personalrat). Daher ist es sinnvoll, diese rechtzeitig einzubinden. Mit dem Kunden ist das Verhalten gegenüber den Vertretungsorganen sowie der Kommunikationsplan frühzeitig abzustimmen. In der Regel sollte der verantwortliche Projektmanager vom Kunden die Aufgabe der Betreuung übernehmen. Meistens läuft die Zusammenarbeit – auch bei großen Änderungsprojekten gut – solange der Betriebsrat das Gefühl hat, ehrlich und umfassend informiert worden zu sein.
- Abstimmungen oder auch nur einfache Unterrichtung von Arbeitnehmervertretungen benötigen Zeit. Zeit ist überall, bei Beratungsunternehmen aber in ganz besonders transparenter Weise, Geld. Gegen Aufwandserhöhungen bei Projekten mit Dienstvertrag haben Beratungsunternehmen i.d.R. aus Eigeninteresse keine Einwände. Bei Festpreisprojekten sieht dies natürlich ganz anders aus.
- Berater sind im besten Falle Sachwalter der ökonomischen Rationalität und unternehmerischen Kreativität. Den Wunsch, legale und für das Unternehmen nützliche technische Möglichkeiten nicht einzusetzen, werden sie – sofern Gewerkschaften oder Betriebsräte dagegen sind – i.d.R. daher der Sache wegen nicht teilen. Andererseits werden sie von sich aus bei verhärteten Fronten auch nicht ohne zwingenden Grund zu einer Politik gegen den Betriebsrat raten, sondern verstehen sich eher als Moderator und Akzeptanzmanager.
- Die Beratungsmitarbeiter von Unternehmensberatungen sind weitgehend keine Mitglieder von Gewerkschaften. Der Grund liegt darin, dass sich die Mitarbeiter im Consultingbereich auf der Karrierereise hin zu einem Mit-Unternehmertum befinden und daher von vorneherein nicht zur Gegenposition neigen werden.
- Ein weiterer Grund für die Gewerkschaftsferne von Beratern liegt auf der Hand: Die meisten traditionellen gewerkschaftlichen Forderungen, z.B. nach einer verkürzten Wochenarbeitszeit, Pausenregelungen und die Einhaltung teilweise auch nur sehr formaler ergonomischer Standards, sind bei dem hohen Grad an Kundenorientierung und -abhängigkeit der Berater sowie dem Projektcharakter der

Vorhaben nicht umsetzbar oder nur mit dem erhöhten Risiko des Verlustes von Aufträgen machbar. In Zeiten der guten Beratungskonjunktur in den 90er Jahren boten Unternehmensberatungen freiwillig Gehaltssteigerungen von 20 % und mehr pro Jahr, so dass man selten streikende Berater auf der Straße sehen konnte. Die Höhe dieser Gehaltssteigerungen macht es in jedem Falle schwer, unter einem Dach mit Arbeitnehmern organisiert zu sein, die statt (vertraglich vereinbarten?) 40 Stunden nur 35 Stunden arbeiten wollen und deren Branchen schon mit der Inkaufnahme weiterer Arbeitsplatzverluste höchstens nur zwei bis drei Prozent Gehaltssteigerung bieten können.

- Die Beratungsmitarbeiter von Unternehmensberatungen haben – in Deutschland – auch keine Betriebsräte eingerichtet. Sehr wohl gibt es aber vereinzelt Betriebsräte für die als selbständige Gesellschaft geführten Sekretariats- und Unterstützungsdienste (z. B. Reiseservice, Bürodienste) z. B. bei dem Beratungsunternehmen *Accenture.*

15.5 Führungskräfte und Firmenchefs

Die eigentlichen Käufer von Unternehmensberatungsleistungen sind die Führungskräfte und/oder Chefs der beauftragenden Unternehmen (vgl. Abschnitt 10.1). Die Investitionsneigung der Kundenunternehmen und die Meinung der Führungskräfte über Unternehmensberater sind an erster Stelle entscheidend bei der Frage, wie sich die Auftragslage der Beratungsanbieter in Zukunft entwickeln wird. Aus diesem Grunde auch halten viele Beratungsfirmen ständige Tuchfühlung mit dem Management ihrer Kunden und erheben – sei es im Rahmen von allgemeinen Markteinschätzungen oder von Qualitätsmanagementmaßnahmen bei bestehenden Projekten – das Stimmungsbild. Fragen sind:

- Sehen Manager Berater als potenzielle Geschäftspartner? Eine Antwort hierauf sind die schon berichteten Umsatzzahlen der Beraterbranche (vgl. Abschnitt 2.2). Eine andere ist empirischen Untersuchungen zur Einschätzung der Beraterbranche oder einzelner Unternehmen zu entnehmen.
- Für wie gut oder schlecht halten Manager Unternehmensberater? Eine – wegen mangelnder Offenlegung der Methode allerdings schwer einschätzbare – Befragung des *Managermagazins* (*Hirn/Student*, 2001) von knapp 100 deutschen Großunternehmen ergab für die drei Strategieberatungen *McKinsey*, *Roland Berger* und *Boston Consulting Group* Durchschnitts-Schulnoten von 2,5 bis 2,8 – d. h. im Bereich eines guten „befriedigend". Diese mäßige Bewertung korrespondiert nicht ganz mit einem anderen Befund: Etwa 90 % der befragten Unternehmen konnten nach dem Beratereinsatz deutliche oder zumindest mäßige Verbesserungen des Geschäftsergebnisses berichten, bei Kunden von *Roland Berger* war immerhin sogar in 64 % der Projekte „deutliche Verbesserung" zu sehen[386]. Wie

[386] Bei der *Boston Consulting* Group hatten nur 33 % der Projekte „deutliche" Verbesserungen, aber immerhin weitere 56 % „mäßige" Verbesserungen. Für *McKinsey* lauteten die entsprechenden Werte 39 % und 50 %.

aber schon in Abschnitt 8.1 ausgeführt, können die Zufriedenheitswerte eventuell aufgrund noch höherer Erwartungen, hoher Eigenbeiträge der Kunden zum Erfolg sowie hoher Beraterkosten gemäßigt ausfallen.

- Welche Erwartungen an das Beraterprofil haben Manager? Eine Befragung von *Höselbarth* (2000, S. 33 ff.) unter 623 Führungskräften ermittelte das Soll-Profil von Beratern aus Sicht von Managern. Abgetragen wurden die Ergebnisse auf einer siebenstufigen Skala, die sieben ist der höchste Ausprägungswert. Die höchsten Erwartungsausprägungen mit ca. sechs erreichten „kommunikatives Verhalten", „Projektorientierung" und „Offenheit zur IT". Den niedrigsten Wert mit ca. 2 erhielt „Autoritäre Führung", gefolgt von Werten bei ca. vier wie „Askese", „intakte Familie" und „Alter". „Partizipative Führung" und „Umsetzung" (!) rangieren mit ca. 4,5 ebenfalls relativ niedrig, andere Eigenschaften schwankten um die 5 herum. Die Daten aus dem Jahre 2000 konnten mit einer ähnlichen Untersuchung ebenfalls von *Höselbarth* aus 1993 verglichen werden. *Höselbarth* berichtet leider nicht, ob die gefundenen Unterschiede auf zufälligen Schwankungen oder auf statistisch bedeutsamen Veränderungen bestehen, deshalb soll nur mit Vorsicht auf die Ergebnisse der numerischen Veränderungen eingegangen werden. Sie besagen, dass insbesondere eine Zunahme der Offenheit zur IT, der Visionskraft, der Umsetzungkraft und der Change Management-Fähigkeiten erwartet wird. Wie *Höselbarth* weiter berichtet, sehen die Manager auch bei sich selbst sehr ähnliche Themen, allerdings teilweise noch stärker ausgeprägt, im Kommen: Mit ca. 61 % ist das stärkste Wachstum im Soll-Profil bei Change Management-Fähigkeiten zu sehen, gefolgt von Offenheit zur IT und Projektmanagement, beide mit deutlich über 50 % Wachstum gegenüber 1993. Das Alter, die

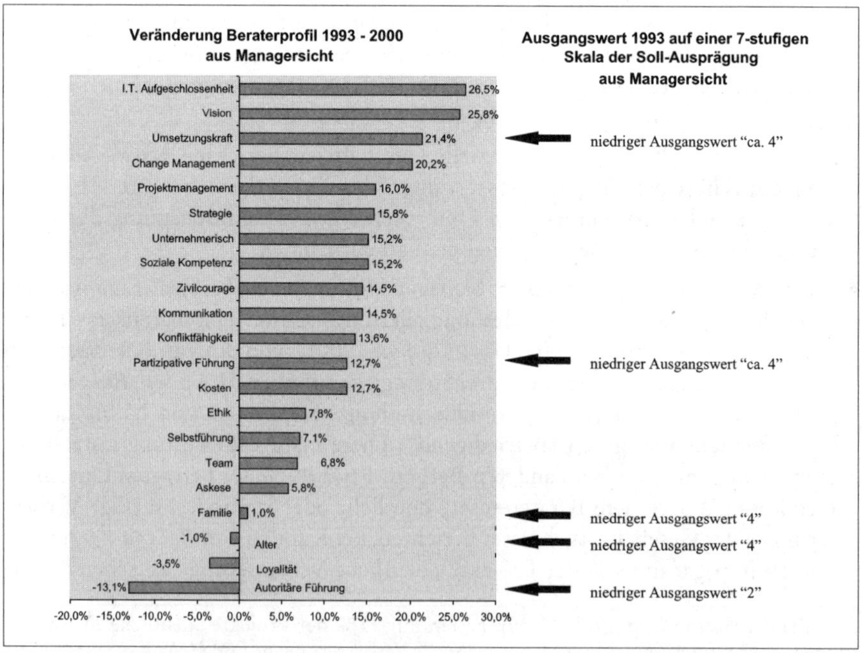

Abb. 118: Veränderungen im Soll-Beraterprofil aus Managersicht (Höselbart, 2000, S. 35)

„intakte Familie", „Askese" und vor allem „autoritäre Führung" haben dagegen einen relativ niedrigen Stellenwert.

Letztendlich gibt es noch eine große Zahl von teils schlagzeilenträchtigen Einzelmeinungen, die aber häufig situationsbezogen oder nicht repräsentativ sind. Hierzu gehören z. B.

- *Lopez*[387] (zitiert nach *Hafemann*, 2000, S. 53): „Die meisten Berater sind lediglich in Geld und Macht verliebt und missachten die normalen Arbeiter".
- *Lederer* (zitiert nach *Knop*, 1998) behauptet, dass gute Berater meist nur verkaufend tätig seien, während die jungen Kollegen dann mit beschränktem Werkzeugkasten die Arbeit vor Ort machten. Aufgrund dieser (Fehl-)Konstruktion der Beraterarbeit seien die empfohlenen Rezepte oft wenig offensiv: Kostenstrukturen zu vergleichen und dann einen Abbau zu empfehlen, sei allemal leichter als nach neuer Arbeit für Beschäftigte Ausschau zu halten.

---

[387] Es handelt sich um „den" *VW-Lopez,* der selbst mittlerweile als Berater tätig ist. Eine Quelle für seine Erkenntnisse gab er in dem zitierten Interview nicht preis, es wurde allerdings auch nicht danach gefragt.

16 Ausblick

16.1 Übersicht zur Prognose

Prognosen des Beratermarktes sollten im Idealfall folgendes leisten: Vorhersage des Umsatzvolumens, der Trendthemen und der differenzierenden Erfolgsfaktoren für das Abschneiden einzelner Unternehmen. In der Vergangenheit wurden nur sehr pauschale oder kurz greifende Vorhersagen gemacht. Eine differenzierte Prognose der mittel- und langfristigen Entwicklung des Beratungsmarktes steht vor mehreren Herausforderungen. Diese sind:

- Allgemeine Konjunkturentwicklung der Beratungsbranche: Die Branche ist sehr heterogen, was zur Folge hat, dass eine gemeinsame Vorhersage für den gesamten Beratermarkt schwierig, wenn nicht gar unmöglich ist. Prognosen können sich daher nur jeweils auf die Teilmärkte mit verschiedener Entwicklungsrichtung beziehen. Ein Modell zur Vorhersage der gesamten Beratungskonjunktur müsste die verschiedenen Teilmärkte der Kunden und deren Branchenkonjunktur gewichtet berücksichtigen. Dieses Modell wäre auf Basis von Ist-Branchen-Beratungsumsätzen der Vergangenheit sowie Zukunftsschätzungen über das Branchenwachstum leicht zu erstellen. Diesen eigentlich einfachen Versuch hat jedoch noch niemand gemacht, obwohl man damit für die Vergangenheit die Güte von ex post-Prognosen beurteilen kann. Das Problem aller Schätzungen, nämlich eine richtige Prognose der Entwicklungen in den Kundenbranchen selbst, bliebe allerdings bestehen. Außerdem ist dieses Modell sehr mechanistisch, da es eine feste Beziehung oder als Funktion zu beschreibende Relation zwischen den Umsätzen in der Kundenbranche und den Beraterumsätzen verlangt.

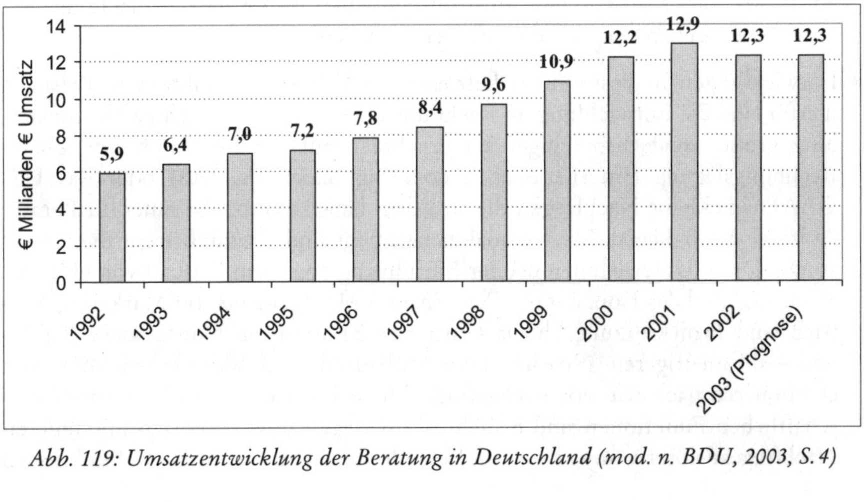

Abb. 119: Umsatzentwicklung der Beratung in Deutschland (mod. n. BDU, 2003, S. 4)

- Neue Beratungsprodukte: Gegenwärtige Umsatzbringer unter den Managementkonzepten müssen nicht unbedingt Umsatzbringer in der Zukunft sein. „Da Managementmethoden nicht nur als rational, sondern auch als fortschrittlich gelten müssen, tragen sie den Kern ihrer eigenen Zerstörung“ in sich (*König*, zit. n. *Nicolai*, 2000, S. 285). Selbst ein gleichbleibendes Umsatzniveau ist daher – ceteris paribus – ohne ständige Verbesserung der bestehenden Produkte oder gar der Einführung neuer Produkte nicht möglich. Allerdings gibt es auch Stimmen, die davor warnen, zu schnell immer neue Managementkonzepte auf den Markt zu werfen, weil dies die Kunden eher verschrecke und überfordere. Die Nachfrage sinkt dann eher (*Weber*, 2000, S. 287/288). Ein empirischer Beleg für diese Hypothese liegt allerdings noch nicht vor. Aus einer Betrachtung der bisherigen Managementkonzepte (siehe Abb. 119) und ihrem Ansatzpunkt bei betrieblichen Funktionen ist nicht ersichtlich, dass es bestimmte Lücken gibt, für die in Zukunft mit hoher Wahrscheinlichkeit besonders innovative und beratungsumsatzstarke Lösungsvorschläge zu erwarten sind. Dies ist aber eigentlich nichts Neues oder Umwerfendes: Es ist nur der Appell an den Diagnostiker im Berater, eine genaue Indikation der Kundensituation zu machen, bevor er eine Handlungsempfehlung gibt. Da es kaum Breitbandtherapeutika im ökonomischen Bereich gibt, wird das Resultat ein „eklektischer Pragmatismus“ sein (siehe auch *Schwan/Seipel*, 2002, S. 118).

- Sonderereignisse: Ereignisse wie Gesetzesänderungen, Marktveränderungen, neue Softwareversionen und technische Innovationen mit Potenzial für erhebliche betriebswirtschaftliche Verbesserungen stimulieren die Nachfrage für „alte“ Beratungsleistungen mit neuem Inhalt. Viele dieser Sonderereignisse sind mit mehr oder weniger großer Sicherheit vorhersehbar, z. B. die Liberalisierung des Gasmarktes, die Erweiterung der Europäischen Union usw. Bei technischen Neuerungen ist es schwerer, deren Markterfolg richtig einzuschätzen. So wurde das Internet schon eine recht lange Zeit als Kommunikationsmedium von Universitäten eingesetzt, bevor seine Nutzung auch für geschäftliche Zwecke begann. An diesem Beispiel sieht man, dass viele Ereignisse nicht schlagartig auf die Nachfrage wirken, sondern zur vollen Entfaltung einige Jahre benötigen. Hier gilt es also, den Markt ständig zu beobachten und die Größe der Nachfrage abzuschätzen, um so den Trend beurteilen zu können.

- Entwicklungen in bestimmten betriebswirtschaftlichen Funktionen: Beispiele hierfür sind die Entwicklung im Rechnungswesen, wo die zunehmende Umstellung großer deutschsprachiger Unternehmen auf die Regeln internationaler Rechnungslegung (International Accounting Standards, IAS) oder das US-GAAP eine kleine Nachfragewelle ausgelöst haben und noch immer für Berater Aufträge ermöglichen. Im Personalmanagement sind Umsatzbringer die Unterstützung von Unternehmen bei der Einführung oder dem Ausbau von eHR-M, eLearning und das Konzept des Performance Managements. Im Marketing/Vertrieb sind Projekte zum Thema Customer Relationship Management (CRM) und – auf niedrigerem Niveau – zum Aufbau oder der Weiterentwicklung von eCommerce nach wie vor nachgefragt. Diese Entwicklungen in betriebswirtschaftlichen Funktionen sind manchmal überlagert oder vermischt mit anderen Nachfrageauslösern, die dann zu Veränderungen in bestimmten Funktionen

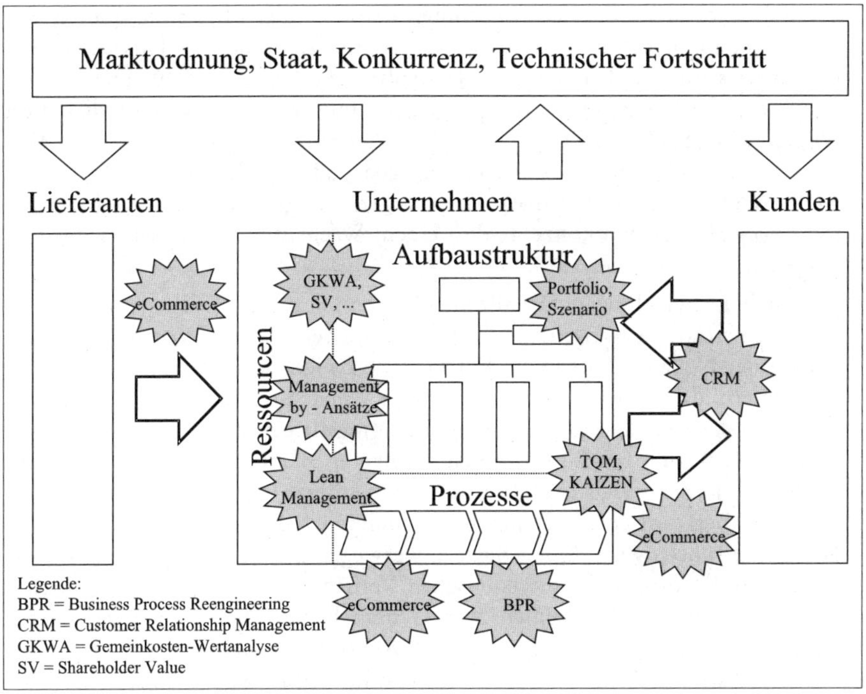

Abb. 120: Management-Konzepte und betroffene betriebliche Funktionen

münden. Hierzu gehören z. B. neue gesetzliche Vorschriften in Deutschland zum Risikomanagement (KonTraG[388]), die Liberalisierung des Telefon-, Gas- und Strommarktes mit ihren Auswirken auch auf die Abrechnung der Kunden usw.

- Qualität und Preiserwartung der Beratungsanbieter: Wie in vielen anderen Branchen auch wird die Nachfrage nach Beratung auch durch die Qualität des Angebots sowie die Höhe der Preise beeinflusst werden. Dies mag insbesondere für die „Butter-und-Brot" Beratungsaufgaben gelten, wo für Außenstehende kaum spektakuläre, für das Kundenunternehmen jedoch durchaus wichtige Arbeiten geleistet werden. Hierzu zählen z.B. kleinere Rationalisierungen, Einführung oder Versionswechsel von Standardsoftware, Kundenbindungsprogramme usw. *Berger* (2000, S. 129) sieht allgemein Spezialisierungsvorteile von Unternehmensberatern gegenüber Stäben, das Resultat sind seiner Meinung nach Effektivitäts-, Effizienz- und Schnelligkeitsvorteile, die insgesamt zu mehr Aufträgen führen können.
- Kritiken und Fehlschläge: Wie in jeder Branche gibt es auch in der Beraterbranche immer wieder Projekte, die nicht von Erfolg gekrönt sind. Was dazu führte, dass der Kunde unzufrieden mit den Ergebnissen ist, kann viele Ursachen haben. Entsprechend fanden und finden sich immer wieder Meldungen und Literatur über Beratungsfehlschläge. Hin und wieder führen diese Informationen dazu, dass Aufträge nochmals kritisch unter die Lupe genommen oder aber ganz in

[388] Gesetz zur Kontrolle und Transparenz im Unternehmensbereich.

Zweifel gezogen werden. Die bekannten Erfolgs- oder Misserfolgsquoten von Managementkonzepten (vgl. Abschnitt 8.1) sind zumindest in den 90er Jahren kein Anlass für Kunden gewesen, das Auftragsvolumen zu reduzieren. Dieses Phänomen der Resistenz der Nachfrage gegenüber Kritik an Beratern diskutiert *Nicolai* (2000, S. 271 f.) anhand zahlreicher Literatur unter Stichworten wie „Mode" (vgl. auch Abschnitt 4.1), „Marktversagen", „Rationalitätsmythen" usw. Am Ende bleibt jedoch, dass es trotz nur mäßiger oder gar nicht nachweisbarer Erfolge von Managementkonzepten zu einem Wachstum des Umsatzes der Gesamtbranche gekommen ist[389].

- Regionale Entwicklungen: Die allgemeine Konjunkturentwicklung und Sonderereignisse wirken teilweise regional. Hierzu dürften in den nächsten Jahren z. B. die vor der Neuaufnahme in die Europäische Union stehenden Staaten ein Beispiel liefern, da in ihnen sicher ein erhöhter Anpassungsbedarf besteht und daher eine lokale Sonderkonjunktur für Beratungsfirmen zu erwarten ist. *Berger* (2000, S. 129) stellt für Europa einen geringeren Beratungsanteil am Bruttoinlandsprodukt als in den USA fest und schlussfolgert daraus eine Unterversorgung mit Beratung, die zusammen mit anderen Faktoren zu einem weiteren Wachstum führen wird. Einen Beweis, weswegen gerade in diesem Bereich die Wirtschaft Europas sich amerikanischen Verhältnissen annähern sollte, liefert *Berger* allerdings nicht. Studien zum Gebrauch von Managementwerkzeugen wie diejenige von *Bain & Company* (z. B. *Rigby/Gillies*, 2000) zeigen einen Unterschied zwischen den USA und dem Rest der Welt. Einen Grund, weswegen sich diese Unterschiede nivellieren sollten, nennt *Berger* nicht.

Tab. 85: Thesen über die Zukunft und zur Konjunktur von Beratung[390]

Nr.	These	Kommentar
1	Abschwung in der Beratungsbranche, wenn Wirtschaft nicht mehr wächst (*Nicolai*, 2000, S. 285)	betrifft besonders Personalberatung, IT-Beratung
2	allgemein geht der Markt von der Wachstums- in eine Reifephase über (*Fink*, zit. n. *Wiskow*, 2003)	allgemein Beratungsmarkt
3	Aufschwung, wenn besondere Umstellungserfordernisse kommen	deregulierte Branchen, EG-Beitrittsländer usw.
4	Gesamtnachfrage Beratung sinkt bis 2005 (*Reischauer*, 2001, S. 41)	gesamte Branche der Unternehmensberatung
5	in konjunkturell schwierigen Zeiten entwickelt sich die Strategieberatung relativ besser als andere Beratungsbereiche (*BDU*-Sprecher *Klaus Reimers*, zit. n. *Hebestreit*, 2002)	widerspricht teilweise These Nr. 10
6	Loyalität der Beratungskunden nimmt ab, daher steigt der Wettbewerb. Dies könnte auch Teil einer Veränderung der Beraternachfrage durch Erfahrungen mit Beratern sein.	Konkurrenzdruck steigt, Preise sinken

[389] Z. B. von *Micklethwait/Wooldridge* (1998), *Staute* (1998), *Zimmermann* (1997).
[390] Käufliche professionelle Prognosen speziell für den Beratermarkt gibt es u. a. von *Kennedy Information* (Übersicht in www.consultingcentral.com/researchinfo).

Nr.	These	Kommentar
7	mehr Konkurrenz für externe Berater durch Inhouse-Berater (*von der Lage*, 2002, S. XI)	Volumenverschiebung, ggf. vom sichtbaren in den unsichtbaren Bereich
8	relativer Anteil der mittelgroßen Firmen an der Beratungsnachfrage steigt	auch große Beratungsanbieter kümmern sich mehr um den Mittelstand
9	Sinkende Umsatzrenditen großer Beratungsunternehmen (*Kohr*, 2000, S. 47 f.)	Druck auf die Gehälter der Mitarbeiter
10	Strategiestudien sind out, Umsetzung ist „in". Mehr Umsetzungsarbeit und bessere Koordination Strategie – Umsetzung gefragt	In der Flaute 1993 und 2001/2002 veröffentlichte Meinungen widersprechen teilweise These 5

Diese Zusammenstellung zeigt einen Großteil der teilweise widersprüchlichen Hypothesen zur Entwicklung des Beratungsmarktes – bewiesen ist keine davon. Der Grund für das Fortdauern einer kaum Fortschritte zeigenden Diskussion ist möglicherweise vielschichtig.

- Zum einen gibt es, wie in Abschnitt 4.1 dargestellt wurde, trotz der zahlreichen Meinungen keine fundierte Theorie der Beratungsnachfrage. *Schrädler* (1996, S. 76/77 ff.) findet zu der präziseren Behauptung, dass es viele einzelne Aussagen über Beratung gibt, die noch nicht zu einem System verbunden seien. *Steyrer* (1991, S. 39) vermutete schon im Jahre 1991, dass es einer deutlichen Erhöhung der Forschungskomplexität bedürfe, um zu tieferen Einsichten über das Phänomen Beratungsunternehmen zu kommen und prophezeite eine Stagnation des Erkenntnisfortschritts, wenn diese Anstrengung nicht unternommen würde. Leider hat er recht behalten, denn über Einzelbefunde hinaus gibt es seit 1991 keinen großen Fortschritt bei der Entwicklung einer integrierten Gesamtsicht über Unternehmensberatung. Daher gibt es auch keine differenzierte quantitative Prognose auf Basis eines plausiblen Gesamtmodells.
- Die meisten der Konjunkturprognosen aus Beratungshäusern selbst[391] sind von den jeweiligen Autoren nicht tiefgreifend belegt oder anhand eines Modells plausibilisiert worden, daher wirken sie relativ unanalytisch und „flach". Der Grund hierfür mag ein doppelter sein: Zum einen hat man wahrscheinlich im Rahmen einer internen Bottom-up-Planung detaillierte Vorstellungen darüber, wo für das eigene Unternehmen Wachstum herkommen mag. Sofern diese Erkenntnis kein Allgemeingut in der Branche ist, wird man die Meinung für sich behalten, um nicht unnötige Konkurrenz auf sich zu ziehen. Dies gilt erst recht, wenn man bei einzelnen Kunden erhebliches Potenzial sieht. Ein zweiter Grund mag sein, dass Ankündigungen über zukünftige Entwicklungen Teil der Marketing-Politik

[391] *Roland Berger* (2000, S. 129) gibt die Prognose, dass der Beratungsmarkt doppelt so stark wächst wie das nationale Inlandsprodukt, und er sieht drei Gründe hierfür: (1) Spezialisierungsvorteile der Berater gegenüber den Stäben, (2) Anpassung an technologische und regulative Änderung, (3) In Europa: Relativer Rückstand im Vergleich mit den USA beim Beratungsanteil am Inlandsprodukt. Die möglichen Gegentrends (Konkurrenz durch Inhouse-Beratung, wachsende Kompetenz der Kunden usw.) erwähnt er nicht.

sind und auf Kunden abzielen, die ähnlicher Meinung sind. Da diese Pragmatiker keine langwierigen Erklärungen mögen, kann man sich diese auch sparen, Akademiker und Konjunkturforscher gehören einfach nicht zum Zielpublikum. Logisch getrennt von der Frage, wie sich der Umsatz des Beratungsmarktes entwickelt, ist die Frage, wie sich der Beratungsmarkt selbst entwickelt. Anhand der von *Scholz (*2001) behaupteten zehn Trends sowie einiger Ergänzungen wird dieser Frage nachgegangen. Mögliche Entwicklungen sind:

- Beratungsfirmen bieten eine zunehmend breitere Produktpalette (vgl. Aussagen von Firmenvertreter in *Hebestreit*, 2002) an. Damit erhöht sich ihr Potenzial, einzelne Kunden über mehrere Beratungsthemen hinweg zu begleiten. Gleichzeitig werden sie weniger abhängig von einzelnen Modewellen bei Managementkonzepten oder der Nachfrage nach einzelnen Softwareprodukten. Die großen internationalen Beratungen bieten schon lange eine Vielzahl von Leistungen an. Hiermit ist natürlich auch die Herausforderung verbunden, in allen Bereichen gut zu sein und Spezialisten in verschiedenen Disziplinen vorzuhalten. Dieser Zwang wird teilweise durch Allianzen abgemildert. Diese Mehrheitsstrategie trifft allerdings nicht auf einige bisherige Strategieberater zu, die den Ausflug in die IT-Welt gewagt haben und dort relativ erfolglos waren. Die relativ schwache Zeit für IT-Beratung nutzen sie zu einem Rückzug aus diesem für sie unergiebigen Beratungsthemen, dafür werden sie evtl. neue Kundenbranchen in Angriff nehmen. Im Sinne einer Diversifizierung vom eigentlichen Beratungsgeschäft weg sind einige Häuser auch Anbieter von Outsourcingleistungen geworden. Andere beratungsfremde Geschäfte mit allerdings wohl deutlich geringerem Volumen sind die Lizenzvergabe sowie Provisionen im Rahmen von Geschäftsvermittlungen an Allianzpartner.
- Unterschiedliche Wachstumgeschwindigkeiten verschiedener Größenklassen von Unternehmen. In den letzten Jahren wurde beobachtet, dass der Anteil der großen Unternehmensberatungen am Gesamtmarkt wuchs. Von 2001 auf 2002 steigerte sich in Deutschland der Umsatzanteil der Top 40 Beratungsunternehmen allerdings nur noch minimal von 49,4 % auf 49,6 %, und hierin sind auch Umsatzzuwächse durch Fusionen mit Firmen enthalten, die zuvor außerhalb der Top 40 waren (*BDU*, 2003, S. 8). Denkbar ist, dass der Größenvorteil der globalen Anbieter als Gegenpart von globalen Kunden durch die Vernetzung der mittelgroßen und kleinen Anbieter teilweise egalisiert wird.
- Die Beratungsbranche ist durch eine wachsende Zahl von Anbietern gekennzeichnet, wobei es wegen der fehlenden amtlichen Statistik nur ungefähre Größenschätzungen bzw. Angaben der ja nicht alle Unternehmen vertretenden Verbände gibt. Neulinge im Geschäft sind wohl im wesentlichen vier Gruppen zuzuordnen: (1) Geschäftsgründungen von Berufsanfängern, die als Einzelkämpfer oder in kleinen Partnerschaften starten, (2) Geschäftsgründungen von berufserfahrenen Managern aus dem Beratungsgeschäft („Spin-Offs“) oder der sonstigen Wirtschaft, (3) Gründung von Tochtergesellschaften bestehender Unternehmen, die ihre Inhouse-Berater auslagern und (4) Tochtergesellschaften von Hard- und Softwareproduzenten, die ihre eigenen Kunden umfassender bedienen wollen und darüber hinaus neues Geschäft – eventuell mit Synergien zu ihren bisherigen Kernkompetenzen – suchen.

- Neue Beratungsformen: Neben neuen Beratungsprodukten und der Diversifikation in beratungsfremde Geschäfte wie Outsourcing sind neue Beratungsformen mit erheblicher Bedeutung für die Wettbewerbsfähigkeit nicht zu entdecken. Als einen potenziellen Kandidaten hierfür hat *Niedereichholz* (2001, S. 47 f.) das von ihr selbst kreierte „Lean Consulting" gesehen. Dieser Ansatz sieht vor, dass die Berater nur mehr als Moderatoren von Projekten auftreten und die eigentliche inhaltliche Arbeit im wesentlichen vom Kunden durchgeführt wird. Stärken dieses Ansatzes sind: (1) Evtl. reduzierte Kosten für interne oder externe Berater, (2) inhaltliche Kontrolle verbleibt beim Kunden, (3) maximaler Transfereffekt für das praktische Tun im Projekt, da es vom Kunden selbst erledigt wird. Schwachpunkte dieses Ansatzes sind: (1) Er eignet sich nicht für Projekte, wo auch die praktische fachliche Arbeitsfähigkeit des Kunden überfordert ist, (2) hinsichtlich Geschwindigkeit, Objektivität und steuerbarem Arbeitsvolumen ist der Ansatz doch praktisch begrenzt (vgl. *Schwan/Seipel*, 2002, S. 111), (3) der Ansatz bietet nur eine sehr reduzierte Risikoübernahme durch den Berater, (4) etablierte Beratungsanbieter werden diesen Ansatz von sich aus nicht freiwillig propagieren, weil er geringere Umsätze als bei bisherigem Vorgehen verspricht.
- Inhouse-Consulting und die Vernetzung von Inhouse-Beratern wird von einigen Autoren als zunehmende Konkurrenz für externe Berater gesehen (*von der Lage*, 2002, S. XXXVIII f.) und sollte zu Verschiebungen von Umsätzen innerhalb der Beratungsanbieter führen. Allerdings ist dieser Trends bisher noch nicht mit Zahlen nachgewiesen, und es gibt auch Stimmen, die daran zweifeln und eher die Symbiose als den Verdrängungswettbewerb sehen.
- Know-how – Zuwachs und gestiegene Kompetenz beim Kunden: Diese Situation ist eigentlich nicht neu, da das erfolgreiche Beratungsgeschäft auch Wissenstransfer auf den Kunden beinhaltet und damit die Märkte von gestern allmählich abgeerntet werden. Hinzu kommt ein Generationswechsel bei den Firmenlenkern, bei denen einige ihre berufliche Karriere starteten, als die ersten Wellen von Managementkonzepten über den Globus liefen. Sie sind einerseits realistischer in ihren Erwartungen gegenüber Beratern (vgl. *Güttler*, 2001, S. 35), andererseits gegenüber Neuem aufgeschlossen. Bei den IT-lastigen Beratungsprojekten ist zu bemerken, dass viele Kunden eben keine Erstimplementierung von *SAP* verlangen, sondern Releasewechsel und zu X Modulen nun das Modul X + 1. Sie können daher erfahrene Mitarbeiter stellen und benötigen keine Einweisung in das kleine Einmaleins durch Berufsanfänger, sondern Expertenberatung erfahrener IT-Consultants. Analog ist es mit den klassischen Werkzeugen der Strategieberatung, wo z. B. Portfolioanalysen weit verbreitet sind (vgl. Abschnitt 7.2) und Neues erwartet wird. Ein dritter Grund für die gestiegene Kompetenz von Kunden ist der, dass ein größerer Teil der besonders fähigen Hochschulabsolventen sowie natürlich ehemalige Berater jetzt auf Kundenseite sind und ihre Kompetenzen auch entsprechend einbringen. Dies kann sowohl Nachfragereduzierung bei „primitiveren" als auch Nachfragesteigerung bei anspruchsvolleren Beratungsprodukten bedeuten, fraglich ist die Höhe des Nettoeffektes.
- Junge Berater sehen die Arbeit bei Unternehmensberatungen nur noch als Startbasis für eine Karriere, die sie dann nach relativ kurzer Zeit bei anderen Arbeit-

gebern fortsetzen wollen. Die Gründe hierfür mögen vielfältig sein, Tatsache ist, dass zunehmend weniger Universitätsabsolventen Beratungsfirmen an die Spitze von Beliebtheitsbefragungen setzen (*Katzensteiner*, 2002). Diese seit den letzten Jahren anhaltende Entwicklung hat eventuell etwas damit zu tun, dass der Freiraum in großen Unternehmensberatungen aufgrund deren zunehmend bürokratischerem Innenleben eingeengter erscheint und gleichzeitig das berufliche Risiko in Krisenzeiten höher scheint als bei anderen Arbeitgebern. Da für Beratungsunternehmen wichtig ist, dass sie Zugriff auf sehr gute Bewerber haben, könnte diese Entwicklung bei wieder steigenden Umsätzen ein Nachteil und ein Wachstumshemmnis sein.

- Gesteigerte Selbsteinschätzung bei Bewerbern für Beratungsfirmen könnte dazu führen, dass es zunehmend weniger gelingt, die besten Absolventen von Hochschulen oder Berufswechsler zu bekommen oder aber für diese relativ mehr bezahlen zu müssen. Dieses wird die Ergebnisentwicklung von Beratungsanbietern belasten.
- Abhängig-Machen von IT-Systemen: Längerdauernde Kundenbeziehungen sind schon seit vielen Jahren das Ziel vieler Unternehmensberatungen, weil ja die Kosten der Akquise eines neuen Kunden hoch und die Erfolgsaussichten unsicher sind (vgl. Abschnitt 5.6). Aus diesem Grunde wird bei einigen Anbietern ganz intensiv die persönliche Beziehungskarte gespielt, dies ist eigentlich nicht neu. Jüngeren Datums ist allerdings das Ausmaß des Bestreben bei „traditionellen“[392] Beratungshäusern, dauerhafte Leistungsvereinbarungen insbesondere im IT-nahen Bereich oder allgemein bei der Verantwortung für unterstützende Prozesse zu erhalten. Stichworte sind hier „Outsourcing“ und „Business Process Management“ sowie „Interimsmanagement“. Diese nicht mehr zum Beratungs-Kerngeschäft gehörenden Arbeiten versprechen einen stetigeren Einnahmestrom und reduzieren die Anzahl notwendiger Einzelverkäufe.
- Personelle Vernetzung: Die relativ hohe Fluktuation im Beratungsgewerbe hat über die letzten Jahrzehnte eine große Zahl ehemaliger Berater in Funktionen bei potenziellen Kundenunternehmen gespült. Nach dem Vorbild der Alumni von *McKinsey* (siehe z. B. *Schaudewet*, 2002) haben auch andere Beratungsfirmen Netzwerke ehemaliger Kollegen aufgebaut, um diese Kontakte eventuell nutzen zu können. Fraglich ist allerdings, wie belastbar diese Netze sind und ob sich bei großen Kunden nicht eventuell zunehmend der Einfluss von ehemaligen Beratern verschiedener Firmen neutralisiert.

Die Vielfalt der möglichen Einflüsse auf die Beraterkonjunktur sowie gleichzeitig das Fehlen eines ernsthaften Modells der Konjunkturprognose macht es nicht verwunderlich, dass es in der Vergangenheit schon Fehlprognosen über die Marktentwicklung gegeben hat. So hat *Niedereichholz* bereits 1991 – allerdings halb ironisch – das Ende der „goldenen Zeiten“ festgestellt (*Niedereichholz*, 1991, S. 275)[393], bekanntermaßen sind die Zeiten danach sogar noch besser – diamanten – geworden.

---

[392] Als „traditionelles“ Beratungshaus soll hier derjenige Anbieter bezeichnet werden, der als „Nur-Berater“ gestartet ist. Die „Ableger“ von Hardware- oder Softwareanbietern wie z. B. *IBM oder SAP SI* sind über ihre Mutterhäuser ja schon lange im Leasinggeschäft oder im Outsourcing aktiv gewesen. Für sie ist das nichts Neues.

[393] Wie so häufig kann ein Witz die Situation retten: Die goldenen Zeiten waren vorbei, es kamen die diamantenen ... Die Aussage von *Niedereichholz* bezog sich allerdings darauf,

16.2 Wettbewerbsvorteile einzelner Beratungsanbieter

Unabhängig von der Entwicklung der Gesamtbranche kann man sich fragen, welche Bewegungen innerhalb des Anbietermarktes es geben wird und welche Strategien dort Vorteile verschaffen können. *Berger* (2000, S. 129 f.) listet die seines Erachtens für das Wachstum einzelner Unternehmen sieben wichtigsten Entscheidungsdimensionen auf. Nachfolgend soll anhand dieser Merkmale und nach weiteren möglichen Gründen für verschieden schnelles Wachstum einzelner Beratungsfirmen gesucht werden.

- Globale vs. nationale Ausrichtung: Das Angebot, internationale Kunden auch aus den Heimatländern der ausländischen Niederlassungen heraus betreuen zu können, ist sicher ein erheblicher Wettbewerbsvorteil. Allerdings gibt es eine größere Zahl von Anbietern, die diesem Kriterium genügen, daher wirkt es nur gegen einen Teil der Konkurrenz.
- Größe vs. Nischenanbieter: Der Marktanteil der 40 größten Beratungsunternehmen in Deutschland ist ca. 49,6 % *(BDU*, 2003, S. 8). Ein möglicher Grund für ein überproportionales Wachstum der größten Unternehmensberatungen ist in dem Beschaffungsverhalten großer Kunden, die überproportional oft auch große Beratungsunternehmen engagieren, zu sehen. Es gibt Stimmen, die in langer Frist nur noch sehr wenige große Beratungsanbieter bzw. Beratungsallianzen und einige hochspezialisierte Kleinberatungen sehen (s. *Schade*, 1997, S. 312). Dagegen ist allerdings mit einem steten Nachwuchs für neue Beratungsanbieter gesorgt, weil die internationalen Anbieter mit ihrer „up-or-out"-Politik den größten Teil der Mitarbeiter vor dem Erreichen der Partnerschaft freisetzen und diese Mitarbeiter nicht selten selbst Unternehmensberatungen gründen (vgl. *Schade*, 1997, S. 312). Auch einige der jetzt großen Marktteilnehmer sind ja als Spin-off anderer Anbieter entstanden, z. B. *Roland Berger*, *Bain* und die *Boston Consulting Group*.
- Konzentration: Ein verstärktes Fusionsfieber ist der Beraterbranche auch zu früheren Zeiten vorhergesagt worden (z. B. *Bierach*, 1995), tatsächlich ist es aber trotz einzelner Zusammenschlüsse auch zwischen großen Häusern nicht zu einer wesentlichen Konzentrationswelle[394] gekommen. Das Anwachsen der Marktanteile der größten Unternehmen ist weitgehend organisch, d. h. ohne Zukauf von Marktanteilen geschehen.
- Markenbildung und Stil: Image und Renommee spielen im Beratungsbereich eine – wenn auch nicht allein ausschlaggebende – Rolle (vgl. Abschnitt 5.5). Ver-

dass sich nunmehr nicht jeder Hochschulabsolvent einfach als Berater betätigen könne (hier irrte sie offensichtlich). Weiterhin stellte sie fest, dass die Kunden nun leider nicht mehr so naiv jeden Beratervertrag unterschreiben würden und der Beratertyp „Grandseigneur" ausgestorben sei. Dieser Grandseigneure sei am späten Vormittag zum Kunden gefahren und habe ein Stündchen mit dem Auftraggeber über das Unternehmen im allgemeinen und die Weltlage im besonderen philosophiert.

[394] Der Zusammenschluss von *IBM* und *PricewaterhouseCoopers* ist eine Ausnahme. Gemessen an dem mit dem Zusammenschluss erreichten Marktanteil handelt es sich aufgrund der starken Zersplitterung des Angebots immer noch um relativ kleine Einheiten, verglichen mit den Marktanteilsgewinnen von Zusammenschlüssen in anderen Branchen, z. B. der Automobilbranche.

mutlich ist der Einfluss auf potenzielle Neukunden erheblich größer als auf bestehende Kunden, da letztere aber i. d. R. den größeren Umsatzanteil ausmachen ist der Vorteil also begrenzt. Dennoch ist der Marktwert einer Marke wie „*McKinsey*“ gegenüber einer No-Name-Beratungsfirma sicher sehr groß, allerdings gibt es schon einige gut eingeführte Marken im Beratungsmarkt. Daher wirkt der Vorteil wahrscheinlich nur relativ gegenüber denjenigen, die keinen Markennamen haben. Ein Spezialfall ist die Frage, inwieweit interne Beratungen ohne eigene Markennamen benachteiligt sind.

- Technologieführerschaft und Innovationsführerschaft: In Abschnitt 4.1.1.3 wurde die Unterscheidung zwischen absoluter und relativer Innovation eingeführt. Einen Wettbewerbsvorteil zwischen verschiedenen Anbietern kann nur die Fähigkeit zu absoluter Innovation bedeuten. „Objektiv“ gibt es solche Vorteile im „Mikrobereich“, d. h. bei einzelnen insbesondere technischen IT-Beratungsprodukten, wo immer wieder kleinere Spezialwerkzeuge zum Einsatz kommen (vgl. Abschnitt 7.4). Einen großen absoluten Umsatzanteil haben diese Werkzeuge bei mittleren und großen Häusern aber vermutlich nicht. Dennoch ist die Suche nach absoluter Innovation und das Vorhalten auch absolut innovativer Angebote – untrennbar verwoben mit dem erfolgreichen Marketing – ein wichtiger Bestandteil des Auftretens von Beratungsfirmen. Fraglich ist nur, ob es eine notwendige oder eine hinreichende Bedingung für einen überdurchschnittlichen Erfolg ist.
- Recruitingführerschaft: Wie in Kapitel 13 gezeigt wurde, sind die Bemühungen zur Gewinnung von Spitzenkräften bei allen Beratungsunternehmen groß, wesentliche Vorteile einzelner Firmen gegenüber anderen sind derzeit nicht zu erkennen. Das Recruiting aller Beratungsanbieter profitiert derzeit von der allgemeinen konjunkturellen Flaute, anderseits trifft alle die Verschlechterung von Beratungsfirmen in der Bewerberpräferenz. Unabhängig von dieser aktuellen Situation gilt für das Recruiting ähnlich wie auch für die Strategien von Beratungsfirmen, dass sie sehr schnell voneinander erfolgreiche Wege abschauen, so dass selbst bei geänderten Rahmenbedingungen kein dauerhafter Vorteil für einzelne Firmen zu erwarten ist.

Ergänzend sind folgende Aspekte zu nennen:

- Mitarbeiterstruktur: Ein möglicher Grund für wirtschaftliche Schwierigkeiten von Beratungsunternehmen ist der, dass zu viele Mitarbeiter in besser bezahlte Manager- oder Geschäftsführerrollen wechseln und damit zum einen teurer und zum anderen auch noch kundenferner sind. So kam z. B. die in den 70er Jahren zu den weltgrößten Beratungshäusern zählende *PA Consulting* in Schwierigkeiten, weil der relative Anteil seniorer und damit teurer Berater zu stark stieg (*Evans*, 1994, S. 23).
- Marktzutrittsbarrieren: Verglichen mit vielen anderen Branchen sind die formellen Marktzutrittsbarrieren im Beratungsgeschäft sehr niedrig. Jeder kann in den meisten Ländern sofort Dienstleistungen als Unternehmensberater anbieten. Informell ist es aber schon etwas schwieriger. Im Markt etablierte Unternehmen können eine relative Alleinstellung erreichen durch (1) persönliche Kontakte in das Kundensystem hinein und ein Verstehen von Interessenkonstellationen innerhalb des Kundenunternehmens sowie (2) durch den Aufbau von komplexen

Systemen oder Mitarbeit in komplexen Projekten. Darüber hinaus kommen für bestimmte Projekte nur größere Anbieter und/oder internationale Anbieter in Frage, so dass auch die Struktur und die Mitarbeiterzahl für bestimmte Teilmärkte des Beratungsgeschäfts informelle Barrieren sein können.

16.3 Entwicklung innerhalb von Beratungsfirmen

Innerhalb von Beratungsfirmen ist eine hohe Bereitschaft zu schnellem Strukturwandel zu beobachten, dennoch gibt es natürlich – auf oberflächlichem Niveau – auch einige Konstanten.

Mitarbeiterstruktur: Allgemein werden externe Beratungsfirmen weiter in der Gunst der Bewerber sinken oder zumindest – gemessen an besseren Zeiten – relativ weit unten in Vergleichstabellen verbringen. Der Anteil von Frauen unter den Beratern wird wie bisher deutlich geringer sein als der der Männer, da es kein „natürliches" zahlenmäßiges Gleichgewicht der Geschlechter gibt. Die Gründe für eine geringere Zahl von Frauen liegen u. a. darin, dass das Interesse von Frauen an großen Beratungsbereichen wie IT schon in der beruflichen Weiterbildung deutlich geringer ausgeprägt ist als bei Männern. Dem widerspricht nicht, dass insbesondere in den größeren Häusern versucht wird, mehr Mitarbeiterinnen insbesondere für Stellen mit Aufgabenschwerpunkt in dem zwischenmenschlichen Bereich, z. B. Personalberatung und Training, zu finden. Frauen werden in der – gemessen am Umsatzanteil der Beraterbranche – eher kleinen Personalmanagementberatung sogar ein Übergewicht bekommen können, wahrscheinlich allerdings in Leitungsfunktionen wie auch sonst eher unterrepräsentiert bleiben. Die Ursache hierfür sind die auch bei anderen entsprechenden Berufen in der Wirtschaft einschlägigen frauenbiographischen Gründe. Hierzu zählen ein geringer ausgeprägtes Machtmotiv, die bei ca. zwei Dritteln der Frauen zu erwartende Mutterschaft mit einer Zwangsunterbechung der Berufskarriere und allgemein stärkeres Interesse an genügend Freiraum für das Ausleben von privaten Interessen[395].

Entgeltstruktur und Karrieremodell: Die Entgelte in Beratungsfirmen sind vergleichsweise hoch (siehe Abschnitt 5.4). Wahrscheinlich werden sie auch in Zukunft deutlich über dem Durchschnitt gleichwertig qualifizierter Berufstätiger liegen, aber der leistungsabhängige Anteil – Leistung definiert als das Ergebnis des Unternehmens und als Bewertung des Beschäftigten durch das Unternehmen – dürfte ansteigen. Der Grund hierfür liegt darin, dass die relative Attraktivität des Beratungsberufs für eine längerfristige Karriere ganz erheblich im finanziellen Bereich liegt, andererseits aber die Unternehmen bestrebt sein müssen, einen Mechanismus zur Begrenzung des Personalkostenrisikos in schwachen Zeiten zu haben. In den großen internationalen Beratungsfirmen wird das Up-or-Out-Prinzip[396] Bestand haben. Dieses Prinzip ist das notwendige Korrektiv für die überdurch-

---

[395] Sehr aufschlussreich: *Bierach*, 2002; Übersichtsartikel von *Schwertfeger*, 2002.; speziell zu Frauen in der Unternehmensberatung *Hördt*, 2002.

[396] Bei der *Boston Consulting Group* heißt es „grow or go".

schnittlichen Entgelte der Branche, diese Entgelte wiederum sind das notwendige Stimulans für die besonderen Herausforderungen der Arbeit und die relativ kleine Komfortzone innerhalb der Firma. In Inhouse-Beratungen besteht dieser Druck wegen der dort geringeren Gehälter nicht so sehr, daher gibt es dort i. d. R. kein Up-or-Out-Prinzip.

Ergebnis- und Kostenstruktur: Falls die Umsätze wieder steigen sollen, wird vorsichtiger als in der Vergangenheit nach Einphasen der derzeit teilweise „geparkten" Mitarbeiter wieder eingestellt werden. Die Einstiegsgehälter der neuen Mitarbeiter werden relativ moderater ausfallen, ggf. wird an Einstiegsprämien, Umzugsbeihilfen usw. gespart. Falls die Umsätze in der nächsten Zeit nicht weiter anziehen sollten, ist wegen der schon vielerorts in der letzten Zeit angezogenen Kostenschraube nicht mit revolutionären internen Veränderungen zu rechnen. Vielmehr wird es zu weiteren Personalanpassungen nach unten und evtl. zu einer verschleierten stärkeren Beteiligung von bisher fix bezahlten Beschäftigten an den schlechteren Unternehmensergebnissen kommen, d. h. faktisch eventuell zu einem Einkommensrückgang. Dafür bieten die Gehälter der älteren Mitarbeiter sowie die Beteiligungsergebnisse der Partner genügend Luft.

Gesellschafts- und Partnerschaftsstruktur: Die Zahl börsennotierter Beratungsfirmen wird langfristig zunehmen, obwohl die Marktschwäche der Jahre 2000 bis 2003 Börsengänge nicht fördert. Deswegen wird eine neue Welle des going public auch erst mit Verzögerung nach beginnender Erholung der Märkte eintreten. Der Grund für den Weg zur Publikumsgesellschaft liegt darin, dass die Ausgabe von Aktien Akquisitionswährung schafft und gleichzeitig die Gestaltung von Modellen der Ergebnisbeteiligung für Mitarbeiter wesentlich erleichtert. Da die im deutschsprachigen Raum börsennotierten Beratungsunternehmen sich jedoch auch in erheblichem Maße als volatile Werte erwiesen haben und die Gefahr einer feindlichen Übernahme gegeben ist, werden die Aktiengesellschaften zahlreiche Mechanismen zur Begrenzung der Zahl frei verfügbarer Aktien nutzen. Publikumsaktien werden sie daher wohl nicht werden.

17 Anhang

17.1 Verbände der externen Unternehmensberater

17.1.1 Deutschland, Österreich und Schweiz (Auswahl)

Nachfolgend sind die größten Berufsverbände der Unternehmensberater in den deutschsprachigen Ländern aufgelistet. Alle Angaben (Stand: Januar 2003) erfolgen ohne Gewähr, da sich Adressdaten schnell ändern können.

Tab. 86: Verbände der deutschsprachigen Unternehmensberater (Stand: 1.3.2003)

Namen	Anschrift	Telekontakt
ASCO – Association Suisse des Conseils en Organisation et Gestion, Schweizerische Vereinigung der Unternehmensberater	Forchstraße 428 Postfach 428 CH-8029 Zürich	• Tel.: 01-395 2404 • Fax: 01-395 2400 • www.asco.ch
BDSU e.V. – Bundesverband deutscher studentischer Unternehmensberater	Gustav-Lorenz-Str. 9 D-64283 Darmstadt	• Tel.: 06151-295754 • Fax: 06151-28405 • www.bdsu.de
BDU – Berufsverband Deutscher Unternehmensberater e.V.	Kronprinzendamm 1 D-10711 Berlin	• Tel.: 030-8931070 • Fax: 030-8934706 • www.bdu.de
BVW – Berufsverband der deutschen Wirtschaftsberater e.V.	Lerchenweg 14 D-53909 Zülpich	• Tel.: 02252-81361 • Fax: 02252-2910
BWU – Verband der Betriebs-, Wirtschafts- und Unternehmensberater e.V.	Lindenstr. 1a D-28755 Bremen	• Tel.: 0421-657532 • Fax: 0421-657530
Fachverband Unternehmensberatung und Datenverarbeitung	Wiedner Hauptstraße 63 A-1045 Wien	• Tel.: 1-50105-3539 • Fax: 1-50206-285 • www.ubit.or.at
SGW – Schweizerische Gesellschaft der Wirtschaftsberater	Kirchplatz 4 CH 8400 Winterthur	• Tel.: 052-2121177 • Fax: 052-2124464 • www.sgw-berater.ch
Vereinigung Österreichischer Betriebs- und Organisationsberater (VOB)	Strauchgasse 3 1010 Wien	

17.1.2 Beraternahe Verbände Deutschland (Auswahl)

Tab. 87: Beraternahe Verbände in Deutschland (Stand: 1.3.2003)

Namen	Anschrift	Kontakt
ASU – Arbeitsgemeinschaft selbständiger Unternehmer e.V.	Mainzer Str. 238 53197 Bonn	• Tel.: 0228-95459-0 • Fax: 0228-95459-90 • www.asu.de
bdvb – Bundesverband Deutscher Volks- und Betriebswirte e.V.	Florastr. 29 40217 Düsseldorf	• Tel.: 0211-371022 • Fax: 0211-379468 • www.bdvb.de
BDVT – Bund Deutscher Verkaufsförderer und Trainer e.V.	Hohenzollernring 48 50672 Köln	• Tel.: 0221-92076-0 • Fax: 0221-92076-10 • www.bdtv.de
BDW – Deutscher Kommunikationsverband e.V.	Adenauerallee 118 53113 Bonn	• Tel.: 0228-94913-0 • Fax: 0228-94913-13
BVIT – BundesVerbandInformations-Technologien e.V.	Adenaueralle 18–22 53113 Bonn	• Tel.: 0228-20136-0 • Fax: 0228-20136-99 • www.bvit.de
BVMW – Bundesverband mittelständische Wirtschaft e.V.	Berliner Freiheit 36 53111 Bonn	• Tel.: 0228-60477-0 • Fax: 0228-60477-50 • www.bvmw.org
DGQ – Deutsche Gesellschaft für Qualität e.V.	August-Schanz-Str. 211 60433 Frankfurt a.M.	• Tel.: 069-95424-0 • Fax: 069-95424-133 • www.dgq.de
VBI – Verband Beratender Ingenieure	Am Fronhof 10 53177 Bonn	• Tel.: 0228-95718-0 • Fax: 0228-95718-40 • www.vbi.de
VDI – Verein Deutscher Ingenieure	Postfach 101139 40002 Düsseldorf	• Tel.: 0211-6214-0 • Fax: 0211-6214-575 • www.vdi.de
VdU – Verband deutscher Unternehmerinnen e.V.	Gustav-Heinemann-Ufer 94 50968 Köln	• Tel.: 0221-375074 • Fax: 0221-343171 • www.vdu.de
VWI – Verband deutscher Wirtschaftsingenieure e.V. c/o Institut für Unternehmensplanung	3944 Hardenbergstr. 4–5 10623 Berlin	• Tel.: 030-31505777 • Fax: 030-31505888 • www.vwi-online.de

17.1.3 Beraterverbände übriges Europa (Auswahl)

Tab. 88: Wichtige Verbände der Unternehmensberater übriges Europa (Stand: 1.3.2003)

Land	Namen	Anschrift	Telekontakt
Europa	Jade – Junior Association for Development in Europe	Rue Ulens 82, B-1080 Brussels	• Tel.: +32-2420-1752 • Fax: +32-2420-1751 • www.jadenet.org
Europa	FEACO – Fédération européenne des associations de conseils en organisation	Avenue des Arts 3/4/5 1210 Brussels	• Tel.: 2 250 0650 • Fax: 2 250 0651 • www.feaco.org
Frankreich	Office professionnel de qualification des conseils en management (OPQCM)	3, rue Léon-Bonnat 75016 Paris	• www.opqcm.org
Groß-britannien	Institute of Management Consultants	3rd floor 17/18 Haywards Place London EC1ROEQ	• Tel.: 020 7566 5220 • Fax: 020 7566 5230 • www.imc.co.uk
Groß-britannien	Management Consultancies Association (MCA)	49 Whitehall, London SW1A 2BX	• Tel.: 020 7321 3990 • Fax: 020 7321 3991 • www.mca.org.uk
Italien	Assoziazione Fra Societa e Studi di Consulenza di Direzione e Organizzazione Aziendale (APCO)	Corso Venezia 49 20121 Milano	• Tel.: 02 7750449 • Fax: 02 7750480 • www.apcoitalia.it/
Polen	Stowazyszenie Doradcow Gospodarczych w Polsce (SDG)	ul. Marszalkowska 83m. 49 00–683 Warsaw	• Tel.: 48 61 650 3200 • Fax: 48 61 650 3216 • www.sdg.com.pl
Spanien	Associatión Espãnola de Empressa de Consultoria (AE)	Orfila 5-Esc. 1–4 C 28010 Madrid	• Tel.: 349 1 308 0161 • Fax: 349 1 308 2327 • www. consultatoras.com
Ungarn	Association of Management Consultants in Hungary (VTMSZ)	11 Szt. István Krt. 1055 Budapest	• Tel.: 36 1 302 7681 • Fax: 36 1 302 7681 • www.vtmsz.hu

17.1.4 Beraterverbände weltweit (Auswahl)

Tab. 89: Wichtige Verbände der Unternehmensberater übrige Welt (Stand 1.3.2003

Land	Namen	Anschrift	Telekontakt
Japan	Chusho Kigyo Shindan Kyokai (smaller enterprise consultants association)	Ginza Section of MITI 6-15-1, Ginza, Chuo-ku Tokyo 104	
Japan	Association of Management Consultants in Japan	Shuwashibakoen Sanchome Building 3-1-38 Shiba Park	
USA	Association of Internal Management Consultants (AIMC)	2025 M Street N.W. Suite 800 Washington DC 20036–3309	• Tel.: 202 367 1134 • Fax: 202 367 2134 • www.imcusa.org
USA	American Institute of certified Accountants (AICPA), Management services Division	1211 Avenue of Americas New York, NY 10036	• www:aicpa.org
Welt	IMCI – International Council of Management Consulting		• www.imci.org
Welt	Association of Management Consultants International		• www.mcninet.com

17.1.5 Periodika Unternehmensberatung (Auswahl)

Tab. 90: Periodika Unternehmensberatung (Auswahl)

Namen des Periodikums	Kommentar	Kontakt
Der Betriebsberater	Enthält fast ausschließlich Information zu juristischen, steuerlichen und wirtschaftsprüferischen Fragestellungen	verlag@rvw.de
Consultant	Schwerpunkte sind Steuern und Finanzen, relativ wenig über allgemeine betriebswirtschaftliche Fragen	www.consultant-magazin.de
Detecon Management Report	Zumeist IT-nahe Themen. Weitgehend sachliche Information mit hilfreichen Abbildungen, griffige Darstellungen, Werbung erträglich	www.detecon.com
McKinsey Quarterly	Künstlerisch angehauchtes Format, Aufsätze über strategische Fragestellungen, Texte eher im angenehmen Plauderton als analytisch-messerscharf, keine erläuternden Abbildungen	
Unternehmensberater	BDU-nahe Fachzeitschrift. Abwechslungsreiche Beiträge von Autoren verschiedener Beratungsfirmen zu Beratungsthemen und Märkten. Personen- und Unternehmensnachrichten	www.haefner-verlag.de
C2M, Consulting to Management	Fachliche Schwerpunkte aus den USA, aber auch Blick auf internationale Beratungsmärkte	www.c2m.com

17.2 Studentische Berater

17.2.1 Studentische Berater im deutschen Sprachraum

Tab. 91: Beratungsunternehmen im BDSU (Stand: 1.3.2003)

Beratungsunternehmen im BDSU	Internet-Adresse
Junior Management Spektrum e.V. Augsburg	www.jms-augsburg.de
Junior Beratung Bayreuth e.V.	www.jbb-ec.de
Company Consulting Team e.V. Berlin	www.cct-ev.de
Junior Comtec Darmstadt e.V. Darmstadt	www.junior-comtec.de
VIA e.V. Dortmund	www.via-ev.de
PAUL Consultants e.V. Dresden	www.paul-consultants.de
WIP e.V. Duisburg	www.wip-duisburg.de
IBC e.V. Furtwangen	www.business-consulting.de
INFOTEC e.V. Giessen	www.infotec-giessen.org
Consulting Team Göttingen e.V. Göttingen	www.ctg-ev.de
Hanseatic Consulting e.V. Hamburg	www.hanseaticconsulting.de
Janus Consulting e.V. Hannover	www.janus-consulting.de
Campus Contact Halle e.V. Halle	www.campuscontact.de
delta e.V. Karlsruhe	www.delta-ev.de
Campus Inform e.V. Leipzig	www.campus-inform.de
INTEGRA e.V. Mannheim	www.integra-ev.de
Academy Consult e.V. München	www.academyconsult.de
move e.V. Münster	www.move-ev.de
Junior Consulting Team e.V. Nürnberg	www.jct.de
STUDENTOP e.V. Osnabrück	www.studentop.de
Campus Consult e.V. Paderborn	www.campus-consult.de
INSTEAD e.V. Passau	www.instead.de
Intouch Consult e.V. Regensburg	www.intouch-consult.de
Study & Consult e.V. Siegen	www.study.de
Junior Business Team e.V. Stuttgart	www.jbt-ev.de
kreativ e.V. Weingarten	www.kreativ.info

Tab. 92: Anwärter für die Mitgliedschaft im BDSU (Stand: 1.3.2003)

Beratungen, die sich zur Zeit im Jahr der Anwartschaft befinden	
BCPro e.V. Berlin	www.bc-pro.de
Consult-it e.V. Deggendorf	www.consult-it-online.de
Campus Konzept e.V. Stuttgart	www.campus-konzept.de

Tab. 93: Studentische Unternehmensberatungen in Österreich

Beratungsunternehmen	Internet-Adresse
comtec austria, Graz	www.comtecaustria.at
PROPOLIS, Linz	www.propolis-jel.at
uniforce Junior Enterprise, Wien	www.uniforce.at

Tab. 94: Studentische Unternehmensberatungen in der Schweiz

Beratungsunternehmen	Internet-Adresse
ESPRIT St. Gallen	www.espritsg.ch
ETH juniors, Zürich	www.juniors.ethz.ch
HEC Junior Entreprise, Lausanne	www.jehec.ch
JEUNE Consulting, Neuchâtel	www.unine.ch/jeune
Junior-Entreprise Fribourg	www.jef.ch
Junior Entreprise Genève	www.jeg.ch

17.2.2 Projektbeispiele studentischer Beratungsfirmen

17.2.2.1 Prozessanalyse bei der DaimlerChrysler AG

Die *DaimlerChrysler AG* sah im Bereich „Entwicklung Transporter“ Handlungsbedarf bei den bestehenden Prozessen der Prototypenerstellung und betraute mit der Aufgabe der Prozessoptimierung ein Projektteam studentischer Berater. Der Auftrag kam über einen Kontakt zustande, und da dem Auftraggeber nur ein geringes Budget zur Verfügung stand, suchte man nach einer günstigen Beratungsmöglichkeit.

Die vier Teammitglieder wurden mit einem äußerst komplexen Prozess konfrontiert, da sie sich von der Skizze bis zum Prototyp in die gesamten Abläufe einarbeiten mussten. 100 Tage lang arbeiteten die Studenten auf Vollzeitbasis daran, die Abläufe in der Prototypenerstellung zu analysieren und Veränderungspotenziale aufzuzeigen. Zudem sollten in Zusammenarbeit mit den betreffenden Bereichs- und Abteilungsleitern Optimierungsvorschläge erarbeitet und Möglichkeiten zu deren Umsetzung entwickelt werden.

Zur Erfassung der Ist-Prozesse wertete das Projektteam vorhandene Unterlagen aus und führte zahlreiche persönliche Interviews mit den Bereichs- und Abteilungsleitern der Abteilungen Konstruktion, Dokumentation, Einkauf und Logistik, Prototypenbau u. a. durch. Auf dieser Grundlage erstellte das Team Ist-Prozessbeschreibungen, überprüfte sie auf Inhalt und Vollständigkeit und ergänzte sie nach Rücksprache mit den Leitern der betreffenden Abteilungen. In einem weiteren Schritt untersuchte das Projektteam die Prozesse auf Redundanzen und Optimierungspotenziale. Die Ergebnisse wurden dem Kunden in einer Zwischenpräsentation vorgetragen. Darauf aufbauend, erarbeitete das Team in Zusammenarbeit mit den verantwortlichen Mitarbeitern der jeweiligen Bereiche Optimierungsvorschläge, die in wöchentlichen Arbeitstreffen besprochen und ergänzt wurden. Das Projektteam stellte den Gesamtprozess übersichtlich dar und erweiterte diese Erkenntnisse durch die gezielte Beschreibung von Maßnahmen, mit deren Hilfe eine Umsetzung der Soll-Prozesse erreicht werden kann. Die Gesamtheit der Lösungsvorschläge wurde am Ende des Projektes in Form einer Abschlusspräsentation dargestellt. Der mit den Ergebnissen hochzufriedene Auftraggeber zeigte sich insbesondere von der Zuverlässigkeit und dem Engagement des Beraterteams begeistert. Er sprach sich lobend über die Flexibilität aus, mit der das Team auf sich ändernde Anforderungen im Projektverlauf eingegangen war und übernahm die erarbeiteten Ergebnisse des Projektes vollständig.

17.2.2.2 Strategieberatung bei TI Diamond Chain Ltd., Chennai

Der führende indische Hersteller von Industrie- und Spezialketten *TI Diamond Chain Ltd.* beauftragte ein Projektteam einer Studentischen Unternehmensberatung mit der Entwicklung einer umfassenden Markteintritts- und Distributionsstrategie für den deutschen Markt. Das Projekt wurde von einem großen Beratungsunternehmen über einen Kontakt an die Studenten übergeben und umfasste 100 Beratertage.

Im ersten Projektabschnitt führte das vierköpfige Team eine Vielzahl von Telefoninterviews durch mit dem Ziel, Qualitätsanforderungen, bestehende technische Normen, Distributionsstrukturen, Markteintrittsbarrieren sowie Stärken und Schwächen der Konkurrenten zu ermitteln.

Auf diesen Erkenntnissen aufbauend, entwickelte das Beraterteam eine Distributionsstrategie. Mögliche Szenarien wurden definiert und auf Chancen und Risiken analysiert. Außerdem wurden unterschiedliche Kooperationsmodelle beschrieben und die Kosten möglicher Markteintrittsstrategien ermittelt. Aus diesen Ergebnissen leitete das Team Handlungsempfehlungen ab, entwickelte einen Zeitplan mit Meilensteinen zu ihrer Umsetzung und erfasste notwendige Investitionen.

Im zweiten Projektabschnitt stand die Analyse von Bekanntheitsgrad, Image und Preis unterschiedlicher Industriekettenmarken im Vordergrund. Mit Hilfe von Unternehmens- und Markenprofilen wurde die Positionierung bekannter Marken und Wettbewerber am Markt untersucht. Aus diesen Ergebnissen leitete das Beraterteam die mögliche Marktstellung des Auftraggebers in Deutschland im Vergleich zu den internationalen Konkurrenten ab. Mit einer umfangreichen Marketingstrategie wurde das Projekt abgeschlossen.

17.2.2.3 IT-Beratung bei LVL Medical Deutschland GmbH

Die *LVL Medical Deutschland GmbH* ist ein mittelständisches Unternehmen der Medizintechnikbranche mit ca. 180 Mitarbeitern. Das Unternehmen stand nach einem Wechsel in der Geschäftsführung vor der Aufgabe, die jahrelang natürlich gewachsenen Informationstechnik-Strukturen zu optimieren.

Der Auftraggeber wählte für dieses Projekt eine Studentische Unternehmensberatung, da er damit bereits positive Erfahrungen gesammelt hatte und von der unbürokratischen und schnellen Abwicklung überzeugt war. Das Beraterteam, das aus drei Personen bestand, führte an mehreren Standorten des Unternehmens eine Analyse hinsichtlich der Datenintegrationsfähigkeit und der damit verbundenen Risiken durch. Hierbei wurde eine Ist-Analyse der IT-Infrastruktur durchgeführt und eine Mitarbeiterbefragung vorgenommen. Aufgrund dieser Erkenntnisse wurden erste operative Maßnahmen zur Beseitigung kurzfristig abstellbarer Risiken umgesetzt.

Auf Basis der erfolgten Analyse wurde die Entscheidung für ein komplettes EDV-Outsourcing (Hardware, Software, Netzwerk, Support) getroffen. Ziel war die stärkere Konzentration der *LVL Medical Deutschland GmbH* auf ihre Kernkompetenzen sowie der Aufbau einer zukunftsfähigen und zuverlässigen IT-Struktur.

In der nächsten Projektphase wurden am bundesdeutschen Markt im Rahmen eines Sub-Projektes Anbieter für IT-Outsourcing ermittelt. Das Projektteam erstellte hierzu einen detaillierten Anforderungskatalog und Ausschreibungsunterlagen, die den möglichen Anbietern zur Verfügung gestellt wurden. Des Weiteren koordinierte das Beraterteam die Ausschreibung des Projektes sowie die jeweiligen Konzeptpräsentationen. Nach der Auswahl des besten Anbieters wurde das Projekt in der letzten Phase planmäßig nach 35 Beratertagen an die Mitarbeiter der *LVL* übertragen.

Die *LVL Medical* war von der dargebotenen Projektarbeit sehr überzeugt, so dass noch weitere Projekte von den Studentischen Beratern durchgeführt wurden.

17.2.2.4 Entwicklung eines Businessplans bei SNIKE Sport GmbH

Zielsetzung des Projektes war die Entwicklung eines Geschäftsplans, der die Etablierung des Produktes und der Marke *„Snike"* sowie den Aufbau einer eigenen Trendsportart mit entsprechenden Cross-Selling-Ansätzen zu weiteren Produkten ermöglicht. Durch eine Empfehlung kam der Auftraggeber auf die Idee, studentische Berater für dieses Projekt zu engagieren. Die Motivation und Kreativität der Studenten passten sehr gut zu dem innovativen Produkt und das günstige Angebot war schließlich ausschlaggebend für die Entscheidung.

Das *Snike* ist ein Zweirad mit einer patentierten Knicklenkung in der Rahmenmitte. Das Fahrgefühl lässt sich mit dem Carving-Fahrgefühl eines Snowboards vergleichen.

Die Aufgabenschwerpunkte bestanden in der Ausarbeitung eines Marketing- und Vertriebskonzeptes sowie einer Fünf-Jahres-Finanzplanung. Zunächst musste das vierköpfige Projektteam hierfür selbst „sniken" lernen. Nach anschließender Ermittlung der Zielgruppen wurde ein detailliertes Marketing- und Vertriebskonzept ausgearbeitet. In enger Zusammenarbeit mit dem Auftraggeber ermittelte das Projektteam daraufhin die relevanten Daten für den Wertschöpfungsprozess, die Personalentwicklung und die Finanzierung.

Die gewonnenen Erkenntnisse wurden im Geschäftsplan zusammengefasst und dem Kunden nach dreimonatiger Projektdauer präsentiert. Aufgrund dieses Geschäftsplans entschloss sich ein Investor zur Beteiligung an der *SNIKE Sport GmbH,* und der Auftraggeber konnte aus dem Projektteam heraus einen neuen Mitarbeiter für sein Unternehmen gewinnen.

17.3 Schwarze Schafe in der Beratung – und wie man sie erkennt

Zimmermann (1997) stellt das Geschäftsmodell, den Vertrieb und die Mitarbeiterrekrutierung eines unseriösen Beratungsanbieters vor, der durch Drückermethoden im Verkauf sowie wenig fundierte Lösungsangebote bei der Beratungsumsetzung bei gleichzeitig hohen Honorarforderungen auffällt[397]. Der Autor nennt keine Namen einschlägiger Anbieter. Die von *Zimmermann* geschilderten Verhaltensweisen sind:

- Beratungsprozess: Der gesamte Prozess der Beratung besteht aus (1) telefonischem Akquisegespräch und einem ca. einstündigen Verkaufsgespräch vor Ort beim Kunden, (2) einem mehrtägigem kostenpflichtigen Analyseauftrag sowie (3) dem eigentlichen Arbeitsprojekt. Alle Arbeitsschritte werden von jeweils anderen Personen bzw. Teams bearbeitet.
- Zielkunden sind beratungsunerfahrene Mittelständler, die ohne nachweisliche Referenzen oder Prüfen des Beratungskonzepts den unseriösen Anbieter beauftragen.
- Es gibt keine besonderen Fachkonzepte oder Produkte der Beratung. Unseriöse Anbieter legen sich gegenüber den Kunden auf keine Beratungsdetails fest, sondern bleiben vage. Die Durchführung des Beratungsprojekts offenbart dann oft die fachlichen Schwächen oder die Banalität der Rezepte. Berichtet wird davon, dass u. a. Abschriften aus Lehrbüchern vorgelegt werden. Die Anbieter versuchen, den Zeitpunkt der Entdeckung dieser Schwächen hinauszuzögern, durch immer neue Vorschläge von ergänzenden Projekten zu verwirren und eventuell sogar Zusatzaufträge hereinzuholen.
- Mitarbeiterrekrutierung: Diese unseriösen Beratungsanbieter suggerieren durch Stellenanzeigen, dass Stellen für angestellte Berater vergeben werden. Tatsächlich bieten sie jedoch Verträge ausschließlich auf Provisionsbasis für Selbständige an. Diese treten dann als Teil des streng vorneinander getrennt operierenden Teams auf.

---

[397] Vgl. auch Beispiel in *Brors*, 1997; *Niedereichholz*, 1997; weitere Quellen in *Kohr*, 2000, S. 122/123.

Das eigentlich Unseriöse dieser Art der Beratung ist nicht das Vorgehensmodell, sondern der bewusste Verkauf einer Beratungsleistung, die man aufgrund mangelnder Kompetenz gar nicht erbringen kann. Das Vorgehensmodell dieser Beratungen hat zwei tragende Elemente, die trotz der Leistungsschwäche aus Sicht des Anbieters erfolgreiche Geschäfte ermöglichen sollen:

- Aggressiver, direkter und persönlicher Verkaufsstil als einzigem Verkaufskanal, da man im Wettbewerb mit anderen Anbietern in offenen Ausschreibungen keine Chancen hätte. Versuch, Entscheidungsschwäche und mangelnde Stressfestigkeit von Entscheidern auf Kundenseite mit massivem persönlichem Druck für einen Beratungsvertrag zu nutzen.
- Stark arbeitsteiliges Vorgehen, um den Verschleiß eigenen Personals im Stress der oft unerfreulich endenden Projekte zu reduzieren. Außerdem erlaubt das getrennte Auftreten „Spielchen", um gegenüber dem Kunden möglichst lange zu verschleiern, dass das Anbieterunternehmen als Ganzes Schlechtleistung erbringt. Diese „Spielchen" beinhalten unter anderem das Erscheinen eines Qualitätsprüfers auf dem Projekt, der den durchführenden Mitarbeiter vor Ort bei Schlechtleistung rügt und so das Vertrauen des Kunden möglichst lange zu erhalten sucht.

Zur Identifizierung eventuell unseriöser Anbieter kann die folgende Checkliste dienen, die die wesentlichen Elemente einer nach dem Prinzip von *George S. May* inspirierten Beratung beschreibt.

Tab. 95: Checkliste Seriosität (vgl. auch BDU 1990, zitiert n. Wohlgemut, 2000, S. 183)

	meist seriös	**eventuell unseriös**
Abrechnung	Akzeptieren längere Zahlungsrhythmen (z. B. Monat) oder Zahlung nach Projektfortschritt	Verlangen nach möglichst kurzzyklischer Bezahlung z. B. im Wochenrhythmus. Versuch, abstrakte Schuldanerkenntisse zu erwirken
Akquisition	Ansprache nach Ausschreibung oder nach Rückmeldung auf Anschreiben. Zurückhaltende allgemeine Werbung, direkte Werbung meist nur mit speziellen Beratungsprodukten und Vorgehensmodellen	Häufig unangekündigte, ziemlich direkte Telefonakquise. Der Kunde wird schon früh und unangemessen psychologisch unter Druck gesetzt, sich für eine Beratung zu entscheiden. Vage Beschreibungen großer Sparpotenziale oder eintretender Schäden im Falle unterlassener Beratung
Leistungsgarantien	Bieten angemessene Garantien bzw. Standards der Projektdurchführung und der messbaren Ergebnisse als Teil des Vertrages an	Vermeiden jede Art der vertraglichen Festlegung auf Vorgehensweisen, Arbeitsschritte und erwartete Ergebnisse. Versuchen, sich der Haftung durch ausländische Adressen zu entziehen

	meist seriös	eventuell unseriös
Marketing	Treten gerne öffentlich auf, schreiben Fachartikel und geben Projektdarstellungen	Treten nicht öffentlich auf
Projektablauf	Bieten durchgehende Betreuung des Kunden durch einen der Berater als verantwortlichen Projektleiter vor Ort an. Haben Kompetenz zur Durchführung der verkauften Leistung	Klassisch ist die Dreiteilung Akquise, Analyse und Projektdurchführung mit jeweils komplett unterschiedlichen Personen und Teams
Referenzen	Nennen mit Zustimmung der Kunden Referenzen	Verweigert Angabe von Referenzen auch bei Zusage der Vertraulichkeit. Hilft nicht bei der Vermittlung von Kontakten zu anderen Kunden

17.4 Empirische Ergebnisse Unternehmensstrategie aus PIMS

Ziel der nachfolgenden Darstellung ist es aufzuzeigen, welche Antworten zu strategischen Fragen empirisch durch Daten der PIMS-Studie[398] abgesichert sind. Die dahinterstehende Absicht ist, etwas mehr festen Grund für die Diskussion der häufig rein theoretisch bewerteten Strategiekonzepte zu gewinnen.

Tab. 96: Beispiele empirischer Ergebnisse aus der PIMS Studie (Buzzel/Gale, 1989)

Bereich	Befunddarstellung aus *Buzell/Gale*, 1989
Marktanteil und Rentabilität	Unternehmen mit einem Marktanteil von über 50 % haben eine dreimal höhere Kapitalrentabilität als Unternehmen mit weniger als 10 % Marktanteil (S. 8)
Qualität	Qualitätsvorteile werden meist zunächst durch Innovation und nachfolgende Produktverbesserungen erzielt. Die Qualitätsführer einer Branche (Unternehmen im oberen Drittel eines Qualitätsrankings) erzielen ca. 5 % bis 6 % höhere Preise als die Konkurrenz mit niedrigerer Position im Qualitätsranking (S. 7)
Wertschöpfungstiefe	Geschäftseinheiten mit niedrigem Marktanteil erreichen den höchsten ROI (return of investment, Gesamtkapitalrentabilität) mit geringer Wertschöpfungstiefe, bei Geschäftseinheiten mit hohem Marktanteil kann der ROI bei hoher oder niedriger Wertschöpfungstiefe groß werden

[398] PIMS steht für Profit Impact of Market Strategies und ist der Namen für eine Gesellschaft, die seit den 60er Jahren laufend Daten von mehreren hundert strategischen Geschäftseinheiten verschiedener Unternehmen sammelt und für Forschungszwecke bereithält.

Bereich	Befunddarstellung aus *Buzell/Gale*, 1989
Marktführerschaft und Marktfolgestrategie	70 % der Marktführer sind als Pionier in den Markt gekommen, bei den Marktfolgern waren 40 % Pioniere. Ein Großteil der Marktführer hat einen Qualitätsvorsprung der Produkte (S. 153)
Bewährung von Strategieempfehlungen auf Basis von Marktwachstums-Marktanteils-Portfolios	Die Empfehlungen allein auf Basis der Einstufung in das Portfolio können irreführend sein. Empirische Ergebnisse zeigen, dass noch mehr Variablen am Zustandekommen von Geschäftsergebnissen beteiligt sein müssen als die in der Analyse untersuchten (S. 11): Einige „cash cows“ und „stars“ verdienen kein Geld, sondern verlieren sogar. Umgekehrt sind mehr als 50 % der „question marks“ und 60 % der „dogs“ in der Gewinnzone. Mit steigender Höhe von Investitionen fällt in der Regel der ROI

Die in der Tab. 96 berichteten Ergebnisse aus Untersuchungen auf Basis der PIMS-Studie zeigen, dass es neben dem Marktwachstum noch weitere Variablen gibt, die auf den Erfolg eines Unternehmens Einfluss haben und daher die Strategie bestimmen sollten. Die beiden nachfolgenden Abbildungen liefern ähnliche Erkenntnisse.

Die Abb. 121 zeigt den großen Einfluss, den die Art des Markteintritts auf den Marktanteil hat. Pioniere profitieren im Durchschnitt am meisten – gemessen am Marktanteil. Der Aufwand ist hier nicht berücksichtigt, er dürfte bei den Pionieren relativ höher sein als bei den Nachahmern.

Die Abb. 122 zeigt, dass Neueinsteiger davon profitieren, wenn der Markt relativ konzentriert und nicht fragmentiert ist. Sie können jedoch nur dann erhebliche Marktanteile dazugewinnen, wenn der Hauptkonkurrent nicht zu stark in dem Markt engagiert ist. Falls der Anteil des Hauptkonkurrenten in dem umkämpften Markt weniger als 10 % seines Umsatzes ausmacht, dann erreichen Start-ups nach vier Jahren ca. 27 % des Marktumsatzes. Falls der Hauptkonkurrent jedoch vor dem Neueinstieg mehr als 10 % seines Umsatzes im Markt des Neueinsteigers macht, dann erreicht der Neueinsteiger nach vier Jahren nur ca. 11 % Marktanteil.

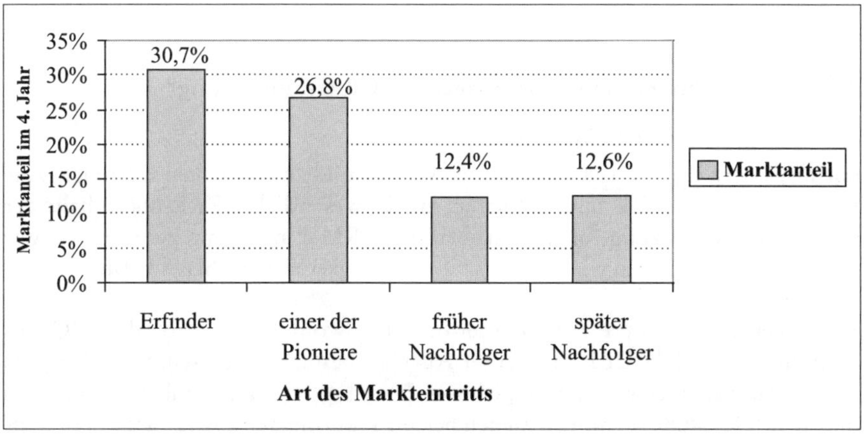

Abb. 121: Beziehung zwischen Marktanteil und Innovation (Meyer/Heyder, 1994, S. 275)

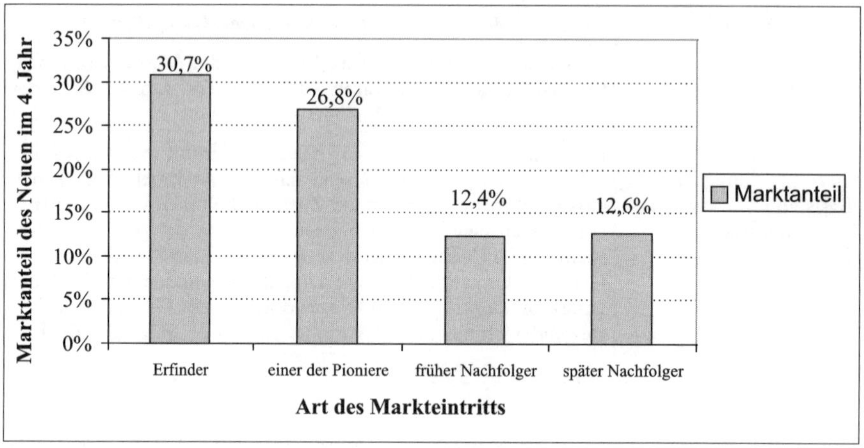

Abb. 122: Marktanteilsgewinn bei größeren Mitbewerbern (Meyer/Heyder, 1994, S. 277)

Insgesamt zeigen diese Datenanalysen aus PIMS, dass das Entscheidungsmodell der gängigen Portfolio-Analysen nicht alle wachstumsbeeinflussenden Faktoren berücksichtigt.

17.5 Materialien zum Beratungsprozess

17.5.1 Beispiel für ein Angebots-Anschreiben

Firma „Kunde-ist-König"
– Einkauf –
Hauptstr. 7
12345 Musterstadt Musterstadt, 01. April 2003

Angebot zur Unterstützung des Projektes „CRM-Einführung"

Sehr geehrte Damen und Herren,

nochmals herzlichen Dank für die interessanten und ausführlichen Gespräche, die wir mit Herrn/Frau XY führen durften, um die wesentlichen Ziele und Inhalte der Beratungsunterstützung für den Ausbau der CRM-Einführung zu erörtern. Wie vereinbart, unterbreiten wir Ihnen nachfolgend unseren Vorschlag für eine Zusammenarbeit.

Wir bieten Ihnen unsere Beratungsleistungen sowohl für das Modul „ABC" als auch für das Modul „DEF" an. Unser Angebot besteht aus diesem Schreiben, das unsere Aufwandsschätzungen und unser Beratungshonorar beinhaltet. Daneben finden Sie Detailinformationen zu den beiden Teilprojekten sowie zu unserem Unternehmen, Referenzen und Mitarbeiterprofilen in den folgenden Anlagen:

- Angebot zur Unterstützung des Projektes „CRM-Einführung", Teilprojekt „ABC"
- Angebot zur Unterstützung des Projektes „CRM-Einführung", Teilprojekt „DEF"
- Firmenprofil „Beraterfirma", Referenzen, Mitarbeiterprofile.

I. Ausgangssituation

Die Firma „Kunde-ist-König" ist seit Oktober des vergangenen Jahres mit der CRM-Software „ZZZ" in den Bereichen „ABC"und „DEF" produktiv und plant nun die Umsetzung der Funktionalitäten „ABC" und „DEF".

Mit dem System „Selbstgestrickt" verfügt Ihr Unternehmen über eine selbstentwickelte Software, die optimal an die eigenen Bedürfnisse angepasst ist, stoßen nun jedoch zunehmend an Grenzen (Datenvolumen, Integration mit externen Systemen, Performance, Verfügbarkeit, ...). Darüber hinaus zwingt auch die bevorstehende Pensionierung zweier Mitarbeiter im März nächsten Jahres, die maßgeblich mit der systemtechnischen Betreuung der angeschlossenen Mainframe-Umgebung betraut sind, zu schnellem Handeln.

Die Realisierung der Komponente „ABC" wird daher zum Mai 2003 angestrebt, der Bereich „DEF" soll bis zur Sommerpause 2003 umgesetzt sein.

II. Vorgehensweise

Die „Beraterfirma" schlägt für beide Teilprojekte vor, zunächst im Rahmen einer ca. dreiwöchigen Mobilisierungsphase noch im Dezember 2002 gemeinsam mit Mitarbeitern der Firma „Kunde-ist-König" aus den entsprechenden Fachbereichen folgende Ziele zu erreichen:

- Verifizierung der Abbildbarkeit der gewünschten Anforderungen in „ZZZ"
- Validierung und Abstimmung der notwendigen Programmieraufwände pro Bildschirmmaske, Schnittstelle etc.
- Abstimmung des Arbeits- und Zeitplanes
- Aufgabenverteilung zwischen der Firma „Kunde-ist-König" und der „Beraterfirma"
- Vorbereiten der erforderlichen Projektinfrastruktur

Eine detaillierte Beschreibung der weiteren Vorgehensweise in den jeweiligen Teilprojekten entnehmen Sie bitte den Anlagen 1 und 2.

III. Aufwandschätzung und Beratungshonorar

Nach den uns derzeit vorliegenden Unterlagen und Informationen schätzen wir die zu erwartenden Aufwände derzeit für das

Teilprojekt: „ABC" auf 1 600–1 800 Personentage

und für das

Teilprojekt: „DEF" auf 600–700 Personentage.

Die in diesem Angebot beschriebenen Unterstützungsleistungen (s. Anlage 1 und 2) bieten wir Ihnen hiermit zu einem Tagessatz (à 8 Stunden) von

€ X.XXX.–

inkl. aller Nebenkosten (Reisekosten, Tagesspesen sowie sonstige Nebenkosten) an.

IV. „Beraterfirma" als Systemintegrator

Ein entscheidender Erfolgsfaktor für das Projekt werden die Kompetenzen des Systemintegrators sein. Die „Beraterfirma" zeichnet bei den ausgeschriebenen Leistungen folgende Qualifikationen aus:

- Umfassende Erfahrung durch zahlreiche ähnliche Projekte (Clarify, Siebel, Ventive, SAP-CRM etc.) in unterschiedlichen Branchen
- Umfangreiche Erfahrungen in Ihrer Branche XY
- Mitarbeit bei der Entwicklung des marktführenden Produktes eFrontOffice
- Nachweisbare Fähigkeit „on time" und „in budget" zu liefern
- Mit dem innerhalb des „Beraterfirma" anerkannten „ZZZ-Komptenzzentrum" in Dresden stehen der Firma „Kunde-ist-König" in Deutschland zahlreiche Experten für die Implementierung zur Verfügung.

Detaillierte Informationen zu Referenzen und Qualifikationen entnehmen Sie bitte der Anlage Y dieses Angebotes.

V. Allgemeines

Die in diesem Angebot angebotenen Leistungen gelten vorbehaltlich einer vertraglichen Vereinbarung zwischen der „Beraterfirma" und der Firma „Kunde-ist-König" auf der Grundlage der „Allgemeinen Einkaufsbedingungen für Beraterleistungen (XYZ)".

Alle in diesem Angebot enthaltenen Informationen dürfen ausschließlich zu Zwecken der Bewertung verwendet werden. Sie sind streng vertraulich zu behandeln und dürfen nur nach schriftlicher Einwilligung der „Beraterfirma" Dritten zugänglich gemacht werden.

Um die von Ihnen vorgegebenen Termine einhalten zu können sowie die geplanten, entsprechend qualifizierten Berater zur Verfügung stellen zu können, hält die „Beraterfirma" sich an dieses Angebot bis zum 30. April 200Y gebunden.

Wir bedanken uns nochmals für die interessanten Vorgespräche und freuen uns, wenn wir Sie bei diesem herausfordernden Vorhaben unterstützen dürfen.

Mit freundlichen Grüßen

Beraterfirma GmbH

Geschäftsführer Projektleiter

17.5.2 Beraterrollen während eines Kundenprojekts (Auswahl)

„Ratgeber“:	Viele Kunden schätzen den Meinungsaustausch mit einem kompetenten unabhängigen Partner. Der Berater wird Ansprech- und Sparringspartner für alle Situationen.
„Katalysator“:	Gute Ideen lassen sich intern nur schwer verkaufen, manchmal werden sie gar nicht akzeptiert („der Prophet gilt im eigenen Lande nichts“). Teuer bezahlten Beratern glaubt man dann eher.
„Gutachter“:	Gutachten sind fachliche Ausarbeitungen zu Fragestellungen des Kunden. Gutachten im engeren Sinne beinhalten eine sachlich ausgewogene, begründete und nachprüfbare Argumentationsführung und betreffen Vergangenheitszustände oder die Ist-Situation. Gutachterliche Arbeiten im engeren Sinne kommen bei Unternehmensberatern selten vor, allerdings enthalten Strategieempfehlungen und fachliche Konzepte Elemente gutachterlicher Arbeit, ebenso wie Schwachstellenanalysen.[399]
„Coach“:	Kompetente, engagierte und motivierte Mitarbeiter stehen für das Projekt zur Verfügung und werden durch den Berater fachlich und/oder methodisch angeleitet. Beispiele hierfür sind: • Prozessreengineering • Train-the-Trainer Konzepte • Erarbeitung von Ideen im Rahmen von Workshops
„Buhmann“:	Auch um unpopuläre Ideen und Entscheidungen zu kommunizieren und umzusetzen, werden Berater oft genutzt. In der Rolle des „Schuldigen“ übernehmen sie die Verantwortung für die mit neuen Konzepten verbundenen unpopulären Veränderungen (z. B. Kosteneinsparung durch Stellenabbau) und „schirmen“ so die Unternehmensleitung wenigstens teilweise gegen Kritik ab.
„Leiharbeiter“/ „Zeitarbeiter“:	Oft ist das Know-how im Unternehmen zwar vorhanden, die eigenen Mitarbeiter sind aber mit ihrem Tagesgeschäft ausgelastet/überlastet und können nicht für Projekte abgestellt werden (das auch eine Ausrede sein kann, zeigt das Praxisbeispiel „Kraftwerk“). In diesem Fall werden die fehlenden „Ressourcen“ temporär eingekauft und nach Projektende wieder freigesetzt.

[399] Offen ist bei vielen Fragestellungen, welche qualitativen Maßstäbe an Gutachten anzulegen sind. Die *Roland Berger Strategy Consultants* gerieten in die Kritik, als sich herausstellte, dass ein vom Berliner Senat beauftragtes „Gutachten“ mit Sparvorschlägen für die Berliner Universitäten im Wesentlichen nur auf den Erinnerungen der ehemaligen Studenten dieser Universitäten – nun Mitarbeiter *von Roland Berger* – basierte (vgl. *Kaube*, 2003). Schnell wurde das nicht so gute Gutachten in „Impulspapier“ umgetauft.

Ähnlich wird verfahren, wenn entsprechend qualifizierte eigene Mitarbeiter zwar zur Verfügung stehen, der Zeitdruck aber so groß ist, dass das Vorhaben aus eigener Kraft nicht zu schaffen ist. Beispiele:

- „Jahr 2000" und „€-Einführung". Obwohl bereits lange vor Inkrafttreten bekannt war, dass mit diesen Ereignissen auch Änderungen in den Bereichen Systeme, Prozesse, Formulare usw. verbunden waren, haben viele Unternehmen den Start einer rechtzeitigen Anpassung verschlafen.
- Aufbau von „Start-Up"-Unternehmen im Zuge des New Economy Booms. Hier galt jeweils schon vor dem Projektstart, dass man eigentlich schon mindestens drei Monate zu spät dran sei.

„Experte": Innovative Ideen, (informations-) technische Vorhaben, neue Geschäftsfelder, wachsender Konkurrenzdruck, neue politische Rahmenbedingungen etc. verlangen oft nach Expertenwissen, das im eigenen Unternehmen nicht oder nicht ausreichend vorhanden ist, wie z. B.:

- Einführung einer neuen Software: Wer bislang *SAP* nicht im Einsatz hatte, wird ohne Berater nicht auskommen.
- Neue Prozesse und Rollen: Wer kannte in der Energieversorgungsbranche in Deutschland vor 1999 schon den Begriff des „Energiehändlers"?
- eCommerce: Welche technischen und organisatorischen Voraussetzungen zum Aufbau eines B2B-Marktplatzes erforderlich sind, gehörte sicher auch nicht zum Standardrepertoire einer hausinternen IT-/bzw. Organisationsabteilung.

17.5.3 Mögliche Beraterrollen

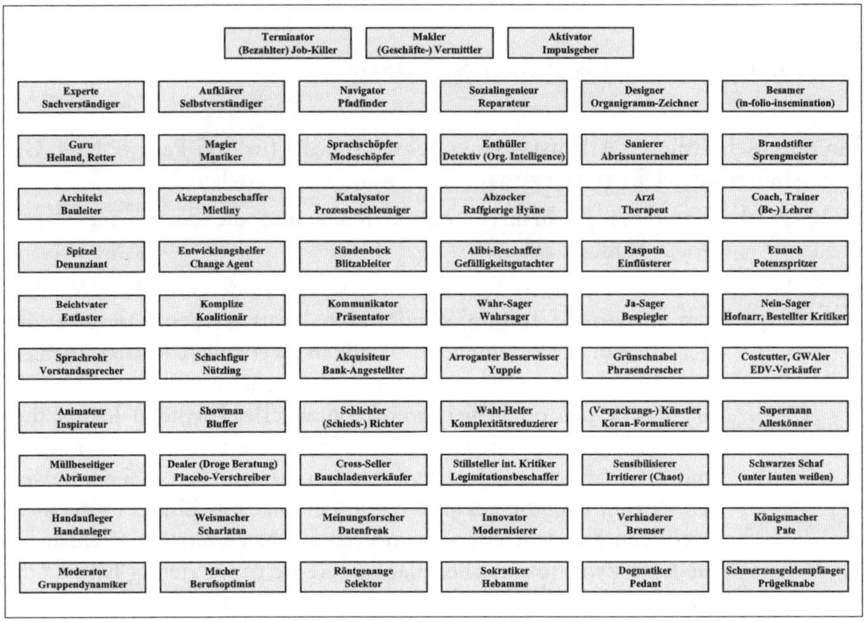

Abb. 123: „Klingelschild im Beraterhaus" (mod. n. Neuberger, 2002, S. 136)

17.5.4 Business Plan

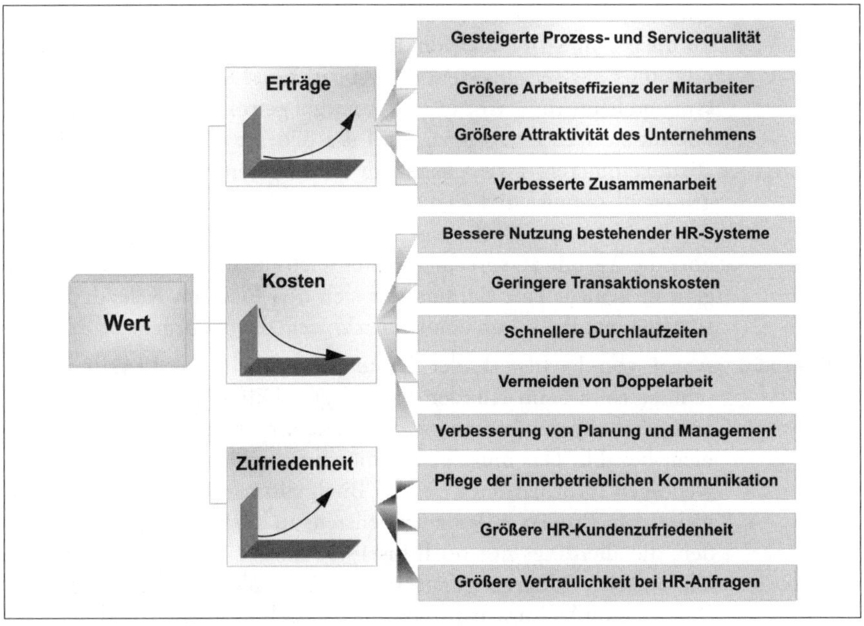

Abb. 124: Beispiel Bestandteile einer Kosten-Nutzen-Rechnung („Business Case")

17.6 Sekretariat in einer Unternehmensberatung

17.6.1 Beispiel Tagesablauf einer Sekretärin

Ein durchschnittlicher Arbeitstag einer Sekretärin, die für drei Partner bzw. Geschäftsführer oder Direktoren zuständig ist, könnte so aussehen:

08.30–09.00 Computer hochfahren, eigene Mails und die der Partner lesen, Voice-Mailbox abhören

09.00–11.00 Aus den wichtigen Termininformationen in den einzelnen Mailboxen müssen die Terminkalender aktualisiert werden. Daraus ergibt sich, dass in der kommenden Woche in zwei Fällen Treffen storniert bzw. verschoben werden müssen und die gesamte Reiseplanung für die Woche neu organisiert werden muss. Bei Partner 1 klappt dies gut, sie kann alles mit ihm telefonisch abstimmen und die Bestätigungen an die beteiligten Personen heraussschicken. Bei dem zweiten Partner liegt die gesamte Aktion erstmal auf Eis, da er in einem wichtigen Kundentreffen ist und erst am Nachmittag erreichbar ist. Sie kann zwar soweit alles planen, wie sie es für richtig hält, da ihr aber noch wichtige Details vom Partner fehlen, wird diese Arbeit erstmal zur Seite gelegt. …

11.00–12.00 Die Aufgabe, die sie sich eigentlich schon gleich für den Morgen vorgenommen hatte, war die Auswahl eines Hotels im Frankfurter Umland, in dem ein Partner-Treffen eines bestimmten Geschäftsbereiches stattfinden soll und für 11/2 Tage angesetzt ist. Sie ist verantwortlich für die gesamte Organisation. Das Treffen findet in drei Wochen statt und außer des Termins steht noch nichts fest. Die Sache eilt jetzt langsam und heute muss eine engere Auswahl getroffen werden! Jedenfalls kommt sie wenigstens dazu, fünf der beliebtesten Hotels der Firma abzutelefonieren, zwei bleiben in der engeren Wahl, da dort noch genügend Zimmer und Tagungsräume verfügbar sind. Fest steht, dass der Partner diese Woche eigentlich keine Zeit mehr hat, um mit ihr über die Agenda zu sprechen, weder telefonisch noch persönlich. Das geht in keinem Fall, da muss sie sich den Platz im Kalender selbst schaffen und ihn schon einmal per Voicemail vorwarnen. …

12.00–13.00 Anruf von Partner 3, der heute einen wichtigen Lenkungssausschusstermin beim Kunden hat. Es gibt Differenzen bei der Rechnungsstellung der letzten zwei Monate und daher wurde auch noch nicht bezahlt. Das muss heute unbedingt geklärt werden. Alle notwendigen Informationen aus der Buchhaltung und die Arbeitsnachweise vom Projekt müssen schnellstens in die Sitzung geliefert werden, die allerdings nur noch bis 14.00 dauert … Nach 30 Minuten telefonischer Überzeugungsarbeit haben alle Beteiligten versprochen, dass alle Informationen bis 14.00 bereitstehen und sie alles weiterleiten kann!

13.00–14.00 Mittagspause adé, sie war eigentlich mit einem Kollegen außerhalb verabredet, muss verschoben werden. Lieferung und Aufbereitung der Unterlagen verliefen planmäßig, Liefertermin 13.56!

14.00–14.15 Statt dessen Zeit für ein Brötchen zum Mittag!

14.15–15.00 Partner 2 hat sich immer noch nicht gemeldet und die Termine müssen bestätigt werden. Die Kundensitzung ist bis 16.00 verlängert worden, Nachhaken zwecklos. Die Kollegin vom anderen Team fragt an, ob sie nicht schnell mal für 10 Minuten mit beim Drucken und Binden eines Angebotes helfen kann, das bis auf die letzte Minute bearbeitet wurde. Der Kurierfahrer, der es zum Kunden bringen soll, wartet schon, denn der Abgabetermin läuft in einer Stunde ab. Die Kollegin hatte schon Bescheid gesagt, dass es sehr knapp wird, aber nun brennt es. Natürlich hat sie Zeit (eigentlich ja nicht, aber ...). Aus den 10 Minuten wird eine knappe Stunde, da in letzter Minute noch Korrekturen gemacht werden mussten, die ersten Exemplare waren daher nicht brauchbar, und der Drucker hatte immer wieder Aussetzer wegen Papierstau.

15.00–16.00 Die Reisekostenabrechnungen der Partner müssen bis morgen mittag eingereicht werden und wenn sie heute nichts vorbereitet, wird sie morgen schon um 7.30 im Büro sein müssen, um alles termingerecht zu schaffen. Also lieber mal damit anfangen ... Partner 3 war sehr zufrieden mit der „Rechnungsgeschichte“, alles ist geklärt. Leider hat er deswegen seinen Flug verpasst und muss nun umgebucht werden. Die gute Laune trübt sich ein wenig, da die nächste Maschine nur Warteliste bestätigt. Also alle 10 Minuten bei der Fluggesellschaft anrufen und bitten. ...

16.00–17.30 Endlich hat sie Partner 2 erreicht, der überhaupt kein Verständnis für die Änderung der Termine hat. Es werden mehrere Alternativen entworfen, die sie überprüfen soll, bevor er eine Entscheidung trifft, an welchen Treffen er teilnehmen möchte und wie die kommende Woche aussehen soll. Also alles stehen und liegen lassen und erst einmal endlos telefonieren. Partner 3 steht immer noch auf Warteliste und wird langsam sauer. ...

17.30–18.30 Jetzt haben alle Beteiligten endlich eine Lösung im Terminchaos von Partner 2 gefunden und er ist auch einverstanden. Also alles per eMail bestätigen und morgen früh gleich nochmal querchecken. Schnell die Änderungen im Kalender eintragen und die Flüge buchen! Partner 3 hat endlich das Okay für den Flug bekommen und sitzt jetzt hoffentlich im Flugzeug. ...

18.30–19.30 Wenigstens noch die ersten Vorbereitungen für die Reisekostenabrechnungen treffen, sonst gibt es morgen ein Chaos. Trotzdem wird sie sehr früh im Büro sein müssen, denn dass sie morgen in aller Ruhe weiterarbeiten kann, ist unwahrscheinlich. Das Treffen ist wieder liegengeblieben, aber morgen wird es mindestens auf Priorität 2 gesetzt. ...

17.6.2 Qualifikationsprofil einer Sekretärin in der Beratung

Das Handwerkszeug einer erfolgreichen Sekretärin ist schnell aufgezählt:

- Gute PC Kenntnisse;
- sehr gutes Schriftdeutsch;
- sehr gutes Englisch;
- Affinität zu elektronischen Medien, Videokonferenzen, Internetdienstleistungen und modernster Bürotechnik generell.

Bei den „weichen Faktoren" sind zu nennen: Organisationstalent, starke Kommunikationsfähigkeit, hohe Einsatzbereitschaft und Belastbarkeit sowie Geduld und Ausdauer. Diese Eigenschaften werden allgemein von Sekretärinnen gefordert und sind sicher überall eine Voraussetzung dafür, beruflich voranzukommen. In einer Unternehmensberatung ist aber darüber hinaus vor allen Dingen die Fähigkeit gefordert, völlig selbstständig die Prioritäten und Schwerpunkte der täglichen Arbeit zu erkennen und nicht nur auf Anweisung zu arbeiten. Die Manager und Partner darauf aufmerksam zu machen, was zu tun ist, den Mut zu haben, allein Entscheidungen zu treffen und sie umzusetzen, ist unumgänglich, denn sonst können Vorgänge oftmals nicht in der geforderten Zeit erfolgreich abgeschlossen werden. Das Allerwichtigste ist aber die Standhaftigkeit, Informationen von den Beratern einzuholen, sie nach ihrer Arbeit zu fragen, sich mit den Projektinhalten auseinanderzusetzen und sich in die Materie, mit der sich der Berater beschäftigt, ungefragt einzuarbeiten. Hier hilft auch „unternehmerisches Denken" , denn wenn man etwas davon versteht, wie ein Unternehmen funktioniert, dann kann man sich auch gut in die Lage der Kunden versetzen.

Wie eingangs erwähnt, ist der Beruf „Unternehmensberater" vielschichtig, da er eine große Zahl von Aufgabenstellungen und Tätigkeiten abdecken muss, wobei der Unterschied in Arbeitsstil und die Vorgehensweise z. B. von einem typischen Strategie- und einem typischen IT-Berater sehr groß ist. In der Fähigkeit der Sekretärin, auch in fachlichen Dingen mitzudenken, entscheidet sich auch, zumindest auf der Partnerebene, ob aus einer Arbeitsbeziehung ein erfolgreiches Team wird oder nicht. Es liegt meistens nicht an dem Willen des Beraters und seiner Sekretärin, sich gegenseitig die Arbeit transparenter zu machen und Dinge zu erklären. Oftmals liegt es einfach an der Fähigkeit, sich dem anderen so verständlich zu machen, dass auch diese komplexe und vielschichtige Materie durchsichtiger wird und dass aus diesem Wissen Nutzen gezogen werden kann.

Vielfach liegt hier der Schlüssel zum Erfolg einer langfristigen Zusammenarbeit aber auch zu der Erkenntnis, dass die Arbeit im Sekretariat einer Unternehmensberatung nicht jedermanns Sache ist.

Je mehr Eigeninitiative die Sekretärin mitbringt, desto größer sind die Chancen, das Aufgabengebiet ständig zu erweitern und an die richtigen „Rosinen" heranzukommen, die sich auf den ersten Blick gar nicht zeigen, sich z. B. tiefer in die Controlling-Materie einzuarbeiten oder themenbezogen für ein Angebot oder eine Studie zu recherchieren.

Da Unternehmensberatungen sehr häufig ihre eigene Organisation ändern und Prozesse und Hierarchien sehr schnell umstellen, darf man keine Angst vor Veränderungen haben und sollte diesen immer positiv gegenüberstehen. Häufig bieten diese Umorganisationen die Chance, die Rolle der einzelnen Sekretärin aufzuwerten, inhaltlich zu erweitern und auf der Karriereleiter weiter nach oben zu kommen. Teamarbeit ist eine Kernkompetenz der Berater, sie arbeiten immer im Team und dies wird auch von der Sekretärin gefordert. Selbst wenn sie außerhalb einer festen Teamstruktur agiert, wird von ihr jederzeit verlangt, sich entsprechend einzubringen und die anderen Kollegen bei der Erreichung eines Ziels zu unterstützen. Fürstentümer gibt es in diesen Organisationen nicht.

17.6.3 Karriere und Weiterbildung von Sekretärinnen in der Beratung

In der Regel liegen die Einstiegsgehälter (Stand: Jahr 2001) in einer Bandbreite von 30 000,– € p.a. für Anfängerinnen und bis 35 000,– € p.a. nach zwei bis drei Jahren Berufserfahrung. Allerdings vergüten hier einige Unternehmen zusätzlich noch eine gewisse Anzahl an Überstunden.

Während des Internet-Booms hatte diese Gruppe nicht selten das Glück, von neuen Start-Ups mit zum z.T. nicht marktgerechten Gehältern abgeworben zu werden. In diesen Zeiten gab es Angebote für junge Sekretärinnen unter 30 mit relativ geringer Berufserfahrung für 50 000,– € p.a. und mehr.

Hat man es bis zur Partnersekretärin geschafft, bewegt sich das Gehalt auch in Richtung 50 000,– € p.a. und es bietet sich oft die Möglichkeit, die Führung eines Teams von Sekretärinnen zu übernehmen. Hierfür sind ein guter Umgang mit Mitarbeitern und eine tiefe Kenntnis des Unternehmens erforderlich. Oft gibt es auch die Möglichkeit, zeitweise beim Kunden auf den Projekten zu arbeiten, was natürlich den Vorteil hat, dass die Sekretärin viel Spezialwissen aufbaut und die Beratungsarbeit hautnah erlebt. Diese Erfahrung ist sehr nützlich auch für die Arbeit im Büro. Folglich sind diese Positionen ganz besonders beliebt, aber leider auch rar. Der Alltag einer Sekretärin des Beratungsunternehmens auf Kundenprojekten gleicht oftmals völlig dem eines Beraters.Wenn das Projekt nicht in der Nähe des Wohnortes stattfindet, dann bedeutet es auch jede Woche reisen mit allen Vor- und Nachteilen. Auch die Erkenntnis, dass es auf dem Projekt oftmals heftig zur Sache geht und man nicht empfindlich sein darf, hat schon manche Sekretärin dazu bewegt, anders über diese Position zu denken. Hinzu kommt ein oftmals nicht sehr bequemes Arbeitsumfeld und viele Überstunden. Wer sich aber in dieser Umgebung bewährt hat, ist gut gerüstet für den nächsten Karriereschritt und findet auch bei den Beratern hohe Anerkennung.

Mit entsprechender Erfahrung ergibt sich oftmals ein Sprung in den HR-Bereich, Marketing oder in die IT-Umgebung, in manchen Unternehmen kann man aber auch zur Leiterin des Sekretärinnen-Supports oder zur administrativen Leitung einer Niederlassung aufsteigen.

Generell wird in Beratungen die Weiterbildung der Mitarbeiter ganz groß geschrieben und davon können auch die Sekretärinnen weitreichend profitieren, ja sie scheint als Motivationsfaktor gegen die Fluktuation dringend erforderlich.

Selbstverständlich werden immer die aktuellen PC-Programme geschult, von den Basics bis hin zu ganz speziellen Themen, da kann man schon zum Profi werden.

Ebenso gibt es natürlich immer wieder Weiterbildungsveranstaltungen, die sich mit ganz bestimmten Prozessen innerhalb des Unternehmens beschäftigen, wie z. B. der Finanzbereich oder professionelles Recherchieren innerhalb von Datenbanksystemen. Aber auch auf den kommunikativen Bereich wird viel Wert gelegt und eine Vielzahl von Trainings werden dort angeboten. Dies zahlt sich auch aus: Generell erfolgt der Umgang sowie das Lösen von Konflikten zwischen Mitarbeitern einer Beratung auf einem sehr hohen Niveau.

17.7 Materialien zur Beraterkarriere

17.7.1 Beispiel Lebenslauf eines Beraters

	Hr. XY, Diplom Wirtschaftsinformatiker, Senior Manager
Berufliche Stationen:	1993: Diplom Wirtschaftsinformatik, München 1994–2003 Change Management bei xy
Beratungsschwerpunkte:	• Prozesse • Organisation • Change Management • Human Ressources
Ausgewählte Projekterfahrungen:	Schweizer Telekommunikationsunternehmen • Konzeption der Aufbauorganisation • Definition der Prozesse • Coaching der Projektleitung • Programm-Management Österreichisches Telekommunikationsunternehmen • Konzeption der Aufbauorganisation • Definition der Prozesse • Coaching der Projektleitung, Programm-Management Großes Deutsches Energieversorgungsunternehmen • Strategische Neuausrichtung des Personalbereichs • Reengineering der Prozesse, Aufbauorganisation • … B2B Marktplatz in der Schweiz • Aufbau eines Start-up Unternehmens • Konzeption der Aufbauorganisation • Temporäre Leitung des HR-Bereichs SAP Komptenzcenter Dresden Aufbau und Leitung des Change Management Teams (10 Mitarbeiter)

Konzeption und Entwicklung der Beratungsangebote
- Einflussanalyse
- Assessment zur Veränderungsbereitschaft
- Kommunikation
- Trainingsbedarfsanalyse

Veröffentlichungen, Vorträge: Zeitschriftenartikel:
- Innovative Technologies Employee-Portals and Self-Service
- …

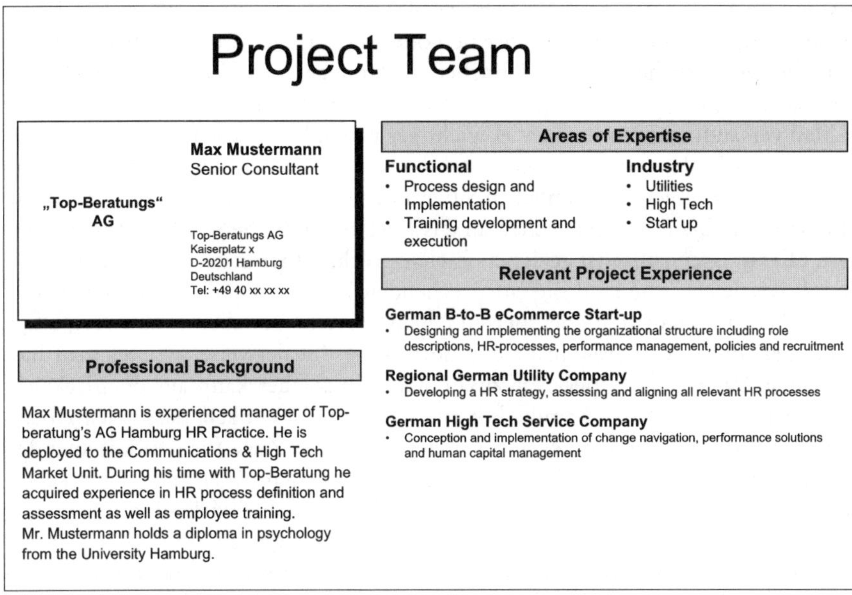

Abb. 125: Beispiel gestraffter Lebenslauf für eine Präsentation

17.7.2 Brüche in der Beraterkarriere vermeiden

Auf die Frage: „Welche Schritte sind nach der überraschenden Freisetzung zu unternehmen, um Brüche in der beruflichen Karriere zu vermeiden?“ antwortet *Dorian Hartmuth* (Personalberater, Frankfurt) in der FAZ vom 15.2.2003:

Für viele Beratungssuchende lautet der erste Hinweis: Das Arbeitsleben sollte nach Möglichkeit nicht unterbrochen werden. Im Gegenteil, in dieser Phase ist das Schaffen eines zielführenden Zeitplans die erste Voraussetzung für ein rasches Fortsetzen der Karriere. Plötzlich wollen Kinder in die Schule gebracht werden, Verwandte und Freunde laden zum Aufarbeiten des enttäuschenden Erlebnisses ein. Behörden, Anwälte und andere Instanzen stellen ihre Forderungen an das vermeintlich gewachsene Zeitbudget. Viele Bewerber beschäftigen sich auf diese Weise eher fremdgesteuert in der irrigen Meinung, ein hohes Aktivitätsniveau alleine wirke psychisch stabilisierend und führe dann irgendwann zum Erfolg. Der Tag ein oder zwei nach der Freisetzung sollte morgens um 8.30 Uhr mit der einzig wirklich relevanten Tätigkeit beginnen, und das ist im Rahmen eines geregelten Achtstundentages ein initiatives Zugehen auf potenzielle neue Arbeitgeber. Alles andere ist mittelfristig nur destabilisierend; denn jeder ablenkende Mechanismus verhindert baldige materielle, persönliche und psychische Erfolgserlebnisse. In der Planungsphase am Vorabend gilt es eine Abfolge von initiativen Telefonaten, in geringem zeitlichen Abstand darauf folgenden E-Mail-Versendungen und dem Nachhaken bei vorher erfolgten Kontaktaufnahmen festzulegen. Grundlage jeder Aktivität ist zunächst zweckmäßigerweise eine Liste von circa einhundert Unternehmen, die aufgrund der persönlichen Qualifizierung und Branchenerfahrung passend erscheinen. Ein häufiger Fehler vieler Bewerber ist das Sichverlieren in der Formulierung voluminöser Anschreiben oder seitenlanger Tätigkeitsbeschreibungen. Die wesentlichen, an tatsächlichen Leistungen orientierten Informationen gehören in einen attraktiv gestalteten Lebenslauf, der in wenigen Minuten per E-Mail versandt werden kann. Viel wichtiger ist ein kontinuierliches persönliches Zugehen auf Zielansprechpartner in den Unternehmen per Telefon. Manche Vertriebler programmieren in ähnlichen Situationen einen Wecker so, dass er alle zehn Minuten mit einem Klingelzeichen an das Fortsetzen der Serie von Anrufen erinnert. Hier müssen zunächst geeignete Zielansprechpartner in den Unternehmen ermittelt werden, häufig sind die entsprechenden Personalleiter oder Linienverantwortlichen erst im dritten oder vierten Anlauf erreichbar, daher ist eine sorgfältige Dokumentation der Direktansprache notwendig. Idealerweise arbeitet man hier mit einem Paten oder Supervisor zusammen. Ein solcher kann aus dem Bekanntenkreis oder der eigenen Familie kommen. Wichtig ist einfach, dass jeden Abend gemeinsam die Ergebnisse des Tages abgestimmt und Ziele für den kommenden Tag festgelegt werden. Der Pate kann auch helfen, sich gegen die vielen Versuchungen von außen zu erwehren. Am besten legen Sie alle wirklich notwendigen Termine auf einen Mittwochnachmittag. Halten Sie sich, auch mit sanftem Druck, den Rest der Arbeitswoche für Bewerbungsgespräche und die telefonische Ansprache frei. Es macht wenig Sinn, mit Dutzenden postalischen Bewerbungsmappen irgendwelche Unternehmen anonym anzuschreiben, ohne dass vorher ein persönlicher Kontakt erfolgt ist. Häufig sind Bewerbungen per Mail inzwischen schon daher gern gesehen, weil sie innerhalb der Firmen leichter weiterzuleiten sind als Schriftstücke.

17.7.3 Die Sicht der Mitarbeiter auf ihre Arbeitssituation

Nachfolgend ist der Wortlaut einer Befragung von Mitarbeitern aus Beratungsfirmen über ihre Sicht der Situation wiedergegeben. Die Auswahl der Befragten erfolgte zumeist über die angesprochenen Unternehmen. Da die Daten weder repräsentativ noch bei der nicht-anonymen Erhebung frei von möglichen Verzerrungen sind, dienen sie nicht der Wiedergabe eines Stimmungsbildes bei den Mitarbeitern der Beratungsbranche schlechthin, sondern „nur“ als Beispiele für Selbstauskünfte in der Branche.

17.7.3.1 Mitarbeiter einer Inhouse-Beratung

Namen: *Leonardo M. C.*

Firma: *Talkline GmbH & Co.KG*, Elmshorn

Schwerpunkt der Beratungtätigkeiten: Process Engineering (Process-Reengineering, Streamlining), Qualitätsmanagement-Systeme

Position im Unternehmen: Fachbereichsleiter Ablauforganisation/Qualitätsmanagement

Berufserfahrung als Berater: 12 Jahre (als externer sowie interner Berater)

Wie bezeichnet man Ihren Job? Wie sieht Ihr Tagesablauf aus?

„Fachbereichsleiter Ablauforganisation/Qualitätsmanagement". Der Fachbereich mit derzeit acht Mitarbeitern hängt als Stabsstelle direkt unter dem Chief Financial Officer. Mein Tagesablauf ist eigentlich nicht vorhersehbar, da wir projektbezogen arbeiten. Auftraggeber sind in der Regel die internen Fachbereiche, neuerdings aber auch externe Auftraggeber (z. B. für konkrete Qualitätsmanagement-Aufgaben).

Was hat Sie gereizt, als Sie sich bei diesem Unternehmen für den Bereich „Inhouse Consulting" beworben haben?

Ich war vorher bei einer der größten internationalen Unternehmensberatungen über mehrere Jahre als (externer) Berater tätig. Als ich mich für den Wechsel zu meinem jetzigen Arbeitgeber (mit der Aufgabe: Inhouse Consulting) entschieden habe, befand sich das Unternehmen gerade in der Phase des Wandels vom Mobilfunk-Serviceprovider hin zum Full-Service-Telekom-Anbieter, da neben dem bereits etablierten Mobilfunk-Serviceproviding-Geschäft die Geschäftsbereiche Festnetz und Internet komplett neu aufgebaut werden sollten. Mit jedem Projekt hatten wir Neuland betreten. Aber auch heute noch ist es immer wieder spannend, neuen Produkten und Geschäftsideen gegenüber zu stehen und diese in die Realität (im Sinne von Prozessen und Systemen) umzusetzen. Was mich auch gereizt hat, war die Übernahme von Linien- bzw. Fachbereichverantwortung und die Reduzierung der bisherigen Reisetätigkeit als Unternehmensberater.

Was fasziniert Sie heute an Ihrer Tätigkeit als interner Berater?

Die Vielfalt der Herausforderungen, Aufgaben und Rollen (z. B. als Berater, Projektleiter, Coach, Change Manager) und die abwechslungsreichen und teilweise hoch komplexen, fachbereichsübergreifenden Projekte für verschiedene Klienten. Nicht zuletzt die Kombination aus Linienverantwortung und Projektverantwortung.

Wenn Sie an Ihrer Tätigkeit als Berater etwas ändern dürften, was wäre das?

Unser Ziel ist es, die erarbeiteten Analysen und (Soll-) Konzepte unter der Begleitung unseres Fachbereichs Ablauforganisation/Qualitätsmanagement umzusetzen. Mein Wunsch wäre, noch weniger „Papier" zu erzeugen und somit noch mehr und noch schneller Konzepte umzusetzen. Aber wir sind da schon ganz gut.

Was zeichnet Ihrer Ansicht nach einen guten Berater aus?

Einfühlungsvermögen für die Aufgabe und die von Veränderung betroffenen Mitarbeiter, Sinn für das Machbare (Kosten/Nutzen) und der Blick für das Ganze (Big Picture). Er/Sie sollte praktikable Lösungen finden und Dinge umsetzen können. Für unseren Bereich ist wichtig, dass der Berater ein Change Manager, ein Coach und ein gestandener Projektmanager gleichermaßen ist.

Was würden Sie einem Bewerber empfehlen, der sich für Ihr Unternehmen interessiert?

Er/Sie sollte erste Erfahrungen im Bereich Qualitätsmanagement oder Process Engineering gesammelt haben und Verständnis für das Geschäftsumfeld haben.

Work-Life-Balance, wie passt dieser Begriff zu Ihrem Unternehmen?

Hervorragend. Wir haben das Ziel der Balance sogar im zweiten Wert unseres firmeninternen Wertesystems hinterlegt. Wir haben Gleitzeit und die 38,5-Stunden-Woche, auch in der hausinternen Beratung. Da wir jedoch projektbezogen arbeiten, ist Mehrarbeit selbstverständlich. Diese wird jedoch abgebummelt oder über die so genannte Wahlarbeitszeit (d. h. kurzfristige Änderung der Arbeitszeit auf eine bis zu 44 Stunden lange Arbeitswoche) ausbezahlt, das ist gelebte Unternehmenskultur. Meine Aufgabe als Vorgesetzter ist es auch, darauf zu achten, dass Gleitzeit und Urlaub rechtzeitig abgebaut werden.

Frauen in der Beratung, ist das ein Thema, über das man in Ihrem Unternehmen explizit spricht?

Ja, sicher! Es bewerben sich zu wenige Frauen, leider.

Würden Sie sich aus heutiger Sicht wieder für die Tätigkeit des Beraters entscheiden?

Auf jeden Fall!

17.7.3.2 Mitarbeiterin einer Personalberatungsfirma

Namen: *Doris W.*

Firma: *HRBlue*

Schwerpunkt der Beratungtätigkeiten: Human Resources Consulting

Position im Unternehmen: Senior HR Consultant

Berufserfahrung als Beraterin: 6,5 Jahre

Wie bezeichnet man Ihren Job? Wie sieht Ihr Tagesablauf aus?

„Personalberaterin für alle Themen rund um HR". Typischerweise arbeite ich vor Ort oder virtuell für diverse Klienten in verschiedenen HR-Projekten, wobei mein Beratungsschwerpunkt in „Recruitment & Integration" liegt. Mein Tagesablauf ist selten gleich, sondern richtet sich nach Projektanforderungen.

Was hat Sie gereizt, als Sie sich bei diesem Beratungsunternehmen beworben haben?

Der Reiz an meinem Arbeitgeber ist, dass es sich um eine ganzheitliche Personalberatung handelt und dass wir in allen HR-Kompetenzen kompetenter Ansprechpartner sind. Wir beraten Unternehmen nicht nur, sondern sind vor allem auch an der operativen Umsetzung beteiligt. Außerdem ist es ein junges Unternehmen mit sehr engagierten Mitarbeitern.

Was fasziniert Sie heute an Ihrer Tätigkeit als Unternehmensberater?

Die abwechslungsreichen Projekte für verschiedene Klienten sowie die Möglichkeit, „Best Practice Lösungen" bei Klienten ein- und durchzuführen.

Wenn Sie an Ihrer Tätigkeit als Unternehmensberater etwas ändern dürften, was wäre das?

Keine Änderungswünsche – die Tätigkeit gefällt mir so wie sie ist.

Was zeichnet Ihrer Ansicht nach einen guten Berater aus?

Hervorragendes Analysevermögen, Flexibilität im Denken und Handeln, Belastbarkeit, Fähigkeit neue Ideen und Lösungen umzusetzen, aufgeschlossen für neue Hersausforderungen.

Was würden Sie einem Bewerber empfehlen, der sich für Ihr Unternehmen interessiert?

Er/Sie sollte Spaß an abwechslungsreichen HR-Projekten haben und unbedingt über fundierte Erfahrung im HR-Bereich verfügen. Ansonsten sollte er/sie einfach mal bei uns anrufen, damit wir über uns über Details unterhalten können.

Work-Life-Balance, wie passt dieser Begriff zu Ihrem Unternehmen?

Mein Arbeitgeber als ganzheitliche Personalberatung legt viel Wert auf Work-Life-Balance. Einige Stichworte: Flexible Arbeitszeitregelung, Firmenwagenregelung für alle Mitarbeiter, Home-Office-Lösungen, individuelle Seminare etc.

Frauen in der Beratung, ist das ein Thema, über das man in Ihrem Unternehmen explizit spricht?

Ja, wobei die Mehrzahl unserer Mitarbeiter/innen Frauen sind und auch unsere Gründerin eine Frau ist. Somit ist es eigentlich kein explizites Thema, sondern gelebte Realität. Generell ist der Frauenanteil im Personalbereich höher als in anderen Bereichen.

Würden Sie sich aus heutiger Sicht wieder für die Tätigkeit des Beraters entscheiden?

Auf jeden Fall!

17.7.3.3 *Mitarbeiterin einer mittelständischen deutschen Beratungsfirma*

Namen: *Christine R.*

Firma: *Mummert & Partner*

Schwerpunkt der Beratungtätigkeiten: Prozessorientiertes Change Management, Moderation, Coaching, Qualitätsmanagement, Projektmanagement

Position im Unternehmen: Principal Consultant

Berufserfahrung als Berater: seit 1987

Wie bezeichnet man Ihren Job? Wie sieht Ihr Tagesablauf aus?

Unternehmensberaterin bzw. Management Consultant, je nachdem wie weit Anglizismen Eingang in den jeweiligen Wortschatz gefunden haben.

Es ist schwer, meinen Tagesablauf als solchen festzuschreiben, da er stark davon abhängt, ob ich direkt mit dem Kunden zusammenarbeite (Workshops moderiere, Coaching-Gespräche führe, Ergebnisse präsentiere, an Sitzungen/ Besprechungen teilnehme etc.) oder ob ich, teilweise auch im Home Office oder in einer unserer Geschäftsstellen, Projekteergebnisse vor- und nachbereite, Telefonate mit Kunden und Kollegen führe, interne Meetings habe, Mails und Angebote schreibe etc. ...

Was immer gleich bleibt ist, dass ich morgens zwischen 05:30 und 6:00 aufstehe und vor oder nach dem Frühstück ca. 30 Minuten joggen oder walken gehe. Ohne diese Prise Sauerstoff bin ich weder richtig wach, noch ausgeglichen genug, um allen Eventualitäten des Beraterlebens gelassen begegnen zu können.

Mit der Arbeit beginne ich zwischen 08:00 und 09:00 Uhr. Mittags arbeite ich oft durch und bin zwischen 18:00 und 20:00 zu Hause bzw. im Hotel. Ab und zu gehe ich weg und einmal pro Woche mache ich 90 min Yoga. Oft arbeite ich noch ca. 45 min zwischen 22:45 und 23:30, dieweil ich mich kurz vor dem Schlafen, sozusagen bereits im Bett liegend, sehr gut und sehr entspannt (kon)zentrieren kann.

Was hat Sie gereizt, als Sie sich bei diesem Beratungsunternehmen beworben haben?

Der Arbeitsinhalt und die für den Berater möglichen Freiheitsgrade.

Was fasziniert Sie heute an Ihrer Tätigkeit als Unternehmensberater?

Die Vielfalt an Menschen, Organisationen, Aufgabenstellungen, Herausforderungen, Orten. Der Routineanteil ist relativ gering. Für mich ist die Vorstellung schrecklich, zehn Jahre das gleiche Büro zu betreten, immer wieder die gleichen Menschen zu sehen und ähnliche Fragestellungen zu bearbeiten.

Wenn Sie an Ihrer Tätigkeit als Unternehmensberater etwas ändern dürften, was wäre das?

Ich würde dafür sorgen, dass Reisen für mich bequemer wird, Hotels mehr auf die Bedürfnisse beratender Frauen zugeschnitten sind, ich weniger Gewicht durch die Gegend schleppen muss und Büromöbel ergonomischer sind. Ferner würde ich dafür sorgen, dass der Irrglauben, ultralange Arbeitszeiten korrelierten mit besonders guten Arbeitsergebnissen, endlich offen ad Absurdum geführt wird.

Was zeichnet Ihrer Ansicht nach einen guten Berater aus?

Zunächst einmal dem Kunden genau zuzuhören, bevor er/sie mit einer möglichen Lösung aufwartet. Dem Kunden immer vermitteln, dass er die Verantwortung für den Erfolg jedweder Maßnahme selbst trägt. Ferner sollte der gute Berater den Kontext der jeweiligen Fragestellung bei der Lösungsfindung berücksichtigen.

Was würden Sie einem Bewerber empfehlen, der sich für Ihr Unternehmen interessiert?

Sich vorher genau zu überlegen, was er für sich selbst erreichen möchte. Er sollte sich überlegen, inwiefern sein eigener Vorteil und der meines Arbeitsgebers synchronisiert werden können. Der Bewerber, die Bewerberin sollte auf jeden Fall sehr flexibel sein.

Work-Life-Balance, wie passt dieser Begriff zu Ihrem Unternehmen?

Zum Unternehmen m. E. nicht, zu einzelnen Beratern und mir schon (ist manchmal ein harter Kampf und verursacht ab und an ein schlechtes Gewissen).

Frauen in der Beratung, ist das ein Thema, über das man in Ihrem Unternehmen explizit spricht?

Nicht, dass ich wüsste. Der Frauenanteil in höheren Positionen ist bei uns im Vergleich zu anderen Beratungsunternehmen, für die ich tätig war, erschreckend gering.

Würden Sie sich aus heutiger Sicht wieder für die Tätigkeit des Beraters entscheiden?

Ja. Alles andere wäre mir zu langweilig.

17.7.3.4 Mitarbeiterin einer Marketingberatungsfirma

Name: *Birgit J.*
Firma: *Jordanize!*
Schwerpunkt der Beratungstätigkeiten: Marketing und Vertriebsberatung für internationale IT-Unternehmen
Position im Unternehmen: Inhaberin
Berufserfahrung als Berater: selbständig seit 1.1.2002

Wie bezeichnet man Ihren Job? Wie sieht Ihr Tagesablauf aus?

Ich bezeichne mich als Unternehmensberaterin für IT-Unternehmen.

Der Tagesablauf ist sehr unterschiedlich, je nachdem ob ich einen externen Termin habe, im Büro an einem Kundenprojekt arbeite oder mich mit Akquise, Marketing und Verwaltung beschäftige.

Externe Termine geben natürlich den Rahmen des Tagesablaufs vor. Geschäftsreisen beginnen in der Regel um 6 oder 7 Uhr und enden zwischen 22 und 23 Uhr, meist über mehrere Tage.

An einem Bürotag starte ich in der Regel um 9 Uhr und arbeite bis 20 Uhr, oft auch länger. Alle kommunikationsintensiven Tätigkeiten versuche ich bis 17 Uhr zu erledigen. Meine Hauptkommunikationsmittel sind Telefon und eMail. Die Arbeitszeit ist flexibel und richtet sich auch nach den aktuellen Kunden.

Bei der Arbeit mit internationalen Kunden spielt auch die Zeitverschiebung eine große Rolle. Pausen schiebe ich je nach Bedarf und Notwendigkeit ein. Ich gönne mir manchmal den „Luxus“ eines Spaziergangs oder erledige den fälligen Einkauf zwischendurch.

Was hat Sie gereizt, als Sie sich bei diesem Beratungsunternehmen beworben haben?

Nach mehr als 20 Jahren in der IT-Industrie habe ich mir eine sehr breite Wissensbasis erworben und wollte mich nicht mehr auf eine Nische festlegen. Der Aufbau von europäischen Marketingorganisationen ist zwar spannend, aber nach dem dritten Mal wird auch das zur Routine. Außerdem habe ich in ganz unterschiedlichen Unternehmenskulturen in Deutschland und USA gearbeitet und wollte mich nicht mehr an eine vorgegebene Unternehmenskultur anpassen. Wichtig ist mir mittlerweile, dass ich meine persönlichen Werte wirklich zur Maxime meiner Arbeit erklären kann.

Mein Plan war, vor der Selbstständigkeit noch 1–2 Jahre in einem renommierten Beratungshaus zu arbeiten, um zusätzliche Erfahrungen zu sammeln. Da sich dies aufgrund der aktuellen Marktlage nicht verwirklichen ließ, habe ich sofort die Selbstständigkeit gewählt und parallel dazu im ersten Jahr an einer Coachingausbildung teilgenommen, um mich noch intensiver mit der Beraterrolle auseinander zu setzen.

Was fasziniert Sie heute an Ihrer Tätigkeit als Unternehmensberater?

Mich fasziniert die Vielseitigkeit der Tätigkeit. Dadurch, dass Projekte zeitlich begrenzt sind, habe ich die Möglichkeit, Unternehmen unterschiedlicher Größenordnung und Ausrichtung über einen Zeitraum zu begleiten.

Die Menschen, mit denen ich arbeite, sind sehr unterschiedlich, besonders wenn sie aus anderen Kulturkreisen kommen. Mich reizt besonders die Herausforderung, trotz dieser Unterschiede eine Vertrauensbasis für eine erfolgreiche Zusammenarbeit herzustellen.

Ich liebe außerdem Herausforderungen und laufe zu Höchstform auf, wenn für ein scheinbar unlösbares Problem eine Lösung gefunden werden muss oder visionäre Strategien entwickelt werden sollen.

Auch die unregelmäßigen, aber wiederkehrenden Kontakte zu langjährigen Geschäftspartnern bereiten mir großen Spaß.

Wenn Sie an Ihrer Tätigkeit als Unternehmensberater etwas ändern dürften, was wäre das?

Nichts

Was zeichnet Ihrer Ansicht nach einen guten Berater aus?

Kompetenz, Kreativität, Respekt vor dem Kunden, Loyalität, Flexibilität, Professionelles Auftreten, Humor

Was würden Sie einem Bewerber empfehlen, der sich für Ihr Unternehmen interessiert?

Mich würde interessieren, was der Bewerber denkt, wie sein aktueller Vorgesetzter ihn mir in einem Referenzgespräch beschreiben würde.

Ich würde mich auch über die Ausarbeitung einer Fallstudie freuen, um die Vorgehensweise des Bewerbers näher kennen zu lernen.

Work-Life-Balance, wie passt dieser Begriff zu Ihrem Unternehmen?

Als Angestellte schlug meine Waage dramatisch in Richtung Work. Von Balance war keine Rede. Ich habe selbst meine Prioritäten falsch gesetzt und daraus gelernt. Auch heute gibt es Phasen, wo die Arbeitszeit sehr hoch ist, aber ich teile mir die Arbeit jetzt anders ein. Ich erwarte von Mitarbeitern Engagement und Verantwortungsbewusstsein, aber auch sich selber gegenüber.

Frauen in der Beratung, ist das ein Thema, über das man in Ihrem Unternehmen explizit spricht?

Ja

Würden Sie sich aus heutiger Sicht wieder für die Tätigkeit des Beraters entscheiden?

Auf jeden Fall

17.7.3.5 Mitarbeiterin einer jungen Beratungsfirma

Namen: *Sylvia D.*

Firma: *Bizzhealth* Unternehmensberatung

Schwerpunkt der Beratungtätigkeiten: Technologie, Strategie, Projektmanagement, Change Management, Nachfolge und Sanierung

Position im Unternehmen: Geschäftsführung und Beraterin

Berufserfahrung als Berater: erste Erfahrungen im Gründungsjahr

Wie bezeichnet man Ihren Job? Wie sieht Ihr Tagesablauf aus?

Mein Job wird als Unternehmensberater, aber auch Consultant oder Business Coach, Trainer bezeichnet, je nach dem was der Kunde für sein Unternehmen oder für seinen Mitarbeiter mit uns vereinbart hat.

Mein Tagesablauf ist daher auch sehr unterschiedlich. Kein Tag gleicht dem anderen. Meist sind in den ersten drei Tagen der Woche die Kundentermine gelegt, an denen Gespräche geführt werden und auch Unternehmensanalysen oder Trainings. Nachmittags oder sogar abends erfolgen die Auswertungen und Protokolle. Die restlichen Tage sind für kleinere Termine vorgesehen, wie Einzelcoaching. Oft werden sie jedoch genutzt, um Konzepte zu erarbeiten, Kooperationsgespräche oder kurze Kundengespräche zu führen.

Was hat Sie gereizt, als Sie sich bei diesem Beratungsunternehmen beworben haben?

Die Beratertätigkeit ist etwas, wo ich mein volles Potenzial einsetzen und leben kann. Die Position als Berater, als jemand neutrales von außen, ermöglicht mir, den Unternehmen und Menschen wirklich eine Hilfestellung zu geben.

Als ich mich entschied, dieses Beratungsunternehmen zu gründen, da war für mich ausschlaggebend, dass ich neben den Hard Facts auch die menschlichen und ethischen Werte in den Konzepten berücksichtige. Also auch Maßnahmen, die das Mitarbeiter-Potenzial fördern und nutzen, um den Gewinn zu steigern. Das ist meist mit nur geringem finanziellen Aufwand verbunden und der Erfolg der Maßnahmen ist langjährig.

Was fasziniert Sie heute an Ihrer Tätigkeit als Unternehmensberater?

Die Tätigkeit als Berater ist sehr vielschichtig. Es gibt viele verschiedene Unternehmen und jedes hat seine eigene Technologie, Dienstleistung, Geschichte und Kultur und damit auch Philosophie. Es sind auch immer wieder andere Probleme, für die ein Konzept zur Lösung gefunden werden muss. Daher ist die Arbeit immer mit etwas Neuem verbunden. So ist jedes Konzept für die Unternehmen spezifisch und immer anders.

Der Reiz des Beratungsberufs liegt darin, die auf dem Papier vermeintlich beste Lösung so auf den Kunden zuzuschneiden, dass man messbare Erfolge erzielt. So spezialisieren wir uns neben dem Strategiekonzept auch auf die Umsetzung mit den Mitarbeitern des Kunden.

Wenn Sie an Ihrer Tätigkeit als Unternehmensberater etwas ändern dürften, was wäre das?

Es gibt bisher nichts, was ich an meiner Tätigkeit ändern möchte; es ist genau das, wie ich mir meine Tätigkeit vorgestellt hatte – vielleicht manchmal etwas weniger reisen zu müssen.

Was zeichnet Ihrer Ansicht nach einen guten Berater aus?

Ein guter Berater erkennt häufig im ersten Gespräch die Grundrisse des Problems, er integriert den Kunden in sein Projekt und er versetzt den Kunden in die Lage, seine Probleme in den Griff zu bekommen und zu behalten – also so, dass keine Abhängigkeit vom Berater entsteht.

Neben dem professionellen Beratungsablauf sollte ein guter Berater auch unangenehme Rückmeldungen kommunizieren und mit internen Konflikten konstruktiv umgehen können und eine Lösung finden, die alle Beteiligten zufrieden stellt.

Was würden Sie einem Bewerber empfehlen, der sich für Ihr Unternehmen interessiert?

Ein Bewerber sollte neben seinem fachlichen Know-how in jedem Falle Erfahrungen in den Unternehmensprozessen gesammelt haben. Er sollte kreativ sein, also mit neuen Ideen neue Lösungen entwickeln können, offen sein für neue Methoden und teamfähig. Seine Arbeitsweise sollte ergebnis- und kundenorientiert sein.

Er sollte sich auf flexible Arbeitszeiten einstellen und die Unternehmensphilosophie des Work-Life-Balance bzw. Business und Health leben können, damit er es auch den Kunden authentisch kommunizieren kann.

Work-Life-Balance, wie passt dieser Begriff zu Ihrem Unternehmen?

Work-Life-Balance-Konzepte gehören auch zu unseren Dienstleistungen und zu unserer Unternehmensphilosophie. Nur wenn Arbeit und Erholung ausgewogen sind, ist eine gute und motivierte Leistung möglich. Dauerhafte Motivation und Leistungsbereitschaft der Mitarbeiter sind die entscheidenden Erfolgsfaktoren für ein Unternehmen. Deswegen setzen wir alles daran, dass unsere Beschäftigten mit Engagement und Freude an unserem Erfolg mitarbeiten. Denn je effizienter und produktiver unsere Mitarbeiter arbeiten, desto flexibler können sie ihren Tagesablauf gestalten.

Frauen in der Beratung, ist das ein Thema, über das man in Ihrem Unternehmen explizit spricht?

Das ist in unserer Beratung kein explizites Thema. Es ist selbstverständlich für uns, dass auch Frauen in der Beratung tätig sind. Erfahrung durch Verantwortung im familiären Bereich und die damit verbundenen Aufgaben sind eine Bereicherung für die berufliche Tätigkeit. Und flexible Arbeitszeiten machen es möglich, dass Frauen Work-Life-Balance realisieren können. Für uns zählen die langfristigen Ergebnisse und Erfolge.

Würden Sie sich aus heutiger Sicht wieder für die Tätigkeit des Beraters entscheiden?

Ja, in jedem Fall, denn es ist ein sehr vielseitiger Beruf. Er bietet viele Möglichkeiten neben den Kundenprojekten, sich in vollkommen anderen Bereichen weiterzuentwickeln. Es ist genau das, was ich mir immer von einer beruflichen Tätigkeit gewünscht habe.

17.7.3.6 Mitarbeiterin einer Strategieberatung

Namen: *Ulrike M.*

Firma: *Boston Consulting Group*

Schwerpunkt der Beratungstätigkeiten: Strategische Unternehmensberatung mit Branchenschwerpunkten in Industrial Goods, Energy und Consumer Goods

Position im Unternehmen: Projektleiterin im Münchener Büro
Berufserfahrung als Berater: 3,5 Jahre

Wie bezeichnet man Ihren Job? Wie sieht Ihr Tagesablauf aus?

Als Projektleiterin bin ich primär für das Management von Beratungsprojekten verantwortlich – sowohl im eigenen Team als auch an der Schnittstelle zum Kunden. Zusätzlich engagiere ich mich intern bei der Rekrutierung neuer Berater und versuche, innerhalb meiner Branchenspezialisierung verschiedene Themen wie z. B. Preisgestaltung für Industrie-Dienstleistungen inhaltlich voranzutreiben.

Grundsätzlich ist die Beratungstätigkeit so abwechslungsreich, dass kein Tag dem anderen gleicht. Ein typischer Tagesablauf beginnt mit dem Flug zum Kundenstandort. Dort treffe ich mich morgens mit dem Kunden-Projektleiter, um die Prioritäten für die nächsten Wochen abzustimmen. Anschließend setze ich mich mit dem Beraterteam zusammen und lasse mir den Stand der Analysen vorstellen; gemeinsam planen wir dann eine bevorstehende Präsentation. Nachmittags stehen zwei Abstimmungstermine erster Zwischenergebnisse mit dem Kundenmanagement an. Die Vereinbarungen spiele ich wiederum an das Team zurück und auch an die zuständigen Partner. Auf dem Weg zum Flughafen telefoniere ich mit einem Kollegen, der einen Vortag über ein Thema vorbereiten muss, mit dem ich mich bereits intensiv beschäftigt habe. Zurück in München geht es zu einem Recruiting-Dinner, wo der Tag mit interessanten Gesprächen ausklingt.

Was hat Sie gereizt, als Sie sich bei diesem Beratungsunternehmen beworben haben?

Der Wunsch, mich weiterentwickeln zu können und dabei nicht nur theoretische Lösungen zu entwickeln, sondern auch deren Umsetzung voranzutreiben. Unternehmensberatung schien da der beste Weg und war gleichzeitig ein Schutz vor der von mir gefürchteten Routine. Mein Arbeitgeber hat mich als die Top-Adresse für strategische Unternehmensberatung besonders gereizt. Außerdem hat mich der persönliche Kontakt mit Beratern während der Bewerbungsgespräche neugierig auf die Unternehmenskultur gemacht – alle waren auf so erfrischende Weise offen und unangepasst.

Was fasziniert Sie heute an Ihrer Tätigkeit als Unternehmensberater?

Dass man auf einem hohen Niveau konzeptionell arbeitet mit dem Ziel, umsetzbare und maßgeschneiderte Ergebnisse für jeden Kunden zu erzielen – und dabei in der intensiven Zusammenarbeit mit den Menschen sehr viel bewegen kann. Dass bessere Argumente mehr zählen als Seniorität, dass Teamarbeit wirklich eine Bereicherung ist und dass ständige Weiterentwicklung möglich ist. Und schließlich auch, dass der Stress von genauso viel Spaß aufgewogen wird.

Wenn Sie an Ihrer Tätigkeit als Unternehmensberater etwas ändern dürften, was wäre das?

Auf der einen Seite noch stärkere Einbindung in die operative Umsetzung und Ergebnisverantwortung bei Projekten, auf der andern Seite noch mehr „pro bono“

Initiativen wie Business@School, bei denen wir gemeinnützige Organisationen unterstützen. Beides halte ich nicht nur für den „Kunden“, sondern auch für den einzelnen Berater für eine wesentliche Erfahrung.

Was zeichnet Ihrer Ansicht nach einen guten Berater aus?

Unstillbare Neugier auf Fragestellungen, Organisationen und Personen, schnelles Auffassungsvermögen, analytische Sattelfestigkeit, hoher Energielevel und die Fähigkeit, zuzuhören.

Was würden Sie einem Bewerber empfehlen, der sich für Ihr Unternehmen interessiert?

Ich kann nur empfehlen, von dem Angebot unserer Recruiting-Veranstaltungen Gebrauch zu machen und sich so einen persönlichen Eindruck zu verschaffen. Auch wenn man die Anforderungskriterien bereits kennt: Das persönliche Gespräch hilft ungemein, die eigenen Erwartungen und diejenigen von meinem Unternehmen zu klären und zu sehen, ob diese wirklich zusammenpassen.

Work-Life-Balance, wie passt dieser Begriff zu Ihrem Unternehmen?

Ich halte von diesem scheinbaren Gegensatzpaar nicht viel. Wer ein so intensives Arbeitsleben führt, sollte nicht das Gefühl pflegen, dass das Leben erst nach dem Job anfängt. Für mich ist Arbeiten Leben und umgekehrt. Berufliche und persönliche Weiterentwicklung lassen sich nicht starr abgrenzen. Trotzdem sollte die Arbeit natürlich nie das ganze Leben werden. Und mit etwas Organisationstalent lässt sich auch ein so zeitintensiver Beruf durchaus mit einem erfüllten Privatleben vereinen.

Frauen in der Beratung, ist das ein Thema, über das man in Ihrem Unternehmen explizit spricht

Ja, und mein Arbeitgeber versucht explizit, den Anteil an Beraterinnen weiter zu erhöhen und diese auch langfristig zu halten. Um die Beraterinnen untereinander stärker zu vernetzen und den informellen Erfahrungsaustausch zu fördern, gibt es regelmäßig so genannte „women dinner“. Zudem bietet mein Arbeitgeber flexible Arbeitszeitlösungen, die die Vereinbarkeit von Beruf und Familie ermöglichen. Dank der beratungstypischen Projektarbeit ist es beispielsweise recht einfach, einige Zeit nur 50 Prozent zu arbeiten.

Würden Sie sich aus heutiger Sicht wieder für die Tätigkeit des Beraters entscheiden?

In jedem Fall. Ich halte diese Arbeit für wirklich privilegiert. Nirgendwo sonst hätte ich nach so kurzer Zeit so viele verantwortungsvolle Aufgaben übernehmen können, nirgendwo sonst hätten sich mir solche Lern- und Entwicklungsmöglichkeiten geboten. Vom ersten Tag arbeitete ich auf der Ebene des Top-Managements und konnte gemeinsam mit meinen Teammitgliedern und dem Kunden die wichtigen Entscheidungen für das jeweilige Unternehmen voranbringen.

17.8 Untersuchung der Erfolgsfaktoren bei einem IT-Projekt

17.8.1 Zielsetzung und Methode

Die hier vorzustellende empirische Studie wurde ausgewählt, um eine anspruchsvolle Analyse des Erfolgs bei einem IT-Projekt mit externer Beraterbeteiligung darzustellen. Der Untersuchungsgegenstand war der Einführungserfolg einer Geschäftssoftware in den Instituten der *Max-Planck-Gesellschaft zur Förderung der Wissenschaften e.V.*[400]. 1995 wurde in der *Max-Planck-Gesellschaft (MPG)* entschieden, das Rechnungswesen stärker an kaufmännischen Prinzipien auszurichten und das Softwaresystem *SAP® R/3®* ausgewählt. An die Einführung des Systems in den Instituten wie in der Generalverwaltung der *MPG* wurde die Erwartung geknüpft, dass sich bei der Wirtschaftlichkeit, der Servicequalität und der Sicherheit der Verwaltungsprozesse Verbesserungen ergeben. Die Einführung fand im Zeitraum von 1996 bis 1998 in ca. 100 Instituten statt, für die nachfolgende empirische Untersuchung wurden die nach Höhe des Aufwands 40 größten teilnehmenden Institute ausgewählt. Sie repräsentieren ca. 70 % des Aufwandsvolumens der *MPG*. In diesen 40 Instituten gab es insgesamt 38 Verwaltungseinheiten für Rechnungswesen und Controlling.

Zum Zeitpunkt der empirischen Untersuchung wurden in den Instituten die Bereiche Finanzbuchhaltung mit Anlagenbuchhaltung sowie die Materialwirtschaft

Projektziele/Erwartungen	Merkmale des SAP R/3 Fachkonzepts (Auszug)
besserer Service durch die Verwaltungseinheiten	• schnellere Prozessabwicklung (einmalige Datenerfassung, automatische Routinen) • breite und konsistente Datenbasis für Führungsinformationen
höhere Wirtschaftlichkeit der Verwaltungseinheiten	• einmalige Datenerfassung (z. B. für Beschaffung, Lagerwirtschaft und Finanzbuchhaltung)
höhere Sicherheit der Verwaltungsprozesse	• Integration von Beschaffung und Buchhaltung • hochintegrierte Nebenbuchhaltungen • automatische Berechtigungs- und Betragsprüfungen

Abb. 126: Projektziele und Merkmale des Fachkonzepts

[400] Die *Max-Planck-Gesellschaft* umfasst mehr als 70 selbstständig bilanzierende Forschungsinstitute und Arbeitsgruppen. Ein wesentliches Merkmal der „Unternehmenskultur" der *Max-Planck-Gesellschaft* ist die weitgehende Autonomie der Institute und Arbeitsgruppen. Die Autonomie äußert sich u. a. darin, dass diese im Rahmen der haushaltsrechtlichen Grundsätze in der Verwendung der zugewiesenen Mittel autonom sind. Die Institute und Arbeitsgruppen erstellen selbstständige Monats- und Jahresabschlüsse. Während die Gesellschaft jedoch im Innenverhältnis aus zahlreichen selbstständig bilanzierenden Einheiten besteht, tritt sie gegenüber den Zuwendungsgebern als Gesamtorganisation auf.

einschließlich dem Einkauf und der Lagerwirtschaft mit Hilfe des ERP-Systems durchgeführt[401]. Aufgrund der öffentlichen Förderung der *Max-Planck-Gesellschaft* war es erforderlich, neben den üblichen kaufmännischen Rechenwerken auch eine kameralistische Rechnung über die Einnahmen und Ausgaben vorzulegen. Im *SAP R/3*-Standardsystem wurde hierfür auf der Basis des „Erweiterten Hauptbuchs" (GLX, Extended General Ledger unter *SAP R/3*) eine Komponente entwickelt, mit der die Buchungen des kaufmännischen Rechnungswesens automatisch und für den Benutzer „unsichtbar" im Hintergrund in eine kameralistische Einnahmen-/Ausgabenrechnung fortgeschrieben werden.

Die *SAP*-Module wurden in den Instituten mit weitgehend einheitlichen Systemeinstellungen durch einen standardisierten Einführungsprozess eingeführt. Während die Projektziele wie auch die Systemeigenschaften in den untersuchten Instituten weitgehend übereinstimmten, unterschieden sich die untersuchten Einheiten erheblich in ihrer Organisationsstruktur und auch hinsichtlich situativer Merkmale. Zu den situativen Unterschieden zählen insbesondere:

- die wissenschaftliche Sektion des jeweiligen Instituts (naturwissenschaftlich-technisch, medizinisch-biologisch, geisteswissenschaftlich).
- die Institutsgröße (von 100 bis 1 000 Mitarbeitern).
- das Alter des Instituts (von 1 bis 80 Jahren).

Die Organisationsstrukturen der Verwaltungseinheiten unterscheiden sich unter anderem hinsichtlich des (De-)Zentralisierungsgrades von Entscheidungskompetenzen, des Spezialisierungsgrades oder der Zahl der Führungsebenen.

17.8.2 Messung des Erfolgs

Die Definition und die Messung des Erfolgs leitet sich aus den Projektzielen ab. Da hier mehrere Ziele vorlagen, wurde der Projekterfolg als Erreichungsgrad dieses „Zielbündels" definiert und mit Hilfe von multivariaten Statistiken[402] gemessen. Ziele waren Verbesserungen in den Bereichen

- Service.
- Effizienz, vor allem Zeitersparnis und Vermeiden von manuellen Tätigkeiten.
- Sicherheit, insbesondere der Schutz vor absichtlichen und unabsichtlichen Fehleingaben beim Buchen von Finanzdaten.

Die ersten beiden Ziele sind „klassische" Wünsche, die nicht nur bei IT-Projekten, sondern auch oft bei anderen Veränderungen eine wesentliche Rolle spielen. Die Verbesserung der Sicherheit als Drittes ist eine besondere Aufgabe für die Buchhaltung. Absicht war es vor allem, die Buchungssicherheit zu verbessern und die Verfolgbarkeit von Buchungen sicherzustellen. Aufgrund von Prozesslücken ist es in Verwaltungen genauso wie in großen industriellen Unternehmen möglich, dass unbeabsichtigte Fehler unterlaufen oder dass Mitarbeiter mit krimineller Energie das System missbrauchen.

---

[401] Hierfür wurden die Komponenten FI, AM, CO, MM, PS und OC des *SAP R/3*-Systems eingeführt.

[402] Vgl. *Roters*, 1989, S. 56.

Auch wenn die Projektziele offiziell verkündet wurden und in allen Instituten gleich waren, konnte doch nicht ausgeschlossen werden, dass einzelne der 40 Institute ein anderes Verständnis hatten. Um daraus herrührende Fehler bei der Beurteilung des Projekterfolgs auszuschließen, wurden die in Eigenregie der Institue erstellten Projektunterlagen gesichtet und hinsichtlich der dort genannten Zielsetzungen analysiert. Zur weiteren Kontrolle der Ziele wurden Gespräche mit Führungskräften durchgeführt. Beide Formen der Prüfung ergaben, dass in allen Instituten tatsächlich ein homogenes Zielverständnis herrschte. Zur Messung des Erfolgs wurde den drei Zieldimensionen Indikatoren zugeordnet.

Tab. 97: Erfolgsfaktoren der ERP-Einführung

Dimensionen des Erfolgs	Indikatoren
Service	• Transparente Planungs- und Budgetierungsprozesse • Verfolgen von Bestellungsvorgängen • Aussagekräftige und aktuelle Berichte
Effizienz	• Schnellere Bestellprozesse • Vereinfachte Buchführungsprozesse • Schnellere Bereitstellung aktueller Berichte • Reduzierung manueller Dateneingaben
Sicherheit	• kein Zugriff Externer auf Finanzdaten • Protokoll und Kontrolle von Eingaben • Automatische Fehlerkontrolle bei der Eingabe (wo möglich)

Diese Indikatoren wurden durch eine Fragebogenerhebung im Auftrag der *MPG* mit ca. 70 standardisierten Fragen erhoben. Die Antworten wurden schriftlich während des Besuchs eines Interviewers bei den Verantwortlichen für die Buchführung und das Controlling erhoben, der Interviewer stand für Rückfragen zur Verfügung. Zur Bewertung der Erfolgsfaktoren wurde der Zielerreichungsgrad auf einer fünfstufigen *Likert*-Skala[403] abgetragen.

Die erste Analyse soll aufzeigen, wie viele Institute eine erfolgreiche Systemeinführung zu verzeichnen hatten. Entsprechend der verwendeten Skala wurden alle Organisationen, die einen aus allen drei Dimensionen gebildeten Mittelwert von vier oder mehr hatten, als *erfolgreich* eingestuft. Insgesamt 12 % bzw. 34 % der Organisationen erzielten einen hohen Erfolg. Der größte Teil der Organisationen (46 %) erzielte einen mittleren Erfolg. Diese Organisationen gaben an, dass sie tendenziell einen Vorteil durch das neue System hatten, wenngleich dieser nur leicht positiv gegenüber dem herkömmlichen System zu beurteilen war. Etwa 20 % der Organisationen konnten nur einen geringen Erfolg erreichen.

Diese erste Analyse zeigt, dass alle Organisationen eine – wenn auch teilweise nur leichte – Verbesserung erreichen konnten. Die Unterschiede zwischen den Institu-

[403] Die *Likert*-Skala ist ein Skalierungsverfahren, bei dem die Antworten auf einem Reaktionskontinuum mit gleichen Abständen zwischen den Antwortalternativen abgefragt werden.

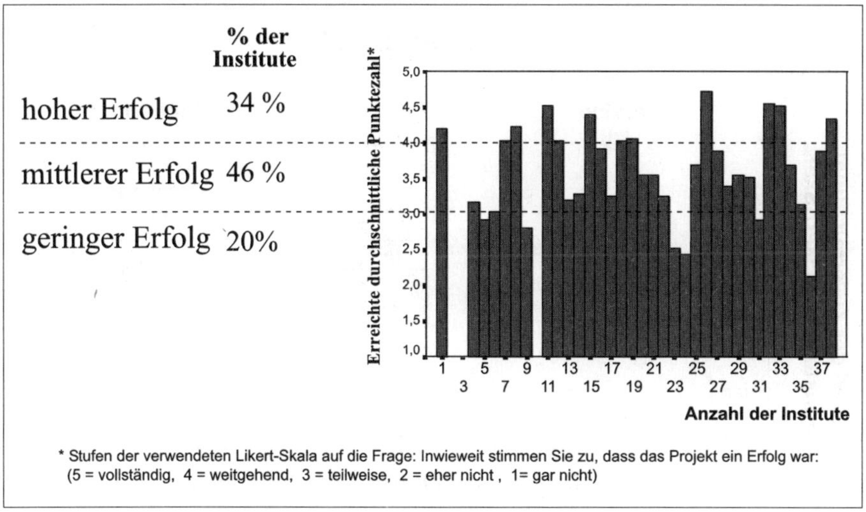

Abb. 127: Erfolgsstatistik der Systemeinführung

ten sind aber beträchtlich[404]. Im folgenden Analyseschritt wurde untersucht, ob sich unterschiedliche Erfolgsgrade bezogen auf die Dimensionen ergaben. Dazu wurden die Mittelwerte dieser Erfolgsdimensionen individuell betrachtet. Wie in Abb. 127 dargestellt, ergibt sich ein sehr unterschiedliches Profil pro Erfolgsdimension. In jeder Dimension sind die realisierten Zielerreichungsgrade unterschiedlich stark verteilt.

Zuvor soll jedoch der Erfolgbeitrag des neuen Systems differenzierter untersucht werden, denn in der ersten Analyse wurden alle Erfolgsdimensionen zu einem Wert aggregiert, so dass sich unterschiedliche Ausprägungen in den drei untersuchten Dimensionen nicht ablesen lassen. Es soll im folgenden Analyseschritt untersucht werden, ob sich unterschiedliche Erfolgsgrade bezogen auf die Dimensionen nachweisen lassen. Dazu wurden die Mittelwerte dieser Erfolgsdimensionen individuell untersucht. Wie in Abb. 128 dargestellt, ergibt sich ein sehr unterschiedliches Erfolgsprofil pro Erfolgsdimension. In jeder Dimension sind die realisierten Zielerreichungsgrade unterschiedlich stark verteilt.

In der „Servicedimension" erreichten die meisten Organisationen einen mittleren Erfolgsgrad, d. h. zwischen dem Skalenwert drei und vier. Etwa 33 % konnten den Service stark verbessern und 23 % konnten tendenziell keine oder nur selten Verbesserungen erzielen. In der Dimension „Effizienz" zeigt sich, dass die Mehrzahl der Organisationen, 43 %, nur einen unterdurchschnittlichen Erfolgsgrad erreichten. Auch wenn 40 % noch einen leicht überdurchschnittlichen Erfolgsgrad vorweisen können, war die Effizienz-Verbesserung damit insgesamt geringer. Nur 17 % aller Organisationen hatten einen hohen Effizienzgrad.

In der Dimension „Sicherheit" zeigt sich ein anderes Bild. Fast die Hälfte der Organisationen (49 %) haben einen hohen Sicherheitszuwachs durch das neue System registriert. Untermauert wird dieses Ergebnis durch einen hohen Anteil von Or-

[404] Die Ursachen wurden im zweiten Teil der empirischen Analyse untersucht.

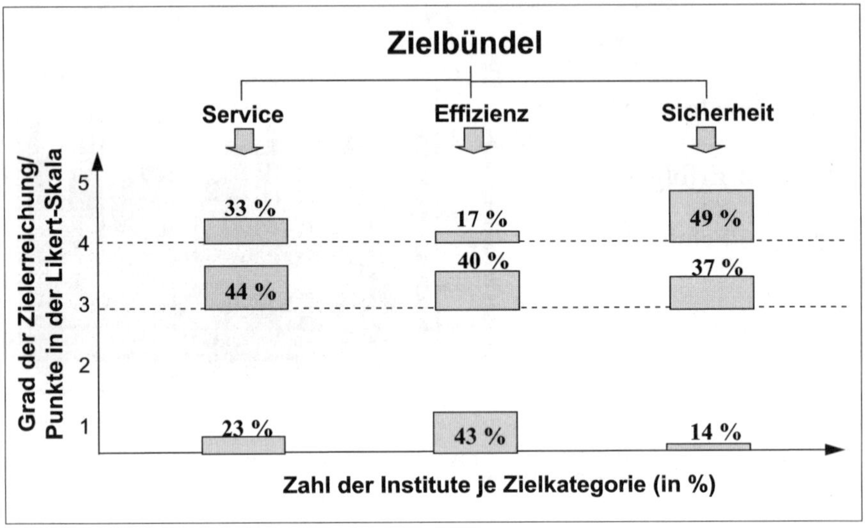

Abb. 128: Erfolgsgrade der Erfolgsdimensionen[405]

ganisationen (37 %), die einen überdurchschnittlichen Erfolg hinsichtlich der Sicherheit erreichen konnten. Nur 14 % haben keine oder nur geringe Verbesserungen erzielt.

Eine Interpretation dieser unterschiedlichen Ergebnisse ist insbesondere im Zusammenhang mit dem Kontrasteffekt zum installierten ERP-System möglich. Im Verhältnis zum abgelösten System bietet das Neue ein höheres systemimmanentes Sicherheitsniveau. Dies spiegelt sich in Systemfunktionalitäten wider, wie bspw. die eindeutige Verbindung zwischen Buchung und Mitarbeiter, der eine Buchung ausgelöst hat. Außerdem gewährleistet das System, dass Buchungen nicht komplett gelöscht werden können, sondern im Bedarfsfalle nur storniert werden. Solche Funktionalitäten gewähren ein höheres Sicherheitsniveau. Außerdem wird durch das Wissen um diese Systemeigenschaften bei den Beschäftigten ein höheres Maß an Sorgfalt und Verantwortungsbewusstsein erreicht, durch die sowohl unbeabsichtigtes als auch beabsichtigtes Fehlverhalten verringert wird. So kommt es auch zu einer deutlich wahrnehmbaren Verbesserung der Ablaufsicherheit.

Die unterschiedlichen Erfolgsprofile für *Service* und *Effizienz* lassen sich aufgrund der Leistungsfähigkeit des neuen Systems und der Vorerfahrung in den Instituten erklären. Das System bietet verschiedene nützliche Möglichkeiten der Auswertung, die vorher nicht oder nur begrenzt vorhanden waren. Diese neuen Funktionalitäten wurden auch weitestgehend genutzt, so dass insgesamt eine verbesserte Dienstleistung der Verwaltung möglich wurde.

Dagegen gab es nur einen sehr geringen Zuwachs bei der Effizienz. Da keine Mitarbeiter entlassen wurden, sondern im Gegenteil noch weitere und z.T. qualifiziertere und damit teurere Mitarbeiter eingesetzt wurden, ist die Effizienzzielsetzung nicht erreicht worden. Insgesamt wäre also zu untersuchen, inwieweit die pos-

[405] Die Signifikanz der Unterschiede wurde nicht inferenzstatistisch abgesichert.

tulierten Effizienzverbesserungen derartiger ERP-Systeme überhaupt realisierbar sind. Auch wenn eine höhere Effizienz der Abläufe systembedingt möglich wäre, so wird diese aus politischen Gründen häufig nicht erreicht. Aus theoretischer Sicht ergibt sich zudem ein Zielkonflikt zwischen Service und Effizienz. Ist es grundsätzlich möglich, beide Erfolgsdimensionen zu maximieren? Unterstellt man einen maximal verbesserten Service, so ist es nicht gleichzeitig möglich, die Ressourcen zu minimieren. *Cameron* spricht in diesem Zusammenhang vom Zielparadoxon[406]. Damit stellt sich eine weitere Frage. Haben Organisationen mit einem hohen Servicezuwachs gleichzeitig eine niedrigere Effizienz und umgekehrt? Um diese Fragestellung zu bearbeiten, wurde eine Clusteranalyse eingesetzt.

17.8.3 Einfluss der Organisationsstruktur auf den Erfolg des Systems

Zur Identifizierung von Zusammenhängen zwischen Organisationsstruktur und Erfolg ist es analog des Erfolgskonstruktes notwendig, die Organisationsstruktur messbar zu machen. Konzeptionelle Grundlage dieser Untersuchung ist der situative Organisationsforschungsansatz. Der „Situative Ansatz" geht von der Grundannahme aus, dass die formale Organisationsstruktur einen starken Einfluss auf den Erfolg einer Organisation hat. Zur Analyse dieses Einflusses müssen Organisationsstrukturen in Begriffe gefasst, operationalisiert und damit messbar gemacht werden. Der Großteil der situativen Forschung beschäftigt sich mit der Operationalisierung und Messung von Organisationsstrukturen. Der „Situative Ansatz" wird jedoch auch deswegen berücksichtigt, weil er vom Ursprung her ein „empirischer" Ansatz ist und weil der im Rahmen dieser Forschungsrichtung gepflegte Untersuchungsstil als paradigmatisch für eine Vielzahl betriebswirtschaftlicher Untersuchungen gelten kann[407]. Der konzeptionelle Rahmen für die Erfassung der Organisationsstruktur bildet in dieser Arbeit die neuere situative Organisationsforschung auf Grundlage des *Mintzberg*-Modells[408]. Das Modell wird durch vier wesentliche Gestaltungselemente beschrieben:

1. Gestaltung der Rahmenstruktur
2. Gestaltung von Positionen
3. Gestaltung von lateralen Verbindungsstrukturen
4. Gestaltung der Entscheidungsprozesse.

Ausgehend von diesen Gestaltungsparametern und Faktoren wurden diese durch geeignete Indikatoren weiter operationalisiert. Die Indikatoren bildeten die Basis für einen Fragebogen, mit dem 38 Institute befragt wurden.

[406] Vgl. *Cameron*, 1986, S. 539–553.
[407] Vgl. *Martin*, 1989, S. 299.
[408] Vgl. *Mintzberg*, 1992, S. 206.

17.8.4 Empirische Untersuchungsergebnisse

17.8.4.1 Kausalanalyse

Die Analyse basiert auf der Annahme, dass die vorhandene Organisationsstruktur einen Einfluss auf den Systemerfolg hat. Diese Annahme wurde bereits theoretisch begründet. Darüberhinaus wurde diese Vermutung durch die subjektive Beurteilung der Projektmitarbeiter während der Einführungsphase des Systems gestützt.

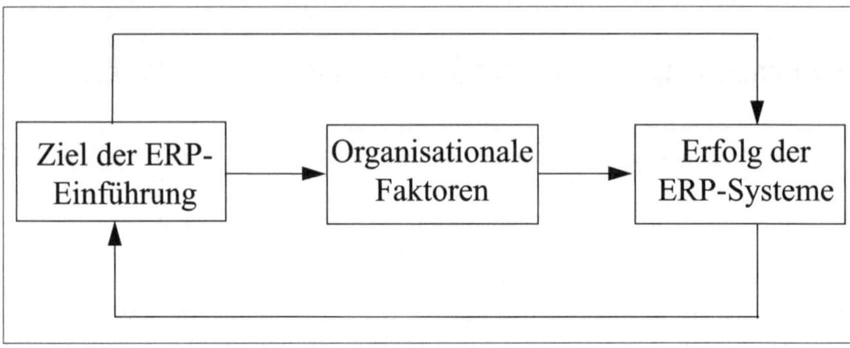

Abb. 129: Untersuchungsansatz der Erfolgsmessung

Die Faktoren wurden einzeln nach der Erhebung auf ihre Validität und Reliabilität geprüft[409]. Die Qualität der Messwerte für die Faktoren erreichte dabei weitestgehend die üblichen Anspruchniveaus oder unterschritten diese nur leicht. Die Faktoren mit einer geringen Validität wurden von der multiplen Regressionsanalyse ausgeschlossen. Die Analyse des gesamten Regressionsmodells ergab jedoch kein signifikantes Bestimmtheitsmaß ($r^2 = 0{,}36$), so dass das Modell als Ganzes keinen ausreichenden Erklärungsgrad hat. Entsprechend sind auch die standardisierten Regressionskoeffizienten der einzelnen Faktoren fast ausnahmslos nicht signifikant. Es gibt auch keinen signifikanten Erklärungszusammenhang zwischen der Organisationsstruktur und den Erfolgsdimensionen Service, Effizienz und Sicherheit bezogen auf das *SAP*-System (s. Tab. 98).

Aufgrund der geringen Einzelkorrelationen und der geringen Anpassungsgüte des Regressionsmodells muss die Vermutung eines Ursachenzusammenhangs zwischen der Organisationsstruktur und dem Systemerfolg zurückgewiesen werden. Da in dieser Analyse nur nach statistisch signifikanten Faktoren gesucht wurde, kann aus dem Ergebnis jedoch umgekehrt nicht abgeleitet werden, dass eine Organisationsstruktur beliebig sein kann, um den Erfolg eines ERP-Systems zu begründen.

Deshalb wurde parallel versucht, die Ergebnisse der Regressionsanalyse nach positiven bzw. negativen Zusammenhängen von Organisationsfaktoren mit dem System-Erfolg zu analysieren. Dies ist insofern relevant, als Anbieter von ERP-

[409] Zum Einsatz kamen u. a. Cronbachs Alpha, T-Werte usw.

Systemen eine bestimmte Organisationsform als notwendig erachten. Es werden z. B. dezentral geführte Organisationen mit mehr Entscheidungskompetenz in den operativen Ebenen für eine erfolgreiche ERP Einführung favorisiert. Organisationen mit weniger Spezialisierung, d. h. stärkerer Aufgabenausdehnung der Mitarbeiter, sollen angeblich auch stärker von den Vorteilen eines integrierten Systems profitieren.

Durch die insgesamt negativen Korrelationen hinsichtlich der Rahmenstruktur fällt auf, dass tendenziell kleinere Organisationen mit wenigen Hierearchieebenen und einer kleinen Technostruktur einen höheren Erfolg verzeichnen. Organisationen mit einer geringen Spezialisierung und Formalisierung erreichen tendenziell ebenso einen höheren Erfolg, was sich aus den negativen Korrelationen ableiten lässt. Dies würde die Annahmen aus der Praxis bestätigen.

Stärker ausgeprägte Controlling- und Planungsprozesse wirken tendenziell positiv auf den Systemerfolg (positive Korrelationen). Dieses Resultat ist insofern nicht überraschend, als die integrierten ERP-Systeme Auswertungen und Plandatenerfassungen ermöglichen und damit diese Prozesse effizienter unterstützen.

Entgegen der ursprünglichen Erwartung, erfahren Organisationen mit einer stärkeren Zentralisierung einen größeren Systemerfolg. Dies widerspricht der eingangs erwähnten Vermutung nach geringerer Zentralisierung. Ein Grund mag darin liegen, dass eine stärkere Integration nicht nur Transparenz im positiven Sinne erfüllt, sondern auch mit mehr Kontrolle zentraler Entscheidungsträger verbunden wird, deren Informationsbedarfe aus zentraler Sicht noch besser erfüllt werden können.

Einschränkend wird darauf hingewiesen, dass diese Tendenzinterpretationen einen insgesamt geringen Aussagewert haben, da die Korrelationskoeffizienten zu niedrig sind.

In der Analyse sollten jedoch nicht nur Organisationsfaktoren untersucht werden, sondern auch Faktoren, die im unmittelbaren Zusammenhang mit der Einführung des Systems standen. Hierzu wurden insbesondere die folgenden drei projektbezogenen Faktoren herangezogen.

- Akzeptanz des Systems
- Organisationsveränderungen vor der Einführung
- ERP-System Erfahrung.

Methodisch wurden diese Faktoren genauso behandelt, wie die Organisationsfaktoren. Allerdings stand hier nicht ein gesamtes Kausalmodell im Vordergrund, sondern einzelne bivariate Korrelationsanalysen.

Es zeigte sich, dass alle Faktoren einen positiven Einfluss auf den Systemerfolg hatten. Ein besonders hoher Zusammenhang ergab sich dabei für den Faktor Akzeptanz des Systems, mit einem Korrelationskoeffizienten von $r = 0{,}73$ (Signifikanz 1 %). Damit bestätigte sich deutlich die Vermutung, dass die Akzeptanz der Mitarbeiter eine große Rolle für die Einführung eines neuen Systems spielt. Dies gilt insbesondere für Belegschaften, die vorher keine Erfahrungen mit einem derartigen System gemacht hatten.

Isoliert betrachtet, ist dieses Ergebnis wenig überraschend, da in der Praxis die Akzeptanz der Mitarbeiter als wesentliche Voraussetzung eines Systems angesehen

Tab. 98: Korrelation zwischen Beurteilungsdimensionen und dem Gesamterfolg

Tendenzieller Zusammenhang zwischen Organisationsfaktoren und dem SAP-Erfolg						
	Organisationsfaktoren	Service	Effizienz	Sicherheit	Gesamterfolg	
I. Rahmenstruktur	Grundstruktur der Verwaltung	−0,08	−0,07	−0,24	−0,14	–
	Kompetenz der Technostruktur	−0,14	0,15	−0,09	−0,16	
	Anzahl der Organisationsebenen	−0,03	0,10	0,01	0,00	
II. Gestaltung von Positionen	Spezialisierung der Organisation	0,22	−0,02	0,12	−0,02	–
	Strukturformalisierung	0,18	−0,09	−0,15	−0,13	
	Prozessformalisierung	−0,11	−0,18	−0,09	−0,13	
	Führungsformalisierung	0,25	0,14	−0,13	−0,14	
	Fortbildungsquote	0,08	−0,06	−0,10	−0,01	
III. Laterale Verbindungsstrukturen	Strategische/Taktische Planung	−0,07	−0,02	−0,41	−0,20	+
	Operative Planung	0,17	0,43	0,23	0,33	
	Strategisches Controlling	0,09	0,25	0,00	0,15	
	Operatives Controlling	0,28	0,22	0,11	0,25	
IV. Entscheidungszentralisation	Entscheidungszentralisiation über Haushalt und Personal	−0,14	0,03	0,08	−0,03	+
	Entscheidung über die Höhe der Anschaffungssummen	0,20	0,21	0,03	0,20	
	Entscheidung über Großinvestitionen	−0,02	0,16	0,05	0,05	

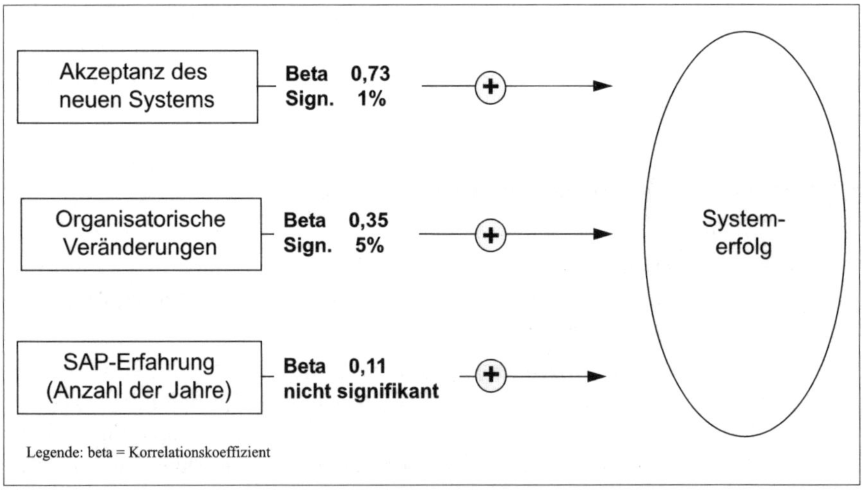

Abb. 130: Zusammenhang zwischen dem Erfolg und anderen Faktoren

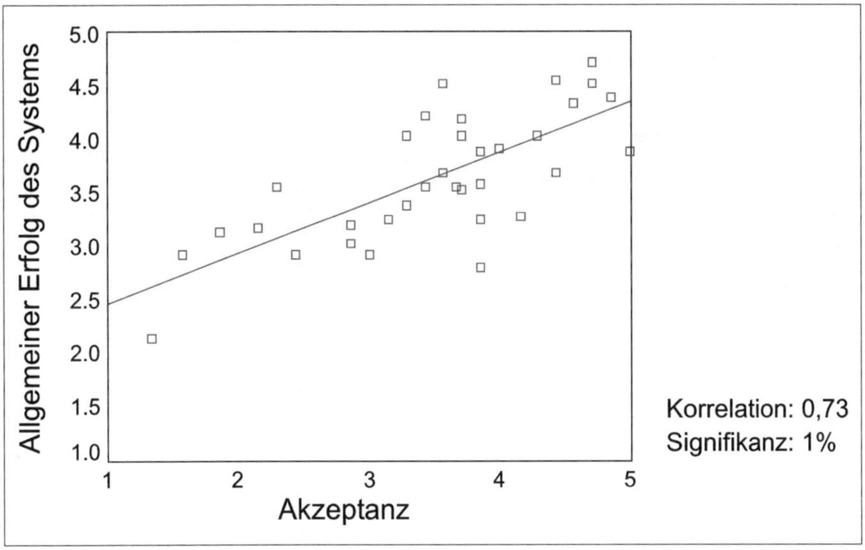

Abb. 131: Korrelation zwischen Akzeptanz bei den Mitarbeitern und dem Erfolg[410]

wird. Allerdings werden in der Praxis häufig Organisationsaspekte als gleichwertige Erfolgsfaktoren angesehen. Die Analyse zeigt jedoch, dass diese Faktoren gegenüber dem Akzeptanzverhalten der Mitarbeiter eine untergeordnete Rolle spielt. Dieses Ergebnis lässt den Schluss zu, dass Veränderungsmaßnahmen in den Organisationen noch gezielter die Mitarbeiter in den Vordergrund stellen müssen, um die Erfolgsziele von neuen Systemen zu nutzen.

17.8.4.2 Clusteranalyse

Eine Clusteranalyse wird herangezogen, um eine wesentliche Schwäche der Regressionsanalyse zu vermeiden. In der Regressionsanalyse werden bestimmte Faktoren individuell auf ihre Wirkung für den Erfolg überprüft. Die Untersuchungsstichprobe sind hierbei alle 38 Verwaltungseinheiten der 40 Institute. Damit wird für die Stichprobe als Ganzes eine klare Trennung zwischen Erfolgsfaktoren und Misserfolgsfaktoren durchgeführt. Es besteht jedoch die Möglichkeit, dass bestimmte Kombinationen von Faktoren bezogen auf nur ein einzelnes Institut einen hohen Erfolg bewirken. Ein solches Phänomen wäre durch das Regressionsmodell nicht zu entdecken, denn eine hohe Ausprägung von Spezialisierung in einem Institut wird durch eine niedrige Ausprägung in einem anderen Institut quasi „neutralisiert“.

Die Clusteranalyse gehört zu den explorativen Analysemethoden, da keine vorherige Annahme über die Gruppierung der Organisationen nach bestimmten Organisationsfaktoren und deren Ausprägungen gemacht werden müssen[411]. Daher

[410] Für diese Analyse wurden drei Ausreißerwerte ausgeschlossen, d.h. insgesamt 35 Institute einbezogen.

[411] Im Gegensatz etwa zu einer Pfadanalyse, bei der vorher ein Datenmodell zu erstellen ist.

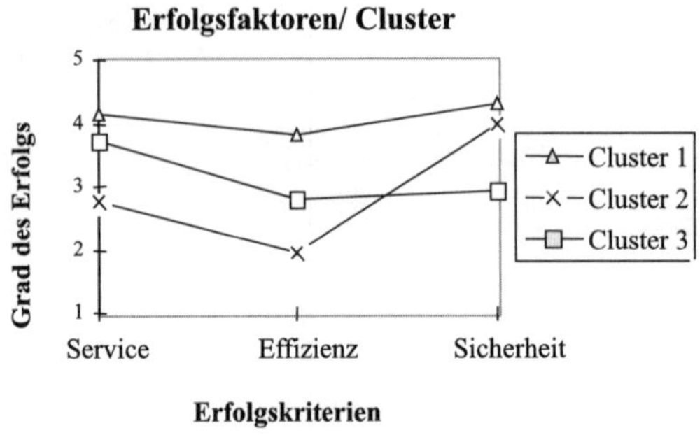

Clusteranalyse

Mittelwerte der Cluster

	Cluster		
	1	2	3
Service	4,15	2,78	3,72
Effizienz	3,81	1,96	2,81
Sicherheit	4,32	3,97	2,95

Auftretenshäufigkeit per Cluster

Cluster 1	19
2	8
3	8
Gültig	35
Fehlend	3

Abb. 132: Ergebnisse der Clusteranalyse

kann eine Clusteranalyse als Basis einer konfirmatorisch ausgelegten Kausalanalyse herangezogen werden. Die Zuordnung von Faktoren zu Gruppen erfolgt dergestalt, dass innerhalb der Gruppen eine größtmögliche Ähnlichkeit zwischen den Faktoren besteht, zwischen den Gruppen aber geringstmögliche Ähnlichkeit[412].

Die nach dem *Ward*-Verfahren[413] durchgeführte Clusteranalyse ergab drei verschiedene Cluster von Organisationen.

- Cluster 1: Dieses Cluster stellt den höchsten Zielerreichungsgrad fest. Organisationen in diesem Cluster erzielen insgesamt die höchsten Werte auf allen drei Erfolgsdimensionen. Es kann also unterstellt werden, dass diese Organisationen das angestrebte Erfolgspotenzial des Systems im hohen Maße ausschöpfen. In Cluster 1 sind etwa 50 % aller Organisationen enthalten.
- Cluster 2: Dieses Cluster kann als „Verlierer-Cluster" bezeichnet werden, da die niedrigsten Werte für Service und Effizienz erzielt werden. Dagegen wird ein vergleichsweise hoher Erfolgszuwachs auf der „Sicherheitsdimension" erreicht. Dies ist allerdings nicht sonderlich überraschend, denn das integrierte ERP-System beinhaltet Sicherheitsvorkehrungen, die systemimmanent, also nicht vom Anwender beliebig manipulierbar sind.
- Cluster 3: Dieses Cluster stellt das „Durchschnittscluster" dar, denn Organisationen in dieser Gruppe positionieren sich entlang der Erfolgsdimensionen in der Mitte der beiden anderen Cluster. Auffällig ist hier, dass zwar bezüglich des Service eine ähnlich hohe Bewertung erzielt wird wie in Cluster 1, dagegen die Effizienz und Sicherheit deutlich unter Cluster 1 liegt und bezogen auf die Sicherheit auch unterhalb von Cluster 2.

Zusammenfassend lässt sich sagen, dass es durch die Clusteranalyse gelungen ist, unterschiedliche Erfolgstypen von Organisationen abzubilden. Wesentlich erscheint nach wie vor die Frage, welche Organisationstypen sich hinter diesen Erfolgsgruppen verbergen. Im vorhergehenden Abschnitt der Regressionsanalyse

412 Vgl. *Backhaus* et al., 2000, S. 328 ff.

413 Das *Ward*-Verfahren organisiert die Daten so zu Clustern, dass innerhalb der Cluster die Varianz möglichst gering ist (*Backhaus* et al., 2000, S. 359).

konnten diesbezüglich keine Wirkungszusammenhänge der Organisationsfaktoren auf den Erfolg des neuen Systems bestimmt werden.

Als nächstes wurde untersucht, welche organisatorischen Faktoren in den drei Erfolgsclustern besonders ausgeprägt sind, um eine Indikation für den Erfolg zu geben. Zu diesem Zweck wurden die Organisationen entsprechend der Cluster getrennt extrahiert und die Mittelwerte der Organisationsfakoren gebildet. Um potenzielle Unterschiede zu analysieren, wurde das Erfolgscluster 1 mit dem schlechtesten Cluster 2 verglichen. Rechnerisch wurde zu diesem Zweck der jeweilige Wert des Cluster 1 von Cluster 2 subtrahiert. Ein negatives Ergebnis bedeutet, dass niedrige Werte einen hohen Erfolg unterstützen und umgekehrt deutet ein positives Ergebnis darauf hin, dass hohe Werte einen positiven Beitrag zum Erfolg leisten.

Das Ergebnis in der Kategorie *Basic structure of the organization* zeigt, dass insbesondere „kleine" Verwaltungen, d. h. Verwaltungen mit einer Fokussierung auf kaufmännische Aktivitäten und geringer Ausprägung der Technostruktur, einen tendenziell höheren Erfolg mit dem neuen ERP-System erreichen.

In der Kategorie *Gestaltung der Positionen* zeigt sich, dass Organisationen die eine geringere *Formalisierung* aufweisen einen höheren Erfolg erreichen. Dies mag einerseits verwundern, denn eine Formalisierung erscheint unter dem Gesichtspunkt eines geregelten Ablaufs in einer Organisation eher positiv zu sein. Andererseits kann eine übermäßig formalisierte Organisation sich insgesamt auch negativ auf den Erfolg einer Systemimplementierung auswirken. Dies mag insbesondere dadurch plausibel erscheinen, als auch Organisationen mit einer geringeren *Spezialisierung* nach dieser Analyse tendenziell als erfolgreicher einzustufen sind. Eine geringere Spezalisierung bedeutet grundsätzlich eine größere Aufgabenbreite pro Organisationseinheit und Mitarbeiter. Gerade dies wird grundsätzlich durch das neue System auch favorisiert.

Im hohen Masse positiv scheint sich ein verstärktes Ausmaß an *Planung und Controlling* auf den ERP-Erfolg auszuwirken. Dies entspräche auch der Tendenzaussage aus der Regressionsanalyse. Dieses Ergebnis besitzt auch eine hohe praxisorientierte Plausibilität. Das eingeführte ERP-System unterstützt nämlich Funktionalitäten, die eine systematische Planung und ein effizientes Controlling ermöglichen. Keinen Aussagewert hat dagegen die Entscheidungszentralisation. Offenbar sind die Entscheidungsstrukturen nicht von Bedeutung. Hier kann also der tendenziell positive Zusammenhang zwischen Zentralisierung und ERP-Systemerfolg aus der Regressionsanalyse nicht bestätigt werden.

Die Clusteranalyse ermöglicht insgesamt eine differenziertere Betrachtung der verschiedenen Erfolgstypen von Organisationen. Es wird deutlich, dass es nicht nur Organisationen mit Erfolg und Misserfolg gibt, sondern es existieren vielmehr verschiedene Erfolgsprofile. Diese wiederum hängen von verschiedenen Organisationsprofilen und nicht unbedingt von einzelnen Faktoren ab.

17.8.5 Zusammenfassung der Ergebnisse und Ausblick

Die meisten untersuchten Institute verzeichnen einen Erfolg durch das neue System. Dabei fällt jedoch auf, dass die Ausprägungen entlang der definierten Erfolgsdimensionen sehr unterschiedlich sind: Der Service verbessert sich sehr stark, was insbesondere auf die verbesserten Auswertungsmöglichkeiten und den hohen Aktualitätsgrad der Zahlen zurückzuführen ist. Die operative Effizienz durch das System kann nicht eindeutig bestätigt werden, wenngleich dies eines der besonderen Ziele des neuen Systems war. Die postulierten Ziele konnten diesbezüglich tatsächlich und auch in der Wahrnehmung der Mitarbeiter nicht erreicht werden. Die Sicherheit nimmt mit dem neuen System offensichtlich besonders zu, dies wird durch die Clusteranalyse nochmals bestätigt, in der das schlechteste Cluster auch noch einen hohen Sicherheitserfolg realisiert. Das Ergebnis wird jedoch als „systemimmanent" betrachtet. Entsprechend der Clusteranalyse lassen sich drei grundsätzlich unterscheidbare Erfolgsgruppen/-cluster von Organisationen herauskristallisieren: Es gibt Gruppen mit hohem, mittlerem und geringem Erfolgszuwachs. Diese Aussage ist insofern wertvoll, da eine differenziertere Aussage über die Organisationen selbst möglich ist und nicht nur zum Erfolg allgemein. Die Analyse nach einem kausalem Zusammenhang zwischen Organisationsfaktoren und dem Systemerfolg brachte folgendes Ergebnis:

- Die Mitarbeiterakzeptanz des System erwies sich als entscheidender Erfolgsfaktor für den Gesamterfolg des ERP-Systems.
- Es gibt keine signifikanten Zusammenhänge zwischen den gestalterischen Elementen einer Verwaltungsorganisation und dem ERP-System-Erfolg.
- Es gibt jedoch Hinweise dafür, dass Verwaltungsorganisationen mit „schlankerer" Struktur, geringerer Spezialisierung („Job Enlargement") und geringerer Formalisierung einerseits und ausgeprägteren Planungs- und Controllinginstrumentarien andererseits einen höheren Nutzen aus einem neuen System ziehen.

Aus den Ergebnissen lässt sich weiterer Forschungsbedarf ableiten. Die starke Korrelation zwischen der Akzeptanz und dem System-Erfolg machen detailliertere Untersuchungen zu diesem Konstrukt notwendig. Gleichzeitig erscheint interessant, ob und welche Bestimmungsfaktoren organisationeller Art für die Akzeptanz verantwortlich sind.

17.9 Zitate über Berater, Gurus oder Managementkonzepte

„Wie wir noch im einzelnen sehen werden, gründet sich der Erfolg von Managementtheorien in größerem Maße auf Angst und Habgier als bei anderen wissenschaftlichen Theorien" (*Micklethwait/Wooldridge*, 1998, S. 20).

Anm. der Verfasser: Diesen Nachweis haben die Autoren denn doch nicht geführt. Im weiteren Inhalt des Buches kommt keine einzige Betrachtung darüber vor, wodurch die Herausgeber von Büchern in anderen sozialwissenschaftlichen oder naturwissenschaftlichen Bereichen motiviert sind.

„Man verwendet den Begriff ‚Management-Guru' nur, um nicht ‚Scharlatan' zu sagen" (sinngemäß *Peter Drucker*, zitiert nach *Micklethwait/Wooldridge*, 1998, S. 26).

„Drucker wurde zum Opfer der eigenen erfolgreichen Vermarktung seiner Weltsicht. Einige seiner Feststellungen mögen zwar wie Binsenweisheiten wirken, sind aber dennoch offenbar nicht bis zur Managementelite vorgedrungen. Amerikanische Bosse würden wohl kaum einerseits ihre Mitarbeiter vor die Tür setzen und andererseits sich selbst saftige Gehaltszulagen bewilligen, wenn sie Druckers Argumente zur sozialen Natur von Unternehmen begriffen hätten" (*Micklethwait/Wooldridge*, 1998, S. 109).

Anm. der Verfasser: An anderer Stelle geben sich die Autoren weniger naiv.

„Anders gesagt, ist [Tom] Peters viel komplexer und fähiger, als man auf den ersten Blick annehmen würde. Trotzdem: Wenn die rings um seine Farm in Vermont normalerweise friedlich grasende Lamaherde plötzlich durchdrehen und ihren Besitzer zu Tode trampeln würde, müßte Peters damit rechnen, auf seinem Grabstein den nicht sehr schmeichelhaften Nachruf zu finden, seine Taten – das Einläuten, Anführen und Gestalten des Guru-Booms – seien wichtiger gewesen als seine Worte, denn die wurden zum Teil im nachhinein widerlegt, zum Teil von Peters selbst wieder zurückgenommen" (*Micklethwait/Wooldridge*, 1998, S. 118).

Der Beratungskunde wünscht keine industrialisierte Großberatung, sondern hands-on-Consulting. *C. Rasche, General Management Institut Potsdam*

„Managementberater arbeiten mit einer Reihe standardisierter Entscheidungen; dabei geht es um alternative Szenarien, die auf unterschiedlichen Annahmen basieren. Jede Annahme, die das von vorneherein feststehende Ergebnis nicht untermauert, fällt sofort als unwirtschaftlich unter den Tisch – unwirtschaftlich für den Berater" (*Hansen*, 2000).

Abkürzungen und Glossar

Begriff	**Erläuterung**
AGB	Allgemeine Geschäftsbedingungen
AN	Arbeitnehmer
Anm.	Anmerkung
ICPNO	International Classification of Nonprofit-Organization
AICPA	American Institute of Certified Public Accountants, Beraterverband in den USA
AIMC	Association of Internal Management Consultants, Beraterverband in den USA
Akquise, Akquisition	hier: Verkauf von Beratungsprodukten
alpha-Fehler	Begriff aus der schließenden Statistik. Der alpha-Fehler drückt aus, mit welcher Wahrscheinlich die statistische Nullhypothese fälschlicherweise zurückgewiesen wird. Ein beta-Fehler hingegen drückt die Wahrscheinlichkeit aus, dass die statistische Alternativhypothese fälschlicherweise abgelehnt wird.
ARIS (Toolset)	Produktnamen für EDV-Werkzeug der Prozessmodellierung: Architektur integrierter Informationssysteme
ASP	Service Provider, Anbieter von Miet-Software im Geschäftsbereich, z. B. SAP
Audit	durch Experten durchgeführte Prüf-Veranstaltungen, untersucht werden z. B. die Qualität des Managements (Management-Audit) oder von Verfahren (Verfahrensaudit)
autopoietische Systeme	Begriff aus der systemischen Organisationsberatung. Autopoiesie ist Selbsterzeugung. Nach *Niklas Luhman* trifft dieses eigentlich biologische Prinzip auch auf soziale System zu. Soziale Systeme erzeugen sich durch Kommunikation und Selbstreferenz selbst – und schotten sich teilweise auch gegen die Umwelt ab.
B2B	„Business to business Märkte“, d. h. Geschäftsfirmen unter sich
B2C	„Business to customers“ Kanal der Internetgeschäfte
B2E	Business to Employee, netzbasiertes System zum Personalmanagement (eHR-Management)
BA	Bundesanstalt für Arbeit
BAH	Booz, Allen & Hamilton (Beratungsfirma)
BCG	Boston Consulting Group
BDU	Bund Deutscher Unternehmensberater, Verein zur Interessensvertretung von deutschen Unternehmensberatern
BGB	Bürgerliches Gesetzbuch (Deutschlands). Enthält große Teile des Privatrechts, u. a. das Schuldrecht mit den Regelungen zum Werk- und zum Dienstvertragsrecht
BPR	Business process reengineering, siehe dort
BSP	Business Service
Business (process)	(R)eengineering; business process redesign Reorganisation des Unternehmens weg von der funktionalen Struktur hin zu einer Optimierung der Durchlaufzeiten und Herstellkosten von Prozessen
Business Plan	hier: ein Business Plan für ein Projekt ist eine detaillierte Auflistung der Ziele, der geplanten Wege dahin, die Ziele zu erreichen, und eine Festlegung auf Wege zur Messung der Zielerreichung

bzgl. bezüglich

CBT Computer Based Training, Computerunterstütztes Lehrangebot

CCO Council of Consulting Organisations, amerikanische Vereinigung von Unternehmensberatern

CFROI Cash Flow Return on Investment. Rentabilitätsmaß (nach der Methode des internen Zinsfußes) für das im Unternehmen gebundene Vermögen:

$$-A_0 + \sum_{t=1}^{n} \frac{E_t}{(1 + r_{int})t} = 0$$

Legende:

A_0 = Anschaffungsauszahlung
n = Laufzeit
E_t = Einzahlungsüberschuss je Periode
r_{int} = interner Zinsfuß
t = Zeitindex

Change Management Sammelbegriff für alle bewusst gesteuerten Maßnahmen, die eine betriebliche Veränderung z. B. bei business reengineering begleiten und insbesondere die Akzeptanz und Fähigkeit der Mitarbeiter erhöhen

Clusteranalyse statistisches Verfahren zur Gruppenbildung

CRM Customer Relationship Management, Sammelbegriff für alle konzeptionellen, organisatorischen Maßnahmen zur Verbesserung des Kundenkontakts

Darwiopportunismus Begriff zusammengesetzt aus Darwinismus + Opportunismus, wird von *Mohe* (2001) verwendet, um Mischung aus Überlebenskampf und Karriereopportunismus von Beratern innerhalb der eigenen Firma zu beschreiben

DCF Discounted Cash Flow, bevorzugtes Wertmaß *Rappaport* („Auslöser" der modernen Shareholder Value-Diskussion):

$$BUW = \sum_{t=1}^{n} \frac{FCF_t}{(1 + k)^{-t}} + \frac{RW}{(1 + k)^{-n}}$$

Legende:

BUW = Bruttounternehmenswert aus laufender Unternehmenstätigkeit (den Nennwert errechnet man einfach durch Abzug des Fremdkapitals)
FCF = Freier Cash Flow im Jahr t
k = Unternehmensspezifische Kapitalkosten, Kalkulationszinsfuß, z. B. c^{WACC}
n n = Betrachtungszeiten, Gesamtzahl der Perioden
RW = Restwert des Unternehmens in der Periode n
t = Periode/Jahr

DGB Deutscher Gewerkschaftsbund

DM Deutsche Mark

Due Diligence intensive Prüfung des Firmenwerts und der wirtschaftlichen Verhältnisse von Zielkandidaten bei Fusionen und Akquisitionen

EBS enterprise business software, Geschäftssoftware

E-Business, E-Commerce hier: Bereich des Beratungsgeschäfts, der sich durch zwei Teilelemente auszeichnet: Verwendung von Internettechnologie und neuen Beschaffungs-, Absatz- und Informationskanälen

EDS Beratungsfirma

Erfahrungskurve empirisch ermittelte Kostensenkungspotenziale bei mengenmäßiger Produktionsausweitung. Ursache sind Rationalisierungspotenziale, technischer Fortschritt, Vorteile im Einkauf, kostengünstigere Technologie bei Mengensprüngen sein. Je nach Industrie und Produkt verschieden. PIMS zeigte, dass Marktführer in wachsenden Märkten am meisten profitieren

ERP enterprise resource planning, Gattungsnamen für Geschäftssoftware

ESS Employee Self Service, personalwirtschaftliche Selbstbedienungsfunktionalität in einem netzbasierten Personalsystem

EU	Europäische Union
EVA	Economic Value Added, Kennzahl der wertorientierten Unternehmenssteuerung, Wertmaß der Beratungsfirma Stern & Stewart: $EVA = NOPAT - c^{WACC} * IC$ oder $EVA = (r_{IC} - c^{WACC}) * IC$ **Legende:** c^{WACC} = Gewogener Kapitalkostensatz (WACC-Ansatz); IC = Investiertes Kapital; NOPAT = net operting profit after tax, operatives Ergebnis nach Steuern; r_{IC} = Rendite auf das investierte Kapital; WACC = weighted average cost of capital, gewichteter Kapitalkostensatz
f., ff.	folgende, fortfolgende
Fa.	Firma
FEACO	Federation of Management Consulting Associations, bedeutendste europäische Vereinigung der Unternehmensberater
Geschäftsprozessoptimierung	deutschsprachiges Synonym zu Business (process) reengineeering
ggf.	gegebenenfalls
GPM	Deutsche Gesellschaft für Projektmanagement
GWB	Gesetz gegen Wettbewerbsbeschränkungen
HR, HR-M	Human Resource, Human Resources Management
IBM	Hard- und Softwarehersteller, Consuktingdienstleister
i. d. R.	in der Regel
IHK	(deutsche) Industrie- und Handelskammer, Verbände mit Zwangsmitgliedschaft für Gewerbetreibende
Inferenzstatistik	Sammelbegriff für eine Vielzahl statistischer Techniken, die bei quantitativen Daten eine Aussage über die Zufälligkeit des Ergebnisses bzw. die Bedeutsamkeit und eventuell auch über die Effektstärke von Datenunterschieden erlauben
ISP	Internet Service Provider, Anbieter, der eine komplette Internetanwendung bereitstellt und pflegt
IT	Informationstechnologie
KLR	Kosten-Leistungsrechnung
Knowledge Management	Wissensmanagement, siehe da
KonTraG	Gesetz zur Kontrolle und Transparenz im Unternehmensbereich
KVP	Kontinuierlicher Verbesserungsprozess
M & A	Merger & Acquisitions, Fusionen und Unternehmenskäufe
MA	Mitarbeiter
Management	kommt von dem Lateinischen „manum agere“ und heißt in etwa „die Hand führen“
MBA	Master of Business Administration – Bezeichnung für sehr umsetzungsorientierte betriebswirtschaftliche Zusatzstudiengänge für Hochschulabsolventen von Fächern außerhalb der Betriebswirtschaftslehre
M-Commerce	Mobile Commerce, eCommerce per Datenfernübertragung mit z. B. Handy
Merger	Fusion (beide Unternehmen sind juristisch eine Person) oder Akquisition (das akquirierte Unternehmen behält seine eigene Rechtsperönlichkeit
Metaanalyse	Verfahren zur Konsolidierung einer Vielzahl von unabhängig erstellten Einzeluntersuchungen zu einem gemeinsamen Befund. Hierfür es besondere statistische Verfahren
Methode	in der Literatur Sammelbegriff für Methoden, Verfahren, Techniken und Modelle

mod. n.	modifiziert nach, Hinweis auf Veränderung eines Bildes oder einer Tabelle aus einer Quelle
Morosoph	Leicht ironsiierende Bezeichnung für einen Moralphilosophen
Mrd.	Milliarden
MSS	Manager Self Service, personalwirtschaftliche Selbstbedienungsfunktionalität in einem netzbasierten Personalsystem
MwSt	Mehrwertsteuer, Umsatzsteuer
n, N	Abkürzung für lateinisch numera, Anzahl. Gebräuchliche Abkürzung für die Fallzahl/Teilnehmerzahl in Statistiken
n.a.	nicht angegeben
OR	Schweizer Privatrecht
Personentag	Acht Stunden Beraterarbeit, rechnerische Größe zur Abrechnung von Leistungen gegenüber dem Kunden
PIMS	Profit impact of market strategies, langlaufendes umfassendes Forschungsprojekt mit ca. 450 teilenehmenden Firmen, die aktuelle Daten je strategischer Geschäftseinheit liefern. Dieser Datenpool wird zur empirischen auswertung der Erfolgs verschiedener Geschäftsstrategien usw. genutzt
PMI	Post Merger Integration. Alle Integrationsaufgaben, die nach einer Fusion von Unternehmen anfallen.
Problem	eigentlich: Situation, in der man entweder die Ausgangslage nicht richtig einschätzen kann oder keine Lösung weiß. Gegenbegriff: Aufgabe: Hier ist der Weg bekannt
Produkt	hier: Vom Kunden bezahlte Beratungsleistung. Es gibt eine unübersehbare Vielzahl von Beratungsprodukten, ein Produkt für den Kunden A kann ein Teilprodukt bei Kunden B sein. Nicht jede Leistung von Beratungsunternehmen ist ein Produkt (z. B. Führen eines outgesourcten Betriebs)
Projekt	zeitliche befristete, jedoch wichtige und aufwendige Arbeit, die entweder ein risikobehaftete Aufgabe oder ein Problem erledigen soll und nicht in die Linienstruktur eines Unternehmens eingegliedert wird
Promet	Produktnamen für EDV-Werkzeug der Prozessmodellierung: Prozessmetamodell
Prozess	Zusammenwirken von betrieblichen Ressourcen (Personen, Daten, Material, Energie), um durch Transformation aus einem Input einen intern („unterstützender Prozess, Managementprozesse“) oder extern („Kern-Prozess“) verkaufbaren Output zu erzeugen.
PT, Personentag	Leistungsäquivalent für einen Arbeitstag, i. d. R. mit 8 Stunden angesetzt. Maßeinheit für den Aufwand und die benötigte Zeitdauer eines Projekts bzw. einzelner Teilprojekte
PÜV	Pariser Übereinkommen zum Schutz des gewerblichen Eigentums, 1883
r	Korrelationskoeffizient, ein Maß für den linearen Zusammenhang (ein Wert von 1 drückt einen maximalen positiven Zusammenhang aus, ein Wert von – 1 einen maximalen negativen und ein Wert von null gar keinen Zusammenhang)
RFP	Requets for Proposal. Beraterjargon für Aufforderung des potenziellen Kunden zur Angebotsabgabe
RKW	Rationalisierungskuratorium der deutschen Wirtschaft
ROI	return on investment, angelsächsischer Ausdruck Form für Gesamtkapitalrentabilität (Gewinn/Investment), wobei • Gewinn = Gewinn vor Steuern und Zinsaufwand, nach Konzernumlagen • Investment = Buchwert gebundener Anlagen + Umlaufvermögen – kurzfristige Verbindlichkeiten aus Lieferung und Leistung

	Return on Investment = Gesamtkapitalrentabilität (GKR):
	$$\text{Gesamtkapital-rentabilität} = \frac{\text{Jahresüberschuss + Ertragssteuern + Zinsaufwand}}{\text{Durchschnittliches Gesamtkapital}}$$
Sabbatical	unbezahlter längerer Urlaub
SAP	Firmennamen und Produktnamen einer sehr weit verbeiteten Softwarefamilie für geschäftliche Anwendungen. SAP ist eine Abkürzung für Standards, Anwendungen und Produkte
SGE	Strategische Geschäftseinheit
Shareholder Value	Unternehmenswert aus Sicht eines Anteilseigners
SOM	Produktnamen für EDV-Werkzeug der Prozessmodellierung: Semantisches Objektmodell
Stakeholder	Sammelbezeichnung für Eigentümer/Aktionäre, Lieferanten, Kunden, Mitarbeiter und die Gesellschaft
systemische Unternehmensberatung	ausschließlich im deutschsprachigen Raum benutzte Methode ursprünglich aus der Beratungslehre in den Sozialwissenschaften
TBS	Technologieberatungsstellen des deutschen Gewerkschaftsbundes
Team	Gruppe von internen und/oder externen Personen, die zum Zweck eines gemeinsamen Projekts zusammenarbeiten
Total Cost of Ownership, TCO	Gesamtkosten der Nutzung z. B. einer Software; Gegenbegriff zu Anschaffungskosten oder Projekt(voll)kosten, da bei diesen die Folgekosten sowie Opportunitätskosten nicht enthalten sind
TQM	Total Quality Management
TRIPS	Trade Related Aspects of Intellectual Property Rights. 1995 geschlossenes internationales Abkommen zum Schutz von Urheber- und Verlagsrechten
u. a.	unter anderem
vgl.	vergleiche
VOB	Verdingungsordnung für Bauleistungen
VOL	Verdingungsordnung für Leistungen außer Bauleistungen
vs.	versus (lateinisch: gegen)
war for talents	Wettbewerb der Unternehmen um die besten Hochschulabsolventen. Begriff geprägt von *McKinsey* 1998 durch ein Studie, in der angeblich der Unternehmenserfolg von hochtalentierten Mitarbeitern abhängt.
Werkzeug	hier: Softwarewerkzeug. Nicht-IT-gestützte Hilfsmittel sind Methoden
Wissenschaft	hier: rationale Untersuchung der ökonomischen Welt mit Hilfe von Hypothesen, empirischen Untersuchungen und Aussagen über die mögliche Widerlegung der Hypothesen
Wissensmanagement (knowledge management)	Gattungsnamen für Verfahren und Werkzeuge der systematischen Sammlung, Aufbereitung, Zur-Verfügung-Stellung und Pflege von unternnehmensrelevantem Wissen
Workflow	(„Arbeitsfluss") ist in einem funktional abgegrenzten Bereich die Beschreibung aller Beziehungen, die den Austausch (Informationen, Leistungen) zwischen Mitarbeitern, technischen Systemen und Kunden beinhaltet
z. B.	zum Beispiel
z. T.	zum Teil
zit. n.	zitiert nach

Literaturverzeichnis

Abrahamson, E.: Management Fashion. Academy of Measurement Review, 21/1996, S. 254–285

Abrahamson, E.: Management Fashion. Lifecycles, triggers, and collective learning processes. Administrative Science Quaterly, 44/1999, S. 704–740

Ackerschott, H.: Verbindliche Qualitätsstandards für Eignungsdiagnostik und Personalberatung verabschiedet. Report Psychologie, 27/2002, S. 302–304

Adams, S.: Das Dilbert Prinzip. München, Heyne, 1999

Adams, S.: Dilbert Future. München, Heyne, 2000

Adizes, I.: Die Adizes-Methode. München, Herbig, 1995

Al-Ani, A.: Strategische Neupositionierung durch Reengineering der Managerprozesse. In: *Bamberger, I.:* Strategische Unternehmensberatung. Konzeptionen – Prozesse – Methoden. Wiesbaden, Gabler 2002, S. 131–155

Al-Laham, A.: Strategieprozesse in deutschen Unternehmungen. Verlauf, Struktur und Effizienz. Wiesbaden, 1997

Alwart, S./Borchert, M.: Kritik an der betrieblichen Weiterbildung Personalwirtschaft 2/2003, S. 32–35

Andersen Consulting (Hrsg.): Project Management Practices Version 1.0: Module 2 Planning/Estimating, CD, Dallas, USA, 1999

Andrews, K.R.: The concept of corporate strategy. Boston, Harvard Business School Press, 1971

Anheier, H.K./Priller, E./Seibel, W./Zimmer, A. (Hrsg.): Der Dritte Sektor in Deutschland. Organisationen zwischen Staat und Markt im Wandel. Berlin, Sigma, 1997

Ansoff, H.I.: Corporate Strategy. New York, McGraw-Hill, 1965

Armbrüster, T./Kieser, A.: Unternehmensberatung – Analysen einer Wachstumsbranche. DBW 6/2001, S. 688–709

Armstrong, J.S./Brodie, R.J.: Effects on portfolio planning methods on decision making: Experimental results. International Journal of research in Marketing, 11/1994, D. 73–84.

Armstrong, M.: Wie man ein noch besserer Manager wird. Aktuelles Kompendium der Managementtechniken. Wien, Ueberreuter, 1996

Ashford, M.: ConTricks: The world of management consultancy and how to make it work for you. London, Simon & Schuster, 1998

Backhaus, K./Erichson, B./Plinke, W./Weiber, R. (Hrsg.): Multivariate Analysemethoden. Berlin, Springer, 2000[8]

Baldi, S./Borgmann, H.P.: Betreiberstrukturen von elektronischen B2B–Marktplätzen – eine Fallstudie in der Automobilindustrie. Wirtschaftsinformatik, 43/2001, S. 543–553

Balkenhol, C.: Beratung des Dienstleisters ‚Betriebsrat'. Personal, 11/1998, S. 560–563

Balzer, A.: Die McKinsey Methode. Wien, Überreuther, 2000

Balzer, A./Student, D.: Unternehmen McKinsey. Manager Magazin, 11/2002, S. 53–63

Balzer, A./Wilhelm, W.: Die Firma. Manager Magazin 4/1995, S. 43–57

Bamberger, I.: Strategische Unternehmensberatung. Konzeptionen – Prozesse – Methoden. Wiesbaden, Gabler 2002

Bär, A.M.: Projektmanagement bei der konzernweiten Einführung eines betriebswirtschaftlichen Standardsystems. Mannheim, Dissertation, 2001

Bartel, A.P.: Human Resource management and performance in the service sector. The case of bank branches. Cambridge, Mass., National Bureau of Economic Research, 2000

Bärtel, O.: Wertorientierte Unternehmenssteuerung. Frankfurt/M, Peter Lang, 2001

Bauer, H./CSC Ploenzke (Hrsg.): Business Tool Guide. Wiesbaden, Gabler, 2000

Baumann, H.: Karriere: Die Suche nach dem richtigen Profil. Financial Times Deutschland, 17.1.2002

Baumann, M./Engeser, M.: Trojanisches Pferd. Wirtschaftswoche 1/2003, S. 58–63

Baur, A.: Organisations- und Implementierungsformen professioneller interner Beratungen. In: *Niedereichholz, C.* [2]: Internes Consulting. Grundlagen – Praxis – Beispiele – Spezialthemen. Oldenbourg, 2000, S. 167–172

BDU (Hrsg.): Facts und Figures Beratungsmarkt 2002. www.bdu.de, 1.3.2003

BDU (Hrsg.): BDU-Markteinschätzung 2000, Der Beratungsmarkt „Öffentliche Auftraggeber", S. 2, www.bdu.de, 1.3.2003

Becker, H./Langosch, I.: Produktivität und Menschlichkeit. Stuttgart, Enke, 1984

Becker, U./Schade, C.: Betriebsformen der Unternehmensberatung. Zeitschrift für betriebswirtschaftliche Forschung, 4/1995, S. 327–354

Beemelmann, J./Widei, D.: Mehrwert durch interne Beratung – Inhouse consulting Deutsche Bank AG. In: Niedereichholz, C. [2]: Internes Consulting. Grundlagen – Praxis – Beispiele – Spezialthemen. Oldenbourg, 2000, S. 105 -108

Behrens, F. (Hrsg.): Den Staat neu denken. Reformperspektiven für die Landesverwaltungen. Berlin, Sigma, 1995

Bennett, R.: Choosing and using management consultants. London, Kogan Press, 1990

Benz, A.: Verwaltungsmodernisierung im föderativen Staat. In: *Behrens, F.* (Hrsg.): Den Staat neu denken. Reformperspektiven für die Landesverwaltungen. Berlin, Sigma, 1995, S. 107–126

Berger, R.: Trends auf dem Beratermarkt. In: *Höselbarth, F./Lay, R./Lopez de Arriortùa, J.I.* (Hrsg.): Die Berater. Einstieg, Aufstieg, Wechsel. Frankfurt: FAZ-Institut, 2001, S. 129–134

Berger, W.: Business Reframing. Das Ende der Moden und Mythen im Management. Gabler, Wiesbaden, 1996

Berke, J.: Ballast abwerfen. Wirtschaftswoche 38/2002, S. 86–92

Bickel, W: Über Ethik in der Unternehmensberatung. Zeitschrift für Organisation, 2/1981, S. 62–65

Bierach, B.: Nie erfüllt – Wie Personalberater Mittelständler abzocken. Wirtschaftswoche, 3/1995, S. 46–51

Bierach, B.: Wie Hans Dampf. Wirtschaftswoche, 46/1995, S. 116–125

Bierach, B.: Der leise Riese – Boston Consulting Group. Wirtschaftswoche, 10/1996, S. 162–165

Bierach, B.: Von der Stange – eine Studie zeigt, was Unternehmen von ihren Beratern erwarten. Wirtschaftswoche, 47/1996, S. 130–132

Bierach, B.: Ebenbürtige Geister. Wirtschaftswoche, 49/1998, S. 94–99

Bierach, B.: Glück oder Weitblick? Wirtschaftswoche, 32/2000, S. 78

Bierach, B.: Bange Fragen. Wirtschaftswoche 21/2001, S. 118

Bierach, B.: Hammer, Nagel, Schere. Wirtschaftswoche, 38/2002, S. 96–97

Biswas, S./Twitchell, D. (Hrsg.): Management Consulting: a complete guide to the industry. New York, John Wiley & Sons, 2002[2]

Block, P.: Erfolgreiches Consulting. Das Berater-Handbuch. Frankfurt, 1997

Blunck, T.: Funktionen und Gestaltung institutionalisierter interner Beratungsleistungen. Bern, Peter Lang, 1993

Boehm, B.W.: Wirtschaftliche Softwareproduktion. Wiesbaden, Forkel, 1986

Bogumil, J./Benzmann, H.-G.: Modernisierung der Landesverwaltungen – Institutionelle Ausgangslage, Implementationsstand und Zukunftsperspektiven, in: Modernisierung der Landesverwaltung. Hagen, Institut für Pokitikwissenschaft der Fernuniversität, 1999

Böhmer, R.: Nie erfüllt. Wie Personalberater Mittelständler abzocken und den Ruf der Branche ruinieren. Wirtschaftswoche, 3/1995, S. 46–51

Boldebuck, C.: Ist doch ein Kinderspiel. Stern Spezial, Campus & Karriere, 02/2002, S. 50–59

Bolton, R./Bolton, D.G.: People styles at work. New York, Amacom, 1996

Börsig, C.: Wertorientierte Unternehmensführung bei RWE. ZfbF, 3/2000, S. 167–175

Boucsein, K., Reinhard, V./Rodriguez-Perulero, P.: Outsourcing und erhöhte vertikale Kooperation bei sinkender Fertigungstiefe in der Automobilindustrie als Herausforderung für die Industriepolitik. In: *Proff, H./Proff, H.V.* (Hrsg.): Strategien für die Automobilindustrie. Wiesbaden, Gabler, 1998, S. 147–178

Bowen, D.E./Lawler, E.E.: Empowerment von Mitarbeitern in Dienstleistungsunternehmen. In: *Payne, A./Rapp, R.* (Hrsg.): Handbuch Relationship-Marketing: Konzeption und derfolgreiche Umsetzung. München, Vahlen, 1999, S. S. 207–225

Brandes, D.: Konsequent einfach. Die Aldi-Erfolgsstory. München, Heyne, 1998

Braun, G.E./Egner, D./Schmutte, A.M.: Unternehmensberatungen für das Krankenhaus. München, Universität der Bundeswehr, 1997[2]

Bredendieck, M. et al.: Interkulturelle Kommunikation und Management. In: *Scheer, A.-W./ Köppen, A.* (Eds.): Consulting. Berlin, Springer, 2001

Bremer, C./Mayerhöfer, A.: Der große Bluff. Capital 13/2002, S. 196–200

Brors, P.: Opfer ist oft der Mittelstand. Handelsblatt, 2.4.1997, S. 23

Budde, C.: Erklärung des IT-Auslagerungsverhaltens deutschsprachiger Unternehmen im Vergleich zu Unternehmen anderer Industrienationen – eine transaktionskostentheoretische Analyse. Diplomarbeit an der Universität Bayreuth, 1997

Bühner, R./Sulzbach, K.: Wertorientierte Steuerungs- und Führungssysteme. Stuttgart, Schaeffer-Poeschel, 1999

Bullinger, H.-J., Warschat, J., Prieto, J./Wörner, K.: Wissensmanagement – Anspruch und Wirklichkeit: Ergebnisse einer Unternehmensstudie in Deutschland. Information Management 1/1998, S. 7–23

Bundesamt für Statistik [der Bundesrepublik Deutschland], Fachserie 18, Reihe 1.3., 2001

Bundesministerium für Bildung und Forschung: Studie zum europäischen und internationalen Weiterbildungsmarkt. April 2001

Bundesministerium für Wirtschaft und Technologie, Drucksache Nr. 475, Februar 2000

Bundschuh, M., Peetz, W./Siska, R.: Aufwandsschätzung von DV-Projekten mit der Function-Point-Methode. Grundlagen, Fallstudien, Lehrmaterial. Verlag TÜV Rheinland, 1991

Bundschuh, M./Fabry, A.: Aufwandsschätzung von IT-Projekten. Bonn, MITP-Verlag, 2000

Bundschuh, M.: Projekterfolgs- und -mißerfolgskriterien. In: Deutsche Gesellschaft für Projektmanagement e.V. (Hrsg.): Projektmanagement Fachmann. Bd. 1 und Bd. 2. Rationalisierungskuratorium der deutschen Wirtschaft e.V., 1999, Bd. 1, S. 185–210

Buono, A.F. (Hrsg.): Current trends in management consulting. Information. Greenwich/ Connecticut, Information Age Publication, 2001

Burghardt, M.: Projektmanagement. Leitfaden für die Planung, Überwachung und Steuerung von Entwicklungsprojekten. München, Siemens Aktiengesellschaft, 1993[2]

Burgmaier, S./Reischauer, C.: Interne Berater – unbequeme Fragen. Wirtschaftswoche, 17/1998, S. 164–166

Buscher, S.: Trend. Management & Seminar, 1/1998, S. 16–20

Buzzel, R.D. Gale, B.T.: Das PIMS-Programm. Strategien und Unternehmenserfolg. Wiesbaden, Gabler, 1989

Cameron, K.S.: Effectiveness as Paradox: Consensus and Conflict in Conceptions of Organizational effectiveness. Management Science 32/1986, S. 539–553

Caruana, A., Ramaseshan, B., Ewing, M./Rouhani, F.: Expectations about management consultancy services. Journal of Professional Services Marketing, 18/1998, S. 1–10

Charton-Brockmann, J.: Prozesskostensimulation mit dem objektorientierten Werkzeug SPARKS. In: *Berkau, C./Hirschmann, P.* (Hrsg.): Kostenorientiertes Geschäftsprozessmanagement. München, Vahlen, 1996

Clark, T.: Medienbranche leidet an der Werbeflaute. Financial Times Deutschland, 10.1.2003

Clarkeson, J.S.: Über das Portfolio hinaus. In: *von Oetinger, B.* (Hrsg.): Das Boston Consulting Group Strategie-Buch. Düsseldorf, Econ Verlag, 1995

Clow, K.E., Kurtz, D.L./Ozment, J.: A longitudinal study of the stability of consumer expectations of services. Journal of Business Research, 42/1998, S. 63–73

Coenenberg, A.G.: Kostenrechnung und Kostenanalyse.Landsberg/Lech, Verlag Moderne Industrie, 1992

Cope, M.: Consulting mit System. München, Financial Times/Prentice Hall, 2001

Copeland, T., Koller & T., Murrin, J.: Unternehmenswert. Methoden und Strategien für eine wertorientierte Unternehmensführung. Frankfurt/M., Campus, 2002

Covey, S.R.: Die sieben Wege zur Effektivität. Frankfurt/M., Campus, 1993

Crainer, S.: Das Tom-Peters-Phänomen: Der Aufstieg eines Management-Gurus. Frankfurt/M, Campus, 1998

Creplet, F., Dupouet, O., Kern, F., Mehmanpazir, B./Munier, F.: Consultants and experts in management consulting firms. Research Policy, 30/2001, S. 1517–1535

Däfler, M.-N./Rexhausen, D.: „Scharlatane?!" – Eine Studie über Auswahlkriterien, Tagessätze und das Image von Beratern. Unternehmensberater, 2/1998, S. 16–22

Däfler, M.-N./Rexhausen, D. (1999): Gut beraten! Erfolgreiches Consulting für Berater und Kunden. Wiesbaden, Gabler, 1999

Dale, E./Barksdale, H.: How firms select professional services. Industrial Marketing Management, Vol. 28, 21/1999, S. 85–91

Daum, A.: Erfolgs- und Mißerfolgsfaktoren im Büro-Projektmanagement. München und Mering, Reiner Hampp Verlag, 1993

Davenport, T.H.: Process innovation: Reengineering work through information technology. Boston, Harvard Business School, 1993

Davison, S.C./Ward, K.: Leading international teams. McGraw-Hill, London, 1999

Deipenbrock, M.: Shareholder Value bei Tengelmann – operationalisierter Ansatz. In: *Bühner, R./Sulzbach, K.:* Wertorientierte Steuerungs- und Führungssysteme. Stuttgart, Schaeffer-Poeschel, 1999

Demmer, C.: Klienten verzweifelt gesucht. Süddeutsche Zeitung, 20./21.4.2002, S. V1/21

Deutsches Institut für Normung e. V. (Hrsg.): DIN 69 900 Teil 1 und Teil 2, Projektwirtschaft – Netzplantechnik – Begriffe (8/87).

Deutsches Institut für Unternehmensberatung e. V. (Hrsg.): Consulting Guide 2002. Profile und Daten. Branchenmedien Verlag GmbH, 2002

Dichtl, M.: Standardisierung von Beratungsleistungen. Wiesbaden, Deutscher Universitätsverlag, 1998

Dieckhof, R.: Schwieriger Drahtseilakt bei Roland Berger. Financial Times Deutschland, 19.2.2002

Doppler, K./Lautenburg, C.: Change Management. Den Unternehmenswandel gestalten. Frankfurt/M, Campus, 1994[3]

Dörner, F.: Projektmanagement-Erfahrungen bei der Migration von Informationssystemen. In: *Etzel, H.-J.* (Hrsg.): IT-Projektmanagement – Fallstricke und Erfolgsfaktoren. Heidelberg, DPunkt-Verlag, 2000

Dr.-Benölen-Bankenberatung-GmbH-Düsseldorf: Consulting Banking. Wiesbaden, Gabler, 1998

Drumm, H.J.: Das Paradigma der Dezentralisation. Die Betriebswirtschaft, 1996, S. 7–20.

Drummond, J./Bain, B.: Managing business ethics. Oxford, Butterworth-Heinemann, 1994

Düffel, J.: Ego. Köln, Du Mont, 2001

Dunkel, M.: Deutlich kleiner. Wirtschaftswoche, 50/2002, S. 84–89

Eckert, S.: Kundenbindung – konzeptionelle Grundlagen und Praxisbeispiele aus Dienstleistungsunternehmen. In: *Tomczak, T./Haedrich, G.* (Hrsg.): Kundennähe realisieren. Ideen – Konzepte – Methoden – Erfahrungen. St. Gallen, Thexis, 1994, S. 367–385

Effenberger, J.: Erfolgsfaktoren der Strategieberatung – die Analyse einer Leistung von Unternehmensberatern aus Klientensicht. Stuttgart, Verlag für Wissenschaft und Forschung, 1998

Eglau, H.O.: Die fremden Gurus. ZEIT, 32/1996, S. 20

Ehmann, H./Sutchet, H./Finkenauer, T./Hau, W.: Modernisiertes Schuldrecht. München, Vahlen, 2002

Ehren, H./de Paoli, N.: Noch Fragen? Financial Times Deutschland, 6.2.2003

Eisbach, J.: Erfahrungen aus der betriebswirtschaftlichen Beratung von Betriebsräten. In: *Prekuhl, U.* (Hrsg.): Unternehmensberatung. Profil und Perspektiven einer Branche. Wuppertal, Institut Arbeit und Technik, 3/1998

Ellerbracht, H./Lenz, G./Osterhold, G./Schäfer, H.: Systemische Organisations- und Unternehmensberatung. Wiesbaden, Gabler, 2002

El-Mahrashly, A.F.: Project management as perceived from ancient Egyptian projects. In: *Reschke, H./Schelle, H.* (Hrsg.): Dimensions of project management. Fundamentals, Techniques, Organization, Applications. Berlin-Heidelberg-New York, Springer, 1990, S. 275–290

Elsner, S.H./Loffelead, E.: Wenn gut nicht gut genug ist: Knowledge Management in der Unternehmensberatung Mummert & Partner. Information Wissenschaft und Praxis, 53/2002, S. 90–94

Engeser, M.: Die Welt verteilen. Wirtschaftswoche, 52/2002, S. 128–130

Ertelt, B.-J./Schulz, W.: Handbuch Beratungskompetenz. Leonberg, Rosenberger Fachverlag, 2002

Eschenbach, R./Nagy, R. (Hrsg.): Top-Management-Beratung – Internationale Beratungsfirmen auf dem Prüfstand. Wien, Service Fachverlag, 1999

Eschenbach, R./Nagy,R.: Top-Management-Beratung aus Sicht der Klienten. Ein empirischer Befund. In: *Siegwart, H./Mahari, J.:* Management Consulting. Basel, Helbing & Lichtenhahn, 2001, S. 195–233

Etzel, H.-J. (Hrsg.): IT-Projektmanagement – Fallstricke und Erfolgsfaktoren. Heidelberg, DPunkt-Verlag, 2000

Evans, R.: The consultancy game. International Management, 6/1994, S. 20–23

Evers, H.: Vergütungsberatung. In *Sattelberger, T.* (Hrsg.): Handbuch der Personalberatung. Realität und Mythos einer Profession München, Beck, 1999. S. 356–365

Exner, S.: Der Unternehmensberatungsvertrag. Köln, Schmid, 1992

Fachverband Unternehmensberatung und Informationstechnologie, Wirtschaftskammer Österreich (Hrsg.): Kalkulationsrichtlinien Unternehmensberater, 2002

Fachverband Unternehmensberatung und Informationstechnologie, Wirtschaftskammer Österreich (Hrsg.): Kalklulationsrichtlinien Unternehmensberater, 2002.

Ferguson, M.: The rise of management consulting in Britain. Aldershot, Ashgate, 2002

Ferk, H.: Geschäfts-Prozessmanagement: Ganzheitliche Prozessoptimierung durch die Cost-driver-Analyse. Methodik, Implementierung, Erfahrungen. München, Vahlen, 1996

Fiedler-Winter, R.: Hierarchien im Aufwind. Personalwirtschaft 7/2000, S. 32–33

Finacham, R.: The consultant-client-relationship: Critical perspectives on the management of organizational change. Journal of management studies, 36/1999, S. 335–351

Fink, D. (Hrsg.): Management Consulting. Die Ansätze der grossen Unternehmensberater. München, Vahlen, 2000

Fink D. H. [1]: Das Marktwachstum-Marktanteil-Portfolio – ein Ansatz der Boston Consulting Group. In: *Fink, D.:* Management Consulting. Die Ansätze der grossen Unternehmensberater. München, Vahlen, 2000, S. 3–27

Fink D. H. [2]: Das Marktattraktivität-Wettbewerbsstärke-Portfolio – ein Ansatz von McKinsey & Company. In: *Fink, D.:* Management Consulting. Die Ansätze der grossen Unternehmensberater. München, Vahlen, 2000, S. 29–50

Fink D. H. [3]: Das Marktlebenszyklus-Wettbewerbspositions-Portfolio – ein Ansatz von Arthur D. Little. In: Fink, D.: Management Consulting. Die Ansätze der grossen Unternehmensberater. München, Vahlen, 2000, S. 51–73

Fischer, G./Wilhelm, W.: Test-Gelände. Manager Magazin, 9/1995, S. 231–241

Fleischmann, P.: Prozessorientierte Beratung im strategischen Management, München, Dissertation 1984

Foremski, T.: Rückgang von IT-Investitionen gefährdet Herstellerprognosen. Financial Times Deutschland, 5.1.2003, S. 4

Franck, E./Pudack, T.: Unternehmensberatungen und die Selektion von Humankapital – eine ökonomische Analyse. Die Unternehmung, Vol. 54, 2/2000, S. 145–155

Freitag, M.: Teure Kunden. Wirtschaftswoche 40/2002, S. 122–137

Frese, E.: Grundlagen der Organisation, 6. Aufl., Wiesbaden, Gabler, 1996

Fritz, W./Effenberger, J.: Verlauf und Erfolg von Projekten der Strategieberatung. Die Betriebswirtschaft, 1998/1, S. 103–118

Fritz, W./Effenberger, J.: Verlauf und Erfolg von Projekten der Strategieberatung. In: *Bamberger, I.:* Strategische Unternehmensberatung. Konzeptionen – Prozesse – Methoden. Wiesbaden, Gabler, 2002, S. 231–258

Fuchs, K./Raab, H.: Wörterbuch zur Geschichte. München, DTV, 1987
Fuchs, O.: Das Management von Veränderung in dr öffentlichen Verwaltung und ihrem Umfeld – Anregungen aus der Praxis. In: *Gattermeyer, W./Al-Ani, A.* (Hrsg.): Change Management und Unternehmenserfolg. Wiesbaden, Gabler, 2000, S. 159–186
Fuchs, Peter: Vom Hofnarren zum Berater und zurück. In: Das gepfefferte Ferkel, Online-Journal für systematisches Denken und Handeln. http:/www.ibs-networld.de/ferkel/index2.shtml
Funk, W./Vahs, D.: Personalwirtschaftliche Herausforderungen durch E-Business. Personal, 9/2001, S. 526–530
Füser, K.: Modernes Management. München, Beck, 1997
Füting, V.C.: Aufbau eines Kennzahlensystems zum operativen Controlling von DV/Org-Projekten. In: *Wolff, U.* (Hrsg.): Projektmanagement, Beiträge zum Projektmanagement-Forum 93. München, 1993

Gabele, E./Hirsch, I.: Zur Qualität betriebswirtschaftlicher Beratungsleistungen für kleine Unternehmen. Betriebswirtschaft, 46/1986, S. 486–500
Gable, G.: A multidimensional model of client success when engaging external consultants. Management Science, 42/1996, S. 1175–1198
Gabriel, H.: Jahrbuch für christliche Sozialwissenschaften, Münster, Regensberg, 2001
Gaitanides, M.: Business Reengineering/Prozessmanagement – von der Managementtechnik zur Theorie der Unternehmung? DBW 58/1998, S. 369–381
Gassmann, M.: Versorger müssen Firmenkäufe erst verdauen. Financial Times Deutschland, 9.1.2003
Gast, T./Lieberei, W./Priesett, H.: Kompetenzentwicklung: Trainees als interne Unternehmensberater. Personalführung, 1/2000, S. 48–53
Gattiker, U./Larwood, L.: Why do clients employ management consultants? Consultation, summer, 1985, S. 119–129
Gausemeier, J., Fink, A./Schlake, O.: Szenario-Management. Führen und Planen mit Szenarien. München, Carl Hanser Verlag, 1996
Gehrmann, W.: Rauf oder raus? Die Unternehmensberatung McKinsey muss weiter wachsen – oder ihr bewährtes Geschäftsmodell aufgeben. ZEIT vom 28.11.2002
Gemünden 1992 aus *Bundschuh, M.*: Projekterfolgs- und -mißerfolgskriterien. In: Deutsche Gesellschaft für Projektmanagement e.V. (Hrsg.): Projektmanagement Fachmann. Bd. 1 und Bd. 2. Rationalisierungskuratorium der deutschen Wirtschaft e.V., 1999, Bd. 1, S. 185–215
Genger, J.: Fluggesellschaften stecken mitten in der Sanierung. Financial Times Deutschland, 30.12.2002, S. 9
George, G.: Kennzahlen für das Projektmanagement: Projektbezogene Kennzahlen und Kennzahlensysteme. Ein Ansatz zur Unterstützung des Projektmanagements. Frankfurt/M., Peter Lang, 1999
Gerds, Johannes: Post Merger Integration. Eine empirische Untersuchung zum Integrationsmanagement. Wiesbaden, Gabler, 2000
Gerds, J./Schewe, G.: Post Merger Integration: Binsenweisheiten und Erfolgsfaktoren. Düsseldorf, Wirtschaftswoche Heute, 2001
Gertz, D.L./Baptista, J.P.A.: Grow to be great. Wider die Magersucht der Unternehmen. Landsberg, Verlag Moderne Industrie, 1996
Gillies, J.-M.: Die Großen locken, doch der Nachwuchs zögert. Financial Times Deutschland, 15.11.2002
Gladen, W.: Kennzahlen und Berichtssysteme. Wiesbaden, Gabler, 2001
Gloger, A./Groothuis, U.: Unternehmensorganisation. Völlig umgedreht. Wirtschaftswoche, 32/1994, S. 54–56
Göhre, M.: Die Bankunternehmensberatung für mittelständische Unternehmen. Wuppertal, Dissertation, 2001
Goldratt, E.M./Cox, J.: Das Ziel. Frankfurt/M, Campus, 2001
Graf, J.: Planspiele – simulierte Realitäten für den Chef von morgen. Mit Planspiel-Marktübersicht. Speyer, Gabal, 1992
Grant, J.: Autoindustrie rechnet nicht mit baldiger Erholung. Finacial Times Deutschland, 2.1.2003

Greb, H.: Arzneimittel-Entwicklung ist Informationsmanagement. Diebold Management Report 06–07/2002, S. 24–25

Greene, K.: Ständig anpassen. Wirtschaftswoche, 36/2002, S. 60–62

Greif, A.: Die mittelalterliche Narrenidee. Unterrichtsmaterialien Heinrich Heine Universität Düsseldorf, www.zum.de/unterricht/narr...ma.php

Groth, T.: Wie systemisch ist „systemische Organisationsberatung"? Münster, Literaturarbeit, 1996

Gülpen, B.: Evaluation betrieblicher Verhaltenstrainings. München und Mering, Rainer Hampp Verlag, 1996

Günther, O., Tamm, G., Hansen, L./Meseg, T.: Application Service Providers: Angebot, Nachfrage und langfristige Perspektive. Wirtschaftsinformatik 43/2001, S. 555–567

Güttler, A./Klewes, J.: Drama Beratung. Consulting oder Consultainment? Frankfurt, FAZ-Institut, 2002

Güttler, A.: The good times are gone, but the best is yet to come. In: *Güttler, A./Klewes, J.:* Drama Beratung. Consulting oder Consultainment? Frankfurt/M, FAZ-Institut, 2002, S. 35–38

Habbel, R. W.: Erfolgsfaktoren zur Entwicklung und Umsetzung von Unternehmensstrategien in der Wissensgesellschaft. In: *Bamberger, I.:* Strategische Unternehmensberatung. Konzeptionen – Prozesse – Methoden. Wiesbaden, Gabler 2002, S. 35–68

Habedank, C., Reinhard, N./Urlichs, R.: Veränderte Vertriebsstrategien in der Automobilindustrie angesichts von Euro und Internet als Herausforderung für die Industriepolitik. In: *Proff, H./Proff, H. V.* (Hrsg.): Strategien für die Automobilindustrie. Wiesbaden, Gabler, 1998, S. 203–225

Hafemann, M.: Nachdenkenswerte Anleitung zum Umbau. Management Berater, 10/2000, S. 44–46

Hammer, M.: Re-engineering work – don't automate, obliterate. Harvard Busines Review, 68/1990, S. 104–113

Hammer, M.: Der Spung in eine andere Dimension. Harvard Busines Manager, 2/95, S. 95–103

Hammer, M.: Das prozesszentrierte Unternehmen. Die Arbeitswelt nach dem Reengineering. Frankfurt/M, Campus, 1997

Hammer, M./Champy, J.: Reengineering the corporation – - a manifest for business revolution. London, Nicolas Brealey Publishing Ltd., 1993

Hansen, J.R.: Wie Berater gesteuert werden. Management Berater 10/2000, S. 60–61

Hansen, T.M., Nohria, N./Tierney, T.: Wie managen Sie das Wissen in ihrem Unternehmen? Harvard Business Manager, 5/1999, S. 85–96

Hansmann, K.-W./Kehl, W.: Studie zum Shareholder Value in Deutschen Unternehmen. Universität Hamburg, 2000

Hardenberg, F.: Heiße Phase. Ein Insiderroman aus der Welt der Unternehmensberatung. München, Campus, 2002

Harke, D.: Ideen schützen lassen? München, Beck, 2000

Hartenstein, M./Billing, F./Schawel, C.: Der Weg in die Unternehmensberatung. Wiesbaden, Gabler 2001

Hartenstein, M.: Consulting Case-Studies erfolgreich bearbeiten. Wiesbaden, Gabler, 2002

Hauer, H.: Ergebnisse der Studie zur Implementierung des wertorientierten Management in Österreichischen Unternehmen. In: *Wagenhofer, A. & Hrebicek, G.* (Hrsg.): Wertorientiertes Management: Konzepte und Umsetzungen zur Unternehmenswertsteigerung. Stuttgart, Poeschel, 2000

Haug, C. V.: Erfolgreich im Team. München, DTV Bd. 5842, 1994

Hebestreit, M.: Berater rechnen mit strapaziösem Jahr. Financial Times Deutschland, 19.2.2002

Hegmann, G.: Airbus hängt Boing nach Großauftrag ab. Financial Times Deutschland, 13.1.2003

Heilmann, H.: Erfolgsfaktoren des IT-Projektmanagements. In: *Etzel, H.-J.* (Hrsg.): IT-Projektmanagement – Fallstricke und Erfolgsfaktoren. Heidelberg, DPunkt-Verlag, 2000

Heintel, P.: Thesen zur Rolle des internen Beraters – aus externer Perspektive. Organisationsentwicklung, 17, 2/1998, S. 42–51

Heismann, G.: Die Baustellen der deutschen Banken. Financial Times Deutschland, 27.12.2002, S. 20

Henderson, B.D. [1]: Vom Wesen der Strategie. In: *von Oetinger, B.* (Hrsg.): Das Boston Consulting Group Strategie-Buch. Düsseldorf, Econ Verlag, 1995, S. 15–19

Henderson, B.D. [2]: Die Erfahrungskurve – Geschichte. In: *von Oetinger, B.* (Hrsg.): Das Boston Consulting Group Strategie-Buch. Düsseldorf, Econ Verlag, 1995

Henderson, B.D. [3]: Das Konzept der Strategie. In: *von Oetinger, B.* (Hrsg.): Das Boston Consulting Group Strategie-Buch. Düsseldorf, Econ Verlag, 1995, S. 20–51

Hermani, G.: Der Berater im dunklen Anzug, der den Laden aufräumt, ist passè. FAZ, 29.9.2000

Hess, T./Brecht, L.: State of the art des Business Process Redesigns – Darstellung und Vergleich bestehender Methoden. Wiesbaden, Gabler, 1996[2]

Heuck, J.: Interne Unternehmensberatung am Beispiel der BASF. In: *Niedereichholz, C.* [2]: Internes Consulting. Grundlagen – Praxis – Beispiele – Spezialthemen. Oldenbourg, 2000, S. 89–90

Heuse, L.: Mittelstand sucht Interimsmanager. Personalwirtschaft, 11/2000, S. 94–95

Hilbert, J.: Über das Besserwissen hinaus: Extrafunktionale Leistungspotentiale von Unternehmensberatung. In: *Prekuhl, U.* (Hrsg.): Unternehmensberatung. Profil und Perspektiven einer Branche. Wuppertal, Institut für Arbeit und Technik, 1998

Hillebrand, W./Kowalewsky, R.: Das Vermächtnis. Capital, 24/2002, S. 36–42

Hillemanns, R.M.: Kritische Erfolgsfaktoren der Unternehmensberatung. St. Gallen, Dissertation, 1995

Hilmer, F.G./Donaldson, L.: Jenseits der Management-Mythen, Kontinuität statt Trendshopping. Landsberg am Lech, Verlag Moderne Industrie, 1997

Hinterhuber, H.H., Friedrich, S.A., Handlbauer, G./Stuhec, U.: The company as a cognitive system of core competencies and strategic business units. In: *Hussey, D.* (Hrsg.): The strategic decision challenge. 1998, S. 145–167

Hinterhuber, H.H.: Strategische Unternehmensführung, Bd. 1. Berlin, Walter de Gruyter, 1996

Hirn, W./Student, D.: Gewinner ohne Glanz. Manager Magazin, 7/2001, S. 48–61

Hirzel, H.E.: Management Consulting im schweizerischen Recht: Der Unternehmensberatungsvertrag (mit allg. Vertragsmodell). Zürich, Schulthess, 1984

Höck, M./Keuper, F.: Empirische Untersuchung zur Auswahl und Kompetenz von Beratungsgesellschaften. DBW, 61/2001, S. 427 – 442

Hoerner, R./Vitinius, K.: Heiße Luft in neuen Schläuchen. Frankfurt/M, Eichborn, 1997

Hoffman, W.M./Morre, J.M.: Business Ethics. Readings and cases in corporate morality. New York, McGraw-Hill, 1984

Hoffmann, W./Hlawacek, S.: Beratungsprozesse und -erfolge in mittelständischen Unternehmen. In: *Hofmann, M.* (Hrsg.): Theorie und Praxis der Unternehmensberatung. Heidelberg, Physica, 1991, S. 403–436

Hofmann, M.: Tiefenpsychologische Aspekte der Berater-Klienten-Beziehung. In: *Hofmann, M.* (Hrsg.): Theorie und Praxis der Unternehmensberatung. Heidelberg, Physica, 1991, S. 217–248

Holtz, H.: The business plan guide for independent consultants. New York, Jon Wiley & Sons, 1994

Hördt, O.: Frauen in der Unternehmensberatung. Wiesbaden, Deutscher Universitätsverlag, 2002

Horváth und Partner: Das Controlling-Konzept. München, DTV Bd. 5812, 2000[4]

Höselbarth, F. [1]: Die Umfrage – 623 Führungskräfte über das Eigenschaftsprofil von Beratern und Managern in einem Sieben-Jahresvergleich 1993-/2000. In: *Höselbarth, F., Lay, R./de Arriortùa, J.I.* (Hrsg.): Die Berater. Einstieg, Aufstieg, Wechsel. Frankfurt/M, FAZ-Institut, 2001, S. 33–48

Höselbarth, F. [2]: Aspekte des beruflichen Wechsels von Beratern. In: *Höselbarth, F./Lay, R./Lopez de Arriortùa, J.I.* (Hrsg.): Die Berater. Einstieg, Aufstieg, Wechsel. Frankfurt/M, FAZ-Institut, 2001, S. 205–220

Höselbarth, F., Lay, R./de Arriortùa, J.I. (Hrsg.): Die Berater. Einstieg, Aufstieg, Wechsel. Frankfurt/M, FAZ-Institut, 2001

Huber, M.: Rechtliche Aspekte der Personalberatung. Zürich, Polygraphischer Verlag AG, 1989
Hummel, T.: Personalberatung in Deutschland. Personal. Zeitschrift für Human Resource Management, 2001, S. 208–213
Hummel, T.R./Zander, E.: Erfolgsfaktor Unternehmensberatung: Auswahl – Zusammenarbeit – Kosten. Köln, Wirtschaftsverlag Bachem, 1998

Institut der Deutschen Wirtschaft: Informationsseite „Betriebliche Weiterbildung“ mit Daten aus der Weiterbildungserhebung 2001, http:/www.iw-koeln.de, 20.2.2003
Ittermann, P./Sperlin, H.-J.: Unternehmensberatung in Deutschland. Ein Überblick. In: *Prekuhl, U.* (Hrsg.): Unternehmensberatung. Profil und Perspektiven einer Branche. Wuppertal, Institut Arbeit und Technik, 3/1998

Jacoby, A.: Freizeit trotz Aufstieg. Hochschulanzeiger 61/2002, www.hochschulanzeiger.de
Jäger, W.: E-Business im Human Resource Management. Personal, 3/2001, S. 136–139
Jäger, W./Frickenschmidt, S.: Professionelle HR-Webseiten. Personalwirtschaft 01/03, S. 30–32
Jahnke, R.: Wirtschaftlichkeitsaspekte interkultureller Kommunikation Berlin, Wissenschaft & Praxis, 1996
Jansen, S.A.: Mergers & Acquisitions. Unternehmensakquisitionen und -kooperationen. Wiesbaden, Gabler, 2001
Jarmai, H.: Die Rolle externer Berater im Change Management. In: *Reiß, M., v. Rosenstiel, L./Lanz, A.* (Hrsg.): Change Management. Programme, Projekte und Prozesse. Stuttgart, Schäffer Poeschel, 1997, S. 170–185
Jeschke, K.: Marketingmanagement für Unternehmensberatungsleistungen. In: *Mohe, M., Heinecke, H.J./Pfriem, R.* (Hrsg.): Consulting – Problemlösung als Geschäftsmodell. Theorie, Praxis, Markt. Stuttgart, Klett-Cotta, 2002
Jowett, P.: M & A Strategy Consulting. In: *Siegwart, H./Mahari, J.*: Management Consulting. Basel, Helbing & Lichtenhain, 2001, S. 469–484
Juncker, K.: Deutsche Bank Management support GmbH – ein Beschäftigungskonzept für das 21. Jahrhundert. In: *Niedereichholz, C.* [2]: Internes Consulting. Grundlagen – Praxis – Beispiele – Spezialthemen. München, Oldenbourg, 2000, S. 109–114

Kaas, K.P./Schade, C.: Unternehmensberater im Wettbewerb. Zeitschrift für Betriebswirtschaft, 10/1995, S. 1065–1089
Kailer, N.: Existenzgründung. Die Rolle von Gründungsberatung. Internationales Gewerbearchiv, 2001, S. 105–120
Kailer, N.: Perspektiven der Unternehmensberatung für kleine und mittlere Betriebe. Wien, Linde, 2000
Kamiske, G./Kassebohm, K./Malorny, C./Michael, H./Schulze, H.-D.: Qualifizierung, Auditierung und Zertifizierung im Meinungsspektrum zertifizierter Unternehmen. In: *Riekhoff, H.C.* (Hrsg.): Praxis der Strategieentwicklung. Stuttgart, Schäffer-Poeschel, 1994^2, S. 357–385
Kamiske, G.F./Brauer, J.-P.: Qualitätsmanagement von A bis Z. München, Hanser, 1999
Kant, I.: Grundlegung zur Metaphysik der Sitten. 1785, Hrsg. von *Valentiner, T.*, Stuttgart, Reclam, 1981
Kaplan, R.S./Norton, D.P.: Balanced Scorecard. Stuttgart, Schäffer-Poeschel, 1997
Karuschat, K.: Aufwand für Recruiting-Veranstaltungen drastisch reduziert. Financial Times Deutschland, 19.2.2002
Katzensteiner, T. [1]: Gross ist gut. Wirtschaftswoche 34/2002, S. 76–82
Katzensteiner, T. [2]: Auf Nummer sicher. Wirtschaftswoche 49/2002, S. 108–111
Kaube, F.: Ansichtsrat. Roland Bergers Sparvorschläge für die Berliner Universitäten. FAZ, 15.3.2003, S. 35
Kaufmann, L.: Der Feinschliff für die Strategie. Harvard Business Manager, 6/2002, S. 35–41
Kayser, H.H.: Siemens Unternehmensberatung – Weltklasse – Ziele und nachhaltige Umsetzungserfolge im Inhouse-Consulting der Siemens AG. In: *Niedereichholz, C.* [2]: Internes Consulting. Grundlagen – Praxis – Beispiele – Spezialthemen. München, Oldenbourg, 2000, S. 121–127

Kehrer, R./Schade, C.: Interne Problemlösung oder Konsultation von Unternehmensberatern? Betriebswirtschaft, 55/1995, S. 465–479

Kennedy, C.: Management Gurus. Wiesbaden, Gabler, 1998

Kieser, A.: Moden und Mythen des Organisierens. Die Betriebswirtschaft, 1/1996, S. 21–39

Kieser, A.: Moden und Mythen des Theoretisierens über die Organisation. In: *Scholz, C.* (Hrsg.): Individualisierung als Paradigma. Festschrift für Hans-Jürgen Drumm. Stuttgart et al., 1997, S. 237–259

Kieser, A.: Immer mehr Geld für Organisationsberatung – und wofür? Organisationsentwicklung, 2/1998, S. 63–69

Kieser, A.: Wissenschaft und Beratung. Heidelberg, Universitätsverlag C. Winter, 2002

Kießling, H.: Gemeinnützigkeit im Steuerrecht. Die steuerlichen Begünstigungen für Vereine, Stiftungen und andere Körperschaften – steuerliche Spenderbehandlung. Achim, Fleischner, 2000

Kind, J.: Finance and control issues. In: *Sadler, P.* (Hrsg.): Management consultancy: A handbook for best practice. London, Kogan Page, 1998, S. 196–219

Kipping, M.: Consultancies, institutions and the diffusion of Taylorism in Britain, Germany and France, 1920s to 1950s. Business History, 4/1997, S. 67–83

Kirsch, J./Hendricks, N.: 15 Jahre Outplacement in Deutschland. Wie bewerten Unternehmen diese Dienstleistung? Personalführung 11/1995, S. 964–968

Klein, H.: Zur Messung des Beratungserfolges. Zeitschrift für Organisationsentwicklung, 2/1978, S. 105–110

Klein, L.: Corporate Consulting. Eine systematische Evaluation interner Beratung. Universität Bielefeld, Dissertation, 2001

Knop, C.: Sie dürfen Berater nie zu lange im Unternehmen lassen. FAZ, 11.5.1998

Koch, F.: Durch Unternehmenskultur zum Erfolg. Zeitschrift für Personalwirtschaft, 1/2003, S. 26–29

Köhler-Frost, W. (Hrsg.): Outsourcing: Eine strategische Allianz besonderen Typs. Berlin, Erich Schmidt, 1995

Kohr, J.: Die Auswahl von Unternehmensberatungen: Klientenverhalten – Beratermarketing. München, Hampp, 2000

Kolbeck, C.: Die systemische Beratung: Was denken die Klienten. In: *Mohe, M., Heinecke, H.J./Pfriem, R.* (Hrsg.): Consulting – Problemlösung als Geschäftsmodell. Theorie, Praxis, Markt. Stuttgart, Klett-Cotta, 2002

König, E.: Systemische Organisationsberatung. Grundlagen und Methoden. Weinheim, Deutscher Studien Verlag, 1994

Kotter, J./Heskett, J.: Die ungeschriebenen Gesetze der Sieger. Erfolgsfaktor Firmenkultur. Düsseldorf, Econ, 1993

Kowalewsky, R./Riedl, T.: Zum Fressen gern. Capital, 25/2001, S. 50–53

Krafft, A./Ulrich, G.: Wie kommt das Neue in die Organisation? Eine Diskussion in 41 Thesen. In: *Mohe, M., Heinecke, H.J./Pfriem, R.* (Hrsg.): Consulting – Problemlösung als Geschäftsmodell. Theorie, Praxis, Markt. Stuttgart, Klett-Cotta, 2002

Kreikebaum, H./Jahnke, R./John, T.: Personalberatung im europäischen Binnenmarkt: empirische Analyse – Anforderungen – Konsequenzen. Wiesbaden, Gabler, 1994

Kreil, G.: Innovation unternehmensübergreifender Geschäftsprozesse in der japanischen Automobilindustrie. Bamberg, Dissertation, 2001

Kreitl, G.: Corporate growth of engineering consulting firms: A European view. Construction Management and Economics, 20, 2002, S. 437–448

Krüger, W./Homp, C.: Kernkompetenzmanagement. Steigerung von Flexibilität und Schlagkraft im Wettbewerb. Wiesbaden, Gabler, 1997

Kubr, M.: Management Consulting. A guide to the profession. Geneva, International labour office, 1996

Kubr, M.: Unternehmensberater auswählen und erfolgreich einsetzen. Genf, Rosenberger Fachverlag Leonberg, 1998

Kuchenbuch, P.: Pharmabranche erholt sich vom Schock. Financial Times Deutschland, 13.1.2003

Kühl, M.: Schiffsbauer zittern vor Chinas Werften. Financial Times Deutschland, 30.12.2002, S. 6

Kühl, S.: Von den Schwierigkeiten aus einem Handwerk eine Profession zu machen. Organisationsentwicklung, 1/2001, S. 4–19

Lachnit, L./Müller, S.: Nutzung von Unternehmensberatung in mittelständischen Unternehmen. Betriebswirtschaft, 46/1993, S. 1381–1387

Lahusen, C.: Commercial consultancies in the European Union: the shape and structure of professional interest intermediation. Journal of European Policy, 10/2002, S. 695–714

Lange, D. (Hrsg.): Management von Projekten. Know-how aus der Beraterpraxis. Stuttgart, Schäffer-Poeschel, 1995

Lange, S.: Die Kompatibilität von Abschlussprüfung und Beratung. Eine ökonomische Analyse. Frankfurt/M, Peter Lang, 1993

Larew, J./Deprosse, H.: Erfolgshonorare für Berater? Harvard Business Manager, 1/1997, S. 106–113

Latka, J.: Traumjob Beraterin? Handelsblatt, 19. August 2001

Lay, R./Ammann, J.C./Höselbarth, F.: Branding für Unternehmensberatungen. Frankfurt/M, Campus, 2001

Lechler, T./Gemünden, H.G.: Kausalanalyse der Wirkungsstruktur der Erfolgsfaktoren des Projektmanagements. DBW, 1998/4, S. 435–450

Lechler, T.: Erfolgsfaktoren des Projektmanagements. Frankfurt/M, Peter Lang, 1997

Leciejewski, K.: Guter Rat von Beratern. Frankfurt a.M., Campus, 1996

Lever, M.: Zepter und Schellenkappe. Zur Geschicht des Hofnarren. Frankfurt/M, Fischer, 1992

Lewin, M.A.: The Consultant's Survival Guide. New York, Wiley, 1997

Lewis, T.G./Lehmann, S.: Überlegene Investitionsentscheidungen durch CFROI. In: *von Oetinger, B.* (Hrsg.): Das Boston Consulting Group Strategie-Buch. Düsseldorf, Econ Verlag, 1995

Liebel, H.J./Oechsler, W.A.: Handbuch Human Resource Management. Wiesbaden, Gabler, 1994

Lilja, K.: The anatomy of network building in management consulting firms. In: *Buono, A.F.* (Hrsg.): Current trends in management consulting. Information. Greenwich/Connecticut, Information Age Publication, 2001, S. 3–22

Lippit, G./Lippit, R.: Beratung als Prozess. Genf, Rosenberger Fachverlag Leonberg, 1999

Littrell, E.K./Glen, R.H.: Playing the consultant game. Management accounting, 7/1982, S. 56–60

Lock, D.: Projektmanagement: Projektplanung, Projektfinanzierung, Projektcontrolling, Computersysteme, Netzplantechnik, Notfallmodifizierung, Verträge, Fallstudien. Ueberreuther, Wien, 1997

Lucas, M.: Einsetzen statt freisetzen. Personalwirtschaft 11/2002, S. 46/47

Lünendonk Gmbh (Hrsg.): Lünendonk Studie 2002, Pressemitteilung, 2002

Lünendonk GmbH (Hrsg.): Lünendonk Beratertabellen in www.luenendonk.de, Stand 31.3.2003

Madauss, B.J.: Handbuch Projektmanagement. Stuttgart, Schaeffer-Poeschel, 2000

Mai, J.: Balken im eigenen Auge. Wirtschaftswoche, 3/1998, S. 58–60

Maier, A.: Appetit auf eine 70-Stunden-Woche? FAZ, 16.9.2000

Maister, D. H./Green, C.H./Galford, R.M.: The trusted advisor. New York, Simon & Schuster, 2001

Maister, D. H.: Managing the professional service firm. New York, Free Press, 1993

Malacridia, R.: Unternehmensberatung im rechtlichen Umfeld. In: *Siegwart, H./Mahari, J.:* Management Consulting. Basel, Helbing & Lichtenhahn, 2001, S. 85–99

Malik, F.: Führen, Leisten, Leben. München, Heyne Bd. 1078, 2001

Malorny, C.: Total Quality Management (TQM): Kontinuierliche Kostenverbesserung und dauerhaftes Wachstum als Gestaltungsaufgabe des umfassenden Qualitätsmanagements. In: *Siegwart, H./Mahari, J.:* Management Consulting. Basel, Helbing & Lichtenhain, 2001, S. 439–467

Manwald, F.: Der Narr und das Management. Wien, Piper, 2002

Martin A.: Die empirische Forschung in der Betriebswirtschaftslehre. Stuttgart, Poeschel, 1989

Martinek, M.: Moderne Vertragstypen. Bd. II: Franchising, Know-how – Verträge, Management- und Consulting-Verträge. München, Beck, 1992
Marx, S.: Lustig ist das Beraterleben. Handelsblatt, 1./2.8.1997
Matthes, H.: Arbeit und Ferienzeit in der Beratungsbranche. Personalmagazin, 9/2001, S. 77
McKenna, C.D.: The origins of modern management consulting. In: Business and economic history, 24/1995, S. 51–58
Meffert, H. (1990): Unternehmensberatung und Unternehmensführung – ein empirische Bestandsaufnahme. Die Betriebswirtschaft, 50/1990, S. 181–197
Meffert, H. (2000): Grundlagen makrtorientierter Unternehmensführung. Konzepte, Instrumente, Beispiele. Wiesbaden, Gabler, 2000[9]
Meier, H.: Handwörterbuch der Aus- und Weiterbildung. Neuwied, Luchterhand, 1995
Meier, R.: Berufliche Weiterbildung auf dem Prüfstand. www.westerwelle.de, 19.7.2002
Mendelson, H./Ziegler, J.: Survival of the smartest. New York, John Wiley & Sons, 1999
Metzen, H.: Die Literaten des Wandels. Manager Magazin 2/1993, S. 142–151
Meyer, J./Heyder, B.: Das Start-Up-Geschäft. Erkenntnisse aus dem PIMS-Programm. In: *Riekhoff, H.C.* (Hrsg.): Praxis der Strategieentwicklung. Stuttgart, Schäffer-Poeschel, 1994[2], S. 265–289
Meyer, N./Steinhoff, F.: Der Markt der Beratungsdienstleistungen. Consulting Guide 2002 – Profile und Daten deutscher Unternehmensberater. Frankfurt/M, FAZ-Institut, 2002
Meyer-Schönherr, M.: Szenario-Technik als Instrument der strategischen Planung: Ludwigsburg, Berlin, Verlag Wissenschaft & Praxis, 1992
Micklethwait, J./Wooldridge, A.: Die Gesundbeter: Was die Rezepte der Unternehmensberater wirklich nützen. Hamburg, Hoffmann & Campe, 1998
Miethe, C.: Leistung und Vermarktung unterschiedlicher Formen der Unternehmensberatung: Gutachterliche Beratungstätigkeit, Expertenberatung und Organisationsentwicklung. Wiesbaden, Gabler, 2000
Miller, M.: Vorstudien zur Organisation und Reform von Landesverwaltungen, Speyerer Forschungsberichte Nr. 149, Speyer, 1995
Mingers, S.: Systemische Organisationsberatung. Frankfurt/M, Campus, 1996
Ministerium für Familie, Senioren, Frauen und Jugend: Die Rolle des Vaters in der Familie. Juli 2001
Mintzberg, H.: Mintzberg on Management. New York, The Free Press, 1989
Mintzberg, H.: Die Mintzberg-Struktur – Organisationen effektiver gestalten, Landsberg/Lech 1992
Mintzberg, H. [1]: That's not turbulence, chicken little, it's really opportunity. Planning Review, 1994, S. 7–14
Mintzberg, H. [2]: The rise and the fall of strategic planning. Englewood Cliffs, New Jersey, Prentice-Hall International, 1994
Mockler, R.J./Dologite, D.G.: Multinational crosscultural management. International Trade Journal, 1999, 13, S. 297–315.
Mohe, M., Heinecke, H.J./Pfriem, R. (Hrsg.): Consulting – Problemlösung als Geschäftsmodell. Theorie, Praxis, Markt. Stuttgart, Klett-Cotta, 2002
Mohe, M./Nicolai, A.T.: Klienten als Konkurrenten. Unternehmensentwicklung, 2/2001, S. 12–13
Mohe, M./Pfriem, R.: Von drinnen nach draußen. Management Berater, 12/2000, S. 26–31
Morrison, A./Wensley, R.: Boxing up or boxed in? A short history of the Boston Consulting Group share/growth matrix. Journla of Marketing Management, 7/1991, S. 105–129 (1991).
Mountfiled, A./Schalch, O.: Konzeption von Balanced Scorecards und Umsetzung in ein Management-Informationssystem mit dem SAP Business Information Warehouse. Controlling, 5/1998, S. 316–322
Müller, E./Müller, H.: Wo Deutschland Spitze ist und wo nicht. Manager Magazin 9/2002, S. 48–73
Müller, K.: Junginformatiker zieht es zu Siemens und IBM. Young Professional, 6/2002, S. 28–32
Müller, S./Gelbrich, K.: Interkulturelle Kompetenz und Erfolg im Auslandsheschäft. Status Quo der Forschung. Dresden, Technische Universität Dresden, 1999

Müller-Stewens, G./Kriegmeier, J.: Das Wertschöpfungssystem einer Professional Service Firm. In: *Siegwart, H./Mahari, J.:* Management Consulting. Basel, Helbing & Lichtenhain, 2001, S. 133–160

Munser, R.K.: Prozessorientierte Strukturierung der internen Unternehmensberatung. IO Management, 70/2001, S. 38–47

Nagel, G.: Wagnis Führung. München/Wien, Hanser Verlag, 1999

Nash, S.: Becoming a consultant. Oxford, How To Books, 1999

Nechwatal, G.: Organisationsberatung und Organisationsentwicklung. Jugendwohl, 80/1999, S. 482–501

Nees, D.B./Greiner, L.E.: Seeing behind the look-alike management consultants. Organizational Dynamics, 1985

Nehls, R.G./Kautzsch, T.: Change to grow: Was Change-Management erfolgreich macht – ein Ansatz von Mercer Management Consulting. In: *Fink, D.* (Hrsg.): Management Consulting. Die Ansätze der grossen Unternehmensberater. München, Vahlen, 2000, S. 193–210

Nelson, B./Economy, P.: Consulting for dummies. Chicago, IDG, 1997

Neuberger, O./Kompa, A.: Wir, die Firma. Der Kult um die Unternehmenskultur. München, Heyne, 1993

Neuberger, O.: Rate! Phantome, Philosophien und Phasen der Beratung. In: *Mohe, M., Heinecke, H.J./Pfriem, R.* (Hrsg.): Consulting – Problemlösung als Geschäftsmodell. Theorie, Praxis, Markt. Stuttgart, Klett-Cotta, 2002

Neus, W./Nippel, P.: Was ist strategisch an strategischem Verhalten? ZfbF, 48/1996, S. 423–433

Nicolai, A.: Die Strategie-Industrie. Systemtheoretische Analyse des Zusammenspiels von Wissenschaft, Praxis und Unternehmensberatung. Wiesbaden, Deutscher Universitäts-Verlag, 2000

Niedereichholz, C. (1991):Unternehmensberatung als Lehrgebiet an einer Hochschule – ein Erfahrungsbericht. In: *U. Rickenbacher* (Hrsg.): Zukunftsorientierte Ausbildung von Unternehmensberatern. Stuttgart, Kohlhammer, Verlag, 1991, S. 275–288

Niedereichholz, C. (1997): Die Metastasen des George S. May. Unternehmensberater, 3/1997, S. 30–37

Niedereichholz, C. (2000) [1]: Unternehmensberatung. Auftragsdurchführung und Qualitätsicherung. Bd. II. München, Oldenbourg, 2000²

Niedereichholz, C. (2000) [2]: Internes Consulting. Grundlagen – Praxis – Beispiele – Spezialthemen. München, Oldenbourg, 2000

Niedereichholz, C. (2001): Unternehmensberatung. Beratungsmarketing und Auftragsakquisition. Bd. I. München, Oldenbourg, 2001³

Niedereichholz, C. (2002): Inhouse-Consulting. FAZ, 21.8.2002

Nippa, M./Petold, K.: Functions and roles of management consulting firms -an integrative theroetical framework. Freiberg, TU Bergakademie, 2001

Noch, R.: Vergaberecht Kompakt. Verfahrensablauf und Entscheidungspraxis. Düsseldorf, Werner Verlag, 2002,

North, K.: Wissensorientierte Unternehmensführung. Wiesbaden, Gabler, 2001²

o. V. [1]: Bei Ytong hat die engpasskonzentrierte Strategie (EKS) geholfen. Manager Magazin 23/1993, S. 194–195

o. V. [2] Was ist dran an der EKS-Formel? Manager Magazin, 23/1993, S. 192–193

o. V. [1]: Ein Tag Henzler ab 10 000 Mark. Wirtschaftswoche, 22/1996, S. 12

o. V. [2]: : Mitgefangen – mitgehangen. Zeitschrift für Personalwirtschaft, 5/1996, S. 18–22

o. V.: Amateurhafte PR von Beratern. Absatzwirtschaft, 3/1998, S. 25

o. V. [1]: Die Beraterbranche durchlebt ein Jahr der Namenswechsel. FAZ, 29.7.2001

o. V. [2]: In der Krise. Capital 6/2001, S. 18

o. V. [3]: Marktübersicht Outplacement. Personalwirtschaft 4/2001, S. 80–83

o. V. [1]: Das Netz in der Autoindustrie bekommt mehr Maschen. FAZ, 8.12.2002

o. V. [2]: Kaizen ist in Japan kaum verbreitet. FAZ, 9.12.2002

o. V. [3]: Training helps PA consulting to solve a retention problem. High proportion of graduates were leaving after three or four years. Human Resource Management International Digest, 2002, 10, S. 26–27
o. V. [1]: Hoch oder raus. Wirtschaftswoche, 3/2003, S. 60
o. V. [2]: Beratungsbedarf der Unternehmen wandelt sich. FAZ, 31.3.2003
O'Shea, J./Madigan, C.: Berater mit beschränkter Haftung. München, Heyne, 1999
Obolensky, N.: Strategy formulation models. In: *Sadler, P.* (Hrsg.): Management consultancy: A handbook for best practice. London, Kogan Page, 1998, S. 281–309
Oliva, A., Giama, A./Multigner, L.: Environmental agents and erective dysfunctions: A study in a consulting population. Journal of Andrology, 23/2002, S. 546–550
Ortwein, E./Spallek, P.: Wissensmanagement in der Managementberatung – Praxisbeispiel Arthur D. Little. Information Management, 1/1998, S. 105–107
Osterloh, M./Frost, J.: Business reengineering: Modeerscheinung oder „business revolution"? Zeitschrift für Organisationswissenschaften, 6/1994, S. 356–363
Ottomeier, M./Virtel, M.: Kunden der Softwarefirmen fehlt die Lust auf Neues. Financial Times Deutschland, 7.1.2003

Pape, U.: Wertorientierte Unternehmensführung und Controlling. Berlin, Wissenschaft und Praxis, 1999
Pascale, R. T./Athos, A. G.: The art of Japanese Management. Harmondsworth, 1981
Patzak, G., Rattay, G./Volonte, K.: Projektmanagement: Leitfaden zum Management von Projekten, Projektportfolios und projektorientierten Unternehmen. Wien, Linde, 1996
Pellegrinelli, S.: Managing the interplay and tensions of consulting. The Journal of Management Development, 21/2002, S. 343–365
Penzel, H.G.: Klare Strategie und Zielausrichtung: Erfolgsfaktoren für das Post-Merger-Management in Banken. Zeitschrift Führung/Organisation, 69/2000, S. 18–36
Pertl, M./Weber, M.-W./Niedernberg, B.: Economic-Value-Added: Wertorientierte Unternehmensführung und -steuerung – ein Ansatz von Stern Stewart. In: *Fink, D.:* Management Consulting. Die Ansätze der grossen Unternehmensberater. München, Vahlen, 2000, S. 249–263
Peters, T.J.: Der Innovationskreis. Düsseldorf, Econ, 2002
Peters, T./Waterman, R.H.: In search of excellence – lessons from Americas best run companies. New York, 1982
Peters, T.J./Austin, N.: Leistung und Leidenschaft. Hamburg, Hoffmann und Campe, 1986
Peters, T.J.: Kreatives Chaos. Hamburg, Hoffmann und Campe, 1988
Peterson, M.: Prozess des Wissensmanagement strategischer Unternehmensberatungen. In: *Mohe, M., Heinecke, H.J./Pfriem, R.* (Hrsg.): Consulting – Problemlösung als Geschäftsmodell. Theorie, Praxis, Markt. Stuttgart, Klett-Cotta, 2002, S. 162–179
Peterson, M.: Wissensmanagement in der strategischen Unternehmensberatung. Erfolgsfaktoren, Methoden und Konzepte. Wiesbaden, Gabler, 2001
Pfüller, G.: Consulting-Schwerpunkte bei der Entwicklung eines Application Service Providers. In: *Scheer, A.W./Köppen, A.* (Hrsg.): Consulting. Heidelberg, Springer, 2000
Pinault, L.: Consulting demons: Inside the unscroupolous world of global corporate consulting. New York, Harper Business, 2000
Pollecoff, M.: Consultancy marketing strategies and tactics. In: *Sadler, P.* (Hrsg.): Management consultancy: A handbook for best practice. Kogan Page, London, 1998, S. 169–195
Porter, M.: Wettbewerbsstrategie. Methoden zur Analyse von Branchen und Konkurrenten. Frankfurt/M., Campus, 1985[3]
Porter, Wettbewerbsstrategie. Frankfurt/M., Campus, 1999[10]
Poutas, T.: Projektmanagement in der Unternehmensberatung. Universität Bielefeld, unveröffentlichte Diplomarbeit 2001/2002
Prekuhl, U. (Hrsg.): Unternehmensberatung. Profil und Perspektiven einer Branche. Wuppertal, Institut für Arbeit und Technik, 1998
PricewaterhouseCoopers (Hrsg.): Arbeitsunterlage zum Workshop „Work and Leisure in Harmony" im Rahmen der Management Consultants World Conference, 4.–6.10.2000
PricewaterhouseCoopers (Hrsg.): Die Balanced Scorecard im Praxistest: Wie zufrieden sind die Anwender? 2/2001, www.pwc.de

Prof. Dr. Dr. Udo Di Fabio, Verfassungsvorgaben für die weitere Privatisierung der deutschen Flugsicherung, Rechtsgutachten erstellt im Auftrag des Bundesministeriums für Verkehr, Oktober 1998

Quinn, J.B., Anderson, P./Finkelstein, S.: Managing Professional Intellect: Making the most of the best. Harvard Business Review 2/1996

Rackham, N.: SPIN Selling fieldbook. The SPIN selling fieldbook: practical tools, methods, exercises and resources. New York, McGraw-Hill, 1996

Ram, M.: Managing consultants in a small firm: A case study. Journal of Management Studies, 1999/36, S. 875–897

Rappaport, A.: Creating shareholder value, the new standard for business performance. New York, Free Press, 1986

Rasch, B.: FTD vom 16.7.2002, „Consulting: Alles intern geregelt". Financial Times Deutschland, 16.07.2002

Rasiel, E.N./Friga, P.N.: The McKinsey Mind. Understanding and implementing management techniques of the world's top strategic consulting firms. New York, McGraw Hill, 2002

Raulf, M.: Analyse, Auswahl, Anpassung, Fehlschlag – die Historie einer Standardsoftwareeinführung. In: *Etzel, H.-J.* (Hrsg.): IT-Projektmanagement – Fallstricke und Erfolgsfaktoren. Heidelberg, DPunkt-Verlag, 2000

Reimann, B.C.: Managing for Value: A Guide to value-based strategic management. Oxford, Planning Forum, 1990[2]

Reischauer, C.: Oft daneben. Capital 24/2001, S. 40–47

Reiß, M., v. Rosenstiel, L./Lanz, A. (Hrsg.): Change Management. Programme, Projekte und Prozesse. Stuttgart, Schäffer-Poeschel, 1997

Reiß, M.: Change Management als Herausforderung. In: *Reiß, M., v. Rosenstiel, L./Lanz, A.* (Hrsg.): Change Management. Programme, Projekte und Prozesse. Stuttgart, Schäffer-Poeschel, 1997, S. 170–185

Rendahl, J.E./Steinhoff, F.: Der Markt für Beratungsdienstleistungen. In: Deutsches Institut für Unternehmensberatung e.V (Hrsg.): Consulting Guide 2000. Merching, Branchenmedien Verlag, S. XI-XXVIII.

Rickens, C.: Spätzünder. Arthur D. Little: Die Kooperation mit einer Internet-Firma soll neuen Schwung ins Beratergeschäft bringen. Manager Magazin, 6/2000, S. 47

Rickens, C.: Verbotene Massage. Manager Magazin, 4/2003, S. 24

Riegler, C.: Anreizsysteme und wertorientiertes Management. In: *Wagenhofer, A. & Hrebicek, G.* (Hrsg.): Wertorientiertes Management: Konzepte und Umsetzungen zur Unternehmenswertsteigerung. Stuttgart, Schäffer-Poeschel, 2000

Riekhoff, H.C. (Hrsg.): Praxis der Strategieentwicklung. Stuttgart, Schäffer-Poeschel, 1994[2]

Rigby, D./Gillies, C.: Making the most of management tools and techniques: A survey from Bain & Company. Strategic Change, 9/2000, S. 270–274

Ritzerfeld-Zell, U.: Interne Unternehmensberatung im diversifizierten Konzern – Alternative oder Ergänzung? In: *Bamberger, I.:* Strategische Unternehmensberatung. Konzeptionen – Prozesse – Methoden. Wiesbaden, Gabler, 2002

Rock, R./Witt, H.: Zur Strukturierung von Zukunftsmärkten: Glanz und Elend der Prognosen zur Entwicklung des Telekommunikationssektors. In: *Walger, G.* (Hrsg.): Formen der Unternehmensberatung: Systemische Unternehmensberatung, Organisationsentwicklung, Expertenberatung und gutachterliche Beratungstätigkeit in Theorie und Praxis. Köln, Schmidt, 1995, S. 41–62

Rohrschneider, U.: Risikomanagement. In: *Deutsche Gesellschaft für Projektmanagement e.V.* (Hrsg.): Projektmanagement Fachmann. Bd. 2. Rationalisierungskuratorium der deutschen Wirtschaft e.V., 1999, Bd. 1, S. 1070–1116

Ronke, C.: Für den Handel kommt es knüppeldick. Financial Times Detuschland, 8.1.2003

Roters, M.: Komplexität und Dynamik als Einflussgrößen der Effizienz von Organisationen, Frankfurt/M., Peter Lang, 1989

Rückle, H.: Coaching. In: *Sattelberger, T.* (Hrsg.): Handbuch der Personalberatung. München, Beck, 1999, S. 311–326

Sadler, P. (Hrsg.): Management consultancy: A handbook for best practice. Kogan Page, London, 1998

SAP AG (Hrsg.): GlobalSAP for 4.6A. Walldorf, 1999

Sarvary, M.: Knowledge Management and competition in the consulting industry. California Management Review, 41/1999, S. 95–107

Saynisch, M.: Business Reengineering – radikale Veränderungsprozesse mit Projektmanagement 2. Ordnung. In: *Lange, D.* (Hrsg.): Management von Projekten. Know-how aus der Beraterpraxis. Stuttgart, Schäffer-Poeschel, 1995

Saynisch, M.: Das projektorientierte Unternehmen – Management by Projects. In: *Lange, D.* (Hrsg.): Management von Projekten. Know-How aus der Beraterpraxis. Stuttgart, Schäffer-Poeschel, 1995

Schade, C.: Marketing für Unternehmensberatung – ein institutionenökonomischer Ansatz. Wiesbaden, Deutscher Universitätsverlag, 1997[2]

Schade, C.: Matching: Kernproblem des Marketing für Unternehmensberatung. In: *Tscheulin, D.K./Helmig, B.* (Hrsg.): Branchenspezifisches Marketing. Wiebaden, Gabler, 2001, 167–185

Schädle, M.K.: Unterschiede zwischen erfolgreichen und nicht erfolgreichen Business-Process-Reengineering-Projekten. Universität Zürich, Dissertation, 2001

Schäfer, A.: Feuerpause. Wirtschaftswoche, 3/2003, S. 59–60

Schaudewet, C.: Flechten und Pflegen. Wirtschaftswoche 39/2002, S. 114–115

Scheer, A.-W./Jost, W. (Hrsg.): Aris in der Praxis. Berlin, Springer, 2002

Scheer, A.W./Köppen, A. (Hrsg.): Consulting. Heidelberg, Springer, 2000

Scheer, A.-W.: Wirtschaftsinformatik. Berlin, Springer, 1994[5]

Schelle, H.: Projekte und Projektmanagement. In: Deutsche Gesellschaft für Projektmanagement e.V. (Hrsg.): Projektmanagement Fachmann, Bd. 1. Rationalisierungskuratorium der deutschen Wirtschaft e.V., 1999, Bd. 1, S. 26–58

Schelle, H.: Projekte zum Erfolg führen. Projektmanagement systematisch und kompakt. München, DTV Band 5888, 1999

Scheuch, F.: Dienstleistungsmarketing. München, Vahlen, 2002

Schmalholz, C.G.: Rat vom Campus. Managermagazin, 7/1999, S. 206–214

Schmitz, C.: So gut wie McKinsey. Wirtschaftswoche, 40/2000, S. 134

Schnaars, S.P.: Pioniere überflügeln. Freiburg i.Br., Haufe, 1995

Scholz, C.: Zehn Trends in der Berater-Branche. Financial Times Deutschland, 5.9.2001

Schopenhauer, A. (1840): Über die Grundlage der Moral. 1840, *A. Hübscher* (Hrsg.): Zürich, Diogenes, 1977

Schopenhauer, A. (1851): Parerga und Paralipomena. 1851, Neudruck Zürich, Haffmann, 1991, S. 182

Schrädler, J.: Unternehmensberatung aus organisationsthereotischer Sicht. Wiesbaden, Deutscher Universitätsverlag, 1996

Schroll-Machl, S.: Die Zusammenarbeit in internationalen Teams – eine interkulturelle Herausforderung dargestellt am Beispiel USA – Deutschland. In: *Scholz, J.-M.* (Hrsg.): Internationales Change-Management. Stuttgart, Schäffer-Pöeschel, 1995, S. 201–222

Schröter, B./Gillies, C.: Das Ende der Nibelungen-Treue. Berufswelt 02.04.2001

Schrumpf, R.F./Quiring, A.: Handbuch der praxisorientierten Unternehmensberatung. Leitfaden für strategieorientierte Organisation, rechtliche Absicherung und kulturelle Einbindung erfolgreicher Unternehmensberatung. Düsseldorf, H & W, 1993

Schütte, A.: Unternehmensberatung in der Bundesrepublik Deutschland unter besonderer Berücksichtigung der Beratung bei Unternehmensgründung. Frankfurt/M, Peter Lang, 1996

Schütte, A.: Unternehmensberatung in der Bundesrepublik Deutschland unter besonderer Berücksichtigung der Beratung bei Unternehmensgründung. Frankfurt/M, Peter Lang, 1996

Schwan, K./Seipel, K.G.: Erfolgreich beraten. Grundlagen der Unternehmensberatung. München, Vahlen, 2002

Schwaner, A.: Olympische Ziele. Unternehmer Magazin, 7–8/1995, S. 20–21

Schwertfeger, B.: Die Mär vom bösen Mannn. Zeit, 2. Mai 2002, S. 71

Selin, G./Selin, M.: Reasons for project management success and failure in multi project environment. IPMA Weltkongress Oslo, Bd. 2, 1994, S. 513–519

Semadeni, M.: Toward a theory of knowledge arbitrage. In: *Buono, A.F.* (Hrsg.): Current trends in management consulting. Information. Greenwich/Connecticut, Information Age Publication, 2001, S. 43–67
Senge, P.M.: Die fünfte Disziplin. Stuttgart, Klett-Cotta, 1997[4]
Servatius, H.-G./Kress, Y.: Kulturelle Navigation als Chance für Consulting-Unternehmen. In: *Siegwart, H./Mahari, J.:* Management Consulting. Basel, Helbing & Lichtenhahn, 2001, S. 179–192
Shapiro, E.C.: Trendsurfen in der Chefetage. Unternehmensführung jenseits der Management-Moden. Frankfurt/M, Campus Verlag, 1996
Siegling, H.: Rekrutierung der internene Beratungseinheit. In: *Niedereichholz, C.* [2]: Internes Consulting. Grundlagen – Praxis – Beispiele – Spezialthemen. München, Oldenbourg, 2000, S. 173–178
Siegwart, H./Mahari, J.: Management Consulting. Basel, Helbing & Lichtenhahn, 2001
Siemons, M.: Das Regime der Berater. Wie mit der Globalisierung ein neuer Menschentypus Einzug in die Unternehmen hält. FAZ, 5.10.1996
Simon, H. (Hrsg.): Das große Handbuch der Strategiekonzepte. Frankfurt/M, Campus, 2001
Simon, H.: Die heimlichen Gewinner. Die Erfolgsstrategien unbekannter Weltmarktführer. München, Heyne, Bd. 2040, 1996
Simon, H.: Geistreiches für Manager. Frankfurt/M., Campus, 2002
Simon, H.: TQM, KAIZEN, Zeitwettbewerb – moderne Managementmoden gibt es zuhauf. Doch nicht jede neue Masche sollte gleich als Heilslehre gelten. Manager Magazin, 5/1995, S. 134–136
Singer, P.: Wie sollen wir leben? Ethik in einer egoistischen Zeit. Erlangen, Fischer, 1996
Smith, P.G./Merrit, G.M.: Manage consulting project risk. Consulting Management, 2002, 13, S. 7–13
Smolka, K.M.: Chemiekonzerne forschen oft ins Leere. Financial Times Deutschland, 3.1.2003, S. 3
Soloman, R.C./Hanson, K.R.: Above the bottom line. New York, Harcourt Brace Jovanovich, 1983
Sommerlatte, S.: Lernorientierte Unternehmensberatung. Wiesbaden, Deutscher Universitätsverlag, 2000
Sommerlatte, T.: Ist Beratung familienfeindlich? In: *Höselbarth, F./Lay, R./Lopez de Arriortùa, J.I.* (Hrsg.): Die Berater. Einstieg, Aufstieg, Wechsel. Frankfurt, FAZ-Institut, 2001, S. 129–134
Spiesshofer, U.: Berater überlassen Managern künftig mehr Verantwortung. Financial Times Deutschland, 19.2.2002
Sprenger, R.K.: Mythos Motivation. Frankfurt/M., Campus, 1992
Stahl, H.K./von der Eichen, S.F.: Wie kann Beratung heute Mehrwert schaffen? FAZ, 10.3.2003
Statistisches Bundesamt, Beschäftigte im öffentlichen Dienst zum 30.6.2001, www.destatis.de
Statistisches Bundesamt, Finanzen und Steuern, www.destatis.de, 1.3.2003
Staute, J.: Der Consulting Report. München, Heyne, Bd. 2042, 1998
Steffens-Duch, S.: Mit Internet und Intranet auf dem Weg zum Self-Service? Personalführung, 8/2000, S. 28–32
Steinbock, H.J.: Management in Zeiten der Diskontinuität – Postmerger-Management in der UBS AG. Zeitschrift Führung/Organisation, 69/2000, S. 37–40
Stern, J.M./Shiely, J.S./Ross, I.: Wertorientierte Unternehmensführung mit (E)conomic (V)alue (A)dded. Strategie, Umsetzung, Praxisbeispiele. München, Econ, 2002
Steyrer, J.: „Unternehmensberatung" – Stand der deutschsprachigen Theorienbildung und empirischen Forschung. In: *Hofmann, M.* (Hrsg.) Theorie und Praxis der Unternehmensberatung. Heidelberg, Physica, 1991, S. 1–44
Stiens, R.: Management- & IT-Consulting: Berufsstart, Jobprofile, Firmenportraits. München, Econ, 2002
Stöbe, S.: Verwaltungsmodernisierung und Beratung: Ergebnisse einer Befragung. In: *Prekuhl, U.* (Hrsg.): Unternehmensberatung. Profil und Perspektiven einer Branche. Institut Arbeit und Technik, Wuppertal, 3/1998
Stolorz, C./Fohmann, L. (Hrsg.): Controlling in Consulting-Unternehmen: Instrumente, Konzepte, Perspektiven. Wiesbaden, Gabler, 1997

Strasser, H.: Unternehmensberatung aus Sicht der Kunden. Eine resultatsorientierte Gestaltung der Beratungsbeziehung und des Beratungsprozesses. Zürich, Polygraphischer Verlag, 1993

Strauss, B.: Internationales Dienstleistungsmarketing. In: *Hermanns, A./Wissmeier, U.K.* (Hrsg.): Internationales Marketing-Management. München, Vahlen, 1995

Streicher, H.: Wir begleiten unsere Kunden verantwortungsvoll. Management, 9/2000, S. 50–52

Strobel, M.: Optimierung betrieblicher Systeme auf der Basis von Geschäftsprozessmodellen. Wiesbaden, Deutscher Universitätsverlag, 1998

Student, D.: Out of Gummersbach. Manager Magazin, 6/2000, S. 32–35

Student, D.: Spass muss sein. Manager Magazin, 4/2002, S. 46

Stuhr, Arne: Schwarzer Freitag. Manager-Magazin.de, 14.3.2003

Sturdy, A.: The consultancy process – an insecure business. Journal of Management Studies, 34/1997, S. 389–414

Stutz, H.-R.: Beratungsstrategien. In: *Hofmann, M.* (Hrsg.) Theorie und Praxis der Unternehmensberatung. Heidelberg, Physica, 1991

Technologieberatungsstelle beim DGB Landesbezirk NRW e.V. [1]: Zielvereinbarungen. Handlungshilfe für Betriebsräte. DGB Landesbezirk NRW e.V., 1999

Technologieberatungsstelle beim DGB Landesbezirk NRW e.V. [2]: Einführung von SAP-Programmen. Handlungsansätze für Betriebs- und Personalräte. DGB Landesbezirk NRW e.V., 1999

Theuvsen, L.: Business Reengineering. Möglichkeiten und Grenzen einer prozessorientierten Organisationsgestaltung. ZfbF, 1/1996, S. 65–82

Theuvsen, L.: Interne Beratung. Konzept – Organisation – Effizienz. Wiesbaden, Deutscher Universitäts-Verlag, 1994

Thom, N./Kraft, T.: Erfolgreiche Kooperation mit Personalberatern. Personalwirtschaft 11/2000, S. 44–51

Thronberens, R.: Zum Verhältnis von Abschlussprüfung und Unternehmensberatung durch Wirtschaftsprüfer. In: *Walger, G.* (Hrsg.): Formen der Unternehmensberatung: Systemische Unternehmensberatung, Organisationsentwicklung, Expertenberatung und gutachterliche Beratungstätigkeit in Theorie und Praxis. Köln, Schmidt, 1995, S. 91–120

Titscher, S.: Professionelle Beratung. Was beide Seiten vorher wissen sollten … Wien, Überreuther, 1997

Tracom Group (Hrsg.): Social Style Model. Trainingsscript zum Buch *Bolton, R./Bolton, D.G.:* People styles at work. New York, Amacom, 2001

Träm, M.: Post-Merger-Integration: sieben Regeln für erfolgreiche Fusionen – ein Ansatz von A.T. Kearny. In: *Fink, D.:* Management Consulting. Die Ansätze der grossen Unternehmensberater. München, Vahlen, 2000, S. 289–309

Trebesch, K.: Organisationsentwicklung. In: *Walger, G.* (Hrsg.): Formen der Unternehmensberatung: Systemische Unternehmensberatung, Organisationsentwicklung, Expertenberatung und gutachterliche Beratungstätigkeit in Theorie und Praxis. Köln, Schmidt, 1995, S. 159–181

Treue, W.: Wirtschaft, Gesellschaft und Technik vom 16. bis zum 18. Jahrhundert. Gebhardt Handbuch der deutschen Geschichte, Bd. 12. München, DTV Bd. 4212, 1976

Tuchel, S.: Tatort Wirtschaft. Managerromane erobern die Bestsellerlisten. ZEIT 44/2002

Uelpenich, S./Bodendorf, F.: Wissensorganisation und Wissensmodelleirung in Unternehmensberatungen. Wirtschaftsinformatik, 43/2001, S. 469–476

Ulrich O.: Arbeit muss Spaß machen, Hochschulanzeiger 61/2002, www.hochschulanzeiger.de

US Consulting Services Market Forecast and Analysis, IDC, December 2001

Veerstegen, G. (Hrsg.): Das V-Modell in der Praxis. Grundlagen, Erfahrungen, Werkzeuge. Heidelberg, dPunkt-Verlag, 2000

Venard, B.: Transforming Consulting Knowlegde into business fads. In: Buono, A.F. (Hrsg.): Current trends in management consulting. Greenwich, Information Age Publication, 2001, S. 171–188

Vielmetter, G.: Strategie ist, was man daraus macht. Financial Times Deutschland, 7.1.2003

Vikas, K.: Anwendung aktueller Methoden und Werkzeuge in der Unternehmensführung in einem internationalen Beratungsunternehmen. In: *Siegwart, H./Mahari, J.:* Management Consulting. Basel, Helbing & Lichtenhahn, 2001, S. 161–177

Vollmer, T.: Kritische Analyse und Weiterentwicklung ausgewählter Portfolio-Konzepte im Rahmen der strategischen Planung. Frankfurt/M, Peter Lang, 1983

von der Lage, K.: Markt der Beratungsleistung. In: *Deutsches Institut für Unternehmensberatung e.V* (Hrsg.): Consulting Guide 2002. Merching, Branchenmedien Verlag, S. XXXVII – XLVI

von Eiff, W.: Durch strategische Neuausrichtung die Wettbewerbsfähigkeit sichern. Ein Reengineering-Fallbeispiel aus der Konsumgüterindustrie. Zeitschrift Führung und Organisation, 63, 6/1994, S. 372–376

von Oetinger, B. (Hrsg.): Das Boston Consulting Group Strategie-Buch. Düsseldorf, Econ, 1995

von Pierer, H.,/von Oetinger, B.: Wie kommt das Neue in die Welt? Hamburg, Rowolt, 1999

Walger, G.: Idealtypen der Unternehmensberatung. In: *Walger, G.* (Hrsg.): Formen der Unternehmensberatung: Systemische Unternehmensberatung, Organisationsentwicklung, Expertenberatung und gutachterliche Beratungstätigkeit in Theorie und Praxis. Köln, Schmidt, 1995, S. 1–18

Wall, F./Seifert, F.: Erfolgsfaktoren für den Einsatz von ERP-Systemen. Ergebnisse einer empirischen Untersuchung, Script, 2001

Waschkuhn, W.R.G.: Die kritischen Erfolgsfaktoren bei Unternehmensfusionen. Management Berater, 11/2000, S. 20–24

Waschkuhn, W.R.G.: Die kritischen Erfolgsfaktoren bei Unternehmensfusionen. Management Berater, 11/2000, S. 20–24

Wassens, K.: Wettbewerbsvorteile durch HR-Kompetenzen. Personalwirtschaft 2/2003, S. 12–14

Watzka, K.: Einsatz von Zeitarbeit in den Unternehmen. Ergebnisse einer empirischen Studie. Personal, 1/2000, S. 43–48

Weber, M.: Wissenschaft und Praxis: Plädoyer für eine organisationstheoretische Betrachtung. Herrsching, Verlag Barbara Kirsch, 2000

Wegweiser GmbH (Hrsg.) : Leitfaden „Wie komme ich an öffentliche Aufträge". Berlin, 2001

Weiss, A.: How to establish a unique brand in the consulting profession. Wiley/sons. Powerful techniques for the successful practitioner. San Francisc, Jossey-Bass/Pfeiffer, 2002

Welge, M.K./Al-Laham, A.: Strategisches Management. Wiesbaden, Gabler, 1999[2]

Wendiggensen, F.: Die MIT & OC Consulting, das Beratungshaus im RWE-Konzern. In: *Niedereichholz, C.* [2]: Internes Consulting. Grundlagen – Praxis – Beispiele – Spezialthemen. München, Oldenbourg, 2000, S. 115–118

Werees, T.: Rheinische Putzkolonne. Manager Magazin 2/2003, S. 62–67

Wilde, W.: Down to Earth. Managermagazin, 10/1998, S. 272–310

Wildförster, R.: Projektmanagement und Probleme: Systemische Perspektiven auf Organisationsberatung und Begleitforschung. Heidelberg, Carl-Auer-Systeme, 2001

Wilfling, I.: Die Ausbildung zum Unternehmensberater in Österreich. In: Rickenbacher, U.M.: Zukunftsorientierte Ausbildung von Unternehmensberatern. Stuttgart, Kohlhammer, 1991, S. 289–298

Wilharm, S.: Fauler Zauber. Manager Magazin, 9/1995, S. 220–222

Winkelhage, J.: Für die Telekom-Branche wird 2003 zum Schicksalsjahr. FAZ, 17.12.2002

Wirtz, B.W.: Business Process Reengineering – Erfolgsdeterminanten, Probleme und Auswirkungen eines neuen Reorganisationsansatzes. ZfbF, 11/1996, S. 1023–1036

Wischnewski, E.: Modernes Projektmanagement. PC-gestützte Planung, Durchfühung und Steuerung von Projekten. Wiesbaden, Vieweg, 1996

Wiskow, J.-H.: Der Siegerkranz gebührt den Spezialisten. Financial Times Deutschland, 6.2.2003

Wiskow, J.-H.: Zehnkampf der Besserwisser. Capital, 4/2003, S. 32–37

Wohlgemut, A.C.: Professionelle Unternehmensberatung – eine zukunftsorientierte Dienstleistung. In: *Wohlgemut, A.C./Treichler, C.* (Hrsg.): Unternehmensberatung und Management. Zürich, Versus, 1995, S. 11–38

Wohlgemuth, A.: Unternehmensberatung: Management-Consulting. Zürich, VdF Hochschulverlag an der ETH, 2000[3]

Wolf, G.: Die Krisis der Unternehmensberatung. Ein Beitrag zur Beratungsforschung. Wiesbaden, Gabler, 2000

Wolf, M.: Am Tegernsee das richtige Geschäftsklima gefunden, Bayern Wirtschaft, 11.5.2001

Wolf, R.: Trend. Management/Seminar, 1/98, S. 16–23

Wolters, U.: Lösungsorientierte Kurzberatung. Was auf schnellem Wege Nutzen bringt. Leonberg, Rosenberger Fachverlag, 2000

Womack, J.P., Jones, D.T./Roos, D.: Die zweite Revolution in der Autoindustrie. München, Heyne, 1997

Woratschek, H.: Zum Stand der „Theorie eines Dienstleistungsmarketing". Die Unternehmung, Vol. 55, 4/2001, S. 261–277

Wright, C./Kitay, J.: But does it work? Perceptions of the impact of management consulting. Strategic Change, 2002, S. 271–278

Wüthrich, H./Winter, W./Philipp, A.: Die Rückkehr des Hofnarren. Einladung zur Reflexion – nicht nur für Manager! Herrsching, Gellius Edition Auszeit, 2001

Zdral, W.: Die Besserwisser. Capital, 21/2002, S. 48–55

Zimmermann, K.A.: Abzocker und Abgezockte. In: *Güttler, A./Klewes, J.:* Drama Beratung. Consulting oder Consultainment) Frankfurt/M., FAZ, 2002, S. 55–64

Zimmermann, K.A.: Kasse ohne Klasse. Unternehmensberater auf dem Prüfstand. Landsberg am Lech, Verlag Moderne Industrie, 1997

Stichwortverzeichnis

(Begriffe aus dem Glossar sind *kursiv* gedruckt)

Der Weg ist das Ziel

GIM als Beratungspartner

Als international tätige Unternehmensberatung unterstützt die GIM ihre Kunden in der optimalen Anwendung traditioneller und neuer Informationstechnologien.

Der Fokus der GIM-Beratung liegt in der Kombination von klassischen Optimierungsprozessen und intelligenten Zukunftslösungen wie Customer Relationship Management, Business Warehouse und webbasierten Systemen. Das Portfolio der GIM umfasst darüber hinaus die Entwicklung von Add-on-Lösungen und Schnittstellen zur Anbindung heterogener Systemlandschaften.

Die GIM ist SAP Partner sowohl in Deutschland als auch in der Schweiz. Mit ihrem ganzheitlich analytischen Beratungsansatz bietet die GIM ein umfassendes Spektrum IT-spezifischer, innovativer Leistungen. Gemeinsam mit ihren Kunden erarbeitet die GIM integrative Lösungsansätze, so dass Potentiale aufgezeigt, genutzt und kontinuierlich verbessert werden können.

Kundenreferenzen

Namhafte internationale Unternehmen vertrauen der GIM die Optimierung ihrer Geschäftsprozesse an. Zu ihnen zählen u.a. ALBA, Campina, Deutsche Telekom/ T-Systems, Henkel, Nordmilch, Stadtwerke Lübeck, Stadtwerke München, Wall, swisscom, Würth Holding (Schweiz/USA)

Know-How-Transfer

CHANNEL SAP PARTNER
SALES AND SERVICE PARTNER

Der Know-how-Transfer zwischen der GIM, ihren Partnern und ihren Kunden ermöglicht Wissensmanagement auf beiden Seiten, erhöht Marktchancen und schafft Wettbewerbsvorteile.
Die GIM kooperiert mit ausgewählten Partnern wie der comgroup, forcont, SAP, T-Systems und VaterSysCon.

Die GIM-Vorgehensweise gewährleistet in Verbindung mit einem lösungsorientierten und praxiserprobten Projektmanagement die erfolgreiche und termingerechte Projektdurchführung. Spezielle Strategiethemen und Veränderungsprozesse werden durch Coaching und Moderation begleitet.

IT-Management-Beratung

- Business Consulting
  - Geschäftsprozessanalyse und -optimierung
  - Finanz- und Rechnungswesen, Controlling, Logistik, Personalwirtschaft
- SAP-Consulting, Support, Maintenance aller R/3 Enterprise-Module
  - Basis-Services, Releasewechsel, Migration
  - Individualentwicklungen / Schnittstellen
  - mySAP Solutions CRM, BW, HR
  - Branchenlösungen / SAP All-in- one
- E-Business
- Projektmanagement

Synergien

- Changemanagement
- Coaching und Moderation von Strategiethemen
- Verbindung der Beratungsfelder IT und Personal
  - Projektstaffing
- Informatisierung des Personalmanagements
  - Shared Service Center
  - eHR

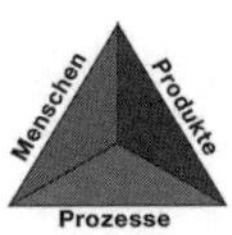

Der Weg ist das Ziel